ENCYCLOPEDIA OF PHYSICS

EDITED BY

S. FLÜGGE

VOLUME XVI

ELECTRIC FIELDS AND WAVES

WITH 364 FIGURES

SPRINGER-VERLAG

BERLIN · GÖTTINGEN · HEIDELBERG

1958

HANDBUCH DER PHYSIK

HERAUSGEGEBEN VON
S. FLÜGGE

BAND XVI
ELEKTRISCHE FELDER UND WELLEN

MIT 364 FIGUREN

SPRINGER-VERLAG
BERLIN · GÖTTINGEN · HEIDELBERG
1958

ISBN-13: 978-3-642-45897-2   e-ISBN-13: 978-3-642-45895-8
DOI: 10.1007/978-3-642-45895-8

Inhaltsverzeichnis.

Statische Felder und stationäre Ströme.

Von

G. WENDT.

Mit 79 Figuren.

1. Stoffeinteilung. Wie in vielen die statischen Felder behandelnden Monographien[1] wird in diesem Beitrag besonders auf die *Berechnung* der einzelnen Feldgrößen in speziellen Feldkonfigurationen Wert gelegt, um so mehr als für die Prinzipien der Elektrizität und des Magnetismus ein Beitrag im Band IV dieses Handbuches vorgesehen ist und die Eigenschaften der die Felder führenden Medien ausführlich in den Bänden XVII und XVIII besprochen werden sollen. Die Berechnungsmethoden sind nun im Grunde die gleichen, unabhängig davon, ob es sich um elektrostatische Anordnungen, elektrische oder magnetische Felder elektrischer Strömungen oder um Felder von Permanentmagneten handelt. Man kann es daher für gerechtfertigt halten, in einem ersten Teil eine Übersicht über die Feldgrößen und die sie verbindenden physikalischen Gesetzmäßigkeiten zu geben, um anschließend die Feldberechnungsmethoden gemeinsam zu besprechen. In diesem zweiten, größeren Teil wird zunächst im Kapitel II auf die aus den physikalischen folgenden mathematischen Eigenschaften der skalaren und vektoriellen Potentialfelder eingegangen und eine Aufzählung der in Frage kommenden Berechnungsmethoden gegeben. Es folgt dann im Kapitel III und IV die Anwendung dieser Methoden auf spezielle Probleme im Zwei- bzw. Dreidimensionalen und schließlich im letzten Kapitel die Besprechung der numerischen, graphischen und experimentellen Methoden der Feldbestimmung, da die analytischen Methoden in konkreten praktischen Fällen oft nicht ausreichen.

Als Maßsystem wird das international sich immer mehr einbürgernde MKSA-(Meter-Kilogramm-Sekunde-Ampere-)System verwendet. Die meisten Literaturquellen sind am Ende des Beitrags aufgeführt. Es handelt sich infolge des gezogenen Rahmens fast durchweg um Monographien, in welchen der Leser eine ausführlichere Behandlung und genaueren Quellennachweis finden wird.

I. Die physikalischen Begriffe und Gesetze der statischen elektrischen und magnetischen Felder.

a) Das elektrostatische Feld.

2. Grundtatsachen der Elektrostatik homogener Medien. Zum Gebiet der Elektrostatik gehören elektrische Erscheinungen, bei welchen die elektrischen Ladungen, die positiv oder negativ sein können, ruhen, sich also im statischen Gleichgewicht befinden. Diese Abgrenzung bedingt eine Einschränkung in der Wahl der in Betracht kommenden Materialien und deren Idealisierung. Es gibt hier nur *perfekte Leiter* — Stoffe, die einer Bewegung der Ladung keinerlei Widerstand entgegensetzen — und *perfekte Isolatoren* oder *Dielektrika* bei welchen eine solche Bewegung überhaupt nicht möglich ist.

---

[1] Vgl. z.B. die Werke [*2*], [*3*], [*9*], [*10*], [*11*], [*13*] und [*15*] der Literaturzusammenstellung am Ende des Beitrages.

Dem Aufbau des Begriffsgebäudes der Elektrostatik werden meist folgende drei idealisierte Erfahrungstatsachen zugrundegelegt:

1. Der Satz der Erhaltung der Elektrizitätsmenge: elektrische Ladungen sind unveränderliche, skalar summierbare Größen.

2. Das Coulombsche Gesetz, das die Kraftwirkung zweier „Punktladungen" aufeinander bei vorgegebenem gegenseitigen Abstand beschreibt und

3. Das Superpositionsprinzip, laut welchem sich die von mehreren Ladungen ausgeübten Kräfte vektoriell addieren. Dieses Prinzip gilt absolut nur im Vakuum, genügend genau fast in allen anderen Isolatoren.

Das Coulombsche Gesetz lautet:

$$\boldsymbol{F}_{21} = \frac{1}{4\pi\varepsilon} \cdot \frac{Q_1 Q_2}{|\boldsymbol{r}_2 - \boldsymbol{r}_1|^3} \cdot (\boldsymbol{r}_2 - \boldsymbol{r}_1). \tag{2.1}$$

Danach übt eine am Endpunkt des Radiusvektors $\boldsymbol{r}_1$ befindliche „Punktladung" Q_1 auf eine zweite, am Endpunkt von $\boldsymbol{r}_2$ befindliche Ladung Q_2 eine Kraft $\boldsymbol{F}_{21}$ in Richtung von $\boldsymbol{r}_2 - \boldsymbol{r}_1$ aus. Die beiden Ladungen ziehen sich an, wenn Q_1 und Q_2 verschiedenes Vorzeichen haben, und stoßen sich ab, wenn sie gleichnamig sind. Die „Punktförmigkeit" der Ladungen ist dabei so zu verstehen, daß die Elektrizitätsmenge Q *kontinuierlich* über ein gegenüber $|\boldsymbol{r}_2 - \boldsymbol{r}_1|$ sehr kleines, jedoch endliches Volumenelement dv mit der *Raumladungsdichte* ϱ verteilt ist:

$$Q = \varrho \, dv. \tag{2.2}$$

Der Proportionalitätsfaktor $k = \frac{1}{4\pi\varepsilon}$ in (2.1) hängt vom Medium, in das die Ladungen getaucht sind und vom Maßsystem ab. In dem gewählten MKSA-System wird die Kraft in Newton (Ws/m), die Ladungen in Coulomb (C), die *Dielektrizitätskonstante* (abgekürzt DK) ε des als homogen und unendlich ausgedehnt angenommenen Mediums in Farad/m = (C/Vm) gemessen. $\varepsilon = \varepsilon_0 \varepsilon_1$ wird in die universelle DK

$$\varepsilon_0 = \frac{1}{36\pi \cdot 10^{11}} \quad [\text{F/m}]$$

des Vakuums und in die dimensionslose, vom Material abhängende, relative DK ε_1 aufgeteilt[1].

Nach FARADAY ist jede Ladung auch bei Nichtvorhandensein weiterer Ladungen, von einem *Kraftfeld* umgeben. Die dieses Kraftfeld beschreibende physikalische Größe ist die *elektrische Feldstärke* $\boldsymbol{E}$. Sie ist zahlenmäßig definiert als die von der betrachteten Ladung Q in $\boldsymbol{r}_1$ auf eine positive *Einheitsladung* im Aufpunkt $\boldsymbol{r}$ ausgeübte Kraft. Dabei soll die Einheitsladung keine Rückwirkung auf das Feld ausüben, so daß mit (2.1) folgende Definitionsgleichung gilt:

$$\boldsymbol{E}_1(\boldsymbol{r}) = \lim_{Q_2 \to 0} \frac{\boldsymbol{F}_{21}}{Q_2} = \frac{1}{4\pi\varepsilon} \cdot \frac{Q_1}{|\boldsymbol{r} - \boldsymbol{r}_1|^3} \cdot (\boldsymbol{r} - \boldsymbol{r}_1). \tag{2.3}$$

Die Ortsabhängigkeit in (2.3) läßt sich durch $-\operatorname{grad} \frac{1}{|\boldsymbol{r} - \boldsymbol{r}_1|}$ ausdrücken und somit $\boldsymbol{E}_1$ als (negativer) Gradient einer Potentialfunktion Φ_1:

$$\boldsymbol{E}_1 = -\operatorname{grad} \Phi_1; \qquad \Phi_1(\boldsymbol{r}) = \frac{1}{4\pi\varepsilon} \cdot \frac{Q_1}{|\boldsymbol{r} - \boldsymbol{r}_1|}. \tag{2.4}$$

(Das Potential wird in Volt (V), die Feldstärke in V/m gemessen.)

---

[1] Nach dem Superpositionsprinzip müßte die Materialkonstante unabhängig von der Größe und vom Abstand der Ladungen sein. Über die tatsächlich vorkommenden Abweichungen von dieser idealisierten Annahme vgl. Bd. XVII dieses Handbuches.

Infolge des Superpositionsprinzips läßt sich auch das Feld eines Systems beliebig verteilter, gegeneinander in Ruhe befindlicher elektrischer Ladungen durch eine Potentialfunktion — das *elektrostatische Potential* $\Phi(\boldsymbol{r})$ — beschreiben: das elektrostatische Feld ist wirbelfrei. Φ ist definitionsgemäß nur bis auf einen konstanten Summanden festgelegt. Meist wählt man diesen so, daß Φ im Unendlichen verschwindet.

Infolge der Wirbelfreiheit des elektrostatischen Feldes (rot $\boldsymbol{E} = 0$) ist die *Potentialdifferenz* zwischen zwei Punkten P_1 und P_2:

$$\Phi_2 - \Phi_1 = - \int\limits_{P_1}^{P_2} E_s \, ds \qquad (2.5)$$

nicht davon abhängig, welchen Weg man zur Erreichung des Punktes P_2 von P_1 aus einschlägt (E_s ist die Komponente der Feldstärke $\boldsymbol{E}$ in Richtung des Wegelementes ds).

Hat man ein System von n diskreten Ladungen Q_h an den Orten $\boldsymbol{r}_h$, so ist das resultierende Potential

$$\Phi(\boldsymbol{r}) = \frac{1}{4\pi\varepsilon} \sum_{h=1}^{n} \frac{Q_h}{|\boldsymbol{r} - \boldsymbol{r}_h|} \, . \qquad (2.6)$$

Ist hingegen die elektrische Ladung kontinuierlich mit der Dichte ϱ über den Raum verteilt, so gilt

$$\Phi(\boldsymbol{r}) = \frac{1}{4\pi\varepsilon} \int\limits_{G} \frac{\varrho(\boldsymbol{r}_1)\, dv_1}{|\boldsymbol{r} - \boldsymbol{r}_1|} \, , \qquad (2.7)$$

wobei die Integration über den ganzen, elektrische Ladungen enthaltenden Raum G auszuführen ist.

Innerhalb eines geladenen Leiters und längs seiner Oberfläche ist das Potential konstant, da sonst der Potentialgradient eine Bewegung der Ladung verursachen müßte. Aus gleichem Grunde ist die gesamte Ladung Q an der Oberfläche des Leiters verteilt und zwar mit der Flächendichte

$$\sigma = \frac{dQ}{dS} \, . \qquad (2.8)$$

σ heißt auch *Flächenladung*, dS ist ein Element der Oberfläche. Statt (2.7) hat man dann

$$\Phi(\boldsymbol{r}) = \frac{1}{4\pi\varepsilon} \int\limits_{S} \frac{\sigma(\boldsymbol{r}_1)\, dS_1}{|\boldsymbol{r} - \boldsymbol{r}_1|} \, , \qquad (2.9)$$

wobei über die ganze Fläche S des Leiters (oder über alle Flächen bei mehreren Leitern) zu integrieren ist. Für sehr große Abstände $\boldsymbol{r}$ des Aufpunkts erhält man als Grenzfall von (2.7) bzw. (2.9) wieder das Quellpunktpotential (2.4) (vgl. Ziff. 28).

3. Weitere Größen des elektrostatischen Feldes. Berechnet man ausgehend vom Coulombschen Gesetz (2.1) das Integral der mit der Dielektrizitätskonstanten ε multiplizierten Normalkomponente der elektrischen Feldstärke über eine geschlossene Fläche S, so erhält man die gesamte von dieser Fläche eingeschlossene elektrische Ladung (Satz von GAUSS):

$$\Psi = \int\limits_{S} \varepsilon \, \boldsymbol{E}\, \boldsymbol{n}\, dS = \sum_{G} Q_h \quad \text{bzw.} \quad \int\limits_{G} \varrho\, dv \, . \qquad (3.1)$$

(Hierin ist $\boldsymbol{n}$ der nach außen positiv gezählte Normalenvektor der Fläche S, G der von dieser Fläche eingeschlossene Raum.) Man nennt Ψ den die Fläche S

durchsetzenden *elektrischen Fluß* (gemessen in Coulomb). Es ist nur von der eingeschlossenen Elektrizitätsmenge, nicht aber vom Medium abhängig. Der Integrand

$$\boldsymbol{D} = \varepsilon\,\boldsymbol{E} \quad \text{mit} \quad D_n = \boldsymbol{D} \cdot \boldsymbol{n} = \frac{d\Psi}{dS} \tag{3.2}$$

heißt *elektrische Flußdichte, dielektrische Verschiebung* oder *dielektrische Erregung* (gemessen in Coulomb/m²). Fällt die Fläche mit der Oberfläche eines Leiters zusammen, so ist infolge Fehlens einer tangentiellen Feldstärkekomponente, $D_n = D = |\boldsymbol{D}|$ offensichtlich gleich der Flächendichte σ auf der Leiteroberfläche.

Die differentielle Form von (3.1) ist:

$$\operatorname{div}\boldsymbol{D} = \varrho \tag{3.3}$$

und in Bereichen fehlender Ladung

$$\operatorname{div}\boldsymbol{D} = 0. \tag{3.4}$$

Hieraus leiten sich bei räumlich unveränderlichem ε die *Poissonsche Gleichung:*

$$\Delta\Phi = \operatorname{div}\operatorname{grad}\Phi = -\frac{1}{\varepsilon}\operatorname{div}\boldsymbol{D} = -\frac{\varrho}{\varepsilon} \tag{3.5}$$

und für den Fall $\varrho = 0$ die *Laplacesche Gleichung:*

$$\Delta\Phi = 0 \tag{3.6}$$

ab. Die meisten Probleme der Elektrostatik erfordern die Lösung einer dieser Gleichungen.

Das elektrostatische Feld wird durch Einführung der Flächen konstanten Potentials — der *Äquipotential-* oder *Niveauflächen* — und der dazu orthogonalen Trajektorien, der *Feld-* oder *Kraftlinien*, veranschaulicht. Jede Leiteroberfläche ist also eine Äquipotentialfläche. Greift man aus dieser Oberfläche ein Element δS_0 heraus und bildet aus sämtlichen auf dessen Umrandung mündenden Kraftlinien einen Mantel für die so entstehende *Kraftröhre*, so ist der elektrische Fluß $\delta\Psi = D_n\,\delta S$ über jeden Querschnitt δS dieser Röhre konstant und gleich der Ladung des Flächenelements δS_0, solange die Röhre auf keine weiteren Ladungen trifft.

4. Dipole und Multipole. Nähert man zwei Ladungen Q, die gleich groß, jedoch von verschiedenem Vorzeichen sind, bis auf einen sehr kleinen Abstand $d\boldsymbol{r}_1$ und läßt gleichzeitig Q wachsen, so daß das Produkt

$$\boldsymbol{p} = Q\,d\boldsymbol{r}_1 \tag{4.1}$$

endlich bleibt, so erhält man einen *Dipol* vom *Dipolmoment* **p**. Das Linienelement $d\boldsymbol{r}_1$ ist dabei von der negativen zur positiven Ladung gerichtet. Die unendliche Gerade dadurch ist die *Dipolachse*.

Das Potential eines Dipols erhält man mit (2.4) als Summe der Potentiale seiner beiden Ladungen. Es ergibt sich, wenn man die positive Ladung in $\boldsymbol{r}_1$, die negative in $\boldsymbol{r}_1 - d\boldsymbol{r}_1$ annimmt:

$$\left.\begin{aligned}
\Phi(\boldsymbol{r}) &= \frac{Q}{4\pi\varepsilon}\left[\frac{1}{|\boldsymbol{r}-\boldsymbol{r}_1|} - \frac{1}{|\boldsymbol{r}-\boldsymbol{r}_1+d\boldsymbol{r}_1|}\right] \\
&= \frac{\boldsymbol{p}}{4\pi\varepsilon}\cdot\frac{\boldsymbol{r}-\boldsymbol{r}_1}{|\boldsymbol{r}-\boldsymbol{r}_1|^3} = \frac{\boldsymbol{p}}{4\pi\varepsilon}\operatorname{grad}_1\frac{1}{|\boldsymbol{r}-\boldsymbol{r}_1|} = -\frac{\boldsymbol{p}}{4\pi\varepsilon}\operatorname{grad}\frac{1}{|\boldsymbol{r}-\boldsymbol{r}_1|}.
\end{aligned}\right\} \tag{4.2}$$

Hierin bezeichnen grad_1 eine Differentiation nach $\boldsymbol{r}_1$, grad diejenige nach $\boldsymbol{r}$. Man erhält also das Dipolfeld durch Differentiation eines Quellpunktfeldes in Richtung der Dipolachse.

Besitzt ein Volumenelement ein Dipolmoment $\boldsymbol{p}$ und schreibt man

$$\boldsymbol{p} = \boldsymbol{P} \, dv, \tag{4.3}$$

so wird $\boldsymbol{P}$ räumliche Dipoldichte genannt. Man erhält damit als Potential einer räumlich ausgedehnten, kontinuierlichen Dipolverteilung

$$\begin{aligned}
\Phi(\boldsymbol{r}) &= \frac{1}{4\pi\varepsilon} \int_G \boldsymbol{P}(\boldsymbol{r}_1) \, \mathrm{grad}_1 \frac{1}{|\boldsymbol{r} - \boldsymbol{r}_1|} \, dv_1 \\
&= \frac{1}{4\pi\varepsilon} \left\{ -\int_G \mathrm{div}_1 \left(\boldsymbol{P}(\boldsymbol{r}_1) \right) \frac{dv_1}{|\boldsymbol{r} - \boldsymbol{r}_1|} + \int_G \mathrm{div}_1 \frac{\boldsymbol{P}(\boldsymbol{r}_1)}{|\boldsymbol{r} - \boldsymbol{r}_1|} \, dv_1 \right\} \\
&= \frac{1}{4\pi\varepsilon} \left\{ -\int_G \mathrm{div}_1 \left(\boldsymbol{P}(\boldsymbol{r}_1) \right) \frac{dv_1}{|\boldsymbol{r} - \boldsymbol{r}_1|} + \int_S \frac{\boldsymbol{P}(\boldsymbol{r}_1) \, \boldsymbol{n}(\boldsymbol{r}_1)}{|\boldsymbol{r} - \boldsymbol{r}_1|} \, dS_1 \right\}.
\end{aligned} \tag{4.4}$$

Die Integration ist über den die ganze Verteilung einschließenden Raum G auszuführen bzw. im letzten Ausdruck über die G begrenzende Fläche S, wobei $\boldsymbol{n}$ der nach außen gerichtete Normalvektor von S ist [Gl. (27.1)]. Durch Vergleich mit den entsprechenden Integralen für einfache Ladungsverteilungen, kann man formal setzen:

$$\varrho_P = -\,\mathrm{div}\,\boldsymbol{P}; \quad\quad \sigma_P = \boldsymbol{P}\cdot\boldsymbol{n} = P_n. \tag{4.5}$$

ϱ_P heißt die äquivalente Raumladung in G, σ_P die äquivalente Flächenladung über die Begrenzungsfläche S.

Bei über eine *Fläche S* verteilten Dipolen spricht man von einer *Dipolflächendichte* $\boldsymbol{\tau}$. Ein Flächenelement dS hat dann ein Moment

$$\boldsymbol{p} = \boldsymbol{\tau} \, dS. \tag{4.6}$$

Fallen die Achsen der Elementardipole mit der jeweiligen Flächennormalen zusammen, so heißt die Fläche *Doppelfläche* oder *Doppelschicht*.

Das Potential einer Doppelfläche mit konstanter Dichte $|\boldsymbol{\tau}|$ läßt sich durch den räumlichen Winkel Ω ausdrücken, unter welchem die Flächenumrandung vom Aufpunkt aus erscheint (Ziff. 28):

$$\Phi = \frac{|\boldsymbol{\tau}|\,\Omega}{4\pi\varepsilon}. \tag{4.7}$$

Insbesondere ist die Differenz der Potentiale auf beiden Seiten der Schicht über die ganze Fläche konstant und gleich

$$\Delta\Phi = \frac{|\boldsymbol{\tau}|}{\varepsilon}. \tag{4.8}$$

Mehrere sehr benachbarte Punktladungen bei verschwindender Gesamtladung bilden einen *Multipol*. Die gegenseitige Anordnung der einzelnen Ladungen kann dabei auf mannigfache Weise erfolgen. Wird insbesondere ein Multipol aus zwei im Abstand $d\boldsymbol{r}_2$ befindlichen Dipolen entgegengesetzt gleichen Moments $\boldsymbol{p}$ gebildet, so heißt er ein *Quadrupol*. Es ist eine Anordnung von vier Punktladungen alternierenden Vorzeichens in den Ecken des durch die Vektoren $d\boldsymbol{r}_1$ [vgl. Gl. (4.1)] und $d\boldsymbol{r}_2$ aufgespannten Parallelogramms. Ebenso wie das Dipolfeld durch Differentiation eines Quellpunktfeldes in Momentenrichtung erhalten

werden kann, läßt sich auch das Quadrupolfeld durch Differentiation eines Dipolfeldes in Richtung von $d\boldsymbol{r}_2$ bestimmen:

$$
\left.
\begin{aligned}
\Phi_{\text{Quad}} &= d\boldsymbol{r}_2 \operatorname{grad}_1 \boldsymbol{\Phi}_{\text{Dip}} = \frac{Q}{4\pi\varepsilon} d\boldsymbol{r}_2 \cdot \operatorname{grad}_1 \left(d\boldsymbol{r}_1 \operatorname{grad}_1 \frac{1}{|\boldsymbol{r}-\boldsymbol{r}_1|} \right) \\
&= -\frac{Q}{4\pi\varepsilon} \left\{ \frac{d\boldsymbol{r}_1 d\boldsymbol{r}_2}{|\boldsymbol{r}-\boldsymbol{r}_1|^3} - \frac{3((\boldsymbol{r}-\boldsymbol{r}_1) d\boldsymbol{r}_1)(d\boldsymbol{r}_2(\boldsymbol{r}-\boldsymbol{r}_1))}{|\boldsymbol{r}-\boldsymbol{r}_1|^5} \right\} \\
&= \frac{1}{4\pi\varepsilon} \cdot \frac{1}{2} \cdot \frac{(\boldsymbol{r}-\boldsymbol{r}_1)\,\mathfrak{T}\,(\boldsymbol{r}-\boldsymbol{r}_1)}{|\boldsymbol{r}-\boldsymbol{r}_1|^5}.
\end{aligned}
\right\}
\tag{4.9}
$$

Der Tensor $\mathfrak{T}$ wird Quadrupolmoment genannt. In einem Koordinatensystem
$\boldsymbol{e}_1 = (d\boldsymbol{r}_1)^0$; $\boldsymbol{e}_2 = (d\boldsymbol{r}_2)^0$; $\boldsymbol{e}_3 = [d\boldsymbol{r}_1 \times d\boldsymbol{r}_2]^0$ hat er die Komponenten $T_1^1 = 4\,Q\,\delta^1\delta^2 \times$
$\cos\gamma$; $T_2^2 = T_3^3 = -2\,Q\,\delta^1\delta^2 \cos\gamma$; $T_2^1 = 6\,Q\,\delta^1\delta^2$, wenn man mit δ^1, δ^2 die Absolut-
werte von $d\boldsymbol{r}_1$, $d\boldsymbol{r}_2$ und mit γ den Winkel zwischen beiden bezeichnet. Sind
$d\boldsymbol{r}_1$ und $d\boldsymbol{r}_2$ nach Größe und Richtung gleich, so heißt der Quadrupol *linear*
und es wird:

$$
\Phi = \frac{Q(dr)^2}{4\pi\varepsilon} \cdot \frac{3\cos^2\alpha - 1}{|\boldsymbol{r}-\boldsymbol{r}_1|^3} = \frac{p_2}{4\pi\varepsilon} \cdot \frac{3\cos^2\alpha - 1}{2|\boldsymbol{r}-\boldsymbol{r}_1|^3}.
\tag{4.10}
$$

Dabei ist α der Winkel zwischen $d\boldsymbol{r}$ und $(\boldsymbol{r}-\boldsymbol{r}_1)$ und $p_2 = 2\,Q\,dr^2$ das Quadrupolmoment.

Durch Differentiation eines Quadrupolfeldes erhält man ganz entsprechend
ein Oktupolfeld und allgemein, durch n-fache Differentiation eines Quellpunktfeldes das Feld eines 2^n-Pols. Einige Beispiele von Multipolfeldern sind in Ziff. 68
angegeben.

5. Das elektrische Feld in nicht homogenen Dielektrika. Da div $\boldsymbol{D}$ nach Ziff. 3
nur von der Ladungsverteilung und *nicht* von der Art des Dielektrikums abhängt,
wird in inhomogenen isotropen Medien die Potentialgleichung (3.5) die allgemeinere
Form annehmen:

$$
\operatorname{div} \boldsymbol{D} = -\operatorname{div}(\varepsilon \operatorname{grad} \boldsymbol{\Phi}) = \varrho
\tag{5.1}
$$

oder ausführlicher geschrieben

$$
\varepsilon\,\Delta\boldsymbol{\Phi} + \operatorname{grad}\varepsilon \cdot \operatorname{grad}\boldsymbol{\Phi} = -\varrho.
\tag{5.2}
$$

Der Lösung dieser Gleichung bei Problemen mit *stetig veränderlichem* ε stellen
sich meist sehr große rechnerische Schwierigkeiten entgegen. Glücklicherweise
treten solche Probleme nur relativ selten auf, so daß wir darauf in diesem Bericht
nicht näher eingehen werden.

Häufig sind jedoch Probleme mit *bereichsweise konstantem* ε. Es wird dann
die Poissonsche bzw. Laplacesche Potentialgleichung (3.5) bzw. (3.6) in jedem
Bereich für sich gelten, wobei die notwendigerweise gekoppelten Lösungen an
den Begrenzungsflächen bestimmten Randbedingungen werden genügen müssen.

Um diese aufzustellen, legen wir an die Grenzschicht einen Elementarzylinder
von der Höhe dh und den Basisflächen dS_1 und dS_2 derart, daß die eine Grund-
fläche ganz in das eine, die andere ganz in das zweite Medium fällt (Fig. 1a).
Die Anwendung der Gl. (3.1) liefert dann bei verschwindendem dh:

$$
D_{n1}\,dS_1 - D_{n2}\,dS_2 = \sigma\,dS
\tag{5.3}
$$

und da bei $dh \to 0$ auch $dS_1 = dS_2 = dS$ wird:

$$
D_{n1} - D_{n2} = \sigma,
\tag{5.4}
$$

worin σ eine längs der Grenzfläche ausgebreitete wirkliche[1] Flächenladung ist. In den meisten Fällen fehlt eine solche, und man erhält dann die Forderung nach der Stetigkeit der Normalkomponenten der dielektrischen Verschiebung:

$$D_{n1} = D_{n2}; \quad \varepsilon_1 E_{n1} = \varepsilon_2 E_{n2}. \tag{5.5}$$

Eine zweite Randbedingung ergibt sich aus der Betrachtung eines geschlossenen Umlaufs längs der einen und der anderen Seite der Grenzfläche (Fig. 1b). Das Umlaufintegral $\oint E\,ds = \oint E_s\,ds$ ist infolge der Wirbelfreiheit des elektrostatischen Feldes gleich Null. Bei verschwindendem Anteil dh des Weges senkrecht zur Grenzschicht sind also die Projektionen E_{s1} und E_{s2} der entsprechenden Tangentialkomponenten E_t von E auf den sonst beliebig gerichteten Weg s gleich. Damit wird auch:

$$E_{t1} = E_{t2}. \tag{5.6}$$

Die Änderung der Tangentialkomponente der elektrischen Feldstärke erfolgt also beim Übergang in ein anderes Dielektrikum *stetig*.

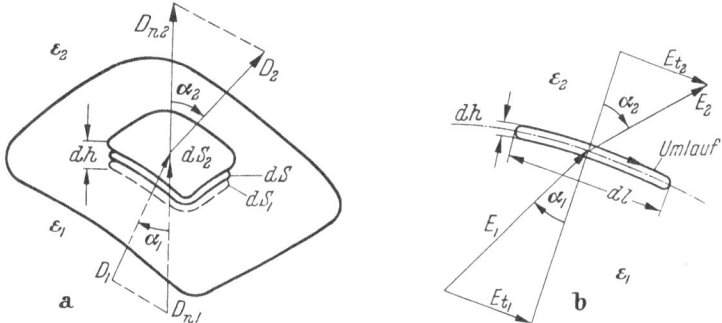

Fig. 1 a u. b. Zu den Randbedingungen an der Grenzfläche zweier Dielektrika.

Bezeichnet man noch den Winkel, den der Vektor der elektrischen Feldstärke mit der Flächennormalen bildet, mit α_1 im ersten, mit α_2 im zweiten Medium, so daß $E_{n1} = E_1 \cos \alpha_1$, $E_{t1} = E_1 \sin \alpha_1$ ist, so ergibt sich aus (5.5) und (5.6) das „Brechungsgesetz der Feldlinien":

$$\frac{\tan \alpha_1}{\tan \alpha_2} = \frac{\varepsilon_1}{\varepsilon_2}. \tag{5.7}$$

6. Die elektrische Polarisation. Das Zustandekommen der Materialabhängigkeit der Dielektrizitätskonstanten und mit ihr der Coulomb-Kraft F_{21} in (2.1) schreibt man zwei Ursachen zu. Einmal können die Moleküle eines Dielektrikums schon vor Anlegen eines elektrischen Feldes Dipolcharakter haben, jedoch durch die Wärmebewegung desorientiert und so makroskopisch unwirksam sein. Nach Anlegen des Feldes versuchen sie sich gegen die desorientierende Wärmewirkung in Feldrichtung einzustellen (*parelektrische Polarisation*, temperaturabhängig). Andererseits werden durch das äußere Feld Schwerpunkte der positiven und negativen Ladungsverteilung im Molekül auseinandergezogen (*dielektrische Polarisation*, temperaturunabhängig). Beide Effekte lassen sich im Makroskopischen durch die resultierende, kontinuierliche Dipoldichte P beschreiben, die man dann einfach *Polarisation* nennt. Sie kann in den meisten Fällen dem angelegten Feld proportional: $P = \varepsilon_0 \cdot \chi_e \cdot E$ gesetzt werden[2]. Der Faktor χ_e

---

[1] Wahre Ladung im Sinne von Ziff. 6.
[2] Für Einzelheiten vgl. Bd. XVII dieses Handbuches.

heißt elektrische *Suszeptibilität*, und ist für Gase, Flüssigkeiten, amorphe Stoffe und Kristalle mit kubischem Gitter eine skalare Größe, so daß $\boldsymbol{P}$ und $\boldsymbol{E}$ gleiche Richtung haben. In Kristallen anderer Systeme ist χ_e ein Tensor und $\boldsymbol{P}$ nicht parallel zu $\boldsymbol{E}$.

Eine gegebene Verteilung der freibeweglichen, nicht an (neutrale) Moleküle oder Atome gebundenen *wahren Ladung* besitzt im Vakuum das Potentialfeld (2.7), wenn dort ε_0 statt ε gesetzt wird. Bei Anwesenheit eines Dielektrikums kommt das von den ausgerichteten Dipolen herrührende Feld (4.4) hinzu, so daß man als resultierendes Potential erhält:

$$
\begin{aligned}
\Phi(\boldsymbol{r}) &= \frac{1}{4\pi\varepsilon_0}\left\{\int\limits_G \frac{\varrho(\boldsymbol{r}_1) - \operatorname{div}\boldsymbol{P}(\boldsymbol{r}_1)}{|\boldsymbol{r}-\boldsymbol{r}_1|}\,dv_1 + \int\limits_S P_n\frac{dS_1}{|\boldsymbol{r}-\boldsymbol{r}_1|}\right\} \\
&= \frac{1}{4\pi\varepsilon_0}\left\{\int\limits_G \frac{\varrho+\varrho_P}{|\boldsymbol{r}-\boldsymbol{r}_1|}\,dv_1 + \int\limits_S \frac{\sigma_P\,dS_1}{|\boldsymbol{r}-\boldsymbol{r}_1|}\right\}.
\end{aligned}
\tag{6.1}
$$

In homogenen Medien verschwindet die räumliche *Polarisationsladung* $\varrho_P = -\operatorname{div}\boldsymbol{P}$, nicht hingegen die an den zwei Dielektrika trennenden Grenzflächen verbleibende flächenhafte Ladung σ_P. Sie bildet bei Problemen mit bereichsweise homogenen Isolatoren die Quelle eines dem *Primärpotential* der wahren Ladungen zu überlagernden *Sekundärpotentials*. Grenzt das Dielektrikum an einen Leiter[1], so wirkt σ_P im Sinne einer Vergrößerung der *wahren* Ladungen[2] im Verhältnis der relativen Dielektrizitätskonstanten ε_r.

Wendet man auf (6.1) den Laplace-Operator an, so wird mit (3.3)

$$
\Delta\Phi = -\operatorname{div}\boldsymbol{E} = -\frac{1}{\varepsilon_0}(\operatorname{div}\boldsymbol{D} - \operatorname{div}\boldsymbol{P})
\tag{6.2}
$$

und somit

$$
\boldsymbol{D} = \varepsilon_0\boldsymbol{E} + \boldsymbol{P} = \varepsilon_0(1+\chi_e)\boldsymbol{E} = \varepsilon\boldsymbol{E},
\tag{6.3}
$$

also

$$
\chi_e = \varepsilon_r - 1.
\tag{6.4}
$$

Bei anisotropen Medien, d.h. nichtregulären Kristallen, ist ε ein Tensor und zwar, wie es sich zeigen läßt, ein symmetrischer:

$$
\begin{aligned}
D_x &= \varepsilon_{11}E_x + \varepsilon_{21}E_y + \varepsilon_{31}E_z, \\
D_y &= \varepsilon_{21}E_x + \varepsilon_{22}E_y + \varepsilon_{32}E_z, \\
D_z &= \varepsilon_{31}E_x + \varepsilon_{32}E_y + \varepsilon_{33}E_z.
\end{aligned}
\tag{6.5}
$$

Das kartesische System läßt sich stets so legen, daß

$$
D_x = \varepsilon_1 E_x; \quad D_y = \varepsilon_2 E_y; \quad D_z = \varepsilon_3 E_z
\tag{6.6}
$$

wird. Die neuen Koordinatenachsen sind den *elektrischen Kristallachsen* parallel. Für einen sonst homogenen Körper erhält man dann als Poisson-Gleichung

$$
\varepsilon_x\frac{\partial^2\Phi}{\partial x^2} + \varepsilon_y\frac{\partial^2\Phi}{\partial y^2} + \varepsilon_z\frac{\partial^2\Phi}{\partial z^2} = -\varrho.
\tag{6.7}
$$

---

[1] Ähnlich wie Leiter verhalten sich in einem sonst neutralen Kristall befindliche atomare Ladungen. Auch hier ist ihre Wirkung durch ein Potential $Q/4\pi\varepsilon r$ beschrieben.

[2] Darüber hinaus entsteht zwischen einem Leiter und dessen Umgebung längs seiner Oberfläche ein konstanter Potentialsprung von der Größenordnung einiger Zehntel bis einiger Volt, der *Kontaktpotential* genannt wird, und mit den Energieniveaus im Kristall zusammenhängt (vgl. Bd. XIX und XX dieses Handbuches). Das Kontaktpotential ist der Differenz der „Austrittsarbeiten" der aneinander grenzenden Medien gleich. In den in diesem Beitrag behandelten Problemen wird auf das Kontaktpotential keine Rücksicht genommen, da seine Berücksichtigung ohne jedwede mathematische Schwierigkeit durch einfache Überlagerung erfolgen kann.

7. Anordnungen mit einem oder zwei Leitern. Kondensatoren. Influenz. Betrachten wir eine bestimmte Anordnung von zwei auf die Potentiale Φ_1 bzw. Φ_2 gebrachten Leitern K_1 und K_2 (Fig. 2), von denen der erste ganz vom anderen umschlossen ist. Nach Ziff. 31 ist das Potentialfeld zwischen beiden damit eindeutig festgelegt. Bei vorgegebener Verteilung von ε liegt dann nach dem Gaussschen Satz auch die Gesamtladung Q von K_1 und die dieser entgegengesetzte Ladung von K_2 fest:

$$Q = 4\pi \int\limits_{S} \varepsilon \, \boldsymbol{E} \, \boldsymbol{n} \, d\,S, \qquad (7.1)$$

wo S irgendeine K_1 ganz umschließende, zwischen K_1 und K_2 verlaufende Fläche ist. Q ist somit der Potentialdifferenz $U = \Phi_2 - \Phi_1$, oder der *elektrischen Spannung* zwischen den beiden Körpern proportional:

$$Q = C\,U. \qquad (7.2)$$

Die Proportionalitätskonstante C heißt *Kapazität* der Anordnung, die Anordnung selbst *Kondensator*. C ist offensichtlich nur von der geometrischen Form der beiden Körper, ihrer Anordnung und der Verteilung von ε zwischen ihnen abhängig. Die Maßeinheit der Kapazität heißt Farad (F=C/V).

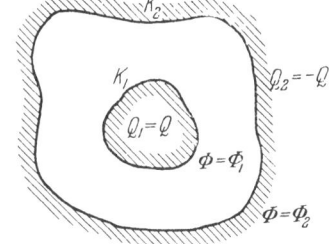

Fig. 2. Zum Begriff der Kapazität.

Um eine große Kapazität zu erzielen ist ein hohes ε und ein geringer Abstand zwischen K_1 und K_2 zu wählen. Bei konstantem und gegenüber dem Krümmungshalbmesser der beiden Oberflächen S sehr kleinem Abstand s erhält man (bei $\varepsilon =$ const):

$$C = \frac{\varepsilon\,S}{s}. \qquad (7.3)$$

Angenähert gilt diese Formel auch für sich nicht umschließende Leiter, wenn nur s klein gegenüber der kleinsten Ausdehnung der Fläche S bleibt, so daß das an den Rändern entstehende „Streufeld" (vgl. Fig. 29) zum Wert (7.3) praktisch nichts beiträgt.

Läßt man umgekehrt den Abstand zwischen K_1 und K_2 über alle Maße wachsen, so verliert der äußere Körper seinen Einfluß auf die Kapazität und kann mit der unendlich großen Kugel identifiziert werden. Sein Potential wird dann auch *Erdpotential* genannt und meist gleich Null gesetzt. Die sich ergebende Kapazität heißt *Eigenkapazität* des (inneren) Körpers K_1.

Bringt man einen ungeladenen, d.h. die Gesamtladung Null führenden, leitenden Körper in ein von anderen Leitern herrührendes Feld, so bewegen sich unter dem Einfluß des letzteren die sich sonst neutralisierenden positiven und negativen Ladungen in entgegengesetzter Richtung bis zur Leiteroberfläche. Man nennt diese Erscheinung *Influenz*. Die Flächendichte σ_s der Influenzladungen ist der Intensität des äußeren Feldes proportional. Sie übt auf dieses eine Rückwirkung aus, die sich durch ein Sekundärpotential Φ_s beschreiben läßt.

Da die gesamte Ladung eines Leiters an seiner Oberfläche sitzt, kann man diesen aushöhlen, ohne daß sich das konstante Potential seines Inneren ändert. Man sagt, das Innere eines hohlen (unter Umständen geerdeten) Leiters sei gegen das Außenfeld *abgeschirmt* und nennt die Anordnung Faraday-Käfig.

8. Systeme von mehreren Leitern. Um die Verhältnisse bei einem System von n Leitern zu übersehen, sei zunächst angenommen, daß nur der i-te Leiter die Ladung Q_i führe, die *Gesamtladung* jedes anderen Leiters aber Null sei (was nicht hindert, daß sich auf ihnen durch Influenz Oberflächenladungen ausbilden). Das Potential in irgendeinem Aufpunkt ist dann nach Ziff. 7 der Ladung Q_i proportional. Wiederholt man das Verfahren bei allen anderen Leitern und superponiert, so wird das Potential im betrachteten Aufpunkt:

$$\Phi = \sum_{i=1}^{n} f_i Q_i. \tag{8.1}$$

Die Summe $\sum_n Q_i$ sämtlicher Ladungen, diejenige der unendlich großen, alles umschließenden Kugel miteingerechnet, ist dabei Null zu setzen. Die Koeffizienten f_i in (8.1) sind Funktionen der geometrischen Gestalt und Größe der Leiter, ihrer gegenseitigen Lage, der Koordinaten des Aufpunktes und der räumlichen Verteilung der Dielektrizitätskonstanten.

Fällt insbesondere der Aufpunkt auf die Oberfläche des j-ten Leiters, so ist das Potential des letzteren:

$$U_j = \sum_{i=1}^{n} h_{ij} Q_i; \qquad h_{ij} = h_{ji}. \tag{8.2}$$

Löst man dieses Gleichungssystem nach Q_i auf, so wird:

$$Q_i = \sum_{j=1}^{n} k_{ij} U_j; \qquad k_{ij} = k_{ji}. \tag{8.3}$$

Die h_{ij} werden *Potentialkoeffizienten*, die k_{ij} *Kapazitätskoeffizienten* genannt, und zwar heißen die letzteren bei $i = j$ *Eigenkapazitäten*, bei $i \neq j$ *gegenseitige Kapazitäten* oder *Influenzkoeffizienten*. Die k_{ii} sind stets positiv, die k_{ij} $(i \neq j)$ stets negativ. Sowohl die k_{ij} als auch die h_{ij} hängen nur von der geometrischen Anordnung der Leiter und der Verteilung der Dielektrizitätskonstanten ab.

Mit Hilfe der Beziehungen (8.2) läßt sich der Greensche Reziprozitätssatz ableiten, welcher heißt: Stellen sich bei einer Verteilung Q_i der Ladungen über die n Leiter eines Systems auf den entsprechenden Leitern die Potentiale U_i ein, bei einer anderen Verteilung Q_i' die Potentiale U_i', so gilt

$$\sum_{i=1}^{n} Q_i U_i' = \sum_{i=1}^{n} Q_i' U_i. \tag{8.4}$$

Mit (8.2) läßt sich dies nämlich ausführlich folgendermaßen schreiben:

$$Q_1 U_1' = Q_1 Q_1' h_{11} + Q_1 Q_2' h_{21} + \cdots + Q_1 Q_n' h_{n1}$$
$$Q_2 U_2' = Q_2 Q_1' h_{12} + Q_2 Q_2' h_{22} + \cdots + Q_2 Q_n' h_{n2}$$
$$\cdot \qquad \cdot \qquad \cdot \qquad \cdot \qquad \cdot \qquad \cdot$$
$$\underline{Q_n U_n' = Q_n Q_1' h_{1n} + Q_n Q_2' h_{2n} + \cdots + Q_n Q_n' h_{nn}}$$
$$\qquad\qquad Q_1' U_1 \qquad\quad Q_2' U_2 \qquad\qquad\quad Q_n' U_n.$$

Je nachdem man nun die Summierung zeilen- oder kolonnenweise durchführt (bei $h_{ij} = h_{ji}$), erhält man die Glieder der linken oder rechten Seite der Gl. (8.4). Sind demnach z.B. im ersten Falle alle Leiter außer dem i-ten ungeladen, im zweiten alle außer dem j-ten und ist $Q_i = Q_j'$, so ist auch $U_i = U_j$.

9. Energieinhalt des elektrostatischen Feldes[1]. Um eine sehr kleine elektrische Ladung dQ (sehr klein, damit sie keine Rückwirkung auf das ursprüngliche Feld ausübt) von einem Punkt P_1 eines elektrostatischen Feldes zum Punkt

---

[1] In diesem und im nächsten Abschnitt (Ziff. 10) wird angenommen, daß bei irgendwelchen Änderungen in der Potential- und Ladungsverteilung diese *isotherm* und *reversibel* erfolgen. Es ist also im Sinne der Thermodynamik stets von der freien Energie die Rede (ein irreversibler Energieverlust im Dielektrikum, z.B. durch Reibungserscheinungen beim Ausrichten der Molekulardipole, bleibt unberücksichtigt).

P_2 zu bringen, ist nach Gl. (2.1), (2.3) und (2.5) die mechanische Arbeit:

$$dW = -dQ \int\limits_{P_1}^{P_2} E_s\, ds = dQ\,(\Phi_2 - \Phi_1) \qquad (9.1)$$

zu leisten.

Mit Hilfe dieser Beziehung läßt sich die potentielle Energie eines Systems von n Leitern, mit den Ladungen Q_i und den Potentialen Φ_i, allseitig umgeben von einem Leiter auf dem Potential Null (von endlichen oder unendlichen Abmessungen) bestimmen, indem man sich das Feld schrittweise, durch jeweilige Zufuhr infinitesimaler Ladungsmengen zu allen Leitern gleichzeitig, aufgebaut denkt. Sind die einzelnen Leiter bis auf αQ_i aufgeladen ($0 \leq \alpha \leq 1$), so betragen ihre Potentiale nach Gl. (8.2) $\alpha \Phi_i$; insbesondere beträgt die Erhöhung der potentiellen Energie des Systems bei Zufuhr der Ladungen $Q_i\, d\alpha$ eines einzelnen Schrittes

$$dW = \sum_{i=1}^{n} \alpha\, \Phi_i\, Q_i\, d\alpha.$$

Die Energie des Endzustandes ergibt sich hieraus durch Integration über α:

$$W = \sum_{i=1}^{n} \Phi_i\, Q_i \int\limits_{0}^{1} \alpha\, d\alpha = \tfrac{1}{2} \sum_{i=1}^{n} \Phi_i\, Q_i. \qquad (9.2)$$

Bei stetiger Verteilung der Ladungen über den Raum G oder die Fläche S ist statt der Summe ein Integral zu setzen:

$$W = \tfrac{1}{2} \int\limits_{G} \Phi \varrho\, dv + \tfrac{1}{2} \int\limits_{S} \Phi \sigma\, dS. \qquad (9.3)$$

Sind nur die Ladungen oder nur die Potentiale bekannt sowie die Potential- bzw. Kapazitätskoeffizienten der Gln. (8.2) bzw. (8.3), so kann man statt (9.2) auch schreiben:

$$W_Q = \tfrac{1}{2}\,(h_{11} Q_1^2 + 2 h_{12} Q_1 Q_2 + h_{22} Q_2^2 + \cdots) \qquad (9.4)$$

bzw.

$$W_\Phi = \tfrac{1}{2}\,(k_{11} \Phi_1^2 + 2 k_{12} \Phi_1 \Phi_2 + k_{22} \Phi_2^2 + \cdots). \qquad (9.5)$$

Im Spezialfall eines Kondensators der Kapazität C erhält man aus (9.2) und (7.2) für die darin aufgespeicherte Energie mit z.B. $\Phi_1 = -\tfrac{1}{2} U$; $\Phi_2 = +\tfrac{1}{2} U$; $Q_2 = -Q_1 = Q$:

$$W = \frac{1}{2}\, Q\, U = \frac{1}{2}\, C\, U^2 = \frac{1}{2} \cdot \frac{Q^2}{C}. \qquad (9.6)$$

Führt man zwischen die räumlich festgehaltenen Belegungen eines Kondensators ein anderes Dielektrikum ein, so ändert sich nach (9.6) auch die darin aufgespeicherte Energie. Es sind zwei Fälle zu unterscheiden:

1. Bei isolierten Belegungen bleibt die Ladungsmenge auf ihnen erhalten. Bei vergrößertem ε wächst die Kapazität damit proportional, die elektrische Energie nimmt laut (9.6) ab. Der freigewordene Energiebetrag half das Dielektrikum zwischen die Platten hineinzuschieben (vgl. Ziff. 10).

2. Wird umgekehrt die Spannung U, z.B. durch Anschluß an eine Batterie, konstant gehalten, so steigt mit wachsender Kapazität auch die potentielle Energie. Der notwendige Differenzbetrag wird von der Batterie geliefert.

Nimmt man mit MAXWELL an, daß die potentielle Energie nicht in den wahren Ladungen, sondern im Raum zwischen ihnen gespeichert ist, so kann man von einer *Energiedichte* des Feldes sprechen. Ein zwischen zwei im Abstand ds voneinander verlaufenden Äquipotentialflächen Φ und $\Phi + d\Phi$ herausgegriffenes

Volumenelement $dv = dS\,ds$ kann als ein Elementarkondensator mit nach (9.6) aufgespeicherter Energie[1]

$$dW = \tfrac{1}{2}\,dQ\,d\Phi = \tfrac{1}{2}\,(\boldsymbol{D}\,d\boldsymbol{S})\,(\boldsymbol{E}\,d\boldsymbol{s}) = \tfrac{1}{2}\,\boldsymbol{D}\,\boldsymbol{E}\,dv \qquad (9.7)$$

angesehen werden. Die Energiedichte ist also

$$\frac{dW}{dv} = \frac{1}{2}\,\boldsymbol{D}\,\boldsymbol{E} \qquad (9.8)$$

und der Energieinhalt des ganzen Feldes[1]

$$W = \tfrac{1}{2} \int \boldsymbol{D}\,\boldsymbol{E}\,dv. \qquad (9.9)$$

In einem isotropen Medium der Dielektrizitätskonstanten ε wird offensichtlich

$$\frac{dW}{dv} = \frac{\varepsilon}{2}\,E^2 = \frac{D^2}{2\,\varepsilon}. \qquad (9.10)$$

Im anisotropen Medium hingegen erhält man mit (6.6), d.h. unter der Annahme, daß die Koordinatenachsen den elektrischen Achsen des Kristalls parallel sind:

$$\frac{dW}{dv} = \frac{1}{2}\left[\varepsilon_1 E_x^2 + \varepsilon_2 E_y^2 + \varepsilon_3 E_z^2\right]. \qquad (9.11)$$

10. Kräfte im elektrostatischen Feld. Auf die im elektrostatischen Feld befindliche Materie werden Kräfte ausgeübt. Sie lassen sich aus der potentiellen Energie nach dem Prinzip der virtuellen Verrückungen ermitteln. Setzt man die auf ein Volumenelement dv wirkende Kraft $d\boldsymbol{F}$ diesem proportional:

$$d\boldsymbol{F} = \boldsymbol{f}\,dv, \qquad (10.1)$$

so wird $\boldsymbol{f}$ räumliche *Kraftdichte* genannt. Bei einer virtuellen Verschiebung eines Leiters oder Dielektrikums um $\delta\boldsymbol{s}$ würde der geleisteten mechanischen Arbeit $A = \int \boldsymbol{f}\delta\boldsymbol{s}\,dv$ eine Abnahme der potentiellen Feldenergie um $-\delta W = -\delta \int \tfrac{1}{2}\,\boldsymbol{E}\boldsymbol{D}\,dv$ entsprechen. (Die Integration ist in beiden Fällen über den ganzen Raum zu erstrecken.) Man findet:

$$\left. \begin{aligned} \boldsymbol{F}\,\delta\boldsymbol{s} &= \int \boldsymbol{f}\,\delta\boldsymbol{s}\,dv = -\frac{1}{2}\int \delta\!\left(\frac{D^2}{\varepsilon}\right)dv = -\int \frac{\boldsymbol{D}}{\varepsilon}\,\delta\boldsymbol{D}\,dv + \frac{1}{2}\int \frac{D^2}{\varepsilon^2}\,\delta\varepsilon\,dv \\ &= -\int \frac{\boldsymbol{D}}{\varepsilon}\,\delta\boldsymbol{D}\,dv - \frac{1}{2}\int \frac{D^2}{\varepsilon^2}\,(\delta\boldsymbol{s}\,\mathrm{grad}\,\varepsilon)\,dv. \end{aligned} \right\} \qquad (10.2)$$

Der erste Ausdruck rechts läßt sich weiter umformen:

$$\left. \begin{aligned} \int \frac{\boldsymbol{D}\,\delta\boldsymbol{D}}{\varepsilon}\,dv &= -\int (\delta\boldsymbol{D}\,\mathrm{grad}\,\Phi)\,dv, \\ &= -\int \mathrm{div}\,(\Phi\,\delta\boldsymbol{D})\,dv + \int \Phi\,\mathrm{div}\,(\delta\boldsymbol{D})\,dv, \\ &= -\oint \Phi\,\delta\boldsymbol{D}\,d\boldsymbol{S} + \int \delta\varrho\,\Phi\,dv. \end{aligned} \right\} \qquad (10.3)$$

Das erste Integral der rechten Seite von (10.3) verschwindet, da im Falle einer endlichen Anordnung bei $r \to \infty$ die Größen Φ wie $1/r$, $\boldsymbol{D}$ wie $1/r^2$ verschwinden (vgl. Ziff. 28), S hingegen nur wie r^2 wächst. Das zweite Integral bleibt nur dann erhalten, wenn die wahre Raumladung ϱ mit dem virtuell bewegten Volumenelement fest verbunden ist. Es verschwindet ebenfalls, wenn bei der virtuellen Verschiebung alle Ladungen an ihrem Ort verbleiben. Man erhält somit im ersten Fall:

$$\boldsymbol{F}\,\delta\boldsymbol{s} = \int \boldsymbol{f}\,\delta\boldsymbol{s}\,dv = -\int \Phi\,\delta\varrho\,dv - \tfrac{1}{2}\int E^2\,(\delta\boldsymbol{s}\,\mathrm{grad}\,\varepsilon)\,dv, \qquad (10.4)$$

---

[1] Nur, wie vorausgesetzt, im Falle feldunabhängiger DK. Allgemein gilt (vgl. z. B. [12]) $\delta W = \tfrac{1}{2}\int \boldsymbol{E}\,\delta\boldsymbol{D}\,dv$.

also für die Kraftdichte
$$\boldsymbol{f} = \varrho\,\boldsymbol{E} - \tfrac{1}{2}\,E^2\,\mathrm{grad}\,\varepsilon. \tag{10.5}$$

Will man den elektrostatischen Druck p auf eine von wahrer Ladung freie Trennfläche zwischen zwei Dielektrika ε_1 und ε_2 berechnen, so ist hierin $\varrho\,\boldsymbol{E} = 0$ zu setzen und der Restausdruck senkrecht zur Grenzfläche über eine kurze Strecke $2h$ zu integrieren, wobei die Änderung von ε zwar als sehr schnell, jedoch stetig angenommen wird:

$$p = \int\limits_{-h}^{+h} \boldsymbol{f}\,d\boldsymbol{h} = -\frac{1}{2}\int\limits_{-h}^{+h} E^2\,\frac{\partial\varepsilon}{\partial h}\,dh = -\frac{1}{2}\int\limits_{\varepsilon_1}^{\varepsilon_2} E^2\,d\varepsilon. \tag{10.6}$$

Zerlegt man $\boldsymbol{E}$ in eine zur Trennfläche normale und eine tangentielle Komponente und beachtet, daß sich beim Übergang von einem zum anderen Medium D_n und E_t stetig verhalten (Ziff. 5), so findet man:

$$\left.\begin{aligned} p &= -\frac{1}{2}\int\limits_{\varepsilon_1}^{\varepsilon_2}\left(\frac{D_n^2}{\varepsilon^2} + E_t^2\right)d\varepsilon = \frac{1}{2}\left[D_n^2\left(\frac{1}{\varepsilon_2} - \frac{1}{\varepsilon_1}\right) - E_t^2(\varepsilon_2 - \varepsilon_1)\right], \\[2mm] &= \frac{1}{2}\left[D_{n2}E_{n2} - D_{n1}E_{n1} - D_{t2}E_{t2} + D_{t1}E_{t1}\right]. \end{aligned}\right\} \tag{10.7}$$

Der Druck wirkt von der Seite des Mediums mit höherem ε; ein Isolator wird stets zum Vakuum hingezogen.

Bei der Berechnung der Kraft auf eine Metalloberfläche ist in (10.5) umgekehrt nur das erste Glied zu berücksichtigen. Bei der Integration senkrecht zur Trennfläche wird die Flächenladung σ als eine Raumladung sehr geringer, jedoch endlicher Dicke angenommen. Man erhält:

$$p = \int\limits_{-h}^{+h} \boldsymbol{E}\,\frac{\partial\boldsymbol{D}}{\partial h}\,dh = \int\limits_{0}^{D} \boldsymbol{E}\,d\boldsymbol{D} = \frac{1}{2}\,\boldsymbol{E}\,\boldsymbol{D}, \tag{10.8}$$

da ja $\boldsymbol{E}$ proportional $\boldsymbol{D}$ ist.

11. Kräfte in einem System von mehreren Leitern. Gegeben sei ein System von n isolierten Leitern mit den Ladungen Q_i. Bei einer virtuellen Verschiebung des k-ten Leiters um $\delta\eta$ ist dann wie in Ziff. 10 die geleistete mechanische Arbeit δA gleich der Abnahme der potentiellen Feldenergie. Man erhält also mit (9.4) als Kraft oder Drehmoment (je nachdem ob $\delta\eta$ eine Strecke oder ein Winkel ist) auf den k-ten Leiter:

$$-\frac{\partial W}{\partial\eta}\bigg|_{Q=\text{const}} = -\frac{1}{2}\sum_{i=1}^{n}\sum_{j=1}^{n} Q_i\,Q_j\,\frac{\partial h_{ij}}{\partial\eta}. \tag{11.1}$$

Sind nicht die Ladungen, sondern die Potentiale Φ_i und die Kapazitätskoeffizienten k_{ij} gegeben, so ist zu beachten, daß bei festgehaltenen Potentialen die Arbeit nicht vom Feld, sondern von der angeschlossenen Energiequelle geleistet wird und daß $\delta A = +\delta W$ ist (Ziff. 9). Man hat also mit (9.5)

$$\frac{\partial W}{\partial\eta}\bigg|_{\Phi=\text{const}} = \frac{1}{2}\sum_{i=1}^{n}\sum_{j=1}^{n} \Phi_i\,\Phi_j\,\frac{\partial k_{ij}}{\partial\eta}. \tag{11.2}$$

Da die Bewegung nur virtuell ist, sind die Ausdrücke (11.1) und (11.2) natürlich einander gleich. Im Falle eines einfachen Kondensators ist nach (9.6) die Kraft

$$F = \frac{1}{2}\cdot\frac{Q^2}{C^2}\,\frac{\partial C}{\partial\eta} = \frac{1}{2}\,U^2\,\frac{\partial C}{\partial\eta}. \tag{11.3}$$

12. Kraftwirkung auf einen Dipol. Die potentielle Energie W eines Dipols in einem Feldpunkt mit dem Potential Φ ist der Arbeit gleich, die notwendig ist, um die beiden Dipolladungen einzeln aus dem Unendlichen an den betrachteten Punkt zu bringen. Es sei $\boldsymbol{p} = Q\,\delta\boldsymbol{l}$ das Dipolmoment, $\delta\Phi = \delta\boldsymbol{l}\,\mathrm{grad}\,\Phi$ die Potentialdifferenz der beiden von den Ladungen eingenommenen Feldpunkte. Dann ist

$$W = Q\,\delta\Phi = \boldsymbol{p}\cdot\mathrm{grad}\,\Phi = -\,\boldsymbol{p}\,\boldsymbol{E}. \tag{12.1}$$

Man erhält somit für die auf den Dipol ausgeübte Kraft:

$$\boldsymbol{F} = -\,\mathrm{grad}\,W = (\boldsymbol{p}\cdot\mathrm{grad})\,\boldsymbol{E}. \tag{12.2}$$

Sie verschwindet im homogenen Feld. Das auf den Dipol ausgeübte Drehmoment ist auf jeden Fall:

$$\boldsymbol{L} = \boldsymbol{p}\times\boldsymbol{E}. \tag{12.3}$$

Es sei die gegenseitige Beeinflussung zweier Dipole mit den Momenten $\boldsymbol{p}_1$ und $\boldsymbol{p}_2$ bestimmt. $\boldsymbol{r}$ sei ein vom ersten zum zweiten Dipol reichender Vektor. Das Potential des ersten Dipols am Ort des zweiten ist nach (4.2):

$$\Phi_1 = \frac{\boldsymbol{p}_1\boldsymbol{r}}{4\pi\varepsilon r^3}. \tag{12.4}$$

Man findet die vom ersten auf den zweiten Dipol ausgeübte Kraft und Drehmoment durch Einsetzen der Feldstärke

$$\boldsymbol{E}_1 = -\,\mathrm{grad}\,\Phi_1 = -\,\frac{1}{4\pi}\,\mathrm{grad}\,\frac{\boldsymbol{p}_1\boldsymbol{r}}{\varepsilon r^3} \tag{12.5}$$

in die Ausdrücke (12.2) und (12.3), wobei dort $\boldsymbol{p}_2$ für $\boldsymbol{p}$ zu schreiben ist.

b) Das elektrische Feld stationärer Ströme.

13. Grundbegriffe des elektrischen Strömungsfeldes. Erlaubt man es den elektrischen Ladungen nicht wie in der Elektrostatik zur Ruhe zu kommen, sondern sorgt für deren dauernde Erneuerung durch Aufrechterhalten eines konstanten Potentialunterschiedes $\Phi_2 - \Phi_1$ an den Enden eines *Leiters* (z.B. mittels einer Akkumulatorenbatterie), so stellt sich ein stationäres Gleichgewicht ein. Die durch einen Leiterquerschnitt in der Zeiteinheit durchfließende Elektrizitätsmenge, genannt *elektrischer Strom I* (und gemessen in Ampere),

$$I = \frac{dQ}{dt}, \tag{13.1}$$

ist dann ebenfalls zeitlich konstant (Gleichstrom) und für die meisten metallischen Leiter der angelegten *Spannung* $U = \Phi_2 - \Phi_1$ proportional *(Ohmsches Gesetz)*:

$$U = R\,I. \tag{13.2}$$

Die Proportionalitätskonstante R wird elektrischer (Ohmscher) *Widerstand* genannt (Maßeinheit Ohm), sein reziproker Wert wird mit *Leitwert* bezeichnet und in Siemens $= 1/\mathrm{Ohm}$ gemessen.

Der elektrische Strom dI durch ein Flächenelement $d\boldsymbol{S}$ kann durch

$$dI = \boldsymbol{j}\,d\boldsymbol{S} \tag{13.3}$$

dargestellt werden. Die Größe heißt elektrische *Stromdichte* (Maßeinheit Ampere/m²) und hat in isotropen Medien die Richtung der elektrischen *Feldstärke*

$$\boldsymbol{E} = \gamma\boldsymbol{j} = \frac{1}{\varkappa}\cdot\boldsymbol{j}, \tag{13.4}$$

welche erfahrungsgemäß wie in der Elektrostatik von einem elektrischen *Potential Φ abgeleitet werden kann*

$$\boldsymbol{E} = - \operatorname{grad} \boldsymbol{\varPhi}.\tag{13.5}$$

Die Gl. (13.4) entspricht dem Ohmschen Gesetz (13.2) die Materialkonstante γ heißt *spezifischer Widerstand* und ihr reziproker Wert $\varkappa$ *elektrische Leitfähigkeit* [1].

Jeder elektrische Strom ist nach OERSTED außerdem von einem magnetischen Feld begleitet, welches jedoch bei Gleichstrom keine Rückwirkung auf die Verteilung der Stromdichte ausübt [2]. Die Behandlung der beiden Feldarten läßt sich also trennen; dem Magnetfeld bleibt der Abschnitt I c vorbehalten (S. 18).

Nach dem Prinzip der Erhaltung der Elektrizitätsmenge (Ziff. 2) muß stets

$$\operatorname{div} \boldsymbol{j} = - \frac{\partial \varrho}{\partial t}$$

sein. Im stationären Feld jedoch ist die Raumladung innerhalb eines Volumenelements zeitlich konstant, so daß gilt

$$\operatorname{div} \boldsymbol{j} = 0.\tag{13.6}$$

Führt man hierin aus (13.4) und (13.5) das Potential $\boldsymbol{\varPhi}$ ein, so wird

$$\operatorname{div}(\varkappa \boldsymbol{E}) = - \operatorname{div}(\varkappa \operatorname{grad} \boldsymbol{\varPhi}) = 0.\tag{13.7}$$

In Bereichen konstanter Leitfähigkeit $\varkappa$ gilt also wie in der Elektrostatik die Laplacesche Gleichung

$$\varDelta \boldsymbol{\varPhi} = 0.\tag{13.8}$$

Formal entsprechen sich also $\boldsymbol{j}$ und $\boldsymbol{D}$ sowie $\varkappa$ und ε. Jedoch gibt es bei den Strömungsfeldern Bereiche mit $\varkappa = 0$, durch die kein Strom fließen kann (Isolatoren), die in der Elektrostatik fehlen.

Infolge dieser Analogie lassen sich die an der Grenzfläche zweier Dielektrika gefundenen Gesetzmäßigkeiten (5.5) bis (5.7) sofort auf die Trennfläche zwischen zwei Leitern der Leitfähigkeiten $\varkappa_1$ und $\varkappa_2$ übertragen. Beim Übergang von einem zum anderen Medium ändern sich die Normalkomponente der Stromdichte und die Tangentialkomponente der Feldstärke stetig:

$$j_{n1} = j_{n2}; \quad E_{t1} = E_{t2}.\tag{13.9}$$

Die Winkel α_1 und α_2, die die elektrische Feldstärke mit der Normalen der Grenzfläche in dem einen und anderen Medium einschließt, folgen dem Gesetz:

$$\frac{\tan \alpha_1}{\tan \alpha_2} = \frac{\varkappa_1}{\varkappa_2}.\tag{13.10}$$

14. Verhältnisse an der Grenzfläche zweier Halbleiter. In Stoffen geringer Leitfähigkeit $\varkappa$ kann das elektrostatische Feld oft nicht mehr gegen das elektrische Strömungsfeld vernachlässigt werden. Man nennt diese Stoffe *Halbleiter*. Bleibt $\varkappa$ von der Stromdichte unabhängig, so ist in homogenen Medien das elektrostatische Feld vom Strömungsfeld nicht zu unterscheiden, da beide Lösungen derselben Laplace-Gleichung mit gleichen Randbedingungen sind. An der Grenzfläche zweier Halbleiter ist dies nur dann der Fall, wenn $\varepsilon_1/\varepsilon_2 = \varkappa_1/\varkappa_2$ ist.

---

[1] Im allgemeinen eine skalare Größe, kann die Leitfähigkeit wie die DK (Ziff. 6) in nicht regulären Kristallen Tensorcharakter annehmen.

[2] Zwar können in starken *äußeren* Magnetfeldern die Ladungsströme von ihren ursprünglichen Bahnen innerhalb der Materie abgelenkt werden, so daß bei manchen Stoffen meßbare transversale Potentialdifferenzen entstehen (Hall-Effekt), doch ist dieser Effekt in Eigenleitern stets zu vernachlässigen.

An dieser Grenzfläche müssen die Bedingungen $E_{t1} = E_{t2}$ und $j_{n1} = j_{n2}$ jedenfalls stets erfüllt bleiben. Damit wird

$$E_{n1} \varkappa_1 = E_{n2} \varkappa_2, \tag{14.1}$$

also

$$D_{n1} = \varepsilon_1 E_{n1}; \quad D_{n2} = \varepsilon_2 E_{n2} = \varepsilon_2 \frac{\varkappa_1}{\varkappa_2} E_{n1}. \tag{14.2}$$

Die Differenz zwischen beiden Normalkomponenten von D ergibt die reale, sich an der Trennfläche ansammelnde Flächenladung σ:

$$\sigma = D_{n2} - D_{n1} = E_{n1} \left(\varepsilon_2 \frac{\varkappa_1}{\varkappa_2} - \varepsilon_1 \right). \tag{14.3}$$

Nur im erwähnten Fall $\varepsilon_1/\varepsilon_2 = \varkappa_1/\varkappa_2$ bleibt die Fläche ladungsfrei.

In Realität hängt jedoch die Leitfähigkeit $\varkappa$ bei der elektrischen Strömung durch Gase, Flüssigkeiten und feste halbleitende Stoffe, besonders in der Nähe der metallischen Elektroden mehr oder weniger von der Stromdichte ab[1]; bei einigen Stoffen ist die Änderung der Leitfähigkeit mit der Stromrichtung sogar außerordentlich stark (Gleichrichtereffekt). Oft beschränken sich diese Abweichungen auf gegenüber der Ausdehnung des Gesamtfeldes recht dünne Schichten, so daß sie vom makroskopischen Standpunkt als Flächenladungen σ oder Doppelflächen τ behandelt werden können.

Eine auf den ganzen Raum sich ausdehnende Nichtproportionalität zwischen Stromdichte und Feldstärke tritt beim Elektrizitätstransport durch das Vakuum auf, so daß hier der Begriff der Leitfähigkeit seinen Sinn überhaupt verliert.

15. Elektrische Strömung im Vakuum[2]. Diese kommt dadurch zustande, daß eine Glüh- oder Photoelektrode geladene Teilchen (Elektronen oder Ionen) ins Vakuum emittiert, welche von einem elektrischen Feld zu einer weiteren Elektrode beschleunigt werden. Hat ein Teilchen der Ladung q und der Masse m am Ort des Potentials Φ_0 die kinetische Energie $\frac{1}{2}mv_0^2$ und wird es zum Ort des Potentials Φ beschleunigt, so daß dort seine kinetische Energie $\frac{1}{2}mv^2$ beträgt[3], so muß die Zunahme der kinetischen Energie der Abnahme der potentiellen gleich sein,

$$\frac{m}{2}(v^2 - v_0^2) = -q(\Phi - \Phi_0). \tag{15.1}$$

Das Potential der emittierenden Elektrode[4] wird meist zu Null gewählt ($\Phi_0 = 0$). Es bedeutet dann v_0 die Geschwindigkeiten, mit welchen die einzelnen Teilchen diese Elektrode verlassen. Sie sind untereinander verschieden, jedoch so klein, daß man sie in vielen Fällen vernachlässigen kann[5]. Dies soll im folgenden geschehen; dann erhält man für die Teilchengeschwindigkeit:

$$v = \sqrt{-\frac{2q}{m} \Phi}. \tag{15.2}$$

---

[1] Vgl. die folgenden Bände, besonders Bd. XIX und XX dieses Handbuches.

[2] Vgl. zu dieser Ziffer die ausführlichen Beiträge in Bd. XXI und XXII dieses Handbuches.

[3] Die Geschwindigkeiten sollen so klein sein, daß eine relativistische Massekorrektur nicht notwendig ist (vgl. z. B. [4]).

[4] Genauer dasjenige der an die Elektrode angrenzenden Vakuumschicht. Beide Potentiale sind um das Kontaktpotential (vgl. Anm. 2, S. 8) verschieden.

[5] Wenn man sie nicht vernachlässigt, wird die Berechnung des Potentialfeldes zwischen den Elektroden bereits in den einfachsten Fällen äußerst verwickelt. Vgl. hierzu H. F. Ivey, Space Charge Limited Currents, Advances in Electronics and Electron Physics, Bd. VI (1954) p. 137—256, H. Rothe u. W. Kleen, Hochvakuumelektronenröhren, Bd. 1, Frankfurt a. M.: Akademische Verlagsgesellschaft 1955, und den Beitrag „Thermionic Emission" von W. B. Nottingham in Bd. XXI dieses Handbuches.

Im stationären Fall ist die Raumladung an einem beliebig gewählten Ort der Strömung konstant, so daß die Poissonsche Gleichung (3.5) gilt:

$$\Delta \Phi = - \frac{\varrho}{\varepsilon_0}. \tag{15.3}$$

Andererseits ist die Konvektionsstromdichte j mit der Teilchengeschwindigkeit durch die Beziehung verbunden

$$j = \varrho v. \tag{15.4}$$

Mit Berücksichtigung von (15.2) hat man also:

$$\sqrt{- \frac{2q}{m} \Phi} \cdot \Delta \Phi = - \frac{j}{\varepsilon_0}. \tag{15.5}$$

Man entnimmt hieraus das Child-Langmuirsche Gesetz: die Stromdichte und damit auch der gesamte Vakuumstrom I sind der Potenz $\frac{3}{2}$ der an die Elektroden angelegten Spannung U proportional:

$$I = k\,U^{\frac{3}{2}}. \tag{15.6}$$

Dies gilt natürlich nur solange, bis der *Sättigungsstrom* erreicht ist, d.h. der maximale Strom, den die Emissionselektrode bei gegebener Temperatur herzugeben imstande ist. Bis zu diesem Wert nennt man den Strom auch *raumladungsbegrenzt*.

16. Energieumsatz. Bei jeder stationären Elektrizitätsströmung wird elektrische Energie in Wärme umgesetzt. Der Umwandlungsprozeß ist verschieden, je nachdem, ob die Strömung im Vakuum oder durch Materie vor sich geht.

Im ersten Fall werden die Ladungsträger bis zum Aufprall auf die um die Spannung U gegen die Emissionsquelle aufgeladene Elektrode beschleunigt. Bei ihrer Abbremsung wird die erreichte kinetische Energie $\frac{1}{2} m v^2 = - q U$ in Wärme und zu geringem Teil in Strahlungsenergie verwandelt. Bei n in der Sekunde auftreffenden Teilchen beträgt die umgesetzte elektrische Leistung (Maßeinheit Watt)

$$N = \tfrac{1}{2} n\, m\, v^2 = - q \cdot n \cdot U = I\,U. \tag{16.1}$$

Bei elektrischer Strömung durch Materie erfolgt die Energieumsetzung nicht erst an den Elektroden, sondern im leitenden Mittel selbst, indem die beschleunigte Ladungsträger auf ihrem Weg sehr oft mit Materiemolekülen zusammenstoßen und diese in Wärmeschwingungen versetzen. Unterteilen wir den stromdurchflossenen Körper so in Volumenelemente $dv = d\mathbf{S} \cdot d\mathbf{s}$, daß die Flächenelemente $d\mathbf{S}$ auf Äquipotentialflächen liegen ($\mathbf{E} \times d\mathbf{S} = 0$) und die $d\mathbf{s}$ in Richtung von $\mathbf{j}$ verlaufen ($\mathbf{j} \times d\mathbf{s} = 0$), so ergibt sich als Ausdruck für die in dv umgesetzte elektrische Energie:

$$dW = dQ \cdot dU = j\, d\mathbf{S}\, dt \cdot \mathbf{E}\, d\mathbf{s} = \mathbf{j}\,\mathbf{E}\, dv\, dt. \tag{16.2}$$

Die im ganzen Leiter verbrauchte elektrische Leistung ergibt sich hieraus durch Integration:

$$N = \frac{dW}{dt} = \iint \mathbf{j}\, d\mathbf{S} \cdot \mathbf{E}\, d\mathbf{s} = I\,V = \frac{V^2}{R} = I^2 R \tag{16.3}$$

(Joulesches Gesetz). Der Leiter erwärmt sich solange, bis die entstehende Wärme der durch Wärmeleitung oder -strahlung abgeführten gleich ist. R ist bei Metallen in großen Bereichen der absoluten Temperatur proportional. Bei Isolatoren und Halbleitern ist diese Abhängigkeit oft exponentiell[1].

---

[1] Näheres in Bd. XIX und XX dieses Handbuches.

c) Das magnetische Feld stationärer Ströme.

17. Grundbegriffe des magnetischen Feldes in homogenen Medien. In Anlehnung an Versuche Coulombs mit langen magnetischen Nadeln, also mit weit voneinander entfernten magnetischen Polen, kann man in vollkommener Analogie zum elektrostatischen Feld eine Theorie der *Magnetostatik* aufbauen, in welcher sich

die *magnetische Polstärke P* und die elektrische Ladung Q,
das *skalare magnetische Potential Φ* und das elektrische Potential Φ,
die *magnetische Feldstärke H* und die elektrische Feldstärke $\boldsymbol{E}$,
die *magnetische Induktion B* und die dielektrische Verschiebung $\boldsymbol{D}$,
die *Magnetisierung M* und die elektrische Polarisation $\boldsymbol{P}$,
die *Permeabilität μ* und die Dielektrizitätskonstante ε

entsprechen. Wie ε in der Elektrostatik wird die Permeabilität $\mu = \mu_0 \mu_r$ in die Permeabilität des leeren Raumes (Vakuums) $\mu_0 = 4\pi \cdot 10^{-7}$ H/m und die relative Permeabilität μ_r aufgespalten. Der Ort der positiven Polstärken wird auch mit magnetischem *Nordpol*, derjenige der negativen mit *Südpol* bezeichnet.

Das Coulombsche Gesetz hat dann entsprechend der Gl. (2.1) die Gestalt:

$$F_{21} = \frac{1}{4\pi\mu} \cdot \frac{P_1 P_2}{|\boldsymbol{r}_2 - \boldsymbol{r}_1|^3} (\boldsymbol{r}_2 - \boldsymbol{r}_1). \qquad (17.1)$$

Nun zeigt jedoch die Erfahrung, daß es nicht möglich ist, einen Magnetpol bestimmten Vorzeichens wie eine elektrische Ladung zu isolieren; auch das kleinste Teilchen magnetisierter Materie weist Dipolcharakter auf. Andererseits sind nach Ampère auch kleine, die Fläche $d\boldsymbol{S}$ umspannende und den Strom I führende Drahtschleifchen (eingebettet in ein *homogenes* Medium der feldunabhängigen Permeabilität μ) in ihrer Kraftwirkung (bei genügender Entfernung) mit magnetischen Dipolen vom Moment $\boldsymbol{m} = P \cdot \varDelta \boldsymbol{l}$ identisch, und es ist

$$\boldsymbol{m} = \mu I \, d\boldsymbol{S}. \qquad (17.2)$$

Darin ist der Vektor $d\boldsymbol{S}$ der Schleifenfläche so orientiert, daß zusammen mit der Umlaufsrichtung des Stromes eine Rechtsschraubung entsteht.

Es erscheint also zweckmäßig, statt des Coulombschen Gesetzes eine Beziehung einzuführen, welche die Kraftwirkung zweier Dipole aufeinander, oder besser das aufeinander ausgeübte Drehmoment angibt. Man erhält mit den in der Elektrostatik aufgestellten Gl. (12.3) und (12.5)

$$\left.\begin{aligned} \boldsymbol{L} = \boldsymbol{m}_2 \times \boldsymbol{H}_1 = I_2 \, d\boldsymbol{S}_2 \times \boldsymbol{B}_1; \quad \boldsymbol{H}_1 &= -\frac{1}{4\pi\mu} \, \mathrm{grad} \, \frac{\boldsymbol{m}_1 (\boldsymbol{r}_2 - \boldsymbol{r}_1)}{|\boldsymbol{r}_2 - \boldsymbol{r}_1|^3} \\ &= \frac{1}{4\pi\mu} \, \mathrm{rot} \, \frac{\boldsymbol{m}_1 \times (\boldsymbol{r}_2 - \boldsymbol{r}_1)}{|\boldsymbol{r}_2 - \boldsymbol{r}_1|^3}, \end{aligned}\right\} \qquad (17.3)$$

eine Beziehung, die der Definitionsgleichung (2.3) der elektrischen Feldstärke analog ist.

Dem Satz der Erhaltung der Elektrizitätsmenge der Elektrostatik entspricht in der Magnetik die bereits erwähnte Tatsache der *Nichtexistenz „magnetischer Ladungen"*, die sich in Analogie zu div $\boldsymbol{D} = \varrho$ durch

$$\mathrm{div} \, \boldsymbol{B} = 0 \qquad (17.4)$$

ausdrücken läßt.

Außer in ferromagnetischen Medien, wo Sättigungserscheinungen auftreten (Ziff. 20), ist das *Superpositionsprinzip* [hier die vektorielle Addierbarkeit der von verschiedenen Dipolen herrührenden Drehmomente, und damit nach (17.3) der entsprechenden magnetischen Induktionen] weitgehend auch in magnetischen Feldern gültig.

18. Magnetisches Skalar- und Vektorpotential. Das Feld eines endlichen Stromfadens erhält man nach dem Superpositionsprinzip durch Aneinanderfügen von Elementardipolen $I\mu\,d\mathbf{S}$, deren Ströme nach Umlaufsinn und Größe gleich sind, zu einer Doppelfläche der Dipoldichte $|\boldsymbol{\tau}| = I\mu$, derart, daß deren Rand mit dem Stromfaden zusammenfällt (Fig. 3). Die Ströme benachbarter Elementardipole neutralisieren sich dann gegenseitig, und es bleibt nur der Strom am Flächenrand übrig. Versucht man, das Feld wie in der Elektrostatik und bei der Elektrizitätsströmung durch ein *skalares Potential* $\boldsymbol{\Phi}$ mit

$$\mathbf{H} = -\operatorname{grad}\boldsymbol{\Phi} \qquad (18.1)$$

zu beschreiben, so erhält man dafür in Analogie zu (4.7)

$$\boldsymbol{\Phi} = \frac{|\boldsymbol{\tau}|\,\Omega}{4\pi\mu} = I\cdot\frac{\Omega}{4\pi} \qquad (18.2)$$

mit einem Potentialsprung an der Doppelfläche von

$$\Delta\boldsymbol{\Phi} = I\,, \qquad (18.3)$$

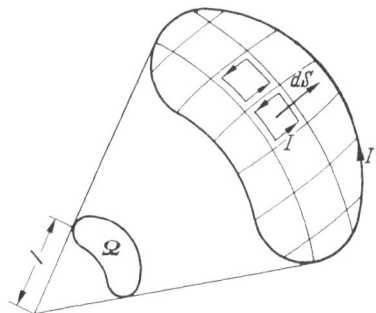

Fig. 3. Zusammensetzung einer Stromschleife aus Elementardipolen.

welcher der elektrischen Spannung entspricht und auch *Durchflutung* genannt wird. Während jedoch dieser Potentialsprung bei den elektrischen Feldern wirklich vorhanden ist (Kontaktpotential, Thermospannung, Sperrschichten u. a. m.), hat die magnetische Doppelschicht keine physikalische Realität, da ja nur ihr Rand, nicht aber ihre Gestalt für die Zusammensetzung der Stromschleife aus Elementardipolen von Einfluß ist. Der Begriff des skalaren magnetischen Potentials ist besonders zur Feldbeschreibung in Bereichen geeignet, die keine Ströme umschließen und von keinen Strömen durchsetzt werden.

Die der Gl. (18.3) entsprechende Beziehung

$$\oint \mathbf{H}\,d\mathbf{s} = I \qquad (18.4)$$

(Integrationsweg umschließt einmal den Strom I) bleibt von der Art der Verlegung der Doppelfläche unabhängig, ebenso wie der äquivalente Differentialausdruck für ein ausgedehntes Strömungsfeld der Stromdichte $\mathbf{j}$:

$$\operatorname{rot}\mathbf{H} = \mathbf{j}\,. \qquad (18.5)$$

Dieser gehört zusammen mit $\operatorname{div}\mathbf{B} = 0$ und $\mathbf{B} = \mu\mathbf{H}$ zu den drei Grundbeziehungen der Magnetik.

Da damit das Magnetfeld als ein *quellenfreies Wirbelfeld* festliegt, erscheint es zweckmäßiger, das Feld durch ein *Vektorpotential* $\mathbf{A}$ zu beschreiben, definiert durch

$$\mathbf{B} = \mu\mathbf{H} = \operatorname{rot}\mathbf{A}\,. \qquad (18.6)$$

Allerdings ist $\mathbf{A}$ damit nur bis auf den Gradienten einer beliebigen skalaren Ortsfunktion bestimmt. Zur Vervollständigung wählt man meist als zweite Definitionsgleichung:

$$\operatorname{div}\mathbf{A} = 0\,. \qquad (18.7)$$

Mit (17.3) erhält man als Vektorpotential eines Dipols vom Moment $\boldsymbol{m}$ mit Koordinatenursprung im Dipolmittelpunkt

$$\boldsymbol{A} = \frac{\boldsymbol{m} \times \boldsymbol{r}}{4\pi r^3} = -\frac{1}{4\pi} \left[\boldsymbol{m} \times \operatorname{grad} \frac{1}{r} \right] = \frac{1}{4\pi} \operatorname{rot} \frac{\boldsymbol{m}}{r}. \tag{18.8}$$

Für das Potential der ganzen Schleife (Fig. 3) folgt hieraus unter Zuhilfenahme des Stokesschen Satzes

$$\boldsymbol{A} = \frac{I\mu}{4\pi} \int \operatorname{rot} \frac{\boldsymbol{n}}{r} \, dS = \frac{I\mu}{4\pi} \oint \frac{d\boldsymbol{s}}{r}, \tag{18.9}$$

wobei $\boldsymbol{n}$ den Normalvektor der Doppelfläche und r den Abstand des Aufpunktes vom Flächen- bzw. Linienelement bedeuten; beim ersten Integral ist über die Doppelfläche, beim zweiten über deren Rand (d.h. den Stromfaden selbst) zu integrieren. Diese Beziehung ist das Äquivalent der Gl. (2.7) der Elektrostatik. Für räumlich verteilte Strömung läßt sie sich durch weitere Anwendung des Superpositionssatzes erweitern:

$$\boldsymbol{A} = \frac{\mu}{4\pi} \int\limits_{G} \frac{\boldsymbol{j}_1 \, dv_1}{|\boldsymbol{r} - \boldsymbol{r}_1|}. \tag{18.10}$$

$\boldsymbol{r}$ ist hier der Ortsvektor des Aufpunkts, $\boldsymbol{r}_1$ derjenige des Volumenelements dv_1 mit der Stromdichte $\boldsymbol{j}_1$. Zu integrieren ist über den ganzen die Strömung enthaltenden Raum G.

Wendet man nach (18.6) die Rotoroperation auf (18.10) und (18.9) an, so erhält man die unter dem Namen des Biot-Savartschen Gesetzes bekannte Beziehung für die magnetische Feldstärke:

$$\boldsymbol{H} = \frac{1}{\mu} \operatorname{rot} \boldsymbol{A} = \frac{1}{4\pi} \operatorname{rot} \int \frac{\boldsymbol{j}_1 \, dv_1}{|\boldsymbol{r} - \boldsymbol{r}_1|} \tag{18.11}$$

bzw.

$$\boldsymbol{H} = \frac{I}{4\pi} \operatorname{rot} \oint \frac{d\boldsymbol{s}_1}{|\boldsymbol{r} - \boldsymbol{r}_1|} = \frac{I}{4\pi} \oint \frac{d\boldsymbol{s}_1 \times (\boldsymbol{r} - \boldsymbol{r}_1)}{|\boldsymbol{r} - \boldsymbol{r}_1|^3}. \tag{18.12}$$

19. Laplacesche und Poissonsche Gleichung der Magnetostatik. Mit den Beziehungen (17.4) und (18.1) erhält man die Differentialgleichung für das skalare magnetische Potential Φ:

$$\operatorname{div}(\mu \operatorname{grad} \Phi) = 0. \tag{19.1}$$

Im Falle konstanter Permeabilität, entsteht daraus die Laplacesche Gleichung

$$\Delta\Phi = 0. \tag{19.2}$$

Infolge der Nichtexistenz magnetischer Ladungen dürfte es für Φ keine Poissonsche Gleichung geben. Doch bedient man sich ihrer manchmal als rechnerischem Kunstgriff bei Feldern von Permanentmagneten (Ziff. 21) und bei Auftreten von Medien verschiedener Permeabilität, an deren Begrenzungen fiktive Ladungen den Ursprung eines sekundären Skalarpotentialfeldes bilden können (Ziff. 6).

Die Differentialgleichung für das magnetische Vektorpotential erhält man aus (18.5) und (18.6)

$$\operatorname{rot}\left(\frac{1}{\mu} \operatorname{rot} \boldsymbol{A} \right) = \boldsymbol{j} \tag{19.3}$$

und bei konstantem μ die der Poissonschen Gleichung der Elektrostatik entsprechende Beziehung:

$$\Delta\boldsymbol{A} = -\operatorname{rot}\operatorname{rot}\boldsymbol{A} + \operatorname{grad}\operatorname{div}\boldsymbol{A} = -\mu\boldsymbol{j} \tag{19.4}$$

da definitionsgemäß $\operatorname{div}\boldsymbol{A} = 0$ ist.

In kartesischen Koordinaten (und nur in diesen, vgl. Ziff. 72) gilt (19.4) für jede Komponente getrennt

$$\Delta A_x = - \mu j_x; \quad \Delta A_y = - \mu j_y; \quad \Delta A_z = - \mu j_z. \tag{19.5}$$

20. Magnetisierung. Ferromagnetika. Wie die Materialabhängigkeit der Dielektrizitätskonstanten in der Elektrostatik, wird diejenige der Permeabilität durch molekulare Dipole erklärt, deren räumliche Dichte $\boldsymbol{M}$ hier *Magnetisierung* heißt. In Analogie zur dielektrischen Polarisation ist:

$$\boldsymbol{B} = \mu \boldsymbol{H} = \mu_0 \boldsymbol{H} + \boldsymbol{M} = \mu_0 (1 + \chi_m) \boldsymbol{H}. \tag{20.1}$$

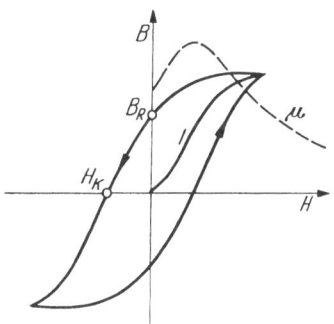

Fig. 4. Ferromagnetische Hysteresisschleife. *1.* Jungfräuliche Kurve. B_R-Remanenz. H_K-Koerzitivkraft.

χ_m heißt *magnetische Suszeptibilität*. Die Dipole kommen durch Molekularströme zustande (Elektronenbewegung um den Atomkern, Elektronenspin). Wie bei der Polarisation kann man zwei Effekte beobachten: die Drehung der bereits vorhandenen Dipole in Feldrichtung und Schaffung neuer in ursprünglich neutralen Atomen. Während jedoch bei den Dielektrika beide Effekte eine positive Suszeptibilität zur Folge haben, wirkt der zweite hier feldvermindernd ($\chi_m < 0$). Stoffe mit $\chi_m > 0 \,(\mu_r > 1)$ heißen *paramagnetisch*, solche mit $\chi_m < 0 \,(\mu_r < 1)$ *diamagnetisch*. Mit Ausnahme weniger Stoffe sind die Werte der Suszeptibilität so klein (Größenordnung 10^{-4}), daß man sie bei der Feldberechnung vernachlässigt, die Stoffe also wie Vakuum behandelt. Die Ausnahme bilden die *Ferromagnetika* mit sehr hohen μ_r-Werten, die außerdem in hohem Maße von der Stärke des Feldes abhängen (Fig. 4). Auch spielt die Vorbehandlung des Materials eine Rolle. Bei zu- und wieder abnehmender Feldstärke durchläuft der Wert von B verschiedene Kurvenäste (Fig. 4, *Hysteresisschleife*). Für $H = 0$, behält B einen endlichen Wert, die *Remanenz*. Um $B = 0$ zu machen muß andererseits eine Feldstärke aufgebracht werden, die *Koerzitivkraft*. Die veränderlichen μ-Werte und die Hystereseerscheinungen machen eine genauere Feldberechnung von Anordnungen mit ferromagnetischen Stoffen außerordentlich schwierig, wenn nicht unmöglich. Meist begnügt man sich mit der Annahme eines mittleren, konstanten Wertes für μ.

Die Suszeptibilität und entsprechend die Permeabilität nehmen in manchen Kristallen Tensorcharakter an. Eine gewisse Anisotropie entsteht auch in lamelliertem Eisen, wenn die Dicke der Isolierschicht nicht mehr als klein gegenüber der Blechdicke angenommen werden kann (vgl. Ziff. 64).

An der Grenze zweier Medien mit den Permeabilitäten μ_1 und μ_2 gehen, wie die entsprechenden Größen der Elektrostatik, die Normalkomponenten der Induktion und die Tangentialkomponenten der Feldstärke stetig ineinander über:

$$B_{n1} = B_{n2}; \quad H_{t1} = H_{t2}, \tag{20.2}$$

und es gilt analog Gl. (5.7)

$$\frac{\tan \alpha_1}{\tan \alpha_2} = \frac{\mu_1}{\mu_2}. \tag{20.3}$$

Die erste Beziehung von (20.2) gilt im Gegensatz zu (5.4) immer, da es keine wahren magnetischen Ladungen gibt. Die Grenzfläche kann jedoch als Sitz einer *Polarisationsladung* aufgefaßt werden.

Analog zur Gl. (6.1) der Elektrostatik erhält man als skalares magnetisches Potential bei vorhandener Magnetisierung:

$$\Phi(\boldsymbol{r}) = \Phi_0(\boldsymbol{r}) + \frac{1}{4\pi\mu_0}\left\{\int\limits_S \frac{\boldsymbol{M}(\boldsymbol{r}_1)\,d\boldsymbol{S}_1}{|\boldsymbol{r}-\boldsymbol{r}_1|} - \int\limits_G \frac{\operatorname{div}\boldsymbol{M}(\boldsymbol{r}_1)}{|\boldsymbol{r}-\boldsymbol{r}_1|}\,dv_1\right\}, \qquad (20.4)$$

wobei $\Phi_0(\boldsymbol{r})$ das Potential der gegebenen Stromverteilung bei fortgedachten ferromagnetischen Körpern ist (Primärpotential). Im Falle $\mu = \mathrm{const}$ verschwindet das zweite Integral, das erste gibt das Potential (Sekundärpotential) einer (fiktiven) magnetischen Flächenladung σ_m auf den Trennflächen der einzelnen Medien wieder (Magnetisierungsladung):

$$\Phi(\boldsymbol{r}) = \Phi_0(\boldsymbol{r}) + \frac{1}{4\pi\mu_0}\int \frac{\sigma_m(\boldsymbol{r}_1)\,dS_1}{|\boldsymbol{r}-\boldsymbol{r}_1|}. \qquad (20.5)$$

Benutzt man das Vektorpotential zur Beschreibung des Feldes, so erhält man auf den Begrenzungsflächen der Medien statt einer Flächenladung σ_m (fiktive) Flächenströme. Zunächst folgt aus (18.8) durch Erweiterung auf ein magnetisiertes Volumen mit (18.10) als Primärfeld für das resultierende Vektorpotential

$$\boldsymbol{A}(\boldsymbol{r}) = \frac{\mu_0}{4\pi}\int \frac{\boldsymbol{j}_1\,dv_1}{|\boldsymbol{r}-\boldsymbol{r}_1|} + \frac{1}{4\pi}\int \frac{\boldsymbol{M}(\boldsymbol{r}_1)\times(\boldsymbol{r}-\boldsymbol{r}_1)}{|\boldsymbol{r}-\boldsymbol{r}_1|^3}\,dv_1, \qquad (20.6)$$

woraus sich nach den Gesetzen der Vektorrechnung ergibt

$$\boldsymbol{A}(\boldsymbol{r}) = \frac{\mu_0}{4\pi}\left\{\int \frac{\boldsymbol{j}_1\,dv_1}{|\boldsymbol{r}-\boldsymbol{r}_1|} + \int \frac{\operatorname{rot}\boldsymbol{M}_1\,dv_1}{|\boldsymbol{r}-\boldsymbol{r}_1|} - \int \frac{\boldsymbol{n}_1\times\boldsymbol{M}_1}{|\boldsymbol{r}-\boldsymbol{r}_1|}\,dS_1\right\}. \qquad (20.7)$$

Hierin kann das zweite Integral als ein von einer räumlichen Strömung $\boldsymbol{j}_m = \operatorname{rot}\boldsymbol{M}(\boldsymbol{r}_1)$ herrührendes, das dritte als von einer Flächenströmung $\boldsymbol{J}_m = -\boldsymbol{n}_1\times\boldsymbol{M}(\boldsymbol{r}_1)$ stammendes interpretiert werden. Das zweite Integral fällt im Falle gleichmäßiger Magnetisierung fort.

21. Permanentmagnete. Zu ihrer Herstellung werden Stoffe mit hoher Remanenz (Fig. 4) und breiter Hysteresisschleife gewählt. Da keine wahren Ströme vorliegen, ist nach (18.5) und (17.4):

$$\operatorname{rot}\boldsymbol{H} = 0; \quad \operatorname{div}\boldsymbol{B} = 0. \qquad (21.1)$$

Hingegen ist nach (20.1)

$$\operatorname{rot}\boldsymbol{B} = \operatorname{rot}\boldsymbol{M} \neq 0; \quad \operatorname{div}\boldsymbol{H} = -\frac{1}{\mu_0}\operatorname{div}\boldsymbol{M} \neq 0. \qquad (21.2)$$

Das Feld eines Permanentmagneten kann also, da es, wenn man $\boldsymbol{H}$ betrachtet, ein wirbelfreies Quellenfeld ist, durch ein skalares Potentialfeld Φ dargestellt werden. Bei homogener Magnetisierung sind seine Quellen als magnetische Flächenladung σ_m über die Oberfläche des Magneten verteilt.

Fragt man nach der Verteilung der Induktion statt derjenigen der Feldstärke, so ist das Feld ein quellenfreies Wirbelfeld und kann durch ein Vektorpotential beschrieben werden. Im Falle homogener Magnetisierung ist sein Ursprung ein längs der Oberfläche des Magneten verteilter (fiktiver) Strombelag $\boldsymbol{J}_m$.

22. Energieinhalt des magnetischen Feldes. Flußverkettung. Induktivitäten. Kann man sich das Magnetfeld als von magnetischen Ladungen herrührend vorstellen, wie z.B. im Außenraum von Permanentmagneten, so kann man aus Analogiegründen den Ausdruck für den Energieinhalt eines Volumenelements des Feldes aus der Elektrostatik übernehmen:

$$dW = \tfrac{1}{2}\boldsymbol{H}\boldsymbol{B}\,dv. \qquad (22.1)$$

Da sich aber das von elektrischen Strömen herrührende Feld von demjenigen der Magnete grundsätzlich nicht unterscheidet (Ziff. 17), gilt (22.1) auch für Ströme, und zwar überall dort, wo B proportional H bleibt[1], also nicht bei vom Feld abhängiger Permeabilität[2].

Die Gesamtenergie eines Systems ist dann (von Permanentmagneten sei hier abgesehen):

$$
\begin{aligned}
W &= \tfrac{1}{2} \int \boldsymbol{H}\boldsymbol{B}\,dv = \tfrac{1}{2} \int \boldsymbol{H}\,\mathrm{rot}\,\boldsymbol{A}\,dv \\
&= \tfrac{1}{2} \int \boldsymbol{A}\,\mathrm{rot}\,\boldsymbol{H}\,dv - \tfrac{1}{2} \int \mathrm{div}\,(\boldsymbol{H}\times\boldsymbol{A})\,dv \\
&= \tfrac{1}{2} \int \boldsymbol{A}\boldsymbol{j}\,dv + \tfrac{1}{2} \oint (\boldsymbol{A}\times\boldsymbol{H})\,d\boldsymbol{S}.
\end{aligned}
\qquad (22.2)
$$

Das zweite Integral verschwindet für ganz im Endlichen gelegene Anordnungen. In homogenen Medien erhält man mit Gl. (18.10)

$$
W = \frac{1}{2} \int \boldsymbol{A}\boldsymbol{j}\,dv = \frac{\mu}{8\pi} \iint \frac{\boldsymbol{j}_1\boldsymbol{j}_2\,dv_1\,dv_2}{|\boldsymbol{r}_2 - \boldsymbol{r}_1|},
\qquad (22.3)
$$

worin $\boldsymbol{j}_1$ die Stromdichte in dv_1 am Ort $\boldsymbol{r}_1$ ist.

In Analogie zu Gl. (12.1) ergibt sich mit Gl. (17.2) als Energie eines magnetischen Dipols im Feld $\boldsymbol{H}$:

$$
dW = \mu I \boldsymbol{H}\,d\boldsymbol{S} = I\boldsymbol{B}\,d\boldsymbol{S}
\qquad (22.4)
$$

und durch eine Überlagerung nach Fig. 3 (Ziff. 18) diejenige eines endlichen Stromfadens

$$
W = I \int \boldsymbol{B}\,d\boldsymbol{S} = I\Psi = I \oint_{s} \boldsymbol{A}\,d\boldsymbol{s}.
\qquad (22.5)
$$

Die Integration ist im ersten Fall über eine beliebige über den Stromfaden als Rand aufgespannte Fläche durchzuführen, im zweiten Fall über den Stromfaden selbst. Ψ nennt man den mit dem Faden *verketteten magnetischen Fluß*.

Ist eine Anordnung mit n Stromfäden gegeben, so ergibt sich analog den Überlegungen in Ziff. 9:

$$
W = \tfrac{1}{2} \sum_{h=1}^{n} I_h \Psi_h.
\qquad (22.6)
$$

Ψ_h ist der gesamte die h-te Stromschleife durchquerende Fluß. Er setzt sich nach dem Superpositionsgesetz aus n Teilflüssen zusammen, die jeweils von einem der Schleifenströme verursacht und diesem bei feldunabhängigen μ auch proportional sind:

$$
\Psi_h = \sum_{k=1}^{n} \Psi_{hk} = \sum_{k=1}^{n} L_{hk} I_k.
\qquad (22.7)
$$

Die Proportionalitätskonstanten L_{hk} heißen *Induktionskoeffizienten*, und zwar ist L_{hh} die *Selbstinduktivität* des h-ten Stromfadens, $L_{hk} (h \neq k, L_{hk} = L_{kh})$ die *Gegeninduktivität* zwischen dem h-ten und dem k-ten. Sie hängen nur von den geometrischen Abmessungen und der gegenseitigen Lage der Schleifen sowie von der Verteilung der Permeabilität ab:

$$
L_{hk} = \frac{\Psi_{hk}}{I_k} = \frac{1}{I_k} \int_{S_h} \boldsymbol{B}_k\,d\boldsymbol{S}_h = \frac{1}{I_k} \oint_{s_h} \boldsymbol{A}_k\,d\boldsymbol{s}_h.
\qquad (22.8)
$$

---

[1] Vgl. Voraussetzungen bei Ableitung der Formel (9.7) und Anmerkung auf S. 12.

[2] Hier müssen außer der Nichtproportionalität u. U. auch Hystereseverluste berücksichtigt werden. Vgl. Bd. XVIII.

Im homogenen Medium wird mit (18.9)

$$L_{hk} = \frac{\mu}{4\pi} \oint_{s_h} \oint_{s_k} \frac{d\boldsymbol{s}_h \, d\boldsymbol{s}_k}{|\boldsymbol{r}_h - \boldsymbol{r}_k|}.$$ (22.9)

Befinden sich im Feld Stoffe verschiedener Permeabilität, so sind die Flächenströme $\boldsymbol{J}_M$ der Magnetisierung an den Grenzflächen zu berücksichtigen.

Zur Berechnung der Selbstinduktivitäten sind die beiden letzten Formeln ungeeignet, da in (22.8) $\boldsymbol{B}$ und $\boldsymbol{A}$ am Faden selbst über alle Grenzen wachsen und in (22.9) $|\boldsymbol{r}_i - \boldsymbol{r}_j|$ in einem Drahtpunkt verschwindet. Für Drähte, deren

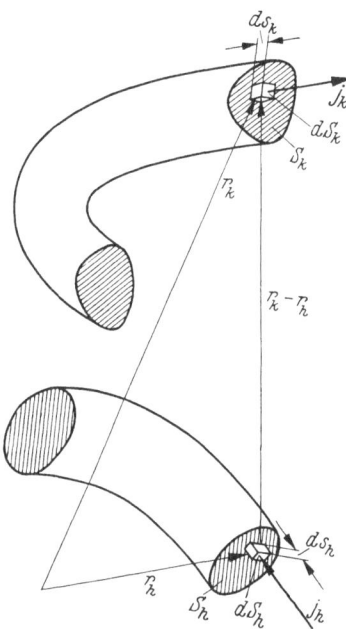

Halbmesser ϱ_0 klein gegenüber dem Krümmungsradius und der Länge der Schleife ist, erhält man eine genügende Näherung, wenn man die Umläufe beim Integrieren nicht schließt, sondern nur bis zu einem Abstand $\varrho_0/2$ beiderseits des singulären Punktes der Drahtachse heranführt.

Genauer rechnet man mit Leitern endlichen Querschnitts und geht dazu zweckmäßig von der nach Gl. (22.3) berechneten Gesamtenergie des magnetischen Feldes aus. Schreibt man nämlich mit (22.6) und (22.7):

$$\begin{rcases} W = \frac{1}{2} \sum_{h=1}^{n} \sum_{k=1}^{n} L_{hk} I_h I_k \\[2mm] = \frac{\mu}{8\pi} \sum_{h=1}^{n} \sum_{k=1}^{n} \int \frac{(\boldsymbol{j}_h(\boldsymbol{r}_h) \, \boldsymbol{j}_k(\boldsymbol{r}_k))}{|\boldsymbol{r}_k - \boldsymbol{r}_h|} \, dv_h \, dv_k, \end{rcases}$$ (22.10)

so folgt offensichtlich:

$$L_{hk} = 2 \frac{\partial^2 W}{\partial I_h \partial I_k} \quad \text{und} \quad L_{hh} = \frac{\partial^2 W}{\partial I_h^2}.$$ (22.11)

Fig. 5. Zur Berechnung der gegenseitigen Induktivität zweier Stromkreise.

Die Indices h und k sind gleichberechtigt und können gegenseitig vertauscht werden. $\boldsymbol{j}_h$ ist die Stromdichte über den Querschnitt S_h des h-ten Leiters, die Verteilung ist bei dünnen Drähten[1] gleichmäßig, bei gegenüber den sonstigen Abmessungen beachtlichem Querschnitt findet man sie nach den Gesetzen der stationären Strömung (Abschnitt I b).

Bei enggewickelten Spulen kann angenommen werden, daß jede Windung in sich geschlossen ist. Die Spulen werden dann wie endlich dicke Leiter behandelt, für deren Querschnitt der gesamte Wicklungsquerschnitt zu setzen ist. Bei der Integration (22.10) muß die Drahtisolation („Füllfaktor") berücksichtigt werden, z.B. durch Wahl einer gleichmäßigen „effektiven Stromdichte" über den ganzen Querschnitt. Für den Strom I_h in (22.10) ist der Strom jeder Windung, nicht etwa die Zahl der „Amperewindungen" $I_h n_h$ einzusetzen. (Die Selbstinduktion eisenfreier Spulen wird so bei konstant gehaltenem Spulenquerschnitt dem Quadrat der Windungszahl proportional.)

23. Magnetische Kräfte. Mit der gleichen Begründung wie die potentielle Energie eines Magnetfeldes können auch die darin wirkenden Kräfte aus den

---

[1] Natürlich nur bei stationären Strömen oder aber Wechselströmen so niedriger Frequenz, daß der Hauteffekt keine Rolle spielt.

entsprechenden Formeln der Elektrostatik (Ziff. 10 und 11) entnommen werden. Man erhält auf diese Weise für die Kraftdichte $\mathfrak{f}$ in einem Medium feldunabhängiger Permeabilität μ den Ausdruck

$$\mathfrak{f} = -\tfrac{1}{2}\, H^2\,\mathrm{grad}\,\mu \tag{23.1}$$

und für den Druck auf die Grenzfläche zwischen zwei ebensolchen Medien:

$$p = \tfrac{1}{2}[B_{n2}H_{n2} - B_{n1}H_{n1} - B_{t2}H_{t2} + B_{t1}H_{t1}]. \tag{23.2}$$

Dabei wird das Medium höherer Permeabilität zu demjenigen von niedrigerem μ hingezogen.

Ist das eine Medium Luft, das andere ferromagnetisch mit sehr hohem (und wie oben idealisiertem) μ_r, so treffen nach dem Brechungsgesetz (20.3) die Feld- und Induktionslinien in Luft praktisch senkrecht auf die Grenzfläche. Man kann dann die tangentiellen Komponenten vernachlässigen, ebenso die Feldstärke im Ferromagneticum gegenüber derjenigen in Luft, so daß wird:

$$p = \tfrac{1}{2}\,B\,H. \tag{23.3}$$

Die Kräfte auf stromdurchflossene Leiter erhält man nach dem Prinzip der virtuellen Verrückungen aus den entsprechenden Energieausdrücken. So ist nach (22.4) die Kraft auf ein den Strom I führendes Linienelement $d\mathbf{s}$ im Felde $\mathbf{H}$:

$$\mathbf{F} = \mu\, I\,(d\mathbf{s} \times \mathbf{H}) = I\,(d\mathbf{s} \times \mathbf{B}) \tag{23.4}$$

und bei verteilter Strömung:

$$\mathbf{F} = \int (\mathbf{j} \times \mathbf{B})\, dv. \tag{23.5}$$

Allgemein ist im Falle mehrerer Leiter die Kraft (bzw. das Drehmoment) in Richtung einer bestimmten Verrückung (bzw. Verdrehung) $\delta\eta$ nach Gl. (22.6) und (22.7)

$$F_\eta = \frac{1}{2}\sum_{h=1}^{n}\sum_{k=1}^{n} I_h I_k \frac{\delta L_{hk}}{\delta\eta}. \tag{23.6}$$

24. Der magnetische Kreis. In der Elektrotechnik wird oft bei Anwendungen, deren wichtigsten Bestandteil ferromagnetische Stoffe ($\mu_r \gg 1$) bilden (z.B. Transformatoren), die vereinfachende Annahme gemacht, daß die Luft die relative Permeabilität 0 statt 1 besitzt. Dadurch werden die Probleme auf solche der elektrischen Strömung (Abschnitt I b) zurückgeführt. Man spricht von einem „magnetischen Kreis", analogisiert die Durchflutung (Zahl der Amperewindungen) $I \cdot n$ mit der elektrischen Spannung U, den magnetischen Fluß Ψ mit dem elektrischen Strom I und führt zuweilen auch den Begriff des „magnetischen Widerstandes" ein:

$$R_m = I\,n/\Psi. \tag{24.1}$$

Auch Anordnungen mit einem engen Luftspalt (elektrische Maschinen, Drosseln) — eng im Vergleich zum „Kraftlinienweg" im Ferromagnetikum — gehören hierzu. Es wird hier zwar $\mu_r = 1$ im Luftspalt, $\mu = 0$ jedoch im sonstigen Luftraum gesetzt.

II. Eigenschaften und Berechnungsmethoden skalarer und vektorieller Potentialfelder.

a) Eigenschaften der Potentialfelder.

25. Zur gemeinsamen mathematischen Behandlung der elektrischen und magnetischen Felder. Wie aus dem Vorausgegangenen ersichtlich, herrscht im Verhalten bestimmter physikalischer Größen der verschiedenen Feldarten weitgehende Analogie.

Die sich entsprechenden Größen seien hier nochmals, untereinandergeschrieben, aufgeführt:

Elektrostatisches Feld	$\boldsymbol{E}$	$\boldsymbol{D}$	ε	Φ	Ψ, Q	U	
Elektrisches Feld stationärer Ströme	$\boldsymbol{E}$	$\boldsymbol{j}$	$\varkappa$	Φ	I	U	$\boldsymbol{A}$
Magnetisches Feld stationärer Ströme	$\boldsymbol{H}$	$\boldsymbol{B}$	μ	Φ	Ψ	I	$\boldsymbol{A}$

Abgesehen von den Potentialen selbst und den Materialkonstanten können alle diese Größen ebenso wie die Energie- und Kraftdichte aus dem skalaren Potential Φ bzw. dem Vektorpotential $\boldsymbol{A}$ durch Differentiation erhalten werden. Wir werden uns daher im folgenden vornehmlich mit der Ermittlung dieser Funktionen beschäftigen.

Vom rechnerischen Standpunkt aus unterscheiden sich die einzelnen Skalarfelder insbesondere durch den Wertebereich der Materialkonstanten $\varepsilon_r, \mu_r, \varkappa$. In der Elektrostatik gibt es räumliche Gebiete, in denen die Feldstärke $\boldsymbol{E}$ verschwindet (Leiter). Sie können durch die Festsetzung $\varepsilon_r = \varepsilon/\varepsilon_0 = \infty$ beschrieben werden. Die Begrenzungsflächen dieser Bereiche sind Äquipotentialflächen, die Feldlinien münden darauf senkrecht. Andererseits treten bei den elektrischen Strömungsfeldern Bereiche auf (Isolator, Luft), die für die Stromdichte $\boldsymbol{j}$ verboten sind ($\varkappa = 0$). Hier bildet der Leiter eine Kraftröhre, deren Mantelfläche die Äquipotentialflächen senkrecht schneidet. Die magnetischen Felder endlich weisen nur endliche Verhältnisse der Permeabilität auf, doch werden sie bei Vorhandensein ferromagnetischer Stoffe ($\mu_r \gg 1$) wie einer der obigen Fälle behandelt.

Das Vektorpotential $\boldsymbol{A}$ ist meist den magnetischen Feldern vorbehalten, doch ist es, infolge der in Ziff. 18 gezeigten Äquivalenz von Stromfäden und Doppelflächen auch in elektrischen Feldern überall dort verwendbar, wo solche (endlich berandete) Doppelflächen auftreten.

Abgesehen von einzelnen Beispielen in den Kapiteln III und IV dieses Artikels werden wir bei der Behandlung des skalaren Potentials die „Quellen" allgemein als Ladungen, bei derjenigen des Vektorpotentials die „Wirbel" als Ströme bezeichnen.

Es sei noch auf die enge Verwandtschaft der Berechnung von Kapazität und Widerstand hingewiesen. Die in Kap. III und IV angegebenen Formeln für die Kapazität geben gleichzeitig den Wert für den reziproken Widerstand der analogen Anordnung, wenn man in ihnen $\varkappa$ für $4\pi\varepsilon$ ($\varkappa$ für $2\pi\varepsilon$ in ebenen Feldern) setzt.

26. Randbedingungen bei den einzelnen Feldarten. Die oben erwähnten Grenzflächen bilden oft die Begrenzung des zu untersuchenden Feldbereiches. Ihre geometrische Form und die Werteverteilung einer Feldgröße darüber sind die Ausgangsdaten des mathematischen Problems. Ist das Potential gegeben, so heißt das Problem Randwertaufgabe erster Art (Dirichlet-Problem), bei Vorgabe der Normalkomponente eines Feldvektors wird es Randwertaufgabe zweiter Art (Neumann-Problem) genannt. Innerhalb dieser Begrenzungen können auch noch bestimmte Verteilungen von „Quellen" und „Senken", d.h. von Ladungen oder Strömen, gegeben sein.

In der Elektrostatik handelt es sich fast immer um die Lösung des Dirichlet-Problems, d.h. es sind die Oberflächen der Leiter und deren Potentiale gegeben. Es kommt vor, daß man statt der Potentiale die Gesamtladungen der einzelnen Leiter vorgibt. Doch läßt sich diese Aufgabe auf die obige zurückführen. Die Auffindung der räumlichen Verteilung des Potentials in homogenen Medien erfolgt durch Lösung der Laplaceschen Differentialgleichung oder der entsprechenden Integralgleichung (Ziff. 34). Inhomogene Medien mit stetig verteiltem ε lassen sich mit wenigen Ausnahmen kaum mathematisch behandeln, treten praktisch auch nur selten auf. Bereichsweise homogene Dielektrika erfaßt man rechnerisch durch eine längs der Grenzfläche angebrachte Flächenladung. Da diese jedoch von der zunächst unbekannten Verteilung der Feldstärke abhängt, ist die Zahl der einer mathematischen Behandlung zugänglichen Probleme beschränkt. Bei fest gegebener Raumladung zwischen den Leitern ist die Lösung der Poissonschen Gleichung, z.B. unter Benutzung der Greenschen Funktion (Ziff. 33) aufzufinden.

Bei der elektrischen Strömung sind die Ein- bzw. Austrittsstellen des Stromes meist Äquipotentialflächen, wohingegen an den Begrenzungsflächen gegen Luft die Bedingung $j_n = 0$ zu erfüllen ist. Es handelt sich also um eine gemischte Randwertaufgabe. Bei Problemen mit inhomogenen Medien verfährt man wie in der Elektrostatik.

Von Strömen erzeugte magnetische Felder in Luft oder in nicht ferromagnetischen Stoffen lassen sich entweder durch ein skalares Potential nach Gl. (18.2) oder ein Vektorpotential nach Gl. (18.9) in Form eines bestimmten Integrals beschreiben. Ferromagnetische Stoffe werden bei feldunabhängiger Permeabilität durch Annahme einer Flächenladung oder eines Strombelages längs der Grenzfläche berücksichtigt. Die Schwierigkeiten bei deren Ermittlung sind die gleichen wie oben. Sättigungserscheinungen sind einer analytischen Behandlung kaum zugänglich. Oft werden die Oberflächen der Ferromagnetika infolge $\mu_r \gg 1$ wie Äquipotentialflächen behandelt, die Feldberechnung in Luft also auf ein Dirichlet-Problem zurückgeführt. Felder von Permanentmagneten kann man nach Ziff. 21 wie Ladungs- bzw. Stromfelder behandeln.

27. Die Sätze von GAUSS und GREEN. Die beiden Sätze der Vektorrechnung sind für die Potentialtheorie von größter Wichtigkeit.

α) *Der Satz von Gauß.* Ein Vektorfeld $\boldsymbol{a}$ sei in einem von einer Fläche S allseitig umschlossenen Volumen G gegeben[1]. Dann gilt, wenn der Normalenvektor $\boldsymbol{n}$ von S nach dem Außenraum von G gerichtet ist:

$$\int_S (\boldsymbol{a}\,\boldsymbol{n})\,dS = \int_G \operatorname{div} \boldsymbol{a}\,dv. \tag{27.1}$$

In der Elektrostatik wendet man den Satz auf $\boldsymbol{D}$ an, mit $\operatorname{div} \boldsymbol{D} = \varrho$, in der Magnetostatik auf $\boldsymbol{B}$ mit $\operatorname{div} \boldsymbol{B} = 0$ und bei der elektrischen Strömung auf $\boldsymbol{j}$.

Ist $\boldsymbol{a} = -\operatorname{grad} u$, so wird

$$\oint_S \boldsymbol{n}\operatorname{grad} u\,dS = \int_G \varDelta u\,dv. \tag{27.2}$$

Zu einem für später wichtigen Ergebnis gelangt man, wenn man hierin $u = \dfrac{1}{|\boldsymbol{r} - \boldsymbol{r}_0|}$ setzt, wobei $\boldsymbol{r}$ und $\boldsymbol{r}_0$ zwei beliebige Ortsvektoren sind (jedoch die Spitze von $\boldsymbol{r}_0$ innerhalb G fällt) und die Integration über $\boldsymbol{r}_0$ (die Differentiation natürlich nach $\boldsymbol{r}$) durchgeführt wird. Da $\varDelta \dfrac{1}{|\boldsymbol{r} - \boldsymbol{r}_0|} = 0$ wenn $\boldsymbol{r} \neq \boldsymbol{r}_0$, verschwindet der Ausdruck (27.2) stets solange der Endpunkt von $\boldsymbol{r}$ außerhalb G liegt. Liegt er aber innerhalb G, so schließt man ihn durch eine um ihn geschlagene sehr kleine Kugel K vom Radius ϱ von G aus und integriert auch über K:

$$\left.\begin{aligned}
\int_G \varDelta \frac{1}{|\boldsymbol{r} - \boldsymbol{r}_0|}\,dv &= \oint_S \boldsymbol{n}\operatorname{grad}\frac{1}{|\boldsymbol{r} - \boldsymbol{r}_0|}\,dS + \oint_K \boldsymbol{n}\operatorname{grad}\frac{1}{|\boldsymbol{r} - \boldsymbol{r}_0|}\,dS \\
&= -\oint_K \boldsymbol{n}\operatorname{grad}_0 \frac{1}{|\boldsymbol{r} - \boldsymbol{r}_0|}\,dS = -\oint_K \frac{dS}{|\boldsymbol{r} - \boldsymbol{r}_0|^2} = -\frac{1}{\varrho^2}\oint_K dS = -4\pi.
\end{aligned}\right\} \tag{27.3}$$

---

[1] Das Volumen kann auch mehrfach zusammenhängend sein, so daß die Fläche S in mehrere zerfällt.

Fällt der Endpunkt von r auf S, so ist nur die halbe Kugeloberfläche zu nehmen, so daß

$$\int\limits_{G} \Delta \frac{1}{|r - r_0|} \, dv = - 2\pi \qquad (27.4)$$

wird.

β) Die Greenschen Sätze. Durch Einsetzen von $w \operatorname{grad} u$ statt $\boldsymbol{a}$ in Gl. (27.1) erhält man:

$$\oint\limits_{S} w \, (\boldsymbol{n} \operatorname{grad} u) \, dS = \int\limits_{G} (w \, \Delta u + \operatorname{grad} w \operatorname{grad} u) \, dv. \qquad (27.5)$$

Vertauscht man hierin w und u und zieht das Ergebnis von (27.5) ab, so ergibt sich

$$\oint\limits_{S} [w \, (\boldsymbol{n} \operatorname{grad} u) - u \, (\boldsymbol{n} \operatorname{grad} w)] \, dS = \int\limits_{G} (w \, \Delta u - u \, \Delta w) \, dv. \qquad (27.6)$$

Setzt man hierin wieder $u = \dfrac{1}{|r - r_0|}$, so verschwindet der erste Integrand rechts für Aufpunkte außerhalb G. Aufpunkte innerhalb schneidet man wieder durch eine kleine Kugel K aus G aus, und erhält wie bei (27.3) für das Integral über die Oberfläche der letzteren:

$$\left.\begin{aligned} \int\limits_{K} w \, \Delta \frac{1}{|r - r_0|} \, dv &= \oint\limits_{K} w \, \boldsymbol{n} \operatorname{grad} \frac{1}{|r - r_0|} \, dS_0 \\ &= - \overline{w} \oint \boldsymbol{n} \operatorname{grad}_0 \frac{1}{|r - r_0|} \, dS_0 = - 4\pi \, \overline{w} \, . \end{aligned}\right\} \qquad (27.7)$$

$\overline{w}$ ist ein über die Kugeloberfläche genommener Mittelwert von w, welcher beim Grenzübergang $\varrho \to 0$ dem Wert w in r gleich wird. Es wird also mit (27.6)

$$\left.\begin{aligned} \int\limits_{G} \frac{1}{|r - r_0|} \, \Delta w \, dv &+ \oint\limits_{S} \left[w \, \boldsymbol{n} \operatorname{grad} \frac{1}{|r - r_0|} - \frac{1}{|r - r_0|} \, \boldsymbol{n} \operatorname{grad} w \right] dS_0 \\ &= \begin{cases} 0 & \text{für} \quad r \;\; \text{außerhalb } G \\ - 2\pi \, w & \text{für} \quad r \;\; \text{auf } S \\ - 4\pi \, w & \text{für} \quad r \;\; \text{innerhalb } G. \end{cases} \end{aligned}\right\} \qquad (27.8)$$

Den Greenschen Sätzen analoge Beziehungen für Vektoren erhält man, wenn für $\boldsymbol{a}$ in (27.1) $u \times \operatorname{rot} \boldsymbol{w}$ gesetzt wird:

$$\oint\limits_{S} \boldsymbol{n} \, [\boldsymbol{u} \times \operatorname{rot} \boldsymbol{w}] \, dS = \int\limits_{G} [\operatorname{rot} \boldsymbol{u} \operatorname{rot} \boldsymbol{w} - \boldsymbol{u} \operatorname{rot} \operatorname{rot} \boldsymbol{w}] \, dv. \qquad (27.9)$$

Vertauscht man wieder u und w und subtrahiert, so wird:

$$\oint\limits_{S} \boldsymbol{n} \{ [\boldsymbol{u} \times \operatorname{rot} \boldsymbol{w}] - [\boldsymbol{w} \times \operatorname{rot} \boldsymbol{u}] \} \, dS = \int\limits_{G} (\boldsymbol{w} \operatorname{rot} \operatorname{rot} \boldsymbol{u} - \boldsymbol{u} \operatorname{rot} \operatorname{rot} \boldsymbol{w}) \, dv. \qquad (27.10)$$

28. Eigenschaften von Ladungsverteilungen. Es sei eine Anzahl von Punktladungen Q_h in den Punkten r_h gegeben, eine nur über die Volumina G_k verteilte Raumladung ϱ, eine über die Flächen S_m verteilte Dipolbelegung τ, eine über die Flächen S_n verteilte Flächenladung σ und eine über die Kurvenzüge s_p verteilte Linienladung λ. Das resultierende Potential ist dann:

$$\left.\begin{aligned} \Phi(\boldsymbol{r}) = \frac{1}{4\pi\,\varepsilon} \Bigg\{ &\sum_h \frac{Q_h}{|r - r_h|} + \sum_k \int\limits_{G_k} \frac{\varrho\,(r_k)\,dv_k}{|r - r_k|} + \\ + \sum_m \int\limits_{S_m} \boldsymbol{\tau}\,(r_m) \operatorname{grad}_m & \frac{1}{|r - r_m|} \, dS_m + \sum_n \int\limits_{S_n} \frac{\sigma\,(r_n)}{|r - r_n|} \, dS_n + \sum_p \int\limits_{s_p} \frac{\lambda\,(r_p)\,ds_p}{|r - r_p|} \Bigg\}. \end{aligned}\right\} \qquad (28.1)$$

In einem Abstand r, der groß ist gegenüber den Abmessungen des von allen diesen Ladungen eingenommenen Raumes, läßt sich dieses Potential nach Potenzen von $1/r$ entwickeln:

$$\Phi(r) = \frac{C_1}{r} + \frac{C_2}{r^2} + \frac{C_3}{r^3} + \cdots \tag{28.2}$$

r ist dabei vom Ladungsschwerpunkt aus gerechnet. Die Koeffizientenberechnung sei, der einfacheren Schreibweise wegen, nur für eine durch das zweite Glied des Ausdrucks (28.1) dargestellte Raumladungsverteilung

$$\Phi = \frac{1}{4\pi\varepsilon} \int \frac{\varrho(r_1)\, dv_1}{|r - r_1|} \tag{28.3}$$

durchgeführt. Für die anderen Glieder ergibt sie sich ganz analog. Entwickelt man:

$$
\left.
\begin{aligned}
\frac{1}{|r - r_1|} &= \frac{1}{\sqrt{r^2 - 2\,r\,r_1 + r_1^2}} \\
&= \frac{1}{r}\left[1 + \frac{r\,r_1}{r^2} - \left(\frac{r_1^2}{2r^2} - \frac{3\,(r\,r_1)^2}{2r^4}\right) - \left(\frac{3}{2}\frac{(r\,r_1)\,r_1^2}{r^4} - \frac{5}{2}\frac{(r\,r_1)^3}{r^6}\right) + \cdots\right]
\end{aligned}
\right\} \tag{28.4}
$$

so erkennt man sofort, daß

$$C_1 = \frac{1}{4\pi\varepsilon} \int \varrho(r_1)\, dv_1 = \frac{Q}{4\pi\varepsilon} \tag{28.5}$$

ist, daß also die Ladungswolke sich in genügend großer Entfernung in erster Näherung wie eine Punktladung in ihrem Schwerpunkt verhält. Als zweites Glied erhält man:

$$\frac{C_2}{r^2} = \frac{1}{4\pi\varepsilon r^3} \int \varrho(r_1)\,(r\,r_1)\, dv_1 \,, \tag{28.6}$$

welches ein Dipolfeld vom Moment

$$p = \int \varrho(r_1)\, r_1\, dv_1 \tag{28.7}$$

darstellt. Das dritte Glied ergibt ein Quadrupolfeld

$$\frac{C_3}{r^3} = \frac{1}{4\pi\varepsilon r^5} \int \varrho(r_1)\left\{\frac{3}{2}(r\,r_1)^2 - \frac{1}{2}r^2\,r_1^2\right\} dv_1 = \frac{1}{4\pi\varepsilon r^5}\cdot\frac{1}{2}\cdot r\,\mathfrak{T}\,r \tag{28.8}$$

mit dem Quadrupolmoment $\mathfrak{T}$ (vgl. Ziff. 4). Für das Zustandekommen des Dipolanteils ist das Vorhandensein von Ladungen beiderlei Vorzeichens notwendig. (Beispiele für obige Entwicklung vgl. Ziff. 96 und 97.)

Umgekehrt wächst im Gebiet der Ladungsverteilung das Potential in der nächsten Umgebung der *Punktladungen* Q_h über alle Grenzen. Obgleich diese also physikalisch keine Realität darstellen, benutzt man ihr Feld rechnerisch, z.B. bei Vorhandensein im Felde kleiner leitender Kugeln, da die Äquipotentiallinien in der nächsten Umgebung der Punktladungen Kugelgestalt haben (vgl. auch Ziff. 66). Bei endlicher *Raumladung* ϱ jedoch ist das Potential überall stetig und beschränkt. Man erkennt dies, indem man ein Teilvolumen eines der G_k in (28.1) in Form einer kleinen Kugel vom Radius a um den Aufpunkt betrachtet, innerhalb welcher $\varrho = \text{const}$ gesetzt werden kann. Die außerhalb der Kugel befindliche Ladung liefert zum Potential bestimmt einen Beitrag, der endlich ist. Der Beitrag der Ladung im Kugelmittelpunkt ist aber

$$\int \frac{\varrho\, dv_k}{|r - r_k|} = \varrho \int_0^a \frac{4\pi r_1^2\, dr_1}{r_1} = 2\pi a^2 \varrho \,. \tag{28.9}$$

Auf die gleiche Art zeigt man, daß auch die Feldstärke

$$E = -\frac{1}{4\pi\varepsilon} \int\limits_{G_K} \varrho(r_k) \, \mathrm{grad}\, \frac{1}{|r-r_k|} \, dv_k \qquad (28.10)$$

dieser Verteilung beschränkt und stetig ist.

Um das Verhalten der Potentialfunktion in der Nähe einer *Doppelfläche* S_m mit dem Rand L_m zu untersuchen, legen wir durch den gleichen Rand eine zweite Fläche T_m so, daß beide Flächen das Volumen G_m einschließen und die Richtung von τ auf S_m nach außen weist. Verlangt man nun von der Funktion w in (27.8), daß sie innerhalb G_m stetig und differenzierbar ist und längs S_m die Werte $\tau(r_m)$ annimmt, längs T_m aber verschwindet und ersetzt in (27.8) das erste Integral durch seinen sich aus (27.5) ergebenden Wert, so erhält man als den von der Doppelfläche S_m herrührenden Beitrag zum Potential:

$$\Phi(r) = \frac{1}{4\pi\varepsilon} \int\limits_{S_m} \tau \, \mathrm{grad}_m \frac{1}{|r-r_m|} \, dS_m = \frac{1}{4\pi\varepsilon} \int\limits_{S_m+T_m} w(r_m) \, n \, \mathrm{grad}_m \frac{1}{|r-r_m|} \, dS_m$$

$$= \frac{1}{4\pi\varepsilon} \int\limits_{G_m} \mathrm{grad}\, w_m \, \mathrm{grad}_m \frac{1}{|r-r_m|} \, dv_m - \begin{cases} 0 & \text{für } r \text{ außerhalb } G_m \\ |\tau|/2\varepsilon & \text{für } r \text{ auf } S_m \\ |\tau|/\varepsilon & \text{für } r \text{ innerhalb } G_m. \end{cases} \quad (28.11)$$

Nun hat aber das letzte Integral die gleiche Form wie dasjenige der Feldstärke (28.10) einer Raumladungsverteilung, ist also stetig beim Durchgang durch S_m. Das Potential einer Doppelschicht nimmt somit beim Durchgang durch diese (in Richtung der Dipolmomente) sprunghaft um den Betrag $|\tau|/\varepsilon$ zu. Durch

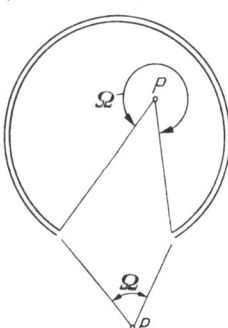

Fig. 6. Zum Skalarpotential einer Doppelfläche.

Differentiation von (28.11) erkennt man, daß die Normalkomponenten der Feldstärke stetig ineinander übergehen, daß die Tangentialkomponenten hingegen ihren Wert sprunghaft um das $1/\varepsilon$-fache der entsprechenden Tangentialableitung von $|\tau(r_m)|$ ändern. Bricht eine Doppelfläche also plötzlich ab, so wächst dort die Feldstärke über alle Grenzen.

Die Eigenschaften des Feldes in der Nähe einer *einfachen Flächenladung* σ untersucht man zweckmäßig am Verhalten der Feldstärke. Eine Differentiation des vorletzten Integrals von (28.1) ergibt für die Normalkomponente einen Ausdruck von der Form des drittletzten Integrals. E_n erleidet also beim Durchgang durch die Fläche analog dem Potential einer Doppelschicht eine sprunghafte Wertänderung[1] um σ/ε. Die Tangentialkomponente hingegen sowie das Potential selbst bleiben stetig, was man wie bei der Raumladung durch Herausschneiden des Aufpunktes durch eine kleine Kugel zeigt.

Offensichtlich wächst endlich das Potential in der Nähe einer *Linienladung* wie $\log\frac{1}{|r-r_0|}$. Man benutzt sie aber rechnerisch analog den Punktladungen zur Repräsentierung dünner Drähte kreisförmigen Querschnitts.

Besondere Eigenschaften zeigt eine *Doppelfläche konstanter Dichte* $|\tau| = \mathrm{const} = \tau_0$. Ihr Potential läßt sich, da

$$\int\limits_{S_m} n \, \mathrm{grad}\, \frac{1}{|r-r_m|} \, dS_m = \Omega_m \qquad (28.12)$$

---

[1] Dieses Ergebnis läßt sich auch durch eine Überlegung erzielen, die derjenigen an der Grenzschicht zweier Dielektriken angestellten (Ziff. 5) entspricht.

den Raumwinkel darstellt, unter welchem der Rand L_m der Fläche S_m vom Aufpunkt r aus erscheint (Fig. 6), durch

$$\Phi(r) = \frac{\tau_0 \Omega_m}{4\pi\varepsilon} \qquad (28.13)$$

darstellen. Daraus folgt, daß das Potential einer solchen *geschlossenen* Doppelfläche im Außenraum den Wert Null ($\Omega = 0$), im Inneren hingegen den Wert τ_0/ε hat ($\Omega = 4\pi$; $\Phi > 0$, wenn Richtung von τ nach innen).

29. Eigenschaften von Stromverteilungen. Hier sei die Verteilung fadenförmiger Ströme I_h längs der in sich geschlossenen Kurven s_h, die Verteilung von Flächenströmen der Dichte (vom Strombelag) J_k über die Flächen S_k und die Verteilung der räumlichen Stromdichte j_m über ringförmige Volumina G_m. Das Vektorpotential dieser Verteilungen ist:

$$A(r) = \frac{\mu}{4\pi}\left\{\sum_h I_h \oint \frac{ds_h}{|r - r_h|} + \sum_k \int_{S_k} \frac{J_k\, dS_k}{|r - r_k|} + \sum_m \int_{G_m} \frac{j_m\, dv_m}{|r - r_m|}\right\}. \qquad (29.1)$$

Seine Eigenschaften entsprechen jenen des Skalarpotentials von Ladungsverteilungen. In genügend großem Abstand von dem von den Strömen eingenommenen Raum ist A in erster Näherung diesem Abstand umgekehrt proportional. Im Bereich der räumlichen Stromdichteverteilung ist es, ebenso wie seine Ableitungen $B = \mu H = \mathrm{rot}\, A$, beschränkt und stetig. In der Nähe der Fadenströme wächst es wie $\log\frac{1}{|r - r_h|}$, B und H wie $\frac{1}{|r - r_h|}$ über alle Grenzen. Bei Flächenströmen endlich, die den Flächenladungen entsprechen, bleibt A und die Normalkomponente von B beim Passieren der Fläche stetig, die (zu der Stromrichtung senkrechte) Tangentialkomponente von H springt um den Betrag J. Und zwar ist, wenn wir mit den Indices 1 und 2 die beiden Seiten der Fläche bezeichnen und wenn deren Normalenvektor n von 1 nach 2 weist,

$$n \times (H_1 - H_2) = J. \qquad (29.2)$$

Für das skalare magnetische Potential Φ eines Stromfadens kann infolge der in Ziff. 18 gezeigten Analogie zwischen Stromfaden und magnetischer Doppelschicht der Ausdruck (28.13) mit $\tau = \mu I$ übernommen werden:

$$\Phi = \frac{I\Omega}{4\pi}. \qquad (29.3)$$

Die Doppelfläche, die ja in Wirklichkeit nicht vorhanden ist, der Eindeutigkeit von Φ wegen aber nicht überschritten werden soll („Sperrfläche"), ist zweckmäßigerweise so zu legen, daß sie außerhalb des interessierenden Bereiches fällt. Ω und das Vorzeichen von Φ sind so zu wählen, daß $H = -\mathrm{grad}\,\Phi$ mit der Stromrichtung eine Rechtsschraube bildet (vgl. auch Fig. 7).

30. Das logarithmische Potential. Felder mancher zylindrischer Anordnungen lassen sich in genügender Näherung als zweidimensionale Probleme auffassen. Die einzelnen Feldgrößen hängen dann nicht von der Koordinate z in Richtung der Zylindermantellinien ab. Bei diesen Problemen spielt eine unendlich lange, mit der Linienladung $\lambda = \mathrm{const}$ versehene Gerade in z-Richtung die Rolle einer Punktladung im Dreidimensionalen. Man erhält das Potential durch Integration:

$$\Phi(r) = \frac{\lambda}{4\pi\varepsilon}\lim_{a\to\infty}\int_{-a}^{+a}\frac{dz}{\sqrt{r^2 + z^2}} = \frac{\lambda}{4\pi\varepsilon}\lim_{a\to\infty}\log\frac{\sqrt{a^2 + r^2} + a}{\sqrt{a^2 + r^2} - a} = -\frac{\lambda}{2\pi\varepsilon}\log r + C. \quad (30.1)$$

r bedeutet den Abstand des Aufpunktes von der Linienladung; C wird zwar beliebig groß, doch da das Potential nur bis auf einen konstanten Summanden definiert ist, kann C ein beliebiger anderer, von den vorgegebenen Randwerten, nicht jedoch von r abhängender Wert erteilt werden.

Das Potential zweidimensionaler Anordnungen, welches man auch *logarithmisches Potential* im Gegensatz zu dem dreidimensionalen Newtonschen nennt, wächst mit dem zunehmenden Abstand r über alle Grenzen. Im endlichen jedoch bleibt sein Verhalten das gleiche wie das in Ziff. 28 behandelte. Insbesondere springt das Potential beim Passieren einer Doppelschicht um $|\boldsymbol{\tau}|/\varepsilon$, die Normalkomponente der Feldstärke beim Durchgang durch eine einfache Flächenladung um σ/ε. Abgesehen vom Auftreten des Logarithmus, gehen beim Ausdruck (28.1) Volumen- in Flächenintegrale und Flächen- in Linienintegrale über, da für die Ausdehnung der Integrationselemente dv und dS in z-Richtung die Längeneinheit einzusetzen ist, so daß wird:

$$
\begin{aligned}
\Phi(\boldsymbol{r}) = -\frac{1}{2\pi\varepsilon}\Big\{ &\sum_h \lambda_h \log|\boldsymbol{r}-\boldsymbol{r}_h| + \sum_k \int_{S_k} \varrho(\boldsymbol{r}_k) \log|\boldsymbol{r}-\boldsymbol{r}_k|\, dS_k + \\
+ &\sum_m \int_{s_m} \tau(\boldsymbol{r}_m)\, \mathrm{grad} \log|\boldsymbol{r}-\boldsymbol{r}_m|\, ds_m + \\
+ &\sum_n \int_{s_n} \sigma(\boldsymbol{r}_n) \log|\boldsymbol{r}-\boldsymbol{r}_n|\, ds_n + C \Big\}.
\end{aligned}
\tag{30.2}
$$

Entsprechendes gilt für das magnetische Vektorpotential. Für einen unendlich langen geraden Stromfaden I in z-Richtung gilt:

$$
A = A_z = -\frac{I\mu}{2\pi\varepsilon} \log r + C
\tag{30.3}
$$

und bei einer Verteilung von Strömen I, Strombelägen J, Stromdichten j, sämtlich in Richtung der z-Achse:

$$
\begin{aligned}
A(\boldsymbol{r}) = -\frac{\mu}{2\pi\varepsilon}\Big\{ &\sum_h I_h \log|\boldsymbol{r}-\boldsymbol{r}_h| + \sum_k \int_{S_k} j(\boldsymbol{r}_k) \log|\boldsymbol{r}-\boldsymbol{r}_k|\, dS_k + \\
+ &\sum_n \int_{s_n} J(\boldsymbol{r}_n) \log|\boldsymbol{r}-\boldsymbol{r}_n|\, ds_n + C \Big\}.
\end{aligned}
\tag{30.4}
$$

Über die enge Verwandtschaft zwischen $\boldsymbol{A}$ und dem magnetischen Fluß Ψ vgl. Ziff. 39.

Das magnetische Skalarpotential zweier unendlich langer, paralleler, in entgegengesetzter Richtung vom Strom durchflossener Geraden ist in Analogie zu (29.3)

$$
\Phi = I\,\frac{\omega}{2\pi}.
\tag{30.5}
$$

ω ist der (ebene) Winkel, unter welchem der Rand der zwischen beiden Stromfäden aufgespannten Doppelfläche erscheint. Die Vorzeichenwahl ergibt sich aus Fig. 7. In Verallgemeinerung von (30.5) gilt für eine Fläche S mit dem Strombelag J:

$$
\Phi = \frac{1}{2\pi} \int_S J\, d\omega
\tag{30.6}
$$

mit $d\omega = \dfrac{d\boldsymbol{S}\cdot\boldsymbol{r}}{r^2}$, worin r der Vektor vom Aufpunkt zum Flächenelement $d\boldsymbol{S}$ ist.

31. Eindeutigkeit einer Lösung der Laplace-Gleichung. Eine Funktion, die innerhalb eines gegebenen Bereiches die Laplace-Gleichung erfüllt, heißt in diesem Bereich *harmonisch*. Es sei nun G ein von der Fläche S eingeschlossener

Raum, in dessen Innerem Φ harmonisch sei, und an dessen Rand S es vorgeschriebene Werte Φ_S annehme (Dirichlet-Problem). Eine diese Bedingungen erfüllende Funktion Φ_1 ist die *einzig* mögliche. Um dies zu zeigen, setzen wir im Gaußschen Satz (27.5) $u = w = \Phi$ und erhalten:

$$\oint_S \Phi \, (n \, \text{grad} \, \Phi) \, dS = - \int_G (\text{grad} \, \Phi)^2 \, dv. \qquad (31.1)$$

Verlangt man, daß Φ am Rande S überall verschwindet, so verschwindet danach auch grad Φ im Inneren von G. Es ist also im Inneren $\Phi = \text{const}$, und da es mit seinen Werten am Rande übereinstimmen muß, $\Phi = 0$. Sind nun Φ_1 und Φ_2 zwei mögliche Lösungen von $\Delta \Phi$ mit gleichen Randwerten, so ist mit $\Phi_2 - \Phi_1 = 0$ am Rande nach obigem auch $\Phi_2 - \Phi_1 = 0$ im Inneren von G und somit $\Phi_2 = \Phi_1$.

Nimmt man jetzt bei Gl. (31.1) an, daß nicht Φ, sondern grad Φ am Rande verschwindet, so verschwindet auch grad Φ im Inneren. Es ist also Φ wieder konstant, kann aber jeden beliebigen Wert annehmen. Damit leitet man wie oben ab, daß eine Lösung des Neumannschen Problems (vorgegebene Werte von n grad Φ am Rande) bis auf einen konstanten Summanden eindeutig ist.

Bei Vorhandensein dielektrischer Stoffe im Innern von G kommt man zum gleichen Ergebnis, wenn man in (27.1) $a = \Phi \varepsilon$ grad Φ setzt und beachtet, daß dann statt der Laplace-Gleichung nach Ziff. 5 die Beziehung div $(\varepsilon$ grad $\Phi) = 0$ gilt. Man erhält dann statt (31.1) die Beziehung

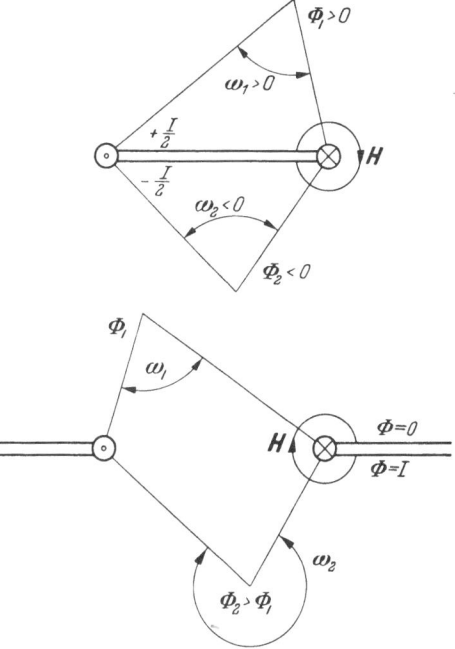

Fig. 7. Das magnetische Skalarpotential zweier paralleler Stromfäden.

$$\oint \Phi \, (n \, \varepsilon \, \text{grad} \, \Phi) \, dS = - \int_G \varepsilon \, (\text{grad} \, \Phi)^2 \, dv, \qquad (31.2)$$

die zu den gleichen Folgerungen führt.

32. Einige Extremalsätze[1]. Setzt man Φ für w in (27.8), so erkennt man, daß das Potential im Mittelpunkt $r = 0$ einer im Innern ladungsfreien $(\Delta \Phi = 0)$ Kugel vom Radius a, an deren Oberfläche S die Potentialverteilung Φ_S herrscht, den über diese Verteilung genommenen Mittelwert darstellt (Mittelwertsatz von Gauss):

$$\Phi(0) = \frac{1}{4\pi a^2} \oint \Phi_S \, dS. \qquad (32.1)$$

Man folgert daraus[2], ähnlich wie bei der analytischen Fortsetzung, daß auch bei einem beliebig geformten, von Ladung freien Bereich, der Maximal- sowie der Minimalwert des Potentials, außer wenn dieses konstant ist, stets auf dem

---

[1] Vgl. z.B. O. D. Kellogg [24] und J. C. Maxwell [8].
[2] Vgl. z.B. O. D. Kellogg [24].

Bereichsrand liegt. Eine frei bewegliche, in ein solches Feld gebrachte Punktladung kann dort also nie im Gleichgewicht verharren, sondern wird stets zum
Bereichsrand hingezogen (Satz von EARNSHAW).

Ein anderer wichtiger Extremalsatz ist derjenige von THOMSON. Die Verteilung der Ladungen auf festgehaltenen leitenden Körpern stellt sich danach
stets so ein, daß die gesamte (freie) Energie des Feldes ein Minimum wird. Betrachten wir, um dies zu zeigen[1], eine Anzahl von Leitern, welche in Medien
nicht vom Feld abhängiger DK eingebettet sind und auf welchen die Ladungen
sich im elektrostatischen Gleichgewicht befinden. Es gelten dann allgemein die
Gleichungen:

$$\int_{S_i} \boldsymbol{D}\,\boldsymbol{n}\,dS = Q_i; \quad \operatorname{div}\boldsymbol{D} = \varrho; \quad \boldsymbol{D} = \varepsilon\boldsymbol{E} \tag{32.2}$$

und außerdem:

$$\Phi(S_i) = \Phi_i = \text{const}; \quad \boldsymbol{E} = -\operatorname{grad}\Phi, \tag{32.3}$$

wobei mit i der i-te Leiter gekennzeichnet ist. Es sei $\boldsymbol{E}' = \boldsymbol{E} + \boldsymbol{E}''$; $\boldsymbol{D}' = \boldsymbol{D} + \boldsymbol{D}''$
ein von $\boldsymbol{E}, \boldsymbol{D}$ verschiedenes Feld, für welches ebenfalls die Gln. (32.2) gelten[2],
bei welchen also die Gesamtladungen der Leiter unverändert bleiben. Die Feld-
energie fürs erste Feld ist $W = \frac{1}{2}\int \boldsymbol{E}\boldsymbol{D}\,dv$, fürs zweite:

$$\left.\begin{aligned}
W' &= \tfrac{1}{2}\int \boldsymbol{E}'\boldsymbol{D}'\,dv = \tfrac{1}{2}\int \boldsymbol{E}\boldsymbol{D}\,dv + \tfrac{1}{2}\int \boldsymbol{E}''\boldsymbol{D}''\,dv + \tfrac{1}{2}\int(\boldsymbol{E}\boldsymbol{D}'' + \boldsymbol{E}''\boldsymbol{D})\,dv \\
&= W + \tfrac{1}{2}\int \varepsilon(E'')^2\,dv + \int \boldsymbol{E}\boldsymbol{D}''\,dv.
\end{aligned}\right\} \tag{32.4}$$

Infolge (32.3) und $\operatorname{div}\boldsymbol{D}'' = 0$ ist:

$$\left.\begin{aligned}
\int \boldsymbol{E}\boldsymbol{D}''\,dv &= -\int \operatorname{grad}\Phi\,\boldsymbol{D}''\,dv = -\int \operatorname{div}(\Phi\boldsymbol{D}'')\,dv + \int \Phi\operatorname{div}\boldsymbol{D}''\,dv \\
&= -\sum_i \int_{S_i} \Phi_i\,\boldsymbol{D}''\,\boldsymbol{n}\,dS = -\sum_i \Phi_i \int_{S_i} \boldsymbol{D}''\,\boldsymbol{n}\,dS = 0.
\end{aligned}\right\} \tag{32.5}$$

Das dritte Glied auf der rechten Seite von (32.4) fällt also fort, das zweite ist
immer positiv, es gilt also stets $W' > W$.

Mit Hilfe des Thomsonschen Satzes läßt sich in erster Näherung die Kapazität
eines Körpers zwischen zwei Werten einschachteln. Es habe der erste Körper
das Potential U und die Ladung Q, der zweite (der auch die unendlich große
umhüllende Kugel sein kann) das Potential Null. Dann ist die Energie $W = \frac{1}{2}UQ$
und die Kapazität

$$C = \frac{Q}{U} = \frac{2W}{U^2} = \frac{Q^2}{2W}. \tag{32.6}$$

Hat man nun eine Funktion $\Phi_{\mathrm{I}}(\boldsymbol{r})$, von welcher nur verlangt wird, daß sie an
der Oberfläche des ersten Körpers den Wert U, an derjenigen des zweiten den
Wert 0 annimmt, so wird die zugehörige „Energie"

$$W_{\mathrm{I}} = \tfrac{1}{2}\int \varepsilon\,(\operatorname{grad}\Phi_{\mathrm{I}})^2\,dv \geq W. \tag{32.7}$$

Nimmt man andererseits eine beliebige Ladungsverteilung σ_1 und σ_2 über die
Oberflächen der beiden Körper so an, daß die Gesamtladungen $+Q$ bzw. $-Q$
gleich werden, und bestimmt durch Integration das zugehörige Potentialfeld
$\Phi_{\mathrm{II}}(\boldsymbol{r})$, so wird entsprechend

$$W_{\mathrm{II}} = \tfrac{1}{2}\int \sigma_1\,\Phi_{\mathrm{II}}(\boldsymbol{r}_1)\,dS_1 + \tfrac{1}{2}\int \sigma_2\,\Phi_{\mathrm{II}}(\boldsymbol{r}_2)\,dS_2 \geq W. \tag{32.8}$$

---

[1] Vgl. z.B. R. BECKER [1].
[2] Nicht unbedingt jedoch die Gln. (32.3).

Damit liegt der Wert der gesuchten Kapazität C zwischen

$$\frac{Q^2}{2\,W_{\text{II}}} \leq C \leq \frac{2\,W_{\text{I}}}{U^2}. \tag{32.9}$$

Genauere Methoden der Eingrenzung der Kapazitätsgröße zwischen zwei Werten sind von G. POLYA und G. SZEGÖ zusammengestellt [1]).

33. Greensche Funktion und Lösung der Poisson-Gleichung. Es seien in Gl. (27.6) des Greenschen Satzes statt der Größen w und u die Funktionen Φ bzw. G eingeführt:

$$\int_V (\Phi\,\varDelta G - G\,\varDelta\Phi)\,dv = \oint_S [\Phi\,(\boldsymbol{n}\,\text{grad}\,G) - G\,(\boldsymbol{n}\,\text{grad}\,\Phi)]\,dS. \tag{33.1}$$

Von diesen Funktionen soll $\Phi(\boldsymbol{r})$ die Lösung eines bestimmten Potentialproblems für den Bereich V sein mit den Werten Φ_S an dessen Berandung S. Die Greensche Funktion erster Art $G(\boldsymbol{r}, \boldsymbol{r}_0)$ (oder einfach Greensche Funktion) hingegen stellt das Potential einer Einheits-Punktladung in $\boldsymbol{r}_0$ dar, bei Annahme eines leitenden Randes S auf Potential Null. Zerlegt man $G(\boldsymbol{r}, \boldsymbol{r}_0)$ in zwei Teile:

$$G(\boldsymbol{r}, \boldsymbol{r}_0) = \frac{1}{4\pi\varepsilon\,|\boldsymbol{r} - \boldsymbol{r}_0|} + \chi(\boldsymbol{r}, \boldsymbol{r}_0), \tag{33.2}$$

so befriedigt $\chi(\boldsymbol{r})$ im Innern von V die Gleichung $\varDelta\chi = 0$ und nimmt an dessen Rande die Werte

$$\chi_S = \chi(\boldsymbol{r}_S) = -\frac{1}{4\pi\varepsilon\,|\boldsymbol{r}_S - \boldsymbol{r}_0|} \tag{33.3}$$

an. G ist in $\boldsymbol{r}$ und $\boldsymbol{r}_0$ symmetrisch.

Mit den obigen Funktionseigenschaften erhält man für (33.1) bei Verwendung der Formel (27.7):

$$\Phi(\boldsymbol{r}) = -\varepsilon\left\{\oint_S \Phi_S\,(\boldsymbol{n}\,\text{grad}\,G)\,dS + \int_V G\,\varDelta\Phi\,dv\right\}. \tag{33.4}$$

Wir betrachten zwei extreme Fälle:

1. $\varDelta\Phi = -\dfrac{\varrho}{\varepsilon}$ im Innern von V, $\Phi_S = 0$ am Rande. Dann ist:

$$\Phi(\boldsymbol{r}) = -\varepsilon\int G\,\varDelta\Phi\,dv = \int_V G(\boldsymbol{r}, \boldsymbol{r}_0)\,\varrho(\boldsymbol{r}_0)\,dv_0. \tag{33.5}$$

Es ist das Potentialfeld der durch die Raumladung ϱ influenzierten geerdeten Berandung S.

2. $\varDelta\Phi = 0$ innerhalb V, $\Phi_S \neq 0$ am Rande. Dann ist:

$$\Phi(\boldsymbol{r}) = -\varepsilon\oint \Phi_S\,(\boldsymbol{n}\,\text{grad}\,G)\,dS. \tag{33.6}$$

Darin ist $\varepsilon(\boldsymbol{n}\,\text{grad}\,\Phi)$ die durch die Einheitsladung auf der Berandung S influenzierte Ladungsdichte σ_S.

Kennt man also die Greensche Funktion des Bereiches V, so kann (als Überlagerung der beiden Fälle) die Lösung der Poisson-Gleichung für beliebige Raumladung im Inneren und jede Verteilung des Potentials am Rande von V (Dirichlet-Problem) angegeben werden. Über die Beziehung der Greenschen Funktion zur konformen Abbildung bei zweidimensionalen Problemen vgl. Ziff. 50.

---

[1] G. POLYA and G. SZEGÖ: Amer. J. Math. **67**, 1 (1945). — G. SZEGÖ: Bull. Amer. Math. Soc. **51**, 325 (1945). — G. POLYA: Amer. Math. Monthly **54**, 201 (1947). — Quart. Appl. Math. **6**, 267 (1948).

Zur Lösung von Neumann-Problemen wird statt G die Greensche Funktion zweiter Art[1]

$$G_2(\boldsymbol{r}, \boldsymbol{r}_0) = \frac{1}{4\pi\varepsilon_0 |\boldsymbol{r} - \boldsymbol{r}_0|} + \chi_2(\boldsymbol{r}, \boldsymbol{r}_0) \qquad (33.7)$$

eingeführt, von welcher verlangt wird, daß ihre Normalableitung $(\boldsymbol{n}\,\mathrm{grad}\,G_2)_S$ auf S verschwindet oder zumindest konstant ist. Die Normalableitung der gesuchten Potentialfunktion soll am Rande vorgeschriebene Werte $(\boldsymbol{n}\,\mathrm{grad}\,\Phi)_S$ annehmen. Da $\Delta\chi_2 = 0$ innerhalb V, folgt aus (33.1) im Falle $\Delta\Phi = 0$:

$$\Phi(\boldsymbol{r}) = \varepsilon \left\{ \oint_S G_2(\boldsymbol{n}\,\mathrm{grad}\,\Phi)_S\, dS + k \oint_S \Phi_S\, dS \right\}, \qquad (33.8)$$

wobei k eine beliebige Konstante darstellt. Es lassen sich Greensche Funktionen auch für gemischte Randwertaufgaben angeben, doch werden sie (wie übrigens auch G_2) meist so kompliziert, daß man es oft vorzieht, die Probleme auf numerischem oder graphischem Wege zu lösen.

34. Integralgleichungen der Potentialtheorie. Das Dirichlet- und das Neumann-Problem lassen sich in Form von Integralgleichungen, die die Randbedingungen gleich mit beinhalten, ansetzen. Im ersten Falle kann man sich das Potential Φ als von einer über die geschlossene Randfläche S ausgebreiteten Doppelbelegung $\boldsymbol{\tau}(\boldsymbol{r}_s)$ herrührend vorstellen. Da es an dieser um den Betrag $|\boldsymbol{\tau}|/\varepsilon_0$ springt, kann man für seine Werte auf der Innenseite von S (Dirichlet-Problem des Innenraums) setzen ($\boldsymbol{n}$ stets nach außen gerichtet):

$$\Phi_{S_i}(\boldsymbol{r}_s) = -\frac{1}{2\varepsilon_0}|\boldsymbol{\tau}(\boldsymbol{r}_s)| + \frac{1}{4\pi\varepsilon_0} \oint_S |\boldsymbol{\tau}(\boldsymbol{r}_m)|\,\boldsymbol{n}\,\mathrm{grad}_m \frac{1}{|\boldsymbol{r}_s - \boldsymbol{r}_m|}\, dS_m \qquad (34.1)$$

und für seine Werte an der Außenseite von S (bei Behandlung des Dirichlet-Problems für den Außenraum):

$$\Phi_{S_a}(\boldsymbol{r}_s) = +\frac{1}{2\varepsilon_0}|\boldsymbol{\tau}(\boldsymbol{r}_s)| + \frac{1}{4\pi\varepsilon_0} \oint |\boldsymbol{\tau}(\boldsymbol{r}_m)|\,\boldsymbol{n} \left(\mathrm{grad}\,\frac{1}{|\boldsymbol{r}_s - \boldsymbol{r}|}\right)_m dS_m. \qquad (34.2)$$

Beide Ausdrücke lassen sich durch Einführung eines Parameters λ in einen einzigen zusammenfassen:

$$f(\boldsymbol{r}_s) = |\boldsymbol{\tau}(\boldsymbol{r}_s)| - \lambda \oint |\boldsymbol{\tau}(\boldsymbol{r}_m)|\,K(\boldsymbol{r}_s, \boldsymbol{r}_m)\, dS_m. \qquad (34.3)$$

Das ist eine Integralgleichung zweiter Art mit dem Kern

$$K(\boldsymbol{r}_s, \boldsymbol{r}_m) = -\frac{1}{2\pi}\,\boldsymbol{n} \left(\mathrm{grad}\,\frac{1}{|\boldsymbol{r} - \boldsymbol{r}_s|}\right)_m \qquad (34.4)$$

für die unbekannte Funktion $\boldsymbol{\tau}(\boldsymbol{r}_m)$. Hat man $\boldsymbol{\tau}(\boldsymbol{r}_m)$ ermittelt, so findet man das Potential aus (34.1) bzw. (34.2), indem man darin $\boldsymbol{r}$ für $\boldsymbol{r}_s$ schreibt. Auf diese Weise ist ein dreidimensionales auf ein zweidimensionales Problem zurückgeführt, insbesondere, wenn man sich nur für den $\mathrm{grad}\,\Phi$ auf S interessiert. Für das Innenproblem ist in (34.3) $\lambda = +1$, $f(\boldsymbol{r}_s) = -2\varepsilon_0\,\Phi_{S_a}(\boldsymbol{r}_s)$, für das Außenproblem $\lambda = -1$, $f(\boldsymbol{r}_s) = +2\varepsilon_0\,\Phi_{S_i}(\boldsymbol{r}_s)$ zu setzen.

Beim Neumann-Problem legt man über die Fläche S eine einfache Flächenladung σ und sucht diejenige Verteilung zu ermitteln, die die gewünschten Werte

---

[1] Vgl. z.B. O. D. KELLOGG [24].

von $(\boldsymbol{n}\,\text{grad}\,\Phi)_{S_i}$ bzw. $(\boldsymbol{n}\,\text{grad}\,\Phi)_{S_a}$ ergibt:

$$\left.\begin{aligned}
(\boldsymbol{n}\,\text{grad}\,\Phi)_{S_i} &= -\frac{\sigma(\boldsymbol{r}_s)}{2\,\varepsilon_0} + \frac{1}{4\,\pi\,\varepsilon_0}\oint_S \sigma(\boldsymbol{r}_m)\,\boldsymbol{n}\left(\text{grad}\,\frac{1}{|\boldsymbol{r}-\boldsymbol{r}_m|}\right)_s d\,S_m,\\
(\boldsymbol{n}\,\text{grad}\,\Phi)_{S_a} &= +\frac{\sigma(\boldsymbol{r}_s)}{2\,\varepsilon_0} + \frac{1}{4\,\pi\,\varepsilon_0}\oint_S \sigma(\boldsymbol{r}_m)\,\boldsymbol{n}\left(\text{grad}\,\frac{1}{|\boldsymbol{r}-\boldsymbol{r}_m|}\right)_s d\,S_m,
\end{aligned}\right\} \qquad (34.5)$$

woraus wieder eine einzige Integralgleichung:

$$f(\boldsymbol{r}_s) = \sigma(\boldsymbol{r}_s) - \lambda\oint \sigma(\boldsymbol{r}_m)\,K(\boldsymbol{r}_m,\boldsymbol{r}_s)\,d\,S_m \qquad (34.6)$$

entsteht, deren Kern gleich wird dem Kern (34.4), wenn man dort $\boldsymbol{r}_s$ und $\boldsymbol{r}_m$ vertauscht (adjungierte Kerne). Das Innenproblem folgt hieraus mit

$$\lambda = -1;\ f(\boldsymbol{r}_s) = -2\,\varepsilon_0(\boldsymbol{n}\,\text{grad}\,\Phi)_{S_i},$$

das Außenproblem mit

$$\lambda = +1;\ f(\boldsymbol{r}_s) = +2\,\varepsilon_0(\boldsymbol{n}\,\text{grad}\,\Phi)_{S_a}.$$

Der direkte Weg über die Integralgleichungen zur Lösung von Potentialproblemen wird nur wenig gebraucht[1]. Über die verwendete Methodik vgl. Schlögl [31] und Kellogg [24].

35. Separation der Variabeln. Entwicklung nach Orthogonalfunktionen.
Diese Methode ist die bei der Lösung dreidimensionaler Aufgaben am meisten verwendete. Allerdings muß dazu der untersuchte Feldbereich durch eine oder mehrere Koordinatenflächen eines kartesischen oder gewisser krummliniger Orthogonalkoordinatensysteme begrenzt sein (Ziff. 71). Oft begnügt man sich mit einer Annäherung eines anders geformten Bereiches durch einen so idealisiert begrenzten, um eine erste Auskunft über die Feldverteilung zu erhalten.

In einigen Koordinatensystemen ist es nämlich möglich, die Laplace-Gleichung in drei gewöhnliche Differentialgleichungen aufzuspalten, indem für die Potentialfunktion ein Produkt aus drei Faktoren angesetzt wird, von welchen jeder nur von einer Koordinate abhängt (Separation der Variabeln). Dies sei am Beispiel der kartesischen Koordinaten gezeigt. Setzt man:

$$\Phi(x,y,z) = X(x)\,Y(y)\,Z(z) \qquad (35.1)$$

in die Laplace-Gleichung

$$\frac{\partial^2\Phi}{\partial x^2} + \frac{\partial^2\Phi}{\partial y^2} + \frac{\partial^2\Phi}{\partial z^2} = 0 \qquad (35.2)$$

ein, so kann man diese in der Form schreiben:

$$\frac{1}{X}\frac{d^2 X}{d x^2} + \frac{1}{Y}\frac{d^2 Y}{d y^2} + \frac{1}{Z}\frac{d^2 Z}{d z^2} = 0. \qquad (35.3)$$

Da diese Beziehung für alle Werte von x, y, z gelten muß, kann jeder Summand je einer freiwählbaren „Separationskonstanten" k_1, k_2, k_3 gleichgesetzt werden, nur muß $k_1 + k_2 + k_3 = 0$ sein. Für $k_1 = -\alpha^2$ (α reell) würde man als allgemeine Lösung der ersten gewöhnlichen Differentialgleichung erhalten

$$X = A_1 \sin\alpha\,x + A_2 \cos\alpha\,x. \qquad (35.4)$$

Bei $k_1 = +\alpha^2$ würden sich statt der Kreisfunktionen Hyperbel- bzw. Exponentialfunktionen ergeben. Eine Partikularlösung der Gl. (35.3) ist also z.B.:

$$\Phi(x,y,z) = A\sin\alpha\,x\cos\beta\,y\,\text{Sin}\sqrt{\alpha^2+\beta^2}\,z. \qquad (35.5)$$

---

[1] Über die Benutzung von Integralgleichungen zur Lösung spezieller, in Ziff. 89 behandelter, Probleme vgl. Snow [32].

Die Lösungen zweier der drei gewöhnlichen Differentialgleichungen können so gewählt werden, daß sie je ein *orthogonales* Funktionensystem ergeben. So ist im Falle der Gl. (35.4):

$$\left. \begin{array}{l} \displaystyle\int_{-l}^{+l} \cos m\pi\frac{x}{l} \sin n\pi\frac{x}{l}\, dx = 0 \qquad \text{für} \quad \text{beliebige ganze } m \text{ und } n, \\[2mm] \displaystyle\int_{-l}^{+l} \cos m\pi\frac{x}{l} \cos n\pi\frac{x}{l}\, dx \left\{ \begin{array}{ll} = 2l & \text{für} \quad m = n = 0 \\ = l & \text{für} \quad \text{ganze } m = n \\ = 0 & \text{für} \quad \text{ganze } m \neq n. \end{array} \right. \end{array} \right\} \qquad (35.6)$$

Die letzte Beziehung gilt auch für die Sinusfunktion, nur ist für $m = n = 0$ als Ergebnis Null zu setzen.

Jede lineare Kombination von Lösungen mit verschiedenen Separationskonstanten ist wieder eine harmonische Funktion, ebenso eine Summe oder ein Integral (insofern sie konvergent sind) über unendlich viele dieser „Konstanten". Nach einem Satz von HARNACK[1] ist aber eine Folge harmonischer Funktionen im Innern eines Bereiches V konvergent, wenn sie an dessen Rande konvergiert. Läßt sich also z. B. beim Dirichlet-Problem das Potential über die Berandungsfläche S nach den Orthogonalfunktionen des betreffenden Koordinatensystems entwickeln, so läßt sich damit auch die Lösung für das Innere (oder Äußere) angeben. Wird z. B. nach dem Potential Φ im Halbraum $z > 0$ gefragt, wenn es in der Ebene $z = 0$ gegeben ist, und läßt sich $\Phi_S(x, y) = \Phi(x, y, 0)$ in eine Fourier-Reihe entwickeln, etwa:

$$\Phi_S(x, y) = \sum_n \sum_m A_{nm} \sin m\frac{x\pi}{2a} \sin n\frac{y\pi}{2b}, \qquad (35.7)$$

so ist das gesuchte Potential

$$\Phi(x, y, z) = \sum_n \sum_m A_{nm} \sin m\frac{x\pi}{2a} \sin n\frac{y\pi}{2b}\, e^{-\sqrt{\frac{m^2}{a^2} + \frac{n^2}{b^2}}\,\frac{\pi z}{2}}, \qquad (35.8)$$

wenn Φ für $z \to \infty$ verschwinden soll.

Es sei gleich hier auf die Grenzen des Verfahrens aufmerksam gemacht für den Fall, daß die Begrenzungsflächen aus *Teilen* der Koordinatenflächen zusammengesetzt sind. Ist die Verteilung des Potentials über die Seiten eines Rechtsflachs gegeben, so läßt sich seine Verteilung im Rechtsflachinnern nach Obigem ohne Schwierigkeiten angeben. Die Ermittlung des Potentials im Außengebiet ist aber auf diese Art nicht möglich, da eine Fourier-Entwicklung nach (35.7) das Potential nicht nur über eine Parallelepipedseite, sondern über die ganze diese Seite enthaltende Ebene festlegt, was offensichtlich falsch ist.

Die Trennung der Variabeln in anderen Koordinatensystemen, die eine „Separierung" der Laplace-Gleichung gestatten, ist in Kap. IV behandelt.

In einigen dieser Systeme trifft man auf Koordinatenflächen, die ganz im endlichen liegen (z. B. Kugel, Ellipsoid, Wulst, Kugelkappe). Das Außenfeld solcher Körper, bei vorgegebener Verteilung des Potentials oder der Normalfeldstärke auf ihnen, ist dann natürlich ohne grundsätzliche Schwierigkeiten angebbar.

Bei Vorhandensein von Ladungen innerhalb des untersuchten Feldbereiches zieht man zur Ermittlung des Potentialfeldes zweckmäßig die Greensche Funktion heran (Ziff. 33). Diese berechnet sich folgendermaßen: Der Feldbereich sei

---

[1] Vgl. z. B. O. D. KELLOGG [24].

durch eine Fläche $w =$ const eines die Separierung der Laplace-Gleichung gestattenden, i. a. krummlinigen Koordinatensystem u, v, w (Ziff. 71) begrenzt. Den reziproken Abstand $1/|\boldsymbol{r} - \boldsymbol{r_0}|$ zwischen Aufpunkt und Quellpunkt wird man je nach der Wahl der Separationskonstanten k_1, k_2 auf verschiedene Art in Form einer Reihe oder eines Integrals von Funktionen $f_1(u, k_1, k_2)$, $f_2(v, k_1, k_2)$, $f_3(w, k_1, k_2)$, welche Lösungen der drei getrennten Differentialgleichungen sind, darstellen können. Von diesen Darstellungen wählt man diejenige, in welcher die Funktionen $f_1(u, k_1, k_2)$ und $f_2(v, k_1, k_2)$ je ein Orthogonalsystem bilden [im Falle kartesischer Koordinaten z. B. also etwa $\cos \alpha\,(x - x_0)$ und $\cos \beta\,(y - y_0)$]. Man erhält dann automatisch die Entwicklung des Quellpunktpotentials $1/(4\pi\varepsilon\,|\boldsymbol{r} - \boldsymbol{r_0}|)$ längs der Fläche $w =$ const, welche gleichzeitig den negativen Wert $-\chi_s$ der Funktion $\chi(\boldsymbol{r}, \boldsymbol{r_0})$ in Gl. (33.2) auf dieser Fläche darstellt. Bei bekannter Entwicklung $\chi(u, v)$ über $w =$ const aber läßt sich auch die innerhalb dieser Fläche harmonische Funktion $\chi(u, v, w)$ angeben und damit nach Gl. (33.2) auch die Greensche Funktion selbst. Berechnungsbeispiele in verschiedenen Koordinatensystemen vgl. Kap. IV (S. 83).

36. Weitere analytische Methoden der Potentialbestimmung. α) *Überlagerung der Felder von Punktladungen und Dipolen.* Durch Überlagerung der Felder geschickt angeordneter Punktladungen und Dipole (Linienladungen und Dipollinien in Zweidimensionalen) lassen sich Potentialfelder komplizierterer Körper aufbauen. So ergibt z. B. die Überlagerung eines Dipol- und eines Homogenfeldes das Potentialfeld einer in ein Homogenfeld eingetauchten leitenden Kugel (Ziff. 68), das Feld dreier auf einer Geraden angeordneter Punktladungen ein solches eines aus zwei sich orthogonal schneidenden Kugeln gebildeten Körpers (Ziff. 70), usw.

β) *Die Spiegelung.* Das Potential zweier gleichen Punktladungen verschiedenen Vorzeichens hat als Äquipotentialfläche Null eine Ebene, welche die Verbindungsstrecke der beiden Ladungen senkrecht schneidet. Da man eine Äquipotentialfläche durch eine Elektrode ersetzen kann und das Potential nur bis auf einen konstanten Summanden festlegt, ist das Problem „zwei entgegengesetzt gleiche Ladungen" mit dem Problem „Ladung und leitende Ebene" rechnerisch identisch *(Spiegelung an der Ebene)*. Durch Überlagerung vieler Ladungen findet man die Verallgemeinerung: Ein Problem „beliebiger geladener Körper—leitende Ebene" ist vom rechnerischen Standpunkt aus von dem Problem „zwei entgegengesetzt geladene spiegelbildliche Körper" nicht verschieden. Im übrigen ist das Feld der Bildladung nichts anderes als die Funktion $\chi(\boldsymbol{r}, \boldsymbol{r_0})$ in Gl. (33.2) im Falle, daß die Greensche Funktion $G(\boldsymbol{r}, \boldsymbol{r_0})$ diejenige des durch die betrachtete Ebene begrenzten Halbraumes ist.

Das Verfahren kann durch Annahme mehrerer leitenden Ebenen (Ziff. 42 und 70) weiter verallgemeinert werden. Eine Art unvollkommene Spiegelung entsteht an der ebenen Begrenzung zweier Dielektriken (Ziff. 43 und 67). Eine Spiegelung erhält man außerdem an der Kugel bei räumlichen und am Zylinder (Kreis) bei ebenen Aufgaben (Ziff. 66 bzw. 42).

γ) *Konforme Abbildung. Inversion.* Die Behandlung ebener Probleme ist insofern sehr viel einfacher als die dreidimensionaler, als jede *reguläre analytische Funktion* der durch eine komplexe Zahl dargestellten Aufpunktskoordinaten eine Lösung der Laplaceschen Gleichung ist (Ziff. 38). Darüber hinaus läßt sich der zu untersuchende Bereich *konform* auf einen anderen, unter Umständen einfacher zu behandelnden Bereich abbilden (Ziff. 49 ff.). Die für den letzten gefundene Lösung wird dann in den ursprünglichen Bereich zurückübertragen.

In Dreidimensionalen ist eine konforme Abbildung nur bei der sog. *Inversion an der Kugel* möglich, (Ziff. 69) die das Innere der Kugel auf deren Äußeres abbildet und umgekehrt.

37. Numerische, graphische und experimentelle Feldermittlung. *α) Numerische Methoden.* Bei komplizierter geformten Bereichswänden oder auch innerhalb des Bereichs verlaufenden Trennflächen verschiedener Materialien nimmt man Zuflucht zu den bekannten numerischen Methoden zur Lösung partieller Differentialgleichungen[1], unter welchen die sog. *Relaxationsmethode* bei Potentialfeldern die verbreitetste ist (Kap. V a, S. 148). Grundsätzlich läßt sich diese Methode beliebig genau gestalten, doch setzt der notwendige Zeitaufwand dem eine praktische Grenze. Auch ist sie nur für ebene oder rotationssymmetrische Felder einfach genug zu handhaben.

β) Die graphische Methode. Stellt man ein Potentialfeld in einer seiner Symmetrieebenen durch eine Schar von Niveaulinien (Spuren der Äquipotentialflächen) und von Feldlinien dar, wobei der Potentialunterschied zwischen benachbarten Niveaulinien konstant gehalten wird und die Dichte der Feldlinien dem Absolutwert der Feldstärke proportional ist, so befolgt das Seitenverhältnis jedes der so entstandenen (krummlinigen) Elementar„rechtecke" ein bestimmtes Gesetz. (Es ist z.B. in ebenen Feldern konstant, in rotationssymmetrischen dem Abstand von der Drehachse proportional, vgl. Kap. V b, S. 156). Die Methode besteht darin, daß man versucht, dieses Netz durch mehrfaches Probieren so in den gegebenen Bereich einzuzeichnen, daß die Randbedingungen erfüllt sind. Die Genauigkeit ist offensichtlich recht begrenzt und hängt stark von der ausführenden Person ab.

γ) Experimentelle Feldausmessung. Sind die obigen Methoden zu kompliziert, zu zeitraubend oder sonst schwer durchzuführen, so führt eine experimentelle Methode zum Ziel. Infolge der Linearität der Laplace-Gleichung kann man bei der Messung geometrisch ähnlich vergrößerte oder verkleinerte Modelle verwenden. Andererseits kann infolge der analogen Gesetze eine Feldart durch eine andere ersetzt werden. So werden elektrostatische Felder, deren direkte Ausmessung große Schwierigkeiten bereitet, als Strömungsfeld im elektrolytischen Trog (Ziff. 111) nachgebildet. Von Strömen erzeugte Magnetfelder mißt man jedoch zweckmäßig direkt aus (Abschnitt V c, S. 159).

III. Zweidimensionale Probleme.

a) Komplexes Potential. Überlagerung und Spiegelung.

38. Komplexes Potential. In ebenen Feldern reduziert sich die Laplace-Gleichung auf den Ausdruck:

$$\varDelta \varPhi = \frac{\partial^2 \varPhi}{\partial x^2} + \frac{\partial^2 \varPhi}{\partial y^2} = 0. \tag{38.1}$$

Nun wird in der Funktionentheorie von einer regulären Funktion $w = u + iv$ einer komplexen Veränderlichen[2] $z = x + iy$ verlangt, daß der Wert ihrer Ableitung $\partial w/\partial z$ unabhängig von der Differentiationsrichtung in der komplexen z-Ebene ist. Diese Forderung wird durch die Cauchy-Riemannschen Differentialgleichungen ausgedrückt:

$$\frac{\partial u}{\partial x} = \frac{\partial v}{\partial y}; \qquad \frac{\partial u}{\partial y} = -\frac{\partial v}{\partial x}. \tag{38.2}$$

---

[1] Vgl. den Beitrag von L. Collatz in Bd. II dieses Handbuches.

[2] Die komplexe Zahl z ist wohl kaum mit der dritten kartesischen Koordinate z zu verwechseln.

Durch weitere Differentiation nach x bzw. y und Eliminierung einmal von u, das andere Mal von v erkennt man, daß sowohl u als auch v die Laplace-Gleichung befriedigen, also harmonische Funktionen von x und y sind. Jede von ihnen kann somit als Potentialfunktion aufgefaßt werden. Wählt man die Linien $u = \text{const}$ als Äquipotentiallinien, so verlaufen die Linien $v = \text{const}$ senkrecht dazu, also in Richtung der Feldlinien, und umgekehrt. Die Ableitung $\partial u/\partial n$ in Richtung zunehmenden Potentials u stellt den negativen Wert der elektrischen Feldstärke E dar. Nach der zweiten der Cauchy-Riemannschen Gleichungen (38.2) ist $\partial u/\partial n = -\partial v/\partial s = -E$, wenn s die um $90°$ im *Uhrzeigersinn* von n aus gedrehte Richtung ist. Abgesehen von der Dielektrizitätskonstanten ε stellt also $v = \int_{s_1}^{s_2} E\, ds = \Psi/\varepsilon$ ein Maß für den elektrischen Fluß Ψ durch den Bogen $\widehat{s_1 s_2}$ dar und wird Flußfunktion genannt. (Wählt man v als Potential, so wird u zur Flußfunktion.) Man nennt die Funktion $\mathsf{X} = \Phi(x, y) + \dfrac{i}{\varepsilon}\, \Psi(x, y)$ *komplexes Potential*. Jede regulär analytische Funktion einer komplexen Veränderlichen stellt eine komplexe Potentialfunktion dar.

Sind zwei Leiter gegeben, von welchen der eine die gleiche Ladung q (je Längeneinheit senkrecht zur z-Ebene) führt wie der zweite, jedoch von entgegengesetztem Vorzeichen und ist die Potentialdifferenz zwischen beiden $U = \Phi_2 - \Phi_1$, so ist ihre *gegenseitige Kapazität* je Längeneinheit (im homogenen Medium)

$$C = \frac{q}{U} = \frac{\Psi_{\text{total}}}{\Phi_2 - \Phi_1} = \frac{\varepsilon \oint E\, ds}{\Phi_2 - \Phi_1}. \tag{38.3}$$

Das Integral hierin ist über eine sich um einen der beiden Leiter schließende Äquipotentiallinie zu nehmen. Eine „Eigenkapazität" wie im Dreidimensionalen gibt es hier nicht, da $\Phi_2 - \Phi_1$ bei beliebig wachsendem Abstand zwischen den Leitern ebenfalls über alle Maße zunimmt (Ziff. 30). Wie bereits in Ziff. 25 erwähnt, entspricht die Kapazität dem reziproken Wert des Widerstandes im Strömungsfeld, wenn man hier $2\pi\varepsilon = \varkappa$ setzt.

39. Das magnetische Vektorpotential. In ebenen *magnetischen* Feldern behalten das magnetische Vektorpotential A wie die Stromdichte j nur ihre zur xy-Ebene senkrechte Komponente (Ziff. 30) bei, können also als skalare Größen behandelt werden. Aus den Definitionsgleichungen $\boldsymbol{H} = -\operatorname{grad} \Phi$ und $\boldsymbol{H} = \dfrac{1}{\mu}\operatorname{rot} A$ folgt für die Komponenten der magnetischen Feldstärke (im homogenen Medium):

$$H_x = -\frac{\partial \Phi}{\partial x} = \frac{1}{\mu}\frac{\partial A}{\partial y}; \quad H_y = -\frac{\partial \Phi}{\partial y} = -\frac{1}{\mu}\frac{\partial A}{\partial x}. \tag{39.1}$$

Vergleicht man diese Ausdrücke mit den Cauchy-Riemannschen Gleichungen (38.2) und der komplexen Potentialfunktion $\mathsf{X} = \Phi + \dfrac{i}{\varepsilon}\, \Psi$ und läßt man das skalare magnetische Potential Φ dem skalaren elektrischen entsprechen, so erkennt man, daß das magnetische Vektorpotential A dem negativen Wert des elektrischen Flusses Ψ entspricht. Eine andere, vielleicht bessere Korrespondenz erhält man bei Vergleich der Felder (30.1) einer elektrischen Linienladung und (30.3) eines Stromfadens. Es entsprechen sich hier das elektrische skalare und das magnetische Vektorpotential. Auch die mathematische Verwandtschaft zwischen dem elektrischen Fluß und dem magnetischen Skalarpotential ist enger — zur Vermeidung von Mehrdeutigkeit muß eine tatsächlich nicht existente „Sperrfläche" eingeführt werden, von welcher aus die Zählung dieser Größen beginnt, und welche zu überschreiten verboten ist (Fig. 7, S. 33). Es hängt vom Problem ab, welche der beiden Analogien benutzt wird. Wir werden uns im folgenden meist auf die „Sprache der Elektrostatik" beschränken.

Bei der Berechnung der *Induktivitäten* je Längeneinheit vereinfacht sich Gl. (22.9) wesentlich. Die gegenseitige Induktivität zweier nach Fig. 8a angeordneter, langgestreckter Stromkreise ist z.B.

$$L_{12} = \frac{\mu}{2\pi} \log \left| \frac{\overline{r_1 r_2}\ \overline{r_1' r_2'}}{\overline{r_1' r_2}\ \overline{r_1 r_2'}} \right|, \tag{39.2}$$

wenn $\overline{r_1 r_2}$ die Entfernung zwischen den Leitern 1 und 2 ist. Bei endlichen Leiterquerschnitten ist nach (22.11) über jeden der Querschnitte S_1, S_2, S_1' und S_2' zu integrieren, wobei zu beachten ist, daß im stationären Fall und bei quasistationären Strömen sehr niedriger Frequenz die Stromdichte über einen solchen Quer-

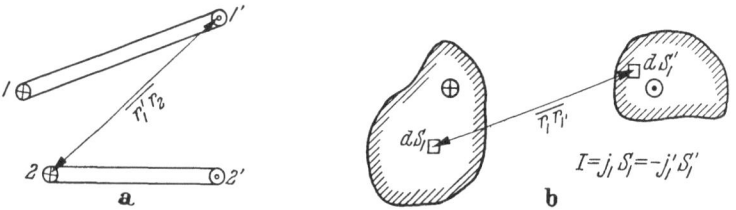

Fig. 8 a u. b. Zur Bestimmung der Induktivität paralleler Leiter. a Gegenseitige Induktivität zweier geraden Stromkreise. b Selbstinduktivität einer Doppelleitung von beliebigem Querschnitt.

schnitt konstant ist. Im speziellen Fall der *Selbstinduktion* je Längeneinheit fallen die Querschnitte S_1 und S_2 sowie S_1' und S_2' zusammen, und man erhält (Fig. 8b)

$$L_{11} = \frac{\mu}{2\pi S_1 S_1'} \iint \log (\overline{r_1 r_1'})\, dS_1\, dS_1' = \frac{\mu}{2\pi} \log D. \tag{39.3}$$

D wird nach MAXWELL auch als mittlerer geometrischer Abstand der beiden Leiter bezeichnet.

40. Einige Elementarfelder. Die einfachsten ebenen Felder sind das homogene Feld, das Feld einer Linienladung und das einer Dipollinie. Weitere Felder ergeben sich damit durch Überlagerung und Spiegelung (Ziff. 41 und 42).

Beim *homogenen Feld* sei die x-Achse als entgegengesetzt zur elektrischen Feldstärke E gerichtet angenommen. Das komplexe Potential ist dann:

$$\mathsf{X} = \Phi + \frac{i}{\varepsilon}\, \Psi = -E z = -E(x + i y) = \frac{U}{d}(x + i y). \tag{40.1}$$

Der letzte Ausdruck gilt für den Fall des *Plattenkondensators* mit dem Abstand d und der Spannung U zwischen beiden Belegungen. Als seine Kapazität je Flächeneinheit folgt hieraus mit $y_1 = y_2 = 1$ [m]

$$C = \frac{\Psi_2 - \Psi_1}{U} = \frac{\varepsilon}{d} = \frac{\varepsilon_r}{36\pi \cdot 10^{11} \cdot d} \quad \text{[Farad/m}^2\text{]}. \tag{40.2}$$

Das Feld der Linienladung drückt man besser in komplexen Polarkoordinaten $z = r\, e^{i\vartheta}$ aus. Für das komplexe Potential einer Linienladung λ in $r = 0$ erhält man dann mit (30.1):

$$\mathsf{X} = \Phi + \frac{i}{\varepsilon}\, \Psi = -\frac{\lambda}{2\pi\varepsilon} \log \frac{z}{R} = -\frac{\lambda}{2\pi\varepsilon}\left[\log \frac{r}{R} + i\vartheta\right]. \tag{40.3}$$

R ist ein frei wählbarer Radius des Kreises, längs welchem Φ verschwinden soll. Beim *Zylinderkondensator* mit geerdeter Innenbelegung (Radius $r_i = R$) und auf das Potential U gebrachten Außenbelegung (Radius r_a) wird:

$$\mathsf{X} = \Phi + \frac{i}{\varepsilon}\,\Psi = \frac{U}{\log \dfrac{r_a}{r_i}}\left[\log \frac{r}{r_i} + i\,\vartheta\right], \qquad (40.4)$$

so daß man für seine Kapazität je Längeneinheit erhält:

$$C = \frac{\Psi_{\text{total}}}{U} = \frac{2\pi\varepsilon}{\log \dfrac{r_a}{r_i}}, \qquad (40.5)$$

da im Ausdruck für den Gesamtfluß $\vartheta_2 - \vartheta_1 = 2\pi$ einzusetzen ist.

Macht man den Imaginärteil von (40.3) zur Potentialfunktion, so erhält man das *Feld zweier*, z.B. um den Winkel α gegeneinander geneigter, sich im Ursprung treffender, jedoch dort isolierter *Halbebenen*

$$\mathsf{X} = \Phi + \frac{i}{\varepsilon}\,\Psi = \frac{U}{\alpha}\left[\vartheta - i \log \frac{r}{R}\right]. \quad (40.6)$$

Das Potential einer Dipollinie vom Moment $p = 2a\lambda$ (in x-Richtung) ergibt sich nach (4.2) aus demjenigen der Linienladung durch Differentiation [oder auch aus (41.1) durch den Grenzübergang $a \to 0$]:

$$\left.\begin{array}{l}\mathsf{X} = \Phi + \dfrac{i}{\varepsilon}\,\Psi = \dfrac{p}{2\pi\varepsilon}\cdot\dfrac{1}{z}\\[2mm] = \dfrac{p}{2\pi\varepsilon}\left[\dfrac{x}{x^2+y^2} - i\,\dfrac{y}{x^2+y^2}\right],\end{array}\right\} \quad (40.7)$$

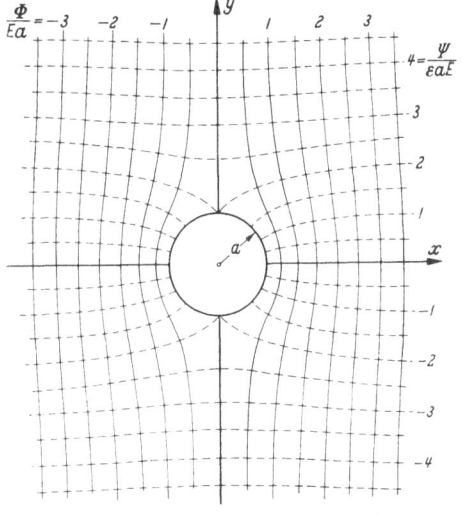

Fig. 9. Kreiszylinder im homogenen Feld.

Φ kann z.B. das magnetische Vektorpotential einer *nicht verdrillten Bifilarleitung* oder auch das Feld *zweier sich* längs einer Mantellinie *berührender*, jedoch von einander isolierter *Kreiszylinder* darstellen, da hier die Äquipotentiallinien eine Schar sich im Ursprung berührender Kreise sind (Quadrant II in Fig. 18b, S. 58).

Einer Überlagerung von (40.7) mit einem Homogenfeld $-Ez = -Er(\cos\vartheta + i \sin\vartheta)$ entnimmt man, daß Φ außer längs $x = 0$ auch längs einer Kreislinie mit $r = a$ um den Ursprung verschwindet, wenn

$$E = \frac{p}{2\pi\varepsilon a^2} \qquad (40.8)$$

gemacht wird. Man erhält somit für das Potential eines geerdeten *in ein homogenes Feld* $-Ez$ *getauchten Kreiszylinders* vom Radius a den Ausdruck:

$$\mathsf{X} = -E a \left\{\left(\frac{r}{a} - \frac{a}{r}\right)\cos\vartheta + i\left(\frac{r}{a} + \frac{a}{r}\right)\sin\vartheta\right\}. \qquad (40.9)$$

Gleichzeitig ist dies natürlich auch das Feld einer mit einem halbzylinderförmigen Vorsprung versehenen leitenden Ebene ($x = 0$ in Fig. 9).

41. Feld zweier Linienladungen bzw. eines exzentrischen Kreiszylinders. Wir betrachten das Feld zweier Linienladungen $+\lambda$ in $z = +a$ und $-\lambda$ in $z = -a$ (Fig. 10a), erhalten durch Überlagerung zweier Felder der Form (40.3):

$$\left.\begin{aligned}
\mathsf{X} &= \Phi + \frac{i}{\varepsilon}\, \Psi = -\frac{\lambda}{2\pi\varepsilon} \log \frac{z-a}{z+a}, \\
&= +\frac{\lambda}{2\pi\varepsilon}\left[\mathrm{Ar\,Tan}\frac{2ax}{x^2+y^2+a^2} - i\arctan\frac{2ay}{x^2+y^2-a^2}\right].
\end{aligned}\right\} \qquad (41.1)$$

Fig. 10a u. b. Feld zweier gleichgroßer Linienladungen (a) gleichen bzw. (b) entgegengesetzten Vorzeichens.

Das Potential Φ verschwindet längs $x = 0$. Die anderen Äquipotentiallinien $\Phi = \Phi_0 = $ const sind Kreise mit den Radien $R_\Phi = a\left/\mathrm{Sin}\,\dfrac{2\pi\varepsilon\,\Phi_0}{\lambda}\right.$ um die Punkte

$z_\Phi = a \operatorname{Cot} \dfrac{2\pi\varepsilon\,\Phi_0}{\lambda}$. Auch die Linien $\Psi = \Psi_0 = \mathrm{const}$ sind Kreise mit den

Radien $R_\Psi = a\left/\sin\dfrac{2\pi\,\Psi_0}{\lambda}\right.$ um die Punkte $z_\Psi = i\,a \cot\dfrac{2\pi\,\Psi_0}{\lambda}$. Mit (41.1) läßt

sich also auch das Feld zwischen *zwei exzentrischen Kreiszylindern* beschreiben, wobei der eine innerhalb oder außerhalb des zweiten liegen kann, nur muß die Gesamtladung der beiden Null sein. Seien die Radien der beiden Zylinder K_1 und K_2 (Fig. 11) bzw. R_1 und $R_2 > R_1$, der Abstand ihrer Achsen D, ihre Potentiale Φ_1 und Φ_2, so erhält man aus den oben angegebenen Ausdrücken für R_Φ und z_Φ zunächst den Ausdruck für D:

$$D = z_1 + z_2 = \frac{1}{a}\left[\sqrt{R_2^2 + a^2} \pm \sqrt{R_1^2 + a^2}\right]$$

und damit nach einiger Rechnung (SMYTHE [13]) die Größe der gegenseitigen Kapazität je Längeneinheit der beiden Zylinder:

$$\left.\begin{aligned} C &= \frac{\lambda}{\Phi_2 - \Phi_1}\\[2mm] &= \frac{2\pi\varepsilon}{\operatorname{Ar\,Cos}\left(\pm\dfrac{D^2 - R_1^2 - R_2^2}{2R_1 R_2}\right)}\cdot \end{aligned}\right\} \quad (41.2)$$

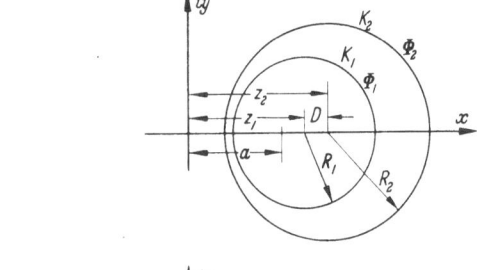

Dabei gilt das obere Zeichen, wenn der Zylinder K_1 außerhalb, das untere, wenn er innerhalb K_2 liegt. Artet im zweiten Fall K_2 in die Ebene $x = 0$ aus, so erhält man durch einen Grenzübergang $R_2 = D + h \to \infty$ die Kapazität der Anordnung: *Zylinder K_1 im Achsenabstand h von der Ebene $x = 0$*

$$C = \frac{2\pi\varepsilon}{\operatorname{Ar\,Cos}\dfrac{h}{R_1}}. \quad (41.3)$$

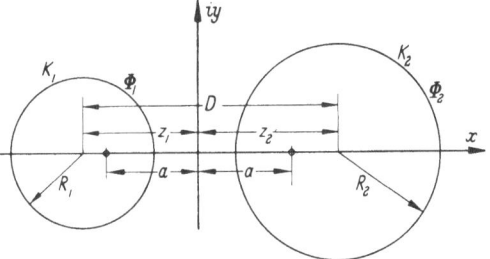

Fig. 11. Anordnung zweier exzentrischer Zylinder.

Bei im Verhältnis zum Achsenabstand kleinen Zylinderradien, also bei großen Werten $2\pi\varepsilon\,\Phi_n/\lambda$, fallen die Zylinderachsen praktisch mit den erzeugenden Linienladungen zusammen. Dies gilt auch für mehr als zwei parallele Drähte, so daß man bei der Beschreibung der Felder von Drahtgittern die Oberflächenladungen auf den Drahtachsen vereinigt denken kann. Die Kapazität zweier paralleler gleichstarker Drähte vereinfacht sich dann gegenüber (41.2) zu

$$C = \frac{\pi\varepsilon}{\log\dfrac{2a}{R}} = \frac{\varepsilon\pi}{\log\dfrac{D}{R}}\cdot \quad (41.4)$$

Wählt man in (41.1) den imaginären Teil als Potentialfunktion, so erhält man das Feld innerhalb bzw. außerhalb eines Körpers von der Gestalt einer zylindrischen Linse mit gegeneinander aufgeladenen leitenden Begrenzungsflächen.

42. Spiegelung an Ebene und Kreiszylinder. Am Beispiel des letzten Abschnitts erkennt man die Wirksamkeit der bereits in Ziff. 36 behandelten *Spiegelung an der Ebene*, da hier sowohl die Ladungen als auch das Potential an der Ebene $x = 0$ mit negativen Werten gespiegelt erscheinen. Bei ebenen Feldern spricht man auch von einer *Spiegelung an einer Geraden*. Insbesondere wird ein beliebiger Punkt $z_0 = a + ib$ an der reellen Achse in seinen konjugiert komplexen Wert $\bar{z}_0 = a - ib$, an der imaginären y-Achse in den Punkt $-\bar{z}_0 = -a + ib$ gespiegelt.

Dem gleichen Beispiel läßt sich das Gesetz der *Spiegelung am Zylinder (Spiegelung am Kreis)* entnehmen. Jeder der Kreise $\Phi = \Phi_0 = $ const (Radius R) kann als Spiegelkreis gewählt werden, wobei sein Mittelpunkt zum Ursprung des neuen Koordinatensystems gemacht wird. Eine Ladung $+ \lambda$ in einem Punkt $z_0 = x_0 + iy_0$ im Kreisinnern wird dann in eine Ladung $-\lambda$ im Punkt $\dfrac{R^2}{\bar{z}_0}$ $(\bar{z}_0 = x_0 - iy_0)$ im Außengebiet gespiegelt und umgekehrt. Der Realteil des von den beiden Ladungen herrührenden komplexen Potentials

$$\Phi + \frac{i}{\varepsilon}\,\Psi = -\frac{\lambda}{2\pi\varepsilon}\,\log\frac{z - z_0}{z - \dfrac{R^2}{\bar{z}_0}} \tag{42.1}$$

nimmt auf dem Kreisumfang $R\,e^{i\Theta}$ den Wert an

$$\Phi_0 = -\frac{\lambda}{2\pi\varepsilon}\,\log\left|\frac{R\,e^{i\Theta} - r_0 e^{i\vartheta_0}}{R\,e^{i\Theta} - \dfrac{R^2}{r_0}e^{i\vartheta_0}}\right| = -\frac{\lambda}{2\pi\varepsilon}\,\log\frac{r_0}{R} = -\frac{\lambda}{2\pi\varepsilon}\,\log\left|\frac{\bar{z}_0}{R}\right|. \tag{42.2}$$

Soll Φ auf dem Kreisumfang verschwinden, so ist (42.2) von (42.1) abzuziehen, und man erhält in diesem Fall

$$\Phi + \frac{i}{\varepsilon}\,\Psi = \frac{\lambda}{2\pi\varepsilon}\,\log\frac{R^2 - \bar{z}_0 z}{R(z - z_0)}\,. \tag{42.3}$$

(Mit $\lambda = 1$ ist dies die Greensche Funktion für den Kreis $|z| = R$, vgl. Ziff. 50.) Einem Potential Φ in einem Punkt z entspricht in diesem Fall ein Potential $-\Phi$ im Spiegelpunkt $R^2/\bar{z}$. Die Bestimmung des Potentials zwischen einem irgendwie geformten zylindrischen Körper und einem geerdeten Kreiszylinder ist also rechnerisch dem Problem äquivalent, das Feld zwischen diesem Körper und seinem am Zylinder gespiegelten, entgegengesetzt aufgeladenen Bild zu ermitteln. Sind zwei oder noch mehr spiegelnde Ebenen oder Kreise vorhanden, so sind an ihnen die bereits gespiegelten Ladungen immer wieder zu spiegeln (Fig. 20, und Ziff. 44). Auf diese Weise können endliche oder unendliche, einfach- oder doppelperiodische Gitter von Linienladungen alternierenden Vorzeichens erhalten werden (vgl. Ziff. 44 und 45).

Der in Ziff. 39 besprochenen Analogie zufolge gilt das Gesagte auch für die Spiegelung von Strömen und dem zugehörigen Vektorpotential an hochpermeablen Wänden.

43. Spiegelung an dielektrischen Begrenzungsflächen.
Eine Art unvollkommener Spiegelung entsteht, wenn die Ebene bzw. der Zylindermantel die Begrenzungen nicht eines leitenden, sondern eines dielektrischen Körpers sind. In diesem Fall wird die Größe der gespiegelten Ladung verändert. Man bestimmt sie so, daß die Bedingung der Stetigkeit des Potentials und der Normalkomponente der dielektrischen Verschiebung (Ziff. 5) erfüllt ist. Trennt eine *Ebene* $x = 0$ die Dielektriken ε_1 und ε_2 und befindet sich die Linienladung λ im Punkte $z = a$ des Mediums 1, so wird sich das Potential in 1 aus dem Potential von λ und demjenigen der in $z = -a$ gespiegelten Ladung λ' zusammensetzen

$$\Phi_1 = -\frac{\lambda}{2\pi\varepsilon_1}\,\log\frac{\sqrt{(x-a)^2 + y^2}}{a} + \frac{\lambda'}{2\pi\varepsilon_1}\,\log\frac{\sqrt{(x+a)^2 + y^2}}{a}, \tag{43.1}$$

wohingegen das Potential im Medium 2 nur von einer Ladung λ'' in $z = a$ herstammen kann, da es ja in $z = -a$ stetig bleiben muß:

$$\Phi_2 = -\frac{\lambda''}{2\pi\,\varepsilon_2}\log\frac{\sqrt{(x-a)^2+y^2}}{a}\,. \tag{43.2}$$

Die Rechnung ergibt.:

$$\lambda' = \frac{\varepsilon_2-\varepsilon_1}{\varepsilon_2+\varepsilon_1}\,\lambda\,;\qquad \lambda'' = \frac{2\,\varepsilon_2}{\varepsilon_2+\varepsilon_1}\,\lambda\,. \tag{43.3}$$

Die dazugehörigen imaginären Anteile sind $\arctan\dfrac{y}{x-a}$ und $\arctan\dfrac{y}{x+a}$. Ist, allgemein, das Potential $\Phi_0(x, y)$ einer fixen Ladungsverteilung im überall homogenen Medium der DK ε_1 gegeben und nach dem Potentialfeld gefragt, das zustandekommt, wenn der (vorher ladungsfreie) Halbraum $x < 0$ mit einem Medium der DK ε_2 angefüllt wird, so ist:

$$\left.\begin{aligned}
\Phi_1 &= \Phi_0(x, y) - k\,\Phi_0(-x, y) && \text{für } x > 0\,, \\
\Phi_2 &= (1 - k)\,\Phi_0(x, y) && \text{für } x < 0\,, \\
k &= \frac{\varepsilon_2-\varepsilon_1}{\varepsilon_2+\varepsilon_1}\,.
\end{aligned}\right\} \tag{43.4}$$

Ist insbesondere $\varepsilon_2 = 0$ (was natürlich nur bei Isolatoren in Strömungsfeldern mit $\varkappa = 2\pi\varepsilon$ vorkommen kann), so wird $k = -1$, die Ladungen und Potentiale werden also vollkommen mit gleichem statt mit entgegengesetztem Vorzeichen gespiegelt (Spiegelung an Feldlinien, Fig. 10b).

Ähnliches gilt für die *Spiegelung an einem dielektrischen Kreiszylinder* vom Radius R und der DK ε_2, der in ein Medium der DK ε_1 eingeführt wird, in welchem vorher das Feld $\Phi_0(r, \vartheta)$ herrschte (Ursprung der Polarkoordinaten auf Zylinderachse). Es ist dann, wenn man das Gesetz der Ortsspiegelung beachtet:

$$\left.\begin{aligned}
\Phi_1(r, \vartheta) &= \Phi_0(r, \vartheta) - k\,\Phi_0\!\left(\frac{R^2}{r}, \vartheta\right), \\
\Phi_2(r, \vartheta) &= (1 - k)\,\Phi_0(r, \vartheta),
\end{aligned}\right\} \tag{43.5}$$

mit gleichem k wie in (43.4). Bei festgehaltener Ladung wird also im eingeführten Dielektrikum nur der Absolutwert, nicht aber die Verteilung des Potentials geändert. Für *eine* Linienladung λ in $r = a > R$, $\vartheta = 0$ gilt insbesondere:

$$\Phi_0 = \frac{\lambda}{2\pi\,\varepsilon_1}\operatorname{Re}\log\frac{z-a}{a} = \frac{\lambda}{2\pi\,\varepsilon_1}\log\frac{\sqrt{r^2+a^2-2\,a\,r\cos\vartheta}}{a}\,,$$

somit

$$\left.\begin{aligned}
\Phi_1 &= \frac{\lambda}{2\pi\,\varepsilon_1}\left\{\log\frac{\sqrt{r^2+a^2-2\,a\,r\cos\vartheta}}{a} + \frac{\varepsilon_2-\varepsilon_1}{\varepsilon_2+\varepsilon_1}\log\frac{\sqrt{\dfrac{R^4}{r^2}+a^2-\dfrac{2\,a\,R^2}{r}\cos\vartheta}}{a}\right\}, \\
\Phi_2 &= \frac{\lambda}{\pi\,(\varepsilon_1+\varepsilon_2)}\log\frac{\sqrt{r^2+a^2-2\,a\,r\cos\vartheta}}{a}\,.
\end{aligned}\right\} \tag{43.6}$$

44. Endliche Gitterfelder. Im Fall von n in den Punkten z_k gegebenen Linienladungen λ_k erhält man durch Überlagerung das komplexe Potential:

$$\mathsf{X} = \Phi + \frac{i}{\varepsilon}\,\Psi = -\frac{1}{2\pi\,\varepsilon}\sum_{k=1}^{n}\lambda_k\log\frac{z-z_k}{a}\,. \tag{44.1}$$

Die beliebig wählbare Länge a dient dazu, den Wert des Potentials festzulegen und das Argument unter dem Logarithmus dimensionslos zu machen.

Es seien n gleiche Ladungen gleichmäßig über den Umfang eines Kreises vom Radius R_g um den Ursprung verteilt, und die erste Ladung falle in den Punkt $z = R_g$. Dann ist

$$
\left.
\begin{aligned}
\mathsf{X} &= -\frac{\lambda}{2\pi\varepsilon} \sum_{k=1}^{n} \log \frac{z - R_g e^{2\pi i k/n}}{a} \\
&= -\frac{\lambda}{2\pi\varepsilon} \log \left[\left(\frac{z}{a}\right)^n - \left(\frac{R_g}{a}\right)^n \right].
\end{aligned}
\right\}
\tag{44.2}
$$

Die Feldlinien verlaufen von den Ladungen nach außen, die Äquipotentiallinien nehmen in einer Entfernung, die etwas größer als der gegenseitige Abstand der Ladungen ist, praktisch kreisförmige Gestalt an. Wählt man $a > R_g\left(1 + \frac{2\pi}{n}\right)$, so hat a in (44.2) die Bedeutung des Halbmessers einer praktisch kreisförmigen geerdeten Elektrode. Identifiziert man die in der nächsten Umgebung der Ladungen ebenfalls kreisförmigen Äquipotentiallinien mit der Oberfläche von Drähten $\left(\text{Radius } \varrho \ll \frac{2\pi}{n} R_g\right)$, so ist das dort herrschende Potential:

$$
U = \Phi(z = R_g + \varrho) \approx -\frac{\lambda}{2\pi\varepsilon} \log \frac{n\, R_g^{n-1}\, \varrho}{a^n}, \tag{44.3}
$$

woraus sich die Kapazität der Anordnung ergibt:

$$
C = \frac{n\lambda}{U} = \frac{2\pi\varepsilon n}{\log \dfrac{a^n}{n\, R_g^{n-1}\, \varrho}}. \tag{44.4}
$$

Ist die Bedingung $a > R_g\left(1 + \frac{2\pi}{n}\right)$ nicht erfüllt, so erhält man eine einwandfrei kreisrunde Elektrode (vom Radius a), indem man an ihr die Linienladung spiegelt (Ziff. 42),

$$
\Phi + \frac{i}{\varepsilon}\Psi = \frac{\lambda}{2\pi\varepsilon} \log \frac{z^n - \dfrac{a^{2n}}{R_g^n}}{z^n - R_g^n}. \tag{44.5}
$$

Durch Anordnung einer weiteren Linienladung λ_k im Zentrum $z = 0$ erhält man das Feld einer *Triode mit Steggitter* [1] (Radius des Kathodenfadens $\varrho_k \ll R_g$)

$$
\Phi + \frac{i}{\varepsilon}\Psi = -\frac{1}{2\pi\varepsilon_0} \left\{ \lambda_k \log \frac{z}{a} + \lambda_g \log \left[\left(\frac{z}{a}\right)^n - \left(\frac{R_g}{a}\right)^n \right] \right\}. \tag{44.6}
$$

Diese Beziehung läßt sich auch als Funktion der Gitter- und Anodenspannung U_g bzw. U_a (bei Kathodenpotential $= 0$) schreiben. Dazu addiert man zur rechten Seite von (44.6) eine Konstante K, setzt Φ bzw. $= 0$, U_g, U_a für $z = \varrho_k$, $R_g + \varrho$, a, löst diese Gleichungen nach λ_k, λ_g und K auf und führt die gefundenen Werte in (44.6) ein. Man erhält bei $a^n \gg R_g^n$

$$
\left.
\begin{aligned}
\frac{\lambda_k}{2\pi\varepsilon_0} \left[\log \frac{a}{R_g} \log \frac{R_g}{\varrho_k} - \log \sqrt[n]{\frac{n\varrho}{R_g}} \log \frac{a}{\varrho_k} \right] &= U_g \log \frac{a}{R_g} - U_g \log \sqrt[n]{\frac{n\varrho}{R_g}}, \\
-\frac{n\lambda_g}{2\pi\varepsilon_0} \cdot \log \frac{a}{R_g} &= \frac{\lambda_k}{2\pi\varepsilon} \log \frac{a}{\varrho_k} - U_a
\end{aligned}
\right\}
\tag{44.7}
$$

und daraus die Teilkapazitäten $C_{gk} = \dfrac{\partial \lambda_k}{\partial U_g}$ zwischen Kathode und Gitter und $C_{ak} = \dfrac{\partial \lambda_k}{\partial U_a}$ zwischen Kathode und Anode. Der „Durchgriff" einer solchen Röhre

---

[1] Feld und Daten einer Triode mit Elektroden in Form elliptischer Zylinder und *äquidistant* längs einer konfokalen Ellipse angeordneten Gitterdrähten berechnen S. Deb und G. S. Sanyal [J. Appl. Phys. **25**, 1196 (1954)].

ist also:

$$D = \frac{C_{ak}}{C_{gk}} = \frac{\log \dfrac{R_g}{n\varrho}}{n \log \dfrac{a}{R_g}}. \qquad (44.8)$$

Weitere Felder und Daten für Röhren vgl. z.B. SPANGENBERG [14].

Läßt man in (44.5) die beiden Reihen der einander entgegengesetzt gleichen Ladungen sich beliebig nähern, so erhält man auf einem Kreis gleichmäßig verteilte Dipollinien, mit deren Hilfe man gut das Feld zwischen den Leitern und dem Mantel eines *Kabels* annähern kann [15].

Ordnet man $2n+1$ gleichgroße Ladungen λ äquidistant nicht auf dem Umfang eines Zylinders, sondern in einer Ebene, z.B. der Ebene $y=0$ an, mit der mittleren Ladung im Ursprung, so ist das komplexe Potential (wenn als Bezugslänge der Abstand d der Ladungen gewählt wird):

$$\left.\begin{aligned}
\Phi + \frac{i}{\varepsilon}\Psi &= -\frac{\lambda}{2\pi\varepsilon} \sum_{h=-n}^{+n} \log \frac{z - hd}{d} \\
&= -\frac{\lambda}{2\pi\varepsilon}\left[\log \frac{z}{d} + \sum_{h=1}^{n} \log \frac{z^2 - h^2 d^2}{d^2}\right], \\
&= -\frac{\lambda}{2\pi\varepsilon}\left[\log \frac{z}{d} + \log \prod_{h=1}^{n}\left(1 - \frac{z^2}{h^2 d^2}\right) + \sum_{h=1}^{n} \log(-h^2)\right].
\end{aligned}\right\} \qquad (44.9)$$

Da der letzte Summand als Konstante keinen Einfluß auf die physikalische Feldrealität hat, kann er weggelassen werden.

45. Unendlich ausgedehnte Gitterfelder. Das Superpositionsprinzip gilt auch noch bei einer unendlichen Anzahl von Linienladungen, solange keine Häufungsstellen auftreten, d.h. solange jeder endliche Teilbereich eine endliche Anzahl von Linienladungen einschließt.

α) Einfach periodische Felder. Macht man bei der zuletzt untersuchten Anordnung von $2n+1$ komplanaren äquidistanten Drähten den Grenzübergang $n \to \infty$, so ergibt sich [26]

$$\Phi + \frac{i}{\varepsilon}\Psi = -\frac{\lambda}{2\pi\varepsilon} \log\left[\frac{\pi z}{d} \prod_{h=1}^{\infty}\left(1 - \frac{z^2}{h^2 d^2}\right)\right] = -\frac{\lambda}{2\pi\varepsilon} \log \sin \frac{\pi z}{d}. \qquad (45.1)$$

Durch Verlegung der Linienladungen in die Punkte $z_h = hd + ib$ und ihre Spiegelung (mit negativen Vorzeichen) an der Ebene $y=0$ erhält man das Potential einer Doppelreihe von Ladungen

$$\Phi + \frac{i}{\varepsilon}\Psi = -\frac{\lambda}{2\pi\varepsilon} \log \frac{\sin \dfrac{\pi}{d}(z - ib)}{\sin \dfrac{\pi}{d}(z + ib)}. \qquad (45.2)$$

Durch einen ähnlichen Vorgang erhält man das Potential einer Reihe komplanarer Ladungen alternierenden Vorzeichens ($+\lambda$ in $z = a + hd$, $-\lambda$ in $z = -a + hd$):

$$\Phi + \frac{i}{\varepsilon}\Psi = -\frac{\lambda}{2\pi\varepsilon} \log \frac{\sin \dfrac{\pi}{d}(z - a)}{\sin \dfrac{\pi}{d}(z + a)} \qquad (45.3)$$

und im Falle $a = d/4$ (mit Verschiebung des Nullpunkts um a):

$$\Phi + \frac{i}{\varepsilon}\Psi = -\frac{\lambda}{2\pi\varepsilon} \log \tan \frac{\pi z}{d}. \qquad (45.4)$$

(Feldbild vgl. Fig. 24, S. 65.) Geht man in (45.2) bzw. (45.3) zur Grenze $b \to 0$ bzw. $a \to 0$ über, so erhält man das Potential einer Reihe komplanarer Dipollinien mit Momenten $p = 2\lambda\, db$ in y- und $p = 2\lambda\, da$ in x-Richtung:

$$\Phi + \frac{i}{\varepsilon}\,\Psi = \frac{p}{2\pi\varepsilon} \cdot \frac{\pi}{d} \cdot \cot\frac{\pi z}{d} \,. \qquad (45.5)$$

(Den gleichen Ausdruck erhält man natürlich auch direkt aus (45.1) durch Differentiation.)

Obige Verteilungen, unter Umständen mit Superposition eines homogenen Feldes, dienen zur Beschreibung von Feldern in Elektronenröhren, gelochten Transformatorenblechen, an feuchten Gebäudewänden u. ä. m. (OLLEN-DORFF [9]).

β) *Doppeltperiodische Felder*[1]. Man erhält diese mit ähnlichen Methoden, wie in α).

Es sei ein Gitter gleichgroßer, gleichnamiger Linienladungen λ in den Punkten $z_{mn} = a + 2m b_1 + 2i n b_2$ gegeben und ein zweites in x-Richtung dagegen verschobenes Gitter der Ladungen $-\lambda$ in den Punkten $z'_{mn} = b_1 - a + 2m b_1 + 2i n b_2$ (Fig. 12b). Als komplexes Potential dieser Anordnung ergibt sich:

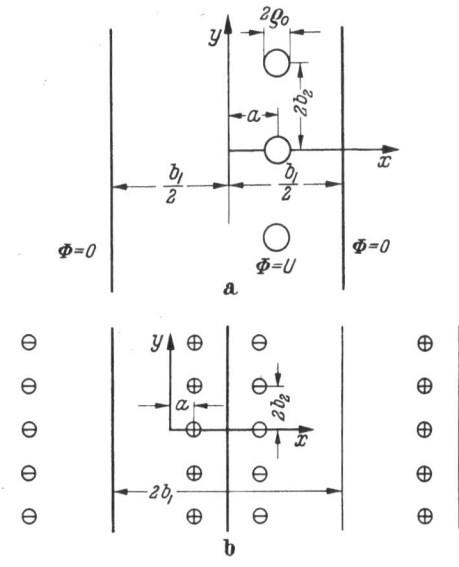

Fig. 12a u. b. Anordnung einer Reihe koplanarer, gleichstark geladener Drähte zwischen zwei parallelen geerdeten Ebenen.

$$\left.\begin{array}{l} \Phi + \dfrac{i}{\varepsilon}\,\Psi \\[2mm] \qquad = -\dfrac{\lambda}{2\pi\varepsilon}\,\log \dfrac{\vartheta_1\!\left(\dfrac{z-a}{2b_1}\right)}{\vartheta_2\!\left(\dfrac{z+a}{2b_1}\right)}\,, \end{array}\right\} \qquad (45.6)$$

worin ϑ_1 die erste Thetafunktion mit dem Parameter $\tau = i b_2/b_1$ ist. Die Ebenen $x = (2m+1)\,b_1/2$ sind Niveauflächen $\Phi = 0$. Da außerdem die Äquipotentialflächen in der nächsten Nachbarschaft der Linienladungen kreiszylindrische Gestalt haben, stellt Gl. (45.6) auch das Potentialfeld eines komplanaren, äquidistanten Drahtgitters (Radius $\varrho_0 \ll b_1, b_2$) zwischen zwei parallelen geerdeten Ebenen dar, dessen Kapazität je Draht und Längeneinheit ist:

$$C = \frac{2\pi\varepsilon}{\log\left[\dfrac{2b_1}{\varrho_0} \cdot \dfrac{\vartheta_2\!\left(\dfrac{a}{b_1}\right)}{\vartheta_1'(0)}\right]}\,, \qquad (45.7)$$

worin $\vartheta_1'(0)$ die Ableitung von $\vartheta_1(z)$ in $z = 0$ bedeutet $(\tau = i b_2/b_1)$. Der Ausdruck vereinfacht sich im Fall $a = 0$ zu

$$C = \frac{2\pi\varepsilon}{\log\left[\dfrac{b_1}{\varrho_0} \cdot \dfrac{1}{K \cdot \sqrt{k'}}\right]}\,. \qquad (45.8)$$

Der Modul $k = \sqrt{1 - k'^2}$ des vollständigen elliptischen Integrals erster Gattung K (tabuliert in [30], vgl. Kurve Fig. 26) bestimmt sich aus der transzendenten Gleichung $b_1/b_2 = K/K'$.

---

[1] Vgl. hierzu F. OBERHETTINGER und W. MAGNUS [30] und H. BUCHHOLZ [2].

Superponiert man vier doppeltperiodische Gitter in der aus Fig. 13 ersichtlichen Weise, so läßt sich damit auch das Potentialfeld eines Drahtes in einem geerdeten rechteckigen Prisma angeben (Greensche Funktion eines Prismas). Man erhält mit den Bezeichnungen der Abbildung für das Potential:

$$\Phi + \frac{i}{\varepsilon}\,\Psi = -\frac{\lambda}{2\pi\varepsilon}\,\log\frac{\vartheta_1\!\left(\dfrac{z+z_1}{2\,b_1}\right)\vartheta_1\!\left(\dfrac{z-z_1}{2\,b_1}\right)}{\vartheta_1\!\left(\dfrac{z+\bar z_1}{2\,b_1}\right)\vartheta_1\!\left(\dfrac{z-\bar z_1}{2\,b_1}\right)}\,;\qquad \tau = i\,b_2/b_1 \qquad (45.9)$$

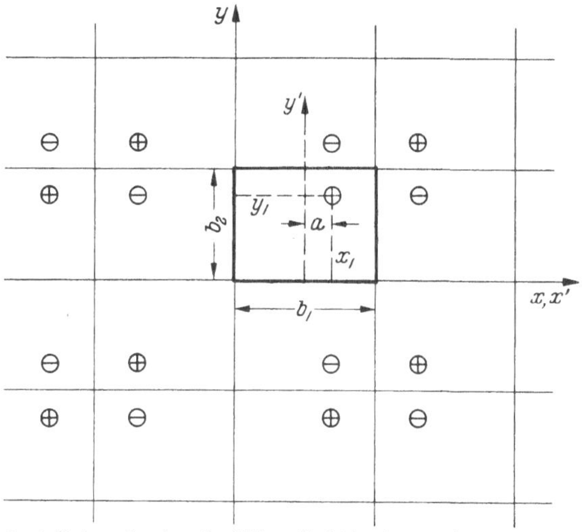

Fig. 13. Doppelperiodisches alternierendes Gitter. Draht in einem rechteckigen geerdeten Prisma.

und für den reellen Anteil Φ bei einem um $b_1/2$ in positiver x-Richtung verlagerten Koordinatenursprung und Einführung der Jacobischen sn-Funktion

$$\Phi = \frac{\lambda}{2\pi\varepsilon}\,\log\left|\frac{\mathrm{sn}\!\left(\dfrac{2K}{b_1}\,z,\,k\right)-\mathrm{sn}\!\left(\dfrac{2K}{b_1}\,\bar z_1,\,k\right)}{\mathrm{sn}\!\left(\dfrac{2K}{b_1}\,z,\,k\right)-\mathrm{sn}\!\left(\dfrac{2K}{b_1}\,z_1,\,k\right)}\right|. \qquad (45.10)$$

Hierin legt $z_1 = x_1 + i\,y_1$ die Lage der Linienladung innerhalb des Rechteckprismas fest; weiter ist $\bar z_1 = x_1 - i\,y_1$, und der Modul k der elliptischen Integrale K und K' ergibt sich aus der transzendenten Beziehung $\dfrac{b_1}{b_2} = \dfrac{2K}{K'}$ (vgl. Fig. 26 oder genauer [30]). Als Kapazität eines Drahtes vom Radius ϱ_0 gegen die Wandungen des Prismas findet man mit den gleichen Bezeichnungen (verlagertes System):

$$C = \frac{2\pi\varepsilon}{\log\left|\dfrac{b_1}{K\varrho_0}\cdot\dfrac{\operatorname{Im}\mathrm{sn}\!\left(\dfrac{2K}{b_1}\,z_1\right)}{\mathrm{cn}\!\left(\dfrac{2K}{b_1}\,z_1\right)\mathrm{dn}\!\left(\dfrac{2K}{b_1}\,z_1\right)}\right|}. \qquad (45.11)$$

Für den Draht im Mittelpunkt $z_1 = i\,\dfrac{b}{2}$ eines quadratischen Prismas $b_1 = b_2 = b$ ergibt sich mit $K' = 2K$ und $k = \tan^2\dfrac{\pi}{8}$

$$C = \frac{2\pi\varepsilon}{\log\left(\dfrac{b}{K\varrho_0}\cdot\dfrac{1}{1+k}\right)} = \frac{2\pi\varepsilon}{\log\left(0{,}54\,\dfrac{b}{\varrho_0}\right)}. \qquad (45.12)$$

Die letzte Formel ist bis zu relativ großen Drahtdurchmessern gültig. Die Abweichung der den Drahtumfang darstellenden Äquipotentiallinie von der Kreisform $\frac{\Delta \varrho_0}{\varrho_0}$ beträgt bei $\frac{b}{\varrho_0} = 4$ etwa $5^0/_{00}$, bei $\frac{b}{\varrho_0} = 5$ etwa $2^0/_{00}$ und bei $\frac{b}{\varrho_0} = 6$ etwa $1^0/_{00}$.

Das Feld einer Linienladung in einem Zylinder vom Querschnitt eines Kreisringsektors (oder Ellipsenringsektors) und ähnliche Anordnungen lassen sich aus diesen Ergebnissen mittels der konformen Abbildung (Ziff. 53 und 55) ermitteln. Vgl. hierzu H. Buchholz [2].

46. Stetig verteilte Ladungs- bzw. Stromdichte. Häufig wird nach dem magnetischen Feld eines zylindrischen Leiters beliebigen Querschnitts bei konstanter Stromdichte j_0 gefragt. Diesem Problem entspricht in der Elektrostatik das Feld einer über den gleichen Zylinder gleichmäßig verteilten Raumladung ϱ_0.

Sehr einfach ist die Bestimmung des Feldes eines kreiszylindrischen Leiters vom Radius R, wenn die (ideelle) Stromrückführung über einen konzentrischen Hohlleiter von sehr großem Innenradius erfolgt. Aus Symmetriegründen sind die Feldlinien Kreise, und es ist infolge $\oint H ds = I$ (in Polarkoordinaten)

$$
\left.
\begin{aligned}
H_\varphi &= \frac{\pi r^2 j_0}{2\pi r} = \frac{r j_0}{2} \quad \text{für} \quad r \lessgtr R, \\
&= \frac{I}{2\pi r} = \frac{R^2 j_0}{2r} \quad \text{für} \quad r \gtrless R.
\end{aligned}
\right\} \tag{46.1}
$$

Entsprechend findet man für das Vektorpotential:

$$
\left.
\begin{aligned}
A &= -\frac{\mu I}{2\pi} \log \frac{r}{R} \quad \text{für} \quad r \geq R, \\
&= \frac{\mu I}{2\pi} \left(1 - \frac{r^2}{R^2}\right) \quad \text{für} \quad r \lessgtr R.
\end{aligned}
\right\} \tag{46.2}
$$

Mit Hilfe dieser Verteilung läßt sich sofort diejenige eines zentrischen oder exzentrischen Hohlzylinders angeben, indem man ihr das Feld eines entsprechend angeordneten Kreiszylinders kleineren Halbmessers R_1, mit gleicher, jedoch entgegengesetzt gerichteter Stromdichte überlagert; ebenso findet man das Feld zweier paralleler Kreiszylinder oder das eines koaxialen Kabels.

Ähnlich kann man bei Problemen mit Rotationssymmetrie und nicht konstanter Stromdichte oder Raumladung verfahren. Es sei z.B. das Feld eines zylindrischen Elektronenstrahls mit nach der Gaußschen Feldkurve über den Durchmesser verteilter Raumladung

$$
\varrho = \varrho_0 e^{-\alpha^2 r^2} \tag{46.3}
$$

zu bestimmen. Hier sind die Äquipotentiallinien Kreise. Nach dem Gaußschen Satz ist $2\pi r D = -q$, wenn q die im Zylinder vom Radius r je Längeneinheit eingeschlossene Ladung bezeichnet, also:

$$
\left.
\begin{aligned}
D &= -\frac{q}{2\pi r} = -\frac{\varrho_0}{2\pi r} \int_0^r e^{-\alpha^2 r^2} 2\pi r \, dr, \\
&= -\frac{\varrho_0}{2\alpha^2 r} \left(1 - e^{-\alpha^2 r^2}\right).
\end{aligned}
\right\} \tag{46.4}
$$

Für das Potential ergibt sich daraus (von einer Konstanten abgesehen):

$$
\Phi = \frac{\varrho_0}{2\varepsilon\alpha^2} \left(\log \alpha r + \frac{1}{2} \operatorname{Ei}\left(-\alpha^2 r^2\right)\right) \tag{46.5}
$$

mit [1] $\operatorname{Ei}(-x) = -\int_x^\infty \frac{e^{-t} dt}{t}$.

---

[1] Vgl. Jahnke und Emde [23].

Nichtrotationssymmetrische Probleme werden durch Integration gelöst. So ergibt sich z.B. das Vektorpotential eines stromdurchflossenen Bandes der Breite $2b$ (in y-Richtung), der sehr kleinen Dicke δ (in x-Richtung) und konstanter Stromdichte j_0 aus (46.2) durch Integration über die Bandbreite:

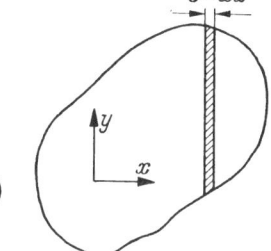

$$
\begin{aligned}
A = &-\frac{\mu\,\delta\,j_0}{2\pi}\int\limits_{-b}^{+b}\log\frac{\sqrt{x^2+(y-\eta)^2}}{b}\,d\eta\\
= &\;\frac{\mu\,\delta\,j_0}{2\pi}\left\{(y-b)\log\frac{\sqrt{x^2+(y-b)^2}}{b}-\right.\\
&-(y+b)\log\frac{\sqrt{x^2+(y+b)^2}}{b}+\\
&\left.+x\left(\arctan\frac{y-b}{x}-\arctan\frac{y+b}{x}\right)\right\}.
\end{aligned}
\tag{46.6}
$$

Fig. 14. Zur Berechnung des Vektorpotentials eines zylindrischen stromführenden Leiters.

Zur Vereinfachung des resultierenden Ausdrucks wurde bei der Integration eine für das Vektorpotential definitionsgemäß bedeutungslose Konstante hinzugefügt[1].

Ist ein irgendwie geformter zylindrischer Leiter gegeben, so kann man seinen Querschnitt in dünne senkrechte Streifen zerlegen (Fig. 14) und die für jeden nach (46.6) ermittelten Vektorpotentiale unter Umständen numerisch überlagern. Als Beispiel für eine durchführbare Integration sei das Potential eines rechteckigen Leiters der Höhe $2b$ (in y-Richtung) und der Breite $2a$ (in x-Richtung) angegeben:

$$
\begin{aligned}
A = -\frac{\mu j}{2\pi}\Big\{&(x-a)(y-b)\log\sqrt{\frac{(x-a)^2+(y-b)^2}{a^2+b^2}}+\\
&+(x+a)(y+b)\log\sqrt{\frac{(x+a)^2+(y+b)^2}{a^2+b^2}}-\\
&-(x+a)(y-b)\log\sqrt{\frac{(x+a)^2+(y-b)^2}{a^2+b^2}}-\\
&-(x-a)(y+b)\log\sqrt{\frac{(x-a)^2+(y+b)^2}{a^2+b^2}}+\\
&+\tfrac{1}{2}(x-a)^2\left(\arctan\frac{y-b}{x-a}-\arctan\frac{y+b}{x-a}\right)+\\
&+\tfrac{1}{2}(x+a)^2\left(\arctan\frac{y+b}{x+a}-\arctan\frac{y-b}{x+a}\right)+\\
&-\tfrac{1}{2}(y-b)^2\left(\arctan\frac{y-b}{x+a}-\arctan\frac{y-b}{x-a}\right)+\\
&-\tfrac{1}{2}(y+b)^2\left(\arctan\frac{y+b}{x-a}-\arctan\frac{y+b}{x+b}\right)\Big\}.
\end{aligned}
\tag{46.7}
$$

Das Feld eines rechteckigen Stromleiters innerhalb eines rechteckigen Hohlkanals in einem hochpermeablen Medium gibt H. Buchholz [2].

b) Konforme Abbildung und Greensche Funktion.

47. Hauptsätze der Funktionentheorie. Ein gegebener Bereich G möge von einer oder mehreren Kurven $S(\xi,\eta)=0$ umrandet sein (Fig. 15). In seinem

---

[1] Die Berechnung der Selbstinduktion zweier paralleler Bandleiter dieser Art gibt F. Ollendorff [10].

Inneren sei die Funktion $w(z)$ analytisch, d.h. sie gehorche den Cauchy-Riemann-schen Differentialgleichungen (38.2), ferner sei sie eindeutig und nehme am Rande Werte $w(\zeta)$ an, die sich stetig an Werte im Bereichsinnern anschließen. Dann gilt der *Hauptsatz der Funktionentheorie (Cauchyscher Integralsatz)*:

$$\oint_{S_1} w(\zeta)\,d\zeta + \oint_{S_2} w(\zeta)\,d\zeta + \cdots = 0, \qquad (47.1)$$

wobei über alle Randkurven S_l so zu integrieren ist, daß das Bereichsinnere stets zur Linken bleibt. Außerdem lehrt die Funktionentheorie, daß die Werte $w(z)$ im Inneren des Bereiches durch die Werte $w(\zeta)$ auf dessen Rand eindeutig festgelegt sind und mit Hilfe der Cauchyschen Integralformel:

$$w(z) = \frac{1}{2\pi i} \oint_{S_1} \frac{w(\zeta)\,d\zeta}{\zeta - z} + \frac{1}{2\pi i} \oint_{S_2} \frac{w(\zeta)\,d\zeta}{\zeta - z} + \cdots \qquad (47.2)$$

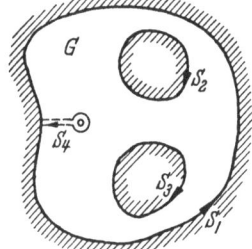

Fig. 15. Zum Hauptsatz der Funktionentheorie.

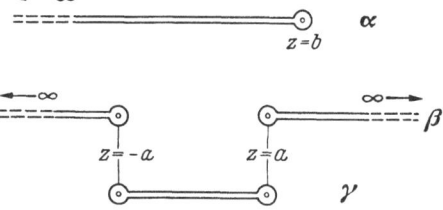

Fig. 16. Mögliche Verzweigungsschnitte: α) bei $\log(z-b)$; β) und γ) bei $\log\dfrac{z-a}{z+a}$.

berechnet werden können. Die Integrationsrichtung ist hier die gleiche wie in (47.1). Auch die Ableitungen von $w(z)$ sind aus (47.2) berechenbar.

$$\frac{d^n w}{d z^n} = \frac{n!}{2\pi i} \sum_{S_l} \oint_{S_l} \frac{w(\zeta)\,d\zeta}{(\zeta - z)^{n+1}}. \qquad (47.3)$$

Diese Formeln bleiben gültig, wenn $w(z)$ in endlich vielen isolierten Punkten z_k nicht analytisch ist, nur muß es möglich sein, $w(z)$ durch Multiplikation mit $(z - z_k)^n$ analytisch zu machen (n positiv ganz). z_k heißt dann Pol n-ter Ordnung. Bei der Integration müssen die Punkte z_k mit sehr kleinen Kreisen umgeben werden, die dann mit zum Rand zu rechnen sind. Ist n nicht ganz oder gibt es kein noch so großes n, das den Punkt z_k zu einem regulären Punkt macht (z.B. Punkt $z=0$ der Funktion $\log z$), so ist die Funktion mehrdeutig. Man kann solche Funktionen als eindeutige analytische Funktionen behandeln, indem man ihren Gültigkeitsbereich auf ein einziges Riemannsches Blatt beschränkt. Dazu legt man durch diese singulären Verzweigungspunkte „Verzweigungsschnitte", die nicht überschritten werden dürfen, ähnlich den bei der Behandlung des ska-laren magnetischen Potentials (Ziff. 29 und 30) aufgetretenen Sperrflächen. Beide „Ufer" des Verzweigungsschnittes (Fig. 16) sind dann mit zum Bereichs-rand zu rechnen.

48. Lösung des Dirichlet-Problems für Kreis und Halbebene. Es sei $w(\zeta) = \Phi(\Theta) + \dfrac{i}{\varepsilon}\,\Psi(\Theta)$ das komplexe Potential längs des Umfangs $\zeta = R\,e^{i\Theta}$ eines Kreises $R = \text{const.}$ Nach der Cauchyschen Integralformel (47.2) ist dann das Potential im Kreisinnern:

$$\Phi(r, \vartheta) + \frac{i}{\varepsilon}\,\Psi(r, \vartheta) = \frac{R}{2\pi} \int_0^{2\pi} \frac{\left[\Phi(\Theta) + \dfrac{i}{\varepsilon}\,\Psi(\Theta)\right] e^{i\Theta}\,d\Theta}{R\,e^{i\Theta} - r\,e^{i\vartheta}}. \qquad (48.1)$$

Setzt man hierin statt des inneren Punktes $z = r e^{i\vartheta}$ sein am Kreis nach Ziff. 42 erhaltenes Spiegelbild $z' = \dfrac{R^2}{r} \cdot e^{i\vartheta}$, so ist der Integrand im Innern des Kreises analytisch, das Integral nach Gl. (47.1) also Null. Zieht man das letztere von Gl. (48.1) ab, so ergibt sich nach einer einfachen Zwischenrechnung

$$\Phi + \frac{i}{\varepsilon}\,\Psi = \frac{R^2 - r^2}{2\pi} \int\limits_{0}^{2\pi} \frac{\Phi(\Theta) + \dfrac{i}{\varepsilon}\,\Psi(\Theta)}{R^2 - 2Rr\cos(\vartheta - \Theta) + r^2}\,d\Theta, \tag{48.2}$$

das sog. Poissonsche Integral. Durch Abtrennung des Realteils erhält man die Lösung des Dirichlet-Problems für das Innere eines Kreises.

Auf analoge Weise erhält man das Poissonsche Integral für die obere Halbebene, die man als Entartung eines Kreises mit $R \to \infty$ auffassen kann. Sind $\Phi(\xi) + \dfrac{i}{\varepsilon}\,\Psi(\xi)$ die gegebenen Werte des Potentials längs der reellen Achse, so ist das Potential im Raume $y > 0$:

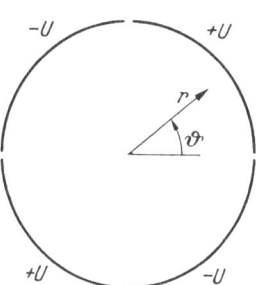

Fig. 17. Vierfach geschlitzter Zylinder.

$$\Phi(x, y) + \frac{i}{\varepsilon}\,\Psi(x, y) = \frac{y}{\pi} \int\limits_{-\infty}^{+\infty} \frac{\Phi(\xi) + \dfrac{i}{\varepsilon}\,\Psi(\xi)}{(\xi - x)^2 + y^2}\,d\xi. \tag{48.3}$$

Das Dirichlet-Problem eines jeden Bereiches, der sich auf einen der beiden behandelten *konform* abbilden läßt (vgl. Ziff. 49), ist damit grundsätzlich gelöst.

Beispiele: α) Als Anwendungsbeispiel für das Poissonsche Integral (48.2) sei die Potentialverteilung in einem 4-*fach geschlitzten Zylinder* (Fig. 17) mit abwechselnd auf $+U$ und $-U$ aufgeladenen Quadranten berechnet:

$$\begin{aligned}
\Phi(r, \vartheta) &= \frac{U}{2\pi}(R^2 - r^2) \sum_{k=1}^{4} \int\limits_{(k-1)\frac{\pi}{2}}^{k\pi/2} (-1)^{k-1} \frac{d\Theta}{R^2 + r^2 - 2Rr\cos(\vartheta - \Theta)} \\
&= \frac{U}{2\pi} \sum_{k=1}^{4} (-1)^{k-1} \left[2\arctan\left(\frac{R+r}{R-r}\tan\frac{1}{2}(\Theta - \vartheta)\right) \right]\Big|_{\Theta=(k-1)\frac{\pi}{2}}^{k\pi/2} \\
&= \frac{2}{\pi}\,U\,\operatorname{arc\,cot}\left[\frac{R^4 - r^4}{2R^2 r^2 \sin 2\vartheta} \right].
\end{aligned} \right\} \tag{48.4}$$

Für die Potentialverteilung in einem $2n$-fach geschlitzten Zylinder findet man entsprechend

$$\Phi(r, \vartheta) = \frac{2}{\pi}\,U\,\operatorname{arc\,cot}\frac{R^{2n} - r^{2n}}{2R^n r^n \sin n\vartheta}. \tag{48.5}$$

β) Mit Hilfe von (48.3) findet man für das Potentialfeld in $y > 0$ eines *Bandes* $-a < x < +a$; $y = 0$, das auf $\Phi = +U$ gegen die übrige geerdete Ebene $y = 0$ gebracht ist:

$$\Phi(x, y) = \frac{Uy}{\pi} \int\limits_{-a}^{+a} \frac{d\xi}{(\xi - x)^2 + y^2} = \frac{U}{\pi}\arctan\frac{2ay}{x^2 + y^2 - a^2} = \frac{U}{\pi}\operatorname{Im}\log\frac{z-a}{z+a}. \tag{48.6}$$

γ) Ebenso ergibt sich das Feld einer unendlichen Reihe koplanarer aneinander stoßender Bänder der Breite $2a$ mit abwechselnden Potentialen $+U$ und $-U$.

Mittleres Band wie in β:

$$
\begin{aligned}
\Phi(x, y) &= \frac{U y}{\pi} \sum_{n=-\infty}^{+\infty} (-1)^n \int_{(2n-1)a}^{(2n+1)a} \frac{d\xi}{(\xi - x)^2 + y^2} \\
&= \frac{2 U}{\pi} \sum_{n=-\infty}^{+\infty} (-1)^n \arctan \frac{2 a y}{(x - 2 n a)^2 + y^2 - a^2} \\
&= \frac{2 U}{\pi} \operatorname{arc\,cot} \frac{\operatorname{Sin} \dfrac{\pi y}{2 a}}{\operatorname{Cos} \dfrac{\pi x}{2 a}}.
\end{aligned}
\right\} \tag{48.7}
$$

Der letzte Ausdruck berechnet sich ähnlich Gl. (45.1).

49. Konforme Abbildung. Die analytische Funktion

$$w = u + i v = f(z) = f(x + i y) \tag{49.1}$$

vermittelt eine Beziehung zwischen der komplexen z-Ebene und der komplexen w-Ebene. Man sagt auch, durch die Funktion $f(z)$ werden die beiden Ebenen punktweise aufeinander „abgebildet". In Punkten *nichtverschwindender Ableitung* $f'(z)$ erhält man als Beziehung zwischen zwei sich aufeinander abbildenden Linienelementen

$$dw = dL \cdot e^{i\Theta} = f'(z)\, dz = f'(z)\, dl \cdot e^{i\vartheta}, \tag{49.2}$$

wenn $dL = |dw|$, $dl = |dz|$, $\Theta = \arg(dw) = \arctan \dfrac{dv}{du}$, $\vartheta = \arctan \dfrac{dy}{dx}$ ist. Es gilt also:

$$dL = |f'(z)|\, dl; \quad \Theta = \arg\big(f'(z)\big) + \vartheta. \tag{49.3}$$

Werden nun zwei durch den Punkt z_0 gehenden Linien 1 und 2 der z-Ebene mittels (49.1) in die entsprechenden Linien durch den Punkt w_0 der w-Ebene abgebildet, so gelten offenbar für die diesem Punkt benachbarten Linienelemente dz_1, dz_2, dw_1, dw_2 die Beziehungen

$$dL_1 : dL_2 = dl_1 : dl_2 \quad \text{und} \quad \Theta_1 - \Theta_2 = \vartheta_1 - \vartheta_2. \tag{49.4}$$

Eine analytische Funktion vermittelt also eine im elementar Kleinen ähnliche und winkeltreue oder *konforme Abbildung*. Die Umkehrung einer analytischen Funktion $z = F(w)$ liefert [bei $F'(w) \neq 0$] natürlich wieder eine konforme Abbildung. Auch die resultierende Abbildung bei mehrfacher Anwendung einer solchen Operation ist eine konforme.

Unter Verwendung der Cauchy-Riemannschen Gleichungen und (49.2) läßt sich zeigen, daß die Laplace-Gleichung gegenüber einer konformen Abbildung [bei $dw/dz = f'(z) \neq 0$] *invariant* ist:

$$\frac{\partial^2 \Phi}{\partial x^2} + \frac{\partial^2 \Phi}{\partial y^2} = \left|\frac{dw}{dz}\right|^2 \left[\frac{\partial^2 \Phi}{\partial u^2} + \frac{\partial^2 \Phi}{\partial v^2}\right] = 0. \tag{49.5}$$

Die Lösung eines in der z-Ebene gegebenen Problems mit kompliziertem Rand wird also u. U. erleichtert, wenn man die Berandung durch eine konforme Abbildung auf die w-Ebene vereinfacht. Die dort gefundene Lösung wird dann in die z-Ebene zurücktransformiert. Als solche einfach berandeten Gebiete werden gern der Kreis oder die obere Halbebene gewählt, für welche die Lösung des Dirichlet-Problems grundsätzlich bekannt ist. Erwünscht ist natürlich auch eine Endabbildung, in welcher die Geraden $x = \text{const}$ und $y = \text{const}$ zu Äquipotential- bzw. Feldlinien werden.

Die Werte der Potentialfunktion (bzw. der Flußfunktion) können nach (49.5) in den sich entsprechenden Punkten der z- und der w-Ebene einander gleichgesetzt werden. Für die Feldstärken ergibt sich mit (49.2)

$$|E(z)| = \left| \frac{dw}{dz} \right| \cdot |E(w)| \tag{49.6}$$

und für die Raumladungs- bzw. Stromdichte:

$$\varrho(z) = \left| \frac{dw}{dz} \right|^2 \cdot \varrho(w) ; \qquad j(z) = \left| \frac{dw}{dz} \right|^2 \cdot j(w) . \tag{49.7}$$

Damit behält auch die Poisson-Gleichung in der w-Ebene ihre Form

$$\frac{\partial^2 \Phi}{\partial u^2} + \frac{\partial^2 \Phi}{\partial v^2} = - \frac{\varrho(u, v)}{\varepsilon} . \tag{49.8}$$

Die Gesamtladung bleibt natürlich bei der Transformation erhalten. Infolge der Invarianz der Potential- und Flußfunktion bleibt auch die gegenseitige Kapazität zweier Körper bei einer konformen Abbildung unverändert. Der Elektrodenzwischenraum kann dabei von *mehreren Dielektriken* erfüllt sein, da infolge der Winkeltreue der Abbildung im elementar Kleinen die Gültigkeit der Randbedingungen (5.7) an der Trennfläche zweier Medien (Brechungsgesetz der Feldlinien) erhalten bleibt.

50. Greensche Funktion. Die Greensche Funktion $G(z, z_0)$ (Ziff. 33) eines ebenen Bereiches T der z-Ebene ist identisch mit dem Realteil des komplexen Potentials $G + i H$, das von einer im Punkt z_0 dieses Bereiches befindlichen Einheits-Linienladung $\lambda = 1$ herrührt, wobei der Bereichsrand das Potential Null führt. Insbesondere ergibt sich nach der Methode der Spiegelung für das Potential einer Einheitsladung innerhalb des Einheitskreises $|w| = 1$ der w-Ebene nach Gl. (42.3)

$$G + i H = \frac{1}{2 \pi \varepsilon} \log \frac{1 - \overline{w}_0 w}{w - w_0} . \tag{50.1}$$

Kennt man eine analytische Funktion $w(z)$, welche obigen Bereich T der z-Ebene auf das konstante Innere des Einheitskreises $|w| = 1$ abbildet, so ist die Greensche Funktion dieses Bereiches

$$G = \frac{1}{2 \pi \varepsilon} \log \left| \frac{1 - \overline{w(z_0)} w}{w - w(z_0)} \right| . \tag{50.2}$$

Ist umgekehrt die Greensche Funktion des Bereiches T bekannt, so wird die konforme Abbildung dieses Bereiches auf den Einheitskreis $|w| < 1$ durch die Funktion

$$w(z) = e^{-2 \pi \varepsilon (G + i H)} \tag{50.3}$$

vermittelt [21], [24].

Bei bekannten Potentialwerten $\Phi(s)$ am Bereichsrand erhält man also nach Gl. (33.6) für die Werte im Inneren

$$\Phi(z) = \oint \Phi(s) \frac{\partial G(z, s)}{\partial n} d s , \tag{50.4}$$

wobei die Differentiation von G nach z in Richtung der Randnormalen n durchzuführen ist. Infolge der Cauchy-Riemannschen Gleichungen ist aber $\partial G / \partial n = \partial H / \partial s$, so daß man Gl. (50.4) auch schreiben kann:

$$\Phi(z) = \oint \Phi(s) \frac{\partial H}{\partial s} d s = \oint \Phi(s) d H . \tag{50.5}$$

c) Konforme Abbildung durch bekannte Funktionen.

51. Abbildung durch lineare Funktionen. Die einfachsten konformen Abbildungen werden durch die linearen Funktionen geliefert. So ergibt

$$w = z + b = z + B e^{i \beta} \tag{51.1}$$

eine *Nullpunktsverschiebung* um b; weiter bedeutet

$$w = W \cdot e^{i\omega} = a\,z = A\,e^{i\alpha} \cdot r\,e^{i\vartheta} \tag{51.2}$$

bei reellem a (d.h. $a = A$, $\alpha = 0$) eine *Maßstabsänderung*, bei komplexen a eine *Drehstreckung*. Mittels einer ganzen linearen Funktion

$$w = a\,z + b \tag{51.3}$$

erhält man somit eine Verschiebung um b, eine Maßstabsänderung um A und eine Drehung um α.

Die Funktion

$$w = W \cdot e^{i\omega} = \frac{a}{z} = \frac{A}{r} \cdot e^{i(\alpha - \vartheta)} = \frac{R^2}{r} \cdot e^{i(\alpha - \vartheta)} \tag{51.4}$$

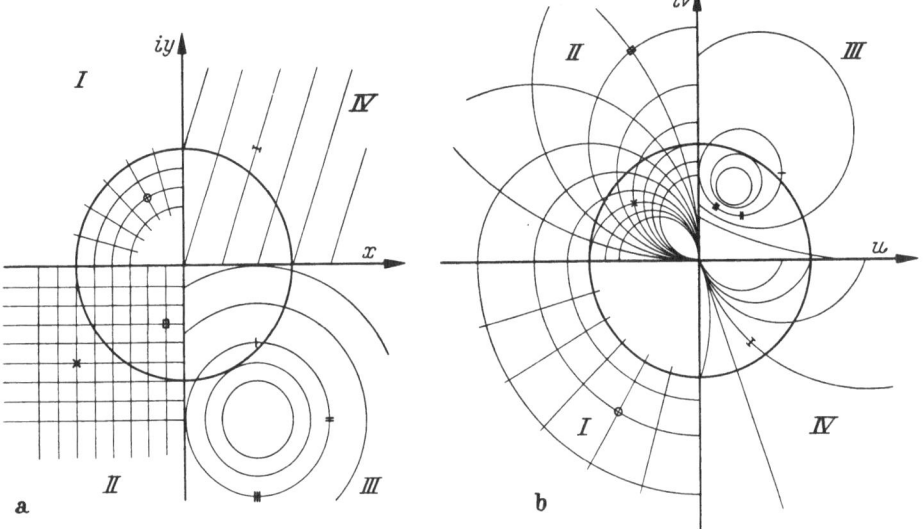

Fig. 18 a u. b. Abbildung durch die Funktion $1/z$.

liefert die sog. *Transformation durch reziproke Radien*. Diese besteht bei reellem $a = A$ in einer Spiegelung am Kreis (Ziff. 42) vom Radius $R = \sqrt{A}$ um den Ursprung mit nachfolgender Spiegelung an der reellen Achse. Im Falle $\alpha \neq 0$ kommt noch eine Drehung um α hinzu. Es wird also das Äußere eines Kreises auf das Innere abgebildet und umgekehrt. Schreibt man $w = u + iv$ und $z = x + iy$, so erkennt man leicht, daß die Linien $u = \text{const}$ und $v = \text{const}$ Kreisen in der z-Ebene entsprechen und umgekehrt (Fig. 18). Im Allgemeinen werden Kreise in Kreise abgebildet, Kreise durch den Nullpunkt werden zu Geraden, Kreise um den Nullpunkt und Gerade durch den Nullpunkt bleiben solche, der Kreis mit $r = R$ geht in sich selber über, der Punkt $z = 0$ rückt ins Unendliche.

Die Abbildung mittels einer *gebrochenen linearen Funktion* läßt sich auf nacheinander erfolgende, oben behandelte Abbildungen zurückführen

$$\left.\begin{aligned} w &= \frac{a\,z + b}{c\,z + d} = \frac{a}{c} - \frac{a\,d - b\,c}{c\,(c\,z + d)} = g - \frac{h}{\zeta}, \\ \zeta &= c\,z + d; \quad h = a\,d - b\,c \neq 0. \end{aligned}\right\} \tag{51.5}$$

Eine solche Funktion bildet die Gesamtheit aller Kreise (und Geraden) der z-Ebene auf die Gesamtheit aller Kreise (und Geraden) der w-Ebene ab und umgekehrt.

Hierbei kann die Abbildung dreier Punkte der z-Ebene auf drei Punkte der w-Ebene willkürlich vorgeschrieben werden, entsprechend der Anzahl der verfügbaren Konstanten $a:b:c:d$. Sind diese alle reell, so wird die obere z-Halbebene auf die obere bzw. untere w-Halbebene abgebildet, je nachdem $ad - bc \gtrless 0$ ist.

Jede von $w = z$ verschiedene lineare Funktion hat höchstens zwei *Fixpunkte*, in welchen $w = z$ ist. Für $c \neq 0$ ist:

$$w_1 = z_1 = \frac{1}{2c}\left[a - d + \sqrt{(a-d)^2 + 4bc}\right] = p, \\ w_2 = z_2 = \frac{1}{2c}\left[a - d - \sqrt{(a-d)^2 + 4bc}\right] = q. \tag{51.6}$$

Bei Einführung dieser Punkte als Parameter hat die Abbildungsfunktion die Form

$$\frac{w - p}{w - q} = \frac{cq + d}{cp + d} \cdot \frac{z - p}{z - q}. \tag{51.7}$$

Durch die Funktion

$$w = i\,a\,\frac{R - z}{R + z} \tag{51.8}$$

wird speziell das Innere des Kreises mit dem Halbmesser R um den Nullpunkt $z = 0$ auf die obere w-Halbebene abgebildet, wobei die Kreispunkte $\Theta = 0, +\frac{\pi}{2}$, $-\frac{\pi}{2}, +\pi$ bzw. in die Punkte $0, +a, -a, \infty$ der reellen w-Achse fallen.

52. Abbildung durch Potenzen. Die Funktion

$$w = W \cdot e^{i\omega} = z^\gamma = r^\gamma e^{i\gamma\theta} \tag{52.1}$$

vermittelt, wie man sieht, bei reellem γ die Abbildung eines Winkelbereiches α mit der Spitze im Ursprung der z-Ebene auf einen ebensolchen Winkelbereich $\gamma\alpha$ der w-Ebene. Die Funktion ist bei $\gamma \neq 1$ nicht eindeutig, doch kann man sie, wenn nötig, durch Verlegen von Verzweigungsschnitten eindeutig machen. Ein konstanter komplexer Faktor vor z^γ in (52.1) würde nur eine Maßstabsänderung und Drehung des betrachteten Winkelbereiches in der w-Ebene bedeuten.

Beispiele: Bei $\gamma = 2$ wird die obere w-Halbebene auf den ersten Quadranten der z-Ebene abgebildet, den Linien $u = $ const und $v = $ const, welche z. B. Äquipotential- und Feldlinien eines homogenen Feldes darstellen können, entsprechen in der z-Ebene gleichseitige Hyperbeln (Fig. 19). Bei $\gamma = \frac{2}{3}$ geschieht die Abbildung auf die drei ersten Quadranten, bei $\gamma = \frac{1}{2}$ auf die ganze längs der positiven x-Achse aufgeschlitzte z-Ebene. Im letzten Falle nehmen die $u = $ const und $v = $ const entsprechenden Linien der z-Ebene die Gestalt konfokaler Parabeln an.

Das mit $\gamma = 2$ erhaltene Feld in der z-Ebene läßt sich an der reellen und imaginären Achse mit gleichem oder entgegengesetztem Vorzeichen spiegeln (Ziff. 42 und 43), so daß die ganze z-Ebene bedeckt ist. Die w-Ebene wird dann zweimal überdeckt, doch ist eine Sperrfläche nicht notwendig, da das homogene Feld auf beiden Riemann-Blättern identisch ist. Das gleiche gilt auch bei nicht-homogenem w-Feld und anderem, jedoch ganzem γ, wenn nur die u-Achse eine Äquipotential- oder Feldlinie darstellt. Fig. 20 gibt hierzu einige Beispiele. Im ersten wird in der w-Ebene eine Ladung λ in ib an der reellen Achse mit negativem Vorzeichen gespiegelt:

$$\Phi + i\,\frac{\Psi}{\varepsilon} = -\frac{\lambda}{2\pi\varepsilon}\log\frac{w - ib}{w + ib} = -\frac{\lambda}{2\pi\varepsilon}\log\frac{z^\gamma - ib}{z^\gamma + ib}. \tag{52.1}$$

In der z-Ebene erhält man das Feld von γ positiven und γ negativen äquidistant auf einem Kreis vom Radius $R = r\sqrt[\gamma]{b}$ verteilten Ladungen. Im zweiten Beispiel wird die Ladung λ an der als Feldlinie erscheinenden u-Achse gespiegelt; das Feld in der z-Ebene ist das von 2γ positiven Ladungen auf dem gleichen Kreis[1]:

$$\Phi + \frac{i}{\varepsilon}\Psi = -\frac{\lambda}{2\pi\varepsilon}\log(w^2 + b^2) = -\frac{\lambda}{2\pi\varepsilon}\log(z^{2\gamma} + R^{2\gamma}). \tag{52.2}$$

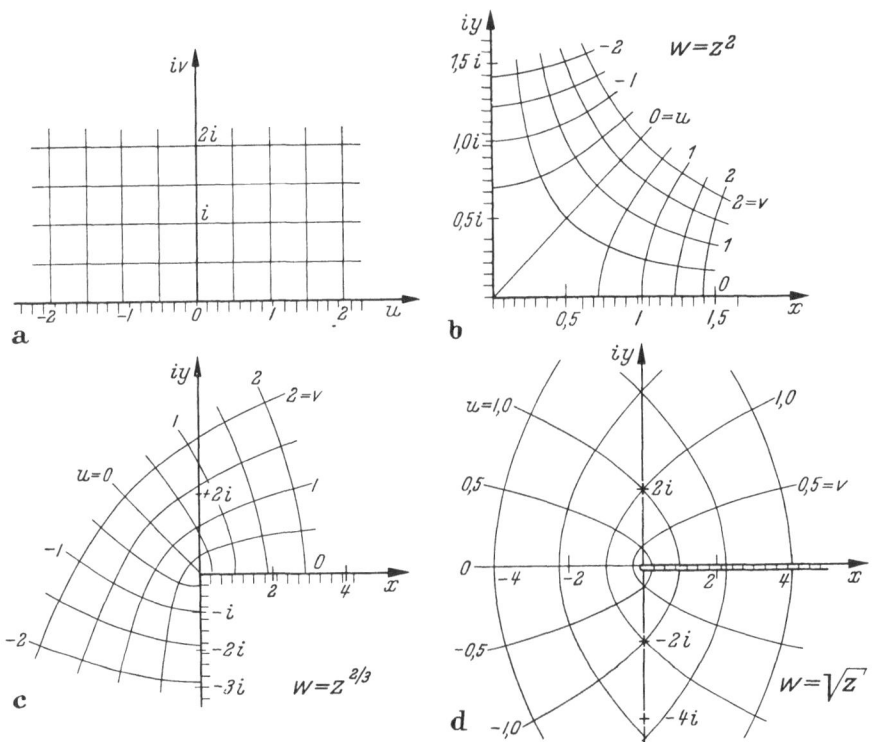

Fig. 19a—d. Abbildung durch Potenzen von z.

Wird die Linienladung abseits der v-Achse angenommen (drittes Beispiel), so liegt die erste Serie von γ äquidistanten Ladungen nicht mehr symmetrisch zur zweiten, doch bildet stets der Winkelbereich $2\pi/\gamma$ eine Symmetrieeinheit. Etwas ähnliches zeigt endlich das vierte Beispiel, welches in der w-Ebene zwei gegeneinander aufgeladene koplanare Halbebenen zeigt, mit gegenüber dem Ursprung verschobener Stoßstelle:

$$\Phi + \frac{i}{\varepsilon}\Psi = -i\frac{U}{\pi}\log(w - a) = -i\frac{U}{\pi}\log(z^\gamma - a). \tag{52.3}$$

Indem man die *Potenz einer linearen gebrochenen Funktion* als Abbildungsfunktion ansetzt:

$$w = k\left(\frac{z - z_1}{z - z_2}\right)^{\pi/\alpha}, \tag{52.4}$$

---

[1] Abgesehen von einem fehlenden konstanten Summanden und einem abgeänderten Vorzeichen von $R^{2\gamma}$ (infolge anderer Lage der ersten Linienladung) ist diese Gleichung mit Gl. (44.2) identisch.

gelingt es, ein Kreisbogenzweieck mit den Ecken in z_1, z_2 und dem eingeschlossenen Winkel α auf eine Halbebene der w-Ebene abzubilden. Über Einzelheiten und weitere Beispiele vgl. H. KOBER [25].

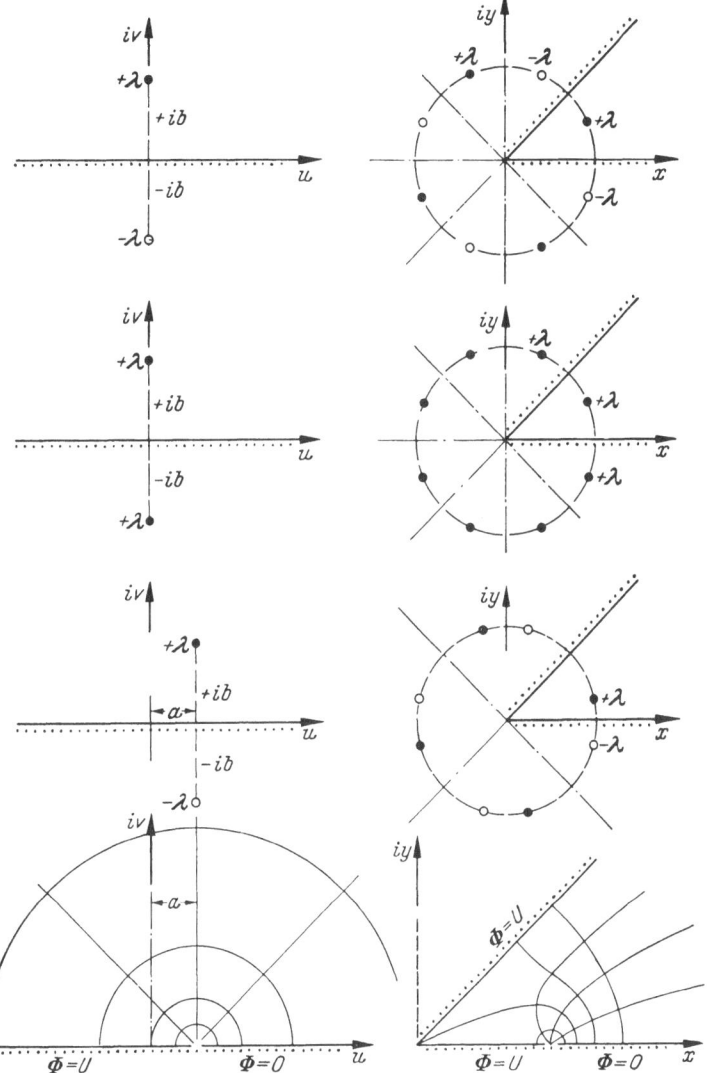

Fig. 20. Anwendungsbeispiele für die Abbildung durch z^γ.

53. Abbildung mittels Exponential-, Kreis- und Hyperbelfunktionen. Die Exponential- bzw. die Logarithmusfunktion

$$\left.\begin{aligned} w &= e^z = e^x \cos y + i\, e^x \sin y, \\ z &= \log w = \log \sqrt{u^2 + v^2} + i \arctan \frac{v}{u} \end{aligned}\right\} \tag{53.1}$$

vermittelt die Abbildung der gesamten z-Ebene auf eine unendliche Anzahl Riemannscher w-Blätter, wobei die Verzweigungspunkte in $w = 0$ und $w = \infty$ fallen. Werden die z-Werte z. B. durch einen längs der negativen u-Achse verlaufenden Verzweigungsschnitt eindeutig gemacht (Fig. 20), so wird die ganze so erhaltene

w-Ebene auf einen zur x-Achse parallelen Streifen der Breite 2π (z. B. $0 < y < 2\pi$) abgebildet. Der durch den Streifen herausgeschnittene Teil der y-Achse wird zum Einheitskreis $|w| = 1$ der w-Ebene, dazu parallele Geradenabschnitte zu konzentrischen Kreisen größeren oder kleineren Halbmessers. Es wird also ein Rechteck auf einen Kreisring (z.B. ein Plattenkondensator auf einen Zylinder-

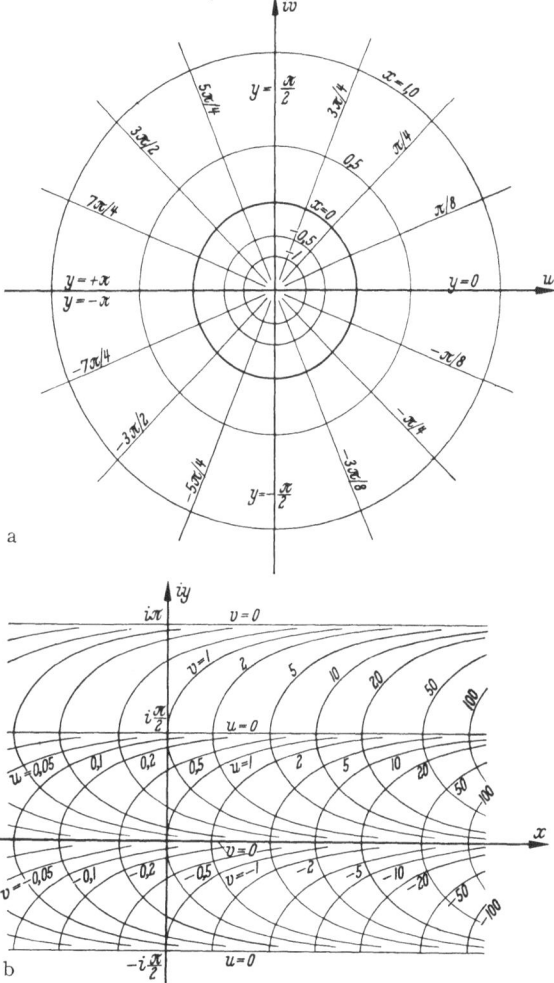

a

b

Fig. 21 a u. b. Abbildung durch $w = e^z$ bzw. $z = \log w$.

kondensator) abgebildet. Umgekehrt nehmen die Linien $u = u_0 = $ const und $v = v_0 = $ const in der z-Ebene die Gestalt $x = \log u_0 - \log \cos y$ bzw. $x = \log v_0 - \log \sin y$ an. Sie sind also untereinander gleich, nur parallel zu sich selbst verschoben (Fig. 21).

Als Repräsentanten der von der Exponentialfunktion abgeleiteten Funktionen wählt man zweckmäßig $\sin z$ und $\cot z$. Durch die Funktion

$$w = \sin z = \sin x \operatorname{Cos} y + \left. + i \cos x \operatorname{Sin} y \right\} (53.2)$$

wird ein zur y-Achse paralleler Streifen (bzw. Halbstreifen, vgl. unten) auf ein Riemannsches Blatt der w-Ebene abgebildet mit den Verzweigungspunkten $w = +1, -1, \infty$. Die Linien $x = $ const und $y = $ const ergeben in der w-Ebene konfokale Ellipsen und Hyperbeln (Fig. 22a):

$$\frac{u^2}{\sin^2 x} - \frac{v^2}{\cos^2 x} = 1;$$

$$\frac{u^2}{\operatorname{Cos}^2 y} + \frac{v^2}{\operatorname{Sin}^2 y} = 1$$

mit Brennpunkten in $w = +1$, -1; der Verlauf der Linien $u = $ const und $v = $ const in der z-Ebene ist in Fig. 22b dargestellt [1]. Legt man den Verzweigungsschnitt in der w-Ebene auf die Strecke $-1 < u < +1$, $v = 0$, wählt man weiter die Linien $y = \Phi = $ const zu Äquipotentiallinien, so ergibt sich in der w-Ebene die Darstellung des Potentialfeldes eines geerdeten Bandes der Breite 2 innerhalb eines mit den Bandrändern konfokalen elliptischen Zylinders. Das Feld eines Bandes der Breite $2c$ erhält man durch Einführung neuer ähnlicher Koordinaten $\zeta = \xi + i\eta = cw = c(u + iv)$. Dem Zylinder, dessen große Halbachse in diesem Maßstab gleich a sei, erteilen wir das Potential U, d.h. führen auch für die komplexe Potentialfunktion z einen neuen Maßstab gemäß $\Phi + \frac{i}{\varepsilon} \Psi = U z / i \operatorname{Ar} \operatorname{Cos} \frac{a}{c}$ ein.

[1] Bei $v = $ const als Äquipotentiallinien beschreibt damit F. Ollendorff [9] näherungsweise Polfelder elektrischer Maschinen.

Der gesamte elektrische Fluß ist dann $2\pi\varepsilon U/\mathrm{Ar\,Cos}\dfrac{a}{c}$, die Kapazität je Längeneinheit also

$$C = \frac{\Psi}{U} = \frac{2\pi\varepsilon}{\mathrm{Ar\,Cos}\,\dfrac{a}{c}}. \tag{53.3}$$

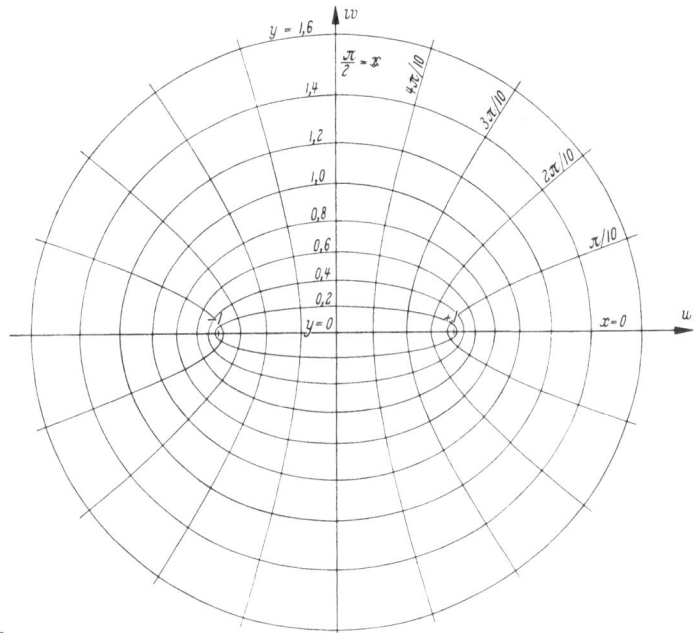

a

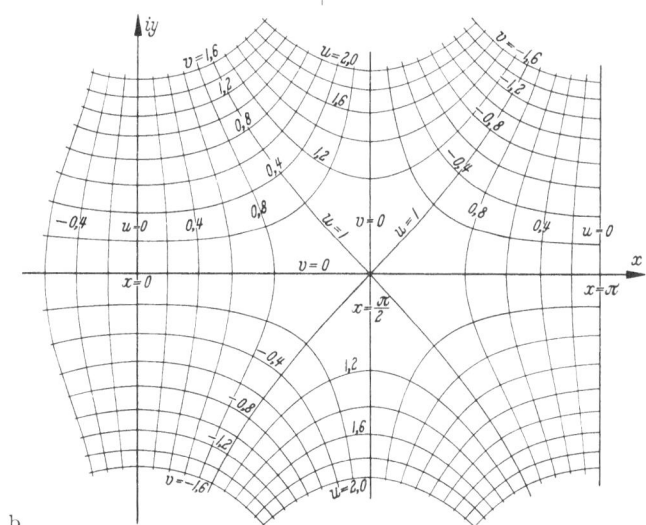

b

Fig. 22 a u. b. Abbildung durch $w = \sin z$ bzw. $z = \arcsin w$.

Die Kapazität zwischen zwei konfokalen elliptischen Zylindern mit den großen Achsen $2a_1$ und $2a_2 < 2a_1$ und dem Brennpunktabstand $2c$ ergibt sich auf die gleiche Art:

$$C = \frac{2\pi\varepsilon}{\mathrm{Ar\,Cos}\,\dfrac{a_2}{c} - \mathrm{Ar\,Cos}\,\dfrac{a_1}{c}}. \tag{53.4}$$

Die gleichen Werte für die Kapazität hätten wir auch aus dem ursprünglichen Feld erhalten, da diese ja gegen Maßstabsänderungen invariant ist.

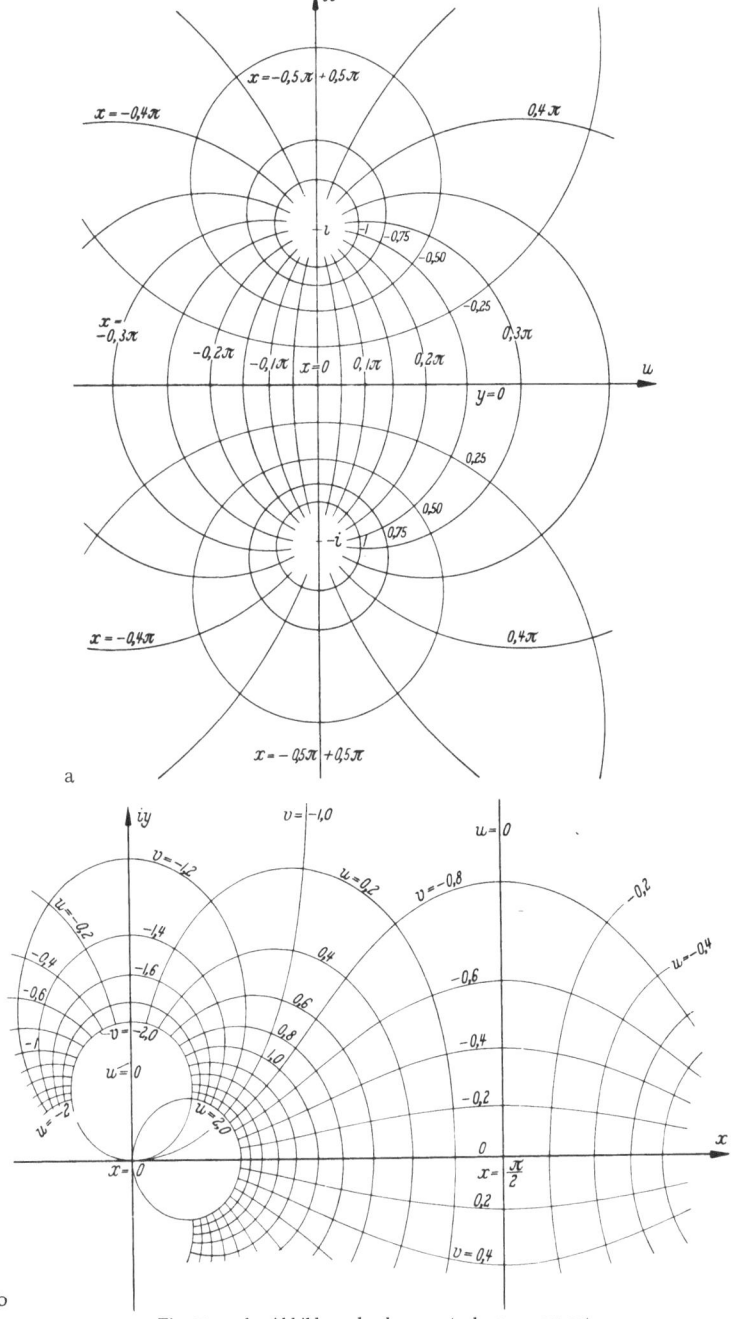

Fig. 23 a u. b. Abbildung durch $w = \cot z$ bzw. $z = \operatorname{arc} \cot w$.

Legt man den Verzweigungsschnitt von $w = +1$ statt über 0 über ∞ nach -1, so ist der Wertebereich des Hauptstreifens in der z-Ebene: $-\dfrac{\pi}{2} < x < +\dfrac{\pi}{2}$;

$-\infty < y < +\infty$. Die Linien $x = $ const, als Äquipotentiallinien gewählt, ergeben dann in der w-Ebene das Feld zwischen zwei koplanaren Halbebenen im Abstand 2 (bzw. $2c$) oder auch dasjenige zwischen zwei hyperbolischen Zylindern. Da sich die Elektroden bis ins Unendliche erstrecken, wird die Bestimmung der Kapazität hier sinnlos.

Die Funktionen cos z, Sin z und Cos z unterscheiden sich von sin z nur durch eine Verschiebung oder Drehung um $\pi/2$ der Streifenlage in der z-Ebene. Die Funktion cot z und die ihr äquivalenten Funktionen tan z, Tan z und Cot z ergeben hingegen eine neue Abbildung. Mittels

$$w = \cot z = \frac{\sin 2x - i \,\text{Sin}\, 2y}{\text{Cos}\, 2y - \cos 2x}, \qquad\qquad\qquad\qquad\qquad$$
$$z = \text{arc cot}\, w = \frac{1}{2i} \log \frac{i\,w - 1}{i\,w + 1} = \frac{1}{2} \text{arc tan} \frac{2u}{u^2 + v^2 - 1} - \frac{i}{2} \text{Ar Tan} \frac{2v}{u^2 + v^2 + 1} \qquad (53.5)$$

wird die ganze w-Ebene (Verzweigungspunkte in $w = \pm i$) auf einen zur y-Achse parallelen Streifen der Breite π $\left(\text{z. B.} -\frac{\pi}{2} < x < +\frac{\pi}{2}\right)$ abgebildet. Die Linien $x = $ const und $y = $ const sind Kreise in der w-Ebene (Fig. 23 a):

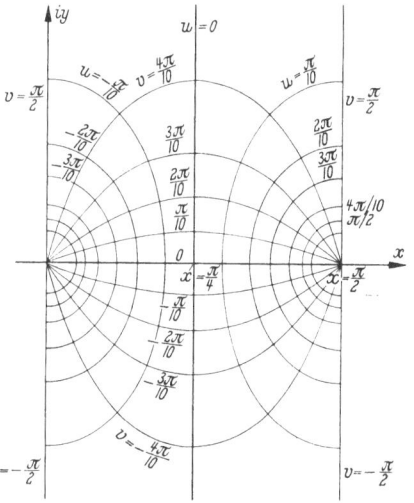

$$\left.\begin{aligned}(u - \cot 2x)^2 + v^2 &= \frac{1}{\sin^2 2x}; \\ u^2 + (v - \text{Cot}\, 2y)^2 &= \frac{1}{\text{Sin}^2 2y}.\end{aligned}\right\} \quad (53.6)$$

Je nachdem, ob die ersten oder die zweiten als Äquipotentiallinien gewählt werden, erhält man wie in Ziff. 41 [vgl. Gl. (41.1)] das Feld zweier gleichgroßer Linienladungen (bzw. zweier exzentrischer Kreiszylinder) oder aber dasjenige zweier

Fig. 24. Abbildung durch $w = \log \tan z$.

gegeneinander gleichstark aufgeladener Kreiszylindermantelteile (für $x = \frac{\pi}{4}$ Kreiszylinderhälften). In der z-Ebene erhält man mit $u = $ const bzw. $v = $ const, das Feld einer Reihe koplanarer Liniendipole [vgl. auch Gl. (45.5)].

Eine Anzahl praktisch interessanter Fälle läßt sich durch mehrfache Anwendung obiger Abbildungen lösen. Felder der Gestalt log sin z und log tan z wurden in Ziff. 45 behandelt. Die letztere ergibt in der z-Ebene, wenn man $u = $ const zu Äquipotentiallinien macht, das Potential einer koplanaren Reihe äquidistanter Linienladungen alternierenden Vorzeichens, bei v als Potentialfunktion das Feld zwischen zwei Paaren von Halbebenen (Fig. 24), welches als zylindrische Elektronenlinse Verwendung findet. Weitere Beispiele, so etwa ein Band in paralleler oder senkrechter Lage zwischen zwei parallelen Ebenen und ähnliches findet man z. B. bei E. Durand [3].

54. Einige Abbildungen durch elliptische Funktionen und Integrale[1]. Bedeutet $K(k)$ das vollständige, $F(z, k)$ das unvollständige elliptische Integral[2] erster Gattung vom Modul k, so bildet

$$F\left(\frac{z}{a}, k\right) = \frac{K}{\alpha} \cdot w \qquad (54.1)$$

---

[1] Vgl. den Beitrag von J. Lense im Bd. I dieses Handbuches.
[2] Tabellen in Jahnke-Emde [23] und Oberhettinger und Magnus [30].

bzw. die Umkehrung davon, die Jacobische sn-Funktion

$$\frac{z}{a} = \mathrm{sn}\left(K\,\frac{w}{\alpha}, k\right), \tag{54.2}$$

das Rechteck mit den Ecken $w = -\alpha, +\alpha, \alpha + i\beta, -\alpha + i\beta$ der w-Ebene auf die obere z-Halbebene ab. Die Rechteck-Ecken fallen dabei bzw. in die Punkte $z = -a, +a, \dfrac{a}{k}, -\dfrac{a}{k}$ der reellen Achse (Fig. 25). β ist bei gegebenem k nicht mehr frei wählbar, sondern gleich $\alpha K'/K$, worin K' das vollständige Integral für den komplementären Modul $k' = \sqrt{1 - k^2}$ ist. Ist umgekehrt β gegeben, so kann k der Fig. 26 entnommen werden (genauere Tabellen vgl. [30]).

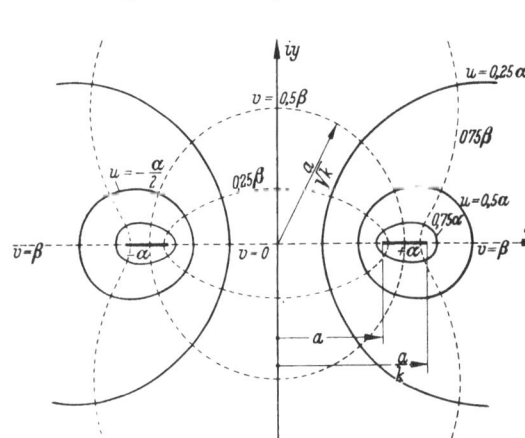

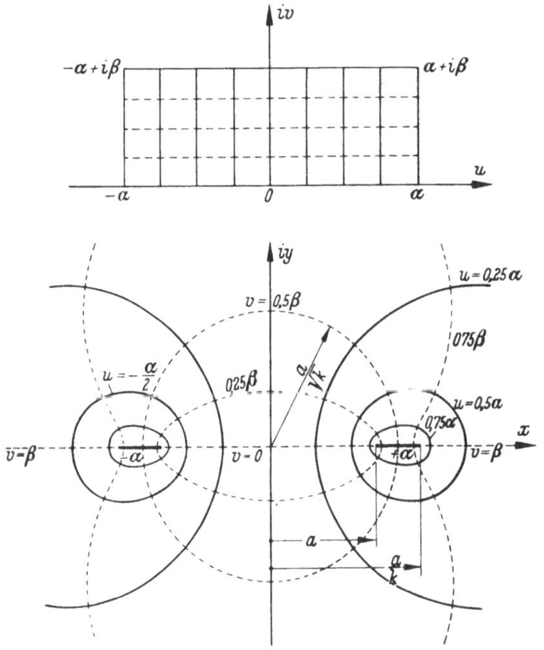

Fig. 25. Abbildung durch $w = \dfrac{\alpha}{K} \cdot F\left(\dfrac{z}{a}, k\right)$ bzw.

$z = a\,\mathrm{sn}\left(\dfrac{Kw}{\alpha}, k\right).$

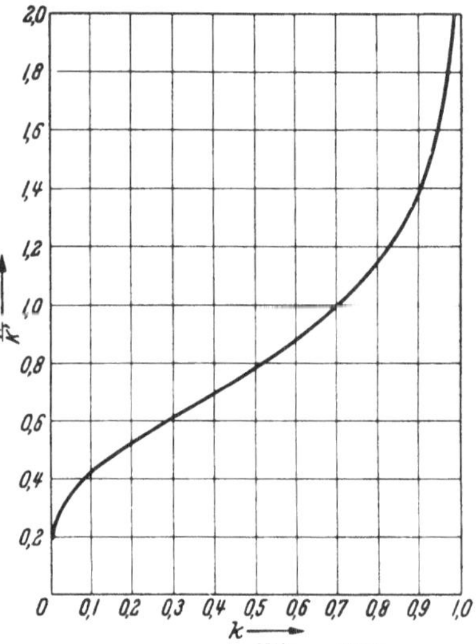

Fig. 26. Funktion $\dfrac{K(k)}{K'(k)} = \dfrac{K'(k')}{K(k')}$.

Bei der Abbildung wird der innerhalb des Rechtecks liegende Abschnitt der imaginären w-Achse ($u = 0$; $0 < v < \beta$) zur positiven Hälfte der imaginären z-Achse, die innerhalb des Rechtecks verlaufende gerade Strecke $v = \beta/2$, $-\alpha < u < \alpha$, zum Halbkreis $|z| = a/\sqrt{k}$ der oberen z-Ebene. Macht man die Geraden $u = \mathrm{const}$ zu Äquipotentiallinien, so erhält man in der z-Ebene die Potentialverteilung zwischen zwei parallelen, koplanaren, gleichbreiten, auf die Potentiale $+\alpha$ bzw. $-\alpha$ aufgeladenen Bändern. Läßt man umgekehrt die Geraden $v = \mathrm{const}$ zu Äquipotentiallinien werden, so findet man die Potentialverteilung eines Bandes $v = 0$ zwischen zwei koplanaren Halbebenen auf gleichem Potential $v = \beta$ oder die eines Bandes innerhalb eines Kreiszylinders $v = \beta/2$. Zur Berechnung des Potentialfeldes ist die Kenntnis der Aufspaltung von

$$z = x + i\,y = \mathrm{sn}\,w = \mathrm{sn}\,(u + i\,v) \tag{54.3}$$

in den reellen und imaginären Teil notwendig. Es ist [30]:

$$\left. \begin{aligned} x &= \frac{\mathrm{sn}\,(u, k)\,\mathrm{dn}\,(v, k')}{\mathrm{cn}^2\,(v, k') + k^2\,\mathrm{sn}^2\,(u, k)\,\mathrm{sn}^2\,(v, k')}, \\[2mm] y &= \frac{\mathrm{sn}\,(v, k')\,\mathrm{cn}\,(v, k')\,\mathrm{cn}\,(u, k)\,\mathrm{dn}\,(u, k)}{\mathrm{cn}^2\,(v, k') + k^2\,\mathrm{sn}^2\,(u, k)\,\mathrm{sn}^2\,(v, k')}. \end{aligned} \right\} \tag{54.4}$$

Als Beispiel sei die Kapazität der ersten Anordnung (zwei koplanare Bänder, Fig. 25) bestimmt. Der elektrische Fluß:

$$\Psi = \varepsilon \beta = \varepsilon \alpha \frac{K'}{K} \tag{54.5}$$

im Rechteck der w-Ebene ist dem halben Fluß der untersuchten Anordnung gleich. Die gesamte Ladung je Längeneinheit ist also

$$q = 2\varepsilon \alpha \frac{K'}{K}. \tag{54.6}$$

Die Spannung zwischen den beiden Bändern ist gleich der Spannung zwischen den senkrechten Rechteckseiten:

$$U = 2\alpha. \tag{54.7}$$

Die Kapazität je Längeneinheit ist somit

$$C = \frac{q}{U} = \varepsilon \frac{K'}{K}. \tag{54.8}$$

Das Verhältnis K'/K kann der Fig. 26 als Funktion von k entnommen werden, welches wieder laut Fig. 25 mit der Bandbreite $b = (a/k) - a$ und dem kleinsten Abstand $d = 2a$ der beiden Bänder folgendermaßen zusammenhängt:

$$k = \frac{a}{a+b} = \frac{d}{d+2b}. \tag{54.9}$$

Die Kapazität der Anordnung — Band der Breite $b' = 2a$ zwischen zwei koplanaren Halbebenen im Abstand $d' = 2a/k$ — ergibt sich gleichermaßen zu:

$$C = 4\varepsilon \frac{K}{K'} \quad \text{mit} \quad k = \frac{b'}{d'}. \tag{54.10}$$

Die Anordnung — Band der Breite $b' = 2a$ im Zylinder vom Radius $R = a/\sqrt{k}$ — hat offensichtlich die halbe Kapazität

$$C = 2\varepsilon \frac{K}{K'} \quad \text{mit} \quad k = \frac{b'^2}{4R^2}. \tag{54.11}$$

Durch Annahme eines Potentialfeldes in der z-Ebene kann umgekehrt die Potentialverteilung in der w-Ebene gefunden werden. Gibt man z. B. das Potential der durch eine Quellinie influenzierten, durch die reelle z-Achse dargestellten, geerdeten Ebene vor, so löst man damit das in Ziff. 45 behandelte Problem der Quellinie im Rechteck.

Mittels der Jacobischen cn-Funktion

$$z = a \operatorname{cn}\left(K \frac{w}{\alpha}, k\right) \tag{54.12}$$

bildet man das Rechteck mit den Ecken $w = -\alpha, +\alpha, \alpha + i\beta, -\alpha + i\beta$ der w-Ebene auf die längs 0 bis a aufgeschnittene rechte z-Halbebene ab (Fig. 27). Dabei ist wieder $\beta = \alpha K'/K$. Wählt man $v = \text{const}$ als Äquipotentiallinien, so ergibt sich in der z-Ebene das Potentialfeld eines zu zwei koplanaren Halbebenen quergestellten Bandes [30]. Dessen Kapazität ist

$$C = 4\varepsilon \frac{K}{K'}; \quad k = \frac{a}{\sqrt{a^2 + b^2}}. \tag{54.13}$$

Das elliptische Integral zweiter Gattung endlich

$$z = \frac{a}{E} \cdot E\left(\frac{w}{\alpha}, k\right) \tag{54.14}$$

5*

(E bedeute das vollständige Integral) bildet den oberhalb eines rechteckig nutenförmigen Polygonzuges liegenden Bereich der z-Ebene auf die obere w-Halbebene ab (vgl. Beispiel 7 der Tabelle auf S. 75). Dabei fallen die Eckpunkte $z = -a, +a, a+ib, a-ib$ bzw. in die Punkte $-\alpha, +\alpha, +\frac{\alpha}{k}, -\frac{\alpha}{k}$ der reellen w-Achse, und es ist $b = \frac{a}{E}(K' - E')$. Bei Annahme eines homogenen Feldes in der w-Ebene findet man in der z-Ebene mit den Linien $v = \text{const}$ als Äquipotentiallinien die Deformation eines solchen Feldes durch den nutenförmigen Einschnitt.

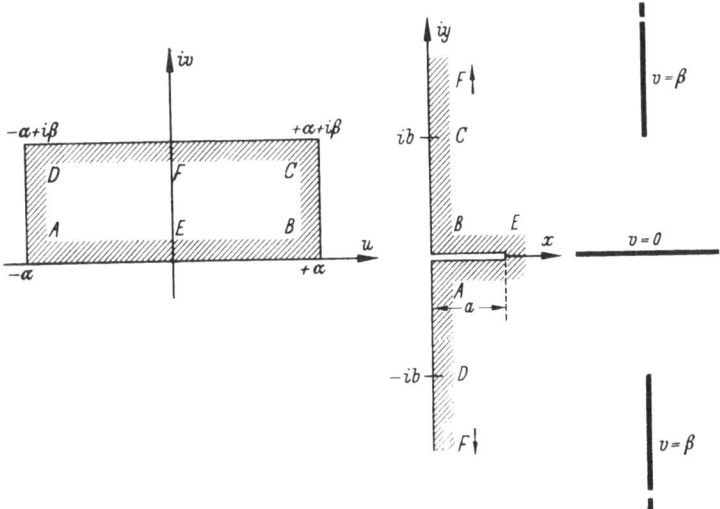

Fig. 27. Abbildung durch $z = a \operatorname{cn}\left(\dfrac{Kw}{\alpha}, k\right)$.

Weitere Abbildungen. Die Funktion $z = \operatorname{sn}^2 w$ bildet das Innere des Rechtecks $0 < u < K$, $-K' < v < K'$ auf die gesamte z-Ebene mit den Verzweigungsschnitten $-\infty \leqq x \leqq 0$; $1 \leqq x \leqq \infty$ ab [*17*].

Die Funktion $z = \operatorname{sn} w/(1 + \operatorname{cn} w)$ vermittelt die Abbildung des Inneren des Rechtecks $-K < u < +K$, $-K' < v < +K'$ auf den Einheitskreis $|z| < 1$.

Die Weierstraßsche $\wp$-Funktion $w = \wp(z)$ endlich bildet das Innere eines Rechtecks auf die obere w-Halbebene ab, und zwar die Ecken 0, $\omega_1 > 0$ (reell), $-\omega_2, \omega_3 = \omega_1 - \omega_2 \left(\dfrac{\omega_3}{i} > 0, \text{ reell}\right)$ in die Punkte 0, $e_1 < e_2 < e_3$ der u-Achse ab. Weitere Abbildungen vgl. KOBERT [*25*] und DARWIN[1].

55. Kombinierte Abbildungen.
Weitere Probleme lassen sich durch Überlagerung zweier oder mehrerer der behandelten Funktionen oder ihre konsekutive Anwendung lösen. Zu den ersteren gehört die wichtige Abbildung

$$w = \frac{1}{2}\left(z + \frac{1}{z}\right) \tag{55.1}$$

der ganzen z-Ebene auf eine zweiblätterige Riemannsche w-Ebene mit den Verzweigungspunkten $w = +1$ und $w = -1$. Verbindet man diese Punkte durch einen über $w = \infty$ verlaufenden Verzweigungsschnitt längs der u-Achse und wählt die Linien $y = \text{const}$ der oberen z-Ebene als Äquipotentiallinien, so erhält man in der w-Ebene das Feld eines geerdeten, ein homogenes Feld begrenzenden

[1] C. DARWIN: Phil. Mag. (7), **41**, 1 (1950).

Spaltes der Breite 2 [Fig. 28a, vgl. auch das bei Ableitung der Formeln (53.3) und (53.4) Gesagte]. Eine weitere Überlagerung mit einem homogenen Feld $E w$ ergibt zwei durch einen Spalt getrennte homogene Felder verschiedener In-

tensität. Fig. 28b zeigt die Anordnung bei $E_1 = -E_2$. Führt man den Verzweigungs- schnitt längs der reellen Achse von $w = -1$ über 0 nach $w = +1$, so werden Kreise um den Ursprung der z-Ebene in Ellipsen der w-Ebene mit den Brennpunkten $w = \pm 1$ abge- bildet und zwar das Innere *oder* das Äußere des Einheits- kreises (welcher auf die beiden Ufer des Verzweigungsschnit- tes fällt) auf die ganze auf- geschlitzte z-Ebene.

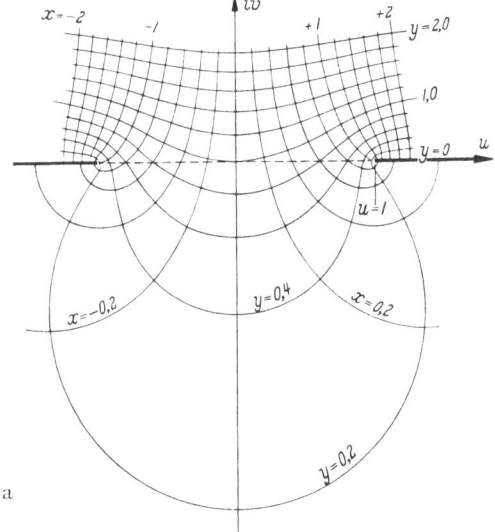

Auch die Kombination

$$w = z + e^z \qquad (55.2)$$

gibt eine wichtige Abbildung und zwar diejenige eines zur x-Achse parallelen Streifens der Breite 2π auf ein ganzes Riemannsches Blatt der w- Ebene (Verzweigungspunkte in $w = -1 \pm i\pi$ und $w = \infty$). Die Linien $y = $ const ergeben die Äquipotentiallinien am Rande eines Plattenkonden- sators (vgl. auch erstes Bei- spiel der Tabelle auf S. 74).

Eine ebenfalls kombinierte Abbildung ist [*30*]

$$w = \sqrt{k}\ \mathrm{sn}\left[\frac{2}{\pi} K(k)\ \mathrm{arc\ sin}\frac{z}{e}\right]$$

$$(55.3)$$

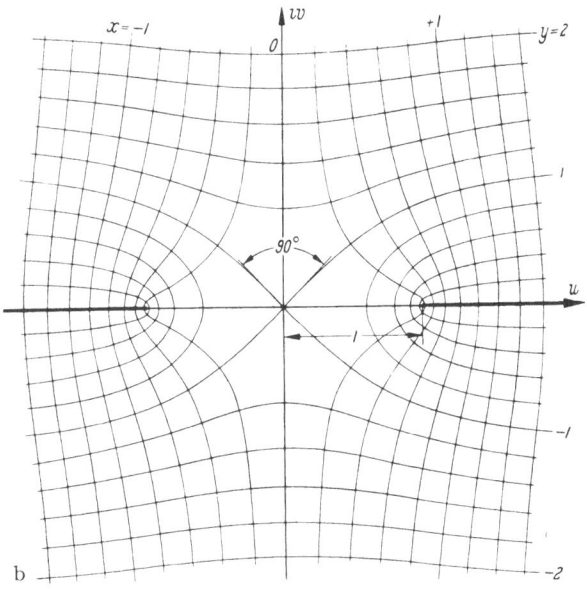

b Fig. 28 a u. b. Feld eines Spaltes. a Einseitig anschließendes homogenes Feld. b Beiderseitig ansteigendes homogenesFeld.

und zwar bildet diese Funktion eine (nichtaufgeschlitzte) El- lipse mit den Halbachsen a (in x-Richtung) und b (in y-Richtung) der z-Ebene auf

das Innere des Einheitskreises der w-Ebene ab[1] (Fig. 31). Dabei ist $e = \sqrt{a^2 - b^2}$ die Ellipsenexzentrizität und k der Modul des vollständigen elliptischen Inte- grals K und der Jacobi-Funktion sn. Man bestimmt den letzteren aus Fig. 26 mit

$$\frac{K'(k)}{K(k)} = \frac{2}{\pi} \log\left(\frac{a+b}{a-b}\right). \qquad (55.4)$$

[1] Feldbilder vgl. H. A. Schwarz, Ann. di Mat. II, **3**, 164 (1869).

Gl. (55.3) läßt sich auch mit Thetafunktionen schreiben:

$$w = \frac{\vartheta_1\left[\dfrac{1}{\pi}\arcsin\dfrac{z}{e}\right]}{\vartheta_0\left[\dfrac{1}{\pi}\arcsin\dfrac{z}{e}\right]},$$ (55.5)

wobei der Parameter der Thetafunktion sich aus

$$q = \left(\frac{a-b}{a+b}\right)^2; \qquad \tau = i\,\frac{2}{\pi}\log\frac{a+b}{a-b}$$ (55.6)

ergibt. Die *Greensche Funktion eines ellipsenförmigen Bereiches* erhält man, indem man Gl. (55.3) bzw. (55.5) in Gl. (50.2) einsetzt.

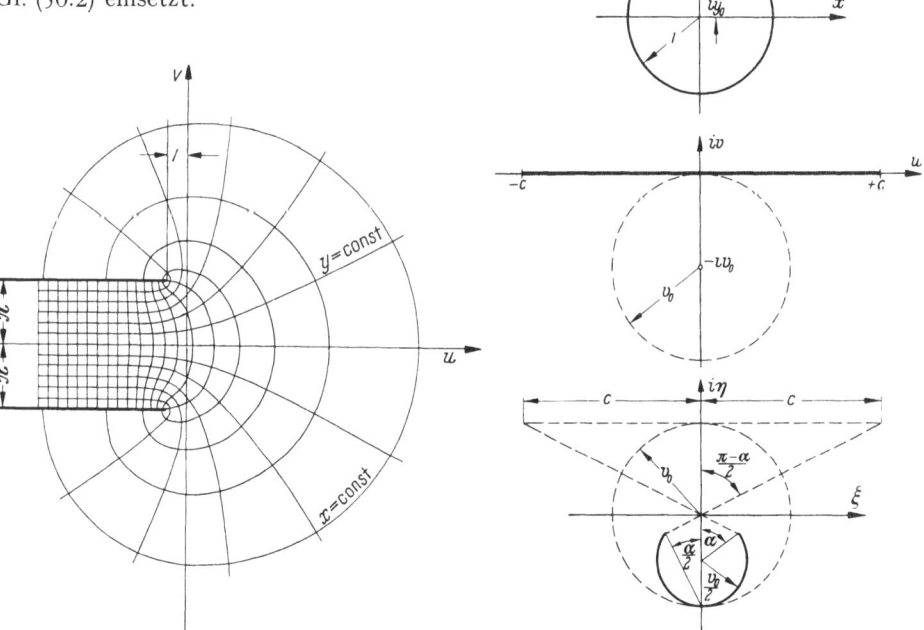

Fig. 29. Randfeld eines Plattenkondensators.   Fig. 30. Einfach geschlitzter Zylinder.

Als Beispiel für *mehrfach nacheinander* vorgenommene Abbildungen sei das Feld eines geschlitzten Zylinders[1] (Fig. 30) ermittelt. Man geht dazu zunächst vom Feld (42.3) einer Linienladung λ innerhalb eines geerdeten Kreiszylinders aus, dessen Spur in der z-Ebene der Einheitskreis $|z| = 1$ sei:

$$\Phi + \frac{i}{\varepsilon}\,\Psi = \frac{\lambda}{2\pi\varepsilon}\log\frac{1-\bar{z}_0 z}{z-z_0}$$ (55.7)

($z_0 = i\,y_0$ gibt die Lage von λ wieder). Das Innere des Einheitskreises wird mittels einer (55.1) entsprechenden Funktion auf die von $-c$ über 0 bis $+c$ aufgeschlitzte w-Ebene abgebildet:

$$w = \frac{c}{2}\left(z + \frac{1}{z}\right).$$ (55.8)

---

[1] Das Feld *zweier* längs eines Zylinders angelegten Bänder berechnet H. Buchholz [2].

Man erhält so das Feld einer Linienladung im Punkt $-i v_0 = \dfrac{ic}{2}\left(y_0 - \dfrac{1}{y_0}\right)$ gegen ein Band der Breite $2c$. Darauf nimmt man eine Inversion am das Band tangierenden Kreis um den Ort $-i v_0$ der Linienladung als Mittelpunkt vor (Ziff. 51):

$$\zeta = \frac{v_0^2}{w + i v_0} \,. \tag{55.9}$$

Diese fällt dabei ins Unendliche, und es resultiert das Eigenfeld eines geschlitzten Zylinders vom Radius $v_0/2$ und vom Schlitzöffnungswinkel $2\alpha = 4 \arctan \dfrac{v_0}{c} = 4 \arctan \dfrac{1 - y_0^2}{2 y_0}$. Nimmt man ursprünglich innerhalb des Einheitskreises eine Dipollinie statt der Linienladung an, so erhält man einen geschlitzten geerdeten Zylinder im homogenen Feld, dessen Richtung durch·entsprechende Annahme der Dipolachse festgelegt werden kann.

Das Feld zweier paralleler, beliebig geladener Kreiszylinder (z.B. beide positiv) erhält man nach H. BUCHHOLZ [2] durch Abbildung der beiden Kreise der uv-Ebene (Fig. 23) mittels $w = A \cot z/2$ auf ein Rechteck in der xy-Ebene, wel-

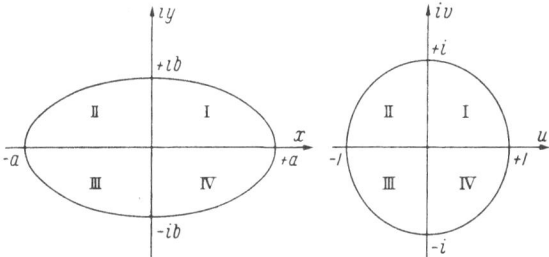

Fig. 31. Abbildung eines Kreises auf eine Ellipse.

ches dann weiter durch $z = B \log \zeta$ auf einen Kreisring der ζ-Ebene abgebildet wird. Die im Unendlichen der w-Ebene anzunehmende Kompensationsladung der beiden Zylinder erscheint dann als Linienladung in einem Punkt des Ringgebietes. Hier wird das Problem gelöst und in die w-Ebene zurückübertragen. Eine größere Anzahl von Beispielen mit zwei und mehreren parallelen, auch sich überschneidenden und durch ebene Bänder verbundenen Zylindern gibt E. P. ADAMS [1].

d) Abbildung polygonaler Bereiche.

56. Die Schwarzsche Polygonabbildung. Nach SCHWARZ und CHRISTOFFEL bildet bei reellen γ_h und bei entsprechender Wahl der — im allgemeinen komplexen — Integrationskonstanten C_0 und C_1 die Funktion

$$z = C_0 \int (w - w_1)^{-\frac{\gamma_1}{\pi}} (w - w_2)^{-\frac{\gamma_2}{\pi}} \ldots (w - w_n)^{-\frac{\gamma_n}{\pi}} \, dw + C_1 \tag{56.1}$$

das *Innere eines Polygons* der z-Ebene mit n Ecken in $z = z_1, z_2 \ldots z_n$ (in der Reihenfolge eines mathematisch positiven Umlaufs um das Polygon) auf die *obere w-Halbebene* ab, wobei der Polygonrand auf die reelle w-Achse, die Polygonecken in die Punkte $w = w_1 < w_2 < w_3 \ldots < w_n$ dieser Achse fallen. γ_h sind dabei die Außenwinkel an den Polygonecken z_h (Fig. 32). Sie sind den Bedingungen

$$-\pi \leq \gamma_h \leq +\pi; \quad \sum_{h=1}^{n} \gamma_h = 2\pi \tag{56.2}$$

unterworfen und zwar ist $\gamma_h < 0$ für einspringende, $\gamma_h > 0$ für konvexe Polygonecken zu setzen. $\gamma_h = -\pi$ entsteht bei einem in das prismatische Feld einspringenden Band (Punkt z_4), $\gamma_h = +\pi$ bei einem ins Unendliche verlaufenden Parallelstreifen entsprechend einer Polygonecke in $z_h = \infty$ (Punkt z_7).

[1] E. P. ADAMS: Proc. Amer. Philos. Soc. (Philadelphia) **75**, 11 (1935); **76**, 125 (1936).

Die Integration von (56.1) erfolgt im allgemeinen längs der gesamten u-Achse und schließt sich über einen Halbkreis mit $R \to \infty$ der oberen Halbebene. Der Umlauf erfolgt in mathematisch positivem Sinne, singuläre Punkte sind durch kleine Kreise, die Achsenpunkte w_h durch kleine Halbkreise von dem umlaufenden Gebiet auszuschließen (Ziff. 47). Da die allgemeinste Abbildung der oberen w-Halbebene auf sich selbst durch eine gebrochene lineare Funktion mit drei frei wählbaren Konstanten erfolgt (Ziff. 51), können in (56.1) drei Punkte w_i der u-Achse beliebig, jedoch unter Beibehaltung der Reihenfolge festgelegt werden.

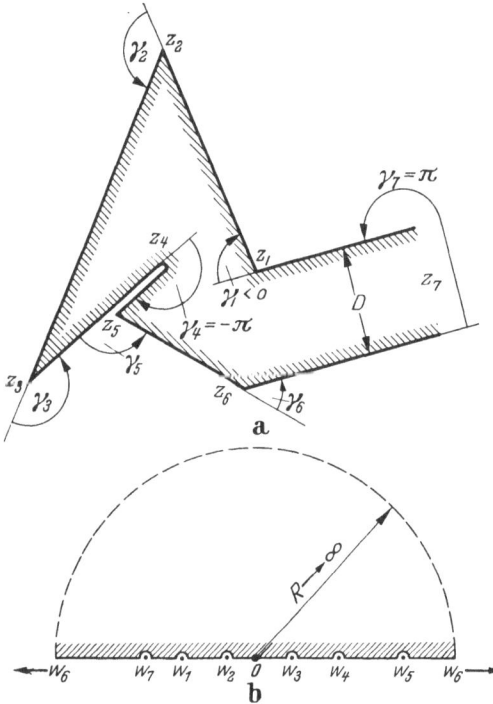

Fig. 32 a u. b. Zur Schwarzschen Polygonabbildung.

Die Werte der übrigen Punkte w_i sowie der Konstanten C_0 und C_1 erhält man nach erfolgter Integration durch Auflösung eines Gleichungssystems, das durch Einsetzen der Werte der einzelnen Eckpunkte entsteht (leider ist diese Auflösung oft mit großen Schwierigkeiten verbunden).

Läßt man einen der Punkte w_i ins Unendliche fallen, so reduziert sich die Zahl der Klammerfaktoren in (56.1) um einen, jedoch muß in (56.2) die entsprechende Polygonecke mit berücksichtigt werden. Fällt umgekehrt eine der Polygonecken z_p ins Unendliche (Punkt z_7 in Fig. 32), so läßt sich die Konstante C_0 aus der Breite D des entsprechenden Parallelstreifens bestimmen. Bei einem endlichen Wert des entsprechenden Punktes $w_p = u_p$ kann man für in seiner nächsten Nähe liegende Aufpunkte statt der Klammerfaktoren in (56.1) $w_p - w_h$ setzen (außer für $h = p$) und diese dann vor das Integral ziehen. Für den verbleibenden Faktor wird $w - w_h = r\,e^{i\vartheta}$ eingeführt und (56.1) über einen Halbkreis mit $r = \text{const} \to 0$ integriert. Man erhält so (mit $\gamma_p = \pi$) als entsprechende Änderung von z:

$$\Delta z = C_0 \prod_{h \neq p} (w_p - w_h)^{-\frac{\gamma_h}{\pi}} \int\limits_{\pi}^{0} \frac{i\,r\,e^{i\vartheta}\,d\vartheta}{r\,e^{i\vartheta}} = -\,i\,\pi\,C_0 \prod_{h \neq p} (w_p - w_h)^{-\frac{\gamma_h}{\pi}}. \qquad (56.3)$$

Dieser Vektor steht auf der voraufgehenden Polygonseite senkrecht, und es ist $D = |\Delta z|$. Wählt man auch $w_p = \infty$, so wird die Integration über den Halbkreis $R\,e^{i\vartheta}$ mit $R = \text{const} \to \infty$ durchgeführt, und man findet bei Berücksichtigung von (56.2)

$$\Delta z = i\,\pi\,C_0. \qquad (56.4)$$

(Konstantenbestimmung für den Fall $\gamma_p \neq \pi$ vgl. Ziff. 57).

Mit Hilfe der Gl. (51.8) entsprechenden Funktion

$$w = i\,\frac{1 - \zeta}{1 + \zeta}; \quad \zeta = \frac{i - w}{i + w}, \qquad (56.5)$$

die den Einheitskreis $|\zeta| < 1$ auf die obere w-Halbebene abbildet, leitet man aus (56.1) leicht die Funktion ab, welche das Innere eines Polygons in der z-Ebene auf das Innere des Einheitskreises abbildet. Sind ζ_h die den Punkten w_i der reellen w-Achse bzw. den Polygonecken z_h entsprechenden Punkte des Einheitskreises, so wird:

$$z = K_0 \int \prod_h (\zeta_h - \zeta)^{-\frac{\gamma_h}{\pi}} d\zeta + K_1. \qquad (56.6)$$

57. Anwendung der Schwarzschen Transformation[1]. Als erstes Beispiel sei der Halbstreifen $-1 < x < +1$, $y > 0$ auf die obere w-Halbebene abzubilden. Abgesehen von der gegebenen Reihenfolge können alle den drei Polygonecken $z_h = -1$, $+1$, $i \infty \pm 1$ entsprechenden Werte w_i frei gewählt werden. Wir wählen $w_h = -1$, $+1$, ∞. Der Wert der Konstanten C_0 ergibt sich nach (56.4):

$$C_0 = -i \cdot \frac{\varDelta z}{\pi} = +\frac{2}{\pi} i.$$

(Der Integration über den Kreis mit $R \to \infty$ entspricht die Änderung $\varDelta z = -2$.) Mit $\gamma_1 = \gamma_2 = \pi/2$ erhält man:

$$z = \frac{2}{\pi} i \int \frac{dw}{\sqrt{(w-1)(w+1)}} + C_1 = \frac{2}{\pi} \arcsin w + C_1. \qquad (57.1)$$

Durch Einsetzen der Werte $w_{1,2} = \mp 1$ bzw. $z_{1,2} = \mp 1$ findet man $C_1 = 0$. Mit $x = \text{const}$ als Äquipotentiallinien erhält man das Feld zweier koplanarer Halbebenen (Fig. 22 in Ziff. 53).

Weitere Beispiele sind in der Tabelle auf S. 74—76 zusammengestellt. Zur Erläuterung sei die Anordnung 14 herausgegriffen. Wir legen die den Eckpunkten $z_h = i \infty, 0, +\infty + (i a), b + i a, +\infty + i a$ entsprechenden Punkte A, D, F, J, A' der u-Achse nach $\infty, -1, 0, +q, \infty$ (q ist noch zu bestimmen) und haben

$$z = C_0 \int \frac{(w-q)\,dw}{\sqrt{w+1}\,w} + C_1 = 2 C_0 \left[\sqrt{w+1} - \frac{q}{2} \log \frac{\sqrt{w+1} - 1}{\sqrt{w+1} + 1} \right]. \qquad (57.2)$$

C_0 ergibt sich nach (56.3) mit $w_p = w_F = 0$, $\varDelta z = i a$, $\gamma_D = \pi/2$, $\gamma_J = -\pi$ als:

$$C_0 = \frac{i \varDelta z}{\pi \prod\limits_{h \neq p} (w_p - w_h)^{-\frac{\gamma_h}{\pi}}} = \frac{-a}{\pi (+1)^{-\frac{1}{2}} (-q)^{+1}} = \frac{a}{\pi q}.$$

C_1 und q endlich erhält man durch Einsetzen der Werte von z und w an den verbleibenden Ecken $w_p = -1$ und $w_J = q$:

$$0 = \frac{2a}{\pi q} \left| 0 - \frac{q}{2} i \pi \right| + C_1, \quad \text{d.h.} \quad C_1 = i a,$$

$$b = \frac{2a}{\pi q} \left[\sqrt{q+1} + q \operatorname{Ar Cot} \sqrt{q+1} \right].$$

Die transzendente Gleichung für q löst man nach den üblichen graphischen oder numerischen Methoden.

Bei allen Rechnungen mit mehrwertigen Funktionen ist darauf zu achten, daß man im gewählten Hauptwertebereich bleibt.

---

[1] Viele ausführlich berechnete Beispiele findet man bei E. DURAND [3] und E. WEBER [15].

Tabelle. *Beispiele zur Schwarzschen Polygonabbildung*[1].

w-Ebene.

Potentialverteilungen:

1. Ganze reelle Achse auf $\Phi = 0$, homogenes Feld $\mathsf{X} = \Phi + \dfrac{i}{\varepsilon}\,\Psi = -i\,w$.

2. Elektroden: $\overline{AF}$ auf $\Phi = +U$, $\overline{FA'}$ auf $\Phi = 0$. $\mathsf{X} = -i\,\dfrac{U}{\pi}\log w$.

3. Elektroden: $\overline{AD}$ auf $\Phi = -U$, $\overline{HA'}$ auf $\Phi = +U$; Kraftlinie: $\overline{DH}$. $\mathsf{X} = \dfrac{2}{\pi}\,U \arcsin w$.

4. Elektroden: $\overline{BD}$ auf $\Phi = -U$, $\overline{HJ}$ auf $\Phi = +U$; Kraftlinien: $\overline{AB}$, $\overline{DH}$, $\overline{JA'}$.

$$\mathsf{X} = \frac{U}{K(k)}\cdot F(\arcsin w,\,k);\qquad k = \frac{1}{p} = \frac{1}{q}\,.$$

z-Ebene

Anordnungen	Abbildungsfunktion und Konstantenbestimmung
	1. $z = C_0 \displaystyle\int \frac{w+1}{w}\,dw + C_1 = \dfrac{a}{\pi}\,(1 + w + \log w)$
	2. $z = C_0 \displaystyle\int \frac{w+p}{w^{2-\frac{\gamma}{\pi}}}\,dw + C_1 = \dfrac{\pi}{\gamma}\,w^{\gamma/\pi} - \dfrac{\pi p}{\pi-\gamma}\,w^{-1+\frac{\gamma}{\pi}}$ $a = p^{\gamma/\pi}\cdot\dfrac{\pi^2}{\gamma(\pi-\gamma)}$
	3. $z = C_0 \displaystyle\int \sqrt{\frac{w+1}{w-1}} + C_1$ $= \dfrac{a}{\pi}\left[\sqrt{w^2-1} + \log\left(w + \sqrt{w^2-1}\right)\right]$
	4. $z = C_0 \displaystyle\int \frac{w+1}{w-1}\cdot\frac{dw}{w} + C_1$ $= \dfrac{2a}{\pi}\left[\dfrac{1}{2}\log 4w - \log(w-1)\right]$
	5. $z = C_0 \displaystyle\int \frac{\sqrt{w+1}}{w}\,d\omega + C_1$ $= i\,\dfrac{2a}{\pi}\left[\sqrt{w+1} + \dfrac{1}{2}\log\dfrac{\sqrt{w+1}-1}{\sqrt{w+1}+1}\right]$

---

[1] Die meisten Beispiele findet man in den Werken von Durand [3], Kober [25] und Weber [15] ausführlich behandelt, Beispiele 8 und 11 bei H. Buchholz [2].

z-Ebene.

Anordnungen	Abbildungsfunktion und Konstantenbestimmung
	6. $\; z = C_0 \int \sqrt{w^2 - 1}\, \dfrac{dw}{w} + C_1$ $\;\;= \dfrac{2a}{\pi}\left[\sqrt{w^2-1} - i\log(i + \sqrt{w^2-1}) + i\log w\right]$
	7. $\; z = C_0 \int \sqrt{\dfrac{(w+p)(w-q)}{w^2-1}}\, dw + C_1$ $\;\;= \dfrac{a}{E(k)}\, E(\arcsin w, k)\,;\quad k = \dfrac{1}{p} = \dfrac{1}{q}\,,$ $\dfrac{a}{b} = \dfrac{E(k)}{K(k') - E(k')}\,;\quad k'^2 = 1 - k^2$
	8. $\; z = C_0 \int w^{-\frac{\gamma}{\pi}} (w-1)^{-\frac{1}{2}+\frac{\gamma}{\pi}}\, dw + C_1$ $\;\;= a - \dfrac{\sqrt{\pi}}{2}\sqrt{a^2+d^2}\cdot \dfrac{w^{-\frac{\gamma}{\pi}+1}\cdot e^{i(\gamma-\pi)}}{\Gamma\!\left(2 - \dfrac{\gamma}{\pi}\right)\Gamma\!\left(\dfrac{1}{2}+\dfrac{\gamma}{\pi}\right)} \times$ $\;\;\times\; {}_2F_1\!\left(\dfrac{1}{2} - \dfrac{\gamma}{\pi},\; 1 - \dfrac{\gamma}{\pi};\; 2 - \dfrac{\gamma}{\pi};\; w\right)$ $\hspace{6em}(0 < \gamma < \pi)$
	9. $\; z = C_0 \int \sqrt{\dfrac{w-q}{w+1}}\cdot \dfrac{dw}{w} + C_1$ $\;\;= \dfrac{2b}{\pi}\log\dfrac{\sqrt{w+1} + \sqrt{w-q}}{\sqrt{q+1}} + \dfrac{ia}{\pi}\log w -$ $\;\;- i\,\dfrac{2a}{\pi}\log\dfrac{\sqrt{w-q} + i\sqrt{q}\,\sqrt{w+1}}{\sqrt{q+1}} - ib;\quad q = \dfrac{a^2}{b^2}$
	10. $\; z = C_0 \int \sqrt{\dfrac{w-q}{w+1}}\cdot \dfrac{dw}{w-1} + C_1$ $\;\;= \dfrac{2b}{\pi}\log\dfrac{\sqrt{w+1} + \sqrt{w-q}}{\sqrt{q+1}} + i\,\dfrac{2a}{\pi}\log\sqrt{w-1} -$ $\;\;- i\,\dfrac{2a}{\pi}\log\dfrac{2\sqrt{w-q} + i\sqrt{2(q-1)}\,\sqrt{w+1}}{\sqrt{2(q+1)}} - ib,$ $\dfrac{a}{b} = \sqrt{\dfrac{q-1}{2}}$

z-Ebene.

Anordnungen	Abbildungsfunktion und Konstantenbestimmung
	11. $z = C_0 \int \sqrt{\dfrac{w^2 - p^2}{w^2 - 1}} \cdot \dfrac{dw}{w^2 - m^2} + C_1$ $= \dfrac{\zeta}{K(k)} + \dfrac{h}{\pi} \log \dfrac{\vartheta_1 \left(\dfrac{\gamma + \zeta}{2K} ; \tau \right)}{\vartheta_1 \left(\dfrac{\gamma - \zeta}{2K} ; \tau \right)} ;$ $m = n; \quad p = q = \dfrac{1}{k} ; \quad \dfrac{d}{h} = 1 - \dfrac{\gamma}{K} + \dfrac{a}{h} \cdot \dfrac{K'}{K} ,$ $\zeta = F(\text{arc sin } w, k) ; \quad \gamma = F(\text{arc sin } m, k) ; \tau = i\,\dfrac{K'}{K}$
	12. $z = C \int \sqrt{\dfrac{w + 1}{w + p}} \cdot \dfrac{dw}{w} + C_1$ $= \dfrac{2b}{\pi} \log \dfrac{\sqrt{p(w+1)} + \sqrt{w + p}}{\sqrt{p} - 1} - \dfrac{b}{\pi} \log w$ $- \dfrac{2a}{\pi} \log \dfrac{\sqrt{w + 1} + \sqrt{w + p}}{\sqrt{p} - 1} + a i ; \quad p = \dfrac{a^2}{b^2}$
	13. $z = C_0 \int \sqrt{(w + 1)(w + p)} \, \dfrac{dw}{w} + C_1$ $= \dfrac{a}{\pi \sqrt{p}} \Big\{ \sqrt{(w + 1)(w + p)} +$ $+ (p + 1) \log \left[\sqrt{w + 1} + \sqrt{w + p} \right] -$ $- 2\sqrt{p} \log \left[\sqrt{p(w + 1)} + \sqrt{w + p} \right] + \sqrt{p} \log w \Big\} -$ $- \dfrac{b}{\pi} \log (p - 1) ; \quad \dfrac{b}{a} = \dfrac{\left(\sqrt{p} - 1 \right)^2}{2\sqrt{p}}$
	14. $z = C_0 \int \dfrac{w - q}{\sqrt{w + 1}} \, \dfrac{dw}{w} + C_1 = i a +$ $+ \dfrac{a}{\pi} \left[\dfrac{2}{q} \sqrt{w + 1} - \log \dfrac{\sqrt{w + 1} - 1}{\sqrt{w + 1} + 1} \right] ,$ $\dfrac{b}{a} \pi = \dfrac{2}{q} \sqrt{q + 1} + 2 \operatorname{Ar Cot} \sqrt{1 + q}$
	15. $z = C_0 \int \dfrac{(w + p)(w + m)}{w(w + 1)^2} \, dw + C_1$ $= \dfrac{a}{\pi} \left[\log w - \dfrac{(1 - p)^2}{p} \cdot \dfrac{1}{1 + w} + \dfrac{(p - 1)^2}{2p} \right]$ $m = \dfrac{1}{p} ; \quad \dfrac{b}{a} \pi = \log p + \dfrac{p^2 - 1}{2p}$
	16. $z = C_0 \int \dfrac{(w + p)(w - q)}{w^2 - 1} \cdot dw$ $= \dfrac{a}{\pi} \log \dfrac{w + 1}{q + 1} - \dfrac{b}{\pi} \log \dfrac{w - 1}{q - 1} + \dfrac{2a}{\pi} \dfrac{w - q}{(p - 1)(q + 1)}$ $\dfrac{a}{b} = \dfrac{p - 1}{p + 1} \cdot \dfrac{q + 1}{q - 1} ; \quad q = \dfrac{p(a + b) + (a - b)}{p(a - b) + (a + b)}$ $c = \dfrac{a}{\pi} \log \dfrac{q + 1}{p - 1} + \dfrac{b}{\pi} \log \dfrac{p + 1}{q - 1} + \dfrac{2a(p + q)}{\pi (p - 1)(q + 1)}$

58. Polygone mit abgerundeten Ecken. Eine Abrundung der h-ten Polygonecke erreicht man dadurch, daß man den dieser (nichtabgerundeten) Ecke zugehörigen Faktor $(w - w_h)^{-\frac{\gamma_h}{\pi}}$ in (56.1) durch den Ausdruck $(w - s)^{-\frac{\gamma_h}{\pi}} + \lambda (w - t)^{-\frac{\gamma_h}{\pi}}$ ersetzt. Die w_h benachbarten Punkte s und t der u-Achse entsprechen den die Enden der Abrundung bildenden Punkten z_s und z_t der Polygonseiten (Fig. 33).

Sind die Abstände dieser Punkte von der nichtabgerundeten Ecke gleich, so ist der entstehende Bogen fast ein Kreis; eine optimale Annäherung an diesen erreicht man durch eine geeignete Wahl von λ.

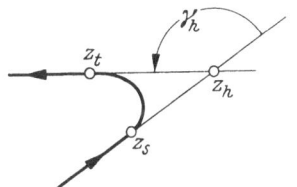

Fig. 33. Zur Abbildung eines Polygonzuges mit abgerundeten Ecken.

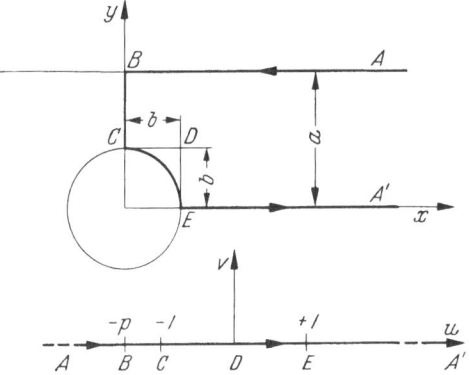

Fig. 34. Anwendungsbeispiel der Abbildung eines Polygonzuges mit abgerundeten Ecken; Feld eines Kreiszylinders zwischen zwei parallelen Ebenen.

Als Beispiel sei die in Fig. 34 dargestellte Abbildung behandelt. Die Punkte z_s und z_t sollen mit den Ecken C und E zusammenfallen. Man erhält dann nach obigem:

$$
\left.\begin{aligned}
z &= C_0 \int \frac{\sqrt{w + 1} + \lambda \sqrt{w - 1}}{\sqrt{(w + p)(w + 1)(w - 1)}} \, dw + C_1 \\
&= 2 C_0 \left\{ \operatorname{Ar\,Tan} \sqrt{\frac{w - 1}{w + p}} + \lambda \operatorname{Ar\,Tan} \sqrt{\frac{w + 1}{w + p}} \right\} + C_1 .
\end{aligned}\right\} \tag{58.1}
$$

C_0 ergibt sich aus Gl. (56.3):

$$
C_0 = \frac{a}{\pi (1 + \lambda)} .
$$

Durch Einsetzen der Werte für z und w an der Ecke B erhält man $C_1 = 0$ und an den Ecken C und E die Gleichungen

$$
\frac{p + 1}{2} = \operatorname{Cot}^2 \frac{\pi b (1 + \lambda)}{2 a \lambda} ; \qquad \frac{p - 1}{2} = \operatorname{Cot}^2 \frac{\pi b (1 + \lambda)}{2 a} ,
$$

aus welchen sich λ und p bestimmen lassen.

Näheres über die Methode, die Genauigkeit der Kreisannäherung, weitere Beispiele und Literaturnachweis vgl. WEBER [15].

59. Abbildung regelmäßiger Polygone[1]. Bei der Auffindung der Abbildung des Inneren eines regelmäßigen n-Ecks ($\gamma_1 = \gamma_2 = \cdots \gamma_n = 2\pi/n$) auf den Einheitskreis $|\zeta| < 1$ mittels Gl. (56.6) legt man zweckmäßig den Polygon- sowie den Kreismittelpunkt in den Ursprung der zugehörigen komplexen Ebene und die eine Polygonecke z_1 sowie den ihr entsprechenden Punkt ζ_1 auf die jeweilige positive reelle Achse. Es ist dann $\zeta_h = e^{i(h-1)2\pi/n}$, und man erhält

$$
\left.\begin{aligned}
z &= K_0 \int \prod \left[e^{i\frac{(h-1)2\pi}{n}} - \zeta \right]^{-\frac{2}{n}} d\zeta + K_1 \\
&= K_0 \int \left(1 - \zeta^n \right)^{-\frac{2}{n}} d\zeta + K_1 .
\end{aligned}\right\} \tag{59.1}
$$

---

[1] Vgl. OBERHETTINGER und MAGNUS [30].

Wählt man als Integrationsgrenzen 0 und ζ, so wird, infolge Zusammenfallens der Mittelpunkte $K_1 = 0$. K_0 erhält man durch Vergleich der Werte an der ersten Ecke $z_1 = d$, $\zeta_1 = 1$

$$d = K_0 \int_0^1 (1 - \zeta^n)^{-\frac{2}{n}} d\zeta = \frac{K_0}{n} \left[\Gamma\left(\frac{1}{n}\right) \right]^2 \Gamma\left(1 - \frac{2}{n}\right) \sin \frac{\pi}{n}.$$

Die halbe Diagonale d ist mit der Seitenlänge $2a$ des n-Ecks durch die Beziehung $a = d \sin \frac{\pi}{n}$ verknüpft. Somit wird:

$$z = \frac{n \pi a}{\left[\Gamma\left(\frac{1}{n}\right) \right]^2 \Gamma\left(1 - \frac{2}{n}\right) \sin^2 \frac{\pi}{n}} \int_0^\zeta \frac{d\zeta}{(1 - \zeta^n)^{2/n}}. \tag{59.2}$$

Insbesondere findet man im Falle eines Quadrats:

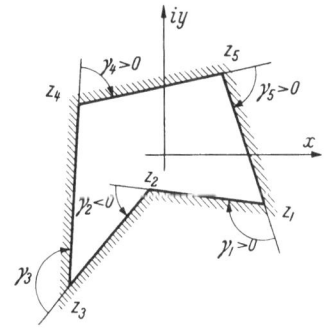

$$z = \frac{\sqrt{2} \, a}{K(k)} F\left(\arcsin \frac{\zeta \sqrt{2}}{\sqrt{1 + \zeta^2}}; k\right), \tag{59.3}$$

worin F und K die elliptischen Integrale vom Modul $k = 1/\sqrt{2}$ sind. Die Umkehrung von (59.3) ist:

$$\zeta = \frac{1}{\sqrt{2}} \frac{\mathrm{sn}\left(\frac{K}{\sqrt{2}} \frac{z}{a}\right)}{\mathrm{dn}\left(\frac{K}{\sqrt{2}} \frac{z}{a}\right)}. \tag{59.4}$$

Für ein gleichseitiges Dreieck findet man

$$\zeta = \frac{2^{\frac{5}{6}}\left(\cos\frac{\pi}{12}\right)(1 - \mathrm{cn}\, s)\left[1 + \tan\left(\frac{\pi}{12}\right)\mathrm{cn}\, s\right]}{2 \cdot 3^{\frac{1}{4}} \cdot \mathrm{sn}\, s\, \mathrm{dn}\, s + (1 - \mathrm{cn}\, s)^2}$$

mit

$$s = \frac{z}{4\pi a} \cdot \frac{[\Gamma(\frac{1}{3})]^3}{2^{\frac{1}{3}} 3^{\frac{1}{4}}}. \tag{59.5}$$

Fig. 35. Zur Abbildung des Polygonäußeren.

60. Abbildung eines Polygonäußeren[1]. Das Äußere eines Polygons in der z-Ebene mit den Ecken in den Punkten $z_1, z_2, \ldots z_n$ wird auf die obere w-Halbebene mittels der Beziehung

$$z = C_0 \int \prod_{h=1}^n (w - w_h)^{\frac{\gamma_h}{\pi}} \frac{dw}{[(w - p)^2 + q^2]^2} + C_1 \tag{60.1}$$

abgebildet. Dabei bedeuten die γ_h wieder die Außenwinkel des Polygons und w_h die den Polygonecken entsprechenden Punkte der u-Achse. Der Punkt $w_\infty = p + iq$ entspricht dem Punkt $z = \infty$. Außerdem gelten außer (56.2) die Nebenbedingungen:

$$\sum_{h=1}^n \frac{\gamma_h (p - w_h)}{(p - w_h)^2 + q^2} = 0; \qquad \sum_{h=1}^n \frac{\gamma_h}{(p - w_h)^2 + q^2} = \frac{\pi}{q^2}. \tag{60.2}$$

Über die Abbildung des Äußeren eines Polygons auf das Äußere des Einheitskreises $|\zeta| = 1$ vgl. OBERHETTINGER und MAGNUS [30]. Ist das Polygon ein

---

[1] Über die Abbildung des über die Ecken hinaus aufgeschlitzten Polygonäußeren, etwa Formen wie ⊢, ⊥, usw. berichtet C. DARWIN [Phil. Mag. (7) **41**, 1 (1950)].

regelmäßiges n-Eck mit der Längenseite $2a$, so heißt die Abbildung:

$$z = \frac{n\,a\left[\Gamma\left(1+\dfrac{1}{n}\right)\right]^2}{\pi\,\Gamma\left(1+\dfrac{2}{n}\right)} \int\limits_{1}^{\zeta} (\zeta^n - 1)^{2/n}\frac{d\zeta}{\zeta^2} + \frac{a}{\sin\dfrac{\pi}{n}} \, . \tag{60.3}$$

Dabei fallen Polygon- und Kreismittelpunkt in den Ursprung der zugehörigen komplexen Ebene, dem Punkt $\zeta = \infty$ entspricht der Punkt $z = \infty$. Die Ecke z_1 des Polygons fällt auf den Punkt $z_1 = \dfrac{a}{\sin(\pi/n)}$, ihr entspricht der Kreispunkt $\zeta_1 = 1$.

e) Weitere ebene Felder.

61. Ebene Koordinaten. Entwicklung des Potentials nach Orthogonalfunktionen. Durch jede analytische Funktion

$$z = x + i\,y = f(\xi + i\,\eta) = f(\zeta) \tag{61.1}$$

wird die Beziehung zwischen einem System kartesischer Koordinaten x, y und einem System ebener, krummliniger Orthogonalkoordinaten ξ, η hergestellt; das letztere ist durch obige Beziehung definiert. In einem jeden solchen Koordinatensystem hat nach (49.5) die Laplace-Gleichung die gleiche Form

$$\frac{\partial^2 \Phi}{\partial \xi^2} + \frac{\partial^2 \Phi}{\partial \eta^2} = 0, \tag{61.1}$$

welche Gleichung nach der Methode der Separation der Variabeln (Ziff. 35) behandelt, als Partikularlösungen das orthogonale System der Kreisfunktionen bzw. Hyperbelfunktionen ergibt.

Man versucht nun, eine Koordinatenlinie, z.B. $\xi_0 = $ const, mit dem Bereichsrand zusammenfallen zu lassen. Die längs diesem gegebene Potentialverteilung hängt dann nur von der η-Koordinate ab; läßt sie sich noch in eine Fourier-Reihe dieser Koordinate entwickeln, so ist die Lösung durch den Produktansatz mit beliebigem ξ gefunden.

Das Verfahren sei an einem Beispiel in elliptischen Koordinaten (Fig. 48, S. 112)

$$z = x + i\,y = c\,\mathrm{Cos}\,(\xi + i\,\eta) = c\,\mathrm{Cos}\,\xi\,\cos\eta + i\,c\,\mathrm{Sin}\,\xi\,\sin\eta \tag{61.2}$$

erläutert und zwar sei das Potentialfeld eines elliptischen Zylinders $\xi_0 = \mathrm{Ar\,Cos}\dfrac{a}{c} = \mathrm{Ar\,Tan}\dfrac{b}{a}$ (a große, b kleine Halbachse, $c = \sqrt{a^2 - b^2}$ Brennpunktsabstand) zu berechnen, dessen beide Hälften $x > 0$ und $x < 0$ auf die Potentiale $+U$ und $-U$ aufgeladen sind. Die Fourier-Entwicklung dieser Verteilung ist (DURAND [3])

$$\Phi(\xi_0, \eta) = \frac{4U}{\pi} \sum_{n=0}^{\infty} \frac{(-1)^n}{2n+1} \cos(2n+1)\,\eta. \tag{61.3}$$

Man erhält somit [mit $(2n+1)^2$ als Separationskonstante der Laplace-Gleichung] als Potentialfeld innerhalb oder außerhalb von ξ_0

$$\Phi(\xi, \eta) = \frac{4U}{\pi} \sum_{n=0}^{\infty} \frac{(-1)^n}{2n+1} \cdot \cos(2n+1)\,\eta\,\frac{\mathrm{Cos}\,(2n+1)\,\xi}{\mathrm{Cos}\,(2n+1)\,\xi_0} \, . \tag{61.4}$$

Außer den behandelten elliptischen und den kartesischen und Polarkoordinaten werden öfter Parabel- $\left(z = \dfrac{\zeta^2}{2}\right)$ und Bipolarkoordinaten $\left(z = \mathrm{Cot}\,\dfrac{\zeta}{2}\right)$

verwendet[1]. Nötigenfalls wird statt der Fourier-Reihe ein Fourier-Integral, z. B.

$$\Phi(\xi, \eta_0) = \int_{-\infty}^{+\infty} g(\lambda, \eta_0) \cos \lambda \, \xi \, d\lambda \tag{61.5}$$

angesetzt.

62. Felder mit mehreren Dielektriken. Felder mit ebener oder kreiszylindrischer Trennfläche zwischen zwei Isolatoren wurden bereits mittels der Spiegelungsmethode behandelt (Ziff. 43). Üblich sind außerdem die Methode der konformen Abbildung und diejenige der Entwicklung nach Orthogonalfunktionen.

Als Beispiel für die erstere sei das Feld in einem Kabel mit einem bandförmigen Innenleiter der Breite $2c$ und einem konfokalen elliptischen Mantel der großen Halbachse a_M (Fig. 36) berechnet. Der Zwischenraum sei mit zwei verschiedenen Isolierstoffen der DK ε_1 bzw. ε_2 ausgefüllt, die Trennfläche beider sei ebenfalls ein mit dem Bandrändern konfokaler elliptischer Zylinder der großen Halbachse a_T. Zweckmäßigkeitshalber sei das Band geerdet, das Mantelpotential gleich U gesetzt. Mittels der Funktion $w = c \sin z$ bilden wir die w-Ebene des Kabelquerschnittes auf den Halbstreifen $y > 0$, $-\pi < x < +\pi$ ab, vgl. Gl. (53.2). Dem Innenleiter entspricht darin die Gerade $y = 0$, der Trennlinie $y = \mathrm{Ar\,Cos}\,(a_T/c)$, dem Mantel $y = \mathrm{Ar\,Cos}\,(a_M/c)$. Als Potentialverteilung erhält man bei Berücksichtigung der Stetigkeitsforderung für Φ und Ψ an der Trennfläche:

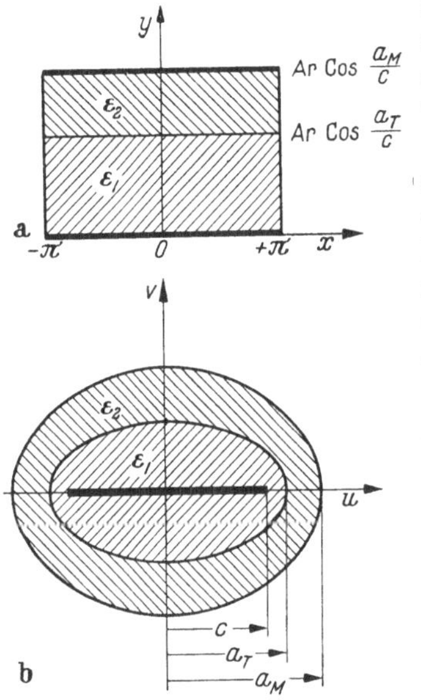

Fig. 36 a. u. b. Feld im elliptischen Kabel mit geschichtetem Dielektrikum.

$$
\left.
\begin{aligned}
\mathsf{X}_1 &= \Phi_1 + \frac{i}{\varepsilon_1}\,\Psi_1 = -\frac{i\,U\,(x + i\,y)}{\varepsilon_1 \,\mathrm{Ar\,Cos}\,\dfrac{a_M}{c} + (\varepsilon_2 - \varepsilon_1)\,\mathrm{Ar\,Cos}\,\dfrac{a_T}{c}}, \\[2ex]
\mathsf{X}_2 &= \Phi_2 + \frac{i}{\varepsilon_2}\,\Psi_2 = -\frac{i\,U\,\dfrac{\varepsilon_1}{\varepsilon_2}\left[x + i\,y + i\left(\dfrac{\varepsilon_2}{\varepsilon_1} - 1\right)\mathrm{Ar\,Cos}\,\dfrac{a_T}{c}\right]}{\varepsilon_1 \,\mathrm{Ar\,Cos}\,\dfrac{a_M}{c} + (\varepsilon_2 - \varepsilon_1)\,\mathrm{Ar\,Cos}\,\dfrac{a_T}{c}}.
\end{aligned}
\right\} \tag{62.1}
$$

$x - \dfrac{\pi}{2}$ und y stellen in der w-Ebene die in Ziff. 61 behandelten ebenen elliptischen Koordinaten η bzw. ξ dar. Als Kapazität je Längeneinheit ergibt sich infolge ihrer Invarianz gegenüber konformer Abbildung (Ziff. 49):

$$C = \frac{\Psi_T}{U} = \frac{2\pi\,\varepsilon_1}{\varepsilon_1 \,\mathrm{Ar\,Cos}\,\dfrac{a_M}{c} + (\varepsilon_2 - \varepsilon_1)\,\mathrm{Ar\,Cos}\,\dfrac{a_T}{c}}. \tag{62.2}$$

Als Beispiel für die Methode der Entwicklung nach Orthogonalfunktionen sei die Abschirmung eines homogenen Feldes $\mathsf{X} = +Ez = +Er\,e^{i\vartheta}$ durch einen dielektrischen (bzw. ferromagnetischen) Hohlzylinder der Radien R_1 und $R_2 < R_1$ sowie der relativen DK ε_r (bzw. μ_r) behandelt. Das Außenfeld sei mit dem Index 1, das Innenfeld mit 3, das Feld im Dielektrikum mit 2 gekennzeichnet. Die Lösung der Laplace-Gleichung in Polarkoordinaten ist

$$\Phi = \sum_{n=-\infty}^{+\infty} (A_n \cos n\vartheta + B_n \sin n\vartheta)\, r^n. \tag{62.3}$$

---

[1] Koordinatenflächen analog Fig. 59 und 52, letztere um 90° gedreht.

Da in allen drei Bereichen das Feld offensichtlich symmetrisch zur x-Achse ($\vartheta = 0$) und antimetrisch zur y-Achse ($\vartheta = \pi/2$) ist, sind alle $B_n = 0$, ebenso wie alle $A_{2n} = 0$. In genügend großem Abstand muß im *Außenraum* im wesentlichen das homogene Feld allein vorhanden sein, d.h. alle A_n für $n > 1$ verschwinden. Umgekehrt muß im Inneren das Feld stetig bleiben, d.h. alle A_n für $n < 0$ fortfallen. Im Dielektrikum selbst ist eine solche Einschränkung nicht vorhanden. Wendet man nun an den beiden Trennflächen die Stetigkeitsbedingung für Φ und $\varepsilon \frac{\partial \Phi}{\partial r}$ an, so erhält man durch Vergleich der Koeffizienten für gleiche $|2n+1|$:

$$
\left.
\begin{aligned}
\Phi_1 &= E\,r\cos\vartheta \left[1 - \frac{(\varepsilon_r^2 - 1)\,(R_1^2 - R_2^2)}{(\varepsilon_r + 1)^2 R_1^2 - (\varepsilon_r - 1)^2 R_2^2} \cdot \frac{R_1^2}{r^2} \right], \\[2mm]
\Phi_2 &= E\,r\cos\vartheta \; \frac{(1 + \varepsilon_r) + (\varepsilon_r - 1)\,\dfrac{R_2^2}{r^2}}{(\varepsilon_r + 1)^2 R_1^2 - (\varepsilon_r - 1)^2 R_2^2} \cdot 2R_1^2, \\[2mm]
\Phi_3 &= E\,r\cos\vartheta \; \frac{4\,\varepsilon_r R_1^2}{(\varepsilon_r + 1)^2 R_1^2 - (\varepsilon_r - 1)^2 R_2^2} = k_A \cdot E\,r\cos\vartheta.
\end{aligned}
\right\} \qquad (62.4)
$$

Das Feld im Inneren ist wieder homogen, der Faktor k_A wird *Abschirmfaktor* genannt. Mit $R_2 = 0$ erhält man die Polarisation eines Vollzylinders im homogenen Feld. Das Feld in seinem Inneren ist ebenfalls homogen.

Auf gleiche Art[1] bestimmt man die Polarisation eines elliptischen dielektrischen Zylinders $\xi_0 = \text{Ar Tan}\,(b/a)$ im Homogenfeld (b kleine, a große Halbachse). Das Feld E_i innerhalb des Zylinders wird homogen. Verläuft das ursprüngliche Außenfeld in Richtung der großen Achse, so wird

$$
E_i = \frac{\text{Cos}\,\xi_0 + \text{Sin}\,\xi_0}{\text{Cos}\,\xi_0 + \varepsilon_r \,\text{Sin}\,\xi_0} ; \qquad (62.5)
$$

verläuft es in Richtung der kleinen Achse, so ist

$$
E_i = \frac{\text{Cos}\,\xi_0 + \text{Sin}\,\xi_0}{\text{Sin}\,\xi_0 + \varepsilon_r \,\text{Cos}\,\xi_0} . \qquad (62.6)
$$

Das Innenfeld für ein beliebig gerichtetes Außenfeld ergibt sich durch entsprechende Überlagerung der beiden.

63. Ebene Elektrizitätsströmung im Vakuum. Die Gl. (15.5) für die elektrische Strömung im Vakuum:

$$
\sqrt{\Phi} \cdot \Delta \Phi = -\frac{j}{\varepsilon_0} \sqrt{-\frac{m}{2q}} = k\,j \qquad (63.1)
$$

wird in ebenen Feldern und insbesondere bei einer Parallelströmung besonders einfach:

$$
\sqrt{\Phi} \cdot \frac{d^2 \Phi}{d x^2} = k\,j_0, \qquad (63.2)
$$

da ja im letzteren Falle die Stromdichte j_0 konstant ist. Als Lösung findet man bei Festsetzung $x = 0$ bei $\Phi = 0$:

$$
\Phi(x) = (k\,j_0)^{\frac{2}{3}} x^{\frac{4}{3}} = \sqrt[3]{-\frac{m\,j_0^2}{2q\,\varepsilon_0^2}}\; x^{\frac{4}{3}}, \qquad (63.3)
$$

und bei weiterer Annahme $\Phi = U$ bei $x = d$:

$$
\Phi(x) = U\left(\frac{x}{d}\right)^{\frac{4}{3}} . \qquad (63.4)
$$

---

[1] Vgl. z.B. F. OLLENDORFF [9].

Die einzelnen Strömungspartikeln üben aufeinander abstoßende Kräfte aus, deren Auswirkung jedoch durch die Kontinuitätsbedingung div $j = 0$ bereits berücksichtigt wurde. Will man jedoch eine ausgedehnte Strömung seitlich begrenzen, ohne daß sie ihre ursprünglichen Eigenschaften verliert, so ist dem raumladungsfreien Außenraum ein derartiges Potentialfeld aufzuprägen, daß die längs der Strömung ursprünglich gefundene Potentialverteilung an der Begrenzung erhalten bleibt. Bei der Parallelströmung mit einer längs der x-Achse angenommenen Begrenzung (Fig. 37) ist also die Laplace-Gleichung für den Außenraum

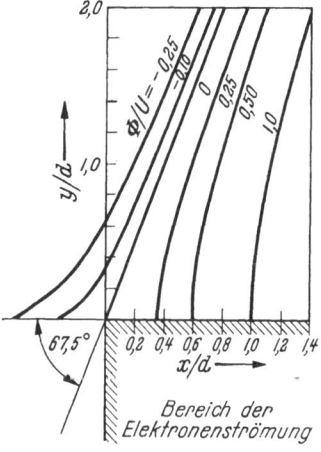

Fig. 37. Feld am Rande einer Elektronenströmung im Vakuum.

$y > 0$ mit der Randbedingung (63.3), bzw. (63.4) längs $y = 0$ zu lösen. Man findet offensichtlich mit $z = x + i\,y = r\,e^{i\,\vartheta}$

$$\mathsf{X} = \varPhi + \frac{i}{\varepsilon}\,\varPsi = (k\,j_0)^{\frac{2}{3}}\,z^{\frac{4}{3}}$$
$$= (k\,j_0)^{\frac{2}{3}}\,r^{\frac{4}{3}}\left(\cos\frac{4}{3}\,\vartheta + i\sin\frac{4}{3}\,\vartheta\right). \quad\left.\right\} \quad (63.5)$$

Die Linie $\varPhi = 0$ ist also eine unter einem Winkel von $\alpha = 3\,\pi/8 = 67°30'$ gegen die x-Achse geneigte Halbgerade vom Ursprung aus..

Die Lösung der Gl. (63.1) für eine ebene radiale Strömung wurde von LANGMUIR und BLODGETT[1] in Form einer Reihe angegeben. Die Potentialverteilung im Außenraum bei der Begrenzung einer solchen Strömung längs eines Radius wurde von SAMUEL[2] mit Hilfe eines elektrolytischen Troges gefunden.

64. Felder in anisotropen Medien. Als Beispiel eines solchen Feldes sei das Problem eines Kreiszylinders (vom Radius a) aus lamelliertem Eisen in einem homogenen Feld der Stärke H behandelt. Das Eisen habe die Permeabilität μ_1, die Bleche seien von der Dicke d, einseitig isoliert mittels einer Schicht der Stärke δ und der Permeabilität μ_0. Die makroskopische Permeabilität in Blechrichtung, bzw. senkrecht dazu ist dann

$$\mu_{\|} = \frac{\delta\mu_0 + d\mu_1}{d + \delta}\,; \qquad \mu_{\perp} = \frac{\mu_0\mu_1(d + \delta)}{\delta\mu_1 + d\mu_0}\,. \qquad (64.1)$$

Das Polarkoordinatensystem r, ϑ sei so gelegt, daß die Achse $\vartheta = 0$ parallel zur Blechrichtung verläuft, die Richtung der Feldstärke $\boldsymbol{H}$ sei um dem Winkel α dagegen geneigt. Da im untersuchten Bereich keine Ströme auftreten, arbeitet man zweckmäßig mit dem skalaren Potential $\varPhi$. Wie im Falle des dielektrischen Zylinders erkennt man, daß von der angesetzten Reihe nur die Glieder

$$\varPhi_a = - H\,r\,(\cos\alpha\cos\vartheta + \sin\alpha\sin\vartheta) + \frac{1}{r}\,(A\cos\vartheta + B\sin\vartheta) \quad \text{für } r \geqq a, \left.\right\}$$
$$\varPhi_i = r\,(C\cos\vartheta + D\sin\vartheta) \qquad\qquad\qquad \text{für } r \leqq a \quad\quad (64.2)$$

übrig bleiben. Die Koeffizienten bestimmt man aus den Stetigkeitsbedingungen für $\varPhi$ und B_r:

$$- H\,a\cos\alpha + \frac{A}{a} - C\,a = 0; \qquad - H\,a\sin\alpha + \frac{B}{a} - D\,a = 0;$$
$$\mu_0\left(H\cos\alpha + \frac{A}{a^2}\right) + C\,\mu_{\|} = 0; \qquad \mu_0\left(H\sin\alpha + \frac{B}{a^2}\right) + D\,\mu_{\perp} = 0.$$

[1] I. LANGMUIR u. K. BLODGETT: Phys. Rev. **22**, 347 (1923).
[2] A. L. SAMUEL: Proc. Inst. Rad. Eng. **33**, 233 (1945).

Man erhält:

$$A = H\,a^2 \cos\alpha \cdot \frac{\mu_\| - \mu_0}{\mu_\| + 2\,\mu_0}\,; \qquad B = H\,a^2 \sin\alpha \cdot \frac{\mu_\perp - \mu_0}{\mu_\perp + 2\,\mu_0}\,; \quad \left.\begin{array}{l} \\ \\ \end{array}\right\} \tag{64.3}$$
$$C = -\,\frac{2\,\mu_0}{\mu_0 + \mu_\|}\cdot H \cos\alpha\,; \qquad D = -\,\frac{2\,\mu_0}{\mu_0 + \mu_\perp}\cdot H \sin\alpha\,.$$

IV. Dreidimensionale Probleme.

65. Feldberechnung in drei Dimensionen. Eine so allgemeingültige und mächtige Methode wie die Funktionentheorie steht der Lösung räumlicher Probleme leider nicht zur Verfügung. Nur die Inversion an der Kugel (Ziff. 69) könnte mit der konformen Abbildung durch gebrochen lineare Funktionen verglichen werden, doch ist das Potential gegenüber dieser Transformation nicht mehr invariant und die Methode damit weniger leicht zu handhaben. Von den anderen in Ziff. 35 bis 37 aufgezählten Berechnungsverfahren ist dasjenige der Entwicklung des Potentials nach orthogonalen Funktionen bei dreidimensionalen Aufgaben das gebräuchlichste. Ein solches Funktionensystem ergibt sich z. B. als Lösung der Laplace-Gleichung nach der Methode der Separation der Veränderlichen (Ziff. 35), doch gibt es im Gegensatz zum Zweidimensionalen nur eine beschränkte Anzahl von Koordinatensystemen, in welchen eine solche Separation möglich ist. Selbst in diesen Koordinaten ist das Potential im *Außenraum* eines Körpers aus dessen Verteilung über die Körperoberfläche nur dann einfach angebbar, wenn diese Oberfläche eine ganze Koordinatenfläche, z. B. ein Rotationsellipsoid darstellt. Ist sie jedoch aus Teilen von Koordinatenflächen zusammengesetzt, wie im Falle eines Würfels, so kann das Potential auf diese Weise zwar im Inneren, nicht aber außerhalb des Körpers angegeben werden. Eine Näherungsmethode ist in Ziff. 85 für den Fall des Außenfeldes eines Zylinders angeführt[1].

Bei komplizierteren Begrenzungen des Feldbereiches wird man zu numerischen Methoden (Kap. V a, S. 148) greifen müssen. Diese sind prinzipiell ebenso genau wie die analytischen und konvergieren immer. Sie können zwar grundsätzlich auf beliebig geartete Felder angewandt werden, sind jedoch im allgemeinen zeitraubend und nur bei hohem Grad von Symmetrie (z. B. Drehsymmetrie) genügend einfach zu handhaben. Die Konvergenz ist um so besser, je besser die Annäherung der Ausgangswerte der Rechnung an die wirklichen Potentialwerte ist. Die Kenntnis eines analytisch berechneten Feldes von grob angenäherter Form kann dabei gute Dienste leisten. Graphische Feldermittlung (Kap. V b, S. 156) ist im dreidimensionalen Raum auf drehsymmetrische Felder beschränkt und nur von mäßiger Genauigkeit.

Als letztes Mittel bleibt natürlich stets die experimentelle Feldausmessung (Kap. V c, S. 159), doch muß man sich auch hier, besonders bei Verwendung von Ersatzanordnungen, vor Fehlerquellen hüten.

a) Einfache Feldkonfigurationen.   Räumliche Spiegelung.

66. Anordnungen mit Punktladungen. Spiegelung an Ebene und Kugel. Durch das Potentialfeld einer Punktladung

$$\Phi = \frac{Q}{4\,\pi\,\varepsilon\,r} \tag{66.1}$$

---

[1] Das Außenfeld und die Kapazität eines Würfels berechnen näherungsweise G. Polya, Amer. Math. Monthly **54**, 201 (1947) sowie D. K. Reitan u. T. J. Higgins, J. Appl. Phys. **22**, 223 (1951).

läßt sich, da die Äquipotentialflächen konzentrische Kugeln sind, auch das Feld eines *Kugelkondensators* mit den Radien R_1 und $R_2 > R_1$ und den Potentialen U_1 und U_2 der entsprechenden Belegungen beschreiben:

$$\Phi(r) = \frac{U_2 R_2 - U_1 R_1}{R_2 - R_1} + \frac{(U_1 - U_2) R_2 R_1}{R_2 - R_1} \cdot \frac{1}{r}. \tag{66.2}$$

Die Kapazität des Kugelkondensators

$$C = \frac{Q}{U_2 - U_1} = \frac{4\pi\varepsilon R_2 R_1}{R_2 - R_1} \tag{66.3}$$

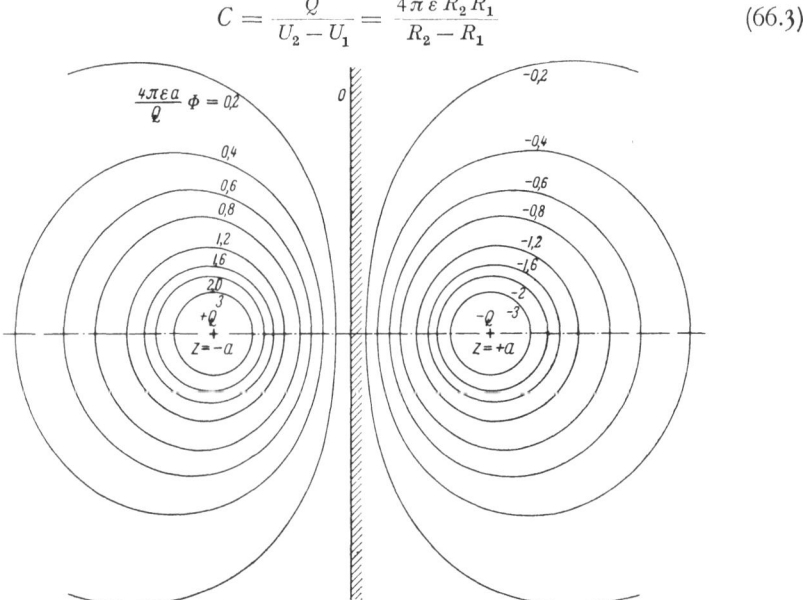

Fig. 38. Feld zweier gleichgroßer Punktladungen verschiedenen Vorzeichens. Spiegelung an metallischer Ebene.

hat den kleinsten Wert von allen Kondensatoren gleichen, zwischen den Belegungen enthaltenen Volumens.

Bei der Anordnung zweier Punktladungen Q_1 und Q_2 mit dem Potential

$$\Phi = \frac{1}{4\pi\varepsilon}\left(\frac{Q_1}{r_1} + \frac{Q_2}{r_2}\right) \tag{66.4}$$

(r_1 und r_2 sind die Abstände des Aufpunktes von Q_1 und Q_2) sind die Fälle $Q_1 = -Q_2$ und $Q_1 = +Q_2$ die wichtigsten.

Im ersten Falle, $Q_1 = -Q_2$, ist der geometrische Ort $r_1 = r_2$ eine die Verbindungslinie der Ladungen halbierende, auf ihr senkrechte Ebene mit $\Phi = 0$. Die anderen Äquipotentialflächen $\Phi = \Phi_0 = $ const sind so beschaffen (Fig. 38), daß die Fläche $-\Phi_0$ ein an der Ebene $\Phi = 0$ gespiegeltes Bild der Fläche Φ_0 ist, ebenso wie die Ladung $-Q$ ein Bild von Q *(Spiegelung an der Ebene)*. Mit Hilfe des Superpositionssatzes läßt sich das Spiegelungsprinzip verallgemeinern. Jedes Feld zwischen einem irgendwie geladenem Körper und einer geerdeten Ebene ist im entsprechenden Bereich identisch mit dem Feld zwischen diesem Körper und seinem an der Ebene gespiegelten entgegengesetzt geladenen Bild. Da Stromschleifen durch Doppelflächen des skalaren magnetischen Potentials dargestellt werden können, können analog auch beliebige Stromverteilungen an hochpermeablen Wänden mit umgekehrter Stromrichtung gespiegelt werden.

Ist $Q_1 = Q_2$, so wird die Ebene $r_1 = r_2$ (Fig. 39) von keiner Feldlinie und in Strömungsfeldern von keiner Stromlinie durchquert. Ein von einer Ebene begrenztes Strömungsfeld kann durch ein aus diesem durch Spiegelung an der Ebene *mit gleichem Vorzeichen* entstandenes beschrieben werden. Umgekehrt kann in einem zu einer Ebene symmetrischen Strömungsfeld die eine Hälfte entfernt und durch einen Isolator ersetzt werden, ohne Störung der verbliebenen Hälfte (Wirkungsprinzip des elektrolytischen Troges, Ziff. 111).

In beiden Fällen muß bei Vorhandensein mehrerer leitenden oder isolierenden Ebenen wie bei ebenen Feldern eine Mehrfachspiegelung vorgenommen werden. Ein Beispiel ist in Ziff. 70 behandelt. Die Tatsache, daß die Äquipotentialflächen

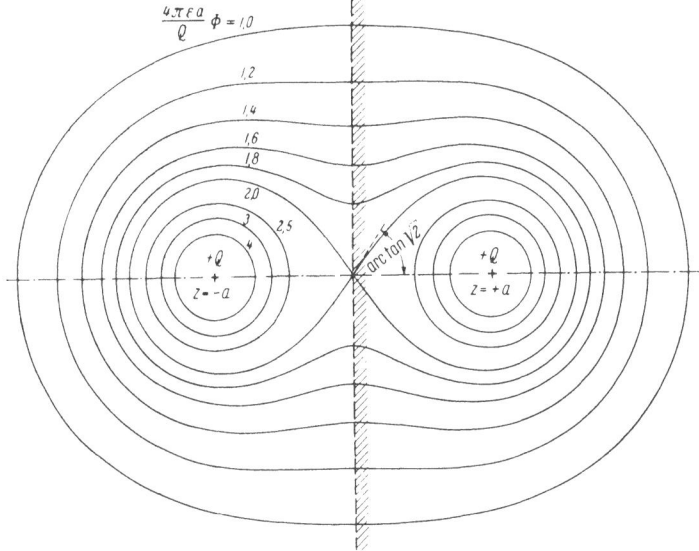

Fig. 39. Feld zweier gleichgroßer Punktladungen gleichen Vorzeichens. Spiegelung an isolierender Ebene.

in der nächsten Umgebung der Punktladungen Kugeln um diese als Zentrum darstellen, benutzt man, um das Feld kleiner Kugeln durch Punktladungen zu beschreiben.

Wie am Zylinder in ebenen Feldern kann eine Ladung auch an einer leitenden geerdeten Kugel mit umgekehrtem Vorzeichen gespiegelt werden (vgl. SMYTHE [13], OLLENDORFF [9]). Ist a der Radius der spiegelnden Kugel und liegt die Ladung Q im Abstand d vom Kugelzentrum O, so liegt das Spiegelbild auf der gleichen von O ausgehenden Halbgeraden im Abstand $d' = a^2/d$ davon und führt die Ladung

$$Q' = -Q \frac{d'}{a} = -Q \frac{a}{d}. \tag{66.5}$$

Eine Äquipotentialfläche geht jedoch bei der Spiegelung nur dann wieder in eine Äquipotentialfläche über, wenn diese den Wert Null führt. Durch die Spiegelung an der Kugel wird insbesondere das Problem der Influenz einer Kugel durch eine Punktladung gelöst (Greensche Funktion einer Kugel).

Auch hier ist mehrfache Spiegelung möglich. Durch unendlich oft wiederholte Spiegelungen einer im Zentrum der einen von zwei Kugeln angebrachten Punktladung an den beiden Kugeloberflächen läßt sich das Feld zwischen den beiden, *beliebig gegeneinander aufgeladenen Kugeln* finden [13]. Wir werden es in Ziff. 94 auf anderem Wege berechnen.

67. Spiegelung an der ebenen Trennfläche zweier Dielektrika. Wie bei ebenen tritt auch bei räumlichen Problemen an *ebenen* Trennflächen zweier Isolatoren der DK ε_1 und ε_2 eine Art unvollkommener *Spiegelung* auf. Ist Q eine Punktladung im Medium 1, so sind die Potentialfelder in den beiden Medien

$$\Phi_1 = \frac{1}{4\pi\varepsilon_1}\left[\frac{Q}{r_1} + \frac{Q'}{r_2}\right]; \qquad \Phi_2 = \frac{1}{4\pi\varepsilon_2}\left[\frac{Q''}{r_1} + \frac{Q'''}{r_2}\right], \qquad (67.1)$$

wobei r_1 der Aufpunktsabstand von der tatsächlichen Ladung, r_2 derjenige von ihrem Spiegelbild ist. Damit die Stetigkeitsbedingungen $E_{t1} = E_{t2}$ und $D_{n1} = D_{n2}$ erfüllt sind, muß

$$Q' = \frac{\varepsilon_1 - \varepsilon_2}{\varepsilon_1 + \varepsilon_2}\,Q; \qquad Q'' = \frac{2\varepsilon_2}{\varepsilon_1 + \varepsilon_2}\,Q \qquad (67.2)$$

gemacht werden; es ist $Q''' = 0$, da ja Φ_2 in $r_2 = 0$ stetig sein muß.

Ist allgemein die Verteilung des „Primärpotentials" $\Phi_p(x, y, z)$ einer Anordnung im ursprünglich überall allein vorhandenen homogenen Medium der DK ε_1 bekannt, so erhält man bei Berücksichtigung dieser Randbedingungen und bei unverrückbar angenommenen Ladungen das Potentialfeld der gleichen Anordnung bei Anwesenheit zweier Isolatoren der DK ε_1 und ε_2, getrennt durch die Ebene $z = 0$:

$$\left.\begin{aligned}
\Phi_1 &= \Phi_p + \Phi_s = \Phi_p(x, y, z) + \frac{\varepsilon_1 - \varepsilon_2}{\varepsilon_1 + \varepsilon_2}\,\Phi_p(x, y, -z), \\
\Phi_2 &= \Phi_p + \Phi_s' = \Phi_p(x, y, z)\cdot\left(1 + \frac{\varepsilon_1 - \varepsilon_2}{\varepsilon_1 + \varepsilon_2}\right) = \frac{2\varepsilon_1}{\varepsilon_1 + \varepsilon_2}\,\Phi_p(x, y, z).
\end{aligned}\right\} \quad (67.3)$$

Φ_s und Φ_s' werden auch „Sekundärpotential" genannt. Im Medium 2 dürfen hierbei keine wirklichen Ladungen auftreten[1]. Ist $\varepsilon_2 = 0$, d.h. eigentlich $\varkappa_2 = 0$, da dieser Fall nur in einem durch einen Isolator begrenzten Strömungsfeld auftritt, so erhält man die bereits in Ziff. 66 behandelte Spiegelung mit gleichem Vorzeichen.

Wie bei Metallflächen muß auch hier, bei Vorhandensein mehrerer ebenen Isolatortrennflächen, eine Mehrfachspiegelung vorgenommen werden. Dabei ist wie oben darauf zu achten, daß das Potential nur an den wirklichen, nicht aber an den gespiegelten Ladungen unstetig werden darf.

Spiegelungen, auch unvollkommene, an dielektrischen Kugelflächen sind nicht durchführbar.

68. Anordnungen mit Dipolen und Multipolen. Das Potentialfeld Φ_D eines Dipols vom Moment $\boldsymbol{p} = Q\,d\boldsymbol{s}$ ergibt sich nach (4.2) durch Differentiation des Feldes Φ_Q einer Punktladung in negativer Richtung der Dipolachse

$$\Phi_D = \frac{Q\,d\,s}{4\pi\varepsilon}\cdot\frac{\partial}{\partial s_0}\left(\frac{1}{|\boldsymbol{r} - \boldsymbol{r}_0|}\right) = -\frac{p}{4\pi\varepsilon}\cdot\frac{\partial}{\partial s}\left(\frac{1}{|\boldsymbol{r} - \boldsymbol{r}_0|}\right). \qquad (68.1)$$

Ein Dipol im Koordinatenursprung mit einem Moment in Richtung der z-Achse hat also das Feld:

$$\Phi = -\frac{p}{4\pi\varepsilon}\cdot\frac{\partial}{\partial z}\left(\frac{1}{\sqrt{x^2 + y^2 + z^2}}\right) = \frac{p}{4\pi\varepsilon}\cdot\frac{z}{r^3} = \frac{p\cos\vartheta}{4\pi\varepsilon r^2}. \qquad (68.2)$$

Durch weitere Differentiationen entstehen Quadrupole, Oktupole, allgemein 2^n-Pole, wobei die Differentiationsrichtungen zusammenfallen können oder auch nicht. Im ersten Falle spricht man von einem *linearen* 2^n-Pol; im zweiten Falle stehen die Differentiationsrichtungen oft aufeinander senkrecht.

---

[1] Sie lassen sich sonst natürlich durch Überlagerung zweier solcher Probleme berücksichtigen.

Das Potentialfeld eines linearen 2^n-Pols im Ursprung eines Kugelkoordinaten-systems r, ϑ mit $\vartheta = 0$ als Achse kann durch

$$\Phi_{2n} = (-1)^n \frac{p_n}{4\pi\varepsilon\,n!} \cdot \frac{\partial^n}{\partial z^n}\left(\frac{1}{r}\right) = \frac{p_n}{4\pi\varepsilon}\,\frac{P_n(\cos\vartheta)}{r^{n+1}} \ . \tag{68.3}$$

dargestellt werden [12], wobei P_n das Legendresche Polynom n-ter Ordnung be-deutet, und das Multipolmoment durch

$$p_n = n!\,Q\,(dz)^n \tag{68.4}$$

definiert ist. Die jeweils durch dz getrennten Punktladungen betragen beim Dipol $-Q$, $+Q$, beim Quadrupol $+Q$, $-2Q$, $+Q$, beim Oktupol $-Q$, $+3Q$, $-3Q$, $+Q$ usw.

Die nichtlinearen Multipole erhält man entsprechend. So ist das Potential-feld eines Oktupols, dessen Ladungen Q (alternierenden Vorzeichens) an den Ecken eines Würfels der Kantenlänge ds sitzen [12]:

$$\Phi = \frac{15\,Q\,(ds)^3}{4\pi\varepsilon}\,\frac{\cos\alpha\cos\beta\cos\gamma}{r^4} \ , \tag{68.5}$$

wobei α, β, γ die Winkel sind, die der Fahrstrahl zum Aufpunkt mit den Rich-tungen der drei Würfelkanten einschließt. Ebenso findet man das Potential eines 2^n-Pols, dessen (alternierende) Ladungen an den Ecken eines ebenen $2n$-Ecks angeordnet sind:

$$\Phi(r, \vartheta, \varphi) = \frac{A}{r^{n+1}} \cdot P_n^n(\cos\vartheta)\cos n\varphi. \tag{68.6}$$

Durch Überlagerung eines Dipolfeldes (68.2) mit einem ebenen Feld $Ez = Er\cos\vartheta$ erhält man:

$$\Phi = Er\cos\vartheta\left[1 - \frac{p}{4\pi\varepsilon E} \cdot \frac{1}{r^3}\right] = Er\cos\vartheta\left[1 - \frac{a^3}{r^3}\right]. \tag{68.7}$$

Hier führt außer der Ebene $r = \frac{\pi}{2}$ auch die Kugel $r = a = \sqrt[3]{\dfrac{p}{4\pi\varepsilon E}}$ das Potential Null. Man findet damit also das Feld einer in ein ursprünglich homogenes Feld getauchten, geerdeten Kugel oder dasjenige eines halbkugeligen leitenden Höckers auf einer geerdeten Ebene.

69. Inversion an der Kugel. Transformation von Lord KELVIN. Man sagt, ein Punkt P' gehe durch *Inversion an der Kugel* (vom Radius a) aus dem Punkt P hervor, wenn sie auf der gleichen Halbgeraden durch den Kugelmittelpunkt O liegen und die Abstände $r = OP$ und $r' = OP'$ durch die Beziehung

$$r\,r' = a^2 \tag{69.1}$$

verknüpft sind. Analog der Inversion am Kreis werden hier im allgemeinen Kugeln in Kugeln transformiert, nur Kugeln durch das Inversionszentrum werden zu Ebenen. Die Winkel bleiben bei der Transformation erhalten, diese ist also *konform*[1].

Ist $\Phi(r, \vartheta, \varphi)$ eine harmonische Funktion (in Kugelkoordinaten mit dem Ursprung im Inversionszentrum) so ist auch die Funktion

$$\Phi'(r', \vartheta', \varphi') = \frac{a}{r'}\,\Phi\left(\frac{a^2}{r'}, \vartheta', \varphi'\right) \tag{69.2}$$

---

[1] Nach W. BLASCHKE ist es die einzige konforme Abbildung, die im dreidimensionalen Raum möglich ist [24].

ebenfalls eine harmonische Funktion in aus r, ϑ, φ durch Inversion hervorgegangenen neuen Koordinaten $r' = a^2/r$, $\vartheta' = \vartheta$, $\varphi' = \varphi$, wie sich leicht durch Einsetzen in die Laplace-Gleichung zeigen läßt. Diese *Kelvin-Transformation* genannte Operation ist natürlich nicht an das Koordinatensystem gebunden und wird außer zur Lösung einfacherer, in Ziff. 70 angeführter Probleme zur Variierung der Formen der durch die Methode der Separation der Variablen behandelbaren Anordnungen herangezogen („inverse Koordinatensysteme", vgl. Ziff. 89 und 98). In kartesischen Koordinaten lautet Gl. (69.2) bei vorgegebenem $\Phi(x, y, z)$:

$$\Phi'(x', y', z') = \frac{a}{\sqrt{x'^2 + y'^2 + z'^2}}\, \Phi\left(\frac{a^2 x'}{x'^2 + y'^2 + z'^2},\ \frac{a^2 y'}{x'^2 + y'^2 + z'^2},\ \frac{a^2 z'}{x'^2 + y'^2 + z'^2}\right). \quad (69.3)$$

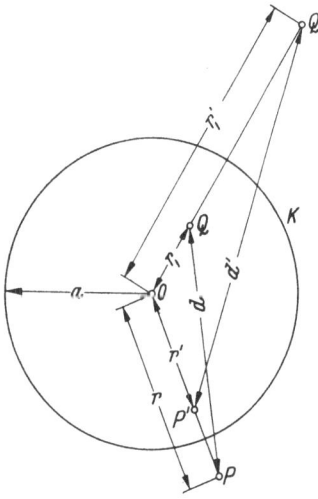

Fig. 40. Zur Inversion an der Kugel.

Es ist zu beachten, daß die Umrisse eines Leiters nach dessen Inversion im allgemeinen keine Äquipotentialfläche ergeben. Nur im Falle geerdeter Leiter sind deren „Bilder" wieder geerdete Leiter. Die Beziehungen (69.2) und (69.3) bleiben natürlich bestehen, wenn die rechte Seite mit einem konstanten Faktor multipliziert wird. Setzt man sie jedoch als „Normalform" fest (in diesem Falle stimmen die beiden Potentiale längs der Oberfläche der Inversionskugel überein), so läßt sich daraus die Beziehung zwischen den Ladungsmengen vor und nach der Inversion ableiten.

Sei Q eine Ladung im Abstand r_1 vom Inversionszentrum O, Q' ihr Bild im Abstand r'_1 (Fig. 40). Der Abstand des Aufpunktes P sei r von O und d von Q, derjenige seines Bildes r' von O und d' von Q'. Dann gilt für die jeweiligen Potentiale

$$\Phi = \frac{Q}{4\pi\varepsilon d}; \qquad \Phi' = \frac{Q'}{4\pi\varepsilon d'}. \quad (69.4)$$

Nun ist aber infolge der Ähnlichkeit der Dreiecke OPQ und $OQ'P'$

$$\frac{d'}{d} = \frac{r'_1}{r} = \frac{r'}{r_1} = \frac{a^2}{r\,r_1} = \frac{r'\,r'_1}{a^2}, \quad (69.5)$$

so daß man mit (69.2) und (69.4) erhält:

$$\frac{Q'}{Q} = \frac{\Phi'}{\Phi} \cdot \frac{d'}{d} = \frac{a}{r'} \frac{r'_1 r'}{a^2} = \frac{r'_1}{a} = \frac{a}{r_1}, \quad (69.6)$$

d.h. abgesehen vom Vorzeichen die gleiche Beziehung wie bei der Spiegelung (66.5).

Von Wichtigkeit ist noch die sich aus obigem ergebende Beziehung zwischen den Flächenelementen dS und dS' sowie den Flächenladungsdichten σ und σ' vor und nach der Inversion. Es ist

$$\frac{dS'}{dS} = \frac{r'^4}{a^4} = \frac{a^4}{r^4}; \qquad \frac{\sigma'}{\sigma} = \frac{r^3}{a^3} = \frac{a^3}{r'^3}. \quad (69.7)$$

70. Anwendungsbeispiele für die Inversion an der Kugel. Die Inversion wird besonders in folgenden beiden Fällen angewendet:

α) Influenz. Ist das Feld eines Quellpunktes und eines von ihm influenzierten geerdeten Leiters bekannt, so läßt sich durch Inversion das Feld eines influenzierten Leiters entsprechend abgeänderter Form finden (Transformation der Greenschen Funktion).

Beispiel: Es ist das Feld einer Punktladung Q und zweier gleicher sich berührenden, geerdeten Kugeln (vom Radius b) zu finden (Fig. 41). Die gewählte Inversionskugel K hat den Radius $a = 2b$ und das Zentrum im Berührungspunkt der beiden Kugeln. Diese gehen dann in zwei die Inversionskugel berührende, parallele, geerdete Ebenen über, zwischen welchen das Bild Q' des Quellpunktes Q liegt. Das sich ergebende Problem ist leicht durch Vielfachspiegelung der Ladung an den beiden Ebenen zu lösen. Die Spiegelbilder $q'_n = \pm Q'$ der Ladungen transformiert man in den ursprünglichen Raum zurück; die entsprechenden Quellpunkte q_n liegen auf einem Kreis durch das Inversionszentrum, und man erhält als das gesuchte Potential

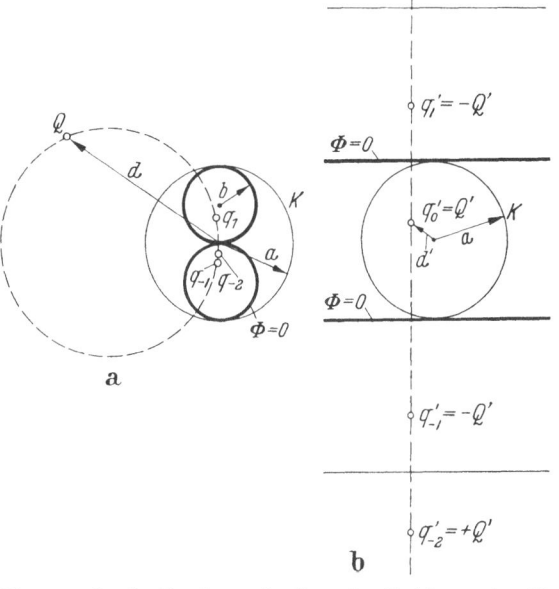

$$\Phi = \frac{1}{4\pi\varepsilon} \sum_{n=1}^{\infty} \frac{q_n}{r_n}, \quad (70.1)$$

worin r_n den Aufpunktsabstand von der entsprechenden Ladung bezeichnet.

Fig. 41 a u. b. Zur Berechnung der Greenschen Funktion zweier sich berührender Kugeln.

β) *Feld und Kapazität eines Leiters auf Potential U gegen ∞.* Die Oberfläche des gegebenen Körpers sei durch den Radiusvektor r_1 vom Zentrum der Inversionskugel (Radius a) beschrieben. Dann ist die Oberfläche des Leiter*bildes* durch $r'_1 = a^2/r_1$ gegeben und führt nach (69.2) das Potential:

$$\Phi = \frac{a}{r'_1} \cdot U. \quad (70.2)$$

Dieses Potential könnte formal durch eine Ladung

$$Q_i = 4\pi\varepsilon a U \quad (70.3)$$

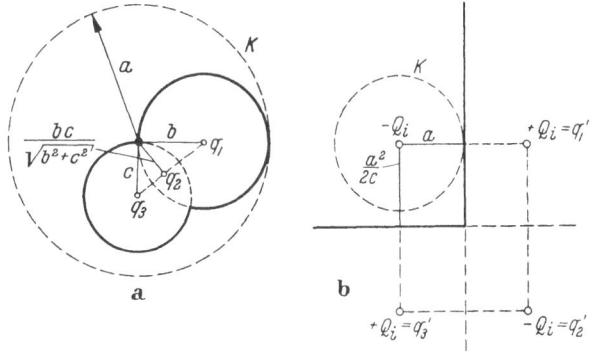

im Inversionszentrum erzeugt sein. Überlagert man also das Feld (70.2) mit

Fig. 42 a u. b. Zur Berechnung des Feldes eines aus zwei sich orthogonal schneidenden Kugeln gebildeten leitenden Körpers.

einem Feld der Ladung $-Q_i$ im Inversionszentrum, so nimmt die Oberfläche des Potentialbildes den Potentialwert $\Phi = 0$ an. Damit ist das Problem eines gegen Unendlich aufgeladenen leitenden Körpers auf die Influenz des inversen, geerdeten Körpers durch eine Punktladung im Inversionszentrum zurückgeführt.

Beispiel: Potential und Kapazität eines durch *zwei sich orthogonal schneidende Kugeln* (Radius b und c, $b > c$) gebildeten Leiters (Fig. 42). Man lege das Inversionszentrum in einen Punkt des Schnittkreises der beiden Kugeln und gebe der Inversionskugel K den Radius $a = 2b$. Die inverse Anordnung besteht dann aus zwei zueinander senkrechten Halbebenen mit einer Punktladung im Inversionszentrum. Nun wird das Potential der Halbebenen mit $\Phi' = 0$ festgesetzt und der Punktladung der Wert $Q' = -Q_i = -4\pi\varepsilon U$ erteilt. Das Potential dieser Anordnung ist mit demjenigen der vier durch Spiegelung hervorgegangenen Punktladungen $\pm Q_i$ identisch. Transformiert man zurück, so fallen die Ladungsbilder in die in der Fig. 42 gezeigten Quellpunkte q_1, q_2, q_3; Q' selber fällt wieder nach ∞. Die Größe jeder der Ladungen ergibt sich aus Gl. (69.6); ihre Summe muß der Gesamtladung des Kugelkörpers gleich sein:

$$
\left.
\begin{aligned}
Q = q_1 + q_2 + q_3 &= Q_i \frac{b}{a} - Q_i \frac{bc}{a\sqrt{b^2+c^2}} + Q_i \frac{c}{a} \\
&= 4\pi\varepsilon b U \left[1 - \frac{\gamma}{\sqrt{1+\gamma^2}} + \gamma^2\right]; \quad \gamma = \frac{c}{b} .
\end{aligned}
\right\}
\tag{70.4}
$$

Seine Kapazität ist also

$$
C = 4\pi\varepsilon b \left[1 - \frac{\gamma}{\sqrt{1+\gamma^2}} + \gamma^2\right],
\tag{70.5}
$$

und das Potentialfeld in der Bezeichnungsweise des letzten Beispiels

$$
\Phi = \frac{1}{4\pi\varepsilon} \sum_{n=1}^{3} \frac{q_n}{r_n} .
\tag{70.6}
$$

Nach der gleichen Methode lassen sich Anordnungen mit einem Schnittwinkel der beiden Kugeln (in Luft) $\alpha = \pi/n$ (n ganz) behandeln; linsenförmige Körper jedoch ($\alpha > \pi$), die als inverse Anordnung eine von einer Punktladung influenzierte, *vorspringende* Kante ergeben, erfordern die Ermittlung der Greenschen Funktion durch Partikularlösungen der Differentialgleichung (vgl. Ziff. 79). Ein weiteres Anwendungsbeispiel vgl. Ziff. 98.

OLLENDORFF [9] benutzt die Inversion, um auf elementarem Wege (ohne Zuflucht zu den Partikularlösungen der Laplace-Gleichung zu nehmen) die Ladungsverteilung und die Kapazität einer frei im Raume sich befindenden Kugelkalotte zu bestimmen, und verwendet das Ergebnis zur Untersuchung der Kapazität eines Hängeisolators. Ebenso berechnet er die von einer auf der Achse angenommenen Punktladung influenzierte Oberflächenladung einer Kreisscheibe und einer Kreislochscheibe.

b) Skalares und Vektorpotential in allgemeinen krummlinigen Orthogonalkoordinaten.

71. Skalares Potential. Krummlinige Orthogonalkoordinaten u, v, w werden durch drei Scharen orthogonal zueinander verlaufender Flächen $u = $ const, $v = $ const, $w = $ const repräsentiert. Geht man von der Fläche u zu der benachbarten $u + du$ über und entsprechend von v zu $v + dv$ sowie von w zu $w + dw$, so wird im Raum ein Parallelepiped mit den respektiven Kantenlängen ds_u, ds_v, ds_w herausgeschnitten (Fig. 43). Diese sind mit den Koordinatendifferentialen du, dv, dw durch die Beziehungen

$$
ds_u = \frac{du}{U}; \quad ds_v = \frac{dv}{V}; \quad ds_w = \frac{dw}{W}
\tag{71.1}
$$

verknüpft, wobei U, V, W Funktionen der Koordinaten u, v, w sind. Die Länge eines beliebigen Linienelements ds wird also durch

$$
ds = \sqrt{\left(\frac{du}{U}\right)^2 + \left(\frac{dv}{V}\right)^2 + \left(\frac{dw}{W}\right)^2}
\tag{71.2}
$$

und der Gradient einer skalaren Funktion Φ (z.B. des Potentials) durch

$$\operatorname{grad} \Phi = U \cdot \frac{\partial \Phi}{\partial u} \cdot \boldsymbol{u}^0 + V \cdot \frac{\partial \Phi}{\partial v} \cdot \boldsymbol{v}^0 + W \cdot \frac{\partial \Phi}{\partial w} \cdot \boldsymbol{w}^0 \qquad (71.3)$$

dargestellt, wobei mit $\boldsymbol{u}^0$, $\boldsymbol{v}^0$, $\boldsymbol{w}^0$ die Einheitsvektoren senkrecht zu den entsprechenden Koordinatenflächen bezeichnet sind.

Im Falle, daß sich die Koordinaten u, v, w durch kartesische Koordinaten x, y, z und umgekehrt ausdrücken lassen:

$$\left.\begin{aligned} u &= u(x, y, z); & x &= x(u, v, w), \\ v &= v(x, y, z); & y &= y(u, v, w), \\ w &= w(x, y, z); & z &= z(u, v, w), \end{aligned}\right\} \quad (71.4)$$

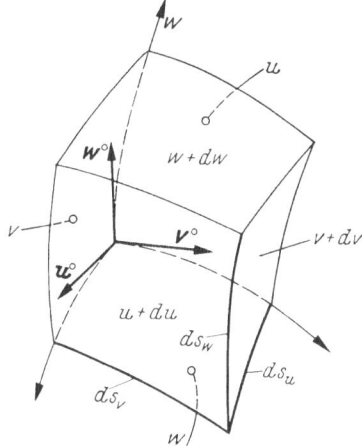

Fig. 43. Krummlinige Orthogonalkoordinaten.

ergibt sich für die Funktion U der Ausdruck

$$\frac{1}{U} = \sqrt{\left(\frac{\partial x}{\partial u}\right)^2 + \left(\frac{\partial y}{\partial u}\right)^2 + \left(\frac{\partial z}{\partial u}\right)^2} \quad (71.5)$$

und entsprechend für die Funktionen V und W.

Mit Hilfe des Gaußschen und des Stokesschen Satzes findet man für die Divergenz und Rotation eines Vektors $\boldsymbol{D}$:

$$\left.\begin{aligned} \operatorname{div} \boldsymbol{D} &= U V W \left[\frac{\partial}{\partial u}\left(\frac{D_u}{VW}\right) + \frac{\partial}{\partial v}\left(\frac{D_v}{UW}\right) + \frac{\partial}{\partial w}\left(\frac{D_w}{UV}\right) \right]; \\ \operatorname{rot} \boldsymbol{D} &= U V W \left\{ \left[\frac{\partial}{\partial v}\left(\frac{D_w}{W}\right) - \frac{\partial}{\partial w}\left(\frac{D_v}{V}\right) \right] \frac{\boldsymbol{u}^0}{U} + \right. \\ &\quad \left. + \left[\frac{\partial}{\partial w}\left(\frac{D_u}{U}\right) - \frac{\partial}{\partial u}\left(\frac{D_w}{W}\right) \right] \frac{\boldsymbol{v}^0}{V} + \left[\frac{\partial}{\partial u}\left(\frac{D_v}{V}\right) - \frac{\partial}{\partial v}\left(\frac{D_u}{U}\right) \right] \frac{\boldsymbol{w}^0}{W} \right\}. \end{aligned}\right\} \quad (71.6)$$

Setzt man in der ersten Gleichung $\operatorname{div} \boldsymbol{D} = -\varrho$ und führt für $\boldsymbol{D}$ mit Hilfe von (71.3) den Ausdruck $-\varepsilon \operatorname{grad} \Phi$ ein, so erhält man die allgemeine Differentialgleichung für das Potential Φ, welche mit $\varrho = 0$ und $\varepsilon = \text{const}$ in die Laplace-Gleichung

$$\Delta \Phi = U V W \left\{ \frac{\partial}{\partial u}\left(\frac{U}{VW} \frac{\partial \Phi}{\partial u}\right) + \frac{\partial}{\partial v}\left(\frac{V}{UW} \frac{\partial \Phi}{\partial v}\right) + \frac{\partial}{\partial w}\left(\frac{W}{UV} \frac{\partial \Phi}{\partial w}\right) \right\} = 0 \quad (71.7)$$

übergeht.

Zur Lösung dieser Gleichung wird meist die Methode der Variabelnseparation (Ziff. 35) angewendet, doch lassen nur bestimmte Koordinatensysteme eine solche Separation zu. Außer durch den einfachen Produktansatz

$$\Phi = A(u) B(v) C(w) \qquad (71.8)$$

kann man auch durch einen komplizierteren Ansatz

$$\Phi = \frac{A(u) B(v) C(w)}{R(u, v, w)} \qquad (71.9)$$

einen Zerfall der Laplace-Gleichung in drei gewöhnliche, je von nur einer der drei Koordinaten als unabhängiger Veränderlicher abhängige Differentialgleichungen herbeiführen.

Die Funktion $R(u, v, w)$ hängt dabei nicht von den Separationskonstanten ab und wird auch Modulationsfaktor genannt. Die Koordinatenflächen des allgemeinsten, eine Separation der Laplace-Gleichung erlaubenden Koordinatensystems sind Flächen vierter Ordnung, sog. Cycliden [29]. Die bisher näher untersuchten Ausartungen des obigen allgemeinen Systems, welche besondere Koordinatensysteme darstellen, lassen sich in folgende Gruppen einteilen:

$\alpha)$ Kartesische Koordinaten (Abschnitt IV c, S. 93).

$\beta)$ Allgemeine zylindrische Koordinaten, bei welchen die eine Flächenschar ($z = $ const) aus zueinander parallelen Ebenen besteht (Abschnitt IV d, S. 97).

$\gamma)$ Rotationssymmetrische Koordinaten, in welchen die eine Flächenschar ($\varphi = $ const) Ebenen mit der gleichen Schnittgeraden (Symmetrieachse) darstellt (Abschnitt IV e, S. 113).

$\delta)$ Allgemeine elliptische Koordinaten, bei welchen die eine Flächenschar aus dreiachsigen Ellipsoiden besteht (Abschnitt IV f, S. 145). Weitere separierbare Koordinatensysteme entstehen aus den obigen durch Inversion an der Kugel. Wenn sie nicht wieder ein System der obigen Gruppen sind, sind sie meist mathematisch so kompliziert, daß sie hier nicht weiter aufgeführt sind.

72. Das Vektorpotential in krummlinigen Koordinaten. In einem im ganzen Raum homogenen Medium läßt sich nach (18.10) das Vektorpotential A einer Stromverteilung j durch Quadratur ermitteln:

$$A = \frac{1}{4\pi\mu} \int \frac{j_1 \, dv_1}{|r - r_1|}. \tag{72.1}$$

Hat man jedoch mehrere Medien verschiedener Permeabilität μ zu berücksichtigen, so kann die Lösung der Poissonschen Gleichung (19.4)

$$\varDelta A = -\mu j \tag{72.2}$$

in zwei Schritten erfolgen. Zunächst berechnet man nach (72.1) das „Primärpotential" A_p unter der Annahme, daß man im ganzen Raum das gleiche Medium hat, wie im Bereich, in welchem die Strömung j vorliegt. Dann überlagert man dem A_p in jedem Raumteil konstanter Permeabilität μ ein besonderes „Sekundärpotential" A_s derart, daß an den Trennflächen die Grenzbedingungen $H_{t1} = H_{t2}$ und $B_{n1} = B_{n2}$ erfüllt sind. A_s hat dann der Laplace-Gleichung

$$\varDelta A_s = -\operatorname{rot} \operatorname{rot} A + \operatorname{grad} \operatorname{div} A = 0 \tag{72.3}$$

zu genügen.

Während man jedoch in kartesischen Koordinaten den Laplace-Operator auf jede Komponente A_x, A_y, A_z von A gesondert anwenden kann (Ziff. 19), ist dies in krummlinigen Koordinaten nicht möglich, da die notwendigerweise vorzunehmenden Differentiationen der Einheitsvektoren nach den dazu senkrechten Koordinaten nicht mehr Null ergeben.

Infolge der zusätzlichen Definitionsgleichung $\operatorname{div} A = 0$ sind die drei skalaren Komponentenmaßzahlen nicht unabhängig voneinander. Man kann versuchen, sie auf nur zwei zu reduzieren derart, daß $\operatorname{div} A$ automatisch verschwindet. Diese Eigenschaft hat z. B.

$$A = \operatorname{grad} V + \operatorname{rot}(W \, u), \tag{72.4}$$

worin u einen geeignet gewählten Vektor bedeutet. Der erste Summand liefert keinen Beitrag zum wirklichen Feld ($B_V = \operatorname{rot} \operatorname{grad} V = 0$) und kann zur Erfüllung der Randbedingungen wie der konstante Summand beim skalaren Feld benutzt werden, ist sonst aber fortzulassen. Der zweite erfüllt Gl. (72.3), wenn zunächst $\operatorname{rot} u = 0$ ist, d.h. wenn u einer axialen oder radialen, nicht aber einer Bogenkoordinate zugehört. Außerdem ist u zweckmäßig so zu wählen, daß

$\Delta W = 0$ wird. Dies erzielt man in kartesischen und Zylinderkoordinaten, indem man dafür die Einheitsvektoren $\boldsymbol{x}^0$, $\boldsymbol{y}^0$ bzw. $\boldsymbol{z}^0$, und in Kugelkoordinaten den Ortsvektor $\boldsymbol{r}$ setzt. Das Vektorpotential wird dann

$$\boldsymbol{A} = \operatorname{rot}(W\boldsymbol{u}) = -[\boldsymbol{u} \times \operatorname{grad} W], \tag{72.5}$$

verläuft also senkrecht zu $\boldsymbol{u}$.

c) Potentialfelder in kartesischen Koordinaten.

73. Entwicklung nach orthogonalen Funktionen. Die Lösung der Laplace-Gleichung in kartesischen Koordinaten (35.2) führte bei Benutzung des Produktansatzes (35.1) $\Phi = X(x)\,Y(y)\,Z(z)$ bereits in Ziff. 35 zu dem Funktionensystem

$$\begin{aligned} X &= A_1 e^{i\alpha x} + A_2 e^{-i\alpha x}; \qquad Y = B_1 e^{i\beta y} + B_2 e^{-i\beta y}; \\ Z &= C_1 e^{+\sqrt{\alpha^2+\beta^2}\,z} + C_2 e^{-\sqrt{\alpha^2+\beta^2}\,z}, \end{aligned} \tag{73.1}$$

bzw. zu Kombinationen der entsprechenden trigonometrischen oder hyperbolischen Funktionen. Sowohl die Integrationskonstanten A, B, C als auch die Separationskonstanten α, β können hierin beliebige, auch komplexe Werte annehmen, nur muß natürlich das Produkt $\Phi = XYZ$ reell bleiben. Für $\alpha = 0$ artet die Funktion in (73.1) in $X = A_1 + A_2 x$ aus; entsprechendes gilt für Y bei $\beta = 0$. Ist $\alpha = \beta = 0$ so sind alle drei Funktionen X, Y, Z linear.

Ebenfalls in Ziff. 35 wurde bereits das Potential im Halbraum $z > 0$ berechnet, wenn es in der Ebene $z = 0$ vorgegeben war und sich dort in eine Fourier-Reihe entwickeln ließ, z.B.:

$$\Phi(x, y, 0) = \sum_{m=0}^{\infty} \sum_{n=0}^{\infty} A_{mn} \sin m\,\frac{\pi x}{2a} \sin n\,\frac{\pi y}{2b}\ . \tag{73.2}$$

Wir fanden

$$\Phi(x, y, z) = \sum_{m=0}^{\infty} \sum_{n=0}^{\infty} A_{mn} \sin m\,\frac{\pi x}{2a} \sin n\,\frac{\pi y}{2b}\, e^{-\sqrt{\frac{m^2}{a^2} + \frac{n^2}{b^2}}\,\frac{\pi z}{2}}\ . \tag{73.3}$$

Da dieses Potential längs der Ebenen $x = 2pa$, $y = 2qb$ (p, q ganz) verschwindet, ist damit auch das Feld in einem *unendlich langen* rechteckigen *Prisma mit geerdeten Wänden* beschrieben, wenn die Potentialverteilung über einen Querschnitt (Seitenlängen $2a$ und $2b$) gegeben war.

Auf ähnliche Weise läßt sich auch das Potential innerhalb eines *Quaders* mit geerdeten Wänden ($x = 0$, $x = 2a$, $y = 0$, $y = 2b$, $z = 0$) mit Ausnahme der einen Wand ($z = 2c$) bestimmen, über welche die Verteilung (73.2) gelten soll. Wir finden

$$\Phi(x, y, z) = \sum_{m=0}^{\infty} \sum_{n=0}^{\infty} A_{mn} \sin m\,\frac{\pi x}{2a} \sin n\,\frac{\pi y}{2b}\, \frac{\operatorname{Sin}\dfrac{\pi}{2}\sqrt{\dfrac{m^2}{a^2} + \dfrac{n^2}{b^2}}\,z}{\operatorname{Sin}\pi\sqrt{\dfrac{m^2}{a^2} + \dfrac{n^2}{b^2}}\,c}\ . \tag{73.4}$$

Im Falle, daß $\Phi(x, y, 2c) = U = \text{const}$ ist, ergibt sich insbesondere

$$\left.\begin{aligned} \Phi(x, y, z) = \frac{16U}{\pi^2} \sum_{m=0}^{\infty} \sum_{n=0}^{\infty} &\frac{\sin(2m+1)\dfrac{\pi x}{2a}\,\sin(2n+1)\dfrac{\pi y}{2b}}{(2m+1)(2n+1)} \times \\ \times\ &\frac{\operatorname{Sin}\dfrac{\pi}{2}\sqrt{\left(\dfrac{2m+1}{a}\right)^2 + \left(\dfrac{2n+1}{b}\right)^2}\,z}{\operatorname{Sin}\pi\sqrt{\left(\dfrac{2m+1}{a}\right)^2 + \left(\dfrac{2n+1}{b}\right)^2}\,c}\ . \end{aligned}\right\} \tag{73.5}$$

Das Feld innerhalb eines Quaders mit beliebig vorgegebenem Potential auf allen seinen Seiten ergibt sich, indem man das Potential nach obigem für jede seiner Seiten mit geerdeten übrigen bestimmt und die Resultate überlagert.

Von grundsätzlicher Wichtigkeit ist das Feld einer punktförmigen Einheitsladung im Punkte x_0, y_0, z_0 innerhalb eines Quaders mit geerdeten, wie oben begrenzten Wänden (Greensche Funktion eines Quaders). Zu dessen Berechnung setzen wir für den Bereich $0 < z < z_0$ zunächst an:

$$\Phi_1 = \sum_{m=1}^{\infty} \sum_{n=1}^{\infty} A_{mn} \sin \frac{m\pi x}{2a} \sin \frac{m\pi y}{2b} \cdot \frac{\operatorname{Sin} l_{mn} z}{\operatorname{Sin} l_{mn} z_0}$$

und für den Bereich $z_0 < z < 2c$

$$\left.\begin{aligned}
\Phi_2 &= \sum_{m=1}^{\infty} \sum_{n=1}^{\infty} A_{mn} \sin \frac{m\pi x}{2a} \sin \frac{n\pi y}{2b} \cdot \frac{\operatorname{Sin} l_{mn}(2c-z)}{\operatorname{Sin} l_{mn}(2c-z_0)}, \\
l_{mn} &= \frac{\pi}{2} \sqrt{\left(\frac{m}{a}\right)^2 + \left(\frac{n}{b}\right)^2}.
\end{aligned}\right\} \tag{73.6}$$

Die Koeffizienten A_{mn} bestimmen sich folgendermaßen (SMYTHE [13]). Man bilde $\dfrac{\partial \Phi_1}{\partial z} - \dfrac{\partial \Phi_2}{\partial z}$, multipliziere beide Seiten des Resultats mit $\sin \dfrac{p\pi x}{2a} \sin \dfrac{s\pi y}{2b}$ und integriere von $x = 0$ bis $x = 2a$ und von $y = 0$ bis $y = 2b$. Alle Glieder der rechten Seite fallen dann fort außer für $m = p$ und $n = s$, und man erhält:

$$\int_0^{2a}\int_0^{2b} \left(\frac{\partial \Phi_1}{\partial z} - \frac{\partial \Phi_2}{\partial z}\right)_{z \to z_0} \sin \frac{p\pi x}{2a} \sin \frac{s\pi y}{2b} \, dx \, dy$$

$$= A_{ps} l_{ps} \left[\operatorname{Cot} l_{ps} z_0 + \operatorname{Cot} l_{ps}(2c - z_0)\right] \int_0^{2a} \sin^2 \frac{p\pi x}{2a} \, dx \int_0^{2b} \sin^2 \frac{s\pi y}{2b} \, dy$$

$$= A_{ps} \cdot l_{ps} \cdot a \, b \, \frac{\operatorname{Sin} 2 l_{ps} c}{\operatorname{Sin} l_{ps} z_0 \operatorname{Sin} l_{ps}(2c - z_0)} \, .$$

Nun ist $\left(\dfrac{\partial \Phi_1}{\partial z} - \dfrac{\partial \Phi_2}{\partial z}\right)_{z \to z_0}$ überall Null außer am Quellpunkt x_0, y_0, z_0, für welchen man die beiden Sinus vor das Integral ziehen kann; das restliche Integral ist dann nichts anderes als $Q/\varepsilon = 1/\varepsilon$, so daß man schließlich für A_{mn} erhält

$$A_{mn} = \frac{1}{\varepsilon a b} \cdot \frac{\operatorname{Sin} l_{mn} z_0 \operatorname{Sin} l_{mn}(2c - z_0)}{\operatorname{Sin} 2 l_{mn} c} \sin \frac{m\pi x_0}{2a} \sin \frac{n\pi y_0}{2b} \, . \tag{73.7}$$

Mit diesem Feld erhält man durch Spiegelung auch das Feld eines entsprechenden Raumgitters mit alternierenden Ladungen in den Gitterpunkten.

Ist die in der Ebene vorgegebene Potentialverteilung nicht periodisch, so ist für die Entwicklung natürlich statt der Fourier-Reihe das Fourier-Integral einzusetzen. So findet man z.B. bei vorgegebener Verteilung $U(x, y)$ in der Ebene $z = 0$ als Feld im Halbraum $z > 0$:

$$\left.\begin{aligned}
\Phi(x, y, z) &= \frac{1}{4\pi^2} \int_{\alpha=-\infty}^{+\infty} \int_{\beta=-\infty}^{+\infty} e^{-\sqrt{\alpha^2+\beta^2}\,z} \, d\alpha \, d\beta \times \\
&\times \int_{\xi=-\infty}^{+\infty} \int_{\eta=-\infty}^{+\infty} U(\xi, \eta) \cos \alpha(x - \xi) \cos \beta(y - \eta) \, d\xi \, d\eta.
\end{aligned}\right\} \tag{73.8}$$

Für den Fall, daß nicht das Potential, sondern die Normalkomponente der Feldstärke $E_n(x, y)$ in der Ebene $z = 0$ gegeben ist (Neumannsches Problem), erhält man für das Feld im Halbraum $z > 0$

$$
\begin{aligned}
\Phi(x, y, z) = {}& \frac{1}{4\pi^2} \int\limits_{\alpha=-\infty}^{+\infty} \int\limits_{\beta=-\infty}^{+\infty} \frac{e^{\sqrt{\alpha^2+\beta^2}\,z}}{\sqrt{\alpha^2+\beta^2}}\, d\alpha\, d\beta \times \\
& \times \int\limits_{\xi=-\infty}^{+\infty} \int\limits_{\eta=-\infty}^{+\infty} E_n(x, y) \cos\alpha\,(x-\xi) \cos\beta\,(y-\eta)\, d\xi\, d\eta ,
\end{aligned}
\tag{73.9}
$$

was man leicht durch Differentiation nachprüft. Bei periodischen Feldern ist statt des Integrals ganz entsprechend die Fourier-Reihe anzusetzen.

74. Einige Felder in kartesischen Koordinaten. α) *Potential eines doppelten Bandgitters* (Fig. 44). Das eine Gitter führe das Potential $+U$, das andere, in

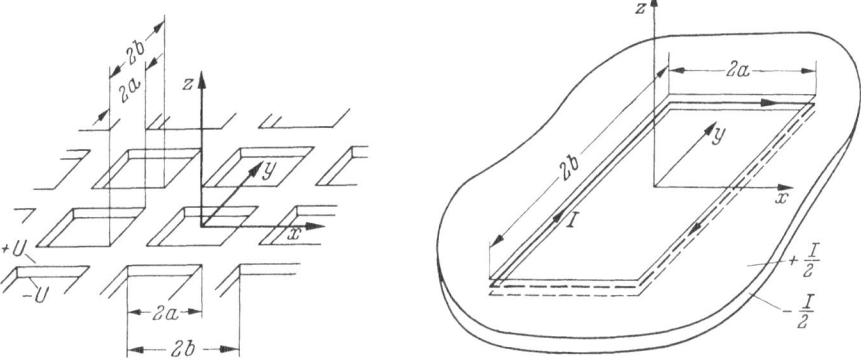

Fig. 44. Gitterförmige Doppelschicht.　　　　　Fig. 45. Rechteckige Stromschleife.

verschwindendem Abstand davon, jedoch isoliert angeordnete, das Potential $-U$. Die Verteilung des Potentials auf der Seite $z > 0$ der xy-Ebene ergibt dann $\Phi = 0$ in den Gitteröffnungen und $\Phi = +U$ auf den Gitterbändern. Seine Fourier-Entwicklung lautet:

$$
\begin{aligned}
\Phi(x, y, 0) = {}& U - U\left[\frac{a}{b} + \frac{2}{\pi} \sum_{m=1}^{\infty} \frac{1}{m} \sin\frac{m a \pi}{b} \cos\frac{m\pi x}{b} \right] \times \\
& \times \left[\frac{a}{b} + \frac{2}{\pi} \sum_{n=1}^{\infty} \frac{1}{n} \sin\frac{n a \pi}{b} \cos\frac{n\pi y}{b} \right].
\end{aligned}
\tag{74.1}
$$

Das Potential im Halbraum $z > 0$ ergibt sich hieraus durch Multiplikation des bei der Ausmultiplikation der Reihen entstehenden mn-ten Gliedes mit $e^{-l_{mn}z}$ bei $l_{mn} = \sqrt{m^2+n^2} \cdot \frac{\pi}{b}$ $(m, n = 0 \ldots \infty)$.

β) *Das magnetische Feld einer rechteckigen Stromschleife*[1] (Fig. 45). Zur Berechnung des skalaren magnetischen Potentials Φ führen wir nach Ziff. 18 eine Doppelfläche ein, deren obere Belegung das Potential $+\frac{I}{2}$, die untere das Potential $-\frac{I}{2}$ führt mit einer Öffnung darin von den Abmessungen der Stromschleife. Gleichzeitig damit bestimmen wir also auch das elektrische Potential

---

[1] Die Selbstinduktivität einer rechteckigen Stromschleife findet man bei F. OLLENDORFF [*10*] berechnet.

einer elektronenoptischen Rechtecklinse der Linsenspannung $U = I$. Das Fourier-Integral der Verteilung in der Ebene $z = 0$ ist:

$$\Phi = \frac{I}{2}\left\{ 1 - \frac{1}{\pi^2} \int\limits_{\alpha=-\infty}^{+\infty} \int\limits_{\beta=-\infty}^{+\infty} \frac{1}{\alpha\beta} \sin\alpha\, a \sin\beta\, b \cos\alpha x \cos\beta y \, d\alpha\, d\beta \right\}. \tag{74.2}$$

Das Potential im Halbraum $z > 0$ (bzw. $z < 0$) ergibt sich hieraus, indem man den Integranden mit $-e^{-\sqrt{\alpha^2+\beta^2}\,z}$ (bzw. $+e^{+\sqrt{\alpha^2+\beta^2}\,z}$) multipliziert.

Die beiden Komponenten A_x und A_y des magnetischen Vektorpotentials erhält man nach (18.9) mittels Quadratur

$$\begin{aligned}
A_x &= \frac{\mu I}{4\pi}\left[\int\limits_{-a}^{+a} \frac{d\xi}{\sqrt{(\xi-x)^2+(y-b)^2+z^2}} - \int\limits_{-a}^{+a} \frac{d\xi}{\sqrt{(\xi-x)^2+(y+b)^2+z^2}} \right] \\
&= \frac{\mu I}{4\pi} \log \frac{[a-x+\sqrt{(x-a)^2+(y-b)^2+z^2}]\,[-a-x+\sqrt{(x+a)^2+(y+b)^2+z^2}]}{[-a-x+\sqrt{(x+a)^2+(y-b)^2+z^2}]\,[a-x+\sqrt{(x-a)^2+(y+b)^2+z^2}]}, \\
A_y &= \frac{\mu I}{4\pi} \log \frac{[b-y+\sqrt{(x+a)^2+(y-b)^2+z^2}]\,[-b-y+\sqrt{(x-a)^2+(y+b)^2+z^2}]}{[-b-y+\sqrt{(x+a)^2+(y+b)^2+z^2}]\,[b-y+\sqrt{(x-a)^2+(y-b)^2+z^2}]}.
\end{aligned} \right\} \tag{74.3}$$

γ) *Feld einer periodisch veränderlichen Flächenströmung* vom Strombelag

$$J_x = \frac{I_0}{b} \cos\frac{\pi x}{a} \sin\frac{\pi y}{b}; \qquad J_y = -\frac{I_0}{a} \sin\frac{\pi x}{a} \cos\frac{\pi y}{b} \tag{74.4}$$

in der Ebene $z = 0$. (Die beiden Amplituden sind so gewählt, daß die Kontinuitätsgleichung $\frac{\partial J_x}{\partial x} + \frac{\partial J_y}{\partial y} = 0$ erfüllt ist.) Man sucht nun das skalare magnetische Potential Φ für die Halbräume $z > 0$ und $z < 0$ so zu bestimmen, daß die Tangentialkomponenten $H_x = -\frac{\partial\Phi}{\partial x}$ und $H_y = -\frac{\partial\Phi}{\partial y}$ der magnetischen Feldstärke auf beiden Seiten von $z = 0$ gerade um J_y bzw. J_x differieren und erhält

$$\Phi = \pm \frac{I_0}{2\pi} \cos\frac{\pi x}{a} \cos\frac{\pi y}{b} \, e^{\mp\sqrt{\frac{1}{a^2}+\frac{1}{b^2}}\,\pi z} \qquad (z \gtrless 0). \tag{74.5}$$

F. OLLENDORF [9] benutzt diese Verteilung zur Beschreibung des Feldes von Wirbelstrombremsen, Zählerscheiben und Wickelköpfen elektrischer Maschinen.

δ) *Fourier-Integral eines Quellpunktfeldes.* Auf ähnliche Art, wie bei der Bestimmung der Greenschen Funktion eines Quaders (Ziff. 73) erhält man für das Feld einer frei im Raume und zwar im Punkte $p_0\{x_0, y_0, z_0\}$ befindlichen Punktladung Q:

$$\begin{aligned}
\Phi(x, y, z) &= \frac{Q}{4\pi\varepsilon D(p, p_0)} = \frac{Q}{4\pi\varepsilon \sqrt{(x-x_0)^2+(y-y_0)^2+(z-z_0)^2}} = \\
&= \frac{Q}{2\pi^2\varepsilon} \int\limits_{\alpha=0}^{\infty} \int\limits_{\beta=0}^{\infty} \frac{\cos\alpha(x-x_0)\cos\beta(y-y_0)}{\sqrt{\alpha^2+\beta^2}} e^{-\sqrt{\alpha^2+\beta^2}\,|z-z_0|} \, d\alpha\, d\beta.
\end{aligned} \right\} \tag{74.6}$$

ε) *Feld eines gleichmäßig mit der Flächenladung σ_0 belegten Rechtecks*, dessen Eckpunkte nach $x = \pm a$, $y = \pm b$, $z = 0$ fallen:

$$\Phi = \frac{\sigma_0}{4\pi\varepsilon} \int\limits_{-a}^{+a} \int\limits_{-b}^{+b} \frac{d\xi\, d\eta}{\sqrt{(x-\xi)^2+(y-\eta)^2+z^2}}. \tag{74.7}$$

Durch Einführung der Integraldarstellung (74.6) des reziproken Abstandes $\dfrac{1}{D\,(p,\,p_0)}$ zwischen Aufpunkt p und Quellpunkt p_0 läßt sich dieser Ausdruck auch schreiben:

$$
\left.
\begin{aligned}
\Phi &= \frac{\sigma_0}{2\pi^2\varepsilon} \int\limits_{-a}^{+a}\int\limits_{-b}^{+b} d\xi\, d\eta \int\limits_{0}^{\infty}\int\limits_{0}^{\infty} e^{-\sqrt{(\alpha^2+\beta^2)\,z^2}} \cos\alpha\,(x-\xi)\cos\beta\,(y-\eta)\,\frac{d\alpha\,d\beta}{\sqrt{\alpha^2+\beta^2}} \\[2mm]
&= \frac{2\sigma_0}{\pi^2\varepsilon} \int\limits_{0}^{\infty}\int\limits_{0}^{\infty} e^{-\sqrt{(\alpha^2+\beta^2)\,z^2}} \cos\alpha\,x \cos\beta\,y \sin\alpha\,a \sin\beta\,b\,\frac{d\alpha\,d\beta}{\alpha\beta\sqrt{\alpha^2+\beta^2}}\,.
\end{aligned}
\right\} \quad (74.8)
$$

75. Harmonische Polynome. Entwicklung in Potenzreihen. Man erkennt leicht, daß bestimmte Polynome der kartesischen Koordinaten Lösungen der Laplace-Gleichung sind, z.B. $x,\ y,\ z,\ x^2-y^2,\ y^2-z^2,\ xy,\ x^2+y^2-2z^2,\ x(y^2-z^2)$ usw. Insbesondere ist jede Funktion $f(i\,x\cos\gamma + i\,y\sin\gamma + z)$ eine solche Lösung[1], ebenso wie eine Superposition solcher Funktionen: $\Phi = \int\limits_{0}^{2\pi} g(\gamma)\,f(\gamma,\,x,\,y,\,z)\,d\gamma$.

Es lassen sich somit Lösungen in Form von Potenzreihen finden, welche z.B. für die Behandlung elektronenoptischer Aufgaben [4] wichtig sind. Man interessiert sich dort für das Potential in der Umgebung der (geraden) optischen Achse (hier z-Achse), wobei sowohl symmetrische als auch antisymmetrische Verteilungen auftreten. Im ersteren Fall ist z.B. $\Phi(x,\,y,\,z) = \Phi(-x,\,y,\,z) = \Phi(x,\,-y,\,z) = \Phi(-x,\,-y,\,z)$ im zweiten $\Phi(x,\,y,\,z) = -\Phi(-x,\,y,\,z) = -\Phi(x,\,-y,\,z) = \Phi(-x,\,-y,\,z)$. Die Reihenkoeffizienten sind voneinander nicht unabhängig. Nur ein Koeffizient für jede Potenz ist durch die Randbedingungen des Feldes bestimmt, die anderen ergeben sich durch Einsetzen der als konvergent angenommenen Reihe in die Laplace-Gleichung. Man erhält im symmetrischen Fall (elektronenoptische Zylinderlinsen):

$$
\left.
\begin{aligned}
\Phi(x,\,y,\,z) = A_0 + A_2 x^2 - \tfrac{1}{2}(2A_2 - A_0'')\,y^2 + A_4 x^4 - \\
-\tfrac{1}{2}(12A_4 + A_2'')x^2 y^2 + \tfrac{1}{12}(12A_4 + 2A_2'' + \tfrac{1}{2}A_0^{\mathrm{IV}})\,y^4 + \cdots
\end{aligned}
\right\} \quad (75.1)
$$

und im antisymmetrischen (elektronenoptische Ablenksysteme):

$$
\left.
\begin{aligned}
\Phi(x,\,y,\,z) = A_1 x + A_3 x^3 - \tfrac{1}{2}(6A_3 + A_1'')\,x\,y^2 + \\
+ A_5 x^5 - \tfrac{1}{2}(20A_5 + A_3'')\,x^3 y^2 + \\
+ \tfrac{1}{12}(60A_5 + 6A_3'' + \tfrac{1}{2}A_1^{\mathrm{IV}})\,x\,y^4 + \cdots.
\end{aligned}
\right\} \quad (75.2)
$$

Die A_n sind Funktionen von z, Striche bedeuten Differentiationen nach dieser Koordinate.

d) Potentialfelder in zylindrischen Koordinaten.

76. Die gebräuchlichsten Zylinderkoordinatensysteme. Bei diesen Systemen bilden parallele Ebenen die eine Schar von Koordinatenflächen, allen ist eine gerade Koordinatenachse, die z-Achse gemeinsam. Die Bedingung der Orthogonalität der beiden anderen Koordinaten u und v ist automatisch erfüllt, wenn sie den reellen und imaginären Teil einer beliebigen analytischen Funktion $\zeta(x+iy)$ der kartesischen Koordinaten x und y bilden. Umgekehrt ist:

$$
x + i\,y = t(u + i\,v), \qquad (76.1)
$$

[1] Die harmonischen Polynome stehen in enger Beziehung zu den Legendreschen Funktionen (Ziff. 88). So ist z.B. $x\,y = \dfrac{r^2}{6}\,P_2^2(\cos\vartheta)\sin^2\varphi$, $x^2 + y^2 - 2z^2 = -2r^2 P_2(\cos\vartheta)$ usw.

und man erhält den Cauchy-Riemannschen Differentialgleichungen zufolge nach Gl. (71.5)

$$\frac{1}{U^2} = \frac{1}{V^2} = h^2 = \left|\frac{dt}{d\zeta}\right|^2 = \left(\frac{\partial x}{\partial u}\right)^2 + \left(\frac{\partial x}{\partial v}\right)^2 = \left(\frac{\partial y}{\partial u}\right)^2 + \left(\frac{\partial y}{\partial v}\right)^2; \quad \frac{1}{W} = 1, \quad (76.2)$$

so daß nach Gl. (71.7) für die Laplace-Gleichung folgt:

$$\Delta\Phi = \frac{1}{h^2}\left[\frac{\partial^2\Phi}{\partial u^2} + \frac{\partial^2\Phi}{\partial v^2} + \frac{\partial}{\partial z}\left(h^2\frac{\partial\Phi}{\partial z}\right)\right] = 0. \quad (76.3)$$

Diese Gleichung läßt sich unter anderem in den Koordinaten des Kreis-, des elliptischen und des parabolischen Zylinders separieren.

77. Kreiszylinderkoordinaten. Entwicklung nach Orthogonalfunktionen. Um die Kreiszylinderkoordinaten ϱ, φ, z mit den kartesischen durch eine analytische Funktion nach (76.1) zu verknüpfen, setzt man $u = \log\varrho$, $v = \varphi$ und hat

$$\left.\begin{array}{l} x + iy = e^\zeta = e^{u+iv} = \varrho\cos\varphi + i\varrho\sin\varphi; \\[2mm] h^2 = \dfrac{1}{U^2} = \dfrac{1}{V^2} = \varrho^2; \quad \dfrac{1}{W} = 1, \end{array}\right\} \quad (77.1)$$

so daß sich als Laplace-Gleichung ergibt:

$$\Delta\Phi = \frac{1}{\varrho}\frac{\partial}{\partial\varrho}\left(\varrho\frac{\partial\Phi}{\partial\varrho}\right) + \frac{1}{\varrho^2}\frac{\partial^2\Phi}{\partial\varphi^2} + \frac{\partial^2\Phi}{\partial z^2} = 0. \quad (77.2)$$

Sie läßt sich durch den Produktansatz $\Phi = R(\varrho)F(\varphi)Z(z)$ separieren, und man erhält als Lösung das Funktionensystem

$$\left.\begin{array}{l} R(\varrho) = A_1 J_\nu(\mu\varrho) + A_2 H_\nu^{(1)}(\mu\varrho); \quad F(\varphi) = B_1\cos\nu\varphi + B_2\sin\nu\varphi; \\[2mm] \cdot\, Z(z) = C_1 \mathrm{Cos}\,\mu z + C_2 \mathrm{Sin}\,\mu z. \end{array}\right\} \quad (77.3)$$

Auch hier können die Integrationskonstanten A, B, C und die Separationskonstanten μ und ν beliebige, auch komplexe Werte annehmen, wenn nur Φ reell bleibt. Das System (77.3) mit reellem μ wird insbesondere verwendet, wenn die Verteilung des Potentials über die Koordinatenfläche $z = \mathrm{const}$ gegeben ist. Ist sie über eine Zylindermantelfläche $\varrho = \mathrm{const}$ gegeben, so wählt man zweckmäßig $\mu = i\lambda$ (λ reell) und erhält Kreis- statt Hyperbelfunktionen in Z und modifizierte Zylinderfunktionen $I_\nu(\lambda\varrho)$ und $K_\nu(\lambda\varrho)$ statt $J_\nu(\mu\varrho)$ und $H_\nu^{(1)}(\mu\varrho)$. Die Integrationskonstanten A, B, C derjenigen Funktionen, welche im betrachteten ladungsfreien Bereich unstetig werden, sind gleich Null zu setzen.

Für den Fall $\mu = 0$, $\nu \neq 0$ ergibt sich als Ausartung:

$$\Phi(\varrho, \varphi, z) = K(\varrho^\nu + a\varrho^{-\nu})(\cos\nu\varphi + b\sin\nu\varphi)(1 + cz) \quad (77.4)$$

oder auch

$$\Phi(\varrho, \varphi, z) = K\left[\cos(\nu\log\varrho) + a\sin(\nu\log\varrho)\right](\mathrm{Cos}\,\nu\varphi + b\,\mathrm{Sin}\,\nu\varphi)(1 + cz) \quad (77.5)$$

und für den Fall $\mu = 0$, $\nu = 0$:

$$\Phi(\varrho, \varphi, z) = K(1 + a\log\varrho)(1 + b\varphi)(1 + cz). \quad (77.6)$$

Eine in einer oder zwei Halbebenen $\varphi = \mathrm{const}$ vorgegebene Potentialverteilung wird im allgemeinen die Annahme einer imaginären Separationskonstanten $\nu = i\tau$ erfordern bzw. eine Entwicklung dieser Verteilung nach modifizierten Zylinderfunktionen imaginärer Ordnung. Die allgemeine Lösung heißt dann:

$$\left.\begin{array}{l} \Phi(\varrho, \varphi, z) = \left(A_1 F_\tau(\mu\varrho) + A_2 G_\tau(\mu\varrho)\right)(B_1 \mathrm{Cos}\,\tau\varphi + B_2 \mathrm{Sin}\,\tau\varphi) \times \\[2mm] \qquad \times (C_1\cos\mu z + C_2\sin\mu z). \end{array}\right\} \quad (77.7)$$

Die „Keilfunktionen" F_τ und G_τ hierin sind folgendermaßen definiert [30]:

$$\left.\begin{array}{l} F_\tau(u) = \dfrac{1}{\mathrm{Cos}\,\pi\,\tau} \displaystyle\int\limits_0^\pi \mathrm{e}^{u\cos\alpha}\,\mathrm{Cos}\,\tau\,\alpha\,d\alpha - \displaystyle\int\limits_0^\infty \mathrm{e}^{-u\,\mathrm{Cos}\,\beta}\,\sin\tau\,\beta\,d\beta\,, \\[4mm] G_\tau(u) = \displaystyle\int\limits_0^\infty \mathrm{e}^{-u\,\mathrm{Cos}\,\beta}\,\cos\tau\,\beta\,d\beta = K_{i\tau}(u)\,. \end{array}\right\} \qquad (77.8)$$

Für $u \to \infty$ geht $F_\tau(u) \to \infty$ und $G_\tau(u) \to 0$. Unterhalb eines bestimmten, mit τ zunehmenden Wertes von u werden beide Funktionen periodisch und oszillieren für $u \to 0$, wie $\sin\left(\tau\log\dfrac{u}{2}\right)$ bzw. $\cos\left(\tau\log\dfrac{u}{2}\right)$.

Als Anwendungsbeispiel sei das Feld im Innern eines kreiszylindrischen Hohl-rings berechnet, wenn das Potential auf einer seiner Begrenzungsflächen gegeben ist, die anderen aber geerdet sind. Der Hohlring sei durch die Ebenen $z = 0$ und $z = c$, und die Zylindermäntel $\varrho = a$ und $\varrho = b > a$ begrenzt. Die nichtgeerdete Fläche sei $z = c$, über welche eine Verteilung $\Phi_c(\varrho, \varphi)$ herrsche. Diese sei in eine Doppelreihe entwickelbar:

$$\Phi_c(\varrho, \varphi) = \sum_{m=0}^\infty \sum_{s=1}^\infty [A_{ms}\cos m\varphi + B_{ms}\sin m\varphi]\, J_m(\alpha_{ms}\varrho)\,. \qquad (77.9)$$

Darin bedeuten α_{ms} die nach steigenden Werten geordneten Wurzeln von $J_m(\alpha_{ms}b) = 0$. Die Reihenkoeffizienten A_{ms} und B_{ms} berechnen sich wie üblich durch Multiplikation mit $(\cos p\varphi + \sin p\varphi)\,J_p(\alpha_{pt}\varrho)$ und Integration nach φ (von 0 bis 2π) und nach ϱ (von 0 bis b). Man erhält bei Berücksichtigung der Orthogonalitätsbeziehungen (35.6) und

$$\int\limits_0^b J_m(\alpha_{ms}\varrho)\,J_m(\alpha_{mt}\varrho)\,\varrho\,d\varrho = \left\{\begin{array}{ll} 0 & \text{für } s \neq t \\[2mm] \dfrac{b^2}{2}\,[J_m'(\alpha_{ms}b)]^2 & \text{für } s = t \end{array}\right\} \qquad (77.10)$$

die Werte[1]:

$$\left.\begin{array}{l} \left.\begin{array}{l} A_{ms} \\ B_{ms} \end{array}\right\} = \dfrac{\epsilon_m}{\pi b^2} \cdot \dfrac{1}{[J_m'(\alpha_{ms}b)]^2} \cdot \displaystyle\int\limits_0^{2\pi} \left\{\begin{array}{l}\cos m\varphi \\ \sin m\varphi\end{array}\right\} \displaystyle\int\limits_a^b \Phi_c(\varrho, \varphi)\,J_m(\alpha_{ms}\varrho)\,\varrho\,d\varrho\,d\varphi \\[4mm] \epsilon_0 = 1\,; \qquad \epsilon_{m \neq 0} = 2\,. \end{array}\right\} \qquad (77.11)$$

Nun ist die Verteilung innerhalb des Hohlraumes leicht anzuschreiben:

$$\Phi(\varrho, \varphi, z) = \sum_{m=0}^\infty \sum_{s=1}^\infty [A_{ms}\cos m\varphi + B_{ms}\sin m\varphi]\, J_m(\alpha_{ms}\varrho)\,\frac{\mathrm{Sin}\,\alpha_{ms}z}{\mathrm{Sin}\,\alpha_{ms}c}\,. \qquad (77.12)$$

Im Falle von Rotationssymmetrie ($m = 0$) wird

$$\Phi(\varrho, z) = \frac{2}{b^2} \sum_{s=1}^\infty \frac{J_0(\alpha_s\varrho)}{[J_0'(\alpha_s b)]^2} \cdot \frac{\mathrm{Sin}\,\alpha_s z}{\mathrm{Sin}\,\alpha_s c} \cdot \int\limits_a^b \Phi_c(\varrho_1)\,J_0(\alpha_s\varrho_1)\,\varrho_1\,d\varrho_1 \qquad (77.13)$$

und endlich für $\Phi_c = U = \text{const}$

$$\Phi(\varrho, z) = \frac{2U}{b^2} \sum_{s=1}^\infty \frac{b\,J_1(\alpha_s b) - a\,J_1(\alpha_s a)}{\alpha_s\,[J_0'(\alpha_s b)]^2} \cdot \frac{\mathrm{Sin}\,\alpha_s z}{\mathrm{Sin}\,\alpha_s c} \cdot J_0(\alpha_s\varrho)\,. \qquad (77.14)$$

---

[1] Das Integral nach ϱ hat a statt 0 als untere Grenze, da ja $\Phi_c(\varrho, \varphi) = 0$ für $\varrho \leq a$.

Sind alle Wände des Hohlrings außer dem Mantel $\varrho = b$ geerdet, worauf eine Verteilung $\Phi_b(\varphi, z)$ vorgegeben sei, und ist diese in eine doppelte Fourier-Reihe entwickelbar:

$$\left.\begin{aligned}
\Phi_b(\varphi, z) &= \sum_{m=0}^{\infty} \sum_{n=1}^{\infty} (A_{mn} \cos m\varphi + B_{mn} \sin m\varphi) \sin n\pi \frac{z}{c}, \\
\left.\begin{aligned} A_{mn} \\ B_{mn} \end{aligned}\right\} &= \frac{\epsilon_m}{2\pi^2} \int\limits_{\varphi=0}^{2\pi} \int\limits_{z=0}^{c} \Phi_b(\varphi, z) \sin n\pi \frac{z}{c} \left\{\begin{aligned}\cos m\varphi \\ \sin m\varphi\end{aligned}\right\} d\varphi \, dz,
\end{aligned}\right\} \quad (77.15)$$

so erhält man unter Berücksichtigung der Tatsache, daß die modifizierten Zylinderfunktionen im Reellen keine Nullstellen haben, als Potentialfeld im Innenraum:

$$\left.\begin{aligned}
\Phi(\varrho, \varphi, z) = &\sum_{m=0}^{\infty} \sum_{n=1}^{\infty} (A_{mn} \cos m\varphi + B_{mn} \sin m\varphi) \sin \frac{n\pi z}{c} \times \\
&\times \frac{K_m\left(\dfrac{n\pi\varrho}{c}\right) I_m\left(\dfrac{n\pi a}{c}\right) - K_m\left(\dfrac{n\pi a}{c}\right) I_m\left(\dfrac{n\pi\varrho}{c}\right)}{K_m\left(\dfrac{n\pi b}{c}\right) I_m\left(\dfrac{n\pi a}{c}\right) - K_m\left(\dfrac{n\pi a}{c}\right) I_m\left(\dfrac{n\pi b}{c}\right)}.
\end{aligned}\right\} \quad (77.16)$$

Im Fall von Rotationssymmetrie $(m=0)$ wird:

$$\left.\begin{aligned}
\Phi(\varrho, z) = &\frac{1}{\pi} \sum_{n=1}^{\infty} \sin \frac{n\pi z}{c} \cdot \frac{K_0\left(\dfrac{n\pi\varrho}{c}\right) I_0\left(\dfrac{n\pi a}{c}\right) - K_0\left(\dfrac{n\pi a}{c}\right) I_0\left(\dfrac{n\pi\varrho}{c}\right)}{K_0\left(\dfrac{n\pi b}{c}\right) I_0\left(\dfrac{n\pi a}{c}\right) - K_0\left(\dfrac{n\pi a}{c}\right) I_0\left(\dfrac{n\pi b}{c}\right)} \times \\
&\times \int\limits_0^c \Phi_b(z) \sin \frac{n\pi z}{c} \, dz
\end{aligned}\right\} \quad (77.17)$$

und falls $\Phi_b(z) = U = $ const ist (mit $n = 2k+1$):

$$\Phi(\varrho, z) = \frac{2Uc}{\pi^2} \sum_{k=1}^{\infty} \frac{1}{n} \sin \frac{n\pi z}{c} \cdot \frac{K_0\left(\dfrac{n\pi\varrho}{c}\right) I_0\left(\dfrac{n\pi a}{c}\right) - K_0\left(\dfrac{n\pi a}{c}\right) I_0\left(\dfrac{n\pi\varrho}{c}\right)}{K_0\left(\dfrac{n\pi b}{c}\right) I_0\left(\dfrac{n\pi a}{c}\right) - K_0\left(\dfrac{n\pi a}{c}\right) I_0\left(\dfrac{n\pi b}{c}\right)}. \quad (77.18)$$

Das Feld einer auf dem Mantel $\varrho = a$ vorgegebenen Potentialverteilung berechnet man ganz entsprechend. Ist das Potential auf allen Wänden von Null verschieden, so findet man das Feld, wie im Falle des Quaders (Ziff. 73) durch Überlagerung.

Für $a \to 0$ artet der Hohlring in einen *zylindrischen Kasten*[1] aus. Bei der ersten Verteilung ist der Grenzübergang trivial, bei der zweiten vereinfacht sich infolge $K_m(\lambda a) \to \infty$ der Bruch zu $I_m\left(\dfrac{n\pi\varrho}{c}\right) \Big/ I_m\left(\dfrac{n\pi b}{c}\right)$. Es wäre noch zu bemerken, daß das Resultat auch ein in Richtung der z-Achse periodisches Feld der Periode $2c$ darstellt.

Als einfaches Beispiel für die Darstellung des Feldes in Form eines Integrals sei das magnetische Skalarpotential einer kreisförmigen, vom Strom I durchflossenen *Drahtschleife* vom Radius $\varrho = a$ in der Ebene $z = 0$ berechnet. Die sperrende Doppelfläche[2] überspanne die Schleife in Form einer Kreisscheibe

---

[1] Das Feld einer leitenden Kreisscheibe innerhalb einer zylindrischen leitenden Büchse gibt W. SMYTHE [J. Appl. Phys. **24**, 773 (1953)].

[2] Eine solche an einer Ebene (der Erde) gespiegelte Doppelfläche benutzt F. OLLENDORFF [9] zur Beschreibung des elektrischen Feldes einer Gewitterwolke.

mit dem konstanten Potential $+I/2$ auf der Seite $z = +0$ und mit $-I/2$ auf der Seite $z = -0$; für $z = 0$ und $\varrho \geq a$ ist $\Phi = 0$. Wir haben also in dieser Ebene die Entwicklung:

$$\Phi_0 = \int\limits_0^\infty A(\mu)\, J_0(\mu\,\varrho)\,\mu\,d\mu;$$

$$A(\mu) = \frac{I}{2}\int\limits_0^\infty s\, J_0(\mu\,s)\,ds = \frac{I\,a}{2\mu}\cdot J_1(\mu\,a),$$

so daß als räumliches Feld folgt:

$$\Phi(\varrho, z) = \pm \frac{I\,a}{2}\int\limits_0^\infty J_1(\mu\,a)\, J_0(\mu\,\varrho)\, e^{-\mu\,|z|}\,d\mu \quad \text{für} \quad z \gtrless 0. \tag{77.19}$$

Belegt man in $z = 0$ das Äußere des Kreises statt des Inneren mit einer Doppelschicht, indem man obigen Ausdruck von $\pm I/2$ subtrahiert, so erhält man das Feld einer aus *zwei Kreislochscheiben* gleichen Durchmessers als Elektroden bestehenden *Elektronenlinse* der Potentialdifferenz $U = I$.

78. Reihen- und Integraldarstellung für das Feld einer Punktladung und das-jenige einer Kreislinie. Während man im kartesischen System infolge der Gleich-artigkeit der Koordinaten und somit auch ihrer Vertauschbarkeit mit einer einzigen Integraldarstellung (74.6) des Quellpunktfeldes auskommt, werden in krummlinigen Systemen mehrere, meist drei Darstellungen notwendig. Denn ein in dieser Form gegebenes Quellpunktfeld wird in erster Linie dazu verwendet, die Greensche Funktion gegebener, von Koordinatenflächen begrenzter Bereiche aufzufinden, und man wird von den möglichen diejenige Reihen- bzw. Integral-darstellung auswählen, die eine Entwicklung des Potentials längs der den Bereich begrenzenden Flächen erlaubt (Beispiele vgl. Ziff. 79). In *Kreiszylinderkoordinaten* läßt sich das Feld

$$\Phi(\varrho, \varphi, z) = \frac{Q}{4\pi\varepsilon}\cdot\frac{1}{\sqrt{(z-z_0)^2 + \varrho^2 + \varrho_0^2 - 2\varrho\,\varrho_0\cos(\varphi - \varphi_0)}} \tag{78.1}$$

einer im Punkte $\varrho_0, \varphi_0, z_0$ befindlichen Ladung Q durch die in Ziff. 77 auf-gezählten Funktionensysteme folgendermaßen darstellen[1] [2]:

$$\Phi(\varrho, \varphi, z)$$

$$= \frac{Q}{4\pi\varepsilon}\sum_{n=0}^\infty \epsilon_n \cos n\,(\varphi - \varphi_0)\int\limits_0^\infty J_n(\varrho\,t)\,J_n(\varrho_0\,t)\begin{Bmatrix}e^{-(z-z_0)\,t}\\e^{-(z_0-z)\,t}\end{Bmatrix}dt \quad \begin{cases}z \geq z_0\\z \leq z_0\end{cases} \tag{78.2a}$$

$$= \frac{Q}{4\pi\varepsilon}\cdot\frac{2}{\pi}\sum_{n=0}^\infty \epsilon_n \cos n\,(\varphi - \varphi_0)\int\limits_0^\infty \cos s\,(z - z_0)\begin{Bmatrix}K_n(s\,\varrho)\,I_n(s\,\varrho_0)\\K_n(s\,\varrho_0)\,I_n(s\,\varrho)\end{Bmatrix}ds \quad \begin{cases}\varrho \geq \varrho_0\\\varrho \leq \varrho_0\end{cases} \tag{78.2b}$$

$$= \frac{Q}{4\pi\varepsilon}\cdot\frac{2}{\pi^2}\int\limits_0^\infty \cos s\,(z - z_0)\int\limits_0^\infty K_{i\,\tau}(s\,\varrho)\,K_{i\,\tau}(s\,\varrho_0)\times$$

$$\times \begin{Bmatrix}\text{Cos}\,\tau\,(\pi - \varphi + \varphi_0)\\\text{Cos}\,\tau\,(\pi - \varphi_0 + \varphi)\end{Bmatrix}d\tau\,ds \quad \begin{cases}0 < \varphi - \varphi_0 < 2\pi\\0 < \varphi_0 - \varphi < 2\pi\end{cases} \left.\vphantom{\int}\right\} \tag{78.2c}$$

$$\epsilon_0 = 1; \quad \epsilon_{n \neq 0} = 2.$$

---

[1] Die Ableitung geschieht rein mathematisch durch Entwicklung des Wurzelausdrucks in (78.1) ([vgl. z.B. [2], [20], [27], [28]]). Integraldarstellung für $K_{i\,\tau}$ vgl. Gl. (77.8).

Wie bei jeder Greenschen Funktion ist das Feld (78.2) symmetrisch in ϱ, φ, z und $\varrho_0, \varphi_0, z_0$.

Das Feld einer mit der Linienladung λ_0 *gleichmäßig belegten Kreislinie* z_0, ϱ_0 erhält man aus (78.2a) bzw. (78.2b) durch Integration des bei Rotationssymmetrie allein verbleibenden Gliedes $n = 0$ nach $\varrho_0 d\varphi_0$ (in den Grenzen $\varphi_0 = 0$ bis 2π):

$$\left.\begin{aligned} \Phi(\varrho, z) &= \frac{\lambda_0 \varrho_0}{2\varepsilon} \int_0^\infty J_0(\varrho t)\, J_0(\varrho_0 t)\, e^{-|z - z_0| t}\, dt \\ &= \frac{\lambda_0 \varrho_0}{2\varepsilon} \cdot \frac{2}{\pi} \int_0^\infty \cos s(z - z_0) \begin{Bmatrix} K_0(s\varrho)\, I_0(s\varrho_0) \\ K_0(s\varrho_0)\, I_0(s\varrho) \end{Bmatrix} ds \quad \begin{Bmatrix} \varrho \geqq \varrho_0 \\ \varrho \leqq \varrho_0 \end{Bmatrix}. \end{aligned}\right\} \tag{78.3}$$

Durch weitere Integration nach $d\varrho_0$ (in den Grenzen 0 bis b) erhält man hieraus das Feld einer mit σ_0 *gleichmäßig belegten Kreisscheibe* vom Radius b:

$$\Phi(\varrho, z) = \frac{\sigma_0 b}{4\varepsilon} \int_0^\infty J_0(\varrho t)\, J_1(b t)\, e^{-t|z - z_0|}\, \frac{dt}{t}. \tag{78.4}$$

Das Potential zweier koaxialer, gleichmäßig beladener Kreisscheiben in $z = \pm a$ ergibt sich hieraus durch Überlagerung und kann z.B. das Feld eines *zylindrischen*, axial magnetisierten Permanentmagneten repräsentieren (vgl. Ziff. 21).

Das zweite Integral für die Kreislinie in (78.3) läßt sich auswerten und das Feld durch eine Ringfunktion $\mathfrak{Q}_{-\frac{1}{2}}$ bzw. ein vollständiges elliptisches Integral erster Gattung $K(k)$ beschreiben [vgl. Gl. (88.15)]

$$\begin{aligned} \Phi(\varrho, z) &= \frac{\lambda_0 \varrho_0}{2\varepsilon} \cdot \frac{1}{\pi \sqrt{\varrho \varrho_0}} \cdot \mathfrak{Q}_{-\frac{1}{2}}\left(1 + \frac{(z - z_0)^2 + (\varrho - \varrho_0)^2}{2\varrho \varrho_0}\right) \\ &= \frac{\lambda_0 \varrho_0}{2\varepsilon} \cdot \frac{2}{\pi} \cdot \frac{K(k)}{\sqrt{(z - z_0)^2 + (\varrho + \varrho_0)^2}} \end{aligned}$$

mit

$$k^2 = \frac{4\varrho \varrho_0}{(z - z_0)^2 + (\varrho + \varrho_0)^2}. \tag{78.5}$$

[Im allgemeinen Fall $n \neq 0$ hat man[1] für jedes Reihenglied in (78.2b):

$$\left.\begin{aligned} &\int_0^\infty \cos s(z - z_0) \begin{Bmatrix} K_n(s\varrho)\, I_n(s\varrho_0) \\ K_n(s\varrho_0)\, I_n(s\varrho) \end{Bmatrix} ds \\ &= \frac{1}{4\pi\sqrt{\varrho \varrho_0}} \mathfrak{Q}_{-\frac{1}{2}+n}\left(1 + \frac{(z - z_0)^2 + (\varrho - \varrho_0)^2}{2\varrho \varrho_0}\right). \end{aligned}\right\} \tag{78.6}$$

Vgl. hierzu auch Ziff. 89.]

Die Verteilung des Potentials auf der Achse einer gleichmäßig geladenen Kreislinie folgt aus (78.5) für $\varrho \to 0$:

$$\Phi(0, z) = \frac{\lambda_0 \varrho_0}{2\varepsilon} \cdot \frac{1}{\sqrt{z^2 + \varrho_0^2}} = \frac{Q}{4\pi\varepsilon} \cdot \frac{1}{\sqrt{z^2 + \varrho_0^2}}. \tag{78.7}$$

In der nächsten Umgebung der Kreislinie sind die Äquipotentialflächen zu ihr koaxiale Toren (vgl. Ziff. 95). Das Potential eines dünnen in der Ebene $z = 0$ angeordneten kreisförmigen Drahtes vom Querschnittsradius $a \ll \varrho_0$ ist dann

---

[1] Vgl. z.B. H. Buchholz [2].

nach Gl. (78.5) durch seinen Wert z.B. im Punkte $z = 0$: $\varrho = \varrho_0 + a$, d.h. für $k^2 \approx 1 - \dfrac{a^2}{4\varrho_0^2} \to 1$ gegeben:

$$\left.\begin{aligned}
U = \Phi(0, \varrho_0 + a) &= \frac{\lambda_0}{2\pi\varepsilon} \lim_{k \to 1} K\left(\sqrt{1 - \frac{a^2}{4\varrho_0^2}}\right) \\
&= \frac{\lambda_0}{2\pi\varepsilon} \log \frac{8\varrho_0}{a} = \frac{Q}{4\pi^2\varepsilon\varrho_0} \log \frac{8\varrho_0}{a},
\end{aligned}\right\} \tag{78.8}$$

so daß man für seine Kapazität erhält:

$$C = \frac{Q}{U} = \frac{4\pi^2\varepsilon\varrho_0}{\log(8\varrho_0/a)} \tag{78.9}$$

(vgl. hierzu auch Ziff. 95).

79. Greensche Funktionen eines kreiszylindrischen Hohlrings und eines keilförmigen Raumes. Die Greensche Funktion des in Ziff. 77 festgelegten Hohlrings (Begrenzungsflächen $z = 0$, $z = c$, $\varrho = a$ und $\varrho = b > a$) läßt sich mit Hilfe der dort angegebenen Entwicklungen analog der beim Quader verwendeten Methode [Gl. (73.6) und (73.7)] aufstellen. Wir finden mit SMYTHE [13] als eine der damit möglichen Formen

$$\left.\begin{aligned}
G(\varrho, \varphi, z; \varrho_0, \varphi_0, z_0) &= \frac{1}{4\pi\varepsilon c} \sum_{m=0}^{\infty} \sum_{n=1}^{\infty} C_{mn} \cos m(\varphi - \varphi_0) \times \\
&\times \sin \frac{n\pi z}{c} \begin{cases} Z_m(b, \varrho_0)\, Z_m(a, \varrho) & \text{für} \quad a \leq \varrho < \varrho_0 \\ Z_m(a, \varrho_0)\, Z_m(b, \varrho) & \text{für} \quad \varrho_0 < \varrho \leq b, \end{cases}
\end{aligned}\right\} \tag{79.1}$$

wenn

$$Z_m(s, t) = K_m\!\left(\frac{n\pi s}{c}\right) I_m\!\left(\frac{n\pi t}{c}\right) - K_m\!\left(\frac{n\pi t}{c}\right) I_m\!\left(\frac{n\pi s}{c}\right) \tag{79.2}$$

bedeutet. Die Reihenkoeffizienten ergeben sich zu

$$C_{mn} = -4\,\mathfrak{E}_m \frac{\sin \dfrac{\pi n z_0}{c}}{Z_m(a, b)}; \quad \mathfrak{E}_0 = 1, \quad \mathfrak{E}_{m \neq 0} = 2. \tag{79.3}$$

Für einen zylindrischen Kasten folgt hieraus mit $a \to 0$:

$$\left.\begin{aligned}
G(\varrho, \varphi, z; \varrho_0, \varphi_0, z_0) &= -\frac{1}{\pi\varepsilon c} \sum_{m=0}^{\infty} \sum_{n=0}^{\infty} \frac{\mathfrak{E}_m}{I_m\!\left(\dfrac{n\pi b}{c}\right)} \cdot \cos m(\varphi - \varphi_0) \times \\
&\times \sin \frac{n\pi z_0}{c} \sin \frac{n\pi z}{c} \cdot \begin{cases} I_m\!\left(\dfrac{n\pi\varrho}{c}\right) Z_m(b, \varrho_0) & \text{für} \quad a \leq \varrho < \varrho_0 \\ I_m\!\left(\dfrac{n\pi\varrho_0}{c}\right) Z_m(b, \varrho) & \text{für} \quad \varrho_0 < \varrho \leq b. \end{cases}
\end{aligned}\right\} \tag{79.4}$$

Eine etwas andere, von H. BUCHHOLZ [2] verwendete Methode der Auffindung der Greenschen Funktion besteht darin, zu der Integraldarstellung des Quellpunktfeldes im unendlichen Raum eine im untersuchten Bereich harmonische Funktion χ [vgl. Gl. (33.2)] so hinzuzuwählen, daß die Summe der beiden überall am Bereichsrand verschwindet. Das Verfahren sei am Fall der Greenschen Funktion eines keilförmigen Bereiches $-\gamma \leq \varphi \leq +\gamma$ erläutert. Als Integraldarstellung des Quellpunktfeldes wählen wir Gl. (78.2c) mit $Q = 1$.

$$\left.\begin{aligned}
G_{\infty}(\varrho, \varphi, z; \varrho_0, \varphi_0, z_0) &= \frac{1}{4\pi\varepsilon} \cdot \frac{2}{\pi^2} \int_0^{\infty} \cos s(z - z_0) \times \\
&\times \int_0^{\infty} K_{i\tau}(s\varrho_0)\, K_{i\tau}(s\varrho) \begin{cases} \mathrm{Cos}\,\tau(\pi - \varphi + \varphi_0) \\ \mathrm{Cos}\,\tau(\pi - \varphi_0 + \varphi) \end{cases} ds\, d\tau \quad \begin{cases} 0 < \varphi - \varphi_0 < 2\pi \\ 0 < \varphi_0 - \varphi < 2\pi. \end{cases}
\end{aligned}\right\} \tag{79.5}$$

Als Funktion χ wählen wir obiges Doppelintegral, in welchem statt der geschweiften Klammer der Ausdruck $(A(\tau)\,e^{\tau\varphi}+B(\tau)\,e^{-\tau\varphi})$ steht. Bilden wir die Summe, so muß $\mathrm{Cos}\,\tau(\pi-\varphi+\varphi_0)+A\,e^{\tau\varphi}+B\,e^{-\tau\varphi}$ für $\varphi=+\gamma$ und $\mathrm{Cos}\,\tau(\pi-\varphi_0+\varphi)+A\,e^{\tau\varphi}+B\,e^{-\tau\varphi}$ für $\varphi=-\gamma$ Null werden. Löst man dieses Gleichungssystem und führt obige Summen (für beliebiges φ) in (79.5) ein, so erhält man als Greensche Funktion des unendlichen keilförmigen Bereiches $-\gamma<\varphi<+\gamma$:

$$
\begin{aligned}
G(\varrho,\varphi,z;\varrho_0,\varphi_0,z_0) &= \frac{1}{4\pi\varepsilon}\cdot\frac{8}{\pi^2}\cdot\int\limits_0^\infty \cos s(z-z_0)\times\\
&\times\int\limits_0^\infty K_{i\tau}(s\varrho_0)\,K_{i\tau}(s\varrho)\,\frac{\mathrm{Sin}\,\tau\pi}{\mathrm{Sin}\,2\tau\gamma}\times\\
&\times\begin{Bmatrix}\mathrm{Sin}\,\tau(\gamma+\varphi_0)\,\mathrm{Sin}\,\tau(\gamma-\varphi)\\ \mathrm{Sin}\,\tau(\gamma+\varphi)\,\mathrm{Sin}\,\tau(\gamma-\varphi_0)\end{Bmatrix}ds\,d\tau\quad\begin{Bmatrix}0<\varphi-\varphi_0<2\pi\\ 0<\varphi_0-\varphi<2\pi.\end{Bmatrix}
\end{aligned}
\tag{79.6}
$$

H. Buchholz [2] verwendet Zylinderfunktionen imaginären Arguments zur Berechnung des Strömungsfeldes eines *Erders in keilförmig geschichtetem Erdreich*. Für die Greensche Funktion des unendlichen keilförmigen Bereiches wählt er u. a. die Darstellung[1] mit Torusfunktionen (vgl. Ziff. 88)

$$
\begin{aligned}
G(\varrho,\varphi,z;\varrho_0,\varphi_0,z_0) &= \frac{1}{\pi\varepsilon}\cdot\frac{1}{\sqrt{\varrho\varrho_0}}\cdot\frac{1}{2\pi i}\int\limits_{-i\infty}^{+i\infty}\frac{\sin\tau(\gamma-\varphi)\sin\tau(\gamma+\varphi_0)}{\sin 2\tau\gamma}\times\\
&\times\mathfrak{Q}_{-\frac12+\tau}(\mathrm{Cos}\,\beta)\,d\tau\\
&= \frac{1}{4\pi\varepsilon\gamma}\cdot\frac{1}{\sqrt{\varrho\varrho_0}}\sum\limits_{\mu=1}^\infty\left\{\cos\left(\pi\mu\,\frac{\varphi-\varphi_0}{2\gamma}\right)-\cos\left(\pi\mu\,\frac{2\gamma-\varphi-\varphi_0}{2\gamma}\right)\right\}\times\\
&\times\mathfrak{Q}_{-\frac12+\frac{\pi\mu}{2\gamma}}(\mathrm{Cos}\,\beta),
\end{aligned}
\tag{79.7}
$$
$$
\mathrm{Cos}\,\beta = 1+\frac{(z-z_0)^2+(\varrho-\varrho_0)^2}{2\varrho\varrho_0};\quad -\gamma<\varphi_0<\varphi\leq\gamma.
$$

Für $\varphi<\varphi_0$ sind darin φ und φ_0 zu vertauschen. Bei $2\gamma=\pi/n$ und ganzem n kann die Greensche Funktion auch durch Spiegelung der Einheitsladung an den Begrenzungsebenen gefunden werden. Für $\gamma=\pi$ erhält man nach H. Bateman[2] als Greensche Funktion einer Halbebene:

$$
\begin{aligned}
G(\varrho,\varphi,z;\varrho_0,\varphi_0,z_0) &= \frac{2}{\pi\varepsilon\sqrt{2\varrho\varrho_0}}\left\{\frac{1}{\sqrt{\mathrm{Cos}\,\beta-\cos(\varphi-\varphi_0)}}\times\right.\\
&\times\arctan\sqrt{\frac{\mathrm{Cos}\,\frac{\beta}{2}-\cos\frac12(\varphi-\varphi_0)}{\mathrm{Cos}\,\frac{\beta}{2}+\cos\frac12(\varphi-\varphi_0)}}\,-\\
&\left.-\frac{1}{\sqrt{\mathrm{Cos}\,\beta-\cos(\varphi+\varphi_0)}}\arctan\sqrt{\frac{\mathrm{Cos}\,\frac{\beta}{2}-\cos\frac12(\varphi+\varphi_0)}{\mathrm{Cos}\,\frac{\beta}{2}+\cos\frac12(\varphi+\varphi_0)}}\right\}.
\end{aligned}
\tag{79.8}
$$

(Bedeutung von β wie oben).

---

[1] Weitere Darstellungen vgl. beim gleichen Autor und bei H. Bateman: Partial Differential Equations of Mathematical Physics, New-York: Dover Publ. 1944.

[2] Vgl. Anm. 1

80. Zwei koaxiale Zylinder gleichen Durchmessers und verwandte Anordnungen. Zwei unendlich lange koaxiale Zylindermäntel gleichen Durchmessers a seien durch die Ebene $z = 0$ voneinander getrennt. Ihre Potentiale seien 0 für $z < 0$ und U für $z > 0$. Die Entwicklung des Potentials längs $\varrho = a$ lautet für $n > 0$ bekanntlich (Einheitsstoß):

$$\Phi(a, z) = \frac{U}{2\pi i} \int\limits_{-i\infty}^{+i\infty} \frac{e^{-\mu z}\,d\mu}{\mu}. \tag{80.1}$$

Der Integrationsweg längs der imaginären Achse wird durch einen zum Integralwert nichts beitragenden Halbkreis $\mu = r\,e^{i\vartheta}$, $r \to \infty$ ergänzt, und zwar für $z < 0$ in der Halbebene $\mathrm{Re}\,\mu < 0$ unter Ausschluß des Punktes $\mu = 0$, für $z > 0$ in der Halbebene $\mathrm{Re}\,\mu > 0$ unter Einbeziehung von $\mu = 0$. Die Verteilung im Raume ist dann

$$\Phi(\varrho, z) = \frac{U}{2\pi i} \int \frac{e^{-\mu z} J_0(\mu \varrho)}{\mu\,J_0(\mu a)}\,d\mu = U\left\{1 - \sum_{k=1}^{\infty} \frac{e^{-\mu_k |z|} J_0(\mu_k \varrho)}{a\mu_k J_1(\mu_k a)}\right\} \tag{80.2}$$

für $z > 0$. Für $z < 0$ ist der Summenausdruck allein mit positivem Vorzeichen zu nehmen. μ_k sind die Wurzeln der Gleichung $J_0(\mu_k a) = 0$. Die Anordnung findet als Elektronenlinse Verwendung. In der Elektronenoptik interessiert man sich insbesondere für die Verteilung längs der Achse $\varrho = 0$, die aus (80.2) mit $J_0(\mu_k \varrho) = 1$ folgt. Sie läßt sich nach GRAY[1] mit großer Genauigkeit durch die Funktion

$$\Phi(0, z) = \frac{U}{2}\left(1 + \mathrm{Tan}\,\frac{\omega z}{a}\right) \tag{80.3}$$

annähern. ω bestimmt man, indem man $\partial\Phi/\partial z$ im Punkte $\varrho = 0$, $z = 0$ in (80.2) und (80.3) gleichsetzt. Man erhält:

$$\omega = \frac{2}{\pi} \int\limits_0^\infty \frac{d\xi}{J_0(i\xi)} \approx 1{,}32. \tag{80.4}$$

Die beiden Kurven sind bei üblichem Zeichnungsmaßstab kaum zu unterscheiden. Entwickelt man jedoch (80.3) in eine Reihe nach Potenzen von $e^{-\omega|z|/a}$ und sucht dazu mit Hilfe von (77.3) das Raumpotential auf:

$$\Phi(\varrho, z) = U\left\{1 - \sum_{n=1}^{\infty} (-1)^n\,e^{-2n\omega z/a} \cdot J_0(2n\omega \varrho/a)\right\}, \tag{80.5}$$

so erhält man die in Fig. 46 unten dargestellte Anordnung[2]. Die Singularität in der Ebene $z = 0$ liegt auf dem Kreise $\varrho = \dfrac{\pi a}{2\omega} \approx 1{,}19\,a$, der Radius der Elektroden für $|z| \to \infty$ nähert sich dem Wert:

$$\varrho_\infty = \frac{\xi_1 a}{2\omega} \approx 0{,}91\,a$$

[ξ_1 ist die erste Wurzel von $J_0(\xi) = 0$.]

BERTRAM[3] berechnete das Potentialfeld zweier wie oben angenommener Zylinder jedoch mit endlichem Abstand $2b$ der Zylinderenden, indem er längs diesem Abstand den Potentialgradienten als konstant annahm. Die Verteilung

[1] F. GRAY: Bell. Syst. Techn. J. **18**, 25 (1939).
[2] G. WENDT: Z. angew. Phys. **3**, 219 (1951).
[3] S. BERTRAM: J. Appl. Phys. **13**, 496 (1942).

längs der z-Achse näherte er analog (80.3) an und erhielt dafür mit $p = b/a$

$$\Phi(0, z) = \frac{U}{2} + \frac{U}{4\omega p} \log \frac{\mathrm{Cos}\,\omega\left(\dfrac{z}{a} + p\right)}{\mathrm{Cos}\,\omega\left(\dfrac{z}{a} - p\right)}. \tag{80.5}$$

Die Annäherung ist von relativ hoher Genauigkeit ($\sim 1\%$) bis etwa $p = 1$ [verglichen mit einem nach der Relaxationsmethode (Ziff. 106) berechneten Feld].

Das Potentialfeld zweier koaxialer (am Ende eben abgeschlossener und mit der Öffnung einander zugekehrter) Zylindertöpfe endlicher Längen L_1 und L_2, welche Anordnung als Elektronenbildwandler dienen kann[1], findet man in [15] berechnet. Koaxiale Zylinder *verschiedenen Durchmessers* lassen sich analytisch kaum behandeln, ihr Potentialfeld wird numerisch ermittelt

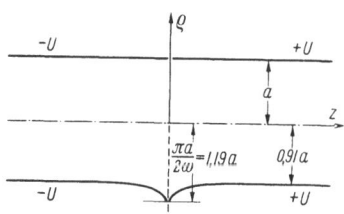

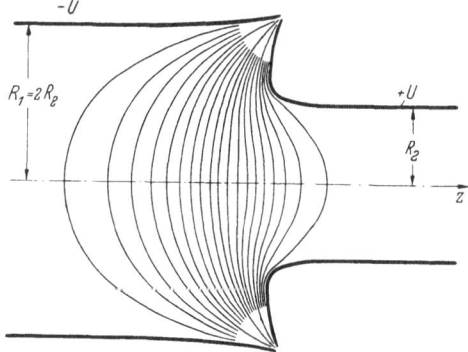

Fig. 46. Deformation der Elektrodenberandung bei Annäherung des Achsenfeldes zweier koaxialer Zylinder gleichen Durchmessers durch die Funktion Tan ω z.

Fig. 47. Anordnung, deren Potential längs der Achse durch $\Phi = U\left[1 - (\tfrac{1}{2}e^z - \sqrt{2 + \tfrac{1}{4}e^{2z}})^2\right]$ beschrieben wird.

oder im Elektrolyttrog aufgenommen [14]. Für eine speziellere Form (Fig. 47) läßt sich die Achsenverteilung $\Phi_0(z)$ des Potentials in nichtexpliziter Form angeben[2]:

$$z = k\left(\log\left(1 + \frac{\Phi_0}{U}\right) - \beta \log\left(1 - \frac{\Phi_0}{U}\right)\right), \tag{80.6}$$

wobei β das Radienverhältnis der beiden Rohre ist. Für $\beta = \tfrac{1}{2}$ bzw. 2 ist auch eine geschlossene explizite Schreibweise möglich, Formel und Feldbild vgl. Fig. 47.

Das Feld einer aus *drei* Zylindern gleichen Durchmessers bestehenden Elektronenlinse erhält man aus (80.2) bzw. (80.3) durch Überlagerung. Ist der mittlere Zylinder (auf $\Phi = U_2$) durch die Ebenen $z = \pm d$ von den beiden äußeren, unendlich langen (auf $\Phi = U_1$) abgegrenzt, so ist die gut angenäherte Verteilung auf der Achse:

$$\Phi(z) = U_1 + \frac{U_2 - U_1}{2\,\mathrm{Tan}\,\dfrac{\omega d}{a}}\left[\mathrm{Tan}\,\frac{\omega}{a}(z + d) - \mathrm{Tan}\,\frac{\omega}{a}(z - d)\right]. \tag{80.7}$$

81. Felder mit Dielektriken. Als Beispiel eines solchen Feldes sei die Anordnung eines gleichmäßig mit der Ladung Q beladenen Kreises (Radius a) im Medium der DK ε_1 um einen unendlich langen, koaxialen Zylinder (Radius b) der DK ε_2 behandelt. Die Kreisebene liege in $z = 0$, die Symmetrieachse der Anordnung in $\varrho = 0$. Das Primärfeld des Kreises ist durch (78.3) gegeben. Das Sekundärpotential wird, abgesehen von den Gewichtsfaktoren $g_1(\mu)$ und $g_2(\mu)$

[1] V. K. ZWORYKIN, G. A. MORTON, E. G. RAMBERG, J. HILLIER und A. W. VANCE: Electron Optics and the Electron Microscope. New York: Wiley & Sons 1945.
[2] Siehe Fußnote 2, S. 105.

grundsätzlich die gleiche Form annehmen. Wir setzen für das resultierende Potential in den beiden Gebieten an [3]:

$$\left.\begin{aligned}
\Phi_1(\varrho, z) &= \frac{Q}{2\pi^2\varepsilon_1} \int\limits_0^\infty \{K_0(\mu\varrho_0)\, I_0(\mu\varrho) + g_1(\mu)\, K_0(\mu\varrho)\} \cos\mu z\, d\mu\,, \\
\Phi_2(\varrho, z) &= \frac{Q}{2\pi^2\varepsilon_1} \int\limits_0^\infty g_2(\mu)\, K_0(\mu\varrho_0)\, I_0(\mu\varrho) \cos\mu z\, d\mu\,.
\end{aligned}\right\} \tag{81.1}$$

$g_1(\mu)$ und $g_2(\mu)$ bestimmen sich aus den Randbedingungen $\Phi_1 = \Phi_2$ und $\varepsilon_1\left(\dfrac{\partial\Phi}{\partial\varrho}\right)_1 = \varepsilon_2\left(\dfrac{\partial\Phi}{\partial\varrho}\right)_2$ für $\varrho = 0$. Man erhält bei Berücksichtigung einiger Beziehungen zwischen den Zylinderfunktionen

$$\left.\begin{aligned}
g_2(\mu) &= \frac{1}{1 + \mu b\left(\dfrac{\varepsilon_2}{\varepsilon_1} - 1\right)\cdot I_0'(\mu b)\, K_0(\mu b)}\,, \\
g_1(\mu) &= [g_2(\mu) - 1]\, I_0(\mu b)\, \frac{K_0(\mu a)}{K_0(\mu b)}\,.
\end{aligned}\right\} \tag{81.2}$$

Einige weitere Felder mit Dielektrikum findet man in der Literatur, z.B.:

1. Punktladung auf der Achse eines zylindrischen Hohlraumes in einem unendlich ausgedehnten Dielektrikum [3], [13] (mit Feldbild für $\varepsilon_r = 5$).

2. Leitender Kreiszylinder mit zwei Stromzuführungen längs Breitenkreisen [13].

3. Punktladung in der Nachbarschaft einer dielektrischen Platte [3], [13].

4. Punktförmige Stromquelle an der Oberfläche einer leitenden Platte [15]. Erderprobleme in geschichtetem Erdreich [2], [11].

82. Entwicklung in Potenzreihen[1]. Wie in kartesischen ist auch in kreiszylindrischen Koordinaten von seiten der Elektronenoptik eine Reihenentwicklung des Potentials in der Umgebung der z-Achse erwünscht. Ein *rotationssymmetrisches Feld* ist allgemein durch

$$\Phi(\varrho, z) = \int\limits_{-\infty}^{+\infty} A(\mu)\, e^{i\mu z}\, I_0(\mu\varrho)\, d\mu \tag{82.1}$$

darstellbar. Nach Einführung der Integraldarstellung:

$$I_0(\mu\varrho) = \frac{1}{2\pi} \int\limits_{-\pi}^{+\pi} e^{\mu\varrho\cos\alpha}\, d\alpha \tag{82.2}$$

läßt es sich schreiben:

$$\Phi(\varrho, z) = \frac{1}{2\pi} \int\limits_{\alpha=-\pi}^{+\pi} \int\limits_{\mu=-\infty}^{+\infty} A(\mu)\, e^{i\mu(z + i\varrho\cos\alpha)}\, d\alpha\, d\mu\,. \tag{82.3}$$

Man erhält somit als Beziehung zwischen $\Phi(\varrho, z)$ und dessen Wert $\Phi_0(z) = \Phi(0, z)$ auf der Achse $\varrho = 0$:

$$\Phi(\varrho, z) = \frac{1}{2\pi} \int\limits_{-\pi}^{+\pi} \Phi_0(z + i\varrho\cos\alpha)\, d\alpha\,. \tag{82.4}$$

---

[1] Vgl. z.B. W. GLASER [4].

Die Taylor-Entwicklung von $\Phi_0(z + i\varrho \cos\alpha)$ um z mit nachträglicher Integration von $\alpha = -\pi$ bis $\alpha = +\pi$ ergibt die Reihe:

$$\left.\begin{aligned}
\Phi(\varrho, z) &= \Phi_0(z) - \frac{\varrho^2}{4}\Phi_0''(z) + \frac{\varrho^4}{64}\Phi_0^{IV}(z) - \cdots \\
&= \sum_{k=0}^{\infty} \frac{(-1)^k}{(k!)^2} \cdot \left(\frac{\varrho}{2}\right)^{2k} \cdot \Phi_0^{(2k)}(z).
\end{aligned}\right\} \tag{82.5}$$

Ist das Feld nicht rotationssymmetrisch, so ist es in Form folgender Reihe darstellbar:

$$\Phi(\varrho, z, \varphi) = \sum_{n=0}^{\infty} \sum_{k=0}^{\infty} (-1)^k \frac{\Phi_n^{(2k)}(z) \cdot \varrho^{2k+n} \cdot \cos n(\varphi - \varphi_n)}{4^k \cdot k! (n+1)(n+2) \ldots (n+k)}. \tag{82.6}$$

Bei Geräten, in welchen sich die geladenen Partikel angenähert längs Kreisbahnen bewegen (Massenspektrograph, Teilchenbeschleuniger, Magnetron) wird oft die Entwicklung des Potentials um die Hauptkreisbahn $z = 0$, $\varrho = R$ verlangt. Mit der Bezeichnung $\gamma = \varrho - R$ ergibt sich dann die Potenzreihe

$$\Phi(\varrho, \varphi, z) = \sum_m \sum_n A_{mn}(\varphi)\, \gamma^m z^n, \tag{82.7}$$

deren Koeffizienten untereinander durch die Formel

$$\left.\begin{aligned}
&R^2(m+2)(m+1)A_{m+2,n} + R(2m+1)(m+1)A_{m+1,n} + A_{m,n}'' + \\
&+ [m^2 + n(n-1)]A_{m,n} + 2R(n+1)n A_{m,n+1} + \\
&+ R^2(n+2)(n+1)A_{m,n+2} = 0
\end{aligned}\right\} \tag{82.8}$$

verbunden sind, welche sich durch Einsetzen von (82.7) in die Laplace-Gleichung (77.2) ergibt. Diese Formel vereinfacht sich, wenn dem Feld bestimmte Symmetriebedingungen, z.B. zwecks Erreichung der gewünschten Bahnform der Teilchen, auferlegt werden.

83. Vektorpotential in Zylinderkoordinaten. Die nach Gl. (72.5) dem Vektorpotential $\boldsymbol{A}$ übergeordnete Funktion W hat der Laplace-Gleichung (77.2) zu genügen und ist somit durch das gleiche Funktionensystem (77.3) darstellbar wie das Skalarpotential Φ. Identifiziert man den Vektor $\boldsymbol{u}$ in (72.5) mit dem Einheitsvektor $\boldsymbol{z}^0$, so ergeben sich als Partikularlösungen für die Komponenten von $\boldsymbol{A}$ die Ausdrücke:

$$\left.\begin{aligned}
A_\varrho &= \frac{\nu}{\varrho}\left(A_1 J_\nu(\mu\varrho) + A_2 H_\nu^{(1)}(\mu\varrho)\right)(C_1 \operatorname{Cos}\mu z + C_2 \operatorname{Sin}\mu z)\sin\nu(\varphi + \gamma_\nu), \\
A_\varphi &= \mu\left(A_1 J_\nu'(\mu\varrho) + A_2 H_\nu^{(1)'}(\mu\varrho)\right)(C_1 \operatorname{Cos}\mu z + C_2 \operatorname{Sin}\mu z)\cos\nu(\varphi + \gamma_\nu).
\end{aligned}\right\} \tag{83.1}$$

Striche bedeuten Differentiationen nach dem Argument $(\mu\varrho)$. Bezüglich der Konstanten und der Ausartung gilt das im Anschluß an Gl. (77.3) Gesagte. Das Gleichungssystem (77.3) gilt auch für die der Laplace-Gleichung gehorchende Komponente A_z, wenn diese zwecks bequemerer Erfüllung der Randbedingungen gebraucht wird. Im Falle eines rotationssymmetrischen Feldes wird $\nu = 0$, und es bleibt in (83.1) nur die Komponente A_φ übrig, welche dann, genommen in einem Punkt $(\varrho_0, \varphi_0, z_0)$, in engem Zusammenhang steht mit dem magnetischen Fluß durch den Kreis (ϱ_0, z_0). Es ist nämlich nach (22.5):

$$\Psi(\varrho_0, z_0) = \int_0^{\pi\varrho^2} \boldsymbol{B}\, d\boldsymbol{S} = \int_0^{\pi\varrho^2} \operatorname{rot}\boldsymbol{A}\, d\boldsymbol{S} = \oint A_\varphi \varrho_0\, d\varphi = 2\pi\varrho_0 \cdot A_\varphi(\varrho_0, z_0). \tag{83.2}$$

Außerdem gilt dann infolge $B_z = -\mu \, \mathrm{grad}_z \, \Phi = \mathrm{rot}_z \, A_\varphi = -\dfrac{1}{\varrho} \dfrac{\partial}{\partial \varrho} (\varrho A_\varphi)$ auch

$$A_\varphi = \frac{\mu}{\varrho} \int\limits_0^\varrho \varrho_1 \frac{\partial \Phi}{\partial z} \, d\varrho_1, \tag{83.3}$$

so daß man z. B. aus der bekannten Verteilung (77.19) des skalaren Potentials Φ eines *stromführenden kreisförmigen Drahtes* sein Vektorpotential berechnen kann:

$$\left.\begin{aligned}
A_\varphi &= \frac{\mu \, a \, I}{2} \int\limits_{\mu=0}^\infty J_1(\mu a) \, \mathrm{e}^{-\mu|z|} \cdot \frac{\mu}{\varrho} \int\limits_0^\varrho \varrho_1 J_0(\mu \varrho_1) \, d\varrho_1 \, d\mu \\
&= \frac{\mu \, a \, I}{2} \int\limits_{\mu=0}^\infty J_1(\mu a) \, J_1(\mu \varrho) \, \mathrm{e}^{-\mu|z|} \, d\mu.
\end{aligned}\right\} \tag{83.4}$$

Wie beim skalaren ist manchmal auch beim Vektorpotential seine Potenzreihenentwicklung um eine bestimmte Linie, z.B. die z-Achse erforderlich. Da die oben erwähnte Funktion W gleiche Eigenschaften wie das skalare Potential Φ hat, kann dafür auch die gleiche Potenzreihe angesetzt werden, insbesondere Gl. (82.5) im Fall von Rotationssymmetrie:

$$W(\varrho, z) = \sum_{n=0}^\infty \frac{(-1)^k}{(k!)^2} \cdot \left(\frac{\varrho}{2}\right)^{2k} \cdot W_0^{(2k)}(z). \tag{83.5}$$

Für die allein vorhandene Komponente A_φ ergibt sich daraus und mit (83.2)

$$A_\varphi = -\frac{\partial W}{\partial \varrho} = -\sum_{k=1}^\infty \frac{(-1)^k}{k!\,(k-1)!} \left(\frac{\varrho}{2}\right)^{2k-1} W_0^{(2k)}(z) = \frac{\Psi(\varrho, z)}{2\pi\varrho}. \tag{83.6}$$

Bei $\varrho \to 0$ wird $\Psi(\varrho, z) = \pi \varrho^2 B_z(z)$, wenn mit $B_z(z)$ die z-Komponente der Induktion auf der z-Achse bezeichnet wird. Beschränkt man dann die Entwicklung (83.6) auf das erste Glied, so erkennt man, daß $W_0''(z)$ mit $B_z(z)$ identisch ist, und es folgt:

$$A_\varphi = \sum_{k=0}^\infty \frac{(-1)^k}{k!\,(k+1)!} \cdot \left(\frac{\varrho}{2}\right)^{2k+1} B_z^{(2k)}(z). \tag{83.7}$$

Entwicklungen um eine Kreislinie[1] und um die z-Achse im Fall nichtrotationssymmetrischer Felder können auf ähnliche Art erhalten werden.

84. Einige Spulenfelder. In Ergänzung zu Gl. (83.4) erhält man einen geschlossenen Ausdruck für das Vektorpotential eines *vom Strom I durchflossenen* dünnen *kreisförmigen Drahtes* vom Radius a in der Ebene $z = 0$ durch Durchführung der Integration nach Gl. (18.9):

$$\left.\begin{aligned}
A_\varphi &= \frac{\mu I}{4\pi} \oint \frac{a \cos \varphi \, d\varphi}{\sqrt{z^2 + a^2 + \varrho^2 - 2 a \varrho \cos \varphi}} \\
&= \frac{\mu I}{\pi k} \cdot \sqrt{\frac{a}{\varrho}} \cdot \left[\left(1 - \frac{k^2}{2}\right) K - E\right]; \quad k^2 = \frac{4 a \varrho}{(a+\varrho)^2 + z^2}.
\end{aligned}\right\} \tag{84.1}$$

Darin sind K und E die vollständigen elliptischen Integrale erster und zweiter Gattung vom Modul k. Für die Induktionskomponenten folgt hieraus:

$$\left.\begin{aligned}
B_\varrho &= \frac{\mu I}{4\pi} \cdot \frac{k z}{\varrho \sqrt{a \varrho}} \cdot \left[-K + \frac{a^2 + \varrho^2 + z^2}{(a-\varrho)^2 + z^2} E\right], \\
B_z &= \frac{\mu I}{4\pi} \cdot \frac{k}{\sqrt{a \varrho}} \left[K + \frac{a^2 - \varrho^2 - z^2}{(a-\varrho)^2 + z^2} E\right].
\end{aligned}\right\} \tag{84.2}$$

---

[1] W. GLASER [4]

Insbesondere ist deren Verteilung auf der Achse $\varrho = 0$:

$$B_\varrho = 0; \qquad B_z(0, z) = \frac{\mu I}{2} \cdot \frac{a^2}{[a^2 + z^2]^{\frac{3}{2}}} \qquad (84.3)$$

und in der Ebene $z = 0$:

$$B_\varrho = 0; \qquad B_z(\varrho, 0) = \frac{\mu I}{\pi} \cdot \frac{a}{a^2 - \varrho^2} \cdot E(k'); \qquad k' = \frac{\varrho}{a}. \qquad (84.4)$$

Das Feld von Spulen mit endlichem Querschnitt ergibt sich aus den obigen Beziehungen durch Integration. Wir geben nur die Achsenverteilung an. Für eine *Flachspule* mit n Windungen in der Ebene $z = 0$, begrenzt durch $\varrho = a$ und $\varrho = b$ ist

$$\left. \begin{aligned} B_z &= \frac{\mu I n}{2(b-a)} \int_a^b \frac{\alpha^2 \, d\alpha}{[z^2 + \alpha^2]^{\frac{3}{2}}} \\ &= \frac{\mu I n}{2(b-a)} \left[\log \frac{b + \sqrt{b^2 + z^2}}{a + \sqrt{a^2 + z^2}} + \frac{a}{\sqrt{a^2 + z^2}} - \frac{b}{\sqrt{b^2 + z^2}} \right]. \end{aligned} \right\} \qquad (84.5)$$

Im Falle einer einlagigen Zylinderspule, gegeben durch $\varrho = a$, $-d \leq z \leq +d$ hat man

$$B_z = \frac{\mu I n a^2}{4d} \int_{-d}^{+d} \frac{d\zeta}{[(z-\zeta)^2 + a^2]^{\frac{3}{2}}} = \frac{\mu I n}{4d} \left[\frac{z+d}{\sqrt{(z+d)^2 + a^2}} - \frac{z-d}{\sqrt{(z-d)^2 + a^2}} \right] \qquad (84.6)$$

und schließlich im Falle einer Spule mit rechteckigem Wicklungsquerschnitt $a \leq \varrho \leq b$, $-d \leq z \leq +d$:

$$\left. \begin{aligned} B_z &= \frac{\mu I n}{4d(b-a)} \times \\ &\times \left[(z+d) \log \frac{b + \sqrt{b^2 + (z+d)^2}}{a + \sqrt{a^2 + (z+d)^2}} - (z-d) \log \frac{b + \sqrt{b^2 + (z-d)^2}}{a + \sqrt{a^2 + (z-d)^2}} \right]. \end{aligned} \right\} \qquad (84.7)$$

Die Formenvielfalt der Spulen mit und ohne ferromagnetische Kerne oder Hüllen hat eine reichhaltige Literatur über die Berechnung ihres Feldes und ihrer Selbst- und Gegeninduktivitäten zur Folge. Hier sei insbesondere auf die Werke von B. Hague[1], J. Hak[2], H. B. Dwight[3], F. W. Grover[4] und F. Ollendorff [10] verwiesen.

H. Buchholz [2] zeigt außerdem, wie das Feld einer endlichen oder unendlich langen, stromdurchflossenen *Spirale* runden oder bandförmigen Leiterquerschnitts berechnet werden kann. Die Stromrückführung geschieht dabei parallel zur Spiralenachse oder ebenfalls in Spiralform. Außerdem geht er auf die für die Fokussierung von Strahlenbündeln elektrisch geladener Teilchen[5] wichtigen räumlich periodischen Felder ein.

Natürlich läßt sich auch das Feld bei einer beliebigen Verteilung des Strombelages (bzw. der Windungsdichte) längs eines Solenoids berechnen; auch umgekehrt kann die Windungsdichte bei vorgegebenem B_z längs der Achse bestimmt werden [4]. Vielfach werden Spulenprobleme auch in Kugelkoordinaten behandelt (vgl. Ziff. 92 und 93).

[1] B. Hague: Electromagnetic Problems in Electrical Engineering. London: Oxford University Press 1929.
[2] J. Hak: Eisenlose Drosselspulen. Leipzig: Koehler 1938.
[3] H. B. Dwight: Electrical Coils and Conductors. New York: McGraw Hill 1945.
[4] F. W. Grover: Inductance Calculations. New York: D. van Nostrand 1948.
[5] Vgl. z. B. K. K. N. Chang: RCA-Review **16**, 65 (1955).

85. Außenfeld und Kapazität eines geraden Kreiszylinderstumpfes. Als Beispiel der Bestimmung des *Außen*feldes eines aus *Teilen* von Koordinatenflächen zusammengesetzten leitenden Körpers sei ein Zylinder, begrenzt durch $\varrho = a$, $z = \pm b$ behandelt. Meist versucht man in einem solchen Falle die Ladungsverteilung auf der Körperoberfläche so zu bestimmen, daß diese Oberfläche konstantes Potential annimmt und zwar setzt man Reihen an, deren Koeffizienten gefunden werden müssen. Durch geschickte Wahl der Reihenform fand SMYTHE[1] im Falle des Zylinders ein schnell konvergierendes Verfahren.

Die gesuchte Flächenladung σ muß an den Zylinderpolen $\varrho = 0$, $z = \pm b$ und am Zylinderäquator $z = 0$, $\varrho = a$ offensichtlich ein Minimum haben, außerdem sich an der Kante der Verteilung $\sigma \sim \delta^{-\frac{1}{3}}$ nähern, wenn δ den Abstand des betrachteten Flächenelements von der Kante bezeichnet. [Diese Beziehung läßt sich leicht aus dem zweidimensionalen Feld, Fig. 19c, entnehmen.] Man setzt also für die Flächenladung σ_a auf dem Zylindermantel und σ_e auf den ebenen Zylinderendflächen an:

$$\sigma_a = \sum_{n=0}^{\infty} A_n \left(\frac{b^2}{a^2} - \frac{z^2}{a^2} \right)^{n-\frac{1}{3}}; \qquad \sigma_e = \sum_{n=0}^{\infty} B_n \left(1 - \frac{\varrho^2}{a^2} \right)^{n-\frac{1}{3}}. \tag{85.1}$$

Die „Korrekturglieder" mit $n \geq 1$ verschwinden an der Kante, die „Hauptglieder" ($n = 0$) müssen dort übereinstimmen, was durch $A_0 = (b/a)^{\frac{1}{3}} B_0$ erreicht wird. Weitere Gleichungen für die Koeffizienten ergeben sich aus der Überlegung, daß im Ursprung $z = \varrho = 0$ das Potential Φ gleich dem Körperpotential U ist, sämtliche Ableitungen $d^{2k} \Phi_0(z)/dz^{2k}$ jedoch verschwinden. Ermittelt man also aus (85.1) durch Integration die Potentialverteilung $\Phi_0(z)$ auf der Achse, bildet die oben angegebenen Ableitungen und setzt $z = 0$, so ergibt sich:

$$\left. \begin{aligned} \frac{a^{2k} \Phi_0(z)}{dz^{2k}} &= \sum_{n=0}^{\infty} \frac{M B_n}{n + \frac{2}{3}} F\left(k + \frac{1}{2}, n - k + \frac{2}{3}; n + 1 + \frac{2}{3}; \frac{a^2}{a^2 + b^2} \right) + \\ &\quad + \frac{[\Gamma(\frac{2}{3})]^2}{\Gamma(\frac{1}{3})} \cdot M N A_n F\left(k + \frac{1}{2}, n - k + \frac{2}{3}; n + 1 + \frac{1}{6}; \frac{b^2}{a^2 + b^2} \right) \end{aligned} \right\} \tag{85.2}$$

mit

$$M = \frac{a(2k)!}{2\varepsilon \left(1 + \frac{b^2}{a^2} \right)^{k+\frac{1}{2}}}; \qquad N = \frac{b^{2n+\frac{1}{3}} (n - \frac{1}{3})! (k - \frac{1}{2})!}{a^{2n+\frac{1}{3}} \cdot (-1)^k \cdot 2^{\frac{2}{3}} (n + \frac{1}{6})! k!}.$$

Die Bestimmung von $A_0, A_1 \ldots A_r$ und $B_0, B_1 \ldots B_s$ erfordert die Lösung von $r + s + 1$ Gln. (85.2), angeschrieben für $k = 0, 1, 2, \ldots, r + s$. Die größte Arbeit bildet die Berechnung der hypergeometrischen Reihen. Nur die ersten vier dieser Reihen müssen jedoch wirklich berechnet werden, die weiteren ergeben sich aus Rekursionsformeln. Die A_n und B_n wurden von SMYTHE mittels Rechenmaschine je nach Bedarf bis $n = 2$ bzw. 4 auf acht Stellen genau für verschiedene Verhältnisse b/a berechnet. Als Kapazität findet er für $b/a = 0, \frac{1}{4}, \frac{1}{2}, 1, 2, 4$ bzw. die Werte $C = 10^{-10} a \{0,708347; 0,9222; 1,07208; 1,32585; 1,75098; 2,465\}$ Farad.

86. Koordinaten des elliptischen und parabolischen Zylinders. Die Koordinaten ξ, η, ζ des *elliptischen Zylinders* sind mit den kartesischen durch die Beziehungen

$$x + iy = c \operatorname{Cos}(\xi + i\eta) = c \operatorname{Cos}\xi \cos\eta + ic \operatorname{Sin}\xi \sin\eta \tag{86.1}$$

verknüpft, so daß mit (71.5) und $u = \xi$, $v = \eta$, $w = z$

$$\frac{1}{U} = \frac{1}{V} = c \sqrt{\operatorname{Cos} 2\xi - \cos 2\eta}; \qquad \frac{1}{W} = 1 \tag{86.2}$$

[1] SMYTHE: J. Appl. Phys. **17**, 917 (1956). — Das Feld eines Zylinderstumpfes innerhalb eines koaxialen und konzentrischen zylindrischen Kastens bestimmt DON KIRKHAM: J. Appl. Phys. **18**, 724 (1957).

folgt. Die Koordinatenflächen $\xi = \xi_0 = \text{const}$ und $\eta = \eta_0 = \text{const}$ sind elliptische bzw. hyperbolische Zylinder:

$$\frac{x^2}{c^2 \operatorname{Cos}^2 \xi_0} + \frac{y^2}{c^2 \operatorname{Sin}^2 \xi_0} = 1 \, ; \qquad \frac{x^2}{c^2 \cos^2 \eta_0} - \frac{y^2}{c^2 \sin^2 \eta_0} = 1 \qquad (86.3)$$

(Wertebereich $0 \leq \xi < \infty$; $0 \leq \eta \leq 2\pi$, Brennpunkte in $x = \pm c$, Fig. 48). Mit (86.2) und (71.7) ergibt sich als Laplace-Gleichung:

$$\varDelta \Phi = \frac{2}{c^2 (\operatorname{Cos} 2\xi - \cos 2\eta)} \left(\frac{\partial^2 \Phi}{\partial \xi^2} + \frac{\partial^2 \Phi}{\partial \eta^2} \right) + \frac{\partial^2 \Phi}{\partial z^2} = 0. \qquad (86.4)$$

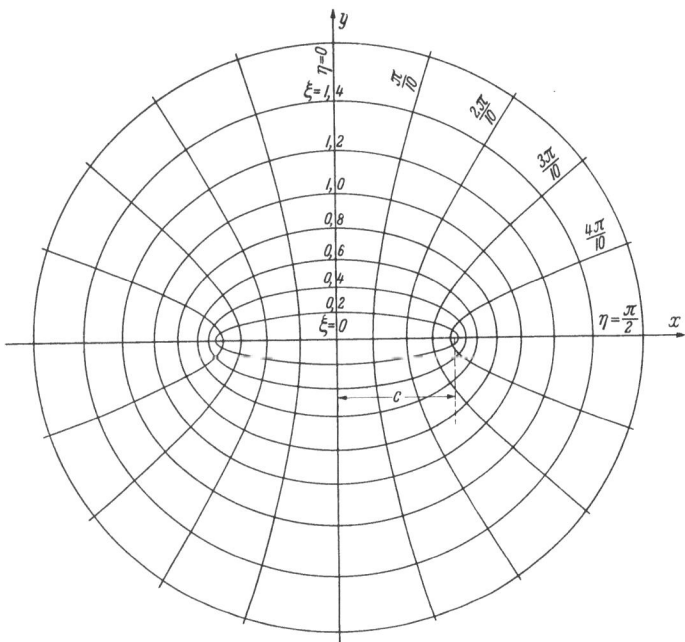

Fig. 48. Koordinaten des elliptischen Zylinders.

Sie läßt sich durch den Produktansatz separieren und man erhält für $Z(z)$ Kreisbzw. Hyperbelfunktionen, für $\varXi(\xi)$ und $H(\eta)$ hingegen Mathieusche bzw. modifizierte Mathieusche Funktionen (vgl. MEIXNER [28]). Das Koordinatensystem wird vorläufig fast ausschließlich für zweidimensionale Probleme ($\partial \Phi / \partial z = 0$) verwendet (vgl. Ziff. 61).

Die Koordinaten ξ, η, z des *parabolischen Zylinders* hängen mit den kartesischen über die Beziehungen

$$x + i y = \frac{i}{2} (\xi - i\eta)^2 = \xi \eta + \frac{i}{2} (\xi^2 - \eta^2) \qquad (86.5)$$

zusammen[1]. $\xi = \xi_0$ und $\eta = \eta_0$ sind konfokale parabolische Zylinder:

$$x^2 = -2 \xi_0^2 \left(y - \frac{\xi_0^2}{2} \right) \quad \text{und} \quad y^2 = 2 \eta_0^2 \left(y + \frac{\eta_0^2}{2} \right) \qquad (86.6)$$

(analog Fig. 59, S. 144). Mit (71.5) findet man

$$\frac{1}{U} = \frac{1}{V} = \sqrt{\xi^2 + \eta^2} \, ; \qquad \frac{1}{W} = 1 , \qquad (86.7)$$

---

[1] In der Bezeichnung von MAGNUS und OBERHETTINGER [27]. Durch $x + iy = \frac{1}{2}(\xi + i\eta)^2$ würde ein Sytem mit vertauschter x- und y-Achse entstehen.

so daß nach (71.7) als Laplace-Gleichung folgt:

$$\Delta \Phi = \frac{1}{\xi^2 + \eta^2} \left(\frac{\partial^2 \Phi}{\partial \xi^2} + \frac{\partial^2 \Phi}{\partial \eta^2} \right) + \frac{\partial^2 \Phi}{\partial z^2} = 0. \tag{86.8}$$

Der Produktansatz liefert mit λ und α als Separationskonstanten das Lösungssystem

$$X(\xi) = D_{-\frac{1}{2}\left(1 + \frac{\alpha}{\lambda}\right)}\left(\sqrt{2\alpha}\,\xi\right); \quad Y(\eta) = D_{-\frac{1}{2}\left(1 - \frac{\alpha}{\lambda}\right)}\left(\sqrt{2\alpha}\,\eta\right); \quad Z(z) = e^{\pm i\alpha z}. \tag{86.9}$$

Die ersten beiden sind „Funktionen des parabolischen Zylinders" (Näheres darüber vgl. [20] und [27]). Für ganze n werden die $D_n(t)$ zu Hermiteschen Funktionen

$$D_n(t) = (-1)^n \cdot e^{\frac{t^2}{4}} \cdot \frac{d^n}{dt^n}\left(e^{-\frac{t^2}{4}}\right) = e^{-\frac{t^2}{4}} \mathrm{He}_n(t). \tag{86.10}$$

Weiter ist

$$\left. \begin{aligned} D_{-1}(t) &= \sqrt{\frac{\pi}{2}}\, e^{\frac{t^2}{4}}\left[1 - \Phi\left(\frac{t}{\sqrt{2}}\right)\right], \\ D_{-2}(t) &= \sqrt{\frac{\pi}{2}}\, t\, e^{\frac{t^2}{4}}\left[1 - \Phi\left(\frac{t}{\sqrt{2}}\right)\right] - e^{-\frac{t^2}{4}}, \end{aligned} \right\} \tag{86.11}$$

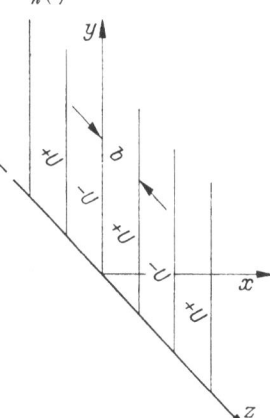

Fig. 49. Anordnung koplanarer Halbbänder alternierenden Potentials.

worin $\Phi(s)$ das Gaußsche Fehlerintegral ist. Für $n = -\frac{1}{2}$ wird

$$D_{-\frac{1}{2}}(t) = \sqrt{\frac{\pi\, t}{2}}\, K_{\frac{1}{4}}\left(\frac{t^2}{4}\right) \tag{86.12}$$

(K_ν modifizierte Bessel-Funktion).

Beispiel: Potential gegeben in der Halbebene $x = 0$, $y > 0$ und zwar nimmt es abwechselnd die Werte $+U$ und $-U$ auf den Streifen $2k\pi < z < (2k+1)\,\pi$ bzw. $(2k-1)\,\pi < z < 2k\pi$ an (Fig. 49). Wir verwenden die Koordinaten des parabolischen Zylinders und nehmen zunächst an, das Potential in der besagten Ebene ($\eta = 0$) ändere sich sinusförmig mit z: $\Phi(\xi, 0, z) = A \sin \alpha z$ und sei dort von ξ unabhängig. Die zugehörige Funktion $X(\xi)$, die dies leistet, ist nach (86.9) und (86.10) $D_0(\sqrt{2\alpha}\,\xi) = 1$; es gilt also $\lambda = -\alpha$. Die zugehörige Funktion $Y(\eta)$ ist somit $D_{-1}(\sqrt{2\alpha}\,\eta) = \sqrt{\frac{\pi}{2}}\, e^{\frac{\alpha}{2}\eta^2} \times [1 - \Phi(\sqrt{\alpha}\,\eta)]$ und wir erhalten als Lösung des Zwischenproblems:

$$\Phi(\xi, \eta, z) = A \sin \alpha z\, e^{\frac{\alpha \eta^2}{2}}\left[1 - \Phi(\sqrt{\alpha}\,\eta)\right]. \tag{86.13}$$

Entwickeln wir nun das in $\eta = 0$ ursprünglich vorgegebene Potential in eine Fourier-Reihe, so ergibt sich für dessen räumliche Verteilung

$$\Phi(\xi, \eta, z) = \frac{4U}{\pi} \sum_{n=1}^{\infty} \frac{\sin(2n+1)\frac{\pi z}{b}}{2n+1} \cdot e^{(2n+1)\frac{\pi \eta^2}{2b}} \cdot \left[1 - \Phi\left(\sqrt{(2n+1)\frac{\pi}{b}}\,\eta\right)\right]. \tag{86.14}$$

e) Felder in rotationssymmetrischen Koordinaten.

87. Die gebräuchlichen Systeme orthogonaler rotationssymmetrischer Koordinaten. Die Systeme dieser Gruppe entstehen durch Rotation eines *ebenen* Orthogonalkoordinatensystems u, v um eine Gerade, die Symmetrieachse, die der z-Achse in Kreiszylinderkoordinaten entspricht. Die Flächen $w = \mathrm{const}$ sind Ebenen durch diese Gerade und werden durch den Umdrehungswinkel φ beziffert. Die Koordinaten u und v können als reeller bzw. imaginärer Teil einer analytischen Funktion $\zeta(z+i\varrho)$ der kreiszylindrischen Koordinaten z und ϱ aufgefaßt werden. Umgekehrt ist

$$z + i\varrho = s(u + iv) = s(\zeta), \tag{87.1}$$

und man erhält nach (71.5) und (76.2) unter Berücksichtigung der Cauchy-Riemannschen Differentialgleichungen (38.2):

$$\frac{1}{U^2} = \frac{1}{V^2} = h^2 = \left|\frac{ds}{d\zeta}\right|^2 = \left(\frac{\partial z}{\partial u}\right)^2 + \left(\frac{\partial z}{\partial v}\right)^2 = \left(\frac{\partial \varrho}{\partial u}\right)^2 + \left(\frac{\partial \varrho}{\partial v}\right)^2; \quad \frac{1}{W^2} = \varrho^2 = (\mathrm{Im}\, s)^2 \tag{87.2}$$

und somit nach (71.6) für die Laplace-Gleichung

$$\Delta \Phi = \frac{1}{h^2}\left\{\frac{1}{\varrho}\frac{\partial}{\partial u}\left[\varrho\frac{\partial\Phi}{\partial u}\right] + \frac{1}{\varrho}\frac{\partial}{\partial v}\left[\varrho\frac{\partial\Phi}{\partial v}\right] + \frac{1}{\varrho}\frac{\partial}{\partial\varphi}\left[\frac{h^2}{\varrho}\frac{\partial\Phi}{\partial\varphi}\right]\right\} = 0. \tag{87.3}$$

Über die Bedingungen, die von $R(u, v, w)$ im allgemeinen Produktansatz (71.9)

$$\Phi(u, v, w) = \frac{A(u)\, B(v)\, C(w)}{R(u, v, w)} \tag{87.4}$$

zu erfüllen sind, damit letzterer tatsächlich zur Separation der Laplace-Gleichung (87.3) in drei gewöhnliche Differentialgleichungen führt, möge der Leser in der Originalliteratur nachlesen (vgl. z.B. [29]). Ist jedoch R nur von u und v, nicht aber von $w(=\varphi)$ abhängig, so läßt sich zeigen [20], daß $R = \varrho^{\frac{1}{2}}$ und $s(\zeta)$ in Gl. (87.1) eine Lösung der Differentialgleichung

$$\left(\frac{ds}{d\zeta}\right)^2 = a_0 + a_1 s + a_2 s^2 + a_3 s^3 + a_4 s^4 \tag{87.5}$$

sein muß[1], wobei a_k reelle Konstanten sind; $s(\zeta)$ ist also eine elementare oder elliptische Funktion. Das Produkt $A(u)\, B(v)$ nennt man in diesem Falle auch *reduziertes Potential* (vgl. Ziff. 88). Je nach der Wahl der Funktion $s(\zeta)$ bzw. der Konstanten a_k erhält man die einzelnen Koordinatensysteme. Die bekannteren darunter sind:

a) die Kreiszylinderkoordinaten $z, \varrho, \varphi\ [s = \zeta]$;

b) die Kugelkoordinaten $r, \vartheta, \varphi\ [s = e^{i\zeta}]$;

c) die Koordinaten des gestreckten Rotationsellipsoids $[s = \mathrm{Cos}\,\zeta]$;

d) die Koordinaten des abgeplatteten Rotationsellipsoids $[s = \mathrm{Sin}\,\zeta]$;

e) die Koordinaten des Rotationsparaboloids $[s = \frac{1}{2}\zeta^2]$;

f) die bisphärischen Koordinaten $\left[s = \cot\dfrac{\zeta}{2}\right]$;

g) die Toruskoordinaten $\left[s = i\cot\dfrac{\zeta}{2}\right]$;

h) die Flachringkoordinaten $[s = i\,\mathrm{sn}\,\zeta]$.

Weitere Koordinatensysteme entstehen hieraus durch Inversion[2] der Koordinatenflächen an einer auf der Rotationsachse zentrierten Kugel, da durch eine solche die Form der Differentialgleichung (87.5) nicht verändert wird.

Während bei den allgemeinen Zylinderkoordinaten jede Flächenschar der einen Koordinate zugleich ein System von Äquipotentialflächen darstellen kann (Potential nur von einer Koordinate abhängig!), ist dies bei den angeführten

---

[1] Der scheinbare Widerspruch, daß in manchen rotationssymmetrischen Koordinaten der einfache Produktansatz ABC ebenfalls zum Ziele führt, erklärt sich damit, daß dann auch $\varrho^{\frac{1}{2}}$ ein Produkt zweier nur von u bzw. v abhängigen Funktionen ist.

[2] Ch. Snow [32]. P. Moon u. D. E. Spencer: J. Franklin Inst. **252**, 327 (1951).

rotationssymmetrischen Koordinaten nur bei den Systemen a) bis e) der Fall. Bei den restlichen und invertierten Koordinaten ist eine solche Potentialverteilung nicht möglich.

88. Einige Definitionsgleichungen später verwendeter Kugelfunktionen. Da der Produktansatz bei Lösung der Laplace-Gleichung in rotationssymmetrischen Koordinaten auf verschiedene Arten von Kugelfunktionen führt, deren Bezeichnungsweise in der Literatur oft uneinheitlich ist, sollen hier, zur Vermeidung von Mißverständnissen, einige Definitionsgleichungen rekapituliert und die später verwendeten speziellen Funktionen ausführlich angeschrieben werden.

Allgemeine Kugelfunktionen $\Re(z)$ sind Lösungen der Differentialgleichung

$$\frac{d}{dz}\left[(1-z^2)\frac{d\Re}{dz}\right]+\left[\nu(\nu+1)-\frac{\mu^2}{1-z^2}\right]\Re=0. \tag{88.1}$$

$z=x+iy$, μ und ν sind im allgemeinen komplexe Größen[1], die Punkte $z=\pm 1$ und $z=\infty$ singulär. Als voneinander linear unabhängige Lösungen werden die Funktionen[2]:

$$\mathfrak{P}_\nu^\mu(z)=\frac{1}{\Gamma(1-\mu)}\left(\frac{z+1}{z-1}\right)^{\mu/2}{}_2F_1\left(-\nu,\nu+1;1-\mu;\frac{1-z}{2}\right)$$

$$\left(\arg\frac{z+1}{z-1}=0,\text{ wenn } z \text{ reell und } >1\right)$$

$$\mathfrak{Q}_\nu^\mu(z)=\frac{e^{\mu\pi i}}{2^{\nu+1}}\cdot\frac{\Gamma(\nu+\mu+1)\,\Gamma(\frac{1}{2})}{\Gamma(\nu+\frac{3}{2})}\cdot(z^2-1)^{\mu/2}\cdot z^{-\mu-\nu-1}\times$$

$$\times{}_2F_1\left(\frac{\nu}{2}+\frac{\mu}{2}+1,\ \frac{\nu}{2}+\frac{\mu}{2}+\frac{1}{2};\ \nu+\frac{3}{2};\ \frac{1}{z^2}\right)$$

$$\left(\arg(z^2-1)=0,\text{ wenn } z \text{ reell und } >1;\ \arg z=0,\text{ wenn } z>0\right)$$

\begin{matrix}\end{matrix} (88.2)

ausgewählt. Sie sind in der von $z=-\infty$ über -1 bis $+1$ aufgeschnittenen Ebene eindeutig.

In manchen Koordinaten ist $z=x$ reell und $-1\leqq x\leqq +1$ zu setzen. Um Zweideutigkeit längs des Verzweigungsschnitts zu vermeiden, setzt man hier zwei neue Funktionen als linear unabhängige Lösungen von (88.1) fest

$$P_\nu^\mu(x)=e^{\mu\pi i/2}\,\mathfrak{P}_\nu^\mu(x+i\,0)=e^{-\mu\pi i/2}\,\mathfrak{P}_\nu^\mu(x-i\,0)$$

$$=\frac{1}{\Gamma(1-\mu)}\left(\frac{1+x}{1-x}\right)^{\mu/2}{}_2F_1\left(-\nu,\nu+1;1-\mu;\frac{1-x}{2}\right),$$

$$Q_\nu^\mu(x)=\frac{1}{2}\,e^{-\mu\pi i}\left[e^{-\mu\pi i/2}\,\mathfrak{Q}_\nu^\mu(x+i\,0)+e^{+\mu\pi i/2}\,\mathfrak{Q}_\nu^\mu(x-i\,0)\right].$$

\begin{matrix}\end{matrix} (88.3)

Sie können durch analytische Fortsetzung auch für die ganze, jetzt von $-\infty$ bis -1 und von $+1$ bis $+\infty$ aufgeschnittene z-Ebene eindeutig definiert werden.

Es gelten die Rekursionsformeln:

$$(2\nu+1)\,z\,\Re_\nu^\mu(z)=(\nu-\mu+1)\,\Re_{\nu+1}^\mu(z)+(\nu+\mu)\,\Re_{\nu-1}^\mu(z),$$

$$(2\nu+1)\,(z^2-1)\,\frac{d}{dz}\left(\Re_\nu^\mu(z)\right)=\nu(\nu-\mu+1)\,\Re_{\nu+1}^\mu(z)-(\nu+\mu)\,(\nu+1)\,\Re_{\nu-1}^\mu(z),$$

\begin{matrix}\end{matrix} (88.4)

worin $\Re_\nu^\mu$ eine der vier Funktionen $\mathfrak{P}_\nu^\mu$, $\mathfrak{Q}_\nu^\mu$, P_ν^μ, Q_ν^μ bedeutet.

---

[1] x, y, z haben hier natürlich nicht die Bedeutung von Koordinaten.

[2] Bezeichnung nach MAGNUS-OBERHETTINGER [27]. J. MEIXNER [28] verwendet dafür die Zeichen $\boldsymbol{P}_\nu^\mu(z)$ und $\boldsymbol{Q}_\nu^\mu(z)$. Weitere Darstellungen in Form hypergeometrischer Reihen ${}_2F_1$ anderer Konvergenzbereiche vgl. ERDELYI, MAGNUS, OBERHETTINGER, TRICOMI [20]

Bei den hier in Frage kommenden Anwendungen wird fast immer μ eine ganze positive Zahl m sein. In diesem Falle ist:

$$\mathfrak{P}_\nu^m(z) = (z^2 - 1)^{m/2}\, \frac{d^m}{dz^m}\, \mathfrak{P}_\nu(z);\qquad \mathfrak{Q}_\nu^m(z) = (z^2 - 1)^{m/2}\, \frac{d^m}{dz^m}\, \mathfrak{Q}_\nu(z),$$
$$P_\nu^m(x) = (1 - x^2)^{m/2}\,(-1)^m\, \frac{d^m P_\nu(x)}{dx^m};\qquad Q_\nu^m(x) = (-1)^m (1 - x)^{m/2}\, \frac{d^m Q_\nu(x)}{dx^m}, \qquad (88.5)$$

wobei der Index $m = 0$ bei den Funktionen $\mathfrak{R}_\nu^0(z)$ fortgelassen wird. Diese, die Legendreschen Funktionen erster und zweiter Art $\mathfrak{P}_\nu$, P_ν bzw. $\mathfrak{Q}_\nu$, Q_ν definiert man in Übereinstimmung mit (88.3) durch

$$\mathfrak{P}_\nu(z) = P_\nu(z) = {}_2F_1\left(-\nu,\ \nu + 1;\ 1;\ \frac{1 - z}{2}\right) = \left(\frac{1 + z}{2}\right)^\nu {}_2F_1\left(-\nu,\ -\nu;\ 1;\ \frac{z - 1}{z + 1}\right),$$
$$P_\nu(x) = P_\nu(\cos\vartheta) = {}_2F_1\left(-\nu,\ \nu + 1;\ 1;\ \sin^2\frac{\vartheta}{2}\right),$$
$$\mathfrak{Q}_\nu(z) = \frac{\Gamma(\nu + 1)\,\Gamma(\tfrac{1}{2})}{2^{\nu + 1}\,\Gamma(\nu + \tfrac{3}{2})}\, z^{-\nu - 1}\, {}_2F_1\left(\frac{\nu}{2} + 1,\ \frac{\nu}{2} + \frac{1}{2};\ \nu + \frac{3}{2};\ \frac{1}{z^2}\right),$$
$$Q_\nu(x) = \frac{1}{2}\left[\mathfrak{Q}_\nu(x + i\,0) + \mathfrak{Q}_\nu(x - i\,0)\right]. \qquad (88.6)$$

Für ganze $\nu = n$ werden die Funktionen erster Art zu Legendreschen Polynomen $\mathfrak{P}_n(z) = P_n(z)$ (die singulären Punkte $z = \pm 1$ zu regulären), und man erhält:

$$P_0 = 1;\quad P_1 = z;\quad P_2 = \tfrac{1}{2}(3 z^2 - 1);\quad P_3 = \tfrac{1}{2}(5 z^3 - 3 z);$$
$$P_4 = \tfrac{1}{8}(35 z^4 - 30 z^2 + 3);\quad P_5 = \tfrac{1}{8}(63 z^5 - 70 z^3 + 15 z);$$
$$P_6 = \tfrac{1}{16}(231 z^6 - 315 z^4 + 105 z^2 - 5);$$
$$P_8 = \tfrac{1}{16}(429 z^7 - 693 z^5 + 315 z^3 - 35 z)\quad \text{usw.} \qquad (88.7)$$

Die Funktionen zweiter Art $\mathfrak{Q}_\nu(z)$ mit ganzem positivem $\nu = n$ können aus den obigen mittels der Beziehung

$$\mathfrak{Q}_n(z) = \frac{1}{2}\int_{-1}^{+1} \frac{P_n(t)}{z - t}\, dt;\qquad |\arg(z - 1)| < \pi \qquad (88.8)$$

berechnet werden. Nach Ermittlung von $\mathfrak{Q}_0$ und $\mathfrak{Q}_1$ ergeben sich die anderen aus der Rekursionsformel (88.4):

$$\mathfrak{Q}_0 = \frac{1}{2}\log\frac{z + 1}{z - 1};\qquad \mathfrak{Q}_1 = \frac{z}{2}\log\frac{z + 1}{z - 1} - 1;$$
$$\mathfrak{Q}_2 = \frac{1}{4}(3 z^2 - 1)\log\frac{z + 1}{z - 1} - \frac{3}{2}z;\qquad \mathfrak{Q}_3 = \frac{1}{4}(5 z^3 - 3 z)\log\frac{z + 1}{z - 1} - \frac{5}{2}z^2 + \frac{2}{3} \qquad (88.9)$$
usw.

Ihre Werte sind auf den beiden Ufern des Verzweigungsschnitts für $x < -1$ gleich, so daß man den letzteren auf die Strecke $-1 < x < +1$ beschränken kann. Bestimmt man nun hieraus die Funktionen $Q_n(x)$ nach (88.6) und setzt dann z für x, so gelten diese in der von $x = -\infty$ bis -1 und von $x = +1$ bis $+\infty$ aufgeschnittenen z-Ebene. Sie haben die gleichen Werte wie die $\mathfrak{Q}_n$ in (88.9), wenn man dort $\frac{1}{2}\log\frac{z + 1}{z - 1}$ durch $\frac{1}{2}\log\frac{1 + z}{1 - z}$ ersetzt. Für reelle $z = x$ ergibt sich

$$\mathfrak{Q}_0 = \operatorname{Ar Cot} x;\quad \mathfrak{Q}_1 = x\operatorname{Ar Cot} x - 1;\quad \mathfrak{Q}_2 = \tfrac{1}{2}(3 x^2 - 1)\operatorname{Ar Cot} x - \tfrac{3}{2}x$$
$$Q_0 = \operatorname{Ar Tan} x;\quad Q_1 = x\operatorname{Ar Tan} x - 1;\quad Q_2 = \tfrac{1}{2}(3 x^2 - 1)\operatorname{Ar Tan} x - \tfrac{3}{2}x \qquad (88.10)$$
usw.

In den Koordinaten des abgeplatteten Rotationsellipsoids treten Kugelfunktionen rein imaginären Arguments $z = iy$ auf. Während bei den Legendreschen Polynomen das Einsetzen dieses Wertes keinerlei Schwierigkeiten bereitet, muß bei den Funktionen zweiter Art auf die Art des Verzweigungsschnitts geachtet werden:

$$\left.\begin{aligned}
&\mathfrak{Q}_0(iy) = -i \operatorname{arc\,cot} y; \qquad Q_0(iy) = i \operatorname{arc\,tan} y; \\
&\mathfrak{Q}_1(iy) = y \operatorname{arc\,cot} y - 1; \qquad Q_1(iy) = -(y \operatorname{arc\,tan} y + 1), \\
&\mathfrak{Q}_2(iy) = \frac{i}{2}\left[(3y^2 + 1)\operatorname{arc\,cot} y - 3y\right]; \\
&Q_2(iy) = -\frac{i}{2}\left[(3y^2 + 1)\operatorname{arc\,tan} y + 3y\right] \quad \text{usw.}
\end{aligned}\right\} \tag{88.11}$$

Mit Hilfe von (88.5) erhält man endlich auch die zugeordneten Legendreschen Funktionen $\mathfrak{P}_n^m$, P_n^m, $\mathfrak{Q}_n^m$, Q_n^m:

$$\left.\begin{aligned}
&\mathfrak{P}_1^1 = \sqrt{z^2 - 1}; \qquad \mathfrak{P}_2^1 = 3z\sqrt{z^2 - 1}; \qquad \mathfrak{P}_2^2 = 3(z^2 - 1); \\
&\mathfrak{P}_3^1 = \tfrac{3}{2}\sqrt{z^2 - 1}\,(5z^2 - 1); \qquad \mathfrak{P}_3^2 = 15z(z^2 - 1); \qquad \mathfrak{P}_3^3 = 15(z^2 - 1)^{\frac{3}{2}} \cdots, \\
&P_1^1 = -\sqrt{1 - z^2}; \qquad P_2^1 = -3z\sqrt{1 - z^2}; \qquad P_2^2 = 3(1 - z^2); \\
&P_3^1 = -\tfrac{3}{2}\sqrt{1 - z^2}\,(5z^2 - 1); \qquad P_3^2 = 15z(1 - z^2); \qquad P_3^3 = -15(1 - z^2)^{\frac{3}{2}} \cdots, \\
&\mathfrak{Q}_1^1(x) = \sqrt{x^2 - 1}\left[\operatorname{Ar\,Cot} x - \frac{x}{x^2 - 1}\right]; \\
&\mathfrak{Q}_2^1(x) = \sqrt{x^2 - 1}\left[3x\operatorname{Ar\,Cot} x - \frac{1}{x^2 - 1} - 3\right]; \\
&\mathfrak{Q}_2^2(x) = 3(x^2 - 1)\operatorname{Ar\,Cot} x + \frac{2x}{x^2 - 1} - 3x \cdots, \\
&\mathfrak{Q}_1^1(iy) = \sqrt{1 + y^2}\left[\operatorname{arc\,cot} y - \frac{y}{1 + y^2}\right]; \\
&\mathfrak{Q}_2^1(iy) = i\sqrt{1 + y^2}\left[3y\operatorname{arc\,cot} y + \frac{1}{1 + y^2} - 3\right], \\
&\mathfrak{Q}_2^2(iy) = i\left[3(1 + y^2)\operatorname{arc\,cot} y - \frac{2y}{1 + y^2} - 3y\right], \\
&Q_1^1(x) = -\sqrt{1 - x^2}\left[\operatorname{Ar\,Tan} x + \frac{x}{1 - x^2}\right]; \\
&Q_2^1(x) = -\sqrt{1 - x^2}\left[3x\operatorname{Ar\,Tan} x + \frac{1}{1 - x^2} - 3\right], \\
&Q_2^2(x) = 3(1 - x^2)\operatorname{Ar\,Tan} x - \frac{2x}{1 - x^2} + 3x, \\
&Q_1^1(iy) = -i\sqrt{1 + y^2}\left[\operatorname{arc\,tan} y + \frac{y}{1 + y^2}\right]; \\
&Q_2^1(iy) = \sqrt{1 + y^2}\left[3y\operatorname{arc\,tan} y - \frac{1}{1 + y^2} + 3\right], \\
&Q_2^2(iy) = i\left[3(1 + y^2)\operatorname{arc\,tan} y - \frac{2y}{1 + y^2} + 3y\right].
\end{aligned}\right\} \tag{88.12}$$

Von den Kugelfunktionen mit *nicht ganzem* ν sind insbesondere die *Kegelfunktionen* $P_{-\frac{1}{2}+i\lambda}^m(\cos \vartheta)$ und $Q_{-\frac{1}{2}+i\lambda}^m(\cos \vartheta)$ mit reellem λ und die *Torus-* oder *Ringfunktionen* $\mathfrak{P}_{-\frac{1}{2}+\lambda}^m(\operatorname{Cos} \tau)$ und $\mathfrak{Q}_{-\frac{1}{2}+\lambda}^m(\operatorname{Cos} \tau)$ mit reellem und ganzem λ für die folgenden Abschnitte wichtig. Sie ergeben sich durch Einsetzen aus den obigen allgemeinen Entwicklungen. So ist z.B. nach (88.6):

$$P_{-\frac{1}{2}+i\lambda}(\cos\vartheta) = 1 + \frac{4\lambda^2+1^2}{2^2}\sin^2\frac{\vartheta}{2} + \frac{(4\lambda^2+1^2)(4\lambda^2+3^2)}{2^2\cdot4^2}\sin^4\frac{\vartheta}{2} + \cdots. \qquad (88.13)$$

Für große τ sind folgende Entwicklungen der Torusfunktionen von Interesse:

$$\left.\begin{array}{l} \Gamma(1-\mu)\,\mathfrak{P}^{\mu}_{-\frac{1}{2}+\lambda}(\mathrm{Cos}\,\tau) = 2^{2\mu}(1-e^{-2\tau})^{-\mu}\cdot e^{-(\lambda+\frac{1}{2})\tau}\times \\ \qquad \times {}_2F_1(\tfrac{1}{2}-\mu,\tfrac{1}{2}+\lambda-\mu;\,1-2\mu;\,1-e^{-2\tau}), \\ \Gamma(1+\lambda)\,\mathfrak{Q}^{m}_{-\frac{1}{2}+\lambda}(\mathrm{Cos}\,\tau) = \sqrt{\pi}\cdot e^{im\pi}\cdot\Gamma(\tfrac{1}{2}+\lambda+m)\times \\ \qquad \times (1-e^{2\tau})^m\,e^{-(\lambda+\frac{1}{2})\tau}\,{}_2F_1(\tfrac{1}{2}+m,\tfrac{1}{2}+\lambda+m;\,1+\lambda;\,e^{-2\tau}). \end{array}\right\} \quad (88.14)$$

Wichtige Spezialfälle:

$$\left.\begin{array}{l} P_{-\frac{1}{2}}(\cos\vartheta) = \dfrac{2}{\pi}\cdot K\left(\sin\dfrac{\vartheta}{2}\right), \\[2ex] \mathfrak{P}_{-\frac{1}{2}}(\mathrm{Cos}\,\tau) = \dfrac{2}{\pi}\cdot\dfrac{K\left(\mathrm{Tan}\dfrac{\tau}{2}\right)}{\mathrm{Cos}\dfrac{\tau}{2}} = \dfrac{2}{\pi}\cdot e^{-\frac{\tau}{2}}\cdot K\left(\sqrt{1-e^{-2\tau}}\right), \\[3ex] \mathfrak{Q}_{-\frac{1}{2}}(\mathrm{Cos}\,\tau) = 2\,e^{-\frac{\tau}{2}}K(e^{-\tau}) = \dfrac{K\left(1/\mathrm{Cos}\dfrac{\tau}{2}\right)}{\mathrm{Cos}\dfrac{\tau}{2}}, \\[3ex] \mathfrak{P}_{\frac{1}{2}}(\mathrm{Cos}\,\tau) = \dfrac{2}{\pi}\,e^{\frac{\tau}{2}}E\left(\sqrt{1-e^{2\tau}}\right), \\[2ex] \mathfrak{Q}_{\frac{1}{2}}(\mathrm{Cos}\,\tau) = 2\,e^{\frac{\tau}{2}}\left[K(e^{-\tau})-E(e^{-\tau})\right], \end{array}\right\} \qquad (88.15)$$

worin K und E vollständige elliptische Integrale erster und zweiter Gattung bedeuten. Weitere Torusfunktionen mit $m=0$ und ganzem λ ergeben sich hieraus aus den bekannten Rekursionsformeln für Kugelfunktionen[1].

89. Reduziertes Potential und Koordinateninversion. Bei der Durchführung einer im letzten Abschnitt erwähnten Inversion der Koordinatenflächen an einer auf der Symmetrieachse zentrierten Kugel erweist sich die Einführung eines neuen Begriffes, des „reduzierten Potentials" V, bei manchen Problemen als von Vorteil (SNOW [32]). Dieses ist mit einer Partikularlösung Φ_m des gewöhnlichen Potentials durch die Beziehung:

$$\Phi_m(z,\varrho,\varphi) = \varrho^{-\frac{1}{2}}V_m(z,\varrho)\cos m(\varphi-\gamma_m) \qquad (89.1)$$

verknüpft. Wie leicht durch Einsetzen von (89.1) in die Laplace-Gleichung zu ersehen, gehorcht es der Gleichung:

$$\frac{\partial^2 V_m}{\partial z^2} + \frac{\partial^2 V_m}{\partial\varrho^2} + \frac{1}{\varrho^2}\left(\frac{1}{4}-m^2\right)V_m = 0. \qquad (89.2)$$

Führt man durch die Beziehungen (87.1) und (87.2) wieder rotationssymmetrische Koordinaten u, v, φ ein, so erhält man an Stelle von (67.2)

$$\left.\begin{array}{l} \dfrac{\partial^2 V_m}{\partial u^2} + \dfrac{\partial^2 V_m}{\partial v^2} + \dfrac{h^2}{\varrho^2}\left(\dfrac{1}{4}-m^2\right)V_m = 0, \\[2ex] \dfrac{h^2}{\varrho^2} = \dfrac{1}{\varrho^2}\left[\left(\dfrac{\partial\varrho}{\partial u}\right)^2 + \left(\dfrac{\partial\varrho}{\partial v}\right)^2\right] = \left(\dfrac{\partial\log\varrho}{\partial u}\right)^2 + \left(\dfrac{\partial\log\varrho}{\partial v}\right)^2. \end{array}\right\} \qquad (89.3)$$

---

[1] Vgl. z.B. MAGNUS u. OBERHETTINGER [27], J. MEIXNER [28], ERDÉLYI, MAGNUS OBERHETTINGER u. TRICOMI [20].

Diese Gleichung läßt sich, da ja die Funktion $R(u, v)$ in (87.4) identisch mit $\varrho^{\frac{1}{2}}$ ist, in genau den gleichen Koordinaten separieren wie die Laplace-Gleichung. Auch die sie lösenden Funktionensysteme sind im allgemeinen die gleichen.

Ist nun eine Lösung der Gl. (89.3) bekannt, auch wenn sie nicht durch ein Produkt $V_m(u, v) = A(u) B(v)$ darstellbar ist, so gilt sie nicht nur in einem System der Koordinatenflächen $u = \text{const}$, $v = \text{const}$, wie es durch die konforme Abbildung (87.1) in der $s = z + i\varrho$-Ebene erscheint, sondern auch in dem entsprechenden System der $s' = z' + i\varrho'$-Ebene, wobei $z' + i\varrho' = s'(u + iv)$ aus $z + i\varrho = s(u + iv)$ durch Inversion an einer auf der z-Achse zentrierten Kugel hervorgeht:

$$[z' - z_0' + i\varrho'] [z - z_0 + i\varrho] = -c^2. \tag{89.4}$$

Das gewöhnliche Potential erscheint dann in der $z' + i\varrho'$-Ebene in der Form:

$$\Phi_m' = (\varrho')^{-\frac{1}{2}} V_m(u, v) \cos m\varphi; \qquad \varrho' = \text{Im } s'(u, v). \tag{89.5}$$

(Bei der Transformation ergeben Flächen $\Phi_m = \text{const}$ im allgemeinen keine Äquipotentialflächen Φ_m', vgl. Ziff. 69).

Das reduzierte Potential hat viele Züge mit dem logarithmischen der ebenen Probleme gemeinsam, die besonders bei Einführung der Begriffe der „reduzierten Linien- und Flächendichte" $\bar\lambda$ bzw. $\bar\sigma$ deutlich werden. Diese hängen mit den üblichen Größen λ bzw. σ folgendermaßen zusammen: Ein Kreisfaden vom Radius ϱ_1 in der Ebene z_1 führe die Ladung $\lambda_m = \lambda_0 \cos m\varphi$. Dann ist $\bar\lambda_m = \sqrt{\varrho_1}\, \lambda_0$ die reduzierte Ladung dieses Ringes. Ebenso gilt $\bar\sigma_m = \sqrt{\varrho_1} \cdot \sigma_0$, wenn $\sigma_0(\varrho_1, z_1) \cos m\varphi$ die auf einer Umdrehungsfläche $S_1(\varrho_1, z_1)$ verteilte einfache Ladungsbelegung ist. Im ersteren Fall erhält man für das reduzierte Potential V_m im Aufpunkt z, ϱ den Ausdruck (Snow [32])

$$V_m = \frac{1}{2\varepsilon} Q_{m-\frac{1}{2}}(g); \qquad g = \left(1 + \frac{D^2}{2\varrho\varrho_1}\right) = 1 + \frac{(z - z_1)^2 + (\varrho - \varrho_1)^2}{2\varrho\varrho_1}. \tag{89.6}$$

Die Torusfunktion (Ziff. 88)

$$\left.\begin{array}{l} Q_{m-\frac{1}{2}}(g) = \left(\dfrac{\varrho\varrho_1}{\bar D^2}\right)^{2m+1} \cdot \dfrac{\sqrt{\pi} \cdot \Gamma(m + \frac{1}{2})}{m!} F\left(m + \dfrac{1}{2},\ m + \dfrac{1}{2},\ 2m + 1;\ \dfrac{4\varrho\varrho_1}{\bar D^2}\right), \\[2mm] \bar D^2 = D^2 + 4\varrho\varrho_1 = (z - z_1)^2 + (\varrho + \varrho_1)^2 \end{array}\right\} \tag{88.7}$$

übernimmt hier die Rolle des Logarithmus der ebenen Probleme. Tatsächlich geht sie mit verschwindendem Abstand Aufpunkt-Quellpunkt ($D \to 0$) wie $\log D$ gegen ∞. Sie verschwindet jedoch wie $\varrho^{m+\frac{1}{2}}$ für $\varrho \to 0$ und nimmt wie $D^{m+\frac{1}{2}}$ für $D \to \infty$ zu. Im letzteren Falle muß aber entweder der Quellpunkt oder der Aufpunkt im Endlichen bleiben.

Im Falle der geladenen Umdrehungsfläche $S_1(z_1, \varrho_1)$ sei $s_1(z_1, \varrho_1)$ die Bogenlänge ihrer Spur in einer Ebene $\varphi = \text{const}$. Das reduzierte Potential ist dann:

$$V_m(z, \varrho) = \frac{1}{2\varepsilon} \int_0^l \bar\sigma(z_1, \varrho_1) Q_{m-\frac{1}{2}}(g)\, ds_1. \tag{89.8}$$

Die Integration ist über die gesamte Länge l der Spur durchzuführen. Bei gegebenem $\bar\sigma$ ist damit V_m bestimmt; ist das reduzierte Potential längs $s_1(z_1, \varrho_1)$ gegeben, so ergibt (89.8) eine Integralgleichung für $\bar\sigma$. Näheres bei Snow [32].

90. Kugelkoordinaten. Entwicklung nach Orthogonalfunktionen. Die Kugelkoordinaten $r = e^u$, $\vartheta = v$, $\varphi = w$ sind mit den Kreiszylinderkoordinaten z, ϱ, φ durch die Beziehungen

$$z + i\varrho = e^\zeta = e^{u+iv} = r\cos\vartheta + ir\sin\vartheta; \qquad \varphi = \varphi \tag{90.1}$$

verknüpft, so daß mit (71.5) bzw. (87.2) gilt:

$$\frac{1}{U^2} = \frac{1}{V^2} = e^{2u} = r^2; \qquad \frac{1}{W^2} = \varrho^2 = r^2 \sin^2 \vartheta \qquad (90.2)$$

und man für die Laplace-Gleichung erhält:

$$r^2 \sin^2 \vartheta \, \varDelta \, \varPhi = \sin^2 \vartheta \, \frac{\partial}{\partial r} \left(r^2 \, \frac{\partial \varPhi}{\partial r} \right) + \sin \vartheta \, \frac{\partial}{\partial \vartheta} \left(\sin \vartheta \, \frac{\partial \varPhi}{\partial \vartheta} \right) + \frac{\partial^2 \varPhi}{\partial \varphi^2} = 0 \,. \quad (90.3)$$

Der Produktansatz $A(r) \, B(\vartheta) \, C(\varphi)$ führt zu den Lösungen:

$$\left. \begin{aligned} A_\nu(r) &= A_1 r^\nu + A_2 r^{-\nu-1}; \\ B_{\nu\mu}(\vartheta) &= B_1 P_\nu^\mu(\cos \vartheta) + B_2 Q_\nu^\mu(\cos \vartheta); \\ C_\mu(\varphi) &= C_1 \cos \mu \varphi + C_2 \sin \mu \varphi. \end{aligned} \right\} \qquad (90.4)$$

$P_\nu^\mu(\cos \vartheta)$ und $Q_\nu^\mu(\cos \vartheta)$ sind allgemeine Kugelfunktionen (vgl. Ziff. 88). Die Integrations- und Separationskonstanten können beliebige, auch komplexe Werte annehmen. Diese sind durch die Randbedingungen des jeweiligen Problems bedingt. Ist das Potential über eine Kugelfläche $r = R = $ const gegeben, so werden μ und ν reell und auch meist ganz sein, so daß die allgemeinen Kugelfunktionen zu zugeordneten Legendre-Funktionen $P_n^m(\cos \vartheta)$ und $Q_n^m(\cos \vartheta)$ werden. Bei Vorgabe des Potentials über eine Kegelfläche $\vartheta = $ const wird in speziellen Fällen eine Entwicklung nach Partikularlösungen der Form:

$$A_\lambda(r) = r^{-\frac{1}{2}} \left[A_1 \sin \left(\lambda \log \frac{r}{a} \right) + A_2 \cos \left(\lambda \log \frac{r}{a} \right) \right] \qquad (90.5)$$

günstiger sein, als eine Entwicklung nach Potenzen von r. Der untere Index der allgemeinen Kugelfunktionen wird dann $\nu = i \lambda - \frac{1}{2}$; die Funktionen selbst werden in diesem Falle Kegelfunktionen genannt (vgl. Ziff. 88). Haben die Kegelwände $\vartheta = \vartheta_0$ das Potential Null, so lassen sich auch Reihen nach Kugelfunktionen von nichtganzem reellem Index ν_s verwenden, derart daß $P_{\nu_s}^m(\cos \vartheta_0) = 0$ ist.

Von den Integrationskonstanten sind diejenigen gleich Null zu setzen, deren zugehörige Funktionen im betrachteten Bereich unstetig werden. So treten bei auf der Kugel $r = R$ vorgegebenem Potential $\varPhi_0(R, \vartheta, \varphi)$ in der Entwicklung

$$\left. \begin{aligned} \varPhi_0(\vartheta, \varphi) &= \sum_{n=0}^{\infty} \sum_{m=0}^{n} A_{mn} \cos m (\varphi - \gamma_m) \, P_n^m(\cos \vartheta) \,, \\ A_{mn} &= \epsilon_m \frac{(2n+1)(n-m)!}{4\pi(n+m)!} \int_{\vartheta_1=0}^{\pi} \int_{\varphi_1=0}^{2\pi} \varPhi_0(\vartheta_1, \varphi_1) \cos m (\varphi_1 - \gamma_m) \times \\ &\quad \times P_n^m(\cos \vartheta_1) \sin \vartheta_1 \, d\vartheta_1 \, d\varphi_1; \quad \epsilon_0 = 1; \quad \epsilon_{m>0} = 2 \end{aligned} \right\} \quad (90.6)$$

keine Funktionen $Q_n^m(\cos \vartheta)$ auf, wenn die in Frage kommende Kugelteilfläche die Pole $\vartheta = 0$ und $\vartheta = \pi$ mit enthält, da Q_n^m in diesen Punkten unbegrenzt wächst. Ebenso verwendet man bei der Potentialverteilung im Raume für die Exponenten von r im Kugelinneren nur positive, im Außenraum nur negative Werte.

$$\varPhi(r, \vartheta, \varphi) = \sum_{n=0}^{\infty} \sum_{m=0}^{n} A_{mn} \cdot \cos m (\varphi - \gamma_m) \, P_n^m(\cos \vartheta) \begin{cases} \left(\dfrac{r}{R} \right)^n & \text{für} \quad r \leqq R \,, \\[2ex] \left(\dfrac{R}{r} \right)^{n+1} & \text{für} \quad r \geqq R \,. \end{cases} \right\} (90.7)$$

Oft läßt sich im Falle eines rotationssymmetrischen Feldes die Verteilung des Potentials auf der Symmetrieachse (z-Achse) relativ leicht berechnen und in eine Potenzreihe nach z entwickeln:

$$\Phi_0(z) = \sum_{n=0}^{\infty} A_n \left(\frac{z}{a} \right)^n \quad \text{bzw.} \quad \sum_{n=0}^{\infty} B_n \left(\frac{a}{z} \right)^{n+1} \quad \text{für} \quad \frac{z}{a} \lessgtr 1 . \tag{90.8}$$

Da längs der z-Achse $|z|$ mit r übereinstimmt, erhält man daraus für die räumliche Verteilung:

$$\Phi(r,\vartheta) = \sum_{n=0}^{\infty} P_n(\cos\vartheta) \begin{cases} A_n \left(\dfrac{r}{a} \right)^n & \text{für} \quad r \leq a , \\[2mm] B_n \left(\dfrac{a}{r} \right)^{n+1} & \text{für} \quad r \geq a . \end{cases} \tag{90.9}$$

91. Beispiele für Felder in Kugelkoordinaten. α) *Einfachste Felder.* Bei Verwendung der Legendre-Polynome $P_n^m(\cos\vartheta)$ erhält man zunächst mit $m=n=0$ das Zentralfeld $\Phi = \dfrac{A}{r} P_0(\cos\vartheta) = \dfrac{A}{r}$; mit $m=0$, $n=1$ das homogene Feld $\Phi = A\,r\cos\vartheta$ und das Dipolfeld $\Phi = \dfrac{A}{r^2}\cos\vartheta$ und bei deren Überlagerung das Feld (68.7) einer Kugel im homogenen Feld. Bei $m=1$, $n=1$ ergibt sich das gleiche mit gedrehter Feldrichtung. Beispiele für höhere Werte von m und n bilden die Multipolfelder (68.3) und (68.6). Bei Verwendung der $Q_n^m(\cos\vartheta)$ ergibt sich mit $m=0$, $n=0$ das Feld $\Phi = U\,\mathrm{ArTan}(\cos\vartheta)/\mathrm{ArTan}(\cos\alpha)$ eines Kegels vom Öffnungswinkel α auf Potential U gegen die geerdete, auf der Kegelachse $\vartheta=0$ senkrechte Ebene $\vartheta=\pi/2$ durch die Kegelspitze (bzw. gegen an dieser Ebene gespiegelten Kegel auf Potential $-U$).

β) *Entwicklung des Potentials einer einzelnen Punktladung Q im Punkt r_0, ϑ_0, φ_0.* Es ist [27]:

$$\begin{aligned}
\Phi(r,\vartheta,\varphi) &= \frac{Q}{4\pi\varepsilon} \cdot \frac{1}{\sqrt{r^2 + r_0^2 - 2\,r\,r_0\,(\cos\vartheta\cos\vartheta_0 + \sin\vartheta\sin\vartheta_0\cos(\varphi-\varphi_0))}} , \\[2mm]
&= \frac{Q}{4\pi\varepsilon\,r_0} \sum_{n=0}^{\infty} \sum_{m=0}^{n} \epsilon_m \frac{(n-m)!}{(n+m)!} P_n^m(\cos\vartheta)\,P_n^m(\cos\vartheta_0)\cos m(\varphi-\varphi_0) \times \\[2mm]
&\qquad\qquad \times \begin{cases} \left(\dfrac{r}{r_0} \right)^n & \text{für} \quad r \leq r_0 , \\[2mm] \left(\dfrac{r_0}{r} \right)^{n+1} & \text{für} \quad r \geq r_0 , \end{cases}
\end{aligned} \tag{91.1}$$

mit $\epsilon_m = 2$ für $m \neq 0$ und $\epsilon_0 = 1$.

Liegt die Ladung innerhalb einer geerdeten Kugel $r=a$, so findet man mit Hilfe der Spiegelungsmethode (Ziff. 66) statt $(r/r_0)^n$ bzw. $(r_0/r)^{n+1}$ in (91.1) die Faktoren

$$\begin{cases} \left(\dfrac{r}{r_0} \right)^n \left[1 - \left(\dfrac{r_0}{a} \right)^{2n-1} \right] & \text{für} \quad r \leq r_0 , \\[2mm] \left(\dfrac{r_0}{r} \right)^{n+1} - \left(\dfrac{r}{r_0} \right)^n \left(\dfrac{r_0}{a} \right)^{2n-1} & \text{für} \quad r \geq r_0 , \end{cases} \tag{91.2}$$

und analog für den Fall, daß die Punktladung außerhalb der Kugel liegt.

Die Greensche Funktion für das Innere eines Kegels und das Innere eines kegelstumpfförmigen, durch einen Kegel und zwei konzentrische Kugelflächen begrenzten Kastens findet man bei SMYTHE [13].

γ) *Geerdeter Kegel vom Öffnungswinkel* $\vartheta = \alpha$ *begrenzt von der Kugelkalotte* $r = a$ *auf Potential* U. Als Entwicklung längs $r = a$ setzen wir an:

$$\Phi_0(\alpha, \vartheta) = \sum_n A_n P_n(\cos\vartheta) \tag{91.3}$$

und finden durch beiderseitige Multiplikation mit $P_s(\cos\vartheta)$ und Integration nach $\cos\vartheta$ von -1 bis $+1$ unter Verwendung der Orthogonalitätsbeziehung für Kugelfunktionen sowie der Annahme $\Phi_0 = 0$ für $\vartheta > \alpha$:

$$\left.\begin{aligned}A_n &= \frac{2n+1}{2}\,U \int\limits_{\cos\alpha}^{1} P_n(\cos\vartheta)\,d\cos\vartheta = -\frac{U}{2}\Big[P_{n+1}(\cos\alpha) - P_{n-1}(\cos\alpha)\Big] \text{ für } n \geqq 1, \\ A_0 &= \frac{U}{2}\,(1 - \cos\alpha).\end{aligned}\right\} \tag{91.4}$$

Für das Potential im Kegelinnern hat man damit:

$$\Phi(r, \vartheta, \varphi) = \sum_{n=0}^{\infty} A_n P_n(\cos\vartheta) = \begin{cases} \left(\dfrac{r}{a}\right)^n & \text{für } r \leqq a, \\ \left(\dfrac{a}{r}\right)^{n+1} & \text{für } r \geqq a. \end{cases} \tag{91.5}$$

δ) *Kugelfläche* $r = a$, $\vartheta < \alpha$ *und Kegelmantel* $\vartheta = a$, $a < r < b$ *auf Potential Null, Kugelfläche* $r = b$, $\vartheta < \alpha$ *auf konstantem Potential* U. Wir setzen an[1]:

$$\Phi(r, \vartheta, \varphi) = \sum_{s=1}^{\infty} A_s P_{\nu_s}(\cos\vartheta)\left[\left(\frac{r}{a}\right)^{\nu_s} - \left(\frac{a}{r}\right)^{\nu_s+1}\right]. \tag{91.6}$$

ν_s sind Wurzeln von $P_{\nu_s}(\cos\alpha) = 0$ nach steigenden Werten geordnet. Die Koeffizienten A_s bestimmen sich wie oben zu $A_s = U I_s \left\{H_s\left[\left(\frac{b}{a}\right)^{\nu_s} - \left(\frac{a}{b}\right)^{\nu_s+1}\right]\right\}^{-1}$ mit

$$I_s(\alpha) = \int\limits_0^\alpha P_{\nu_s}(\cos\vartheta) \sin\vartheta\,d\vartheta; \qquad H_s(\alpha) = \int\limits_0^\alpha [P_{\nu_s}(\cos\vartheta)]^2 \sin\vartheta\,d\vartheta. \tag{91.7}$$

Die Werte von ν_s sowie diejenigen von $I_s(\alpha)$ und $H_s(\alpha)$ findet man bei R. N. Hall[1] berechnet. Man erhält eine weitere Lösung von Problem γ sowie das Feld eines freien, geerdeten Kegelmantels vom Öffnungswinkel $2(\pi - \alpha)$ durch den Grenzübergang $a \to 0$ bzw. $a \to 0$, $b \to \infty$.

ε) *Kugel der Leitfähigkeit* $\varkappa$ *und vom Radius* a, *der an den beiden Polen über zwei kleine kreisförmige Flächen, begrenzt durch* $\vartheta = \alpha$ *und* $\vartheta = \pi - \alpha$, *der Strom* I *zugeführt wird*. Die Stromdichte $j_0 = I/\pi a^2 \alpha^2$ über diese Flächen wird als konstant angenommen. Setzen wir für das Potential $\Phi = \sum_n A_n r^n P_n(\cos\vartheta)$ an, so ist die Radialkomponente der Feldstärke

$$E_r = -\frac{\partial\Phi}{\partial r} = -\sum_{n=0}^{\infty} A_n n\,r^{n-1} P_n(\cos\vartheta). \tag{91.8}$$

Eine längs $r = a$ analog Beispiel γ vorgenommene Entwicklung ($E_r = j_0/\varkappa$ über beide Zuführungen und sonst Null) liefert die Koeffizienten

$$A_n = \frac{j_0}{\varkappa\,n\,a^{n-1}}\Big[P_{2n}(\cos\alpha) - P_{2n+2}(\cos\alpha)\Big]. \tag{91.9}$$

Das Feld im Falle einer aus der Pollage verschobenen Zuführung vgl. Weber [15].

---

[1] R. N. Hall: J. Appl. Phys. **20**, 925 (1949).

ζ) *Ferromagnetische Hohlkugel (Radien a und $b > a$, relative Permeabilität μ_r) im homogenen Feld H.* Wir setzen für die drei Bereiche als skalares Potential an:

$$
\left.
\begin{aligned}
\Phi_1 &= \sum_{n=0}^{\infty} A_n\, r^n P_n(\cos\vartheta) && \text{für} \quad r \leq a, \\[2mm]
\Phi_2 &= \sum_{n=0}^{\infty} P_n(\cos\vartheta)\,[B_n r^n + C_n r^{-n-1}] && \text{für} \quad a \leq r \leq b, \\[2mm]
\Phi_3 &= -H\,r\cos\vartheta + \sum_{n=0}^{\infty} D_n r^{-n-1} P_n(\cos\vartheta) && \text{für} \quad r > b.
\end{aligned}
\right\} \quad (91.10)
$$

An den Grenzflächen $r = a$ und $r = b$ müssen das Potential Φ und die Normalkomponente der magnetischen Induktion $-\mu\,\dfrac{\partial\Phi}{\partial r}$ stetig ineinander übergehen. Bei der Durchführung der Rechnung fallen alle Koeffizienten für $n \neq 1$ fort, und man erhält:

$$
\Phi_1 = -A\,r\cos\vartheta; \quad \Phi_2 = -\left(B r + \frac{C}{r^2}\right)\cos\vartheta; \quad \Phi_3 = -\left(H r + \frac{D}{r^2}\right)\cos\vartheta
$$

mit

$$
\left.
\begin{aligned}
A &= \frac{H}{1 + \dfrac{2(\mu_r - 1)^2}{9\mu_r}\left(1 - \dfrac{a^3}{b^3}\right)}; \qquad B = \frac{A}{3\mu_r}(1 + 2\mu_r); \\[3mm]
C &= (A - B)\,a^3; \qquad D = (A - B)\,a^3 - (H - B)\,b^3.
\end{aligned}
\right\} \quad (91.11)
$$

Das Feld im Inneren der Hohlkugel ist also homogen. Das Verhältnis der Feldstärken innen und außen, $f = A/H$, heißt *Schirmfaktor.* Sein Wert bei verschiedenen Permeabilitäten (bzw. Dielektrizitätskonstanten) ε_1, ε_2, ε_3 in den drei Bereichen ist (WEBER [*15*]):

$$
f = \left[\frac{2}{3} + \frac{\varepsilon_1}{3\varepsilon_3} + \frac{2}{9\varepsilon_2\varepsilon_3}(\varepsilon_2 - \varepsilon_1)(\varepsilon_2 - \varepsilon_3)\left(1 - \frac{a^3}{b^3}\right)\right]^{-1}. \tag{91.12}
$$

Mit $a = 0$ erhält man das Feld einer dielektrischen bzw. ferromagnetischen Vollkugel.

η) *Homogene anisotrope dielektrische Kugel vom Radius a, eingebettet in einem homogen isotropen Dielektrikum ε_1 unter Einwirkung eines homogenen Außenfeldes $\mathbf{E}$.* Der Ursprung des kartesischen Koordinatensystems falle ins Kugelzentrum, die Achsenrichtungen in die Kristallachsen des Kugeldielektrikums, welches dann durch die Werte ε_x, ε_y, ε_z beschrieben ist (Ziff. 6). Die Richtung von $\mathbf{E}$ schließe mit den kartesischen Koordinatenachsen bzw. die Winkel α, β, γ ein. Nach dem gleichen Vorgang wie im voraufgehenden Beispiel und wie in Ziff. 64 erhält man dann[1] mit (6.7) für das Außen- bzw. Innenfeld

$$
\left.
\begin{aligned}
\Phi_a = -E\,a\,\Bigg\{ &\left(\frac{r}{a} + m_x \frac{a^2}{r^2}\right)\cos\alpha\, P_1^1(\cos\vartheta)\cos\varphi + \\
&+ \left(\frac{r}{a} + m_y \frac{a^2}{r^2}\right)\cos\beta\, P_1^1(\cos\vartheta)\sin\varphi + \\
&+ \left(\frac{r}{a} + m_z \frac{a^2}{r^2}\right)\cos\gamma\, P_1(\cos\vartheta)\Bigg\}, \\[2mm]
\Phi_i = -E\,r\,\big\{ &n_x \cos\alpha\, P_1^1(\cos\vartheta)\cos\varphi + n_y \cos\beta\, P_1^1(\cos\vartheta)\sin\varphi + \\
&+ n_z \cos\gamma\, P_1(\cos\vartheta)\big\}, \\[2mm]
m_i = \frac{\varepsilon_1 - \varepsilon_i}{2\varepsilon_1 + \varepsilon_i}; \qquad & n_i = \frac{3\varepsilon_1}{2\varepsilon_1 + \varepsilon_i}.
\end{aligned}
\right\} \quad (91.13)
$$

---

[1] R. CADE: Proc. Phys. Soc. Lond. B **66**, part 7, 557 (1953).

Das Feld im Kugelinneren ist homogen, doch fällt seine Richtung nur dann mit derjenigen von E zusammen, wenn einer der Winkel α, β, γ verschwindet. Im letzteren Falle hat auch das Moment des dem ursprünglich homogenen Außenfeld überlagerten Dipolfeldes die gleiche oder entgegengesetzte Richtung wie E, anderenfalls sind dessen Komponenten

$$P_x = -4\pi\varepsilon_1 a^3 E\, m_x \cos\alpha; \qquad P_y = -4\pi\varepsilon_1 a^3 E\, m_y \cos\beta;$$
$$P_z = -4\pi\varepsilon_1 a^3 E\, m_z \cos\gamma. \tag{91.14}$$

E übt dann auf die Kugel ein nach Ziff. 12 berechenbares Drehmoment aus.

Es folgen einige Felder mit vorgegebener Ladungsverteilung:

ϑ) Es sei die Ladung Q über eine *Kreislinie* vom Radius $a = R \sin\alpha$ (Fig. 50) gleichmäßig verteilt. Für das Potential auf der Achse läßt sich dann schreiben

$$\Phi_0(r,0) = \frac{Q}{4\pi\varepsilon} \cdot \frac{1}{\sqrt{(r-R\cos\alpha)^2 + R^2\sin^2\alpha}} = \frac{Q}{4\pi\varepsilon\sqrt{R^2+r^2-2Rr\cos\alpha}}$$
$$= \frac{Q}{4\pi\varepsilon R}\sum_{n=0}^{\infty} P_n(\cos\alpha) \begin{cases} \left(\dfrac{r}{R}\right)^n & \text{für } r \leq R \\[2mm] \left(\dfrac{R}{r}\right)^{n+1} & \text{für } r \geq R. \end{cases} \tag{91.15}$$

Für die räumliche Verteilung erhält man also:

$$\Phi(r,\vartheta) = \frac{Q}{4\pi\varepsilon R}\sum_{n=0}^{\infty} P_n(\cos\vartheta)\, P_n(\cos\alpha) \begin{cases} \left(\dfrac{r}{R}\right)^n \\[2mm] \left(\dfrac{R}{r}\right)^{n+1}. \end{cases} \tag{91.16}$$

Das Potential zweier gleichmäßig geladener, beliebig gegeneinander geneigter Kreislinien verschiedenen Durchmessers findet man bei Hobson [22].

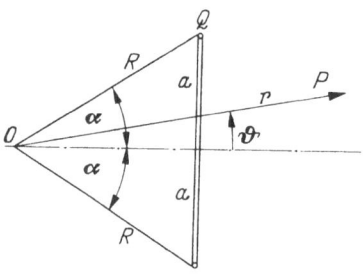

Fig. 50. Gleichmäßig geladener Kreisring.

ι) Das Achsenpotential einer gleichmäßig mit $\sigma = Q/\pi b^2$ beladenen *Kreisscheibe* vom Radius b in der Ebene $\vartheta = \pi/2$ ergibt sich aus obigem durch Integration:

$$\Phi(r,0) = \frac{\sigma}{4\pi\varepsilon}\int_0^b \frac{2\pi R\, dR}{\sqrt{r^2+R^2}}$$
$$= \frac{Q}{4\pi\varepsilon b^2}\left[\sqrt{r^2+b^2} - r\right]. \tag{91.17}$$

Nach Entwicklung der Wurzel nach Potenzen von r/b, bzw. b/r erhält man wie oben für die räumliche Verteilung

$$\Phi(r,\vartheta) = \frac{Q}{4\pi\varepsilon b}\left[1 - \frac{r}{b}\cos\vartheta + \sum_{n=1}^{\infty}\binom{\frac{1}{2}}{n}\left(\frac{r}{b}\right)^{2n} P_{2n}(\cos\vartheta)\right] \quad \text{für } r \leq b$$
$$= \frac{Q}{4\pi\varepsilon b}\sum_{n=0}^{\infty}\binom{\frac{1}{2}}{n}\left(\frac{b}{r}\right)^{2n+1} P_{2n}(\cos\vartheta) \qquad\qquad\quad \text{für } r \geq b. \tag{91.18}$$

$\varkappa$) *Gleichmäßig mit σ_0 geladene Kappe einer Kugel vom Radius R und dem Öffnungswinkel ϑ_0.* Das Feld ergibt sich aus (91.16), indem man dort $Q = 2\pi\sigma_0 R^2 d\alpha$

setzt und nach α integriert:

$$\Phi = - \frac{\sigma_0 R}{2\varepsilon} \left[(1 - \cos \vartheta_0) \begin{Bmatrix} 1 \\ \frac{R}{r} \end{Bmatrix} - \sum_{n=1}^{\infty} \frac{(n-1)!}{(n+1)!} \sin \vartheta_0 \, P_n^1(\cos \vartheta_0) \times \right.$$

$$\left. \times P_n(\cos \vartheta) \begin{Bmatrix} \left(\frac{r}{R}\right)^n \\ \left(\frac{R}{r}\right)^{n+1} \end{Bmatrix} \right] \begin{cases} \text{für } v \lessgtr R \\ \text{für } v \gtrless R. \end{cases} \qquad (91.19)$$

λ) *Gleichmäßig mit der Raumladung ϱ_0 ausgefüllte Kugel vom Radius R.* Es ist

$$\begin{aligned} \Phi_i &= \frac{\varrho_0 R^2}{6\varepsilon} \left(3 - \frac{r^2}{R^2}\right) = \frac{Q}{8\pi\varepsilon R} \left(3 - \frac{r^2}{R^2}\right) &\text{für } r \lessgtr R, \\ \Phi_a &= \frac{\varrho_0 R^2}{3\varepsilon} \cdot \frac{R}{r} = \frac{Q}{4\pi\varepsilon r} &\text{für } r \gtrless R. \end{aligned} \qquad (91.20)$$

Weitere Beispiele: W. Smythe[1] berechnet das Feld einer unendlichen Geraden konstanter Linienladung in der Nachbarschaft einer dielektrischen Kugel, E. Frank[2] das Feld zweier Stromquellpunkte im Innern einer homogenen leitenden Kugel.

92. Das Vektorpotential in Kugelkoordinaten. Der Vektor $\boldsymbol{u}$ in (72.5) wird hier zweckmäßig mit dem Vektor $\boldsymbol{r} = r\boldsymbol{r}^0$ identifiziert [13], so daß mit rot $\boldsymbol{r} = 0$ gilt:

$$\boldsymbol{A} = \text{rot}(\boldsymbol{r} W) = -[\boldsymbol{r} \times \text{grad} \, W]. \qquad (92.1)$$

Es läßt sich zeigen, daß mit $\Delta W = 0$ auch $\Delta \boldsymbol{A} = 0$ wird, und man erhält

$$\begin{aligned} \boldsymbol{B} = \text{rot} \, \boldsymbol{A} &= 2 \, \text{grad} \, W + r \frac{\partial}{\partial r} \text{grad} \, W \\ &= \frac{\partial^2 (Wr)}{\partial r^2} \boldsymbol{r}^0 + \frac{1}{r} \frac{\partial^2 W}{\partial \vartheta \, \partial r} \boldsymbol{\vartheta}^0 + \frac{1}{r \sin \vartheta} \cdot \frac{\partial^2 W}{\partial \varphi \, \partial r} \boldsymbol{\varphi}^0. \end{aligned} \qquad (92.2)$$

Setzt man für W eine der Laplace-Gleichung genügende Entwicklung, z.B. Gl. (90.4) an:

$$W = \sum_{n=0}^{\infty} \sum_{m=0}^{n} C_{nm} P_n^m(\cos \vartheta) \cos m(\varphi - \gamma_m) \begin{cases} \left(\frac{r}{R}\right)^n & \text{für } r \lessgtr R, \\ \left(\frac{R}{r}\right)^{n+1} & \text{für } r \gtrless R, \end{cases} \qquad (92.3)$$

worin R ein dem Problem angepaßter Radius ist, so erhält man für die Komponenten des Vektorpotentials:

$$A_\vartheta = \frac{1}{r \sin \vartheta} \frac{\partial (Wr)}{\partial \varphi} = - \sum_{n=0}^{\infty} \sum_{m=0}^{n} \frac{m C_{nm}}{\sin \vartheta} P_n^m(\cos \vartheta) \sin m(\varphi - \gamma_m) \begin{Bmatrix} \left(\frac{r}{R}\right)^n \\ \left(\frac{R}{r}\right)^{n+1} \end{Bmatrix},$$

$$A_\varphi = - \frac{1}{r} \frac{\partial (Wr)}{\partial \vartheta} = - \sum_{n=0}^{\infty} \sum_{m=0}^{n} C_{nm} \frac{d}{d\vartheta} P_n^m(\cos \vartheta) \cos m(\varphi - \gamma_m) \begin{Bmatrix} \left(\frac{r}{R}\right)^n \\ \left(\frac{R}{r}\right)^{n+1} \end{Bmatrix}. \qquad (92.4)$$

Die nur ausnahmsweise verwendete Komponente A_r gehorcht der Laplace-Gleichung und läßt sich durch in Ziff. 90 behandelte Entwicklungen darstellen.

---

[1] W. Smythe: J. Appl. Phys. **22**, 521 (1951).
[2] E. Frank: J. Appl. Phys. **23**, 1225 (1952).

Im Falle der Rotationssymmetrie $(m = 0)$ wird

$$
\left.
\begin{aligned}
W &= \sum_{n=0}^{\infty} C_n P_n(\cos \vartheta)
\begin{cases}
\left(\dfrac{r}{R}\right)^n \\[2mm]
\left(\dfrac{R}{r}\right)^{n+1},
\end{cases} \\[4mm]
A_\varphi &= -\sum_{n=1}^{\infty} C_n P_n^1(\cos \vartheta)
\begin{cases}
\left(\dfrac{r}{R}\right)^n \\[2mm]
\left(\dfrac{R}{r}\right)^{n+1}
\end{cases}; \quad A_\vartheta = 0, \\[4mm]
B_r &= \sum_{n=1}^{\infty} \frac{n(n+1)}{R} C_n P_n(\cos \vartheta)
\begin{cases}
\left(\dfrac{r}{R}\right)^{n-1} \\[2mm]
\left(\dfrac{R}{r}\right)^{n+2},
\end{cases} \\[4mm]
B_\vartheta &= \sum_{n=1}^{\infty} \frac{C_n}{R} P_n^1(\cos \vartheta)
\begin{cases}
(n+1)\left(\dfrac{r}{R}\right)^{n-1} \\[2mm]
(-n)\left(\dfrac{R}{r}\right)^{n+2}
\end{cases}; \quad B_\varphi = 0.
\end{aligned}
\right\}
\quad (92.5)
$$

Als Beispiel sei das Vektorpotential und die Induktion einer *Kugelspule* vom Radius R berechnet, deren Windungen längs Breitenkreisen verlaufen und deren Strombelag (bzw. Windungsbelag) das Gesetz $J_\varphi = J_0 \sin \vartheta$ befolgt. Bezeichnet der Index i die Größen innerhalb, der Index a diejenigen außerhalb der Kugelfläche, so erhält man an Hand der Grenzbedingung (29.2) für den Sprung der Induktionskomponenten an $r = R$:

$$
\left.
\begin{aligned}
\mu J_\varphi &= \mu J_0 \sin \vartheta = [B_{\vartheta a} - B_{\vartheta i}]_{r=R}, \\
\mu J_\vartheta &= 0 \qquad\quad = [B_{\varphi i} - B_{\varphi a}]_{r=R}.
\end{aligned}
\right\}
\quad (92.6)
$$

Durch Vergleich mit (92.5) erkennt man, daß von dieser Entwicklung nur das Glied mit $n = 1$ übrig bleibt. Man erhält $C_1 = \frac{1}{3}\mu J_0 R$ und somit:

$$
\left.
\begin{aligned}
A_\varphi &= \frac{1}{3}\mu J_0 R \sin \vartheta
\begin{cases}
\dfrac{r}{R} \\[2mm]
\left(\dfrac{R}{r}\right)^2,
\end{cases} \\[4mm]
B_r &= \frac{2}{3}\mu J_0 R \cos \vartheta
\begin{cases}
1 \\[2mm]
\left(\dfrac{R}{r}\right)^3,
\end{cases} \\[4mm]
B_\vartheta &= \frac{1}{3}\mu J_0 R \sin \vartheta
\begin{cases}
\times (-2) \\[2mm]
\left(\dfrac{R}{r}\right)^3.
\end{cases}
\end{aligned}
\right\}
\quad (92.7)
$$

Das Feld innerhalb der Spule ist also homogen und axial gerichtet.

Für eine *einzige*, den Strom I führende *Windung* vom Radius $a = R \sin \alpha$ setzen wir nach (92.5) die Entwicklung an:

$$
J = \sum_{n=1}^{\infty} K_n P_n^1(\cos \vartheta)
\quad (92.8)
$$

und bestimmen die Koeffizienten wie üblich, indem wir (92.8) beiderseits mit $P_p^1(\cos \vartheta)$ multiplizieren und nach $\cos \vartheta$ von -1 bis $+1$ integrieren. Da J nur über einen sehr kleinen Bereich $d\alpha$ von Null verschieden ist, können wir links $P_p^1(\cos\vartheta)\sin\vartheta$ als $P_p^1(\cos\alpha)\sin\alpha$ vor das Integral ziehen und den Rest $\int J\,d\vartheta = \int J\,d\alpha = I$ setzen. Bei Anwendung der Orthogonalitätsbeziehung ergibt sich dann:

$$K_p = -\frac{2p+1}{2p(p+1)}\cdot\frac{I}{R}\cdot P_p^1(\cos\alpha)\sin\alpha. \tag{92.9}$$

Bei Berücksichtigung der Gl. (92.6) entsprechenden Grenzbedingung und Heranziehung der Gl. (92.5) folgt schließlich:

$$\left.\begin{aligned}
A_\varphi &= -\frac{\mu I}{2}\sum_{n=1}^{\infty}\frac{\sin\alpha}{n(n+1)}\,P_n^1(\cos\alpha)\,P_n^1(\cos\vartheta)\begin{cases}\left(\dfrac{r}{R}\right)^n\\[2mm]\left(\dfrac{R}{r}\right)^{n+1},\end{cases}\\[3mm]
B_r &= \frac{\mu I}{2R}\sum_{n=1}^{\infty}\sin\alpha\,P_n^1(\cos\alpha)\,P_n(\cos\vartheta)\begin{cases}\left(\dfrac{r}{R}\right)^{n-1}\\[2mm]\left(\dfrac{R}{r}\right)^{n+2},\end{cases}\\[3mm]
B_\vartheta &= \frac{\mu I}{2R}\sum_{n=1}^{\infty}\sin\alpha\,P_n^1(\cos\alpha)\,P_n^1(\cos\vartheta)\begin{cases}\left(\dfrac{r}{R}\right)^{n-1}\cdot\dfrac{1}{n}\\[2mm]\left(\dfrac{R}{r}\right)^{n+2}\cdot\left(-\dfrac{1}{n+1}\right).\end{cases}
\end{aligned}\right\} \tag{92.10}$$

93. Helmholtz-Spulen und ähnliche Anordnungen. Um in einem beschränkten Gebiet ein möglichst homogenes magnetisches Feld zu erhalten, verwendet man oft die von HELMHOLTZ angegebene Anordnung zweier gleichgroßer koaxialer Spulen, deren Wicklungsquerschnitt klein gegenüber ihrem Durchmesser ist, so daß sie als kreisförmige Stromfäden angesehen werden können.

Zwei solche gleichsinnig vom Strom I durchflossene Fäden, angeordnet in R, α und $R, \pi-\alpha$, ergeben, da $P_{2n+1}^1(\cos\alpha)$ eine Gerade, $P_{2n}^1(\cos\alpha)$ hingegen eine ungerade Funktion von $\cos\alpha$ ist, nach Gl. (92.10) im Bereich $r \leq R$ die Induktion

$$\left.\begin{aligned}
B_r &= \frac{\mu I}{R}\sum_{n=0}^{\infty}\sin\alpha\,P_{2n+1}^1(\cos\alpha)\,P_{2n+1}(\cos\vartheta)\left(\frac{r}{R}\right)^{2n},\\[3mm]
B_\vartheta &= \frac{\mu I}{R}\sum_{n=0}^{\infty}\frac{\sin\alpha}{2n+1}\,P_{2n+1}^1(\cos\alpha)\,P_{2n+1}^1(\cos\vartheta)\left(\frac{r}{R}\right)^{2n}.
\end{aligned}\right\} \tag{93.1}$$

Das Feld im Ursprung ist axial gerichtet und durch die ersten Glieder der beiden Reihen gegeben:

$$B_z(0) = -\frac{\mu I}{R}\sin^2\alpha. \tag{93.2}$$

Es wird in der Ursprungsumgebung um so homogener, je mehr von den dem ersten folgenden Reihenkoeffizienten verschwinden. Da jedoch nur der eine Parameter α in Frage kommt, läßt sich allein der zweite Reihenkoeffizient zu Null machen, und zwar muß sein:

$$\left.\begin{aligned}
P_3^1(\cos\alpha) &= -\frac{3}{2}\sin\alpha\,(5\cos^2\alpha - 1) = 0,\\[3mm]
\alpha &= \arccos\frac{1}{\sqrt{5}} = \arctan 2 = 63°26'.
\end{aligned}\right\} \tag{93.3}$$

Bei rechteckigem Spulenquerschnitt (Axiallänge l, Höhe h) gilt noch bei $l, h \ll R$ die Forderung $\dfrac{l}{h} = \sqrt{\dfrac{31}{36}}$. Für größere Wicklungsabmessungen sind Optimalwerte von Berger und Butterweck[1] in Form von Kurven veröffentlicht.

Bei Verwendung mehrerer Stromringpaare, kommen mit jedem neuen Stromringpaar drei neue Parameter I_k, R_k, α_k hinzu, so daß man erwarten könnte, daß die Reihe, abgesehen vom ersten Glied, bei zwei Ringpaaren mit dem Glied $(r/R)^{10}$, bei drei Ringpaaren mit $(r/R)^{16}$ usw. beginnt. A. und F. Sauter[2] konnten jedoch im Falle zweier Ringpaare zeigen, daß eine so weitgehende Homogenisierung nicht möglich ist und die Reihe bestenfalls mit $(r/R)^8$ anfängt. Man hat in diesem Falle die vier Gleichungen zu lösen

$$\frac{I_1 \sin \alpha_1}{R_1^{2n+1}} P_{2n+1}^1(\cos \alpha_1) + \frac{I_2 \sin \alpha_2}{R_2^{2n+1}} \times$$
$$\times P_{2n+1}^1(\cos \alpha_2) = 0; \quad n = 1, 2, 3, 4,$$

wovon mehrere Lösungen zusammenfallen. Einige optimale Möglichkeiten für die Anordnung zweier stromführenden Spulenpaare sind in Fig. 50 eingetragen, und zwar nur in einem Quadranten eines Meridianschnitts. Zusammengehörige Durchstoßpunkte mit dieser Ebene sind mit gleichen Ziffern gekennzeichnet. Die zu den beiden äußeren Kurvenästen gehörenden Spulenpaare führen entgegengesetzt gerichtete, diejenigen der Mittelkurve in gleicher Richtung fließende Ströme. Die Lage der Helmholtz-Spulen ist mit h markiert.

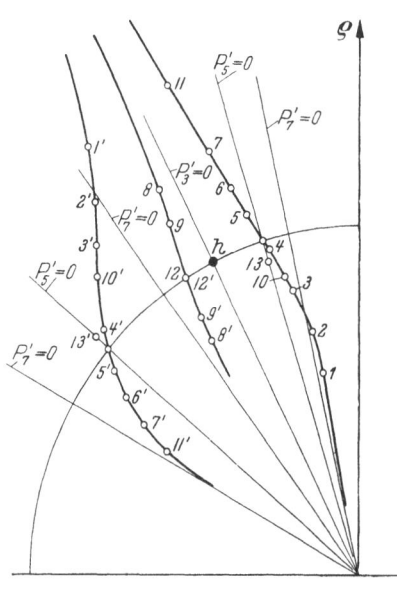

Fig. 51. Gegenseitige Anordnung zweier stromführender Ringpaare zur optimalen Homogenisierung des Feldes in ihrem Zentrum.

94. Bisphärische Koordinaten u, v, φ. Sie entstehen aus den Kugelkoordinaten durch Inversion. Die Beziehungen zwischen u, v, φ und den Kreiszylinderkoordinaten lauten:

$$\left. \begin{aligned} s &= z + i\varrho = c \cot \frac{u+iv}{2} = c\, \frac{\operatorname{Sin} v + i \sin u}{\operatorname{Cos} v - \cos u}, \\ h &= \frac{1}{U} = \frac{1}{V} = \frac{c}{\operatorname{Cos} v - \cos u}; \quad 0 \le u \le \pi; \quad -\infty \le v \le +\infty. \end{aligned} \right\} \quad (94.1)$$

Die Koordinatenflächen $u = u_0 = \text{const}$, bzw. $v = v_0 = \text{const}$ werden durch die Gleichungen:

$$(z - c \operatorname{Cot} v_0)^2 + \varrho^2 = \frac{c^2}{\operatorname{Sin}^2 v_0}; \quad z^2 + (\varrho - c \cot u_0)^2 = \frac{c^2}{\sin^2 u_0} \quad (94.2)$$

beschrieben. Es sind auf der Achse zentrierte Kugeln und Umdrehungsflächen (Fig. 52), erzeugt von Kreisbögen durch zwei feste Achsenpunkte (gegenseitiger Abstand $2c$).

---

[1] W. Berger u. H. Butterweck: Arch. Elektrotechn. **42**, 216 (1956). Die Autoren geben auch Zweispulenanordnungen an, in welchen $(dB_z/dz)_0$ möglichst konstant gemacht wird.

[2] A. u. F. Sauter: Z. Physik **122**, 120 (1944).

Mit (94.1) ergibt sich aus (89.3) die Differentialgleichung für das reduzierte Potential:

$$\frac{\partial^2 V_m}{\partial u^2} + \frac{\partial^2 V_m}{\partial v^2} + \frac{\frac{1}{4} - m^2}{\sin^2 u} V_m = 0, \qquad (94.3)$$

woraus man durch Produktansatz den folgenden Satz von Partiallösungen erhält:

$$V_{mn} = \sqrt{\sin u} \, P_n^m(\cos u) \left[A_1 e^{(n+\frac{1}{2})v} + A_2 e^{-(n+\frac{1}{2})v} \right] \qquad (94.4)$$

oder auch[1]

$$V_{m\nu} = \sqrt{\sin u} \left[C_1 P_{-\frac{1}{2}+i\nu}^m(\cos u) + C_2 P_{-\frac{1}{2}+i\nu}^m(-\cos u) \right] \left[A_1 e^{i\nu v} + A_2 e^{-i\nu v} \right]. \qquad (94.5)$$

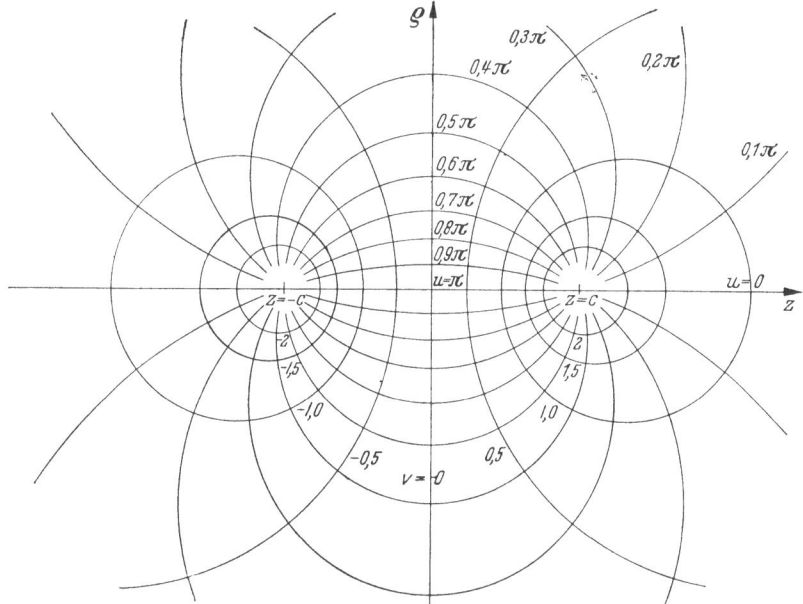

Fig. 52. Bisphärische Koordinaten.

Das gewöhnliche Potential ergibt sich mit (94.4) nach Gl. (89.1) zu

$$\left.\begin{aligned}
\Phi &= \varrho^{-\frac{1}{2}} \sum_{n=0}^{\infty} \sum_{m=0}^{n} V_{nm} \left(B_1 e^{im\varphi} + B_2 e^{-im\varphi} \right) \\
&= \sqrt{\text{Cos } v - \cos u} \sum_{n=0}^{\infty} \sum_{m=0}^{n} P_n^m(\cos u) \times \\
&\quad \times \left[A_1 e^{(n+\frac{1}{2})v} + A_2 e^{-(n+\frac{1}{2})v} \right] \left[B_1 e^{im\varphi} + B_2 e^{-im\varphi} \right]
\end{aligned}\right\} \qquad (94.6)$$

und entsprechend mit (94.5).

Als Beispiel sei das Potentialfeld *zweier Kugeln* (Fig. 53) mit den Radien a und b und dem Mittelpunktsabstand d berechnet. Die erste habe das Potential $\Phi_1 = U$, die zweite sei geerdet. Aus (94.2) erhält man die krummlinigen Koordinaten der beiden Kugeln:

$$\text{Sin } v_1 = \mp \frac{c}{a}; \qquad \text{Sin } v_2 = \frac{c}{b}; \qquad c^2 = \frac{1}{4d^2} \left[(d^2 - a^2 - b^2)^2 - 4a^2 b^2 \right]. \qquad (94.7)$$

Das obere Zeichen gilt für den Fall $d > a + b$, das untere für $d < a + b$.

---

[1] $P_{-\frac{1}{2}+i\nu}(x)$ sind sog. Kegelfunktionen [vgl. Gl. (88.13)].

Infolge Rotationssymmetrie ist $m = 0$. Die Verteilung des reduzierten Potentials längs der Kugeln v_1 und v_2 ergibt sich nach (94.1):

$$
\left.\begin{aligned}
V(u, v_1) &= \varrho^{\frac{1}{2}} U = \sqrt{c}\, U \sqrt{\frac{\sin u}{\operatorname{Cos} v_1 - \cos u}} \\
&= \sqrt{2c}\, U \sqrt{\sin u} \sum_{n=0}^{\infty} P_n(\cos u)\, \mathrm{e}^{-\left(n + \frac{1}{2}\right) v_1}, \\
V(u, v_2) &= 0.
\end{aligned}\right\}
\tag{94.8}
$$

Diese Grenzbedingungen sind durch folgende, sich nach (94.4) ergebende Lösung erfüllt:

$$
V_0 = \sqrt{2c}\, U \sqrt{\sin u} \sum_{n=0}^{\infty} P_n(\cos u)\, \mathrm{e}^{-\left(n + \frac{1}{2}\right) v_1} \frac{\operatorname{Sin}\left(n + \frac{1}{2}\right)(v - v_2)}{\operatorname{Sin}\left(n + \frac{1}{2}\right)(v_1 - v_2)},
\tag{94.9}
$$

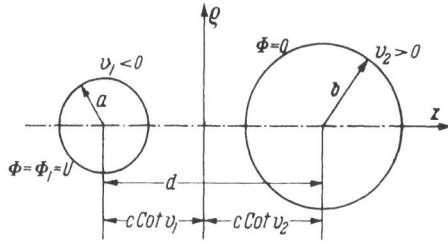

so daß man als das gesuchte Potentialfeld erhält:

$$
\left.\begin{aligned}
\Phi &= \sqrt{2}\, U \sqrt{\operatorname{Cos} v - \cos u} \times \\
&\times \sum_{n=0}^{\infty} P_n(\cos u)\, \mathrm{e}^{-\left(n + \frac{1}{2}\right) v_1} \times \\
&\times \frac{\operatorname{Sin}\left(n + \frac{1}{2}\right)(v - v_2)}{\operatorname{Sin}\left(n + \frac{1}{2}\right)(v_1 - v_2)}.
\end{aligned}\right\}
\tag{94.10}
$$

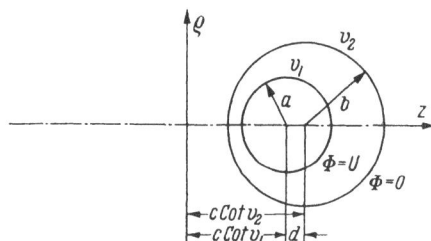

Fig. 53. Zum Potential zwischen zwei Kugeln.

Hieraus ergibt sich mit $v_2 = 0$ die Feldverteilung der Anordnung Kugel—geerdete Ebene. Soll auch die zweite Kugel ein Potential führen, so überlagert man die Resultate der Probleme $\Phi_1 \neq 0$, $\Phi_2 = 0$ und $\Phi_1 = 0$, $\Phi_2 \neq 0$.

Das Problem „geladene gegen geerdete Kugel" läßt sich auch durch unendlich oft wiederholte Spiegelung einer zunächst im Zentrum der geladenen Kugel angenommenen Punktladung an den beiden Kugelflächen lösen [9], [13]. Dieses Verfahren eignet sich besonders zur Berechnung der Eigen- und Teilkapazitäten der beiden Kugeln[1]. Man erhält [13]:

$$
\left.\begin{aligned}
C_{11} &= 4\pi\varepsilon\, a\, b \operatorname{Sin}\alpha \sum_{n=1}^{\infty} \left[b \operatorname{Sin} n\alpha \pm a \operatorname{Sin}(n-1)\alpha\right]^{-1}, \\
C_{22} &= 4\pi\varepsilon\, a\, b \operatorname{Sin}\alpha \sum_{n=1}^{\infty} \left[a \operatorname{Sin} n\alpha + b \operatorname{Sin}(n-1)\alpha\right]^{-1}, \\
C_{12} &= C_{21} = -\frac{4\pi\varepsilon\, a\, b}{d} \cdot \operatorname{Sin}\alpha \sum_{n=1}^{\infty} \frac{1}{\operatorname{Cos} n\alpha}
\end{aligned}\right\}
\tag{94.11}
$$

mit

$$
\operatorname{Cos}\alpha = \pm \frac{d^2 - a^2 - b^2}{2ab}.
$$

---

[1] Vgl. aber auch H. BUCHHOLZ [2].

Die Entwicklung für das Quellpunktpotential $\Phi(p, p_0)$ im unendlichen Raum und die Greensche Funktion $G(p, p_0)$ für die beiden obengenannten Kugeln seien hier ohne Ableitung genannt (vgl. diese bei BUCHHOLZ [2]):

$$
\left.
\begin{aligned}
\Phi(u, v, \varphi; u_0, v_0, \varphi_0) &= \frac{Q}{4\pi\varepsilon|\boldsymbol{r}-\boldsymbol{r}_0|} \\
&= \frac{Q}{4\pi\varepsilon c}\sqrt{(\operatorname{Cos} v - \cos u)(\operatorname{Cos} v_0 - \cos u_0)} \sum_{n=0}^{\infty} e^{-(n+\frac{1}{2})|v-v_0|} P_n(\cos\zeta); \\
\cos\zeta &= \cos u \cos u_0 - \sin u \sin u_0 \cos(\varphi - \varphi_0),
\end{aligned}
\right\} \quad (94.12)
$$

$$
\left.
\begin{aligned}
G(p, p_0) &= \frac{1}{2\pi\varepsilon c}\sqrt{(\operatorname{Cos} v - \cos u)(\operatorname{Cos} v_0 - \cos u_0)} \times \\
&\times \sum_{n=0}^{\infty} \frac{P_n(\cos\zeta)}{\operatorname{Sin}(n+\frac{1}{2})(v_1-v_2)}
\begin{cases}
\operatorname{Sin}(n+\frac{1}{2})(v_0-v_2)\operatorname{Sin}(n+\frac{1}{2})(v_1-v) & \text{für} \quad v_0 < v \le v_1, \\
\operatorname{Sin}(n+\frac{1}{2})(v_1-v_0)\operatorname{Sin}(n+\frac{1}{2})(v-v_2) & \text{für} \quad v_2 \le v < v_0.
\end{cases}
\end{aligned}
\right\} \quad (94.13)
$$

Der gleiche Autor gibt das Potential beider Kugeln im homogenen Feld und das Feld eines Kugelerders mit und ohne störende Quellpunktströmung.

95. Toruskoordinaten. Die Spur auf einer Ebene $\varphi = \text{const}$ der dazu senkrechten Toruskoordinatenflächen ist mit derjenigen der bisphärischen Koordinaten identisch (Fig. 52), nur sind die z- und die ϱ-Achse vertauscht. Man hat also[1]:

$$
\left.
\begin{aligned}
i\bar{s} &= i z + \varrho = c \cot\frac{\bar{v}}{2} = c \cot\frac{1}{2}(u + iv) = c \frac{i \sin u + \operatorname{Sin} v}{\operatorname{Cos} v - \cos u}, \\
h &= \frac{1}{U} = \frac{1}{V} = \frac{c}{\operatorname{Cos} v - \cos u}; \qquad \frac{1}{W} = \varrho; \\
&-\pi < u < +\pi; \quad 0 \le v < \infty.
\end{aligned}
\right\} \quad (95.1)
$$

(Beachte auch abgeänderten Wertebereich.) Die Flächen $v = v_0 = \text{const}$ sind Kreisringwulste $z^2 + (\varrho - c\operatorname{Cot} v_0)^2 = (c/\operatorname{Sin} v_0)^2$, die Flächen $u = u_0 = \text{const}$ Kugelkalotten $(z - c\cot u_0)^2 + \varrho^2 = (c/\sin u_0)^2$. $v = 0$ fällt in die z-Achse, $u = 0$ ist die Ebene $z = 0$ außerhalb des Kreises $\varrho = c$, der die Berandung der einzelnen Kugelkappen darstellt.

Für die Laplace-Gleichung folgt aus Gl. (71.7) und (95.1)

$$
\left.
\begin{aligned}
\frac{c^2 \operatorname{Sin} v}{(\operatorname{Cos} v - \cos u)^3} \Delta\Phi &= \frac{\partial}{\partial u}\left(\frac{\operatorname{Sin} v}{\operatorname{Cos} v - \cos u}\frac{\partial\Phi}{\partial u}\right) + \frac{\partial}{\partial v}\left(\frac{\operatorname{Sin} v}{\operatorname{Cos} v - \cos u}\frac{\partial\Phi}{\partial v}\right) + \\
&+ \frac{1}{\operatorname{Sin} v(\operatorname{Cos} v - \cos u)}\frac{\partial^2\Phi}{\partial\varphi^2} = 0.
\end{aligned}
\right\} \quad (95.2)
$$

Sie läßt sich durch den einfachen Produktansatz nicht separieren. Mit $\Phi_m = \varrho^{-\frac{1}{2}} \cdot V_m(u, v) \cdot e^{\pm i m\varphi} = \sqrt{\dfrac{\operatorname{Cos} v - \cos u}{\operatorname{Sin} v}} \cdot V_m \cdot e^{\pm i m\varphi}$ erhalten wir als Differentialgleichung für das reduzierte Potential V_m:

$$
\frac{\partial^2 V_m}{\partial u^2} + \frac{\partial^2 V_m}{\partial v^2} + \frac{\frac{1}{4} - m^2}{\operatorname{Sin}^2 v} V_m = 0 \tag{95.3}
$$

mit den Partikularintegralen:

$$
V_m = (A_1 \cos\nu u + A_2 \sin\nu u)\left(B_1 \mathfrak{P}^m_{\nu-\frac{1}{2}}(\operatorname{Cos} v) + B_2 \mathfrak{Q}^m_{\nu-\frac{1}{2}}(\operatorname{Cos} v)\right)\sqrt{\operatorname{Sin} v} \tag{95.4}
$$

oder auch (HOBSON [20]):

$$
V_m = (A_1 \operatorname{Cos}\nu u + A_2 \operatorname{Sin}\nu u)\left(B_1 P^m_{-\frac{1}{2}+i\nu}(\operatorname{Cos} v) + B_2 Q^m_{-\frac{1}{2}+i\nu}(\operatorname{Cos} v)\right)\sqrt{\operatorname{Sin} v}. \tag{95.5}
$$

---

[1] In der Bezeichnungsweise von MAGNUS-OBERHETTINGER [27] ist $\xi = v$, $\eta = u$.

Die erste Lösung (95.4) wird benutzt, wenn das Potential längs der Torusflächen $v = \text{const}$ vorgegeben ist, und zwar mit $B_2 = 0$ zur Beschreibung der Felder außerhalb, mit $B_1 = 0$ für solche innerhalb der gegebenen Kreiswulstfläche. Die zweite Lösung (95.5) verwendet man bei Problemen mit Grenzflächen in Form von Kugelkalotten $u = \text{const}$.

Die in den beiden Lösungen auftretenden Kugelfunktionen sind in Ziff. 88 definiert. Die ersteren werden bei ganzzahligem $v = n$ Ring- oder Torusfunktionen, die zweiten Kegelfunktionen genannt. Im Falle der Rotationssymmetrie ($m = 0$) lassen sich die Torusfunktionen durch die vollständigen elliptischen Integrale $K(k)$ und $E(k)$ ausdrücken.

Von den einfachsten Verteilungen ergibt

$$\left. \begin{aligned} \Phi &= \frac{Q}{4\pi\varepsilon} \cdot \sqrt{\frac{\operatorname{Cos} v - \cos u}{2}} \cdot K_{-\frac{1}{2}}(\operatorname{Cos} v) \\ &= \frac{Q}{4\pi\varepsilon} \cdot \frac{1}{\sqrt{2}} \sqrt{\operatorname{Cos} v - \cos u}\, e^{-\frac{v}{2}} \cdot \frac{2}{\pi} \cdot K\left(\sqrt{1 - e^{-2v}}\right) \end{aligned} \right\} \tag{95.6}$$

das bereits bei den Kreiszylinderkoordinaten berechnete Feld (79.3) eines gleichmäßig geladenen Kreisfadens $\varrho = c$ ($Q = $ Gesamtladung).

$$\Phi = A\sqrt{\operatorname{Cos} v - \cos u} \cdot e^{-\frac{v}{2}} \cdot K(e^{-v}) \tag{95.7}$$

ist die Potentialverteilung eines spindelförmigen Körpers, der in zwei dünne unendlich lange gerade Fäden längs der Rotationsachse ausläuft.

$$\Phi = A\sqrt{\operatorname{Cos} v - \cos u} \cdot e^{\frac{v}{2}} \cdot E\left(\sqrt{1 - e^{-2v}}\right) \frac{\cos u}{\sin u} \tag{95.8}$$

endlich stellt das Feld eines Dipolringes vom Radius c dar, wobei die Dipolachse bei Verwendung von $\cos u$ radial, bei Verwendung von $\sin u$ axial gerichtet ist.

Setzt man in (95.4) $v - \frac{1}{2} = n$ (ganz), so werden die $\mathfrak{P}_{v-\frac{1}{2}}$ zu Polynomen. Insbesondere ist $\mathfrak{P}_0(\operatorname{Cos} v) = 1$ und man erhält:

$$\Phi = A\sqrt{\operatorname{Cos} v - \cos u} \left\{ \begin{aligned} &\sin \frac{u}{2} \\ &\cos \frac{u}{2} \cdot \end{aligned} \right\} \tag{95.9}$$

Die obere Verteilung ist mit dem Feld (97.12) der bei den Koordinaten ξ, η des abgeplatteten Ellipsoids besprochenen Anordnung identisch, die untere mit dem Feld (97.13). Da die Toruskoordinaten sich relativ einfach durch die obengenannten Koordinaten ξ, η ausdrücken lassen, kann man die in dem einen System gefundenen Felder in die Sprache des anderen Systems übersetzen. Es ist bei gleichem Brennkreis c:

$$\xi = \frac{\sqrt{2}\cos \frac{u}{2}}{\sqrt{\operatorname{Cos} v - \cos u}}; \quad \eta = \frac{\sqrt{2}\sin \frac{u}{2}}{\sqrt{\operatorname{Cos} v - \cos u}}. \tag{95.10}$$

Als etwas komplizierteres Beispiel betrachten wir das Feld eines leitenden, auf das Potential U gegen ∞ aufgeladenen Toroids $v = v_1 = \text{const}$. Man erhält zunächst als Verteilung des reduzierten Potentials $V(u, v_1)$ auf seiner Oberfläche:

$$V(u, v_1) = \varrho^{\frac{1}{2}} U = \sqrt{\frac{\operatorname{Sin} v_1}{\operatorname{Cos} v_1 - \cos u}} \cdot U \cdot \sqrt{c} , \tag{95.11}$$

welcher Ausdruck sich in eine Fourier-Reihe entwickeln läßt [22], [27]:

$$
\left.\begin{aligned}
V(u, v_1) &= \sqrt{c}\ U \cdot \sqrt{\operatorname{Sin} v_1} \cdot \sum_{n=0}^{\infty} \frac{2}{\pi} \cos n\, u \int_{0}^{\pi} \frac{\cos n\, u\, du}{\sqrt{\operatorname{Cos} v_1 - \cos u}} \\
&= \frac{\sqrt{2c}}{\pi}\ U \sqrt{\operatorname{Sin} v_1} \sum_{n=0}^{\infty} \boldsymbol{\epsilon}_n \cos n\, u\, \mathfrak{Q}_{n-\frac{1}{2}} (\operatorname{Cos} v_1)\,, \\
\boldsymbol{\epsilon}_0 &= 1\,, \quad \boldsymbol{\epsilon}_{n>0} = 2\,.
\end{aligned}\right\} \tag{95.12}
$$

Mit (95.4) erhält man dann als räumliche Potentialverteilung

$$
\Phi = \frac{\sqrt{2}}{\pi}\ U \sqrt{\operatorname{Cos} v - \cos u} \cdot \sum_{n=0}^{\infty} \boldsymbol{\epsilon}_n \mathfrak{Q}_{n-\frac{1}{2}} (\operatorname{Cos} v_1) \cdot \frac{\mathfrak{P}_{n-\frac{1}{2}} (\operatorname{Cos} v)}{\mathfrak{P}_{n-\frac{1}{2}} (\operatorname{Cos} v_1)} \cdot \cos n\, u\,. \tag{95.13}
$$

Durch einen Grenzübergang $r = \sqrt{\varrho^2 + z^2} \to \infty$ und Vergleich mit $\Phi = \frac{Q}{4\pi \varepsilon r}$ erhält man als Kapazität[1]:

$$
C = 8\, \varepsilon\, c \sum_{n=0}^{\infty} \boldsymbol{\epsilon}_n \frac{\mathfrak{Q}_{n-\frac{1}{2}} (\operatorname{Cos} v_1)}{\mathfrak{P}_{n-\frac{1}{2}} (\operatorname{Cos} v_1)}\,. \tag{95.14}
$$

Der Ausdruck ist von T. S. E. Thomas[2] numerisch ausgewertet, welcher auch folgende Näherungsformeln mit Fehler unter 1% angibt:

$$
C = 4\pi^2\, \varepsilon\, c/\log \frac{8c}{a} \qquad \text{für} \quad \frac{a}{c} < 0{,}12\,;
$$

$$
C = 4\pi\, \varepsilon\, [0{,}68\, c + 1{,}07\, a] \quad \text{für} \quad \frac{a}{c} > 0{,}30\,.
$$

Zwischen den beiden genügt es in der Formel (95.14) nur die ersten beiden Glieder zu berücksichtigen [unter Verwendung von Gl. (88.15)].

Die Kapazität eines durch zwei torische Koordinatenflächen gebildeten Kondensators findet man bei H. Buchholz [2], ein aus *koaxialen* Toren gebildeter Kondensator wurde von W. E. Waters[3] behandelt.

In manchen elektronischen Geräten interessiert das Feld innerhalb eines durch die Flächen $v = v_1$ und $\varphi = \pm\gamma$ begrenzten *Torusstumpfes*. H. Buchholz [2] gibt hierfür die Greensche Funktion an und das Potentialfeld für die Verteilung: $\Phi = \pm U_0 = \text{const}$ längs $v = v_1$ und bzw. $\varphi \gtrless 0$, $\Phi = \pm U_1$ über die Abschlußebenen $\varphi = \pm\gamma$. Beim gleichen Autor findet man das magnetische Feld einer von einem längs $n = 0$ geschlitzten, höchstpermeablen ferromagnetischen Mantel umgebenen Kreiswulstspule. Diese Anordnung stellt eine idealisierte *magnetische Elektronenlinse* für Kathodenstrahlröhren und Elektronenmikroskope dar.

Bei Untersuchung von Feldbereichen, welche durch Kugelkalotten $u = \text{const}$ begrenzt sind, ist zu beachten, daß der in (95.1) angegebene Wertebereich für u je nach Verlegen der „Sperrfläche" auch anders gewählt werden kann. Die genannten Werte gelten für eine mit einem Kreisloch versehene Ebene als Sperrfläche; für eine beliebige Kugelkalotte α kann man z.B. den Bereich $\alpha \leq u \leq \alpha - 2\pi$ festsetzen. Die Greensche Funktion eines solchen, von den

---

[1] Hicks: Phil. Trans. Roy. Soc. **147**, 609 (1881). — H. Buchholz [2].

[2] T. S. E. Thomas: Austral. J. Phys. **7**, 347 (1954).

[3] W. E. Waters: J. Appl. Phys. **27**, 1211 (1956).

Kalotten $u = \alpha$ und $u = \beta < \alpha$ begrenzten Körpers[1] ist bei nach $u = \alpha$ verlegter Sperrfläche:

$$G(u, v, \varphi; u_0, v_0, \varphi_0) = - \frac{\sqrt{(\mathrm{Cos}\, v - \cos u)\,(\mathrm{Cos}\, v_0 - \cos u_0)}}{4\pi\varepsilon c \cdot \sqrt{2(\alpha - \beta)}} \times$$

$$\times \int_w^\infty \left\{ \frac{1}{\mathrm{Cos}\,\dfrac{\pi s}{\alpha - \beta} - \cos\dfrac{\pi(u - u_0)}{\alpha - \beta}} - \frac{1}{\mathrm{Cos}\,\dfrac{\pi s}{\alpha - \beta} - \cos\dfrac{\pi(2\alpha - u - u_0)}{\alpha - \beta}} \right\} \frac{\mathrm{Sin}\,\dfrac{\pi s}{\alpha - \beta}\, ds}{\sqrt{\mathrm{Cos}\, s - \mathrm{Cos}\, w}} \quad \Bigg\} \quad (95.15$$

$$\mathrm{Cos}\, w = \mathrm{Cos}\, v\, \mathrm{Cos}\, v_0 - \mathrm{Sin}\, v\, \mathrm{Sin}\, v_0 \cos(\varphi - \varphi_0).$$

Das Integral läßt sich für $\pi/(\alpha - \beta) = 2, 1$ oder $\tfrac{1}{2}$ weiter auswerten. Im ersten Fall $[\alpha = \alpha_0\pi, \beta = \pi(\alpha_0 - \tfrac{1}{2})]$ erhält man das Influenzfeld zweier leitender, sich orthogonal schneidender Kugeln[2], im zweiten $[\beta = \pi(\alpha_0 - 1)]$ dasjenige einer Vollkugel. Von besonderem Interesse ist der dritte Fall $[\beta = \pi(\alpha_0 - 2)]$ einer Kugelkalotte, welche für $\alpha = 0$ in eine Kreisscheibe und für $\alpha = \pi$ in eine Kreislochplatte ausartet. Man erhält hier[3]:

$$G(u, v, \varphi; u_0, v_0, \varphi_0) = - \frac{\sqrt{(\mathrm{Cos}\, v - \cos u)\,(\mathrm{Cos}\, v_0 - \cos u_0)}}{4\pi\varepsilon c \cdot \sqrt{2\pi}} \times$$

$$\times \left\{ \frac{\dfrac{\pi}{2} + \arcsin\left[\left(\cos\dfrac{u - u_0}{2}\right)\Big/\mathrm{Cos}\,\dfrac{w}{2}\right]}{\sqrt{\mathrm{Cos}\, w - \cos(u - u_0)}} - \frac{\dfrac{\pi}{2} + \arcsin\left[\left(\cos\dfrac{2\alpha - u - u_0}{2}\right)\Big/\mathrm{Cos}\,\dfrac{w}{2}\right]}{\sqrt{\mathrm{Cos}\, w - \cos(2\alpha - u - u_0)}} \right\}. \quad \Bigg\} \quad (95.16$$

Als Anwendung berechnet H. Buchholz [2] die Bildkraft einer Kreisscheibe und einer Kreislochplatte auf eine auf der Symmetrieachse befindliche Punktladung, ebenso die von einer so gelegenen Punktladung auf jeder der beiden Seiten einer Kugelkalotte influenzierte Elektrizitätsmenge (mit vielen numerischen Angaben). Endlich gibt er das Potentialfeld einer geerdeten Kugelkalotte in einem beliebig gerichteten homogenen Felde an. Vielfach wird das Kugelkalottenfeld auch in den Koordinaten des abgeplatteten Rotationsellipsoids behandelt[4].

96. Koordinaten des gestreckten Ellipsoids. Diese sind mit den Kreiszylinder-Koordinaten durch die Beziehung verbunden:

$$s = z + i\varrho = c\,\mathrm{Cos}(u + iv) = c\,(\mathrm{Cos}\, u \cos v + i\,\mathrm{Sin}\, u \sin v)$$

$$h = \frac{1}{U} = \frac{1}{V} = c\sqrt{\mathrm{Cos}^2 u - \cos^2 v}\,; \quad 0 \le u < \infty; \quad 0 \le v \le \pi. \quad \Bigg\} \quad (96.1)$$

Gebräuchlicher sind jedoch die Beziehungen $\xi = \mathrm{Cos}\, u$, $\eta = \cos v$, so daß

$$z = c\xi\eta\,; \quad \varrho = c\sqrt{(\xi^2 - 1)(1 - \eta^2)}\,; \quad r = \sqrt{\varrho^2 + z^2} = c\sqrt{\xi^2 + \eta^2 - 1}\,;$$

$$\frac{1}{\Xi} = c\sqrt{\frac{\xi^2 - \eta^2}{\xi^2 - 1}}\,; \quad \frac{1}{H} = c\sqrt{\frac{\xi^2 - \eta^2}{1 - \eta^2}}\,; \quad \frac{1}{\Phi} = c\sqrt{(1 - \eta^2)(\xi^2 - 1)}\,;$$

$$1 \le \xi < \infty; \quad -1 \le \eta \le +1. \quad \Bigg\} \quad (96.2)$$

Die Koordinatenflächen $\xi = \xi_0 = \mathrm{const}$ bilden eine Schar konfokaler Rotationsellipsoide mit den Brennpunkten in $z = \pm c$ und den Halbachsen $c\xi_0$ und $c\sqrt{\xi_0^2 - 1}$ (Fig. 54). Die Flächen $\eta = \eta_0 = \mathrm{const}$ sind zweischalige Rotationshyperboloide mit

---

[1] H. Buchholz [2].

[2] Vgl. auch Ziff. 70.

[3] Vgl. auch H. Bateman, Partial Differential Equations of Mathematical Physics. New York: Dover Publ. 1944.

[4] Vgl. Ziff. 98 und auch den Endabschnitt von Ziff. 70.

den gleichen Brennpunkten und den Halbachsen $c\eta_0$ und $c\sqrt{1-\eta_0^2}$. Die sich mit
(96.2) aus (71.7) ergebende Laplace-Gleichung:

$$c^2(\xi^2 - \eta^2)\, \Delta\, \Phi = \frac{\partial}{\partial\xi}\left[(\xi^2 - 1)\,\frac{\partial\Phi}{\partial\xi}\right] + \frac{\partial}{\partial\eta}\left[(1 - \eta^2)\,\frac{\partial\Phi}{\partial\eta}\right] +$$
$$+ \frac{\xi^2 - \eta^2}{(1 - \eta^2)(\xi^2 - 1)}\,\frac{\partial^2\Phi}{\partial\varphi^2} = 0 \tag{96.3}$$

ist mit dem einfachen Produktansatz (71.8) separierbar und man erhält als Lösung
(im speziellen Fall reeller ganzer Separationskonstanten $\mu = m$, $\nu = n$)

$$\Phi = \sum_n \sum_m \big(A_1\,\mathfrak{P}_n^m(\xi) + A_2\,\mathfrak{Q}_n^m(\xi)\big)\big(B_1\,P_n^m(\eta) + B_2\,Q_n^m(\eta)\big) \times$$
$$\times\,(C\cos m\,\varphi + C_2\sin m\,\varphi). \tag{96.4}$$

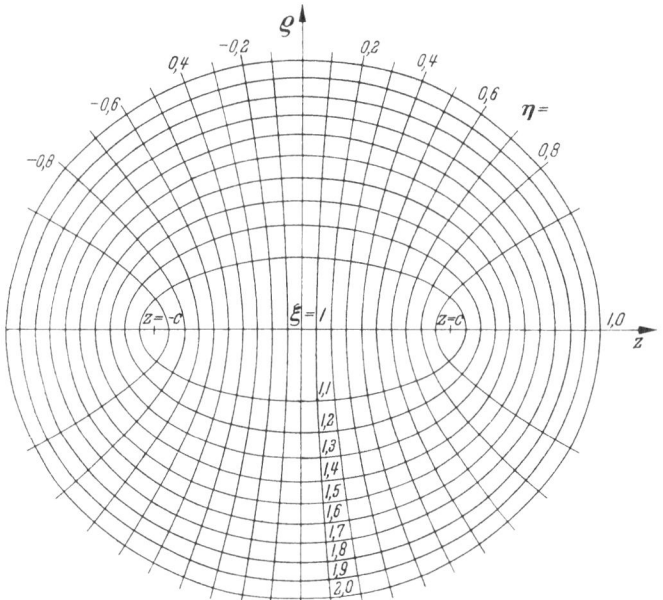

Fig. 54. Koordinaten des gestreckten Rotationsellipsoids.

Die allgemeinen Kugelfunktionen[1] $\mathfrak{P}_n^m(\xi)$, $\mathfrak{Q}_n^m(\xi)$ mit $\xi \geq 1$ sind bei ganzen und
reellen n, m reine oder teilweise mit $\operatorname{Ar\,Cot}\xi$ multiplizierte Polynome (vgl. Ziff. 88).
Als Anwendungsbeispiele betrachten wir hier einige Probleme mit Rotationssym-
metrie ($m = 0$).

Ein auf das Potential U gegen ∞ aufgeladenen *Ellipsoid*[1] $\xi = \xi_0$ besitzt die
Verteilung:

$$\Phi = A\,\mathfrak{Q}_0(\xi) = U\,\frac{\operatorname{Ar\,Cot}\xi}{\operatorname{Ar\,Cot}\xi_0}\,. \tag{96.5}$$

Die Äquipotentialflächen sind also mit dem gegebenen konfokale Ellipsoide.
Für $\xi \to \infty$ geht $\operatorname{Ar\,Cot}\xi \to \frac{1}{\xi}$ und nach (96.2) $r \to c\xi$. Ist Q die Gesamtladung

---

[1] Im Grenzfall $\xi_0 = 1$ ist das gegebene Ellipsoid eine Strecke der Länge $2c$. Das Feld
solcher Strecken, unter Umständen an leitenden oder dielektrischen Begrenzungsflächen
gespiegelt und in anderen Koordinaten ausgedrückt, wird vielfach zur Beschreibung entsprechender Antennen- und Erderanordnungen herangezogen (vgl. z.B. [9], [11], [15]).

des Ellipsoids, so wird in diesem Fall

$$\lim_{\xi \to \infty} \Phi = \frac{U}{\xi \operatorname{Ar Cot} \xi_0} = \frac{Q}{4 \pi \varepsilon c \xi},$$

und man erhält als Ellipsoidkapazität

$$C = \frac{Q}{U} = \frac{4 \pi \varepsilon c}{\operatorname{Ar Cot} \xi_0} = 4 \pi \varepsilon \frac{\sqrt{a^2 - b^2}}{\operatorname{Ar Cos} \dfrac{a}{b}}. \tag{96.6}$$

a ist hierin die große, b die kleine Ellipsoidhalbachse.

Die Beziehung

$$\Phi = A \, Q_0(\eta) = U \frac{\operatorname{Ar Tan} \eta}{\operatorname{Ar Tan} \eta_0} \tag{96.7}$$

stellt die Potentialverteilung zwischen *zwei Spitzen*, genauer zwischen den beiden auf $-U$ und $+U$ aufgeladenen Schalen $-\eta_0$ und $+\eta_0$ eines Hyperboloids dar, dessen Scheitelabstand $2c|\eta_0|$ beträgt und dessen Asymptotenkegel den halben Öffnungswinkel $\arcsin \eta_0$ hat.

Die Verteilung $\Phi = A \cdot \mathfrak{P}_1(\xi) \cdot P_1(\eta) = A \xi \eta$ stellt nach (96.2) ein homogenes Feld in z-Richtung dar, die Funktion

$$\Phi = \frac{Q}{4 \pi \varepsilon c} \cdot \frac{1}{\xi \pm \eta} \tag{96.8}$$

das Feld einer Punktladung in *einem* der beiden Brennpunkte. Durch Überlagerung erhält man daraus das Feld *zweier* gleichgroßer Punktladungen in den Brennpunkten und zwar

$$\Phi = \frac{Q}{4 \pi \varepsilon c} \cdot \frac{2}{\xi^2 - \eta^2} \cdot \begin{cases} \xi \\ \eta \end{cases} \tag{96.9}$$

je nachdem die Ladungen gleiches oder entgegengesetztes Vorzeichen haben.

Wird ein Rotationsellipsoid $\xi = \xi_0$ längs des größten Kreises $\eta = 0$ aufgeschnitten und werden den beiden Hälften die Potentiale $-U$ bzw. $+U$ erteilt, so erhält man für die Potentialverteilung längs der Ellipsoidfläche die gleiche Entwicklung nach Kugelfunktionen wie bei zwei Halbkugeln, wenn dort η für $\cos \vartheta$ gesetzt wird. Mit (96.4) erhält man dann unter Berücksichtigung des Verhaltens von $\mathfrak{P}_n(\xi)$ und $\mathfrak{Q}_n(\xi)$ bei $\xi \to 1$ und $\xi \to \infty$, folgende Verteilung im Raume:

$$\Phi = U \sum_{n=0}^{\infty} (-1)^n \frac{(2n)! \, (4n+3) \, P_{2n+1}(\eta)}{2^{2n+2}(n+1)! \, n!} \left\{ \begin{array}{ll} \dfrac{\mathfrak{P}_{2n+1}(\xi)}{\mathfrak{P}_{2n+1}(\xi_0)} & \text{für} \quad \xi \leqq \xi_0, \\[2ex] \dfrac{\mathfrak{Q}_{2n+1}(\xi)}{\mathfrak{Q}_{2n+1}(\xi_0)} & \text{für} \quad \xi \geqq \xi_0. \end{array} \right\} \tag{96.10}$$

In ähnlicher Weise lassen sich die in Kugelkoordinaten behandelten Beispiele von Potentialfeldern kugeliger Körper auf solche ellipsoidaler Körper umschreiben. Insbesondere wird z. B. das Magnetfeld innerhalb einer Spule von der Form eines gestreckten Ellipsoids und einem Strombelag $J = J_0 \sqrt{1 - \eta^2}$ homogen und axial gerichtet sein, vgl. Gl. (92.7). Auch die Behandlung von Problemen mit dielektrischen oder stromführenden Ellipsoiden ist den bei der Kugel benutzten sehr ähnlich. Eine Ausnahme bilden jedoch Körper aus anisotropen Mitteln[1].

---

[1] Vgl. hierzu R. CADE; Proc. Phys. Soc. Lond. B, **66** (7), 557 (1953).

Von kernphysikalischem Interesse ist das Feld und das Quadrupolmoment eines gleichmäßig mit Raumladung ϱ_0 ausgefüllten Ellipsoids[1] $\xi = \xi_0$. In dessen Innern genügt nach (96.3) die Funktion $B(\xi^2 + \eta^2)$ der Poissonschen Gleichung $\Delta\Phi = -\varrho_0/\varepsilon$. Dieser Funktion läßt sich natürlich eine weitere, die Laplace-Gleichung zufriedenstellende Funktion $\Sigma B_n P_n(\eta) \mathfrak{P}_n(\xi)$ überlagern. Außerhalb $\xi = \xi_0$ gilt die Verteilung $\Sigma A_n P_n(\eta) \mathfrak{Q}_n(\xi)$. Die Konstanten A_n und B_n ergeben sich aus der Stetigkeitsbedingung für Potential und Feldstärke an der Fläche $\xi = \xi_0$. Man findet:

$$\Phi_a = \frac{Q}{4\pi\varepsilon c} \left[\mathfrak{Q}_0(\xi) - P_2(\eta)\,\mathfrak{Q}_2(\xi) \right],$$

$$\Phi_i = \frac{Q}{4\pi\varepsilon c} \left[C_0 + C_2 P_2(\eta)\,\mathfrak{P}_2(\xi) - \frac{\xi^2 + \eta^2}{2\xi_0(\xi_0^2 - 1)} \right],$$

$$C_0 = \frac{3\xi_0^2 + 1}{6\xi_0(\xi_0^2 - 1)} + \operatorname{Ar\,Cot} \xi_0; \qquad C_2 = \frac{3\xi_0^2 - 2}{3\xi_0(\xi_0^2 - 1)} - \operatorname{Ar\,Cot} \xi_0,$$

$$\left. \right\} \quad (96.11)$$

wobei

$$Q = \frac{4\pi}{3}\,\varrho_0\,c^3\,\xi_0(\xi_0^2 - 1) = \frac{4\pi}{3}\,a b^2\,\varrho_0 \qquad (96.12)$$

die Gesamtladung des Ellipsoids ist ($a =$ große, $b =$ kleine Ellipsoidhalbachse). Für große ξ gelten die Entwicklungen

$$\mathfrak{Q}_0(\xi) = \frac{1}{\xi} + \frac{1}{3\xi^3} + \frac{1}{5\xi^5} + \cdots; \qquad \mathfrak{Q}_2(\xi) = \frac{2}{15\xi^3} + \cdots;$$

$$P_2(\eta) = \frac{1}{2}(3\eta^2 - 1),$$

$$\left. \right\} \quad (96.13)$$

und es folgen aus (96.2) die Beziehungen zwischen ξ, η und den Kugelkoordinaten:

$$\frac{1}{\xi} = \frac{c}{r}\left(1 - \frac{c^2}{2r^2}\sin^2\vartheta + \cdots\right); \qquad \eta = \cos\vartheta\left(1 - \frac{c^2}{2r^2}\sin^2\vartheta + \cdots\right). \quad (96.14)$$

Man erhält auf diese Weise

$$\Phi_a(\xi \to \infty) = \frac{Q}{4\pi\varepsilon c}\left[\frac{c}{r} + \frac{c^3}{5r^3}\cdot\frac{1}{2}(3\cos^2\vartheta - 1) + \cdots\right]; \quad (96.15)$$

d.h. in erster Näherung ein Quellpunktfeld, in zweiter ein diesem überlagertes Feld eines linearen Quadrupols mit dem Moment [vgl. Gl. (68.2)] $p_2 = \frac{2}{5}Q c^2$. Die Selbstenergie des Ellipsoids ist

$$W = \int \varrho\,\Phi\,dv = \frac{3}{5}\cdot\frac{Q^2}{4\pi\varepsilon}\cdot\frac{\operatorname{Ar\,Cos}\dfrac{a}{b}}{\sqrt{a^2 - b^2}}. \quad (96.16)$$

Eine gegenüber früher weitergehende Entwicklung des Feldes (96.5) eines *leitenden* Ellipsoids $\xi = \xi_0$ ergibt analog (96.15)

$$\Phi(\xi \to \infty) = \frac{U}{\operatorname{Ar\,Cot}\xi_0}\cdot\left[\frac{1}{\xi} + \frac{1}{3\xi^3} + \cdots\right]$$

$$= \frac{Q}{4\pi\varepsilon c}\left[\frac{c}{r} + \frac{c^3}{3r^3}\cdot\frac{1}{2}(3\cos^2\vartheta - 1) + \cdots\right].$$

$$\left. \right\} \quad (96.17)$$

Das Quadrupolmoment beträgt hier also $p_2 = \frac{2}{3}Q c^2$.

Zwischen den Koordinaten des gestreckten Rotationsellipsoids und den bisphärischen Koordinaten besteht eine ähnliche Verwandtschaft wie zwischen

[1] S. FLÜGGE: Z. Physik **130**, 159 (1951).

den Koordinaten des abgeplatteten Ellipsoids und den Toruskoordinaten [vgl. Gl. (95.10)]. Man hat hier

$$\xi = \frac{\sqrt{2}\,\mathrm{Cos}\,\dfrac{v}{2}}{\sqrt{\mathrm{Cos}\,v - \cos u}}\,; \qquad \eta = \frac{\sqrt{2}\,\mathrm{Sin}\,\dfrac{v}{2}}{\sqrt{\mathrm{Cos}\,v - \cos u}}\,. \tag{96.18}$$

Als weiteres Beispiel sei das von WAIT[1] berechnete Potential zweier Stromquellpunkte innerhalb eines homogen leitenden gestreckten Ellipsoids genannt.

97. Koordinaten des abgeplatteten Rotationsellipsoids.

Die Beziehung zwischen diesen und den Kreiszylinderkoordinaten lautet:

$$\left.\begin{aligned} s &= z + i\,\varrho = c\,\mathrm{Sin}\,(u + i\,v) = c\,\mathrm{Sin}\,u\,\cos v + i\,c\,\mathrm{Cos}\,u\,\sin v, \\ h &= \frac{1}{U} = \frac{1}{V} = c\,\sqrt{\mathrm{Cos}^2 u - \sin^2 v}\,. \end{aligned}\right\} \tag{97.1}$$

Auch hier sind andere Bezeichnungen, nämlich $\xi = \mathrm{Sin}\,u$ und $\eta = \cos v$ gebräuchlicher. Man hat dann:

$$\left.\begin{aligned} z &= c\,\xi\,\eta\,; \quad \varrho = c\,\sqrt{(1+\xi^2)(1-\eta^2)}\,; \quad r = \sqrt{\xi^2 - \eta^2 + 1}\,, \\ \frac{1}{\Xi} &= c\,\sqrt{\frac{\xi^2 + \eta^2}{\xi^2 + 1}}\,; \quad \frac{1}{H} = c\,\sqrt{\frac{\xi^2 + \eta^2}{1 - \eta^2}}\,; \quad \frac{1}{\Phi} = c\,\sqrt{(1+\xi^2)(1-\eta^2)}\,. \end{aligned}\right\} \tag{97.2}$$

Die Koordinatenflächen $\xi = \xi_0 =$ const stellen konfokale Rotationsellipsoide dar mit $\varrho = c$ als Brennkreis und $a = c\xi_0$ und $b = c\sqrt{1+\xi^2}$ als Halbachsen. $\eta = \eta_0 =$ const sind einschalige Hyperboloide mit gleichem Brennkreis und den Halbachsen $ic\eta_0$ und $c\sqrt{1-\eta_0^2}$. Die Wertebereiche für ξ und η sind zweckmäßigerweise je nach Art des Problems verschieden festzusetzen. Für Körper von ellipsoidähnlicher Gestalt (Diskusform), wird man die Kreisscheibe $\xi = 0$ (d.h. $z = 0$, $\varrho \leq c$) als Sperrfläche[1] festsetzen und erhält dann den Wertebereich (System A, Fig. 55a)

$$0 \leq \xi < \infty\,; \quad -1 \leq \eta \leq +1\,. \tag{97.3}$$

Bei Körpern von der Gestalt einer Kreisblende oder Düse (hyperboloidähnlich) wird man den Teil $\eta = 0$ (d.h. $z = 0$, $\varrho \geq c$) der z, φ-Ebene als Sperrfläche wählen und kommt dann auf den Wertebereich (System B, Fig. 55b)

$$-\infty < \xi < +\infty\,; \quad 0 \leq \eta \leq 1\,. \tag{97.4}$$

In beiden Fällen erhält man als Laplace-Gleichung:

$$\left.\begin{aligned} c^2(\xi^2 + \eta^2)\,\varDelta\Phi &= \frac{\partial}{\partial\xi}\left[(1+\xi^2)\frac{\partial\Phi}{\partial\xi}\right] + \frac{\partial}{\partial\eta}\left[(1-\eta^2)\frac{\partial\Phi}{\partial\eta}\right] + \\ &\quad + \frac{\xi^2 + \eta^2}{(1+\xi^2)(1-\eta^2)}\frac{\partial^2\Phi}{\partial\varphi^2} = 0, \end{aligned}\right\} \tag{97.5}$$

welche mit dem einfachen Produktansatz separierbar ist und in jedem der speziellen Koordinatensysteme eine andere Lösung besitzt:

$$\Phi = \sum_n \sum_m \begin{Bmatrix} [A_1\,\mathfrak{P}_n^m(i\xi) + A_2\,\mathfrak{Q}_n^m(i\xi)] \\ [A_1\,P_n^m(i\xi) + A_2\,Q_n^m(i\xi)] \end{Bmatrix} \begin{aligned} & (B_1\,P_n^m(\eta) + B_2\,Q_n^m(\eta)) \times \\ & \times (C_1\cos m\,\varphi + C_2\sin m\,\varphi)\,. \end{aligned} \tag{97.6}$$

Die obere Zeile für gilt das System A, die untere für das System B (über die zugehörigen Kugelfunktionen vgl. Ziff. 88).

---

[1] J. R. WAIT: J. Appl. Phys. **24**, 496 (1953).

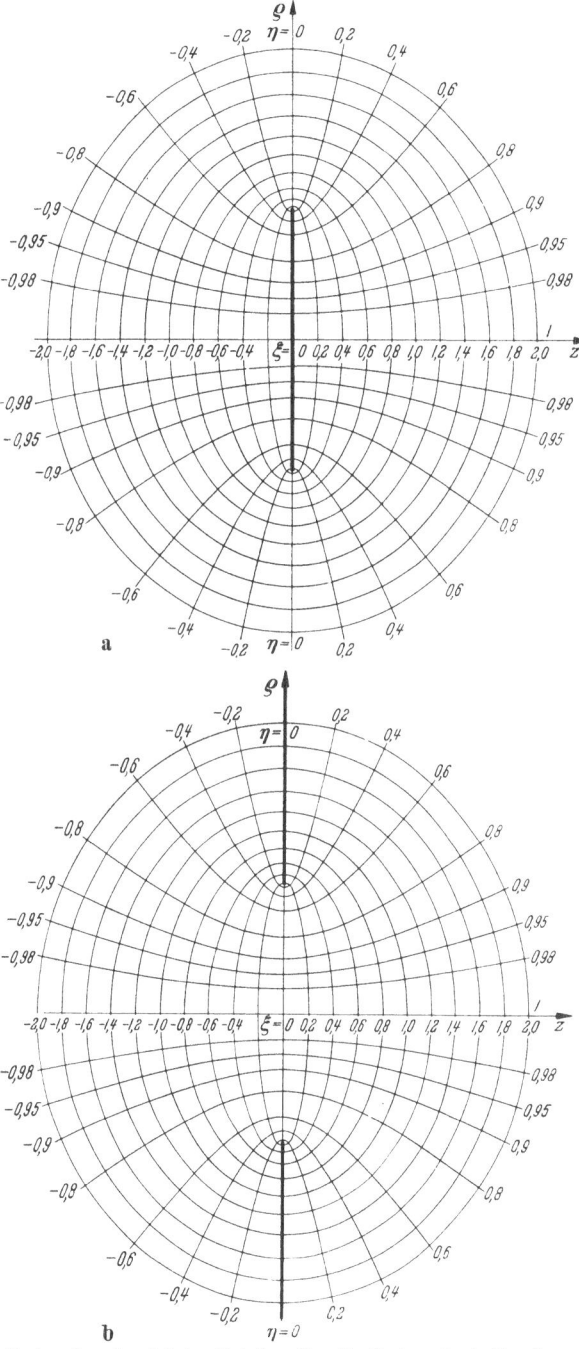

Fig. 55 a u. b. **a** Koordinaten des abgeplatteten Rotationsellipsoids (System A). b Koordinaten des abgeplatteten
Rotationsellipsoids (System B).

Wie bei den Koordinaten des gestreckten Ellipsoids sollen hier als Anwendungsbeispiele einige einfache Felder von Rotationssymmetrie $(m = 0)$ angeführt
werden:

$$\Phi = A\, \mathfrak{Q}_0(i\,\xi) = U\, \frac{\operatorname{arc\,cot} \xi}{\operatorname{arc\,cot} \xi_0} \tag{97.7}$$

stellt (im Koordinatensystem A) das Feld eines leitenden auf das Potential U gegen ∞ gebrachten Ellipsoids $\xi = \xi_0$ dar[1]. Für seine Kapazität erhält man analog (96.6)

$$C = \frac{4\pi\,\varepsilon\,c}{\text{arc cot}\,\xi_0} = 4\pi\,\varepsilon\,\frac{\sqrt{b^2 - a^2}}{\text{arc cos}\,\dfrac{a}{b}}\,, \tag{97.8}$$

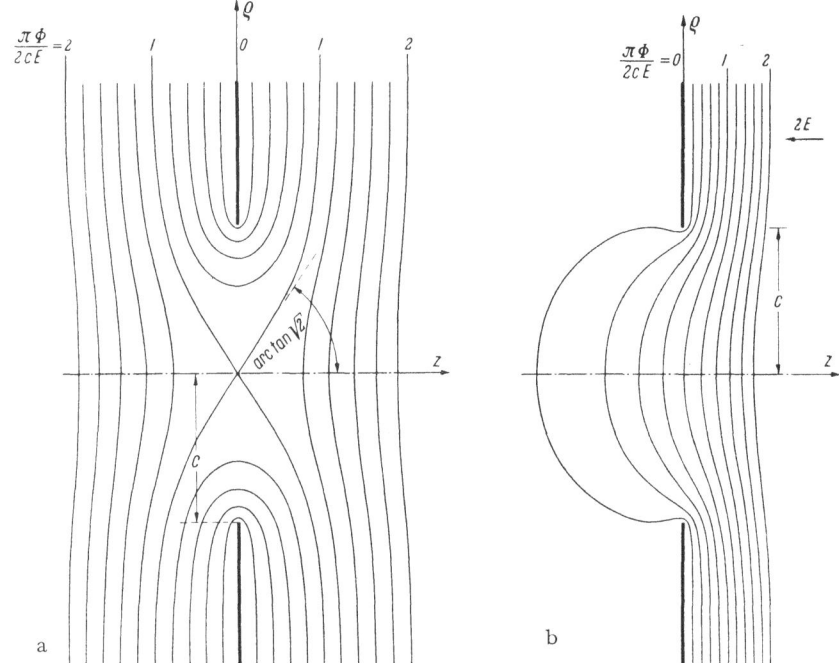

Fig. 56 a u. b. a Kreislochblende mit beiderseitig ansteigendem Potential. b Kreislochblende mit einseitig anschließendem Homogenfeld.

worin a die kleine, b die große Halbachse der erzeugenden Ellipse ist. Insbesondere ist die Kapazität einer sehr dünnen Kreisscheibe ($a = 0$, $b = c$)

$$C = 8\,\varepsilon\,c\,. \tag{97.9}$$

Im Koordinatensystem B stellt

$$\Phi = A\,Q_0(\eta) = U\,\frac{\text{Ar Tan}\,\eta}{\text{Ar Tan}\,\eta_0} \tag{97.10}$$

das Potential eines Hyperboloids $\eta = \eta_0$ auf Potential U gegen die geerdete Kreisblende $\eta = 0$ ($z = 0$, $\varrho \geqq c$) dar. Ollendorf [9] nähert durch diese Verteilung (bei $\eta_0 \approx 1$ ist das Hyperboloid fast zylindrisch) das Feld einer Hochspannungsdurchführung an. $\Phi = A_1 P_1(i\,\xi)\,P_1(\eta) = A\,\xi\eta$ ist ein homogenes Feld in z-Richtung.

Von praktischem Interesse ist weiter die ebenfalls im System B zu nehmende Verteilung:

$$\Phi = A\,Q_1(i\,\xi)\,P_1(\eta) = \frac{2}{\pi}\,E\,\eta\,(\xi\,\text{arc tan}\,\xi + 1)\,, \quad -\frac{\pi}{2} < \text{arc tan}\,\xi < +\frac{\pi}{2}\,, \tag{97.11}$$

welche das Feld der geerdeten Kreislochblende mit beiderseits ansteigendem Potential darstellt (Fig. 56a); in genügender Entfernung von der Blende wird das

---

[1] Über das Potential eines dielektrischen Ellipsoids im homogenen Feld vgl. [13], [3], [9]. Für ein anisotropes Medium zeigt die Rechnung R. Cade [Proc. Phys. Soc. Lond. B 66 (7), 557 (1953)].

Feld homogen. Überlagert man (97.11) mit einem homogenen Feld $-Ec\xi\eta$, so begrenzt die geerdete Kreislochblende ein homogenes Feld der Stärke $2E$ (Fig. 56b, Fall der Anodenöffnung einer Kathodenstrahlröhre).

Eine geschlossene Lösung der Laplace-Gleichung in Ellipsoid-Koordinaten ohne Trennung der Variabeln ist von GLASER und SCHISKE[1] angegeben worden:

$$\Phi = A\,\frac{\eta}{\xi^2 + \eta^2}\,. \qquad (97.12)$$

Dies ist das Feld eines gleichmäßig geladenen kreisförmigen Quellfadens am Rande der geerdeten Kreislochblende (Fig. 57). Sie ist der Grenzfall dreier koaxialer Kreislochblenden gleichen Durchmessers bei stetig gegen Null verringertem gegenseitigen Abstand. Das Potential der zwischen den beiden äußeren, geerdeten Lochblenden befindlichen Elektrode ist dabei gleichzeitig über alle Grenzen zu steigern [vgl. auch Gl. (95.9)]. Das Feld

$$\Phi = A\,\frac{\xi}{\xi^2 + \eta^2} \qquad (97.13)$$

gehört zur umgekehrten Anordnung: die kreisförmige Linienladung umgibt eine geerdete Kreisscheibe.

Auch hier, in den Koordinaten des abgeplatteten Ellipsoids, lassen sich die in Kugelkoordinaten behandelten Felder für Körper ellipsoidaler Gestalt umschreiben.

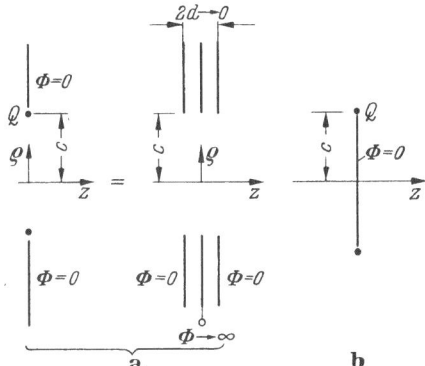

Fig. 57a u.b. a Anordnung mit Feld nach Gl. (97.12).
b Anordnung mit Feld nach Gl. (97.13).

98. Influenz einer Kreisscheibe und einer Kugelkalotte. Inverse Koordinaten. Die Entwicklung des Feldes einer freien, im Punkte ξ_0, η_0, φ_0 befindlichen Punktladung Q nach Funktionen des abgeplatteten Rotationsellipsoids findet man auf die gleiche Art wie in kartesischen, zylindrischen oder Kugelkoordinaten. Es ist im System A (SMYTHE [13]):

$$\Phi(\xi,\eta,\varphi) = \sum_{n=0}^{\infty} \sum_{m=0}^{n} A_{mn}\, P_n^m(\eta)\cos m\,(\varphi - \varphi_0)
\begin{cases}
\mathfrak{Q}_n^m(i\,\xi_0)\,\mathfrak{P}_n^m(i\,\xi) & \text{für}\quad \xi \leq \xi_0 \\
\mathfrak{P}_n^m(i\,\xi_0)\,\mathfrak{Q}_n^m(i\,\xi) & \text{für}\quad \xi \geq \xi_0
\end{cases}$$

mit

$$A_{mn} = \frac{i\,Q}{4\,\pi\,\varepsilon\,c}\cdot(-1)^m\cdot\mathfrak{E}_m\cdot(2n+1)\left[\frac{(n-m)!}{(n+m)!}\right]^2\cdot P_n^m(\eta_0)$$

$$\mathfrak{E}_0 = 1,\quad \mathfrak{E}_{m \neq 0} = 2. \qquad\qquad (98.1)$$

Wird eine geerdete Kreisscheibe $\xi = 0$ von dieser Ladung influenziert, so ergibt sich das resultierende Feld (d.h. für $Q = 1$ die Greensche Funktion der Kreisscheibe) aus (98.1), indem man dort nur solche Werte von n und m zuläßt, daß $P_n^m(i\,\xi = 0) = 0$ wird, d. h. für $n + m$ = ungerade. (Die Glieder mit gerader Indexsumme ergeben, mit dem negativen Vorzeichen versehen, das sog. „Sekundärpotential" der Kreisscheibe.) Insbesondere wird bei Anordnung der Ladung in einem Punkt ξ_0, 1, 0 der Achse $m = 0$ und

$$\Phi(\xi,\eta,\varphi) = \frac{Q\,i}{4\,\pi\,\varepsilon\,c}\sum_{n=0}^{\infty}(4n+3)\,P_{2n+1}(\eta)
\begin{cases}
\mathfrak{Q}_{2n+1}(i\,\xi_0)\,\mathfrak{P}_{2n+1}(i\,\xi) & \text{für}\quad \xi \leq \xi_0, \\
\mathfrak{P}_{2n+1}(i\,\xi_0)\,\mathfrak{Q}_{2n+1}(i\,\xi) & \text{für}\quad \xi \geq \xi_0.
\end{cases} \quad (98.2)$$

---

[1] W. GLASER u. P. SCHISKE: Optik **11**, 422 (1954).

Das Feld einer von einer Punktladung Q influenzierten geerdeten Kugelkalotte vom Radius a und vom Öffnungswinkel 2α erhält man aus dem Scheibenfeld durch Inversion an der Kugel (Fig. 58). Es ist nach Ziff. 69 und mit den Bezeichnungen der Abbildung: $2ad = R^2$, $\gamma = \dfrac{\alpha}{2} = \arctan \dfrac{c}{d}$, $rr' = R^2$. Die die Kreisscheibe influenzierende Punktladung Q in P_1 geht in die die Kugelkalotte influenzierende Ladung $Q' = \dfrac{R}{r_1} Q = \dfrac{r'_1}{R} Q$ in P' über. Die Potentialfelder der Kreis-

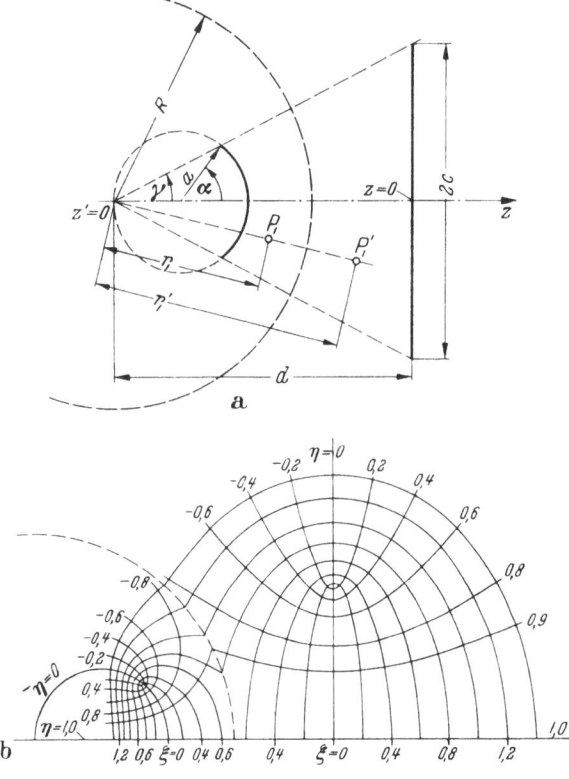

Fig. 58a u. b. Zur Berechnung des Feldes der Kugelkalotte. Inverse Koordinaten des abgeplatteten Rotationsellipsoids.

scheibe und der Kugelkalotte werden mittels der Beziehung (69.2) bzw. (69.3) ineinander transformiert. Es sei nochmals darauf hingewiesen, daß Äquipotentiallinien bei der Transformation nicht wieder zu Äquipotentiallinien werden. Rückt das Inversionszentrum in den Mittelpunkt der Kreisscheibe, so erhält man als Grenzfall die Influenz der Kreislochblende.

Das Feld der influenzierten Kugelkalotte läßt sich auch in sog. *inversen* Koordinaten des abgeplatteten Ellipsoids darstellen. Es seien z, ϱ, φ Kreiszylinderkoordinaten im Raum der Kreisscheibe, z', ϱ', φ' solche im Raum der Kugelkalotte. Sie sind untereinander durch die Inversionsbeziehung [vgl. Fig. 58 und Gl. (88.4)]

d.h.

$$(z - d + i\varrho)(z' + i\varrho') = -R^2; \quad \varphi = \varphi',$$

$$z' = -\frac{R^2(z-d)}{(z-d)^2 + \varrho^2}; \quad \varrho' = \frac{R^2 \varrho}{(z-d)^2 + \varrho^2}$$

(98.3)

und mit den elliptischen Koordinaten ξ, η, φ entsprechend durch

$$\left.\begin{aligned}
z &= c\,\xi\,\eta; \quad \varrho = c\,\sqrt{(1+\xi^2)(1-\eta^2)}; \quad d = c\,\xi_d; \\[4pt]
z' &= -\frac{(\xi\,\eta - \xi_d)\,R^2/c}{(\xi\,\eta-\xi_d)^2 + (1+\xi^2)(1-\eta^2)}; \quad \varrho' = \frac{\sqrt{(1+\xi^2)(1-\eta^2)}\cdot R^2/c}{(\xi\,\eta-\xi_d)^2 + (1+\xi^2)(1-\eta^2)}
\end{aligned}\right\} (98.4)$$

verknüpft. Nach Ziff. 89 ist das reduzierte Potential V als Funktion von ξ, η, φ in beiden Räumen das gleiche. Mit (98.2) erhält man also ausgehend vom Feld Φ der Kreisscheibe das Potential Φ' der Kugelkalotte in den inversen Koordinaten:

$$\left.\begin{aligned}
\Phi'(\xi,\eta,\varphi) &= \frac{R}{r'}\,\Phi = \sqrt{\frac{\varrho}{\varrho'}}\,\Phi(\xi,\eta,\varphi) \\[4pt]
&= \frac{c}{R}\,\sqrt{(1+\xi^2)(1-\eta^2)+(\xi\,\eta-\xi_d)^2}\,\,\Phi(\xi,\eta,\varphi).
\end{aligned}\right\} (98.5)$$

Zur Darstellung des Feldes können nun in der z', ϱ'-Ebene die Spuren der Koordinatenfläche ξ, η aufgetragen und in das so erhaltene Netz der invertierten Koordinaten (Fig. 58) die Äquipotentiallinien $\Phi' = $ const eingezeichnet werden.

Das Feld einer allein im Raume befindlichen, auf das Potential U aufgeladenen Kugelkalotte ergibt sich nach Ziff. 70 durch Inversion des Sekundärpotentials einer Kreisscheibe, welche von einer im Inversionszentrum befindlichen Punktladung $Q_i = 4\pi\varepsilon R U$ influenziert ist [vgl. Abschnitt anschließend an Gl. (98.1)]. Dieses Sekundärpotential ist nach obigem:

$$\left.\begin{aligned}
\Phi_s &= \frac{Q_i\,i}{4\pi\varepsilon c}\,\sum_{n=0}^{\infty} (4n+1)\,P_{2n}(\eta)\,\mathfrak{Q}_{2n}(i\,\xi_d)\,\mathfrak{P}_{2n}(i\,\xi) \\[4pt]
&= \frac{U\,R\,i}{c}\,\sum_{n=0}^{\infty} (4n+1)\,P_{2n}(\eta)\,\mathfrak{Q}_{2n}(i\,\xi_d)\,\mathfrak{P}_{2n}(i\,\xi).
\end{aligned}\right\} (98.6)$$

Das Feld der Kugelkalotte (in inversen Koordinaten des abgeplatteten Ellipsoids) ergibt sich hieraus nach (98.5) durch Multiplikation mit dem Faktor

$$\frac{c}{R}\cdot\sqrt{(1+\xi^2)(1-\eta^2)+(\xi\eta-\xi_d)^2}.$$

Über die Darstellung des Feldes in Toruskoordinaten und das Potential einer Kugelkalotte im homogenen Feld vgl. Ziff. 95.

99. Koordinaten des Rotationsparaboloids. Zwischen diesen Koordinaten (Bezeichnungen nach MAGNUS-OBERHETTINGER [27]: $u=\xi$, $v=\eta$, $w=\varphi$) und den Koordinaten des Kreiszylinders z, ϱ, φ besteht die Beziehung:

$$\left.\begin{aligned}
s &= z + i\,\varrho = \frac{1}{2}\,(u + i\,v)^2 = \frac{1}{2}\,(\xi^2 - \eta^2) + i\,\xi\,\eta; \\[4pt]
r &= \frac{1}{2}\,(\xi^2 + \eta^2); \quad 0 \leq \xi < \infty; \quad 0 \leq \eta < \infty; \\[4pt]
\frac{1}{U} &= \frac{1}{V} = \frac{1}{\sqrt{\xi^2 + \eta^2}}; \quad \frac{1}{W} = \frac{1}{\xi\,\eta}.
\end{aligned}\right\} (99.1)$$

Die Koordinatenflächen $\xi=\xi_0=$ const und $\eta=\eta_0=$ const sind Rotationsparaboloide $\varrho^2 = -2\xi_0^2\left(z - \frac{\xi_0^2}{2}\right)$ und $\varrho^2 = 2\eta_0^2\left(z + \frac{\eta_0^2}{2}\right)$ mit dem Brennpunkt im Ursprung. Die Laplace-Gleichung erhält nach (71.7) die Form

$$(\xi^2 + \eta^2)\,\Delta\Phi = \frac{1}{\xi}\,\frac{\partial}{\partial\xi}\left[\xi\,\frac{\partial\Phi}{\partial\xi}\right] + \frac{1}{\eta}\,\frac{\partial}{\partial\eta}\left[\eta\,\frac{\partial\Phi}{\partial\eta}\right] + \left(\frac{1}{\xi^2} + \frac{1}{\eta^2}\right)\frac{\partial^2\Phi}{\partial\varphi^2} = 0 \quad (99.2)$$

mit folgendem System von Partikularlösungen:

$$Z_m\left(\sqrt{\nu}\,\xi\right)Z_m\left(i\,\sqrt{\nu}\,\eta\right)e^{\pm\,i\,m\,\varphi}, \tag{99.3}$$

wobei Z_m eine Zylinderfunktion darstellt.

Im einfachsten Fall $(m=\nu=0)$ hängt das Potential nur von der einen Koordinate ab:

$$\Phi = A\log\xi \quad \text{oder} \quad A\log\eta \tag{99.4}$$

mit welcher Verteilung Ollendorf [9] das Feld eines Stützisolators annähert. Die Äquipotentialflächen stimmen hier mit den Koordinatenflächen überein.

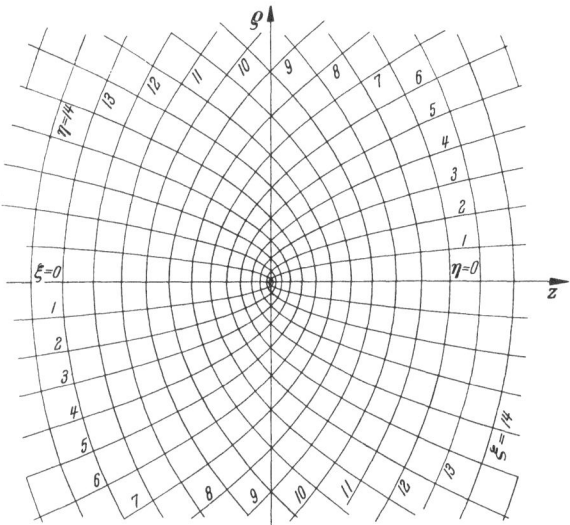

Fig. 59. Koordinaten des Rotationsparaboloids.

Auch die Kathode des Feldelektronenmikroskops könnte durch (99.4) repräsentiert werden, unter Umständen mit Überlagerung des Feldes einer Punktladung im Brennpunkt[1]

$$\Phi = A\log\xi + \frac{B}{\xi^2+\eta^2}. \tag{99.5}$$

100. Flachringkoordinaten und verwandte Systeme. Wählt man die Konstanten der Gl. (87.5) für die Abbildungsfunktion $s(u+iv)$ derart, daß alle vier Wurzeln der rechten Seite dieser Gleichung getrennt ins Endliche fallen, so erhält man für s eine elliptische Funktion. Dabei kann man drei normalisierte Fälle unterscheiden:

1. Alle vier Wurzeln fallen auf die imaginäre, d.h. ϱ-Achse, wobei je zwei aus Symmetriegründen entgegengesetzte Vorzeichen haben. Man erhält so die für manche Probleme interessanten *Flachringkoordinaten* (Fig. 60). Die Abbildungsfunktion ist $s=ic\,\text{sn}\,(u+iv)$ [20] oder $s=ic\,\text{dn}\,(u+iv)$ [32].

2. Alle vier Wurzeln fallen auf die reelle, d.h. z-Achse, wobei wieder je zwei Wurzeln entgegengesetzte Vorzeichen haben. In Fig. 60 sind dann die z- und die ϱ-Achse zu vertauschen. Die Abbildungsfunktion ist $s=c\,\text{sn}\,(u+iv)$.

3. Zwei entgegengesetzt gleiche Wurzeln liegen auf der reellen, zwei ebensolche auf der imaginären Achse. Die Abbildungsfunktion [20] ist $s=c\,\text{cn}\,(u+iv)$.

---

[1] R. H. Good Jr. and E. W. Müller in Bd. XXI dieses Handbuches.

Die Separation der Differentialgleichung (87.3) für das (reduzierte) Potential führt auf Gleichungen der Form

$$\frac{d^2 \Lambda}{d u^2} + [h - n(n+1)][a\,\mathrm{sn}\,(b\,u + d, k)]^2\,\Lambda = 0; \quad k = \frac{a}{b}$$

für u und entsprechende für v, deren Lösungen je nach dem verwendeten System periodische LAMÉ-WANGERIN-Funktionen sind. Sie sind Spezialfälle der Heunschen Funktionen und bisher noch relativ wenig untersucht. Übersicht über die Originalliteratur vgl. WANGERIN[1], POOLE[2], sowie [20] und [32].

Weitere Koordinatensysteme entstehen aus den genannten Normalsystemen durch Inversion (Ziff. 87) ohne daß die Systeme der Partikularlösungen eine Änderung erfahren. Aus diesen allgemeinsten separierbaren rotationssymmetrischen Systemen ergeben sich die früher behandelten dadurch, daß man einzelne Wurzeln der Gleichung für s aufeinander oder ins Unendliche fallen läßt.

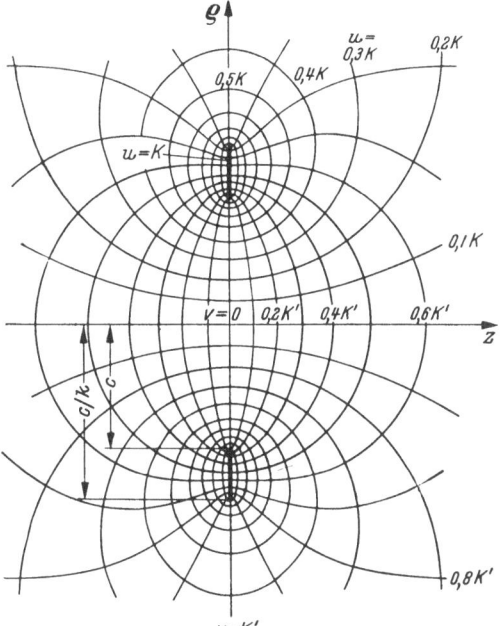

Fig. 60. Flachringkoordinaten.

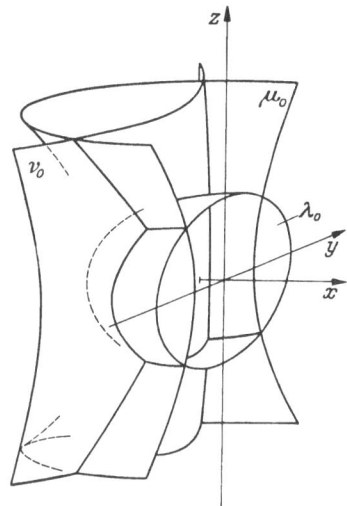

Fig. 61. Koordinaten des dreiachsigen Ellipsoids.

f) Weitere Koordinatensysteme.

101. Koordinaten des dreiachsigen Ellipsoids[3]. Alle drei Scharen dieser Koordinatenflächen können durch die gleiche Formel

$$\frac{x^2}{a^2 + \tau} + \frac{y^2}{b^2 + \tau} + \frac{z^2}{c^2 + \tau} = 1; \quad a, b, c = \text{reell und const}; \quad a > b > c \quad (101.1)$$

beschrieben werden, je nachdem welchen Wert der Parameter τ annimmt. Löst man nämlich die Gl. (101.1) bei vorgegebenem x, y, z nach τ auf, so stellen die drei Wurzeln λ, μ, ν ($\lambda > \mu > \nu$) die Werte der entsprechenden elliptischen Koordinaten dar. Dabei ergibt $\infty > \lambda > -c^2$ die Schar der konfokalen dreiachsigen

---

[1] A. WANGERIN: Reduction der Potentialgleichung für gewisse Rotationskörper auf eine gewöhnliche Differentialgleichung. Leipzig: S. Hirzel 1875.

[2] E. G. C. POOLE: London Math. Soc. (2) **29**, 342 (1929); **30**, 174 (1930).

[3] Über mit diesen verwandte sphärokonische Koordinaten r, μ, ν vgl. HOBSON [22]. Die Koordinatenflächen sind hier konzentrische Kugeln und konfokale Kegel, beschrieben durch Gl. (101.1), wenn dort rechts 0 statt 1 gesetzt wird.

Ellipsoide, $-c^2 > \mu > -b^2$ die Schar der einschaligen, $-b^2 > \nu > -a^2$ diejenige der zweischaligen konfokalen Hyperboloide (Fig. 61).

Die Beziehungen zwischen λ, μ, ν und den kartesischen Koordinaten sind:

$$\left. \begin{aligned} x^2 &= \frac{(a^2 + \lambda)\,(a^2 + \mu)\,(a^2 + \nu)}{(a^2 - b^2)\,(a^2 - c^2)}\,, \\[4pt] y^2 &= \frac{(b^2 + \lambda)\,(b^2 + \mu)\,(b^2 + \nu)}{(b^2 - a^2)\,(b^2 - c^2)}\,, \\[4pt] z^2 &= \frac{(c^2 + \lambda)\,(c^2 + \mu)\,(c^2 + \nu)}{(c^2 - a^2)\,(c^2 - b^2)}\,, \end{aligned} \right\} \tag{101.2}$$

so daß man mit (71.5) erhält

$$\left. \begin{aligned} U &= \frac{2\,f(\lambda)}{\sqrt{(\lambda - \mu)\,(\lambda - \nu)}}\,; \quad V = \frac{2\,f(\mu)}{\sqrt{(\mu - \lambda)\,(\mu - \nu)}}\,; \quad W = \frac{2\,f(\nu)}{\sqrt{(\nu - \lambda)\,(\nu - \mu)}}\,; \\[4pt] f(\tau) &= \sqrt{(a^2 + \tau)\,(b^2 + \tau)\,(c^2 + \tau)}\,. \end{aligned} \right\} \tag{101.3}$$

Die Laplace-Gleichung schreibt sich dann in der Form:

$$\left. \begin{aligned} \tfrac{1}{4}\,(\lambda - \mu)\,(\lambda - \nu)\,(\mu - \nu)\,\Delta\Phi &= (\mu - \nu)\,f(\lambda)\,\frac{\partial}{\partial\lambda}\left[f(\lambda)\,\frac{\partial\Phi}{\partial\lambda}\right] + \\[4pt] + (\nu - \lambda)\,f(\mu)\,\frac{\partial}{\partial\mu}\left[f(\mu)\,\frac{\partial\Phi}{\partial\mu}\right] &+ (\lambda - \mu)\,f(\nu)\,\frac{\partial}{\partial\nu}\left[f(\nu)\,\frac{\partial\Phi}{\partial\nu}\right] = 0\,. \end{aligned} \right\} \tag{101.4}$$

Nach Gl. (101.2) sind λ, μ, ν die gleichen für die acht Werte $\pm x$, $\pm y$, $\pm z$. Will man die Zuordnung eindeutig machen, so kann man als elliptische Koordinaten auch α, β, γ wählen [20], wobei

$$\left. \begin{aligned} \lambda &= -\,(a\,\mathrm{cn}\,\alpha)^2 - (b\,\mathrm{sn}\,\alpha)^2\,, \\ \mu &= -\,(a\,\mathrm{cn}\,\beta)^2 - (b\,\mathrm{sn}\,\beta)^2\,, \\ \nu &= -\,(a\,\mathrm{cn}\,\gamma)^2 - (b\,\mathrm{sn}\,\gamma)^2 \end{aligned} \right\} \tag{101.5}$$

mit $k^2 = (a^2 - b^2)/(a^2 - c^2)$ als Modul $[k'^2 = (b^2 - c^2)/(a^2 - c^2)]$. Es ist dann:

$$\left. \begin{aligned} x &= k^2\,\sqrt{a^2 - c^2}\,\mathrm{sn}\,\alpha\,\mathrm{sn}\,\beta\,\mathrm{sn}\,\gamma\,, \\[4pt] y &= -\,\frac{k^2}{k'}\,\sqrt{a^2 - c^2}\,\mathrm{cn}\,\alpha\,\mathrm{cn}\,\beta\,\mathrm{cn}\,\gamma\,, \\[4pt] z &= \frac{i}{k'}\,\sqrt{a^2 - c^2}\,\mathrm{dn}\,\alpha\,\mathrm{dn}\,\beta\,\mathrm{dn}\,\gamma\,. \end{aligned} \right\} \tag{101.6}$$

Bei einem Produktansatz für das Potential

$$\Phi = A(\alpha)\,B(\beta)\,C(\gamma) \tag{101.7}$$

läßt sich die Laplace-Gleichung in drei gewöhnliche trennen:

$$\frac{A''}{A} = l\,(\mathrm{sn}\,\alpha)^2 - h\,; \qquad \frac{B''}{B} = l\,(\mathrm{sn}\,\beta)^2 - h\,; \qquad \frac{C''}{C} = l\,(\mathrm{sn}\,\gamma)^2 - h \tag{101.8}$$

mit l und h als Separationskonstanten. Jede dieser Gleichungen ist mit $l = k^2\,n\,(n+1)$ eine Lamésche Differentialgleichung:

$$\frac{d^2\Lambda}{d\zeta^2} + \{h - n\,(n+1)\,k^2\,(\mathrm{sn}\,\zeta)^2\}\,\Lambda = 0\,, \tag{101.9}$$

deren Lösungen Lamésche Funktionen sind (Näheres und weitere Literatur vgl. [20]). Der Unterschied zwischen den Gleichungen für die einzelnen Koordinaten liegt im Wertebereich, den $\mathrm{sn}\,\zeta$ in (101.9) durchläuft. α liegt zwischen iK' und

$K + iK'$, β zwischen K und $K + 2iK'$ und γ zwischen 0 und $4K$. Für $l = n = h = 0$ erhält man als Lösungen von (81.8) lineare Funktionen

$$A = m_1\alpha + n_1; \quad B = m_2\beta + n_2; \quad C = m_3\gamma + n_3. \tag{101.10}$$

Die Scharen der Koordinatenflächen $\alpha = \text{const}$ usw. können also auch jeweils eine Schar von Äquipotentialflächen darstellen. So erhält man für das Feld eines dreiachsigen, leitenden, auf das Potential U gegen ∞ aufgeladenen Ellipsoids $\alpha = \alpha_0$

$$\Phi = U \frac{\alpha - iK'}{\alpha_0 - iK'}, \tag{101.11}$$

wobei durch α das Ellipsoid

$$\frac{x^2}{\text{sn}^2\alpha} - \frac{y^2}{\text{cn}^2\alpha} - \frac{k^2 z^2}{\text{dn}^2\alpha} = a^2 - b^2 \tag{101.12}$$

dargestellt wird[1]. Geht man beim gleichen Problem von Gl. (101.4) statt von Gl. (101.8) aus, so erhält man das Feld des Ellipsoids λ_0 in Form eines elliptischen Integrals

$$
\left.
\begin{aligned}
\Phi &= U \frac{\displaystyle\int_\lambda^\infty \frac{d\lambda}{\sqrt{(a^2+\lambda)(b^2+\lambda)(c^2+\lambda)}}}{\displaystyle\int_{\lambda_0}^\infty \frac{d\lambda}{\sqrt{(a^2+\lambda)(b^2+\lambda)(c^2+\lambda)}}} \\[2ex]
&= U \frac{F\left(\arcsin\sqrt{\dfrac{a^2-c^2}{\lambda+a^2}}, \sqrt{\dfrac{a^2-b^2}{a^2-c^2}}\right)}{F\left(\arcsin\sqrt{\dfrac{a^2-c^2}{\lambda_0+a^2}}, \sqrt{\dfrac{a^2-b^2}{a^2-c^2}}\right)},
\end{aligned}
\right\} \tag{101.13}
$$

wobei eine ellipsoidförmige Äquipotentialfläche durch (101.1) mit $\tau = \lambda$ dargestellt wird.

Um die Kapazität des Ellipsoids zu ermitteln, beachte man, daß das Potential im Unendlichen wie $Q/4\pi\varepsilon r$ verschwinden muß, wenn mit Q die Gesamtladung des Ellipsoids bezeichnet wird. Da aus (101.1) $\lambda \to r^2$ für $\lambda \to \infty$ folgt, erhält man aus (101.13) mit (101.3)

$$
\left.
\begin{aligned}
\lim_{\lambda \to \infty}\Phi &= U \frac{\displaystyle\int_{r^2}^\infty \frac{d\lambda}{\lambda^{\frac{3}{2}}}}{\displaystyle\int_{\lambda_0}^\infty \frac{d\lambda}{f(\lambda)}} = \frac{2U}{r \displaystyle\int_{\lambda_0}^\infty \frac{d\lambda}{f(\lambda)}} = \frac{Q}{4\pi\varepsilon r}, \\[2ex]
C &= \frac{Q}{U} = \frac{8\pi\varepsilon}{\displaystyle\int_{\lambda_0}^\infty \frac{d\lambda}{f(\lambda)}} = 4\pi\varepsilon\sqrt{a^2-c^2}\, F\left(\arcsin\sqrt{\dfrac{a^2-c^2}{\lambda_0+a^2}}, \sqrt{\dfrac{a^2-b^2}{a^2-c^2}}\right).
\end{aligned}
\right\} \tag{101.14}
$$

Mit $c = 0$ erhält man hieraus das Feld einer elliptisch begrenzten Scheibe[2].

---

[1] Die Minuszeichen vor dem zweiten und dritten Glied kommen daher, daß cn α und dn α im angegebenen α-Bereich rein imaginär sind. Vgl. BYRD u. FRIEDMANN [17].

[2] M. COTTE, C. R. Acad. Sci. Paris **228**, 377 (1949) berechnet das Feld einer elliptischen Öffnung in einer leitenden Ebene.

Eine allgemeinere Lösung der separierten Gl. (101.4) läßt sich nach BATE-MAN[1] auch in der Form schreiben:

$$\left. \begin{aligned} L(\lambda) &= C \int_{\lambda}^{\infty} \frac{[F(\tau)]^{\varkappa} d\tau}{f(\tau)}; \quad \varkappa \geq 0 \\ F(\tau) &= \frac{(\tau - \lambda)(\tau - \mu)(\tau - \nu)}{(\tau + a^2)(\tau + b^2)(\tau + c^2)} = 1 - \frac{x^2}{a^2 + \tau} - \frac{y^2}{b^2 + \tau} - \frac{z^2}{c^2 + \tau}. \end{aligned} \right\} \quad (101.15)$$

Allein genommen stellt $L(\lambda)$ das Potential außerhalb der Fläche $F(0) = 0$ dar, wenn man innerhalb dieser Fläche eine Raumladungsverteilung

$$\varrho = 4\pi\varepsilon \cdot \frac{\varkappa [F(0)]^{\varkappa - 1}}{\pi abc} \qquad (101.16)$$

annimmt. Das Potentialfeld innerhalb $F(0) = 0$ folgt aus (101.15), wenn dort 0 als untere Integrationsgrenze gesetzt wird. Mit $\varkappa = 1$ erhält man das Feld eines gleichmäßig mit der Raumladung ϱ_0 erfüllten Ellipsoids $\lambda = 0$:

$$\Phi = \frac{\varrho_0 \, a \, b \, c}{4\varepsilon} \int_{\lambda}^{\infty} \frac{d\tau}{f(\tau)} \left[1 - \frac{x^2}{a^2 + \tau} - \frac{y^2}{b^2 + \tau} - \frac{z^2}{c^2 + \tau} \right] \qquad (101.17)$$

für einen Aufpunkt außerhalb $F(0) = 0$; für einen Innenpunkt ist wieder als untere Grenze $\lambda = 0$ zu setzen.

Das Potential eines dielektrischen und eines leitenden Ellipsoids im homogenen Feld findet man bei E. DURAND [3] berechnet (Literaturangaben in [15]). Das Innenfeld des dielektrischen Ellipsoids ist wie bei der Kugel wieder homogen. Das Potential eines geerdeten leitenden Ellipsoids $\lambda = 0$ im Homogenfeld $-E_0 x$ läßt sich darstellen durch

$$\Phi = - E_0 x \left[1 - \int_{\lambda}^{\infty} \frac{d\tau}{(a^2 + \tau) f(\tau)} \middle/ \int_{0}^{\infty} \frac{d\tau}{(a^2 + \tau) f(\tau)} \right]. \qquad (101.18)$$

Bei beliebig gerichtetem Homogenfeld findet man das Potential durch Überlagerung.

V. Numerische, graphische und experimentelle Feldbestimmungen.

a) Numerische Feldbestimmungsmethoden.

Von den im Beitrag von L. COLLATZ in Band II dieses Handbuches behandelten numerischen Methoden zur Lösung von partiellen Differentialgleichungen hat in der Elektrostatik die sog. *Relaxationsmethode* mit quadratischem Netz besonders Eingang gefunden. Vom Konvergenzstandpunkt aus und was die Genauigkeit anbelangt, sind die Netzwerkmethoden den analytischen Methoden, die eine Entwicklung in unendliche Reihen erfordern, durchaus ebenbürtig.

102. Grundgedanke. Man ersetzt die Laplacesche bzw. Poissonsche Differentialgleichung

$$\Delta\Phi = 0 \quad \text{bzw.} \quad \Delta\Phi = - \frac{\varrho}{\varepsilon} \qquad (102.1)$$

durch eine entsprechende Differenzengleichung. Dazu überdeckt man das ganze zu untersuchende Gebiet mit einem zwei- bzw. dreidimensionalen Punktgitter und sucht die Potentialwerte in den Gitterpunkten bei gegebenen Werten des

---

[1] H. BATEMAN: Partial Differential Equations of Mathematical Physics. New York: Dover Publ. 1944.

Potentials oder seiner Ableitung in den Randpunkten zu bestimmen. Der Grundgedanke und die Rechentechnik lassen sich naturgemäß am einfachsten für ebene Probleme (logarithmisches Potential) beschreiben, doch kann die Methode ohne Schwierigkeiten auch auf dreidimensionale Verteilungen erweitert werden (Ziff. 106).

Entwickelt man das (logarithmische) Potential in der Umgebung eines Punktes $O(x_0, y_0)$, der mit einem Gitterpunkt übereinstimmen möge, in eine Taylor-Reihe:

$$\left.\begin{aligned}
\Phi(x, y) &= \Phi(x_0, y_0) + \frac{x - x_0}{1!}\, \Phi_x(x_0, y_0) + \frac{y - y_0}{1!}\, \Phi_y(x_0, y_0) + \\
&+ \frac{(x - x_0)^2}{2!}\, \Phi_{xx}(x_0, y_0) + \frac{2(x - x_0)(y - y_0)}{2!}\, \Phi_{xy}(x_0, y_0) + \\
&+ \frac{(y - y_0)^2}{2!}\, \Phi_{yy}(x_0, y_0) + \cdots,
\end{aligned}\right\} \quad (102.2)$$

bricht diese nach den quadratischen Gliedern ab und berechnet die Potentialwerte in den vier Nachbarpunkten 1, 2, 3, 4 eines Gitters der gleichen Maschenweite a in beiden Koordinatenrichtungen (Fig. 62[1]), so ergibt sich durch Summierung dieser vier Werte:

$$\Phi_1 + \Phi_2 + \Phi_3 + \Phi_4 = 4\Phi_0 + a^2(\Phi_{xx} + \Phi_{yy}). \quad (102.3)$$

Da der eingeklammerte Ausdruck nach der Laplace-Gleichung verschwindet, erhält man das Potential im Punkte O als arithmetisches Mittel der Potentiale in den Nachbarpunkten:

$$\Phi_0 = \tfrac{1}{4}(\Phi_1 + \Phi_2 + \Phi_3 + \Phi_4). \quad (102.4)$$

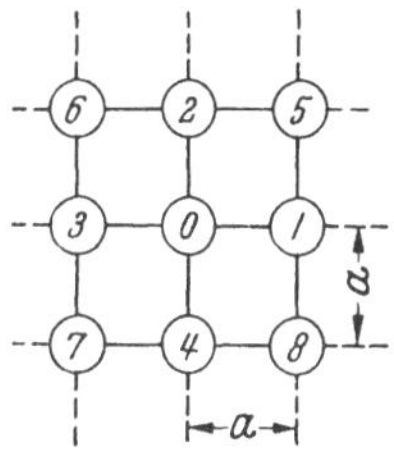

Fig. 62.
Quadratisches Netz der Maschenweite a.

Handelt es sich um die Lösung einer Poissonschen Gleichung:

$$\Delta\Phi = \Phi_{xx} + \Phi_{yy} = f(x, y), \quad (102.5)$$

wobei die Verteilung $f(x, y)$ gegeben ist, so erhält man aus (102.2)

$$\Phi_0 = \tfrac{1}{4}(\Phi_1 + \Phi_2 + \Phi_3 + \Phi_4 - a^2 f_0); \quad f_0 = f(x_0, y_0). \quad (102.6)$$

Da, wie man sieht, die Berücksichtigung der Raumladung ohne Schwierigkeiten erfolgen kann, wird im folgenden nur von der Laplace-Gleichung die Rede sein.

Bei einem Rechteckgebiet mit gegebenen Potentialwerten am Rande, welches sich mit einem quadratischen Netz so überziehen läßt, daß die Rechteckseiten auf Reihen von Gitterpunkten fallen, ist die Bestimmung der Potentialwerte in den inneren Gitterpunkten somit recht einfach. Ausgehend von einem der Ränder korrigiert man sie nach Gl. (102.4) reihenweise für jeden benachbarten Punkt, wobei bei Verwendung bereits behandelter Punkte, die neuen, korrigierten Werte einzusetzen sind. Kennzeichnet man den korrigierten Wert durch Überstreichung, so wird man z.B. statt (102.4) die Formel

$$\Phi_0 = \tfrac{1}{4}(\Phi_1 + \Phi_2 + \overline{\Phi}_3 + \Phi_4) \quad (102.7)$$

verwenden, wenn man vom Punkt 3 kommend, dessen Potentialwert bereits korrigiert hat.

Hat man so das ganze Gebiet durchlaufen, so beginnt man von vorn, in der gleichen Reihenfolge der Punkte, bis sich die Potentialwerte (in der erwarteten Näherung) nicht mehr ändern können. Je besser die Anfangswerte geschätzt

---

[1] In der Darstellung und insbesondere in der Bezeichnungsweise folgen wir hier E. Durand [3].

wurden, desto schneller konvergiert das Verfahren. Es konvergiert jedoch stets, auch bei ganz beliebig angenommenen Anfangswerten.

Im allgemeinen wird der Gebietsrand auch zwischen den einzelnen Gitterpunkten verlaufen. In diesem Fall wählt man die Schnittpunkte der Randkurve mit den einzelnen Netzmaschen als zusätzliche Gitterpunkte (Fig. 63). Die Entfernungen des randnahen Gitterpunktes zu den so gefundenen Gitterpunkten 1, 2, 3, 4 seien in Bruchteilen der Maschenweite a ausgedrückt: $s_1 a, s_2 a, s_3 a, s_4 a$.

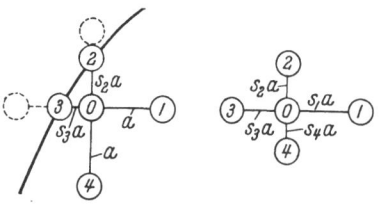

Fig. 63. Potentialbestimmung bei ungleichem Abstand der Gitterpunkte.

Durch den obigen ähnliche Überlegungen erhält man als Bestimmungsformel für das Potential im Punkt O:

$$\left(\frac{1}{s_1 s_3} + \frac{1}{s_2 s_4}\right) \Phi_0 = \frac{1}{s_1 + s_3} \times \\ \times \left(\frac{\Phi_1}{s_1} + \frac{\Phi_3}{s_3}\right) + \frac{1}{s_2 + s_4}\left(\frac{\Phi_2}{s_2} + \frac{\Phi_4}{s_4}\right). \right\} \quad (102.8)$$

Wie erwähnt, ist es aus Gründen schneller Konvergenz wichtig, sofort eine möglichst gute Schätzung des Potentialwertes in jedem inneren Gitterpunkt vorzunehmen. Eine Methode besteht darin, die längs der Netzlinien genommenen Abstände des betreffenden Punktes A vom Rande (Fig. 64) mit $s_i a$ zu bezeichnen (s_i jetzt auch größer als 1) und die Formel (102.8) zur Bestimmung von Φ_A heranzuziehen.

103. Genauigkeit und Konvergenz. Entwickelt man die Taylor-Reihe (102.2) bis zu Gliedern höherer als zweiter Ordnung, so erkennt man, daß bei der Bildung

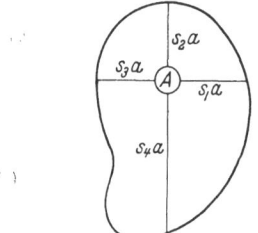

Fig. 64. Anfangschätzung des Potentials in einem beliebigen Gitterpunkt.

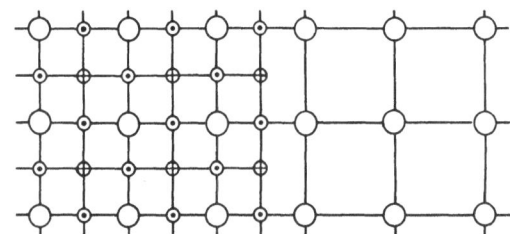

Fig. 65. Zur feineren Unterteilung des Punktgitters.

der Summe $\Phi_1 + \Phi_2 + \Phi_3 + \Phi_4$ alle Glieder ungerader Ordnung fortfallen. Die Beziehung (102.4) ist also bis auf ein Restglied genau, das die Maschenweite a nur in vierter und höherer Potenz enthält. Die Abweichung der nach genügend vielen Schritten ermittelten Gitterpunktpotentiale von den exakten Werten wird also in erster Näherung sechzehnmal kleiner, wenn man zu einem Netz halber Maschenweite übergeht. Doch läßt sich zeigen[1], daß das Verfahren auch a^2 = viermal so viel Schritte braucht, um diese Genauigkeit zu erreichen. Man wird also zunächst die Rechnung mit einem weitmaschigen Netz beginnen, um es dann, besonders in Gebieten hoher Feldstärke, feiner zu unterteilen.

Dabei wird zunächst das Potential im Schnittpunkt der Diagonalen einer Masche des ursprünglichen Netzes (in Fig. 65 durch ein Kreuz bezeichnet) mit Hilfe der „Diagonalformel"

$$\Phi_0 = \tfrac{1}{4}(\Phi_5 + \Phi_6 + \Phi_7 + \Phi_8) \qquad (103.1)$$

---

[1] G. H. SHORTLEY u. R. WELLER: The numerical solution of LAPLACE's Equation. J. Appl. Phys. **9**, 334 (1938).

(Bezeichnungen nach Fig. 62) berechnet, welche sich aus der Taylor-Formel auf die gleiche Weise, wie der Ausdruck (102.4) ableitet und bei welcher der Rest in erster Näherung ebenfalls proportional a^4 ist. Zur Bestimmung des Potentials in den restlichen Zwischenpunkten (in Fig. 65 mit einem Punkt versehen) wird dann wieder (102.4) herangezogen.

Zur Abschätzung, wie weit der gefundene Grenzwert von der exakten Lösung der Differentialgleichung abweicht, kann man eine Formel verwenden, die einer Taylor-Entwicklung bis zu den Gliedern a^8 ausschließlich entspricht und auf die gleiche Art wie (102.4) bzw. (102.1) abgeleitet werden kann:

$$20\,\Phi_0 = 4\,(\Phi_1 + \Phi_2 + \Phi_3 + \Phi_4) + \Phi_5 + \Phi_6 + \Phi_7 + \Phi_8. \tag{103.2}$$

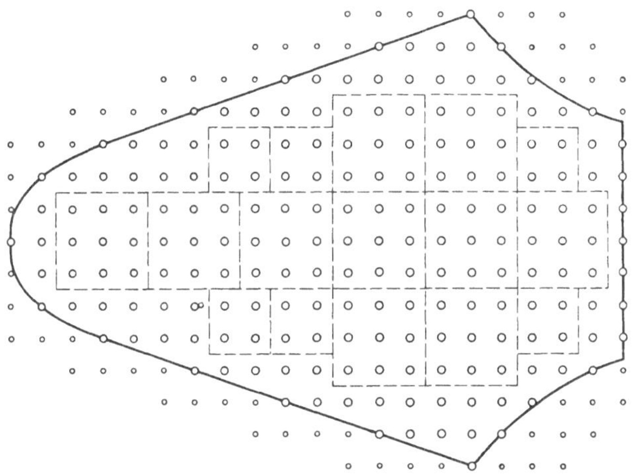

Fig. 66. Unterteilung eines Netzbereiches in Neuner- und Viererblocks.

Wir sehen, daß grundsätzlich jede beliebige Genauigkeit erzielt werden kann, wenn das Netz nur engmaschig genug gewählt wird, oder wenn zur Berechnung Formeln verwendet werden, die eine genügend große Zahl der Glieder der Taylor-Entwicklung berücksichtigen. Das einzige Hemmnis ist die für die Durchführung der Rechnung zur Verfügung stehende Zeit, deren Einfluß jedoch bei Verwendung elektronischer Rechenmaschinen weniger ins Gewicht fällt. Wesentliche Zeitersparnis wird durch die im folgenden behandelte Blockmethode von SHORTLEY und WELLER erzielt.

104. Einige praktische Gesichtspunkte. SHORTLEY und WELLER[1] haben die Dauer des Rechenverfahrens durch Aufteilung des Netzes in *Neuner-* und *Viererblocks* wesentlich verkürzen können. Diese Aufteilung wird so vorgenommen, daß man in dem untersuchten Gebiet soviel wie möglich Neunerblocks und im verbliebenen Gebietsteil möglichst viele Viererblocks unterzubringen sucht (vgl. Fig. 66). Diese Blocks müssen von *inneren* Gitterpunkten des Bereichs umgeben sein (der Neunerblock von zwölf, der Viererblock von acht Punkten) nur, wenn der Bereichsrand eine *Gerade* durch eine Reihe von Gitterpunkten ist (ganz rechts in der Fig. 66) können diese Punkte als Nachbarpunkte herangezogen werden.

Die Bestimmung der Potentiale in jedem Punkt eines Neunerblocks geht nun folgendermaßen vonstatten. Zunächst bestimmt man das Potential im Mittelpunkt (Fig. 67)

$$a = \tfrac{1}{16}(d_1 + d_2 + \cdots + d_8) + 2(e_1 + e_2 + e_3 + e_4), \tag{104.1}$$

---

[1] SHORTLEY u. WELLER: J. Appl. Phys. **9**, 334 (1938)

wobei a für Φ_a usw. gesetzt wurde. Diese Gleichung ergibt sich dadurch, daß man die Potentiale in den neun Punkten nach (102.4) berechnet und dann aus den neun Gleichungen die nicht gewünschten acht Werte b_i, c_i eliminiert. Hierauf berechnet man die b_i nach der Diagonalformel (103.1):

$$b_i = \tfrac{1}{4}(\bar{a}_1 + e_1 + e_2 + n) \quad \text{usw.,} \tag{104.2}$$

und endlich die c_1 nach (102.4)

$$c_1 = \tfrac{1}{4}(\bar{a}_1 + \bar{b}_1 + e_1 + \bar{b}_4) \quad \text{usw.} \tag{104.3}$$

(Die Überstreichung bedeutet bereits verbesserte Werte.) Für den rechts anschließenden Neunerblock werden die verbesserten Werte $\bar{b}_1$, $\bar{c}_1$, $\bar{b}_4$ verwendet.

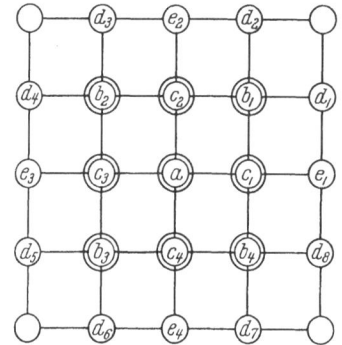

Fig. 67. Neunerblock.

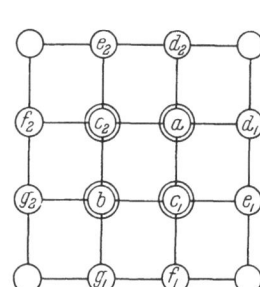

Fig. 68. Viererblock.

Es läßt sich zeigen, daß bei einem nur aus solchen Blocks aufgebauten Bereich die Konvergenz dreieinhalbfach besser als bei der einfachen Methode ist.

Die entsprechenden Formeln für den Viererblock lauten (Fig. 68)

$$\left.\begin{aligned}
a &= \tfrac{1}{24}(7d_1 + 7d_2 + 2e_1 + 2e_2 + 2f_1 + 2f_2 + g_1 + g_2), \\
b &= \tfrac{1}{4}(\bar{a} + f_1 + f_2 + i_3), \\
c &= \tfrac{1}{4}(\bar{a} + \bar{b} + e_1 + f_1), \\
c_2 &= \tfrac{1}{4}(\bar{a} + \bar{b} + e_2 + f_2).
\end{aligned}\right\} \tag{104.4}$$

(i_3 ist der Gitterpunkt links unten in Fig. 68). Die Konvergenz ist hier zwar auch besser als bei der einfachen Methode (Ziff. 102), doch infolge der Kompliziertheit der ersten Gleichung von (104.4) langwieriger zu handhaben als die Neunerblockmethode.

Eine Vereinfachung der Rechnung ergibt sich (die einfache Methode mit eingeschlossen) auch dadurch, daß man bei der ersten Durchrechnung der Netzpunkte die Differenz δ zwischen den verbesserten und den geschätzten Werten bildet:

$$\delta_n = \bar{\Phi}_n - \Phi_n \tag{104.5}$$

und das Verfahren dann auf die δ_n-Werte anwendet. Am Rande ist $\delta = 0$, da ja dort die Potentialwerte fest sind, außerdem sind die an den Gitterpunkten anzuschreibenden Zahlen wesentlich kleiner. Bezeichnen wir die Operation einer einmaligen Verbesserung mit T, einer k-maligen mit T^k, so gilt für den gesuchten Grenzwert

$$\Phi_n^{(\infty)} = \bar{\Phi}_n + \sum_{k=1}^{\infty} T^k \delta_n. \tag{104.6}$$

Nach einer gewissen Anzahl p von Durchrechnungen bemerkt man, daß

$$\frac{T^{p+1}\delta}{T^p\delta} = \lambda \qquad (104.7)$$

konstant wird[1]. Man kann dann die Rechnung abbrechen und findet für die noch fehlende Verbesserung

$$\sum_{k=p}^{\infty} T^k \delta = \frac{T^p \delta}{1-\lambda} \; . \qquad (104.8)$$

105. Behandlung der Grenzschicht zweier dielektrischer Medien. Ist die zwei Medien der Dielektrizitätskonstanten ε und ε' trennende Grenzschicht eben und verläuft sie längs einer Reihe von Gitterpunkten (Fig. 69), so ist das Rechenverfahren verhältnismäßig einfach. Entsprechend dem Kontinuitätsgesetz (5.5) gilt in einem Punkt O der Grenzschicht:

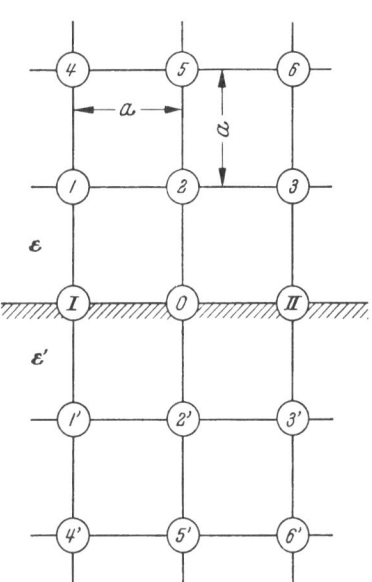

Fig. 69. Längs einer Reihe von Gitterpunkten verlaufende Grenzschicht zweier dielektrischer Medien.

$$\varepsilon\left(\frac{\partial \Phi}{\partial y}\right)_0 = \varepsilon'\left(\frac{\partial \Phi'}{\partial y}\right)_0 ; \qquad \Phi_0 = \Phi'_0 , \qquad (105.1)$$

wobei die elektrischen Größen auf seiten des Dielektrikums ε' mit einem Strich versehen wurden. Zur Berechnung der beiden Gradienten in (105.1) suchen wir mit (102.2) — wie bei der Aufstellung der Gl. (102.3) — die Potentiale Φ_2 und Φ_5 in den Punkten 2 und 5 (Fig. 69) und bilden die Differenz $\Phi_5 - 4\Phi_2$. Wir finden dann:

$$\left.\begin{array}{l}\left(\dfrac{\partial \Phi}{\partial y}\right)_0 = \dfrac{1}{2a}\left(-3\Phi_0 + 4\Phi_2 - \Phi_5\right), \\[2mm] \left(\dfrac{\partial \Phi'}{\partial y}\right)_0 = -\dfrac{1}{2a}\left(-3\Phi_0 + 4\Phi'_2 - \Phi'_5\right),\end{array}\right\} \qquad (105.2)$$

somit mit (105.1):

$$\left.\begin{array}{l}3\left(\varepsilon + \varepsilon'\right)\Phi_0 \\[1mm] = \varepsilon\left(4\Phi_2 - \Phi_5\right) + \varepsilon'\left(4\Phi'_2 - \Phi'_5\right).\end{array}\right\} \qquad (105.3)$$

Ersetzt man hierin Φ_2 bzw. Φ'_2 mit Hilfe von (102.4) durch Potentialwerte in den Nachbarpunkten, so erhält man einen der Diagonalformel (103.1) entsprechenden Ausdruck:

$$2\left(\varepsilon + \varepsilon'\right)\Phi_0 = \varepsilon\left(\Phi_1 + \Phi_3\right) + \varepsilon'\left(\Phi'_1 + \Phi'_3\right). \qquad (105.4)$$

Durch weitere Anwendung der Ausdrücke (102.4) und (103.1) auf die Punkte I, II, 3 und 3' ergibt sich auch:

$$4\left(\varepsilon + \varepsilon'\right)\Phi_0 = \varepsilon\left(2\Phi_2 + \Phi_I + \Phi_{II}\right) + \varepsilon'\left(2\Phi'_2 + \Phi_I + \Phi_{II}\right). \qquad (105.5)$$

---

[1] Da jeder Wert $T^k\delta$ einer neuen Durchrechnung eine lineare Funktion der Werte der vorhergehenden ist, stellt T einen Tensor dar. Eine Verteilung der δ kann nach seinen Eigenfunktionen entwickelt werden: $\delta = c_1 f_1 + c_2 f_2 + c_3 f_3 + \cdots + c_n f_n$ die durch $T f_i = \lambda_i f$ definiert sind. Es ist also: $T\delta = \lambda_1 c_1 f_1 + \lambda_2 c_2 f_2 + \cdots$; $T^2\delta = \lambda_1^2 c_1 f_1 + \lambda_2^2 c_2 f_2 + \lambda_3^2 c_3 f_3 + \cdots$. Da alle Eigenwerte $\lambda < 1$ sind, bleibt nach einer bestimmten Zahl von Durchrechnungen, praktisch nur das Glied mit dem größten λ übrig und jede neue Durchrechnung bedeutet eine Multiplikation mit λ.

Im allgemeinen Fall jedoch läuft die Grenzschicht zwischen zwei dielektrischen Medien nicht durch die Gitterpunkte. Es gilt hier für einen Punkt O der Grenzschicht (Fig. 70):

$$\varepsilon \left(n_x \frac{\partial \Phi}{\partial x} + n_y \frac{\partial \Phi}{\partial y} \right)_0 = \varepsilon' \left(n_x \frac{\partial \Phi'}{\partial x} + n_y \frac{\partial \Phi'}{\partial y} \right)_0 ; \qquad \Phi_0 = \Phi_0' .$$

n_x und n_y sind darin die Komponenten des Normalenvektors $\boldsymbol{n}^0$ der Grenzschicht. Die Gradientenkomponenten $\dfrac{\partial \Phi}{\partial x}$, $\dfrac{\partial \Phi}{\partial y}$, $\dfrac{\partial \Phi'}{\partial x}$, $\dfrac{\partial \Phi'}{\partial y}$, lassen sich wieder durch

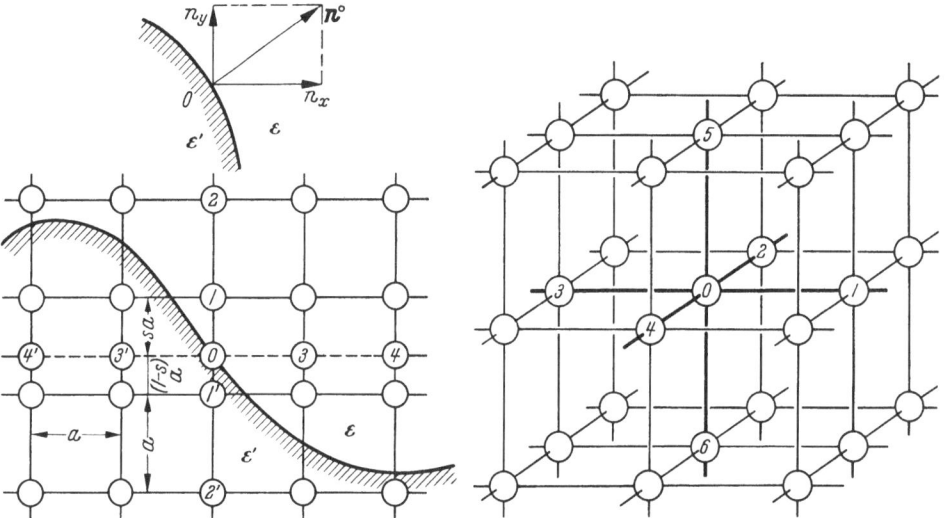

Fig. 70. Gekrümmte Grenzschicht zweier dielektrischer Medien.   Fig. 71. Dreidimensionales Punktgitter.

zwei auf der *gleichen* Seite der Grenzschicht liegenden Gitterpunkte ausdrücken, wobei eventuell ungleiche Maschenweiten in Rechnung gesetzt werden müssen. So wird im Fall des in Fig. 70 aufgenommenen Beispiels:

$$a \left(\frac{\partial \Phi}{\partial y} \right)_0 = \frac{s+1}{s} (\Phi_1 - \Phi_0) + \frac{s}{s+1} (\Phi_2 - \Phi_0) ,$$

$$a \left(\frac{\partial \Phi}{\partial x} \right)_0 = \frac{1}{2} (4 \Phi_3 - \Phi_4 - 3 \Phi_0) .$$

Entsprechend auf der Seite des Dielektrikums ε'. Die Punkte 3, 4, 3', 4' gehören allerdings nicht zum Netz, doch können ihre Potentialwerte durch eine der Formel (102.8) analoge Beziehung auf solche der Gitterpunkte zurückgeführt werden (Näheres vgl. DURAND [3]).

106. Dreidimensionale Felder. Dreidimensionale Felder lassen sich grundsätzlich genau so behandeln, wie zweidimensionale; man spannt hier ein dreidimensionales Gitter auf und geht bei der Aufstellung der Formeln von der Taylor-Reihe für drei Variable aus. So erhält man hier (vgl. Fig. 71) als Analogon der Formel (102.4):

$$\Phi_0 = \tfrac{1}{6} (\Phi_1 + \Phi_2 + \Phi_3 + \Phi_4 + \Phi_5 + \Phi_6). \qquad (106.1)$$

Meist wird man sich auf die Berechnung des Feldes in bestimmten, besonders interessierenden Ebenen beschränken. Eine volle Feldbeschreibung gelingt bei Feldern mit *Rotationssymmetrie*, wo die Feldberechnung in einer Ebene durch die Achse genügt. Zur Aufstellung der Berechnungsformeln zieht man hier die Laplace-Gleichung in Zylinderkoordinaten heran:

$$\Delta \Phi = \frac{\partial^2 \Phi}{\partial z^2} + \frac{\partial^2 \Phi}{\partial \varrho^2} + \frac{1}{\varrho} \frac{\partial \Phi}{\partial \varrho} = 0. \tag{106.2}$$

Es wird als Lösung wieder die Taylor-Reihe (102.2) angesetzt, nur sind dort x und y durch z und ϱ zu ersetzen. Die Berechnungsformeln werden jetzt von dem Achsenabstand ϱ_0 des betrachteten Punktes O abhängig. Als der Formel (102.4) entsprechenden Ausdruck findet man mit $\varrho_0 = ka$ (Fig. 72):

$$8k\,\Phi_0 = 2k(\Phi_1 + \Phi_3) + (2k+1)\,\Phi_2 + (2k-1)\,\Phi_4 \tag{106.3}$$

und als „Diagonalformel":

$$8k\,\Phi_0 = (2k+1)(\Phi_5 + \Phi_6) + (2k-1)(\Phi_7 + \Phi_8). \tag{106.4}$$

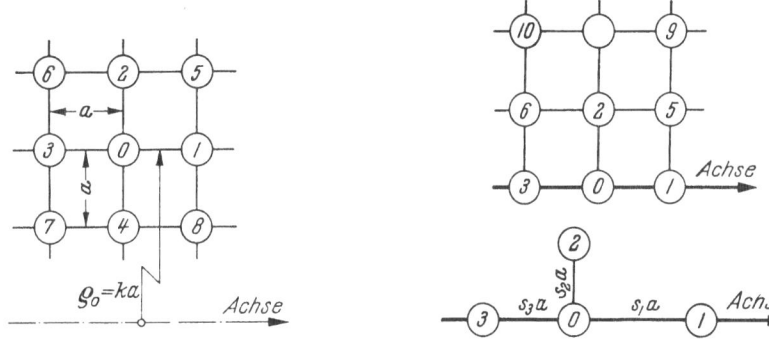

Fig. 72. Punktgitter bei rotationssymmetrischen Feldern.　　　Fig. 73. Zur Potentialberechnung in Punkten der Achse.

Endlich erhält man als Äquivalent für Gl. (102.8)

$$\left.\begin{array}{l} \left(\dfrac{2k}{s_1 s_3} + \dfrac{2k + s_4 - s_2}{s_2 s_4}\right)\Phi_0 = \dfrac{2k}{s_1 + s_3}\left(\dfrac{\Phi_1}{s_1} + \dfrac{\Phi_3}{s_3}\right) + \\[3mm] \qquad\qquad + \dfrac{1}{s_2 + s_4}\left[(2k + s_4)\dfrac{\Phi_2}{s_2} + (2k - s_2)\dfrac{\Phi_4}{s_4}\right]. \end{array}\right\} \tag{106.5}$$

Alle diese Formeln werden für Achsenpunkte ($k=0$) unbrauchbar. Es bleibt jedoch $\dfrac{1}{\varrho}\dfrac{\partial \Phi}{\partial \varrho}$ auch für $\varrho \to 0$ endlich, und zwar erhält man bei Heranziehung der Taylor-Reihe mit Bezeichnungen der Fig. 73

$$\frac{1}{\varrho}\left(\frac{\partial \Phi}{\partial \varrho}\right)_0 = \left(\frac{\partial^2 \Phi}{\partial \varrho^2}\right)_0 = \frac{2}{a^2}(\Phi_2 - \Phi_0); \qquad \left(\frac{\partial^2 \Phi}{\partial z^2}\right)_0 = \frac{2}{a^2}(\Phi_1 + \Phi_3 - 2\Phi_0). \tag{106.6}$$

Durch Einsetzen in Gl. (106.2) ergibt sich

$$\Phi_0 = \tfrac{1}{6}(\Phi_1 + \Phi_3 + 4\Phi_2) \tag{106.7}$$

oder auch

$$\Phi_0 = \tfrac{1}{4}(\Phi_5 + 2\Phi_2 + \Phi_6). \tag{106.8}$$

Um zu einem zweimal dichteren Netz überzugehen, benutzt man zweckmäßig die Formel

$$\Phi_0 = \tfrac{1}{4}(\Phi_1 + \Phi_3 + \Phi_9 + \Phi_{10}) \tag{106.9}$$

und bei ungleichen Netzpunktabständen:

$$\left(\frac{2}{s_2^2} + \frac{1}{s_1 s_3}\right)\Phi_0 = \frac{2}{s_2^2}\,\Phi_2 + \frac{1}{s_1 + s_3}\left(\frac{\Phi_1}{s_1} + \frac{\Phi_3}{s_3}\right). \tag{106.10}$$

b) Graphische Konstruktion der Niveau- und Feldlinien.

Will man sich nur eine Einsicht in den grundsätzlichen Verlauf der Niveau-flächen und Feldlinien verschaffen, annähernd die Kapazität- oder Induktions-koeffizienten berechnen oder eine vernünftige Schätzung der Potentialwerte in den Gitterpunkten eines Maschennetzes für eine numerische Feldbestimmung vornehmen, so läßt sich dazu gut die *graphische Methode* verwenden. Sie erlaubt es auch am ehesten und mit den einfachsten Mitteln, die Potentialverteilung bei Anwesenheit kompliziert geformter dielektrischer oder ferromagnetischer Körper zu bestimmen.

107. Grundgedanke. Eine Fluß- oder Kraftröhre umschließt definitions-gemäß (Ziff. 3) einen Fluß $\Delta\Psi$, der für alle Querschnitte der Röhre der gleiche ist:

$$\Delta\Psi = \boldsymbol{D} \cdot \Delta\boldsymbol{S} = \varepsilon\,\boldsymbol{E}\,\Delta\boldsymbol{S} = \text{const}. \tag{107.1}$$

Legt man nun zwischen die beiden durch die Flußröhre verbundenen Leiter eine Schar von Niveauflächen so, daß zwischen benachbarten Flächen immer die gleiche Potentialdifferenz ΔU herrscht, so wird durch zwei solche Nachbar-flächen aus der Feldröhre ein prismenartiger Körper der Höhe Δl herausgeschnitten, und es gilt:

$$\Delta U = \boldsymbol{E}\,\Delta\boldsymbol{l} = \text{const}. \tag{107.2}$$

Der Quotient $\Delta\Psi/\Delta U$ ist wieder eine Konstante,

$$\Delta C = \varepsilon\,\frac{\Delta S}{\Delta l} = \text{const} \tag{107.3}$$

und stellt die Kapazität des herausgeschnittenen Volumenelements $\Delta v = \Delta S \cdot \Delta l$ dar.

Die graphische Methode besteht nun darin, daß man im Falle $\varepsilon = \text{const}$ ver-sucht, den ganzen untersuchten Bereich mit gleichen Fluß $\Delta\Psi$ führenden Fluß-röhren so auszufüllen und dazu orthogonale Niveauflächen (gleichen Potential-unterschieds gegen Nachbarflächen) so einzuzeichnen, daß die Bedingung $\Delta S/\Delta l = \text{const}$ erfüllt ist. Bei Anwesenheit von Teilbereichen verschiedener Dielektrizi-tätskonstanten ist an den Grenzflächen außer der Berücksichtigung von (107.3) auch das Gesetz der Feldlinienbrechung (5.7) anzuwenden. Die Kapazität bzw. die Kapazitätskoeffizienten der Anordnung werden durch Auszählung der par-allel und hintereinander geschalteten gleich großen Kapazitäten (107.3) der Elementarbereiche ermittelt.

108. Ebene Felder. Im Falle ebener Felder sind die Flußröhren in Richtung senkrecht zur Papierebene gleich, z.B. eine Längeneinheit, dick. Schreibt man also $\Delta S = 1 \cdot \Delta b$ so erhält man statt (107.3) die Beziehung

$$\varepsilon \cdot \frac{\Delta b}{\Delta l} = \text{const}. \tag{108.1}$$

Man wählt (mit $\varepsilon = \text{const}$) zweckmäßig $\frac{\Delta b}{\Delta l} = 1$, da dann die Verschiebungs-linien und Niveaulinien „quadrat"ähnliche Flächenstücke begrenzen, die eine Aufteilung des Feldes visuell erleichtern.

Die Zeichnung wird an einer Stelle des Feldes angefangen, wo durch Feld-symmetrie oder durch ein Auslaufen in ein quasihomogenes Feld, einige Feld-linien mit großer Sicherheit gezogen werden können, so daß dort die ersten quadratischen Kästchen entstehen (Fig. 74). Daran anschließend werden nun weitere Kästchen angesetzt, bis man zu einer Stelle gelangt, wo eine quadratische

Unterteilung unmöglich wird, d.h. zumindest eines der Kästchen „rechteckig"
wird, oder sich die Feld- und Niveaulinien nicht mehr orthogonal schneiden.

Dies bedeutet, daß man bei einem der vorhergegangenen Schritte einen
Fehler gemacht hat. Man radiert dann die Zeichnung bis zu der als sicher erscheinenden Kästchenreihe aus und beginnt die Konstruktion von neuem, bis
das ganze Feld mit „einwandfrei" quadratischen Kästchen überzogen ist. Oft
wird, besonders an Stellen geringerer Feldstärke, eine weitere Unterteilung der
Kästchen in vier, sechzehn usw. Teilquadrate angezeigt sein (gestrichelte
Linien in Fig. 74).

Besteht der untersuchte Feldbereich aus Körpern verschiedener Dielektrizitätskonstanten ε, so ist an den Grenzflächen eine Brechung der Verschiebungs-
und der (dazu senkrechten) Niveaulinien
vorzunehmen. Erreicht die zu zeichnende
Verschiebungslinie, vom Medium ε_1 kommend, die Grenzfläche unter dem Winkel
α_1 gegen die Flächennormale, so schließt
sie im Medium ε_2 den Winkel α_2 mit dieser
Normalen ein, wobei

$$\varepsilon_1 \cot \alpha_1 = \varepsilon_2 \cot \alpha_2 \qquad (5.7)$$

ist. Infolge (108.1) wird dann das Seitenverhältnis der „Rechteck"-Kästchen im
zweiten Medium

$$\frac{\Delta b}{\Delta l} = \frac{\varepsilon_2}{\varepsilon_1}, \qquad (108.3)$$

wenn dies Verhältnis im ersten Medium
gleich 1 angenommen war.

Magnetische Felder werden im Falle
festliegender Randbedingungen, z.B. bei
Begrenzung des untersuchten Feldbereich-
ches durch hochpermeable Medien, grund-

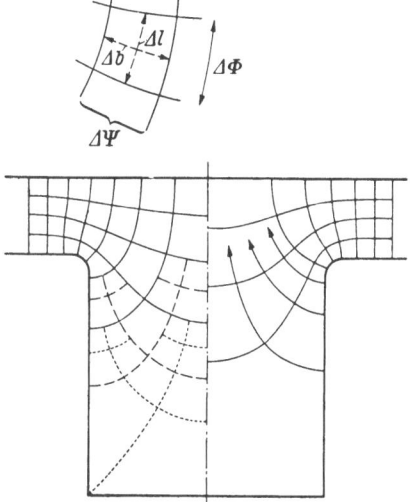

Fig. 74. Zur graphischen Feldkonstruktion.

sätzlich wie elektrostatische behandelt. Bei ausgedehnten Querschnitten der
felderzeugenden Stromleiter jedoch ist die Verteilung des Vektor- bzw. des
Skalarpotentials längs deren Oberfläche von vornherein nicht bekannt. Die
hier herrschenden Verhältnisse seien an Hand der Fig. 75 erläutert, welche das
magnetische Feld zweier paralleler, kreiszylindrischer, von entgegengesetzt gleichen Strömen durchflossener Leitern darstellt. Die Stromdichte über den Querschnitt jeden Leiters ist konstant. Die in sich geschlossenen Linien gleichen
Vektorpotentials $A = \text{const}$, stellen gleichzeitig den Verlauf der Feldlinien dar;
sie schrumpfen innerhalb jeden Leiters bei Annäherung an den Ort der Feldstärke Null, den „Kern" K_1 bzw. K_2 in einem Punkt zusammen. Die zu den
Feldlinien senkrechten Trajektorien sind außerhalb der Leiter Linien konstanten
magnetischen Skalarpotentials Φ; innerhalb der Leiter verlieren sie diese Bedeutung, infolge der nicht mehr erfüllten Bedingungen der Wirbelfreiheit des
Feldes. Man nennt sie vielfach „Linien der Arbeit Null" (für einen längs ihnen
bewegten Magnetpol).

Zur Gewährleistung einer einwandfreien Feldkonstruktion versucht man nun
durch Probieren die Lage der Kerne festzustellen, was oft nicht einfach ist[1].

---

[1] Näheres hierzu vgl. TH. LEHMANN: ETZ **30**, 995, 1015 (1909); Rev. gén. Électr. **14**,
347, 397 (1923); **31**, 171 (1932); **34**, 351 (1933). — A. R. STEVENSON u. R. H. PARK: Trans.
Amer. Inst. Electr. Engrs. **46**, 112 (1927). — L. W. BEWLEY: Twodimensional Fields in Electrical Engineering. New York: Macmillan 1948.

Die Feldlinien erleiden beim Durchgang durch die Leiteroberfläche keine Brechung, es ändert sich jedoch ihr Krümmungsradius. Auch das Seitenverhältnis $\Delta b/\Delta l$ der Feldkästchen wird verändert. Bildet man nämlich in Fig. 76 den

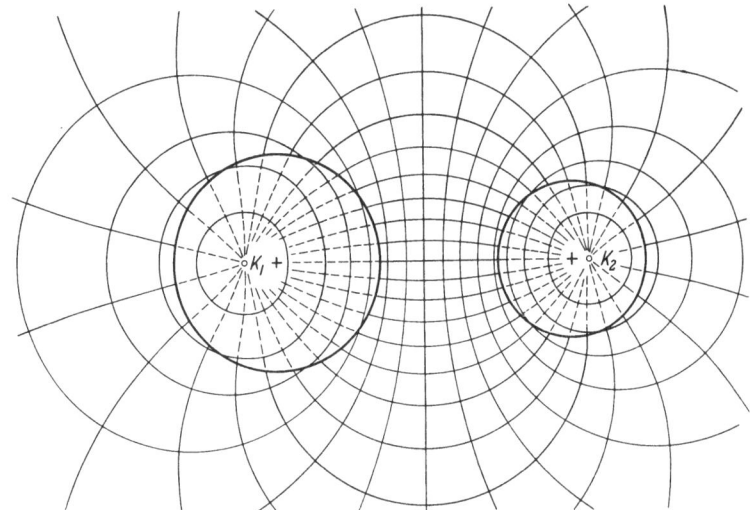

Fig. 75. Magnetisches Feld zweier unendlich langer, entgegengesetzt vom Strom durchflossener Leiter von Kreisquerschnitt (K_1 und K_2 sind die sog. Kerne).

Umlauf KP_1P_2K, so ist die mittlere Feldstärke längs P_1P_2 gleich $Sj/\Delta l$, wenn S die mit der hier einfachheitshalber als konstant angenommenen Stromdichte j belegte Fläche $KP_1''P_2''K$ ist. Der magnetische Fluß durch das Kästchen (bzw.

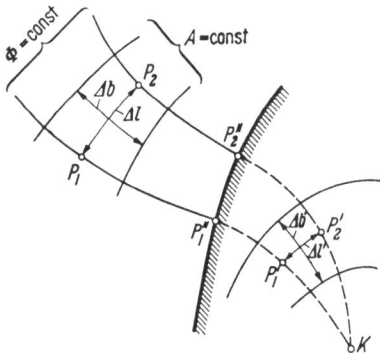

Fig. 76. „Kästchen"-Konstruktion am Rande einer stromführenden Wicklung (K = Kern).

die entsprechende Änderung des Vektorpotentials) ist also $\Delta\Psi = \mu_0 Sj\,\Delta b/\Delta l$. Der Fluß durch ein zugehöriges Kästchen innerhalb des Leiters ist entsprechend $\Delta\Psi' = \mu_0 S'j\,\Delta b'/\Delta l'$, wenn S' die durch den Umlauf $KP_1'P_2'K$ begrenzte Fläche ist. Bei gleichgroß gewählter Änderung von $\Delta\Psi$ bzw. ΔA zwischen den gezeichneten Feldlinien muß also

$$S\frac{\Delta b}{\Delta l} = S'\frac{\Delta b'}{\Delta l'}$$

gemacht werden (vgl. die zum Kern hin zunehmende relative Kästchenlänge in Fig. 75).

109. Drehsymmetrische Felder. Die Felder werden hier in einer Meridianebene konstruiert. Die Dicke einer Flußröhre senkrecht zur Papierebene nimmt dann proportional der Entfernung ϱ von der Rotationsachse zu: $\Delta S = k\varrho\Delta b$. In einem Feld konstanter DK gilt dann nach (107.3) für das Seitenverhältnis der zu zeichnenden Rechteckkästchen:

$$\varrho\frac{\Delta b}{\Delta l} = \text{const}. \tag{109.1}$$

Die Methode ist wesentlich umständlicher als bei ebenen Feldern, insbesondere weil die Unterstützung durch das Auge, das für die Gleichheit der „Quadrat-Seiten" sehr empfindlich ist, hier fortfällt.

c) Experimentelle Feldausmessung[1].

110. Allgemeine Gesichtspunkte. Experimentelle Feldausmessung erscheint dort angebracht, wo die durch das praktische Problem gegebenen Randbedingungen für eine analytische oder numerische Behandlung zu kompliziert sind. Kaum zu umgehen ist sie, wenn kompliziert geformte dielektrische oder gesättigte ferromagnetische Körper die Feldgestaltung merklich beeinflussen. Die geringere Genauigkeit kann unter Umständen durch nachträgliche Korrektur nach einem numerischen Verfahren verbessert werden.

Alle der Laplace-Gleichung gehorchenden Felder (unter Umständen auch andere magnetische und Raumladungsfelder) können im *elektrolytischen Trog* oder unter Umständen auch mit der Hilfe einer *Gummimembran* ermittelt werden. Oft ist es jedoch zweckmäßiger, magnetische Felder durch direkte *magnetische Meßmethoden* zu bestimmen. Auf dem Prinzip der numerischen Berechnung beruht die Ausmessung beliebiger Felder mit dem *Widerstandsnetz*. Direkte *elektrostatische Messungen* sind relativ ungenau.

Die Konfiguration der Niveau- und Feldlinien aller der verallgemeinerten Laplaceschen (bzw. Poissonschen) Gleichung

$$\text{div}\,(\varepsilon\,\text{grad}\,\Phi) = 0 \quad \text{bzw.} \quad = -\varrho$$

gehorchenden Felder ist vom räumlichen Maßstab und dem Absolutwert der Potentiale (bzw. Ströme in Magnetfeldern) unabhängig. Die Messungen können also an vergrößerten oder verkleinerten *Modellen* mit der Meßmethode angepaßten Spannungswerten durchgeführt werden, wenn nur die Relativwerte erhalten bleiben.

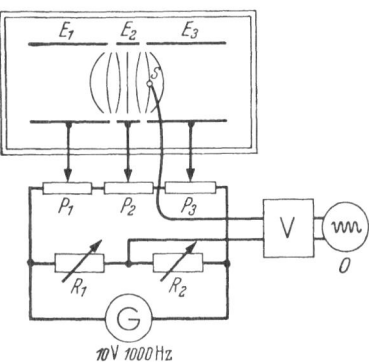

111. Der elektrolytische Trog. Sein Prinzip beruht auf der Tatsache, daß die Potentialverteilung zwischen zwei oder mehreren, allseits von einem schwachen Elektrolyten umgebenen Elektroden die gleiche ist wie zwischen den gleichen Elektroden im Vakuum oder in einem homogenen isotropen Dielektrikum. Der Stromdurchgang durch den Elektrolyten muß dazu dem Ohmschen Gesetz gehorchen und der spezifische Elektrolytwiderstand sehr groß gegenüber demjenigen der Elektroden sein.

Fig. 77. Prinzipschema des elektrolytischen Troges.

Das Elektrodenmodell wird in den mit den Elektrolyten (z. B. Leitungswasser) angefüllten Trog so eingehängt, daß die Grenzfläche Luft—Elektrolyt mit einer von keinen Feldlinien durchkreuzten Symmetrieebene der untersuchten Anordnung übereinstimmt (Fig. 77). Es bildet den einen Zweig einer Wheatstoneschen Brücke, die an einer Spannungsquelle von Hörfrequenz (etwa 1000 Hz) liegt. Eine an dem einen Ende des Nullzweiges angebrachte Sonde S wird über die Flüssigkeitsoberfläche so geführt, daß das Nullinstrument (abgestimmter Verstärker mit Galvanometer oder besser Oszillograph) keinen Strom anzeigt. Sie beschreibt dann eine dem an den Präzisionswiderständen R_1 und R_2 eingestellten Spannungsverhältnis entsprechende Niveaulinie. Ihre Bewegung wird mechanisch oder optisch auf ein Blatt Papier übertragen und dort manuell oder automatisch aufgezeichnet.

---

[1] Vgl. hierzu z. B. E. WEBER [15]. — G. LIEBMANN: Adv. Electronics **2**, 101 (1950). — R. STRIGEL: Ausmessung von elektrischen Feldern. Karlsruhe: Braun 1949.

Bei Untersuchung drehsymmetrischer Anordnungen ist die Verwendung eines Troges mit geneigtem Boden zweckmäßig, da dann die benötigten Elektrodenteile einfacher herzustellen sind. Sowohl die Oberfläche des Elektrolyten als auch der Trogboden fallen mit Meridianebenen zusammen (Fig. 78).

Die erzielte Genauigkeit schwankt je nach den getroffenen Vorsichtsmaßregeln zwischen 0,2 und 2%. Mögliche Fehlerquellen sind: Spiegelung an den Trogwänden (die ganze Anordnung wird bei Isolierwänden mit gleichem Vorzeichen, an metallischen Wänden mit entgegengesetztem Vorzeichen der Potentiale gespiegelt), ferner Polarisations- und Raumladungserscheinungen bei unzweckmäßig gewähltem Elektroden- und Sondenmaterial, Oberflächenspannung der Flüssigkeit, ungenügende elektrische Abschirmung gegen Störfelder usw.

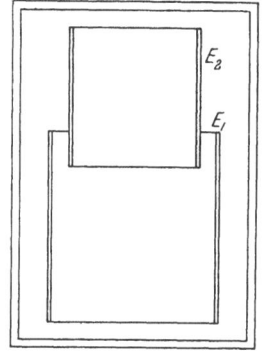

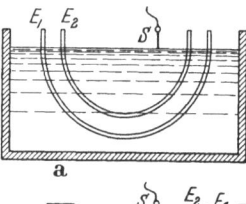

Fig. 78 a u. b. Elektroden zur Ausmessung eines rotationssymmetrischen Feldes in einem Trog mit waagerechtem (a) und geneigtem (b) Boden.

Enthält das zu messende Feld auch *Körper höherer Dielektrizitätskonstanten* (z. B. Stützisolatoren, Porzellandurchführungen), so geschieht deren Berücksichtigung nach J. Peres und L. Malavard[1] bei ebenen Feldern durch eine derartige Formgebung des Trogbodens, daß die Elektrolytschicht am Ort des Dielektrikums ε_r-mal stärker und damit ε_r-mal leitfähiger wird. (Bei rotationssymmetrischen Anordnungen wird der Neigungswinkel des Trogbodens der DK entsprechend vergrößert.) Um eine durch die Dicke der Elektrolytschicht verursachte Verwaschung des Feldverlaufs an der Flüssigkeitsoberfläche zu vermeiden, werden längs der Grenze verschieden starker Elektrolytschichten im Trogboden bis an die Oberfläche reichende Metallstifte in genügender Dichte angeordnet. Braucht das Feld am Ort des Dielektrikums nicht gemessen zu werden, so können die entsprechenden Räume im Trog durch feste Körper entsprechend gewählter Leitfähigkeit (z. B. in einer Form erstarrtes Gemisch von Ruß und Paraffin) ausgefüllt werden. Auch *Raumladungen* können durch eine, hier stetig veränderliche, Formgebung des Trogbodens Berücksichtigung finden[2].

Der elektrolytische Trog läßt sich auch zur Ausmessung *magnetischer Felder* verwenden. Ist der interessierende Feldbereich durch ferromagnetische Körper begrenzt, so wird das *skalare Potential* wie das elektrostatische gemessen, wobei Elektroden die Ferromagnetika ersetzen. Bei Vorhandensein stromführender Wicklungen im Feldbereich bereitet das Verlegen der notwendigen Sperrflächen oft sehr große Schwierigkeiten. Man nimmt dann besser Linien konstanten *Vektorpotentials* oder konstanten Flusses in der betreffenden Symmetrieebene auf. Da in ebenen Feldern sowohl Potential- als auch Flußfunktion die Laplace-Gleichung befriedigen, ist die Analogisierung unschwer durchzuführen (vgl. hierzu auch Ziff. 39). Ausgedehnte Wicklungen müssen durch eine größere Anzahl entsprechenden (unter Umständen gleichen) Strom führende Metallstifte dargestellt werden[3]. Eine Methode zur Aufnahme von Linien konstanten

---

[1] J. Peres u. L. Malavard: Bull. Soc. franç. Électr. **8**, 715 (1938).

[2] R. Musson-Genon: Ann. des Télécomm. **2**, 298 (1947).

[3] R. E. Peierls: Nature, Lond. **158**, 831 (1946).

Vektorpotentials und konstanten Flusses in drehsymmetrischen Feldern geben R. E. PEIERLS und T. H. SKYRME[1] und W. L. BEAVER[2].

112. Methode der Gummimembran[3]. Eine dünne, sehr homogene Gummihaut wird so über einen kreisförmigen, horizontal angeordneten Rahmen gespannt, daß über ihre ganze Ausdehnung die gleiche mechanische Spannung σ_m herrscht. Wird nun auf die ursprünglich in der x, y-Ebene befindliche Membran senkrecht von unten nach oben ein Druck $p(x, y)$ ausgeübt, so genügt die vertikale nicht allzugroße[4] Ausweichung z im Gleichgewicht der Differentialgleichung[5]

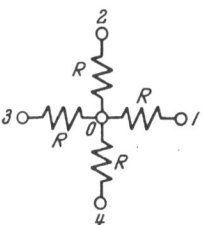

$$\frac{\partial^2 z}{\partial x^2} + \frac{\partial^2 z}{\partial y^2} = -\frac{p}{\sigma_m}. \qquad (112.1)$$

Diese ist also mit der Poisson-Gleichung *ebener* Felder identisch, wenn z dem Potential und p/σ_m dem Verhältnis Raumladung:Dielektrizitätskonstante ϱ/ε entsprechen.

Die Randbedingungen werden dadurch realisiert, daß der Membran am Bereichsrand durch ein entsprechend geformtes Modell den Elektrodenspannungen proportionale Höhenunterschiede aufgedrückt werden. Bei raumladungsfreien Feldern ist keine weitere Vorrichtung nötig und die Membran stellt sich so ein, daß Höhenlinien Äquipotentiallinien entsprechen. Sonst wird auf die Gummihaut mittels kleiner Gummikissen von unter her ein „punktweise" einstellbarer, der Raumladung proportionaler Druck p ausgeübt. Mittels einer ähnlichen Vorrichtung lassen sich auch drehsymmetrische Felder darstellen[6].

Die Gummimembranmethode liefert im allgemeinen weniger genaue Ergebnisse als der elektrolytische Trog. Ihr Vorteil besteht darin, daß kleine auf ihrer Oberfläche rollende Stahlkügelchen die gleichen Bahnen beschreiben, wie Ladungsträger im analogisierten elektrostatischen Feld.

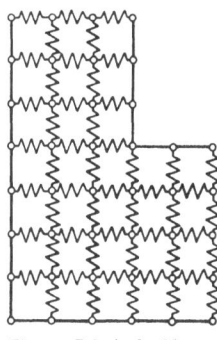

Fig. 79. Prinzip der Messung mit einem Widerstandsnetz

113. Widerstandsnetz. Die Ausmessung eines Potentialfeldes mit dem Widerstandsnetz verhält sich zur Messung mit dem elektrolytischen Trog, wie die numerische zur analytischen Feldberechnung. Wie dort wird hier das Potential nur in den Netzknotenpunkten bestimmt, welche hier durch Widerstände verbunden sind (Fig. 79). Im Gegensatz zu den Rechenmethoden ist jedoch die Messung mit dem Widerstandsnetz genauer als diejenige mit dem elektrolytischen Trog (G. LIEBMANN[7] erreichte Genauigkeiten von $1 \ldots 5 \cdot 10^{-4}$).

In ebenen (zweidimensionalen) Feldern sind alle Widerstände R untereinander gleich. Da nach dem Kirchhoffschen Gesetz in einem Netzpunkt $\sum i_n = 0$ ist, und weiter $i_n = (\Phi_n - \Phi_0)/R_n$, so ergibt sich stets

$$\Phi_1 + \Phi_2 + \Phi_3 + \Phi_4 = 4\Phi_0,$$

wie dies die numerische Methode fordert [vgl. Gl. (102.4)]. Die Feldbegrenzung durch die Elektroden wird durch Kurzschließung der Widerstände zwischen den

[1] R. E. PEIERLS u. T. H. SKYRME: Phil. Mag. **40**, 269 (1949).
[2] W. L. BEAVER: J. Appl. Phys. **28**, 579 (1957).
[3] P. KLEYNEN: Philips techn. Rev. **2**, 338 (1937).
[4] W. FULOP: Brit. J. Appl. Phys. **6**, 21 (1955).
[5] G. ALMA, G. DIEMER u. H. GREENDIJK: Philips techn. Rev. **14**, 336 (1953).
[6] B. J. MAYO: Brit. J. Appl. Phys. **6**, 141 (1955).
[7] G. LIEBMANN: Adv. Electronics **2**, 101 (1950).

auf dieser Begrenzung liegenden Netzpunkten erreicht. An das Modell werden dann die entsprechenden Spannungen gelegt und die Potentialwerte in den einzelnen Netzinnenpunkten gemessen. Bei Abschluß des Netzes durch passend gewählte Widerstände können Spiegelungserscheinungen am Netzrand vermieden werden. Raumladung wird berücksichtigt, wenn man den einzelnen Netzknotenpunkten entsprechend eingestellte Ströme von außen zuführt.

Bei drehsymmetrischen Feldern sind den Widerständen mit der Achsenentfernung abnehmende Werte zu geben. Das Widerstandsnetz ist dann dem Trog mit geneigtem Boden äquivalent.

114. Magnetische Feldmeßmethoden. Sind die auszumessenden Spulen *eisenfrei*, so können sie mit Wechselstrom beschickt werden, der in einer kleinen, über den interessierenden Bereich beweglichen Sondenspule eine Wechselspannung induziert. Diese wird dann über einen Verstärker gemessen, nach einer vorangegangenen Eichung der Meßanordnung in einem bekannten Magnetfeld. Es kann eine Ausrichtung der Sondenspule nach den zwei bzw. drei Koordinatenrichtungen vorgesehen werden. Die gleiche Methode ist natürlich auch bei *eisenhaltigen* Spulen, die normalerweise mit Wechselstrom betrieben werden, anwendbar.

Bei mit Eisen behafteten magnetischen *Gleichfeldern* wird die Sondenspule entweder schnell aus dem Feld herausgezogen und der der Feldstärke proportionale Ausschlag eines mit ihr verbundenen Galvanometers (,,Fluxmeters'') abgelesen[1]; oder aber es wird der Strom in der zu messenden Spule schnell umgekehrt, was einen doppelt so starken Ausschlag ergibt[2]. Man kann auch der Sondenspule eine rotierende[3] oder oszillierende[4] Bewegung erteilen und dann die induzierte Wechselspannung wie oben messen.

Die Meßgenauigkeit ist außer durch die Verstärker- und Ablesefehler, durch die Größe der Spule bestimmt, die oft sehr klein ausgeführt wird (die Dossesche war z.B. 0,4 mm lang und 0,4 mm im Durchmesser). Bei Verwendung einer kugelförmigen[5] Sondenspule umgeht man diesen Fehler, denn sie gibt genau das Feld in ihrem Zentrum an. Die Sonde kann bei oszillierender Bewegung auch die Form einer sehr langen Spule sehr kleinen Durchmessers annehmen, wenn ihr eines Ende am Meßpunkt und ihr anderes Ende außerhalb des zu messenden Feldes liegt[6]. Kehrt der Windungssinn einer solchen Spule in ihrer Mitte (gleichzeitig Meßpunkt) um, so kann die auf sie ausgeübte, der Feldstärke proportionale Kraft mittels einer ,,magnetischen Waage'' gemessen werden[7].

Es wird auch der Hall-Effekt und die feldabhängige Permeabilitätsänderung bestimmter Ferromagnetika zu Messungen ausgenutzt [5]. Zur ersten Orientierung über den ungefähren Feldverlauf wird über ein Blatt steifes Papier gestreutes Eisenfeillicht benutzt; die Partikelchen stellen sich in die Richtung der magnetischen Feldlinien ein.

---

[1] O. Klemperer: Phil. Mag. **20**, 545 (1935). — J. A. Simpson: Rev. Sci. Instrum. **11**, 430 (1940).

[2] L. Marton: Phys. Rev. **55**, 672 (1939). — Proc. Inst. Radio Engrs. N.Y. **32**, 546 (1944). J. Dosse: Z. Physik **117**, 437 (1941).

[3] A. Kohaut: Z. techn. Phys. **18**, 198 (1937). — R. H. Cole: Rev. Sci. Instrum. 9, 215 (1938). — B. F. Jürgens: Rev. techn. Phil. **14**, 334 (1953).

[4] O. Klemperer u. H. Miller: J. Sci. Instrum. **16**, 121 (1939). — L. S. Goddard u. O. Klemperer: Proc. Phys. Soc. Lond. **56**, 378 (1944).

[5] W. F. Brown u. J. H. Sweer: Rev. Sci. Instrum. **16**, 276 (1945).

[6] C. Fert u. P. Gautier: C. R. Acad. Sci., Paris **233**, 148 (1951).

[7] M. van Ments u. J. B. le Poole: Appl. Sci. Res. B **1**, 3 (1947).

115. Direkte elektrische Meßmethoden [1]. Das gröbste, der Eisenfeillicht-Methode entsprechende Verfahren beruht darauf, daß sich leichte Isolierstäubchen, wie Gips- oder Glimmer-Kriställchen, Haarschnitzel u. ä. auf einem Blatt Papier [2] unter Einwirkung eines stärkeren elektrischen Feldes längs der Feldlinien ausrichten. In Höchstspannungsanlagen kann man nach M. Toepler [3] auf einem Projektionsschirm die Neigung des Schattenrisses eines an einem Seidenfädchen aufgehängten Strohhälmchens nacheinander für verschiedene Feldpunkte markieren und so das ganze Feldlinienbild erhalten.

Bei der Methode der statischen Sonde nimmt ein an einem dünnen Draht ins Feld gebrachter kleiner metallischer Probekörper Aufpunktpotential an. Durch Influenz wird in ihm Ladung verschiedenen Vorzeichens erzeugt; die eine dient zur Aufladung des statischen Spannungsmessers, der dieses Potential anzeigt, der anderen muß Gelegenheit zum Entweichen gegeben werden, damit das ursprüngliche Feld nicht verzerrt wird (z. B. Glühdrahtsonde [4] zum Abführen negativer Ladungen). Die Zuleitung verzerrt ebenfalls das Feld, wenn sie nicht, wenigstens ungefähr, in einer Äquipotentialfläche verläuft.

Bei der Methode der *kapazitiven Sonde* [5] wird ein metallischer Probekörper in das hörfrequente Feld gebracht und seine Teilkapazitäten gegen die Elektroden mittels einer Kapazitätsmeßbrücke bestimmt. Auch hier bereitet die Zuleitung sowie ihre Abschirmung Schwierigkeiten.

Literatur.

α) Bücher mehr physikalischen Inhalts.

[1] BECKER, R.: Theorie der Elektrizität, Bd. I, Einführung in die Maxwellsche Theorie der Elektrizität. Leipzig u. Berlin: B. G. Teubner 1941.
[2] BUCHHOLZ, H.: Elektrische und magnetische Potentialfelder. Berlin-Göttingen-Heidelberg: Springer 1957.
[3] DURAND, E.: Electrostatique et Magnétostatique. Paris: Masson & Cie. 1953.
[4] GLASER, W.: Grundlagen der Elektronenoptik. Wien: Springer 1952, und Beitrag im Bd. XXXIII dieses Handbuches.
[5] Handbuch der Physik, herausgeg. von H. GEIGER u. K. SCHEEL, Bd. 12, Theorien der Elektrizität, Elektrostatik; Bd. 15, Magnetismus. Elektromagnetisches Feld. Berlin: Springer 1927.
[6] JOOS, G.: Lehrbuch der theoretischen Physik, 3. Aufl. Leipzig: Akademische Verlagsgesellschaft 1939.
[7] KÜPFMÜLLER, K.: Einführung in die theoretische Elektrotechnik. Berlin-Göttingen-Heidelberg: Springer 1952.
[8] MAXWELL, J. C.: A Treatise on Electricity and Magnetism, Bd. I u. II. Abdruck der 3. Aufl. (1891) von Dover Publications 1954.
[9] OLLENDORFF, F.: Potentialfelder der Elektrotechnik. Berlin: Springer 1932.
[10] OLLENDORFF, F.: Berechnung der magnetischen Felder. Wien: Springer 1952.
[11] OLLENDORFF, F.: Erdströme. Berlin: Springer 1928.
[12] PANOFSKI, W. K. H., and M. PHILLIPS: Classical Electricity and Magnetism. Cambridge, Mass.: Addison-Wesley Publ. Co. 1955.
[13] SMYTHE, W. R.: Static and Dynamic Electricity. New York-Toronto-London: McGraw-Hill 1950.
[14] SPANGENBERG, K. R.: Vacuum tubes. New York: McGraw Hill 1948.
[15] WEBER, E.: Electromagnetic Fields, Vol. I: Mapping of Fields. New York: John Wiley & Sons 1950.
[16] WEIZEL, W.: Lehrbuch der theoretischen Physik, Bd. I, Physik der Vorgänge. Berlin-Göttingen-Heidelberg: Springer 1955.

---

[1] Vgl. insbesondere E. WEBER [15].

[2] Weitere Angaben über Materialien und Durchführung der Experimente vgl. F. KOTTLER: Handbuch der Physik, Bd. 12, S. 359. 1927.

[3] V. REGERBIS: ETZ **46**, 298, 336 (1925).

[4] L. LANGMUIR: Franklin Inst. **196**, 751 (1923). — A. WALTHER u. L. INGE: Z. Physik **19**, 192 (1923).

[5] N. SEMENOFF u. A. WALTHER: Z. Physik **17**, 67 (1923).

β) Bücher mehr mathematischen Inhalts.

[17] Byrd, P. F., u. M. D. Friedmann: Handbook of Elliptic Integrals for Engineers and Physicists. Berlin-Göttingen-Heidelberg: Springer 1954.

[18] Collatz, L.: Numerische und graphische Methoden in Handbuch der Physik, herausgeg. von S. Flügge, Bd. II, Mathematische Methoden II. Berlin-Göttingen-Heidelberg: Springer 1955.

[19] Construction and Applications of Conformal Maps (Proceedings of a Symposium). Nation. Bureau of Standards. Washington: US Government Printing Office 1952.

[20] Erdelyi, A., W. Magnus, F. Oberhettinger and F. G. Tricomi: Higher Transcendental Functions. New York-Toronto-London: McGraw Hill Book Co. 1953.

[21] Frank, D., u. R. v. Mises: Die Differential- und Integralgleichungen der Mechanik und Physik, 2. Aufl., Bd. I. Braunschweig: F. Vieweg & Sohn 1930.

[22] Hobson, E. W.: The Theory of Spherical and Ellipsoidal Harmonics. Cambridge: University Press 1931.

[23] Jahnke, E., u. F. Emde: Funktionentafeln, 3. Aufl. Leipzig: Teubner 1938.

[24] Kellogg, O. D.: Foundations of Potential Theory. Berlin: Springer 1929.

[25] Kober, H.: Dictionary of Conformal Representations. Dover Publications 1952.

[26] Madelung, E.: Die mathematischen Hilfsmittel des Physikers. Berlin-Göttingen-Heidelberg: Springer 1953.

[27] Magnus, W., u. F. Oberhettinger: Formeln und Sätze für die speziellen Funktionen der mathematischen Physik, 2. Aufl. Berlin: Springer 1948.

[28] Meixner, J.: Spezielle Funktionen der mathematischen Physik im Handbuch der Physik, herausgeg. von S. Flügge, Bd. I, Mathematische Methoden I. Berlin-Göttingen-Heidelberg: Springer 1956.

[29] Morse, P. M., and H. Feshbach: Methods of Theoretical Physics. New-York-Toronto-London: McGraw Hill 1953.

[30] Oberhettinger, F., u. W. Magnus: Anwendung der elliptischen Funktionen in Physik und Technik. Berlin-Göttingen-Heidelberg: Springer 1949.

[31] Schlögl, F.: Randwertprobleme im Handbuch der Physik, herausgeg. von S. Flügge, Bd. I, Mathematische Methoden I. Berlin-Göttingen-Heidelberg: Springer 1956.

[32] Snow, Ch.: Hypergeometric and Legendre Functions with Applications to Integral Equations of Potential Theory. Nat. Bureau of Standards. Washington: US Government Printing Office 1952.

[33] Southwell, R. W.: Relaxation Methods in Theoretical Physics. Oxford 1946.

[34] Whittaker, E. T., and G. N. Watson: A Course of Modern Analysis, 4th edit. Cambridge: University Press 1952.

Besonders zahlreiche praktische Beispiele enthalten die Werke: [2] bis [4], [8] bis [10], [13], [15], [19], [25], [31]. Eingehende Literaturangaben zu Beispielen in [15], [9], [5].

Quasi-Stationary and Nonstationary Currents in Electric Circuits.

By

RONOLD W. P. KING.

With 53 Figures.

Introduction.

Alternating electric currents consist of electric charges oscillating in a coherent manner in appropriate media. In metallic conductors streams of mobile electrons are forced forward and backward through a relatively fixed lattice; in ionic solutions and ionized gases positively and negatively charged carriers move back and forth in mutually and instantaneously opposite directions; in dielectrics the statistical center of the negative charges bound to atoms and molecules oscillates about the center of the positive charges. In each case the current is a nonrandom motion superimposed on purely random excursions of the individual charges.

In the *stationary* state the average current traversing any unit area may be described mathematically by a quantity that is independent of the time; in the *quasi-stationary* state the charges move back and forth in a circuit that is sufficiently small and at a rate that is sufficiently slow to justify the approximation that all significant interactions between currents in different parts of the circuit are effectively instantaneous. Such an instantaneous interaction between two separated elements of current is then the same as the continuing interaction in the stationary state. For periodic currents oscillating at a frequency $f = \omega/2\pi = v_0/\lambda$ the condition for the quasi-stationary state is,

$$\omega s_m \ll v_0 \quad \text{or} \quad s_m \ll \lambda/2\pi,$$

where $v_0 = 3 \times 10^8$ meter per second, and s_m is the distance in the circuit between the most widely separated elements of current or charge which interact significantly. *Nonstationary* currents are those that oscillate in circuits of such a size and at frequencies that are sufficiently high to make the interaction between current elements in different parts of the circuit in general significantly affected by the finiteness of the velocity of propagation of electromagnetic effects. The quasi-stationary state is a special case of the nonstationary state in which the velocity of propagation may be treated as though infinite.

Alternating currents can be maintained in conductors and dielectrics with a large number of different shapes and sizes. In this article attention is focussed exclusively on configurations of conductors that belong to two general types. The first of these includes a variety of geometrical structures such as loops, coils, parallel lines, antennas, etc., that share the property of being constructed of relatively *thin wire*. By thin is understood a maximum cross-sectional dimension d that is small compared with the length s of the wire and the wavelength λ generated by the alternating current source. Specifically, $d \ll s$, $d \ll \lambda$. The second type of element is the *condenser*. It is constructed of parallel metal plates that are separated by a dielectric of thickness t that is small compared with both the maximum dimension D of the plates and the wavelength λ. That is, $t \ll D$, $t \ll \lambda$.

An important characteristic of circuits constructed of such elements is that the *transverse* distributions of current and charge per unit length and the associated internal electromagnetic fields *in* the conductors and *between* the condenser plates are approximately independent of the axial distributions of current and charge along the wires. Exceptions include circuits in which some parts are separated by distances not much greater than the diameter of the wire, as in closely-wound coils and closely-spaced transmission lines. In such cases the transverse distributions of current in the wire depend not only on the shape and size of the cross section but also on the nature of adjacent parts of the circuit and the currents in them. Usually a separate analysis of each configuration is required, and this is difficult except for special geometries and conditions such as, for example, those characterizing the balanced two-wire line. However, a satisfactory general understanding of the electromagnetic foundations of electric circuit theory may be obtained by considering all conductors to have a circular cross section and assuming that to a first approximation the transverse distribution of current in each cross section is the same as in a straight infinitely long wire of the same size and material. Where necessary, corrections to take account of proximity effects and sharp bends may be made subsequently and these may be supplemented further by experimental data. Similarly, the general behavior of charges and currents in capacitors may be studied in terms of the analytically relatively simple circular parallel-plate condenser and, for some applications, in terms of a capacitively loaded section of transmission line.

A systematic general study of electric circuits that are driven from alternating current generators involves not only the determination of impedance properties in the usual idealized sense of effectively lumped elements in which all dissipation is Joulian, but also a consideration of the effects of physical size and of radiation. In some circuit elements, such as sections of transmission line and thin cylindrical antennas, the lumped property disappears completely; in the latter, resistance is associated primarily with radiation.

The fundamental problem of electric circuit theory is to predict pointer readings on various types of meters which are connected as parts of an electric circuit or network. A pointer reading is usually obtained from a calibrated scale describing a condition of equilibrium between the mechanical force exerted by a stretched spring or by a thermally extended wire and the electromagnetic forces of electric currents. Since electrical measuring instruments are usually calibrated directly in terms of an electrical quantity such as the total current in a wire or a potential difference across a pair of terminals, the electromechanical part of a circuit problem usually is solved in the calibration. It follows that the analytical problem is reduced to determining the currents as functions of the driving e.m.f. and the geometrical and material properties of the conductors and dielectrics.

A. Essentials of electromagnetic theory.

1. Density functions. The average macroscopic electrical properties of matter may be described in general by spatially slowly-varying scalar and vector point functions that represent the average conditions of charge and moving charge in the vicinity of each point throughout the interior of a region and in thin layers of atomic thickness at boundaries. For most purposes, including the analysis of electric circuits, it is sufficient to introduce six such functions which are defined in terms of distributions of electric charges, electric dipoles, and microscopic circulations of electric charges including electron spins. These density functions are all defined in terms of interior and surface elements of volume that are sufficiently large for statistical regularity, yet very small from the macroscopic point of view. If the discrete values assigned to the centers of such elements are slowly varying from element to element, continuous functions may be interpolated. These are in general functions of the time t and of the space coordinates as represented by a position vector $\boldsymbol{r}$ drawn from an arbitrary origin to the point in question [4], [9].

The *volume density of charge*, $\varrho(\boldsymbol{r}, t)$, in coulombs per cubic meter in the MKS system, is a scalar-point function that measures the average density of charge in the neighborhood of every point in the interior of a region. The *surface density of charge*, $\eta(\boldsymbol{r}, t)$, in coulombs per square meter, is a scalar-point function that measures the average density of charge in surface or boundary layers of atomic thickness. The *volume density of polarization*, $\boldsymbol{P}(\boldsymbol{r}, t)$, in coulombs per square meter, is a polar vector-point function that measures the average density and direction of distributions of dipoles or their equivalent in the interior of a region. The *volume density of current*, $\boldsymbol{J}(\boldsymbol{r}, t)$, in amperes per square meter, is a polar vector-point function that measures the average magnitude and direction of nonrandom flow of positive charges or their equivalent across each unit area in the interior of a region. The *surface density of current*, $\boldsymbol{K}(\boldsymbol{r}, t)$, in amperes per meter, is a polar vector-point function that measures the average magnitude and direction of nonrandom flow of positive charges or their equivalent across each unit width of a surface or boundary layer of atomic thickness. The *volume density of magnetization*, $\boldsymbol{M}(\boldsymbol{r}, t)$, in amperes per meter, is an axial vector-point function that measures the average magnitude and specifies the direction of the axis of microscopic circulations of electric charges or electron spins in the interior of a region.

Since the volume and surface densities $\varrho(\boldsymbol{r}, t)$, $\eta(\boldsymbol{r}, t)$, $\boldsymbol{P}(\boldsymbol{r}, t)$, $\boldsymbol{J}(\boldsymbol{r}, t)$, $\boldsymbol{K}(\boldsymbol{r}, t)$, $\boldsymbol{M}(\boldsymbol{r}, t)$ are not all mutually independent, but actually involve in their statistical definitions the manner in which the region is subdivided into interior and surface cells, it is desirable to introduce the following four *essential densities* that are independent of the mode of subdivision used in defining them and that describe completely and unambiguously the average conditions of charge and moving charge in interior regions and at boundaries and surfaces. These functions are,

$$\bar{\varrho}(\boldsymbol{r}, t) = \varrho(\boldsymbol{r}, t) - \operatorname{div}\boldsymbol{P}(\boldsymbol{r}, t), \qquad \overline{\varrho_m \boldsymbol{v}}(\boldsymbol{r}, t) = \boldsymbol{J}(\boldsymbol{r}, t) + \operatorname{curl}\boldsymbol{M}(\boldsymbol{r}, t) + \dot{\boldsymbol{P}}(\boldsymbol{r}, t), \quad (1.1)$$

$$\bar{\eta}(\boldsymbol{r}, t) = \eta(\boldsymbol{r}, t) + \hat{\boldsymbol{n}} \cdot \boldsymbol{P}(\boldsymbol{r}, t), \qquad \overline{\eta_m \boldsymbol{v}}(\boldsymbol{r}, t) = \boldsymbol{K}(\boldsymbol{r}, t) - \hat{\boldsymbol{n}} \times \boldsymbol{M}(\boldsymbol{r}, t). \qquad (1.2)$$

(A superscript dot denotes $\partial/\partial t$.) They are readily interpreted as follows: The essential volume density of charge, $\bar{\varrho}(\boldsymbol{r}, t)$, includes contributions from free charges and from the bound charges forming the ends of dipoles cut by the cell walls when $\boldsymbol{P}(\boldsymbol{r}, t)$ is not independent of $\boldsymbol{r}$ throughout the region. Similarly, the essential surface density of charge, $\bar{\eta}(\boldsymbol{r}, t)$ includes contributions from free charges and also from the bound charges identified with the charged ends of dipoles that may be included in the thin volume occupied by the surface layer. The essential volume density of moving charge, $\overline{\varrho_m \boldsymbol{v}}(\boldsymbol{r}, t)$, includes contributions from free charges drifting across an interior element, from parts of microscopic circulations that may be included in an interior element when $\boldsymbol{M}(\boldsymbol{r}, t)$ is not independent of $\boldsymbol{r}$, and from oscillating or otherwise varying dipoles the ends of which may move back and forth across the walls of an interior cell. The essential surface density of moving charge, $\overline{\eta_m \boldsymbol{v}}(\boldsymbol{r}, t)$, includes contributions from thin sheets of free charges drifting parallel to a boundary and from charges engaged in microscopic circulations that move tangentially through a surface or boundary layer.

2. The general law of force and the electromagnetic field. Distributions of charges and moving charges in a configuration of conductors and dielectrics represent conditions of instantaneous equilibrium of the electromagnetic forces of interaction between currents and charges. There is also a condition of equilibrium between the electromagnetic forces and torques due to the currents and charges and the mechanical (or other) forces and torques acting in a measuring instrument or meter. The force $F(t)$ in newtons and the torque $T(t)$ in newton-meters exerted on the charges and currents in a volume τ and, hence, on τ itself by all charges and currents outside τ are given by the following integrals. Note that the integral of a vector is a shorthand for the vector sum of the integrals of appropriate components.

$$F(r,t) = \int_\tau dF_\tau(r,t) + \int_\Sigma dF_\Sigma(r,t), \quad T(r,t) = \int_\tau r \times dF_\tau(r,t) + \int_\Sigma r \times dF_\Sigma(r,t), \quad (2.1)$$

where,

$$dF_\tau(r,t) = [\bar{\varrho}(r,t)\,E(r,t) + \overline{\varrho_m v}(r,t) \times B(r,t)]\,d\tau, \quad (2.2)$$

$$dF_\Sigma(r,t) = [\bar{\eta}(r,t)\,E(r,t) + \overline{\eta_m v}(r,t) \times B(r,t)]\,d\Sigma. \quad (2.3)$$

The volume densities in (2.2) are defined in the interior of τ; the surface densities in (2.3) are defined on surfaces or boundaries Σ in or on τ. The vector point functions $E(r,t)$ in volts per meter and $B(r,t)$ in webers per square meter are defined at all points outside and in τ in terms of the essential densities of charge and moving charge that characterize all regions outside of τ. Their determination is a first step in the evaluation of force and torque. For electric circuits that are not in relative motion these vectors are defined in any region by their respective divergences and curls and by appropriate boundary conditions. Thus, in a region characterized by the essential densities $\bar{\varrho}(r,t)$ and $\overline{\varrho_m v}(r,t)$ they are,

$$\operatorname{div} E(r,t) = \bar{\varrho}(r,t)/\varepsilon_0 \qquad \text{or} \quad \operatorname{div} D(r,t) = \varrho(r,t), \qquad (2.4)$$

$$\operatorname{curl} E(r,t) = -\dot{B}(r,t), \qquad (2.5)$$

$$\operatorname{curl} B(r,t) = [\overline{\varrho_m v}(r,t) + \varepsilon_0 \dot{E}(r,t)]\mu_0 \quad \text{or} \quad \operatorname{curl} H(r,t) = J(r,t) + \dot{D}(r,t), \quad (2.6)$$

$$\operatorname{div} B(r,t) = 0, \qquad (2.7)$$

where ε_0 and μ_0 are universal constants. Numerical values are

$$\varepsilon_0 = 8.854 \times 10^{-12} \text{ farads per meter}, \quad \mu_0 = 4\pi \times 10^{-7} \text{ henrys per meter.} \quad (2.8)$$

The auxiliary vectors $D(r,t)$ in coulombs per square meter and $H(r,t)$ in amperes per meter occurring in the alternative forms of (2.4) and (2.6) are convenient shorthands defined as follows:

$$D(r,t) = \varepsilon_0 E(r,t) + P(r,t), \quad H(r,t) = \mu_0^{-1} B(r,t) - M(r,t). \quad (2.9)$$

Like the volume densities in terms of which they are defined, the vectors $E(r,t)$, $B(r,t)$, $D(r,t)$, and $H(r,t)$ must be continuous and slowly varying in the interior of each region.

If two regions 1 and 2 with different electrical properties are adjacent, there may be thin layers of atomic thickness on each side of the boundary in which the surface densities $\bar{\eta}(r,t)$ and $\overline{\eta_m v}(r,t)$ are significant. In this case the vectors $E(r,t)$ and $B(r,t)$ are defined by (2.4) to (2.7) in region 1 with subscripts 1 affixed to E, B, $\bar{\varrho}$ and, $\overline{\varrho_m v}$; in region 2 with subscripts 2. They are not defined in the thin surface layers where, however, they may be presumed to vary continuously but rapidly to satisfy the boundary conditions which may be derived from (2.4) to (2.7) using the integral definitions of the divergence and the curl with thin volume elements including sections of the surface layers on both sides of the boundary. The surface forms of (2.4) to (2.7) are,

or
$$\hat{n}_1 \cdot E_1(r, t) + \hat{n}_2 \cdot E_2(r, t) = - [\bar{\eta}_1(r, t) + \bar{\eta}_2(r, t)]/\varepsilon_0$$
$$\left. \hat{n}_1 \cdot D_1(r, t) + \hat{n}_2 \cdot D_2(r, t) = - \eta_1(r, t) - \eta_2(r, t), \right\} \quad (2.10)$$

$$\hat{n}_1 \times E_1(r, t) + \hat{n}_2 \times E_2(r, t) = 0, \quad (2.11)$$

or
$$\hat{n}_1 \times B_1(r, t) + \hat{n}_2 \times B_2(r, t) = - [\overline{\eta_m v}_1(r, t) + \overline{\eta_m v}_2(r, t)] \mu_0$$
$$\left. \hat{n}_1 \times H_1(r, t) + \hat{n}_2 \times H_2(r, t) = - K_1(r, t) - K_2(r, t), \right\} \quad (2.12)$$

$$\hat{n}_1 \cdot B_1(r, t) + \hat{n}_2 \cdot B_2(r, t) = 0. \quad (2.13)$$

The $\hat{n}$'s are unit normals external to the region denoted by the subscript.

The definition of the vectors $E(r, t)$ and $B(r, t)$ is such that conservation of electric charge is assured in the interior regions and in the thin surface layers. This is expressed mathematically in the equations of continuity for interior regions and surfaces. In the most convenient forms these are,

$$\operatorname{div} J(r, t) + \dot{\varrho}(r, t) = 0, \quad (2.14)$$

$$\operatorname{div} [K_1(r, t) + K_2(r, t)] - \hat{n}_1 \cdot J_1(r, t) - \hat{n}_2 \cdot J_2(r, t) + \dot{\eta}_1(r, t) + \dot{\eta}_2(r, t) = 0. \quad (2.15)$$

In (2.15) the divergence is a two-dimensional operator involving differentiation only with respect to coordinates lying in the boundary surface. Equivalent equations in terms of the essential densities are obtained from (2.14) and (2.15) by substituting $\overline{\varrho_m v}$ for J, $\overline{\eta_m v}$ for K, $\bar{\varrho}$ for ϱ, and $\bar{\eta}$ for η.

The vectors $E(r, t)$ and $B(r, t)$ defined in (2.4) to (2.6) together represent the macroscopic electromagnetic field and the partial differential equations defining them are known as the *Maxwell equations*. By solving these equations subject to boundary conditions the distributions of current and charge in a circuit of conductors immersed in a dielectric may be obtained. These, in turn, may be used in the expressions for force and torque applied to appropriate measuring instruments to determine conditions of electromechanical equilibrium defining pointer readings for direct observation. Since electrical meters are usually calibrated directly in terms of electrical quantities, this last step is seldom necessary.

If the time dependence of all density functions and field vectors is simply periodic at a frequency $f = \omega/2\pi$, typical instantaneous values may be expressed as follows:

$$P(r, t) = P_0(r) \cos(\omega t + \vartheta_P) = \operatorname{Re} P_0(r) e^{j(\omega t + \vartheta_P)} = \operatorname{Re} P(r) e^{j\omega t}, \quad (2.16)$$

$$E(r, t) = E_0(r) \cos(\omega t + \vartheta_E) = \operatorname{Re} E_0(r) e^{j(\omega t + \vartheta_E)} = \operatorname{Re} E(r) e^{j\omega t}. \quad (2.17)$$

In these formulas $P(r) = P_0(r) e^{j\vartheta_P}$ is a complex amplitude, whereas $P_0(r)$ is a real amplitude and ϑ_P a phase angle. Since $P(r)$, $E(r)$, etc. are functions of the space coordinates only, it is convenient to omit all arguments specifically showing the position vector r with the understanding that P is a shorthand for $P(r)$, E for $E(r)$, etc.

The substitution of forms like $P(r, t) = \operatorname{Re} P(r) e^{j\omega t}$ for all densities and field vectors in the Maxwell equations (2.4) to (2.7) leads to the following equations for the complex amplitudes:

$$\operatorname{div} \boldsymbol{E} = \bar{\varrho}/\varepsilon_0 \qquad\qquad \text{or} \quad \operatorname{div} \boldsymbol{D} = \varrho, \qquad\qquad (2.18)$$

$$\operatorname{curl} \boldsymbol{E} = -j\,\omega\,\boldsymbol{B}, \qquad\qquad (2.19)$$

$$\operatorname{curl} \boldsymbol{B} = (\overline{\varrho_m\boldsymbol{v}} + j\,\omega\,\varepsilon_0 \boldsymbol{E})\,\mu_0 \quad \text{or} \quad \operatorname{curl} \boldsymbol{H} = \boldsymbol{J} + j\,\omega\,\boldsymbol{D}, \qquad\qquad (2.20)$$

$$\operatorname{div} \boldsymbol{B} = 0, \qquad\qquad (2.21)$$

where

$$\bar{\varrho} = \varrho - \operatorname{div} \boldsymbol{P}, \qquad \overline{\varrho_m\boldsymbol{v}} = \boldsymbol{J} + \operatorname{curl} \boldsymbol{M} + j\,\omega\,\boldsymbol{P}. \qquad\qquad (2.22)$$

The boundary equations as obtained from (2.10) to (2.13) are,

$$\hat{\boldsymbol{n}}_1 \cdot \boldsymbol{E}_1 + \hat{\boldsymbol{n}}_2 \cdot \boldsymbol{E}_2 = -(\bar{\eta}_1 + \bar{\eta}_2)/\varepsilon_0 \qquad \text{or} \quad \hat{\boldsymbol{n}}_1 \cdot \boldsymbol{D}_1 + \hat{\boldsymbol{n}}_2 \cdot \boldsymbol{D}_2 = -\eta_1 - \eta_2, \quad (2.23)$$

$$\hat{\boldsymbol{n}}_1 \times \boldsymbol{E}_1 + \hat{\boldsymbol{n}}_2 \times \boldsymbol{E}_2 = 0, \qquad\qquad (2.24)$$

$$\hat{\boldsymbol{n}}_1 \times \boldsymbol{B}_1 + \hat{\boldsymbol{n}}_2 \times \boldsymbol{B}_2 = -(\overline{\eta_m\boldsymbol{v}_1} + \overline{\eta_m\boldsymbol{v}_2})\,\mu_0 \quad \text{or} \quad \hat{\boldsymbol{n}}_1 \times \boldsymbol{H}_1 + \hat{\boldsymbol{n}}_2 \times \boldsymbol{H}_2 = -\boldsymbol{K}_1 - \boldsymbol{K}_2, \quad (2.25)$$

$$\hat{\boldsymbol{n}}_1 \cdot \boldsymbol{B}_1 + \hat{\boldsymbol{n}}_2 \cdot \boldsymbol{B}_2 = 0, \qquad\qquad (2.26)$$

where,

$$\bar{\eta} = \eta + \hat{\boldsymbol{n}} \cdot \boldsymbol{P}, \qquad \overline{\eta_m\boldsymbol{v}} = \boldsymbol{K} - \hat{\boldsymbol{n}} \times \boldsymbol{M}. \qquad\qquad (2.27)$$

The equations of continuity are,

$$\operatorname{div} \boldsymbol{J} + j\,\omega\,\varrho = 0, \qquad\qquad (2.28)$$

$$\operatorname{div} (\boldsymbol{K}_1 + \boldsymbol{K}_2) - \hat{\boldsymbol{n}}_1 \cdot \boldsymbol{J}_1 - \hat{\boldsymbol{n}}_2 \cdot \boldsymbol{J}_2 + j\,\omega\,(\eta_1 + \eta_2) = 0. \qquad\qquad (2.29)$$

Solutions of the complex equations yield the instantaneous real solutions when they are multiplied by $e^{j\omega t}$ and the real parts are taken.

3. Simple media. The vectors $\boldsymbol{E}(\boldsymbol{r}, t)$ and $\boldsymbol{B}(\boldsymbol{r}, t)$ of the electromagnetic field are defined in terms of four volume and two surface densities which are combined into two essential volume densities and two essential surface densities. Since these densities usually are the unknowns, their determination is not easily achieved from the Maxwell equations without simplification. In treating many types of problems including those related to electric circuits, the materials usually encountered in practice are homogeneous and so constituted that their bulk properties are well approximated by the following linear relations:

$$\boldsymbol{P}(\boldsymbol{r}, t) = \varepsilon_0(\varepsilon_r - 1)\,\boldsymbol{E}(\boldsymbol{r}, t), \qquad -\boldsymbol{M}(\boldsymbol{r}, t) = \frac{1}{\mu_0}\left(\frac{1}{\mu_r} - 1\right)\boldsymbol{B}(\boldsymbol{r}, t), \qquad (3.1)$$

so that

$$\boldsymbol{D}(\boldsymbol{r}, t) = \varepsilon_0\,\varepsilon_r\,\boldsymbol{E}(\boldsymbol{r}, t) = \varepsilon\,\boldsymbol{E}(\boldsymbol{r}, t), \qquad \boldsymbol{H}(\boldsymbol{r}, t) = \boldsymbol{B}(\boldsymbol{r}, t)/\mu_0\mu_r = \boldsymbol{B}(\boldsymbol{r}, t)/\mu, \qquad (3.2)$$

and

$$\boldsymbol{J}(\boldsymbol{r}, t) = \sigma\,\boldsymbol{E}(\boldsymbol{r}, t). \qquad\qquad (3.3)$$

The newly introduced constitutive parameters are the *relative dielectric constant* or *permittivity* ε_r, the *relative permeability* μ_r, and the *conductivity* σ. In isotropic media, such as are used in most circuit applications, these constitutive parameters are scalars. Such media are called *simple media*. In anisotropic media they are linear vector functions or tensors of the second rank. In the following they will be treated as scalars. The shorthand quantities $\varepsilon = \varepsilon_0\varepsilon_r$ and $\mu = \mu_0\mu_r$ are known as *absolute* dielectric constant or permittivity and permeability.

In time-varying fields the relations (3.1) to (3.3) may not be adequate, owing to possible time lags in polarization, magnetization, or conduction responses due to microscopic inertial or relaxation effects. In such cases, simple constitutive relations between the densities and the fields can not be formulated in general. However, for fields varying periodically at a fixed frequency, time lags in response become constant phase lags, and the simple formulas (3.1) to (3.3) are readily generalized. If the density functions and the field vectors are expressed in the complex form illustrated on the right in (2.16) and (2.17) this is accomplished merely by allowing the constitutive parameters to be complex. Thus, let

$$\boldsymbol{P} = \varepsilon_0 (\varepsilon_r - 1)\, \boldsymbol{E}, \quad \boldsymbol{D} = \varepsilon\, \boldsymbol{E}; \tag{3.4}$$

$$-\boldsymbol{M} = \frac{1}{\mu_0}\left(\frac{1}{\mu_r} - 1\right)\boldsymbol{B}, \quad \boldsymbol{H} = \boldsymbol{B}/\mu; \tag{3.5}$$

$$\boldsymbol{J} = \sigma \boldsymbol{E}; \tag{3.6}$$

where now ε_r, μ_r, and σ are complex and, in general, functions of the frequency. This is also true of $\varepsilon = \varepsilon_0 \varepsilon_r$ and $\mu = \mu_0 \mu_r$. Let the real and imaginary parts of ε, μ, and σ be introduced as follows:

$$\varepsilon = \varepsilon' - j\,\varepsilon'', \quad \mu = \mu' - j\mu'', \quad \sigma = \sigma' - j\sigma''. \tag{3.7}$$

In simple media in which a periodic dependence on the time is maintained, the Eqs. (2.18) to (2.21) and (2.23) to (2.26) apply but with $\boldsymbol{D} = \varepsilon \boldsymbol{E}$ and $\boldsymbol{H} = \boldsymbol{B}/\mu$ for simply polarizing and magnetizing media, and with $\boldsymbol{J} = \sigma \boldsymbol{E}$ for simply conducting media. In a simply polarizing, magnetizing and conducting region, the field equations reduce to:

$$\operatorname{div} \boldsymbol{E} = 0, \quad \operatorname{curl} \boldsymbol{E} = -j\omega \boldsymbol{B}; \tag{3.8}$$

$$\operatorname{div} \boldsymbol{B} = 0, \quad \operatorname{curl} \boldsymbol{B} = \mu\,(\sigma + j\omega\varepsilon)\,\boldsymbol{E} = j\omega\mu\bar{\varepsilon}\boldsymbol{E}; \tag{3.9}$$

where

$$j\omega\bar{\varepsilon} = \sigma + j\omega\varepsilon = (\sigma' + \omega\varepsilon'') + j\omega(\varepsilon' - \sigma''/\omega) = \sigma_e + j\omega\varepsilon_e. \tag{3.10}$$

The generalized complex dielectric constant $\bar{\varepsilon}$ is defined in (3.10), as are the real effective conductivity σ_e, and the real effective dielectric constant or permittivity ε_e. The equation $\operatorname{div} \boldsymbol{E} = 0$ is obtained using (2.4) with (3.6). Note that when the time dependence is periodic, $\varrho = 0$ in all simple media.

The boundary conditions corresponding to (3.8) and (3.9) are obtained from (2.10) to (2.13) using (3.4) to (3.6). They are

$$\bar{\varepsilon}_1 (\hat{\boldsymbol{n}}_1 \cdot \boldsymbol{E}_1) + \bar{\varepsilon}_2 (\hat{\boldsymbol{n}}_2 \cdot \boldsymbol{E}_2) = -\eta_1 - \eta_2 \quad \text{or} \quad \hat{\boldsymbol{n}}_1 \cdot \boldsymbol{D}_1 + \hat{\boldsymbol{n}}_2 \cdot \boldsymbol{D}_2 = -\eta_1 - \eta_2, \tag{3.11}$$

$$\hat{\boldsymbol{n}}_1 \times \boldsymbol{E}_1 + \hat{\boldsymbol{n}}_1 \times \boldsymbol{E}_2 = 0, \tag{3.12}$$

$$\frac{1}{\mu_1}(\hat{\boldsymbol{n}}_1 \times \boldsymbol{B}_1) + \frac{1}{\mu_2}(\hat{\boldsymbol{n}}_2 \times \boldsymbol{B}_2) = -\boldsymbol{K}_1 - \boldsymbol{K}_2 \quad \text{or} \quad \hat{\boldsymbol{n}}_1 \times \boldsymbol{H}_1 + \hat{\boldsymbol{n}}_2 \times \boldsymbol{H}_2 = -\boldsymbol{K}_1 - \boldsymbol{K}_2, \tag{3.13}$$

$$\hat{\boldsymbol{n}}_1 \cdot \boldsymbol{B}_1 + \hat{\boldsymbol{n}}_2 \cdot \boldsymbol{B}_2 = 0. \tag{3.14}$$

Since the surface density of current $\boldsymbol{K}$ is required only for perfect conductors, it may be set equal to zero in normal conductors in which currents are adequately represented by the volume function $\boldsymbol{J}$. With $\boldsymbol{K} = 0$, (2.15) and (3.3) give

$$\sigma_1 \hat{\boldsymbol{n}}_1 \cdot \boldsymbol{E}_1 + \sigma_2 \hat{\boldsymbol{n}}_2 \cdot \boldsymbol{E}_2 = j\omega(\eta_1 + \eta_2). \tag{3.15}$$

This boundary equation may be combined with (3.11) using (3.10) to give

$$\bar{\varepsilon}_1 \hat{\boldsymbol{n}}_1 \cdot \boldsymbol{E}_1 + \bar{\varepsilon}_2 \hat{\boldsymbol{n}}_2 \cdot \boldsymbol{E}_2 = 0, \tag{3.16}$$

which correctly corresponds to div $E = 0$. Note that $\bar{\varepsilon} = \varepsilon_e - j\sigma_e/\omega$ is complex; μ also may be complex, but for use in most electric circuits it is adequate to assume it to be real. In polar form,

where

$$\bar{\varepsilon} = \sqrt{\varepsilon_e^2 + (\sigma_e/\omega)^2}\, e^{-j\arctan\delta_e}, \tag{3.17}$$

$$\tan\delta_e = \frac{\sigma_e}{\omega\,\varepsilon_e} = \frac{\sigma' + \omega\varepsilon''}{\omega\varepsilon' - \sigma''}, \tag{3.18}$$

is known as the *loss tangent*.

By definition a *good conductor* is a material with constitutive parameters that satisfy the inequality, $\delta_e \gg 1$, where δ_e is defined in (3.18). Similarly, for a *good dielectric*, $\delta_e^2 \ll 1$.

Electric circuits are driven by alternating current generators of various types all of which have the property of maintaining separated and periodically reversing concentrations of positive and negative charge between two terminals. The internal property of the generator which is responsible for separating positive and negative charges is known as its e.m.f. (electromotive force). It may be represented by an intrinsic, usually non-electrically-maintained electric field $E^e(r, t)$ in the generating region. This acts in the direction from the negatively to the positively charged terminal and, therfore, opposite to the electric field $E(r, t)$ maintained by the charges on the terminals. An actual generator may be approximated by a region in which the constitutive relation (3.3) is generalized by the addition of the applied electric field. Thus

$$J(r, t) = \sigma[E(r, t) + E^e(r, t)], \tag{3.19}$$

where $E^e(r, t)$ is larger than and directed opposite to $E(r, t)$. With periodic time dependence the complex amplitudes satisfy the relation,

$$J = \sigma(E + E^e). \tag{3.20}$$

For some purposes it is convenient to represent a generating region in terms of an impressed current density J^e instead of an impressed field. Appropriate alternatives to (3.19) and (3.20) are

$$J(r, t) = \sigma E(r, t) + J^e(r, t); \quad J = \sigma E + J^e. \tag{3.21}$$

4. Potential functions and the wave equation. For determining distributions of current and charge in electric circuits it is convenient to replace a representation in terms of the vectors of the electromagnetic field by a representation in terms of a scalar potential φ in volts and a vector potential A in webers per meter. These potentials are defined as follows:

$$- \operatorname{grad}\varphi(r, t) = E(r, t) + \dot{A}(r, t), \tag{4.1}$$

$$\operatorname{curl} A(r, t) = B(r, t), \tag{4.2a}$$

$$\operatorname{div} A(r, t) = -\dot{\varphi}(r, t)/v_0^2, \tag{4.2b}$$

where $v_0 = 1/\sqrt{\mu_0\varepsilon_0} = 3 \times 10^8$ m/sec and where (4.2b) is known as the Lorentz condition. If (4.1) and (4.2a) are used to eliminate the electromagnetic vectors from (2.4) and (2.6), and (4.2b) is used to separate the variables, the following symmetrical general scalar and vector wave equations for the potential are obtained:

$$\nabla^2\varphi(r, t) - \frac{1}{v_0^2}\ddot{\varphi}(r, t) = \frac{-\bar{\varrho}(r, t)}{\varepsilon_0}, \tag{4.3}$$

$$\nabla^2 A(r, t) - \frac{1}{v_0^2}\ddot{A}(r, t) = -\overline{\varrho_m v}(r, t)\mu_0 \tag{4.4}$$

where $V^2 = \text{div grad}$ when operating on a scalar, $V^2 = \text{grad div} - \text{curl curl}$ when operating on a vector. The electromagnetic vectors can be determined from solutions of these equations using (4.1) and (4.2).

An equation of particular importance in the analysis of electric circuits is obtained by solving (3.20) for the impressed field $E^e(r, t)$ and eliminating $E(r, t)$. The result is,

$$E^e(r, t) = \frac{J(r, t)}{\sigma} + \text{grad } \varphi(r, t) + \dot{A}(r, t). \tag{4.5}$$

In a simply polarizing and magnetizing medium in which (3.1) and (3.2) are good approximations, the definitions (4.1) and (4.2a, b) and the Eqs. (4.3) and (4.4) are the same in form with $\varepsilon_0, \mu_0, \bar{\varrho}$, and $\overline{\varrho_m v}$ replaced respectively by $\varepsilon, \mu, \varrho$ and J.

For a periodic time dependence the defining relations (4.1) and (4.2 a, b) are equivalent to:

$$E = -\text{grad } \varphi - j\omega A = \frac{-j\omega}{k^2}(\text{grad div } A + k^2 A), \tag{4.6}$$

$$B = \text{curl } A, \tag{4.7}$$

where $k = \omega/v_0 = \omega\sqrt{\mu_0 \varepsilon_0}$ and field vectors and potentials are complex. The Lorentz condition is,

$$\text{div } A + j\frac{k^2}{\omega}\varphi = 0. \tag{4.8}$$

The wave equations become nonhomogeneous Helmholtz equations,

$$V^2\varphi + k^2\varphi = -\bar{\varrho}/\varepsilon_0, \quad V^2 A + k^2 A = -\overline{\varrho_m v}\mu_0. \tag{4.9}$$

The complex equation corresponding to (4.5) is,

$$E^e = \frac{J}{\sigma} + \text{grad } \varphi + j\omega A. \tag{4.10}$$

In an infinite homogeneous and isotropic medium (4.6) and (4.7) are unchanged except that the complex phase constant $\varkappa = \omega\sqrt{\mu\varepsilon} = \omega\sqrt{\mu(\varepsilon_e - j\sigma_e/\omega)}$ must be substituted for k. The Helmholtz equations as obtained from (3.8) and (3.9) are,

$$V^2\varphi + \varkappa^2\varphi = 0, \quad V^2 A + \varkappa^2 A = 0. \tag{4.11}$$

It is to be noted that with a periodic time dependence the entire electromagnetic field may be derived from the vector potential A alone using (4.7) and the right-hand expression in (4.6).

5. The free-space GREEN's function. A useful tool in the general solution of the nonhomogeneous Helmholtz equation is the solution for a unit point source. Let such a source be located at P (Fig. 1) in a region with origin at O. The vector from O to P is r, that from O to an arbitrary point P' in the region is r'. A point source in a three-dimensional region is conveniently represented by the Dirac delta functional $\delta(r - r')$, which has the following properties:

$$\left.\begin{aligned}\delta(r - r') &= 0, \quad r' \neq r, \\ &= \infty, \quad r' = r,\end{aligned}\right\} \tag{5.1 a}$$

$$\left.\begin{aligned}\int_\tau \delta(r - r')\,d\tau' &= 0, \quad \text{if } r \text{ is not in } \tau, \\ &= 1, \quad \text{if } r \text{ is in } \tau,\end{aligned}\right\} \tag{5.1 b}$$

$$\left.\begin{aligned}\int_\tau f(r')\,\delta(r - r')\,d\tau' &= 0, \quad \text{if } r \text{ is not in } \tau, \\ &= f(r), \quad \text{if } r \text{ is in } \tau.\end{aligned}\right\} \tag{5.1 c}$$

Let the scalar function $G(\boldsymbol{r}, \boldsymbol{r}')$ be defined to satisfy the following nonhomogeneous Helmholtz equation:

$$(\nabla^2 + k^2)\, G(\boldsymbol{r}, \boldsymbol{r}') = -\,\delta(\boldsymbol{r} - \boldsymbol{r}').\tag{5.2}$$

$G(\boldsymbol{r}, \boldsymbol{r}')$ is to be continuous with its derivatives everywhere except at the source point located by $\boldsymbol{r}' = \boldsymbol{r}$. At this point the unit source is defined by

$$\lim_{|\boldsymbol{r}' - \boldsymbol{r}| \to 0} \int_S \frac{\partial G(\boldsymbol{r}, \boldsymbol{r}')}{\partial n}\, dS' = -\,1,\tag{5.3}$$

where S is a sphere with its center at the source point and n is in the direction of the external normal. $G(\boldsymbol{r}, \boldsymbol{r}')$ must vanish at $|\boldsymbol{r} - \boldsymbol{r}'| = \infty$.

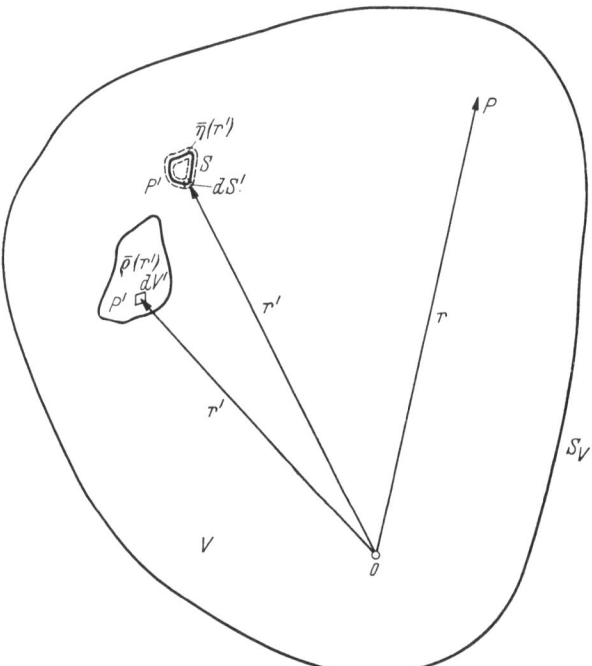

Fig. 1. Region within S_V containing charged volumes and surfaces.

Since complete spherical symmetry obtains in free space with respect to the source point, $G(\boldsymbol{r}, \boldsymbol{r}')$ can be a function only of $r_0 = |\boldsymbol{r} - \boldsymbol{r}'|$ and (5.2) may be simplified, with $\nabla^2 = \frac{1}{r_0^2} \frac{\partial}{\partial r_0}\left(r_0^2 \frac{\partial}{\partial r_0}\right)$. By setting $H(r_0) = r_0 G(\boldsymbol{r}, \boldsymbol{r}')$ the homogeneous equation is easily solved. The only solution that has the behavior (5.3) as $r_0 \to 0$ and that vanishes as $r_0 \to \infty$ (if free space is defined to be a dissipative medium with $k = \beta - j\alpha$ in the limit as $\alpha \to 0$) is

$$G(\boldsymbol{r}, \boldsymbol{r}') = \frac{e^{-j k |\boldsymbol{r} - \boldsymbol{r}'|}}{4\pi |\boldsymbol{r} - \boldsymbol{r}'|}.\tag{5.4}$$

This is the three-dimensional free-space Green's function for the scalar Helmholtz equation. It is clearly symmetrical in $\boldsymbol{r}$ and $\boldsymbol{r}'$ so that reciprocity obtains and the source point and the point of observation may be interchanged.

6. Scalar and vector potentials of arbitrary distributions of charge and current.
The scalar potential φ at any point in space due to arbitrary given distributions
of charge may be obtained by solving the scalar Helmholtz equation (4.9). A
powerful method for obtaining the desired solution makes use of the free-space
GREEN's function (5.4).

Let it be required to determine φ at the point P due to all charges in the volume V enclosed by the surface S_V. In Fig. 1, P is located by the vector $\boldsymbol{r}$ drawn
from an arbitrary origin 0. Subsequently, the enclosing surface S_V is allowed
to recede to infinity. Within V are regions in which the essential volume density
of charge $\bar{\varrho}$ differs from zero and surfaces S on which the essential surface density $\bar{\eta}$ is not zero. Typical regions and elements of volume and surface, dV'
and dS', at points P' located by the position vector $\boldsymbol{r}'$ are shown in Fig. 1.

In order to determine $\varphi = \varphi(\boldsymbol{r})$ at P it is necessary to solve the equation,

$$(\nabla^2 + k^2)\,\varphi = -\,\bar{\varrho}\,(\boldsymbol{r}')/\varepsilon_0. \tag{6.1}$$

It is assumed that φ is continuous everywhere in V and that its normal derivative
is discontinuous only across boundary layers characterized by a nonvanishing
essential surface density of charge $\bar{\eta}$. The appropriate boundary condition obtained
from (2.23) with (4.6) is,

$$\left(\frac{\partial \varphi}{\partial n_1}\right)_1 + \left(\frac{\partial \varphi}{\partial n_2}\right)_2 = \bar{\eta}/\varepsilon_0, \tag{6.2}$$

where $\bar{\eta} = \bar{\eta}_1 + \bar{\eta}_2$.

A solution of (6.1) in the form of integrals over all regions and boundary
layers characterized respectively by nonvanishing values of $\bar{\varrho}$ and $\bar{\eta}$ may be
obtained readily by introducing an auxiliary point-source at P for which the
free-space GREEN's function satisfies the equation,

$$(\nabla^2 + k^2)\,G = -\,\delta\,(\boldsymbol{r} - \boldsymbol{r}'). \tag{6.3}$$

Note that G is continuous with its derivatives everywhere except at P.

GREEN's symmetrical theorem applies to two arbitrary scalar functions
which are continuous with their derivatives in a volume V and on its boundary
S_V. Using G and φ for the two functions, the theorem is,

$$\int\limits_{V} (G\,\nabla^2 \varphi - \varphi\,\nabla^2 G)\,dV' = \int\limits_{S_V} \left(G\,\frac{\partial \varphi}{\partial n} - \varphi\,\frac{\partial G}{\partial n}\right) dS', \tag{6.4}$$

where n refers to an external normal. In applying the theorem to the volume V
in Fig. 1 it is necessary to exclude a thin region in which $\bar{\eta}$ differs from zero by
enclosing it in an envelope bounded by two adjacent surfaces S between which
is concentrated the surface layer of charge. As a result, the surface integral
on the right consists of the two parallel and essentially equal boundaries S and
the enclosing envelope S_V. The integral on the left in (6.4) may be expanded by
adding and subtracting $k^2 G\varphi$ and then using (6.1) and (6.3). The result is,

$$\left.\begin{aligned}
-\frac{1}{\varepsilon_0} \int\limits_{V} G\,\bar{\varrho}\,(\boldsymbol{r}')\,dV' &+ \int\limits_{V} \varphi\,\delta\,(\boldsymbol{r} - \boldsymbol{r}')\,dV' \\
&= \int\limits_{S} G\left[\left(\frac{\partial \varphi}{\partial n_1}\right)_1 + \left(\frac{\partial \varphi}{\partial n_2}\right)_2\right] dS' + \int\limits_{S_V} \left(G\,\frac{\partial \varphi}{\partial n} - \varphi\,\frac{\partial G}{\partial n}\right) dS'.
\end{aligned}\right\} \tag{6.5}$$

With (5.1c) the second integral on the left reduces to $\varphi(\mathbf{r})$; the first integral on the right may be simplified with (6.2). The result is

$$\varphi(\mathbf{r}) = \frac{1}{\varepsilon_0} \int_V G\bar{\varrho}(\mathbf{r}') \, dV' + \frac{1}{\varepsilon_0} \int_S G\bar{\eta}(\mathbf{r}') \, dS' + \int_{S_V} \left(G\frac{\partial \varphi}{\partial n} - \frac{\partial G}{\partial n} \right) dS'. \quad (6.6)$$

If the surface S_V is a great sphere that is allowed to become infinite, contributions to the integrals over V and S come from *all* volume and surface densities of charge. It is readily argued that the surface integral over the great sphere S_V at infinity must vanish if free space is defined to be a slightly dissipative region in the limit as the effective conductivity vanishes. In this case, k in the exponential in G as defined in (5.4), is replaced by $\beta - j\alpha$ in the limit as α approaches zero and β approaches k. Clearly, for any finite value of α in the exponential in G all terms in the integral over S_V vanish. Since with k real as in (6.4), the integral over the great sphere S_V does not actually vanish as the radius R approaches infinity, the following condition is imposed on (6.4) which requires it to vanish:

$$\lim_{R \to \infty} \varphi = C\,G \quad \text{or} \quad \lim_{R \to \infty} R\left(\frac{\partial \varphi}{\partial R} + j\,k\,\varphi\right) = 0, \quad (6.7)$$

where C is a constant in R and $R = |\mathbf{r} - \mathbf{r}'|$. This is known as the SOMMERFELD *radiation condition*.

The final solution for $\varphi(\mathbf{r})$ is the following pair of *Helmholtz integrals*:

$$\varphi(\mathbf{r}) = \frac{1}{\varepsilon_0} \int_V G(\mathbf{r}, \mathbf{r}')\,\bar{\varrho}(\mathbf{r}')\, dV' + \frac{1}{\varepsilon_0} \int_S G(\mathbf{r}, \mathbf{r}')\,\bar{\eta}(\mathbf{r}')\, dS' \quad (6.8)$$

where $G(\mathbf{r}, \mathbf{r}')$ is given in (5.4) and integration is over all regions containing nonvanishing values of $\bar{\varrho}$ and $\bar{\eta}$.

The determination of the vector potential $\mathbf{A} = \mathbf{A}(\mathbf{r})$ due to arbitrary distributions of current as given by the volume density $\overline{\varrho_m \mathbf{v}}(\mathbf{r}')$ at interior points and the surface density $\overline{\eta_m \mathbf{v}}(\mathbf{r}')$ in their boundary layer involves the solution of the vector Helmholtz equation

$$(\nabla^2 + k^2)\,\mathbf{A} = -\overline{\varrho_m \mathbf{v}}(\mathbf{r}')\,\mu_0. \quad (6.9)$$

The vector potential $\mathbf{A}$ is assumed to be continuous in V, and the normal derivative of its component tangent to a boundary layer in which $\overline{\eta_m \mathbf{v}}$ is nonvanishing is discontinuous. The appropriate boundary condition obtained from (2.25) together with (4.7) is

$$\hat{\mathbf{t}}\left[\left(\frac{\partial A_t}{\partial n_1}\right)_1 + \left(\frac{\partial A_t}{\partial n_2}\right)_2\right] = \overline{\eta_m \mathbf{v}}\,\mu_0, \quad (6.10)$$

where the unit vector $\hat{\mathbf{t}}$ is in the direction of $\overline{\eta_m \mathbf{v}} = \overline{\eta_m \mathbf{v}_1} + \overline{\eta_m \mathbf{v}_2}$. By separating the vector Eq. (6.9) into its three Cartesian components, three scalar equations like (6.1) are obtained. These may be solved in the same manner as (6.1) using (6.3) to obtain three integral solutions for the Cartesian components of $\mathbf{A}$. For example,

$$A_z(\mathbf{r}) = \mu_0 \int_V G(\mathbf{r}, \mathbf{r}')\,\overline{\varrho_m v_z}(\mathbf{r}')\, dV' + \mu_0 \int_S G(\mathbf{r}, \mathbf{r}')\,\overline{\eta_m v_z}(\mathbf{r}')\, dS'. \quad (6.11)$$

The three components may be combined into the following shorthand form:

$$\mathbf{A}(\mathbf{r}) = \mu_0 \int_V G(\mathbf{r}, \mathbf{r}')\,\overline{\varrho_m \mathbf{v}}(\mathbf{r}')\, dV' + \mu_0 \int_S G(\mathbf{r}, \mathbf{r}')\,\overline{\eta_m \mathbf{v}}(\mathbf{r}')\, dS'. \quad (6.12)$$

A radiation condition comparable to (6.6) is required and may be expressed in the following compact form:

$$\lim_{R \to \infty} \boldsymbol{A} = \boldsymbol{C}\,G \quad \text{or} \quad \lim_{R \to \infty} R\left(\frac{\partial \boldsymbol{A}}{\partial R} + j\,k\,\boldsymbol{A}\right) = 0 \tag{6.13}$$

where $\boldsymbol{C}$ is a constant vector.

The Helmholtz integrals (6.8) and (6.12) are solutions of the non-homogeneous Helmholtz equations (4.9). However, since these equations are valid only if the Lorentz condition (4.8) is also satisfied, it is necessary to limit the generality of (6.8) and (6.12). The appropriate restriction is obtained by substituting (6.8) and (6.12) in (4.8). It is found that the equation of continuity is sufficient to make all terms cancel except one, which vanishes in general only when $\hat{\boldsymbol{n}} \cdot \overline{\varrho_m \boldsymbol{v}}$ is zero at all points on the enclosing boundary. This means that (6.8) and (6.12) are valid only when applied to an electrically complete system that may be enclosed in a fictitious boundary surface that is not crossed by electric current.

7. Energy and power equations. The definition of electromagnetic energy is not unique and the several convenient choices lead to different power equations with different interpretations and applications. The starting point is the instantaneous power, or time, rate, of, change of energy $W(t)$, transferred from the nonelectrical sources in a generating region (in which charge-separating forces equivalent to an impressed electric field $\boldsymbol{E}^e(\boldsymbol{r}, t)$ are maintained) to a configuration of conductors within a volume τ. This is given by:

$$\frac{dW(t)}{dt} = \int_\tau \boldsymbol{J}(\boldsymbol{r}, t) \cdot \boldsymbol{E}^e(\boldsymbol{r}, t)\, d\tau = \int_\tau \frac{\boldsymbol{J}^2(\boldsymbol{r}, t)}{\sigma}\, d\tau - \int_\tau \boldsymbol{J}(\boldsymbol{r}, t) \cdot \boldsymbol{E}(\boldsymbol{r}, t)\, d\tau, \tag{7.1}$$

where the second form is obtained from the first using (3.20). In the idealized case of perfect conductors (in which $\sigma = \infty$, $\boldsymbol{J}(\boldsymbol{r}, t) = 0$, and all currents are confined to thin layers of atomic thickness on the surface Σ and are denoted by $\boldsymbol{K}(\boldsymbol{r}, t)$) an equivalent formula is,

$$\frac{dW(t)}{dt} = \int_\Sigma \boldsymbol{K}(\boldsymbol{r}, t) \cdot \boldsymbol{E}^e(\boldsymbol{r}, t)\, d\Sigma. \tag{7.2}$$

A power equation particularly useful in electric circuits is obtained from (7.1) by substituting for $\boldsymbol{E}^e(\boldsymbol{r}, t)$ from (4.5). The resulting equation is,

$$\left.\begin{aligned}
&\int_\tau \boldsymbol{J}(\boldsymbol{r}, t) \cdot \boldsymbol{E}^e(\boldsymbol{r}, t)\, d\tau \\
&\quad = \int_\tau \frac{\boldsymbol{J}^2(\boldsymbol{r}, t)}{\sigma}\, d\tau + \int_\tau \boldsymbol{J}(\boldsymbol{r}, t) \cdot \operatorname{grad} \varphi(\boldsymbol{r}, t)\, d\tau + \int_\tau \boldsymbol{J}(\boldsymbol{r}, t) \cdot \dot{\boldsymbol{A}}(\boldsymbol{r}, t)\, d\tau.
\end{aligned}\right\} \tag{7.3}$$

With the vector identity, $\operatorname{div} \boldsymbol{J}\varphi = \varphi \operatorname{div} \boldsymbol{J} + \boldsymbol{J} \cdot \operatorname{grad}\varphi$, the divergence theorem, $\int_\tau \operatorname{div} \boldsymbol{J}\varphi\, d\tau = \int_\Sigma \hat{\boldsymbol{n}} \cdot \boldsymbol{J}\varphi\, d\Sigma$, and the equations of continuity (2.14) and (2.15) with $\boldsymbol{K}(r, t) = 0$, it follows that,

$$\left.\begin{aligned}
&\int_\tau \boldsymbol{J}(\boldsymbol{r}, t) \cdot \boldsymbol{E}^e(\boldsymbol{r}, t)\, d\tau = \int_\tau \frac{\boldsymbol{J}^2(\boldsymbol{r}, t)}{\sigma}\, d\tau + \int_\tau \dot{\varrho}(\boldsymbol{r}, t)\,\varphi(\boldsymbol{r}, t)\, d\tau + \\
&\quad + \int_\Sigma \dot{\eta}(\boldsymbol{r}, t)\,\varphi(\boldsymbol{r}, t)\, d\Sigma + \int_{\Sigma_\tau} \hat{\boldsymbol{n}} \cdot \boldsymbol{J}(\boldsymbol{r}, t)\,\varphi(\boldsymbol{r}, t)\, d\Sigma + \int_\tau \boldsymbol{J}(\boldsymbol{r}, t) \cdot \dot{\boldsymbol{A}}(\boldsymbol{r}, t)\, d\tau.
\end{aligned}\right\} \tag{7.4}$$

Σ_τ is the surface enclosing τ; Σ is any part of Σ_τ or any surface within τ on which $\dot{\eta}(r, t)$ differs from zero. Eq. (7.4) is a general instantaneous power equation for an arbitrary electric circuit consisting of actual conductors of finite conductivity in which purely surface densities of current $K(r, t)$ do not exist. An equivalent formula for idealized circuits in which all conductors are perfect is obtained from (7.4) by setting $\sigma = \infty$ and replacing the volume density of current $J(r, t)$ by the surface density $K(r, t)$. As a consequence, the volume integrals reduce to integrals over the surfaces on which $K(r, t)$ differs from zero. The integral in (7.4) in which $\hat{n} \cdot J(r, t)$ occurs takes account of currents in conductors that cross the boundary Σ_τ of the region under consideration. If the circuit within Σ_τ is electrically complete $\hat{n} \cdot J(r, t) = 0$ and this integral vanishes. Note that contributions to the integrals come only from those parts of the volume in which the densities of charge and current differ from zero. Hence, an attempt to localize energy (which is quite unnecessary) would require it to be associated with the conductors containing the charges and currents. For periodic time dependence of the form $E^e(r, t) = E^e(r) \cos(\omega t + \psi) = \operatorname{Re} E^e e^{j\omega t}$ where E^e is complex, the real time-average power equation is given by the real part of.

$$
\left.
\begin{aligned}
\frac{1}{2} \int_\tau J^* \cdot E^e \, d\tau &= \frac{1}{2} \int_\tau \frac{J \cdot J^*}{\sigma} \, d\tau - j \frac{\omega}{2} \int_\tau \varrho^* \varphi \, d\tau - j \frac{\omega}{2} \int_\Sigma \eta^* \varphi \, d\Sigma + \\
&\quad + \frac{1}{2} \int_{\Sigma_\tau} \hat{n} \cdot J \varphi \, d\Sigma + \frac{j\omega}{2} \int_\tau J^* \cdot A \, d\tau.
\end{aligned}
\right\}
\tag{7.5}
$$

(The factor $\frac{1}{2}$ indicates the use of peak instead of rms amplitudes.) Note that $\varrho = 0$ in all simple media, so that one of the volume integrals in (7.5) vanishes except in plasmas and space-charged regions. Moreover, if the Helmholtz integrals (6.8) and (6.12) are to be substituted for φ and A, (as is contemplated), the surface Σ_τ enclosing the volume τ must be so chosen that it is not crossed by currents and the circuit within τ is electrically complete. In this case the integral in (7.5) over Σ_τ also vanishes. It follows that the equation applicable to the analysis of most electric circuits using the Helmholtz integrals is,

$$
\frac{1}{2} \int_\tau J^* \cdot E^e \, d\tau = \frac{1}{2} \int \frac{J \cdot J^*}{\sigma} \, d\tau - j \frac{\omega}{2} \int_\Sigma \eta^* \varphi \, d\Sigma + j \frac{\omega}{2} \int_\tau J^* \cdot A \, d\tau. \tag{7.6}
$$

The real part of this equation is the time-average power equation since $\dfrac{dW}{dt} = \operatorname{Re} \dfrac{1}{2} \int_\tau J^* \cdot E^e \, d\tau$ is the time-average power in τ. Evidently, the imaginary part of (7.6) is also a true equation related to the so-called reactive power. An equation corresponding to (7.6) for the idealized case of perfect conductors is obtained from (7.6) by setting $\sigma = \infty$ and replacing volume integrals over J by surface integrals over K in the volumes occupied by the perfect conductors.

A different power equation with energy functions that not only have quite another form but also admit of an entirely different interpretation may be derived from (7.1) using (3.20). Thus, the last integral on the right in

$$
\int_\tau J(r, t) \cdot E^e(r, t) \, d\tau = \int_\tau \frac{J^2(r, t)}{\sigma} \, d\tau - \int_\tau J(r, t) \cdot E(r, t) \, d\tau, \tag{7.7}
$$

may be transformed by eliminating the current density using (2.6). The resulting integral has two terms of which the one may be transformed further using the vector identity, $\operatorname{div} \boldsymbol{E} \times \boldsymbol{H} = \boldsymbol{H} \cdot \operatorname{curl} \boldsymbol{E} - \boldsymbol{E} \cdot \operatorname{curl} \boldsymbol{H}$, the Maxwell equation (2.5), and the divergence theorem,

$$\int_\tau \operatorname{div} \boldsymbol{S}(\boldsymbol{r}, t)\, d\tau = \int_\Sigma \hat{n} \cdot \boldsymbol{S}(\boldsymbol{r}, t)\, d\Sigma, \tag{7.8}$$

where $\boldsymbol{S}(\boldsymbol{r}, t) = \boldsymbol{E}(\boldsymbol{r}, t) \times \boldsymbol{H}(\boldsymbol{r}, t)$ is the Poynting vector. The final expression is

$$\left.\begin{aligned}
\int_\tau \boldsymbol{J}(\boldsymbol{r}, t) \cdot \boldsymbol{E}(\boldsymbol{r}, t)\, d\tau &= \int_\tau \frac{\boldsymbol{J}^2(\boldsymbol{r}, t)}{\sigma}\, d\tau + \\
&+ \int_\tau [\dot{\boldsymbol{D}}(\boldsymbol{r}, t) \cdot \boldsymbol{E}(\boldsymbol{r}, t) + \boldsymbol{H}(\boldsymbol{r}, t) \cdot \dot{\boldsymbol{B}}(\boldsymbol{r}, t)]\, d\tau + \int_\Sigma \hat{n} \cdot \boldsymbol{S}(\boldsymbol{r}, t)\, d\Sigma.
\end{aligned}\right\} \tag{7.9}$$

In free space and other regions where $\boldsymbol{P}(\boldsymbol{r}, t) = \boldsymbol{M}(\boldsymbol{r}, t) = 0$, the middle integral on the right in (7.9) may be expressed in the form $dU(t)/dt$ where $U(t) = U_E(t) + U_M(t)$ and,

$$U_E(t) = \int_\tau \frac{1}{2}\, \varepsilon_0 E^2(t)\, d\tau, \qquad U_M(t) = \int_\tau \frac{1}{2\mu_0}\, B^2(t)\, d\tau = \int_\tau \frac{1}{2}\, \mu_0 H^2(t)\, d\tau. \tag{7.10}$$

In simply polarizing and magnetizing regions (7.10) applies with ε, ν, μ substituted for $\varepsilon_0, \nu_0, \mu_0$. The function $U(t)$ is known as the instantaneous *electromagnetic energy* associated with the volume τ. $U_E(t)$ is the instantaneous *electric energy*, $U_M(t)$ the instantaneous *magnetic energy*.

For periodic time dependence of the form $\boldsymbol{E}(\boldsymbol{r}, t) = \boldsymbol{E} e^{j\omega t}$, the following equation applies to the complex conjugates:

$$\left.\begin{aligned}
\frac{1}{2} \int_\tau \boldsymbol{J}^* \cdot \boldsymbol{E}^e\, d\tau &= \frac{1}{2} \int_\tau \frac{\boldsymbol{J} \cdot \boldsymbol{J}^*}{\sigma}\, d\tau - \\
&- j\frac{\omega}{2} \int_\tau (\varepsilon \boldsymbol{E} \cdot \boldsymbol{E}^* - \mu \boldsymbol{H} \cdot \boldsymbol{H}^*)\, d\tau + \int_\Sigma \hat{n} \cdot \boldsymbol{S}\, d\Sigma
\end{aligned}\right\} \tag{7.11}$$

where $\boldsymbol{S} = \frac{1}{2} \boldsymbol{E} \times \boldsymbol{H}^*$ is the *complex Poynting vector*. The real part of (7.11) is the real time-average power equation. Note that there is no contribution from the middle integral on the right, which is a pure imaginary. The imaginary part of (7.11) is also a true and useful equation.

A significant difference between the power Eqs. (7.4) to (7.6) and (7.9) or (7.11) is that in the former significant contributions to all integrals come only from the regions in which the density functions differ from zero, whereas in the latter they come from all space. This fact has suggested an interpretation of electromagnetic energy as associated with or even "stored in" the electromagnetic field throughout space rather than with the configurations of charge and moving charge. It has also suggested that the Poynting vector $\boldsymbol{S}$ is a measure of power flow in space. Actually, the transformation (7.8) is valid only when Σ is a completely closed surface. Any vector $\boldsymbol{C}$ such that $\operatorname{div} \boldsymbol{C} = 0$ may be added to $\boldsymbol{S}$ to give an infinity of new vectors $\boldsymbol{S} + \boldsymbol{C}$ to measure power flow as a function of position that has quite different values from $\boldsymbol{S}$. Indeed, by choosing $\boldsymbol{C} = \operatorname{curl} \varphi \boldsymbol{H}$, as suggested by SLEPIAN[1], a power-flow vector is obtained with properties radically different from those of $\boldsymbol{S}$ in so far as the localization of energy flow in space and in the conductors is concerned. The total power transferred from within a closed surface Σ to the region outside is, of course, always the same. The question as to

---

[1] SLEPIAN: J. Appl. Phys. **13**, 512 (1942).

whether electromagnetic energy can in fact be defined in a manner which justifies the belief that it is a physically localizable quantity is answered in the negative by Mason and Weaver [9] but is traditionally taken for granted by many
physicists and engineers.

8. Reciprocal theorems. The analysis of electrical systems is often facilitated
by the application of a reciprocal theorem that interrelates the responses of the
system when driven and loaded successively at different points. In order to
derive the desired theorem, consider an arbitrary volume τ containing an electrical
system driven by a number of generators at different points all operating at
the same frequency. In deriving the general reciprocal relation it is adequate
to treat each generator as a small conducting region between a pair of terminals
A and B in which an impressed electric field with complex amplitude $\boldsymbol{E}^e$ is maintained by an energy-supplying device of some kind. The complex amplitudes
of the volume density of current $\boldsymbol{J}$ and of the electric field $\boldsymbol{E}$ in the generating
region depend on the impressed field $\boldsymbol{E}^e$ and on the properties of the external
network that is attached to the generator. The relation between these quantities is

$$\boldsymbol{E}^e = \frac{\boldsymbol{J}}{\sigma} - \boldsymbol{E}, \tag{8.1}$$

where σ is the effective conductivity of the region. The derivation of the desired
reciprocal relation depends upon the existence of linear relations between electric
field and current, so that it is necessary to postulate simply polarizing, magnetizing, and conducting media throughout. It is usually assumed that generators
are impedanceless. For present purposes it is satisfactory to assume that they
are regions with known conductivity.

The desired reciprocal theorem is derived conveniently in terms of two different sets of impressed fields $\boldsymbol{E}^e$ maintained between the same set of terminals.
The primed set of fields, $\boldsymbol{E}^{e\,\prime}$, maintains a primed set of current densities, $\boldsymbol{J}'$;
similarly, the double-primed set of fields $\boldsymbol{E}^{e\,\prime\prime}$ across the same terminals maintains
a double-primed set of current densities $\boldsymbol{J}''$ in those terminals.

Let the following integral be formed:

$$\int_\tau (\boldsymbol{J}'' \cdot \boldsymbol{E}^{e\prime} - \boldsymbol{J}' \cdot \boldsymbol{E}^{e\,\prime\prime})\, d\tau = -\int_\tau (\boldsymbol{J}'' \cdot \boldsymbol{E}' - \boldsymbol{J}' \cdot \boldsymbol{E}'')\, d\tau. \tag{8.2}$$

Terms in $\boldsymbol{J}'' \cdot \boldsymbol{J}'/\sigma$ have been canceled. The current densities may be eliminated
using (2.20) to obtain:

$$\int_\tau (\boldsymbol{J}'' \cdot \boldsymbol{E}^{e\,\prime} - \boldsymbol{J}' \cdot \boldsymbol{E}^{e\,\prime\prime})\, d\tau = \int_\tau (\boldsymbol{E}'' \cdot \operatorname{curl} \boldsymbol{H}' - \boldsymbol{E}' \cdot \operatorname{curl} \boldsymbol{H}'')\, d\tau. \tag{8.3}$$

The first integral on the right may be transformed using first the same vector
identity applied in deriving (7.8) and then (2.5). The final result is

$$\left. \begin{aligned}
&\int_\tau (\boldsymbol{J}'' \cdot \boldsymbol{E}^{e\,\prime} - \boldsymbol{J}' \cdot \boldsymbol{E}^{e\,\prime\prime})\, d\tau \\
&= \int_\tau \operatorname{div}(\boldsymbol{E}' \times \boldsymbol{H}'' - \boldsymbol{E}'' \times \boldsymbol{H}')\, d\tau = \int_\Sigma [\hat{\boldsymbol{n}} \cdot (\boldsymbol{E}' \times \boldsymbol{H}'' - \boldsymbol{E}'' \times \boldsymbol{H}')]\, d\Sigma.
\end{aligned} \right\} \tag{8.4}$$

If the volume of integration in (8.4) is chosen to contain no generators, but there
is at least one generator outside of τ so that the electromagnetic field is not
identically zero, the term on the left vanishes. The resulting equation is satisfied if

$$\operatorname{div}(\boldsymbol{E}' \times \boldsymbol{H}'' - \boldsymbol{E}'' \times \boldsymbol{H}') = 0. \tag{8.5}$$

This is known as *Lorentz's lemma*.

If the volume τ is expanded to include all space so that its enclosing surface Σ recedes to infinity, it is readily verified that the surface integral in (8.4) vanishes. It follows that (8.4) reduces to

$$\int_\tau \boldsymbol{J}'' \cdot \boldsymbol{E}^{e'}\, d\tau = \int_\tau \boldsymbol{J}' \cdot \boldsymbol{E}^{e''}\, d\tau. \tag{8.6}$$

When applied to electric circuits in which n generators are localized between n pairs of terminals A and B, the impressed field in each generator may be assumed independent of the transverse dimension of the generating region in order to permit the definition of the total current parallel to the axis of the conductor. Let this be in the direction $\hat{\boldsymbol{s}}$, so that

$$I = \int_S \boldsymbol{J} \cdot \hat{\boldsymbol{s}}\, dS. \tag{8.7}$$

If it is assumed that the current is essentially constant between the terminals, a driving e.m.f. may be defined for each pair of terminals in the form:

$$V^e = \int_A^B \boldsymbol{E}^e \cdot \boldsymbol{d s}. \tag{8.8}$$

With (8.7) and (8.8) it follows that,

$$\int_\tau \boldsymbol{J}'' \cdot \boldsymbol{E}^{e'}\, d\tau = \sum_{i=1}^n I_i'' V_i^{e'}, \tag{8.9}$$

so that the reciprocal theorem becomes,

$$\sum_{i=1}^n I_i'' V_i^{e'} = \sum_{i=1}^n I_i' V_i^{e''}. \tag{8.10}$$

This is the *Rayleigh-Carson reciprocal theorem*. It may be interpreted as follows[1,2]: A set of externally maintained driving potential differences $V_1^{e'}, V_2^{e'} \ldots V_j^{e'} \ldots V_n^{e'}$ maintained across n pairs of terminals in a network of conductors or an array of antennas produces a set of currents $I_1', I_2', \ldots I_j' \ldots I_n'$ in those terminals. A different set of externally maintained driving potential differences, $V_1^{e''}, V_2^{e''}, \ldots V_j^{e''} \ldots V_n^{e''}$, maintained across the same n terminals produces the currents, $I_1'', I_2'', \ldots I_j'' \ldots I_n''$ in them. The driving potential differences and the currents in the two cases are related according to (8.10).

In applying the reciprocal theorem, it is usually convenient to consider the currents due to only one driving potential difference at a time, since it is possible to add algebraically the individually determined currents due to several. Suppose that when $V_j^{e'}$ is applied at terminals j, a current I_i' is in terminals i; when $V_i^{e''}$ is applied at terminals i, a current I_j'' is in terminals j. The reciprocal theorem then reduces to the important form:

$$I_j'' V_j^{e'} = I_i' V_i^{e''}. \tag{8.11}$$

Further simplification results if the *same* potential difference is applied successively across terminals j and i so that $V_j^{e'} = V_i^{e''}$. In this case the reciprocal theorem reduces to

$$I_j'' = I_i'. \tag{8.12}$$

---

[1] Lord RAYLEIGH: Theory of Sound, Vol. I, p. 155.
[2] CARSON: Bell. Syst. Techn. J. **3** (1924).

B. Electric circuits: the internal and external fields.

The geometrical configuration of the conductors forming a typical electric network is far too complicated to permit an accurate analysis in the sense of a boundary-value problem in electromagnetic theory. An integral that involves the volume density of current may be obtained from the power equation (7.4) by expressing the potential functions in terms of the Helmholtz integrals (6.8) and (6.12) and using the equation of continuity to eliminate the volume and surface densities of charge. It is clear that when the volumes and surfaces of integration are identified with those of the typical electric circuit, a solution for the vector volume density of current J at all points in the conductors in terms of a specified and localized driving e.m.f. is in general unavailable. However, in special cases in which the distribution of current in the conductors may be assumed to be approximately uniform—as for low-frequency currents in wires of small cross section—electric circuit theory may be formulated by proceeding from (7.4). This is illustrated in the literature [1] and is discussed in Sect. 24.

An alternative approach to be followed here takes advantage of the fact that conductors in most circuits are geometrically so disposed that approximate rotational symmetry obtains insofar as their surfaces and interiors are concerned. Under these conditions the *transverse distributions* of current and field in the interior of conductors are essentially like those in the *interior* of a very long straight conductor of circular cross section that is the inner conductor of a coaxial line. These distributions may be determined analytically together with the ratio of the tangential electric field at the surface of the conductor to the total axial current in it. The requirement (2.11) that the tangential component of the electric field must be continuous across every boundary relates the independently determined *internal* field to that existing outside the conductor. If the conductivity is sufficiently high the internal field is independent of the inner radius of the coaxial shield.

The external electric field depends primarily upon the axial distributions of currents and charges in all conductors in the network and, hence, upon the configuration of that network. The determination of the field in the air-filled region *outside* the conductors and, in particular, on their surfaces may be accomplished by noting that this field depends only upon those statistical distributions of charges and moving charges in the conductors that contribute to the volume and surface densities of current and charge. It follows that in determining the fields outside a conductor this may be imagined to be replaced by the stationary and moving distributions of charge imagined *in space* instead of in the actual lattice of atoms. In this manner the two-medium boundary-value problem is reduced to a solution of the nonhomogeneous scalar or vector Helmholtz equation for a *single* region containing localized distributions of current and charge. The corresponding solutions for general boundaries are in (6.8) and (6.12). They are applied specifically to the boundaries of an electric circuit in Part C.

9. Skin effect in circular cylinders. Consider a circular conducting cylinder of radius a extending along the z-axis of a system of cylindrical coordinates ϱ, ϑ, z. It is contained in a cylindrical cavity of radius G surrounded by an infinite conducting medium. A rotationally symmetrical, periodically varying electric field of complex amplitude $E_z(a)$ is maintained on its surface $\varrho = a$. The radial distribution of the axially directed component of the volume density of current $J_z(\varrho)$ for $\varrho \leq a$ may be determined by solving the vector Helmholtz equation (4.9) for the vector potential A. With rotational symmetry and no excitation in the ϑ- and ϱ-directions, the entire principal current and field[1] can be derived from A_z alone as a function of ϱ, so that the vector equation is reduced to the much simpler scalar equation. With $\partial A_z/\partial\vartheta = 0$ the appropriate equation is,

$$\frac{\partial^2 A_z}{\partial z^2} + \frac{1}{\varrho}\frac{\partial}{\partial\varrho}\left(\varrho\,\frac{\partial A_z}{\partial\varrho}\right) + \varkappa^2 A_z = 0, \tag{9.1}$$

where in simple media $\varkappa^2 = \omega^2\mu\left(\varepsilon_e - \dfrac{j\sigma_e}{\omega}\right)$. It is assumed that μ is real. Appropriate solutions for the interior and exterior regions are obtained by separating the variables using k_1^2 and k_2^2 as the separation constants. They are

$$A_{1z} = D_1 J_0(\varkappa_1\varrho)\,e^{-\gamma_1 z}, \qquad \varrho \leq a; \tag{9.2a}$$

$$A_{2z} = [D_2 J_0(\varkappa_2\varrho) + D_3 N_0(\varkappa_2\varrho)]\,e^{-\gamma_2 z}, \qquad a \leq \varrho \leq b; \tag{9.2b}$$

$$A_{3z} = D_4 H_0^{(1,2)}(\varkappa_3\varrho)\,e^{-\gamma_3 z}, \qquad \varrho \geq b; \tag{9.2c}$$

where

$$\gamma_1^2 = \gamma_3^2 = k_1^2 - \varkappa_1^2, \qquad \gamma_2^2 = k_2^2 - \varkappa_2^2, \tag{9.2d}$$

and the D's are constants. The superscript (1) or (2) must be selected for the HANKEL function $H_0^{(1,2)}$, whichever yields the function that decreases exponentially with increasing ϱ when ϱ is large. Note that in the conductors (regions 1 and 3) and in the air (region 2) between them the constants $\varkappa_1$ and $\varkappa_2$ are

$$\varkappa_1^2 = \omega^2\mu_1\left(\varepsilon_1 - \frac{j\sigma_1}{\omega}\right) \approx -j\omega\mu_1\sigma_1; \qquad \varkappa_2^2 = \omega^2\mu_0\varepsilon_0. \tag{9.3}$$

The approximate formula for $\varkappa_1^2$ follows from the definition of a good conductor, $(\sigma_1/\omega\varepsilon_1) \gg 0$.

The electromagnetic field is determined from (9.2a, b, c) using (4.6) and (4.7) with $\varkappa$ substituted for k. The components in region $i = 1, 2$ are

$$E_{i\varrho} = \frac{-j\omega}{\varkappa_i^2}\frac{\partial^2 A_{iz}}{\partial z\,\partial\varrho}, \qquad E_\vartheta = 0, \qquad E_{iz} = j\omega\frac{k_i^2}{\varkappa_i^2}A_{iz}; \tag{9.4}$$

$$B_{i\varrho} = 0; \qquad B_{i\vartheta} = -\frac{\partial A_{iz}}{\partial\varrho}; \qquad B_{iz} = 0. \tag{9.5}$$

The radial equation separated from (9.1) is also used in obtaining E_z in the form given in (9.4). The boundary conditions on the cylindrical conductor-air boundaries are obtained from (3.12) and (3.14). They require that $E_{1z}(a) = E_{2z}(a)$, $B_{1\vartheta}(a)/\mu_1 = B_{2\vartheta}(a)/\mu_2$ at $\varrho = a$ and corresponding relations at $\varrho = b$. In terms of (9.4) and (9.5) they are equivalent to

$$\frac{k_1^2}{\varkappa_1^2}A_{1z}(a) = \frac{k_2^2}{\varkappa_2^2}A_{2z}(a); \qquad \frac{1}{\mu_1}\frac{\partial A_{1z}}{\partial\varrho}(a) = \frac{1}{\mu_2}\frac{\partial A_{2z}}{\partial\varrho}(a). \tag{9.6}$$

If the solutions (9.2a, b, c) are substituted in these expressions, the following equations are obtained for determining k_1 and k_2:

$$\sqrt{\varkappa_1^2 - k_1^2} = \sqrt{\varkappa_2^2 - k_2^2}; \tag{9.7}$$

$$\frac{k_1\mu_1}{\varkappa_1^2}\frac{J_0(k_1 a)}{J_0'(k_1 a)} = \frac{k_2\mu_2}{\varkappa_2^2}\frac{J_0(k_2 a) + CN_0(k_2 a)}{J_0'(k_2 a) + C N_0'(k_2 a)} \tag{9.8a}$$

$$\frac{k_2\mu_2}{\varkappa_2^2}\frac{J_0(k_2 b) + C N_0(k_2 b)}{J_0'(k_2 b) + C N_0'(k_2 b)} = \frac{k_1\mu_1}{\varkappa_1^2}\frac{H_0^{(1,2)}(k_1 b)}{H_0^{(1,2)\prime}(k_1 b)} \tag{9.8b}$$

---

[1] For a discussion of the problem of higher modes with imperfect conductors see, for example, G. M. ROE: Theory of Acoustic and Electromagnetic Wave Guides and Cavity Resonators. University of Minnesota Ph. D. Thesis, 1947.

where the primes denote differentiation with respect to the argument and C is an arbitrary constant. The only solution of these equations that is significant for a conductor of sufficiently small cross section compared with the free space wavelength is the one valid for very good conductors for which $\varkappa_1^2$ and k_1^2 are both very great. It may be evaluated from (9.7) very readily in the limit as $\sigma_1 \to \infty$, so that $\varkappa_1 \to \infty$. Since $\gamma_1 = \sqrt{\varkappa_1^2 - k_1^2}$ must remain finite in the limit, it is clear that k_1^2 must also be very large in the limit, approaching infinity with σ_1 and $\varkappa_1^2$. That is, with $\beta_1 = \sqrt{\omega \mu_1 \sigma_1}$,

$$k_1 \to \varkappa_1 = j^{-\frac{1}{2}} \sqrt{\omega \mu_1 \sigma_1} = j^{-\frac{1}{2}} \beta_1. \tag{9.9}$$

It is readily verified using asymptotic formulas for the Bessel functions of large argument that the ratios $J_0(k_1 a)/J_0'(k_1 a)$ and $H_0^{(1,2)}(k_1 b)/H_0^{(1,2)\prime}(k_1 b)$ remain finite when k_1 is made very large. It follows that the left side of (9.8a) and the right side of (9.8b) become very small as k_1 and $\varkappa_1$ are increased, approaching zero in the limit, $k_1 \to \varkappa_1 \to \infty$. This requires k_2 to be very small, also approaching zero in the limit. It is readily verified using appropriate formulas for small values of the arguments that the limit $k_2 \to 0$ is consistent with (9.8a, b) in a manner that is independent of both C and b. It may be concluded that for good conductors $\gamma_1 = \sqrt{\varkappa_1^2 - k_1^2} \approx \omega \sqrt{\mu_0 \varepsilon_0}$.

For determining the *transverse* distributions of current and electromagnetic field in the conductor, (9.9) is a satisfactory approximation. With E_z as given in (9.4) and with $k_1^2 \approx \varkappa_1^2$, it follows that,

$$E_{1z} \approx j \omega A_{1z} = j \omega D_1 J_0(k_1 \varrho) e^{-\gamma_1 z} = E_{1z}(\varrho) e^{-\gamma_1 z}. \tag{9.10}$$

Since the volume density of current is given by $J_z(\varrho) = \sigma_1 E_z(\varrho)$, the following ratios are true:

$$f(\varrho) = \frac{A_{1z}(\varrho)}{A_{1z}(a)} = \frac{E_{1z}(\varrho)}{E_{1z}(a)} = \frac{J_z(\varrho)}{J_z(a)} = \frac{J_0(k_1 \varrho)}{J_0(k_1 a)} = \frac{M_0(\beta_1 \varrho)}{M_0(\beta_1 a)} e^{j[\Theta_0(\beta_1 \varrho) - \Theta_0(\beta_1 a)]} \tag{9.11}$$

where, as in (9.9), $\beta_1 = \sqrt{\omega \mu_1 \sigma_1}$ and where the real, slowly varying functions $M_0(\beta_1 \varrho)$ and $\Theta_0(\beta_1 \varrho)$ are tabulated[1]; see also pp. 523, 524 in Ref. [4]. For small values of the argument, $\beta_1 a \ll 1$, $J_z(\varrho)/J_z(a) \approx 1$, so that the current density is sensibly uniform over the cross section. For large arguments, $\beta_1 a \gtrsim 10$, the following approximate expression is useful:

$$f(\varrho) = \frac{J_z(\varrho)}{J_z(a)} \approx \sqrt{\frac{a}{\varrho}} \, e^{-(1+j)(a-\varrho)/\delta_s} \tag{9.12}$$

where $\delta_s = \sqrt{2}/\beta_1 = \sqrt{2/\omega \mu_1 \sigma_1}$ is known as the *skin depth*. It is the distance radially in from the surface at which the magnitude of the current density is $1/e$ of its value at the surface. Note that the condition for large arguments, $\beta_1 a \gtrsim 10$, is equivalent to $a/\delta_s \gtrsim 10/\sqrt{2}$. This means that the skin depth must satisfy the inequality $\delta_s \lesssim 10 a/\sqrt{2}$ in order that (9.12) be a good approximation.

Graphs showing the magnitude of the ratio of the volume density of current at a radius ϱ to that at radius a and the relative phase are given in Fig. 2 for a number of values of $\beta_1 a$. The skin depth is also indicated for $\beta_1 a = 25$. Note that for the larger values of $\beta_1 a$ the phase reverses many times from the surface of the conductor to the axis, so that the real current density is characterized by

---

[1] N. W. McLACHLAN: Bessel Functions for Engineers, pp. 182, 183. Oxford: Clarendon Press 1934.

concentric rings of current alternately in opposite directions. The real instantaneous current density $J_z(\varrho, t)$ is given by,

$$\frac{J_z(\varrho, t)}{J_z(a)} = \frac{M_0(\beta_1 \varrho)}{M_0(\beta_1 a)} \cos\left[\omega t + \Theta_0(\beta_1 \varrho) - \Theta_0(\beta_1 a)\right]. \tag{9.13}$$

It consists of *radial standing waves*.

The total current $I_z = \int_0^a J_z(\varrho)\, 2\pi \varrho\, d\varrho$ is readily evaluated and expressed in terms of $E_z(a) = J_z(a)/\sigma$. The ratio $E_z(a)/I_z(a)$ is known as the *internal impedance per unit length* of the conductor. It is,

$$\left.\begin{aligned}
z^i = r^i + j\, x^i &= \frac{E_z(a)}{I_z(a)} \\
&= \frac{1}{\pi a^2 \sigma}\left(\frac{\varkappa_1 a}{2}\right)\frac{J_0(\varkappa_1 a)}{J_1(\varkappa_1 a)},
\end{aligned}\right\} \tag{9.14a}$$

$$\left.\begin{aligned}
&= \frac{1}{\pi a^2 \sigma}\left(\frac{\beta_1 a}{2}\right)\frac{M_0(\beta_1 a)}{M_1(\beta_1 a)}\times \\
&\times e^{-j\left[\Theta_1(\beta_1 a) - \Theta_0(\beta_1 a) - \frac{3\pi}{4}\right]},
\end{aligned}\right\} \tag{9.14b}$$

$$= r_0 F, \tag{9.14c}$$

where $r_0 = 1/\pi a^2 \sigma$, and F is the frequency factor as defined in (9.14b, c). Note that $\varkappa_1 = j^{-\frac{1}{2}}\beta_1$, and

$$\left.\begin{aligned}
J_1(j^{-\frac{1}{2}}\beta_1 \varrho) &= J_1(j^{\frac{3}{2}}\beta_1 \varrho) \\
&= -M_1(\beta_1 \varrho)\, e^{-j\Theta_1(\beta_1 \varrho)},
\end{aligned}\right\} \tag{9.15}$$

where the functions $M_1(\beta_1 \varrho)$ and $\Theta_1(\beta_1 \varrho)$ are available in tabular form [4]. For small arguments,

$$\left.\begin{aligned}
r^i = r_0 = \frac{1}{\pi a^2 \sigma_1}, \qquad x^i = 0, \\
(\beta_1 a)^2 \ll 4;
\end{aligned}\right\} \tag{9.16a}$$

$$\left.\begin{aligned}
r^i = r_0 = \frac{1}{\pi a^2 \sigma_1}, \qquad x^i = \frac{\mu_1 \omega}{8\pi}, \\
(\beta_1 a)^4 \ll 192.
\end{aligned}\right\} \tag{9.16b}$$

For large arguments,

$$\left.\begin{aligned}
z^i = r^i + j\, x^i = \frac{1+j}{2\pi a}\sqrt{\frac{\omega \mu_1}{2\sigma_1}}; \\
\beta_1 a \geq 10.
\end{aligned}\right\} \tag{9.17}$$

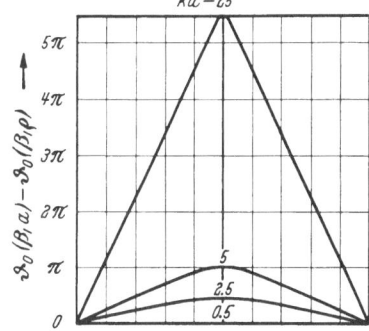

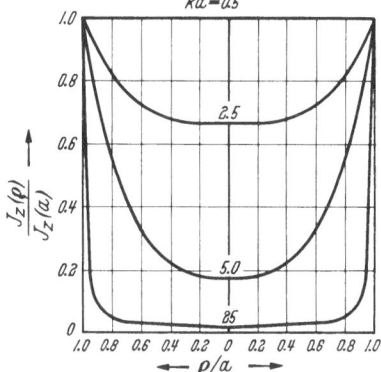

Fig. 2. Relative phase and amplitude of the volume density of current in a cylindrical conductor.

This is known as the *Rayleigh formula*. Clearly, for small arguments the density of current is sensibly constant and the resistance per unit length is inversely proportional to the area of cross section. For large arguments, on the other hand, most of the current is confined to a relatively thin layer near the surface and the impedance per unit length is inversely proportional to the circumference.

Since the distributions (9.11) and (9.12) and the impedances (9.14a, b), (9.16a, b), and (9.17) are independent of C and b in (9.8a, b), they may be assumed to be satisfactory approximations for rotationally symmetrical conductors in general.

The magnetic field at the surface of the cylindrical conductor of radius a and carrying a total current I is independent of the radial distribution of current. With rotational symmetry the magnetic field is obtained directly from (2.20) using Stokes' theorem and the definition of a good conductor which makes $J = \sigma E$ large in magnitude compared with $\omega D = \omega \varepsilon E$. Thus,

$$H_\vartheta(a) = \frac{I_z}{2\pi a}. \tag{9.18}$$

The ratio

$$Z_s = \frac{E_z(a)}{H_\vartheta(a)} = 2\pi a z^i \tag{9.19}$$

is called the *surface impedance*. Note that when the argument $\beta_1 a$ is large as in (9.16) the surface impedance is given by

$$Z_s = (1+j) \sqrt{\frac{\omega \mu_1}{2\sigma_1}} = \frac{1+j}{\delta_s \sigma_1} \tag{9.20}$$

which depends only on the material parameters μ_1 and σ_1 and the frequency. The radius of the conductor does not occur. Indeed, it is possible to let a approach infinity so that the cylinder becomes an infinite plane sheet. This suggests that the surface impedance expresses a relation between the tangential and mutually perpendicular components of the electric and magnetic fields at the surface of any highly conducting sheet with a thickness that is great compared with the skin depth.

The distribution of current in and the internal impedance per unit length of a tubular conductor of inner radius b and outer radius c may be carried out in a manner similar to that for a solid conductor. If the thickness of the wall is large compared with the skin depth, i.e., $c - b \gg \delta_s$, the ratio of the field that penetrates to the inside to the field maintained outside the metal tube is[1]

$$\frac{E_i}{E_0} = 2 \sqrt{\frac{c}{b}} e^{-d/\delta_s}. \tag{9.21}$$

This formula illustrates the principle underlying electromagnetic shielding. By making $\delta_s = \sqrt{2/\omega\mu\sigma_1}$ sufficiently small, E_i can be made as small as desired. For example, for copper at $\omega = 10^{10}$, $\delta_s = 1.6 \times 10^{-10}$ meters and d must exceed only 5 microns in order to make the ratio (9.21) about 1%. For copper at $\omega = 377$ the skin depth is $\delta_s = 8.5 \times 10^{-3}$ m so that d must exceed 4 cm if the ratio in (9.21) is to be of the order of magnitude of 0.01. If, in this latter case, iron with $\mu_1 = 6000 \mu_0$ is substituted for copper, d need be only 1.4 mm for approximately the same ratio.

Although derived specifically for a tube, (9.21) applies approximately to plane sheets of metal that form a closed metal shield of arbitrary shape. In this case $c/b \doteq 1$.

The fact that a closed metal tube or box of given wall thickness becomes less and less effective as an electromagnetic shield as the frequency is reduced may appear paradoxical since any closed metal container is an excellent electrostatic shield. The apparent difficulty is resolved if it is recalled that electromagnetic shielding is concerned with the penetration into an imperfectly conducting metal sheet of the *tangential* component of an alternating electric field and the associated magnetic field, whereas electrostatic shielding involves only the component of the electric field *normal* to the metal surface. The former penetrates; the latter does not.

10. Skin effect in a circular condenser. The condenser to be analyzed consists of two parallel circular metal plates, each of radius b and thickness d and separated

---

[1] R. W. P. King: Electromagnetic Engineering, Vol. 1, pp. 256—358. New York: McGraw-Hill 1945.

by an imperfect dielectric of thickness w. At the center of its outer side each plate is connected to a long cylindrical conductor or wire of radius a as shown in Fig. 3. The z-axis is the axis of symmetry; the origin of cylindrical coordinates ϱ, ϑ, z is at the center of the dielectric disk between the plates. The dielectric is a simple medium characterized by the complex dielectric constant $\bar{\varepsilon} = \varepsilon_e - j\sigma_e/\omega$; it is a good but not perfect dielectric with $(\sigma_e/\omega\varepsilon_e)^2 \ll 1$. The conducting plates may be assumed perfect, since small losses in them are in any case negligible.

Since rotational symmetry obtains and interest is entirely in the principal current, the current and field distributions in the dielectric may be analyzed in terms of the z-component of the vector potential just as in the interior of the cylindrical conductor in Sect. 9. The appropriate differential equation is (9.1). However, since the thickness w of the dielectric is a very small fraction of a

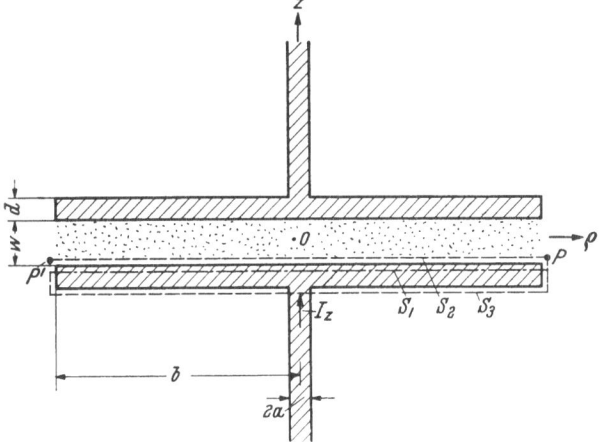

Fig. 3. Cross-section of circular condenser filled with dielectric.

wavelength $(w \ll \lambda)$, A_z may be assumed to be constant in z between the plates so that the term $\partial^2 A_z/\partial z^2$ vanishes in (9.1). The solution for the interior of the dielectric (region 2) is:

$$A_z = D_1 J_0 (\varkappa_2 \varrho), \qquad \varrho \leq b, \tag{10.1}$$

where

$$\varkappa_2 = \omega \sqrt{\mu_0 (\varepsilon_2 - j\sigma_2/\omega)} = \omega \sqrt{\mu_0 (\varepsilon_{e2} - j\sigma_{e2}/\omega)} = \beta_2 - j\alpha_2, \tag{10.2}$$

and

$$\beta_2 \approx \omega \sqrt{\mu_0 \varepsilon_{e2}}, \qquad \alpha_2 \approx \frac{\sigma_{e2}}{2} \sqrt{\frac{\mu_0}{\varepsilon_{e2}}}, \qquad \left(\frac{\alpha_2}{\beta_2}\right)^2 = \left(\frac{\sigma_{e2}}{2\omega\varepsilon_{e2}}\right)^2 \ll 1. \tag{10.3}$$

The electric and magnetic fields in the dielectric are given by (9.4) and (9.5), noting that $k_2^2 \approx \varkappa_2^2$. In particular,

$$E_{2z}(\varrho) = j\omega A_{2z}(\varrho) = j\omega D_1 J_0(\varkappa_2 \varrho) = E_z(b) \frac{J_0(\varkappa_2 \varrho)}{J_0(\varkappa_2 b)}, \tag{10.4}$$

$$B_{2\vartheta}(\varrho) = -\frac{\partial A_{2z}(\varrho)}{\partial \varrho} = j\omega D_1 \varkappa_2 J_1(\varkappa_2 \varrho) = B_\vartheta(b) \frac{J_1(\varkappa_2 \varrho)}{J_1(\varkappa_2 b)}. \tag{10.5}$$

In order to determine the internal impedance per unit thickness w of the condenser, it is necessary to express the electric field $E_z(b)$ at $\varrho = b$ in terms of the total current I_{z1} crossing the surface S_1 (Fig. 3) to charge the inner surface of the lower metal plate with a surface density of charge $\eta(\varrho)$. It is assumed that the condenser is so arranged in the circuit that an equal and opposite current crosses the corresponding surface in the upper plate with a density $-\eta(\varrho)$. The distribution of current in the condenser plates from their junction with the thin wires to the surface S_1 and its counterpart in the upper plate is difficult to determine and in most practical cases unimportant. At sufficiently low frequencies the current fans out through the plates; at very high frequencies it is confined primarily to thin layers near the surface so that it must form thin radially directed sheets on the outer and inner surfaces of the plates.

By applying STOKES' theorem to (3.9) the following integral formula is obtained:

$$\oint_s \boldsymbol{H} \cdot \boldsymbol{d\,s} = (\sigma_e + j\,\omega\,\varepsilon_e) \int_S \hat{\boldsymbol{n}} \cdot \boldsymbol{E} \, d\,S, \qquad (10.6)$$

where s is a closed contour along the edge of an arbitrary cap surface S; $\hat{\boldsymbol{n}}$ is a unit normal on S in a direction relative to the direction of integration around the contour s that is consistent with the right-hand screw convention.

Formula (10.6) may be applied to the single circular contour s that passes through the points P and P' in Fig. 3 and successively to three cap surfaces S_1, S_2, and S_3. Cap surface S_1 is essentially in the conductor so that $(\sigma_{e1} + j\omega\varepsilon_{e1})\boldsymbol{E} = \sigma_{e1}\boldsymbol{E} = \boldsymbol{J}_{z1}$. Cap surface S_2 is entirely in the dielectric between the plates. Since it is a good but not necessarily a perfect dielectric $\sigma_e + j\omega\varepsilon_e = \sigma_{e2} + j\omega\varepsilon_{e2}$ with $(\sigma_{e2}/\omega\varepsilon_{e2})^2 \ll 1$. Cap surface S_3 is in air outside the plates and also in the thin wire. In air $\sigma_e = 0$, $\varepsilon_e = \varepsilon_0$; in the conductor $(\sigma_e + j\omega\varepsilon_e)\boldsymbol{E} = \sigma_{e1}\boldsymbol{E} = \boldsymbol{J}_z$. The three equal integrals may be expressed as follows:

$$2\pi b H_\vartheta(b) = I_{z1} = (\sigma_{e2} + j\omega\varepsilon_{e2}) \int_0^b E_z(\varrho) \cdot 2\pi\varrho\,d\varrho = I_z + j\omega\varepsilon_0 \int_a^b E_z(\varrho) \cdot 2\pi\varrho\,d\varrho. \quad (10.7)$$

In virtually all practical circuits in which condensers are used $kb = \omega b \sqrt{\mu_0\,\varepsilon_0}$ is sufficiently small so that the density of charges on the *outer* surfaces of the condenser plates is vanishingly small. In this case $E_z(\varrho) \approx 0$ in the last integral in (10.7) and $I_{z1} = I_z$. With (10.4) it follows that

$$I_{z1} = \frac{(\sigma_{e2} + j\omega\varepsilon_{e2})2\pi E_z(b)}{J_0(\varkappa_2 b)} \int_0^b J_0(\varkappa_2\varrho)\,\varrho\,d\varrho. \qquad (10.8)$$

This expression is readily integrated and solved for $E_z(b)$ with the following result:

$$E_z(b) = \frac{1}{\sigma_{e2} + j\omega\varepsilon_{e2}} \left(\frac{I_{z1}}{\pi b^2}\right)\left(\frac{\varkappa_2 b}{2}\right)\frac{J_0(\varkappa_2 b)}{J_1(\varkappa_2 b)}. \qquad (10.9)$$

With (10.7) solved for $B_\vartheta(b) = \mu_0 H_\vartheta(b)$, (10.7) becomes,

$$B_\vartheta(b) = \frac{\mu_0 I_z}{2\pi b}. \qquad (10.10)$$

The substitution of (10.9) and (10.10) in (10.4) and (10.5) gives the following expressions for the electric and magnetic fields in the dielectric:

$$E_{2z}(\varrho) = \frac{1}{\sigma_{e2} + j\omega\varepsilon_{e2}} \left(\frac{I_{z1}}{\pi b^2}\right)\left(\frac{\varkappa_2 b}{2}\right)\frac{J_0(\varkappa_2\varrho)}{J_1(\varkappa_2 b)}, \qquad (10.11)$$

$$B_{2\vartheta}(\varrho) = \frac{\mu_0 I_z}{2\pi b}\frac{J_1(\varkappa_2\varrho)}{J_1(\varkappa_2 b)}. \qquad (10.12)$$

The distribution of surface charge in the boundary layers along the inner surfaces of the condenser plates may be obtained by eliminating $\hat{\boldsymbol{n}} \cdot \boldsymbol{E}_1$ between (3.11) and (3.15). Thus, with $\eta(\varrho) = \eta_1 + \eta_2$, $\pm E_{2z}(\varrho) = \hat{\boldsymbol{n}} \cdot \boldsymbol{E}_2$, and in the notation appropriate for the condenser,

$$\eta(\varrho) = \pm \left(\frac{\varepsilon_1 \sigma_2 - \sigma_1 \varepsilon_2}{\sigma_1 + j \omega \varepsilon_1} \right) E_{2z}(\varrho) \approx \mp \varepsilon_2 E_{2z}(\varrho), \qquad (10.13)$$

where the upper sign is for the upper plate (Fig. 3), the lower sign for the lower plate. $E_{2z}(\varrho)$ is given in (10.11). Since by definition σ_1 is very large the simpler formula on the right is a good approximation. With (10.11) it follows that the ratio of the charge per unit area at an arbitrary radius ϱ to the charge at the center of the plate $(\varrho = 0)$ is given simply by,

$$\frac{\eta(\varrho)}{\eta(0)} = \frac{E_{2z}(\varrho)}{E_{2z}(0)} = J_0(\varkappa_2 \varrho). \qquad (10.14)$$

The internal impedance per unit thickness of the dielectric is defined by,

$$z^i = \frac{E_z(b)}{I_z} = \frac{1}{\sigma_{e2} + j \omega \varepsilon_{e2}} \left(\frac{1}{\pi b^2} \right) \left(\frac{\varkappa_2 b}{2} \right) \frac{J_0(\varkappa_2 b)}{J_1(\varkappa_2 b)}. \qquad (10.15)$$

Although similar in form to the corresponding impedance per unit length of a cylindrical conductor as given in (9.14), z^i for the condenser differs greatly from z^i for the conductor owing to the fact that $\varkappa_2$ in (10.15) is predominantly real whereas $\varkappa_1$ in (9.14) has equal real and imaginary parts.

With the notation introduced in (10.3), and the definition $Z^i = w z^i$ for the *internal impedance of a circular condenser* of thickness w with negligible fringing, it follows that

$$Z^i = R^i + j X^i = j X_0^i \left[\frac{\beta_2 b (1 - j \alpha_2/\beta_2) J_0 (\beta_2 b [1 - j \alpha_2/\beta_2])}{2 (1 - j 2\alpha_2/\beta_2) J_1 (\beta_2 b [1 - j \alpha_2/\beta_2])} \right]. \qquad (10.16)$$

The quantity X_0^i in (10.16) and the related quantities C_0 and R_0^i are defined by

$$X_0^i = -\frac{1}{\omega C_0}; \qquad C_0 = \frac{\varepsilon_{e2} \pi b^2}{w}; \qquad R_0^i = \frac{w}{\sigma_{e2} \pi b^2}. \qquad (10.17)$$

By expanding the Bessel functions of complex argument, $\varkappa_2 b = \beta_2 b (1 - j \alpha_2/\beta_2)$, in powers of the small quantity α_2/β_2 an approximate expression for Z^i may be obtained from the leading terms. With,

$$J_0 [\beta_2 b (1 - j \alpha_2/\beta_2)] = J_0(\beta_2 b) + j (\alpha_2/\beta_2) \beta_2 b J_1 (\beta_2 b), \qquad (10.18a)$$

$$J_1 [\beta_2 b (1 - j \alpha_2/\beta_2)] = J_1(\beta_2 b) - j (\alpha_2/\beta_2) [\beta_2 b J_0 (\beta_2 b) - J_1 (\beta_2 b)], \qquad (10.18b)$$

the result is,

$$Z^i = R^i + j X^i = \frac{j X_c (R + j X)}{R + j (X + X_c)} = \frac{R X_c^2 + j X_c [R^2 + X(X + X_c)]}{R^2 + (X + X_c)^2}, \qquad (10.19)$$

where the following shorthand has been used:

$$X_c = X_0^i \left(\frac{\beta_2 b}{2} \frac{J_0(\beta_2 b)}{J_1(\beta_2 b)} \right), \qquad (10.20a)$$

$$X = \frac{X_0^i J_0(\beta_2 b)}{2} \left[\frac{J_0(\beta_2 b) - \beta_2 b J_1(\beta_2 b)}{J_0^2(\beta_2 b) + J_1^2(\beta_2 b)} \right], \qquad (10.20b)$$

$$R = R_0^i \left[\frac{J_0^2(\beta_2 b)}{J_0^2(\beta_2 b) + J_1^2(\beta_2 b)} \right]. \qquad (10.20c)$$

The general nature of the internal impedance in (10.19) is described most readily by considering first the important case of a perfect dielectric $(\sigma_{e2} = 0)$

so that R_0^i and with it R becomes infinite. In this case (10.19) reduces to a pure imaginary (reactance)

$$Z^i = j X^i = j X_c,$$ (10.21)

where X_c is given in (10.20a). The ratio X_c/X_0^i is represented in Fig. 4 as a function of $\beta_2 b$. For sufficiently small radii and low frequencies as are usual in practice $(\beta_2^2 b^2 \ll 1)$, X^i is essentially constant and equal to $X_0^i = -1/\omega C_0$. As $\beta_2 b$ is increased, X^i/X_0^i decreases to zero (resonance) when $\beta_2 b = 2.4$; it continues to decrease to infinity (antiresonance) when $\beta_2 b = 3.83$. The further behavior is seen in Fig. 4 where two more resonances $(\beta_2 b = 5.52$ and $8.65)$ are shown. Additional antiresonances occur at $\beta_2 b = 7.02, 10.17$, etc. Note that the assumption that $k b$ is small is not inconsistent with $\beta_2^2 b \geq 1$ if the permittivity of the dielectric in the condenser is sufficiently great.

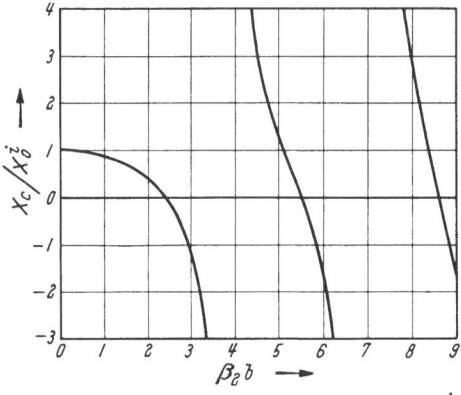

Fig. 4. Ratio of reactance X_c of a circular condenser to reactance $X_v^i = -\dfrac{1}{\omega C_0}$ as a function of radius in radians.

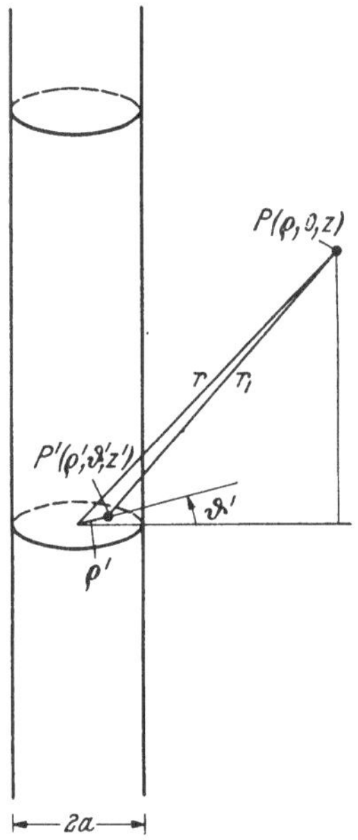

Fig. 5. Coordinates for cylindrical conductor.

The principal effect on Z^i of a dielectric that is not perfect $(\sigma_{e2} \ll \omega \varepsilon_{e2})$ is to provide a real part for Z^i which is small except near antiresonance where $J_1(\beta_2 b) = 0$, R has the very large value R_0^i, and X^i drops to zero.

In practice, the condition $\beta_2^4 b^4 \ll 192$ is usually satisfied. In this case the leading terms are

$$Z^i = \frac{X_c^2}{R} + j X_c,$$ (10.22)

where

$$X_c = X_0^i \left[1 - \frac{\beta_2^2 b^2}{8}\right] = \left[-\frac{1}{\omega C_0} + \omega L_0^i\right], \quad L_0^i = w \mu_2/8\pi,$$ (10.23)

and

$$R = R_0^i \left(1 - \frac{\beta_2^2 b^2}{4}\right).$$ (10.24)

Evidently when the condition $\beta_2^2 b^2 \ll 4$ is satisfied these results are simplified further as follows:

$$Z^i = R^i + j X^i = \frac{1}{\omega^2 C_0^2 R_0^i} - \frac{j}{\omega C_0}.$$ (10.25)

11. Vector potential of a current-carrying conductor of small cross section. In ordinary good conductors that are nonmagnetic, and in which σ is large but finite, the essential volume density $\overline{\varrho_m \boldsymbol{v}}$ reduces to the conduction current density

$\boldsymbol{J}$ and the essential surface density $\overline{\eta_m \boldsymbol{v}}$ vanishes. Since the transverse and axial distributions of current may be considered mutually independent if the radius of the conductor is small compared with the wavelength $(ka \ll 1)$, the volume density of conduction current may be expressed in the form $J_z(\varrho', z') = f(\varrho') J_z(z')$ where $f(\varrho')$ is the dimensionless ratio given in (9.11) or (9.12) for a circular cylinder of radius a with $\beta_1 = \sqrt{\omega \mu_0 \sigma_1}$ and $\delta_s = \sqrt{2/\omega \mu_0 \sigma_1}$. It follows with (6.11) and Fig. 5 that the z-component of the vector potential at P is given by

$$A_z = \frac{\mu_0}{4\pi} \int\limits_{z_1}^{z_2} \int\limits_0^a \int\limits_0^{2\pi} J_z(z')\, f(\varrho')\, \frac{e^{-jkr_1}}{r_1}\, dz'\, \varrho'\, d\varrho'\, d\vartheta', \tag{11.1}$$

where r_1 may be expressed in the following equivalent forms:

$$\left.\begin{aligned} r_1 &= \sqrt{(z-z')^2 + (\varrho - \varrho' \cos\vartheta')^2 + (\varrho' \sin\vartheta')^2} \\ &= \sqrt{r^2 - 2\varrho\varrho' \cos\vartheta' + \varrho'^2} \\ &= \sqrt{(z-z')^2 + (\varrho + \varrho')^2 - 4\varrho\varrho' \cos^2 \frac{\vartheta'}{2}}\,. \end{aligned}\right\} \tag{11.2}$$

The integration of (11.1) with respect to ϱ' and ϑ' using (11.2) and $f(\varrho')$ as given in (9.12), leads to elliptic integrals which have been evaluated by ZINKE[1] with the following result:

$$A_z = \frac{\mu_0}{4\pi} \int\limits_{z_1}^{z_2} I_z(z')\, \frac{e^{-jkr_e}}{r_e}\, dz' \tag{11.3}$$

where

$$r_e = \sqrt{(z-z')^2 + \varrho_e^2}; \qquad I_z(z') = J_z(z') \int\limits_0^a f(\varrho')\, 2\pi \varrho'\, d\varrho'. \tag{11.4}$$

The effective radial distance ϱ_e may be expressed in terms of the radial distance $\varrho - a$ from the point where A_z is calculated to the *surface* of the cylinder and an *effective radius* a_e. That is

$$\varrho_e = \varrho - a + a_e \tag{11.5}$$

where a_e is a function of $|z - z'|$. ZINKE[1] shows that for $z = z'$, a_e/a depends on the skin depth δ_s. In particular, for $\delta_s/a = 0.1$, 0.01, 0.001, the ratio $a_e/a = 0.62$, 0.43, 0.33, respectively. When $|z - z'|/a = 0.45$, $a_e/a \approx 1$; when $|z - z'|/a > 6$, $a_e/a \approx \sqrt{2}$. Thus a_e/a ranges from near 0.4 to 1.4 as $|z - z'|$ increases from zero to values greater than $6a$. These values were evaluated specifically for determining A_z on the surface of the cylinder where $\varrho - a = 0$, $\varrho_e = a_e$. It is clear that when $|z - z'|$ or $\varrho - a$ exceeds about $4a$, the effective radial distance ϱ_e may be replaced by ϱ.

In the extreme case when A_z is evaluated on the surface of the conductor it may be shown (p. 17 in Ref. [5]) that if the integral in (11.3) is extended *at least* from $-2.5a$ to $+2.5a$, the magnitude of the integral (11.3) differs negligibly from

$$A_z = \frac{\mu_0}{4\pi} \int\limits_{z_1}^{z_2} I_z(z')\, \frac{e^{-jkr}}{r}\, dz' \tag{11.6}$$

where

$$r = \sqrt{(z - z')^2 + a^2} \tag{11.7}$$

---

[1] O. ZINKE: Grundlagen der Strom- und Spannungsverteilung auf Antennen. Arch. Elektrotechn. **35**, 67 (1941).

and $I_z(z')$ is the total axial current. Since in analyzing electric circuits the range of integration along the axis of the conductor usually far exceeds $2.5\,a$ on each side of the point of calculation of A_z, (11.6) is an adequate representation of (11.3) for most purposes involving the determination of the vector potential at points outside and on the surface of the conductors. Note that (11.6) with (11.7) is exact for the physically unavailable situation when all current is concentrated at the axis of the conductor.

If the conductors are not straight but are in the form of coils or loops, the component of the vector potential tangent to the conductor at any point on its surface, A_s, may be obtained from integrals like (11.6) with z replaced by s. In this case r is not given by (11.7); it is the distance from the point where A_s is being calculated on the surface to the point on the axis of the conductor where the element $d\boldsymbol{s}'$ is located.

Once the internal and external electromagnetic fields of conductors have been expressed in terms of the total current, an analysis of arbitrary configurations of such conductors may be carried out. While quantitative results that depend on the internal field are restricted to conductors and condensers of circular cross section, the formulation of the external problem may be very general. A high degree of accuracy is attainable in the more restricted case of moderately low-frequency circuits for which so-called "lumped" constants may be defined, although it is usually necessary to determine these constants experimentally. General approaches to the circuit problem are in Ref. [1], [4] and [11].

12. General equations for coupled circuits; self- and mutual impedances; internal and external impedances.

—A typical electric network consisting of a configuration of conductors and condensers forming two coupled circuits is shown in Fig. 6. It is driven by an alternating current generator localized in a region in the primary circuit between A and B in which an externally maintained electric field $\boldsymbol{E}^e$ is active. The conductors are all copper with conductivity σ_c except between C and D in the secondary. This section is made of resistance wire with the same radius a as the copper but with a lower conductivity, σ_n.

The analysis of the network can proceed conveniently either from the voltage equation readily obtained by integrating (4.10) or from the power equation (7.6). These possibilities are considered in turn.

Let both sides of (4.10) be integrated completely around the surface of the primary circuit in Fig. 6. The path of integration proceeds from $s_1 = 0$ along the surface of the wire parallel to its axis to E, then radially outward from E to F on the surface of the condenser, parallel to the axis from F to G along the edge of the dielectric, and radially inward from G to H. From H it proceeds along the surface of the conductor around the turns of the coils and back to the starting point. The results of the integration and a similar one around the secondary are,

$$V_{10}^e = \oint_1 z^i I_{1s}\, ds_1 + j\,\omega \oint_1 \boldsymbol{A}_1 \cdot d\boldsymbol{s}_1, \tag{12.1a}$$

$$0 = \oint_2 z^i I_{2s}\, ds_1 + j\,\omega \oint_2 \boldsymbol{A}_2 \cdot d\boldsymbol{s}_2 \tag{12.1b}$$

where the driving voltage or e.m.f. is defined by,

$$V_{10}^e = \int_A^B \boldsymbol{E}_1^e \cdot d\boldsymbol{s}_1 = \oint_1 \boldsymbol{E}_1^e \cdot d\boldsymbol{s}_1, \tag{12.2}$$

since the impressed field vanishes except between A and B. The absence of terms involving the scalar potential is a consequence of the fact that $\oint (\text{grad}\,\varphi) \cdot d\boldsymbol{s}$ vanishes. The first integral on the right is obtained by noting that $E_s = J_s/\sigma = z^i I_s$, by definition of z^i. On the wires z^i is given by (9.14); on the edge

of the dielectric along a condenser it is given by (10.15). Along the outer surfaces of the condenser plates z^i may be evaluated in terms of the surface impedance (9.20) when the skin depth is small compared with the thickness of the
plates. When this is not the case the internal impedance of the plates is negligible.

The second integral on the right in (12.1) or (12.2) involves the determination
of the vector potential at each element $\boldsymbol{ds}$ on the surfaces of the conductors.
The contribution to the vector potential at any point such as P in Fig. 6 by the
current $I'_s = I_0 f(s')$ in an element $\boldsymbol{ds'}$ and having the direction of this element is,

$$d\boldsymbol{A} = \frac{\mu_0 I_0}{4\pi} \frac{f(s')}{r} e^{-jkr} \boldsymbol{ds'}, \qquad (12.3)$$

where I_0 is the current at an arbitrary reference origin and $f(s')$ is the axial
distribution of current around the wires of the circuit. Contributions to the

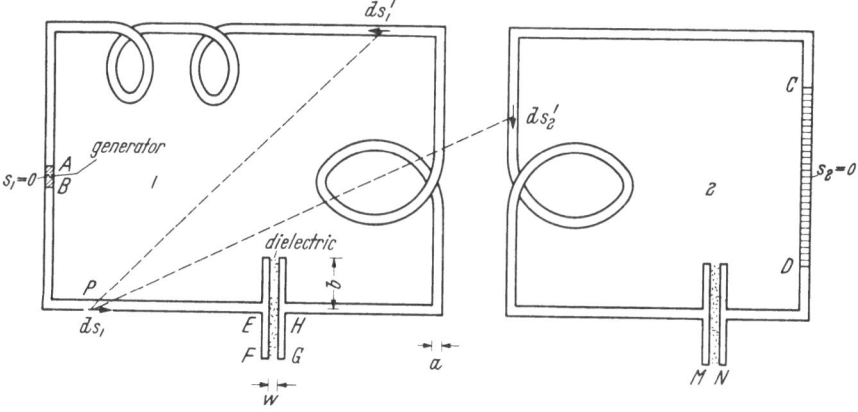

Fig. 6. Coupled circuits.

vector potential from the oppositely directed radial currents in a condenser are
usually negligible at outside points. The vector potential $\boldsymbol{A}_1$ at P in the primary
due to all currents in all parts of the primary and secondary circuits is the vector
sum of all the increments (12.3). It may be represented symbolically by,

$$\boldsymbol{A}_1 = \boldsymbol{A}_{11} + \boldsymbol{A}_{12} = \frac{\mu_0 I_{10}}{4\pi} \oint_1 \frac{f_1(s'_1)}{r_{11}} e^{-jkr_{11}} \boldsymbol{ds'_1} + \frac{\mu_0 I_{20}}{4\pi} \oint_2 \frac{f_2(s'_2)}{r_{12}} e^{-jkr_{12}} \boldsymbol{ds'_2}, \qquad (12.4)$$

where r_{11} is the distance from an element $\boldsymbol{ds'_1}$ on the axis of a conductor in the
primary to the element $\boldsymbol{ds_1}$ at the point P *on the* surface of a conductor also in
the primary; r_{12} is the distance from an element $\boldsymbol{ds'_2}$ on the axis of a conductor
in the secondary to the element $\boldsymbol{ds_1}$ at the point P in the primary. The actual
integration of (12.4) must, of course, be carried out in terms of three scalar integrals for the appropriate components. The corresponding expression for $\boldsymbol{A}_2$
at a point on the surface of a conductor in the secondary is,

$$\boldsymbol{A}_2 = \boldsymbol{A}_{22} + \boldsymbol{A}_{21} = \frac{\mu_0 I_{20}}{4\pi} \oint_2 \frac{f_2(s'_2)}{r_{22}} e^{-jkr_{22}} \boldsymbol{ds'_2} + \frac{\mu_0 I_{10}}{4\pi} \oint_1 \frac{f_1(s'_1)}{r_{21}} e^{-jkr_{21}} \boldsymbol{ds'_1}. \qquad (12.5)$$

An integral for the radial component of the vector potential on the outer
surfaces of the circular condenser plates is readily formulated. However, in
practice the radii of condensers are never sufficiently great to make the radial
distance $b - a$ a significant fraction of the axial length of the circuit as a whole.

Subject to the condition $(kb)^2 \ll 4$ the only significant contribution to the line integral around the circuit may be assumed to come from the internal impedance per unit length along its edge. This is equivalent to neglecting all charges on the outside surfaces of the condenser so that in (10.7) $I_{z1} = I_z$. Note that the condition $(kb)^2 \ll 4$ does not restrict $\beta_2 b$ as severely as kb unless the dielectric of the condenser is air.

If (12.4) and (12.5) are substituted in (12.1) and (12.2), two simultaneous equations are obtained that involve $I_{1s} = I_{10} f_1(s_1)$ and $I_{2s} = I_{20} f_2(s_2)$ as functions of s_1 and s_2, respectively. In symbolic form these are

$$V_{10}^e = I_{10} Z_{11} + I_{20} Z_{12} = I_{10}(Z_1^i + Z_1^e) + I_{20} Z_{12} \tag{12.6a}$$

$$0 = I_{10} Z_{21} + I_{20} Z_{22} = I_{10} Z_{21} + I_{20}(Z_2^i + Z_2^e), \tag{12.6b}$$

where

$$Z_1^i = \oint_1 z_1^i f_1(s_1)\, ds_1, \qquad Z_2^i = \oint_2 z_2^i f_2(s_2)\, ds_2, \tag{12.7}$$

$$Z_1^e = \frac{j\omega\mu_0}{4\pi} \oint_1 \left(\oint_1 \frac{f_1(s_1')}{r_{11}} e^{-jkr_{11}}\, d\boldsymbol{s}_1' \right) \cdot d\boldsymbol{s}_1, \tag{12.8a}$$

$$Z_2^e = \frac{j\omega\mu_0}{4\pi} \oint_2 \left(\oint_2 \frac{f_2(s_2')}{r_{22}} e^{-jkr_{22}}\, d\boldsymbol{s}_2' \right) \cdot d\boldsymbol{s}_2, \tag{12.8b}$$

$$Z_{12} = \frac{j\omega\mu_0}{4\pi} \oint_1 \left(\oint_2 \frac{f_2(s_2')}{r_{12}} e^{-jkr_{12}}\, d\boldsymbol{s}_2' \right) \cdot d\boldsymbol{s}_1, \tag{12.9a}$$

$$Z_{21} = \frac{j\omega\mu_0}{4\pi} \oint_2 \left(\oint_1 \frac{f_1(s_1')}{r_{21}} e^{-jkr_{21}}\, d\boldsymbol{s}_1' \right) \cdot d\boldsymbol{s}_2. \tag{12.9b}$$

The complex coefficient $Z_{11} = R_{11} + jX_{11}$ is the self-impedance of the primary circuit referred to I_{10}; $Z_{22} = R_{22} + jX_{22}$ is the self-impedance of the secondary referred to I_{20}. Z_1^i is the internal part of the self-impedance, Z_1^e the external part. The real part R^i of $Z^i = R^i + jX^i$ is the internal, ohmic or Joulian resistance of the primary, X^i is the internal reactance. The real part R^e of $Z^e = R^e + jX^e$ is the external or radiation resistance of the primary, X^e is the external reactance. $Z_{12} = R_{12} + jX_{12}$ is the mutual impedance of the primary circuit with respect to the secondary referred to I_{20}; $Z_{21} = R_{21} + jX_{21}$ is the mutual impedance of the secondary with respect to the primary referred to I_{10}. Note that (12.6a, b) with (12.7) to (12.9b) are not integral equations that may be solved for the distributions of current in the circuit. They are conditions which the currents must satisfy, and may be used to determine the amplitudes I_{10} and I_{20} if the distribution functions $f_1(s_1)$ and $f_2(s_2)$ are known.

The internal impedance Z^i may include two types of contributions from the contour integral. The first is obtained from integration along a conductor of uniform cross section. It reduces to $Z^i = z^i s$, where s is the length of the part of the circuits characterized by the impedance per unit length z^i as given by (9.14) or (9.17). A second type of contribution to Z^i is that obtained by integrating across the edge of a condenser of thickness w. This contribution has the form $Z^i = w z^i$ as given in (10.16), (10.19) or (10.25). If the dielectric is perfect $Z^i = jX^i$.

The driving-point or input impedance is defined as follows:

$$Z_{1\,in} = \frac{V_{10}^e}{I_{10}} = Z_{11} - \frac{Z_{12} Z_{21}}{Z_{22}} = Z_{11}\left(1 - \frac{Z_{12} Z_{21}}{Z_{11} Z_{22}}\right) = Z_{11}(1 - k_{12}^2), \tag{12.10}$$

where $k_{12}^2 = Z_{12} Z_{21} / Z_{11} Z_{22}$ is the complex coefficient of coupling between primary and secondary. The two circuits are said to be loosely coupled when the following condition is satisfied:

$$|k_{12}|^2 \ll 1 \tag{12.11}$$

so that $Z_{1\,\text{in}} \approx Z_{11}$. Clearly, when the secondary is separated sufficiently from the primary so that Z_{12} becomes vanishingly small, the magnitude and distribution of current in the primary are independent of the secondary. Note, however, that the equation $Z_{1\,\text{in}} = Z_{11}$ is also true when the secondary is broken at $s_2 = 0$ so that $I_{20} = 0$. In this case (12.6) gives $V_{10}^e = I_{10} Z_{11}$ just as for infinite separation with $Z_{12} = 0$. Unless I_{2s} vanishes at all points in the secondary when $I_{20} = 0$ —which is not generally true—Z_{11} and the distribution of I_{1s} are not the same in the two cases. Actually, when $I_{20} = 0$ because the circuit is broken at $s_2 = 0$, it is desirable to choose a different reference point for I_{20}. It follows that the self-impedance is not in general a constant of the geometry of a circuit but is a function of the proximity of and the distributions of current in coupled circuits as well as of the location of the reference point for I_{10}. If there are n coupled circuits, there are n simultaneous equations like (12.6a, b) which may be expressed compactly as follows:

$$V_{m0} = \sum_{j=1}^{n} I_{j0} Z_{mj}; \qquad m = 1, 2, \ldots n \tag{12.12}$$

where the $Z_{mm} = Z_m^i + Z_m^e$ are self-impedances, the $Z_{mj}, j \neq m$, are mutual impedances. With permissible interchange in the order of summation, the substitution of (12.12) in the reciprocal theorem (8.10) gives;

$$\sum_{i=1}^{n} \sum_{j=1}^{n} (I_{i0}' I_{j0}'' - I_{i0}'' I_{j0}') Z_{ij} = 0. \tag{12.13}$$

By interchanging the indices of summation i and j and adding the new expression to (12.13), the following result is obtained:

$$\sum_{i=1}^{n} \sum_{j=1}^{n} [(I_{i0}' I_{j0}'' - I_{i0}'' I_{j0}')(Z_{ij} - Z_{ji})] = 0. \tag{12.14}$$

In general, this sum vanishes only if the expression in brackets is zero. This is always true when $i = j$. When $i \neq j$ it follows that

$$Z_{ij} = Z_{ji}, \tag{12.15}$$

provided only homogeneous, isotropic media are involved in which σ, ε, and μ are scalar constants.

13. Quasi-conventional and conventional electric circuits.—Great simplification in the complicated integrals (12.7) to (12.9 b) is possible when the dimensions of the configuration of conductors forming an electric network are sufficiently small. A suitable criterion of smallness is the inequality $(kr)^2 \ll 1$ where r stands for all values of $r_{11}, r_{12}, r_{21}, r_{22}$, etc. Usually this assures that the current in each series branch is constant in amplitude. In some instances where this is not true, the conditions $f_1(s_1) \approx 1$, $f_2(s_2) \approx 1$, etc., must be imposed explicitly.

When $(kr)^2 \ll 1$ is well satisfied, the exponential functions in the integrals in (12.8a, b) and (12.9a, b) may be expanded in powers of kr and only the leading terms in self- and mutual resistances and reactances retained. The results as obtained from (12.7) to (12.9b) are as follows:

$$Z_{11} = Z_1^i + Z_1^e = (R_1^i + R_1^e) + j(X_1^i + \omega L_1^e), \tag{13.1}$$

$$R_1^i = \oint_1 r_1^i \, ds_1, \qquad X_1^i = \oint_1 x_1^i \, ds_1, \tag{13.2}$$

$$R_1^e = -\frac{\zeta_0 k^4}{24\pi} \oint_1 \oint_1 r_{11}^2 \, d\boldsymbol{s}_1 \cdot d\boldsymbol{s}_1' = \frac{\zeta_0}{6\pi} k^4 S_1^2, \tag{13.3a}$$

$$L_1^e = \frac{\mu_0}{4\pi} \oint_1 \oint_1 \frac{d\boldsymbol{s}_1 \cdot d\boldsymbol{s}_1'}{r_{11}}, \tag{13.3b}$$

where $\zeta_0 \approx 120\pi$ ohm, $\mu_0 = 4\pi \cdot 10^{-7}$ henry/m and S_1 is the area enclosed by the circuit. For a cylindrical wire the internal resistance and reactance per unit length, r_1^i and x_1^i, are given by (9.14). For a condenser with an imperfect dielectric of thickness w, R^i and X^i are given by (10.25). The final expression in (13.3a) for the external or radiation resistance of the primary circuit applies to any plane loop of wire bounding a surface of area S_1. (See p. 424 in Ref. [4].) Proceeding from (12.8b) similar expressions may be obtained for the secondary with subscripts 2 replacing 1.

For the mutual impedance given by (12.9a) the corresponding results are

$$Z_{12} = R_{12} + j\omega L_{12},$$

$$R_{12} = -\frac{\zeta_0 k^4}{24\pi} \oint_1 \oint_2 r_{12}^2 \, d\boldsymbol{s}_1 \cdot d\boldsymbol{s}_2', \tag{13.4a}$$

$$L_{12} = \frac{\mu_0}{4\pi} \oint_1 \oint_2 \frac{d\boldsymbol{s}_1 \cdot d\boldsymbol{s}_2'}{r_{12}}. \tag{13.4b}$$

The expression (13.4b) is known as the *Neumann formula* for mutual inductance. Note that all integrations with respect to the primed variables are along the *axes* of the conductors, whereas integrations with respect to the unprimed coordinates are along the *surfaces* parallel to the axes.

The self-and mutual inductances in (13.3b) and (13.4b) are defined in terms of the vector potential as follows:

$$L_1^e = \frac{1}{I_1} \oint_1 \boldsymbol{A}_{11} \cdot d\boldsymbol{s}_1, \qquad L_{12} = \frac{1}{I_2} \oint_1 \boldsymbol{A}_{12} \cdot d\boldsymbol{s}_1. \tag{13.5}$$

With Stokes' theorem and the relation $\boldsymbol{B} = \mathrm{curl}\, \boldsymbol{A}$ it follows that,

$$L_1^e = \frac{1}{I_1} \int_{S_1(\mathrm{cap})} (\hat{\boldsymbol{n}} \cdot \boldsymbol{B}_{11}) \, dS_1, \qquad L_{12}^e = \frac{1}{I_2} \int_{S_1(\mathrm{cap})} (\hat{\boldsymbol{n}} \cdot \boldsymbol{B}_{12}) \, dS_2, \tag{13.6}$$

where $S_1(\mathrm{cap})$ is a cap surface bounded by the closed contour s_1, $\hat{\boldsymbol{n}}$ is a unit normal to S_1 in a direction to satisfy the right-hand-screw convention referred to the direction of the contour integration in (13.5). Thus, it is possible to evaluate the inductance of a circuit either by integrating the tangential component of the vector potential around its contour or by integrating the normal component of the magnetic B-vector over the area enclosed by the contour. This latter integral is known as the magnetic flux linking with the circuit that bounds the area.

The application of formulas (13.1) to (13.4) to determine the self-impedance of a *rectangle* of length s and width b constructed of wire of radius a and driven at an arbitrary point as shown in Fig. 7 is straightforward. Subject to the conditions $k^2 s^2 \ll 1$, $k^2 b^2 \ll 1$, the results are

$$R_1^i = 2(b+s)\, r_1^i, \qquad X^i = 2(b+s)\, x_1^i, \tag{13.7}$$

$$R_1^e = \frac{\zeta_0}{6\pi} k^4 b^2 s^2, \tag{13.8}$$

$$L_1^e = \frac{\mu_0}{\pi}\left[b \ln \frac{2bs}{a(b+D)} + s \ln \frac{2bs}{a(s+D)} + 2(a+D-b-s)\right], \tag{13.9}$$

where $D = \sqrt{s^2 + b^2}$. For a *square* of side s the corresponding formulas are obtained by setting $b = s$. If the rectangle is very long compared with its width, $s^2 \gg b^2$, it is often convenient to separate the contribution to the total external self inductance by the two long sides from that by the two short sides. These are in any case independent in the sense that since they are mutually perpendicular, the currents in the one pair of parallel sides contribute nothing to the axially directed component of the vector potential tangent to the surfaces of the other pair of parallel sides. The total external self-inductance of the long pair of sides is

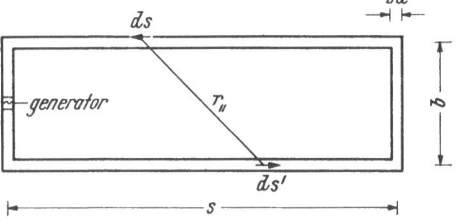

Fig. 7. Rectangular circuit.

$$L_s^e = \frac{\mu_0}{\pi}\left[s \ln \frac{b}{a} + a - b\right]. \tag{13.10}$$

Since the two short sides are so far apart that the contribution to the axially directed component of the vector potential on the surface of one by the current in the other is negligible, the self-inductance of each depends only on the dimensions of the conductor itself. It is

$$L^e = \frac{\mu_0 b}{2\pi}\left[\ln \frac{2b}{a} + \frac{a}{b} - 1\right], \tag{13.11}$$

where b is the length, a the radius of the wire.

The formulas (13.2) to (13.4) may be applied to determine the self-impedance of a *circular ring* with radius c formed of wire with radius a. The results are

$$R_1^i = 2\pi c\, r_1^i, \qquad X^i = 2\pi c\, x_1^i, \tag{13.12}$$

$$R_1^e = \frac{\zeta_0}{6\pi} k^4 \pi^2 c^4, \tag{13.13}$$

$$L_1^e = \mu_0 \sqrt{c(c+a)}\left[\left(\frac{2}{k} - k\right)K\left(\frac{\pi}{2}, k\right) - \frac{2}{k}\, E\left(\frac{\pi}{2}, k\right)\right], \tag{13.14}$$

where

$$k = \sqrt{1 - k'^2}, \qquad k' = \left(\frac{a}{2c+a}\right), \tag{13.15}$$

and where $K\left(\frac{\pi}{2}, k\right)$ and $E\left(\frac{\pi}{2}, k\right)$ are the complete elliptic integrals of first and second kinds. When c/a is sufficiently great, k' is small and the elliptic integrals may be expanded in powers of k'. The leading terms give,

$$L_1^e = \mu_0 c\left[\ln \frac{8c}{a} - 2\right] = \frac{\mu_0 s_t}{2\pi}\left[\ln \frac{s_t}{a} - 1.76\right], \tag{13.16}$$

where $s_t = 2\pi c$ is the total length of the wire. It is significant that the corresponding formula for the square [with $s_t = 4s$ as obtained from (13.9) with $b = s$]

differs from (13.16) only in having the numerical term 2.16 in place of 1.76. For large values of s_t/a this difference is very small. Hence L_1^e depends only slightly on the shape of a loop of wire if the total length s_t is the same.

The mutual impedance between two identical circular rings of radius c, wire radius a, and separated an axial distance h is $Z_{12} = R_{12} + j \omega L_{12}$ where $R_{12} = R_1^e$ as given in (13.13), and where

$$L_{12} = \mu_0 c \left[\left(\frac{2}{k} - k \right) K \left(\frac{\pi}{2}, k \right) - \frac{2}{k} E \left(\frac{\pi}{2}, k \right) \right], \tag{13.17}$$

with

$$k = \frac{2c}{\sqrt{h^2 + 4c^2}}. \tag{13.18}$$

The self-impedance of a circuit that includes a loosely wound helical coil as shown in Fig. 8 may be determined approximately if it is assumed that the

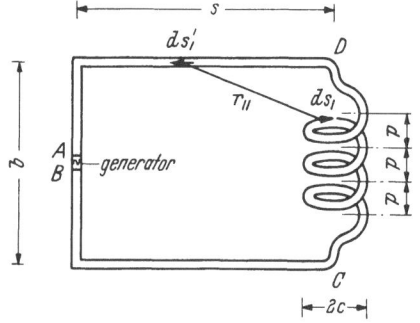

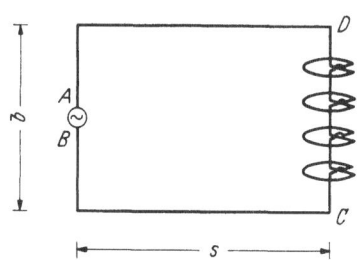

Fig. 8. Circuit with loosely wound helical coil.   Fig. 9. Circuit approximately equivalent to that in Fig. 8 with finite radius of wire not shown.

wire forming the coil is sufficiently short compared with the wavelength to make the assumed uniform current ($f_1(s_1) \approx 1$) a good approximation. The internal self-impedance Z^i is obtained simply by multiplying the overall lengths of wire by the impedance per unit length, $z^i = r^i + j x^i$. The external impedance Z^e can be formulated in terms of Fig. 8, but its evaluation is greatly facilitated if use is made of the approximately equivalent circuit shown in Fig. 9. It consists of the following three parts that are mutually independent in the double contour integration: the rectangle $ABCD$ with dimensions b and s, the stack of parallel rings, and the radial connecting wires from each ring to the rectangle. Since these latter carry equal and essentially opposite currents very close together, their contributions to the vector potential at points on the rectangle or on the rings are negligible. The self-impedance of the circuit is the sum of the self-impedance Z_r of the rectangle and of the impedance of all the rings including the coupling between them. Thus, for an n-turn coil,

$$Z_1^e = R_1^e + j X_1^e = R_r^e + \sum_{j=1}^n \sum_{i=1}^n R_{ij}^e + j \omega \left(L_r^e + \sum_{j=1}^n \sum_{i=1}^n L_{ij}^e \right) \tag{13.19}$$

where R_r^e and L_r^e are given by (13.8) and (13.9), L_{ii} is given by (13.16), L_{ij}, $i \neq j$, by (13.17) with subscripts ij on k and h and $h_{ij} = p|i-j|$. Since $R_{ij} = R_{ii} = \frac{\zeta_0}{6\pi} k^4 \pi^2 c^4$, it follows that

$$R_1^e = \frac{\zeta_0}{6\pi} k^4 [b^2 s^2 + n^2 \pi^2 c^4]. \tag{13.20}$$

For a small number of widely spaced turns the sums can be evaluated readily.

For many closely wound turns accurate values of z^i are unavailable owing to proximity effects that destroy rotational symmetry. However, L_1^e may be evaluated approximately by replacing the sums by integrals. Thus,

$$L^e = \sum_{j=1}^{n} \sum_{i=1}^{n} L_{ij} \approx \left(\frac{n}{h_c}\right)^2 \int_0^{h_c} \int_0^{h_c} L_{z_1 z_2} \, dz_1 \, dz_2, \qquad (13.21)$$

where $h_c = (n-1)h$ and $L_{z_1 z_2}$ is given by (13.17) with k replaced by

$$k_z = \frac{2c}{\sqrt{(z_2 - z_1)^2 + 4c^2}}. \qquad (13.22)$$

The axial distance between the two elements dz_1 and dz_2 is $z_2 - z_1$. The evaluation of the integrals involved in (13.21) is tedious. The result is [10],

$$L^e = \frac{\mu_0 n^2 c}{2\pi} F \qquad (13.23\,\text{a})$$

where

$$F = \frac{4\pi}{3} \left[\frac{K\left(\frac{\pi}{2}, k\right) + (\tan^2 \alpha - 1) E\left(\frac{\pi}{2}, k\right)}{\sin \alpha} - \tan^2 \alpha \right] \qquad (13.23\,\text{b})$$

is a function that is tabulated. If in the rectangle in Fig. 7, s is very great compared with $b = h_c$, the part of the double integration from D to C is independent of the integration around the rest of the rectangle. The contribution L^e obtained from this part of the circuit is properly a part of the inductance of the coil. Thus, the external inductance of the coil is,

$$L_c^e = L_{CD}^e + L_\Sigma^e, \qquad (13.24)$$

where L_Σ^e is given in (13.23 a) and L_{CD}^e is equal to L^e given in (13.11). Usually L_{CD}^e and L^i for the coil are negligible compared with L_Σ^e.

In some instances the length s_c of the wire wound on a single-layer coil is so much greater than the length h_c of the coil itself, that the condition $(k h_c)^2 \ll 1$ is well satisfied whereas $(k s_c)^2 \ll 1$ is not satisfied. In general, this means that the current along the turns of the coil is not constant so that the approximation $f_1(s_1) \approx 1$ is not justified in the coil, even though it may be well satisfied in the rest of the circuit. For a coil with a sufficiently loose winding and a symmetrical orientation with respect to the rest of the circuit including the generator, the distribution of current is approximated by the distribution for a single turn coil of great length as determined from (17.11) with $\gamma = jk$, $\vartheta_{sa} = j\frac{\pi}{2}$, $w = \frac{1}{2} s_c - s$. This distribution is

$$I_s = I \frac{\cos k\left(\frac{1}{2} s_c - s\right)}{\cos \frac{1}{2} k s_c} = I\left(\cos k s + \sin k s \tan \frac{1}{2} k s_c\right), \qquad (13.25)$$

provided $(k s_c)^2 \ll \pi^2$. If $k s_c$ is small, the trigonometric functions in (13.25) may be expanded in series and the leading terms retained. In this case the approximate current distribution functions are, $f_1(s_1') \approx 1 + \frac{1}{2} k^2 s(s_c - s)$ in the coil, $f_1(s_1) \approx 1$ in the rest of the circuit. The external reactance of the coil is obtained from the imaginary part of (12.8a) with $e^{-jkr_{11}} \approx 1$. The specific form is

$$X_L^e \approx \frac{\omega \mu_0}{4\pi} \int_0^{s_c} \left(\int_0^{s_c} \frac{f_1(s_1')}{r_{11}} \, d\mathbf{s}_1' \right) \cdot d\mathbf{s}_1. \qquad (13.26)$$

If $f_1(s_1') \approx 1 + \frac{1}{2} k^2 s'(s_c - s')$ is substituted in the integral, the result may be expressed as follows:

$$X_L^e = \omega L^e (1 + \omega^2 L^e C_L), \tag{13.27}$$

where

$$C_L = \frac{\varepsilon_0 \mu_0^2}{8\pi L^{e\,2}} \int_0^{s_c} \int_0^{s_c} \frac{s'(s_c - s')}{r_{11}} (d\mathbf{s}_1 \cdot d\mathbf{s}_1'), \tag{13.28}$$

and

$$L^e = \frac{\mu_0}{4\pi} \int_0^{s_c} \int_0^{s_c} \frac{d\mathbf{s}_1 \cdot d\mathbf{s}_1'}{r_{11}}. \tag{13.29}$$

The quantity C_L is a capacitance, and X_L^e in (13.27) is a reactance equivalent to that of a parallel combination of the inductance L^e with a capacitance C_L in the special case defined by the inequality, $(\omega^2 L^e C_L^e) \ll 1$. In this case, (13.27) is approximately equal to,

$$X_L^e \approx \frac{\omega L^e}{1 - \omega^2 L^e C_L}. \tag{13.30}$$

It appears, therefore, that a coil with a distribution of current that is not quite uniform, but that is symmetrical with respect to the center of the coil where the amplitude is maximum, may be treated as though the current were uniform and equal to the current entering the coil, provided an appropriate capacitance is assumed to be connected in parallel with the series combination of the inductance and internal impedance of the coil. Since the current is non-uniform it follows from the equation of continuity in the form $(dI_s/ds) + j\omega q = 0$, that there must be a nonvanishing distribution of charges along the conductors of the coil. For the current distributed according to $f_1(s_1) \approx 1 + \frac{1}{2} k^2 s(s_c - s)$ the distribution of charge is proportional to $k(\frac{1}{2} s_c - s)$. Thus, from $s = 0$ to $s = \frac{1}{2} s_c$ the wire of the coil is positively charged with a density that decreases linearly from a maximum at $s = 0$ to zero at $s = \frac{1}{2} s_c$. From $s = \frac{1}{2} s_c$ to $s = s_c$ the coil is negatively charged with a density that increases linearly in magnitude to a maximum at $s = s_c$. These charges are commonly said to reside in the "distributed capacitance" of the coil and this is represented approximately by a single capacitor in parallel with the coil. The charges on the two sides of this fictitious capacitor are those actually distributed on the wire forming the halves of the coil.

14. Lumped constants, distributed capacitance, the hybrid junction. The impedance of a circuit consisting of coils, condensers, resistors, and connecting wires involves a double integration around the contour of the circuit. In conventional circuits characterized by a current distribution function $f(s) \approx 1$ the principal contributions to the contour integrals come from the double integral along each circuit element. Except in special cases the contributions from an integration once along the axis of the conductor associated with one element and once along the surface of the conductor associated with another element are negligible. Whenever this is true, each coil, condenser, or resistor approximates an independent element with impedance properties that depend only on its geometry and physical structure. In most cases the contribution to the impedance by the connecting wires and, hence, by the finite physical size of the elements is negligibly small. It follows that each element may be treated as if *lumped*, that is, as if physically extensionless but endowed with the properties of resistance and reactance. The impedance of the circuit thus consists of the independent contributions by the individual elements. Note, however, that radiation from the circuit is ignored if no account is taken of the finite physical extension of the circuit including especially the connecting wires. The impedance of a circuit consisting of a series combination of a coil, a condenser, and a resistor reduces to $Z_{11} = R_1 + j\omega L_1 + \dfrac{1}{j\omega C_1}$, where R_1 is the internal or ohmic series resistance of coil, condenser, and resistor; $j\omega L_1$ is the external reactance of the coil; $1/j\omega C_1$ is the internal impedance of the condenser. The internal inductances of both coil and condenser are negligible in most cases.

Mutual impedances in lumped-constant circuits are usually limited to mutual inductances resulting from two adjacent coils so oriented that the currents in one coil contribute significantly to the component of vector potential along the wires of the other coil.

In most conventional lumped-constant circuits the condensers are not circular pairs of parallel plates and the coils and resistors are not geometrically as simple as assumed in the analysis. It follows that an accurate computation of their properties is not, in general, possible. However, their lumped resistances, self-inductances, mutual inductances and capacitances may be determined by measurement.

If the circuit of Fig. 6 is assumed to consist of lumped elements with inductive, coupling and negligible external or radiation resistances, the general circuit Eqs. (12.6a) and (12.6b) reduce to the following conventional form:

$$V_1^e = \left[R_1 + j\left(\omega L_1 - \frac{1}{\omega C_1}\right)\right] I_1 + j\omega L_{12} I_2 = Z_{11} I_1 + Z_{12} I_2, \qquad (14.1\,\text{a})$$

$$0 = j\omega L_{21} I_1 + \left[R_2 + j\left(\omega L_2 - \frac{1}{\omega C_2}\right)\right] I_2 = Z_{21} I_1 + Z_{22} I_2, \qquad (14.1\,\text{b})$$

where $R_1 = R_1^i + R_1^e \approx R_1^i$ is the total internal resistance of the primary as given by (13.2), $L_1 = L_1^e + X_1^i/\omega \approx L_1^e$ is the total inductance in the primary as defined by (13.3b), C_1 is the series capacitance in the primary as given by (10.17) for a simple circular condenser, and L_{12} is the mutual inductance between primary and secondary as given by (13.4b). Corresponding statements apply to the secondary. Eqs. (14.1a, b) are typical of lumped-constant electric circuits in the complex form characteristic of the steady-state time dependence $v_1^e = V_1^e\, e^{j\omega t}$. Solutions for the complex amplitudes of the currents are readily obtained. They are

$$I_1 = \frac{V_1^e}{Z_{\text{in}}}, \qquad Z_{\text{in}} = Z_{11} - \frac{Z_{12} Z_{21}}{Z_{22}} = |Z_{\text{in}}|\, e^{j\,\Theta_{\text{in}}}, \qquad (14.2\,\text{a})$$

$$I_2 = \frac{V_1^e}{Z_T}, \qquad Z_T = Z_{12} - \frac{Z_{11} Z_{22}}{Z_{21}} = |Z_T|\, e^{j\,\Theta_T}, \qquad (14.2\,\text{b})$$

where Z_{in} is the input or driving-point impedance and Z_T is the transfer impedance. By multiplying both sides of the equations for current by $e^{j\omega t}$ and taking the real parts, the real instantaneous currents are obtained as responses of the network to a steady-state voltage $v_1^e = V_1^e \cos \omega t$. These currents are,

$$i_1 = \left|\frac{V_1^e}{Z_{\text{in}}}\right| \cos(\omega t - \vartheta_{\text{in}}), \qquad i_2 = \left|\frac{V_1^e}{Z_T}\right| \cos(\omega t - \vartheta_T). \qquad (14.3)$$

If the applied voltage is not simply periodic, more general equations than (12.6a, b) must be derived that involve the time explicitly. It is readily verified that these equations have the form,

$$v_1^e = R_1 i_1 + L_1 \frac{di_1}{dt} + \frac{1}{C_1} \int i_1 dt + L_{12} \frac{di_2}{dt}, \qquad (14.4\,\text{a})$$

$$0 = L_{21} \frac{di_1}{dt} + R_2 i_2 + L_2 \frac{di_2}{dt} + \frac{1}{C_2} \int i_2 dt. \qquad (14.4\,\text{b})$$

Differential equations of this type may be solved in several ways for an impressed voltage v_1^e which is an arbitrary function of the time including, for example, a step function, an impulse function, or a periodic function. A powerful and common method makes use of the Laplace transformation. The application of this and other techniques to various networks consisting of combinations of lumped resistances, inductances, capacitances, and transformers in order to determine their properties in the time and frequency domains is a major problem of electric network analysis. It and the inverse problem of network synthesis are beyond the scope of this article, which is concerned primarily with the fundamental electromagnetic aspects of electric circuits. Introductory discussions of this subject are given in Ref. [2], [7], [16].

Whereas space limitations do not permit a detailed consideration of the more technical aspects of lumped-constant electric networks, it is convenient as an

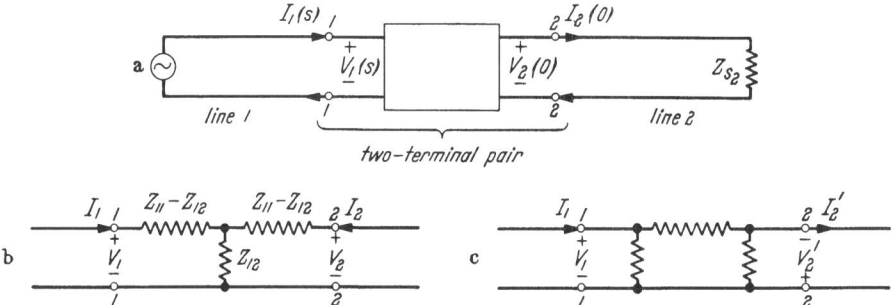

Fig. 10a—c. (a) Two-terminal-pair network joining two transmission lines. (b) T-network. (c) Π-network.

illustration to summarize briefly the steady-state properties of two relatively simple circuits that are important in the analysis of problems in transmission-line and wave-guide theory. These are the *two-terminal pair* and the *hybrid junction*.

The *two-terminal-pair network* is represented schematically in Fig. 10. Its electrical properties may be described in terms of three independent parameters if nonreciprocal elements such as gyrators are excluded. These are introduced conveniently in terms of the input and output currents and voltages associated with the two pairs of terminals as in Fig. 10a. Alternative representations involve an equivalent T-section as in Fig. 10b or an equivalent Π-section as in Fig. 10c. In each case the conventions for the signs and directions of the voltages and currents are different. The choice in Fig. 10a is appropriate for a two-terminal-pair network as a discontinuity in a continuing transmission line, and the notation is chosen to agree with that introduced in a later section. The impedance convention in Fig. 10b and the admittance convention in Fig. 10c are customary. Note that in the three figures the indicated conventions lead to the following relations: $I_2(0) = -I_2 = I_2'$, $V_2(0) = V_2 = -V_2'$. For the impedance convention of Fig. 10b the circuit equations in matrix form are

$$\begin{bmatrix} V_1 \\ I_1 \end{bmatrix} = \begin{bmatrix} A & B \\ C & D \end{bmatrix} \begin{bmatrix} V_2 \\ -I_2 \end{bmatrix}, \tag{14.5}$$

$$\begin{bmatrix} V_2 \\ I_2 \end{bmatrix} = \begin{bmatrix} D & B \\ C & A \end{bmatrix} \begin{bmatrix} V_1 \\ -I_1 \end{bmatrix}, \tag{14.6}$$

where the $ABCD$ coefficients are characteristic of the particular network represented. For a reciprocal network the reciprocity theorem requires that the determinants of the coefficients satisfy the following equations:

$$\begin{vmatrix} A & B \\ C & D \end{vmatrix} = \begin{vmatrix} D & B \\ C & A \end{vmatrix} = 1. \tag{14.7}$$

In this case only three of the four coefficients are independent. Important special cases are the symmetrical network with $D = A$, and the ideal transformer of N turns for which $A = 1/N$, $B = C = 0$, $D = N$.

If the two-terminal-pair network is represented by the equivalent T-network in Fig. 10b the following voltage and current equations in terms of impedance coefficients are useful:

$$\begin{bmatrix} V_1 \\ V_2 \end{bmatrix} = \begin{bmatrix} Z_{11} & Z_{12} \\ Z_{21} & Z_{22} \end{bmatrix} \begin{bmatrix} I_1 \\ I_2 \end{bmatrix}, \tag{14.8}$$

where the elements of the impedance matrix are the self-impedances Z_{11} and Z_{22}, and the mutual impedances Z_{12} and Z_{21}. These last are equal if (14.7) is satisfied and reciprocity obtains.

The corresponding representation of the Π-network in Fig. 10c is,

$$\begin{bmatrix} I_1 \\ I'_2 \end{bmatrix} = \begin{bmatrix} Y_{11} & Y_{12} \\ Y_{21} & Y_{22} \end{bmatrix} \begin{bmatrix} V_1 \\ V'_2 \end{bmatrix}. \tag{14.9}$$

If the sign convention of Fig. 10b is used for the Π-network, I'_2 must be replaced by $-I_2$, V'_2 by $-V_2$. This is equivalent to removing the primes in (14.9) and inserting minus signs in front of Y_{12} and Y_{21}.

For a reciprocal network the $ABCD$ coefficients and the elements of the impedance and admittance matrices are related as follows:

$$\frac{Z_{11}}{Z_{12}} = A = \frac{Y_{22}}{Y_{12}}, \qquad \frac{Z_{11}Z_{22} - Z_{12}^2}{Z_{12}} = -B = \frac{1}{Y_{12}}, \tag{14.10}$$

$$\frac{1}{Z_{12}} = C = \frac{Y_{11}Y_{22} - Y_{12}^2}{Y_{12}}, \qquad \frac{Z_{22}}{Z_{12}} = -D = \frac{Y_{11}}{Y_{12}}.$$

The impedance and admittance of the network across terminals 11 when an arbitrary load $Z_L = 1/Y_L$ is connected across terminals 22 so that $V_2 = I_2 Z_L$, may be expressed as follows:

$$Z_{1\,\text{in}} = \frac{AZ_L - B}{CZ_L - D} = Z_{11} - \frac{Z_{12}Z_{21}}{Z_{22} + Z_L}, \tag{14.11a}$$

$$Y_{1\,\text{in}} = \frac{CZ_L - D}{AZ_L - B} = Y_{11} - \frac{Y_{12}Y_{21}}{Y_{22} + Y_L}. \tag{14.11b}$$

Corresponding expressions for $Z_{2\,\text{in}}$ and $Y_{2\,\text{in}}$ when $Z_L = 1/Y_L$ is connected across terminals 11 are obtained from (14.11a, b) by replacing subscripts 1 by 2 and 2 by 1. By selecting convenient values for $Z_L = 1/Y_L$ (usually a short-circuiting termination with $Z_L = 1/Y_L = 0$ and an open-circuiting termination with $Y_L = 1/Z_L = 0$) two values of $Z_{1\,\text{in}} = 1/Y_{1\,\text{in}}$ and two values of $Z_{2\,\text{in}} = 1/Y_{2\,\text{in}}$ are obtained from which the four $ABCD$ coefficients, the four self-and mutual impedances, and the four self- and mutual admittances may be determined. If the network is reciprocal only three in each group of four coefficients are independent; it is then sufficient to measure only three values—two of $Z_{1\,\text{in}}$ and one of $Z_{2\,\text{in}}$ or vice versa.

If the network is purely reactive it follows from (14.10) that A and D must be real, B and C imaginary.

If the network is *reciprocal* $(A D - B C_1, Z_{21} = Z_{12}, Y_{21} = Y_{12})$ and, in addition, *symmetrical* $(A = D, Z_{22} = Z_{11}, Y_{22} = Y_{11})$, an alternative representation in terms of two types of symmetry with respect to the plane through the center of the network is convenient. For the symmetrical T-section the following notation is introduced:

$$Z_{11} = \tfrac{1}{2} [Z_{in}^{(a)} + Z_{in}^{(s)}], \qquad Z_{12} = \tfrac{1}{2} [Z_{in}^{(a)} - Z_{in}^{(s)}], \tag{14.12}$$

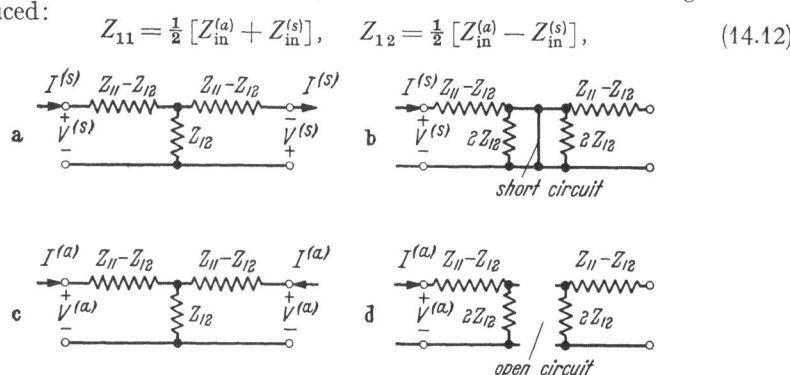

Fig. 11 a—d. (a) Circuit for determining $Z^{(s)} = V^{(s)}/I^{(s)}$. (b) Equivalent circuit for determining $Z^{(s)}$. (c) Circuit for determining $Z^{(a)} = V^{(a)}/I^{(a)}$. (d) Equivalent circuit for determining $Z^{(a)}$.

where $Z_{in}^{(s)}$ is the input impedance across either pair of terminals when equal voltages are applied simultaneously across both pairs of terminals as in Fig. 11 a, or when the network is short-circuited across its center as in Fig. 11 b. Similarly $Z_{in}^{(a)}$ is the input impedance across either pair of terminals when equal voltages are applied simultaneously across both pairs of terminals as in Fig. 11 c, or when the network is opencircuited at its center as in Fig. 11 d.

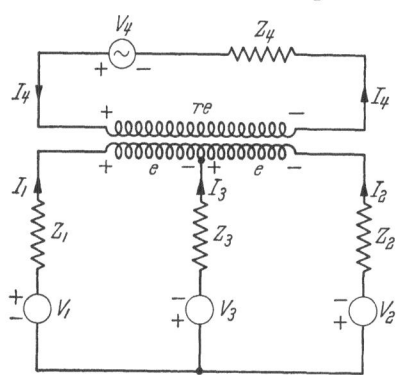

Fig. 12. Circuit for hybrid junction.

The corresponding formulas for a symmetrical Π-network are,

$$\left. \begin{array}{l} Y_{11} = \tfrac{1}{2} [Y_{in}^{(a)} + Y_{in}^{(s)}], \\ Y_{12} = \tfrac{1}{2} [Y_{in}^{(a)} - Y_{in}^{(s)}], \end{array} \right\} \tag{14.13}$$

where

$$Y_{in}^{(s)} = 1/Z_{in}^{(s)},$$
$$Y_{in}^{(a)} = 1/Z_{in}^{(a)}.$$

The *hybrid junction* is a circuit element that has only very limited importance in lumped-constant networks but is of great interest as the analogue of the *magic* T, widely used in microwave circuits. It is for this reason that it is described here.

The circuit of the hybrid junction is shown in Fig. 12; a principal characteristic may be deduced by inspection. Clearly, the current maintained by V_3 in Z_3 divides equally between Z_1 and Z_2 if $Z_1 = Z_2$ and induces no voltage in branch 4. Hence, it maintains no current in Z_4. Similarly a current maintained by V_4 in Z_4 and in the transformer coil induces equal currents in Z_1 and Z_2 if $Z_1 = Z_2$; in this case there is no current in Z_3. Evidently there is no coupling between the arms containing Z_3 and Z_4. This is readily verified analytically.

If the ratio of turns in the transformer in Fig. 12 is $n_4 = r n_1 = r n_2$, the currents in and voltages across the windings are:

$$I_1 + I_2 + r I_4 = 0, \qquad e_1 = e_2 = \frac{e_4}{r} = e. \tag{14.14}$$

With these relations and $I_3 = I_1 - I_2$, the three mesh equations are easily written down and solved for the four currents. The results may be expressed in matrix form as follows:

$$
\begin{bmatrix} I_1 \\ I_2 \\ I_3 \\ I_4 \end{bmatrix} = \begin{bmatrix} Y_{11} & Y_{12} & Y_{13} & Y_{14} \\ Y_{21} & Y_{22} & Y_{23} & Y_{24} \\ Y_{31} & Y_{32} & Y_{33} & Y_{34} \\ Y_{41} & Y_{42} & Y_{43} & Y_{44} \end{bmatrix} \begin{bmatrix} V_1 \\ V_2 \\ V_3 \\ V_4 \end{bmatrix}
\tag{14.15}
$$

where

$$
Y_{11} = \frac{Z_2 + Z_3 + Z_4/r^2}{D}, \qquad Y_{12} = Y_{21} = \frac{Z_3 - Z_4/r_2}{D},
\tag{14.16}
$$

$$
Y_{13} = Y_{31} = \frac{Z_2 + 2Z_4/r^2}{D}, \qquad Y_{14} = Y_{41} = -\frac{Z_2 + 2Z_3}{rD},
\tag{14.17}
$$

$$
Y_{22} = \frac{Z_1 + Z_3 + Z_4/r^2}{D}, \qquad Y_{23} = Y_{32} = -\frac{Z_1 + 2Z_4/r^2}{D},
\tag{14.18}
$$

$$
Y_{24} = Y_{42} = -\frac{Z_1 + 2Z_3}{rD}, \qquad Y_{33} = \frac{Z_1 + Z_2 + 4Z_4/r^2}{D},
\tag{14.19}
$$

$$
Y_{34} = Y_{43} = \frac{Z_1 - Z_2}{rD}, \qquad Y_{44} = \frac{Z_1 + Z_2 + 4Z_3}{r^2 D},
\tag{14.20}
$$

$$
D = Z_1 Z_2 + Z_2 Z_3 + Z_3 Z_1 + \frac{Z_4}{r^2}(Z_1 + Z_2 + 4Z_3).
\tag{14.21}
$$

An important application of the junction is as an impedance bridge. If $V_1 = V_2 = V_3 = 0$, $V_4 \neq 0$, the following currents are obtained:

$$
I_1 = Y_{14} V_4, \quad I_2 = Y_{24} V_4, \quad I_3 = Y_{34} V_4, \quad I_4 = Y_{44} V_4.
\tag{14.22}
$$

With (14.20) it is clear that $I_3 = 0$ when $Z_1 = Z_2$. Hence, Z_2 may be determined by using a variable standard for Z_1 and adjusting it until $I_3 = 0$. Other applications based on (14.15) are described in the literature, [6], [8].

15. Conventional circuits and energy functions. Instead of basing the formulation of electric circuit analysis on the integral of the tangential component of the electric field around the configuration of conductors and condensers forming a particular circuit, one of the power equations in Sect. 5 may serve as the starting point. For example, (7.5) may be applied to the circuit in Fig. 6 by choosing the volume as the region containing the entire circuit. Note that the volume density of charge is everywhere zero; for simplicity let the plates of the condensers be assumed to be perfectly conducting so that a surface density of current $\boldsymbol{K}$ is defined on them. The appropriate complex power equation may be expressed as follows:

$$
\left.
\begin{aligned}
\frac{1}{2}\int_{\tau_1} \boldsymbol{J}_1^* \cdot \boldsymbol{E}_1^e \, d\tau = \frac{1}{2}\int_{\tau_1} \frac{\boldsymbol{J}_1^* \cdot \boldsymbol{J}_1}{\sigma}\, d\tau + \frac{j\omega}{2}\int_{\tau_1} \boldsymbol{J}_1^* \cdot \boldsymbol{A}_1 \, d\tau + \\
+ \frac{j\omega}{2}\int_{\Sigma_1} \boldsymbol{K}_1^* \cdot \boldsymbol{A}_1 \, d\Sigma - \frac{j\omega}{2}\int_{\Sigma_1} \eta_1^* \, \varphi_1 \, d\Sigma,
\end{aligned}
\right\}
\tag{15.1a}
$$

$$
\left.
\begin{aligned}
0 = \frac{1}{2}\int_{\tau_2} \frac{\boldsymbol{J}_2^* \cdot \boldsymbol{J}_2}{\sigma}\, d\tau + \frac{j\omega}{2}\int_{\tau_2} \boldsymbol{J}_2^* \cdot \boldsymbol{A}_2 \, d\tau + \\
+ \frac{j\omega}{2}\int_{\Sigma_2} \boldsymbol{K}_2^* \cdot \boldsymbol{A}_2 \, d\Sigma - \frac{j\omega}{2}\int_{\Sigma_2} \eta_2^* \, \varphi_2 \, d\Sigma.
\end{aligned}
\right\}
\tag{15.1b}
$$

These equations are not convenient for determining the transverse distribution of current and charge. However, if use is made of the independent solutions for the internal problems as derived in Sects. 9 and 10, the volume and surface integrals may be reduced to line integrals involving the total current. The steps may be outlined as follows.

If the externally maintained field $\boldsymbol{E}^e$ is assumed to be localized in a small region in which it is independent of the transverse distribution of current, the integral on the left in (15.1 a) is readily reduced to $\frac{1}{2}\int_{\tau_1}\boldsymbol{J}_1^* \cdot \boldsymbol{E}_1^e d\tau \approx \frac{1}{2} I_1^* V_1^e$ where $I_1^* = \int_{S_1} \hat{\boldsymbol{n}} \cdot \boldsymbol{J}^* dS$, $V_1^e = \int_{s_1} \boldsymbol{E}_1^e \cdot d\boldsymbol{s}$. The substitution in the first integral on the right in (15.1 a) of the transverse distribution of current given in Sect. 9 leads to:

$$\frac{1}{2}\int_{\tau_1} \frac{\boldsymbol{J}_1^* \cdot \boldsymbol{J}_1}{\sigma} d\tau = \frac{1}{2}\oint_{s_1} I_1 I_1^* \, r^i \, ds$$ where r^i is the internal resistance per unit length as defined in Sect. 9.

The evaluation of the second integral on the right in (15.1 a) may be carried out in three parts by setting $\boldsymbol{A}_1 = \boldsymbol{A}_{11}^i + \boldsymbol{A}_{11}^e + \boldsymbol{A}_{12}$. The first of the three integrals obtained in this manner is the complex power associated with the interaction of filaments of current in each cross-section of the conductors. If use is made of the distributions of current density and vector potential as given in Sect. 9, the following result is obtained directly: $\frac{1}{2}\int_{\tau_1} \boldsymbol{J}_1^* \cdot \boldsymbol{A}_{11}^i d\tau = \frac{1}{2}\oint_{s_1} I^* I_1 \frac{x^i}{\omega} \, ds$, where x^i is given in Sect. 9. The remaining two parts of the second integral on the right in (15.1 a) are the complex power associated with the interaction of the total currents in different parts of the primary and the interaction of the current in the primary with that in the secondary. The integrals are

$$\tfrac{1}{2}\int_{\tau_1} \boldsymbol{J}_1^* \cdot \boldsymbol{A}_{11}^e d\tau + \tfrac{1}{2}\int_{\tau_1} \boldsymbol{J}_1^* \cdot \boldsymbol{A}_{12} d\tau \approx \tfrac{1}{2}\oint_{s_1} I_1^* \cdot \boldsymbol{A}_{11}^e ds_1 + \tfrac{1}{2}\oint_{s_1} I_1^* \cdot \boldsymbol{A}_{12} ds_1.$$

The two surface integrals in (15.1 a) are confined to the inner surfaces of the condenser plates since it is assumed, as discussed in an earlier section, that currents on the outer surface of the condenser contribute negligibly to the impedance of the circuit. If required their contributions may be added.

On the inner surfaces of the perfectly conducting condenser plates the radial surface density of current K_ϱ and the surface density of charge η satisfy the boundary conditions $\hat{\boldsymbol{n}} \times \boldsymbol{B} = -\boldsymbol{K}\mu$, $\hat{\boldsymbol{n}} \cdot \boldsymbol{E} = -\eta/\varepsilon$. For simplicity the dielectric is assumed to be perfect. In it a radial vector potential A_ϱ and the scalar potential φ satisfy the relations, $\partial A_\varrho/\partial z = B_\vartheta$, $\partial \varphi/\partial z = -E_z$. The z-axis passes through the center of the condenser and has its origin in the middle of the dielectric. It follows with these relations and Sect. 10 that $\frac{j\omega}{2}\int_{\Sigma_1} (\boldsymbol{K}_1^* \cdot \boldsymbol{A} - \eta_1^* \varphi) d\Sigma = \frac{1}{2} I_1^* I_1 Z^i$,

where $Z^i = w z^i$ is precisely the internal impedance of the condenser given in Sect. 9. The total current is that at the edge of the perfectly conducting disk. It is defined by $I = 2\pi b K_\varrho(b)$.

If the several integrals are substituted in (15.1 a) and analogous ones in (15.1 b), these equations become:

$$\frac{1}{2} I_1^* V^e = \frac{1}{2}\oint_{s_1} I_1^* I_1 z_1^i ds + j \frac{\omega}{2}\oint_{s_1} \boldsymbol{I}_1^* \cdot \boldsymbol{A}_{11}^e ds + j \frac{\omega}{2}\oint_{s_1} \boldsymbol{I}_1^* \cdot \boldsymbol{A}_{12} ds, \quad (15.2\text{a})$$

$$0 = \frac{1}{2}\oint_{s_2} I_2^* I_2 z_2^i ds + \frac{j\omega}{2}\oint_{s_2} \boldsymbol{I}_2^* \cdot \boldsymbol{A}_{22}^e ds + \frac{j\omega}{2}\oint_{s_2} \boldsymbol{I}_2^* \cdot \boldsymbol{A}_{21} ds. \quad (15.2\text{b})$$

The internal impedance z^i has the value appropriate for the location of the element ds either on the surface of a cylindrical conductor or along the edge of a circular condenser. It is seen that (15.2a) differs from (12.1a) only in having both sides of (4.10) multiplied by I_1^* before integrating around the circuit. The corresponding difference exists between (15.2b) and (12.1b). For conventional circuits in which the current amplitude is uniform around each circuit, I^* may be factored out in (14.2a, b) to reduce them precisely to (12.1a, b). For more general circuits equations involving the square instead of the first power of the current under the signs of integration are obtained.

C. Transmission-line theory.

In preceding sections integral conditions are obtained that must be satisfied by the distributions of current in coupled electric circuits consisting of arbitrary configurations of wires of small cross section. These conditions are adequate to define unique currents only when the distribution functions are known as under the highly restrictive conditions which characterize conventional electric networks, namely, dimensions that are electrically small and current distributions that are approximately uniform. Even under these simplifying conditions an accurate determination of the currents in the several branches of a circuit is seldom possible if resistances, inductances, and capacitances are to be calculated from theoretical formulas using the geometrical and physical properties of each network. Usually these circuit constants must be determined by measurement.

An important exception is the conventional transmission line. This usually consists of two parallel or coaxial conductors that obey the requirement of small electrical separation characteristic of all conventional electric circuits but that differ from them in being unrestricted in length. Under these conditions it can not be assumed that the distributions of current along the conductors are uniform in amplitude as in conventional circuits. Nevertheless, the electrical characteristics of typical transmission lines can be predicted with surprising accuracy from theoretical formulas. However, these are not readily determined from the general integral conditions for electric circuits. It is convenient to derive a pair of partial differential equations involving current and potential difference and then to solve these.

A conceptually important aspect of the analytical problem of the transmission line is the bridge it provides between the methods and variables of electric circuit analysis and those of electromagnetic field theory. The preferred variables of electric circuit theory are potential difference and current; those of field theory are the electric and magnetic vectors. In the variables of circuit theory electric power may be associated with currents in conductors and charges in condensers; in the variables of field theory it may be associated with the electric and magnetic vectors in the space—empty or dielectric-filled—in which the conductors are immersed. A primary function of transmission lines is the transfer of power from a generator to a more or less distant load. And either the interpretation of circuit theory or that of field theory may be used.

If a transmission line is constructed of electrically thin wires like those used for coils and connectors in electric circuits, an analysis in terms of current and potential difference is natural. On the other hand, if it is made of coaxial tubes, it is a special form of wave guide the general analysis of which is based on field theory. Significantly, if the cross-sectional dimensions are kept electrically small to make radiation negligible on the one hand and higher propagating modes impossible on the other, the two approaches lead to the same differential equations for currents and potential differences along infinitely long lines. In this chapter transmission-line theory is derived in terms of scalar and vector potentials, currents and charges in a manner closely related to the analysis of conventional circuits in preceding sections. The approach from field theory is in Sect. 13 in the next article. Other discussions of transmission lines are in Ref. [3], [6], [13], [14].

16. Differential equations for current and voltage for a terminated two-wire line. The two-wire line shown in Fig. 13a extends from an impedance Z_0 at $x=0$ (or $w=s$) containing a generator to a load impedance Z_s at $x=s$ (or $w=0$). It is immersed in a homogeneous dielectric medium with constitutive constants σ, ε, and μ. The complex dielectric constant is $\bar{\varepsilon} = \varepsilon - j\sigma/\omega$; the complex phase constant is $\varkappa = \omega\sqrt{\mu(\varepsilon - j\sigma/\omega)}$. In order to facilitate the analysis let the load

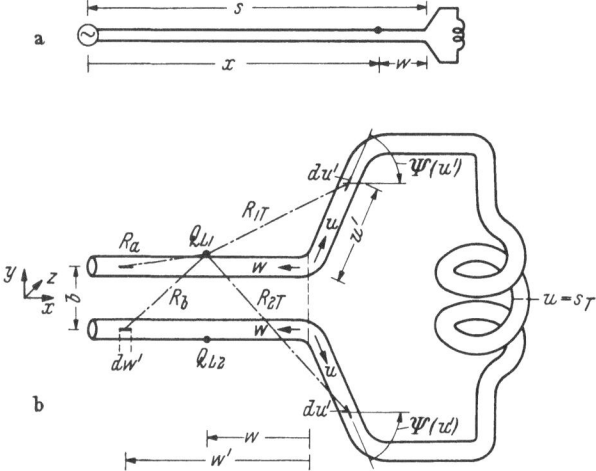

Fig. 13a and b. Transmission line with coil as load (a) entire line, (b) enlarged section including load.

consist of a loosely wound coil as shown. The half-length of the wire in the termination is s_T. Any other termination may be used with appropriate changes in details. The radius of all wires is a, the distance between the axes of the two conductors (1 and 2) of the line is b. It is assumed that the inequalities $a^2 \ll b^2 \ll s^2$ are satisfied and that the load and generator are symmetrical so that the charges per unit length and the currents in the two conductors of the line (subscript L) and the corresponding halves of the termination (subscript T) satisfy the following relations:

$$I_{2xL}(w) = -I_{1xL}(w), \qquad q_{2L}(w) = -q_{1L}(w), \tag{16.1a}$$

$$I_{2uT}(u) = -I_{1uT}(u), \qquad q_{2T}(u) = -q_{1T}(u), \tag{16.1b}$$

where $w = s - x$ and u is measured from $x = s$ ($u = 0$) along the load as shown in Fig. 13b. It follows that the vector and scalar potentials satisfy the relations $A_{2x}(w) = -A_{1x}(w)$, $\varphi_2(w) = -\varphi_1(w)$, so that the potential differences are given by

$$W_x(w) = A_{1x}(w) - A_{2x}(w) = 2A_{1x}(w), \tag{16.2a}$$

$$V(w) = \varphi_1(w) - \varphi_2(w) = 2\varphi_1(w). \tag{16.2b}$$

The potential differences between the points Q_{L1} and Q_{L2} at w' on the surfaces of the two conductors are given by Helmholtz integrals as follows:

$$
\left.
\begin{aligned}
W_x(w) &= W_{xL}(w) + W_{xT}(w) \\
&= \frac{\mu}{2\pi} \int_0^s I_{xL}(w')\, P_L(w,w')\, dw' + \frac{\mu}{2\pi} \int_0^{s_T} I_{uT}(u')\cos\psi(u')\, P_T(w,u')\, du',
\end{aligned}
\right\} \quad (16.3\,\text{a})
$$

$$
\left.
\begin{aligned}
V(w) &= V_L(w) + V_T(w) \\
&= \frac{1}{2\pi\varepsilon} \int_0^s q_L(w')\, P_L(w,w')\, dw' + \frac{1}{2\pi\varepsilon} \int_0^{s_T} q_T(u')\, P_T(w,u')\, du',
\end{aligned}
\right\} \quad (16.3\,\text{b})
$$

where

$$
P_L(w,w') = \frac{e^{-j\varkappa R_a}}{R_a} - \frac{e^{-j\varkappa R_b}}{R_b}, \qquad P_T = \frac{e^{-j\varkappa R_{1T}}}{R_{1T}} - \frac{e^{-j\varkappa R_{2T}}}{R_{2T}}, \qquad (16.4)
$$

and where $R_a = \sqrt{(w-w')^2 + a^2}$, $R_b = \sqrt{(w-w')^2 + b^2}$. The distances R_{1T} and R_{2T} are shown in Fig. 13 b.

By expanding currents and charges at w' in Taylor series about the point w, expressions for $W_x(w)$ and $V(w)$ may be obtained. For present purposes it is sufficient to retain only the leading terms. With the equation of continuity the desired results are:

$$
W_x(w) \approx l^e(w)\, I_{xL}(w), \qquad V(w) \approx \frac{j\omega\, q_L(w)}{y(w)}. \qquad (16.5)
$$

The newly introduced functions are defined as follows:

$$
l^e(w) = l_L^e(w) + l_T^e(w) = \frac{\mu}{2\pi}\left[\int_0^s P_L(w,w')\, dw' + \int_0^{s_T} P_T(w,u')\cos\psi(u')\, du' \right]. \quad (16.6\,\text{a})
$$

$$
\frac{j\omega}{y(w)} = \frac{j\omega}{y_L(w)} + \frac{j\omega}{y_T(w)} = \frac{1}{2\pi\varepsilon}\left[\int_0^s P_L(w,w')\, dw' + \int_0^{s_T} P_T(w,u')\, du' \right]. \quad (16.6\,\text{b})
$$

The angle $\psi(u')$ is shown in Fig. 13 b. The first-order differential equations for $V(w)$ and $I_{xL}(w)$ are obtained from (4.6) and (16.5). When applied to the two-wire line and with the notation of (16.2 a, b), Eq. (4.6) gives:

$$
\frac{\partial V(w)}{\partial w} = z^i I_{xL}(w) + j\omega W_x(w), \qquad (16.7)
$$

where use has been made of the relation $E_{x1} = z_1^i I_{1x}$ as given in Sect. 9 and where $z^i = z_1^i + z_2^i = 2 z_1^i$ is the internal impedance per unit length of both conductors. The substitution of $W_x(w)$ from (16.5) into (16.7) and the elimination of $q_L(w)$ from (16.5) by using the equation of continuity leads to the following pair of first-order differential equations:

$$
I_{xL}(w) = \frac{1}{z(w)} \cdot \frac{\partial V(w)}{\partial w}, \qquad V(w) = \frac{1}{y(w)} \cdot \frac{\partial I_{xL}(w)}{\partial w} \qquad (16.8)
$$

where $z(w) = z^i + j\omega l^e(w)$. These are generalized forms of the well-known first-order equations for current and voltage. Since $z(w)$ and $y(w)$ depend on the particular termination, these equations in general can not be solved for $I_{xL}(w)$ and $V(w)$.

In order to obtain simple forms for the functions $l^e(w)$ and $y(w)$ for large values of w when the integrals that depend on the termination become negligible, it is necessary to impose the condition, $|\varkappa| b \ll 1$ where b is the spacing of the two conductors of the line. Subject to this inequality the function $P_L(w, w')$ as defined in (16.4) may be approximated by $P_L(w, w') \approx R_a^{-1} - R_b^{-1}$. In this case, with $w = s - x$,

$$l_L^e(w) \approx \frac{\mu\, k_0(w)}{2\pi}\,; \qquad \frac{j\,\omega}{y'_L(w)} = \frac{j\,\omega}{g_L(w) + j\,\omega\,c_L(w)} \approx \frac{k_0(w)}{2\pi\,\varepsilon}\,, \qquad (16.9)$$

where

$$k_0(w) = \operatorname{ArSin}\frac{w}{a} - \operatorname{ArSin}\frac{w}{b} + \operatorname{ArSin}\frac{s-w}{a} - \operatorname{ArSin}\frac{s-w}{b}\,, \qquad (16.10)$$

At sufficiently great distances from both ends, $w^2 \gg b^2$, $(s-w)^2 \gg b^2$, it follows that $k_0(w) \approx k_0 = 2 \ln \dfrac{b}{a}$, so that the admittance and impedance per unit length are constants independent of w and are given by,

$$y(w) \approx y = g + j\,\omega\,c\,, \qquad z(w) \approx z = z^i + j\,\omega\,l^e\,, \qquad (16.11)$$

where

$$g = \frac{\pi\,\sigma}{\ln\dfrac{b}{a}}\,, \qquad c = \frac{\pi\,\varepsilon}{\ln\dfrac{b}{a}}\,, \qquad l^e = \frac{\mu}{\pi}\ln\frac{b}{a}\,, \qquad (16.12)$$

and where $z^i = 2z_1^i = r^i + j\,x^i$ is obtained from Sect. 9. In (16.11) and (16.12) g is the leakage conductance per unit length, c the capacitance per unit length, and l^e the external inductance per unit length.

For the part of the line not too near its terminations at both ends (or in the fiction of an infinite line) the Eqs. (16.8) with subscripts omitted from I, reduce to:

$$I(w) = \frac{1}{z}\,\frac{\partial V(w)}{\partial w}\,, \qquad V(w) = \frac{1}{y}\,\frac{\partial I(w)}{\partial w}\,. \qquad (16.13)$$

These are the well-known first-order differential equations for current and voltage along an infinite transmission line. They are good approximations when the inequalities $w^2 \gg b^2$, $(s-w)^2 \gg b^2$, are satisfied.

The same equations may be derived for coaxial, shielded-pair, and other types of line, with y and z assuming values appropriate to the particular line[1].

The variables are readily separated in (16.13) and the following second-order equations derived:

$$\frac{\partial^2 V(w)}{\partial w^2} - \gamma^2 V(w) = 0\,, \qquad \frac{\partial^2 I(w)}{\partial w^2} - \gamma^2 I(w) = 0\,, \qquad (16.14)$$

where $\gamma = \alpha + j\beta = \sqrt{z\,y}$ is the propagation constant, α is the real attenuation constant, and β is the real phase constant.

17. General solutions for current and voltage on a line; terminal-zone networks. General solutions of the second-order Eqs. (16.14) for an infinite line or at sufficiently great distances from the ends of a finite line may be expressed in several forms as follows:

$$V(w) = B_1 e^{\gamma w} + B_2 e^{-\gamma w} = C_1 \operatorname{Cos}\gamma w + C_2 \operatorname{Sin}\gamma w = D \operatorname{Cos}(\gamma w + \vartheta)\,, \qquad (17.1a)$$

$$I(w) = Y_c[B_1 e^{\gamma w} - B_2 e^{-\gamma w}] = Y_c[C_1 \operatorname{Sin}\gamma w + C_2 \operatorname{Cos}\gamma w] = Y_c D \operatorname{Sin}(\gamma w + \vartheta) \qquad (17.1b)$$

where $Y_c = \gamma/z = \sqrt{y/z}$ is the *characteristic admittance* and its reciprocal, $Z_c = 1/Y_c = R_c(1 - j\varphi_c)$, is the *characteristic* (or *surge*) *impedance*. R_c is the characteristic resistance, φ_c the distortion factor. The constants B, C, D, ϑ are to be determined from suitable boundary conditions at the ends of the line. However, since the

---

[1] See, for example, Chap. I in [6].

Eqs. (16.14) and, therefore, the solutions (17.1 a, b) are not valid near the ends of the line, the boundary conditions at $w = 0, s$ can not be expressed simply in terms of the constants occurring in (17.1 a, b). In a short terminal zone near each end, solutions of the Eqs. (16.8) instead of (16.3) are required. Unfortunately, these equations can not be solved in general since $z(w)$ and $y(w)$ are not simple functions of w and their form changes with the shape of the load. However, a satisfactory approximate procedure for determining the current in and the voltage across the line and terminations is readily formulated.

By expressing the general Eqs. (16.8) in terms of the Eqs. (16.13) for the infinite line and a correction term, the following relations are obtained:

$$\frac{\partial V(w)}{\partial w} = z\,I(w) + [z(w) - z]\,I(w); \qquad \frac{\partial I}{\partial w} = y\,V(w) + [y(w) - y]\,V(w). \qquad (17.2)$$

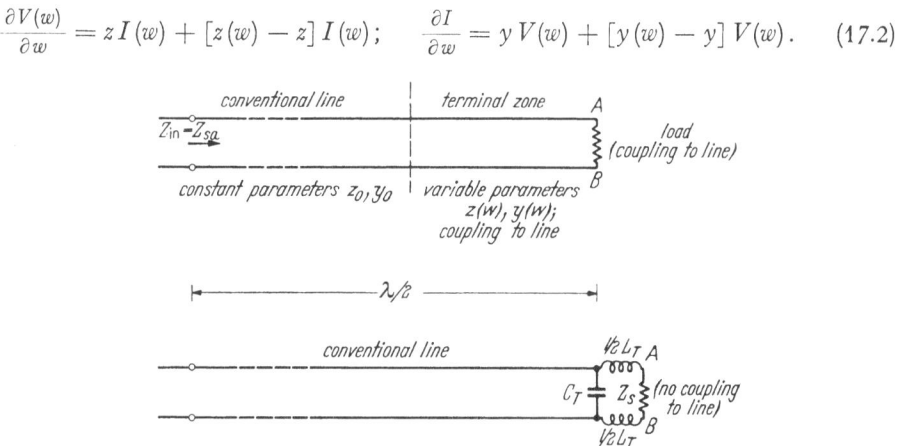

Fig. 14. Actual and equivalent transmission lines. The configuration of conductors between A and B is the same in both cases.

The factors $[z(w) - z]$ and $[y(w) - y]$ are negligibly small for all values of w except within a short distance d of the order of magnitude $d = 10b$ of each end. This is the terminal zone. If the electrical length βd of each terminal zone is small compared with unity, the current and voltage in each vary relatively little from the values at the terminating impedance so that, as applied to the correction term, $I(w) \approx I(0)$, $V(w) \approx V(0)$. The total errors made in series impedance and shunt admittance in using z and y for $z(w)$ and $y(w)$ even in the terminal zone are:

$$Z_T = \int_0^d [z(w) - z]\,dw \approx j\,\omega \int_0^d [l^e(w) - l^e]\,dw = j\,\omega\,L_T, \qquad (17.3)$$

$$Y_T = \int_0^d [y(w) - y]\,dw \approx j\,\omega \int_0^d [c(w) - c]\,dw = j\,\omega\,C_T. \qquad (17.4)$$

The expressions on the right are usually good approximations for low-loss lines. It follows that if the correcting voltage gradient $[z(w) - z]\,I(w)$ is omitted in (17.2) and a lumped impedance $Z_T \approx j\,\omega\,L_T$ is connected in series with the load Z_s at $w = 0$, and if the correcting current gradient $[y(w) - y]\,V(w)$ is also omitted in (17.2) and a lumped admittance $Y_T \approx j\,\omega\,C_T$ is connected in parallel with the load Z_s at $w = 0$, the actual problem of solving (16.8) is replaced by the approximately equivalent problem of solving (16.13) with an appropriate lumped impedance $Z_T \approx j\,\omega\,L_T$ in series and admittance $Y_T \approx j\,\omega\,C_T$ in parallel with the termination. This is illustrated in Fig. 14. In most cases Z_T is relatively small and the significant part of the terminal-zone network is the capacitance in parallel. It

14*

follows that it is usually unimportant whether the shunt or series element is connected nearer the load. Principally in the interest of definiteness the connections shown in Fig. 14 are preferred.

An alternative and instructive representation of (17.3) and (17.4) makes use of the coupling ratios, $a_1(w) = \dfrac{W_x(w)}{W_{xL}(w)} \approx \dfrac{l^e(w)}{l^e_L(w)}$, $\varphi_1(w) = \dfrac{V_L(w)}{V(w)} \approx \dfrac{c(w)}{c_L(w)}$ with which they become,

$$Z_T \approx j\omega L_T = j\omega \int_0^d \left[l^e_L(w) a_1(w) - l^e \right] dw; \left.\begin{array}{c} \\ \\ \\ \\ \end{array}\right\}$$

$$Y_T \approx j\omega C_T = j\omega \int_0^d \left[c_L(w) \varphi_1(w) - c \right] dw. \qquad (17.5)$$

Clearly, when $a_1(w) = 1$ there is no distributed inductive coupling between line and load and when $\varphi_1(w) = 1$ there is no distributed capacitive coupling.

If the terminating impedances Z_0 and Z_s at the two ends of the line are combined with the lumped terminal-zone impedance, the resulting values, Z_{0a} and Z_{sa}, are the *apparent terminal impedances*. They are the values apparently terminating the line if this is assumed to have uniform line constants z and y in the terminal zones as well as outside of them. The error made in neglecting line-load coupling and end effect by assuming $z(w) = z$, $y(w) = y$, is compensated by the terminal-zone network. When Z_{0a} and Z_{sa} are used as the terminations in place of Z_0 and Z_s uniform or infinite line theory may be applied to obtain distributions of current and voltage that are correct in the terminations and everywhere along the line except in the terminal zones.

The arbitrary constants in (17.1a, b) may now be evaluated in terms of the apparent terminal impedances by setting $V_0 = V^e_0 - I_0 Z_{0a}$ at $x = 0$ or $w = s$ and $V_s = I_s Z_{sa}$ at $x = s$ or $w = 0$ where V^e_0 is the complex amplitude of an impressed electromotive force $v^e_0 = V^e_0 e^{j\omega t}$. The results when these values are substituted in (17.1a, b) are as follows:

Exponential form

$$V(w) = \frac{V_s}{1 + \Gamma_{sa}} \left(e^{\gamma w} + \Gamma_{sa} e^{-\gamma w} \right), \qquad I(w) = \frac{Y_c V_s}{1 + \Gamma_{sa}} \left(e^{\gamma w} - \Gamma_{sa} e^{-\gamma w} \right); \qquad (17.6)$$

where

$$V_s = \frac{V^e_0 Z_c}{Z_c + Z_{0a}} \frac{e^{-\gamma s}(1 + \Gamma_{sa})}{1 - \Gamma_{0a} \Gamma_{sa} e^{-2\gamma s}}; \qquad (17.7)$$

and where

$$\Gamma_{0a} = |\Gamma_{0a}| e^{j\psi_{0a}} = \frac{Z_{0a} - Z_c}{Z_{0a} + Z_c}, \qquad \Gamma_{sa} = |\Gamma_{sa}| e^{j\psi_{sa}} = \frac{Z_{sa} - Z_c}{Z_{sa} + Z_c}. \qquad (17.8)$$

The functions Γ_{0a} and Γ_{sa} are known as complex *reflection coefficients* of the apparent impedances Z_{0a} and Z_{sa}.

Hyperbolic form

$$V(w) = V_s \cos\gamma w + I_s Z_c \sin\gamma w, \qquad I(w) = Y_c V_s \sin\gamma w + I_s \cos\gamma w, \qquad (17.9)$$

where

$$V_s = \frac{V^e_0 Z_c Z_{sa}}{(Z^2_c + Z_{0a} Z_{sa}) \sin ys + Z_c(Z_{0a} + Z_{sa}) \cos ys}. \qquad (17.10)$$

Completely hyperbolic form

$$V(w) = \overline{V}_s \cos(\gamma w + \vartheta_{sa}); \qquad I(w) = Y_c \overline{V}_s \sin(\gamma w + \vartheta_{sa}) \qquad (17.11)$$

where

$$\overline{V}_s = \frac{V_s}{\cos\gamma s} = \frac{V^e_0 \sin\vartheta_{as}}{\sin(\gamma s + \vartheta_{0a} + \vartheta_{sa})}, \qquad (17.12)$$

$$\vartheta_{0a} = \varrho_{0a} + j\Phi_{0a} = \operatorname{Ar Cot} Z_{0a} Y_c; \qquad \vartheta_{sa} = \varrho_{sa} + j\Phi_{sa} = \operatorname{Ar Cot} Z_{sa} Y_c. \qquad (17.13)$$

The functions ϑ_{0a} and ϑ_{sa} are known as *complex terminal functions* of the apparent impedances Z_{0a} and Z_{sa}.

In order to study the physical properties of the solution for the complex amplitudes $V(w)$ and $I(w)$ of the potential difference across and current in the conductors of the two-wire line, let the instantaneous driving e.m.f. be $v_0^e = V_0^e \cos \omega t$. With V_0^e real, the real instantaneous voltage and current are obtained by multiplying the complex amplitudes by $e^{j \omega t}$ and taking the real part. In the exponential solution the most interesting form is obtained by substituting (17.7) into (17.6) and expanding into an infinite series of terms. The final result for the voltage at $x = s - w$ has the following form:

$$
\begin{aligned}
v(x) = V_0^e \left| \frac{Z_c}{Z_{0a} + Z_c} \right| \{ & e^{-\alpha x} \cos(\omega t - \beta x + \Phi) + \\
& + |\Gamma_{sa}| \, e^{-\alpha(2s-x)} \cos[\omega t - \beta(2s-x) + \Psi_{sa} + \Phi] + \\
& + |\Gamma_{0a}| |\Gamma_{sa}| \, e^{-\alpha(2s+x)} \cos(\omega t - \beta(2s+x) + \Psi_{0a} + \Psi_{sa} + \Phi] + \\
& + |\Gamma_{0a}| |\Gamma_{sa}|^2 \, e^{-\alpha(4s-x)} \cos(\omega t - \beta(4s-x) + \Psi_{0a} + 2\Psi_{sa} + \Phi] + \cdots \},
\end{aligned}
\tag{17.14}
$$

where Φ is the angle of $Z_c/(Z_{0a} + Z_c)$. This expression gives the instantaneous voltage at a distance x from the generator as the sum of contributions reaching the point at x at the instant t as a result of an infinite sequence of waves of voltage traveling back and forth along the line and suffering reflections at each end involving an abrupt change in amplitude by a factor $|\Gamma|$ and a change in phase by an angle Ψ. The attenuation along the line is given by the exponential factors, the phase shift by the terms with β as a coefficient in the total phase. Note that for an infinite line $(s \to \infty)$ or a so-called *matched* line $(\Gamma_{sa} = 0)$ the series in (17.14) reduces to the first term. By differentiating the phase in the several terms in (17.14) with respect to the time, it is found that any given phase travels with a phase velocity $v = dx/dt = \omega/\beta$ in the positive x-direction in the odd-numbered terms, in the negative x-direction in the even-numbered terms. This agrees with the picture of multiple reflections. By combining all odd-numbered terms into a single wave with a constant phase velocity v in the positive x-direction and all even-numbered terms into a single term with a constant phase velocity v in the negative x-direction, a picture of only two composite waves traveling in opposite directions with the constant velocity v is obtained.

If the hyperbolic functions of complex argument in (17.11) and (17.12) are expressed in polar form, it follows that after multiplication by $e^{j\omega t}$, the real instantaneous voltage may be obtained in the form,

$$
v(x) = \frac{V_0^e S_0 C_w}{S_s} \cos(\omega t + \sigma_0 - \sigma_s + \varepsilon_w), \tag{17.15}
$$

where S_0 is the magnitude, σ_0 the angle of $\mathrm{Sin}\, \vartheta_{0a}$; S_s is the magnitude, σ_s the angle of $\mathrm{Sin}(\gamma s + \vartheta_{0a} + \vartheta_{sa})$; C_w is the magnitude, ε_w the angle of $\mathrm{Cos}(\gamma w + \vartheta_{sa})$. For fixed terminations (17.15) may be interpreted as a single wave traveling from the generator at $x = 0$ toward the load at $x = s$ with a phase velocity given by,

$$
v_p = \frac{v \, [\mathrm{Cot}(\alpha w + \varrho_{sa}) \cos^2(\beta w + \Phi_{sa}) + \mathrm{Tan}(\alpha w + \varrho_{sa}) \sin^2(\beta w + \Phi_{sa})]}{1 - \dfrac{\alpha \sin 2(\beta w + \Phi_{sa})}{\beta \, \mathrm{Sin}\, 2(\alpha w + \varrho_{sa})}} \tag{17.16}
$$

where $v = \omega/\beta$ is the phase velocity for the infinite or matched line. Except when $\alpha w + \varrho_{sa}$ is very small the term with α/β as a coefficient is negligible. Since the amplitude of the voltage distribution is proportional to,

$$
C_w = [\mathrm{Sin}^2(\alpha w + \varrho_{sa}) + \cos^2(\beta w + \Phi_{sa})]^{\frac{1}{2}},
$$

it is readily verified that the phase velocity of the voltage has its greatest value, $v_{\varrho\max} = v\operatorname{Cot}(\alpha w + \varrho_{sa})$, where the voltage has its maximum, $C_w = \operatorname{Cos}(\alpha w + \varrho_{sa})$; and its smallest value, $v_{\varrho\min} = v\operatorname{Tan}(\alpha w + \varrho_{sa})$, where the voltage has its minimum, $C_w = \operatorname{Sin}(\alpha w + \varrho_{sa})$. Note that when $\varrho_{sa} = \infty$ (matched load), it follows that $v_{\varrho\max} = v_{\varrho\min} = v$ is independent of w, and a given phase travels steadily and smoothly toward the load. This is known as a *traveling* or *running wave*.. On the other hand when $\alpha w + \varrho_{sa}$ is small, as with a low-loss line and load, the phase velocity is very great when the amplitude is large, and very small when the amplitude is small so that a given phase moves continuously toward the load but in a pulsating manner, now faster, now slower as it passes larger and smaller amplitudes in the spatially fixed distribution defined by $V_e^0 S_0 C_u/S_s$ in (17.15). This fixed distribution of amplitude to which the traveling wave adjusts itself and so maintains is known as a *standing wave*. The current behaves essentially like the voltage but with sines and cosines interchanged in the numerator in (17.16)

It is important to note that the distribution of amplitude remains fixed in position relative to the line for all types of termination and hence for both traveling and standing waves. For a perfectly matched load ($Z_{sa} = Z_c$, $\Gamma_{sa} = 0$, $\varrho_{sa} = \infty$) the amplitude distribution is proportional to $\lim\limits_{\varrho_{sa} \to \infty} (C_w/S_s)$, which has the coefficient $e^{-\alpha x}$, where $x = s - w$. For small values of α this is a very slowly decreasing exponential so that the traveling waves of voltage and current move toward the load with this nearly constant amplitude and with the constant phase velocity v. For any load that is not matched, but most conspicuously for a low-loss line with a reactive termination for which $\varrho_{sa} = 0$, the amplitude distribution for the voltage is proportional to $C_w = [\alpha^2 w^2 + \cos^2(\beta w + \Phi_{sa})]^{\frac{1}{2}}$ with $\alpha^2 w^2 \ll 1$. This represents a standing wave characterized by maxima and minima at regular intervals. The phase velocity adjusts its magnitude to this amplitude distribution. For a reactive termination both the maxima of the amplitude and the spread in the phase velocity become very great.

The preceding discussion indicates that the instantaneous voltage or current at any point along an arbitrarily loaded transmission line may be interpreted in the following different and physically instructive manners: 1. The voltage or current at any point and instant is the superposition of the simultaneously arriving contributions from a direct wave and an infinite set of waves that have traveled back and forth from one to an infinite number of times with the constant phase velocity v, suffering abrupt changes in phase and amplitude at each reflection and continuous changes along the line. 2. The voltage or current at any point and instant is the superposition of two composite waves traveling in opposite directions along the line with constant phase velocity v. 3. The voltage or current at any point and instant is determined by a single wave that moves continuously toward the load with a phase velocity that varies with the amplitude of a fixed standing-wave pattern.

18. Impedance properties of transmission lines. With the current and the potential difference at any point along a transmission line determined, it is possible to introduce the ratio $Z_{in} = 1/Y_{in} = V(w)/I(w)$ where $Z_{in} = R_{in} + jX_{in}$ is the input impedance and $Y_{in} = G_{in} + jB_{in}$ is the input admittance of the section of line of length w including its apparent terminating impedance Z_{sa}. (Note that reference is here made to a section of a line that continues unchanged for distances that are large compared to the line spacing b in both directions from the point w. In the case of isolated sections or sections connected at right angles to a long line, coupling and end effects may modify the impedance properties significantly.)

Formulas for Z_{in} and Y_{in} are easily obtained from (17.6), (17.9), and (17.11). It is usually convenient to introduce the so-called *normalized* impedances and admittances defined by $z_{1in} = r_{1in} + j x_{1in} = Z_{in}/Z_c$, $y_{1in} = g_{1in} + j b_{1in} = Y_{in}/Y_c$, $z_{1sa} = Z_{sa}/Z_c$, $y_{1sa} = Y_{sa}/Y_c$. Thus, in the several forms,

$$z_{1in} = \frac{1 + \Gamma'_{sa} e^{-2\gamma w}}{1 - \Gamma_{sa} e^{-2\gamma w}} = \frac{z_{1sa} \operatorname{Cot} \gamma w + 1}{z_{1sa} + \operatorname{Cot} \gamma w} = \operatorname{Cot}(\gamma w + \vartheta_{sa}), \qquad (18.1)$$

$$y_{1in} = \frac{1 + \Gamma'_{sa} e^{-2\gamma w}}{1 - \Gamma'_{sa} e^{-2\gamma w}} = \frac{y_{1sa} \operatorname{Cot} \gamma w + 1}{y_{1sa} + \operatorname{Cot} \gamma w} = \operatorname{Cot}(\gamma w + \vartheta'_{sa}) \qquad (18.2)$$

where

$$\vartheta_{sa} = \varrho_{sa} + j \Phi_{sa} = \operatorname{Ar Cot} z_{1sa}; \qquad \vartheta'_{sa} = \varrho_{sa} + j \Phi'_{sa} = \operatorname{Ar Cot} y_{1sa}, \qquad (18.3\,\mathrm{a})$$

$$\Gamma_{sa} = |\Gamma_{sa}| e^{j \psi_{sa}} = \frac{z_{1sa} - 1}{z_{1sa} + 1}; \qquad \Gamma'_{sa} = |\Gamma'_{sa}| e^{j \psi'_{sa}} = \frac{y_{1sa} - 1}{y_{1sa} + 1}. \qquad (18.3\,\mathrm{b})$$

The relations, $\vartheta'_{sa} = \vartheta_{sa} - j\pi/2$, $\Gamma'_{sa} = -\Gamma_{sa}$ obtain. The primed functions are introduced to permit the simple dual formulation of transmission-line theory shown in (18.1) and (18.2). [Similar duals of ϑ_{0a} and Γ_{0a} may be defined by changing the subscripts s to 0 in (18.3 a, b).]

It is clear from (18.1) and (18.2) that the normalized admittance properties of a terminated section of line when expressed in terms of Γ'_{sa}, y_{1sa}, or ϑ'_{sa} are like the normalized impedance properties in terms of Γ_{sa}, z_{1sa}, or ϑ_{sa} so that a mere substitution of Γ_{sa} for Γ'_{sa}, z_{1sa}, for y_{1sa} or ϑ_{sa} for ϑ'_{sa} converts from the normalized admittance to the normalized impedance. Note that the complex reflection coefficient $\Gamma_{sa} = |\Gamma_{sa}| e^{j\psi_{sa}}$ and its dual $\Gamma'_{sa} = |\Gamma'_{sa}| e^{j\psi'_{sa}}$ are easily represented in terms of ϑ_{sa} and ϑ'_{sa}. The relevant relations are

$$|\Gamma_{sa}| = |\Gamma'_{sa}| = e^{-2\varrho_{sa}}; \qquad \Psi_{sa} = -2\Phi_{sa}; \qquad \Psi'_{sa} = -2\Phi'_{sa}. \qquad (18.4)$$

Note particularly that $\varrho_{sa} = \infty$ corresponds to $|\Gamma_{sa}| = 0$; $\varrho_{sa} = 0$ to $|\Gamma_{sa}| = 1$.

The normalized impedance (18.1) may be separated into its real and imaginary parts to give

$$\left. \begin{aligned} r_{1in} &= \frac{\operatorname{Sin} 2(\alpha w + \varrho_{sa})}{\operatorname{Cos} 2(\alpha w + \varrho_{sa}) - \cos 2(\beta w + \Phi_{sa})}, \\ x_{1in} &= \frac{-\sin 2\beta w + \Phi_{sa})}{\operatorname{Cos} 2(\alpha w + \varrho_{sa}) - \cos 2(\beta w + \Phi_{sa})}. \end{aligned} \right\} \qquad (18.5)$$

Corresponding expressions for the real and imaginary parts of the normalized admittance (18.2) are obtained from (18.5) by substituting g_{1in} for r_{1in}, b_{1in} for x_{1in}, and Φ'_{sa} for Φ_{sa}. The inverse relations are:

$$\alpha w + \varrho_{sa} = \frac{1}{2} \operatorname{Ar Tan}\left(\frac{2r_{1in}}{|z_{1in}^2| + 1}\right) = \frac{1}{2} \operatorname{Ar Tan}\left(\frac{2g_{1in}}{|y_{1in}^2| + 1}\right), \qquad (18.6)$$

$$\beta w + \Phi_{sa} = \frac{1}{2} \arctan\left(\frac{-2x_{1in}}{|z_{1in}^2| - 1}\right), \qquad \beta w + \Phi'_{sa} = \frac{1}{2} \arctan\left(\frac{-2b_{1in}}{|y_{1in}^2| - 1}\right), \qquad (18.7)$$

The impedance and admittance properties of a terminated section of line may be determined using (18.5) to (18.7). In applying these formulas care must be taken to note that a full period of 2π must be distinguished for 2Φ and $2\Phi'$. Since the arctangent normally has a period of π, a special convention must be introduced in interpreting the algebraic signs in the arguments of the arctangents in (18.7). Specifically, when numerator and denominator are both positive, denoted by $(\frac{+}{+})$, as with x_1 (or b_1) negative and $|z_1|$ (or $|y_1|$) greater than unity, Φ (or Φ') is in the first octant. Similarly, for $\frac{+}{-}$ as with x_1 (or b_1) negative and $|z_1|$ (or $|y_1|$) less than unity, Φ (or Φ') is in the second octant; for $\frac{-}{-}$, Φ (or Φ') is in the third octant; for $\overset{-}{+}\,\Phi$ (or Φ') is in the fourth octant. Note that when x_1 (or b_1) is equal to zero, Φ (or Φ') is equal to $\pi/2$ when $|z_1|$ (or $|y_1|$) is less than one, and equal to zero or π when $|z_1|$ (or $|y_1|$) is greater than one.

The impedance and admittance properties of terminated sections of transmission line as characterized by (18.1) and (18.2) are often represented graphically when applied in practice. It is readily verified by successively eliminating $(\alpha w + \varrho_{s\,a})$ and $(\beta w + \Phi_{s\,a})$ from one of the equations in (18.5) using the other, that contours of constant attenuation, i.e. $\alpha w + \varrho_{s\,a} = $ const, and contours of constant phaseshift, i.e. $\beta w + \Phi_{s\,a} = $ const (or $\beta w + \Phi'_{s\,a} = $ const) constitute two

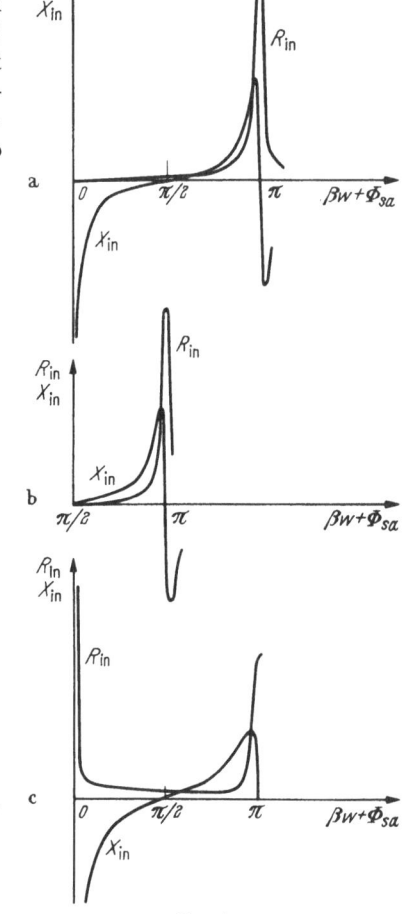

Fig. 15.

Fig. 16 a—c.

Fig. 15. Schematic diagram of R_{in} and X_{in} for a section of line of electrical length βw terminated in $Z_{s\,a} = R_{s\,a} + j X_{s\,a}$.

Fig. 16 a—c. Schematic diagrams for R_{in} and X_{in} for a section of transmission line of electrical length βw with different terminations. (a) Ideal open end $\Phi_{s\,a} = 0$, $\varrho_{s\,a} = 0$, $R_{s\,a} = 0$, $X_{s\,a} = -\infty$. (b) Ideal short circuit, $\Phi_{s\,a} = \pi/2$, $\varrho_{s\,a} = 0$, $R_{s\,a} = 0$, $X_{s\,a} = 0$. (c) Parallel resonant circuit, $\Phi_{s\,a} = 0$, $\varrho_{s\,a}$ is small, $R_{s\,a}$ is large, $X_{s\,a} = 0$.

orthogonal families of circles in the complex z_1 (or y_1) plane. Graphical representations of these circles, known as circle diagrams, have many applications in electrical measurements using transmission lines. A preferred form of circle diagram, known as the Smith Chart, is obtained by transforming from the complex z_1 (or y_1) plane to the complex reflection-coefficient plane using the equation $\Gamma = e^{-2\,\vartheta} = z'_1 - 1$ (or $\Gamma' = e^{-2\,\vartheta'} = y'_1 - 1$) where $z'_1 = r'_1 + j x'_1$ (or $y'_1 = g'_1 + j b'_1$) defines the rectangular coordinates of the new complex plane. With $z_1 = \mathrm{Cot}\,\vartheta$ (or $y_1 = \mathrm{Cot}\,\vartheta'$) this is a bilinear transformation from the complex z_1

(or y_1) plane to the complex z_1' (or y_1') plane. The two types of circle diagrams and their numerous applications are described in the literature [3], [6], [7].

The properties of the input impedance (or admittance) of a section of transmission line of length w when terminated in an apparent impedance Z_{sa} (or admittance Y_{sa}) depend on the constants and length of the line as well as on the terminating impedance (or admittance) that is characterized conveniently in terms of its reflection coefficient Γ (or Γ') or its terminal function $\vartheta = \varrho + j\Phi$ (or $\vartheta' = \varrho + j\Phi'$). Since lines used for transmission of power or for measurement are designed with low losses, let it be assumed that the conditions $(\alpha/\beta)^2 \ll 1$ and $(\alpha w)^2 \ll 1$ are both satisfied.

An approximately nonresonant section of low-loss line has a termination that satisfies the inequality $(\alpha w + \varrho_{sa}) \approx \varrho_{sa} \geq 2$ or $|\Gamma_{sa}| = e^{-2\varrho_{sa}} \geq 0.018$. (For a perfectly nonresonant line, $\varrho_{sa} = \infty$, $\Gamma_{sa} = 0$.) In this case $z_{1\,\text{in}} \approx 1$, $y_{1\,\text{in}} \approx 1$.

A section of low-loss line with a low-loss termination satisfies the inequalities $(\alpha/\beta)^2 \ll 1$ and $(\alpha w + \varrho_{sa})^2 \ll 1$ by definition. A schematic graph showing the general behavior of the input resistance and reactance of a section of line of electrical length βw is shown in Fig. 15. The diagram is schematic in the sense that the curves are distorted. Actual curves for a low-loss line would have very much higher and narrower peaks. While the general shapes of the curves are essentially the same for any reactive termination, as are their positions on the $\beta w + \Phi_{sa}$ scale, this is not true of the βw scale. Curves for three important reactive terminations are in Fig. 16. The principal points along typical curves for resistance and reactance are summarized below, as are the corresponding quantities for the associated curves for conductance and susceptance. The formulas apply to the impedance and admittance before normalization. Note that for the low-loss line $Z_c = R_c\left(1 - j\dfrac{\alpha}{\beta}\right)$, $Y_c = G_c\left(1 + j\dfrac{\alpha}{\beta}\right)$. The condition for zero input reactance with low input resistance is designated as input resonance; it is the analogue of series resonance in lumped-constant circuits.

Summary of critical values of input impedance $(Z_{\text{in}} = R_{\text{in}} + jX_{\text{in}})$ *and admittance* $(Y_{\text{in}} = G_{\text{in}} + jB_{\text{in}})$ *for a section of low-loss transmission line.*

Conditions assumed:

$$\left(\frac{\alpha}{\beta}\right)^2 \ll 1; \quad (\alpha w + \varrho_s)^2 \ll 1. \tag{18.8}$$

Input resonance, n odd:

$$\beta w = \frac{n\pi}{2} - \Phi_{sa}, \qquad X_{\text{in}} = 0, \quad R_{\text{in}} = (R_{\text{in}})_{\text{res}} = R_c(\alpha w + \varrho_{sa}), \tag{18.9a}$$

$$\beta w = \frac{(n-1)\pi}{2} - \Phi_{sa}', \quad B_{\text{in}} = 0, \quad G_{\text{in}} = (G_{\text{in}})_{\text{res}} = (G_{\text{in}})_{\text{max}} = \frac{G_c}{\alpha w + \varrho_{sa}}. \tag{18.9b}$$

Input antiresonance, n even:

$$\beta w = \frac{n\pi}{2} - \Phi_{sa}, \quad X_{\text{in}} = 0, \quad R_{\text{in}} = (R_{\text{in}})_{\text{antires}} = (R_{\text{in}})_{\text{max}} = \frac{R_c}{\alpha w + \varrho_{sa}}. \tag{18.10a}$$

$$\left. \begin{aligned} \beta w &= \frac{(n-1)\pi}{2} - \Phi_{sa}', \quad B_{\text{in}} = 0, \\ G_{\text{in}} &= (G_{\text{in}})_{\text{antires}} = (G_{\text{in}})_{\text{min}} = G_c(\alpha w + \varrho_{sa}). \end{aligned} \right\} \tag{18.10b}$$

Minimum input resistance:

$$\tan(\beta w + \Phi_{sa}) = \beta\left(w + \frac{\varrho_{sa}}{\alpha}\right), \quad R_{\text{in}} = (R_{\text{in}})_{\text{min}} = R_c(\alpha w + \varrho_{sa}). \tag{18.11}$$

For $\Phi_{sa} = 0$ and $\varrho_{sa} = 0$, $\quad \begin{cases} \beta w = 0 \quad 4.49 \ 7.72 \ 10.90 \text{ for } (R_{\text{in}})_{\text{min}} \\ \beta w = 1.57 \ 4.71 \ 7.85 \ 10.99 \text{ for } (R_{\text{in}})_{\text{res}}. \end{cases} \tag{18.12}$

Extreme values of input reactance and susceptance, n even:

$$\beta w = \left(\frac{n\pi}{2} - \Phi_{sa}\right)\left(1 - \frac{\alpha}{\beta}\right) - \varrho_{sa}, \qquad X_{\mathrm{in}} = (X_{\mathrm{in}})_{\max} = \frac{R_c}{2}\,\frac{1 - \alpha/\beta}{\alpha\,w + \varrho_{sa}}, \qquad (18.13\,\mathrm{a})$$

$$\beta w = \left(\frac{\pi n}{2} - \Phi_{s}\right)\left(1 + \frac{\alpha}{\beta}\right) + \varrho_{sa}, \qquad X_{\mathrm{in}} = (X_{\mathrm{in}})_{\min} = -\frac{R_c}{2}\,\frac{1 + \alpha/\beta}{\alpha\,w + \varrho_{sa}}, \qquad (18.13\,\mathrm{b})$$

$$\beta w = \left(\frac{n\pi}{2} - \Phi_{s}'\right)\left(1 - \frac{\alpha}{\beta}\right) - \varrho_{sa}, \qquad B_{\mathrm{in}} = (B_{\mathrm{in}})_{\max} = \frac{G_c}{2}\,\frac{1 + \alpha/\beta}{\alpha\,w + \varrho_{sa}}, \qquad (18.13\,\mathrm{c})$$

$$\beta w = \left(\frac{n\pi}{2} - \Phi_{s}'\right)\left(1 + \frac{\alpha}{\beta}\right) + \varrho_{sa}, \qquad B_{\mathrm{in}} = (B_{\mathrm{in}})_{\min} = -\frac{G_c}{2}\,\frac{1 - \alpha/\beta}{\alpha\,w + \varrho_{sa}}. \qquad (18.13\,\mathrm{d})$$

Important applications of sections of low-loss line depend upon the wide range of resistance and reactance attainable by varying the length w or upon the nature of a reactive termination. They include the use of high-impedance (antiresonant) sections as insulators and of reactive sections in general in impedance transforming or matching networks. Typical are the series transformer, shunt sections, the movable single-stub arrangement, and the fixed double and triple stub tuners. Such networks are inserted between the main line and its load in order to transform the impedance of this latter into the characteristic impedance of the line. Line losses and the possibility of electric breakdown are then minimized. The properties of matching networks are described in most books on transmission lines [3], [6]. Numerous other applications of sections of transmission lines are in the field of high-frequency electrical measurements including, for example, the transmission-line hybrid junction [6] with properties much like those of the lumped-constant junction described in Sect. 14.

19. Resonance and distribution curves for current and voltage in transmission lines; generalized driving conditions; transfer of power. Although most transmission lines are driven by a generator connected in series with or coupled to an effectively lumped impedance Z_{0a} at $x = 0$, other locations of the generator are at times useful. In general, it may be coupled to the line at an arbitrary distance x_g from Z_{0a}. In order to maintain a balanced line with equal and opposite currents at corresponding points in the two conductors, the generator must either be coupled symmetrically to both conductors of the line—with or without an auxiliary section of line—or it must itself consist of two symmetrical parts in series with each conductor at $x = x_g$. Two important combinations which are fundamental in the analysis of all types of coupled sources are shown in Fig. 17. The first (Fig. 17a) is the equivalent of a series discontinuity in voltage in each line, it consists of *one pair* of equal and opposite point generators at $x = x_g$. The second (Fig. 17b) consists of *two pairs* of equal and opposite point generators symmetrically placed at distances g from $x = x_g$. In the limit as g approaches zero these are equivalent to series discontinuities in current. It is verified readily that a loosely coupled generator-circuit of finite extension or a loosely coupled auxiliary section of line that is connected to a generator is (a) equivalent to one pair of equal and opposite point generators in the main line at $x = x_g$ if it maintains an axial distribution of electric field E_x along the line that is *even* in x with respect to the point $x = x_g$; (b) equivalent to two pairs of equal and opposite point generators at $x = x_g \pm g$ if it maintains an axial electric field E_x along the line that is odd in x with respect to the coordinate $x = x_g$; (c) equivalent to three pairs of equal and opposite point generators corresponding to a suitable superposition of cases (a) and (b) if the coupled generator maintains an asymmetrical distribution of E_x along the line with respect to the coordinate $x = x_g$.

The voltage and current due to one or two pairs of equal and opposite point generators centered at a distance x_g from Z_{0a} (equivalent to a distance $y = s - x_g > w$ from Z_{sa}) are obtained easily from (17.11). The steps include the replacement of the single source of e.m.f. V_0^e in the center of Z_{0a} by two sources each of e.m.f. $\frac{1}{2} V_0^e$ at the junction of Z_{0a} and the ends of the two conductors of the line at $x = 0$, the substitution of a section of line of arbitrary length x_g terminated in a new impedance Z_{0a} for the original impedance Z_{0a}, and the shift in the origin of coordinates from the location of the generators (and the old impedance Z_{0a}) to the end of the line (and the new impedance Z_{0a}) at a distance x from the generators. The appropriate formulas follow. Note that $w = s - x$.

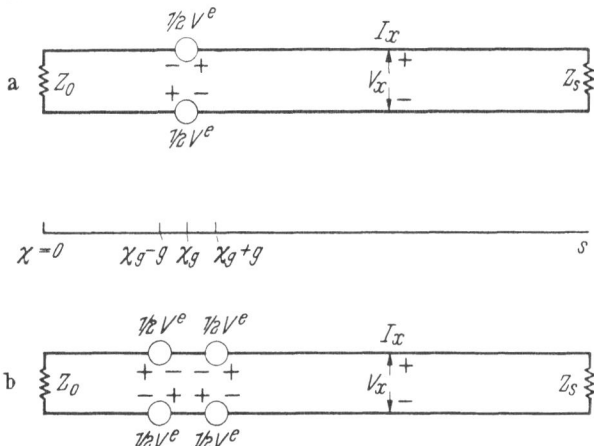

Fig. 17a and b. Transmission line driven by (a) one pair of equal and opposite point generators at $x = x_g$, (b) two pairs of equal and opposite point generators at $x = x_g \pm g$.

One pair of generators each with e.m.f. $\frac{1}{2} V_g^e$ *at* x_g; $x_g \leq x \leq s$:

$$
\left.
\begin{aligned}
V(w) &= V_g^e \, \frac{\operatorname{Sin}(\gamma x_g + \vartheta_{0a}) \operatorname{Cos}(\gamma w + \vartheta_{sa})}{\operatorname{Sin}(\gamma s + \vartheta_{0a} + \vartheta_{sa})}, \\
I(w) &= \frac{V_g^e \operatorname{Sin}(\gamma x + \vartheta_{0a}) \operatorname{Sin}(\gamma w + \vartheta_{sa})}{Z_c \operatorname{Sin}(\gamma s + \vartheta_{0a} + \vartheta_{sa})}.
\end{aligned}
\right\}
\tag{19.1}
$$

When $0 \leq x \leq x_g$, (19.1) applies if $y = s - x$ and $x = s - w$ are substituted respectively for x_g and w and a minus sign is added preceding V_g^e in the expression for $V(w)$.

Two pairs of generators each with e.m.f. $\frac{1}{2} V_g^e$ *at* $x_g \pm g$; $(x_g + g) \leq x \leq s$.

$$
\left.
\begin{aligned}
V(w) &= W_g^e \, \frac{\operatorname{Cos}(\gamma x_g + \vartheta_{0a}) \operatorname{Cos}(\gamma w + \vartheta_{sa})}{\operatorname{Sin}(\gamma s + \vartheta_{0a} + \vartheta_{sa})}; \\
I(w) &= \frac{W_g^e \operatorname{Cos}(\gamma x_g + \vartheta_{0a}) \operatorname{Sin}(\gamma w + \vartheta_{sa})}{Z_c \operatorname{Sin}(\gamma s + \vartheta_{0a} + \vartheta_{sa})}.
\end{aligned}
\right\}
\tag{19.2}
$$

When $0 \leq x \leq (x_g - g)$, (19.2) applies if $y_g = s - x_g$ and $x = s - w$ are substituted, respectively, for x_g and w and a minus sign is added preceding W_g^e in the expression for $I(w)$. In (19.2) the function W_g^e is given by

$$
W_g^e \approx 2 V^e \gamma g
\tag{19.3}
$$

where $\frac{1}{2} V^e$ is the voltage of each of the four point generators.

The current and voltage in a line driven by three pairs of point generators or their equivalent is obtained by adding corresponding formulas in (19.1) and

(19.2) with appropriately adjusted amplitudes V_g^e and W_g^e. For a conventional voltage source at $x=0$, (19.1) may be used directly with $x_g=0$.

The time-average power P_x transferred at the coordinate x to a section of line of length $w=s-x$ and its apparent termination Z_{sa} may be calculated from the formula

$$P_x = \operatorname{Re} \tfrac{1}{2} V(w)\, I^*(w) \tag{19.4}$$

using (19.1) or (19.2). Note that I^* is the complex conjugate of I. The *efficiency of transmission* by a line of length s when driven by a generator at the end of the line ($x=0$) is the ratio $W=P_s/P_0$, where P_s is the power transferred to the load at the output end of the line at $x=s$ (or $w=0$) and P_0 is the power transferred to the line at its input end at $x=0$ (or $w=s$). The substitution of (19.1) with $x=0$ in (19.4) gives the following efficiency for a low-loss line $\left(\dfrac{\alpha}{\beta} \ll \operatorname{Sin} 2\varrho_{sa}\right)$:

$$W = \frac{P_s}{P_0} = \frac{\operatorname{Sin} 2\varrho_{sa}}{\operatorname{Sin} 2(\alpha s + \varrho_{sa})}. \tag{19.5}$$

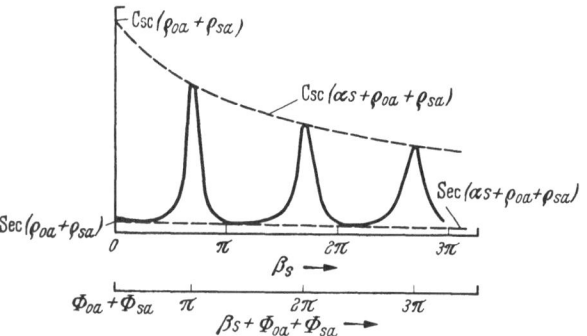

Fig. 18. Resonance curves (qualitative) for a moderately damped line.

The so called *insertion loss* in the line is defined in terms of the ratio of the power to the load without the line to the power to the load with the line. It is

$$L(d\,b) = 10 \operatorname{Log}_{10} \frac{P_0}{P_s} = 10 \operatorname{Log}_{10} \frac{\operatorname{Sin} 2(\alpha_s + \varrho_{sa})}{\operatorname{Sin} 2\varrho_{sa}}. \tag{19.6}$$

The condition for maximum efficiency and minimum insertion loss is obtained by forming $\partial W/\partial \varrho_{sa}=0$. The result is

$$\varrho_{sa} = \infty, \qquad W_{\max} = e^{-2\alpha s}, \qquad L_{\min}(d\,b) = 8.686\,\alpha s. \tag{19.7}$$

The condition $\varrho_{sa} = \infty$ is equivalent to $\Gamma_{sa}=0$ or $Z_{sa}=Z_c$.

The general formulas (19.1) and (19.2) for the distributions of voltage and current along a transmission line involve three length variables. These are the overall length s of the line between the apparent terminal impedances Z_{0a} and Z_{sa}, the distance w from Z_{sa} at $x=s$ to the point w where the voltage or current is measured, and the distance x_g from Z_{0a} at $x=0$ to the location of the equivalent point generators. A graph of $|V(w)|$ or $|I(w)|$ as a function of the electrical length βs when all other quantities are kept constant is calle a *resonance curve*. If $(\alpha s + \varrho_{0a} + \varrho_{sa})$ is small compared with unity this curve consists of an alternation of sharp maxima and broad minima as shown somewhat schematically in Fig. 18. Such curves are useful in making transmission-line measurements. The electrical length βs for which the amplitude of current and voltage are maximum are *resonant lengths*. The condition for resonance is

$$\beta s + \Phi_{0a} + \Phi_{sa} = n\pi. \tag{19.8}$$

Where n is an integer beginning with the smallest value for which s is positive. The maximum amplitudes are proportional to $1/\mathrm{Sin}\,(\alpha s+\varrho_{0a}+\varrho_{sa})$. The minima occur half way between the maxima and have amplitudes proportional to $1/\mathrm{Cos}\,(\alpha s+\varrho_{0a}+\varrho_{sa})$. At intermediate points the amplitude varies very nearly as $|\csc(\beta s+\varPhi_{0a}+\varPhi_{sa})|$. In particular, the square of the amplitude of a resonance curve is reduced to one-half its maximum value at resonance, at small distances $\varDelta s/2$ in each direction that satisfy the condition,

$$\alpha s + \varrho_{0a} + \varrho_{sa} = \tfrac{1}{2}\beta\varDelta s. \tag{19.9}$$

The condition (19.8) is useful in the experimental determination of the phase constant β, the wavelength $\lambda=2\pi/\beta$, and the apparent phase functions $\varPhi_{0a}$ and $\varPhi_{sa}$ of the terminations. Simi-

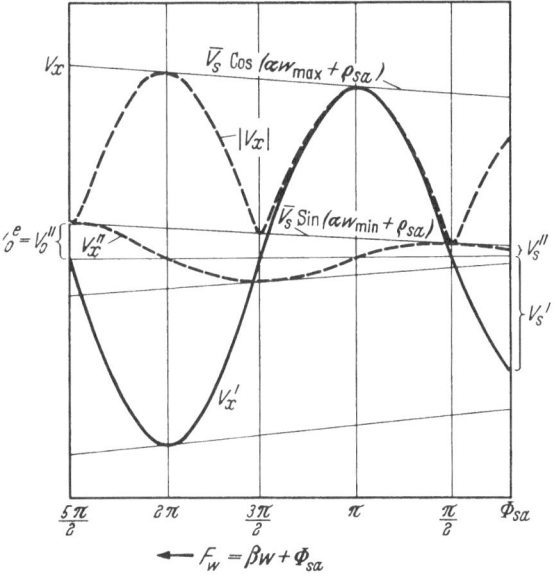

Fig. 19. Distribution of voltage along a resonant line.

larly, (19.9) is useful in measuring the attenuation constant α and the apparent attenuation functions ϱ_{0a} and ϱ_{sa} of the terminations. If $\alpha s+\varrho_{0a}+\varrho_{sa}$ is not small compared with unity, the resonance curves are low and broad and not particularly useful in transmission-line measurements.

If the length s is fixed and a loosely coupled probe is moved along the line with all else constant, a quantity proportional to the current or voltage at w is measured, depending on the nature of the probe. A graph of $|V(w)|$ or $|I(w)|$ as a function of the electrical distance βw from the apparent termination Z_{sa} at $x=s\,(w=0)$ is called a voltage or current *distribution curve*.

Approximate formulas for low-loss lines are:

$$V(w) = V'' + jV' = \overline{V}_s(\mathrm{Sin}\,A_w\sin F_w - j\,\mathrm{Cos}\,A_w\cos F_w), \tag{19.10a}$$

$$I(w) = I'' + jI' = \frac{\overline{V}_s}{R_c}(\mathrm{Cos}\,A_w\sin F_w - j\,\mathrm{Sin}\,A_w\cos F_w), \tag{19.10b}$$

where $\overline{V}_s = -jV_0^e\,\mathrm{Cos}\,\varrho_{0a}/\mathrm{Sin}\,(\alpha s+\varrho_{0a}+\varrho_{sa})$ and $A_w=\alpha w+\varrho_{sa}$, $F_w=\beta w+\varPhi_{sa}$. Graphs showing typical distribution are in Fig. 19. Note that when $A_w=\alpha w+\varrho_{sa}$ is sufficiently small, $|V(w)|$ is very nearly a cosinoidal, $|I(w)|$ a sinoidal distribution except that the zeros are replaced by minima. These minima occur at

$$\left.\begin{array}{l} \beta w + \varPhi_{sa} = (2n+1)\dfrac{\pi}{2} \text{ for current;}\\[2mm] \beta w + \varPhi_{sa} = n\pi \text{ for voltage;} \quad n \text{ integral.} \end{array}\right\} \tag{19.11}$$

The magnitudes of the minima in both cases are proportional to $\mathrm{Sin}\,(\alpha w+\varrho)$. For low-loss lines the following relation is satisfied by the approximately equal distances $\varDelta w/2$ from a minimum to points where the square of the amplitude is twice the value at the minimum:

$$\alpha w + \varrho_{sa} = \tfrac{1}{2} \beta \, \Delta w. \tag{19.12}$$

The ratio of a maximum amplitude to a next adjacent minimum amplitude is known as the *standing-wave-ratio* (SWR). When αw is negligible compared with $\varrho_{sa} (\alpha w \ll \varrho_{sa})$ the SWR is given by

$$S = \mathrm{Cot} \, \varrho_{sa}. \tag{19.13}$$

Formula (19.11) is useful in the measurement of β, λ and Φ_{sa}. The attenuation constant α and apparent attenuation function ϱ_{sa} may be determined using (19.12); alternatively ϱ_{sa} may be obtained from (19.13).

Note that when Φ_{sa} and ϱ_{sa} have been determined from *either resonance-curve or distribution-curve measurements*, it is a simple matter to determine the apparent terminal impedance $Z_{sa} = R_{sa} + j X_{sa}$.

Distribution curves also may be obtained by moving a loosely coupled generator or a suitable coupling element parallel to the line so that βx_g is the variable. Such curves are like those for current and voltage except that Z_{0a} and ϑ_{0a} instead of Z_{sa} and ϑ_{sa} are involved.

20. The two-terminal-pair network as a discontinuity in a transmission lines. An electric circuit that involves both lumped-constant elements and sections of transmission line is illustrated in Fig. 10a. It includes the junction of two different lines at the terminals of a two-terminal-pair network. The problem of determining the properties of such a junction has been solved by WEISSFLOCH[1], [6], [9] in a manner that is particularly simple and useful when the two-terminal-pair network consists of only reactive elements—a situation that is often closely approximated in practice. WEISSFLOCH's results are summarized in his transformer theorem as follows: Given an arbitrary reactive network with two pairs of terminals to which are connected uniform transmission lines, it is always possible to select input and output terminals so as to include with the original network sections of the transmission lines of appropriates lengths, so that the thus augmented network can be replaced *in its entirety* by an equivalent *ideal* transformer. The lengths of the two sections of line are included with the network and the ratio of turns of the equivalent transformer is readily obtained by simple experimental and graphical procedures that are described in the literature[1] [6], [19].

The electrical properties of any passive two-terminal-pair network that serves as a junction between two transmission lines may be described in terms of its *scattering matrix*. For this purpose consider the circuit shown in Fig. 10a in which the input terminals 11 of the network constitute the apparent load Z_{s1} for transmission line 1 with characteristic impedance Z_{c1}, and the output terminals 22 are connected to transmission line 2 with input impedance Z_2, characteristic impedance Z_{c2}, and apparent load impedance Z_{s2}. As described in Sect. 17 the current or voltage at any point along a transmission line may be regarded as a superposition of two traveling waves, one moving in each direction. This representation is appropriate for representing an arbitrary junction by its scattering matrix. Let the traveling wave reaching terminals 11 from line 1 have the complex amplitude A_1, the wave reaching terminals 22 from line 2 the complex amplitude A_2. Each of these waves is in part transmitted through the junction, in part reflected back into the line from which it came. Thus the complex amplitude B_1 of the wave traveling toward line 1 from the terminals 11 is made up

[1] A. WEISSFLOCH: Hochfrequenztech. **60**, 67, (1942).

of two parts, the reflected fraction $S_{11}A_1$ of the incident wave A_{11} and the part of the wave of amplitude A_2 at terminals 22 that is transmitted through the junction and that emerges into line 1 at terminals 11 with amplitude $S_{12}A_2$. The complex amplitude B_2 of the wave traveling toward line 2 from the terminals 22 is similarly made up of a reflected part $S_{22}A_2$, and a part $S_{21}A_1$ transmitted through the junction. The matrix equation relating the four amplitudes is

$$\begin{bmatrix} B_1 \\ B_2 \end{bmatrix} = \begin{bmatrix} S_{11} & S_{12} \\ S_{21} & S_{22} \end{bmatrix} \begin{bmatrix} A_1 \\ A_2 \end{bmatrix} \tag{20.1}$$

where the elements of the *scattering matrix* may be interpreted as follows: $S_{11}(S_{22})$ is the complex amplitude of the reflected wave at terminals $11(22)$ due to a wave of unit amplitude incident on terminals $11(22)$. $S_{12}(S_{21})$ is the complex amplitude of the transmitted wave at terminals $11(22)$ due to a wave of unit amplitude incident on terminals $22(11)$. The equation $S_{22} = S_{11}$ is true only if the network is symmetrical; the relation $S_{21} = S_{12}$ is true for all reciprocal networks. S_{12} is also known as the transmission coefficient of the junction or network.

The representation (20.1) relating incident and reflected waves at each pair of terminals by the scattering matrix may be transformed into a relation between voltages and currents at these same terminals using the impedance matrix. The relation is

$$\begin{bmatrix} V_1 \\ V_2 \end{bmatrix} = \begin{bmatrix} Z_{11} & Z_{12} \\ Z_{21} & Z_{22} \end{bmatrix} \begin{bmatrix} I_1 \\ I_2 \end{bmatrix} \tag{20.2}$$

where

$$Z_{11} = \frac{Z_{c1}}{D}\left[(1 + S_{11})(1 - S_{22}) + S_{12}S_{21}\right], \qquad Z_{12} = \frac{2\sqrt{Z_{c1}Z_{c2}}}{D}S_{12}, \tag{20.3 a}$$

$$Z_{22} = \frac{Z_{c2}}{D}\left[(1 - S_{11})(1 + S_{22}) + S_{12}S_{21}\right], \qquad Z_{21} = \frac{2\sqrt{Z_{c1}Z_{c2}}}{D}S_{21}, \tag{20.3 b}$$

$$D = (1 - S_{11})(1 - S_{22}) - S_{12}S_{21}. \tag{20.3 c}$$

For a reciprocal network the series elements of an equivalent T-section are $Z_{11} - Z_{12}$ and $Z_{22} - Z_{12}$; the shunt element is $Z_{21} = Z_{12}$. Clearly, if the elements of the scattering matrix are determined, the impedance matrix may be evaluated if desired and vice versa.

A powerful graphical method for determining the scattering matrix from a set of simple measurements has been described by DESCHAMPS[1] and others[2]. It is based on the measurement of the complex reflection coefficient Γ_{s1} of line 1 at terminals 11 when terminals 22 are connected to a line 2 of variable length s_2 terminated in a short circuit $Z_{s2} = 0$, (or other reactive element, $Z_{s2} = jX_{s2}$). If the reflection coefficient corresponding to the input impedance of line 2 at terminals 22 is Γ_2 it is readily shown that,

$$\Gamma_{s1} = S_{11} + \frac{S_{12}S_{21}\Gamma_2}{1 - S_{22}\Gamma_2} = \frac{(S_{12}S_{21} - S_{11}S_{22})\Gamma_2 + S_{11}}{-S_{22}\Gamma_2 + 1} \tag{20.4}$$

which is the well-known bilinear form. When $R_2 = 0$ (as when line 2 is purely reactive) the magnitude of Γ_2 is unity so that as its angle is varied, Γ_2 describes a circle of unit radius in the complex plane. Since it is a fundamental property of the bilinear transformation that circles in the Γ_2 plane are mapped into circles in the Γ_{s1} plane, the locus of Γ_{s1} as Γ_2 is varied by changing the length s_2 of line 2

[1] G. A. DESCHAMPS: Trans. Inst. Radio Engrs. MTT-1, 5 (1953).
[2] J. E. STORER, L. S. SHEINGOLD and S. STEIN: Proc. Inst. Radio Engrs. **41**, 1004 (1953).

when terminated in a short circuit, is also a circle. If the junction is lossless the radius of the circle is unity, if the junction is dissipative the radius is less than unity and the center of the circle is displaced from the characteristic of a reactive junction.

Using theorems of non-Euclidean geometry and the properties of the bilinear transformation, Deschamps has derived graphical procedures for determining the magnitude and angle of the elements S_{11}, S_{22}, and S_{12} from the experimentally determined locus of Γ_{s1}. These elements completely determine the scattering matrix if the network or junction is reciprocal. If it is not reciprocal, measurements must be made on both sides of the junction. The appropriate procedures and graphical constructions are described in the literature[1] [6]. Methods are also available for measuring an unknown impedance or its reflection coefficient through an adapting section or other junction[1] [6].

21. Discontinuities in the cross section and in the dielectric. Transmission lines often are not completely uniform along their entire length owing to connectors, supports, or distributed reactive loading. An important and typical non-uniformity is a section of line of length d for which the propagation constant γ_1 and the characteristic impedance Z_{c1} differ from the corresponding quantities γ and Z_c along the main line. This may be a consequence of different electric and magnetic properties of the medium between the conductors, as when the constitutive parameters in the section of length d are ε_1, μ_1, and σ_1 instead of ε, μ, and σ, which apply elsewhere along the line. Alternatively, the size or shape of the conductors in the section may differ from those of the main line. A third possibility is a change in both the properties of the medium and in the cross section. It is assumed that the cross-sectional dimensions are always sufficiently small to make radiation negligible and to eliminate all propagating modes except the TEM-mode (strictly for perfect conductors). Owing to end and coupling effects near the junctions of sections of line with different cross-sectional properties it is not strictly correct to assume one set of uniform line constants in the main line and another set in the section of length d. Corrections that may be required at the junction planes may be represented by equivalent lumped networks. If the cross section of the line is unchanged throughout and the section of length d differs from the rest of the line only in the properties of the dielectric medium, it is readily shown that the boundary conditions for the electromagnetic field at the beginning and end of this section are satisfied exactly by solutions involving changes in the line constants only, so that no further corrections are involved (see p. 319 of Ref. [6]). In this case both voltage and current are continuous across the boundaries and the conventional equations and solutions for V and I, may be used with appropriate values of propagation constant and characteristic impedance.

The effect on the transmitting properties of a line of introducing a section of length d with different parameters is conveniently illustrated by noting the change in the input admittance of the line with and without this section. Consider, for example, the coaxial line shown in Fig. 20 in which different electric and magnetic properties as well as different transverse dimensions obtain in a section of length d between the cross sections A and B. Let the admittance Y_B at the cross section B looking toward the load admittance Y_T at a distance s from A be determined.

Referring to Fig. 20 the admittance looking toward the load at A is $Y_A = Y_c$ Cot ϑ'_A where $\vartheta'_A = \gamma s + \vartheta'_T$ and $\vartheta'_T = \operatorname{ArCot}(Y_T/Y_c)$. Y_c is the characteristic admittance, γ the propagation constant of the long line. At the same junction A but

---

[1] See footnote 2, p. 223.

with reference to the characteristic admittance Y_{c1} of the section between A and B, the admittance terminating the section is $Y_A = Y_{c1} \operatorname{Cot} \vartheta'_{A1}$. It follows that,

$$\vartheta'_{A1} = \operatorname{Ar Cot} \frac{Y_A}{Y_{c1}} = \operatorname{Ar Cot}(r_c \operatorname{Cot} \vartheta'_A), \tag{21.1}$$

where

$$r_c = Y_{c1}/Y_c = \sqrt{\frac{{}^{le}c_1}{c^{le}_1}} = \frac{\sqrt{\varepsilon_{1r}} \log(b/a)}{\sqrt{\mu_{1r}} \log(b/a_1)}. \tag{21.2}$$

It is significant to note that by appropriate choices of ε_{1r}, μ_{1r}, and a, it is possible to make $r_c = 1$ so that $\vartheta'_{A1} = \vartheta'_A$ or r_c can be made larger or smaller than 1.

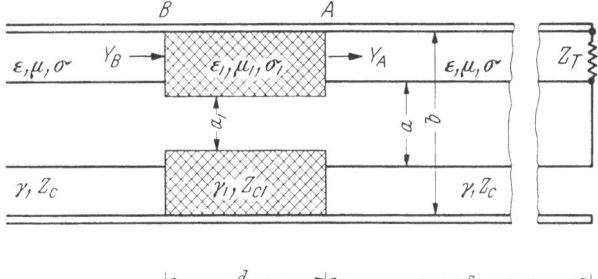

Fig. 20. Coaxial line with change in cross section.

The admittance looking toward the load and into the dielectric slab of length d at B is

$$Y_B = Y_{c1} \operatorname{Cot}(\gamma_1 d + \vartheta'_{A1}) = Y_c \operatorname{Cot} \vartheta'_B.$$

It follows with appropriate transformation that,

$$\vartheta'_B = \frac{1}{2} \log \left[\frac{\operatorname{Cot} \vartheta'_A + 1 + (r_c^{-1} \operatorname{Cot} \vartheta'_A + r_c) \operatorname{Tan} \gamma_1 d}{\operatorname{Cot} \vartheta'_A - 1 - (r_c^{-1} \operatorname{Cot} \vartheta'_A - r_c) \operatorname{Tan} \gamma_1 d} \right], \tag{21.3}$$

from which Y_B may be evaluated. When $Y_T = Y_c$, so that the main line to the right of A is matched, (21.3) is considerably simplified. In this case $\vartheta'_T = \infty$, $\vartheta'_A = \infty$. With r_c sensibly real as given in (21.2), it follows with $\vartheta'_B = \varrho_B + j \varPhi_B$ and $\gamma_1 = \alpha_1 + j \beta_1$ that,

$$\varrho_B = \frac{1}{2} \log A, \quad A = \left\{ \frac{[2 + (r_c + r_c^{-1}) \operatorname{Tan} \alpha_1 d]^2 + [(r_c + r_c^{-1}) + 2 \operatorname{Tan} \alpha_1 d]^2 \tan^2 \beta_1 d}{(r_c - r_c^{-1})^2 (\operatorname{Tan}^2 \alpha_1 d + \tan^2 \beta_1 d)^2} \right\}^{\frac{1}{2}} \tag{21.4}$$

$$\varPhi'_B = \frac{n\pi}{4} + \frac{1}{2} \arctan \left[\frac{r_c + r_c^{-1} + 2 \operatorname{Tan} \alpha_1 d}{2 + (r_c + r_c^{-1}) \operatorname{Tan} \alpha_1 d} \tan \beta_1 d \right] + \frac{1}{2} \arctan \left(\frac{\operatorname{Tan} \alpha_1 d}{\tan \beta_1 d} \right), \tag{21.5}$$

where $n = 1$ for $r_c < 1$ and $n = 3$ for $r_c > 1$. The corresponding formulas for the reflection coefficient $\varGamma'_B = |\varGamma'_B| e^{j \varPsi'_B}$ are,

$$|\varGamma'_B| = e^{-2\varrho_B} = A^{-1}; \quad \varPsi'_B = -2\varPhi'_B. \tag{21.6}$$

The standing-wave ratio introduced into the otherwise matched line by the modified section of length d is

$$S = \operatorname{Cot} \varrho_B = \frac{A + 1}{A - 1} \tag{21.7}$$

where A is given in (21.4). S may be reduced to unity even with the modified section present provided this is so designed that the ratio factor r_c defined in (21.2) is equal to one. This is readily achieved with a typical dielectric supporting bead for which $\varepsilon_{1r} > 1$, $\mu_{1r} = 1$ if $a_1 = b(a/b)^n$ where $n = \sqrt{\varepsilon_{1r}}$.

The properties of low-loss dielectric transformers in a matched line are readily obtained from (21.4) and (21.5) with $\alpha_1 \approx 0$ and $\beta_1 d$ appropriately selected; for example, $\beta_1 d = \pi/2$ or π. The effect of an electrically thin bead or slab is obtained by requiring $(\beta_1 d)^2 \ll 1$. The effect of a single lumped capacitance C_1 shunted across the line at B in Fig. 20 is obtained by setting $C_1 = (c_1 - c) d = c d (\varepsilon_{1r} - 1)$ and allowing d to approach zero as ε_r becomes infinite. Subject to the condition $(\omega C_1 R_c)^2 \ll 1$, the results are

$$\varrho_B = \frac{1}{2} \log\left(\frac{2}{w\,C_1 R_c}\right), \qquad \Phi'_B = \frac{3\pi}{4} + \frac{\omega C_1 R_c}{4}. \tag{21.8}$$

The properties of N uniformly spaced, lumped shunt capacitances C_1 or series inductances L_1 between A and B in Fig. 20 instead of a homogeneous dielectric may be determined by assuming that the effective capacitance and inductance per unit length are $c_1 = c'_1 + N C_1/d$, $l_1 = l'_1 + N L_1/d$ where c'_1 and l'_1 are the values with the lumped elements absent. The characteristic impedance and propagation constant of the length d are defined as usual. By a proper choice of C_1 or L_1 or both, a loaded line with various properties can be obtained. For example, at sufficiently low frequencies the inductance per unit length may be increased sufficiently to obtain the so-called distortionless line for which $r_1/l_1 = g_1/c_1$. At high frequencies reactive tuners may be constructed by providing small, uniformly spaced, rotatable capacitor plates. Alternatively, the reactance of variable condensers may be estimated at high frequencies by analyzing them as sections of a capacitively loaded transmission line in which the stack and rotor rods are the parallel conductors[1].

Important procedures for measuring complex dielectric constants and permeabilities of materials may be derived from the impedance properties of a suitable slab of the material when forming the dielectric of the section of line between A and B in Fig. 20. The section of line to the right of A may be reduced to a short circuit at A, or it may be variable so that a voltage maximum may be located at the center of the slab for maximum sensitivity in determining ε_r and a current maximum at the center for maximum sensitivity in determining μ_r. Details of the method[2] are described beginning on p. 330 of Ref. [6].

22. Simple terminal-zones and their properties. It is pointed out in Sect. 17 that conventional transmission-line formulas are derived under the assumption that the line parameters are uniform everywhere along a finite line including regions near the ends where these parameters are, in fact, not constant. In order to compensate for the error introduced by treating them as if constant, lumped terminal-zone networks may be introduced consisting of a shunt capacitance C_T and a series inductance L_T defined by,

$$L_T = \int_0^d [l^e(w) - l^e]\,dw, \qquad C_T = \int_0^d [c(w) - c]\,dw, \tag{22.1}$$

where $l^e(w)$ and $c(w)$ are the actual variable values, l^e and c the limiting values at sufficiently great distances from the ends. This lumped network combined with the terminating impedance Z_s constitutes the apparent terminal impedance Z_{sa}.

An ideal short-circuit or closed end is characterized by $Z_{sa} = 0$ or $\varrho_{sa} = 0$, $\Phi_{sa} = \pi/2$. A perfectly conducting piston in a coaxial or shielded-pair line and an infinite, perfectly conducting plane perpendicular to an open two-wire line

---

[1] R. KING: Phil. Mag. [7] **25**, 339 (1938).
[2] R. KING: Rev. Sci. Instrum. **8**, 201 (1937).

are ideal short circuits. A straight conducting bridge on an open-wire line is not. The theoretical inductance L_s of a straight conductor of length b that is not coupled inductively to any other part of the circuit is given by (13.11). The apparent inductance $L_{sa} = L_s + L_T$ is obtained by substituting (16.9) with (16.10) in (22.1) to evaluate

$$L_T = -\mu (b - a)/2\pi. \tag{22.2}$$

The same result is obtained from (13.10). The negative sign indicates that the constant value $l^e = (\mu/\pi) \log (b/a)$ exceeds the correct value $l^e (w)$ near the end. Actually, $l^e (w)$ is equal to $l^e/2$ at $w = 0$.

An ideal open end for a transmission line is characterized by $Y_{sa} = 0$ or $\varrho_{sa} = 0$, $\Phi_{sa} = 0$. The actual open end, $Y_s = 0$, of a transmission line does not provide such an ideal termination, since when $Y_s = 0$, the non-uniformity of $c(w)$ as the open end is approached—$c(w)$ increases from c at $w^2 \gg b^2$ to $2c$ at $w = 0$—provides an apparent terminal admittance given by $Y_{sa} = Y_s + Y_T = 0 + j\omega C_T$ where C_T is calculated from (22.1) using (16.9) with (16.10). The integral so obtained has not been evaluated in closed form. An approximate formula for sufficiently large values of $2 \ln (b/a)$ is [6],

$$C_T \approx \frac{\pi \varepsilon (b - a)}{2 [\ln (b/a)]^2}. \tag{22.3}$$

Thus, an actual open end is equivalent to an apparent capacitive termination C_T if conventional transmission-line formulas are used.

The approximate determination of the terminal- or junction-zone networks for various changes in cross-section, T-junctions, bends, and antennas terminating transmission lines is discussed in the literature [6], [8], [4].

23. Transmission lines with non-sinoidal e.m.f.; transients. In the analysis of transmission lines in the preceding sections a simple sinusoidal time dependence of the form $v_0^e = V_0^e \cos \omega t$ is assumed for a generator at $x = 0$. The resulting instantaneous voltage at any point x along an infinite or matched line is,

$$v_x = V_0^e e^{-\alpha x} \cos (\omega t - \beta x). \tag{23.1}$$

This formula may be interpreted as an attenuated traveling wave with surfaces of constant phase moving along the conductors with the constant phase velocity $v_p = \omega/\beta$.

If the driving voltage v_0^e is modulated in amplitude at a frequency $\delta\omega$ that is small compared with the carrier frequency ω $(\delta\omega \ll \omega)$ it may be represented as follows:

$$\begin{aligned} v_0^e &= V_0^e [1 + m \cos (t\, \delta\omega)] \cos \omega t \\ &= V_0^e \left[\cos \omega t + \frac{m}{2} \cos (\omega + \delta\omega) t + \frac{m}{2} \cos (\omega - \delta\omega) t \right] \end{aligned} \tag{23.2}$$

where m is the degree of modulation. This formula is seen to represent the superposition of three periodic e.m.f.'s at the slightly different angular frequencies $\omega, \omega + \delta\omega, \omega - \delta\omega$. It follows that the instantaneous voltage at any point along the line is the superposition of three solutions like (23.1) with appropriate phase constants $\beta, \beta + \delta\beta, \beta - \delta\beta$, and attenuation constants $\alpha, \alpha + \delta\alpha, \alpha - \delta\alpha$. In general, both phase and attenuation constants are functions of frequency. Thus,

$$\begin{aligned} v_x = V_0^e \Big\{ &e^{-\alpha x} \cos (\omega t - \beta x) + \frac{m}{2} e^{-(\alpha + \delta\alpha) x} \cos [(\omega + \delta\omega) t - (\beta + \delta\beta) x] + \\ &+ \frac{m}{2} e^{-(\alpha - \delta\alpha) x} \cos [(\omega - \delta\omega) t - (\beta - \delta\beta) x] \Big\}. \end{aligned} \tag{23.3}$$

15*

This formula may be simplified if $\delta\alpha$ is small and attention is focussed on a section of line that is not so long as to violate the condition: $0 \leq x \ll (\delta\alpha)^{-1}$. Within these limitations it is correct to set $e^{-x\delta\alpha} \approx 1$ so that (23.3) becomes,

$$v_x \approx V_0^e e^{-\alpha x} [1 + m \cos(t\,\delta\omega - x\,\delta\beta)] \cos(\omega t - \beta x). \tag{23.4}$$

This formula represents an attenuated traveling wave like that given by (23.1) but with a slowly and periodically varying amplitude as determined by the square bracket. The carrier wave travels along the line with a phase velocity $v_p = \omega/\beta$ while the amplitude modulation travels with a velocity (known as the group velocity) $v_g = \dfrac{\delta\omega}{\delta\beta} = v_p + \beta\dfrac{\delta v_p}{\delta\beta}$. If β is a linear function of ω, as when the line is lossless, $v_g = v_p$ and the modulation envelope travels along the line at the same velocity as any particular phase of the carrier frequency. If the velocity of the modulation envelope is different from that of the carrier, *dispersion* is said to occur. Dispersion is normal if the phase velocity decreases with increasing frequency so that $v_g < v_p$; dispersion is anomalous if $\delta v_p/\delta\beta$ is positive and $v_g > v_p$.

It can be shown [6], [15], that v_g is also the velocity of propagation of a voltage pulse that can be represented in terms of a narrow band of frequencies in the form

$$v_z = \int_{\beta-\delta\beta}^{\beta+\delta\beta} V(\beta)\, e^{j(\omega t - \beta z)}\, d\beta$$

where $V(\beta)$ is an arbitrary amplitude function of the frequency when the phase constant is between $\beta - \delta\beta$ and $\beta + \delta\beta$, and is vanishingly small outside of this interval. The corresponding angular frequency range is $\omega - \delta\omega$ and $\omega + \delta\omega$. If $\delta\omega$ is small and the frequency variation of the attenuation is neglected the shape of a pulse or of a modulation envelope remains approximately the same over a significant distance along the transmission line. Under these conditions a velocity of propagation is meaningful; it is the group velocity.

A general approach to the problem of transients on a transmission line is obtained by proceeding from the Eqs. (16.13) when expressed for an arbitrary rather than periodic time dependence. This has been done only when the parameters r^i, l, g, and c are independent of the time or frequency. Since this is true only of l^e and c, is never true of r^i and l^i if physically available conductors are involved, and is true of g only over non-dispersive ranges, the effect of dissipation on the transient response of a line is difficult to handle accurately. However, since on most lines g is practically zero, l^i is negligible compared to l^e, and r^i is small and of the same order of magnitude as the constant d.c. resistance per unit length over a very wide frequency spectrum, a general understanding of the problem may be obtained by treating r^i, l, and g along with c as constants independent of the time.

The equations for a general dependence upon the time may be obtained from (16.13) by reintroducing the suppressed factor $e^{j\omega t}$, setting $v(x, t) = V(x)\,e^{j\omega t}$, $i(x, t) = I(x)\,e^{j\omega t}$, and treating r, l, c, and g as constants. The resulting equations are

$$-\frac{\partial v(x, t)}{\partial x} = r\,i(x, t) + l\,\frac{\partial i(x, t)}{\partial t}, \qquad -\frac{\partial i(x, t)}{\partial x} = g\,v(x, t) + c\,\frac{\partial v(x, t)}{\partial t}. \tag{23.5}$$

An additional approximation involved in these equations when applied to open-wire lines is the neglect of radiation. For periodic phenomena radiation is usually insignificant at frequencies for which the line spacing is small compared with the wave length, but not for higher frequencies.

The solution of (23.5) may be reduced to formal equivalence with the solution of (16.13) by application of the Laplace transformation to eliminate the time as an explicit variable and simultaneously to incorporate the initial conditions—in the Laplace-transformation method these are introduced at the outset. For present purposes of studying the behavior of a transient on a transmission line it is convenient and adequate to consider the effect of a simple step-function pulse generated by impressing a direct voltage across the end of the line at $t = 0$. Such a pulse can not be described in terms of a narrow band of frequencies.

The Laplace transform $F(s)$ of any function of the time $f(t)$ is defined by

$$L\left[f(t)\right] = F(s) = \int_0^\infty f(t)\,e^{-st}\,dt, \qquad (23.6)$$

where s is in general complex. The Laplace transform of a time derivative is readily shown to be,

$$L\left[\frac{\partial f(t)}{\partial t}\right] = s\,F(s) - f(0+), \qquad (23.7)$$

where the time $(0+)$ is the instant directly following the switching operation at $t = 0$.

With (23.6) and (23.7) applied to (23.5), the transformed equations have the following simple forms if it is assumed that the distributions of both $v(x, t)$ and $i(x, t)$ are zero when $t \leq 0+$:

$$-\frac{\partial V(x, s)}{\partial x} = (r + l\,s)\,I(x, s), \quad -\frac{\partial I(x, s)}{\partial x} = (g + c\,s)\,V(x, s) \qquad (23.8)$$

$V(x, s)$ and $I(x, s)$ are Laplace transforms at $v(x, t)$ and $i(x, t)$.

These equations are like (16.13) except that s replaces $j\omega$ in the expressions corresponding to $r + j\omega l$ and $g + j\omega c$. It follows that the corresponding solutions for an infinitely long line are:

$$V(s) = V(0)\,e^{-\gamma x}; \qquad I(s) = \frac{V(0)}{Z}\,e^{-\gamma x}, \qquad (23.9)$$

where

$$\gamma = \sqrt{(r + l\,s)(g + c\,s)}; \quad Z_c = \sqrt{\frac{r + l\,s}{g + c\,s}}, \qquad (23.10)$$

and $V(0)$ is the voltage step applied at $x = 0$.

In order to obtain the instantaneous currents and voltages along the line as functions of the time, it is necessary to obtain the inverse Laplace transforms of these solutions. Their evaluation has been accomplished by WAGNER (see p. 185 of Ref. [18]). The results are,

$$i(x, t) = \frac{V(0)}{R_c}\left\{e^{-\delta t}\,J_0\left[j\,\psi\sqrt{t^2 - x^2/v_p^2}\right] + \frac{g}{c}\int_{x/v_p}^t e^{-\delta\xi}J_0\left[j\,\psi\sqrt{t^2 - x^2/v_p^2}\right]d\xi\right\} \qquad (23.11)$$

$$v(x, t) = V(0)\left\{e^{-\delta x/v_p} - \frac{j\,\psi}{v_p}\int_{x/v_p}^t e^{-\delta\xi}\,\frac{x}{\xi^2 - x^2/v_p^2}\,J_1\left[j\,\psi\sqrt{\xi^2 - x^2/v_p^2}\right]d\xi\right\} \qquad (23.12)$$

where

$$\delta = \alpha\,v_p = \frac{1}{2}\left[\frac{r}{l} + \frac{g}{c}\right], \quad \psi = \frac{1}{2}\left[\frac{r}{l} - \frac{g}{c}\right], \quad R_c = \sqrt{\frac{l}{c}},$$

and $v_p = 1/\sqrt{lc}$ is the phase velocity. These expressions apply to any point x_1 along the line for all times t greater than $t_1 = x_1/v_p$; for times t less than t_1 both current and voltage are zero at the point x_1. Since at $t = t_1 = x_1/v_p$ the integrals in (23.11) and (23.12) vanish and $J_0[j\psi \sqrt{t^2 - x^2/v_p^2}] = 1$, it follows that the entire solution at the point x_1 at the instant $t_1 = x_1/v_p$ is,

$$i(x_1, t_1) = \frac{V(0)}{R_c} e^{-\delta t_1} = \frac{V(0)}{R_c} e^{-\alpha x_1}, \tag{23.13}$$

$$v(x_1, t_1) = V(0) e^{-\delta x_1/v_p} = V(0) e^{-\alpha x_1} = V(0) e^{-\delta t_1}, \tag{23.14}$$

where $\alpha = \delta/v_p$ is the attenuation constant. Note that at the instant $t = t_1$ when current and voltage have the values given in (23.13) and (23.14) at the point $x = x_1$, both current and voltage are zero at $x = x_1$ for $t < t_1$; they are likewise zero at $t = t_1$ for all $x > x_1$. Clearly, the wave front, consisting of a sharp rise in voltage from zero to $V(0) e^{-\alpha x}$ travels in the direction of increasing x with the velocity v_p. (The fact that the wave front remains an abrupt discontinuity is a consequence of the assumption that r^i, l^i, and g are constants independent of the temporal behavior of the current so that no dispersion occurs.) The current and voltage at the point $x = x_1$ for instants later than t_1, $t > t_1$, involves the evaluation of the integrals in (23.11) and (23.12). This has been carried out by Wagner (Ref. [17], p. 93; Ref. [18], p. 182) for the simpler case of a line with a perfect dielectric so that $g = 0$. In this case $\psi = \delta = r/2l$ and the formulas (23.11) and (23.12) reduce to the following:

$$v(x, t) = V(0) \left[e^{-\alpha x} - \int_{\alpha x}^{\delta t} \frac{j \alpha x e^{-\vartheta}}{\sqrt{\vartheta^2 - \alpha^2 x^2}} J_1(j \sqrt{\vartheta^2 - \alpha^2 x^2}) \, d\vartheta \right], \tag{23.15}$$

$$i(x, t) = \frac{V(0)}{R_c} e^{-\delta t} J_0(j \sqrt{\delta^2 t^2 - \alpha^2 x^2}). \tag{23.16}$$

Note that $\alpha = \delta/v_p$ is the attenuation constant. Graphs showing the normalized instantaneous current at different locations x on the line as a function of the time are in Fig. 21. The independent variable is the dimensionless quantity δt; the parameter is the likewise dimensionless quantity $\alpha x = x \delta/v_p$. For fixed values of α and δ the variation of the current in time changes greatly as the distance x is increased sufficiently. When αx is small ($\alpha x \leq 1$) the current at any point x rises abruptly to its maximum value at $t = x/v_p$ and then decays approximately exponentially in time. This maximum is the smaller the greater αx. For sufficiently small values of α this behavior applies to the current for large values of x, and even for the entire length s of the matched line if $\alpha s \leq 1$. If the line is sufficiently long or the attenuation sufficiently great so that αx may exceed one, the current rises abruptly at time $t = x/v_p$ but this initial amplitude diminishes rapidly when it occurs at larger and larger values of αx. Moreover, for $\alpha x > 2$ the current does not immediately and continuously decrease as time passes after the initial pulse has arrived, but actually *increases* for a time to values that are much greater than the initial one if αx is large. Ultimately the current reaches a maximum and then decreases. The effect of attenuation in modifying the shape of a pulse as it progresses along a transmission line is thus determined in the idealized case when line parameters are independent of the frequency.

In the analysis leading to Fig. 21 it is assumed that the internal inductance l^i and resistance r^i are constant at their d.c. values. Actually, when a pulse travels along a line the current and associated electromagnetic field vary so rapidly that its distribution in the interior of the conductor is far from the uniform value that obtains with direct currents. A solution of the transmission-line equations (23.5) by Pleijel[1] and by Wagner (Ref. [18], p. 238) takes account of the time dependence of the internal electromagnetic field[2]. The results indicate an initial rise of the current that is continuous and very rapid for low attenuation and short distances but increasingly gradual as the distance of travel increases. Evidently the abrupt rises in current shown in Fig. 21 are not strictly accurate but require some modification. The phase velocity v_p is not independent of the temporal behavior of the current in the conductors.

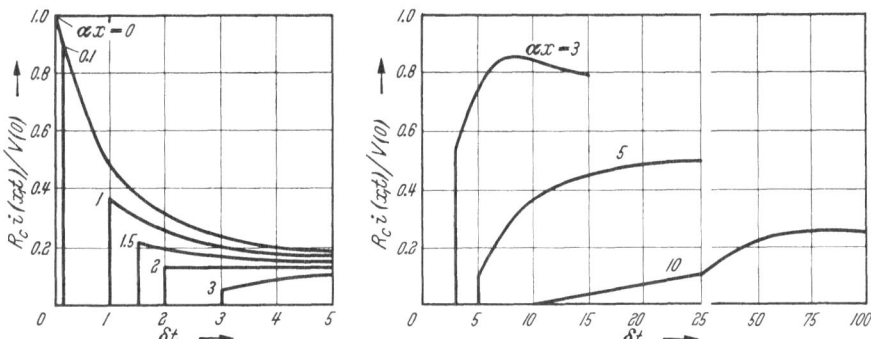

Fig. 21. Transient currents on a transmission line at different distances x from a steady voltage $V(0)$ at $x=0$ after being switched on at $t=0$; $\alpha = \delta/v_p$ is the attenuation constant. (Data of Wagner.)

24. Radiation from transmission lines.

In order to derive the conventional transmission-line equations for the current and the scalar potential difference along an open two-wire line as in Sect. 16, the condition $|\varkappa|\, b \ll 1$ is required. A consequence of this condition is that all terms that contribute to radiation from the line are made very small. The question as to whether the radiated power is thereby made negligible depends upon the fraction of the power dissipated as heat in the line and the total power in the load. Since the power radiated from a circuit involves the entire configuration of conductors, the complete circuit consisting of the line and the terminations at both ends must be considered if the radiated power is to be evaluated.

Consider a two-wire line extending from $x=0$ to $x=s$ in air. The generator maintains a periodic e.m.f. with angular frequency ω at $x=0$; it has an apparent impedance Z_{0a}. The impedance seen by the generator is

$$Z = Z_{0a} + Z_c \, \mathrm{Tan}\,(\gamma\, s + \vartheta'_{sa}) + R_0^e$$

where $\gamma = \alpha + j\beta$, $\vartheta'_{sa} = \varrho_{sa} + j\,\Phi'_{sa} = \mathrm{Ar\,Tan}\,(Z_{sa}/Z_c)$, and $R_0^e = 2P/|I_0|^2$ is the external or *radiation resistance* referred to the current I_0 at $z=0$. P is the average radiated power. The distribution of current as determined neglecting radiation is,

$$I_x = I_0 \frac{\mathrm{Cos}\,[\gamma\,(s-x) + \vartheta'_{sa}]}{\mathrm{Cos}\,(\gamma\, s + \vartheta'_{sa})} . \tag{24.1}$$

There are several methods available for evaluating R_0^e by proceeding from different but equivalent power equations as given in Sect. 15. These all lead to the same results, but they differ in the amount of manipulative mathematical work required. If it is assumed that the terminating impedances Z_{0a} and Z_{sa} are effectively lumped so that I_0 and I_s are effectively constant in amplitude from

[1] H. Pleijel: Teknisk Tidskr. (E) **48**, 129 (1918).
[2] See also R. L. Wigington and N. S. Nahman: Proc. Inst. Radio Engrs., **45** 166 (1957)

one line conductor to the other, an approximate general formula for R_0^e is[1]:

$$R_0^e = \frac{\zeta_0}{4\pi} \beta^2 b^2 \frac{\mathrm{Cos}\,(\alpha s + 2\varrho_{sa})}{|\mathrm{Cos}\,(\gamma s + \vartheta'_{sa})|^2} \left(\mathrm{Cos}\,\alpha s - \frac{\sin 2\beta s}{2\beta s}\right). \tag{24.2}$$

Note that (24.2) is derived by assuming the current in (24.1), (which is derived assuming radiation to be negligible), to be a good approximation. It is readily specialized to the low-loss nonresonant line by setting $\varrho_{sa} = \infty$ and treating αs as very small compared with unity. The result is

$$R_0^e = \frac{\zeta_0}{2\pi} \beta^2 b^2 \left(1 - \frac{\sin 2\beta s}{2\beta s}\right). \tag{24.3}$$

Note that when $\beta s = n\pi$, n integral, or s is sufficiently great, $R_0^e \approx 60\beta^2 b^2$ ohms. For a low-loss line with a low-loss termination, the radiation resistance referred to a maximum current I_m is,

$$R_m^e = R_0^e \sec^2\,(\beta s + \Phi'_{sa}) = \frac{\zeta_0}{4\pi} \beta^2 b^2 \left(1 - \frac{\sin 2\beta s}{2\beta s}\right). \tag{24.4}$$

Since all line losses are neglected in the derivation of (24.4), the input radiation resistance R_0^e necessarily becomes infinite when $\cos\,(\beta s + \Phi'_{sa}) = 0$ and I_0 vanishes. For this reason radiated power is often expressed in terms of the maximum current I_m and the radiation resistance referred to maximum current as in (24.4). Note that when $\beta s = n\pi$, n integral, or s is sufficiently great $R_m^e \approx 30\beta^2 b^2$ ohms. This value has been verified experimentally by CHAPMAN et al.[2]. An improved formula for the radiation resistance resistance of a resonant line that takes account of the finite ratio of line spacing b to were radius a was derived by WU[3] using a Wiener-Hopf method. It is:

$$R_m^e = \frac{\zeta_0}{4\pi} \beta^2 b^2 \left\{1 - \frac{\beta^2 b^2}{6}\left[\frac{1}{4} + \frac{\log\,(1/\beta b) + 1.256}{\log\,(b/a)}\right]\right\}. \tag{24.5}$$

For closely spaced lines with $\beta b \approx 1$, the radiation resistance is usually negligible. An important exception is considered in Sect. 29.

Radiation from shielded lines of all types is essentially zero at high frequencies if the shield is completely closed (including connections to terminations) and is so highly conducting that the skin depth is a small fraction of the wall thickness. If the line has an open or partly open end in the sense that the dielectric in the line is in contact with free space, radiation from the shielded line may be significant. This is true in particular if the load is of such a nature that appreciable currents are excited on the *outside* surface of the shield. Such currents are maintained for example, when a symmetrical load is center-driven from a coaxial line of which the inner conductor is connected to one half of the antenna and the shield to the other half. In this case the outer surface of the shield constitutes an affective antenna, much as does an unbalanced two-wire line.

D. Radiating circuits: antennas.

An essential property of all unrestricted and unshielded alternating current circuits is radiation. And it is primarily through a study of radiating circuits or antennas that a full grasp of the scope and significance of macroscopic electromagnetic theory may be obtained. Whereas the technical importance of antennas

[1] J. E. STORER and R. KING: Proc. Inst. Radio Engrs. **39**, 1408 (1951).
[2] R. A. CHAPMAN, E. F. CLARK, N. A. HOY and M. YUXTO: J. Appl. Phys. **23**, 613 (1952).
[3] T. T. WU: Scientific Report No 8, Contract No AF. 19 (604)-786, Cruft Laboratory Harvard University. Cambridge, Mass., USA., 1957.

is generally recognized, the physicist may easily overlook the fact that because of their intimate connection with the radiating process they are, in many respects, the most interesting and most general type of electric circuit. Moreover, the emission, absorption, and scattering of electromagnetic radiation by matter insofar as they may be described by classical physics are closely related to the corresponding phenomena in macroscopic circuits.

Although radiation is an inevitable characteristic of unshielded alternating current circuits, it is nevertheless insignificant in properly designed electric networks and transmission lines. In general, these are arranged to provide equal and opposite currents sufficiently close together to produce practically cancelling electromagnetic fields at distant points. That this is indeed true and that radiation may be made negligible in this manner cannot be determined from either conventional electric circuit theory or conventional transmission-line theory since neither includes the terms that are involved in radiation. One of the initial approximations in the derivation of both circuit and transmission-line theory from electromagnetic theory is the omission as negligible of the terms that contribute to radiation. In most instances this is very well justified. Nevertheless, there are a few circuits that appear to have only the properties of lumped constant networks or of transmission lines, but that have radiation as a primary function. Examples are the radio-frequency loop antenna and the antenna consisting of a single conductor parallel to and very close to a metal surface.

There are numerous radiating devices such as shaped sheet-metal reflectors, horns, leaky waveguides, dielectric rods, and others, that have little in common with circuits constructed of wires. Antennas of such types are not considered in this article, which is limited to quasi-one-dimensional electric circuits. However, many of the most important radiating circuits are constructed of geometrically relatively simple configurations of thin cylindrical conductors or wires and their circuit properties are closely related to those of conventional networks and transmission lines. Incidentally, many of the properties of three-dimensional antenna structures may be interpreted at least qualitatively in terms of suitable arrays of linear radiating elements.

The general name, radiating circuits, is understood to include circuits designed for the transmission, for the reception, or for the scattering of electromagnetic waves. The study of such circuits includes two primary analytical problems: the *circuit problem* and the *field problem*. The former involves transmitting antennas and primarily loaded receiving antennas. It is concerned with distributions of current, driving-point impedances, equivalent circuits, and induced electromotive forces. The field problem is devoted to the determination of the electromagnetic fields of transmitting and scattering antennas and to their directional properties. It depends upon the three-dimensional solution of MAXWELL's equations subject to boundary conditions, so that it is properly a part of a later article[1].

Some aspects of the circuit theory of antennas that are closed loops of wire are in Sect. 12, where general integral conditions on the distributions of current in circuits of arbitrary shape and unrestricted size are given in (12.6a) and (12.9b). However, these conditions are not sufficient to determine the distributions of current. Moreover, with the important exception of loop and rhombic antennas, most thin wire antennas are not in the form of closed rings, but consist of one or more straight conductors with free ends. A generalization of the formulation in Sect. 12 is necessary in order to drive integral equations for the currents. Fortunately, the simpler geometrical configurations are also of primary importance

---

[1] See H. BREMMER's contribution to this volume, p. 423 ff.

in practice, so that attention may be focussed on them. General studies of the circuit properties of radiating circuits are in Ref. [1], [5], [11],[12], and [20].

25. Definition of an antenna and of a radiating system. A transmitting antenna is an arrangement of conductors in which periodically varying distributions of current are so disposed that they exert significant forces on electric charges at great distances, as, for example, on the charges in the wires of a receiving antenna. An antenna with its driving generator and the necessary connecting network—usually consisting of a transmission line—constitutes a complete radiating system. The electromagnetic field of such a system is defined by the Maxwell equations (2.18) to (2.20) in terms of the alternating currents and charges in *all* conductors. However, in well-designed systems the contributions to the electromagnetic field at great distances by currents in lumped-constant networks and balanced transmission lines virtually cancel. As a consequence they are usually negligible compared with the contributions to the radiation field by the largely uncancelled currents in the typical antenna. Thus, the fundamental criterion underlying the definition of an antenna is the requirement that it provide suitable conducting paths for distributions of alternating current that maintain the electromagnetic field at distant points; any part of a circuit that contributes significantly to this field is by definition a part of the antenna.

It is important to note that it is not possible, as is often supposed, to determine which part of a complete radiating system is the antenna by applying the power equation (7.11) to a suitably chosen volume τ enclosed by a surface Σ. If Σ contains the entire radiating system—the generator, antenna, and transmission line—the real part of the integral $\int_{\Sigma} \hat{\boldsymbol{n}} \cdot \boldsymbol{S} \, d\Sigma$ (where $\boldsymbol{S}$ is the complex Poynting vector), over this surface is a measure of the total time-average power transferred from within Σ to the region outside Σ. On the other hand, if the surface Σ_A encloses only the antenna and not the generator, the integral $\int_{\Sigma_A} \hat{\boldsymbol{n}} \cdot \boldsymbol{S} \, d\Sigma$ over Σ_A is negative and measures the average power transferred from the region outside Σ_A to the region inside Σ_A and dissipated there as heat in the small ohmic resistance of the antenna. By suitably deforming and contracting the surface Σ in forming the integral $\int_{\Sigma} \hat{\boldsymbol{n}} \cdot \boldsymbol{S} \, d\Sigma$ it is possible to locate the generator as the source of energy, but not the antenna as the radiating element. In some theoretical analyses antennas are treated as though they were in themselves complete radiating systems. This implies the existence of one or more self-contained generators concentrated at one point or distributed continuously along the conductors forming the antenna. A common assumption is a fictitious source of e.m.f. maintained across an air gap in the conductor. Such confounding of physically unavailable generators with actual antennas leads to analytical difficulties that are best avoided. In all practical radiating systems the antenna and the generator (or generators) are separate entities joined by some kind of a transmission line. The nature of the generator is of no interest in the circuit analyses of the antenna and its feeding line[1]. All that is relevant is the existence of a continuous conducting path (except for possible series condensers) from the terminals of the generator to the terminals of the antenna. Two typical and practical transmitting systems are illustrated in Fig. 22. They consist of a generator driving a transmission line that is end-loaded with an antenna. In Fig. 22a the line is coaxial and the antenna consists of both the extension of the inner conductor and of the highly conducting ground plane. The currents on these

---

[1] R. King: J. Appl. Phys. **26**, 317 (1955).

surfaces maintain the radiation field. If the ground plane is infinite in extent all relevant currents are near the upper surface. If it is finite the currents on the lower side and on the outer surface of the coaxial line also contribute in a degree that depends on the size of the ground plane. In Fig. 22b the transmission line is of open two-wire construction and the symmetrical antenna consisting of two straight pieces of cylindrical conductor is a balanced load There are numerous other methods of driving wire antennas. In the following section the circuit properties of the symmetrical center-driven antenna in Fig. 22b are determined; a discussion of the structure shown in Fig. 22a is in Sect. 27.

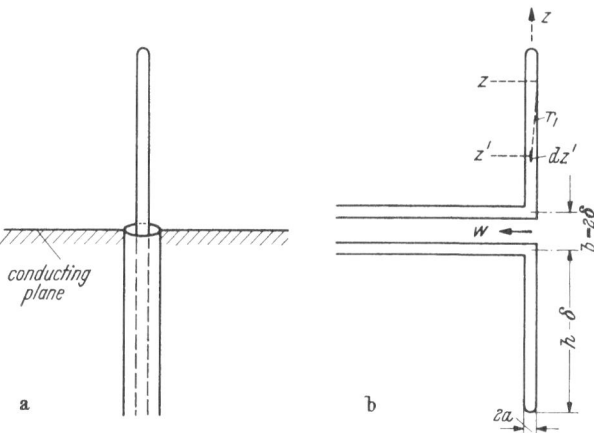

Fig. 22a and b. (a) Antenna base driven from coaxial line; (b) antenna center-driven from two-wire line.

26. Antenna terminating a two-wire line.
Although the circuit shown in Fig. 22b is geometrically simple, the analytical problem of determining the distributions of current in the antenna and in the transmission line, including especially the current at their junction which specifies the admittance of the antenna, is formidable. Even a quasi-one-dimensional formulation involves simultaneous integro-differential equations which have not been solved in any rigorous sence. However, unlike the general problem of electric circuits in which the impedance properties of most configurations have defied accurate theoretical evaluation and are, as a matter of course, determined only experimentally, a useful approximate solution is possible for the cylindrical antenna driven by a two-wire line. This is accomplished with the aid of the general procedure outlined in Sect. 17 for a transmission line with an arbitrary load and is carried out for simple terminations in Sect. 22. In effect, the procedure is to separate the problem into three somewhat idealized parts. These are the uniform line, the quasi-isolated antenna and the equivalent lumped network of the junction region that corrects for the actual electrical nonuniformity of the line near its junction with the antenna and takes account of the coupling between the line and the antenna. This separation is indicated schematically in Fig. 23 in which is shown a uniform line, a terminal-zone network of the lumped elements L_T and C_T, and an impedance Z_δ representing the input impedance of the antenna as shown in Fig. 24. The antenna is treated as if isolated insofar as all interaction with the line is concerned, except for the currents that enter and leave the adjacent ends from and to the line and the scalar potential V_δ that is maintained across these ends. The impedance apparently terminating the line is $Z_{AB} = Z_{sa}$. It includes the ideal impedance Z_δ of the antenna as modified by end and coupling effects. Note that

Z_{sa} is the measurable impedance looking into the line toward the load at a distance of one-half wavelength.

The two conductors of the transmission line are parallel to the x-axis and extend from $x=0$ to $x=s$ with their axes at $z=\pm\delta=\pm b/2$. The antenna is parallel to the z axis which is located at $x=s$ or $w=0$; the halves of the antenna each of length $h-\delta$, extend from $z=-h$ to $z=-\delta$ and from $z=\delta$ to $z=h$. All conductors have a radius a that satisfies the inequalities $ka\ll1$, $a\ll h$, where $k=2\pi/\lambda$. It is also assumed that the line spac-

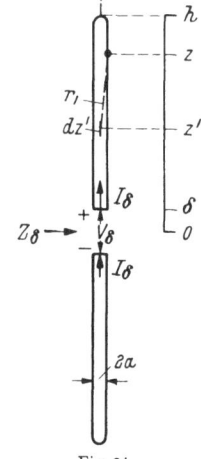

ing b satisfies the condition $(kb)^2\ll1$, so that radiation from the line is negligible compared with that from the antenna.

In the quasi-one-dimensional analysis to be outlined below, it is not possible to take accurate account of the surfaces near $z=\pm h$ on the antenna and near $z=\pm\delta$ at the junction of the antenna with the line. These surfaces involve dimensions of the order of magnitude of the radius a. A correction for the surfaces at $z=\pm h$ may be made

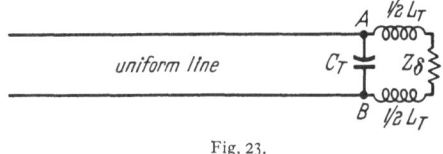

Fig. 23.

Fig. 24.

Fig. 23. Idealized transmitting system consisting of a uniform two-wire line, a lumped impedance Z_δ, and a terminal-zone network to compensate for end and coupling effects. $Z_{AB}=Z_{sa}$, the apparent load impedance.

Fig. 24. Idealized quasi-isolated antenna.

unnecessary by using hemispherical ends in practice, so that the total chargeable area at the ends of the actual antenna are the same as those at the ends of the hypothetical cylinder of the same axial length and with neither flat end surfaces nor the interior surfaces of a tube. Small errors at the junctions $z=\pm\delta$ are usually negligible; if required, an additional correction may be introduced in the terminal-zone network.

The approximate determination of the elements L_T and C_T of the terminal-zone network for the symmetrical antenna driven by a two-wire line may be carried out independent of the analysis of the antenna and following the method outlined in Sect. 17. Since the conductors of the antenna are perpendicular to those of the line, it follows that there is no inductive coupling between line and antenna, $[a_1(w)=1]$, so that L_T is due entirely to transmission-line end effect and is given by (22.2). Usually L_T is sufficiently small to contribute negligibly to Z_{sa}. C_T may be evaluated approximately by assuming a uniform distribution of charge per unit length in the small junction region and neglecting retardation. Details and numerical data are in the literature (for example on pp. 50 to 55 of Ref. [5] and pp. 407, 408 of Ref. [6]). An approximate formula for sufficiently large values of log (b/a) is $C_T=-3cb/[2\log(b/a)]$. The negative sign indicates that the effective capacitance per unit length, $c(w)$, of the line near its junction with the antenna is greater than the value c for an infinitely long line. It follows that a negative lumped capacitance must be used in the terminal-zone network to correct for the error made by using conventional line theory with the constant value c. For two-wire lines with practical values of b and a, C_T may be sufficiently large to make Z_{s_a} differ greatly from Z_δ.

One method for determining Z_δ and the distribution of current in the antenna shown in Fig. 24 is to proceed directly from the boundary condition (3.12) that prescribes the continuity of the tangential component of the electric field E_z at the surface $r = a$ of the antenna. Evidently, E_z may be expressed in terms of the total current I_z using (9.14a) as the boundary is approached from within and in terms of the vector potential A using (4.6) as the boundary is approached from the outside. By equating these two values the following result is obtained;

$$\frac{\partial}{\partial z}(\operatorname{div} A) + k^2 A_z = \frac{j k^2}{\omega} z^i I_z. \tag{26.1}$$

In the original circuit of Fig. 22b, which includes the transmission line, the vector potential A has both a z-component due to currents in the antenna, and an x-component due to currents in the line. The x-component occurs in (26.1) only in the term $\partial A_x/\partial x$ which is part of div A; it represents the coupling between the antenna and the line of which account is taken in the lumped element C_T. If C_T is included in the circuit, then the term $\partial A_x/\partial x$ may be omitted in (26.1) and the equation reduces to the form appropriate for the simpler circuit of Fig. 24 where $A_x = 0$. The simplified equation is,

$$\left(\frac{\partial^2}{\partial z^2} + k^2\right) A_z = \frac{j k^2}{\omega} z^i I_z. \tag{26.2}$$

It may be solved directly for A_z and the value so obtained equated to the integral (11.6). The following integral equation is thus obtained for the current in the upper half $(\delta \gtrless z \gtrless h)$ of the antenna:

$$\left(\int_{-h}^{-\delta} + \int_{\delta}^{h}\right) I_z' K_1(z, z')\, dz' = \frac{-j 4\pi}{\zeta_0 \cos k \delta}\left[C_1 \cos k(z - \delta) + \frac{1}{2} V_\delta \sin k z\right] + $$
$$+ \frac{j 4\pi z^i}{\zeta_0} \int_{\delta}^{z} I(s) \sin k(z - s)\, ds, \tag{26.3}$$

where $K_1(z, z') = e^{-jkr_1}/r_1$ with $r_1 = \sqrt{(z - z')^2 + a^2}$. The current in the lower half is obtained from the symmetry relation $I(-z) = I(z)$ which is valid for a symmetrical center-driven antenna. In obtaining (26.3) one of the arbitrary constants of integration has been expressed in terms of the scalar potential difference, $V_\delta = \varphi(\delta) - \varphi(-\delta) = 2\varphi(\delta)$, which is maintained across the ends of the antenna by the feeding line. Use is made of the Lorentz condition in the form $(\partial A_z/\partial z) + (j k^2/\omega) \varphi = 0$. Note that $\zeta_0 = \sqrt{\mu_0/\varepsilon_0} \approx 376.7$ ohm.

The integral equation (26.3) may be solved for the current using an iteration procedure. In order to arrange the equation in the proper form it is convenient to add the function $\psi_\delta(z)$ to both sides, where

$$\psi_\delta(z) = \psi + \gamma(z) = \left(\int_{-h}^{-\delta} + \int_{\delta}^{h}\right) g(z, z') K_1(z, z')\, dz'. \tag{26.4}$$

The function $g(z, z') \approx I_z'/I_z$ is an approximate current-distribution function and ψ is the magnitude of $\psi_\delta(z)$ at its maximum. The resulting equation may be rearranged for iteration with I_z explicitly on the left while the only terms involving I_z on the right are small difference terms. The magnitude of these terms depends on the degree in which $g(z, z')$ approximates the true distribution of current.

With a good choice of $g(z, z')$ the leading terms on the right may be chosen as a zeroth-order solution for I_z and used in the small difference terms to obtain a first-order solution. The iteration may be continued by substituting improved solutions in the difference terms. The constant C_1 is evaluated by substituting the iterated currents in the equation with $z = h$, $I_h = 0$. The final result may be expressed in the form of a series in the numerator and a series in the denominator, both in powers of $1/\psi$. Thus,

$$I_z = \frac{j\,2\pi V_\delta}{\zeta_0\,\psi}\left[\frac{\sin k\,(h-z) + M_1(z)/\psi + M_2(z)/\psi^2 + \cdots}{\cos k\,(h-\delta) + A_1(h)/\psi + A_2/\psi^2 + \cdots}\right], \qquad (\delta \leq z \leq h). \qquad (26.5)$$

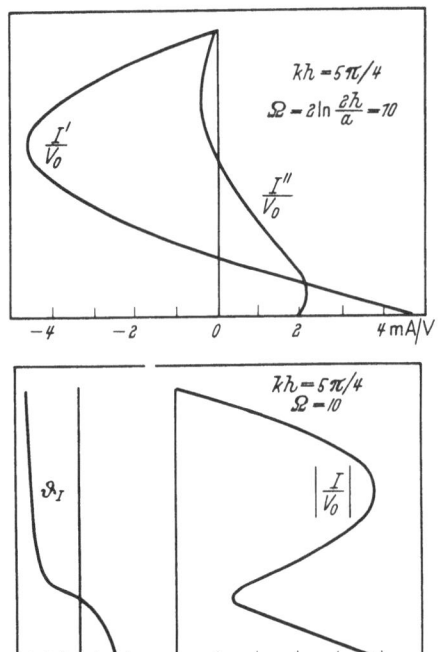

The functions $M_1(z)$, $M_2(z)$, etc. and the constants $A_1(h)$, $A_2(h)$, etc. are complicated integrals related to sine and cosine integrals. Detailed formulas are in Ref. [5], as are tables of ψ as a function of kh with $\Omega = 2 \ln (2h/a)$ as the

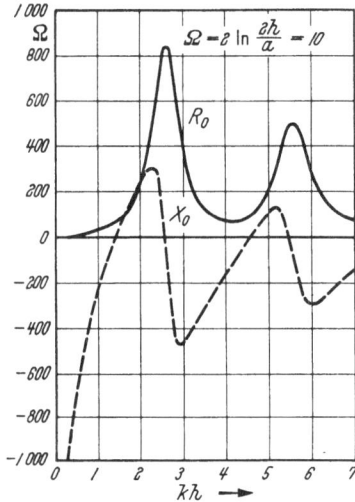

Fig. 25. Typical distribution of current along one half of center-driven antenna; $I = I'' + jI' = |I|e^{j\,\vartheta_I}$.

Fig. 26. Typical impedance of center-driven cylindrical antenna.

parameter. ψ is evaluated using $g(z, z') = \sin k\,(h - |z'|)/\sin k\,(h - |z|)$ as obtained from the leading term in (26.5). It has been verified that for good conductors the particular integral with z^i, the internal impedance per unit length, as a coefficient contributes negligibly. Curves of the real and imaginary parts and of the magnitude and angle of $I_z = I''_z + jI'_z = |I_z|\,e^{j\,\vartheta_I}$ are in the literature [1], [5]. Illustrative theoretical curves for $kh = 5\pi/4$ are shown in Fig. 25 with $\delta \approx 0$. These are in good agreement with measured distributions [5].

The admittance, $Y_\delta = G_\delta + jB_\delta = I_\delta/V_\delta$, of the isolated antenna is obtained directly from (26.5) by setting $z = \delta$ and dividing both sides by V_δ. The resulting expression may be made more generally useful by expanding Y_δ in a Maclaurin series in powers of the small quantity $k\delta$, representing one half of the electrical distance kb between the two conductors of the transmission line. The leading term Y_0 is the input admittance of the antenna as the two conductors of the line are brought closer and closer together but do not come in contact. For wires of finite radius the limit $\delta = 0$ is not attainable. However, Y_0 may be determined experimentally by measuring Y_{sa} for a progressively decreasing sequence of values of the line spacing b, plotting the real and imaginary parts against b, and extrapolating the curves so obtained to $b = 0$. Note that as b is reduced the terminal zone becomes shorter and shorter and in the extrapolated limit, $Y_{sa} \rightarrow Y_0$. Evidently the *same* Y_0 could be obtained in this manner using any type of transmission line instead of a two-wire line. It appears, then, that the theoretically determined value Y_0 is the ideal admittance of an antenna driven by a transmission line of near zero spacing. By combining with Y_0 the first correction term in the expansion of Y_δ and using this with the appropriate terminal-zone network the measurable apparent admittance Y_{sa} may be determined. Typical curves of $Z_0 = 1/Y_0$ are in Fig. 26; extensive tables and curves are in the literature [5], [12], as well as detailed comparisons of experimentally determined values of Z_{sa} for various types of lines with theoretical values obtained using Z_0 and appropriately designed terminal-zone networks. In general, the agreement is good. It may be concluded that the approximate theoretical determination of Z_{sa} and Z_δ is adequate for most practical purposes.

The analysis of the center-driven antenna also has been carried out using somewhat different iteration procedures[1,2] and also quite different methods[3-8]. Among the latter is the so-called e.m.f. method. This is based on the power equation (7.11) applied to the volume occupied by the antenna itself. If the conductor is assumed to be perfect and the spacing of the feeding transmission line negligible, this equation may be expressed as follows:

$$Z_0 \approx - \frac{1}{|I_0|^2} \int_{-h}^{h} E_z I_z^* \, dz, \tag{26.6}$$

since the complex Poynting vector is given by $\boldsymbol{S} = \frac{1}{2} \boldsymbol{E} \times \boldsymbol{H}^*$ and $\boldsymbol{H} = \hat{\boldsymbol{\vartheta}} H_\theta = \frac{\hat{\boldsymbol{\vartheta}} I_z}{2\pi a}$ on the surface of the antenna. The small end surfaces of the antenna are neglected. In order to evaluate the integral it is customary to assume that the current distribution is sinoidal, that is, given by the first term in (26.5) in the form

$$I_z = I_0 \frac{\sin k (h - |z|)}{\sin k h},$$

both in evaluating E_z and for substitution in (26.6). The resulting formula for Z_0 is the same as may be obtained from (26.5) if the first term is retained in the numerator and the first two terms in the denominator, and if the simplified expansion parameter $\psi = \Omega = 2 \ln (2h/a)$ is used. The impedance Z_0 so obtained becomes infinite when $kh = n\pi$, n integral; it yields the familiar value $Z_0 = R_0 + jX_0 = 73.13 + j42.5$ ohm when $kh = \pi/2$, which is a fair approximation for very thin antennas. More accurate theoretical results for R_0 range from 78.1 ohm for $h/a = 1.1 \times 10^4$ to 107.9 ohm for $h/a = 16.4$. The fact that the sinoidal distribution of current assumed in evaluating (26.6) yields a *non-vanishing* tangential electric field E_z on the surface of the *perfectly* conducting antenna in

[1] E. Hallén: Nova Acta Regiae Soc. Sci. Upsaliensis [4] **11**, 1 (1938).
[2] M. C. Gray: J. Appl. Phys. **15**, 61 (1944).
[3] S. A. Schelkunoff: Proc. Inst. Radio Engrs. **29**, 493 (1941).
[4] J. E. Storer: Sect. 39 of Chap. II in Ref. [5].
[5] B. Storm: See Sect. 42 of Chap. II in Ref. [5].
[6] J. L. Synge: Quart. Appl. Math. **6**, 133 (1948).
[7] C. T. Tai: Techn. Report No. 188, Stanford Research Institute, Stanford, California, August 1955.
[8] H. Zuhrt: Ref. [20].

violation of the boundary conditions is often ignored. Indeed, it is often concluded that the resulting incorrect non-zero value of the outwardly directed normal component of the Poynting vector S_ϱ on the surface of the antenna indicates an actual outward flow of energy from the antenna. The *correct* current necessarily leads to zero values of E_z and S_ϱ on the surface of perfectly conducting antenna, and to a value $E_z = I_z\, z^i$ for an imperfectly conducting antenna. In this latter case S_ϱ is negative, indicating an inward transfer of power in an amount equal to the ohmic dissipation in the conductor. The correct Poynting vector indicates no power transferred outward from the antenna. An outwardly directed Poynting vector is obtained correctly only on a surface enclosing a generator. Significantly, a true sinoidal distribution of current can be achieved along a cylindrical antenna only if a continuous distribution of generators with appropriate e.m.f.'s is provided.

27. Asymmetrical antennas. If the circuit consisting of a dipole antenna center driven from a balanced two-wire line as shown in Fig. 22b is modified by the

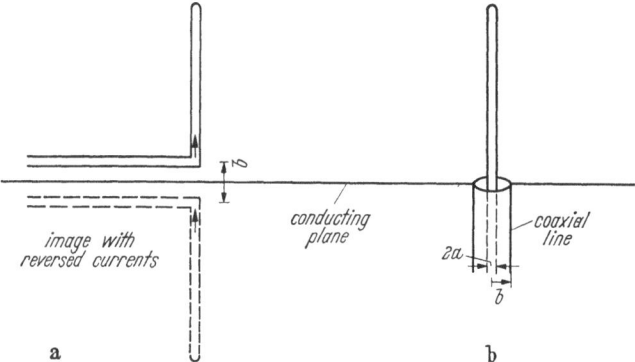

Fig 27 a and b. Asymmetrical antennas consisting of vertical wires over a conducting plane (a) driven by single-wire line above the plane; (b) driven by coaxial line that pierces the plane.

insertion of an infinite perfectly conducting plane half way between the conductors of the line and perpendicular to those of the antenna as shown in Fig. 27a nothing is changed electrically in either half space. Moreover, the upper half-space is electrically isolated from the lower so that the lower half of the antenna and line may be removed. The antenna in the upper half-space is now asymmetrical. Currents that contribute significantly to the distant field are in the remaining half of the originally center-driven antenna *and* in the conducting plane. Those in the latter are distributed in such a manner that they maintain exactly the same electromagnetic field above the conducting plane as would a symmetrical counterpart (image) of the antenna in the absence of the plane. Evidently this behaves like a mirror, except that the directions of currents and signs of charges are reversed in the image. Since the potential difference between the load end of the line and the image plane is exactly half of the potential difference V_δ originally maintained across the load end of the balanced line, while the current I_δ is the same, the impedance of the half dipole is one-half of the impedance Z_δ of a symmetrical dipole. The distributions of surface current and charge on the conducting plane are readily obtained from the boundary conditions using the fields determined for symmetrical antennas.

Instead of driving a vertical antenna over a conducting plane from a single-wire line parallel to the plane as in Fig. 27a, it may be driven by a coaxial line that pierces the plane as shown in Figs. 22a and 27b. Since the antennas are identical in the two different driving arrangements, their impedance properties must be the same in the limit as the line spacing is reduced to near zero. The line spacing b is the distance between the horizontal line and its image in Fig. 27a; it is the distance $b-a$ in the coaxial line shown in Fig. 27b. Hence, except for terminal-zone effects, the impedance Z_δ of the antenna terminating the coaxial line in Fig. 27b is the same as the impedance terminating the single-wire line in Fig. 27a. Both are one-half the impedance of the symmetrical center-driven antenna in Fig. 22b. The approximate terminal-zone capacitance C_T for the antenna terminating the coaxial line is given in Ref. [6], p. 435.

Another type of asymmetrical antenna is a conducting cylinder that is not driven in the middle. If such an antenna is driven by a two-wire line as shown in Fig. 28a, the transmission line is necessarily unbalanced so that it must be included as a part of the antenna. This is usually undesirable in practice and provides an analytically ambiguous problem unless all the relevant properties of the line are specified. A more practical method of driving a cylinder off center is to insert the generator and all sources of power inside the cylinder, and then drive its outer surface by means of a short piece of radial or biconical transmission line that maintains a voltage V_δ at its junction with the antenna. This circuit is shown in Fig. 28b. The cylindrical surface has a radius a; it consists of two parts with lengths h_1 and h_2 separated by a distance 2δ, which is the separation of the two surfaces of the transmission line. The current entering the upper section is equal to that leaving the lower one: $I_{1\delta}=I_{2\delta}$. The input impedance of the antenna is $Z_\delta=V_\delta/I_\delta$.

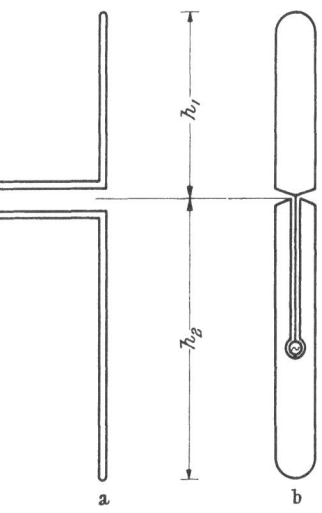

Fig. 28 a and b. Asymmetrically driven antennas.

A general analysis of the distributions of current in the two sections of the antenna may be carried out in a manner paralleling that used when the sections are identical and under the corresponding restrictions, $ka\ll1$, $a\ll h_1$, $a\ll h_2$. Actually, it is readily argued that since $I_{1\delta}=I_{2\delta}$ and the currents in both parts can change only slowly with distance from the input terminals, the distributions of current $I_{1z}/I_{1\delta}$ and $I_{2z}/I_{2\delta}$ near these terminals can differ but little from what they would be if both sections were like section 1 in determining $I_{1z}/I_{1\delta}$ and both like section 2 in determining $I_{2z}/I_{2\delta}$. It follows that a satisfactory approximation of the impedance of the asymmetrically driven antenna is given by $Z_\delta=\frac{1}{2}(Z_{1\delta}+Z_{2\delta})$ where $Z_{1\delta}$ and $Z_{2\delta}$ are, respectively, impedances of symmetrical center-driven antennas of half lengths h_1 and h_2. The input current I_δ is given by $I_\delta=V_\delta/Z_\delta$ and the distributions are well approximated by those of the corresponding center-driven antenna as obtained in Sect. 26.

An interesting application of the theory of the asymmetrically driven cylinder is to the sleeve dipole illustrated in Fig. 29a. This antenna is like an ordinary half dipole perpendicular to a conducting plane but with the driving point raised above the surface of the ground plane. It is readily verified by image theory or by an examination of the boundary conditions that the sleeve dipole is equivalent to a cylindrical antenna driven at two symmetrically located cross sections along its length as shown in Fig. 29b. By the principle of superposition the currents in the sleeve dipole are the algebraic sum of the currents maintained by each of the two generators separately. These, in turn, are the currents in the two parts of the asymmetrically driven antenna. Hence, by combining the solutions obtained for the two parts of an asymmetrically driven antenna,

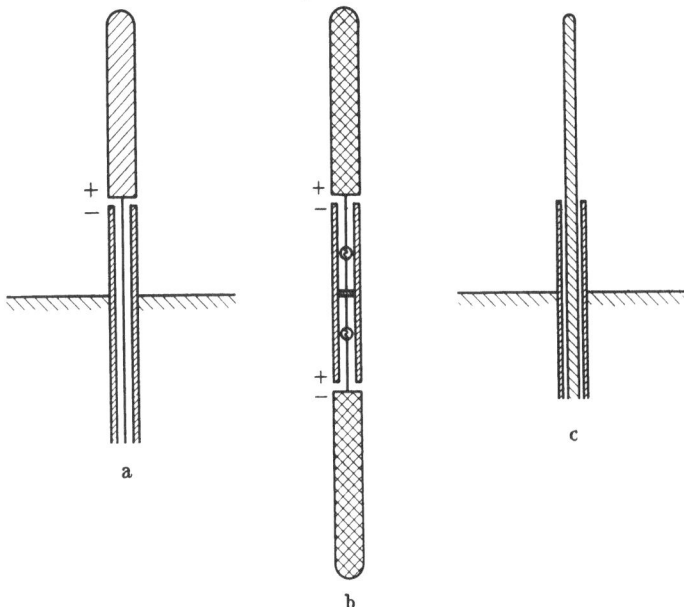

Fig. 29a–c. (a) Sleeve dipole with constant radius. (b) Equivalent of (a) in the upper half space. (c) Conventional sleeve dipole.

the currents in and the driving-point impedance of the sleeve dipole may be obtained. The sleeve dipole has important broad-band properties.

In practice, the section of a sleeve dipole from the ground plane to the driving point is often of larger diameter as shown in Fig. 29c. Depending upon the location of the driving point this change in diameter may affect both the distributions of current and the impedance significantly as compared with the analytically more tractable problem of an antenna of uniform radius.

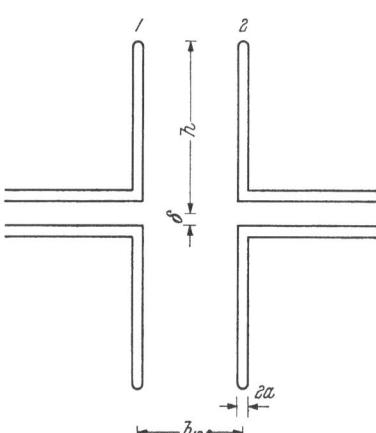

Fig. 30. Coupled parallel antennas.

28. Coupled parallel antennas. The analysis of coupled antennas in the circuit shown in Fig. 30 can be carried out using a simple extension of the method applied to the single antenna. It is assumed that the two antennas are identical with radius a and half-length h that satisfy the inequalities $ka \ll 1$, $a \ll h$. The antennas numbered 1 and 2, are separated a distance b_{12} between axes. Each is center driven or center loaded by a transmission line with arbitrary e.m.f. or load impedance; suitable terminal-zone networks may be designed to take account of coupling and end effects. Details are in the literature[1]. In the resulting approximately equivalent circuit the two antennas may be analyzed as if isolated

---

[1] For example, Sect. 9 in Chap. III of Ref. [5].

from feeding and loading lines except for the existence of the currents $I_{1z}(\delta)$ and $I_{2z}(\delta)$ entering and leaving the halves of the respective antennas and the voltages $V_{1\delta}$ and $V_{2\delta}$ maintained across their terminals. By the same general reasoning used in deriving (26.2) the following simultaneous differential equations are obtained for the vector potentials:

$$\left(\frac{\partial^2}{\partial z^2} + k^2\right) A_{1z} = j\frac{k^2}{\omega} z_1^i I_{1z}, \tag{28.1 a}$$

$$\left(\frac{\partial^2}{\partial z^2} + k^2\right) A_{2z} = j\frac{k^2}{\omega} z_2^i I_{2z}. \tag{28.1 b}$$

These equations may be solved for the vector potentials on the surfaces of the antennas and the solutions, in turn, may be equated to the appropriate integrals for the vector potentials which may be obtained from (11.6). The resulting pair of simultaneous integral equations for the currents in the upper halves of the two antennas are:

$$\left.\begin{array}{r} \left[\displaystyle\int\limits_{-h}^{-\delta} + \int\limits_{\varrho}^{h}\right] \left[I_{1z}' K_{11}(z, z')\, dz_1' + I_{2z}' K_{12}(z, z')\, dz_2'\right] \\[4mm] = \dfrac{-j\,4\pi}{\zeta_0 \cos k\,\delta} \left[C_{11} \cos k\,(z_1 - \delta) + \dfrac{1}{2} V_{1\delta} \sin k z_1\right], \end{array}\right\} \tag{28.2 a}$$

$$\left.\begin{array}{r} \left[\displaystyle\int\limits_{-h}^{-\delta} + \int\limits_{\delta}^{h}\right] \left[I_{1z}' K_{21}(z, z')\, dz_1' + I_{2z}' K_{22}(z, z')\, dz_2'\right] \\[4mm] = \dfrac{-j\,4\pi}{\zeta_0 \cos k\,\delta} \left[C_{22} \cos k\,(z_2 - \delta) + \dfrac{1}{2} V_{2\delta} \sin k z_2\right], \end{array}\right\} \tag{28.2 b}$$

where $K_{mn}(z, z') = \dfrac{e^{-j k r_{mn}}}{r_{mn}}$, $r_{mn} = \sqrt{(z - z')^2 + b_{mn}^2}$ and $b_{mm} = a$. The particular integrals involving the internal impedances per unit length z_1^i and z_2^i have been omitted since for good conductors their contributions are negligible. The integral equations (28.2a) and (28.2b) may be solved for the currents I_{1z} and I_{2z} for arbitrary driving voltages $V_{1\delta}$ and $V_{2\delta}$ by applying the method of symmetrical components. Whatever their magnitudes and relative phases, the two voltages may be resolved into two phase-sequence voltages, the zeroth, $V_\delta^{(0)}$, and the first, $V_\delta^{(1)}$ as follows: $V_{1\delta} = V_\delta^{(0)} + V_\delta^{(1)}$, $V_{2\delta} = V_\delta^{(0)} - V_\delta^{(1)}$. Since the principle of superpostion applies, the two simultaneous integral equations are in this manner reduced to two independgent integral equations in terms of the respective phase-sequence voltages. For when both antennas are driven by the same voltage $V_\delta^{(0)}$, the currents in both antennas must be the same, $I_z^{(0)}$. Similarly, when antenna 1 is driven by the voltage $V_\delta^{(1)}$ and antenna 2 by the voltage $- V_\delta^{(1)}$, it follows by symmetry that the currents in the two antennas must be $I_z^{(1)}$ and $- I_z^{(1)}$. Thus the two independent integral equations to be solved are,

$$\left(\int\limits_{-h}^{-\delta} + \int\limits_{\delta}^{h}\right) I_z^{(i)}(z') K^{(i)}(z, z')\, dz' = \frac{-j\,4\pi}{\zeta_0 \cos k\,\delta} \left[C^{(i)} \cos k(z - \delta) + \frac{1}{2} V_\delta^{(i)} \sin k z\right] \tag{28.3}$$

where $i = 0$ or 1, and

$$K^{(0)}(z, z') = \frac{e^{-j k r_{11}}}{r_{11}} + \frac{e^{-j k r_{12}}}{r_{12}}, \qquad K^{(1)}(z, z') = \frac{e^{-j k r_{11}}}{r_{11}} - \frac{e^{-j k r_{12}}}{r_{12}}. \tag{28.4}$$

Since (28.3) is the same in form as (26.3), it may be solved in the same manner with appropriate expansion parameters, $\psi^{(0)}$ and $\psi^{(1)}$, defined as is ψ in Eq. (26.4) but in terms of the kernels $K^{(0)}(z, z')$ and $K^{(1)}(z, z')$. The solutions of (28.3) for

16*

the zeroth and first phase-sequence currents are

$$I_z^{(i)} = \frac{j\,2\pi\,V_\delta^{(i)}}{\zeta_0\psi^{(i)}} \left[\frac{\sin k\,(h-z) + M_1^{(i)}(z)/\psi^{(i)} + \cdots}{\cos k\,(h-\delta) + A_1^{(i)}(h)/\psi^{(i)} + \cdots} \right] \tag{28.5}$$

where $i=0$ or 1, and where the $M^{(i)}(z)$ and the $A^{(i)}(h)$ are defined by analogy with the corresponding quantities in (26.5).

The phase-sequence admittances $Y_\delta^{(i)}$ may be defined by setting $z=\delta$ in (28.5) and dividing both sides by $V_\delta^{(i)}$. The corresponding phase-sequence impedances are:

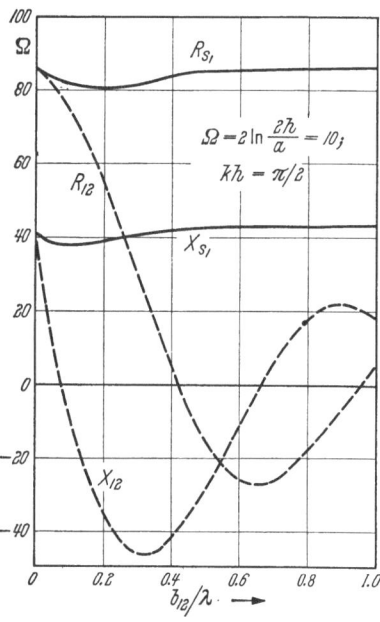

$$Z_\delta^{(i)} = \frac{1}{Y_\delta^{(i)}} = \frac{V_\delta^{(i)}}{I_\delta^{(i)}}, \quad i = 0 \text{ or } 1. \tag{28.6}$$

Details concerning the several functions involved in the evaluation of $I_z^{(0)}$ and $I_z^{(1)}$ and representative distribution curves are in the literature, as are extensive tables and graphs of $Z_\delta^{(0)}$ and $Z_\delta^{(i)}$ with $\delta = 0$, [5].

The actual currents in the two antennas when they are driven by the voltages $V_{1\delta}$ and $V_{2\delta}$ are obtained by superposition. Thus, $I_{1z} = I_z^{(0)} + I_z^{(1)}$, $I_{2z} = I_z^{(0)} - I_z^{(1)}$. The corresponding input impedances are $Z_{1\delta} = V_{1\delta}/I_{1\delta}$, $Z_{2\delta} = V_{2\delta}/I_{2\delta}$. They may be expressed in terms of the phase-sequence impedances $Z_\delta^{(0)}$ and $Z_\delta^{(1)}$ by forming the following circuit equations:

$$V_{1\delta} = I_{1\delta}Z_{s1} + I_{2\delta}Z_{12}, \tag{28.7a}$$
$$V_{2\delta} = I_{1\delta}Z_{21} + I_{2\delta}Z_{s2}, \tag{28.7b}$$

where, in the present case of identical antennas which obey reciprocity, the self-impedances Z_{s1} and Z_{s2} and the mutual impedances Z_{12} and Z_{21} are defined by:

$$\left.\begin{aligned} Z_{s1} &= Z_{s2} = \tfrac{1}{2}(Z_\delta^{(0)} + Z_\delta^{(1)}), \\ Z_{12} &= Z_{21} = \tfrac{1}{2}(Z_\delta^{(0)} - Z_\delta^{(1)}). \end{aligned}\right\} \tag{28.8}$$

Fig. 31. Self- and mutual impedances for parallel antennas of electrical length $kh = \pi/2$ and with $\Omega = 2\log(2h/a) = 10$ when separated a distance b_{12}.

Since $Z_0^{(0)}$ and $Z_0^{(1)}$ have been evaluated and tabulated, the self- and mutual impedances $Z_{s1} = Z_{s2}$ and $Z_{12} = Z_{21}$ with $\delta \to 0$ may be determined. (If the two antennas are not identical, Z_{s1} and Z_{s2} are not equal, and the two simultaneous integral equations can not be reduced to two independent ones.) Extensive tables and graphs of these quantities are in the literature [5] for a range of values of b_{12}. Curves with $kh = \pi/2$ are in Fig. 31. With $Z_{s1} = Z_{s2}$ and $Z_{12} = Z_{21}$ thus determined, the coupled antenna problem is formally exactly like the problem of two coupled circuits with elements of conventional type. It is important to note that just as discussed in Sect. 12 for coupled circuits, the mutual term in (28.7a) may be made to vanish either by removing antenna 2 so that $Z_{12} = 0$ and $Z_{s1} = Z_\delta$ or by cutting antenna 2 at $z = \delta$ so that $I_{2\delta} = 0$. In this latter case Z_{s1} does not in general reduce to Z_δ, the impedance of antenna 1 when isolated, since there are still currents everywhere in antenna 2 except at $z = \pm\delta$ and they interact with the currents in antenna 1. If antenna 2 is not driven but is loaded by a transmission line with apparent input impedance Z_2, the Eq. (28.7b) applies with $V_{2\delta} = -I_{2\delta}Z_2$. It is convenient to set $Z_{22} = Z_{s2} + Z_2$. If the voltage $V_{1\delta}$ driving antenna 1 is due to an e.m.f. V_1^e in series with an impedance Z_1, (or if V_1^e is the open-circuit voltage at the terminals of the line when the antenna is disconnected and Z_1 is the apparent impedance looking back into the line with the generator short circuited) it follows that $V_{1\delta} = V_1^e - I_{1\delta} Z_1$. Let $Z_{11} = Z_{s1} + Z_1$. With these generalizations, Eqs. (28.7a) and (28.7b) become:

$$V_{1\delta} = I_{1\delta} Z_{11} + I_{2\delta} Z_{12}, \tag{28.9a}$$

$$0 = I_{1\delta} Z_{21} + I_{2\delta} Z_{22}. \tag{28.9b}$$

These are the circuit equations for two coupled antennas of which one is driven, the other loaded. The two antennas are assumed to be identical but the impedances Z_1 and Z_2 are arbitrary. Actually (28.9a, b) apply correctly to two antennas that are not alike, but accurate numerical values of the impedances are not available. For moderate differences, especially when kh is near $\pi/2$, a satisfactory approximation is obtained if Z_{s1} and Z_{12} are given the values they would have if both antennas were like antenna 1, Z_{s2} and Z_{21} the values they would have if both antennas were like antenna 2. In effect, this assigns a mean value to $Z_{12} = Z_{21}$ in evaluating the driving-point impedance,

$$Z_{1\,\text{in}} = Z_{11} - \frac{Z_{12} Z_{21}}{Z_{22}} = \frac{2Z_\delta^{(0)} Z_\delta^{(1)} + (Z_\delta^{(0)} + Z_\delta^{(1)}) Z_2}{2Z_2 + Z_\delta^{(0)} + Z_\delta^{(1)}}. \tag{28.10}$$

The method of symmetrical components is readily extended to the analysis of N identical, center-driven or center-loaded antennas uniformly spaced around the circumference of a circle. In order to reduce the N simultaneous integral equations for the N currents to N independent integral equations the N arbitrary voltages are expressed as sums of N phase sequence voltages, $V_\delta^{(0)} \ldots V_\delta^{(N-1)}$, in the form:

$$\left. \begin{aligned} V_{1\delta} &= \sum_{i=0}^{N-1} V_\delta^{(i)}, \qquad V_{2\delta} = \sum_{i=0}^{N-1} p^i V_\delta^{(i)}, \qquad V_{3\delta} = \sum_{i=0}^{N-1} p^{2i} V_\delta^{(i)}, \ldots, \\ V_{N\delta} &= \sum_{i=0}^{N-1} p^{iN-i} V_\delta^{(i)}, \end{aligned} \right\} \tag{28.11}$$

where $p = e^{j2\pi/N}$. The integral equation obtained in this manner for each of the N phase-sequence currents is like (28.3) with $K^{(m)}(z, z') = \sum_{i=1}^{N} p^{(i-1)m} \dfrac{e^{-jkr_{i1}}}{r_{i1}}$ where $m = 0, 1, \ldots N-1$ and $r_{i1} = \sqrt{(z_1 - z_i^1)^2 + b_{i1}^2}$, $b_{11} = a$. The corresponding solution is (28.5) with $i = 0, 1, \ldots N-1$. An appropriate superposition of the N phase-sequence currents, $I_z^{(0)} \ldots I_z^{(N-1)}$, yields the actual currents, $I_{1z} \ldots I_{Nz}$, due to an arbitrary set of driving voltages $V_{1\delta} \ldots V_{N\delta}$. Phase-sequence impedances may be defined as in (28.6) and self- and mutual impedances introduced as the coefficients of the currents in the following N equations:

$$\left. \begin{aligned} V_{1\delta} &= I_{1\delta} Z_{11} + I_{2\delta} Z_{12} + \cdots + I_{N\delta} Z_{1N}, \\ V_{2\delta} &= I_{1\delta} Z_{21} + I_{2\delta} Z_{22} + \cdots + I_{N\delta} Z_{2N}, \\ &\vdots \qquad\quad \vdots \qquad\quad \vdots \qquad\qquad \vdots \\ V_{N\delta} &= I_{1\delta} Z_{N1} + I_{2\delta} Z_{N2} + \cdots + I_{N\delta} Z_{NN}. \end{aligned} \right\} \tag{28.12}$$

The general circuit Eqs. (28.12) also apply to an array in which from one to $N-1$ antennas are center loaded rather than center driven. In this case each voltage $V_{m\delta}$ is replaced by $-I_{m\delta} Z_m$, where Z_m is the apparent impedance of the load that is connected across the terminals of antenna m and $I_{m\delta}$ is the current in the terminals.

If all driving voltages are equal and in phase, the circular array is excited as a cage antenna in the zeroth phase sequence. In this case all currents are also equal and in phase and it is readily shown that if the N antennas are closely spaced, the circular array is approximately equivalent to a single, thicker antenna of radius $a_e = \sqrt[N]{a\,b_{12}\,b_{13}\,b_{14}\cdots b_{1N}}$.

If N identical antennas are uniformly spaced in a parallel array in a plane and not in a circle, the method of symmetrical components fails. However, if it is assumed that the distributions of current (but not the input currents) in the N antennas are all the same—which is a good approximation—independent integral equations for determining the driving voltages required to maintain any specified input currents may be derived and solved. Relatively simple formulas for self- and mutual impedances are obtained especially for arrays of antennas with electrical half lengths kh near $\pi/2$, since near this length the effect of the finite thicknesses of the antennas is less important than, for example, for antennas with kh near π. Indeed, with $kh = \pi/2$ satisfactory approximations for many practical applications are obtained with the self-impedances, Z_{ii}, of the coupled antennas set equal to Z_δ, the impedance of each of the antennas when isolated, and with each mutual impedance, Z_{ij}, taken to be the same as if only the two antennas i and j were present. These approximations may be used in the analysis of many practically important arrays such as the broadside array in which the elements are driven so they have equal currents in phase, the end-fire array in which the currents are equal but with a progressive phase shift, and arrays with properly spaced parasitic elements of the Yagi-Uda type.

29. Closely-spaced and folded antennas; antennas close to a conducting plane.

If the distance b_{12} between the two identical, parallel, center-driven antennas shown in Fig. 30 is sufficiently small to satisfy the inequality $k^2 b_{12}^2 \ll 1$, the two conductors structurally constitute a two-wire transmission line with open ends. In this case the equal and opposite currents $I_z^{(1)}$ of the first phase sequence are the balanced transmission-line currents, the equal and codirectional currents $I_z^{(0)}$ of the zeroth phase sequence are the unbalanced line currents or antenna currents. The former can be determined from transmission-line theory (if their contribution to the radiated field is negligible, as is usual,) the latter can not.

From the point of view of transmission-line theory the circuit for determining the balanced or first-phase-sequence part, $I_z^{(1)}$ of the total currents, $I_{1z} = I_z^{(0)} + I_z^{(1)}$ and $I_{2z} = I_z^{(0)} - I_z^{(1)}$ in the two conductors, consists of a *series* combination of two voltages $V_\delta^{(1)}$ and two identical sections of transmission line, each of length $h - \delta$, characteristic impedance $Z_c \approx R_c$, and propagation constant $\gamma = \alpha + j\beta$. Each section is terminated in an open end (actual, not ideal) for which the apparent terminal admittance is $Y_{sa} = j\omega C_T$, where C_T is the equivalent lumped capacitance of an open end as determined in Sect. 22. The input impedance of each section is

$$Z_{\text{in}} = Z_c \operatorname{Cot}\left[\gamma\,(h - \delta) + \vartheta_{sa}\right] \tag{29.1}$$

where $\vartheta_{sa} = j\,\Phi_{sa} = \operatorname{Ar\,Tan}(j\omega C_T R_c)$. If the appropriate radiation resistance R_{in}^e for the first-phase sequence currents is added to $2Z_{\text{in}}$, and the terms involving the small internal impedance per unit length, z^i, are included in evaluating $Z_\delta^{(1)}$ from coupled antenna theory as defined in (28.6), the following equation is true: $2Z_\delta^{(1)} = 2Z_{\text{in}} + R_{\text{in}}^e$. When $\delta \approx 0$, $k(h - \delta) \approx kh = \pi/2$, the radiation resistance is $R_{\text{in}}^e \approx 30\,k^2 b_{12}^2$ ohms. The power dissipated by the first-phase-sequence currents in radiation and heat is negligible compared with the power radiated by the currents in the zeroth phase sequence unless the latter are extremely small compared with the former. In general, for determining the first phase-sequence currents, the transmission-line sections may be treated as purely reactive with

$$Z_{\text{in}} \approx -j\, R_c \cot\left[\beta\,(h-\delta)+\Phi_{s\,a}\right]. \tag{29.2}$$

If only antenna 1 is center driven by the voltage $V_{1\delta}$ while antenna 2 is center loaded by a transmission-line section that has an apparent input impedance Z_2, the driving-point impedance of antenna 1 is given by (28.10), where $Z_\delta^{(1)} \approx Z_{\text{in}}$ is given by (29.2) if the zeroth-phase sequence is significant, by (29.1) supplemented with R_{in}^e if not. For example, when $|Z_\delta^{(1)}|$ is made very great compared with $|2Z_2|$ and $|Z_\delta^{(0)}|$ by choosing $\beta\,(h-\delta)+\Phi_{s\,a}=\pi$, it follows from (28.10) that the input impedance of the two element array is $Z_{1\,\text{in}}=2Z_\delta^{(0)}+Z_2$. If Z_2 is made small or reactive, the input resistance is $2R_\delta^{(0)}$ and virtually all of the power supplied to the array is radiated. On the other hand, if $|Z_\delta^{(1)}|$ is made very small compared with $|Z_\delta^{(0)}|$ and $|2Z_2|$ by choosing $\beta\,(h-\delta)+\Phi_{s\,a}=\pi/2$, the input impedance of the array becomes,

$$Z_{1\,\text{in}}=Z_\delta^0\left(\frac{2Z_\delta^{(1)}+Z_2}{Z_\delta^{(0)}+2Z_2}\right). \tag{29.3}$$

If $|Z_2|$ is sufficiently small, Eq. (29.3) is reduced to $Z_{1\,\text{in}}\approx 2Z_\delta^{(1)}$, which gives simply the very small impedance of a series connection of two sections of transmission line each of electrical length $\beta\,(h-\delta)+\Phi_{s\,a}=\pi/2$. These have only the very small radiation resistance $30\,k^2 b_{12}^2$, which is usually negligible compared with ohmic resistance, so that most of the power is dissipated as heat in the conductors. On the other hand, if $|Z_2|$ is made very great, (29.3) reduces to $Z_{1\,\text{in}}=\tfrac{1}{2}Z_\delta^{(0)}$, which is essentially the impedance of the driven antenna alone. It is clear that by a suitable choice of electrical length and the impedance Z_2, the two-element array may be made to behave like an isolated center-driven antenna with a somewhat modified input impedance, or like sections of transmission line with a very small radiation resistance.

The most important circuit that depends entirely on the first phase-sequence currents $I_z^{(1)}$ to maintain its electromagnetic field consists of a single antenna parallel and at a very small distance $b/2$ from a large conducting plane. The effect of the adjacent conducting plane on the antenna is essentially the same as that of an identical antenna at a distance b and driven by an equal and opposite generator. Heat dissipation in the conducting plane usually is negligible and the total radiated power is one half that of the two antenna array. If the electrical length of the antenna is $kh=\pi/2$, the radiation resistance is $15\,k^2 b^2$ ohm. Since the inequality $k^2 b^2 \ll 1$ is assumed to be satisfied, R_δ^e is very small so that appreciable power can be radiated only if extremely large currents are maintained. This is possible efficiently only if the conductor is of large size with very low ohmic resistance per unit length. The ohmic resistance of a two-wire line with attenuation constant α and electrical length $kh=\pi/2$ is $R_L=R_c\,\alpha\,\pi/2$, the resistance of one wire over a conducting plane is one half of this value. It follows that if losses in the conducting plane are neglected the radiating efficiency of the antenna is $E_{\text{rad}}=R_0^e/(R_0^e+\tfrac{1}{2}R_L)$. For a copper conductor of sufficiently large radius reasonable radiating efficiencies are possible even when the conductor is as near to the plane as a hundredth of a wavelength. However, with the extremely large currents that are required, losses in the feeding transmission line and matching network may keep the overall efficiency far below the radiating efficiency of the antenna.

Since the currents in the zeroth-phase-sequence in a two-element parallel array are equal and codirectional, corresponding points in the two conductors are at the same potential. It follows that currents in the zeroth phase sequence are affected very little if the ends of the antennas are connected by a good conductor. On the other hand, the currents in the first phase sequence are essentially balanced transmission-line currents for which the substitution of closed ends for open ends has a very significant effect. It is expressed analytically in a change in ϑ_{sa} in (29.1) from the value near 0 for the open end to a value near $j\pi/2$ for the closed end. The input impedance of the driven antenna is still given by (28.10) with $Z_\delta^{(0)}$ and Z_2 defined as before. However, $Z_\delta^{(1)}$ is now given by (29.1) with $\vartheta_{sa} = j\pi/2$ instead of a value near zero. This change leads to circuits of antenna and transmission-line types much as obtained with the open ends, but with different values of $k(h - \delta)$.

The most important radiating circuit with closed ends is the *folded dipole* illustrated in Fig. 32. The electrical length of the closed-end sections of trans-

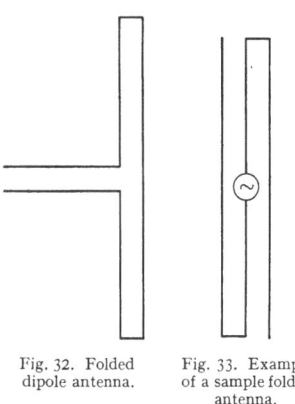

Fig. 32. Folded dipole antenna.   Fig. 33. Example of a sample folded antenna.

mission line for the first-phase-sequence currents is $\pi/2$, so that $|Z_\delta^{(1)}|$ is very large compared with $|Z_\delta^{(0)}|$; moreover, $Z_2 \approx 0$. It follows from (28.10) that $Z_{1\,\mathrm{in}} = 2Z_\delta^{(0)} \approx 4Z_\delta$, where Z_δ is the input impedance of antenna 1 when isolated. The folded dipole has essentially the same length and distribution of current in the zeroth-phase sequence as the simple half-wave dipole, but its impedance is practically four times as great. Factors other than four may be obtained by using two conductors with different instead of equal radii and by using more than one folded section. A range of available input impedances is useful for matching purposes.

The principle of separating the codirectional antenna currents from the equal and opposite transmission-line currents may be applied to folded antennas in general. These consist of N closely spaced antennas with ends variously connected or left open but in a manner that is symmetrical with respect to the driving point. An example is in Fig. 33. Since the antennas are by postulate all very close together ($k b_{\max} \ll 1$), the codirectional currents that combine to maintain the radiation field must be equivalent to the single current that would be obtained if all currents in all elements were superimposed in a single conductor or in a cage of N conductors in parallel. This resultant current is the true antenna current corresponding to the zeroth-phase-sequence currents in a two-element array. Components of current that do not contribute to the radiation field are those components that would cancel one another if the currents were superimposed. These currents correspond to the equal and opposite currents in the two-element array. By separating these two types of current in any folded array, the input admittance reduces to that of an N-element cage antenna in parallel with a reactive element of transmission-line type that depends on the number of elements and the nature of the interconnections at the ends[1] [5].

30. Collinear antennas. The analysis of a radiating circuit consisting of an array of collinear antennas is considerably more difficult than the corresponding problem of an array of parallel antennas. When antennas are parallel and not staggered each is symmetrical with respect to its own center at $z = 0$ so that all

---

[1] C. W. HARRISON jr.: Ph. D. Dissertation, Harvard University; see also pp. 357 and 368 in Ref. [5].

currents and vector potentials are even functions, all charges and scalar potentials odd functions of z. For collinear elements this simple symmetry obtains only for the central unit of an odd numbered array. In all other elements both even and odd parts of the currents and vector potentials must be considered. The problem is further complicated by the fact that the even parts of the currents contribute to both odd and even parts of the vector potential, as do the odd parts of the currents.

The simplest collinear array consists of a central driven antenna symmetrically placed between two parasitic collinear elements as shown in Fig. 34. In this arrangement the single transmission line is in the neutral plane of the array so that unbalanced currents are not excited on the line and this, therefore, is not a part of the radiating circuit. (Note that if two-wire lines were used to center drive the two outer elements, they would not be in neutral planes, unbalanced currents would be excited on them so that they would be a part of the radiating system.) Transmission-line end effects and coupling between the central unit and its feeding line may be handled just as for a single center-driven antenna.

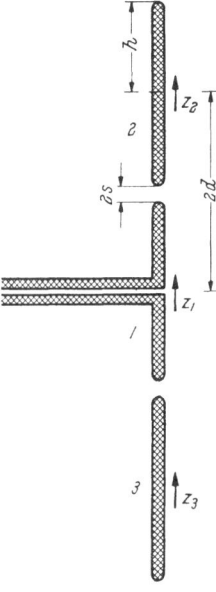

Fig. 34. Three-element collinear array with parasitic outer elements.

Let h be the half-length and a the radius of each antenna; let d be the distance between centers of neighbouring elements so that their adjacent hemispherical ends are separated by a distance $2s = d - 2h$. The differential equation for the vector potential A_z on the surfaces of the conductors is the same as (26.2) and its solution leads to three simultaneous integral equations for the three different and unknown currents in the upper half of the central unit (antenna 1) and in the two halves of each of the two outer units (antennas 2 and 3). Note that as a result of symmetry, $I_1(-z_1) = I_1(z_1)$, $I_z(z_3) = I_2(-z_2)$ where z_1, z_2, and z_3 are measured in the positive z direction, respectively from the center of the antenna denoted by the subscript. The three simultaneous integral equations can not be reduced to three independent integral equations by the method of symmetrical components. If equal voltages $V^{(s)}$ are applied at the centers of the three antennas, the currents in the outer units are equal to each other but not to the current in the central unit. Similarly, if $V^{(a)}$ is applied to the central unit and $-V^{(a)}$ to both outer units, the currents in these latter are equal to each other but not simply the negative of the current in the central unit. This difficulty may be overcome by applying voltages $f^{(s)} V^{(s)}$ to the outer units when $V^{(s)}$ is applied to the central unit, and voltages $-f^{(a)} V^{(a)}$ to the outer units when $V^{(a)}$ is applied to the central unit. The as yet unknown factor $f^{(s)}$ is defined to make the currents at the centers of all three units equal and in phase: $I_1^{(s)}(z_1 = 0) = I_2^{(s)}(z_2 = 0) = I_3^{(s)}(z_3 = 0)$. Similarly, $f^{(a)}$ is defined to make the currents at the centers of the outer units equal and in phase with each other and equal and 180° out of phase with the current at the center of the middle unit: $I_1^{(a)}(z_1 = 0) = -I_2^{(a)}(z_2 = 0) = -I_3^{(a)}(z_3 = 0)$. Note that the current at the center of each antenna is necessarily even with respect to that center, since odd currents must vanish at the centers.

The current in the central unit may be obtained to a good approximation by noting that although the distributions of current in the six halves of the three antennas are not all the same, they are sufficiently alike to have the same average order of magnitude if *made equal at the centers of the antennas*. With this assumption two independent integral equations respectively for $I_1^{(s)}(z_1)$ and $I_1^{(a)}(z_1)$ are obtained. These are like the integral equation (26.3) for a single isolated antenna but with a much more complicated kernel. They may be solved by iteration to obtain formulas like (26.5) for $I_1^{(s)}(z_1)$ and $I_1^{(a)}(z_1)$, respectively, with the driving voltages $V^{(s)}$ and $V^{(a)}$. From these the corresponding driving-point impedances $Z_{\delta c}^{(s)}$ and $Z_{\delta c}^{(a)}$ of the central unit are obtained and numerical values may be computed for the leading terms $Z_{0c}^{(s)}$ and $Z_{0c}^{(a)}$ for $\delta = 0$. Note, however, that these imply that the outer units are driven in specified manners.

When the outer units are parasitic, $V_{20} = V_{30} = f^{(s)} V^{(s)} - f^{(a)} V^{(a)} = 0$, and $V_{10} = V^{(s)} + V^{(a)}$. If the ratio $k = f^{(a)}/f^{(s)} = V^{(s)}/V^{(a)}$ is introduced, the input impedance of the central unit is given by,

$$Z_{1 \text{in}} = \frac{V^{(s)} + V^{(a)}}{I^{(s)} + I^{(a)}} = \frac{2 Z_{0c}^{(s)} Z_{0c}^{(a)}}{Z_{0c}^{(s)} + Z_{0c}^{(a)}} F; \qquad F = 1 + \frac{(Z_{0c}^{(s)} - Z_{0c}^{(a)})(k - k^{-1})}{2 [Z_{0c}^{(s)}(1 + k^{-1}) + Z_{0c}^{(a)}(1 + k)]}. \quad (30.1)$$

Except for the unknown factor k the input impedance of the central unit with the outer elements parasitic is thus determined. The same is true of the current in the central unit which is given by $I_1(z) = I_1^{(s)}(z) + I_1^{(a)}(z)$ with $I_1^{(s)}(z)$ and $I_1^{(a)}(z)$ determined as indicated above. They may be expressed in terms of the actual driving voltage by replacing $V^{(s)}$ or $V^{(a)}$ as follows: $V^{(s)} = V_{10}/(1 + k^{-1})$ and $V^{(a)} = V_{10}/(1 + k)$. The factor k is evaluated later in conjunction with the currents in the outer parasitic elements.

The currents in the outer units when driven by the voltages $V_{20} = V_{30} = f^{(s)} V^{(s)}$, or $V_{20} = V_{30} = -f^{(a)} V^{(a)}$, may be resolved into the sum of even and odd parts with respect to origins at their centers. Thus, for antenna 2, $I_2^{(s)}(z_2) = I_{\text{ev}}^{(s)}(z_2) + I_{\text{od}}^{(s)}(z_2)$, $I_2^{(a)}(z_2) = I_{\text{ev}}^{(a)}(z_2) + I_{\text{od}}^{(a)}(z_2)$. After separating the vector potential on the surface of antenna 2 into even and odd parts—of which each involves both $I_{\text{ev}}(z_2)$ and $I_{\text{od}}(z_2)$—it turns out that if the contribution to the even part of the vector potential on the surface of antenna 2 by the odd part of the current in antenna 3 is neglected (there is no contribution by the odd part of the current in antenna 2), the integral equation for $I_{\text{ev}}(z_2)$ becomes independent of the odd currents. The neglected term is small except possibly when the lengths of the antennas are adjusted near $kh = n\pi$, n odd, to make the odd currents resonant. Excluding such lengths—which are in any case unimportant in practice—the following integral equations for the current in the outer unit no. 2 are obtained for the range $-h \leqq z_2 \leqq h$:

$$\int_0^h I_{\text{ev}}^{(i)}(z_2') K_{\text{ev}}(z_2, z_2') \, dz_2' = \frac{-j 4\pi}{\zeta_0} \left[C_{\text{ev}} \cos k z_2 + \frac{1}{2} V_{20} \sin k |z_2| \right], \quad (30.2)$$

$$\int_0^h I_{\text{ev}}^{(i)}(z_2') K_{0e}(z_2, z_2') \, dz_2' + \int_0^h I_{\text{od}}^{(i)}(z_2') K_{\text{od}}(z_2, z_2') \, dz_2' = \frac{-j 4\pi}{\zeta_0} C_{\text{od}} \sin k z_2 \quad (30.3)$$

where $V_{20} = f^{(s)} V^{(s)}$ when $i = s$ and $V_{20} = -f^{(a)} V^{(a)}$ when $i = a$. The three kernels are given by long expressions that are functions of the distances $2d \pm z_2$, $d \pm z_2$, and z_2. (Complete expressions are on p. 432 of Ref. [5].)

Since the integral equation given in (30.2) has the same form as that in (26.3) for the single antenna, it may be solved for $I_{\text{ev}}^{(s)}(z_2)$ and $I_{\text{ev}}^{(a)}(z_2)$ by the same method to obtain formulas like (26.5) but with V_δ replaced by $f^{(s)} V^{(s)}$ or $-f^{(a)} V^{(a)}$, and with a parameter ψ, functions $M(z)$, and constants $A(h)$ similarly defined in terms of the appropriate kernel. In the present case $\delta = 0$. Formulas for the driving-point impedances of the outer units when driven by the voltages $f^{(s)} V^{(s)}$ and $-f^{(a)} V^{(a)}$ to make $I_2^{(s)}(0) = I_3^{(s)}(0) = I_1^{(s)}(0)$ and $I_2^{(a)}(0) = I_3^{(a)}(0) = -I_1^{(a)}(0)$ are obtained directly. Thus, with $Z_{\mathrm{ev}} = V_{20}/I_{\mathrm{ev}}(0)$, it follows that $Z_{\mathrm{ev}}^{(s)} = f^{(s)} V^{(s)}/I_{\mathrm{ev}}^{(s)}(0)$ and $Z_{\mathrm{ev}}^{(a)} = -f^{(a)} V^{(a)}/I_{\mathrm{ev}}^{(a)}(0)$. Since $V^{(s)}/I_1^{(s)}(0) = Z_{0c}^{(s)}$ and $V^{(a)}/I_1^{(a)}(0) = Z_{0c}^{(a)}$, it follows at once that, $f^{(s)} = Z_{\mathrm{ev}}^{(s)}/Z_{0c}^{(s)}$, $f^{(a)} = Z_{\mathrm{ev}}^{(a)}/Z_{0c}^{(a)}$, and $k = f^{(a)}/f^{(s)} = Z_{\mathrm{ev}}^{(a)} Z_{0c}^{(s)}/Z_{\mathrm{ev}}^{(s)} Z_{0c}^{(a)}$. With k known, the solution for the current in the central unit when the outer ones are parasitic is completed. The even part of the current in the outer units when these are parasitic is determined from $I_{\mathrm{ev}}(z_2) = I_{\mathrm{ev}}^{(s)}(z_2) - I_{\mathrm{ev}}^{(a)}(z_2)$. The ratio, $V_{10}/I_2(0) = V_{10}/I_{\mathrm{ev}}(0) = Z_T$ is the transfer impedance.

The odd part of the current in antenna 2 when these are parasitic may be determined from (30.3) in terms of $I_{\mathrm{ev}}(z_2)$. In the practically important case of antennas for which kh is near $\pi/2$ the odd currents have the following leading term:

$$I_{\mathrm{od}}(z_2) = \frac{V_{10}}{\psi_{\mathrm{od}}} K \sin 2kz, \tag{30.4}$$

but their amplitudes are only a few percent of the amplitudes of the even currents so that they may be neglected. K is a constant.

When $kh = \pi/2$ and the parasitic elements are close to the central unit ($d \approx 2h$, $s \approx 0$) the ratio of the zeroth-order currents at the centers of antennas 2 and 1 is found to be $I_2(0)/I_1(0) = 0.42 \exp(-138°)$. The distribution in each is very nearly cosinoidal, with the asymmetry in the distribution in the outer unit (due to the small odd component of current) negligible.

The general circuit equations for three identical collinear antennas when the central unit (no. 1) is driven by a voltage V_{10} in series with a lumped impedance Z_1 and the two outer units (nos. 2 and 3) are driven by identical voltages $V_{30} = V_{20}$ in series with lumped impedances $Z_3 = Z_2$ are

$$V_{10} = I_{10} Z_{11} + 2 I_{20} Z_{12}, \tag{30.5a}$$

$$V_{20} = I_{10} Z_{12} + I_{20}(Z_{22} + Z_{23}). \tag{30.5b}$$

Note that reciprocity and symmetry have permitted setting $Z_{31} = Z_{13} = Z_{21} = Z_{12}$, for identical units $Z_{s1} = Z_{s2} = Z_{s3}$; $Z_{11} = Z_{s1} + Z_1$, $Z_{22} = Z_{s1} + Z_2$. Zeroth-order values of the self- and mutual impedances as well as of the input and transfer impedances when the outer units are parasitic with $V_{20} = 0$ and $Z_2 = 0$ are listed in the literature[5].

In the circuit analysis of the collinear array the same quasi-one-dimensional formulation is used which has proved adequate in the study of moderately thin isolated and parallel cylindrical antennas. This is satisfactory except when the adjacent hemispherical ends are within distances of each other that are comparable with the radius of the antennas. That is, $a \geq s \geq 0$. With such proximity the *transverse* surfaces of the ends can neither be neglected nor approximated by equal areas that are parts of the cylindrical envelope, as is possible when the end surfaces are far apart. The effect on the impedance of the driven element of the additional chargeable surfaces between the adjacent ends of the antennas as these are brought closer together and ultimately in contact may be investigated by studying the properties of the array when lumped capacitances are connected between the ends and varied from zero to infinity. The analysis of the circuit is accomplished by applying the theory of the sleeve dipole with driving voltages replaced by the voltage drops across the capacitances. A superposition of the effect of this variable capacitance on the normal effect of separating the antennas when the end surfaces are ignored yields a satisfactory theoretical interpretation of the observed changes in the input impedance as a function of the separation of the antennas[1].

---

[1] H. ANDREWS: Techn. Reports Nos. 178 and 179, Cruft Lab., Harvard University. See also Sect. 36, Chap. III in Ref. [5].

In practical applications the collinear array with parasitic outer elements is unimportant. On the other hand, the array of half-wave elements shown in Fig. 35 in which the outer antennas are connected to the driven one by sections of transmission line a quarter wavelength long with closed ends has important directional properties. The circuit behavior of this array may be deduced by a combination of analysis and qualitative reasoning based on the known properties of the collinear array with parasitic elements, of the asymmetrically driven antenna, and of the center-driven antenna.

The first step in the analysis of the circuit shown in Fig. 35 is to separate the problem into a symmetrical part with all three units center driven by voltages that maintain equal currents in phase at the centers of the antennas, and an antisymmetrical part in which the three voltages maintain currents at the centers of all three units that are equal in amplitude, but with those in the outer elements 180° out of phase with that in the central unit. The solution for the symmetrical part of the current in the antennas is obtained directly. Since the antennas are driven in phase with equal currents, the stub sections of transmission line are excited substantially with equal and opposite currents in the two conductors. If these are very closely spaced and adjusted in length so that the apparent impedance looking into them from the antennas is very great, the currents at the adjacent ends of the antennas are very small, and the distributions of current along the antenna and the impedances at its driving points differ negligibly from what they would be if the high-impedance stubs were absent. The currents excited on the transmission line have magnitudes at the closed ends that compare with the maximum current in the antennas, but the radiation resistance of the sections of line re-

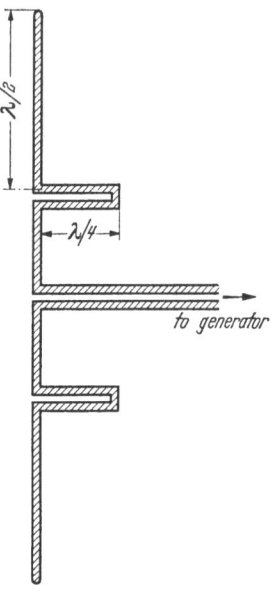

Fig. 35. Three-element collinear array with phase-reversing stubs.

ferred to maximum current is very small compared with the input resistance of the antennas. This means that the contribution to the radiated power by the equal and opposite currents in the line section is negligible, so that for symmetrical excitation the collinear array with connecting stubs differs insignificantly from the same array with the stubs absent.

When the antennas are excited antisymmetrically the currents in the two conductors of each stub are codirectional, so that they contribute as much to the radiation field as equal currents on the antennas proper. Since the order of magnitude of the input impedance of an antenna depends primarily on its length, the input impedance of the central unit for the antisymmetrical mode is roughly that of a symmetrical center-driven antenna of half length near $\lambda/2$, that of each outer unit roughly that of an asymmetrically driven antenna with the two parts of lengths $\lambda/2$ and $\lambda/4$. Since both of these impedances are very large compared with the impedances for symmetrical excitation, and since for an antenna near antiresonance the maximum current along the antenna is very much smaller than the maximum current of a resonant antenna, it follows that the total power radiated in the antisymmetrical mode must be small compared with that radiated in the symmetrical mode.

If the symmetrical and antisymmetrical modes are superimposed, the input impedance of the central unit is given by (30.1) with $k = f^{(a)}/f^{(s)}$ where $f^{(s)} = Z_{\mathrm{ev}}^{(s)}/Z_{0c}^{(s)} \approx$

0.75 as when the outer elements are parasitic, and

$$f^{(a)} \approx \frac{Z_0(k\,h \approx \pi) + Z_0(k\,h \approx \pi/2)}{2Z_0(k\,h \approx \pi)} \approx 0.5\,.$$

It follows that $k \approx \frac{2}{3}$ and $Z_{1\,\mathrm{in}} \approx Z_{0c}^{(s)}(1 \pm \frac{3}{2}) = 315 + j\,207$ ohm. The numerical values are of zeroth order, so that this impedance is comparable with the value $(73.1 + j\,42.5)$ for a center-driven isolated antenna of length $\lambda/2$. It has been assumed that the elements are close together, but not so close that capacitive effects at the adjacent ends need be considered.

If all these units could be individually center-driven by the voltages required to have all currents equal and in phase at the centers of the units, $I_1(0) = I_2(0) = I_3(0)$, the total power supplied to the array would be $P = |\frac{1}{2}\,I_1(0)^2|\,[R_{1\,\mathrm{in}} + 2R_{2\,\mathrm{in}}]$ where $R_{1\,\mathrm{in}} + 2R_{2\,\mathrm{in}} = 316.5$ ohm is the radiation resistance of the array. This is a well-known value that may also be obtained from an application of the power equation (7.11) to a great sphere.

31. The large loop antenna; the nonresonant loop. The general theory of electric circuits consisting of arbitrary configurations of relatively thin wires of radius a $(k\,a = 2\pi a/\lambda \ll 1)$ is formulated in Sect. 12. For a single loop driven by an externally maintained e.m.f., V_0^e, at an arbitrarily located point (that is chosen as the origin, $s = 0$, of the variable s measured around the contour) the circuit equation is,

$$V_0^e = I_0(Z^i + Z^e)\,, \tag{31.1}$$

where

$$Z^i = \oint z^i f(s)\,ds\,, \quad Z^e = j\,\omega \oint \boldsymbol{A} \cdot \boldsymbol{ds} = \frac{j\,\omega\mu_0}{4\pi} \oint \left(\oint \frac{f(s')}{r}\,e^{-jkr}\,\boldsymbol{ds'} \right) \cdot \boldsymbol{ds}\,. \tag{31.2}$$

The distance r is measured from the current $I_s' = I_0\,f(s')$ at the element $\boldsymbol{ds'}$ *on the axis* of the conductor to the element $\boldsymbol{ds}$ *on its surface* where the vector potential $\boldsymbol{A}$ is defined. However, the current I_s at any point in the loop of wire cannot be determined from the integral condition (31.1) with (31.2) even when the geometry of the circuit is simple. Only when the loop is sufficiently small, $(k\,r_{\max})^2 \ll 1$, so that the current around the contour is sensibly constant in amplitude, $f(s) \approx 1$, and e^{-jkr} is well approximated by the first few terms in its power series in kr, is a solution of (31.1) and (31.2) for I_s easily carried out. In this, the quasi-stationary case, (31.1) with (31.2) only the single value $I_s = I_0$ is the unknown, and the expressions for Z^i and Z^e reduce to constants that depend on the known physical properties of the circuit. For a square of side d the formulas as obtained from Sect. 13 are:

$$Z^i = 4\,d\,z^i\,, \quad Z^e = \frac{\zeta_0}{6\pi}\,(k\,d)^4 + j\,\omega\,\frac{2\mu_0 d}{\pi}\left(\ln\frac{d}{a} - 0.77\right). \tag{31.3}$$

For the rectangular, single-turn loop or transmission line of unrestricted length s, and of width b limited by the inequality $k^2 b^2 \ll 1$, the general integrals (31.1) with (31.2) are not adequate for determining the distribution of current I_s or the driving-point impedance Z_{in}. Instead, the procedure leading to the transmission-line equations as outlined in Part C is useful provided the driving point is symmetrically located in the center of one of the short sides, and equal and opposite currents are maintained in the conductors forming the long sides of the rectangle. In this case the impedance is that of a section of transmission line supplemented by a radiation resistance of the order of magnitude $\frac{\zeta_0}{6\pi}\,k^2 b^2$, when the input current is a maximum in the distribution. If the rectangle is driven at the center of one of the long sides, the currents are equal and opposite and the circuit behaves like two sections of balanced transmission line in series only if the long sides are of proper length. For other lengths large codirectional currents also exist on the long sides and the circuit is that of the folded dipole analysed in Sect. 29.

As an example of a circuit with all dimensions unrestricted, consider a square loop that is driven at all four corners by arbitrary voltages maintained by suitably driven transmission lines. Since it is assumed that only the currents in the loop contribute significantly to the radiation field, all transmission lines

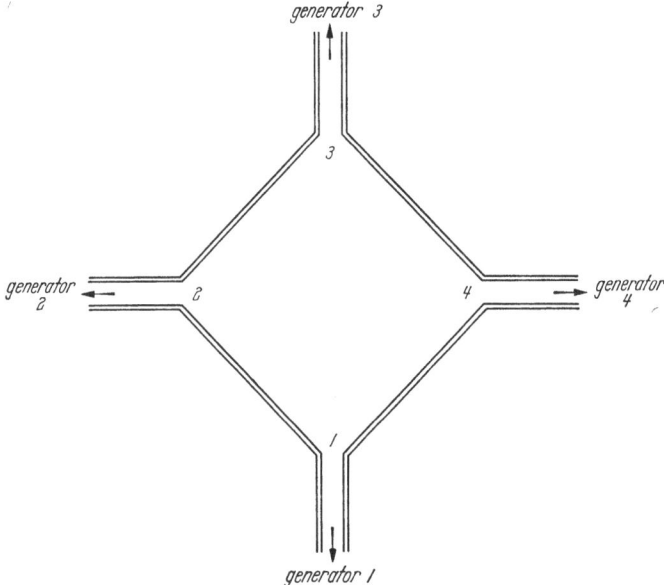

Fig. 36. Square loop driven by open-wire lines.

must remain balanced with equal and opposite currents. This condition imposes certain restrictions on the driving voltages if all four lines are present and are of the open wire type as shown in Fig. 36. If some of the lines are brought to the appropriate corners internally as in Fig. 37 or are replaced by effectively lumped elements, greater generality is maintained. Transmission-line end effects and more or less localized coupling between the loop and each transmission line near the corners may be taken into account by introducing suitable terminal-zone networks of lumped constants, so that conventional line theory may be used, and the loop may be treated as if independent except for the voltages and currents at the junctions. Whereas the dimension of the square is $2h$, the actual length of conductor forming each of the sides (numbered from 1 to 4) is $2(h-\delta)$, where the small distances δ at each corner provide space for a feeding transmission line or an impedance. The inequalities, $k\delta \ll 1$, $\delta \ll h$; $ka \ll 1$, $a \ll h$, where a is the radius of the conductors, are assumed to be satisfied. As usual, $k = 2\pi/\lambda$. The loop lies in the xz plane with the origin of coordinates at its center; conductors 1 and 3 are parallel to the z axis, conductors 2 and 4 parallel to the x axis. The driving voltages at the four corners are V_{12}, V_{23}, V_{34}, V_{41} as shown in Fig. 38.

Since the ohmic resistance has a negligible effect on the distribution of current and driving-point impedances if good conductors are used, it is simpler to treat perfect conductors from the outset. Hence, the boundary condition on the tangential component of the electric field on conductor 1 is

$$-E_{1z} = \frac{\partial \varphi_1}{\partial z} + j\,\omega\,A_{1z} = \frac{\partial \varphi_{1x}}{\partial z} + \frac{\partial \varphi_{1z}}{\partial z} + j\,\omega\,A_{1z} = 0, \qquad (31.4)$$

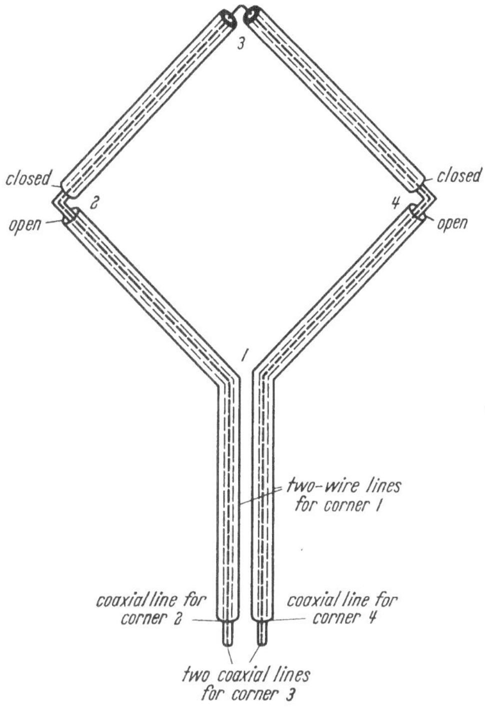

where, with the Lorentz condition (4.8),

$$\left.\begin{array}{l} \varphi_{1x} = \left(\dfrac{j\,\omega}{k^2}\,\dfrac{\partial A_{1x}}{\partial x}\right)_{x=-h+a}, \\[2mm] \varphi_{1z} = \left(\dfrac{j\,\omega}{k^2}\,\dfrac{\partial A_{1z}}{\partial z}\right)_{x=-h+a}. \end{array}\right\} \qquad (31.5)$$

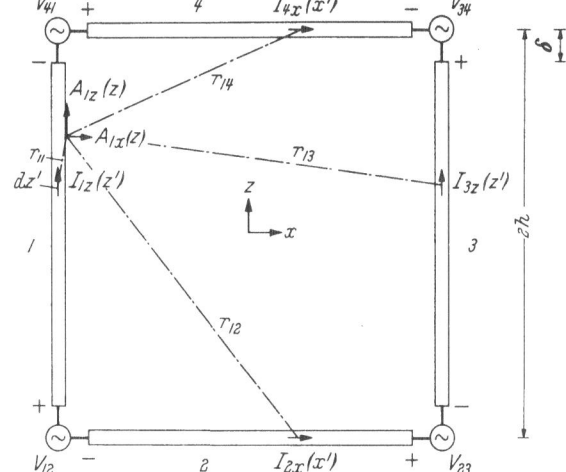

Fig. 37. Corner-driven square loop with three internal feed lines.

Fig. 38. Square loop with lumped e.m.f.'s and junction networks at each corner.

(The subscripts x and z denote Cartesian components of the vector potential $\boldsymbol{A}$, and parts of the scalar potential φ associated respectively with these components according to the Lorentz relation.) The components of the vector potential are given by,

$$A_{1z}(z) = \frac{\mu_0}{4\pi} \int\limits_{-h+\delta}^{h-\delta} \left[I_{1z}(z') \frac{e^{-jkr_{11}}}{r_{11}} + I_{3z}(z') \frac{e^{-jkr_{13}}}{r_{13}} \right] dz', \qquad (31.6)$$

$$A_{1x}(z) = \frac{\mu_0}{4\pi} \int\limits_{-h+\delta}^{h-\delta} \left[I_{2x}(x') \frac{e^{-jkr_{12}}}{r_{12}} + I_{4x}(x') \frac{e^{-jkr_{14}}}{r_{14}} \right] dx' \qquad (31.7)$$

where

$$r_{11} = \sqrt{(z-z')^2 + a^2}, \qquad\qquad r_{13} = \sqrt{(z-z') + (2h)^2},$$

$$r_{12} = \sqrt{(h+z)^2 + (h+x')^2 + a^2}, \qquad r_{14} = \sqrt{(h-z)^2 + (h+x)^2 + a^2}.$$

The scalar potential $\varphi_1 = \varphi_{1x} + \varphi_{1z}$ on conductor 1 may be expressed in terms of currents using (31.5) or in terms of the charge q_1 per unit length as follows:

$$\varphi_{1z}(z) = \frac{1}{4\pi\,\varepsilon_0} \int\limits_{-h+\delta}^{h-\delta} \left[q_1(z') \frac{e^{-jkr_{11}}}{r_{11}} + q_3(z') \frac{e^{-jkr_{13}}}{r_{13}} \right] dz', \qquad (31.8)$$

$$\varphi_{1x}(z) = \frac{1}{4\pi\,\varepsilon_0} \int\limits_{-h+\delta}^{h-\delta} \left[q_2(x') \frac{e^{-jkr_{12}}}{r_{12}} + q_4(x') \frac{e^{-jkr_{14}}}{r_{14}} \right] dx'. \qquad (31.9)$$

Note that $\varphi_{1z}(z)$ is that part of φ due to the charges $q_1(z')$ and $q_3(z')$ on the two conductors 1 and 3 parallel to the z axis, $\varphi_{1x}(z)$ that part due to the charges $q_2(x')$ and $q_4(x')$ on the two conductors 2 and 4 parallel to the x axis.

It is now readily verified using (31.5) in (31.4) that the vector potential on conductor 1 satisfies the inhomogeneous wave equation. Thus,

$$\left(\frac{\partial^2}{\partial z^2} + k^2\right) A_{1z}(z) = j \frac{k^2}{\omega} \frac{\partial \varphi_{1x}(z)}{\partial z}. \tag{31.10}$$

The solutions of this equation for $A_{1x}(z)$ and a similar equation for the related scalar potential $\varphi_1(z)$ may each be expressed as the sum of a complementary function and a particular integral. Thus,

$$A_{1z}(z) = \frac{-j}{v_0} [C_1 \cos k z + C_2 \sin k z - \vartheta_A(z)], \tag{31.11}$$

$$\varphi_1(z) = - C_1 \sin k z + C_2 \cos k z + \vartheta_V(z), \tag{31.12}$$

where $v_0 = 1/\sqrt{\mu_0 \varepsilon_0}$ and the particular integrals are:

$$\vartheta_A(z) = \int_{z_0}^{z} \varphi_{1x}(w) \cos k (z - w) k \, dw - \varphi_{1x}(z_0) \sin k (z - z_0), \tag{31.13}$$

$$\vartheta_V(z) = \int_{z_0}^{z} \varphi_{1x}(w) \sin k (z - w) k \, dw + \varphi_{1x}(z_0) \cos k (z - z_0). \tag{31.14}$$

The substitution of (31.6) in (31.11) leads to an integral equation. It is,

$$\left. \begin{aligned} \int_{-h+\delta}^{h-\delta} \left[I_{1z}(z') \frac{e^{-jk r_{11}}}{r_{11}} + I_{3z}(z') \frac{e^{-jk r_{13}}}{r_{13}} \right] dz' \\ = \frac{-j 4\pi}{\zeta_0} [C_1 \cos k z + C_2 \sin k z - \vartheta_A(z)] \end{aligned} \right\} \tag{31.15}$$

where $\zeta_0 = \sqrt{\mu_0/\varepsilon_0}$. Since $\vartheta_A(z)$ is a function of $I_{2x}(x')$ and $I_{4x}(x)$, the currents in all four sides of the square are involved in (31.15) as written for side 1, and in three similar equations for the other three sides. These equations together are four simultaneous integral equations for the four unknown currents. They are to be solved in terms of the four driving voltages which are defined according to the following pattern:

$$V_{12} = \varphi_1(z = - h + \delta) - \varphi_2(x = - h + \delta). \tag{31.16}$$

Their solution is facilitated if use is made of the method of symmetrical components to replace the simultaneous equations by four independent integral equations for four suitably defined phase-sequence currents. These are introduced by expressing the arbitrary driving voltages in terms of sequential combinations of four phase-sequence voltages $V^{(i)}$, $i = 1, 2, 3, 4$, as follows:

$$V_{12} = \sum_{i=1}^{4} V^{(i)}; \quad V_{23} = \sum_{i=1}^{4} j^i V^{(i)}; \quad V_{34} = \sum_{i=1}^{4} j^{2i} V^{(i)}; \quad V_{41} = \sum_{i=1}^{4} j^{3i} V^{(i)}. \tag{31.17}$$

The associated phase-sequence currents, $I^{(i)}$, are related to the four arbitrary currents $I_1, \ldots, I_4$ by formulas like those in (31.17). After each phase-sequence current is obtained in terms of the appropriate phase-sequence voltage, the general case is solved by superposition. If one or more of the driving voltages is replaced by an arbitrary impedance, the formulation is unchanged except that the appropriate voltage is replaced by the negative of the voltage drop across the impedance.

The zeroth-phase sequence is characterized by the following driving voltages: $V_{12}^{(0)} = V_{23}^{(0)} = V_{34}^{(0)} = V_{41}^{(0)} = V^{(0)}$. The associated currents and charges are related as follows:

$$I_{1z}^{(0)}(z) = -I_{2x}^{(0)}(x) = -I_{3z}^{(0)}(z) = I_{4x}^{(0)}(x) = I^0; \left.\right\}$$
$$q_1^{(0)}(z) = -q_2^{(0)}(x) = -q_3^{(0)}(z) = q_4^{(0)}(x) = q^0. \left.\right\}$$
(31.18)

As a consequence of geometrical and electrical symmetry, it follows that

$$I_{1z}^{(0)}(-z) = I_{1z}^{(0)}(z), \qquad q_1^{(0)}(-z) = -q_1^{(0)}(z),$$
$$A_{1z}^{(0)}(-z) = A_{1z}^{(0)}(z), \qquad A_{1x}^{(0)}(-z) = -A_{1x}^{(0)}(z);$$

$\varphi_1^{(0)}(-z) = -\varphi_1^{(0)}(z)$ where the potentials are defined on the surfaces of the conductors. It follows that $I_{1z}^{(0)}(0)$ and $A_{1z}^{(0)}(0)$ are extreme, $q_1^{(0)}(0) = \varphi_1^{(0)}(0) = A_{1x}^{(0)}(0) = 0$; and, if the arbitrary lower limit z_0 in (31.13) and (31.14) is made zero, $\vartheta_A^{(0)}(z)$ is even and $\vartheta_V^{(0)}(z)$ is odd. When specialized to these conditions, the integral equation (31.15) reduces to,

$$\int_{-h+\delta}^{h-\delta} I_{1z}^{(0)}(z') K_A^{(0)}(z, z') \, dz' = \frac{-j\,4\pi}{\zeta_0} [C_1^{(0)} \cos k z - \vartheta_A^{(0)}(z)],$$
(31.19)

where

$$K_A^{(0)}(z, z') = \frac{\mathrm{e}^{-jk r_{11}}}{r_{11}} - \frac{\mathrm{e}^{-jk r_{13}}}{r_{13}}, \qquad \vartheta_A^{(0)}(z) = \int_0^z \varphi_{1x}^{(0)}(w) \cos k(z - w) \, k \, dw, \quad (31.20\mathrm{a})$$

and

$$\varphi_{1x}^{(0)}(z) = \frac{1}{4\pi\,\varepsilon_0} \int_{-h+\delta}^{h-\delta} q_2^{(0)}(x) \left[\frac{\mathrm{e}^{-jk r_{12}}}{r_{12}} - \frac{\mathrm{e}^{-jk r_{14}}}{r_{14}} \right] dx'.$$
(31.20b)

The integral equation (31.19) may be solved in a manner paralleling that used for the center-driven antenna in Sect. 26. The solution for the current in the zeroth-phase sequence in a form like (26.5) is given by

$$I_{1z}^{(0)}(z) = \frac{j\,2\pi\,V^{(0)}}{\zeta_0\psi_{(0)}} \left[\frac{\cos k z + P_1^{(0)}(z)/\psi^{(0)} + \cdots}{\sin k(-h + \delta) + Q_1^{(0)}(-h + \delta)/\psi^{(0)} + \cdots} \right],$$
(31.21)

where the function $P_1^{(0)}(z)$ corresponds to the previously defined function $M_1(z)$ but includes additional terms originating with the particular integral $\vartheta_A^{(0)}(z)$, $Q_1^{(0)}(-h + \delta)$ corresponds to $A_1(h)$, and the expansion parameter $\psi^{(0)}$ is defined in a manner closely paralleling the definition of ψ in (26.5). Details are in the literature[1]. The currents in the other conductors are obtained from (31.21) with (31.18). The input admittance $Y_{\mathrm{in}}^{(0)} = I_{1z}^{(0)}(-h + \delta)/V^{(0)}$ is readily obtained from (31.21). The zeroth-order input impedance for the zeroth-phase sequence is

$$[Z_{\mathrm{in}}^{(0)}]_0 = \frac{j\,\zeta_0\,\psi^{(0)}}{2\pi} \tan k(h - \delta).$$
(31.22)

The second phase sequence has the following driving voltages: $V_{12}^{(2)} = -V_{23}^{(2)} = V_{34}^{(2)} = -V_{41}^{(2)} = V^{(2)}$. The associated currents and charges and their relations are given by

$$I_{1z}^{(2)}(z) = -I_{2x}^{(2)}(x) = I_{3z}^{(2)}(z) = -I_{4x}^{(2)}(x) = I^{(2)};$$
$$q_1^{(2)}(z) = -q_2^{(2)}(x) = q_3^{(2)}(z) = -q_4^{(2)}(x) = q^{(2)}.$$

As a consequence of symmetry, $I_{1z}^{(2)}(-z) = -I_{1z}^{(2)}(z)$, $q_1^{(2)}(-z) = q_1^{(2)}(z)$, $A_{1z}^{(2)}(-z) = -A_{1z}^{(2)}(z)$, $A_{1x}^{(2)}(-z) = A_{1x}^{(2)}(z)$, $\varphi_1^{(2)}(-z) = \varphi_1^{(2)}(z)$. It then follows that $I_{1z}^{(2)}(0) = A_{1z}^{(2)}(0) = 0$, $q_1^{(2)}(0)$ and $\varphi_1^{(2)}(0)$ are extreme. With the lower limit in (31.13) and

---

[1] R. KING: Trans. Inst. Radio Engrs. AP-**4**, 393 (1956).

(31.14) again chosen to be zero, $\vartheta_A^{(2)}$ is odd, $\vartheta_V^{(2)}(z)$ is even. When specialized to these conditions the integral equation (31.15) becomes,

$$\int_{-h+\delta}^{h-\delta} I_{1z}^{(2)}(z') \, K_A^{(2)}(z,z') \, dz' = \frac{-j\,4\pi}{\zeta_0} \left[C_2^{(2)} \sin kz - \vartheta_A^{(2)}(z) \right], \qquad (31.23)$$

where

$$\left. \begin{aligned} K_A^{(2)}(z,z') &= \frac{e^{-jkr_{11}}}{r_{11}} + \frac{e^{-jkr_{13}}}{r_{13}}, \\ \vartheta_A^{(2)}(z) &= \int_0^z \varphi_{1x}^{(2)}(z) \cos k(z-w) \, k\,dw - q_{1x}^{(2)}(0) \sin kz, \end{aligned} \right\} \qquad (31.24\mathrm{a})$$

and

$$\varphi_{1x}^{(2)}(z) = \frac{1}{4\pi\varepsilon_0} \int_{-h+\delta}^{h-\delta} q_2^{(2)}(z') \left[\frac{e^{-jkr_{12}}}{r_{12}} + \frac{e^{-jkr_{14}}}{r_{14}} \right] dz'. \qquad (31.24\mathrm{b})$$

This integral equation (31.23) is also in the form to which the general procedure outlined in Sect. 26 is applicable. The solution for the current in the secondphase sequence is:

$$I_{1z}^{(2)}(z) = \frac{-j\,2\pi \, V^{(2)}}{\zeta_0 \psi^{(2)}} \left[\frac{\sin kz + P_1^{(2)}/\psi^{(2)} + \cdots}{\cos k(-h+\delta) + Q_1^{(2)}(-h+\delta)/\psi^{(2)} + \cdots} \right], \qquad (31.25)$$

with the several functions and factors interpreted in a manner paralleling that for the zeroth phase sequence. The input admittance for the second phase sequence is obtained from (31.25) by forming the quantity, $Y_{\mathrm{in}}^{(2)} = I_{1z}^{(2)}(-h+\delta)/V^{(2)}$. The zeroth-order impedance for the second phase sequence is,

$$[Z_{\mathrm{in}}^{(2)}]_0 = \frac{-j\,\zeta_0\,\psi^{(2)}}{2\pi} \cot k(h-\delta). \qquad (31.26)$$

The currents in the first and third phase sequences may be obtained by appropriately superimposing the currents that are excited in the *diagonal dipole* modes in the circuits shown in Figs. 39a, b. Thus,

$$I_{1z}^{(1)}(z) = I_{1z}^{(a)}(z) + I_{1z}^{(b)}(z) = I_{1z}^{(a)}(z) - j\,I_{1z}^{(a)}(-z), \qquad (31.27\mathrm{a})$$

$$I_{1z}^{(3)}(z) = I_{1z}^{(a)}(z) - I_{1z}^{(b)}(z) = I_{1z}^{(a)}(z) + j\,I_{1z}^{(a)}(-z), \qquad (31.27\mathrm{b})$$

where $I_{1z}^{(a)}(z)$ is the current in conductor 1 in Fig. 39a, $I_{1z}^{(b)}(z)$ the current in conductor 1 in Fig. 39b. By symmetry $I_{1z}^{(b)}(z)$ may be eliminated as in (31.27a, b) so that the currents of the first and third phase sequences may both be obtained directly from $I_{1z}^{(a)}(z)$. It is important to note that the current $I_{1z}^{(a)}(z)$ would be altered significantly if external two-wire sections of transmission lines were attached to the two corners without generators in Fig. 39a, even if their input impedance were zero. Large codirectional currents would be excited on the two conductors of the lines and these would be a significant part of the radiating system. It has been assumed that this is not the case.

The driving voltages for the circuit of Fig. 39a are: $V_{12}^{(a)} = -V_{34}^{(a)} = V^{(a)}$, $V_{23} = V_{41} = 0$. It follows that

$$I_{1z}^{(a)}(h-\delta) = I_{2x}^{(a)}(h-\delta) = I_{3z}^{(a)}(-h+\delta) = I_{4x}^{(a)}(-h+\delta) = 0.$$

Evidently, the circuit consists of two coupled V antennas with vanishing currents at their adjacent ends. These may be joined ($\delta = 0$) or left disconnected in determining $I_{1z}^{(a)}(z)$. The following relations obtain as a result of symmetry:

$$\left. \begin{aligned} I_{1z}^{(a)}(z) &= -I_{2x}^{(a)}(x) = I_{3z}^{(a)}(-z) = -I_{4x}^{(a)}(-x); \\ q_1^{(a)}(z) &= -q_2^{(a)}(x) = -q_3^{(a)}(-z) = q_4^{(a)}(-x). \end{aligned} \right\} \qquad (31.28)$$

Corresponding relations for the vector and scalar potentials on the surfaces of the conductors are obtained from (31.28) if A is substituted for I and φ for q. With these symmetry conditions the general integral equation (31.15) becomes:

$$\int_{-h+\delta}^{h-\delta} I_{1z}^{(a)}(z')\, K_A^{(a)}(z,z')\, dz' = -\frac{j\,4\pi}{\zeta_0}\,[C_1^{(a)}\cos kz + C_2^{(a)}\sin kz - \vartheta_A^{(a)}(z)] \quad (31.29)$$

where,

$$K_A^{(a)}(z,z') = \frac{e^{-jkr_{11}}}{r_{11}} + \frac{e^{-jkr'_{13}}}{r'_{13}}, \quad (31.30a)$$

$$r_{11} = \sqrt{(z-z')^2 + a^2}, \quad r'_{13} = \sqrt{(z+z')^2 + (2h)^2}.$$

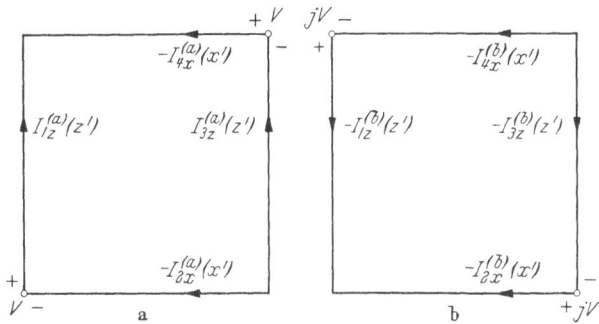

Fig. 39 a and b. Components of the first and third phase sequences; diagonal dipole modes.

The particular integral $\vartheta_A^{(a)}(z)$ is given by (31.13) with

$$\varphi_{1x}^{(a)}(z) = \frac{1}{4\pi\varepsilon_0} \int_{-h+\delta}^{h-\delta} q_A^{(a)}(x') \left[\frac{e^{-jkr_{12}}}{r_{12}} - \frac{e^{-jkr'_{14}}}{r'_{14}} \right] dx', \quad (31.30b)$$

where $r_{12} = \sqrt{(h+z)^2 + (h+x')^2 + a^2}$, $r'_{14} = \sqrt{(h-z)^2 + (h-x')^2 + a^2}$. An approximate solution of the Eq. (31.29) for the current in the diagonal dipole mode may be obtained by the method described in Sect. 26. (See Sects. 23 to 25 in [5].) It is,

$$I_{1z}^{(a)}(z) = \frac{j\,2\pi V^{(a)}}{\zeta_0\,\psi^{(a)}} \left[\frac{\sin k(h-\delta-z) + P_1^{(a)}(h+z)/\psi^{(a)} + \cdots}{\cos 2k(h-\delta) + Q_1^{(a)}(2h-\delta)/\psi^{(a)} + \cdots} \right] \quad (31.31)$$

where the function $P^{(a)}(h+z)$, the constants $Q^{(a)}(2h-\delta)$, and the expansion parameter $\psi^{(a)}$ are defined essentially as are the corresponding quantities in Sect. 26 but with different arguments and added terms arising from the particular integral. The diagonal dipole admittance $Y_{in}^{(a)} = I_{1z}^{(a)}(-h+\delta)/V^{(a)}$ is readily obtained from (31.31). The zeroth-order diagonal-dipole impedance is,

$$[Z^{(a)}]_0 = \frac{-j\,\zeta_0\,\psi^{(a)}}{2\pi}\cot 2k(h-\delta). \quad (31.32)$$

The currents in the first and third phase sequences are obtained by substituting $I_{1z}^{(a)}(z)$ as given in (31.31) in (31.27a) and (31.27b). Since $I_{1z}^{(a)}(h-\delta)=0$, it follows that the input currents for the first and third phase sequences are like the input current of the diagonal dipole mode. Accordingly, $Y_{in}^{(1)} = Y_{in}^{(3)} = Y_{in}^{(a)}$.

With all four phase-sequence currents determined, it remains to combine them to obtain the actual currents and driving point impedances when arbitrary voltages or impedances are connected across the four pairs of terminals. In general, little

17*

simplification can be achieved in the combined formulas. However, a number of special cases are noteworthy and simple zeroth-order formulas which illustrate the qualitative behavior of the circuit are readily derived.

Particularly simple conditions obtain when only the zeroth and second phase sequences are excited with $V^{(1)} = V^{(3)} = 0$. In this case it follows from (31.17) that $V_{12} = V_{34} = V^{(0)} + V^{(2)}$, $V_{23} = V_{41} = V^{(0)} - V^{(2)}$ so that $I_1 = I_3 = I^{(0)} + I^{(2)}$, $I_2 = I_4 = I^{(0)} - I^{(2)}$. In terms of the arbitrary voltages $V_{12} = V_{34}$ and $V_{23} = V_{41}$, the phase-sequence voltages are $V^{(0)} = \frac{1}{2}(V_{12} + V_{23})$, $V^{(2)} = \frac{1}{2}(V_{12} - V_{23})$. Since at the corners $I^{(0)} = Y^{(0)} V^{(0)}$, $I^{(2)} = Y^{(2)} V^{(2)}$, it follows that at corners 12 and 23 the currents are

$$I_{1z}(-h + \delta) = I_1 = V_{12} Y_s + V_{23} Y_m, \tag{31.33a}$$

$$-I_{2x}(-h + \delta) = I_2 = V_{12} Y_m + V_{23} Y_s \tag{31.33b}$$

where

$$Y_s = \frac{1}{2}(Y^{(0)} + Y^{(2)}), \qquad Y_m = \frac{1}{2}(Y^{(0)} - Y^{(2)}).$$

If loads or tuning admittances $Y_2 = 1/Z_2$ are connected in place of the driving voltages V_{23} and V_{41} by setting $V_{23} = -I_2 Z_2$ or $I_2 = -Y_2 V_{23}$, the currents at the driving terminals are

$$I_3 = I_1 = V_{12}\left[Y_s - \frac{Y_m^2}{Y_s + Y_m}\right] = V_{12} Y_{1\,\text{in}}, \tag{31.34a}$$

where $Y_{1\,\text{in}}$ is the input admittance; the currents at the load terminals are

$$I_4 = I_2 = V_{12}\left[\frac{Y_m Y_2}{Y_s + Y_2}\right] = V_{12} Y_T, \tag{31.34b}$$

where Y_T is the transfer admittance.

If the driving voltages at corners 12 and 34 are equal in magnitude and in phase, and if $Z_2 = 0$ so that $V_{23} = V_{41} = 0$, it follows that $V^{(0)} = V^{(2)}$ and $V_{12} = V_{34} = 2V^{(0)}$. These conditions apply to a square loop driven by equal voltages in phase at the two corners at opposite ends of one diagonal. By the application of image theory, the results so obtained may be used to determine the currents and the driving-point admittances of half (two sides) of a loop over an image plane or of a quarter (one side) of a loop in a corner reflector.

The square loop driven at only one corner with the terminals at the other corners short-circuited is represented when all four phase sequences are equal so that $V^{(0)} = V^{(1)} = V^{(2)} = V^{(3)}$ and $V_{12} = 4V^{(0)}$, $V_{23} = V_{34} = V_{41} = 0$. The currents in conductors 1 and 4 are

$$I_{1z}(z) = I_{1z}^{(0)}(z) + I_{1z}^{(2)}(z) + I_{1z}^{(1)}(z) + I_{1z}^{(3)}(z) = I_{1z}^{(0)}(z) + I_{1z}^{(2)}(z) + 2I_{1z}^{(a)}(z), \tag{31.35}$$

$$\left.\begin{aligned} I_{4x}(x) &= I_{4x}^{(0)}(x) - I_{4x}^{(2)}(x) - j I_{4x}^{(1)}(x) + j I_{4x}^{(3)}(x) \\ &= I_{4x}^{(0)}(x) - I_{4x}^{(2)}(x) - 2I_{4x}^{(a)}(-x) \end{aligned}\right\} \tag{31.36}$$

where $I_{1z}^{(0)}(z)$, $I_{1z}^{(2)}$, and $I_{1z}^{(a)}(z)$ are given, respectively, by (31.21), (31.25) and (31.31) The currents in the other half of the loop may be obtained by symmetry. The general nature of the distribution of current in the corner-driven loop may be seen from the zeroth-order terms in which all expansion parameters (which actually differ only slightly) are approximated by a mean value ψ. The results are,

$$[I_{1z}(z)]_0 = \frac{-j\,2\pi\,V^{(0)}}{\zeta_0 \psi}\left[\frac{\cos k\,(3h - 3\delta - z)}{\sin 4k\,(h - \delta)}\right](-h + \delta \leq z \leq h - \delta), \tag{31.37a}$$

$$[I_{4x}(x)]_0 = \frac{-j\,2\pi\,V^{(0)}}{\zeta_0 \psi}\left[\frac{\cos k\,(h - \delta - x)}{\sin 4k\,(h - \delta)}\right](-h + \delta \leq x \leq h - \delta). \tag{31.37b}$$

The zeroth-order input impedance is:

$$[Z_{\text{in}}]_0 = \frac{j\zeta_0\psi}{2\pi}\tan 4k(h-\delta).\tag{31.38}$$

The measured impedance of a square loop when corner-driven at a frequency of 750 Mc with conductors of radius $a = 0.0035\,\lambda$ is shown in Fig. 40. Theoretical and experimental studies of the circular loop when driven at one point along its circumference are in the literature[1-3].

The square rhombic antenna that is driven at one corner and terminated at the diagonally opposite corner in a manner to produce approximately traveling waves of current on the loop may be investigated by setting $V_{12} \neq 0$, $V_{23} = V_{41} = 0$, $V_{34} = -I_4 Z_{34}$ where $I_4 = I_{4x}(h-\delta)$ and Z_{34} is an appropriately chosen impedance. The phase sequence voltages are $V^{(2)} = V^{(0)} = \frac{1}{4}[V_{12} - I_4 Z_{34}]$, $V^{(3)} = V^{(1)} = \frac{1}{4}[V_{12} + I_4 Z_{34}]$. The corresponding currents are obtained by substituting these voltages in the appropriate formulas. The effect of varying Z_{34} is difficult to determine in general without extensive numerical computations. The approximate nonresonant properties of the circuit may be demonstrated using zeroth order formulas and a mean value for the several slightly different expansion parameters. It is readily verified that with $Z_{34} = \zeta_0\psi/2\pi$ the zeroth-order currents are:

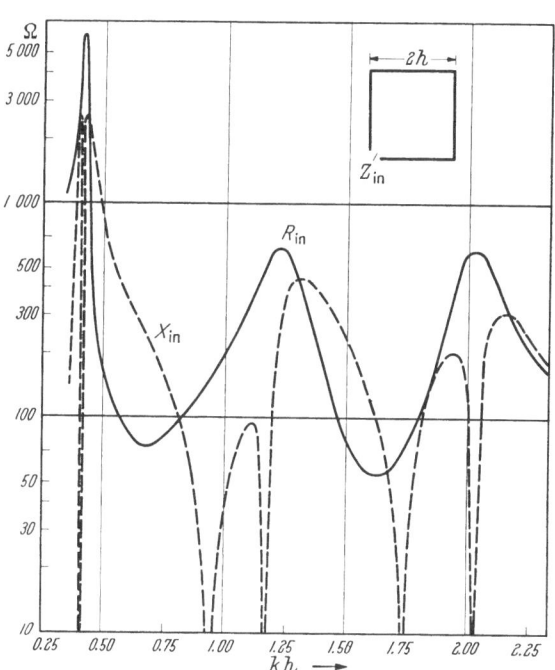

Fig. 40. Measured impedance of square loop driven from one corner $a = 0.318$ cm, $\lambda = 40$ cm. Note that the circumference of the loop in radians is $8\,kh$ (KENNEDY).

$$[I_{1z}(z)]_0 = \frac{2\pi V_{12}}{\zeta_0\psi}e^{-jk(h-\delta+z)} \qquad (-h+\delta \leq z \leq h-\delta),\tag{31.39a}$$

$$[I_{4x}(x)]_0 = \frac{2\pi V_{12}}{\zeta_0\psi}e^{-jk(3h-3\delta+x)} \qquad (-h+\delta \leq x \leq h-\delta).\tag{31.39b}$$

The zeroth-order input impedance is $[Z_{\text{in}}]_0 = \zeta_0\psi/2\pi$. These formulas characterize a wave for the zeroth-order current traveling from the generator toward the resistive load Z_{34} along conductors 1 and 4. The degree in which these ideal conditions obtain in practice may be determined using higher order formulas.

E. Receiving circuits.

In a strict sense a receiving circuit is any parasitic secondary in which is dissipated a part of the power originally supplied by a generator directly to a

[1] P. A. KENNEDY: Trans. Inst. Radio Engrs. AP 4, 610 (1956).
[2] E. HALLÉN: Nova Acta Regiae Soc. Sci. Upsaliensis [4] 11, 1 (1938).
[3] J. E. STORER: Techn. Report No. 212, Cruft Lab. Harvard Univ. 1955.

more or less closely coupled active primary. However, in the following discussion attention is directed exclusively to those among this very general class of coupled circuits in which the secondary is so loosely coupled that its effect on the primary is negligible and the circuit equations assume the following simple form:

$$V_{1\delta} = I_{1\delta} Z_{11} + I_{2\delta} Z_{12} \approx I_{1\delta} Z_{11},$$
$$0 = I_{1\delta} Z_{21} + I_{2\delta} Z_{2\varepsilon}.$$

Secondary circuits that satisfy this condition include radio receiving antennas with their loads and antennas that are used as probes in exploring electromagnetic fields or in measuring distributions of current and charge on conducting surfaces as in transmission lines and antennas. In the case of the receiving antenna loose coupling to the transmitter is achieved by great separation; in the case of the

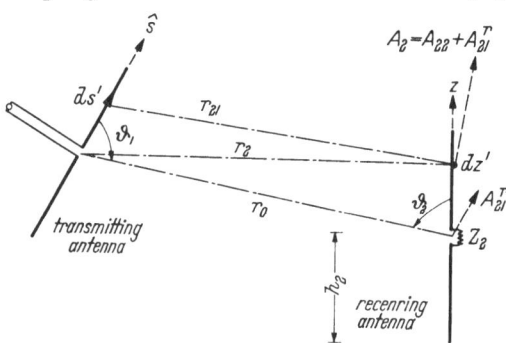

Fig. 41. Transmitting and receiving antennas.

probe-antenna an overall loose coupling usually means locally tight coupling to a sufficiently small part of a charged or current-carrying conductor by virtue of the small size of the probe that its effect on the primary as a whole is insignificant. Two types of antennas are particularly useful both for radio reception and as probes. They are the dipole antenna with or without a coupled directional array and the loop or frame antenna.

32. The center-loaded cylindrical receiving antenna. Consider the simple transmitting-receiving system illustrated in Fig. 41. It consists of a cylindrical transmitting antenna (no. 1) at a great distance ($kr_0 = 2\pi r_0/\lambda \gg 1$, where r_0 is the distance between centers) from a similar cylindrical receiving antenna that is center loaded by an impedance Z_L (that may be the input impedance of a transmission line terminated in an arbitrary apparent impedance Z_{sa}). The receiving antenna lies along the z axis of a cylindrical system of coordinates ϱ, ϑ, z that has its origin at the center of the receiving antenna; the halves of the antenna and the terminals of the load are separated by a distance $b = 2\delta$. The transmitting antenna lies along an arbitrary direction specified by the unit vector $\hat{s}$; its currents maintain a vector potential $\boldsymbol{A}_{21}^r = \hat{s} A_{21}^r$ at the center of the receiving antenna. It is assumed for both antennas that $ka_1 \ll 1$, $ka_2 \ll 1$, $a_1 \ll h_1$, $a_2 \ll h_2$ where the a's are radii and the h's half lengths of the conductors.

The differential equation for the total vector potential $\boldsymbol{A}_2$ at an arbitrary point on the surface at $\varrho = a$ of the receiving antenna is the same as the general equation (26.1). It is

$$\frac{\partial}{\partial z}(\operatorname{div} \boldsymbol{A}_2) + k^2 A_{2z} = j\frac{k^2}{\omega} z^i I_{2z}. \tag{32.1}$$

However, in this case the vector potential $\boldsymbol{A}_2$ consists of two parts: $\boldsymbol{A}_{22}$ maintained by the current I_{2z} in the receiving antenna 2, and $\boldsymbol{A}_{21}^r$ maintained by the current in I_{1z} the distant transmitting antenna 1. These are obtained from (11.6) to be:

$$A_{22} = \frac{\hat{z}\mu_0}{4\pi}\left(\int_{-h}^{-\delta} + \int_{\delta}^{h}\right)\frac{I_{2z}'}{r_{22}}\, e^{-jkr_{22}}dz', \tag{32.2}$$

$$A_{21}^r = \frac{\hat{s}\mu_0}{4\pi}\frac{e^{-jkr_2}}{r_0}\left(\int_{-h_1}^{-\delta} + \int_{\delta_1}^{h_1}\right)I_{1s}' e^{jks'\cos\vartheta_1}ds' = \boldsymbol{K}_{21}\, e^{-jkr_2} \tag{32.3}$$

where $r_{22} = \sqrt{(z-z')^2 + a^2}$, r_2 is the distance from the element dz' on the surface of the receiving antenna to the center of the transmitting antenna, and r_0 is the distance between the centers of the antennas. In obtaining (32.3) for the radiation field, it has been assumed that $r_{21} = r_2 = r_0$ in amplitude factors, $r_{21} = r_2 - s' \cos \vartheta_1$ in phases, where r_{21} is the distance from the element ds' on the surface of the receiving antenna. These distances and the angle ϑ_1 are shown in Fig. 41 on a distorted scale. Actually the antennas are very far apart so that r_2 and r_0 are very nearly parallel. Note that the vector $\boldsymbol{K}_{21}$ as defined in (32.3) is constant at all points on the receiving antenna.

If (32.1) is expanded using (32.3) and note is taken of the relations;

$$\operatorname{div}(\boldsymbol{K}_{21}\, e^{-jkr_2}) = \boldsymbol{K}_{21} \cdot \operatorname{grad} e^{-jkr_2} = j\,k\, e^{-jkr_2}\, \boldsymbol{K}_{21} \cdot \hat{\boldsymbol{r}}_2$$

and

$$r_2 = r_0 - z \cos \vartheta_2, \qquad \frac{\partial}{\partial z} \operatorname{div}(\boldsymbol{K}_{21}\, e^{-jkr_2}) = -A_{21r}\, k^2 \cos \vartheta_2,$$

it follows that

$$\left(\frac{\partial^2 A_{22z}}{\partial z^2} + k^2 A_{22z}\right) + k^2 (A_{21z}^r - A_{21r}^r \cos \vartheta_2) = j\,\frac{k^2}{\omega}\, z^i I_{2z}. \tag{32.4}$$

This expression may be rearranged by introducing the notation

$$q_0 = k \cos \vartheta_2, \qquad U = \frac{-j\omega\,(K_{21z} - K_{21r}\, q_0/k)\, e^{-jkr_0}}{k\,(1 - q_0^2/k^2)}. \tag{32.5}$$

With (32.5) the Eq. (32.4) reduces to:

$$\left(\frac{\partial^2}{\partial z^2} + k^2\right) A_{22z} = j\,\frac{k}{\omega}\, [z^i I_{2z} - k\,(1 - q_0^2/k^2)\, U\, e^{jq_0 z}]. \tag{32.6}$$

This equation is like that solved in Sect. 26 for the center-driven antenna except for the additional term with U as a coefficient and the more general nature of the vector potential and the current which are not restricted to be even functions of z. However, the equation is readily separated into two parts, the one involving only terms that are even in A and I, the other only terms that are odd in A and I. Actually, if interest is exclusively in the power in the load or the potential difference across its terminals as in this section, (and not in reradiation or scattering, which is a field problem), terms that involve only the odd part of the current can be ignored. Therefore, in the following analysis only the even part of the current is determined, with the understanding that the odd part (which differs from zero except when the antenna is parallel to the incident vector potential A_{21}^r) contributes nothing to the problem of reception so long as the load is at the center of the symmetrical antenna, as is here assumed. (Note that if the load is a two-wire line only the balanced currents are related to the even currents on the antenna.)

The complementary function and the particular integral of the equation for the even part of the vector potential in (32.6) are readily obtained. When combined with (32.2) the resulting integral equation for the even part of the current is:

$$\left(\int_{-h}^{-\delta} + \int_{\delta}^{h}\right) I_{2z}'\, K_1(z, z')\, dz' = \frac{-j\, 4\pi}{\zeta_0 \cos k\,\delta}\left[(C_1 \cos kz + U \cos q_0 z) \cos k\,\delta + \right. \tag{32.7}$$
$$\left. + \left(C_1 \sin k\,\delta + \frac{1}{2} V_\delta\right) \sin k\,|z|\right],$$

where

$$K_1 = \frac{e^{-jkr_{22}}}{r_{22}} \quad \text{and} \quad \frac{1}{2} V_\delta = \frac{1}{2} V_{2\delta} + \frac{q_0}{k}\, U \sin q_0\, \delta.$$

Also, $V_{2\delta} = -I_\delta Z_L$ where Z_L is the apparent input impedance of the line that is connected to the antenna as load. Usually the distance 2δ between the terminals is sufficiently small to make $V_\delta \approx V_{2\delta}$.

The solution of (32.7) for the current parallels the procedure described in Sect. 26 with minor differences in detail. The result may be expressed in the following form for the upper half of the antenna $(\delta \leq z \leq h)$:

$$I_{2z} = U u(z) + V_\delta v(z), \tag{32.8}$$

where,

$$u(z) = \frac{j 4\pi}{\zeta_0 \psi} \times$$
$$\times \left\{ \frac{[\cos q_0 h \cos k (z - \delta) - \cos q_0 z \cos k (h - \delta)] + \frac{1}{\psi} [m_1(z) \cos k \delta + p_1(z) \sin k \delta] + \cdots}{\cos k (h - \delta) + A_1(h)/\psi + \cdots} \right\}, \tag{32.9a}$$

and,

$$v(z) = \frac{j 2\pi}{\zeta_0 \psi} \left\{ \frac{\sin k (h - z) + M_1(z)/\psi + \cdots}{\cos k (h - \delta) + A_1(h)/\psi + \cdots} \right\}. \tag{32.9b}$$

By applying Thévenin's theorem[1] at the terminals of the apparent load Z_L and expressing V_δ in terms of U, the following alternative expression for (32.8) is obtained:

$$I_{1z} = U \left\{ u(z) - v(z) \left[\frac{Z_\delta}{Z_\delta + Z_L} \right] \left[u(\delta) Z_L - 2 \frac{q_0}{k} \sin q_0 \delta \right] \right\}, \tag{32.10}$$

where the distribution functions $u(z)$ and $v(z)$ are defined in (32.9a, b) and Z_δ is the input impedance of the antenna as if center driven.

It is clear from (32.10) with (32.9a, b) that the even part of the current in the receiving antenna is made up of two parts that are characterized by the different distribution functions $u(z)$ and $v(z)$. When $q_0 \delta$ is sufficiently small, as is usual, and $Z_L = 0$, practically the entire even current is distributed according to $u(z)$. Therefore, $u(z)$ is known as the *unloaded-receiving-antenna distribution*. On the other hand, $v(z)$ is identically the distribution function for the current in the center-driven, isolated, transmitting antenna as given by (26.5). The relative amplitudes of these two distributions which together determine the even current in the center-loaded receiving antenna depend upon the apparent input impedance Z_L of the line-load. The transmitting distribution vanishes when $Z_L = 0$ and has its largest value essentially when $Z_\delta Z_L/(Z_\delta + Z_L)$ is greatest. Since this factor has a wide range of values extending from zero when $Z_L = 0$ to large values when Z_L is the complex conjugate of Z_δ, the distribution of current on a center-loaded receiving antenna varies considerably with the load. For a tuned or matched load, $v(z)$ predominates; for a very small load, $u(z)$ predominates. Note that the leading (zeroth-order) distributions when $\delta \approx 0$ and the antenna is parallel to the incident vector potential $(q_0 = 0)$ are $u(z) \sim (\cos kz - \cos k h)$, a shifted cosine; $v(z) \sim \sin k (h - z)$.

An equivalent circuit for a center-loaded receiving antenna is readily deduced from an application of Thévenin's theorem at the terminals of the load. According to this theorem, the current in the load Z_L is,

$$I_{2\delta} = \frac{V_{2\delta}(Z_L = \infty)}{Z_L + Z_\delta}, \tag{32.11}$$

where $V_{2\delta}(Z_L = \infty)$ is the open-circuit voltage at the terminals of the antenna when the transmission line is disconnected. An expression for this voltage is

---

[1] See, for example, [7], p. 72.

obtained from (32.11) with $Z_L = 0$. It is

$$V_{2\delta}(Z_L = \infty) = I_{2\delta}(Z_L = 0)\, Z_\delta = U Z_\delta \left[u(\delta) + v(\delta)\, \frac{2q_0}{k} \sin q_0 \delta \right]. \quad (32.12)$$

Instead of defining the function U in terms of the components of the vector potential in spherical coordinates as in (32.5), it may be expressed in terms of the equivalent radiation field E^r in the form,

$$U = -\frac{E^r \cos \psi}{k \sin \vartheta_2} \quad (32.13)$$

where ψ is the angle between the incident electric vector $\mathbf{E}^r$ and the plane containing the axis of the receiving antenna and the line joining its center to the center of the distant transmitting antenna. ϑ_2 is the angle between the receiving antenna and the line joining its center to the distant transmitting antenna. The angle ϑ_2 is shown in Fig. 41; the angle ψ is zero in this figure since $E^r = -j\omega A^r_{21\vartheta_1}$ is in the plane containing z and r_0.

With (32.13) it follows from (32.12) that the open-circuit voltage is,

$$\left. \begin{array}{l} V_{2\delta}(Z_L = \infty) \\ = -(E^r \cos \psi)\, 2h^e(\vartheta_2), \end{array} \right\} \quad (32.14)$$

where with $v(\delta) = 1/Z_\delta$,

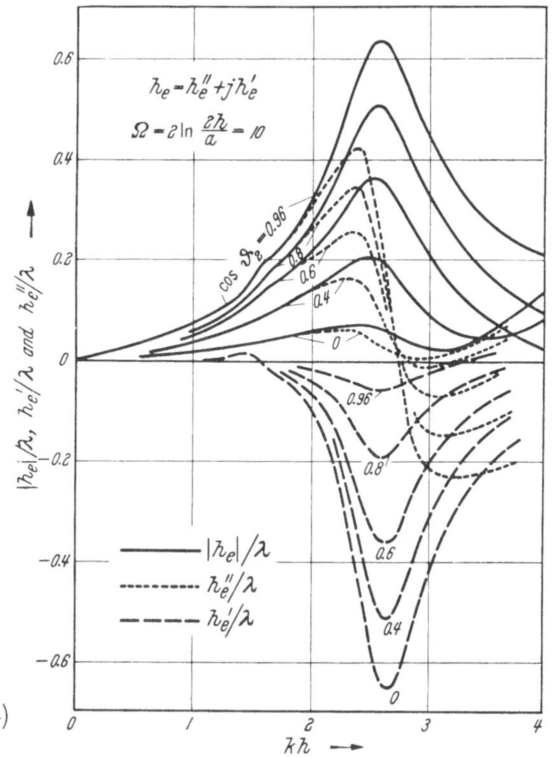

Fig. 42. Complex effective length of center-loaded receiving antenna as a function of its electrical half-length kh with $\cos\vartheta_2$ as parameter.

$$2h_e(\vartheta_2) = \frac{Z_\delta u(\delta) + (2q_0/k)\sin q_0 \delta}{k \sin \vartheta_2} \approx \frac{Z_\delta u(0)}{k \sin \vartheta_2} \quad \text{when} \quad \delta \approx 0. \quad (32.15)$$

The quantity, $2h_e(\vartheta_2)$, is the *complex effective length* of the receiving antenna of actual length $2h$. It is a function of the orientation of the receiving antenna with respect to the surface of constant phase or wave front of the incident electric field $\mathbf{E}^r$. This orientation is specified by the angle ϑ_2. If $\vartheta_2 = \pi/2$, the receiving antenna lies in a surface of constant phase of $\mathbf{E}^r$. Typical curves of the real and imaginary parts and the magnitude of the complex effective half-length in the form, $h_e/\lambda = h''_e/\lambda + j h'_e/\lambda$, are in Fig. 42. It can be verified by applying the reciprocal theorem that the complex effective electrical length $k h_e(\vartheta)$ is identically the field factor of the same antenna when center driven. [Since calculations of the field pattern of a center-driven cylindrical antenna usually assume a sinusoidal distribution of current, the field factor so obtained is much less accurate than the higher-order values of $h_e(\vartheta_2)$ obtainable from curves like those in Fig. 42. Thus, the reciprocal theorem may be used to determine more accurate field patterns of transmitting antennas from the effective lengths of receiving antennas.]

Clearly, if the complex effective length and the orientation of the receiving antenna relative to the given incident electric field are known, as well as the impedances Z_δ of the antenna and Z_L of the load, the current I_δ entering the load is quickly determined from (32.11) with (32.14). The equivalent circuit is simply a series combination of the impedance Z_δ of the antenna as if isolated and center driven, the apparent impedance Z_L of the load, and an e.m.f. $V_{2\delta}(Z_L = \infty)$ given by (32.14). If the load impedance Z_L is the apparent input impedance of a transmission line of length s, propagation constant γ, characteristic impedance Z_c, and terminated in an apparent impedance $Z_{s\,a}$, the current I_s in $Z_{s\,a}$ is obtained at once by transmission-line theory. Thus,

$$I_s = p\,I_\delta, \qquad p = \frac{\mathrm{Sin}\,\vartheta_{s\,a}}{\mathrm{Sin}\,(\gamma\,s + \vartheta_{s\,a})}, \qquad \vartheta_{s\,a} = \mathrm{Ar\,Cot}\left(\frac{Z_{s\,a}}{Z_c}\right). \tag{32.16}$$

With (32.11), (32.14) and (32.16) it follows that

$$I_s = \frac{-(E^r \cos\psi)\,2h_e(\vartheta_2)\,p}{Z_\delta + Z_L}. \tag{32.17}$$

The power transferred to the load, $Z_L = R_L + jX_L$, is $P_L = \frac{1}{2}R_L\,|I_{2\delta}|^2$ where $|I_{2\delta}|$ is the magnitude of the current as given in (32.11). Maximum power to the load of an antenna of given length $2h$ is obtained by choosing Z_L to be the complex conjugate of Z_δ. The maximum power is,

$$(P_L)_{\max} = \frac{|h_2(\vartheta_2)\,E^r \cos\psi|^2}{2R_\delta}. \tag{32.18}$$

This may be maximized further by adjusting the length of the antenna and with it changing both $h_e(\vartheta_2)$ and Z_δ. If the load is kept conjugate matched and $\vartheta_2 = \pi/2$ as kh is increased from small values, a first maximum is reached when kh is between 3.7 and 4.0 depending on the value of h/a.

If the electric field is elliptically polarized it may be resolved into the two linearly polarized components along the major and minor axes of the ellipse. The open-circuit voltage for each component may be determined from (32.14). This involves the definition of two complex effective lengths, one for each component of the field. The resultant open-circuit voltage for the equivalent circuit is the algebraic sum of the two separately determined parts.

The analysis of the receiving antenna is in no way changed if the incident vector potential $\boldsymbol{A}^r$ or electric field $\boldsymbol{E}^r$ is maintained by an arbitrary array of antennas instead of a single antenna. The integral in (32.3) is replaced by a more complicated formula, but the incident vector potential may still be expressed in the form $\boldsymbol{A}_{21}^r = \boldsymbol{K}_{21}\,e^{-jkr_2}$ with r_2 the distance from an element dz' on the surface of the receiving antenna to an arbitrary center in the transmitting array.

33. Circuit properties of receiving arrays. In practice, it is often advantageous to make use of receiving antennas that have directional properties or impedances that differ from those of the simple, center-loaded antenna analyzed in the preceding section. In particular, directional arrays consisting of a number of elements appropriately spaced and interconnected by transmission lines may be used. Indeed, any transmitting array that is driven from a single generator may be converted into a receiving array with the same directional properties merely by replacing the generator with a receiver. Alternatively, the impedance of a receiving antenna or array may be modified without affecting its directional properties, for example, by substituting a folded dipole for a cylindrical antenna. Since all such arrays or antennas are fed from a transmission line that is itself driven by a generator, the conversion to a receiving system by replacing the generator by the apparent load impedance Z_{sa} is straightforward. The application of THÉVENIN's theorem at the terminals of Z_{sa} at once establishes the following formula for the current I_s in the terminals of Z_{sa}:

$$I_s = \frac{V_s(Z_{sa} = \infty)}{Z_{sa} + Z_{s\,in}}. \tag{33.1}$$

Where $Z_{s\,in}$ is the impedance looking back into the line toward the receiving antenna or array when the incident field is zero, and $V_s(Z_{sa} = \infty)$ is the open circuit voltage across the output end of the line when $Z_{sa} = \infty$. Since Z_{sa} is the given load, and $Z_{s\,in}$ is readily evaluated using transmission-line theory from Part C and the impedance of the array using methods described in Part C, the remaining problem is to determine the open-circuit voltage $V_s(Z_s = \infty)$ in terms of the incident field. This may be expressed in the same form as (32.14) but the complex effective length of the array is the value $2h_e(\vartheta_2)$ for a single antenna as given by (32.15) multiplied by the array factor. By application of the reciprocal theorem, this array factor may be shown to be the same as when the array is driven. Thus, for a parallel array of identical antennas with array factor $A(\vartheta, \Phi)$, the open-circuit voltage for use in the simple equivalent series circuit is

$$V_s(Z_{sa} = \infty) = -(E^r \cos \psi)\, 2h_e(\vartheta_2)\, A(\vartheta, \Phi)\, p \tag{33.2}$$

where p is given in (32.16) and $2h_e(\vartheta)$ is the effective length of a single element as given in (32.15). With the open-circuit voltage determined in (33.2) and the two impedances Z_{sa} of the load and $Z_{s\,in}$ looking back into the line toward the antenna known, the relevant circuit properties of a receiving array are available.

34. Receiving antennas as probes, the short antenna as a charge probe.

An important application of receiving antennas is in the form of probes used to explore the distributions of amplitude and phase of electromagnetic fields. In general, such fields are not necessarily linearly polarized plane waves such as are incident on a receiving antenna in the radiation zone of a distant transmitter. Indeed, the fields to be measured may be those very near to charged or current-carrying conductors where elliptical polarization is possible and rather rapid variations in amplitude and phase are to be expected. Since a receiving antenna is necessarily of finite size so that currents and charges induced in it are functions of the field in an *area* rather than at a *point*, it is necessary to keep the physical dimensions of the probe small compared with distances over which variations in the field are to be observed.

A simple type of probe is the short, center-loaded dipole of electrical half length kh that satisfies the inequality, $k^2h^2 \ll 1$. If the electric field varies slowly in amplitude over a distance comparable with the length of the probe, the equivalent circuit for the antenna is the same as that determined in Sect. 32 for the center-loaded dipole in general. It consists of the load Z_L and the input impedance Z_δ of the antenna as if driven, in series with the open-circuit voltage, $V_\delta(Z_L = \infty) \approx -hE\cos\psi\sin\vartheta_2$ where $E\cos\psi\sin\vartheta_2$ is the projection of the electric field vector $\boldsymbol{E}$ onto the axis of the short dipole. If Z_L is tuned so that $X_L = -X_\delta$ the current entering the load is $I = \dfrac{-hE\cos\psi\sin\vartheta_2}{R_L + R_\delta}$ where $R_\delta \approx 20\,k^2h^2$ ohms. By rotating the short dipole the direction of the electric field may be determined; its magnitude is proportional to I. If the field is elliptically polarized the directions and magnitudes of the linearly polarized components directed along the major and minor axes of the ellipse must be determined separately and the open-circuit voltage evaluated for each. The equivalent circuit then consists of the two voltages in series with the load Z_L and the input impedance Z_δ of the antenna.

An important application of the electrically short antenna is as a probe for exploring and measuring electric fields E and associated distributions of charge density η on conducting surfaces. Consider for example, a cylindrical antenna of radius a_1 extending from $z = -h_1$ to $z = h_2$. Along its cylindrical surface is a rotationally symmetrical distribution of charge per unit length, $q(z) = 2\pi a_1 \eta(z)$ that is to be measured in its axial distribution with a small movable and base-loaded probe that projects radially outward from the surface of the antenna at $\varrho = a_1$ to $\varrho = a_1 + h$ as shown in Fig. 43. It is assumed that the probe is electrically short so that $(kh)^2 \ll 1$.

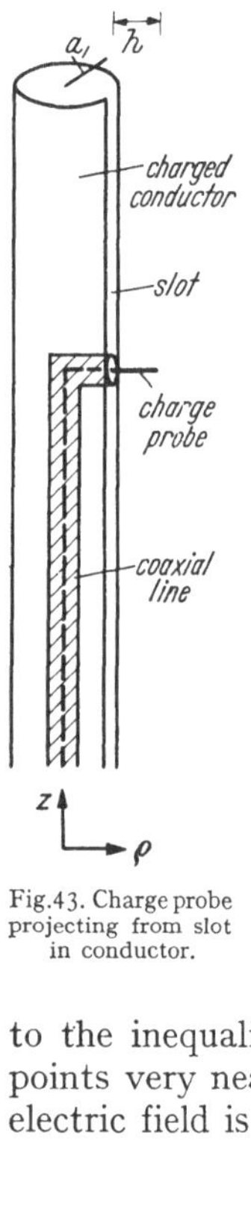

The boundary condition, $E_\varrho = \dfrac{-\partial \varphi}{\partial \varrho} - j\omega A_\varrho \approx 0$, on the surface of the highly conducting probe, leads directly to the following differential equation:

$$\frac{\partial^2 A_\varrho}{\partial \varrho^2} + k^2 A_\varrho = \frac{j k^2}{\omega} \frac{\partial \varphi^e}{\partial \varrho} = -\frac{j k^2}{\omega} E_\varrho^e \qquad (34.1)$$

where A_ϱ is the component of the vector potential tangent to the surface of the probe due entirely to currents *in the probe*, φ^e and E_ϱ^e are the scalar potential and radial electric field on the surface of the probe due to charges on the antenna. The potential $\varphi^e(\varrho)$ is given by,

$$\varphi^e(\varrho) = \frac{1}{4\pi\varepsilon_0} \int_{-h_1}^{h_2} q(z') \frac{e^{-jkr}}{r} dz' \approx \frac{q(z)}{4\pi\varepsilon_0} \int_{-h_1}^{h_2} \frac{dz'}{r} \qquad (34.2)$$

where $r = \sqrt{(z'-z)^2 + \varrho^2}$. The approximate expression on the right is adequate since all parts of the electrically short probe are near enough to the charges on the adjacent parts of the antenna that effectively determine $\varphi^e(\varrho)$ to make both retardation and the axial variation in $q(z)$ negligible. Subject to the inequalities $(h_2 - z)^2 \gg \varrho^2$, $(h_1 + z)^2 \gg \varrho^2$, (which exclude the probe from points very near the ends of the antenna) it is readily shown that the radial electric field is well approximated by

$$E_\varrho^e(\varrho) = \frac{-\partial \varphi^e(\varrho)}{\partial \varrho} \approx \frac{q(z)}{2\pi\varepsilon_0 \varrho}. \qquad (34.3)$$

An approximate solution of (34.1) subject to the condition $(kh)^2 \ll 1$, is

$$A_\varrho(\varrho) = \frac{j}{v_0}\left[C_1 + C_2 k\varrho + \frac{q(z)}{2\pi\varepsilon_0}(k\varrho \ln k\varrho - k\varrho) \right]. \qquad (34.4)$$

The corresponding scalar potential is

$$\varphi(\varrho) = j v_0 \frac{\partial A_\varrho(\varrho)}{\partial(k\varrho)} = C_2 + \frac{q(z)}{2\pi\varepsilon_0} \ln k\varrho. \qquad (34.5)$$

The constant of integration C_2 may be expressed in terms of the negative of the voltage drop $\varphi(a_1) = -I(a_1) Z_L$ across the lumped load Z_L at the base of the probe at $\varrho = a_1$. The result is

$$C_2 = -I(a_1) Z_L - \frac{q(z)}{2\pi\varepsilon_0} \ln k a_1. \qquad (34.6)$$

Fig.43. Charge probe projecting from slot in conductor.

a₁, h
charged conductor
slot
charge probe
coaxial line
z
ρ

An integral equation for the current may be obtained from (34.4) by substituting the appropriate integral for the vector potential. In the case of the electrically short antenna it is advantageous[1] to use the vector potential difference, $A_\varrho(\varrho) - A_\varrho(a_1 + h)$, instead of the vector potential itself. With the notation $d = a_1 + h$ and with (34.6) this difference may be expressed as follows:

$$\left(\frac{4\pi}{\mu_0}\right) [A_\varrho(\varrho) - A_\varrho(d)] = \frac{-j\,4\pi}{\zeta_0} \left\{ I(a_1)\, Z_L\, k\,(d - \varrho) + \frac{q(z)}{2\pi\,\varepsilon_0} \times \right.$$
$$\left. \times\, [k\,\varrho\, \log k\,\varrho - k\,d\, \log k\,d + (1 + \log k\,a_1)\, k\,(d - \varrho)] \right\}. \tag{34.7}$$

The integral for the vector potential difference is:

$$\left(\frac{4\pi}{\mu_0}\right) [A_\varrho(\varrho) - A_\varrho(d)] = \int_{a_1}^{d} I(\varrho')\, L(\varrho, \varrho')\, d\varrho', \tag{34.8}$$

where with $r = \sqrt{(\varrho - \varrho')^2}$, $\quad r_h = \sqrt{(d - \varrho')^2 + a^2}$, the kernel is

$$L(\varrho, \varrho') = \frac{e^{-j\,k\,r}}{r} - \frac{e^{-j\,k\,r_h}}{r_h} \approx \frac{1}{r} - \frac{1}{r_h}. \tag{34.9}$$

The approximate form on the right is adequate when the probe is short so that the condition $(k\,h)^2 \ll 1$ is satisfied. An integral equation for the current $I(\varrho)$ in the probe is obtained by combining (34.7) with (34.8). It may be solved by iteration by introducing the approximate distribution function $g(\varrho, \varrho') = I(\varrho')/I(\varrho)$ so that

$$\int_{a_1}^{d} I(\varrho')\, L(\varrho, \varrho')\, d\varrho' = I(\varrho)\, [W + \gamma(\varrho)] + D(\varrho) \tag{34.10}$$

where

$$W + \gamma(\varrho) = \int_{a_1}^{d} g(\varrho, \varrho')\, L(\varrho, \varrho')\, d\varrho';$$
$$D(\varrho) = \int_{a_1}^{d} [I(\varrho') - I(\varrho)\, g(\varrho, \varrho')]\, L(\varrho, \varrho')\, d\varrho'. \tag{34.11}$$

By a suitable choice of the current distribution function $g(\varrho, \varrho')$ the difference integral $D(\varrho)$ may be made small and a constant value W determined for which $\gamma(\varrho)$ is also small over most of the range of ϱ from a_1 to $d = a_1 + h$. The substitution of (34.8) with (34.10) in (34.7) yields an integral equation for the current. It may be made more convenient for solution by iteration if the logarithmic terms in (34.7) are expanded in a Taylor series as follows:

$$k\,\varrho\, \log k\,\varrho - k\,d\, \log k\,d = -(1 + \log k\,d)\, k\,(d - \varrho) + \frac{k^2(d - \varrho)^2}{2!\,k\,d} + \cdots. \tag{34.12}$$

Since $k\,d$ is sufficiently small to satisfy the condition $k^2 d^2 \ll 1$, the first term in the series is a satisfactory approximation. The integral equation for $I(\varrho)$ in a form convenient for solution by iteration is

$$I(\varrho) = \frac{-j\,4\pi}{\zeta_0\,W} \left[I(a_1)\, Z_L + \frac{q(z)}{2\pi\,\varepsilon_0}\, \log \frac{a_1}{d} \right] k\,(d - \varrho) - \frac{1}{W}\, [\gamma(p)\, I(\varrho) + D(\varrho)]. \tag{34.13}$$

Evidently, a suitable zeroth-order current is the term which varies as $k\,(d - \varrho)$. The distribution function $g(\varrho, \varrho') \approx (d - \varrho')/(d - \varrho)$ may be used to evaluate

---

[1] See Ref. [5] Sect. II. 31.

W or the more precise procedure described in the literature [5] for the electrically short antenna may be followed. For present purposes of determining the current in the load Z_L it is sufficient to retain only the zeroth-order terms in which ϱ is set equal to a_1. The result is

$$[I(a_1)]_0 = q(z) \left(\frac{j\,2\omega\,h\,\log\,(d/a_1)}{W + \dfrac{j\,4\pi}{\zeta_0}\,Z_L} \right). \qquad (34.14)$$

Thus, the magnitude of the zeroth-order current $I(a_1)$ in the load Z_L of the probe is proportional to the charge per unit length $q(z)$ in the antenna. Higher order currents may be determined by continuing the iteration. For most practical applications in microwave measurements it is unnecessary to determine the constant of proportionality between $I(a_1)$ and $q(z)$ analytically. By combining (34.14) and (34.3) it is clear that the current in the load is also proportional to the radial electric field $E_\varrho^e(a_1)$ at the surface of the cylindrical antenna.

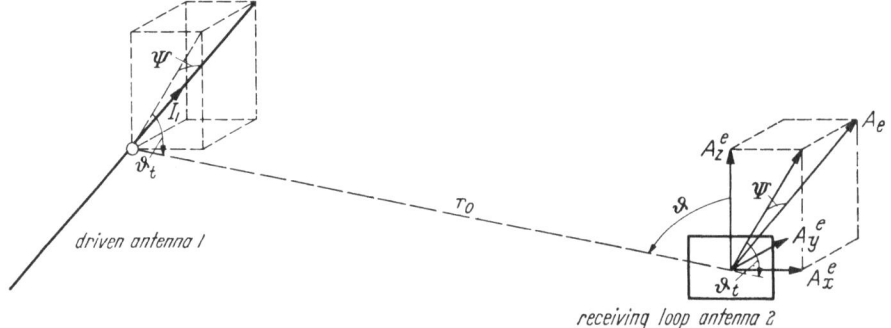

Fig. 44. Rectangular loop in field of linear antenna.

35. The loop antenna as a probe. A plane loop of wire usually in rectangular or circular shape is useful as a probe to explore magnetic fields and, near conducting surfaces, the associated distributions of current. Since interest in this chapter is in circuit rather than directional properties, it is convenient to orient the loop for maximum reception with its plane perpendicular to the magnetic field that is to be measured. A specific but nevertheless fundamentally rather general situation in which this condition is fulfilled is shown in Fig. 44 where the loop is in the xz-plane at a central distance r_0 from a symmetrical transmitting antenna that has its center in the xz-plane but is otherwise oriented arbitrarily. It is assumed that as a consequence of its small size or relative remoteness the loop has no significant effect on the current in the driven dipole. Therefore, the electromagnetic field and the vector potential from which it may be derived are independent of the currents induced in the loop. Note that this does not imply that the electromagnetic field or the vector potential at an arbitrary point near the loop is not perturbed by the currents in the loop. It means simply that the field at such a point is adequately described as the superposition of the field maintained by the currents in the loop itself and the field that would exist at that point in the *absence of the loop.*

The externally maintained vector potential at any point in the plane of the loop may be resolved into a component of magnitude $A_y^e = A^e \cos \psi$ that is perpendicular to the plane of the loop and a component of magnitude $[(A_x^e)^2 + (A_z^e)^2]^{\frac{1}{2}} = A^e \sin \psi$ that lies in the plane of the loop. The former contributes nothing to the current induced in the loop. The component A_x^e induces currents in the horizontal members of the circuit, the component A_z^e in the vertical members.

Consider the *unloaded* rectangular loop with dimensions $2c$ and $2d$ as shown in detail in Fig. 45. The circuit equation for the closed contour of wire is given by (12.1 b). By separating the vector potential A into the sum of two parts, $A = A^c + A^e$, of which A^c is calculated from the currents in the receiving circuit itself and A^e from the currents in the driven antenna, the following equation is obtained:

$$V^e = -j\omega \oint A^e \cdot ds = \oint z^i I_s \, ds + j\omega \oint A^c \cdot ds. \tag{35.1}$$

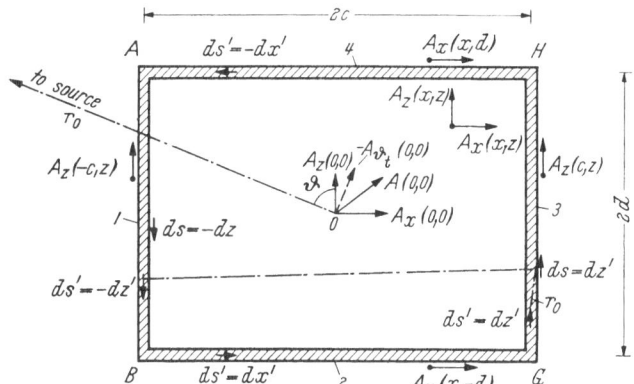

Fig. 45. Unloaded loop antenna.

The elements ds are on the surfaces of the conductors. It is convenient to separate the externally maintained vector potential A^e into two parts, A_T^e and A_D^e, the components of which satisfy the following symmetry conditions:

$$A_{Tx}^e(x, -z) = -A_{Tx}^e(x, z), \qquad A_{Dx}^e(x, -z) = A_D(x, z), \tag{35.2}$$

$$A_{Tz}^e(-x, z) = -A_{Tz}^e(x, z), \qquad A_{Dz}^e(-x, z) = A_{Dz}(x, z). \tag{35.3}$$

The components A_{Tx}^e and A_{Tz}^e are *odd* respectively in x and z. They generate equal and opposite currents of transmission-line type in corresponding cross sections in opposite conductors. The components A_{Dx}^e and A_{Dz}^e are *even* respectively in x and z. They generate equal and codirectional currents of antenna or dipole type in corresponding cross sections of opposite conductors. The component A_{Dx}^e excites currents in a horizontal dipole mode; the component A_{Dz}^e excites currents in a vertical dipole mode.

Clearly since $\oint A_D^e \cdot ds = 0$, the component, $A_D^e = \hat{x} A_{Dx}^e + \hat{z} A_{Dz}^e$ of the vector potential contributes *nothing* to the currents involved in (35.1), and this equation is limited in its application to the determination of I_T, the current induced by $A_T^e = \hat{x} A_{Tx}^e + \hat{z} A_{Tz}^e$. The currents I_D cannot be obtained from a solution of (35.1). A fact of primary significance in the use of a loop as a probe to the equation measure the magnetic field is now obvious from

$$\int_S \hat{n} \cdot B^e \, dS = \oint_s A^e \cdot ds = \oint_s A_T^e \cdot ds, \qquad \oint_s A_D^e \cdot ds = 0, \tag{35.4}$$

where $S = 4cd$ is the rectangular area bounded by the contour $s = 2(c+d)$ of the loop and $\hat{n}$ is the appropriate normal to S. The relevant fact is that the magnetic field that contributes to $\int_S \hat{n} \cdot B^e \, dS$ is related only to I_T, and not at all to I_D. The symmetry of the components of the magnetic field related to I_D is such that they contribute nothing to this integral, moreover, $\hat{\boldsymbol{n}} \cdot \boldsymbol{B}_D^e(0, 0) = 0$. It follows that if the average magnetic field normal to the plane of the loop is to be measured from observations on the current induced in the loop, these observations must be restricted to the part I_T of the total current $I = I_T + I_D$. Evidently, this can be accomplished most simply if it is possible to make I_D negligible compared with I_T so that the measurement of $I \approx I_T$ is significant. Alternatively, the load may be so designed and located in the loop and the loop itself so oriented that the current-measuring device records only I_T regardless of the magnitude of I_D. Another possibility is to make two or more measurements from which both I_T and one or both components of I_D may be inferred.

Interesting aspects of the general problem of measuring electromagnetic fields using small loops as probes may be illustrated specifically by determining the field of a half-wave dipole at all points in space including (a) the field at great distances where both the electric and the magnetic fields are linearly polarized plane waves traveling with the characteristic velocity $v_0 = 3 \times 10^8\,\mathrm{m/sec}$; (b) the field within a wavelength of the antenna where the electric field is elliptically polarized, the magnetic field linearly polarized, and the ellipsoidal wave fronts expand with phase velocities *greater* than v_0 in all directions except along the extended axis of the antenna where the velocity is v_0; (c) the field very near the surface of the antenna. Also of interest is the related complementary problem of determining the field of a narrow slot-antenna in a conducting plane. Such a field consists of an elliptically polarized magnetic field and a linearly polarized electric field. The loop antenna in the far field is considered in the next section. Following this, problems characteristic of the near field are investigated.

36. The loop antenna in a plane-wave field. At sufficiently great distances from a dipole (or other source) in which an oscillating current with a uniform amplitude and frequency is maintained, the electromagnetic field in a small volume may be treated as a plane wave of constant amplitude traveling with the characteristic phase velocity $v_0 = 1/\sqrt{\mu_0 \varepsilon_0}$ along the line r_0 through the centers of the transmitting dipole and the receiving loop as shown in Figs. 44 and 45. The angle between r_0 and the z-axis through the center of the loop is ϑ (Fig. 45). Let the components of the vector potential (as calculated from the current in the driven dipole) in the plane of the loop and at its center be $A_x^e(0, 0)$ and $A_z^e(0, 0)$. At arbitrary points x, z on the conductors of the loop the corresponding components have the same amplitudes as at $x = 0$, $z = 0$ but different phases. They are given by:

$$A_x^e(x, d) = A_x^e(0, 0)\, e^{jkd\cos\vartheta}\, e^{-jkx\sin\vartheta}, \qquad A_x^e(x, -d) = A_x^e(0, 0)\, e^{-jkd\cos\vartheta}\, e^{-jkx\sin\vartheta}, \quad (36.1)$$

$$A_z^e(c, z) = A_z^e(0, 0)\, e^{-jkc\sin\vartheta}\, e^{jkz\cos\vartheta}, \qquad A_z^e(-c, z) = A_z^e(0, 0)\, e^{jkc\sin\vartheta}\, e^{jkz\cos\vartheta}. \quad (36.2)$$

The parts of these components that excite respectively the circulating or transmission-line mode (subscript T) and the two dipole modes (subscript D) are expressed as follows with (35.2) and (35.3):

$$\left.\begin{aligned} A_{Tx}^e(x, d) &= -A_{Tx}^e(x, -d) = \tfrac{1}{2}\left[A_x^e(x, d) - A_x^e(x, -d)\right] \\ &= j\, A_x^e(0, 0) \sin(k\, d \cos\vartheta)\, e^{-jkx\sin\vartheta}, \end{aligned}\right\} \quad (36.2\,\mathrm{a})$$

$$\left.\begin{aligned} A_{Tz}^e(c, z) &= -A_{Tz}^e(-c, z) = \tfrac{1}{2}\left[A_z^e(c, z) - A_z^e(-c, z)\right] \\ &= -j\, A_z^e(0, 0) \sin(k\, c \sin\vartheta)\, e^{jkz\cos\vartheta}, \end{aligned}\right\} \quad (36.2\,\mathrm{b})$$

$$A^e_{Dx}(x, d) = A^e_{Dx}(x, -d) = \tfrac{1}{2}\left[A^e_x(x, d) + A^e_x(x, -d)\right]$$
$$= A^e_x(0, 0)\cos(k\,d\cos\vartheta)\,e^{-jkx\sin\vartheta}, \qquad (36.3\,\mathrm{a})$$

$$A^e_{Dz}(c, z) = A^e_{Dz}(-c, z) = \tfrac{1}{2}\left[A^e_z(c, z) + A^e_z(-c, z)\right]$$
$$= A^e_z(0, 0)\cos(k\,c\sin\vartheta)\,e^{jkz\cos\vartheta}. \qquad (36.4)$$

The induced voltage for the currents in the transmission-line mode is given by the integral on the left in (35.1). It is readily evaluated for the rectangular

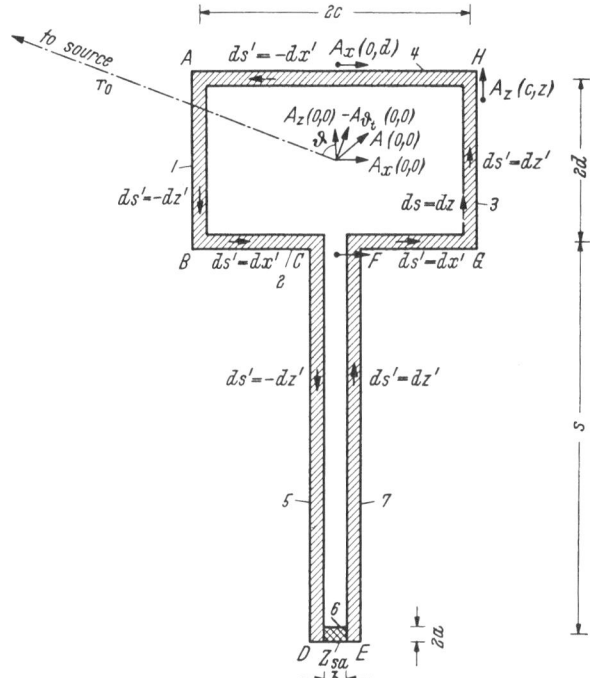

Fig. 46. Loop antenna with transmission-line load.

loop using (36.2a, b). The result is:

$$V^e = -j\,\omega \oint \boldsymbol{A}^e \cdot \boldsymbol{d\,s} = 4\omega\,k\,A^e_{\vartheta_t}(0, 0)\left[\frac{\sin(k\,c\sin\vartheta)}{k\sin\vartheta}\right]\left[\frac{\sin(k\,d\cos\vartheta)}{k\cos\vartheta}\right] \qquad (36.5)$$

where

$$A^e_{\vartheta_t}(0, 0) = -\left[A^e_x(0, 0)\cos\vartheta + A^e_z(0, 0)\sin\vartheta\right]$$

is the component of the incident vector potential in the plane of the loop and perpendicular to the line r_0 along which the plane wave advances (Figs. 45 and 46). If the cross sectional dimensions of the loop are sufficiently small so that the inequalities, $(kc)^2 \ll 1$, $(kd)^2 \ll 1$, are good approximations (as is usual for loops used as probes), (36.5) reduces to the following simple form:

$$V^e = -j\,\omega \oint \boldsymbol{A} \cdot \boldsymbol{d\,s} = (4c\,d)\,\omega\,k\,A^e_{\vartheta_t}(0, 0) = j\,\omega\,(4c\,d)\,B^e(0, 0) \qquad (36.6)$$

where $B^e(0, 0)$ is the magnetic field perpendicular to the plane of the loop at its center. If this result is substituted in (35.1) and the right side is evaluated as in Sect. 12, the current in the transmission-line mode in the unloaded loop is

$$I_T = \frac{V^e}{R + j\,X} = C\,B^e(0, 0) \qquad (36.7)$$

where V^e is given in (36.6) and C is a constant. R and X are obtained from (13.7) and (13.9). Thus, the current in the transmission-line mode in an electrically small loop is proportional to the magnetic field at its center.

In order to observe a quantity proportional to I_T it is usually necessary to connect some kind of a load in series with the loop. This may be an open two-wire line of length s and wire spacing b as shown in Fig. 46. In this case a term of the form

$$\left[\frac{\sin\left(\frac{1}{2}kb\sin\vartheta\right)}{k\sin\vartheta}\right]\left[\frac{\sin\left(\frac{1}{2}ks\cos\vartheta\right)}{k\cos\vartheta}\right]e^{-jk(d+\frac{1}{2}s)\cos\vartheta}$$

must be added to (36.5) inside the brackets. This term represents the contribution to the induced voltage by currents induced directly in the line, itself a narrow rectangular loop. Such a contribution is usually undesirable and must be made negligible by making b sufficiently small. Alternatively, a twisted line or a shielded line may be used. Insofar as I_T is concerned, a closely spaced transmission line of any length is equivalent to an ideally lumped load in series with the loop, and if only I_T enters and leaves the two terminals of the line, the voltage across the load is necessarily proportional to the magnetic field at the center of the loop.

Unfortunately it is not in general possible to connect a load anywhere around the loop so that only the current I_T maintains a potential difference across it. If the load is symmetrical with respect to the yz-plane and is connected at the center of one of the horizontal sides of the loop as in Fig. 46, vertical dipole currents excited by A_{zD}^e may be large depending on the overall length $s+2d$, but they can maintain no voltage across the apparent load Z_{sa} terminating the line, so that they may be ignored. But the same is not true of the horizontal dipole currents excited by A_{xD}^e. These maintain across the input terminals of the transmission line a voltage that is not related to the magnetic field threading the loop. For sufficiently small dimensions of the loop this current may be small, but not necessarily negligible compared with I_T, which also diminishes with loop size.

If the incident plane wave is characterized by a linearly polarized electric field, a voltage drop across the load by currents in both of the dipole modes may be eliminated. Currents in the horizontal dipole mode are not excited if the loop is oriented so that $A_x^e=0$ and $A_{\vartheta_t}^e=A_z^e$. Currents in the vertical dipole mode are excited but maintain no potential difference across a symmetrical load. It follows that a potential difference observed across the load is due to I_T alone. Note that if both electric and magnetic fields are circularly or elliptically polarized in the plane perpendicular to the direction of propagation along r_0, as in the far field of a pair of crossed dipoles with currents neither in phase nor 180° out of phase, the component A_x^e may still be made to vanish by proper orientation of the loop so that it will respond only to A_z^e (or B_y^e) while A_y^e (or B_z^e) has no effect. A rotation of the loop and load by 90° about the x-axis will interchange the fields measured as B_y^e and B_z^e.

A useful method of shielding the load line and of constructing the loop so that vertical dipole currents maintain no voltage across the load is the shielded loop[1] shown in Fig. 47. The externally maintained field induces currents on the outside surface of the shield and these, in turn, maintain a voltage across the gap in the shield. If currents in the transverse dipole mode are excluded by proper orientation and the entire circuit including the gap is symmetrical with respect to the yz-plane, the currents in the vertical dipole mode charge both sides of the gap equally with charges of the same sign so that they maintain

---

[1] See, for example, R. W. P. King, H. R. Mimno and A. H. Wing: Transmission Lines, Antennas, and Wave Guides, pp. 231—235. New York: McGraw-Hill 1945.

no potential difference across it. In this case currents in the conductors within the shield depend only on the current I_T on the outer surface of the shield. If the loop inside the shield is a single conductor, the internal problem is simply that of two coaxial lines driven in series at one pair of ends by equal voltages, and connected at the other pair of ends to a shielded-pair line as load. This problem is considered in the literature [6]. If there are N turns of wire inside the shield the equal voltages at the gap act essen-
tially equally on each turn
with all turns in series. If
the overall length of the
loop is sufficiently small
compared with the wave-
length to permit the assumption of currents of uniform
amplitude in all turns, the
loop is, in effect, driven
by N pairs of generators in
series each equal to one-
half of the voltage across
the gap.

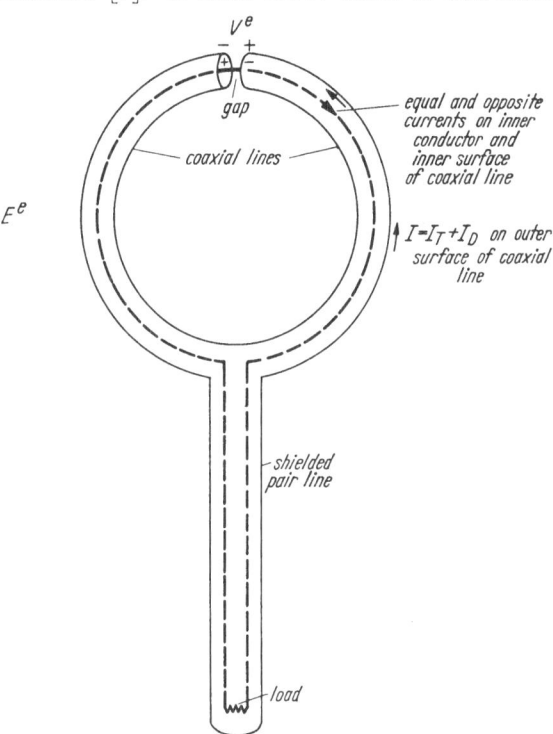

Fig. 47. Shielded loop antenna.

37. The loop antenna as a probe in an elliptically polarized field. The electromagnetic field within a few
wavelengths of a half-wave
dipole with a sinoidally distributed current differs significantly from that at great
distances. As a consequence,
the problem of measuring
the magnetic field with a
small loop antenna as a
probe is more complicated. General formulas for the field at any distance in any direction from a half-wave antenna that has its center at $z=0$ and its ends at $z=\pm h$ are expressed conveniently in the confocal coordinates k_e, k_h, and Φ. By definition k_e and k_h are the reciprocal eccentricities, respectively, of a familiy of ellipsoids and of a family of hyperboloids both with foci at $z=\pm h$. In terms of the semi-major axes, a_e and a_h, they are $k_e=a_e/h$, $k_h=a_h/h$. They are illustrated in Fig. 48. Φ is the azimuthal angle about the z-axis. The non-vanishing components of the electromagnetic field [both in general and in simpler forms they approach in spherical coordinates r_0, Θ, Φ at great distances from the source $(k_e^2 \gg 1)$] are:

$$B_\Phi = \frac{j I_m \mu_0}{2\pi h} \frac{\cos\left(\frac{1}{2}\pi k_h\right)}{\sqrt{(k_e^2-1)(1-k_h^2)}} \, e^{-j\pi k_e/2} \rightarrow B'_\Phi = \frac{j I_m \mu_0}{2\pi r_0} \frac{\cos\left(\frac{\pi}{2}\cos\Theta\right)}{\sin\Theta} \, e^{-jkr_0}, \quad (37.1)$$

$$E_\varepsilon = \frac{j I_m \zeta_0}{2\pi h} \frac{\cos\left(\frac{1}{2}\pi k_h\right)}{\sqrt{(k_e^2-k_h^2)(1-k_h^2)}} \, e^{-j\pi k_e/2} \rightarrow E'_\Theta = \frac{j I_m \zeta_0}{2\pi r_0} \frac{\cos\left(\frac{\pi}{2}\cos\Theta\right)}{\sin\Theta} \, e^{-jkr_0}, \quad (37.2)$$

$$E_h = \frac{I_m \zeta_0}{2\pi h} \frac{\sin\left(\frac{1}{2}\pi k_h\right)}{\sqrt{(k_e^2-1)(k_e^2-k_h^2)}} \, e^{-j\pi k_e/2} \rightarrow E'_r = \frac{I_m \zeta_0}{2\pi r_0^2} \sin\left(\frac{\pi}{2}\cos\Theta\right) e^{-jkr_0}. \quad (37.3)$$

18*

It follows directly from formulas (37.1) to (37.3) (or from the instantaneous values obtained by multiplying each by $e^{j\omega t}$ and taking the real part), that the surfaces of constant phase or wave fronts are the ellipsoids $k_e = \mathrm{const}$. These surfaces constitute waves traveling outward from the antenna with a phase velocity that has the constant value $v_0 = 1/\sqrt{\mu_0 \varepsilon_0}$ everywhere along the z-axis,

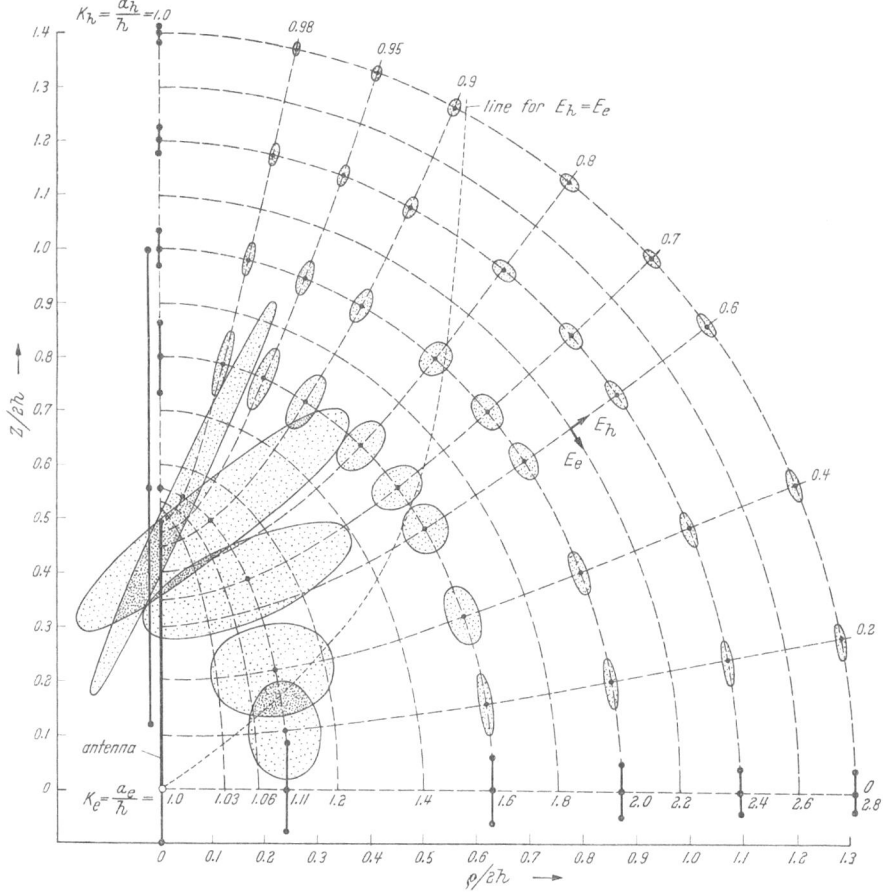

Fig. 48. Electric field near half-wave antenna.

and values much greater than v_0 in other directions near the antenna. At great distances the phase velocity approaches v_0 in all directions as the ellipsoidal surfaces become more nearly spherical.

As shown in Fig. 48 the electric field is elliptically polarized. At each point, E_h is a quarter period out of phase with E_e, which is in phase with B_Φ. The component E_e tangent to the ellipsoidal surfaces of constant phase is smaller than E_h near the antenna, but it diminishes in a manner consistent with a $1/r_0$ decrease at great distances, whereas E_h decreases much more rapidly in a manner that approaches $1/r_0^2$ in the far zone. The magnetic field B_Φ is tangent to circles about the z-axis; it diminishes in a manner that is somewhat different from that characteristic of E_e, but that also approaches $1/r_0$ at great distances.

In order to measure the magnetic field near a dipole antenna using an electrically small loop as a probe antenna, the plane of the loop must be oriented perpendicular to the magnetic field for maximum response. In addition, it must be so located and so loaded or shielded that currents in the dipole modes can maintain *no potential difference* across the load. When the electric field is elliptically polarized in the plane perpendicular to the magnetic field, as is true near a dipole antenna, these conditions are difficult to satisfy. In order to illustrate these difficulties let an electrically small rectangular loop located in the plane shown in Fig. 48 with its center at the coordinates k_e, k_h. Also, as shown in Fig. 49 let the loop be distorted slightly so that its sides fall along the ellipses $k_e \pm \gamma$ and the hyperbolas $k_h \pm \delta$ where $\gamma = c/h$, $\delta = d/h$, and both γ and δ are small compared with unity.

The currents in the loop which are related to the magnetic field normal to the area bounded by the loop involve only those components of the externally maintained electric field of the driven antenna that do not vanish in the integral, $\oint \boldsymbol{E}^e \cdot \boldsymbol{d s}$. These are the components that excite currents of transmission-line type. They are given by,

$$E^e_{eT}(k_h, k_e + \gamma) = - E^e_{eT}(k_h, k_e - \gamma) \left.\right\}$$
$$= \tfrac{1}{2}[E^e_e(k_h, k_e + \gamma) - E^e_e(k_h, k_e - \gamma)], \left.\right\} \quad (37.4a)$$

$$E^e_{hT}(k_h + \delta, k_e) = - E^e_{hT}(k_h - \delta, k_e) \left.\right\}$$
$$= \tfrac{1}{2}[E^e_h(k_h + \delta, k_e) - E^e_h(k_h - \delta, k_e)]. \left.\right\} \quad (37.4b)$$

The components of the field that excite currents in dipole modes are

$$E^e_{eD}(k_h, k_e + \gamma) = E^e_{eD}(k_h, k_e - \gamma) \left.\right\}$$
$$= \tfrac{1}{2}[E^e_e(k_h, k_e + \gamma) + E^e_e(k_h, k_e - \gamma)], \left.\right\} \quad (37.5)$$

$$E^e_{hD}(k_h + \delta, k_e) = E^e_{hD}(k_h - \delta, k_e) \left.\right\}$$
$$= \tfrac{1}{2}[E^e_h(k_h + \delta, k_e) + E^e_h(k_h - \delta, k_e)]. \left.\right\} \quad (37.6)$$

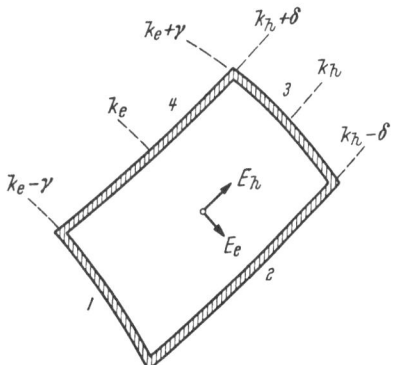

Fig. 49. Loop with sides fitted to confocal coordinates.

If use is made of (37.2) and (37.3) in (37.4a, b), (37.5) and (37.6), general formulas are readily obtained. These reduce to simple forms subject to the requirement that the loop be electrically small ($k_e^2 \gamma^2 \ll 1$, $k_h^2 \delta^2 \ll 1$) and the additional conditions $k_e^2 \gamma^2 \ll (k_e^2 - k_h^2)$, $k_h^2 \delta^2 \ll (k_e^2 - k_h^2)$. These last inequalities exclude small regions very near the ends of the driven dipole. The approximate formulas for the components that excite the transmission-line mode are:

$$E^e_{eT}(k_h, k_e + \gamma) = - E^e_{eT}(k_h, k_e - \gamma) \approx E^e_e(k_h, k_e) \left(\frac{- k_e \gamma}{k_e^2 - k_h^2}\right), \quad (37.7)$$

$$E^e_{hT}(k_h + \delta, k_e) = - E^e_{hT}(k_h - \delta, k_e) \approx E^e_h(k_h, k_e) \sin\left(\frac{1}{2} \pi k_h\right)\left(\frac{k_h \delta}{k_e^2 - k_h^2}\right). \quad (37.8)$$

The dipole modes are excited by:

$$E^e_{eD}(k_h, k_e + \gamma) = E^e_{eD}(k_h, k_e - \gamma) \approx E^e_e(k_h, k_e), \quad (37.9)$$

$$E^e_{hD}(k_h + \delta, k_e) = E^e_{hD}(k_h - \delta, k_e) \approx E^e_h(k_h, k_e) \sin\left(\tfrac{1}{2} \pi k_h\right). \quad (37.10)$$

The components $E^e_e(k_h, k_e)$ and $E^e_h(k_h, k_e)$ are the values at the center of the loop. It is seen that the fields exciting currents in the transmission-line mode that are proportional to the average magnetic field are very small compared with the fields that excite *both* dipole modes. Except in the equatorial plane defined by $k_h = 0$ where $E^e_h = 0$, both E^e_{hD} and E^e_{eD} are significant. It follows that it is not possible to connect a single, effectively lumped load in series with the loop in any location such that currents of transmission-line type only can maintain a potential difference across its terminals. If connected symmetrically at the center of side 1 or 3 (Fig. 50) currents excited by E^e_{hD} can maintain no voltage across the load, but those excited by E^e_{eD} can. If the load is connected symmetrically at the center of side 2 or 4 the same situation is true with E^e_{hD} and E^e_{eD} exchanging roles. In order to reduce the contribution to the current in the load by dipole modes the loop may be kept small and provided with many turns.

If it is necessary to determine specifically I_T in the complete absence of I_D so that an accurate determination of the magnetic field is achieved, two identical loads symmetrically connected at the centers of opposite sides may be used as

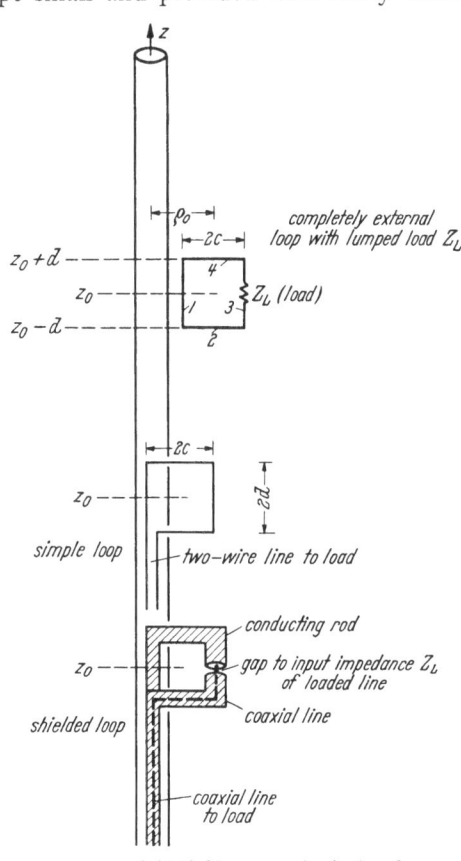

Fig. 52. Simple and shielded loops as probes in slotted antenna.

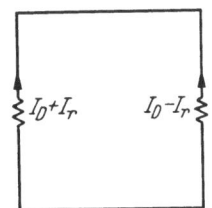

Fig. 50. Loop with two identical loads.

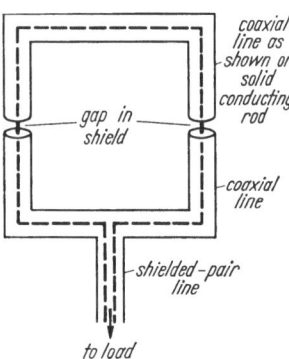

Fig. 51. Shielded loop with two gaps.

shown in Fig. 50 for a rectangular loop. The current in one load is $I_D + I_T$, that in the other $I_D - I_T$. By measuring the currents or voltage drops across both loads and taking one half the difference or arranging a network to record this difference directly, I_T may be determined in the presence of I_D. A simple and convenient method for obtaining I_T directly is to use a shielded loop with the shield cut by two identical gaps at the centers of opposite sides as shown in Fig. 51. The current in a single load connected at the center of one of the remaining two sides, is I_T alone. This follows from the fact that equal and opposite and, hence, canceling currents I_D are excited in the load by the codirectional voltages maintained by E^e_D across the two gaps whereas the currents I_T, excited by the equal and opposite voltages maintained across the gaps by E^e_T, are additive in the load.

When an electrically small loop is placed very close to the driven antenna, in particular, if the loop moves along a slot in the antenna as shown in Fig. 52, the induced voltage in the loop that maintains currents of transmission-line type is simply,

$$V^e = \oint \boldsymbol{E}^e \cdot \boldsymbol{ds} = j\omega \oint \boldsymbol{A}^e \cdot \boldsymbol{ds} = j\omega \int_{-d}^{d} A_z^e \, dz. \tag{37.11}$$

Since the electric field near the surface of a highly conducting antenna has a radial component that is proportional to the electric charge density, codirectional currents in a radial dipole-mode may be excited by voltages induced in the sides of the loop perpendicular to the axis of the antenna. Since the load is not easily connected to the loop symmetrically with respect to these sides, it is usually desirable to shield the loop in the manner shown in Fig. 52 in order to prevent a voltage drop across the load due to dipole-mode currents that are proportional to the charge density on the antenna. With this precaution the potential difference across the gap in the shield, which drives the coaxial line leading to the load, is maintained by currents in the transmission-line mode and by currents in the vertical dipole mode that is excited by E_z^e. Since $E_z^e(\varrho=0)$ along the antenna itself is zero, the part of E_z^e that is effective in maintaining currents in the transmission-line mode is $\frac{1}{2}E(\varrho=2c)$ along the side of the loop parallel to and outside the antenna at $r=2c$, and $-\frac{1}{2}E_z(\varrho=2c)$ along the side of the loop inside the antenna at $\varrho=0$. In addition, the components $\frac{1}{2}[E_\varrho(z=z_0-d)-E_\varrho(z=z_0+d)]$ at $z=z_0-d$ and $-\frac{1}{2}[E_\varrho(z=z_0-d)-E_\varrho(z=z_0+d)]$ at $z=z_0+d$ also contribute to the transmission-line mode.

Codirectional currents in the vertical dipole mode are excited by $\frac{1}{2}E_z(\varrho=2c)$ along both the side at $\varrho=2c$ and the side at $\varrho=0$. These currents can not be determined from the contour integral (35.1), but they contribute to the potential difference across the load that is connected across the gap in the shielded loop. The magnetic field of a half-wave dipole with a sinoidally distributed current is given in confocal coordinates by (37.1). The corresponding expression in cylindrical coordinates with $B^e = B_\Phi^e$ is

$$B^e = \frac{j I_m \mu_0}{4\pi\varrho} \left[e^{-jkr_{1h}} + e^{-jkr_{2h}} \right] \approx \frac{j I_m \mu_0}{2\pi\varrho} e^{-jkh} \cos kz, \tag{37.12}$$

where

$$r_{1h} = \sqrt{(h-z)^2 + \varrho^2}, \qquad r_{2h} = \sqrt{(h+z)^2 + \varrho^2},$$

and where the expression on the right is a good approximation provided the following inequalities are true: $(h-z)^2 \gg \varrho^2$, $(h+z)^2 \gg \varrho^2$. The associated expressions for the z- and ϱ-components of the electric field are:

$$E_z^e = \frac{-j I_m \zeta_0}{4\pi} \left[\frac{e^{-jkr_{1h}}}{r_{1h}} + \frac{e^{-jkr_{2h}}}{r_{2h}} \right] \approx \frac{-j I_m \zeta_0 e^{-jkh}}{2\pi(h^2-z^2)} [h\cos kz + jz\sin kz], \tag{37.13a}$$

$$E_\varrho^e = \frac{j I_m \zeta_0}{4\pi\varrho} \left[\frac{z-h}{r_{1h}} e^{-jkr_{1h}} + \frac{z+h}{r_{2h}} e^{-jkr_{2h}} \right] \approx \frac{I_m \zeta_0}{2\pi\varrho} e^{-jkh} \sin kz. \tag{37.13b}$$

Note that in terms of the approximate form in (37.13a, b) $|E_\varrho^e|$ is much greater than $|E_z^e|$.

It is clear from (37.12) that the magnetic field B^e near the antenna is proportional to the current $I_z = I_m \cos kz$ except near the ends. For a small loop traveling along the antenna, the current in the loop in the transmission-line mode should be a good approximation of the magnetic field except within distances of the end that are comparable with the dimensions c and d. Graphs of

$$
\left.
\begin{aligned}
B^e &= \left| \frac{2\pi\, B^e}{\mu_3\, k\, I_m} \right| \\
&= \frac{1}{k\,\varrho} \left[\cos \tfrac{1}{2}\, k\, r_{1h} \cos \tfrac{1}{2}\, k\, r_{2h} + \sin \tfrac{1}{2}\, k\, r_{1h} \sin \tfrac{1}{2}\, k\, r_{2h} \right] \approx \cos k\,z
\end{aligned}
\right\} \quad (37.14)
$$

as a function of kz with $k\varrho$ as parameter are shown in Fig. 53 as computed from both the accurate and the approximate formulas in (37.14). On the other hand, E_z^e is approximately proportional to the current in the antennas only near the center of the antenna where z/h is very small compared with unity and $\cos kz$

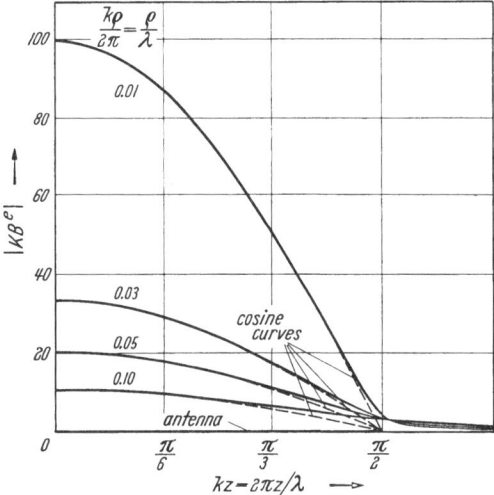

Fig. 53. Magnetic field near one-half of a half-wave dipole with a sinoidally distributed current.

is larger than $\sin kz$. It follows that if the currents in the vertical dipole mode are not negligible compared with those in the transmission-line mode, the current in the load impedance in series with the loop does not vary with z in the same manner as the magnetic field and hence as the current in the antenna except near its center.

The currents in the transmission-line mode, the horizontal dipole mode, and the vertical mode in an electrically small rectangular loop which has a load Z_L at the center of one of the vertical sides may be determined as follows. In order to be specific consider the loop at the top in Fig. 52 which has its center at ϱ_0, z_0 and has sides with dimensions $2c$ and $2d$. (The results for this loop are readily applied to the practical probe at the bottom of Fig. 52 which has an internal coaxial line connected to the loop across the gap.) The tangential components of the electric field along the four sides induce e.m.f.'s that may be represented in terms of the voltages maintained across open circuits at the centers of the sides. Let these open-circuit voltages be denoted by V_1^e, V_2^e, V_3^e, and V_4^e with the sides numbered as in Fig. 45. Owing to the asymmetry introduced by the load Z_L at the center of side 3, the effective driving potential difference at the center of side 3 is $V_3^e - I_{3z} Z_L$ where I_{3z} is the total current. Each of the two pairs of driving voltages, V_1^e and V_3^e, V_2^e and V_4^e, may be resolved into equal and opposite transmission-line voltages and equal and codirectional dipole voltages. These are defined as follows:

$$
\left.
\begin{aligned}
V_{Tz}^e &= \tfrac{1}{2}\,(V_3^e - V_1^e), \qquad V_{Dz}^e = \tfrac{1}{2}\,(V_3^e + V_1^e), \\
V_{Tx}^e &= \tfrac{1}{2}\,(V_2^e - V_4^e), \qquad V_{Dx}^e = \tfrac{1}{2}\,(V_2^e + V_4^e).
\end{aligned}
\right\} \quad (37.15)
$$

The equal and opposite pairs of e.m.f.'s, V_{Tz}^e at the centers of the vertical sides, V_{Tx}^e at the centers of the horizontal sides, combine to maintain a circulating current of transmission-line type $I_{Tx} = I_{Tz} = I_T$, while equal and codirectional pairs of e.m.f.'s, V_{Dz}^e at the centers of the vertical sides, V_{Dx}^e at the centers of the horizontal sides, act to maintain the currents I_{Dz} and I_{Dx}, respectively, in the vertical and horizontal dipole modes. The following equations apply:

$$V_{Tz}^e - \tfrac{1}{2}(I_{Tz} + I_{Dz})Z_L = I_{Tz}Z_{Tz}, \qquad V_{Tx}^e = I_{Tx}Z_{Tx}, \tag{37.16a}$$

$$V_{Dz}^e - \tfrac{1}{2}(I_{Tz} + I_{Dz})Z_L = I_{Dz}Z_{Dz}, \qquad V_{Dx}^e = I_{Dx}Z_{Dx}, \tag{37.16b}$$

where Z_{Tx} and Z_{Tz} are the parts of the total impedance $Z_T = 2(Z_{Tx} + Z_{Tz})$ of the loop to currents in the transmission-line mode contributed by the four sides, and Z_{Dx} and Z_{Dz} are the impedances to the dipole-mode currents. Since the total series e.m.f. (around the loop in a counterclockwise direction) for the transmission-line mode is $V_T^e = 2(V_{Tx}^e + V_{Tz}^e)$, the following equation is obtained using (37.16a):

$$V_T^e = I_T(Z_T + Z_L) + I_{Dz}Z_L. \tag{37.17}$$

The corresponding equations for the dipole modes are in (37.16b). The equation for the vertical dipole mode may be rewritten as follows:

$$V_{Dz}^e = \tfrac{1}{2}I_T Z_L + I_{Dz}(Z_{Dz} + \tfrac{1}{2}Z_L). \tag{37.18}$$

Since for the loops shown at the top and bottom in Fig. 52 the currents in the horizontal dipole mode maintain no voltage across the load—either a lumped load Z_L or the load Z_L due to the coaxial line connected across the gap—these currents contribute nothing to the response of the loop as a probe and may be ignored.

The simultaneous solution of (37.17) and (37.18) for the currents I_T and I_{Dz} yields the following expressions:

$$I_T = [V_T^e(Z_{Dz} + \tfrac{1}{2}Z_L) - V_{Dz}^e Z_L]/D, \qquad I_{Dz} = [V_{Dz}^e(Z_T + Z_L) - \tfrac{1}{2}V_T^e Z_L]/D, \tag{37.19a}$$

$$D = (Z_T + Z_L)(Z_{Dz} + \tfrac{1}{2}Z_L) - \tfrac{1}{2}Z_L^2. \tag{37.19b}$$

The ratio of the current in the dipole mode to the current in the transmission-line mode entering the load Z_L is,

$$\frac{I_{Dz}}{I_T} = \frac{(V_{Dz}^e/V_T^e)(Z_T + Z_L) - \tfrac{1}{2}Z_L}{Z_{Dz} + \tfrac{1}{2}Z_L - (V_{Dz}^e/V_T^e)Z_L}. \tag{37.20}$$

In order to determine these currents using (37.19a, b) and their ratio using (37.20) it is necessary to evaluate the driving potential differences V_T^e and V_{Dz}^e and the impedances Z_T and Z_{Dz}. Depending upon the nature of the several impedances, Z_T, Z_{Dz}, and Z_L, and of the complex ratio V_{Dz}^e/V_T^e, a wide range of values of I_{Dz}/I_T is possible. Note that if the loop is not restricted to be electrically small, both Z_T and Z_{Dz} can vary greatly in both their real and imaginary parts. When loops are used as probes at microwave frequencies the requirement of extreme electrical smallness often is not met. For present purposes it is sufficient to consider only the electrically small loop. For this the two quantities Z_T and V_T^e associated with the transmission-line mode already have been determined. Thus, for an electrically small loop,

$$V_T^e \approx j\omega B_0^e(4cd); \qquad Z_T = j\omega L_T, \tag{37.21}$$

where B_0^e is the magnetic field at the center of the loop as obtained from (37.12) with $\varrho = \varrho_0$, $z = z_0$; $4cd$ is the area of the loop; and L_T is its inductance.

The two e.m.f.'s V_{Dz}^e are the equal and codirectional voltages across open-circuits at the centers of the vertical sides. They are maintained by the electric field $E_{Dz}^e = \tfrac{1}{2}(E_{z1}^e + E_{z3}^e)$ where E_{z1}^e is the field at the center of side 1 and E_{z3}^e

the field at the center of side 3 (Fig. 52). By definition the effective length of a straight symmetrical conductor of length $2h$ is $2h_e$, such that $V_{Dz}^e = 2h_e E_{Dz}^e$. An estimate of the effective half length of the loop for the vertical dipole mode is given by

$$2h_e \approx \frac{2 \int_{z_0}^{z_0+d} I_{Dz}(z)\,dz}{I_{Dz}(z_0)} = d\left(\frac{2c+d}{c+d}\right) \tag{37.22}$$

for each side, if a distribution of current of the form

$$I_{Dz}(z) = K \sin k\,(c+d+z_0-z) \approx K\,k\,(c+d+z_0-z),$$

is assumed and $k(c+d)$ is small compared with unity. It follows that

$$V_{Dz}^e \approx E_{Dz}^e\, d\left(\frac{2c+d}{c+d}\right). \tag{37.23}$$

The impedance Z_{Dz} for the dipole mode in a rectangular loop of any size has been determined[1]. For an electrically small rectangle for which the condition $k^2(c+d)^2 \ll 1$ is satisfied, the reactance is quite large, the resistance very small, so that

$$Z_{Dz} \approx j X_{Dz} \approx \frac{-j\zeta_0\,\Psi_s}{2\,\pi\,k\,(c+d)} \tag{37.24}$$

where $\zeta_0 = 376.7$ ohm, a is the radius of the wire, and

$$\left.\begin{aligned}\Psi_s = 2\left[\operatorname{Ar\,Sin}\frac{c+d}{a} + \operatorname{Ar\,Sin}\frac{c+d}{\sqrt{4c^2+a^2}} - \operatorname{Ar\,Sin}\frac{c}{2d} - \operatorname{Ar\,Sin}\frac{c}{\sqrt{4c^2+a^2}}\right] - \\ - (c+d)\left(\frac{1}{R_1}+\frac{1}{R_3}\right) + c\left(\frac{1}{R_2}+\frac{1}{R_4}\right),\end{aligned}\right\} \tag{37.25}$$

with

$$\left.\begin{aligned} R_1 &= \sqrt{(c+d)^2 + a^2}, & R_2 &= \sqrt{c^2 + 4d^2 + a^2}, \\ R_3 &= \sqrt{(c+d)^2 + 4c^2 + a^2}, & R_4 &= \sqrt{5c^2 + a^2}. \end{aligned}\right\} \tag{37.26}$$

For a square loop with $c = d$ and $c^2 \ll a^2$ this reduces to

$$\Psi_s \approx 2\ln\frac{4c}{a} - 0.6. \tag{37.27}$$

The ratio V_{Dz}^e/V_T^e has the following form:

$$\frac{V_{Dz}^e}{V_T^e} = \frac{-j\,(2c+d)}{4\,k\,c\,(c+d)}\left(\frac{E_{Dz}^e}{v_0\,B_0^e}\right) \tag{37.28}$$

where $v_0 = 3 \times 10^8$ m/sec and $k = \omega/v_0$. At points sufficiently near the driven antenna so that the conditions $(h-z)^2 \ll \varrho^2$, $(h+z)^2 \ll \varrho^2$, are satisfied and the approximate formulas on the right in (37.12) and (37.13 a) apply, the component E_z^e is essentially independent of ϱ. Owing to the very great phase velocity near the antenna—it may be many times the velocity of light—the amplitude *and phase* of E_z^e are sensibly constant over the loop, so that $E_{Dz}^e \approx E_{z_0}^e$, the value at the center of the loop. The following ratio is obtained for the range that satisfies $(h-z)^2 \ll \varrho^2$, $(h+z)^2 \ll \varrho^2$:

$$\frac{V_{Dz}^2}{V_T} \approx \frac{j\,(2c+d)}{4\,k\,c\,(c+d)}\left(\frac{\varrho_0\,h}{h^2-z_0^2}\right)\left(1 + j\,\frac{z_0}{h}\tan k z_0\right). \tag{37.29}$$

---

[1] R. W. P. King: Techn. Report No. 263, Cruft Lab., Harvard University, 1957.

Near the center of the antenna where z_0/h and kz_0 are small, this reduces to the constant value,

$$\frac{V_{Dz}^e}{V_T^e} \approx \frac{j(2c+d)}{4kc(c+d)}\left(\frac{\varrho_0}{h}\right) \tag{37.30}$$

which is of the order of magnitude of one if $\varrho_0 \sim 2c$ and $kh = \pi/2$. Near the end of the antenna, on the other hand, the ratio V_{Dz}^e/V_T^e may have values that greatly exceed unity as may be verified using the general formulas (37.12) and (37.13a) instead of the approximate ones.

The ratio (37.20) depends upon the relative magnitudes of the several impedances. Since Z_{Dz} is a rather large capacitive reactance, the denominator in (37.20) is large if Z_L is small and V_{Dz}^e/V_T is not much greater than unity. In this case I_{Dz} is small compared with I_T. On the other hand, if Z_L includes a large inductive reactance with a small resistance, I_{Dz} may approach I_T in magnitude.

In using the small loop as a probe to measure the distribution of current in a dipole antenna, the current $I = I_T + I_D$ in the load is assumed to be proportional to the current in the adjacent part of the antenna. It has been shown that I_T is proportional to B_0^e at the center of the probe and that B_0^e, in turn, is proportional to the current to be measured except within distances of the end of the antenna comparable with the dimensions of the loop. On the other hand, I_D is proportional to E_z^e, which varies as the current in the antenna only in a short range near the center of the antenna. Beyond this range it is necessary that the ratio $|I_D/I_T|$ of the mode currents in the probe be negligible compared with unity if the total current in the probe is to be proportional to the current in the adjacent antenna under test. It is clear that even a small loop antenna must be used with caution to measure magnetic fields.

General references.

[1] AHARONI, J.: Antennae. Oxford: Clarendon Press 1946. — Contains a detailed analysis of quasi-stationary and radiating circuits together with the requisite background in electromagnetic theory.

[2] GARDNER, M. F., and J. L. BARNES: Transients in Linear Systems. New York: Wiley 1942. — A thorough treatment based primarily on the Laplace transformation. It contains an extensive bibliography.

[3] JACKSON, WILLIS: High Frequency Transmission Lines, 3-rd ed. London: Methuen 1951. — A concise study of transmission lines based on electromagnetic theory.

[4] KING, R. W. P.: Electromagnetic Engineering. New York: McGraw-Hill 1945. — A systematic and critical formulation of electromagnetic theory and its application to problems in general electric circuits.

[5] KING, R. W. P.: Theory of Linear Antennas. Cambridge: Harvard University Press 1956. — A comprehensive study of radiating corcuits constructed of cylindrical conductors. It contains an extensive bibliography.

[6] KING, R. W. P.: Transmission-Line Theory. New York: McGraw-Hill 1955. — An advanced study of transmission lines based on electromagnetic principles. It contains an extensive bibliography.

[7] LE PAGE, W. R., and S. SEELEY: General Network Analysis. New York: McGraw-Hill 1952. — A general study of electric networks including operational methods.

[8] MARCUVITZ, N.: Waveguide Handbook. New York: McGraw-Hill 1951. — Presents the salient features in the reformulation of microwave field problems as microwave network problems.

[9] MASON, M., and W. WEAVER: The Electromagnetic Field. Chicago: University Press 1929. — A critical formulation of electromagnetic theory.

[10] OLLENDORF, F.: Potentialfelder der Elektrotechnik. Berlin: Springer 1932. — Applied electromagnetic theory.

[*11*] Pidduck, F. B.: Currents in Aerials and High-Frequency Networks. Oxford: Clarendon Press 1946. — A study of quasi-stationary and nonstationary electric circuits based on electromagnetic principles.

[*12*] Schelkunoff, S. A.: Advanced Antenna Theory. New York: Wiley 1952. — A mathematically study of radiating circuits.

[*13*] Schumann, W. O.: Elektrische Wellen. München: Carl Hauser 1948. — An introduction to electromagnetic theory and its application to field and transmission problems.

[*14*] Sommerfeld, A.: Vorlesungen über Theoretische Physik III, Elektrodynamik. Wiesbaden: Dieterich 1948. — Electromagnetic theory with sections on stationary and quasi-stationary currents and on single and two-wire transmission.

[*15*] Stratton, J. A.: Electromagnetic Theory. New York: McGraw-Hill 1941. — Mathematical theory of electricity and magnetism.

[*16*] Van Valkenburg, M. E.: Network Analysis. Englewood Cliffs, N. J.: Prentice-Hall 1955. — An introduction to transient and steady-state analysis of electric networks from the pole and zero point of view.

[*17*] Wagner, K. W.: Elektromagnetische Wellen. Basel and Stuttgart: Birkhauser 1953.— An introduction to electromagnetic theory and its application to electric circuits and electromagnetic waves.

[*18*] Wagner, K. W.: Operatorenrechnung. Leipzig: Johann Ambrosius Barth 1940 (Lithoprint by Edwards, Ann Arbor, Michigan, 1944). — An introduction to operational methods and their application to problems in electric circuits.

[*19*] Weissfloch, A.: Schaltungstheorie und Meßtechnik des Dezimeter- und Zentimeter-Wellengebietes. Basel und Stuttgart: Birkhäuser 1954. — A study especially of graphical methods in the analysis of electric circuits including transmission lines.

[*20*] Zuhrt, H.: Elektromagnetische Strahlungsfelder. Berlin: Springer 1953. — A comprehensive study of radiating circuits.

Electromagnetic Waveguides and Resonators.

By

F. E. BORGNIS and C. H. PAPAS.

With 82 Figures.

Waveguides and cavity resonators play an essential role in microwave physics. They are widely used in physical measurements and special devices. In this article the basic theory of waveguides and cavity resonators is reviewed covering uniform and non-uniform waveguides, slow-wave and surface-wave guiding structures, waveguide junctions, and cavity resonators.

Owing to the many ramifications of the subject and the limited size of this article, a purposeful selection of topics was imperative. Accordingly the subject matter was chosen with the intent of meeting the needs of the reader who wants to acquire sufficient theoretical background to cope with the pertinent research literature. With respect to the experimental and engineering aspects of the subject the reader may supplement the text in the direction of his special interests by consulting the numerous references.

A. Wave propagation in lossless cylindrical tubes.

The theory of waveguides and cavity resonators is based on MAXWELL's equations of the electromagnetic field. After a brief review of the field equations, boundary conditions and energy relations we consider the elementary properties of electromagnetic wave propagation in lossless cylindrical tubes of arbitrary cross-section.

1. The field equations. In the M.K.S. or Giorgi system of units[1], which we use throughout this article, MAXWELL's field equations are

$$\nabla \times \boldsymbol{E}(\boldsymbol{r}, t) = -\frac{\partial}{\partial t} \boldsymbol{B}(\boldsymbol{r}, t),\tag{1.1}$$

$$\nabla \times \boldsymbol{H}(\boldsymbol{r}, t) = \boldsymbol{J}(\boldsymbol{r}, t) + \frac{\partial}{\partial t} \boldsymbol{D}(\boldsymbol{r}, t),\tag{1.2}$$

$$\nabla \cdot \boldsymbol{B}(\boldsymbol{r}, t) = 0,\tag{1.3}$$

$$\nabla \cdot \boldsymbol{D}(\boldsymbol{r}, t) = \varrho(\boldsymbol{r}, t),\tag{1.4}$$

where $\boldsymbol{E}$ is the electric field intensity vector in volts/meter, $\boldsymbol{H}$ is the magnetic field intensity vector in amperes/meter, $\boldsymbol{B}$ is the magnetic induction vector in webers/meter², $\boldsymbol{D}$ is the electric displacement vector in coulombs/meter², $\boldsymbol{J}$ is the current density vector in amperes/meter², ϱ is the volume density of charge in coulombs/meter³, t is the time in seconds, and $\boldsymbol{r}$ is the position vector in meters.

The vectors $\boldsymbol{E}, \boldsymbol{H}, \boldsymbol{B}, \boldsymbol{D}, \boldsymbol{J}$ and the scalar ϱ are real functions of position $\boldsymbol{r}$ and time t. The vector $\boldsymbol{J}$ and the volume density of charge ϱ are source quantities,

---

[1] G. GIORGI: Unita Razionali de Elettromagnetismo. Atti Assoc. Elettr. Ital. **1901**. The system was adopted by the International Electrotechnical Commission during its 1935 meeting.

and the vectors $\boldsymbol{E}$, $\boldsymbol{H}$, $\boldsymbol{B}$, $\boldsymbol{D}$, are field quantities. The conservation of charge is expressed by the *equation of continuity*

$$\nabla \cdot \boldsymbol{J}(\boldsymbol{r}, t) = -\frac{\partial}{\partial t}\, \varrho(\boldsymbol{r}, t). \tag{1.5}$$

Since Maxwell's equations are linear, the field quantities have the same time-dependence as the source quantities. It is most convenient to specialize the time-dependence of the source and field quantities to either $\exp(i\omega t)$ or $\exp(-i\omega t)$ where $i = \sqrt{-1}$ is the imaginary unit, $\omega = 2\pi f$ is the angular frequency in radians per second, and f is the frequency in cycles/second. To use the former time-dependence in circuit theory, where the imaginary unit is often denoted by j, is now standard practice. In wave theory preference is given to $\mathrm{e}^{-i\omega t}$, since a wave traveling in the positive x-direction is then described by e^{ikx}. We shall adopt the latter convention. With this choice the conventional expression in circuit theory for an impedance $Z = R + jX$, where R is the resistance and X is the reactance, has to be written as $Z = R - iX$, where X is real.

In relation to $F(\boldsymbol{r}, t)$, a real scalar function of position and time, we introduce a complex function of position, $F(\boldsymbol{r})$, by the following convention:

$$F(\boldsymbol{r}, t) = \mathrm{Re}\,\{F(\boldsymbol{r})\, \mathrm{e}^{-i\omega t}\}, \tag{1.6}$$

where Re is a shorthand for "real part of". When this convention is applied to the field equations the harmonic form of Maxwell's equations is obtained:

$$\nabla \times \boldsymbol{E}(\boldsymbol{r}) = i\omega \boldsymbol{B}(\boldsymbol{r}), \tag{1.7}$$

$$\nabla \times \boldsymbol{H}(\boldsymbol{r}) = \boldsymbol{J}(\boldsymbol{r}) - i\omega \boldsymbol{D}(\boldsymbol{r}), \tag{1.8}$$

$$\nabla \cdot \boldsymbol{B}(\boldsymbol{r}) = 0, \tag{1.9}$$

$$\nabla \cdot \boldsymbol{D}(\boldsymbol{r}) = \varrho(\boldsymbol{r}). \tag{1.10}$$

The harmonic form of the equation of continuity becomes

$$\nabla \cdot \boldsymbol{J}(\boldsymbol{r}) = i\omega \varrho(\boldsymbol{r}). \tag{1.11}$$

These equations are no less general than their time-dependent antecedents for by virtue of Fourier's theorem any linear field of arbitrary time-dependence can be synthesized from a knowledge of the monochromatic field.

Only two of the four Maxwell equations are independent. Indeed, Eq. (1.9) can be obtained by taking the divergence of Eq. (1.7), and Eq. (1.10) can be obtained by taking the divergence of Eq. (1.8) and invoking the equation of continuity (1.11). Therefore, the number of field vectors required to describe an electromagnetic field must be reduced to two from the original four. This reduction is brought about by the introduction of *constitutive parameters* which give a mathematical description of the macroscopic electromagnetic properties of matter.

In homogeneous, isotropic, linear media, which we will call "simple" media, two parameters μ and ε are introduced by the so-called constitutive relations

$$\boldsymbol{B}(\boldsymbol{r}) = \mu \boldsymbol{H}(\boldsymbol{r}), \tag{1.12}$$

$$\boldsymbol{D}(\boldsymbol{r}) = \varepsilon \boldsymbol{E}(\boldsymbol{r}), \tag{1.13}$$

where μ is the permeability of the medium in henries/meter and ε is the dielectric constant of the medium in farads/meter. In media showing relaxation effects μ

and ε have to be considered as complex quantities which, in general, are frequency dependent. In vacuum the free space permeability and the free space dielectric constant are

$$\mu = \mu_0 = 4\pi \times 10^{-7} \text{ henries/meter}; \quad \varepsilon = \varepsilon_0 = 8.854 \times 10^{-12} \text{ farad/meter} \quad (1.14)$$

and the velocity of light c_0 is given by

$$c_0 = \frac{1}{\sqrt{\varepsilon_0 \mu_0}} = 2.998 \times 10^8 \text{ meter/second}. \quad (1.15)$$

In homogeneous, *magnetically* anisotropic, linear media

$$\boldsymbol{B}(\boldsymbol{r}) = (\mu) \cdot \boldsymbol{H}(\boldsymbol{r}); \quad D(\boldsymbol{r}) = \varepsilon \boldsymbol{E}(\boldsymbol{r}), \quad (1.16)$$

where (μ) is the permeability tensor[1]. In homogeneous, *electrically* anisotropic, linear media

$$\boldsymbol{B}(\boldsymbol{r}) = \mu \boldsymbol{H}(\boldsymbol{r}); \quad D(\boldsymbol{r}) = (\varepsilon) \cdot \boldsymbol{E}(\boldsymbol{r}), \quad (1.17)$$

where (ε) is the dielectric tensor.

We confine our attention to the *harmonic form of Maxwell's equations* for simple media where, with the aid of Eqs. (1.12) and (1.13), MAXWELL's equations reduce to

$$\nabla \times \boldsymbol{E}(\boldsymbol{r}) = i\omega\mu \boldsymbol{H}(\boldsymbol{r}), \quad (1.18)$$

$$\nabla \times \boldsymbol{H}(\boldsymbol{r}) = \boldsymbol{J}(\boldsymbol{r}) - i\omega\varepsilon \boldsymbol{E}(\boldsymbol{r}), \quad (1.19)$$

$$\nabla \cdot \boldsymbol{H}(\boldsymbol{r}) = 0, \quad (1.20)$$

$$\nabla \cdot \boldsymbol{E}(\boldsymbol{r}) = \frac{\varrho(\boldsymbol{r})}{\varepsilon}. \quad (1.21)$$

For simple conducting media that obey OHM's law, a third constitutive parameter can be introduced by

$$\boldsymbol{J}(\boldsymbol{r}) = \sigma \boldsymbol{E}(\boldsymbol{r}), \quad (1.22)$$

where σ is the conductivity in (1/ohm)-meter. In such media $\boldsymbol{J}$ is no longer a primary source quantity and ϱ necessarily vanishes.

For the sake of simplicity in what follows the position vector $\boldsymbol{r}$ is omitted; that is, we write $\boldsymbol{E}$ for $\boldsymbol{E}(\boldsymbol{r})$, for example.

In a region where $\boldsymbol{J} = 0$, MAXWELL's equations possess a certain *symmetry* in $\boldsymbol{E}$ and $\boldsymbol{H}$. To show this we define new vectors $\boldsymbol{E}'$ and $\boldsymbol{H}'$ by

$$\boldsymbol{E}' = \pm \sqrt{\frac{\mu}{\varepsilon}} \boldsymbol{H}; \qquad \boldsymbol{H}' = \mp \sqrt{\frac{\varepsilon}{\mu}} \boldsymbol{E}. \quad (1.23)$$

Since $\boldsymbol{E}$ and $\boldsymbol{H}$ satisfy

$$\nabla \times \boldsymbol{H} = -i\omega\varepsilon \boldsymbol{E}; \quad \nabla \times \boldsymbol{E} = i\omega\mu \boldsymbol{H}, \quad (1.24)$$

the new vectors $\boldsymbol{E}'$ and $\boldsymbol{H}'$ satisfy

$$\nabla \times \boldsymbol{E}' = i\omega\mu \boldsymbol{H}'; \quad \nabla \times \boldsymbol{H}' = -i\omega\varepsilon \boldsymbol{E}'. \quad (1.25)$$

The transformation from the original field $\boldsymbol{E}, \boldsymbol{H}$ to the new field $\boldsymbol{E}', \boldsymbol{H}'$ is in essence an interchange of $\boldsymbol{E}$ and $\boldsymbol{H}$. Therefore, MAXWELL's equations in current-free regions are invariant to an interchange, except for scale factors, of $\boldsymbol{E}$ and $\boldsymbol{H}$.

---

[1] In detail the tensor notation $\boldsymbol{B}(\boldsymbol{r}) = (\mu) \cdot \boldsymbol{H}(\boldsymbol{r})$, as used here, reads $B_i = \sum_k \mu_{ik} H_k$ $(i, k = 1, 2, 3)$.

However, in a region where $J \neq 0$ this symmetry in E and H is disturbed. The symmetry is restored by using the artifice of writing Maxwell's equations in the following modified form:

$$\nabla \times H = J - i \omega \varepsilon E; \quad \nabla \times E = - J_m + i \omega \mu H, \tag{1.26}$$

where J_m is the so-called "magnetic current density vector" in volts per square meter. If

$$E' = \pm \sqrt{\frac{\mu}{\varepsilon}} H; \quad H' = \mp \sqrt{\frac{\varepsilon}{\mu}} E; \quad J' = \pm \sqrt{\frac{\varepsilon}{\mu}} J_m; \quad J'_m = \mp \sqrt{\frac{\mu}{\varepsilon}} J \tag{1.27}$$

it follows from Eqs. (1.26) that

$$\nabla \times E' = - J'_m + i \omega \mu H'; \quad \nabla \times H' = J' - i \omega \varepsilon E'. \tag{1.28}$$

Therefore an interchange, except for scale factors, of E and H and of J and J_m, leaves the modified Maxwell equations (1.26) unchanged.

The modified form of Maxwell's equations puts on an equal basis electric and magnetic source quantities. An electric dipole source enters into Eqs. (1.26) through the term J; on the other hand, a magnetic dipole source enters through the term J_m.

2. Boundary conditions. At a smooth boundary separating a region 1 from a region 2, the field vectors E, H, B and D behave in a manner dictated by Maxwell's equations. Let region 1 be described by the constitutive parameters $\varepsilon_1, \mu_1, \sigma_1$ and region 2 by $\varepsilon_2, \mu_2, \sigma_2$. Let the unit vector normal to the boundary be n pointing from region 1 into region 2. The field vectors on the two sides of the boundary carry the subscripts 1 and 2.

Application of Gauss' divergence theorem to Eqs. (1.9) and (1.10) yields respectively

$$(B_2 - B_1) \cdot n = 0; \quad (D_2 - D_1) \cdot n = 0. \tag{2.1}$$

Application of Stokes' theorem to Eqs. (1.7) and (1.8) yields respectively

$$n \times (E_2 - E_1) = 0 \quad \text{and} \quad n \times (H_2 - H_1) = 0. \tag{2.2}$$

When one of the regions, say region 1, is occupied by a perfect dielectric and region 2 by a perfect conductor, i.e., when $\sigma_1 = 0$ and $\sigma_2 = \infty$, then $H_2 = 0$, $E_2 = 0$ and

$$n \times E_1 = 0; \quad n \times H_1 = - K; \quad n \cdot B_1 = 0; \quad n \cdot D_1 = - \eta, \tag{2.3}$$

where K is the surface current density in amperes/meter and η is the surface charge density in coulombs/sqare meter. A surface at which the conditions (2.3) are valid is called an electric wall[1].

However, if region 2 is occupied by a good conductor, in which σ_2 is large but finite, and at frequencies employed in waveguides and resonators, the fields penetrate smoothly in the conductor and decrease exponentially with distance from the boundary. The spatial rate of decrease is conventionally measured by a factor δ_s which is called the "skin depth" and is given by[2]

$$\delta_s = \sqrt{\frac{2}{\omega \mu_2 \sigma_2}}. \tag{2.4}$$

When the radius of curvature of the surface of such a conductor is large compared with the skin depth, to a very close approximation

$$n \times E_1 = \tfrac{1}{2} \omega \mu_2 \delta_s (1 - i) H_1. \tag{2.5}$$

---

[1] See also Sect. 2 of the following article.

[2] See also Sect. 9 of the preceding article.

This relation plays an important role in the calculation of the surface attenuation of waveguide fields. Alternatively one often introduces the concept of *surface impedance* which is defined as the ratio of the tangential electric field to the tangential magnetic field. Denoting this impedance by Z_s we obtain from expressions (2.4) and (2.5)

$$Z_s = R_s - i X_s = (1 - i) \sqrt{\frac{\omega \mu_2}{2 \sigma_2}}, \tag{2.6}$$

where R_s and X_s are called respectively the surface resistance and the surface reactance.

3. Energy relations. The electric and magnetic energy densities per unit volume w_e and w_m in media described by the constitutive relations (1.12) and (1.13) are defined by

$$w_e(\boldsymbol{r}, t) = \tfrac{1}{2} \varepsilon \, \boldsymbol{E}(\boldsymbol{r}, t) \cdot \boldsymbol{E}(\boldsymbol{r}, t) \quad \text{and} \quad w_m(\boldsymbol{r}, t) = \tfrac{1}{2} \mu \, \boldsymbol{H}(\boldsymbol{r}, t) \cdot \boldsymbol{H}(\boldsymbol{r}, t). \tag{3.1}$$

If one passes from the real domain, where the field vectors are real functions of position and time, to the complex or harmonic domain, where the field vectors are complex functions of position only, the time-average energy densities $\overline{w}_e$ and $\overline{w}_m$ assume the following form:

$$\overline{w}_e(\boldsymbol{r}) = \tfrac{1}{4} \varepsilon \, \boldsymbol{E}(\boldsymbol{r}) \cdot \boldsymbol{E}^*(\boldsymbol{r}) \quad \text{and} \quad \overline{w}_m(\boldsymbol{r}) = \tfrac{1}{4} \mu \, \boldsymbol{H}(\boldsymbol{r}) \cdot \boldsymbol{H}^*(\boldsymbol{r}), \tag{3.2}$$

where the asterisks denote complex-conjugate values. In the M.K.S. system w_e and w_m have the dimension joules/meter³.

In the real domain POYNTING'S vector is given by

$$\boldsymbol{S}(\boldsymbol{r}, t) = \boldsymbol{E}(\boldsymbol{r}, t) \times \boldsymbol{H}(\boldsymbol{r}, t). \tag{3.3}$$

In the harmonic domain a complex POYNTING'S vector is introduced by

$$\boldsymbol{S}(\boldsymbol{r}) = \boldsymbol{E}(\boldsymbol{r}) \times \boldsymbol{H}^*(\boldsymbol{r}). \tag{3.4}$$

In the M.K.S. system POYNTING'S vector is measured in watts per meter².

In making use of Eqs. (1.18) and (1.19) one derives the equation

$$\boldsymbol{\nabla} \cdot (\boldsymbol{E} \times \boldsymbol{H}^*) = - \boldsymbol{J}^* \cdot \boldsymbol{E} + i \omega (\mu \boldsymbol{H} \cdot \boldsymbol{H}^* - \varepsilon \boldsymbol{E} \cdot \boldsymbol{E}^*), \tag{3.5}$$

which with the aid of the definitions (3.2) and (3.4) leads to *Poynting's vector theorem* for the complex domain[1]:

$$\tfrac{1}{2} \boldsymbol{\nabla} \cdot \boldsymbol{S} = - \tfrac{1}{2} \boldsymbol{J} \cdot \boldsymbol{E}^* + 2 i \omega (\overline{w}_m - \overline{w}_e). \tag{3.6}$$

From MAXWELL'S equations and the definitions of the time-average energy densities the following useful *energy theorem* can be derived:

$$\left. \begin{aligned} \boldsymbol{\nabla} \cdot \left(\frac{\partial \boldsymbol{E}}{\partial \omega} \times \boldsymbol{H}^* + \boldsymbol{E}^* \times \frac{\partial \boldsymbol{H}}{\partial \omega} \right) &= 4 i (\overline{w}_m + \overline{w}_e) - \frac{\partial \boldsymbol{E}}{\partial \omega} \cdot \boldsymbol{J}^* - \boldsymbol{E}^* \cdot \frac{\partial \boldsymbol{J}}{\partial \omega} + \\ &\quad + 4 i \overline{w}_m \frac{\partial \log \mu}{\partial \log \omega} + 4 i \overline{w}_e \frac{\partial \log \varepsilon}{\partial \log \omega}. \end{aligned} \right\} \tag{3.7}$$

To prove the theorem we recall the vector identities

$$\boldsymbol{\nabla} \cdot \left(\frac{\partial \boldsymbol{E}}{\partial \omega} \times \boldsymbol{H}^* \right) = \boldsymbol{H}^* \cdot \left(\boldsymbol{\nabla} \times \frac{\partial \boldsymbol{E}}{\partial \omega} \right) - \frac{\partial \boldsymbol{E}}{\partial \omega} \cdot (\boldsymbol{\nabla} \times \boldsymbol{H}^*) \tag{3.8}$$

---

[1] F. EMDE: Elektrotechn. u. Masch.-Bau, **27**, 112 (1909); see also Sect. 7 of the preceding article and Sects. 4 and 12 of the following article.

and

$$\nabla \cdot \left(\boldsymbol{E}^* \times \frac{\partial \boldsymbol{H}}{\partial \omega} \right) = \frac{\partial \boldsymbol{H}}{\partial \omega} \cdot (\nabla \times \boldsymbol{E}^*) - \boldsymbol{E}^* \cdot \left(\nabla \times \frac{\partial \boldsymbol{H}}{\partial \omega} \right). \tag{3.9}$$

In view of Eqs. (1.18) and (1.19) we have

$$\nabla \times \frac{\partial \boldsymbol{E}}{\partial \omega} = \frac{\partial}{\partial \omega} (\nabla \times \boldsymbol{E}) = \frac{\partial}{\partial \omega} (i \omega \mu \boldsymbol{H}) = i \mu \boldsymbol{H} + i \omega \mu \frac{\partial \boldsymbol{H}}{\partial \omega} + i \omega \boldsymbol{H} \frac{\partial \mu}{\partial \omega} \tag{3.10}$$

and

$$\nabla \times \frac{\partial \boldsymbol{H}}{\partial \omega} = \frac{\partial}{\partial \omega} (\nabla \times \boldsymbol{H}) = \frac{\partial}{\partial \omega} (\boldsymbol{J} - i \omega \varepsilon \boldsymbol{E}) = \frac{\partial \boldsymbol{J}}{\partial \omega} - i \varepsilon \boldsymbol{E} - i \omega \varepsilon \frac{\partial \boldsymbol{E}}{\partial \omega} - i \omega \boldsymbol{E} \frac{\partial \varepsilon}{\partial \omega}. \tag{3.11}$$

It follows from Eqs. (3.8) to (3.11) that

$$\left. \begin{aligned} \nabla \cdot \left(\frac{\partial \boldsymbol{E}}{\partial \omega} \times \boldsymbol{H}^* + \boldsymbol{E}^* \times \frac{\partial \boldsymbol{H}}{\partial \omega} \right) &= i \mu \boldsymbol{H} \cdot \boldsymbol{H}^* + i \varepsilon \boldsymbol{E} \cdot \boldsymbol{E}^* - \frac{\partial \boldsymbol{E}}{\partial \omega} \cdot \boldsymbol{J}^* - \boldsymbol{E}^* \cdot \frac{\partial \boldsymbol{J}}{\partial \omega} + \\ &+ i \omega \boldsymbol{H} \cdot \boldsymbol{H}^* \frac{\partial \mu}{\partial \omega} + i \omega \boldsymbol{E} \cdot \boldsymbol{E}^* \frac{\partial \varepsilon}{\partial \omega} \end{aligned} \right\} \tag{3.12}$$

when ε and μ are real. With the aid of the definitions (3.1) and (3.2), Eqs. (3.12) passes into the energy theorem (3.7).

When relation (3.6) is integrated over a volume V bounded by a *closed* surface A, by application of Gauss' theorem the total vector flux of the complex Poynting vector through A is obtained:

$$\left. \begin{aligned} P = \int_V \nabla \cdot \boldsymbol{S} \, dV &= \oint_A \boldsymbol{S} \cdot \boldsymbol{n} \, dA = \oint_A (\boldsymbol{E} \times \boldsymbol{H}^*) \cdot \boldsymbol{n} \, dA \\ &= - \int_V \boldsymbol{J} \cdot \boldsymbol{E}^* \, dV + 4 i \omega \int_V (\overline{w}_m - \overline{w}_e) \, dV. \end{aligned} \right\} \tag{3.13}$$

P is called the *complex power*; its dimension is watts[1]. The power generated within the volume V in *time-average* is given by

$$\overline{P} = - \tfrac{1}{2} \operatorname{Re} \int_V \boldsymbol{J} \cdot \boldsymbol{E}^* \, dV. \tag{3.14}$$

4. Classification of fields in waveguides. We classify here the types of electromagnetic waves that can be propagated inside a perfectly conducting tube uniformly filled with a homogeneous dielectric medium[2]. A tube of this kind represents the idealization of an actual waveguide for which the losses are small or "incidental", but nevertheless always present. It is adequate to consider the fields in a lossless tube as being the same, except for an attenuating factor, as those of a physically realizable waveguide.

For the present purpose we limit attention to source-free ($\boldsymbol{J} = 0$, $\varrho = 0$) solutions of Maxwell's equations. It is well known that such solutions can always be obtained from two scalar functions, which may be chosen in different ways[3]. The cylindric symmetry of our problem suggests the choice of the axial components of an electric Hertz vector $\boldsymbol{\Pi}'$ and of a magnetic Hertz vector $\boldsymbol{\Pi}''$. The fields are derivable from these Hertz vectors by the following relations[4]:

$$\boldsymbol{E}' = \nabla \times \nabla \times \boldsymbol{\Pi}', \tag{4.1}$$

$$\boldsymbol{H}' = - i \omega \varepsilon \nabla \times \boldsymbol{\Pi}' \tag{4.2}$$

---

[1] One also finds one half of the quantity P of Eq. (3.13) defined as the complex power.
[2] Lord Rayleigh: Phil. Mag. **43**, 125 (1897); see also his "Scientific Papers", Vol. IV, p. 276. Also J. J. Thomson: Recent Res. in Electr. and Magn. Oxford 1893. § 300.
[3] See, for example, A. Nisbet: Proc. Roy. Soc. Lond., Ser. A **231**, 250 (1955).
[4] For example, A. Sommerfeld in Frank-Mises, Differentialgleichungen der Physik, Vol. II, p. 790, Braunschweig 1935; also Sections B 6, and B 7 of the following article.

and

$$\boldsymbol{E''} = i\omega\mu\, \nabla \times \boldsymbol{\Pi''}, \tag{4.3}$$

$$\boldsymbol{H''} = \nabla \times \nabla \times \boldsymbol{\Pi''}. \tag{4.4}$$

The divergence of each of these expressions vanishes in conformity with Eqs. (1.20) and (1.21). The Hertz vectors in source-free regions obey the Helmholtz equations

$$(\nabla^2 + k^2)\, \boldsymbol{\Pi'} = 0, \tag{4.5}$$

$$(\nabla^2 + k^2)\, \boldsymbol{\Pi''} = 0, \tag{4.6}$$

where $k^2 = \omega^2 \varepsilon\mu$, and ∇^2 can be interpreted as the Laplacian operating on the rectangular components of $\boldsymbol{\Pi}$. The fields $\boldsymbol{E'}, \boldsymbol{H'}$ and $\boldsymbol{E''}, \boldsymbol{H''}$ satisfy MAXWELL'S equations (1.18) to (1.21) with $\boldsymbol{J} = 0$ and $\varrho = 0$.

Since we desire to classify wave-types traveling down a tube of arbitrary cross section, we may select a Cartesian coordinate system (x, y, z) with the z-axis parallel to the generating lines of the cylindrical tube as direction of propagation. Identifying the two scalar functions needed to describe the general solution of our problem with the z-components of an electric and a magnetic Hertz vector, we are led to write

$$\boldsymbol{\Pi'}(x, y, z) \equiv \boldsymbol{e}_z \Pi_z'(x, y, z) = \boldsymbol{e}_z \Phi(x, y)\, e^{\pm i h' z}, \tag{4.7}$$

$$\boldsymbol{\Pi''}(x, y, z) \equiv \boldsymbol{e}_z \Pi_z''(x, y, z) = \boldsymbol{e}_z \Psi(x, y)\, e^{\pm i h'' z}, \tag{4.8}$$

where $\boldsymbol{e}_z$ is the unit vector in the z-direction, Π_z' and Π_z'' are the longitudinal components of the Hertz vectors, h' and h'' are the wave numbers in the guide, and $\Phi(x, y)$ and $\Psi(x, y)$ are scalar functions of the transverse coordinates.

Substituting expressions (4.7) and (4.8) respectively into Eqs. (4.5) and (4.6) we see that Φ and Ψ must satisfy the two-dimensional Helmholtz equations

$$\left.\begin{aligned}
\nabla^2\Phi + \gamma'^2\Phi = 0 \quad \text{with} \quad \gamma'^2 = k^2 - h'^2, \\
\nabla^2\Psi + \gamma''^2\Psi = 0 \quad \text{with} \quad \gamma''^2 = k^2 - h''^2.
\end{aligned}\right\} \tag{4.9}$$

The field components are obtained by substituting expressions (4.7) and (4.8) into relations (4.1) to (4.4) respectively. If only the z-component Π_z of the Hertz vector is different from zero, we have

$$\nabla \times \boldsymbol{e}_z \Pi_z = \boldsymbol{e}_x \frac{\partial \Pi_z}{\partial y} - \boldsymbol{e}_y \frac{\partial \Pi_z}{\partial x}$$

and

$$\nabla \times \nabla \times \boldsymbol{e}_z \Pi_z = \boldsymbol{e}_x \frac{\partial}{\partial z}\frac{\partial}{\partial x}\Pi_z + \boldsymbol{e}_y \frac{\partial}{\partial z}\frac{\partial}{\partial y}\Pi_z - \boldsymbol{e}_z \left(\frac{\partial^2 \Pi_z}{\partial x^2} + \frac{\partial^2 \Pi_z}{\partial y^2}\right), \tag{4.10}$$

where $\boldsymbol{e}_x, \boldsymbol{e}_y, \boldsymbol{e}_z$ denote the unit vectors in the x, y, z-directions.

From this we see that Π_z' yields a plane, inhomogeneous wave, which in the longitudinal direction possesses an electric field component E_z but no magnetic field component H_z and which is conventionally classified as a wave of the *electric* type or an *E*-wave. Its field components are given by

$$\left.\begin{aligned}
\boldsymbol{E}_t' &= \pm i h'\, [\nabla \Phi(x, y)]\, e^{\pm i h' z}, \quad \pm Z'\, \boldsymbol{H}_t' = \boldsymbol{e}_z \times \boldsymbol{E}_t', \\
E_z' &= \gamma'^2\, \Phi(x, y)\, e^{\pm i h' z} \qquad\qquad H_z' = 0
\end{aligned}\right\} \; E\text{-}wave. \tag{4.11}$$

The magnetic Hertz vector Π_z'' yields a plane, inhomogeneous wave of the so-called *magnetic* type or *H*-wave, since in the longitudinal direction there exists a magnetic field component H_z only. The field components are given by

$$\left.\begin{array}{ll} \boldsymbol{E}_t'' = \mp Z'' \boldsymbol{e}_z \times \boldsymbol{H}_t'', & \boldsymbol{H}_t'' = \pm i h'' \left[\nabla \Psi(x, y)\right] e^{\pm i h'' z}, \\ E_z'' = 0, & H_z'' = \gamma''^2 \Psi(x, y) e^{\pm i h'' z} \end{array}\right\} \; H\text{-wave.} \qquad (4.12)$$

$\boldsymbol{E}_t$ and $\boldsymbol{H}_t$ denote vectors *transverse* to the direction of propagation. When E_z' is not identically zero the wave-type represented by Eqs. (4.11) is also called a *transverse magnetic* or TM-wave and when H_z'' is not identically zero, the wave-type represented by Eqs. (4.12) is also called a *transverse-electric* or TE-wave. Waves traveling in the positive or negative z-direction are distinguished by the plus- or minus-sign in the exponentials.

The so-called *wave-impedances* Z' and Z'' in ohms are given by

$$Z' = \frac{h'}{\omega \varepsilon} \quad \text{and} \quad Z'' = \frac{\omega \mu}{h''}. \qquad (4.13)$$

They show that for a wave traveling in either the positive or the negative z direction the ratio of the transverse electric field to the transverse magnetic field has the dimension of an impedance which is constant over a cross section.

The E-waves and H-waves are independent and their superposition leads to the most general solution of Maxwell's equations within source free regions of the waveguide[1].

The boundary conditions at the surface of the perfectly conducting wall of the tube are satisfied by the requirements $\boldsymbol{n} \times \boldsymbol{E}' = 0$ and $\boldsymbol{n} \times \boldsymbol{E}'' = 0$, where $\boldsymbol{E}' = \boldsymbol{E}_t' + \boldsymbol{e}_z E_z'$ and $\boldsymbol{E}'' = \boldsymbol{E}_t''$ and $\boldsymbol{n}$ is the unit normal vector pointing into the perfectly conducting wall. It follows from Eqs. (4.11) that $\boldsymbol{n} \times \boldsymbol{E}' = 0$ is satisfied when $\Phi = 0$ on the wall and it follows from Eqs. (4.12) that $\boldsymbol{n} \times \boldsymbol{E}'' = 0$ is satisfied when $\boldsymbol{n} \cdot \nabla \Psi = \partial \Psi / \partial n = 0$ on the wall. Therefore, the problem of finding solutions of Maxwell's equations within a cylindrical region bounded by a perfectly conducting tube and filled with a simple lossless medium reduces itself to the following two eigenvalue problems:

$$\nabla^2 \Phi_p + \gamma_p'^2 \Phi_p = 0, \qquad \Phi_p = 0 \quad \text{on wall}, \qquad (4.14)$$

$$\nabla^2 \Psi_q + \gamma_q''^2 \Psi_q = 0, \qquad \frac{\partial \Psi}{\partial n} = 0 \quad \text{on wall}. \qquad (4.15)$$

The functions $\Phi_p(x, y)$ and $\Psi_q(x, y)$ are eigenfunctions of these equations which correspond to the eigenvalues γ_p' and γ_q'' respectively. The subscripts are ordinal designations and can assume all positive values as well as zero. In sequence form we may order the eigenvalues:

$$\left.\begin{array}{l} 0 < \gamma_0'^2 \leq \gamma_1'^2 \leq \gamma_2'^2 \leq \gamma_3'^2 \leq \cdots \leq \gamma_{p-1}'^2 \leq \gamma_p'^2 \leq \gamma_{p+1}'^2 \leq \cdots, \\ 0 = \gamma_0''^2 < \gamma_1''^2 \leq \gamma_2''^2 \leq \gamma_3''^2 \leq \cdots \leq \gamma_{q-1}''^2 \leq \gamma_q''^2 \leq \gamma_{q+1}''^2 \leq \cdots. \end{array}\right\} \qquad (4.16)$$

In cases of degeneracy the eigenvalue is listed as often as its degree of degeneracy; for this reason equality symbols appear. The eigenvalue $\gamma_0'' = 0$ has only a formal significance because its eigenfunction Ψ_0 is a constant and the field components derived from it are identically zero. It can be shown that[2]

$$\gamma_{p+2}''^2 < \gamma_p'^2 \qquad (p = 0, 1, 2, 3, \ldots). \qquad (4.17)$$

The mode associated with the lowest eigenvalue is called the *principle* or *dominant mode*; it is always an H-mode according to the inequality (4.17). If there is a

---

[1] E. Ledinegg: Ann. Phys. (V) **41**, 537 (1942). — E. Heyn: Math. Nachr. **13**, 25 (1955).
[2] L. E. Payne: J. Rat. Mech. a. Analysis **4**, 517 (1955).

narrow constriction, as indicated in Fig. 1, γ_1'' can be decreased without limit by narrowing the constriction[1].

The eigenfunctions Φ_p and Ψ_p form a complete orthogonal set. The nodal lines of Φ_p and Ψ_p divide the cross-section into $(p+1)$ parts, at most.

Substituting the eigenfunctions and eigenvalues back into Eqs. (4.11) and (4.12) we obtain the so-called *mode functions*:

$$E\text{-mode functions}$$

$$
\left.
\begin{aligned}
&\boldsymbol{E}_{tp}' = \pm\, i\, h_p' (\nabla \Phi_p)\, e^{\pm i h_p' z}\,, && \pm Z_p' \boldsymbol{H}_{tp}' = \boldsymbol{e}_z \times \boldsymbol{E}_{tp}'\,, \\
&E_{zp}' = \gamma_p'^2\, \Phi_p\, e^{\pm i h_p' z}\,, && H_{zp}' = 0\,, \\
&Z_p' = \frac{h_p'}{\omega\,\varepsilon}\,, && h_p' = \sqrt{k^2 - \gamma_p'^2}\,;
\end{aligned}
\right\}
\tag{4.18}
$$

$$H\text{-mode functions}$$

$$
\left.
\begin{aligned}
&\boldsymbol{E}_{tp}'' = \mp\, Z_p''\, \boldsymbol{e}_z \times \boldsymbol{H}_{tp}''\,, && \boldsymbol{H}_{tp}'' = \pm\, i\, h_p'' (\nabla \Psi_p)\, e^{\pm i h_p'' z}\,, \\
&E_{zp}'' = 0\,, && H_{zp}'' = \gamma_p''^2\, \Psi_p\, e^{\pm i h_p'' z}\,, \\
&Z_p'' = \frac{\omega\,\mu}{h_p''}\,, && h_p'' = \sqrt{k^2 - \gamma_p''^2}\,.
\end{aligned}
\right\}
\tag{4.19}
$$

This conventional classification in terms of E- and H-modes is very useful. For a physical interpretation of the "cut-off"-phenomenon, which these modes display, it is helpful to recognize that each of these modes can be considered as a linear superposition of plane, homogeneous elementary waves traveling with a phase velocity $c = 1/\sqrt{\varepsilon\mu}$ in a zig-zag course by multiple reflections from the walls of the guide. As the frequency of a mode decreases the directions of its elementary waves gradually change from being parallel to the axis of the guide to being transverse. When the directions are purely transverse no propagation takes place along the guide and the frequency at which this occurs is called the *cut-off frequency*[2].

From a topological viewpoint the cylindrical region bounded by the wall of the guide is a *connected region* because it is possible to pass from any point P in the region to any other point Q in the region by an infinite number of paths which lie completely within the region. Any pair of these paths is *reconcilable* in the sense that it can be made to coincide by continuous deformation without passing out of the region. Moreover, any closed path in this region is *reducible* since it can be contracted to a point by continuous deformation. Thus the cylindrical region under examination is *simply connected* because it is a connected region in which all paths joining any two points are reconcilable and reducible. In the case of two coaxial perfectly conducting cylinders the region of interest is internally bounded by one cylinder and externally bounded by the other. A coaxial region of this sort is *not simply connected* because some paths joining any two regional points are neither reconcilable nor reducible. The cylindrical region is consequently topologically different from the coaxial region, and this difference has a pronounced effect on the types of waves that can exist there.

Only E-waves and H-waves are physically possible in a cylindrical region bounded by a tube, in the sense that a *purely* transverse wave, i.e., a wave for which $E_z \equiv H_z \equiv 0$, cannot exist in a simply connected region so bounded[3]. However, in a coaxial region with perfectly conducting walls a purely transverse wave, as well as the E- and H-waves, can be present. In this respect a coaxial

[1] COURANT-HILBERT: Methods of Mathematical Physics, p. 420. New York and London 1953. For an example, see the treatment of the ridged waveguide in Sect. 18 of this article.
[2] L. PAGE and N. I. ADAMS: Phys. Rev. **52**, 647 (1937). — L. BRILLOUIN: Rev. gén. Électr. **40**, 227 (1936). — L. PINCHERLE: Phil. Mag. **34**, 521 (1943).
[3] E. LEDINEGG: Ann. Phys. (V) **41**, 537 (1942).

region is similar to the region surrounding a Lecher line: the latter too can support a purely transverse wave[1]. A purely transverse electromagnetic wave (TEM) is also called a Lecher wave, or, more simply, a T-wave.

In order to show that no T-wave can exist in a hollow tube, Fig. 1, we note that for a T-wave both E_z and H_z must be identically zero. From Eqs. (4.18) and (4.19) we see that both the longitudinal components vanish identically only if $\gamma' = 0$ or if $\gamma'' = 0$. Consequently the eigenvalue problems (4.14) and (4.15) for a T-wave reduce to the Laplace equations

$$\nabla^2 \Phi(x, y) = 0, \qquad \nabla^2 \Psi(x, y) = 0, \tag{4.20}$$

with boundary conditions

$$\Phi = \Phi_0 = \text{const on } C; \qquad \frac{\partial \Psi}{\partial n} = 0 \text{ on } C. \tag{4.21}$$

The boundary conditions on Φ and Ψ meet the requirement that the tangential components of E_t' and E_t'' disappear on the wall of the tube.

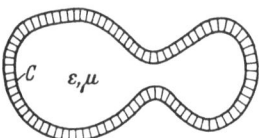

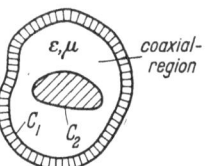

Fig. 1. Cross-sectional view of perfectly conducting tube uniformly filled with simple, lossless medium. C is contour traced by inner surface of tube. Enclosed region is simply connected.

Fig. 2. Cross-sectional view of coaxial region filled with simple, lossless medium and bounded from within and from without by perfectly conducting cylindrical surfaces. C_1 and C_2 are contours traced respectively by inner surface of outer conductor and outer surface of inner conductor.

Now it is well known that the only solutions of the Laplace equations (4.20) with the boundary conditions (4.21) in a simply connected region are $\Phi(x, y) = \Phi_0$ and $\Psi(x, y) = \text{const}$. This simply follows from the fact that the solution of the Laplace equation with boundary conditions (4.21) is unique; and it is readily seen that $\Phi = \Phi_0$ and $\Psi = \text{const}$ are solutions of Eqs. (4.20) under the conditions (4.21). But from Eqs. (4.18) and (4.19) we see that for $\Phi = \text{const}$ or $\Psi = \text{const}$ the transverse fields E_t and H_t disappear identically. Therefore, all components of a T-wave in a simply connected region are identically zero and we succinctly express this fact by saying that a T-wave "cannot exist".

However, a T-wave can exist in a coaxial region, Fig. 2. Considering Eqs. (4.18) for the E-modes, we see that the tangential components of E_t' along the outer and inner surfaces C_1 and C_2 disappear when

$$\Phi = \Phi_1 = \text{const on } C_1; \qquad \Phi = \Phi_2 = \text{const on } C_2. \tag{4.22}$$

If we choose $\Phi_1 \neq \Phi_2$, the function $\Phi(x, y) = \text{const}$ obviously is no longer a solution. Therefore $\nabla \Phi$ does not vanish identically in the region bounded by C_1 and C_2 and the field components E_t and H_t of a T-wave do exist in a coaxial region.

The field components of a T-wave follow from Eqs. (4.18) with $\gamma' = 0$ and $h' = k$; by supressing the common irrelevant factor $\pm i k$, we obtain

$$E_t = (\nabla \Phi) e^{\pm i k z}, \qquad \sqrt{\frac{\mu}{\varepsilon}}\, H_t = (e_z \times \nabla \Phi) e^{\pm i k z}, \tag{4.23}$$

---

[1] E. Lecher: Ann. Phys. 41, 850 (1890).

where Φ is a solution of the Laplace equation

$$\nabla^2 \Phi = 0, \quad \text{with } \Phi = \Phi_1 \text{ on } C_1, \quad \Phi = \Phi_2 \text{ on } C_2. \tag{4.24}$$

The same relations hold for a "Lecher-line", consisting of two parallel cylindric perfect conductors of arbitrary cross section.

5. Propagation parameters. When the cross-sectional shape of a lossless tube, Fig. 1, is given its eigenfunctions and eigenvalues are fixed. However, only for a few cross-sectional shapes can they be determined explicitly. This restriction stems from the fact that the number of shapes which can be handled in solving problems (4.14) and (4.15) by the method of separation of variables is limited[1].

Once the eigenvalue or cut-off wave number of a mode is known, its propagation properties are also known because each mode depends on the z-coordinate through the exponential factor[2] e^{ihz}. The spatial period in the guide of a mode function is $2\pi/h$ and it is called the *guide wavelength* λ_g:

$$\lambda_g = \frac{2\pi}{h} = \frac{2\pi}{\sqrt{k^2 - \gamma^2}}, \tag{5.1}$$

where $k^2 = \omega^2 \varepsilon \mu$ and γ is a corresponding eigenvalue of Eqs. (4.9). We define an *attenuation constant* α and a *phase constant* β by

$$h = \sqrt{k^2 - \gamma^2} = i\alpha + \beta \quad (\alpha, \beta \text{ real}). \tag{5.2}$$

When $k^2 > \gamma^2$, h is real and the mode travels without attenuation; and conversely when $k^2 < \gamma^2$, h is imaginary and the mode is exponentially damped. These two states are separated by the condition for cut-off, $k^2 = \gamma^2$.

The homogeneous plane wave quantities k, the wave number, and λ, the wavelength, are connected by

$$\lambda = \frac{2\pi}{k} = \frac{2\pi}{\sqrt{\omega^2 \varepsilon \mu}} = \frac{c}{f}, \tag{5.3}$$

where $c = 1/\sqrt{\varepsilon \mu}$ is the velocity of light and f is the frequency in cycles per second.

The frequency at which *cut-off* occurs, f_c, is deduced from the cut-off condition $k^2 = \gamma^2$. Since $k^2 = \omega^2 \varepsilon \mu$, it follows that

$$2\pi f_c = \omega_c = \frac{1}{\sqrt{\varepsilon \mu}} \gamma = c\gamma. \tag{5.4}$$

The value of λ at *cut-off* is given by

$$\lambda_c = \frac{2\pi}{\omega \sqrt{\varepsilon \mu}} = \frac{2\pi}{\gamma}. \tag{5.5}$$

The guide wavelength λ_g at cut-off, according to Eq. (5.1), becomes infinite.

For above cut-off with $k^2 > \gamma^2$ we have

$$\lambda < \lambda_c, \quad f > f_c, \quad \alpha = 0, \quad e^{ihz} = e^{i\beta z}, \quad \lambda_g = \text{real}, \quad \text{(propagating wave)} \tag{5.6}$$

and for below cut-off with $k^2 < \gamma^2$

$$\lambda > \lambda_c, \quad f < f_c, \quad \beta = 0, \quad e^{ihz} = e^{-\alpha z}, \quad \lambda_g = \text{imaginary}, \quad \text{(evanescent wave)}. \tag{5.7}$$

---

[1] For example, L. P. Eisenhart: Ann. of Math. **35**, 284 (1934).

[2] Without risk of ambiguity we suppress here distinguishing marks from h and other symbols when the discussion applies equally well to E- and H-modes.

The velocity with which surfaces of constant phase travel in the z-direction is called the *phase velocity* and is given by

$$v_f = \frac{\omega}{h} = \frac{c\,k}{h} = \frac{c}{\sqrt{1 - \gamma^2/k^2}}\,. \tag{5.8}$$

Below cut-off v_f becomes imaginary and therefore has no physical significance. Above cut-off v_f is always greater than the phase velocity of light c. As the frequency increases from its cut-off values, v_f approaches from above the velocity of light. The fact that the phase velocity is dependent on frequency makes the tube a dispersive transmission system even though the simple lossless medium which uniformly fills the guide is not dispersive by itself. For such a system the group velocity of a signal differs from the phase velocity of the mode it rides.

To obtain the expression for the "group velocity" we consider a wavepacket which is propagating along the tube. Suppose the frequency spectrum be narrow and centered about ω_0, so that in the series expansion of $h(\omega)$ only the first two terms may be retained. That is,

$$h(\omega) = h_0 + (\omega - \omega_0)\,\frac{d h_0}{d\omega}\,, \tag{5.9}$$

where $h_0 = h$ at $\omega = \omega_0$ and $d h_0/d\omega = (d h/d\omega)$ at $\omega = \omega_0$. Into the general expression for a wave packet,

$$A(z, t) = \int_{-\infty}^{\infty} A(\omega)\, e^{ihz}\, e^{-i\omega t}\, d\omega, \tag{5.10}$$

we substitute representation (5.9). If the spectrum is narrow and centered about ω_0 we can change the limits of integration to cover a narrow interval from $(\omega_0 - \Delta\omega)$ to $(\omega_0 + \Delta\omega)$ and replace $A(\omega)$ by $A(\omega_0)$. Thus we get

$$A(z, t) = 2 A(\omega_0)\, \frac{\sin\left[\Delta\omega\left(t - z\,\dfrac{d h_0}{d\omega}\right)\right]}{t - z\,\dfrac{d h_0}{d\omega}}\, e^{ih_0 z}\, e^{-i\omega_0 t}. \tag{5.11}$$

The maximum of $A(z, t)$ occurs when $t - z \cdot (d h_0/d\omega) = 0$. The velocity dz/dt with which this maximum moves down the guide is called the *group velocity* v_g of the signal and is given by

$$v_g = \left(\frac{d\omega}{d h}\right)_{\omega = \omega_0} = c\left(\frac{d k}{d h}\right)_{k = k_0}\,. \tag{5.12}$$

Since $h^2 = k^2 - \gamma^2$, we get the following explicit expression for the group velocity of a narrow-band signal:

$$v_g = c\,\sqrt{1 - \gamma^2/k^2}\,. \tag{5.13}$$

v_g is zero at cut-off and approaches c from below as the center frequency ω_0 increases. From Eqs. (5.8) and (5.13) we see that

$$v_f\, v_g = c^2. \tag{5.14}$$

The dual behavior of v_f and v_g, as expressed by relation (5.14), is not universal. It is limited to structures whose propagation is described by Eq. (5.2), where γ^2 is a real positive number independent of frequency. If γ^2 in Eq. (5.2) is frequency-dependent[1], Eq. (5.12) yields

$$v_g = \frac{c\,h}{k} \cdot \frac{1}{1 - \dfrac{\gamma}{k}\dfrac{d\gamma}{dk}}, \quad \text{and} \quad v_f = \frac{c\,k}{h}. \tag{5.15}$$

The generalized form of Eq. (5.14) therefore reads

$$v_f\,v_g = \frac{c^2}{1 - \dfrac{\gamma}{k}\dfrac{d\gamma}{dk}}. \tag{5.16}$$

The following Table 1 assembles the characteristic properties of the propagation parameters for lossless waveguides:

Table 1. *Propagation parameters for lossless cylindrical tube of arbitrary uniform cross-section.* α = attenuation constant. β = phase constant. v_f = phase velocity. v_g = group velocity. λ_g = guide wavelength. λ_c = cut-off wave length. $\lambda = 2\pi/k$. ε and μ are the dielectric constant and permeability of lossless medium uniformly filling the tube.

	α	β	v_f	v_g	λ_g	
$\lambda < \lambda_c$	0	$k\sqrt{1 - (\lambda/\lambda_c)^2}$	$\dfrac{c}{\sqrt{1 - (\lambda/\lambda_c)^2}}$	$c\sqrt{1 - (\lambda/\lambda_c)^2}$	$\dfrac{\lambda}{\sqrt{1 - (\lambda/\lambda_c)^2}}$	E- and H-modes
$\lambda = \lambda_c$	0	0	∞	0	∞	
$\lambda > \lambda_c$	$k\sqrt{(\lambda/\lambda_c)^2 - 1}$	0	Imaginary	Imaginary	Imaginary	
λ	0	$k = \omega\sqrt{\varepsilon\mu}$	$c = \dfrac{1}{\sqrt{\varepsilon\mu}}$	$c = \dfrac{1}{\sqrt{\varepsilon\mu}}$	$\lambda = \dfrac{2\pi}{k}$	T-wave

For any mode in a lossless tube traveling in the positive or negative z-direction Eq. (5.2) shows that we can set $\beta = \pm\sqrt{(\omega/c)^2 - \gamma^2}$ respectively. The plot of ω/c versus β is a hyperbola with asymptotes $\beta = \pm\omega/c$, as shown in Fig. 3. The slope $\dfrac{1}{c}\dfrac{d\omega}{d\beta}$ of the curve at any point is equal to $\dfrac{v_g}{c}$. On the other hand, the slope $\dfrac{1}{c}\dfrac{\omega}{\beta}$ of the line from the origin to any point on the curve is equal to $\dfrac{v_f}{c}$. To each value of ω/c greater than γ there corresponds a pair of points P' and P'' on the curve. The group and phase velocities computed at P' are equal to the negative of those computed at P''. The right half of the hyperbola holds for a mode traveling in the positive z-direction and the

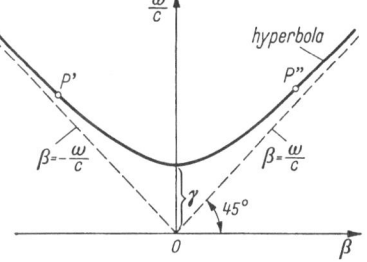

Fig. 3. Diagram of $k = \omega/c$ versus β for a lossless tube.

left half for a wave of the same mode traveling in the opposite direction. It is clear from the graph that v_g/c is always smaller than one, whereas v_f/c is always greater than one.

6. Orthogonality properties of the fields. Eigenfunction expansion of fields radiated by electric and magnetic sources.

The orthogonality properties of the field components are direct consequences of the orthogonality properties of the

---

[1] An example of structures which violate relation (5.14) are the so-called slow-wave guides for which γ^2 becomes frequency-dependent; see Chapter F.

eigenfunctions. They permit the expansion of an arbitrary field in terms of the mode functions.

If the eigenfunctions are non-degenerate, it can be shown that

$$\int_A \Phi_p \Phi_q \, dA = 0 \qquad (p \neq q), \tag{6.1}$$

$$\int_A \Psi_p \Psi_q \, dA = 0 \qquad (p \neq q), \tag{6.2}$$

$$\int_A \nabla \Phi_p \cdot \nabla \Phi_q \, dA = 0 \qquad (p \neq q), \tag{6.3}$$

$$\int_A \nabla \Psi_p \cdot \nabla \Psi_q \, dA = 0 \qquad (p \neq q), \tag{6.4}$$

$$\int_A \mathbf{e}_z \cdot (\nabla \Phi_p \times \nabla \Psi_q) \, dA = 0 \qquad (p = 1, 2, 3, \ldots, q, \ldots); \tag{6.5}$$

the integrations are extended over a cross-section A of the tube.

To prove orthogonality relation (6.1) we recall the equations

$$\nabla^2 \Phi_p + \gamma_p'^2 \Phi_p = 0 \quad \text{and} \quad \nabla^2 \Phi_q + \gamma_q'^2 \Phi_q = 0.$$

Multiplying the former by Φ_q and the latter by Φ_p and then subtracting, we get

$$\Phi_q \nabla^2 \Phi_p - \Phi_p \nabla^2 \Phi_q + (\gamma_p'^2 - \gamma_q'^2) \Phi_p \Phi_q = 0.$$

Integrating this equation over a cross-section A of the tube and using the two-dimensional version of Green's second identity, we get

$$\oint_C \left(\Phi_q \frac{\partial \Phi_p}{\partial n} - \Phi_p \frac{\partial \Phi_q}{\partial n} \right) dl + (\gamma_p'^2 - \gamma_q'^2) \int_A \Phi_p \Phi_q \, dA = 0. \tag{6.6}$$

The contour integral vanishes because $\Phi_q = \Phi_p = 0$ on C. Therefore, if $\gamma_p' \neq \gamma_q'$, the integral over the cross-section must disappear when $p \neq q$, and the orthogonality relation (6.1) is proved. The proof of orthogonality relation (6.2) is similar.

To prove orthogonality relation (6.3) we note that

$$\nabla \cdot (\Phi_q \nabla \Phi_p) = \nabla \Phi_q \cdot \nabla \Phi_p + \Phi_q \nabla^2 \Phi_p = \nabla \Phi_q \cdot \nabla \Phi_p - \gamma_p'^2 \Phi_p \Phi_q, \tag{6.7}$$

where the first equality is a vector identity and the second equality results from $\nabla^2 \Phi_p + \gamma_p'^2 \Phi_p = 0$. When integrated over a cross-section of the tube the divergence term disappears by virtue of the boundary condition $\Phi_q = 0$ on C, i.e.,

$$\int_A \nabla \cdot (\Phi_q \nabla \Phi_p) \, dA = \oint_C \Phi_q \frac{\partial \Phi_p}{\partial n} \, dl = 0,$$

and the last term disappears by virtue of the orthogonality relation just proved. Therefore, when $p \neq q$ the integral of $\nabla \Phi_p \cdot \nabla \Phi_q$ over a cross-section vanishes and hence orthogonality relation (6.3) is proved. The proof of orthogonality relation (6.4) is similar.

The proof of orthogonality relation (6.5) starts from the vector identity

$$\nabla \times (\Phi_p \nabla \Psi_q) = \nabla \Phi_p \times \nabla \Psi_q + \Phi_p (\nabla \times \nabla \Psi_q). \tag{6.8}$$

Since $\nabla \times \nabla \Psi_q$ vanishes identically

$$\int_A \mathbf{e}_z \cdot (\nabla \Phi_p \times \nabla \Psi_q) \, dA = \int_A \mathbf{e}_z \cdot \nabla \times (\Phi_p \nabla \Psi_q) \, dA. \tag{6.9}$$

By Stokes' theorem the right side is equal to $\oint_C \Phi_p \dfrac{\partial \Psi_q}{\partial l} \, dl$. But this contour integral vanishes since $\Phi_p = 0$ on C. Consequently the left side of Eq. (6.9) also vanishes and the orthogonality relation is proved.

These orthogonality relations yield certain orthogonality relations for the fields. We recall from Eqs. (4.18) and (4.19) that for an E_p-mode

$$\boldsymbol{E}'_{tp} \sim \nabla \Phi_p, \qquad \boldsymbol{H}'_{tp} \sim \boldsymbol{e}_z \times \nabla \Phi_p, \qquad E'_{zp} \sim \Phi_p, \tag{6.10}$$

and for an H_p-mode

$$\boldsymbol{H}''_{tp} \sim \nabla \Psi_p, \qquad \boldsymbol{E}''_{tp} \sim \boldsymbol{e}_z \times \nabla \Psi_p, \qquad H''_{zp} \sim \Psi_p, \tag{6.11}$$

where factors playing no role in the present consideration are suppressed. Applying orthogonality relations (6.1) to (6.4) to relations (6.10) and (6.11) we obtain

$$\int_A E'_{zp} E'_{zq} \, dA = 0 \qquad (p \neq q), \tag{6.12}$$

$$\int_A H''_{zp} H''_{zq} \, dA = 0 \qquad (p \neq q), \tag{6.13}$$

$$\int_A \boldsymbol{E}'_{tp} \cdot \boldsymbol{E}'_{tq} \, dA = 0 \qquad (p \neq q), \tag{6.14}$$

$$\int_A \boldsymbol{H}''_{tp} \cdot \boldsymbol{H}''_{tq} \, dA = 0 \qquad (p \neq q). \tag{6.15}$$

Furthermore $(\boldsymbol{e}_z \times \nabla \Psi_p) \cdot (\boldsymbol{e}_z \times \nabla \Psi_q) = \nabla \Psi_p \cdot \nabla \Psi_q$, and we get, according to the second of relations (6.11) and to Eq. (6.4),

$$\int_A \boldsymbol{E}''_{tp} \cdot \boldsymbol{E}''_{tq} \, dA = 0 \qquad (p \neq q). \tag{6.16}$$

Similarly

$$\int_A \boldsymbol{H}'_{tp} \cdot \boldsymbol{H}'_{tq} \, dA = 0 \qquad (p \neq q). \tag{6.17}$$

And since $\nabla \Phi_p \times (\boldsymbol{e}_z \times \nabla \Phi_q) = (\nabla \Phi_p \cdot \nabla \Phi_q) \, \boldsymbol{e}_z$, we get according to the first two of relations (6.10) and to Eq. (6.3)

$$\int_A \boldsymbol{e}_z \cdot (\boldsymbol{E}'_{tp} \times \boldsymbol{H}'_{tq}) \, dA = 0 \qquad (p \neq q). \tag{6.18}$$

Similarly

$$\int_A \boldsymbol{e}_z \cdot (\boldsymbol{E}''_{tp} \times \boldsymbol{H}''_{tq}) \, dA = 0 \qquad (p \neq q). \tag{6.19}$$

Lastly it follows from orthogonality relation (6.5) and the first of relations (6.10) and of relations (6.11) that

$$\int_A \boldsymbol{e}_z \cdot (\boldsymbol{E}'_{tp} \times \boldsymbol{H}''_{tq}) \, dA = 0. \tag{6.20}$$

Owing to the fact that the eigenfunctions on which the orthogonality properties are based, are real quantities, each of the orthogonality relations (6.12) to (6.20) remains valid when one of the field quantities in the integrand is replaced by its conjugate complex. In summary

$$\left. \begin{aligned} \int_A \boldsymbol{E}_{tp} \cdot \boldsymbol{E}_{tq} \, dA &= \int_A \boldsymbol{E}_{tp} \cdot \boldsymbol{E}^*_{tq} \, dA = 0, \\ \int_A \boldsymbol{H}_{tp} \cdot \boldsymbol{H}_{tq} \, dA &= \int_A \boldsymbol{H}_{tp} \cdot \boldsymbol{H}^*_{tq} \, dA = 0, \\ \int_A E_{zp} E_{zq} \, dA &= \int_A E_{zp} E^*_{zq} \, dA = 0, \\ \int_A H_{zp} H_{zq} \, dA &= \int_A H_{zp} H^*_{zq} \, dA = 0, \\ \int_A \boldsymbol{e}_z \cdot (\boldsymbol{E}_{tp} \times \boldsymbol{H}_{tq}) \, dA &= \int_A \boldsymbol{e}_z \cdot (\boldsymbol{E}_{tp} \times \boldsymbol{H}^*_{tq}) \, dA = 0. \end{aligned} \right\} \tag{6.21}$$

These relations hold for any p and q when the p-th and q-th modes are of different types; they are valid for $p \neq q$ when both are of the H-type or both are of the E-type[1].

We adopt the following *normalization* of the eigenfunctions:

$$\int_A \nabla\Phi_p \cdot \nabla\Phi_p \, dA = 1, \qquad \int_A \nabla\Psi_p \cdot \nabla\Psi_p \, dA = 1. \tag{6.22}$$

From Eq. (6.7) with $p = q$ it follows from this normalization of the gradients that

$$\int_A \Phi_p^2 \, dA = \frac{1}{\gamma_p'^2}, \qquad \int_A \Psi_p^2 \, dA = \frac{1}{\gamma_p''^2}. \tag{6.23}$$

Applying the normalizations (6.22) to the field quantities in Eqs. (4.18) and (4.19), we find that

$$\int_A \boldsymbol{E}'_{tp} \cdot \boldsymbol{E}'^*_{tp} \, dA = h_p'^2, \qquad \int_A \boldsymbol{H}'_{tp} \cdot \boldsymbol{H}'^*_{tp} \, dA = \frac{h_p'^2}{Z_p'^2}, \tag{6.24}$$

$$\int_A \boldsymbol{E}''_{tp} \cdot \boldsymbol{E}''^*_{tp} \, dA = Z_p''^2 h_p''^2, \qquad \int_A \boldsymbol{H}''_{tp} \cdot \boldsymbol{H}''^*_{tp} \, dA = h_p''^2; \tag{6.25}$$

and similarly applying Eqs. (6.23) we get

$$\int_A E'_{zp} E'^*_{zp} \, dA = 1, \qquad \int_A H''_{zp} H''^*_{zp} \, dA = 1. \tag{6.26}$$

It may be noted that the functions Φ and Ψ introduced in Eqs. (4.7) and (4.8) were tacitly assumed to be multiplied by constant factors having the dimensions volt-meter and ampere-meter respectively, that is, the dimensions of the Hertz vectors $\boldsymbol{\Pi}'$ and $\boldsymbol{\Pi}''$. The functions Φ and Ψ, when normalized according to Eqs. (6.22), should therefore be considered as multiplied by unit-factors of the respective dimensions. Similar considerations should be applied to the field quantities whenever they are normalized according to Eqs. (6.24) to (6.26).

The orthogonal set of mode functions of both the electric and the magnetic type is complete in the sense that it always allows a (properly behaving) arbitrary field $\boldsymbol{E}$ or $\boldsymbol{H}$ within the waveguide to be expanded in terms of the mode functions[2]. Suppose now we have E- and H-modes traveling in the same direction. The field components of each mode are given by expressions (4.18) and (4.19), with either upper or lower sign. A resultant electric vector $\boldsymbol{E}$ in the guide can be represented then by a vectorial superposition of the electric vectors of all the modes of both the E-type and the H-type:

$$\boldsymbol{E} = \sum_p A_p (\boldsymbol{E}'_{tp} + \boldsymbol{e}_z E'_z) + \sum_p B_p \boldsymbol{E}''_{tp}, \tag{6.27}$$

where A_p and B_p are expansion coefficients. From relations (6.21) and (6.25) we determine the coefficients B_p:

$$B_p = \frac{\int_A \boldsymbol{E} \cdot \boldsymbol{E}''^*_{tp} \, dA}{\int_A \boldsymbol{E}''_{tp} \cdot \boldsymbol{E}''^*_{tp} \, dA} = \frac{1}{Z_p''^2 h_p''^2} \int_A \boldsymbol{E} \cdot \boldsymbol{E}''^*_{tp} \, dA. \tag{6.28}$$

From relations (6.21) and (6.24) we determine the coefficients A_p:

$$A_p = \frac{\int_A \boldsymbol{E} \cdot \boldsymbol{E}'^*_{tp} \, dA}{\int_A \boldsymbol{E}'_{tp} \cdot \boldsymbol{E}'^*_{tp} \, dA} = \frac{1}{h_p'^2} \int_A \boldsymbol{E} \cdot \boldsymbol{E}'^*_{tp} \, dA. \tag{6.29}$$

---

[1] For $p = q$ see Eqs. (6.24) to (6.26).
[2] See first footnote on page 292.

The magnetic vector $\boldsymbol{H}$ associated with $\boldsymbol{E}$ is

$$\boldsymbol{H} = \sum_p B_p \left(\boldsymbol{H}_{tp}'' + \boldsymbol{e}_z H_{zp}'' \right) + \sum_p A_p \boldsymbol{H}_{tp}' . \qquad (6.30)$$

Thus from a knowledge of the *transverse* part $\boldsymbol{E}_t$ of the electric vector over a cross-section of the tube we can determine the amplitudes of the E- and H-modes traveling in the *same* direction. And a knowledge of $\boldsymbol{H}_t$ over a cross-section gives the same information.

If we have E- and H-modes traveling in *both* directions, the expansion coefficients and hence the field can be determined from a knowledge of $\boldsymbol{E}_t$ over *two* independent cross-sections of the tube. Or knowing $\boldsymbol{H}_t$ instead of $\boldsymbol{E}_t$ over two independent cross-sections we can again determine the field completely.

We next consider representations for the fields originating from *electric* and *magnetic current sources* within a cylindrical tube of arbitrary cross-section.

Suppose we have an electric current density $\boldsymbol{J}(x', y', z')$ distributed throughout a finite volume V within the tube. This current distribution is the source of an electric field $\boldsymbol{E}(x, y, z)$. Since source and field quantities are vectors and are linearly related to each other, they must be related by a dyadic or tensor quantity. Indeed, we can write

$$\boldsymbol{E}(\boldsymbol{r}) = \int_V \boldsymbol{\Gamma}^{(1)}(\boldsymbol{r}, \boldsymbol{r}') \cdot \boldsymbol{J}(\boldsymbol{r}') \, dV' , \qquad (6.31)$$

where

$$\boldsymbol{r} = \boldsymbol{e}_x x + \boldsymbol{e}_y y + \boldsymbol{e}_z z , \quad \boldsymbol{r}' = \boldsymbol{e}_x x' + \boldsymbol{e}_y y' + \boldsymbol{e}_z z' , \quad dV' = dx' \, dy' \, dz' .$$

$\boldsymbol{\Gamma}^{(1)}(\boldsymbol{r}, \boldsymbol{r}')$ is called the dyadic GREEN's function of the first kind[1]. In terms of the eigenfunctions Φ_p and Ψ_p, SCHWINGER's expansion of this dyadic GREEN's function is[2]

$$\left. \begin{aligned} \boldsymbol{\Gamma}^{(1)}(\boldsymbol{r}, \boldsymbol{r}') = i \, \omega \, \mu \, \Big[& \Big(\boldsymbol{e}_z \boldsymbol{e}_z - \frac{1}{k^2} \, \nabla \nabla' \Big) G^{(1)}(\boldsymbol{r}, \boldsymbol{r}') + \nabla_t \nabla_t' \, H^{(1)}(\boldsymbol{r}, \boldsymbol{r}') + \\ & + \boldsymbol{e}_z \times \nabla \boldsymbol{e}_z \times \nabla' \, H^{(2)}(\boldsymbol{r}, \boldsymbol{r}') \Big] , \end{aligned} \right\} \qquad (6.32)$$

where

$$G^{(1)}(\boldsymbol{r}, \boldsymbol{r}') = - \sum_p \frac{\gamma_p'^2}{2 i h_p'} \, \Phi_p(x, y) \, \Phi_p(x', y') \, e^{i h_p' |z - z'|} , \qquad (6.33)$$

$$H^{(1)}(\boldsymbol{r}, \boldsymbol{r}') = - \sum_p \frac{\Phi_p(x, y) \, \Phi_p(x', y')}{2 i h_p'} \, e^{i h_p' |z - z'|} , \qquad (6.34)$$

$$H^{(2)}(\boldsymbol{r}, \boldsymbol{r}') = - \sum_p \frac{\Psi_p(x, y) \, \Psi_p(x', y')}{2 i h_p''} \, e^{i h_p'' |z - z'|} . \qquad (6.35)$$

$\nabla_t = \boldsymbol{e}_x \dfrac{\partial}{\partial x} + \boldsymbol{e}_y \dfrac{\partial}{\partial y}$ is the "transverse" gradient; the primed operators act on the primed variables only.

When the source in the tube is a magnetic current distribution it is more convenient to use the complementary form of expression (6.31), namely,

$$\boldsymbol{H}(\boldsymbol{r}) = \int_V \boldsymbol{\Gamma}^{(2)}(\boldsymbol{r}, \boldsymbol{r}') \cdot \boldsymbol{J}_m(\boldsymbol{r}') \, dV' , \qquad (6.36)$$

---

[1] H. LEVINE and J. SCHWINGER: Commun. Pure a. Appl. Math. **3**, 355 (1950); see also F. E. BORGNIS and C. H. PAPAS: Randwertprobleme der Mikrowellenphysik, p. 208. Berlin: Springer 1955.

[2] J. SCHWINGER: Unpublished lecture notes. Harvard University 1946.

where $\boldsymbol{J}_m$ is the magnetic current density (distribution of magnetic dipoles) and $\boldsymbol{\Gamma}^{(2)}(\boldsymbol{r}, \boldsymbol{r}')$ is called the dyadic Green's function of the second kind. By symmetry $\boldsymbol{\Gamma}^{(2)}$ can be easily constructed from a knowledge of $\boldsymbol{\Gamma}^{(1)}$. Its expansion is

$$\boldsymbol{\Gamma}^{(2)}(\boldsymbol{r}, \boldsymbol{r}') = i\,\omega\,\varepsilon \left[\left(\boldsymbol{e}_z\,\boldsymbol{e}_z - \frac{1}{k^2}\,\nabla\nabla'\right) G^{(2)}(\boldsymbol{r}, \boldsymbol{r}') + \nabla_t\,\nabla_t'\,H^{(2)}(\boldsymbol{r}, \boldsymbol{r}') + \right. \\ \left. + \boldsymbol{e}_z \times \nabla\,\boldsymbol{e}_z \times \nabla'\,H^{(1)}(\boldsymbol{r}, \boldsymbol{r}')\right], \tag{6.37}$$

where

$$G^{(2)}(\boldsymbol{r}, \boldsymbol{r}') = -\sum_p \frac{\gamma_p''^2}{2 i\,h_p''}\,\Psi_p(x, y)\,\Psi_p(x', y')\,e^{i\,h_p''\,|z-z'|}. \tag{6.38}$$

It may be noted that $G^{(1)}$ and $G^{(2)}$ are the scalar Green's functions of the first and second kind respectively for a tubular region. That is,

$$(\nabla^2 + k^2)\,G^{(1)}(\boldsymbol{r}, \boldsymbol{r}') = -\,\delta(\boldsymbol{r} - \boldsymbol{r}'), \\ (\nabla^2 + k^2)\,G^{(2)}(\boldsymbol{r}, \boldsymbol{r}') = -\,\delta(\boldsymbol{r} - \boldsymbol{r}'), \tag{6.39}$$

where δ denotes the Dirac delta-function, and

$$G^{(1)}(\boldsymbol{r}, \boldsymbol{r}') = 0, \quad \frac{\partial}{\partial n}\,G^{(2)}(\boldsymbol{r}, \boldsymbol{r}') = 0,$$

when $\boldsymbol{r}$ lies on the wall of the tube; both $G^{(1)}$ and $G^{(2)}$ represent waves traveling *away* from the plane $z = z'$. Moreover,

$$\nabla_t^2\,H^{(1)} = -\,G^{(1)} \quad \text{and} \quad \nabla_t^2\,H^{(2)} = -\,G^{(2)}. \tag{6.40}$$

When the source is a single electric dipole or a single magnetic dipole the above expansions reduce to those reported by Honerjäger[1]. Specific examples of sources in waveguides have been worked out by Smythe[2].

B. Transmission-line analogy of waveguide propagation.

The transmission theory of waveguide propagation exploits the fact that to each waveguide mode there corresponds a transmission line with identical energy transport properties. It thus associates the original three-dimensional field problem with a one-dimensional problem of conventional transmission-line theory. This reduction may not be of practical advantage in the case of a uniform waveguide; it is, however, of importance in problems concerning waveguide junctions, waveguide discontinuities, and waveguide structures in general, because it permits a description of the behavior of such structures by conventional network analysis. In the following sections we treat the transmission theory of waveguide propagation for the case of uniform waveguides, relegating to Chapter F a discussion of its application to more complicated devices.

7. Transmission line analogy. By a "conventional transmission line" is meant a ladder network with longitudinal (series) impedance Z_l per unit length and transverse (shunt) admittance Y_t per unit length. Application of Kirchhoff's current and voltage laws to a short source-free section of the line yields the "transmission line equations":

$$\frac{\partial}{\partial z}\,V(z) = -\,Z_l\,I(z), \qquad \frac{\partial}{\partial z}\,I(z) = -\,Y_t\,V(z), \tag{7.1}$$

[1] R. Honerjäger: Ergebn. exakt. Naturw. **26** (1952).
[2] W. R. Smythe: Static and Dynamic Electricity. New York, Toronto and London: 1951. Problems at end of Chap. 15.

where $V(z)$ and $I(z)$ are respectively the voltage and current functions and z is the distance along the line; the harmonic time-dependence, $\exp(-i\omega t)$, is suppressed[1]. These equations are one-dimensional in the sense that the dependent variables are functions of only one variable z. A corollary of Eqs. (7.1) is that $V(z)$ and $I(z)$ satisfy the one-dimensional Helmholtz equations,

$$\left(\frac{\partial^2}{\partial z^2} + h^2\right) V(z) = 0, \qquad \left(\frac{\partial^2}{\partial z^2} + h^2\right) I(z) = 0, \tag{7.2}$$

where

$$h^2 = -Z_l Y_t.$$

A solution of Eq. (7.2) in terms of waves traveling in the positive z-direction is

$$V(z) = V_0\, e^{ihz}, \qquad I(z) = I_0\, e^{ihz}, \tag{7.3}$$

where V_0 and I_0 are constants. The *characteristic impedance* Z_c of the line is defined as

$$Z_c = \frac{V_0}{I_0}; \tag{7.4}$$

the time-average power transmitted in the z-direction is given by

$$\overline{P} = \tfrac{1}{2}\,\mathrm{Re}\, V(z)\, I^*(z). \tag{7.5}$$

Substituting the traveling wave solution (7.3) into Eqs. (7.1) we find that

$$Z_l = -ihZ_c, \qquad Y_t = -ihY_c, \tag{7.6}$$

where $Y_c = 1/Z_c$ is the *characteristic admittance* of the line. In writing the transmission line Eqs. (7.1) explicitly in terms of h, Z_c and Y_c, one obtains

$$\frac{\partial}{\partial z} V(z) = ihZ_c I(z); \qquad \frac{\partial}{\partial z} I(z) = ihY_c V(z). \tag{7.7}$$

These are what we call the "conventional transmission line equations".

In order to build a transmission line analogy of wave propagation in waveguides we must recognize the common aspects of the mode functions of a waveguide and the voltage and current functions of a conventional transmission line[2]. We write the transverse field vectors of an *E-mode function* (4.18) in the following form which suggests the analogy between transverse electric field and voltage and between transverse magnetic field and current:

$$\boldsymbol{E}'_{tp} = V_t\, \Phi_p\,(x, y)\, V'_p\,(z), \qquad \boldsymbol{H}'_{tp} = \boldsymbol{e}_z \times V_t\, \Phi_p\,(x, y)\, I'_p\,(z), \tag{7.8}$$

where the transverse gradient $V_t = \boldsymbol{e}_x \dfrac{\partial}{\partial x} + \boldsymbol{e}_y \dfrac{\partial}{\partial y}$. Comparing expressions (7.8) with expressions (4.18) we see that

$$V'_p\,(z) = ih'_p\, e^{ih'_p z}, \qquad I'_p\,(z) = i\omega\, \varepsilon\, e^{ih'_p z}. \tag{7.9}$$

By introduction of the "mode impedance" Z'_p of Eq. (4.13) and a "mode admittance" Y'_p we have

$$Z'_p = \frac{h'_p}{\omega \varepsilon}, \qquad Y'_p = \frac{1}{Z'_p} = \frac{\omega \varepsilon}{h'_p}, \tag{7.10}$$

---

[1] See also Sect. 16 of the preceding article.
[2] S. A. SCHELKUNOFF: Proc. Inst. Radio Engrs. **25**, 1457 (1937).

and the following relations between the "voltage" $V'_p(z)$ and the "current" $I'_p(z)$ in Eq. (7.9) are readily verified[1]:

$$\frac{\partial}{\partial z} V'_p(z) = i\, h'_p Z'_p I'_p(z), \qquad \frac{\partial}{\partial z} I'_p(z) = i\, h'_p Y'_p V'_p(z). \qquad (7.11)$$

These relations become identical to the conventional transmission line Eqs. (7.7) when the transmission line parameters are chosen such that $Z_c = Z'_p$, $h = h'_p$, $V(z) = V'_p(z)$, and $I(z) = I'_p(z)$. This choice also yields equivalent expressions for the power flow $\bar{P}$ in the waveguide and transmission line:

$$\bar{P}_{\text{guide}} = \tfrac{1}{2} \operatorname{Re} \int_A \boldsymbol{e}_z \cdot (\boldsymbol{E}'_{tp} \times \boldsymbol{H}'^{*}_{tp})\, dA = \tfrac{1}{2} \operatorname{Re} V'_p(z)\, I'^{*}_p(z) \int_A V_t \Phi_p \cdot V_t \Phi_p\, dA.$$

If the eigenfunctions Φ_p are normalized according to Eq. (6.22), we obtain

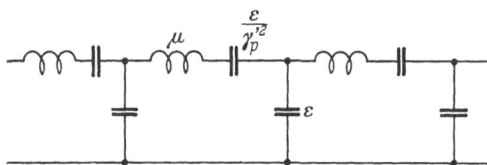

Fig. 4. Distributed circuit elements for transmission line analogue of E_p-mode in lossless waveguide.

$$\bar{P}_{\text{guide}} = \tfrac{1}{2} \operatorname{Re} V'_p(z)\, I'^{*}_p(z). \qquad (7.12)$$

Comparing expressions (7.12) and (7.5) we see that they are equivalent. It should be noted that properly *normalized* eigenfunctions must be used in order to assure identical energy transport properties.

By such an one-to-one connection between a waveguide mode function and a transmission line we can define a series impedance Z'_{lp} and a shunt admittance Y'_p of the transmission line analogous to each E-mode. With $Z_c = Z'_p = h'_p/\omega\,\varepsilon$, and $h'_p = \sqrt{\omega^2 \varepsilon \mu - \gamma'^2_p}$, we deduce from Eq. (7.6) that

$$Z'_{lp} = -i\,\omega\,\mu + \frac{1}{-\dfrac{i\,\omega\,\varepsilon}{\gamma'^2_p}}, \qquad Y'_{lp} = -i\,\omega\,\varepsilon \qquad (E\text{-mode}). \qquad (7.13)$$

The series (longitudinal) impedance consequently consists of an inductance μ in series with a capacitance ε/γ'^2_p, and the shunt (transverse) admittance of a capacitance ε, (Fig. 4). The series inductance and the shunt capacitance do not depend on the eigenvalue γ'_p and are, therefore, the same for all E-modes. The series capacitance ε/γ'^2_p, however, is mode-dependent. Cut-off occurs when Z_{lp} becomes infinite, that is, at the "resonant frequency" of Z_{lp}. The characteristic impedance of the line is

$$Z'_p = \frac{h'_p}{\omega\,\varepsilon} = \sqrt{\frac{\mu}{\varepsilon}} \sqrt{1 - \gamma'^2_p/\omega^2\,\varepsilon\,\mu} \qquad (E\text{-mode}). \qquad (7.14)$$

For H-modes we proceed in a similar manner. We write the transverse field vectors of an *H-mode function* (4.19) in the form

$$\boldsymbol{E}''_{tp} = -\boldsymbol{e}_z \times V_t \Psi_p V''_p(z), \qquad \boldsymbol{H}''_{tp} = V_t \Psi_p I''_p(z), \qquad (7.15)$$

where

$$V''_p(z) = i\,\omega\,\mu\, e^{i h''_p z}, \qquad I''_p(z) = i\, h''_p\, e^{i h''_p z}. \qquad (7.16)$$

---

[1] It may be noted that each of the quantities V'_p and I'_p so introduced contains a unit factor of proper dimensions. Whereas V and I of the transmission line are related to line integrals of the fields, V'_p and I'_p are related to the fields themselves. One has to bear in mind that the latter quantities serve only to establish a convenient and useful analogy with the "voltages" and "currents" of the T-mode on a conventional transmission line.

Identifying $V_p''(z)$ with $V(z)$, $I_p''(z)$ with $I(z)$, h_p'' with h, and Z_p'' with Z_c, we find the series impedance and shunt admittance of the transmission line analogous to an H-mode:

$$Z_{lp}'' = - i\,\omega\,\mu, \qquad Y_{tp}'' = - i\,\omega\,\varepsilon + \cfrac{1}{-\cfrac{i\,\omega\,\mu}{\gamma_p''^{\,2}}} \qquad (H\text{-mode}). \qquad (7.17)$$

The line's characteristic impedance is

$$Z_p'' = \frac{\omega\,\mu}{h_p''} = \sqrt{\frac{\mu}{\varepsilon}}\ \frac{1}{\sqrt{1 - \gamma_p''^{\,2}/\omega^2\varepsilon\mu}} \qquad (H\text{-mode}). \qquad (7.18)$$

We see that for an H-mode the longitudinal impedance is a pure inductance μ and the transverse admittance is an inductance $\mu/\gamma_p''^{\,2}$ in parallel with a capacitance ε, (Fig. 5). Here cut-off occurs at the resonant frequency of Y_{tp}, that is for $Y_{tp} = 0$. As in the case of E-modes the expressions for the power flow along the waveguide and along the analogous transmission line are equivalent, if the eigenfunctions Ψ_p are normalized according to Eq. (6.22).

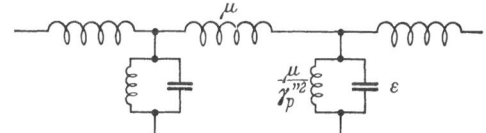

Fig. 5. Distributed circuit elements for transmission line analogue of H_p-mode in lossless waveguide.

The capacitances and the inductances of the analogous transmission line may be linked respectively with the electric fields and the magnetic fields of the mode functions. A longitudinal electric field thus corresponds to a series capacitance and a transverse electric field corresponds to a shunt capacitance. A longitudinal magnetic field (circumferential surface current) gives rise to a shunt inductance, and a transverse magnetic field (longitudinal surface current) to a series inductance.

It can be seen, from Eq. (7.13) for the case of E-modes and from Eq. (7.17) for the case of H-modes, that for $\omega \gg \omega_c$

$$Z_{lp} \to - i\,\omega\,\mu, \qquad Y_{tp} \to - i\,\omega\,\varepsilon, \qquad (7.19)$$

and from Eqs. (7.14) and (7.18) that

$$Z_p \to \sqrt{\frac{\mu}{\varepsilon}} \qquad (\omega \gg \omega_c). \qquad (7.20)$$

Since expressions (7.19) and (7.20) are characteristic of a T-wave, the E-modes and H-modes approach T-wave behavior high above-cutoff. As ω approaches from above the critical frequency ω_c, the difference between the E- and H-modes and the T-wave becomes more pronounced.

The transmission lines of Fig. 4 and 5 show a high-pass behaviour like the modes to which they correspond. In this respect they differ in behaviour from actual two-wire transmission lines. It should be emphasized that the transmission line analogues to E- and H-modes are conceptual constructs and should not be identified with an actual open two-wire transmission system.

The analogy gives a one-to-one correspondence between each waveguide mode function and its analogous transmission line. When in a waveguide a certain number of independent modes exist the transmission line analogy yields an equal number of independent lines, one for each mode. If for some reason the modes are coupled, the analogous transmission lines are no longer independent but connected by appropriate "cross-coupling" circuits[1].

---

[1] See, for example, S. E. MILLER: Bell Syst. Techn. J. **33**, 661 (1954).

8. Dielectric and skin-effect losses. In actual waveguides ohmic losses owing to imperfect dielectrics and imperfectly conducting walls are unavoidable. They extract power from the traveling wave and thus attenuate it[1]. When the conductivity of the waveguide walls is very high and the conductivity of the imperfect dielectric is very low both categories of losses are small. This case is particularly easy to treat analytically because it can be assumed that in a first approximation the losses do not change the field configuration as obtained in a lossless guide[2]. The mode functions in this approximation are influenced only through an attenuation factor α which becomes the sum of the attenuation factor α_d due to the losses in the dielectric filling the guide, and the attenuation factor α_w due to the skin effect losses produced by the surface currents in the imperfectly conducting smooth walls of the guide[3].

One has to bear in mind that the results so obtained are valid only in a first approximation. Strictly, once the wall conductivity is permitted to be finite, the problem has to be solved for a region extending to infinity in both the longitudinal and transverse direction. In this case a complete description of the fields can no longer be accomplished by the set of normal mode functions such as employed in a perfectly lossless guide. A rigorous treatment of wave propagation in waveguides of finite conductivity poses difficult and as yet largely unresolved problems. For practical purposes, however, the results obtained under the assumption outlined above are sufficient and in excellent agreement with experiment.

To find the attenuation factor for the case of a lossy dielectric in a perfectly conducting waveguide, we note that at any point within the dielectric there is a conduction current, $\boldsymbol{J} = \sigma_d \boldsymbol{E}$, in addition to the displacement current $-i\omega\varepsilon\boldsymbol{E}$. Hence, the total current density is

$$\sigma_d \boldsymbol{E} - i\,\omega\,\varepsilon\,\boldsymbol{E} = -i\,\omega\left(\varepsilon - \frac{\sigma_d}{i\,\omega}\right)\boldsymbol{E}. \tag{8.1}$$

The effective dielectric constant $\tilde{\varepsilon}$ of this lossy dielectric is, therefore, complex and given by

$$\tilde{\varepsilon} = \varepsilon - \frac{\sigma_d}{i\,\omega} = \varepsilon + i\,\varepsilon'. \tag{8.2}$$

The assumption that the dielectric is only slightly lossy means that $\varepsilon' \ll \varepsilon$ or $\sigma_d/(\omega\varepsilon) \ll 1$. For any mode in a lossless waveguide, according to Eq. (5.2),

$$h = \sqrt{\omega^2\,\varepsilon\,\mu - \gamma^2} = i\,\alpha + \beta. \tag{8.3}$$

Replacing ε by $\tilde{\varepsilon}$ we find that for a lossy dielectric h becomes

$$h = \sqrt{\omega^2\,\tilde{\varepsilon}\,\mu - \gamma^2} = \sqrt{k^2 - \gamma^2 + i\,\omega\,\mu\,\sigma_d} = i\,\alpha_d + \beta_a. \tag{8.4}$$

We see that cut-off is no longer a sharply defined phenomenon; the transition from below cut-off to above cut-off becomes smooth and gradual. Except in the neighborhood of cut-off $(k^2 = \gamma^2)$, the quantity $(\omega\mu\sigma_d)/(k^2 - \gamma^2)$ is small compared to unity. With this approximation we obtain the following simple expressions

---

[1] The effect of finite wall conductivity on practical aspects of wave propagation in hollow tubes has first been studied by J. R. Carson, S. P. Mead and S. A. Schelkunoff: Bell. Syst. Techn. J. **15**, 310 (1936).

[2] S. M. Rytov: J. Phys. Acad. Sci. USSR. **2**, 233 (1940).

[3] Roughness of the wall surface increases the skin-effect loss. See, for example, S. P. Morgan: J. Appl. Phys. **20**, 352 (1949). — F. A. Benson: Proc. Inst. Electr. Engrs. **100**, Part III, 85 (1953).

for the attenuation- and phase-constants of a waveguide-mode with only dielectric loss[1]:

$$\alpha_d \approx \frac{1}{2}\,\frac{\omega\,\mu\,\sigma_d}{\sqrt{k^2 - \gamma^2}}\,,\qquad \beta_d \approx \sqrt{k^2 - \gamma^2}\,. \tag{8.5}$$

The phase constant β_d is unchanged by the presence of small dielectric loss, and, therefore, in this approximation the phase- and group-velocities as well as the guide wavelength are unchanged. The mode functions in the case of dielectric loss differ from those of the lossless case only by a multiplicative attenuation factor $\exp\left(-\alpha_d z\right)$.

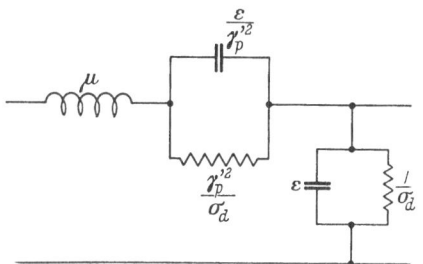

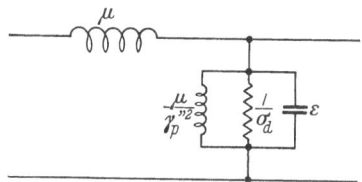

Fig. 6. Section of transmission line analogue of E_p-mode in waveguide with dielectric loss. No wall loss.

Fig. 7. Section of transmission line analogue of H_p-mode in waveguide with dielectric loss. No wall loss.

To obtain the transmission line analogue of an E-mode in a waveguide with only dielectric loss, we replace ε by $\tilde{\varepsilon}$ in the expressions (7.13) and (7.17) for Z_l and Y_t. Thus it follows from expressions (7.13) that

$$\left. Z'_{lp} = -\,i\,\omega\,\mu + \frac{1}{\dfrac{-\,i\,\omega\,\varepsilon}{\gamma'^2_p} + \dfrac{\sigma_d}{\gamma'^2_p}}\,,\qquad Y'_{tp} = -\,i\,\omega\,\varepsilon + \sigma_d \right\} \tag{8.6}$$

(E-*mode*, lossy dielectric, no wall loss).

Similarly, replacing ε by $\tilde{\varepsilon}$ in expressions (7.17) we get

$$\left. Z''_{lp} = -\,i\,\omega\,\mu\,,\qquad Y''_{tp} = -\,i\,\omega\,\varepsilon + \sigma_d + \frac{1}{\dfrac{-\,i\,\omega\,\mu}{\gamma''^2_p}} \right\} \tag{8.7}$$

(H-*mode*, lossy dielectric, no wall loss).

The corresponding lumped elements of the transmission line analogue are shown in Fig. 6 and Fig. 7.

Now that α_d has been determined under the assumption of no wall loss, we solve the complementary problem of finding α_w under the assumption of no dielectric loss. When the dielectric is assumed to be lossless, the conduction current in the region bounded by the waveguide wall is zero and POYNTING's vector theorem (3.6) can be written in the following form:

$$\frac{\partial}{\partial z}\,S_z + \nabla_t \cdot \boldsymbol{S}_t = i\,\omega\,(\mu\,\boldsymbol{H}\cdot\boldsymbol{H}^* - \varepsilon\,\boldsymbol{E}\cdot\boldsymbol{E}^*)\,, \tag{8.8}$$

where S_z is the longitudinal component of $\boldsymbol{S}$ and $\boldsymbol{S}_t$ is the transverse part of $\boldsymbol{S}$. Integrating this expression over a cross-section A of the waveguide, we get

$$\frac{\partial}{\partial z}\,P(z) + \oint_C \boldsymbol{n}\cdot(\boldsymbol{E}\times\boldsymbol{H}^*)\,d\,l = 4\,i\,\omega\,\left[\overline{W}_m - \overline{W}_e\right]\,, \tag{8.9}$$

[1] J. OSWALD: Cables et Transm. **1**, 205 (1947).

where $P(z)$ is the complex power, $\overline{W}_m$ is the time-average magnetic energy per unit length of waveguide, $\overline{W}_e$ is the time-average electric energy per unit length of waveguide. The rate of change (with respect to distance along the guide) of time average power is obtained by taking one-half of the real part of Eq. (8.9). For the undisturbed field $\overline{W}_m = \overline{W}_e$ and we have[1]

$$\frac{\partial}{\partial z}\,\overline{P}(z) = -\frac{1}{2}\,\mathrm{Re}\oint_C \boldsymbol{n}\cdot(\boldsymbol{E}\times\boldsymbol{H}^*)\,dl = -\frac{1}{2}\,\mathrm{Re}\oint_C (\boldsymbol{n}\times\boldsymbol{E})\cdot\boldsymbol{H}^*\,dl. \qquad (8.10)$$

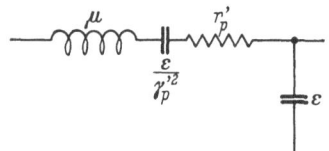

Fig. 8. Section of transmission line analogue of E_p-mode in waveguide with wall loss. No dielectric loss.

But at the surface of the wall, according to relation (2.5), we have

$$\boldsymbol{n}\times\boldsymbol{E} = \frac{1}{2}\,\omega\mu\,\delta_s\,(1-i)\,\boldsymbol{H}, \qquad (8.11)$$

where δ_s is the skin depth and $\boldsymbol{H}$ the magnetic field. Under ordinary circumstances the actual magnetic field can be approximated with sufficient accuracy by the magnetic field calculated on the assumption that the surface is a perfect conductor. Thus, substituting $\boldsymbol{n}\times\boldsymbol{E}$ from Eq. (8.11) in Eq. (8.10), we obtain

$$\frac{\partial}{\partial z}\,\overline{P}(z) = -\frac{1}{4}\,\omega\mu\,\delta_s\oint_C \boldsymbol{H}\cdot\boldsymbol{H}^*\,dl. \qquad (8.12)$$

This expression for the spatial rate of change of time-average power is valid for E-modes as well as H-modes.

To apply Eq. (8.12) to an E-mode we note that according to Eqs. (7.8) at the surface of the wall, where $\boldsymbol{H}$ is purely tangential,

$$\boldsymbol{H}_p\cdot\boldsymbol{H}_p^* = \left(\frac{\partial\Phi_p}{\partial n}\right)^2 I_p'(z)\,I_p'^*(z), \qquad (8.13)$$

where $I_p'(z) = i\omega\varepsilon\exp(ih_p'z)$ in accordance with Eq. (7.9). Substituting Eq. (8.13) into Eq. (8.12) we obtain

$$-\frac{\partial}{\partial z}\,\overline{P}(z) = \frac{1}{2}\,r_p'\,|I_p'(z)|^2, \qquad (8.14)$$

where

$$r_p' = \frac{1}{2}\,\omega\mu\,\delta_s\oint_C \left(\frac{\partial\Phi_p}{\partial n}\right)^2 dl \qquad (8.15)$$

is an equivalent series resistance. By virtue of the normalization relations (6.23), expression (8.15) may be written in the form

$$r_p' = \frac{1}{2}\,\frac{\omega\mu\,\delta_s}{\gamma_p'^2}\,\frac{\displaystyle\oint_C \left(\frac{\partial\Phi_p}{\partial n}\right)^2 dl}{\displaystyle\int_A \Phi_p^2\,dA}, \qquad (8.16)$$

which is homogeneous of order zero with respect to Φ_p.

Including in Fig. 4 the losses due to r_p' one arrives at Fig. 8; the values of Z_{lp} and Y_{lp} of the transmission line analogue of an E-mode in a waveguide with

---

[1] See Eqs. (9.4) and (9.8).

only wall losses are

$$Z'_{lp} = -i\omega\mu + \cfrac{1}{\cfrac{1}{i\omega\varepsilon} - \gamma'^2_p} + r'_p, \qquad Y'_{tp} = -i\omega\varepsilon \quad\Bigg\} \tag{8.17}$$

(*E-mode*, wall loss, no dielectric loss).

To find the contribution of wall loss to the attenuation constant we substitute expression (8.17) into $h'_p = \sqrt{-Z'_{lp}Y'_{tp}}$, Eq. (7.2). Thus

$$h'_p = \sqrt{k^2 - \gamma'^2_p + i\omega\varepsilon\, r'_p} = i\alpha'_w + \beta'_w. \tag{8.18}$$

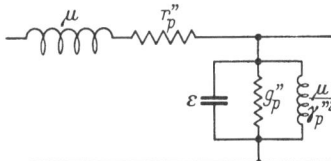

When the wall loss is small or, more precisely, when $(\omega\varepsilon\, r'_p)/(k^2 - \gamma'^2_p) \ll 1$, we have

$$\alpha'_w \approx \frac{1}{2}\frac{\omega\varepsilon\, r'_p}{\sqrt{k^2 - \gamma'^2_p}}, \quad \beta'_w \approx \sqrt{k^2 - \gamma'^2_p} \quad\Bigg\} \tag{8.19}$$

(*E-mode*, wall loss, no dielectric loss),

Fig. 9. Section of transmission line analogue to H_p-mode in waveguide with wall loss. No dielectric loss.

where r'_p is given by Eq. (8.16). We see that the phase constant β'_w is the same as that of the lossless case and, hence, in this approximation the phase and group velocities of an E-mode are not influenced by incidental wall losses.

For the case of an H-mode the problem is somewhat more complicated because the surface currents are both circumferential and longitudinal. For an H-mode according to Eqs. (4.19), (7.15) and (7.16),

$$\boldsymbol{H}_p = \boldsymbol{H}''_{tp} + \boldsymbol{e}_z H''_{zp} = \nabla_t\Psi_p I''_p(z) - \boldsymbol{e}_z \frac{i\gamma''^2_p}{\omega\mu}\Psi_p V''_p(z). \tag{8.20}$$

Substituting this relation into expression (8.12) we find that the spatial rate of change of time-average power is equal to the sum of two terms, one of which is proportional to the "current" $I''_p(z)$ and the other to the "voltage" $V''_p(z)$:

$$\frac{\partial}{\partial z}\overline{P}(z) = -\frac{1}{4}\omega\mu\,\delta_s\,|I''_p(z)|^2 \oint_C \left(\frac{\partial\Psi_p}{\partial l}\right)^2 dl - $$
$$-\frac{1}{4}\omega\mu\,\delta_s\left(\frac{\gamma''^2_p}{\omega\mu}\right)^2 |V''_p(z)|^2 \oint_C \Psi''^2_p\, dl, \quad\Bigg\} \tag{8.21}$$

where $\partial\Psi_p/\partial l$ is the derivative of Ψ_p tangent to curve C; $\partial\Psi_p/\partial n = 0$ on the wall owing to the boundary condition. We define a series resistance r''_p and a shunt conductance g''_p such that

$$\frac{\partial}{\partial z}\overline{P}(z) = -\frac{1}{2}r''_p|I''_p(z)|^2 - \frac{1}{2}g''_p|V''_p|^2, \tag{8.22}$$

where, by virtue of the normalization relations (6.23), r''_p and g''_p can be written in the form

$$r''_p = \frac{1}{2}\omega\mu\,\delta_s\frac{\oint_C\left(\frac{\partial\Psi''_p}{\partial l}\right)^2 dl}{\gamma''^2_p\int_A\Psi''^2_p\, dA}, \qquad g''_p = \frac{1}{2}\omega\mu\,\delta_s\left(\frac{\gamma''^2_p}{\omega\mu}\right)^2\frac{\oint_C\Psi''^2_p\, dl}{\gamma''^2_p\int_A\Psi''^2_p\, dA}. \tag{8.23}$$

The analogous transmission line has the following parameters (Fig. 9):

$$Z''_{lp} = r''_p - i\omega\mu, \qquad Y''_{tp} = g''_p - i\omega\varepsilon + \cfrac{1}{\cfrac{1}{i\omega\mu} - \gamma''^2_p} \quad\Bigg\} \tag{8.24}$$

(*H-mode*, wall loss, no dielectric loss).

Since $h_p'' = \sqrt{-Z_{lp}'' Y_{tp}''} = i\alpha_w'' + \beta_w''$, we find that for small wall loss

$$\alpha_w'' \approx \frac{1}{2}\left(\frac{\omega\mu}{\sqrt{k^2 - \gamma_p''^2}}\, g_p'' + \frac{\sqrt{k^2 - \gamma_p''^2}}{\omega\mu}\, r_p''\right), \qquad \beta_w'' \approx |\sqrt{k^2 - \gamma_p''^2} \left.\right\}$$

$$\text{(}H\text{-}\textit{mode}, \text{ wall loss, no dielectric loss)}, \tag{8.25}$$

where g_p'' and r_p'' are given by Eqs. (8.23).

The resulting attenuation due to the simultaneous presence of dielectric and wall losses is obtained by adding α_d and α_w. Thus for *E-modes*

$$\alpha = \alpha_d + \alpha_w' \approx \underbrace{\frac{\omega\mu\sigma_d}{2\sqrt{k^2 - \gamma_p'^2}}}_{\substack{\text{dielectric} \\ \text{loss}}} + \underbrace{\frac{\omega\varepsilon\, r_p'}{2\sqrt{k^2 - \gamma_p'^2}}}_{\substack{\text{longitudinal} \\ \text{current wall loss}}}, \tag{8.26}$$

and for *H-modes*

$$\alpha = \alpha_d + \alpha_w'' \approx \underbrace{\frac{\omega\mu\sigma_d}{2\sqrt{k^2 - \gamma_p''^2}}}_{\substack{\text{dielectric} \\ \text{loss}}} + \underbrace{\frac{\sqrt{k^2 - \gamma_p''^2}}{2\omega\mu}\, r_p''}_{\substack{\text{longitudinal} \\ \text{current wall loss}}} + \underbrace{\frac{\omega\mu}{2\sqrt{k^2 - \gamma_p''^2}}\, g_p''}_{\substack{\text{circumferential} \\ \text{current wall loss}}}. \tag{8.27}$$

We see that α_w' is due to a longitudinal current whereas α_w'' is due to longitudinal and circumferential currents. For each *E*-mode α_w' is large near cut-off and decreases rapidly to a minimum from which it steadily rises as the frequency is increased. At high frequencies α_w' behaves as r_p', that is as $\omega^{\frac{1}{2}}$. For each *H*-mode α_w'' is large near cut-off and decreases as the frequency is increased. As the frequency is further increased the term due to the longitudinal current behaves as $\omega^{\frac{1}{2}}$ whereas the term due to the circumferential current behaves as g_p'', that is as $\omega^{-\frac{3}{2}}$. Therefore, for an *H*-mode that contains both longitudinal and circumferential currents α_w'' behaves much like α_w'. However, for an *H*-mode with only circumferential current α_w'' decreases monotonically with frequency[1].

The above expressions for α and β necessarily decrease in accuracy as cut-off is approached, because in their derivation it was assumed that the terms $\omega\mu\sigma_d$ in Eq. (8.5), $\omega\varepsilon r_p'$ in Eq. (8.19), and $\omega\mu g_p''$ in Eq. (8.25) were small compared with $k^2 - \gamma^2$. Actually at cut-off ($k^2 = \gamma^2$) α is large, but finite, and β is small but not zero. Unlike a lossless guide which displays a sharp "cut-off", in a lossy guide this phenomenon in a strict sense loses its significance; for at cut-off some small amount of power is propagated along the guide and both α and β undergo a smooth transition through "cut-off". For suitable approximations for α and β in the vicinity of cut-off, the reader is referred to the literature[2].

The approximation employed above in the computation of the attenuation constant α_w also ceases to be valid at frequencies very large compared with the cut-off frequency. Approximations of higher order show that contrary to the first order approximation for α_w the attenuation constant at very high values of f/f_c reverses its upward trend and falls off to zero with increasing frequency[3].

---

[1] This was first noted by S. A. Schelkunoff and G. C. Southworth for the case of a circular electric wave in a circular waveguide. See for practical applications S. E. Miller: Bell Syst. Techn. J. **33**, 1209 (1954).

[2] See, for example, A. E. Karbowiak: Proc. Inst. Electr. Engrs. B **102**, 698 (1955) and J. Appl. Phys. **27**, 421 (1956). — D. M. Kerns and R. W. Hedberg: J. Appl. Phys. **25**, 1550 (1954). — W. Schaffeld and H. Bayer: Arch. elektr. Übertr. **10**, 89 (1956).

[3] A. E. Pannenborg: Report Nr. 2197, 1948, Philips Research Laboratories, Eindhoven.

9. Energy storage and energy transport. The complex power carried along a guide by a single E-mode is

$$P'(z) = V_p'(z) \, I_p'^*(z).$$ (9.1)

In the case of no losses it follows from Eqs. (7.9) with $h_p' = i\alpha_p' + \beta_p'$ and (9.1) that

$$P'(z) = \begin{cases} \omega \, \varepsilon \, \beta_p' & \text{above cut-off,} \\ i \, \omega \, \varepsilon \, \alpha_p' \, e^{-2\alpha_p' z} & \text{below cut-off.} \end{cases}$$ (9.2)

If there are no losses, Eq. (8.9) becomes

$$\frac{\partial}{\partial z} P(z) = 4 \, i \, \omega \, [\overline{W}_m - \overline{W}_e].$$ (9.3)

Consequently by substituting expression (9.2) into Eq. (9.3) we see that

$$\overline{W}_m = \overline{W}_e \quad \text{for } E\text{-mode above cut-off,}$$ (9.4)

$$\overline{W}_m < \overline{W}_e \quad \text{for } E\text{-mode below cut-off.}$$ (9.5)

Similarly the complex power carried by a single H-mode in a lossless waveguide is

$$P''(z) = V_p''(z) \, I_p''^*(z)$$ (9.6)

and we have according to expressions (7.16)

$$P''(z) = \begin{cases} \omega \, \mu \, \beta_p'' & \text{above cut-off,} \\ - \, i \, \omega \, \mu \, \alpha_p'' \, e^{-2\alpha_p'' z} & \text{below cut-off.} \end{cases}$$ (9.7)

Substituting expression (9.7) into Eq. (9.3) we see that

$$\overline{W}_m = \overline{W}_e \quad \text{for } H\text{-mode above cut-off,}$$ (9.8)

$$\overline{W}_m > \overline{W}_e \quad \text{for } H\text{-mode below cut-off.}$$ (9.9)

Therefore, for a freely traveling mode in a lossless guide the time-average electric energy is equal to the time average magnetic energy. However, for an E-mode below cut-off the time-average electric energy is greater than the time-average magnetic energy, whereas, for an H-mode below cut-off the opposite is true. That is, below cut-off the behavior of an E-mode is *capacitive* and the behavior of an H-mode is *inductive*.

One can show that the power transmitted along a waveguide can be considered as a flow of energy the velocity of which is given by the group velocity defined in Eq. (5.12). In order to derive this result we make use of the energy theorem (3.7); for a source-free region ($\boldsymbol{J} = 0$) and under the assumption that the medium in the guide is not dispersive, that is, that ε and μ do not depend on frequency, we have

$$\nabla \cdot \left(\frac{\partial \boldsymbol{E}}{\partial \omega} \times \boldsymbol{H}^* + \boldsymbol{E}^* \times \frac{\partial \boldsymbol{H}}{\partial \omega} \right) = 4 \, i \, (\overline{w}_m + \overline{w}_e).$$ (9.10)

We apply GAUSS' theorem to a volume V bounded by the cylindrical surface of the guide and two cross-sectional areas A_1 and A_2 separated from each other by a distance $(z_2 - z_1)$ in the z-direction *small* compared with a wavelength. The surface integral over the wall of the guide vanishes owing to the boundary conditions $\boldsymbol{n} \times \boldsymbol{E} = 0$ and $\boldsymbol{n} \cdot \boldsymbol{H} = 0$ at the perfectly conducting surface. The sum of the remaining surface integrals over A_1 and A_2 can be written as

$$\left[\frac{\partial}{\partial z} \int_A \boldsymbol{e}_z \cdot \left(\frac{\partial \boldsymbol{E}_t}{\partial \omega} \times \boldsymbol{H}_t^* + \boldsymbol{E}_t^* \times \frac{\partial \boldsymbol{H}_t}{\partial \omega} \right) dA \right] (z_2 - z_1)$$

because only the transverse components of E and H contribute to the integral; A denotes the cross-sectional area of the guide. Thus Eq. (9.10) leads to

$$\left[\frac{\partial}{\partial z} \int_A e_z \cdot \left(\frac{\partial E_t}{\partial \omega} \times H_t^* + E_t^* \times \frac{\partial H_t}{\partial \omega} \right) dA \right] (z_2 - z_1) = \left[4i \int_A (\overline{w}_m + \overline{w}_e) \, dA \right] (z_2 - z_1).$$

The distance $(z_2 - z_1)$ cancels out. Introducing V and I from Eqs. (7.8) and (7.15), where V represents V_p' or V_p'' and I represents I_p' or I_p'', we obtain the transmission line analogue of theorem (9.10):

$$\frac{\partial}{\partial z} \left(\frac{\partial V}{\partial \omega} I^* + V^* \frac{\partial I}{\partial \omega} \right) = 4i \int_A (\overline{w}_m + \overline{w}_e) \, dA = 4i \, (\overline{W}_m + \overline{W}_e), \qquad (9.11)$$

where use has been made of the normalization (6.22). We consider waves traveling in the positive z-direction; then V and I are of the form $V = V_0 e^{ihz}$ and $I = I_0 e^{ihz}$, and

$$\frac{\partial V}{\partial \omega} = \frac{\partial V_0}{\partial \omega} e^{ihz} + i z V_0 e^{ihz} \frac{\partial h}{\partial \omega}; \qquad \frac{\partial I}{\partial \omega} = \frac{\partial I_0}{\partial \omega} e^{ihz} + i z I_0 e^{ihz} \frac{\partial h}{\partial \omega}. \qquad (9.12)$$

Substituting expressions (9.12) into Eq. (9.11) we obtain

$$i \frac{\partial h}{\partial \omega} (V_0 I_0^* + V_0^* I_0) = 4i (\overline{W}_m + \overline{W}_e). \qquad (9.13)$$

But

$$\overline{P} = \tfrac{1}{4} (V_0 I_0^* + V_0^* I_0),$$

and consequently

$$\overline{P} = \frac{\partial \omega}{\partial h} (\overline{W}_m + \overline{W}_e). \qquad (9.14)$$

The velocity of the time-average energy flow in the guide therefore equals the group velocity $v_g = \partial \omega / \partial h$ [1].

The energy theorem (9.10) also enables us to derive a theorem for waveguides which in ordinary network theory is known as *Foster's reactance theorem*. If we integrate Eq. (9.10) over a volume bounded by the waveguide walls and two cross sections z_1 and z_2 which we now assume to be an arbitrary distance apart, we obtain by a similar procedure as before.

$$\left(\frac{\partial V_2}{\partial \omega} I_2^* + V_2^* \frac{\partial I_2}{\partial \omega} \right) - \left(\frac{\partial V_1}{\partial \omega} I_1^* + V_1^* \frac{\partial I_1}{\partial \omega} \right) = 4i \int_{z_1}^{z_2} (\overline{W}_m + \overline{W}_e) \, dz. \qquad (9.15)$$

We assume that at z_1 and z_2 only one propagating mode is present which might consist, however, of waves traveling in both the positive and negative z-direction. The region between z_1 and z_2 is assumed to be loss-free, but otherwise it might include (lossless) disturbances [2]. By virtue of the transmission line analogue the quantities V_1, I_1 and V_2, I_2 at cross sections z_1 and z_2 are related by the linear system

$$V_1 = Z_{11} I_1 - Z_{12} I_2; \qquad V_2 = Z_{12} I_1 - Z_{22} I_2 \qquad (9.16)$$

with proper choice of the sense of directions of V_1, V_2, I_1, and I_2. The Z_{ik} constitute the elements of an equivalent impedance matrix. If no losses are present, the impedances Z_{ik} are purely imaginary and we may put

$$Z_{ik} = -iX_{ik} \qquad (X_{ik} \text{ real}). \qquad (9.17)$$

---

[1] See also F. Borgnis: Z. Physik **117**, 642 (1941).
[2] See also the remarks at the end of Sect. 10.

Inserting expressions (9.16) into Eq. (9.15), we obtain after a short calculation and by making use of Eq. (9.17) the following result:

$$I_1 I_1^* \frac{\partial X_{11}}{\partial \omega} + I_2 I_2^* \frac{\partial X_{22}}{\partial \omega} - (I_1 I_2^* + I_1^* I_2) \frac{\partial X_{12}}{\partial \omega} = 4 \int\limits_{z_1}^{z_2} (\overline{W}_m + \overline{W}_e)\, dz > 0. \quad (9.18)$$

Since Eq. (9.18) is valid for any values of I_1 and I_2, we conclude that

$$\frac{\partial X_{11}}{\partial \omega} > 0 \quad \text{and} \quad \frac{\partial X_{22}}{\partial \omega} > 0. \quad (9.19)$$

If the system (9.16) is written in matrix form $(V) = (Z) \cdot (I) = -i (X) \cdot (I)$, Eq. (9.19) states that the frequency-derivative of the reactance matrix (X) is positive definite[1]. An analogous result is obtained for the susceptance matrix, when the system $(I) = (Y) \cdot (V) = -i (B) \cdot (V)$ is introduced instead of the system (9.16); here too, the frequency-derivative of the susceptance matrix (B) for a lossless system proves to be positive definite. These statements as regards the frequency-dependence of (X) and (B) are in accord with FOSTER's reactance theorem for lossless networks[2].

For a *non-propagating* mode a similar result can be derived. Here V and I are of the form $V = V_0\, e^{-\alpha z}$ and $I = I_0\, e^{-\alpha z}$; by integrating Eq. (9.10) from $z = z_1$ to infinity, we get

$$-\left(\frac{\partial V_1}{\partial \omega} I_1^* + V_1^* \frac{\partial I_1}{\partial \omega}\right) = 4 i \int\limits_{z_1}^{\infty} (\overline{W}_m + \overline{W}_e)\, dz, \quad (9.20)$$

since V_∞ and I_∞ vanish. Substituting $V_1 = -i X_1 I_1$ or $I_1 = -i B_1 V_1$ into Eq. (9.20) we obtain

$$\frac{\partial X_1}{\partial \omega} > 0, \qquad \frac{\partial B_1}{\partial \omega} > 0, \quad (9.21)$$

in accord with FOSTER's theorem.

10. Impedance transformation. When in a waveguide there is present simultaneously an incident or "direct" mode traveling in the positive z-direction and a reflected wave of the *same type* and *same order*, the resultant transverse electric vector and the resultant transverse magnetic vector in accordance with expressions (4.18) and (4.19) can be written for each mode as follows:

$$\boldsymbol{E}_t = \mathsf{E}_t(x, y)\, (A\, e^{ihz} + B\, e^{-ihz}) = \mathsf{E}_t\, V(z), \quad (10.1)$$

$$Z_p \boldsymbol{H}_t = \mathsf{H}_t(x, y)\, (A\, e^{ihz} - B\, e^{-ihz}) = Z_p \mathsf{H}_t\, I(z), \quad (10.2)$$

where constants A and B are the complex amplitudes of the incident and reflected waves respectively, Z_p is the mode impedance and E_t and H_t are purely *transverse* vectors independent of the z-coordinate.

The resultant voltage $V(z)$ and the resultant current $I(z)$ of an analogous transmission line with characteristic impedance Z_c and propagation constant h

---

[1] In matrix form, Eq. (9.18) can be written

$$(I_1,\ -I_2) \begin{pmatrix} \dfrac{\partial X_{11}}{\partial \omega} & \dfrac{\partial X_{12}}{\partial \omega} \\[2mm] \dfrac{\partial X_{12}}{\partial \omega} & \dfrac{\partial X_{22}}{\partial \omega} \end{pmatrix} \begin{pmatrix} I_1^* \\[2mm] -I_2^* \end{pmatrix} > 0.$$

[2] See also Sect. 29.

are given by

$$V(z) = A\,e^{ihz} + B\,e^{-ihz},\tag{10.3}$$

$$Z_c\,I(z) = A\,e^{ihz} - B\,e^{-ihz}.\tag{10.4}$$

An *impedance* $Z(z)$ of the resultant wave in the guide can be defined by the ratio

$$Z(z) = \frac{\boldsymbol{e}_z \times \boldsymbol{E}_t}{\boldsymbol{H}_t} = \frac{V(z)}{I(z)},\tag{10.5}$$

which according to Eqs. (10.1) and (10.2) or (4.18) and (4.19) respectively, is a scalar function of z only. $Z(z)$ for the line is the ratio of the line voltage to the line current or equivalently in the guide the ratio of the transverse electric field to the transverse magnetic field at any point of a cross section z.

A *voltage reflection coefficient*, or equivalently the reflection coefficient of the electric field, can be defined by

$$\varrho(z) = \frac{B\,e^{-ihz}}{A\,e^{ihz}} = \frac{B}{A}\,e^{-2ihz}.\tag{10.6}$$

Since $h = i\alpha + \beta$, the locus of $\varrho(z)$ in the complex ϱ-plane is a spiral which reduces to a circle when $\alpha = 0$. In terms of the reflection coefficient we can write Eqs. (10.3) and (10.4) as

$$V(z) = A\,e^{ihz}[1 + \varrho(z)]\tag{10.7}$$

$$Z_c\,I(z) = A\,e^{ihz}[1 - \varrho(z)].\tag{10.8}$$

The magnitude or absolute value of the voltage is

$$|V(z)| = |A|\,|1 + \varrho(z)|.\tag{10.9}$$

In the case of no losses, i.e., when $h = \beta$, $V(z)$ is a periodic function of z with period equal to the half guide wavelength $\frac{1}{2}\lambda_g$. A plot of $|V(z)|$ against z is a curve that fluctuates between the maxima $(1 + |\varrho|)$ and the minima $(1 - |\varrho|)$. A curve of this sort is known as a *standing wave pattern* and has as its measure the *standing wave ratio* η defined by

$$\eta = \frac{1 + |\varrho|}{1 - |\varrho|}.\tag{10.10}$$

Denoting the dimensionless waveguide quantity $Z(z)/Z_p$ or an equivalent line quantity $Z(z)/Z_c$, which is called the *reduced impedance* or the *normalized impedance*, by $\zeta(z)$ we see from the definition (10.5) for the impedance and the expressions (10.7) and (10.8) for voltage and current that

$$\zeta(z) = \frac{1 + \varrho(z)}{1 - \varrho(z)}.\tag{10.11}$$

Since this represents a conformal transformation between the complex quantities $\varrho = \varrho_1 - i\varrho_2$ and $\zeta = \zeta_1 - i\zeta_2$, two curves in the complex ϱ-plane intersecting at a certain angle map into two curves in the complex ζ-plane intersecting at the same angle. Moreover, since the transformation is bilinear, circles transform into circles; straight lines are included as degenerate circles. Straight lines in the ζ-plane corresponding to constant values of the reduced resistance ζ_1 and of the reduced reactance ζ_2 map into two orthogonal families of circles in the complex ϱ-plane which form the basis of a computing device known as the circle diagram or Smith chart[1]. It provides a graphical tool for computing from a

---

[1] P. H. SMITH: Transmission Line Calculator. Electronics **12**, 29 (Jan. 1939).

knowledge of the reduced impedance or of the reflection coefficient at any given cross-section the values of these quantities at any other cross-section.

Substituting the expressions (10.3) and (10.4) for current and voltage into definition (10.5) for the impedance, we see that at any cross-section z the impedance is

$$Z(z) = Z_c \frac{A\, e^{ihz} + B\, e^{-ihz}}{A\, e^{ihz} - B\, e^{-ihz}}. \tag{10.12}$$

If we know the impedance $Z(z_2)$ at some cross-section $z = z_2$ (this is equivalent to knowing the ratio of the transverse electric field to the transverse magnetic field), we can compute the value of B/A. In turn, from a knowledge of B/A we can find the impedance at any other cross-section. Thus the connection between the impedance $Z(z_2)$ at cross-section $z = z_2$ and the impedance $Z(z_1)$ at some other cross-section $z = z_1$ where $z_1 < z_2$ turns out to be

$$Z(z_1) = Z_c \frac{Z(z_2)\cosh h(z_2 - z_1) + Z_c \sinh h(z_2 - z_1)}{Z_c \cosh h(z_2 - z_1) + Z(z_2)\sinh h(z_2 - z_1)}. \tag{10.13}$$

We recognize this equation as being formally the same as a well-known formula for the "input impedance" $Z(z_1)$ of a transmission line of length $(z_2 - z_1)$ terminated by a "load impedance" $Z(z_2)$ where the characteristic impedance and propagation constant of the line are Z_c and h respectively[1].

A reflected wave is generated by a discontinuity either in the waveguide structure itself or in the medium that fills it. If the nature of the discontinuity is such that the reflected wave is of the same mode as the incident wave, we have single-mode propagation and the above impedance technique can be used. However, if the reflected wave contains modes different from the mode of the incident wave, we have multi-mode propagation and the phenomenon cannot be described in terms of a single transmission line. This complication is removed when the operating frequency is restricted to lie above the cut-off frequency of the dominant mode and below the cut-off frequency of the next higher mode for then the dominant mode and only the dominant mode can propagate. In such cases, regardless of the nature of the discontinuity, the reflected traveling wave like the incident traveling wave can be only of the dominant mode since the higher order modes, if generated at all, do not propagate but decay exponentially with distance from the discontinuity. Therefore, beyond a certain distance from a discontinuity the higher order modes contribute negligibly to the field and it is sufficient to consider the dominant-mode waves only.

C. Cylindrical waveguides.

In this chapter we consider the properties of cylindrical waveguides of various cross-sections. We assume that the waveguides are hollow or filled with a uniform, isotropic, linear, and lossless medium.

11. Rectangular waveguide. In order to determine the E- and H-mode functions in a waveguide of rectangular cross-section, which in experimental devices is the most widely used cross sectional shape, we have to solve the eigenvalue problems (4.14) and (4.15) for a rectangular region as indicated in Fig. 10. We shall assume that a and b denote the long and short inner dimension of the cross-section respectively, that is $a > b$. In the limit $a = b$ we obtain the mode functions for a square waveguide.

---

[1] For example, J. C. SLATER: Microwave Transmission, p. 26. New York and London: 1942. For practical applications of the concept of impedance transformation to waveguides see A. WEISSFLOCH: Schaltungstheorie und Meßtechnik des Dezimeter- und Zentimeterwellengebietes. Basel und Stuttgart 1954.

Eqs. (4.14) and (4.15) in reactangular coordinates read as follows:

$$\left(\frac{\partial^2}{\partial x^2} + \frac{\partial^2}{\partial y^2} + \gamma_p'^2\right)\Phi_p = 0, \quad \text{with} \quad \Phi_p = 0 \text{ on wall} \quad \textit{(E-mode)} \tag{11.1}$$

and

$$\left(\frac{\partial^2}{\partial x^2} + \frac{\partial^2}{\partial y^2} + \gamma_p''^2\right)\Psi_p = 0, \quad \text{with} \quad \frac{\partial \Psi_p}{\partial n} = 0 \text{ on wall} \quad \textit{(H-mode)}. \tag{11.2}$$

It is easily verified that the eigenvalue problems (11.1) and (11.2) are satisfied by

$$\left.\begin{aligned}
\Phi_{mn}(x, y) &= \frac{2}{\pi}\frac{1}{\sqrt{m^2\dfrac{b}{a} + n^2\dfrac{a}{b}}} \sin\left(\frac{m\pi x}{a}\right)\sin\left(\frac{n\pi y}{b}\right), \\
\gamma_{mn}' &= \sqrt{\left(\frac{m\pi}{a}\right)^2 + \left(\frac{n\pi}{b}\right)^2}
\end{aligned}\right\} \quad \textit{E-mode}, \tag{11.3}$$

and

$$\left.\begin{aligned}
\Psi_{mn}(x, y) &= \frac{2}{\pi}\frac{1}{\sqrt{m^2\dfrac{b}{a} + n^2\dfrac{a}{b}}} \cos\left(\frac{m\pi x}{a}\right)\cos\left(\frac{n\pi y}{b}\right) \\
\gamma_{mn}'' &= \sqrt{\left(\frac{m\pi}{a}\right)^2 + \left(\frac{n\pi}{b}\right)^2}
\end{aligned}\right\} \quad \textit{H-mode}. \tag{11.4}$$

The ordinal subscript "p" has been replaced by "mn". The integral values that m and n assume indicate the number of half-wave variations in the x and y directions respectively. The eigenfunctions Φ_{mn} and Ψ_{mn} in Eqs. (11.3) and (11.4) are normalized in accordance with Eq. (6.23):

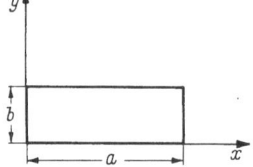

Fig. 10. Cross-section of rectangular waveguide with long dimension a along x-axis and short dimension b along y-axis.

$$\int_0^b\int_0^a \Phi_{mn}^2\, dx\, dy = \frac{1}{\gamma_{mn}'^2}, \quad \int_0^b\int_0^a \Psi_{mn}^2\, dx\, dy = \frac{1}{\gamma_{mn}''^2}. \tag{11.5}$$

For the E-modes $m=0$ and $n=0$ are excluded. For H-modes either m or n is permitted to be zero, but not both.

Substituting Φ_{mn} into expressions (4.18) we obtain the E-mode functions for a rectangular waveguide[1]:

E-mode functions

$$\left.\begin{aligned}
E_{xmn}' &= \frac{i h_{mn}'}{\gamma_{mn}'^2}\left(\frac{m\pi}{a}\right) A_{mn}\cos\left(\frac{m\pi x}{a}\right)\sin\left(\frac{n\pi y}{b}\right) e^{i h_{mn}' z}, \\
E_{ymn}' &= \frac{i h_{mn}'}{\gamma_{mn}'^2}\left(\frac{n\pi}{b}\right) A_{mn}\sin\left(\frac{m\pi x}{a}\right)\cos\left(\frac{n\pi y}{b}\right) e^{i h_{mn}' z}, \\
E_{zmn}' &= A_{mn}\sin\left(\frac{m\pi x}{a}\right)\sin\left(\frac{n\pi y}{b}\right) e^{i h_{mn}' z}, \\
H_{xmn}' &= -\frac{1}{Z_{mn}'}E_{ymn}', \quad H_{ymn}' = \frac{1}{Z_{mn}'}E_{xmn}', \quad H_{zmn}' = 0, \\
h_{mn}' &= \sqrt{k^2 - \gamma_{mn}'^2}, \quad Z_{mn}' = \frac{h_{mn}'}{\omega\varepsilon}, \quad A_{mn} = \gamma_{mn}'^2\frac{2}{\pi}\frac{1}{\sqrt{m^2\dfrac{b}{a} + n^2\dfrac{a}{b}}}.
\end{aligned}\right\} \tag{11.6}$$

---

[1] For simplicity and without loss of generality we consider in what follows only waves traveling in the positive z-direction, that is, in Eqs. (4.18) and 4.19) we choose the upper sign in the exponential. For waves traveling in the negative z-direction i everywhere has to be changed into $-i$.

Substituting Ψ_{mn} into expressions (4.19) we obtain the H-mode functions for a reactangular waveguide:

H-mode functions

$$
\left.\begin{aligned}
H''_{xmn} &= -\frac{i\,h''_{mn}}{\gamma''^{2}_{mn}}\left(\frac{m\pi}{a}\right) B_{mn}\sin\left(\frac{m\pi x}{a}\right)\cos\left(\frac{n\pi y}{b}\right)\mathrm{e}^{i\,h''_{mn}z}, \\
H''_{ymn} &= -\frac{i\,h''_{mn}}{\gamma''^{2}_{mn}}\left(\frac{n\pi}{b}\right) B_{mn}\cos\left(\frac{m\pi x}{a}\right)\sin\left(\frac{n\pi y}{b}\right)\mathrm{e}^{i\,h''_{mn}z}, \\
H''_{zmn} &= B_{mn}\cos\left(\frac{m\pi x}{a}\right)\cos\left(\frac{n\pi y}{b}\right)\mathrm{e}^{i\,h''_{mn}z}, \\
E''_{xmn} &= Z''_{mn}H''_{ymn}, \qquad E''_{ymn} = -Z''_{mn}H''_{xmn}, \qquad E''_{zmn} = 0, \\
h''_{mn} &= \sqrt{k^2 - \gamma''^{2}_{mn}}, \qquad Z''_{mn} = \frac{\omega\mu}{h''_{mn}}, \qquad B_{mn} = \gamma''^{2}_{mn}\frac{2}{\pi}\frac{1}{\sqrt{m^2\dfrac{b}{a}+n^2\dfrac{a}{b}}}.
\end{aligned}\right\} \quad (11.7)
$$

It may be noted that the above field quantities satisfy Eqs. (6.24) to (6.26), because normalized eigenfunctions have been used.

The cut-off wave numbers γ_{mn} of the E-modes and the H-modes are the same when neither m nor n are zero, i.e., $\gamma'_{mn} = \gamma''_{mn}$ when $m, n \geq 1$. Therefore, the *cut-off wavelengths* λ_c of the E-modes as well as the H-modes with m and n different from zero, are given by:

$$
(\lambda_c)_{mn} = \frac{2\pi}{\gamma_{mn}} = \frac{2\pi}{\sqrt{\left(\dfrac{m\pi}{a}\right)^2 + \left(\dfrac{n\pi}{b}\right)^2}}. \qquad (11.8)
$$

Entering $(\lambda_c)_{mn}$ into Table 1 on p. 297 one can find the corresponding expressions for the guide wavelength $(\lambda_g)_{mn}$, the phase velocity $(v_f)_{mn}$, and the group velocity $(v_g)_{mn}$.

Since an E-mode and an H-mode of the same order in (m, n) have the same propagation parameters when $m, n \geq 1$, it is possible to superpose an E_{mn}-mode and an H_{mn}-mode with appropriate relative amplitudes so that one of the *transverse* components of the electric vector or of the magnetic vector will vanish. Such a superposition yields an E-type or an H-type wave with respect to one of the two transverse axes; in other words, the electric vector or magnetic vector lies in a longitudinal section perpendicular either to the x-axis or y-axis. Waves of this type are suggestively called *"longitudinal section waves"* or *"Längsschnittwellen"* [1].

The *surface charge density* η at any point on the waveguide wall can be obtained from a knowledge of the normal component of the displacement vector, and *the surface current density* $\boldsymbol{K}$ from the tangential components of the magnetic field, in view of Eqs. (2.3). The *electric and magnetic lines of force*, i.e., the field configuration, can be found through the following system of equations:

$$
\frac{dx}{E_x} = \frac{dy}{E_y} = \frac{dz}{E_z}, \qquad \frac{dx}{H_x} = \frac{dy}{H_y} = \frac{dz}{H_z}. \qquad (11.9)
$$

However, one can see that when expressions (11.6) and (11.7) are substituted into Eqs. (11.9) integration difficulties arise, especially for the higher order modes [2].

---

[1] H. BUCHHOLZ: Elektr. Nachr.-Techn. **16**, 73 (1939).

[2] For an alternative approach see W. R. SMYTHE: Static and dynamic electricity, p. 547. New York and London 1950.

In practice the field configurations are most quickly found by inspection of the mode functions.

The E-mode of the lowest order, i.e., with the lowest cut-off frequency (or alternatively with the longest cut-off wavelength) is the E_{11}-mode. The higher-order E-modes, e.g., the E_{12}-, E_{21}-, E_{22}-modes, etc. have progressively higher cut-off frequencies. With $a > b$, the lowest order H-mode is the H_{10}-mode. Of all the E- and H-modes the H_{10}-mode has the lowest cut-off frequency and therefore is the *principal* or *dominant mode*.

A cross-sectional view of some of the lower order modes is sketched in Fig. 11 which shows the lines of force of the *real*, transverse components of the fields at some time $t = t_0$ and at some cross-section $z = z_0$. The fields oscillate at fre-

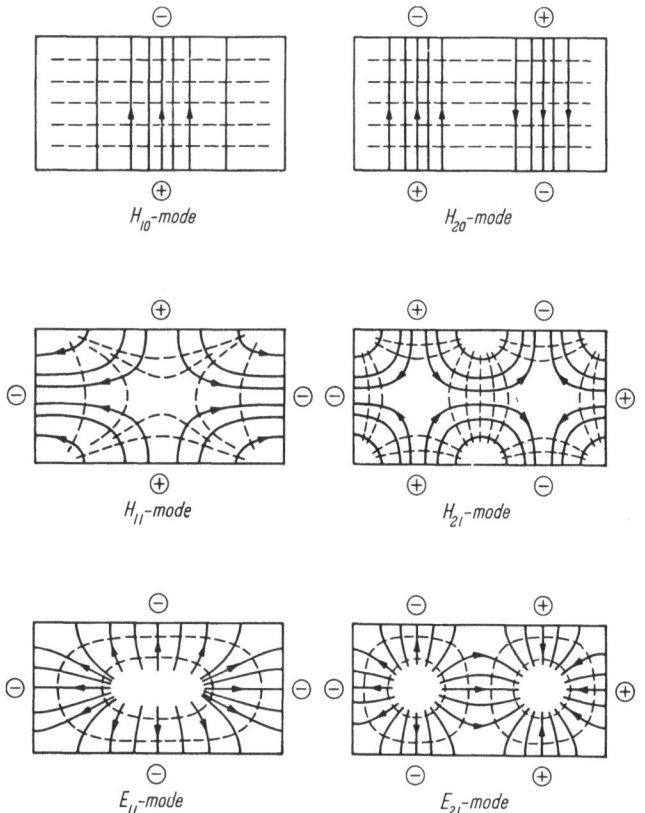

Fig. 11   Cross-sectional view of electric (continuous) and magnetic (dashed) lines of force and of related surface charge densities for various modes of a rectangular waveguide.

quency ω so that half a period later the lines of force will change in sense and the surface charge densities will change in sign. For the special case of the H_{10}-mode the surface currents as well as the field configurations[1] are shown in Fig. 12.

In practical devices the dominant H_{10}-mode is most widely used in rectangular waveguides. The real form of its field components follows from Eqs. (11.7) by multiplying them by $\exp(-i\omega t)$ and taking the real part of the expressions so

---

[1] For three-dimensional sketches of field configurations the reader is referred to the literature. See, for example, L. G. H. Huxley: A Survey of the Principles and Practice of Wave-Guides. Cambridge 1947.

obtained. In suppressing the common amplitude factor B_{10}, we find for the case $m = 1,\ n = 0$

$$H''_{x10} = \frac{a}{\pi}\sqrt{k^2 - \left(\frac{\pi}{a}\right)^2}\sin\left(\frac{\pi x}{a}\right)\sin\left\{\sqrt{k^2 - \left(\frac{\pi}{a}\right)^2}\,z - \omega t\right\},$$

$$H''_{z10} = \cos\left(\frac{\pi x}{a}\right)\cos\left\{\sqrt{k^2 - \left(\frac{\pi}{a}\right)^2}\,z - \omega t\right\},$$

$$E''_{y10} = -\frac{\omega\mu a}{\pi}\sin\left(\frac{\pi x}{a}\right)\sin\left\{\sqrt{k^2 - \left(\frac{\pi}{a}\right)^2}\,z - \omega t\right\},$$

(11.10)

$$(\lambda'_c)_{10} = 2a \qquad (dominant\ H\text{-}mode).$$

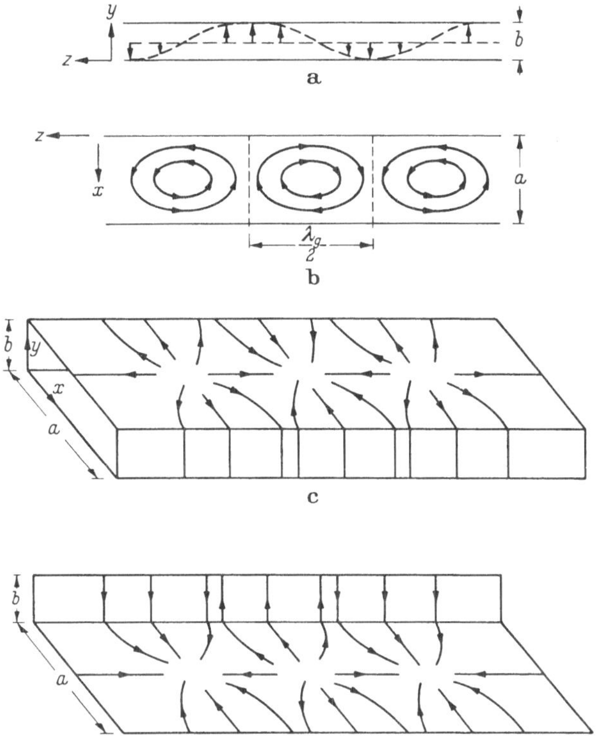

Fig. 12a—d. Field and current configurations for H_{10}-mode in rectangular waveguide at some fixed time. (a) Intensity of E_y in longitudinal section perpendicular to x-direction. (b) Magnetic lines of force in longitudinal section perpendicular to y-direction. (c) Currents in top and side surface. (d) Currents in bottom and side surface.

We note that H''_{x10} and E''_{y10} are of opposite time phase. This must be so if the z-component of POYNTING's vector, $(\boldsymbol{E}\times\boldsymbol{H})_z$, is to be positive in the positive z-direction of power flow. Moreover, H''_{z10} and E''_{y10} are in time phase quadrature in agreement with the fact that the transverse component of POYNTING's vector $(\boldsymbol{E}\times\boldsymbol{H})_x$ does not yield any power flow in the transverse direction. From these phase relations we see that the magnetic vector at any point within the guide is *elliptically polarized* in a horizontal plane; the electric vector is linearly polarized in a vertical plane. Fig. 12 shows field- and current-configurations of the H_{10}-mode at a fixed instance of time.

To find the *attenuation* due to wall losses we evaluate expressions (8.19) and (8.25) explicitly for the case of a rectangular waveguide[1]. Thus for *E-modes*

$$\alpha'_{w\,mn} = \frac{1}{4}\frac{k^2\delta_s}{h'_{mn}\gamma'^2_{mn}}\frac{\oint\limits_{C}\left(\frac{\partial\Phi_{mn}}{\partial n}\right)^2 dl}{\int\limits_{A}\Phi^2_{mn}\,dA}\,,\tag{11.11}$$

and for *H-modes*

$$\alpha''_{w\,mn} = \frac{1}{4}\frac{\gamma''^2_{mn}\delta_s}{h''_{mn}}\frac{\oint\limits_{C}\Psi^2_{mn}\,dl}{\int\limits_{A}\Psi^2_{mn}\,dA} + \frac{1}{4}\frac{h''_{mn}\delta_s}{\gamma''^2_{mn}}\frac{\oint\limits_{C}\left(\frac{\partial\Psi_{mn}}{\partial l}\right)^2 dl}{\int\limits_{A}\Psi^2_{mn}\,dA}\,.\tag{11.12}$$

In these expressions, $k^2 = \omega^2\varepsilon\mu$, where ε and μ are the dielectric constant and permeability of the lossless medium filling the guide, and $\delta_s = \sqrt{2/(\omega\mu_m\sigma_m)}$ where μ_m and σ_m are the permeability and conductivity of the metal wall. For non-ferromagnetic metals μ_m can be taken as equal to the permeability of free-space. Since expression (11.11) is homogeneous of order zero in Φ_{mn} and expression (11.12) is homogeneous of order zero in Ψ_{mn}, the amplitudes of Φ_{mn} and Ψ_{mn} cancel out. We therefore can ignore normalization factors and take for Φ_{mn} and Ψ_{mn} the following simplified forms:

$$\Phi_{mn} = \sin\left(\frac{m\pi x}{a}\right)\sin\left(\frac{n\pi y}{b}\right),\qquad \Psi_{mn} = \cos\left(\frac{m\pi x}{a}\right)\cos\left(\frac{n\pi y}{b}\right).\tag{11.13}$$

Substituting these forms into expressions (11.11) and (11.12) we get the attenuation constants due to wall losses for E_{mn}- and H_{mn}-modes:

$$\alpha'_{w\,mn} = \frac{k^2\delta_s}{h'_{mn}}\frac{\dfrac{m^2}{a^3}+\dfrac{n^2}{b^3}}{\left(\dfrac{m}{a}\right)^2+\left(\dfrac{n}{b}\right)^2}\qquad\begin{array}{l}(E_{mn}\text{-}mode\text{ attenuation-constant}\\\qquad\text{due to wall loss}),\end{array}\tag{11.14}$$

$$\left.\begin{array}{l}\alpha''_{w\,mn} = \dfrac{\delta_s}{h''_{mn}}\left[\left(\dfrac{m\pi}{a}\right)^2+\left(\dfrac{n\pi}{b}\right)^2\right]\dfrac{a(1+\delta_{0m})+b(1+\delta_{0n})}{ab(1+\delta_{0m}+\delta_{0n})}+\\[3mm]\qquad + h''_{mn}\delta_s\dfrac{\left(\dfrac{m^2}{a}+\dfrac{n^2}{b}\right)}{\left(\dfrac{m^2}{a^2}+\dfrac{n^2}{b^2}\right)}\dfrac{1}{ab(1+\delta_{0m}+\delta_{0n})}\end{array}\right\}\tag{11.15}$$

$(H_{mn}\text{-}mode$ attenuation- constant due to wall loss),

where $h'_{mn} = h''_{mn} = \sqrt{k^2 - \left(\frac{m\pi}{a}\right)^2 - \left(\frac{n\pi}{b}\right)^2}$, $k^2 = \omega^2\varepsilon\mu$, and $\delta_s = \sqrt{2/(\omega\mu_m\sigma_m)}$. The symbol $\delta_{ik} = 1$ for $i = k$, $\delta_{ik} = 0$ for $i \neq k$.

As a function of frequency the general behavior of the attenuation constants, $\alpha'_{w\,mn}$ and $\alpha''_{w\,mn}$, are similar. As the frequency increases from its cut-off value the attenuation drops to a minimum from which it then slowly increases. For all *E-modes* in a waveguide of fixed transverse dimensions the minimum value of $\alpha'_{w\,mn}$ occurs at $f = \sqrt{3}\,(f'_c)_{mn}$. This result is obtained from the fact that $\partial\alpha'_{w\,mn}/\partial k = 0$ if $k^2 = 3\gamma'^2_{mn}$. No such simple relation holds for the *H-modes*. For example, the frequencies f at which $\alpha''_{w\,m0}$ and $\alpha''_{w\,0m}$ assume their minimum values are given by

[1] S. A. Schelkunoff: Proc. Inst. Radio Engrs. **25**, 1457 (1937); also L. J. Chu and W. L. Barrow: Proc. Inst. Radio Engrs. **26**, 1520 (1938).

the following expressions[1]:

$$\left(\frac{f_c''}{f}\right)^2_{m0} = \frac{3}{2}\left(1 + \frac{a}{2b} - \sqrt{1 + \frac{7a}{9b} + \frac{a^2}{4b^2}}\right) \quad (H_{m0}\text{-}mode),$$

$$\left(\frac{f_c''}{f}\right)^2_{0n} = \frac{3}{2}\left(1 + \frac{b}{2a} - \sqrt{1 + \frac{7b}{9a} + \frac{b^2}{4a^2}}\right) \quad (H_{0n}\text{-}mode). \qquad (11.16)$$

An increase of the dimensions a, b of the waveguide decreases the attenuation constant. However, this is not a practical way of decreasing the losses for it introduces unwanted higher-order modes. Propagation under optimum conditions (from the viewpoint of attenuation) is not compatible with single mode transmission, for if the dimensions a, b and the frequency f are chosen to give minimum attenuation it becomes possible for more than one mode to propagate. In most applications it is more important to ensure single-mode propagation than to have minimum attenuation[2].

The attenuation-constant α has the dimension of 1/meter. The attenuation is measured in nepers/meter or, more commonly, in decibels/meter. The expression $\log_e(A_1/A_2)$ of two quantities A_1 and A_2 of the same dimension and of spatial exponential decay measured one meter apart gives the numerical value in nepers/meter; the value in decibels/meter is given by the expression $10 \, \mathrm{Log}_{10}(A_1/A_2)^2$. Since $[10 \, \mathrm{Log}_{10}(A_1/A_2)^2] = 8.686 \, [\log_e(A_1/A_2)]$, values given in nepers/meter must be multiplied by the factor 8.686 in order to obtain the corresponding values in decibels/meter. Some typical attenuation curves are shown in Fig. 13.

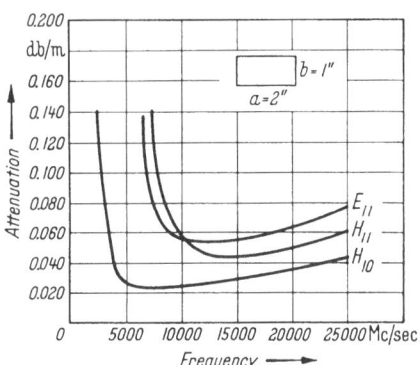

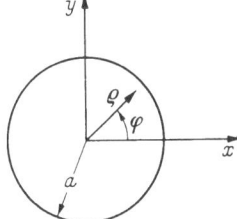

Fig. 13. Attenuation in decibels/meter as a function of frequency in megacycles/sec for E_{11}, H_{11} and H_{10} mode in a copper guide of rectangular cross-section (one inch by two inches).

Fig. 14. Waveguide of circular cross-section. Cylindrical coordinates. Inner radius of guide is a.

12. Circular waveguide. In the case of a cylindrical waveguide of circular cross-section we employ cylindrical coordinates ϱ, φ, z. The inner radius of the circular cross-section is a, (Fig. 14).

The eigenvalue problems (4.14) and (4.15) for a circular region are

$$\left(\frac{\partial^2}{\partial \varrho^2} + \frac{1}{\varrho}\frac{\partial}{\partial \varrho} + \frac{1}{\varrho^2}\frac{\partial^2}{\partial \varphi^2} + \gamma_p'^2\right)\Phi_p(\varrho, \varphi) = 0, \quad \text{with } \Phi_p = 0 \text{ on wall, } (E\text{-}mode) \; (12.1)$$

and

$$\left(\frac{\partial^2}{\partial \varrho^2} + \frac{1}{\varrho}\frac{\partial}{\partial \varrho} + \frac{1}{\varrho^2}\frac{\partial}{\partial \varphi^2} + \gamma_p''^2\right)\Psi_p(\varrho, \varphi) = 0, \quad \text{with } \frac{\partial \Psi_p}{\partial \varrho} = 0 \text{ on wall, } (H\text{-}mode). \; (12.2)$$

---

[1] R. HONERJÄGER: Ergebn. exakt. Naturw. **26** (1952).

[2] See, for example, G. C. SOUTHWORTH: Principles and Applications of Waveguide Transmission, p. 192. Toronto, New York and London 1950.

Again we replace the ordinal subscript "p" by "mn". The normalized solutions of the boundary-value problems (12.1) and (12.2) are given by

$$\Phi_{mn}(\varrho, \varphi) = \sqrt{\frac{2}{\pi(1 + \delta_{0m})}} \, \frac{1}{\gamma'_{mn} a} \, \frac{J_m(\gamma'_{mn}\varrho)}{J_{m+1}(\gamma'_{mn} a)} \, \frac{\cos}{\sin} \, m\varphi, \qquad (12.3)$$

$$\Psi_{mn}(\varrho, \varphi) = \sqrt{\frac{2}{\pi(1 + \delta_{0m})}} \, \frac{1}{\sqrt{(\gamma''_{mn} a)^2 - m^2}} \, \frac{J_m(\gamma''_{mn}\varrho)}{J_m(\gamma''_{mn} a)} \, \frac{\cos}{\sin} \, m\varphi, \qquad (12.4)$$

where J_m is the Bessel function of order m. The eigenfunctions Φ_{mn} and Ψ_{mn} are normalized in accordance with Eqs. (6.23). The eigenvalues γ'_{mn} and γ''_{mn} are determined by the boundary conditions

$$J_m(\gamma'_{mn} a) = 0, \qquad J'_m(\gamma''_{mn} a) = 0, \qquad (12.5)$$

where the prime on the Bessel function denotes differentiation with respect to the entire argument.

In Table 2 are given the first values of u_{mn} and v_{mn} where u_{mn} is the n-th root of $J_m(u) = 0$ and v_{mn} the n-th root of $\frac{d}{dv} J_m(v) = 0$ [1].

Since $\gamma'_{mn} = u_{mn}/a$ and $(\lambda'_c)_{mn} = 2\pi/\gamma'_{mn}$, the cut-off wavelengths of the E-modes are given by

$$(\lambda'_c)_{mn} = \frac{2\pi a}{u_{mn}} \qquad (E_{mn}\text{-mode}). \qquad (12.6)$$

Of all the E-modes the E_{01}-mode has the longest cut-off wavelength, viz.,

$$(\lambda'_c)_{01} = \frac{2\pi a}{2.405} = 2.61 a \qquad (\text{lowest order } E\text{-mode}). \qquad (12.7)$$

Similarly the cut-off wavelengths of the H-modes are given by

$$(\lambda''_c)_{mn} = \frac{2\pi a}{v_{mn}} \qquad (H_{mn}\text{-mode}). \qquad (12.8)$$

Of all possible modes the H_{11}-mode has the longest cut-off wavelength and, therefore, constitutes the *dominant mode*:

$$(\lambda''_c)_{11} = \frac{2\pi a}{1.841} = 3.41 a \qquad (\text{dominant } H\text{-mode}). \qquad (12.9)$$

For the H_{01}-mode, which is of practical importance, we have

$$(\lambda''_c)_{01} = (\lambda'_c)_{11} = \frac{2\pi a}{3,832} = 1.64 a \qquad (H_{01} - E_{11}\text{-mode}). \qquad (12.10)$$

In substituting Φ_{mn} and Ψ_{mn} into expressions (4.18) and (4.19) we obtain the mode functions:

$$E\text{-mode functions}$$

$$
\left.
\begin{aligned}
E'_{z\,mn} &= A_{mn} J_m(\gamma'_{mn}\varrho) \, \frac{\cos}{\sin} \, m\varphi \, e^{i h'_{mn} z}, \\[4pt]
E'_{\varrho\,mn} &= \frac{i h'_{mn}}{\gamma'_{mn}} A_{mn} J'_m(\gamma'_{mn}\varrho) \, \frac{\cos}{\sin} \, m\varphi \, e^{i h'_{mn} z}, \\[4pt]
E'_{\varphi\,mn} &= \mp \frac{i h'_{mn}}{\gamma'^2_{mn}} \frac{m}{\varrho} A_{mn} J_m(\gamma'_{mn}\varrho) \, \frac{\sin}{\cos} \, m\varphi \, e^{i h'_{mn} z}, \\[4pt]
H'_{\varphi\,mn} &= \frac{1}{Z'_{mn}} E'_{\varrho\,mn}, \quad H'_{\varrho\,mn} = -\frac{1}{Z'_{mn}} E'_{\varphi\,mn}, \quad H'_{z\,mn} = 0, \\[4pt]
h'_{mn} &= \sqrt{k^2 - \gamma'^2_{mn}}, \quad Z'_{mn} = \frac{h'_{mn}}{\omega \varepsilon}, \\[4pt]
A_{mn} &= \sqrt{\frac{2}{\pi(1 + \delta_{0m})}} \, \frac{\gamma'_{mn}}{a} \, \frac{1}{J_{m+1}(\gamma'_{mn} a)}.
\end{aligned}
\right\} \qquad (12.11)
$$

---

[1] The roots u_{10} and v_{00} of $J_1(0) = -J'_0(0) = 0$ are omitted.

H-mode functions

$$H''_{zmn} = B_{mn} J_m(\gamma''_{mn}\varrho) \, {\cos \atop \sin} \, m\varphi \, e^{i h''_{mn} z},$$

$$H''_{\varrho mn} = \frac{i h''_{mn}}{\gamma''_{mn}} B_{mn} J'_m(\gamma''_{mn}\varrho) \, {\cos \atop \sin} \, m\varphi \, e^{i h''_{mn} z},$$

$$H''_{\varphi mn} = \mp i \frac{h''_{mn}}{\gamma''^2_{mn}} \frac{m}{\varrho} B_{mn} J_m(\gamma''_{mn}\varrho) \, {\sin \atop \cos} \, m\varphi \, e^{i h''_{mn} z},$$

$$E''_{\varphi mn} = -Z''_{mn} H''_{\varrho mn}, \quad E''_{\varrho mn} = Z''_{mn} H''_{\varphi mn}, E''_{zmn} = 0,$$

$$h''_{mn} = \sqrt{k^2 - \gamma''^2_{mn}}, \quad Z''_{mn} = \frac{\omega\mu}{h''_{mn}},$$

$$B_{mn} = \sqrt{\frac{2}{\pi(1 + \delta_{0m})}} \, \frac{\gamma''^2_{mn}}{\sqrt{(\gamma''_{mn}a)^2 - m^2}} \, \frac{1}{J_m(\gamma''_{mn}a)}.$$

$$(12.12)$$

Fig. 15 shows cross-sectional views of the field configurations of some low-order modes.

Table 2. *Roots of* $J_m(u) = 0$ *and* $\dfrac{d}{dv} J_m(v) = 0$.

Table u_{mn} (n-th root of $J_m(u)$).

n / m	1	2	3	4	5
0	2.40483	5.52008	8.65373	11.79153	14.93092
1	3.83171	7.01559	10.17347	13.32369	16.47063
2	5.13562	8.41724	11.61984	14.79595	17.95982
3	6.38016	9.76102	13.01520	16.22347	19.40942
4	7.58834	11.06471	14.37254	17.61597	20.82693
5	8.77148	12.33860	15.70017	18.98013	22.21780
6	9.93611	13.58929	17.00382	20.32079	23.58608

Table v_{mn} (n-th root of $J'_m(v)$).

n / m	1	2	3	4	5
0	3.8317	7.0156	10.1735	13.3237	16.4706
1	1.8412	5.3314	8.5363	11.7060	14.8636
2	3.0542	6.7061	9.9695	13.1704	16.3475
3	4.2012	8.0152	11.3459	14.5859	17.7888
4	5.3175	9.2824	12.6819	15.9641	19.1960
5	6.4156	10.5199	13.9872	17.3128	20.5755
6	7.5013	11.7349	15.2682	18.6374	21.9318

All E_{mn}-modes and H_{mn}-modes with $m > 0$ are doubly degenerate since the φ-dependence can be either $\sin m\varphi$ or $\cos m\varphi$. However, when $m = 0$ the mode functions are independent of φ and the degeneracy disappears.

The *circular H_{0n}-modes*, independent of φ, have the following mode functions:

$$H''_{z0n} = B_{0n} J_0(\gamma''_{0n}\varrho) \, e^{i h''_{0n} z}, \quad H''_{\varrho 0n} = \frac{i h''_{0n}}{\gamma''_{0n}} B_{0n} J'_0(\gamma''_{0n}\varrho) \, e^{i h''_{0n} z},$$

$$E''_{\varphi 0n} = -Z''_{0n} H''_{\varrho 0n}, \qquad H''_{\varphi 0n} = E''_{\varrho 0n} = E''_{z0n} = 0, \qquad \left. \right\} H_{0n}\text{-modes. (12.13)}$$

$$h''_{0n} = \sqrt{k^2 - \gamma''^2_{0n}}, \quad Z''_{0n} = \frac{\omega\mu}{h''_{0n}}, \quad B_{0n} = \frac{1}{\sqrt{\pi}} \frac{\gamma''_{0n}}{a} \frac{1}{J_0(\gamma''_{0n}a)},$$

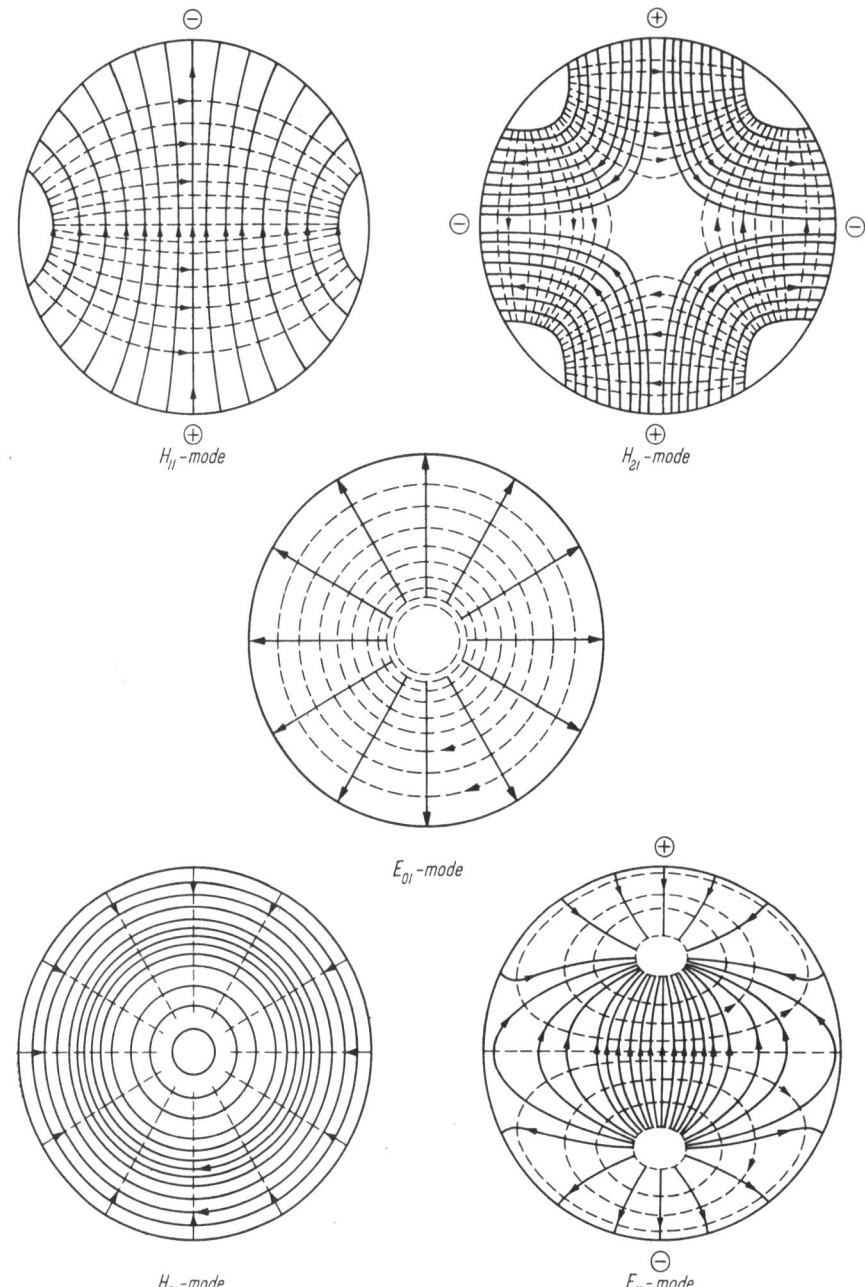

Fig. 15. Cross-sectional view of electric (continuous) and magnetic (dashed) lines of force for various modes in circular guide.

The distinctness of the circular H_{0n}-mode stems from the fact that the surface currents it supports are purely circumferential and, hence, the concomitant wall loss decreases monotonically with frequency as $\omega^{-\frac{3}{2}}$. However, a circular mode is not dominant and special precautions must be taken to assure its purity.

If, for example, the cross-section is not strictly circular but varies slightly from point to point, the field can still be described by the set of mode functions of the circular guide. The modes, however, are no longer independent but coupled to each other by the asymmetry of the cross-section. In general, above cutoff, the modes will have different phase velocities and different attenuations and energy will be transferred between modes as they proceed through the guide. Owing to this effect of "mode conversion" the original mode shows an increase in effective attenuation; by reconversion, energy can also be returned to the original mode[1]. A similar effect occurs when an original mode enters a bend in the circular guide. For example, the most serious practical effect of a gentle bend in a circular guide on the propagation of the H_{01}-mode is its conversion into a particular polarization of an E_{11}-mode. Since the H_{01}-mode and the E_{11}-mode have the same phase velocity in the straight guide the energy of one mode will be transformed completely into the other mode at odd multiples of a certain critical angle ϑ_c. It can be shown that ϑ_c is independent of the radius of the bend for gradual bends. Consequently, mode conversion cannot be avoided by merely using a sufficiently gentle bend. Methods have been devised in order to keep conversion losses of this kind small[2].

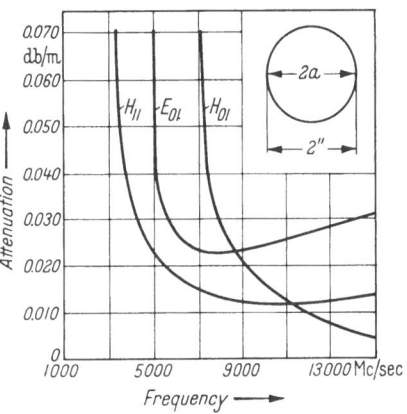

Fig. 16. Attenuation in decibels/meter as a function of frequency in megacycles/second for E_{01}, H_{01}, and H_{11} modes in copper guide of circular cross-section (diameter = 2 inches).

By substituting the eigenfunctions Φ_{mn} and Ψ_{mn}, as given in expressions (12.3) and (12.4), into Eqs. (8.19) and (8.25) we obtain the *attenuation constants* α'_{wmn} and α''_{wmn} for the E- and H-modes. By virtue of Eqs. (8.16) and (8.23) we may ignore normalization factors and use the simplified expressions

$$\Phi_{mn} = J_m(\gamma'_{mn}\varrho)\,{\cos\atop\sin}\,m\varphi, \qquad \Psi_{mn} = J_m(\gamma''_{mn}\varrho)\,{\cos\atop\sin}\,m\varphi. \qquad (12.14)$$

Thus for the E-modes and H-modes of a circular waveguide one arrives at

$$\alpha'_{wmn} = \frac{1}{2}\,\frac{k^2\,\delta_s}{a\,h'_{mn}}, \qquad (12.15)$$

$$\alpha''_{wmn} = \frac{1}{2}\,\frac{\gamma''^2_{mn}\,\delta_s}{h''_{mn}\,a}\,\frac{1}{1 - \dfrac{m^2}{(\gamma''_{mn}a)^2}} + \frac{1}{2}\,\frac{h''_{mn}\,\delta_s}{\gamma''^2_{mn}}\,\frac{m^2/a^3}{1 - \dfrac{m^2}{(\gamma''_{mu}a)^2}}. \qquad (12.16)$$

For all E-modes α'_{wmn} has a minimum when $f = \sqrt{3}\,(f'_c)_{mn}$. For the H-modes α''_{wmn} is a minimum when

$$\frac{(f''_c)_{mn}}{f} = \frac{3}{2}\left[\frac{(\gamma''_{mn}a)^2}{(\gamma''_{mn}a)^2 - m^2} - \sqrt{\left[\frac{(\gamma''_{mn}a)^2}{(\gamma''_{mn}a)^2 - m^2}\right]^2 - \frac{4}{9}\,\frac{m^2}{(\gamma''_{mn}a)^2 - m^2}}\right]. \qquad (12.17)$$

For the circular H_{0n}-modes the right side of expression (12.17) disappears in agreement with the fact that α''_{w0n} is a monotonically decreasing function.

Fig. 16 illustrates the frequency dependence of the attenuation due to wall losses of the three lowest-order modes in a circular copper guide of radius $a = 1$ inch.

[1] S. P. Morgan: J. Appl. Phys. **21**, 329 (1950).

[2] S. E. Miller: Proc. Inst. Radio Engrs. **40**, 1104 (1952). — S. P. Morgan: Bell. Lab. Intern. Memo. Nr. MM-55-114-50/51, Nov. 9, 1955. — W. J. Albersheim: Bell. Syst. Techn. J. **28**, 1 (1949).

13. Coaxial line. A coaxial line, (Fig. 17), can transmit a purely transverse T-wave in addition to E- and H-waves whereas a tubular waveguide can transmit only E- and H-waves[1].

A T-wave can be considered the limit of an E-mode wave as γ' goes to zero. Consequently its z-dependence is $\exp(ikz)$ with $k^2 = \omega^2 \varepsilon \mu$. The field components of the T-wave are derivable from a real scalar function Φ which, in cylindrical coordinates, according to Eq. (4.24) satisfies LAPLACE's equation

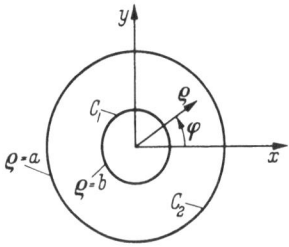

$$\left(\frac{\partial^2}{\partial \varrho^2} + \frac{1}{\varrho} \frac{\partial}{\partial \varrho} + \frac{1}{\varrho^2} \frac{\partial^2}{\partial \varphi^2} \right) \Phi(\varrho, \varphi) = 0, \qquad (13.1)$$

and has a constant value Φ_1 on the inner conductor C_1 and a constant value Φ_2 on the outer conductor C_2. Since the boundary conditions are independent of the azimuthal angle, the scalar function Φ depends on the radial distance ϱ only and Eq. (13.1) reduces to

Fig. 17. Coaxial line with outer radius a and inner radius b. C_1 and C_2 are peripheral contours of inner and outer conductors.

$$\left. \begin{array}{c} \dfrac{1}{\varrho} \dfrac{\partial}{\partial \varrho} \left(\varrho \dfrac{\partial \Phi}{\partial \varrho} \right) = 0, \\[2mm] \Phi = \Phi_1 \text{ on } C_1, \qquad \Phi = \Phi_2 \text{ on } C_2, \end{array} \right\} \qquad (13.2)$$

where $\Phi = \Phi(\varrho)$. The solution of Eq. (13.2) is

$$\Phi = A \log \varrho + B, \qquad (13.3)$$

where A and B are constants determined by the boundary conditions. Substituting solution (13.3) into Eq. (4.23) we find the field components of the T-wave:

$$E_\varrho = \frac{A}{\varrho} e^{ikz}, \qquad \sqrt{\frac{\mu}{\varepsilon}} H_\varphi = \frac{A}{\varrho} e^{ikz} \qquad (T\text{-}wave). \qquad (13.4)$$

This wave shows no "cut-off" and travels at any frequency with the velocity of light, i.e., phase velocity = group velocity = velocity of light[2]. Its wave impedance Z is equal to the wave impedance of a plane wave in unbounded space,

$$Z = \frac{E_\varrho}{H_\varphi} = \sqrt{\frac{\mu}{\varepsilon}}. \qquad (13.5)$$

The "line current" I on the inner conductor, which is equal and opposite to the total current on the inner surface of the outer conductor, is given by

$$I(z) = 2 \pi \varrho H_\varphi = \frac{2\pi A}{\sqrt{\mu/\varepsilon}} e^{ikz}. \qquad (13.6)$$

The "line voltage" V is defined as the line integral (along any path in a cross-sectional plane) of E_ϱ from the inner conductor to the outer one:

$$V(z) = \int_b^a E_\varrho \, d\varrho = A \log\left(\frac{a}{b} \right) e^{ikz}. \qquad (13.7)$$

The *characteristic impedance* Z_c for the T-mode of the coaxial line is defined as

$$Z_c = \frac{V(z)}{I(z)} = \frac{1}{2\pi} \sqrt{\frac{\mu}{\varepsilon}} \log\left(\frac{a}{b} \right). \qquad (13.8)$$

---

[1] See the discussion at end of Sect. 4.

[2] A pure T-wave is only possible in a coaxial region with perfectly conducting walls enclosing a lossless dielectric. In the case of finite conductivity or of a lossy dielectric *axial* electric or magnetic fields are necessarily present and no T-wave exists in a strict sense. In this case the wave is sometimes referred to as "quasi T-wave".

A line *shunt-capacitance* C per unit length and a line *series-inductance* L per unit length (Fig. 4) are defined by

$$C = \frac{Q}{V} = \frac{2\pi b \varepsilon}{V} (E_\varrho)_{\varrho=b} \quad \text{and} \quad L = \frac{\Psi}{I} = \frac{\mu}{I} \int_b^a H_\varphi \, d\varrho, \tag{13.9}$$

where Q is the charge per unit length on conductor, V is the line voltage, Ψ is the magnetic induction flux per unit length, and I is the line current. With the aid of Eqs. (13.4), (13.6), and (13.7) one obtains

$$C = \frac{2\pi\varepsilon}{\log (a/b)} \quad \text{and} \quad L = \frac{\mu \log (a/b)}{2\pi}. \tag{13.10}$$

It follows from Eqs. (13.8) and (13.10) that

$$LC = \varepsilon \mu = \frac{1}{c^2}, \qquad Z_c = \frac{1}{cC} = cL. \tag{13.11}$$

The *attenuation constant* α_w of the T-mode is obtained from Eq. (8.19), where r'_p of Eq. (8.15) can be written as

$$r'_p = \frac{1}{2} \omega \mu \delta_s \frac{\displaystyle\oint_{C_1+C_2} \left(\frac{\partial \Phi}{\partial n}\right)^2 dl}{\displaystyle\int_A \left(\frac{\partial \Phi}{\partial n}\right)^2 dA}. \tag{13.12}$$

Since $\gamma' = 0$, the proper normalization condition to be used in this form is given by the first of relations (6.22). With $\partial \Phi/\partial n = \partial \Phi/\partial \varrho = A/\varrho$ according to Eq. (13.3), the evaluation of α_w gives the result

$$\alpha_w = \frac{k\delta_s}{4} \frac{1/a + 1/b}{\log (a/b)} = \frac{1}{2} \sqrt{\frac{\omega\varepsilon\mu}{2\mu_m\sigma_m}} \frac{1/a + 1/b}{\log (a/b)}. \tag{13.13}$$

The minimum of α_w occurs at $a/b = 3.6$; at this optimum value of a/b the characteristic impedance is $Z_c = 77$ ohm when the region between the coaxial cylinders is empty ($\mu = \mu_m = \mu_0$, $\varepsilon = \varepsilon_0$). As the frequency increases the attenuation of the T-mode becomes progressively greater than the attenuation of E- and H-modes in hollow waveguides.

To find the *E- and H-modes* of a coaxial line one must solve the eigenvalue problems (4.14) and (4.15) for an annular region, Fig. 17, bounded from within by a circle of radius b and from without by a circle of radius a. Thus for *E-modes*

$$\left(\frac{\partial^2}{\partial \varrho^2} + \frac{1}{\varrho} \frac{\partial}{\partial \varrho} + \frac{1}{\varrho^2} \frac{\partial^2}{\partial \varphi^2} + \gamma_p'^2\right) \Phi_p(\varrho, \varphi) = 0, \quad \text{with } \Phi_p = 0 \text{ on } C_1 \text{ and } C_2, \tag{13.14}$$

and for *H-modes*

$$\left(\frac{\partial^2}{\partial \varrho^2} + \frac{1}{\varrho} \frac{\partial}{\partial \varrho} + \frac{1}{\varrho^2} \frac{\partial^2}{\partial \varphi^2} + \gamma_p''^2\right) \Psi_p(\varrho, \varphi) = 0, \quad \text{with } \frac{\partial}{\partial \varrho} \Psi_p = 0 \text{ on } C_1 \text{ and } C_2. \tag{13.15}$$

Replacing the ordinal subscript p by mn, we find that the normalized solutions of the eigenvalue problems (13.14) and (13.15) are given by

$$\Phi_{mn} = F_{mn}(\gamma'_{mn}\varrho) \frac{\cos}{\sin} m\varphi, \tag{13.16}$$

$$\Psi_{mn} = G_{mn}(\gamma''_{mn}\varrho) \frac{\cos}{\sin} m\varphi, \tag{13.17}$$

where F_{mn} and G_{mn} satisfy Bessel's differential equation and are given by the following expressions:

$$F_{mn} = \frac{\sqrt{\pi(2-\delta_{0m})}}{2} \frac{[J_m(\gamma'_{mn}\varrho) N_m(\gamma'_{mn}b) - N_m(\gamma'_{mn}\varrho) J_m(\gamma'_{mn}b)]}{\left[\dfrac{J_m^2(\gamma'_{mn}b)}{J_m^2(\gamma'_{mn}a)} - 1\right]^{\frac{1}{2}}}, \tag{13.18}$$

$$G_{mn} = \frac{\sqrt{\pi(2-\delta_{0m})}}{2} \frac{[J_m(\gamma''_{mn}\varrho) N_m(\gamma''_{mn}b) - N_m(\gamma''_{mn}\varrho) J_m(\gamma''_{mn}b)]}{\left\{\left[\dfrac{J_m'(\gamma''_{mn}b)}{J_m'(\gamma''_{mn}a)}\right]^2 \left[1 - \left(\dfrac{m}{\gamma''_{mn}a}\right)^2\right] - \left[1 - \left(\dfrac{m}{\gamma''_{mn}b}\right)^2\right]\right\}^{\frac{1}{2}}}. \tag{13.19}$$

The eigenvalues[1] γ'_{mn} and γ''_{mn} are determined by the equations[1]

$$J_m(\gamma'_{mn}a) N_m(\gamma'_{mn}b) = N_m(\gamma'_{mn}a) J_m(\gamma'_{mn}b), \tag{13.20}$$

$$J_m'(\gamma''_{mn}a) N_m'(\gamma''_{mn}b) = N_m'(\gamma''_{mn}a) J_m'(\gamma''_{mn}b). \tag{13.21}$$

J_m is the Bessel function of order m, N_m is the Neumann function of order m. $J_m'(x) = \frac{d}{dx}J_m(x)$ and $N_m'(x) = \frac{d}{dx}N_m(x)$.

The eigenfunctions Φ_{mn} and Ψ_{mn} given above are normalized according to Eqs. (6.23).

The mode functions are found by substituting expressions (13.16) and (13.17) into Eqs. (4.18) and (4.19) respectively. Thus we obtain the following mode functions:

E-mode functions

$$\left.\begin{aligned}
E'_{zmn} &= \gamma_{mn}'^2 F_{mn}(\gamma'_{mn}\varrho) \genfrac{}{}{0pt}{}{\cos}{\sin} m\varphi \, e^{i h'_{mn}z}, \\[4pt]
E'_{\varrho mn} &= i h'_{mn} \gamma'_{mn} F'_{mn}(\gamma'_{mn}\varrho) \genfrac{}{}{0pt}{}{\cos}{\sin} m\varphi \, e^{i h'_{mn}z}, \\[4pt]
E'_{\varphi mn} &= \mp i h'_{mn} \frac{m}{\varrho} F_{mn}(\gamma'_{mn}\varrho) \genfrac{}{}{0pt}{}{\sin}{\cos} m\varphi \, e^{i h'_{mn}z}, \\[4pt]
H'_{\varphi mn} &= \frac{1}{Z'_{mn}} E'_{\varrho mn}, \quad H'_{\varrho mn} = -\frac{1}{Z'_{mn}} E'_{\varphi mn}, \quad H'_{zmn} = 0, \\[4pt]
h'_{mn} &= \sqrt{k^2 - \gamma_{mn}'^2}, \quad Z'_{mn} = \frac{h'_{mn}}{\omega\varepsilon}; \qquad F'_{mn}(x) = \frac{d}{dx} F_{mn}(x).
\end{aligned}\right\} \tag{13.22}$$

H-mode functions

$$\left.\begin{aligned}
H''_{zmn} &= \gamma_{mn}''^2 G_{mn}(\gamma''_{mn}\varrho) \genfrac{}{}{0pt}{}{\cos}{\sin} m\varphi \, e^{i h''_{mn}z}, \\[4pt]
H''_{\varrho mn} &= i h''_{mn} \gamma''_{mn} G'_{mn}(\gamma''_{mn}\varrho) \genfrac{}{}{0pt}{}{\cos}{\sin} m\varphi \, e^{i h''_{mn}z}, \\[4pt]
H''_{\varphi mn} &= \mp i h''_{mn} \frac{m}{\varrho} G_{mn}(\gamma''_{mn}\varrho) \genfrac{}{}{0pt}{}{\sin}{\cos} m\varphi \, e^{i h''_{mn}z}, \\[4pt]
E''_{\varphi mn} &= -Z''_{mn} H''_{\varrho mn}, \quad E''_{\varrho mn} = Z''_{mn} H''_{\varphi mn}, \quad E''_{zmn} = 0, \\[4pt]
h''_{mn} &= \sqrt{k^2 - \gamma_{mn}''^2}, \quad Z''_{mn} = \frac{\omega\mu}{h''_{mn}}; \qquad G'_{mn}(x) = \frac{d}{dx} G_{mn}(x).
\end{aligned}\right\} \tag{13.23}$$

---

[1] H. B. Dwight: Tables of Roots for Natural Frequencies in Coaxial Cavities. J. Math. Phys. **27**, 84 (1948).

As in the case of the circular waveguide, the E_{mn}- and H_{mn}-modes are doubly degenerate when $m > 0$. When $m = 0$ the degeneracy disappears.

A simple quantitative estimate of the eigenvalues γ'_{mn}, γ''_{mn} and the eigenfunctions Φ_{mn}, Ψ_{mn} can be obtained for the case where the difference $(a - b)$ of the radii is small compared to the average radius $\bar{\varrho} = \frac{1}{2}(a + b)$. The functions F_{mn} and G_{mn} introduced in Eqs. (13.16) and (13.17) obey BESSEL's differential equation:

$$\left.\begin{aligned}
\frac{1}{\varrho}\frac{\partial}{\partial\varrho}\left(\varrho\,\frac{\partial F_{mn}}{\partial\varrho}\right) - \frac{m^2}{\varrho^2}F_{mn} + \gamma'^{\,2}_{mn}F_{mn} &= 0\,, \\[2mm]
\frac{1}{\varrho}\frac{\partial}{\partial\varrho}\left(\varrho\,\frac{\partial G_{mn}}{\partial\varrho}\right) - \frac{m^2}{\varrho^2}G_{mn} + \gamma''^{\,2}_{mn}G_{mn} &= 0\,.
\end{aligned}\right\} \tag{13.24}$$

In the case under consideration we take ϱ as a slowly varying function compared to F_{mn} or G_{mn} and replace it approximately by its constant average value $\bar{\varrho}$. Then from Eqs. (13.24) we obtain the equations

$$\left(\frac{\partial^2}{\partial\varrho^2} - \frac{m^2}{\bar{\varrho}^2} + \gamma'^{\,2}_{mn}\right)F_{mn} = 0\,, \qquad \left(\frac{\partial^2}{\partial\varrho^2} - \frac{m^2}{\bar{\varrho}^2} + \gamma''^{\,2}_{mn}\right)G_{mn} = 0\,. \tag{13.25}$$

The solutions of Eqs (13.25), which satisfy the boundary conditions $F_{mn} = 0$ when $\varrho = a, b$ and $\dfrac{\partial}{\partial\varrho}G_{mn} = 0$ when $\varrho = a, b$ are circular functions

$$\left.\begin{aligned}
F_{mn} &= \sin\frac{n\pi(\varrho - b)}{a - b}\,, & n &= 1, 2, 3, \ldots, \\[2mm]
G_{mn} &= \cos\frac{n\pi(\varrho - b)}{a - b}\,, & n &= 0, 1, 2, 3, \ldots
\end{aligned}\right\} \tag{13.26}$$

with

$$\gamma'^{\,2}_{mn} = \frac{m^2}{\bar{\varrho}^2} + \left(\frac{n\pi}{a - b}\right)^2; \qquad \gamma''^{\,2}_{mn} = \frac{m^2}{\bar{\varrho}^2} + \left(\frac{n\pi}{a - b}\right)^2. \tag{13.27}$$

The E-mode with the longest cut-off wavelength is the E_{01}-mode; its cut-off wavelength is approximately

$$(\lambda'_c)_{01} = \frac{2\pi}{\gamma'_{01}} \approx 2\,(a - b) \qquad \textit{(lowest order E-mode)} \tag{13.28}$$

The H-mode with the longest cut-off wavelength is the H_{10}-mode; its cut-off wavelength is approximately

$$(\lambda''_c)_{10} = \frac{2\pi}{\gamma''_{10}} \approx 2\pi\bar{\varrho} = \pi\,(a + b) \qquad \textit{(dominant H-mode).} \tag{13.29}$$

This relation shows that for wavelengths larger than the outer perimeter of the coaxial line, the only propagating wave in a coaxial line is a T-wave; higher order modes exist under this circumstance only as evanescent waves.

When the ratio b/a approaches zero, it can be shown that the H_{10}-coaxial mode passes into the H_{11}-mode of the circular guide. For further details concerning cut-off frequencies, field configurations and attenuation constants of the coaxial line, the reader is referred to the literature[1].

---

[1] See, for example, N. MARCUVITZ: Waveguide Handbook, pp. 72—80. New York-Toronto and London 1951.

In Fig. 18 are shown the field configurations of the T-wave and the H_{10}-mode. One recognizes the similarity of the pattern of the H_{10}-coaxial mode with the H_{11}-mode of the circular guide.

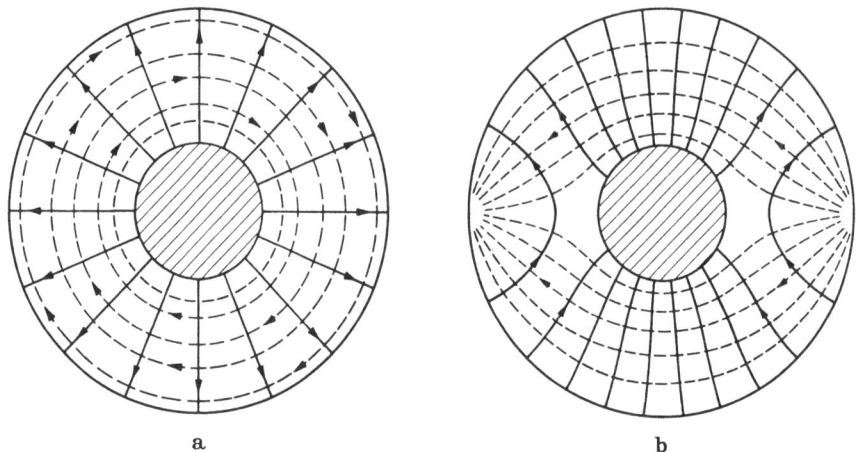

a   b

Fig. 18a and b. Cross-section view of electric (continuous) and magnetic (dashed) lines of force in coaxial line for T-wave, shown in (a), and first higher order mode (H_{10}-mode), shown in (b).

14. Elliptical waveguide. To analyze waveguides of elliptical cross-section we introduce the elliptical coordinates ξ, η. In terms of the rectangular coordinates x, y the elliptical coordinates are defined by the following relations:

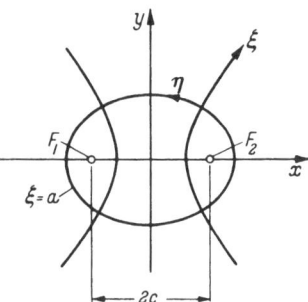

Fig. 19. Cross-section of elliptical waveguide. F_1 and F_2 are the foci of the ellipse. The distance between foci is the focal distance $2c$.

$$x = c \cosh \xi \cos \eta, \qquad y = c \sinh \xi \sin \eta \left.\begin{matrix} \\ \\ \end{matrix}\right\} \quad (14.1)$$
$$(0 \leq \xi < \infty, \quad 0 \leq \eta < 2\pi).$$

When $\xi = \xi_0 =$ const the point (x, y) traces out an ellipse in a counterclockwise sense as η varies from $\eta = 0$ to $\eta = 2\pi$; and when $\eta = \eta_0 =$ const, the point (x, y) traces out a hyperbola as ξ varies from $\xi = 0$ to $\xi = \infty$. The ellipses and hyperbolas have foci at $x = c$, $y = 0$ and $x = -c$, $y = 0$. The semi-major axis of the ellipse $\xi = \xi_0$ is equal to $c \cosh \xi_0$, its semi-minor axis to $c \sinh \xi_0$. Its eccentricity e, defined as the ratio of the semi-focal distance to the semi-major axis, is given by $e = 1/\cosh \xi_0$ (Fig. 19).

We take the inner surface of the elliptical waveguide to be the elliptical cylinder $\xi = a$. The eigenvalue problems (4.14) and (4.15) in elliptical coordinates are

$$\frac{1}{c^2 (\cosh^2 \xi - \cos^2 \eta)} \left(\frac{\partial^2}{\partial \xi^2} + \frac{\partial^2}{\partial \eta^2} \right) \Phi_p + \gamma_p' \Phi_p = 0 \quad (E\text{-mode}), \qquad (14.2)$$

with $\Phi_p = 0$ when $\xi = a$, and

$$\frac{1}{c^2 (\cosh^2 \xi - \cos^2 \eta)} \left(\frac{\partial^2}{\partial \xi^2} + \frac{\partial^2}{\partial \eta^2} \right) \Psi_p + \gamma_p'' \Psi_p = 0 \quad (H\text{-mode}), \qquad (14.3)$$

with $\dfrac{\partial \Psi_p}{\partial \xi} = 0$ when $\xi = a$.

Let $u(\xi, \eta)$ represent either $\Phi_p(\xi, \eta)$ or $\Psi_p(\xi, \eta)$; if we separate $u(\xi, \eta)$ such that $u(\xi, \eta) = u_1(\xi) u_2(\eta)$, Eqs. (14.2) and (14.3) yield[1]

$$\frac{d^2}{d\eta^2} u_2(\eta) + (\lambda - 2h^2 \cos 2\eta) u_2(\eta) = 0, \tag{14.4}$$

$$-\frac{d^2}{d\xi^2} u_1(\xi) + (\lambda - 2h^2 \cosh 2\xi) u_1(\xi) = 0, \tag{14.5}$$

where $\lambda(h^2)$ is the separation parameter and $h^2 = \frac{c^2}{4} \gamma_p^2$. The former is MATHIEU'S differential equation; the latter, which follows from the former by $\eta = \pm i\xi$, is MATHIEU'S modified differential equation. In addition to satisfying the boundary conditions, which require that on $\xi = a$, $u(\xi, \eta) = 0$ for E-modes and $\partial u(\xi, \eta)/\partial \xi = 0$ for H-modes, $u(\xi, \eta)$ must be periodic in η with period 2π; furthermore, in crossing the focal line $\xi = 0$, $u(\xi, \eta)$ and $\frac{\partial}{\partial \xi} u(\xi, \eta)$ must be continuous. The solutions of Eq. (14.4) that possess the required periodicity are[2]

$$u_2(\eta) = \mathrm{ce}_m(\eta; h^2) = \mathrm{ce}_m(-\eta; h^2)$$

= *even Mathieu function* of first kind and integral order $(m = 0, 1, 2, \ldots)$, and

$$u_2(\eta) = \mathrm{se}_{m+1}(\eta; h^2) = -\mathrm{se}_{m+1}(-\eta; h^2)$$

= *odd Mathieu function* of first kind and integral order $(m = 0, 1, 2, 3, \ldots)$. The corresponding solutions of Eq. (14.5) that possess the required continuity in going through the focal line are

$$u_1(\xi) = \mathrm{Ce}_m(\xi; h^2) = \mathrm{Ce}_m(-\xi; h^2)$$

= *modified even Mathieu function* of integral order $(m = 0, 1, 2, 3, \ldots)$, and

$$u_1(\xi) = \mathrm{Se}_{m+1}(\xi; h^2) = -\mathrm{Se}_{m+1}(-\xi; h^2)$$

= *modified odd Mathieu* function of integral order $(m = 0, 1, 2, 3, \ldots)$.

The boundary conditions

$$\mathrm{Ce}_m(a; h^2) = 0, \qquad\qquad \mathrm{Se}_{m+1}(a; h^2) = 0,$$

$$\left[\frac{\partial}{\partial \xi} \mathrm{Ce}_m(\xi; h^2)\right]_{\xi=a} = 0, \quad \text{and} \quad \left[\frac{\partial}{\partial \xi} \mathrm{Se}_{m+1}(\xi; h^2)\right]_{\xi=a} = 0$$

are satisfied when

$$h = \frac{c}{2} \,_e\gamma'_{mn}, \quad h = \frac{c}{2} \,_o\gamma'_{mn} \quad \text{and} \quad h = \frac{c}{2} \,_e\gamma''_{mn} \quad \text{and} \quad h = \frac{c}{2} \,_o\gamma''_{mn}$$

respectively $(m = 0, 1, 2, 3, \ldots; n = 1, 2, 3 \ldots)$. $_e\gamma'_{mn}$ and $_o\gamma'_{mn}$ are the n-th "even" and "odd" eigenvalues for the E-modes of order m; $_e\gamma''_{mn}$ and $_o\gamma''_{mn}$ are the n-th "even" and "odd" eigenvalues for the H-modes of order m.

With normalization factors suppressed the even and odd eigenfunctions of Eqs. (14.2) and (14.3) are

$$\left.\begin{aligned}
_e\Phi_{mn}(\xi, \eta) &= \mathrm{Ce}_m\left(\xi; \left(\frac{c}{2} \,_e\gamma'_{mn}\right)^2\right) \mathrm{ce}_m\left(\eta; \left(\frac{c}{2} \,_e\gamma'_{mn}\right)^2\right), \\
_o\Phi_{mn}(\xi, \eta) &= \mathrm{Se}_{m+1}\left(\xi; \left(\frac{c}{2} \,_o\gamma'_{mn}\right)^2\right) \mathrm{se}_{m+1}\left(\eta; \left(\frac{c}{2} \,_o\gamma'_{mn}\right)^2\right), \\
(m &= 0, 1, 2, 3, \ldots; \quad n = 1, 2, 3, \ldots),
\end{aligned}\right\} \quad E\text{-modes,} \quad (14.6)$$

---

[1] See, for example, J. MEIXNER and F. W. SCHÄFKE: Mathieu-Funktionen und Sphäroid-funktionen. Berlin-Göttingen-Heidelberg 1954. Cf also J. MEIXNER's contribution on special functions in Vol. I of this Encyclopedia, p. 208.

[2] We follow here the notation adopted by MEIXNER and SCHÄFKE, loc.cit.

$$_e\Psi_{mn}(\xi,\eta) = \mathrm{Ce}_m\!\left(\xi; \left(\tfrac{c}{2}\,_e\gamma''_{mn}\right)^2\right)\mathrm{ce}_m\!\left(\eta; \left(\tfrac{c}{2}\,_e\gamma''_{mn}\right)^2\right),$$

$$_o\Psi_{mn}(\xi,\eta) = \mathrm{Se}_{m+1}\!\left(\xi; \left(\tfrac{c}{2}\,_o\gamma''_{mn}\right)^2\right)\mathrm{se}_{m+1}\!\left(\eta; \left(\tfrac{c}{2}\,_o\gamma''_{mn}\right)^2\right)_e\gamma''_{mn},$$

$$(m = 0, 1, 2, 3, \ldots;\quad n = 1, 2.\,3, \ldots),$$

H-modes. (14.7)

The mode functions are obtained by substituting these eigenfunctions into expressions (4.18) and (4.19); we note that in elliptical coordinates the transverse gradient operator is given by

$$c\sqrt{\cosh^2\xi - \cos^2\eta}\;V_t = \boldsymbol{e}_\xi\,\frac{\partial}{\partial\xi} + \boldsymbol{e}_\eta\,\frac{\partial}{\partial\eta}\,,$$

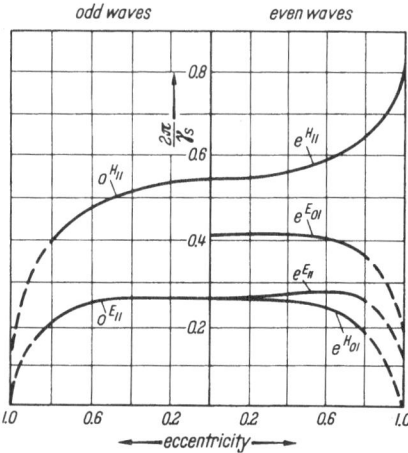

odd waves   *even waves*

Fig. 20. Cut-off wavelengths of six lowest modes of elliptical waveguide (after Chu).

where $\boldsymbol{e}_\xi$ and $\boldsymbol{e}_\eta$ are unit vectors in the directions of increasing ξ and increasing η respectively. Thus the even E-mode functions $_eE_{mn}$ are derived from $_e\Phi_{mn}$, the odd E-mode functions $_oE_{mn}$ from $_o\Phi_{mn}$, the even H-mode functions $_eH_{mn}$ from $_e\Psi_{mn}$, and the odd H-mode functions from $_o\Psi_{mn}$.

The *even E-mode functions* are represented by

$$_eE'_{z\,mn} = _e\gamma'^2_{mn}\,_e\Phi_{mn}(\xi,\eta)\exp\!\left(\pm i\sqrt{k^2 - _e\gamma'^2_{mn}}\,z\right),$$

$$_eH'_{z\,mn} = 0,$$

$$_eE'_{t\,mn} = \pm i\sqrt{k^2 - _e\gamma'^2_{mn}}\;V_t\left[_e\Phi_{mn}(\xi,\eta)\right]\times$$
$$\times\exp\!\left(\pm i\sqrt{k^2 - _e\gamma'^2_{mn}}\,z\right),$$

$$\pm(_eZ'_{mn})\,_eH'_{t\,mn} = \boldsymbol{e}_z\times\,_eE'_{t\,mn},$$

$$_eZ'_{mn} = \frac{\sqrt{k^2 - _e\gamma'^2_{mn}}}{\omega\varepsilon}\,.$$

(14.)

The *odd E-mode functions* are obtained from expressions (14.8) by replacing $_e\Phi_{mn}$ and $_e\gamma'_{mn}$ by $_o\Phi_{mn}$ and $_o\gamma'_{mn}$ respectively.

The *even H-mode functions* are represented by

$$_eH''_{z\,mn} = _e\gamma''^2_{mn}\,_e\Psi_{mn}(\xi,\eta)\exp\!\left(\pm i\sqrt{k^2 - _e\gamma''^2_{mn}}\,z\right),\qquad _eE''_{z\,mn} = 0,$$

$$_eH''_{t\,mn} = \pm i\sqrt{k^2 - _e\gamma''_{mn}}\;V_t\left[_e\Psi_{mn}(\xi,\eta)\right]\exp\!\left(\pm i\sqrt{k^2 - _e\gamma''^2_{mn}}\,z\right),$$

$$_eE''_{t\,mn} = \mp(_eZ''_{mn})\,\boldsymbol{e}_z\times\,_eH''_{t\,mn},\qquad _eZ''_{mn} = \frac{\omega\mu}{\sqrt{k^2 - _e\gamma''^2_{mn}}}\,.$$

(14.9)

The *odd H-mode functions* are obtained from expressions (14.9) by replacing $_e\Psi_{mn}$ and $_e\gamma''_{mn}$ by $_o\Psi_{mn}$ and $_o\gamma''_{mn}$ respectively.

The *cut-off wavelengths* of the various modes are $2\pi/_e\gamma'_{mn}$ for $_eE_{mn}$-mode, $2\pi/_o\gamma'_{mn}$ for $_oE_{mn}$-mode, $2\pi/_e\gamma''_{mn}$ for $_eH_{mn}$-mode, and $2\pi/_o\gamma''_{mn}$ for $_oH_{mn}$-mode.

In Fig. 20 the ratio $2\pi/s\gamma$ of the cut-off wavelength $2\pi/\gamma$ to the perimeter s of the waveguide is plotted as a function of eccentricity for the six lowest order modes. The $_eH_{11}$-mode has the longest cut-off wavelength and is therefore the *dominant mode*. When the eccentricity of the guide becomes zero, the cross-section becomes circular and the cut-off wavelengths of both the $_oH_{11}$-mode and the $_eH_{11}$-mode smoothly approach the cut-off wavelength of the H_{11}-mode of a circular guide. Similarly the cut-off wavelengths of the $_oE_{11}$-mode and the $_eE_{11}$-mode approach the cut-off wavelength of the E_{11}-mode of a circular guide. We can think of this behavior as the splitting of the degenerate H_{11}-mode and E_{11}-mode of a circular guide into the $_eH_{11}$-mode, $_oH_{11}$-mode and $_eE_{11}$-mode, $_oE_{11}$-mode respectively, caused by a deformation of the circular guide. The situation is different, however, for the $_eE_{01}$-mode and the $_eH_{01}$-mode; although these modes approach respectively the behavior of the E_{01}-mode and the H_{01}-mode of a cir-

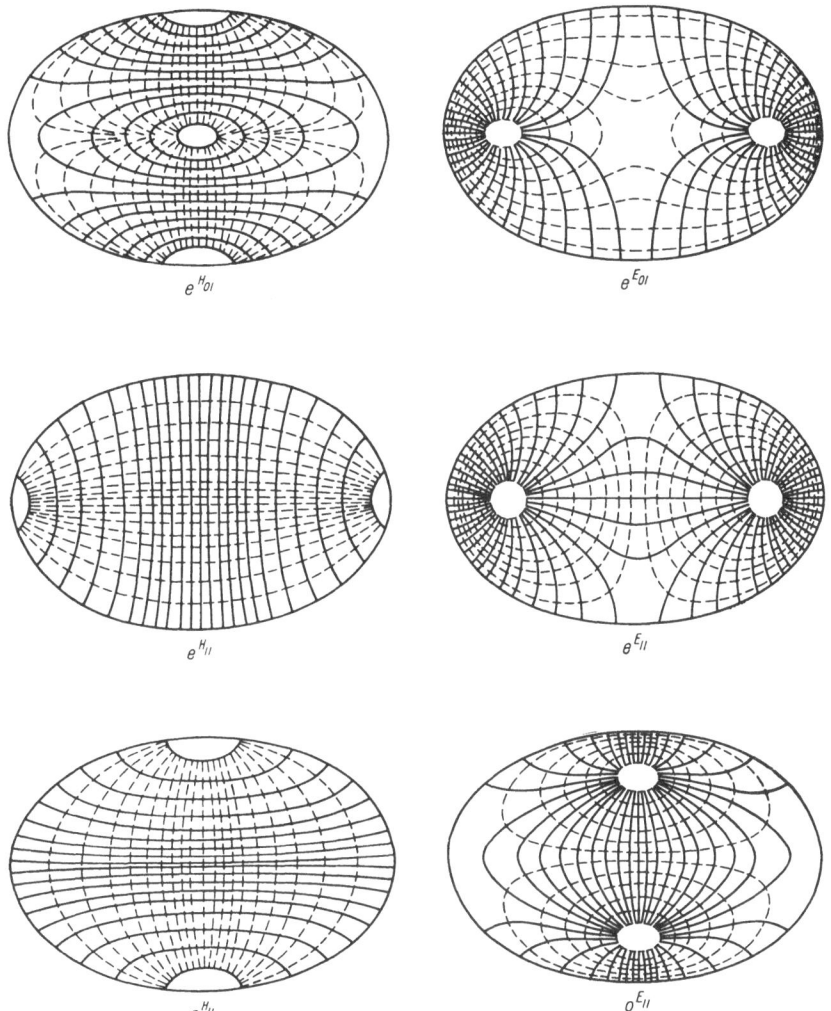

Fig. 21. Cross-sectional view of electric (continuous) and magnetic (dashed) lines of force for six lowest order modes of elliptical waveguide of eccentricity $\frac{3}{4}$ (after CHU).

cular waveguide as the eccentricity of the guide approaches zero, no mode-splitting takes place in this instance since the E_{01}-mode and the H_{01}-mode in the circular guide are not degenerate[1].

The field configurations of the modes represented in Fig. 20 are shown in Fig. 21 for the case of an elliptical waveguide of eccentricity $\frac{3}{4}$. To visualize how the modes of a circular guide pass into the modes of an elliptical guide, these configurations may be compared with those of a circular waveguide shown in Fig. 15.

---

[1] L. BRILLOUIN: Electrical Commun. **16**, 350 (1937/38). — L. J. CHU: J. Appl. Phys. **9**, 583 (1938).

For quantitative information regarding the *attenuation* of the six lowest order modes of an elliptical waveguide, the reader is referred to Chu's paper. The attenuation of these modes vary with frequency in the normal way, viz., near cut-off the attenuation is high and then decreases rapidly to a minimum from which it steadily rises as the frequency is increased. This is also true for the $_eH_{01}$-mode except in the limit of vanishing eccentricity. Here with decreasing eccentricity the attenuation minimum moves toward infinity and the attenuation curve approaches from above the anomalous attenuation of the H_{01}-mode of a circular waveguide.

15. Parabolic waveguide. Although parabolic waveguides are hardly of practical importance, we briefly discuss them here for the sake of completeness. As one would expect, their behavior is similar to the behavior of elliptical guides[1].

The cross-section of a parabolic waveguide is bounded by two intersecting parabolas of a parabolic coordinate system, Fig. 22. The parabolic coordinates (ξ, η) are related to the rectangular coordinates (x, y) by the following relations

$$x = \tfrac{1}{2}(\xi^2 - \eta^2); \quad y = \xi\eta. \tag{15.1}$$

Eliminating first η and then ξ we obtain from these relations

$$x = \frac{1}{2}\left(\xi^2 - \frac{y^2}{\xi^2}\right) \quad \text{and} \quad x = \frac{1}{2}\left(-\eta^2 + \frac{y^2}{\eta^2}\right). \tag{15.2}$$

These equations define two orthogonal families of confocal parabolas with common focus at $x = y = 0$. The parabolas $\xi = $const open toward $x = -\infty$ whereas the parabolas $\eta = $const open toward $x = \infty$. The degenerate parabolas $\xi = 0$ and $\eta = 0$ correspond to the negative and positive x-axis respectively. To insure that to each point (x, y) there corresponds one and only one point (ξ, η) we must restrict the range over which ξ and η can vary. We choose $\xi \geq 0$, $-\infty \leq \eta \gtrless \infty$.

The eigenfunctions Φ_p and Ψ_p must satisfy the Helmholtz equations

$$\left.\begin{aligned}
\frac{1}{\xi^2 + \eta^2}\left[\frac{\partial^2}{\partial\xi^2} + \frac{\partial^2}{\partial\eta^2}\right]\Phi_p + \gamma_p'^2\,\Phi_p &= 0, \\
\frac{1}{\xi^2 + \eta^2}\left[\frac{\partial^2}{\partial\xi^2} + \frac{\partial^2}{\partial\eta^2}\right]\Psi_p + \gamma_p''^2\,\Psi_p &= 0.
\end{aligned}\right\} \tag{15.3}$$

If the separated product $U(\xi)\,V(\eta)$ represents a solution, we find by substituting into Eqs. (15.3) that U and V satisfy Weber's equation of the confluent hypergeometric type[2]:

$$\left.\begin{aligned}
\frac{\partial^2}{\partial\xi^2}\,U(\xi) + (\gamma^2\xi^2 - m)\,U(\xi) &= 0, \\
\frac{\partial^2}{\partial\eta^2}\,V(\eta) + (\gamma^2\eta^2 + m)\,V(\eta) &= 0,
\end{aligned}\right\} \tag{15.4}$$

where $m = 0, 1, 2, 3, \ldots$[3]. For each value of m we get even solutions $_eU_m$, $_eV_m$ and odd solutions $_oU_m$, $_oV_m$. The parity with respect to $\xi = 0$ requires that as $\xi \to 0$ from above, $_oU_m(\xi) \to 0$ and $\frac{\partial}{\partial\xi}\,_eU_m(\xi) \to 0$; the parity with respect to $\eta = 0$ requires that as $\eta \to 0$ from above, $_oV_m(\eta) \to 0$ and $\frac{\partial}{\partial\eta}\,_eV_m(\eta) \to 0$.

---

[1] R. D. Spence and C. P. Wells: Phys. Rev. **62**, 58 (1942).
[2] H. Weber: Math. Ann. **1**, 1 (1869).
[3] When $m = 0$ the functions U and V become the same and the solution $U(\xi)\,V(\eta)$ is symmetrical about the y-axis. Therefore, the value $m = 0$ is permitted only for a cross section which is symmetric with respect to the y-axis.

We consider each eigenfunction as the sum of an even function and an odd function such that along the line $y=0$ lies a loop (maximum) of the even function and a node (zero) of the odd function. This splitting of the eigenfunctions into odd and even parts allows one to find the eigenfunctions for the entire cross-section by solving the boundary-value problems for the upper half of the cross-section where $0 \le \xi \le a$, $0 \le \eta \le a$, and then continuing the solution into the lower half by reflection about the line $y=0$. We shall consider a parabolic waveguide symmetrical about both the lines $x=0$ and $y=0$, as shown in Fig. 23.

Formally the odd and even parts of the eigenfunctions can be written in the following un-normalized forms[1]:

$$
\left.
\begin{aligned}
_e\Phi_{mn} &= {}_eU_m\left({}_e\gamma'_{mn}\xi^2\right){}_eV_m\left({}_e\gamma'_{mn}\eta^2\right), \quad
_o\Phi_{mn} = {}_oU_m\left({}_o\gamma'_{mn}\xi^2\right){}_oV_m\left({}_o\gamma'_{mn}\eta^2\right), \\
_e\Psi_{mn} &= {}_eU_m\left({}_e\gamma''_{mn}\xi^2\right){}_eV_m\left({}_e\gamma''_{mn}\eta^2\right), \quad
_o\Psi_{mn} = {}_oU_m\left({}_o\gamma''_{mn}\xi^2\right){}_oV_m\left({}_o\gamma''_{mn}\eta^2\right).
\end{aligned}
\right\}
\tag{15.5}
$$

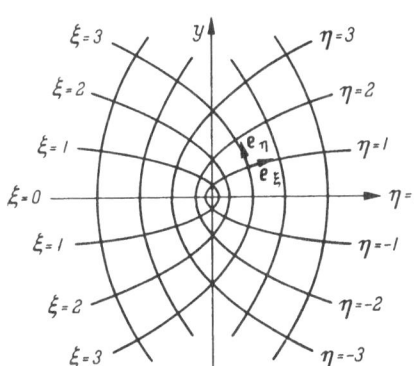

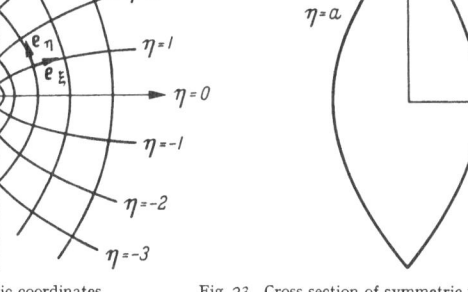

Fig. 22. Parabolic coordinates.   Fig. 23. Cross-section of symmetric parabolic waveguide

The eigenvalues are determined from the boundary conditions on the waveguide walls: for the symmetric guide $_e\Phi_{mn}$, $_o\Phi_{mn}$ and the normal derivatives of $_e\Psi_{mn}$, $_o\Psi_{mn}$ must disappear along the arcs $\xi=a$, $0 \le \eta \le a$ and $\eta=a$, $0 \le \xi \le a$. That is, for the E-modes

$$
\left.
\begin{aligned}
_eU_m\left({}_e\gamma'_{mn}a^2\right) &= 0, \quad {}_eV_m\left({}_e\gamma'_{mn}a^2\right) = 0, \\
_oU_m\left({}_o\gamma'_{mn}a^2\right) &= 0, \quad {}_oV_m\left({}_o\gamma'_{mn}a^2\right) = 0,
\end{aligned}
\right\}
\tag{15.6}
$$

and for the H-modes

$$
\left.
\begin{aligned}
\left[\frac{d}{d\xi}\,{}_eU_m\left({}_e\gamma''_{mn}\xi^2\right)\right]_{\xi=a} &= 0, \quad
\left[\frac{d}{d\eta}\,{}_eV_m\left({}_e\gamma''_{mn}\eta^2\right)\right]_{\eta=a} = 0, \\
\left[\frac{d}{d\xi}\,{}_oU_m\left({}_o\gamma''_{mn}\xi^2\right)\right]_{\xi=a} &= 0, \quad
\left[\frac{d}{d\xi}\,{}_oV_m\left({}_o\gamma''_{mn}\eta^2\right)\right]_{\eta=a} = 0,
\end{aligned}
\right\}
\tag{15.7}
$$

where $_e\gamma'_{mn}a^2$, $_o\gamma'_{mn}a^2$, $_e\gamma''_{mn}a^2$, $_o\gamma''_{mn}a^2$ denote the n-th roots of the functions of order m.

Numerical results are available for $m=0$. It follows from Eqs. (15.4) that when $m=0$ the U- and V-functions are identical and can be-expressed in terms of Bessel functions:

$$
\left.
\begin{aligned}
_eU_{0n}\left({}_o\gamma'_{0n}\xi^2\right) &\sim \xi^{\frac12}J_{-\frac14}\left(\tfrac12\,{}_e\gamma'_{0n}\xi^2\right), \\
_oU_{0n}\left({}_o\gamma'_{0n}\xi^2\right) &\sim \xi^{\frac12}J_{\frac14}\left(\tfrac12\,{}_o\gamma'_{0n}\xi^2\right)
\end{aligned}
\right\}
\tag{15.8}
$$

[1] It is seen from Eqs. (15.3) that $\gamma\,\xi^2$ and $\gamma\,\eta^2$ have the dimension one.

and

$$\frac{d}{d\xi}\,{}_eU_{0n}\left({}_e\gamma''_{0n}\xi^2\right) \sim \xi^{\frac{3}{2}}\,J_{\frac{3}{4}}\left(\tfrac{1}{2}\,{}_e\gamma''_{0n}\xi^2\right), \left.\begin{array}{c} \\ \\ \end{array}\right\}$$
$$\frac{d}{d\xi}\,{}_oU_{0n}\left({}_o\gamma''_{0n}\xi^2\right) \sim \xi^{\frac{3}{2}}\,J_{-\frac{3}{4}}\left(\tfrac{1}{2}\,{}_o\gamma''_{0n}\xi^2\right). \qquad\qquad (15.9)$$

Substituting expressions (15.8) and (15.9) into Eqs. (15.6) and (15.7), one finds for the *E-modes*:

$${}_e\gamma'_{01}\,a^2 = 4.013, \quad {}_e\gamma'_{02}\,a^2 = 10.246, \left.\begin{array}{c} \\ \\ \end{array}\right\}\ (E_{0n}\text{-}mode) \qquad (15.10)$$
$${}_o\gamma'_{01}\,a^2 = 5.562, \quad {}_o\gamma'_{02}\,a^2 = 11.812$$

and for the *H-modes*:

$${}_e\gamma''_{01}\,a^2 = 6.982, \quad {}_e\gamma''_{01}\,a^2 = 13.305, \left.\begin{array}{c} \\ \\ \end{array}\right\}\ (H_{0n}\text{-}mode). \qquad (15.11)$$
$${}_o\gamma''_{01}\,a^2 = 2.124, \quad {}_o\gamma''_{02}\,a^2 = 8.597$$

The longest cut-off wavelengths for the *E-* and *H*-modes are respectively

$${}_e(\lambda'_c)_{01} = \frac{2\pi}{{}_e\gamma'_{01}} = \frac{2\pi a^2}{4.013} = 1.566\,a^2 \quad (lowest\ order\ E\text{-}mode), \left.\begin{array}{c} \\ \\ \\ \end{array}\right\}$$
$${}_o(\lambda''_c)_{01} = \frac{2\pi}{{}_o\gamma''_{01}} = \frac{2\pi a^2}{2.124} = 2.958\,a^2 \quad (dominant\ H\text{-}mode). \qquad (15.12)$$

To find the mode functions it is helpful to know that in parabolic coordinates the transverse gradient operator is given by

$$\sqrt{\xi^2 + \eta^2}\,\nabla_t = \boldsymbol{e}_\xi\frac{\partial}{\partial\xi} + \boldsymbol{e}_\eta\frac{\partial}{\partial\eta}. \qquad (15.13)$$

For further details we refer to Spence and Wells'paper, loc. cit.

16. Equilateral-triangular waveguide. The eigenfunctions and eigenvalues of a waveguide whose cross-section is an equilateral triangle can be found most conveniently by using trilinear coordinates[1]. In terms of the *Cartesian* coordinates (x, y), the trilinear coordinates (u, v, w) are defined by the following relations:

$$u = y, \quad v = -\frac{\sqrt{3}}{2}x - \frac{1}{2}y, \quad w = \frac{\sqrt{3}}{2}x - \frac{1}{2}y. \qquad (16.1)$$

As shown in Fig. 24, these coordinates are oblique; they are dependent in the sense that

$$u + v + w = 0. \qquad (16.2)$$

The unit vectors $\boldsymbol{e}_u$, $\boldsymbol{e}_v$, $\boldsymbol{e}_w$ point in the directions of increasing u, v, w and are connected to the unit vectors $\boldsymbol{e}_x$, $\boldsymbol{e}_y$ of the *Cartesian* coordinate system by the following relations:

$$\boldsymbol{e}_u = \boldsymbol{e}_y, \quad \boldsymbol{e}_v = -\frac{\sqrt{3}}{2}\boldsymbol{e}_x - \frac{1}{2}\boldsymbol{e}_y, \quad \boldsymbol{e}_w = \frac{\sqrt{3}}{2}\boldsymbol{e}_x - \frac{1}{2}\boldsymbol{e}_y. \qquad (16.3)$$

Hence

$$\boldsymbol{e}_u + \boldsymbol{e}_v + \boldsymbol{e}_w = 0. \qquad (16.4)$$

A corollary of Eqs. (16.3) is the following dyadic equation:

$$\boldsymbol{e}_u\boldsymbol{e}_u + \boldsymbol{e}_v\boldsymbol{e}_v + \boldsymbol{e}_w\boldsymbol{e}_w = \tfrac{3}{2}(\boldsymbol{e}_x\boldsymbol{e}_x + \boldsymbol{e}_y\boldsymbol{e}_y), \qquad (16.5)$$

---

[1] G. Lamé: Leçons sur l'élasticité p. 131. Paris 1852.

which states that the dyadic on the left is equal to $\frac{3}{2}$ times the unit two-dimensional dyadic. Let A_u, A_v, A_w be the projections of a vector $\boldsymbol{A}$ on the u, v, w-axes and A_x, A_y its projections on the x, y axes; then with the aid of this dyadic relation we find that

$$A_u^2 + A_v^2 + A_w^2 = \boldsymbol{A} \cdot (\boldsymbol{e}_u\,\boldsymbol{e}_u + \boldsymbol{e}_v\,\boldsymbol{e}_v + \boldsymbol{e}_w\,\boldsymbol{e}_w) \cdot \boldsymbol{A} \left.\vphantom{\frac{3}{2}}\right\}$$
$$= \tfrac{3}{2}\,\boldsymbol{A} \cdot (\boldsymbol{e}_x\,\boldsymbol{e}_x + \boldsymbol{e}_y\,\boldsymbol{e}_y) \cdot \boldsymbol{A} = \tfrac{3}{2}\,(A_x^2 + A_y^2)\,. \left.\right\} \quad (16.6)$$

Since $A_x^2 + A_y^2$ is equal to the square of the magnitude of the vector $\boldsymbol{A}$, we conclude from Eq. (16.6) that

$$\boldsymbol{A}^2 = \boldsymbol{A} \cdot \boldsymbol{A} = \tfrac{2}{3}\,\{A_u^2 + A_v^2 + A_w^2\}\,. \qquad (16.7)$$

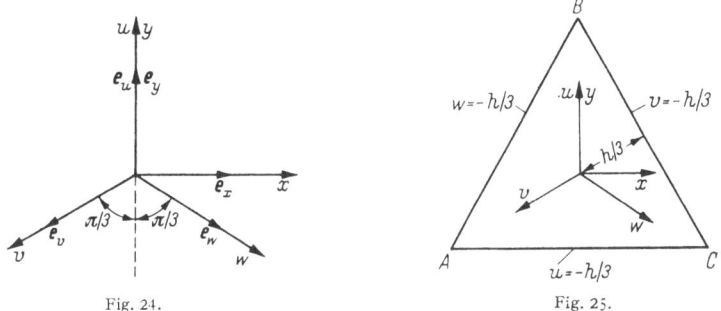

Fig. 24.   Fig. 25.

Fig. 24. Trilinear coordinates u, v, w.

Fig. 25. Equilateral triangle with sides of length a and of height $h = \dfrac{a}{2}\sqrt{3}$. Side AC is given by $u = -\dfrac{h}{3}$, BC by $v = -\dfrac{h}{3}$, and AB by $w = -\dfrac{h}{3}$. The inscribed circle has radius $\dfrac{h}{3}$.

The equations in trilinear coordinates of the sides of an equilateral triangle are $u = -\dfrac{h}{3}$, $v = -\dfrac{h}{3}$, $w = -\dfrac{h}{3}$ where $\dfrac{h}{3}$ is the radius of the inscribed circle, Fig. 25.

To find the eigenfunctions and eigenvalues for the E- and H-modes we must solve the boundary-value problems (4.14) and (4.15) for an equilateral-triangular region:

$$\left(\frac{\partial^2}{\partial x^2} + \frac{\partial^2}{\partial y^2} + \gamma_p'^2\right)\Phi_p = 0, \quad \text{with} \quad \Phi_p = 0 \text{ on walls,} \quad \textit{(E-modes)} \quad (16.8)$$

and

$$\left(\frac{\partial^2}{\partial x^2} + \frac{\partial^2}{\partial y^2} + \gamma_p''^2\right)\Psi_p = 0, \quad \text{with} \quad \frac{\partial \Psi_p}{\partial n} = 0 \text{ on walls,} \quad \textit{(H-modes)}, \quad (16.9)$$

where in Cartesian coordinates the equations for the three walls are $y = -\dfrac{h}{3}$, $\dfrac{\sqrt{3}}{2}\,x + \dfrac{1}{2}\,y = \dfrac{h}{3}$, and $\dfrac{\sqrt{3}}{2}\,x - \dfrac{1}{2}\,y = -\dfrac{h}{3}$. The eigenfunctions Φ_p and Ψ_p which are defined within the equilateral-triangular region can be extended by a reflection procedure to cover the entire x, y-plane. We reflect first about the three sides of the triangle, then about the three lines that pass through the vertices in directions parallel to the opposite sides, and so on without limit until the eigenfunctions are defined over the entire x y-plane. The eigenfunctions, thus extended, are spatially periodic functions with period $2h$ in the u, v, and w directions.

We look for those solutions of the two-dimensional Helmholtz equation that have the proper spatial periodicity. That is, we must determine a continuous function $Q(x, y)$ with continuous derivatives that satisfies at every point of the

x, y-plane the two-dimensional Helmholtz equation

$$\left(\frac{\partial^2}{\partial x^2} + \frac{\partial^2}{\partial y^2} + \gamma^2\right) Q(x, y) = 0 \tag{16.10}$$

and is periodic in the directions u, v, w with period $2h$. Such a function must be composed of uniform plane waves. An expression[1] that is composed of uniform plane waves, that satisfies Eq. (16.10) for all values of x and y, and possesses the required periodicity is

$$Q(\boldsymbol{r}) = \sum_{\lambda, \mu, \nu} e^{i\,\boldsymbol{\gamma} \cdot (\boldsymbol{r} - 2h\lambda\boldsymbol{e}_u - 2h\mu\boldsymbol{e}_v - 2h\nu\boldsymbol{e}_w)}, \tag{16.11}$$

where $\boldsymbol{\gamma} \cdot \boldsymbol{\gamma} = \gamma^2$ is an eigenvalue of Eq. (16.10), $\boldsymbol{r} = x\boldsymbol{e}_x + y\boldsymbol{e}_y$, and the summation is over all integral values (positive, negative, and zero) of λ, μ, ν. With the aid of Poisson's summation formula,

$$\sum_{\alpha=-\infty}^{\alpha=\infty} e^{i\alpha x} = 2\pi \sum_{\alpha=-\infty}^{\alpha=\infty} \delta(x - 2\pi a), \quad (-\infty \leq x \leq \infty) \tag{16.12}$$

where $\delta(x)$ is the *Dirac* delta function, Eq. (16.11) can be cast into the form

$$\left.\begin{aligned} Q(\boldsymbol{r}) &= e^{i\,\boldsymbol{\gamma} \cdot \boldsymbol{r}} (2\pi)^3 \sum_{\lambda=-\infty}^{\lambda=\infty} \sum_{\mu=-\infty}^{\mu=\infty} \sum_{\nu=-\infty}^{\nu=\infty} \delta(2h\,\boldsymbol{e}_u \cdot \boldsymbol{\gamma} - 2\pi\lambda) \times \\ &\quad \times \delta(2h\,\boldsymbol{e}_v \cdot \boldsymbol{\gamma} - 2\pi\mu)\,\delta(2h\,\boldsymbol{e}_w \cdot \boldsymbol{\gamma} - 2\pi\nu). \end{aligned}\right\} \tag{16.13}$$

This expression vanishes identically unless simultaneously

$$\boldsymbol{e}_u \cdot \boldsymbol{\gamma} = \gamma_u = \frac{\pi}{h}\,l, \quad \boldsymbol{e}_v \cdot \boldsymbol{\gamma} = \gamma_v = \frac{\pi}{h}\,m, \quad \boldsymbol{e}_w \cdot \boldsymbol{\gamma} = \gamma_w = \frac{\pi}{h}\,n, \tag{16.14}$$

where l, m, n are integers (positive, negative, or zero). Therefore functions $Q(\boldsymbol{r})$ of the required periodicity exist only if the eigenvalues γ^2 of the E- and H-modes belong to the discrete set of numbers

$$\gamma^2 = \gamma_x^2 + \gamma_y^2 = \frac{2}{3}\,(\gamma_u^2 + \gamma_v^2 + \gamma_w^2) = \frac{2}{3}\frac{\pi^2}{h^2}(l^2 + m^2 + n^2), \tag{16.15}$$

where the first two equalities are based on Eqs. (16.7) and the last one follows from Eqs. (16.14). The integers l, m, n, however, are not independent; according to relations (16.4) and (16.14) they are linearly related by

$$l + m + n = 0. \tag{16.16}$$

By superposing with appropriate amplitude factors functions of the form $\exp(i\boldsymbol{\gamma} \cdot \boldsymbol{r})$ we can build the (un-normalized) eigenfunctions Φ_p and Ψ_p. In order to satisfy the boundary conditions for each mode we combine all such functions belonging to the same eigenvalue γ^2. The ordinal subscript p is a shorthand representation of l, m, n. In view of Eqs. (16.5) and (16.14) we have

$$\left.\begin{aligned} \boldsymbol{\gamma} \cdot \boldsymbol{r} &= \boldsymbol{\gamma} \cdot (\boldsymbol{e}_x\boldsymbol{e}_x + \boldsymbol{e}_y\boldsymbol{e}_y) \cdot \boldsymbol{r} = \frac{2}{3}\,\boldsymbol{\gamma} \cdot (\boldsymbol{e}_u\boldsymbol{e}_u + \boldsymbol{e}_v\boldsymbol{e}_v + \boldsymbol{e}_w\boldsymbol{e}_w) \cdot \boldsymbol{r} \\ &= \frac{2}{3}\frac{\pi}{h}(l\boldsymbol{e}_u \cdot \boldsymbol{r} + m\boldsymbol{e}_v \cdot \boldsymbol{r} + n\boldsymbol{e}_w \cdot \boldsymbol{r}) = \frac{2}{3}\frac{\pi}{h}(lu + mv + nw). \end{aligned}\right\} \tag{16.17}$$

We first consider *E-modes* for which the condition $\Phi_p = 0$ must be satisfied at the boundaries. A pair of proper functions that vanishes on the boundary

---

[1] J. Schwinger: Unpublished lecture notes on electromagnetic fields in waveguides.

$u = -\dfrac{h}{3}$ is

$$e^{\frac{2\pi i}{3h}(lu+mv+nw-lh)} - e^{-\frac{2\pi i}{3h}(lu+nv+mw-lh)}. \tag{16.18}$$

The disappearance of this expression along the line $u = -\dfrac{h}{3}$ becomes obvious when with the aid of $l+m+n=0$, $u+v+w=0$ it is written as

$$2i\sin\frac{l\pi}{h}\left(u-\frac{2}{3}h\right)e^{\frac{2\pi i}{3h}(m-n)\frac{v-w}{2}}. \tag{16.19}$$

Since $u=y$ and $v-w=-\sqrt{3}\,x$, it can also be written as

$$2i\sin\frac{l\pi}{h}\left(y-\frac{2}{3}h\right)e^{\frac{\pi i}{\sqrt{3}h}(m-n)\,x}. \tag{16.20}$$

By cyclic permutation of l, m, n two other pairs of functions that vanish along the line $u = -\dfrac{h}{3}$ are obtained. Adding the three pairs of functions and taking the real and imaginary parts of the sum, one can easily verify that the expressions so obtained vanish along the three lines $u=-\dfrac{h}{3}$, $v=-\dfrac{h}{3}$, $w=-\dfrac{h}{3}$. Moreover, they satisfy the two-dimensional Helmholtz equation and possess the required periodicity. Hence they represent the E-mode eigenfunctions of the equilateral triangular waveguide. Thus one obtains for the *E-mode eigenfunctions*

$$
\begin{aligned}
\Phi_{lmn}(x,y) = \ & \sin\frac{l\pi}{h}\left(y-\frac{2h}{3}\right)\frac{\cos}{\sin}\frac{\pi}{\sqrt{3}h}(m-n)\,x\ + \\
& + \sin\frac{m\pi}{h}\left(y-\frac{2h}{3}\right)\frac{\cos}{\sin}\frac{\pi}{\sqrt{3}h}(n-l)\,x\ + \\
& + \sin\frac{n\pi}{h}\left(y-\frac{2h}{3}\right)\frac{\cos}{\sin}\frac{\pi}{\sqrt{3}h}(l-m)\,x.
\end{aligned}
\tag{16.21}
$$

A permutation of the integers l, m, n, does not produce new eigenfunctions. In view of Eq. (16.15) the *cut-off wavelengths* of the E-modes are given by

$$(\lambda_c')_{lmn} = \frac{2\pi}{\gamma_{lmn}} = \frac{\sqrt{6}\,h}{\sqrt{l^2+m^2+n^2}} \qquad (E_{lmn}\text{-}mode), \tag{16.22}$$

where it is not permissible for any integer to be zero. This restriction is placed on l, m, n in order to exclude eigenfunctions that are identically zero. Therefore, the E-mode with the longest cut-off wavelength corresponds to $m=n=1$, $l=-2$, viz.,

$$(\lambda_c')_{-2,1,1} = h = \frac{\sqrt{3}}{2}\,a \qquad (lowest\ order\ E\text{-}mode). \tag{16.23}$$

Whenever *two* of the integers l, m, n are equal, the sine functions of x in representation (16.21) vanish; consequently the lowest order E-mode with $m=n=1$ is non-degenerate. However, in general, the E-modes are two-fold degenerate (sine-cosine degeneracy).

The *H-mode* eigenfunctions Ψ_p, which obey the boundary conditions $\partial\Psi_p/\partial n=0$ along $u=-\dfrac{h}{3}$, $v=-\dfrac{h}{3}$, and $w=-\dfrac{h}{3}$, are obtained by a similar procedure. A suitable pair of functions $\exp(i\boldsymbol{\gamma}\cdot\boldsymbol{r})$ the normal derivative of which vanishes at $u=-\dfrac{h}{3}$ is given by

$$e^{\frac{2\pi i}{3h}(lu+mv+nw-lh)} + e^{-\frac{2\pi i}{3h}(lu+nv+mw-lh)}. \tag{16.24}$$

Indeed, the gradient operator when applied to a function of argument $(lu + mv + nw)$ with $l + m + n = 0$, can be expressed by

$$\boldsymbol{e}_u \cdot \boldsymbol{V} = \frac{3}{2} \frac{\partial}{\partial u}, \qquad \boldsymbol{e}_v \cdot \boldsymbol{V} = \frac{3}{2} \frac{\partial}{\partial v}, \qquad \boldsymbol{e}_w \cdot \boldsymbol{V} = \frac{3}{2} \frac{\partial}{\partial w}. \tag{16.25}$$

Hence, by virtue of the first of relations (16.25) the normal derivative along $u = -\dfrac{h}{3}$ of the expression (16.24), which may be written as

$$2 \cos \frac{l\pi}{h} \left(u - \frac{2h}{3} \right) e^{\frac{2\pi i}{3h} (m-n) \frac{v-w}{2}}, \tag{16.26}$$

obviously vanishes. By adding to expression (16.26) two similar expressions, deduced from it by the cyclic permutation of l, m, n, a resultant expression is constructed, the normal derivative of which vanishes along $u = -\dfrac{h}{3}$, $v = -\dfrac{h}{3}$, $w = -\dfrac{h}{3}$. Replacing u by y, and $(v - w)$ by $-\sqrt{3}\,x$ one finally arrives at the *H-mode eigenfunctions:*

$$\begin{aligned}
\Psi_{lmn}(x, y) = \cos \frac{l\pi}{h} \left(y - \frac{2h}{3} \right) \frac{\cos}{\sin} \frac{\pi}{\sqrt{3}h} (m - n)\, x + \\
+ \cos \frac{m\pi}{h} \left(y - \frac{2h}{3} \right) \frac{\cos}{\sin} \frac{\pi}{\sqrt{3}h} (n - l)\, x + \\
+ \cos \frac{n\pi}{h} \left(y - \frac{2h}{3} \right) \frac{\cos}{\sin} \frac{\pi}{\sqrt{3}h} (l - m)\, x.
\end{aligned} \tag{16.27}$$

Here again a permutation of the integers l, m, n does not yield new eigenfunctions.

The *cut-off wavelengths* for the *H-modes* are given by

$$(\lambda_c'')_{lmn} = \frac{2\pi}{\gamma_{mn}''} = \frac{\sqrt{6}\,h}{\sqrt{l^2 + m^2 + n^2}} \qquad (H_{lmn}\text{-mode}). \tag{16.28}$$

Unlike the case of the E-mode cut-off wavelengths, it is here permissible for anyone integer to be zero. The lowest order H-mode which constitutes the dominant mode of the guide, corresponds equivalently to $l = 0$, $m = 1$, $n = -1$, or $l = -1$, $m = 0$, $n = 1$, or $l = -1$, $m = 1$, $n = 0$; that is, the cut-off wavelength of the dominant mode is given by

$$(\lambda_c'')_{0,1,-1} = (\lambda_c'')_{-1,0,1} = (\lambda_c'')_{-1,1,0} = \sqrt{3}\,h = \frac{3}{2}\, a \qquad (\text{dominant } H\text{-mode}). \tag{16.29}$$

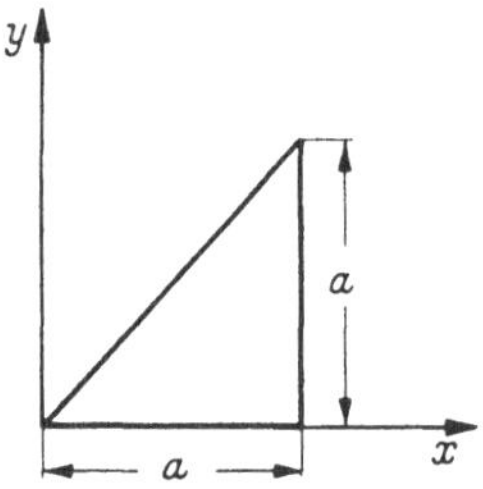

Fig. 26. Cross-section of isosceles right-triangular waveguide.

Since for this mode not two of the integers l, m, n are equal, we see that it is two-fold degenerate (sine-cosine degeneracy).

The field components of the E- and H-modes are readily obtained by substituting Φ_{lmn} of Eq. (16.21) and Ψ_{lmn} of Eq. (16.27) into Eqs. (4.18) and (4.19) respectively.

17. Other cylindrical waveguides of simple cross-section. $\alpha)$ *Isosceles right-triangular cross-section.* The modes of an *isosceles right-triangular waveguide*, Fig. 26, can be obtained by a superposition of the degenerate modes of a square waveguide. When the eigenfunctions and eigenvalues of a rectangular waveguide as given by expressions (11.3) and (11.4), are made to apply to a square waveguide by setting b equal to a, we see that $\Phi_{mn} = \Phi_{nm}$, $\Psi_{mn} = \Psi_{nm}$, $\gamma_{mn} = \gamma_{nm}$, and $\gamma_{mn}'' = \gamma_{nm}''$. Since γ_{mn}' and γ_{nm}' are equal, by superposing Φ_{nm} and $-\Phi_{nm}$ we obtain a new eigenfunction of the square waveguide that vanishes also along the diagonal $(y=x)$. Similarly we obtain a new eigenfunction whose normal derivative vanishes also along the diagonal by superposing Ψ_{mn} and Ψ_{nm}. These new eigenfunctions are appropriate for an isosceles right-triangular waveguide since they satisfy the Helmholtz equation and the boundary conditions.

Consequently, the un-normalized eigenfunctions and the eigenvalues of an isosceles right-triangular waveguide are as follows:

$$\left.\begin{aligned}\Phi_{mn}(x,y) &= \sin\left(\frac{m\pi x}{a}\right)\sin\left(\frac{n\pi y}{a}\right) - \sin\left(\frac{n\pi x}{a}\right)\sin\left(\frac{m\pi y}{a}\right), \\ \gamma'_{mn} &= \frac{\pi}{a}\sqrt{m^2+n^2}\end{aligned}\right\} \quad E\text{-mode}, \qquad (17.1)$$

$$\left.\begin{aligned}\Psi_{mn}(x,y) &= \cos\left(\frac{m\pi x}{a}\right)\cos\left(\frac{n\pi y}{a}\right) + \cos\left(\frac{n\pi x}{a}\right)\cos\left(\frac{m\pi y}{a}\right), \\ \gamma''_{mn} &= \frac{\pi}{a}\sqrt{m^2+n^2}\end{aligned}\right\} \quad H\text{-mode}. \qquad (17.2)$$

Along the boundaries $y=0$, $x=a$, and $y=x$, the eigenfunctions Φ_{mn} obviously disappear. Moreover, the normal derivative of Ψ_{mn} disappears along $y=0$ and $x=a$; to verify that it disappears along the hypotenuse $(y=x)$ we note that $\frac{\partial}{\partial n}=\frac{1}{\sqrt{2}}\left(-\frac{\partial}{\partial x}+\frac{\partial}{\partial y}\right)$ along the hypotenuse. Thus Φ_{mn} and Ψ_{mn} satisfy all the required boundary conditions.

Antisymmetrical reflection of any E-mode eigenfunction or symmetrical reflection of any H-mode eigenfunction about the diagonal $x=y$ defines for the entire square region a function that is continuous with continuous derivatives, obeys the Helmholtz equation, satisfies the required boundary conditions on all sides of the square, and is consequently an eigenfunction of the square. It can be shown that all possible E- and H-mode eigenfunctions of the isosceles right-triangular waveguide are derivable from the eigenfunctions of the square[1].

In the case of Φ_{mn}, an interchange of m and n produces a trivial change of sign, and when $m=n$ the eigenfunction vanishes. Hence, m and n are restricted such that $0<m<n$. Of all possible E-modes the one with the longest *cut-off wavelength* is the E_{12}-mode (or equivalently the E_{21}-mode):

$$(\lambda'_c)_{12} = (\lambda'_c)_{21} = \frac{2\pi}{\gamma'_{12}} = \frac{2a}{\sqrt{5}} \quad \text{(lowest order } E\text{-mode).} \qquad (17.3)$$

It is seen from expression (17.2) that with the exception of $m=n=0$ all H-modes exist. An interchange of m and n leaves Ψ_{mn} unchanged. The longest *cut-off wavelength* for an H-mode occurs when $m=0$, $n=1$, viz.,

$$(\lambda''_c)_{01} = (\lambda''_c)_{10} = \frac{2\pi}{\gamma''_{01}} = 2a \quad \text{(dominant } H\text{-mode).} \qquad (17.4)$$

β) *Triangle with angles 30-60-90°.* We have derived above the eigenfunctions and eigenvalues of an isosceles right-triangular waveguide from a knowledge of the eigenfunctions and eigenvalues of a square waveguide. In a similar manner we now derive the eigenfunctions and eigenvalues of a waveguide whose cross-section is a 30-60-90° triangle from our results for the equilateral triangular waveguide.

---

[1] The converse of this statement is not true, however. All possible E- and H-mode eigenfunctions for the square cannot be derived from the eigenfunctions of the triangle for to accomplish this eigenfunctions that satisfy mixed boundary conditions $(\partial\Phi/\partial n=0$ and $\Psi=0$ along diagonal, $\Phi=0$ and $\partial\Psi/\partial n$ along two sides) would also be required.

Referring to Fig. 27, we see that the 30-60-90° triangle is just half of the equilateral triangle ABC. The E-mode and H-mode eigenfunctions of the equilateral triangle fit the boundary conditions of the 30-60-90° triangle if in Eq. (16.21) terms containing cosine functions of x are suppressed and in Eq. (16.27) terms containing sine functions of x are suppressed. Thus the un-normalized eigenfunctions and eigenvalues of a waveguide whose cross-section is a 30-60-90° triangle are:

$$
\left.
\begin{aligned}
\Phi_{mn}(x, y) &= \sin \frac{l\pi}{h}\left(y - \frac{2h}{3}\right)\sin \frac{\pi}{\sqrt{3}h}(m - n)\,x + \\
&+ \sin \frac{m\pi}{h}\left(y - \frac{2h}{3}\right)\sin \frac{\pi}{\sqrt{3}h}(n - l)\,x + \\
&+ \sin \frac{n\pi}{h}\left(y - \frac{2h}{3}\right)\sin \frac{\pi}{\sqrt{3}h}(l - m)\,x, \\
\gamma_{lmn}'^{2} &= \frac{2}{3}\frac{\pi^2}{h^2}(l^2 + m^2 + n^2)
\end{aligned}
\right\}\quad E\text{-mode}, \quad (17.5)
$$

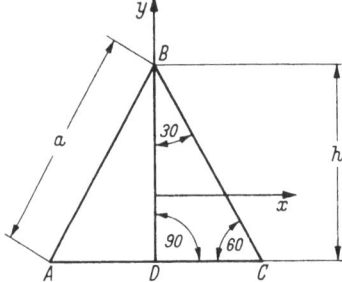

Fig. 27. Two 30-60-90° triangles, BCD and BAD, are formed by the perpendicular bisector BD of the equilateral triangle ABC.

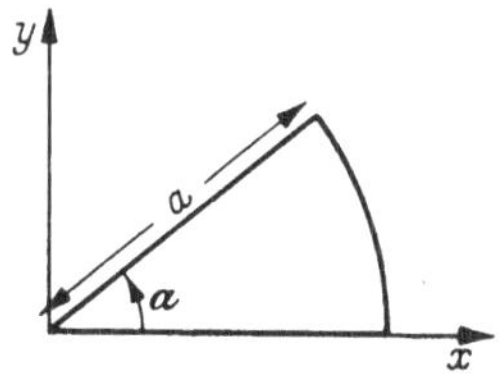

Fig. 28. Cross-section of sectoral waveguide with radius a and angle α.

wherein none of the integers l, m, n can be zero and not two integers can be equal; and

$$
\left.
\begin{aligned}
\Psi_{lmn}(x, y) &= \cos \frac{l\pi}{h}\left(y - \frac{2h}{3}\right)\cos \frac{\pi}{\sqrt{3}h}(m - n)\,x + \\
&+ \cos \frac{m\pi}{h}\left(y - \frac{2h}{3}\right)\cos \frac{\pi}{\sqrt{3}h}(n - l)\,x + \\
&+ \cos \frac{n\pi}{h}\left(y - \frac{2h}{3}\right)\cos \frac{\pi}{\sqrt{3}h}(l - m)\,x, \\
\gamma_{lmn}''^{2} &= \frac{2}{3}\frac{\pi^2}{h^2}(l^2 + m^2 + n^2)
\end{aligned}
\right\}\quad H\text{-mode}, \quad (17.6)
$$

wherein any one of the three integers is permitted to be zero.

The lowest order E-mode of a 30-60-90° triangular waveguide corresponds to $l = -3$, $m = 1$, $n = 2$. The *cut-off wavelength* of this mode is

$$
(\lambda_c')_{-3, 1, 2} = \frac{2\pi}{\gamma_{-3, 1, 2}'} = \sqrt{\frac{3}{7}}\,h = \frac{3}{2\sqrt{7}}\,a \quad (lowest\ order\ E\text{-}mode). \quad (17.7)
$$

The lowest order H-mode (dominant mode) corresponds to $l = 0$, $m = 1$, $n = -1$, and has a *cut-off wavelength* given by

$$
(\lambda_c'')_{0, 1, -1} = \frac{2\pi}{\gamma_{0, 1, -1}''} = \sqrt{3}\,h = \frac{3}{2}\,a \quad (dominant\ H\text{-}mode). \quad (17.8)
$$

Comparing expressions (17.8) and (16.29) we see that the dominant mode of a 30-60-90° triangular waveguide has the same cut-off wavelength as the dominant mode of an equilateral triangular-waveguide.

We note here that some but not all of the modes of a *regular hexagon* can be obtained from the modes of an equilateral triangle.

The triangular cross-sections considered above are the only ones which by virtue of their symmetry properties can be treated by means of elementary functions

γ) *Circular sector.* Now we consider a cylindrical waveguide whose cross-section is a sector of a circle of opening α, as shown in Fig. 28. We use cylindrical coordinates ϱ, φ. The boundary-value problems (4.14) and (4.15) in cylindrical coordinates are as follows:

with
$$\left. \begin{array}{l} \left(\dfrac{\partial^2}{\partial \varrho^2} + \dfrac{1}{\varrho}\dfrac{\partial}{\partial \varrho} + \dfrac{1}{\varrho^2}\dfrac{\partial^2}{\partial \varphi^2} + \gamma_p'^2\right) \Phi_p(\varrho, \varphi) = 0 \\[2mm] \Phi_p = 0 \text{ when } \varphi = 0, \varphi = \alpha \text{ and } \varrho = a, \end{array} \right\} E\text{-mode}, \qquad (17.9)$$

and

with
$$\left. \begin{array}{l} \left(\dfrac{\partial^2}{\partial \varrho^2} + \dfrac{1}{\varrho}\dfrac{\partial}{\partial \varrho} + \dfrac{1}{\varrho^2}\dfrac{\partial^2}{\partial \varphi^2} + \gamma_p''^2\right) \Psi_p(\varrho, \varphi) = 0 \\[2mm] \dfrac{\partial \Psi_p}{\partial \varphi} = 0 \text{ when } \varphi = 0, \varphi = \alpha \text{ and } \dfrac{\partial \Psi_p}{\partial \varrho} = 0 \text{ when } \varrho = a, \end{array} \right\} H\text{-mode}. \quad (17.10)$$

The unnormalized eigenfunctions of these two boundary-value problems are

$$\Phi_{mn} = J_{\frac{m\pi}{\alpha}}(\gamma_{mn}' \varrho) \sin\left(m\pi\frac{\varphi}{\alpha}\right), \qquad m = 1, 2, 3, \ldots, \qquad (17.11)$$

$$\Psi_{mn} = J_{\frac{m\pi}{\alpha}}(\gamma_{mn}'' \varrho) \cos\left(m\pi\frac{\varphi}{\alpha}\right), \qquad m = 0, 1, 2, 3, \ldots, \qquad (17.12)$$

where the eigenvalues γ_{mn}' and γ_{mn}'' are determined by the transcendental equations

$$J_{\frac{m\pi}{\alpha}}(\gamma_{mn}' a) = 0, \qquad \frac{d}{d\varrho}\left[J_{\frac{m\pi}{\alpha}}(\gamma_{mn}'' \varrho)\right]_{\varrho=a} = 0. \qquad (17.13)$$

For certain special cases of α the problem becomes computationally simple. For example when $\alpha = \pi$ the sectoral waveguide becomes a semi-circular waveguide and the Bessel functions of non-integral order become of integral order. The eigenvalues γ_{mn}' and γ_{mn}'' are then easily determined from the roots of the Bessel functions and their derivatives. The eigenfunctions of a circular guide that satisfy homogeneous boundary conditions along the diameters $\varphi = 0$, $\varphi = \pi$ are appropriate to the case of the *semi*-circular waveguide. By referring to Sect. 12 we see that with an appropriate choice of the φ-dependence all the modes of the circular waveguide except the E_{0n}-mode do satisfy the proper boundary conditions along the lines $\varphi = 0$, $\varphi = \pi$; therefore, the eigenvalues of the circular and semicircular waveguides are the same except for γ_{0n}'. The lowest order *E-mode* of a *semicircular waveguide* is the E_{11}-mode since the E_{01}-mode does not exist. The *cut-off wavelength* of the E_{11}-mode is

$$(\lambda_c')_{11} = 1.64\,a \quad (lowest\ order\ E\text{-}mode). \qquad (17.14)$$

The lowest order *H-mode* of a *semi-circular waveguide* is the H_{11}-mode and has a *cut-off wavelength*

$$(\lambda_c'')_{11} = 3.41\,a \quad (dominant\ H\text{-}mode), \qquad (17.15)$$

which is equal to the cut-off wavelength of the dominant mode of a circular waveguide.

As another example we consider the case wherein $\alpha = 2\pi$. Physically this corresponds to a *circular waveguide with a radial vane*. The eigenvalues are determined by

$$J_{\frac{m}{2}}(\gamma'_{mn} a) = 0, \qquad \frac{d}{d\varrho}\left[J_{\frac{m}{2}}(\gamma''_{mn}\varrho)\right]_{\varrho=a} = 0. \qquad (17.16)$$

When m is even, we see from these relations that the eigenvalues are the same as those of the corresponding circular waveguide. When m is odd a set of modes foreign to the circular waveguide is obtained. Specifically when $m = 1$, the boundary conditions (17.16) become respectively

$$\sin(\gamma'_{1n} a) = 0, \qquad \tan(\gamma''_{1n} a) = 2\gamma''_{1n} a, \qquad (17.17)$$

since $J_{\frac{1}{2}}(x) = \sqrt{\dfrac{2}{\pi x}}\sin x$.

It follows that the *cut-off wavelengths* of the lowest order E- and H-modes are respectively

$$(\lambda'_c)_{11} = \frac{2\pi}{\gamma'_{1n}} = 2a \qquad \textit{(lowest order E-mode)}, \qquad (17.18)$$

$$(\lambda''_c)_{11} = \frac{2\pi}{\gamma''_{1n}} = 5.39a \qquad \textit{(dominant H-mode)}. \qquad (17.19)$$

A comparison of expression (17.18) with expression (12.7) shows that the cut-off wavelength of the lowest E-mode of a circular guide is *decreased* by a radial vane. This fact is due to the strengthening of the boundary conditions by the additional requirement that the eigenfunctions disappear along the radial vane. On the other hand we see by comparing expression (17.19) with expression (12.9) that the cut-off wavelength of the dominant H-mode is *increased*. This agrees with the fact that any relaxation in the conditions for the eigenfunctions decreases the eigenvalues; indeed, the insertion of the radial vane lifts the requirement of continuity along the vane[1].

δ) *Coaxial line sector.* A waveguide whose cross-section is bounded by two concentric circles and two radial lines, Fig. 29, is also of some interest. From the

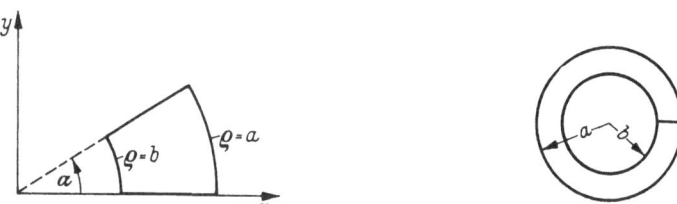

Fig. 29. Cross-section of waveguide bounded by radial lines $\varphi = 0$, $\varphi = \alpha$, and circular arcs $\varrho = b$, $\varrho = a$.   Fig. 30. Cross-section of septate coaxial line.

knowledge of the eigenfunctions (17.11) and (17.12), we can readily infer for the case in question that the un-normalized eigenfunctions are as follows:

$$\Phi_{mn} = \left[J_{\frac{m\pi}{\alpha}}(\gamma'_{mn}\varrho) N_{\frac{m\pi}{\alpha}}(\gamma'_{mn}b) - N_{\frac{m\pi}{\alpha}}(\gamma'_{mn}\varrho) J_{\frac{m\pi}{\alpha}}(\gamma'_{mn}b)\right]\sin\left(\frac{m\pi\varphi}{\alpha}\right), \qquad (17.20)$$

$$\Psi_{mn} = \left[J_{\frac{m\pi}{\alpha}}(\gamma''_{mn}\varrho) N'_{\frac{m\pi}{\alpha}}(\gamma''_{mn}b) - N'_{\frac{m\pi}{\alpha}}(\gamma''_{mn}\varrho) J_{\frac{m\pi}{\alpha}}(\gamma''_{mn}b)\right]\cos\left(\frac{m\pi\varphi}{\alpha}\right), \qquad (17.21)$$

---

[1] R. Courant and D. Hilbert: Methods of mathematical physics, Vol. I, p. 408. New York 1953.

where the eigenvalues $\gamma'_{mn}, \gamma''_{mn}$ are determined by the equations

$$J_{\frac{m\pi}{\alpha}}(\gamma'_{mn} a) N_{\frac{m\pi}{\alpha}}(\gamma'_{mn} b) = N_{\frac{m\pi}{\alpha}}(\gamma'_{mn} a) J_{\frac{m\pi}{\alpha}}(\gamma'_{mn} b), \qquad (17.22)$$

$$J'_{\frac{m\pi}{\alpha}}(\gamma''_{mn} a) N'_{\frac{m\pi}{\alpha}}(\gamma''_{mn} b) = N'_{\frac{m\pi}{\alpha}}(\gamma''_{mn} a) J'_{\frac{m\pi}{\alpha}}(\gamma''_{mn} b). \qquad (17.23)$$

The value $\alpha = 2\pi$ applies to the so-called *septate coaxial line* shown in Fig. 30. As b approaches zero the septate coaxial line passes into the previously discussed case of a circular waveguide with a radial vane; as b approaches a the line becomes equivalent to a rectangular waveguide transversely bent into an annular ring. In view of this we know that the cut-off wavelength of its dominant mode varies from $5.39\,a$ to $4\pi a$ as b varies from 0 to a, and it appears to do so almost linearly[1].

18. Waveguides of arbitrary cross-section. The waveguides of simple cross-section discussed so far have been cylindrical structures with cross-sections limited to those shapes that permit the application of the method of separation of variables to the boundary value problems (4.14) and (4.15).

We now briefly consider waveguides of *arbitrary* cross-sectional shape for which solutions in terms of known and tabulated eigenfunctions are not available. In these cases one necessarily has to resort to approximations which permit the determination of the field configurations and the cut-off frequencies to a limited degree of accuracy which, however, is frequently sufficient for practical purposes[2]. By comparison with waveguides of exactly treatable cross-sectional shape one often can visualize the general form of the field configuration, especially for the lower modes. From such approximate configurations one is led to "trial functions" replacing Φ_p and Ψ_p, which are not exact solutions of the corresponding boundary value problems but which constitute a fair approximation of the (unavailable) correct functions. By means of such trial functions one can obtain approximate expressions for the cut-off frequencies. In certain cases by a method of successive approximations it is possible to improve the trial functions and the values for the cut-off frequencies stepwise.

We shall limit our considerations here to an approximate method of obtaining values for the cut-off frequencies of waveguides of arbitrary cross-section, that is, for approximate eigenvalues γ^2 of the boundary value problems (4.14) and (4.15).

These eigenvalues can be expressed by the following functionals of the corresponding eigenfunctions:

$$\gamma'^2_p = \frac{\int_A (\nabla \Phi_p)^2 \, dx \, dy}{\int_A \Phi_p^2 \, dx \, dy}; \qquad \Phi_p = 0 \text{ on } C, \qquad (18.1)$$

$$\gamma''^2_p = \frac{\int_A (\nabla \Psi_p)^2 \, dx \, dy}{\int_A \Psi_p^2 \, dx \, dy}; \qquad \frac{\partial \Psi_p}{\partial n} = 0 \text{ on } C. \qquad (18.2)$$

The integrals extend over a cross-section A of the guide; without loss of generality rectangular coordinates may be used. To prove the validity of these two equations we only need to recall the normalization relations (6.22) and (6.23). We will show now that the above representations for γ are *stationary* with respect

[1] W. L. BARROW and H. SCHAEVITZ: Electr. Engineering. **60**, 119 (1941).

[2] For a simple *experimental* analog to determine the cut-off frequencies of waveguides with complicated cross sections see P. R. CLEMENT and W. C. JOHNSON: Proc. Inst. Radio Engrs. **43**, 89 (1955).

to the eigenfunctions. We compute the first variation $\delta\gamma'_p$ of the E-mode eigenvalue γ'_p produced by a variation $\delta\Phi_p$ of the E-mode eigenfunction Φ_p; by making use of the first of the vector identities in Eq. (6.7) and of Eqs. (6.23) we obtain

$$-\frac{\delta\gamma'_p}{\gamma'_p} = \int_A (\nabla^2\Phi_p + \gamma'^2_p\Phi_p)\,\delta\Phi_p\,dx\,dy - \oint_C \delta\Phi_p\frac{\partial\Phi_p}{\partial n}\,dl; \qquad (18.3)$$

the second integral extends over the contour C. Similarly from Eq. (18.2) we obtain

$$-\frac{\delta\gamma''_p}{\gamma''_p} = \int_A (\nabla^2\Psi_p + \gamma''_p\Psi_p)\,\delta\Psi_p\,dx\,dy - \oint_C \delta\Psi_p\frac{\partial\Psi_p}{\partial n}\,dl. \qquad (18.4)$$

We see from Eqs. (18.3) and (18.4) that the variations $\delta\gamma_p$ vanish for arbitrary variations $\delta\Phi_p$ and $\delta\Psi_p$ if

$$\nabla^2\Phi_p + \gamma'^2_p\Phi_p = 0 \quad\text{with}\quad \delta\Phi_p = 0 \text{ on } C, \qquad (18.5)$$

$$\nabla^2\Psi_p + \gamma''^2_p\Psi_p = 0 \quad\text{with}\quad \delta\Psi_p \text{ arbitrary on } C. \qquad (18.6)$$

For E-modes, therefore, the variation $\delta\Phi_p$ is subjected to the condition $\delta\Phi_p = 0$ along the contour C; no condition is necessary for the variation $\delta\Psi_p$ on C, since $\partial\Psi_p/\partial n$ is zero everywhere on the contour. Since the eigenfunctions Φ_p and Ψ_p obey the Helmholtz equations (18.5) and (18.6), the variations $\delta\gamma_p$ vanish for arbitrary variations $\delta\Phi_p$ and $\delta\Psi_p$ and hence the expressions (18.1) and (18.2) are *stationary* with respect to the correct eigenfunction Φ_p and Ψ_p. The Helmholtz equations (18.5) and (18.6) constitute the Euler-Lagrange equations of the stationary forms (18.1) and (18.2).

The expressions (18.1) and (18.2), for regular contours C, possess the following minimum properties: Among *all* functions $u(x,y)$ which are continuous within C with sectionally continuous derivatives and which obey the boundary condition $u = 0$ on C, it is the eigenfunction $\Phi_0(x,y)$ which minimizes the functional (18.1); its minimum value equals γ'^2_0. Similarly among *all* functions $v(x,y)$ which are continuous with continuous derivatives within C and with arbitrary boundary values on C, it is the eigenfunction Ψ_0 which minimizes the functional (18.2); the minimum value equals γ''^2_0.

Furthermore, if a trial function $u(x,y)$ vanishes on the contour C and is orthogonal to the first k eigenfunctions $\Phi_0, \Phi_1, \Phi_2, \ldots \Phi_{k-1}$ i.e., if

$$\int_A u\,\Phi_0\,dx\,dy = 0, \quad \int_A u\,\Phi_1\,dx\,dy = 0, \ldots, \quad \int_A u\,\Phi_{k-1}\,dx\,dy = 0, \qquad (18.7)$$

then, for $k > 0$,

$$\gamma'^2_k \leq \frac{\int_A (\nabla u)^2\,dx\,dy}{\int_A u^2\,dx\,dy} \qquad (E\text{-}mode). \qquad (18.8)$$

This functional is a minimum when $u = \Phi_k$ and its minimum value is γ'^2_k.

If a trial function $v(x,y)$ is orthogonal to the first k eigenfunctions $\Psi_0, \Psi_1, \Psi_2, \ldots \Psi_{k-1}$, then, for $k > 0$,

$$\gamma''^2_k \leq \frac{\int_A (\nabla v)^2\,dx\,dy}{\int_A v^2\,dx\,dy} \qquad (H\text{-}mode). \qquad (18.9)$$

This functional is a minimum when $v = \Psi_k$ and its minimum value is γ''^2_k.

The trial functions $u(x,y)$ are subjected to the boundary condition $u = 0$ on C; the trial functions $v(x,y)$ are not subjected to any boundary conditions on C. Both functions $u(x, y)$ and $v(x, y)$ must be continuous within C with section-ally continuous derivatives.

Owing to their stationary character and their minimum properties expressions (18.1) and (18.2) are useful for the approximate evaluation of the eigenvalues, that is, of the cut-off frequencies for waveguides of other than simple cross-sectional shape. By choosing a trial function $u(x, y)$ or $v(x, y)$, which approximates the correct eigenfunction Φ_p or Ψ_p, one can expect a relatively good approximation for the eigenvalue $\gamma_p'^2$ or $\gamma_p''^2$. For if the functions u and v over the cross-section A are close enough in average to the correct eigenfunctions, small variations $\delta\Phi_p$ and $\delta\Psi_p$ of Φ_p and Ψ_p cause the associated variations $\delta\gamma_p'$ and $\delta\gamma_p''$ to vanish when the stationary expressions (18.1) and (18.2) are used.

As a simple illustrative example we compute the cut-off wavelength of the dominant mode of a "ridged waveguide", Fig. 31. The outstanding property of this waveguide is that the cut-off wavelength of its dominant mode may be many times greater than a typical dimension of the cross-section. Owing to this fact the "bandwidth" between the cut-off frequency of the dominant H_{10}-mode and of the next higher H_{20}-mode can be made very wide[1]. As was mentioned in Sect. 4, the domi-nant mode of any cylindrical waveguide is

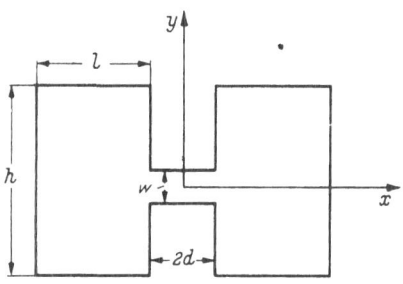

Fig. 31. Cross-section of ridged waveguide.

an H-mode with eigenvalue γ_1'' and eigenfunction Ψ_1. We use expression (18.9) with $k = 1$. According to conditions (18.7) the trial function v is subject to the condition

$$\int_A v(x, y)\, dx\, dy = 0, \tag{18.10}$$

since the eigenfunction Ψ_0 associated with $\gamma_0''^2 = 0$ is a constant. On physical grounds one can reason that for a relatively narrow constriction the electric field will be mainly concentrated in the region of the gap of width w. A simple trial function to bring this fact into account, satisfying condition (18.10) and being continuous over the cross-section is

$$v(x, y) = 1 \quad (x > d); \quad v(x, y) = -1 \quad (x < -d); \quad v(x, y) = \frac{x}{d} \quad (|x| \leq d). \tag{18.11}$$

Substituting the trial function (18.11) into expression (18.9), we obtain the inequality

$$\gamma_1''^2 < \frac{1}{\dfrac{h\,l\,d}{w} + \dfrac{d^2}{3}}. \tag{18.12}$$

As w/h approaches zero, we see that $\gamma_1''^2$ is bound from above by a value which decreases toward zero. Since the corresponding cut-off wavelength is given by $2\pi/\gamma_1''$, the cut-off wavelength of the dominant mode increases without limit as the constriction narrows. When $w/h \ll 1$, one obtains rather accurately

$$(\lambda_c'') \approx 2\pi \sqrt{\frac{h\,l\,d}{w}} \quad \textit{(dominant H-mode)}. \tag{18.13}$$

For further examples and details the reader is referred to the literature[2].

[1] For data on the ridged waveguide see S. B. Cohn: Proc. Inst. Radio Engrs. **35**, 783 (1947). — S. Hopfer: Trans. Inst. Radio Engrs., MTT-3, Nr. 5, 20 (1955). — H. G. Unger: Arch. elektr. Übertr. **9**, 157 (1955).

[2] For example, F. E. Borgnis and C. H. Papas: Randwertprobleme der Mikrowellen-physik, Sect. 14. Berlin-Göttingen-Heidelberg: Springer 1955.

D. Miscellaneous waveguides.

In this chapter we consider horn-like waveguides, curved and twisted waveguides, dielectric waveguides, and strip lines.

19. Sectoral horn waveguide. A sectoral horn waveguide is a simply flared rectangular waveguide, as shown in Fig. 32. It encloses a region bounded by two parallel metallic surfaces $z=0$, $z=l$ and two flared metallic surfaces $\varphi=0$, $\varphi=\varphi_0$. We assume that the structure extends from $\varrho=\varrho_0$ to $\varrho=\infty$ where ϱ_0 denotes a small distance greater than zero. We are interested in waves traveling from $\varrho=\varrho_0$ toward $\varrho=\infty$; for the present purpose we need not specify the type of excitation that launches these waves.

The sectoral horn waveguide is a generalization of the previously discussed sectoral (cylindrical) waveguide, Fig. 28. Indeed, one obtains the case of a sectoral horn waveguide by visualizing a line source along the z-axis of a sectoral waveguide, replacing the boundary condition at its outer surface by the radiation condition, and inserting electric walls at cross-sections $z=0$ and $z=l$.

In the sectoral horn waveguide there are standing waves in the z- and the φ-direction, and outwardly traveling waves in the ϱ-direction. The field components can be derived from the z-components of the electric and magnetic Hertz vectors $\varPi'_z$ and $\varPi''_z$. In cylindrical coordinates the three-dimensional Helmholtz equations (4.5) and (4.6) take the following form:

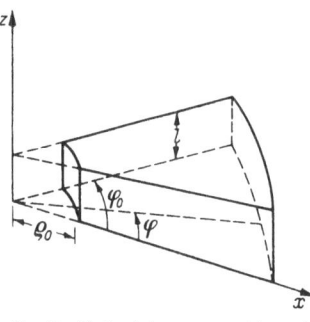

Fig. 32. Sectoral horn waveguide and associated cylindrical coordinate system.

$$\left(\frac{\partial^2}{\partial \varrho^2} + \frac{1}{\varrho}\frac{\partial}{\partial \varrho} + \frac{1}{\varrho^2}\frac{\partial^2}{\partial \varphi^2} + \frac{\partial^2}{\partial z^2} + k^2 \right) \genfrac{}{}{0pt}{}{\varPi'_z}{\varPi''_z} = 0, \quad (19.1)$$

where $k^2 = \omega^2 \varepsilon \mu$. Since we know a priori that the z-dependence of $\varPi'_z$ and $\varPi''_z$ must represent standing rather than traveling waves, we write

$$\varPi'_z(\varrho, \varphi, z) = \varPhi(\varrho, \varphi) \genfrac{}{}{0pt}{}{\cos}{\sin} h'z, \qquad \varPi''_z(\varrho, \varphi, z) = \varPsi(\varrho, \varphi) \genfrac{}{}{0pt}{}{\cos}{\sin} h''z. \quad (19.2)$$

Substituting expressions (19.2) into Eqs. (19.1) we obtain the following two-dimensional Helmholtz equations:

$$(\nabla^2 + \gamma'^2)\,\varPhi(\varrho, \varphi) = 0, \quad (\nabla^2 + \gamma''^2)\,\varPsi(\varrho, \varphi) = 0, \quad (19.3)$$

where

$$\gamma'^2 = k^2 - h'^2, \qquad \gamma''^2 = k^2 - h''^2. \quad (19.4)$$

Since $\varPhi(\varrho, \varphi)$ and $\varPsi(\varrho, \varphi)$ must represent standing waves in the φ-direction and outwardly traveling waves in the ϱ-direction, we choose as solutions of Eqs. (19.3)

$$\varPhi(\varrho, \varphi) = H^{(1)}_{q'}(\gamma'\varrho) \genfrac{}{}{0pt}{}{\cos}{\sin} q'\varphi, \qquad \varPsi(\varrho, \varphi) = H^{(1)}_{q''}(\gamma''\varrho) \genfrac{}{}{0pt}{}{\cos}{\sin} q''\varphi, \quad (19.5)$$

where $H^{(1)}_q(x)$ is the Hankel function of the first kind and of order q (real but otherwise unrestricted). For large values of a real argument x, the function $H^{(1)}_q(x)$ has the following asymptotic form which, in agreement with the radiation condition, represents a wave traveling in the direction of increasing x:

$$H^{(1)}_q(x) \to \sqrt{\frac{2}{\pi x}}\, e^{ix}\, e^{-\frac{i\pi}{4}(2q+1)} \quad \text{as} \quad x \to \infty. \quad (19.6)$$

So far the solutions

$$
\begin{aligned}
\Pi'_z(\varrho, \varphi, z) &= H^{(1)}_{q'}(\gamma'\varrho) \; {\cos \atop \sin} q'\varphi \; {\cos \atop \sin} h'z, \\
\Pi''_z(\varrho, \varphi, z) &= H^{(1)}_{q''}(\gamma''\varrho) \; {\cos \atop \sin} q''\varphi \; {\cos \atop \sin} h''z
\end{aligned}
\right\} \tag{19.7}
$$

satisfy the Helmholtz equations (19.1), the condition of standing waves in the z- and φ-directions and of traveling waves in the ϱ-direction. In addition they must satisfy the boundary conditions on the top and bottom walls as well as the flared sides of the guide.

The field components in cylindrical coordinates follow from Eqs. (4.1) and (4.2):

$$
\begin{aligned}
E'_\varrho &= \frac{\partial}{\partial\varrho}\frac{\partial}{\partial z}\Pi'_z, \qquad E'_\varphi = \frac{1}{\varrho}\frac{\partial}{\partial\varphi}\frac{\partial}{\partial z}\Pi'_z, \qquad E'_z = \gamma'^2\Pi'_z, \\
H'_\varrho &= -i\omega\varepsilon\frac{1}{\varrho}\frac{\partial}{\partial\varphi}\Pi'_z, \qquad H'_\varphi = i\omega\varepsilon\frac{\partial}{\partial\varrho}\Pi'_z, \qquad H'_z = 0
\end{aligned}
\right\} \tag{19.8}
$$

and

$$
\begin{aligned}
H''_\varrho &= \frac{\partial}{\partial\varrho}\frac{\partial}{\partial z}\Pi''_z, \qquad H''_\varphi = \frac{1}{\varrho}\frac{\partial}{\partial\varphi}\frac{\partial}{\partial z}\Pi''_z, \qquad H''_z = \gamma''^2\Pi''_z, \\
E''_\varrho &= i\omega\mu\frac{1}{\varrho}\frac{\partial}{\partial\varphi}\Pi''_z, \qquad E''_\varphi = -i\omega\mu\frac{\partial}{\partial\varrho}\Pi''_z, \qquad E''_z = 0.
\end{aligned}
\right\} \tag{19.9}
$$

The requirement that the tangential components of the primed and double-primed electric fields disappear on the walls of the guide therefore implies the following conditions for Π'_z and Π''_z:

$$
\begin{aligned}
\frac{\partial}{\partial z}\Pi'_z = 0 \text{ on bottom wall } z=0, &\qquad \frac{\partial}{\partial z}\Pi'_z = 0 \text{ on top wall } z=l; \\
\Pi'_z = 0 \text{ on flared side } \varphi=0, &\qquad \Pi'_z = 0 \text{ on flared side } \varphi=\varphi_0
\end{aligned}
\right\} \tag{19.10}
$$

and

$$
\begin{aligned}
\Pi''_z = 0 \text{ on bottom wall } z=0, &\qquad \Pi''_z = 0 \text{ on top wall } z=l; \\
\frac{\partial}{\partial\varphi}\Pi''_z = 0 \text{ on flared side } \varphi=0, &\qquad \frac{\partial}{\partial\varphi}\Pi''_z = 0 \text{ on flared side } \varphi=\varphi_0.
\end{aligned}
\right\} \tag{19.11}
$$

Applying boundary conditions (19.10) and (19.11) to expressions (19.7) we finally obtain the un-normalized eigenfunctions

$$
\Pi'_z(\varrho, \varphi, z) = H^{(1)}_{\frac{m\pi}{\varphi_0}}(\gamma\varrho)\sin\left(\frac{m\pi\varphi}{\varphi_0}\right)\cos\left(\frac{n\pi}{l}z\right), \tag{19.12}
$$

where $m=1, 2, 3, \ldots$ and $n=0, 1, 2, 3, \ldots$;

$$
\Pi''_z(\varrho, \varphi, z) = H^{(1)}_{\frac{m\pi}{\varphi_0}}(\gamma\varrho)\cos\left(\frac{m\pi\varphi}{\varphi_0}\right)\sin\left(\frac{n\pi}{l}z\right), \tag{19.13}
$$

where $m=0, 1, 2, 3, \ldots$ and $n=1, 2, 3, \ldots$. In both of these expressions

$$
\gamma^2 = k^2 - h^2 = k^2 - \left(\frac{n\pi}{l}\right)^2. \tag{19.14}
$$

With respect to the z-direction Π'_z yields E-waves, for which $E'_z \neq 0$ and $H'_z = 0$, and Π''_z yields H-waves, for which $H''_z \neq 0$ and $E''_z = 0$. However, since ϱ is the direction of propagation, some authors prefer to classify these sectoral horn waves in terms of the existence or non-existence of the ϱ-components rather than the z-components of the field. Accordingly, if we take the ϱ-direction as the preferred one, we are led to the definition that an H-wave is characterized by $E_\varrho = 0$, $H_\varrho \neq 0$, and an E-wave by $H_\varrho = 0$, $E_\varrho \neq 0$. To avoid possible ambiguity, in this classification we shall prefix the labels of these waves such that one type is called a *pseudo H-wave* and the other a *pseudo E-wave*. Upon substituting expressions (19.12) and (19.13) into formulas (19.8) and (19.9) respectively, it becomes evident that no pseudo E-waves are possible in a sectoral horn waveguide. Also, since Π_z' leads to a field whose magnetic vector lies completely in a longitudinal section, i.e., a plane parallel to the top and bottom walls of the guide, and Π_z'' to a field whose electric vector lies completely in such a longitudinal section, the waves in a sectoral horn waveguide are longitudinal section waves.

The field components of a pseudo H_{m0}-wave derived from Π_z' of expression (19.12) with $n = 0$ are

$$
\left.
\begin{aligned}
E_z' &= k^2 H_{\frac{m\pi}{\varphi_0}}^{(1)}(k\varrho) \sin\left(\frac{m\pi\varphi}{\varphi_0}\right), \\
H_\varrho' &= -i\omega\varepsilon \frac{m\pi}{\varphi_0} \frac{1}{\varrho} H_{\frac{m\pi}{\varphi_0}}^{(1)}(k\varrho) \cos\left(\frac{m\pi\varphi}{\varphi_0}\right), \\
H_\varphi' &= i\omega\varepsilon \frac{\partial}{\partial\varrho}\left[H_{\frac{m\pi}{\varphi_0}}^{(1)}(k\varrho)\right] \sin\left(\frac{m\pi\varphi}{\varphi_0}\right), \\
E_\varrho' &= 0, \quad E_\varphi' = 0, \quad H_z' = 0. \quad (m = 1, 2, 3, \ldots)
\end{aligned}
\right\}
\begin{array}{c} pseudo \\ H_{m0}\text{-}wave \end{array} \quad (19.15)
$$

The field components of a pseudo H_{0n}-wave are derived from Π_z'' of expression (19.13) with $m = 0$:

$$
\left.
\begin{aligned}
H_z'' &= \gamma^2 H_0^{(1)}(\gamma\varrho) \sin\left(\frac{n\pi}{l}z\right), \\
H_\varrho'' &= \left(\frac{n\pi}{l}\right)\frac{\partial}{\partial\varrho}\left[H_0^{(1)}(\gamma\varrho)\right] \cos\left(\frac{n\pi}{l}z\right), \\
E_\varphi'' &= -i\omega\mu \frac{\partial}{\partial\varrho}\left[H_0^{(1)}(\gamma\varrho)\right] \sin\left(\frac{n\pi}{l}z\right), \\
H_\varphi'' &= 0, \quad E_\varrho'' = 0, \quad E_z'' = 0, \quad (n = 1, 2, 3, \ldots)
\end{aligned}
\right\}
\begin{array}{c} pseudo \\ H_{0n}\text{-}wave \end{array} \quad (19.16)
$$

where

$$
\gamma = \sqrt{k^2 - \left(\frac{n\pi}{l}\right)^2}. \tag{19.17}
$$

From Eq. (19.17) we see that the pseudo H_{0n}-mode cuts off when $k = n\pi/l$, whereas the pseudo H_{m0}-wave displays no cut-off phenomenon.

In comparing the field configuration in a cross section $\varrho = \text{const}$ of the sectoral horn with the field configurations in a cross section $z = \text{const}$ of a cylindrical guide of rectangular cross section, we see from Eqs. (11.7) that in both guides the H_{m0}-waves as well as the H_{0n}-waves show the same pattern over corresponding cross sections normal to the direction of propagation. The pseudo H_{0n}-wave is independent of the flare angle φ_0.

Using the asymptotic form (19.6) for the Hankel function we obtain from Eqs. (19.15) the field components of the *pseudo H_{m0}-wave* in the *far-zone* where $k\varrho \gg 1$:

$$
\left.
\begin{aligned}
E_z' &= k^2 \sqrt{\frac{2}{\pi k\varrho}}\, e^{ik\varrho} e^{-\frac{i\pi}{4}\left(\frac{2m\pi}{\varphi_0}+1\right)} \sin\left(\frac{m\pi\varphi}{\varphi_0}\right), \\
H_\varrho' &= -i k\omega\varepsilon \frac{m\pi}{\varphi_0}\frac{1}{k\varrho}\sqrt{\frac{2}{\pi k\varrho}}\, e^{ik\varrho} e^{-\frac{i\pi}{4}\left(\frac{2m\pi}{\varphi_0}+1\right)} \cos\left(\frac{m\pi\varphi}{\varphi_0}\right), \\
H_\varphi' &= -k\omega\varepsilon \sqrt{\frac{2}{\pi k\varrho}}\, e^{ik\varrho} e^{-\frac{i\pi}{4}\left(\frac{2m\pi}{\varphi_0}+1\right)} \sin\left(\frac{m\pi\varphi}{\varphi_0}\right),
\end{aligned}
\right\}
\begin{array}{c} far\text{-}zone \\ pseudo \\ H_{m0}\text{-}wave \end{array} \quad (19.18)
$$

where $m = 1, 2, 3, \ldots$. Similarly we find from Eqs. (19.16) the field components of the *pseudo H_{0n}-wave* in the *far-zone:*

$$
\left.
\begin{aligned}
H_z'' &= \gamma^2 \sqrt{\frac{2}{\pi \gamma \varrho}} \, e^{i\gamma\varrho} e^{-\frac{i\pi}{4}} \sin\left(\frac{n\pi}{l} z\right), \\
H_\varrho'' &= i \, \frac{n\pi\gamma}{l} \sqrt{\frac{2}{\pi \gamma \varrho}} \, e^{i\gamma\varrho} e^{-\frac{i\pi}{4}} \cos\left(\frac{n\pi}{l} z\right), \\
E_\varphi'' &= \omega\mu\gamma \sqrt{\frac{2}{\pi \gamma \varrho}} \, e^{i\gamma\varrho} e^{-\frac{i\pi}{4}} \sin\left(\frac{n\pi}{l} z\right),
\end{aligned}
\right\}
\begin{array}{l}
\textit{far-zone} \\
\textit{pseudo} \\
H_{0n}\textit{-wave}
\end{array}
\qquad (19.19)
$$

where $n = 1, 2, 3, \ldots$.

To introduce a convenient measure of propagation and attenuation BARROW and CHU[1] noted that if a field component, say E_z, were written as

$$
E_z = C \, e^{-\alpha\varrho} e^{i\beta\varrho}, \qquad (19.20)
$$

where $\alpha(\varrho)$ is a real attenuation function, $\beta(\varrho)$ is a real phase function, and C is a quantity independent of ϱ, then

$$
-\alpha + i\beta = \frac{\dfrac{\partial}{\partial \varrho} E_z(\varrho, \varphi)}{E_z(\varrho, \varphi)} . \qquad (19.21)
$$

Applying definition (19.21) to E_z' of the pseudo H_{m0}-wave as given by the first of Eqs. (19.15), we find that

$$
\left.
\begin{aligned}
-\alpha + i\beta = \frac{\dfrac{\partial}{\partial \varrho} H_{\frac{m\pi}{\varphi_0}}^{(1)}(k\varrho)}{H_{\frac{m\pi}{\varphi_0}}^{(1)}(k\varrho)}
\end{aligned}
\right\}
\qquad (19.22)
$$

(pseudo H_{m0}-wave).

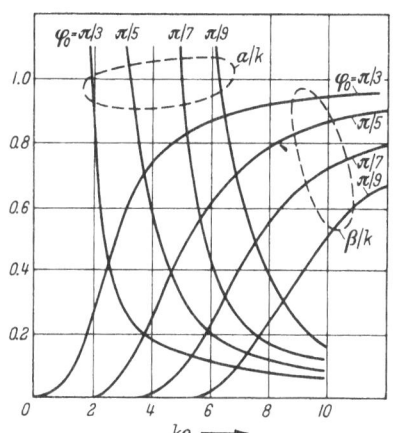

Fig. 33. Graph of α/k and β/k against $k\varrho$ for a pseudo H_{10}-wave in sectoral horn of flare angles $\varphi_0 = \pi/3, \pi/5, \pi/7,$ and $\pi/9$.

In the *near-zone* $(k\varrho \ll 1)$ we obtain the approximate expressions

$$
\frac{\alpha(k\varrho)}{k} = \frac{m\pi}{\varphi_0}\left(\frac{1}{k\varrho}\right), \qquad
\frac{\beta(k\varrho)}{k} = \frac{\pi}{\left[\Gamma\left(\dfrac{m\pi}{\varphi_0}\right)\right]^2}\left(\frac{k\varrho}{2}\right)^{\frac{2\pi m}{\varphi_0}-1}
\begin{array}{l}
\textit{(pseudo} \\
H_{m0}\textit{-wave,} \\
\textit{near-zone)} ,
\end{array}
\qquad (19.23)
$$

where $\Gamma(x)$ is the gamma function of real variable x.

In the *far-zone* $(k\varrho \gg 1)$ we obtain

$$
\frac{\alpha(k\varrho)}{k} = \frac{1}{2k\varrho}, \qquad
\frac{\beta(k\varrho)}{k} = 1 \quad \textit{(pseudo H_{m0}-wave, far-zone)}. \qquad (19.24)
$$

Accordingly, in the near-zone β/k is small compared to α/k; in the far-zone α/k is small compared to β/k. In view of this the near-zone is called the *attenuation region* and the far-zone the *transmission region*. As seen in Fig. 33 the attenuation function increases with decreasing flare angle φ_0. Since α in the near zone depends on the parameter $m\pi/\varphi_0$, an increase in m (the order of the pseudo H_{m0}-wave) is equivalent to a decrease of the flare angle φ_0. For a given flare angle φ_0 the attenuation increases with order m.

---

[1] W. L. BARROW and L. J. CHU: Proc. Inst. Radio Engrs. **27**, 51 (1939).

If we suppose that a source located in the vicinity of the throat of the horn excites a set of pseudo H_{m0}-waves including a pseudo H_{10}-wave, the higher order mode amplitudes according to Eqs. (19.23) decrease more rapidly in the attenuation region than does the amplitude of the H_{10}-mode. This fact becomes even more pronounced if we take the wall losses into account. The energy flow in the ϱ-direction is proportional to $-\mathrm{Re}[\varrho E'_z H'^*_\varphi]$ and $\mathrm{Re}[\varrho E''_\varphi H''^*_z]$; in the absence of losses the energy flow must be the same through any cross section $\varrho = \mathrm{const}$. From Eq. (19.8) we see that $-H'_\varphi$ by virtue of Eq. (19.21) is proportional to $(\beta + i\alpha)E'_z$; therefore in the attenuation region $(k\varrho \ll 1)$ according

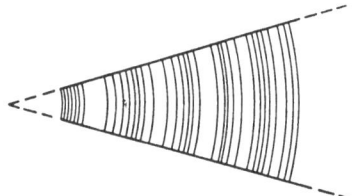 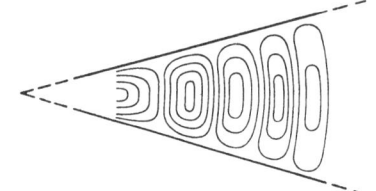

Fig. 34. Electric lines of force of pseudo H_{01}-mode in sectoral horn. Longitudinal section parallel to and equidistant from top and bottom surfaces (after BARROW and CHU).

Fig. 35. Magnetic lines of force of pseudo H_{10}-mode in sectoral horn. Longitudinal section parallel to top and bottom surfaces (after BARROW and CHU).

to Eqs. (19.23) H'_φ is almost 90° out of phase with respect to E'_z, whereas in the transmission region $(k\varrho \gg 1)$ according to Eqs. (19.24) H'_φ and E'_z are practically in phase. The same result is readily obtained for E''_φ and H''_z. A constant flow of energy therefore is only possible when the field amplitudes in the vicinity of the throat are much higher than in the transmission region. But this means that the wall-losses in the attenuation region are much higher than the ones in the transmission region; and since α/β in the attenuation region increases with order m of the waves, the steepness of the attenuation curves in Fig. 33 is increased by the wall losses with increasing order m. For a sufficiently small flare angle, therefore, a relatively pure H_{10}-wave is obtained in the transmission region.

The phase velocity $v_f = ck/\beta$ is large in the attenuation region and approaches the velocity of light c from above in the transmission region. The group velocity $v_g = c(dk/d\beta)$ is small in the attenuation region and approaches from below the velocity of light in the transmission region.

For further details the reader is referred to BARROW and CHU's paper. The electric and magnetic lines of force of the pseudo H_{10}-mode are illustrated in Figs. 34 and 35.

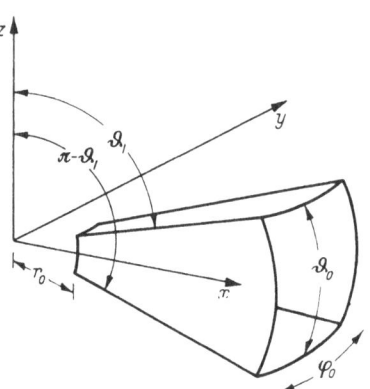

Fig. 36. Quasi-pyramidal horn waveguide.

20. Quasi-pyramidal horn waveguide. A quasi-pyramidal horn waveguide is a doubly flared waveguide as shown in Fig. 36. Its walls are described in spherical coordinates by the conical surfaces $\vartheta = \vartheta_1$ and $\vartheta = \pi - \vartheta_1$ and the plane surfaces $\varphi = 0$ and $\varphi = \varphi_0$; they may extend from a small distance $r = r_0$ to $r = \infty$. The opening angles are φ_0 and $\varphi_0 = \pi - 2\vartheta_1$. For small values of φ_0 and ϑ_0 the quasi-pyramidal waveguide is a good approximation of the pyramidal horn waveguide with plane walls and rectangular cross-section.

Let the structure be fed at the cross-section $r = r_0$; then from there emanate spherical E-waves and spherical H-waves which propagate within the guide in the direction of increasing r. Owing to their spherical nature the E-waves can be derived from a purely radial electric Hertz vector $\boldsymbol{\Pi}' = \boldsymbol{e}_r \Pi_r'$ and the H-waves from a purely radial magnetic Hertz vector $\boldsymbol{\Pi}'' = \boldsymbol{e}_r \Pi_r''$, where $\boldsymbol{e}_r$ denotes a unit vector in the r-direction.

In previous sections we required the Hertz vectors $\boldsymbol{\Pi}'$ and $\boldsymbol{\Pi}''$ to satisfy Eqs. (4.5) and (4.6) respectively. More generally they satisfy

$$\nabla U - \nabla \times \nabla \times \boldsymbol{\Pi}' + k^2 \boldsymbol{\Pi}' = 0, \tag{20.1}$$

$$\nabla V - \nabla \times \nabla \times \boldsymbol{\Pi}'' + k^2 \boldsymbol{\Pi}'' = 0, \tag{20.2}$$

where U and V are arbitrary functions[1]. Eqs. (4.5) and (4.6) are obtained by the specialization

$$U = \nabla \cdot \boldsymbol{\Pi}', \qquad V = \nabla \cdot \boldsymbol{\Pi}''. \tag{20.3}$$

For the present purpose we make the following choice:

$$U = \frac{\partial}{\partial r} \Pi_r', \qquad V = \frac{\partial}{\partial r} \Pi_r''. \tag{20.4}$$

Substituting relations (20.4) into Eqs. (20.1) and (20.2) respectively, we find that Π_r' and Π_r'' must satisfy

$$\left[\frac{\partial^2}{\partial r^2} + \frac{1}{r^2 \sin \vartheta} \frac{\partial}{\partial \vartheta} \left(\sin \vartheta \frac{\partial}{\partial \vartheta} \right) + \frac{1}{r^2 \sin^2 \vartheta} \frac{\partial^2}{\partial \varphi^2} + k^2 \right] \begin{matrix} \Pi_r' \\ \Pi_r'' \end{matrix} = 0. \tag{20.5}$$

Eqs. (20.5) may be written

$$(\nabla^2 + k^2) \frac{\Pi_r'}{r} = 0, \qquad (\nabla^2 + k^2) \frac{\Pi_r''}{r} = 0, \tag{20.6}$$

where in spherical coordinates the explicit form of the Laplacian operator is

$$\nabla^2 = \frac{1}{r^2} \frac{\partial}{\partial r} \left(r^2 \frac{\partial}{\partial r} \right) + \frac{1}{r^2 \sin \vartheta} \frac{\partial}{\partial \vartheta} \left(\sin \vartheta \frac{\partial}{\partial \vartheta} \right) + \frac{1}{r^2 \sin^2 \vartheta} \frac{\partial^2}{\partial \varphi^2}. \tag{20.7}$$

The choice of U and V does not affect the connections between the fields and the Hertz vectors in Eqs. (4.1) to (4.4), from which we obtain for the *spherical E-waves:*

$$\left. \begin{matrix} E_r' = k^2 \Pi_r' + \dfrac{\partial^2}{\partial r^2} \Pi_r', \quad E_\vartheta' = \dfrac{1}{r} \dfrac{\partial}{\partial r} \dfrac{\partial}{\partial \vartheta} \Pi_r', \quad E_\varphi' = \dfrac{1}{r \sin \vartheta} \dfrac{\partial}{\partial r} \dfrac{\partial}{\partial \varphi} \Pi_r', \\[2mm] H_r' = 0, \quad H_\vartheta' = -\dfrac{i \omega \varepsilon}{r \sin \vartheta} \dfrac{\partial}{\partial \varphi} \Pi_r', \quad H_\varphi' = \dfrac{i \omega \varepsilon}{r} \dfrac{\partial}{\partial \vartheta} \Pi_r' \end{matrix} \right\} \tag{20.8}$$

(spherical E-waves)

and for the *spherical H-waves:*

$$\left. \begin{matrix} H_r'' = k^2 \Pi_r'' + \dfrac{\partial^2}{\partial r^2} \Pi_r'', \quad H_\vartheta'' = \dfrac{1}{r} \dfrac{\partial}{\partial r} \dfrac{\partial}{\partial \vartheta} \Pi_r'', \quad H_\varphi'' = \dfrac{1}{r \sin \vartheta} \dfrac{\partial}{\partial r} \dfrac{\partial}{\partial \varphi} \Pi_r'', \\[2mm] E_r'' = 0, \quad E_\vartheta'' = \dfrac{i \omega \mu}{r \sin \vartheta} \dfrac{\partial}{\partial \varphi} \Pi_r'', \quad E_\varphi'' = -\dfrac{i \omega \mu}{r} \dfrac{\partial}{\partial \vartheta} \Pi_r''. \end{matrix} \right\} \tag{20.9}$$

(spherical H-waves).

The general solution of the Helmholtz equations (20.6) in spherical coordinates for outwardly traveling waves is

$$F(r, \vartheta, \varphi) = \frac{1}{\sqrt{r}} H_{q+\frac{1}{2}}^{(1)}(kr) L_q^p (\cos \vartheta) \begin{matrix} \cos \\ \sin \end{matrix} p \varphi, \tag{20.10}$$

---

[1] See for example, A. SOMMERFELD in FRANK and MISES: Die Differentialgleichungen und Integralgleichungen der Mechanik and Physik, p. 799. Braunschweig 1935.

where $F(r, \vartheta, \varphi)$ stands for either $\frac{1}{r} \Pi_r'$ or $\frac{1}{r} \Pi_r''$. The quantity $H_{q+\frac{1}{2}}^{(1)}(kr)$ is the Hankel function of the first kind, and by definition

$$L_q^p(\cos \vartheta) = C_1 P_q^p(\cos \vartheta) + C_2 Q_q^p(\cos \vartheta), \qquad (20.11)$$

where C_1 and C_2 are constants. The functions $P_q^p(\cos\vartheta)$ and $Q_q^p(\cos\vartheta)$ are the associated Legendre functions of the first and second kind respectively, of degree q and order p. $L_q^p(\cos\vartheta)$ satisfies Legendre's differential equation

$$\frac{d^2}{d\vartheta^2} L_q^p(\cos \vartheta) + \frac{\cos \vartheta}{\sin \vartheta} \frac{d}{d\vartheta} L_q^p(\cos \vartheta) + \left[q(q+1) - \frac{p^2}{\sin^2 \vartheta} \right] L_q^p(\cos \vartheta) = 0. \quad (20.12)$$

The appearance of the Hankel function of the *first* kind guarantees that the fields derived from the solution (20.10) travel within the guide in a radially *outward* direction. Now we restrict the degree q and order p, which are real but not necessarily integral, such that the boundary conditions on the walls of the guide are satisfied. Since the walls are assumed to be perfectly conducting, the electric field at their surfaces must be purely perpendicular whereas the magnetic field must be purely tangential. These requirements are met by the following boundary conditions for Π_z' and Π_z'':

$$\Pi_r' = 0 \quad \text{along} \quad \varphi = 0 \quad \text{and} \quad \varphi = \varphi_0 \qquad (E\text{-mode}), \qquad (20.13)$$

$$\Pi_r' = 0 \quad \text{along} \quad \vartheta = \vartheta_1 \quad \text{and} \quad \vartheta = \pi - \vartheta_1 \quad (E\text{-mode}), \qquad (20.14)$$

and

$$\frac{\partial}{\partial \varphi} \Pi_r'' = 0 \quad \text{along} \quad \varphi = 0 \quad \text{and} \quad \varphi = \varphi_0 \qquad (H\text{-mode}), \qquad (20.15)$$

$$\frac{\partial}{\partial \vartheta} \Pi_r'' = 0 \quad \text{along} \quad \vartheta = \vartheta_1 \quad \text{and} \quad \vartheta = \pi - \vartheta_1 \quad (H\text{-mode}), \qquad (20.16)$$

as can be seen from Eqs. (20.8) and (20.9).

Condition (20.13) is satisfied when in the general solution (20.10) we delete the cosine function and let $p = \dfrac{n\pi}{\varphi_0}$ with $n = 1, 2, 3, \ldots$. Condition (20.14) is satisfied when the constants C_1 and C_2 in Eq. (20.11), as well as the degree q of P_q^p and Q_q^p, are so chosen that

$$\left. \begin{array}{l} L_q^p(\cos \vartheta_1) = C_1 P_q^p(\cos \vartheta_1) + C_2 Q_q^p(\cos \vartheta_1) = 0, \\ L_q^p(-\cos \vartheta_1) = C_1 P_q^p(-\cos \vartheta_1) + C_2 Q_q^p(-\cos \vartheta_1) = 0. \end{array} \right\} \qquad (20.17)$$

We can solve for the ratio C_2/C_1 if

$$\begin{vmatrix} P_q^p(\cos \vartheta_1), & Q_q^p(\cos \vartheta_1) \\ P_q^p(-\cos \vartheta_1), & Q_q^p(-\cos \vartheta_1) \end{vmatrix} = 0. \qquad (20.18)$$

This determinental equation is satisfied when q assumes specific values of an infinite sequence which we denote by $q_1', q_2', q_3', \ldots$.

Condition (20.15) is satisfied when in the general solution (20.10) we delete the sine function and let $p = \dfrac{n\pi}{\varphi_0}$ with $n = 0, 1, 2, 3, \ldots$. Condition (20.16) is satisfied when

$$\left. \begin{array}{l} \dfrac{\partial}{\partial \vartheta} L_q^p(\cos \vartheta_1) = C_1 \dfrac{\partial}{\partial \vartheta} P_q^p(\cos \vartheta_1) + C_2 \dfrac{\partial}{\partial \vartheta} Q_q^p(\cos \vartheta_1) = 0, \\ \dfrac{\partial}{\partial \vartheta} L_q^p(-\cos \vartheta_1) = C_1 \dfrac{\partial}{\partial \vartheta} P_q^p(-\cos \vartheta_1) + C_2 \dfrac{\partial}{\partial \vartheta} Q_q^p(-\cos \vartheta_1) = 0. \end{array} \right\} \qquad (20.19)$$

As in the case of Eqs. (20.17) we can solve for the ratio C_2/C_1 only when q assumes any one of an infinite sequence of values which are determined by

$$\begin{vmatrix} \dfrac{\partial}{\partial \vartheta}\, P_q^p(\cos \vartheta_1), & \dfrac{\partial}{\partial \vartheta}\, Q_q^p(\cos \vartheta_1) \\[2mm] \dfrac{\partial}{\partial \vartheta}\, P_q^p(-\cos \vartheta_1), & \dfrac{\partial}{\partial \vartheta}\, Q_q^p(-\cos \vartheta_1) \end{vmatrix} = 0. \tag{20.20}$$

The permissible values of q we denote by $q_1'', q_2'', q_3'', \dots$.

Therefore, we can write the solutions of the Helmholtz equations (20.6) as follows:

$$\frac{\Pi_r'}{r} = \frac{1}{\sqrt{r}}\, H_{q+\frac{1}{2}}^{(1)}(k\,r)\, L_q^p(\cos \vartheta)\, \sin p\,\varphi, \tag{20.21}$$

where $q = q_1', q_2', q_3', \dots$, $p = \dfrac{n\pi}{\varphi_0}$ with $n = 1, 2, 3, \dots$;

$$\frac{\Pi_r''}{r} = \frac{1}{\sqrt{r}}\, H_{q+\frac{1}{2}}^{(1)}(k\,r)\, L_q^p(\cos \vartheta)\, \cos p\,\varphi, \tag{20.22}$$

where $q = q_1'', q_2'', q_3'', \dots$, $p = \dfrac{n\pi}{\varphi_0}$ with $n = 0, 1, 2, 3, \dots$.

Substituting expressions (20.21) and (20.22) into Eqs. (20.8) and (20.9) respectively, we obtain the un-normalized field components of the spherical E- and H-waves of a quasi-pyramidal horn waveguide:

$$\left.\begin{aligned} E_r' &= \frac{q(q+1)}{r^{\frac{3}{2}}}\, H_{q+\frac{1}{2}}^{(1)}(k\,r)\, L_q^p(\cos \vartheta)\, \sin p\,\varphi, \\[1mm] E_\vartheta' &= \frac{1}{r}\, \frac{d}{dr}\left[\sqrt{r}\, H_{q+\frac{1}{2}}^{(1)}(k\,r)\right] \frac{d}{d\vartheta}\left[L_q^p(\cos \vartheta)\right] \sin p\,\varphi, \\[1mm] E_\varphi' &= \frac{p}{r\sin \vartheta}\, \frac{d}{dr}\left[\sqrt{r}\, H_{q+\frac{1}{2}}^{(1)}(k\,r)\right] L_q^p(\cos \vartheta)\, \cos p\,\varphi, \\[1mm] H_r' &= 0, \\[1mm] H_\vartheta' &= \frac{-i\omega\varepsilon}{\sin \vartheta}\, \frac{p}{\sqrt{r}}\, H_{q+\frac{1}{2}}^{(1)}(k\,r)\, L_q^p(\cos \vartheta)\, \cos p\,\varphi, \\[1mm] H_\varphi' &= i\omega\varepsilon\, \frac{1}{\sqrt{r}}\, H_{q+\frac{1}{2}}^{(1)}(k\,r)\, \frac{d}{d\vartheta}\left[L_q^p(\cos \vartheta)\right] \sin p\,\varphi, \end{aligned}\right\} \begin{array}{c} \textit{spherical} \\ \textit{E-waves} \end{array} \tag{20.23}$$

where $p = \dfrac{n\pi}{\varphi_0}$, $n = 1, 2, 3, \dots$, and $q = q_1', q_2', q_3', \dots$. And

$$\left.\begin{aligned} H_r'' &= \frac{q(q+1)}{r^{\frac{3}{2}}}\, H_{q+\frac{1}{2}}^{(1)}(k\,r)\, L_q^p(\cos \vartheta)\, \cos p\,\varphi, \\[1mm] H_\vartheta'' &= \frac{1}{r}\, \frac{d}{dr}\left[\sqrt{r}\, H_{q+\frac{1}{2}}^{(1)}(k\,r)\right] \frac{d}{d\vartheta}\left[L_q^p(\cos \vartheta)\right] \cos p\,\varphi, \\[1mm] H_\varphi'' &= \frac{-p}{r\sin \vartheta}\, \frac{d}{dr}\left[\sqrt{r}\, H_{q+\frac{1}{2}}^{(1)}(k\,r)\right] L_q^p(\cos \vartheta)\, \sin p\,\varphi, \\[1mm] E_r'' &= 0, \\[1mm] E_\vartheta'' &= -\frac{i\omega\mu}{\sin \vartheta}\, \frac{p}{\sqrt{r}}\, H_{q+\frac{1}{2}}^{(1)}(k\,r)\, L_q^p(\cos \vartheta)\, \sin p\,\varphi, \\[1mm] E_\varphi'' &= -i\omega\mu\, \frac{1}{\sqrt{r}}\, H_{q+\frac{1}{2}}^{(1)}(k\,r)\, \frac{d}{d\vartheta}\left[L_q^p(\cos \vartheta)\right] \cos p\,\varphi, \end{aligned}\right\} \begin{array}{c} \textit{spherical} \\ \textit{H-waves} \end{array} \tag{20.24}$$

where $p = \dfrac{n\pi}{\varphi_0}$, $n = 0, 1, 2, 3, \dots$, and $q = q_1'', q_2'', q_3'', \dots$.

As in the case of the sectoral horn waveguide, the near-zone (where $kr \ll 1$) is a *region of attenuation* and the far-zone (where $kr \gg 1$) a *region of transmission*. By applying the asymptotic form (19.6) of the Hankel function to expressions (20.23) and (20.24), one can easily verify that in the far-zone the transverse components E_ϑ, E_φ, H_ϑ, H_φ of the E- and H-waves have an r-dependence of e^{ikr}/r, which is of spherical wave behaviour, and that the radial components E_r and H_r have an r-dependence of e^{ikr}/r^2. Therefore, in the far-zone the radial components of the field are negligibly small in comparison to the transverse components and the field is predominantly a transverse inhomogeneous spherical wave. As in the case of the sectoral horn waveguide the attenuation region acts as a filter for the higher order modes.

The lowest order E-wave is obtained when the expressions (20.23) are specialized to the case $q = q_1'$ and $p = \pi/\varphi_0$; it corresponds to the E_{11}-wave of rectangular waveguide. The field components of the lowest order H-wave are obtained from expressions (20.24) by setting $q = q_1''$ and $p = 0$. Thus the lowest order H-mode of a quasi-pyramidal horn waveguide has the following components:

$$
\left.
\begin{aligned}
H_r'' &= \frac{q(q+1)}{r^{\frac{3}{2}}}\, H_{q+\frac{1}{2}}^{(1)}(k\,r)\, L_q(\cos\vartheta)\,, \\[2mm]
H_\vartheta'' &= \frac{1}{r}\frac{d}{dr}\left[\sqrt{r}\, H_{q+\frac{1}{2}}^{(1)}(k\,r)\right]\frac{d}{d\vartheta}\left[L_q(\cos\vartheta)\right], \\[2mm]
E_\varphi'' &= \frac{i\,\omega\,\mu}{\sin\vartheta}\frac{1}{\sqrt{r}}\, H_{q+\frac{1}{2}}^{(1)}(k\,r)\,\frac{d}{d\vartheta}\left[L_q(\cos\vartheta)\right], \\[2mm]
H_\varphi'' &= E_r'' = E_\vartheta'' = 0\,.
\end{aligned}
\right\}
\quad
\begin{array}{l}
\textit{dominant}\\
\textit{spherical}\\
\textit{H-wave}
\end{array}
\quad (20.25)
$$

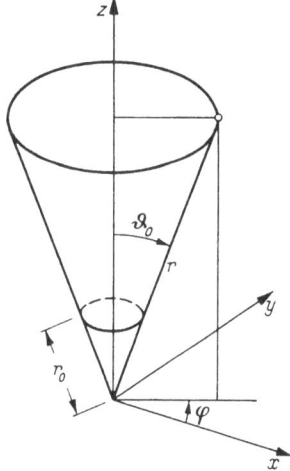

Fig. 37. Conical horn waveguide.

$L_q^0(\cos\vartheta)$ is denoted by $L_q(\cos\vartheta)$, and $q = q_1''$. With respect to the ϑ-dependence of these field components we remark that in the neighborhood of $\vartheta = \pi/2$ the following approximation, which results from neglecting the second term of Eq. (20.12), is valid[1]:

$$
L_q(\cos\vartheta) \approx \sin\left[\frac{\pi}{2}\,\frac{\pi-2\vartheta}{\pi-2\vartheta_1}\right], \quad (20.26)
$$

and

$$
q = -\frac{1}{2} + \sqrt{\frac{1}{4} + \frac{\pi^2}{4}\left(\frac{2}{\pi-2\vartheta_1}\right)^2}. \quad (20.27)
$$

This approximation is good even for relatively large values of ϑ_0[2].

21. Conical horn waveguide. A conical horn waveguide is a flared circular cylinder waveguide, as shown in Fig. 37. We use spherical coordinates r, ϑ, φ with ϑ measured from the positive z-axis and φ measured from the positive x-axis. We denote the opening angle by ϑ_0.

The components of the E- and H-waves within the cone in the region $r \geq r_0$, $\vartheta \leq \vartheta_0$, $0 \leq \varphi \leq 2\pi$, where r_0 is a small radial distance greater than zero, can be derived from the radial components Π_r' and Π_r'' of the Hertz vectors. As in the case of the pyramidal horn waveguide, Π_r'/r and Π_r''/r satisfy the Helmholtz equations (20.6). However, the boundary conditions in the present case are

$$
\Pi_r' = 0 \quad \text{when} \quad \vartheta = \vartheta_0, \qquad \frac{\partial}{\partial\vartheta}\Pi_r'' = 0 \quad \text{when} \quad \vartheta = \vartheta_0. \quad (21.1)
$$

[1] PIEFKE, G.: Z. angew. Phys. **6**, 499 (1954).

[2] For experimental results see D. R. RHODES: Proc. Inst. Radio Engrs. **36**, 1101 (1948).

If we let $F(r, \vartheta, \varphi)$ denote either Π_r'/r or Π_r''/r, then in this case the proper solution of the Helmholtz equation is

$$F(r, \vartheta, \varphi) = \frac{1}{\sqrt{r}} \, H_{q+\frac{1}{2}}^{(1)}(k\,r) \, P_q^p(\cos\vartheta) \, \frac{\cos}{\sin} \, p\,\varphi. \tag{21.2}$$

Since the fields derived from $F(r, \vartheta, \varphi)$ are required to be single-valued, we restrict p such that $p = m = 0, 1, 2, 3, \ldots$. The ϑ-dependence contains only the associated Legendre function of the first kind $P_q^p(\cos\vartheta)$ because the associated Legendre function of the second kind $Q_q^p(\cos\vartheta)$ becomes infinite along the ray $\vartheta = 0$. The requirement that waves travel in the direction of increasing r is met by the Hankel function $H_{q+\frac{1}{2}}^{(1)}(kr)$ of the first kind. The boundary conditions (21.1) are satisfied by properly choosing the degree q. For the E-waves q must be a root of

$$P_q^m(\cos\vartheta_0) = 0, \tag{21.3}$$

and for the H-waves it must be a root of

$$\frac{\partial}{\partial\vartheta} \, [P_q^m(\cos\vartheta)]_{\vartheta=\vartheta_0} = 0. \tag{21.4}$$

If we denote the roots of Eq. (21.3) by $q_1', q_2', q_3' \ldots$ and those of Eq. (21.4) by $q_1'', q_2'', q_3'' \ldots$, the boundary conditions (21.1) are satisfied when $q = q_1', q_2', q_3'$ for the E-waves and when $q = q_1'', q_2'', q_3'', \ldots$ for the H-waves.

It follows from these considerations and Eq. (21.2) that the radial components of the Hertz vector are given by the following expressions:

$$\frac{\Pi_r'}{r} = \frac{1}{\sqrt{r}} \, H_{q+\frac{1}{2}}^{(1)}(k\,r) \, P_q^m(\cos\vartheta) \sin m\,\varphi, \tag{21.5}$$

where $m = 1, 2, 3, \ldots$ and $q = q_1', q_2', q_3' \ldots$ and

$$\frac{\Pi_r''}{r} = \frac{1}{\sqrt{r}} \, H_{q+\frac{1}{2}}^{(1)}(k\,r) \, P_q^m(\cos\vartheta) \cos m\,\varphi, \tag{21.6}$$

where $m = 0, 1, 2, 3, \ldots$ and $q = q_1'', q_2'', q_3'' \ldots$.

Substituting the expressions (21.5) and (21.6) into Eqs. (20.8) and (20.9) respectively, we obtain the components of the spherical E- and H-waves in a conical horn. The components of the E-waves are

$$\left.\begin{aligned}
E_r' &= \frac{q(q+1)}{r^{\frac{3}{2}}} \, H_{q+\frac{1}{2}}^{(1)}(k\,r) \, P_q^m(\cos\vartheta) \sin m\,\varphi, \\[6pt]
E_\vartheta' &= \frac{1}{r} \, \frac{d}{dr} [\sqrt{r}\, H_{q+\frac{1}{2}}^{(1)}(k\,r)] \, \frac{\partial}{\partial\vartheta} \, [P_q^m(\cos\vartheta)] \sin m\,\varphi, \\[6pt]
E_\varphi' &= \frac{m}{r\sin\vartheta} \, \frac{d}{dr} [\sqrt{r}\, H_{q+\frac{1}{2}}^{(1)}(k\,r)] \, P_q^m(\cos\vartheta) \cos m\,\varphi, \\[6pt]
H_r' &= 0, \\[6pt]
H_\vartheta' &= \frac{-i\,\omega\,\varepsilon}{\sin\vartheta} \, \frac{m}{\sqrt{r}} \, H_{q+\frac{1}{2}}^{(1)}(k\,r) \, P_q^m(\cos\vartheta) \cos m\,\varphi, \\[6pt]
H_\varphi' &= i\,\omega\,\varepsilon \, \frac{1}{\sqrt{r}} \, H_{q+\frac{1}{2}}^{(1)}(k\,r) \, \frac{d}{d\vartheta} \, [P_q^m(\cos\vartheta)] \sin m\,\varphi,
\end{aligned}\right\} \begin{array}{l} spherical \\ E\text{-}waves \end{array} \tag{21.7}$$

where $m = 1, 2, 3, \ldots$ and q is a root of $P_q^m(\cos\vartheta_0) = 0$.

The components of the H-waves are

$$H_r'' = \frac{q(q+1)}{r^{\frac{3}{2}}} H_{q+\frac{1}{2}}^{(1)}(k\,r)\, P_q^m(\cos\vartheta)\cos m\,\varphi\,,$$

$$H_\vartheta'' = \frac{1}{r}\frac{d}{d\vartheta}\left[\sqrt{r}\,H_{q+\frac{1}{2}}^{(1)}(k\,r)\right]\frac{d}{d\vartheta}\left[P_q^m(\cos\vartheta)\right]\cos m\,\varphi\,,$$

$$H_\varphi'' = -\frac{m}{r\sin\vartheta}\frac{d}{dr}\left[\sqrt{r}\,H_{q+\frac{1}{2}}^{(1)}(k\,r)\right]P_q^m(\cos\vartheta)\sin m\,\varphi\,,\quad\left.\begin{array}{l}\text{\textit{spherical}}\\ \textit{H-waves}\end{array}\right\}\quad(21.8)$$

$$E_r'' = 0\,,$$

$$E_\vartheta'' = -\frac{i\,\omega\,\mu}{\sin\vartheta}\frac{m}{\sqrt{r}}\,H_{q+\frac{1}{2}}^{(1)}(k\,r)\,P_q^m(\cos\vartheta)\sin m\,\varphi\,,$$

$$E_\varphi'' = -i\,\omega\,\mu\,\frac{1}{\sqrt{r}}\,H_{q+\frac{1}{2}}^{(1)}(k\,r)\frac{d}{d\vartheta}\left[P_q^m(\cos\vartheta)\right]\cos m\,\varphi\,,$$

where $m = 0, 1, 2, 3, \ldots$ and q is a root of $\frac{d}{d\vartheta}\left[P_q^m(\cos\vartheta)\right]_{\vartheta=\vartheta_0} = 0$.

At any cross-section $k\,r = \text{const}$ the field configurations of the E- and H-waves resemble those of a cylindrical waveguide of circular cross-section.

As in the cases of the sectoral horn waveguide and the quasi-pyramidal horn waveguide the conical horn can be divided into an attenuation region ($k\,r \ll 1$) and a transmission region ($k\,r \gg 1$) and possesses similar filtering properties[1].

It appears that all horn-like or flared waveguides have the following properties:

(a) The waveguide possesses an attenuation region in the neighborhood of the vertex, and a transmission region, which occupies the rest of the waveguide. The transition from attenuation region to transmission region is a gradual one.

(b) In the attenuation region the attenuation function is large and the phase function small; in the transmission region the attenuation function is negligible and the phase function is that of a freely propagating wave.

(c) The attenuation region acts as a filter permitting essentially only the lowest order mode to reach the transmission region.

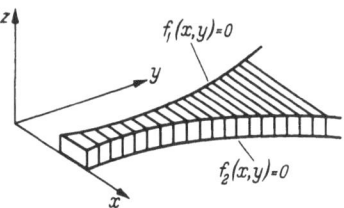

Fig. 38. Original waveguide of non-uniform shape homogeneously filled with lossless dielectric medium.

(d) The phase velocity of a wave is large in the attenuation region. It gradually decreases, approaching the velocity of light from above in the transmission region. The group velocity of a wave in the attenuation region is small and approaches the velocity of light from below in the transmission region.

22. Conformally mapped waveguides. Certain nonuniform waveguides are equivalent to rectangular waveguides inhomogeneously filled with a lossless dielectric. This equivalence stems from the fact that the two-dimensional Laplacian under a conformal transformation is invariant except for a multiplicative factor[2].

We start with a waveguide homogeneously filled with a lossless dielectric medium and bounded on top and bottom by the plane walls $z = 0$, $z = b$ and on the sides by the curved walls $f_1(x, y) = 0$, $f_2(x, y) = 0$, as shown in Fig. 38.

---

[1] For a theoretical treatment of the excitation in and the radiation from conical horns see H. Buchholz: Ann. d. Phys. **37**, 173 (1940), and M. G. Schorr and F. J. Beck: J. Appl. Phys. **21**, 795 (1950).

[2] See for example, J. A. Stratton: Electromagnetic Theory, p. 217. The method has been applied to vibrations of membranes by E. J. Routh, Proc. London Math. Soc. **12**, 73 (1881). See also S. O. Rice: Bell Syst. Techn. J. **28**, 104 (1949) and R. Piloty: Z. angew. Phys. **1**, 441, 490 (1949).

The field components within the waveguide can be derived from the z-components Π_z' and Π_z'' of an electric and magnetic Hertz-vector. With respect to the z-coordinate the fields and hence Π_z' and Π_z'' must have the form of standing waves and therefore we write

$$\left.\begin{aligned}
\Pi_z'(x, y, z) &= \Phi(x, y) \cos\left(\frac{m\pi}{b} z\right), & m &= 0, 1, 2, 3, \ldots, \\
\Pi_z''(x, y, z) &= \Psi(x, y) \sin\left(\frac{m\pi}{b} z\right), & m &= 1, 2, 3, \ldots.
\end{aligned}\right\} \tag{22.1}$$

The boundary conditions at the top and bottom walls require $E_x = E_y = 0$ in the planes $z = 0$ and $z = b$. As seen from Eqs. (4.1) to (4.4) and (4.10) these conditions are fulfilled when $\partial \Pi_z'/\partial n = 0$ and $\Pi_z'' = 0$ at any value x and y for $z = 0$ and $z = b$. The choice of the z-dependence in Eqs. (22.1) already meets these requirements. On the side walls we require $E_z' = 0$ and $\boldsymbol{n} \cdot \boldsymbol{H}'' = 0$; these conditions are met by $\Pi_z' = 0$ and $\partial \Pi_z''/\partial n = 0$ at any value z or, according to Eqs. (22.1), by the requirements

$$\Phi(x, y) = 0, \qquad \frac{\partial}{\partial n} \Psi(x, y) = 0 \tag{22.2}$$

on surfaces $f_1(x, y) = 0$ and $f_2(x, y) = 0$. Since Π_z' and Π_z'' satisfy the three-dimensional Helmholtz equation, $\Phi(x, y)$ and $\Psi(x, y)$ must satisfy the two-dimensional Helmholtz equation:

$$\left.\begin{aligned}
\nabla_{x,y}^2 \Phi(x, y) + \left[k^2 - \left(\frac{m\pi}{b}\right)^2\right] \Phi(x, y) &= 0, \\
\nabla_{x,y}^2 \Psi(x, y) + \left[k^2 - \left(\frac{m\pi}{b}\right)^2\right] \Psi(x, y) &= 0,
\end{aligned}\right\} \tag{22.3}$$

where

$$\nabla_{x,y}^2 = \frac{\partial^2}{\partial x^2} + \frac{\partial^2}{\partial y^2} \text{ is the two-dimensional Laplacian in } x, y \text{ plane.} \tag{22.4}$$

Let us now transform these two-dimensional Helmholtz equations from the x, y-plane to a ξ, η-plane by the conformal transformation

$$W = f(U), \tag{22.5}$$

where $W = x + iy$, $U = \xi + i\eta$, and f is an analytic function of the complex variable U. The metrical coefficients of the ξ, η coordinates can be read from the quadratic form

$$dx^2 + dy^2 = \left|\frac{dW}{dU}\right|^2 (d\xi^2 + d\eta^2). \tag{22.6}$$

The coordinates ξ and η are orthogonal, and it is readily verified that

$$\nabla_{x,y}^2 = \frac{1}{\left|\dfrac{dW}{dU}\right|^2}\left(\frac{\partial^2}{\partial \xi^2} + \frac{\partial^2}{\partial \eta^2}\right) = \frac{1}{\left|\dfrac{dW}{dU}\right|^2} \nabla_{\xi,\eta}^2, \tag{22.7}$$

where $\nabla_{\xi,\eta}^2$ is the two-dimensional Laplacian in the ξ, η-plane.

Comparing expressions (22.4) and (22.7) we see that the two-dimensional Laplacian has the same form with respect to the coordinates ξ, η and the coordinates x, y except for the multiplicative factor $\left|\dfrac{dW}{dU}\right|^2$; therefore the two-dimensional Helmholtz equations (22.3) when transformed from the W-plane to the U-plane become

$$\left\{\frac{\partial^2}{\partial \xi^2} + \frac{\partial^2}{\partial \eta^2} + \left|\frac{dW}{dU}\right|^2\left(k^2 - \left(\frac{m\pi}{b}\right)^2\right)\right\} \Phi(\xi,\eta) = 0,$$

$$\left\{\frac{\partial^2}{\partial \xi^2} + \frac{\partial^2}{\partial y^2} + \left|\frac{dW}{dU}\right|^2\left(k^2 - \left(\frac{m\pi}{b}\right)^2\right)\right\} \Psi(\xi,\eta) = 0. \tag{22.8}$$

When the conformal transformation (22.5) is such that it carries the curves $f_1(x, y) = 0$, $f_2(x, y) = 0$ of the W-plane respectively into the straight lines $\xi = \xi_1$, $\xi = \xi_2$ of the U-plane, the boundary conditions (22.2) become

$$\Phi(\xi, \eta) = 0, \qquad \frac{\partial}{\partial \xi} \Psi(\xi, \eta) = 0 \quad \text{at} \quad \xi = \xi_1, \ \xi = \xi_2. \tag{22.9}$$

Thus Eqs. (22.8) with the boundary conditions (22.9) determine the propagation of electromagnetic waves in a rectangular waveguide bounded on the top and bottom by the plane walls $z = 0$, $z = b$ and on the sides by the plane walls $\xi = \xi_1, \xi = \xi_2$. Owing to the factor $\left|\dfrac{dW}{dU}\right|^2$ which is a function of ξ and η, Eqs. (22.8) can be construed as being associated with a rectangular waveguide, Fig. 39, filled with an inhomogeneous medium, the dielectric constant of which varies with ξ and η. The conformal transformation straightens out the curved walls of the original waveguide but does so at the expense of making the medium inhomogeneous.

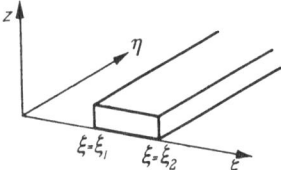

Fig. 39. Rectangular waveguide inhomogeneously filled with lossless dielectric medium into which original waveguide of complicated shape is transformed.

The Hertz vectors $\Pi_z'(x, y, z)$ and $\Pi_z''(x, y, z)$ of the original waveguide, as given in Eqs. (22.1), transform into

$$\Pi_z'(\xi, \eta, z) = \Phi(\xi, \eta) \cos\left(\frac{m\pi}{b} z\right), \qquad m = 0, 1, 2, 3, \ldots,$$

$$\Pi_z''(\xi, \eta, z) = \Psi(\xi, \eta) \sin\left(\frac{m\pi}{b} z\right), \qquad m = 1, 2, 3, \ldots. \tag{22.10}$$

As seen from Eqs. (4.10) and (22.1), H_z is identically zero for waves derived from Π_z', and E_z is identically zero for waves derived from Π_z''. The waves therefore can be classified with respect to the z-direction as longitudinal section E-waves and H-waves, the longitudinal sections being parallel to the top and bottom surfaces of the guide. The conformal transformation does not change this classification of the waves. The field components in the transformed guide are obtained by substituting expressions (22.10) into Eqs. (4.1) to (4.4); in so doing it is helpful to know that in the transformed coordinates ξ, η, z the operator ∇ is expressed by

$$\nabla = \boldsymbol{e}_\xi \frac{1}{h_\xi} \frac{\partial}{\partial \xi} + \boldsymbol{e}_\eta \frac{1}{h_\eta} \frac{\partial}{\partial \eta} + \boldsymbol{e}_z \frac{\partial}{\partial z}, \tag{22.11}$$

where $\boldsymbol{e}_\xi, \boldsymbol{e}_\eta, \boldsymbol{e}_z$ are unit vectors in the ξ, η, z directions and

$$h_\xi^2 = h_\eta^2 = \left|\frac{dW}{dU}\right|^2. \tag{22.12}$$

To determine the propagation properties of electromagnetic waves in the transformed waveguide, we must solve Eqs. (22.8) under the boundary conditions (22.9). In order to solve each of Eqs. (22.8) by separation of variables, we assume that $\left|\dfrac{dW}{dU}\right|^2$ be of the form

$$\left|\frac{dW}{dU}\right|^2 = g_1(\xi) + g_2(\eta). \tag{22.13}$$

In what follows we consider only the case of the longitudinal section E-waves, since the case of the longitudinal section H-waves follows the same procedure By substituting relation (22.13) into the first of Eqs. (22.8) and putting $\Phi(\xi, \eta) = T(\xi) F(\eta)$ we obtain the following two ordinary differential equations, both containing the separation constant $\varkappa$:

$$\left\{ \frac{d^2}{d\xi^2} + g_1(\xi) \left[k^2 - \left(\frac{m\pi}{b} \right)^2 \right] + \varkappa \right\} T(\xi) = 0, \tag{22.14}$$

$$\left\{ \frac{d^2}{d\eta^2} + g_2(\eta) \left[k^2 - \left(\frac{m\pi}{b} \right)^2 \right] - \varkappa \right\} F(\eta) = 0. \tag{22.15}$$

The boundary conditions (22.9) for Φ require that

$$T(\xi) = 0 \quad \text{at} \quad \xi = \xi_1 \quad \text{and} \quad \xi = \xi_2. \tag{22.16}$$

Eq. (22.14) together with boundary conditions (22.16) form an eigenvalue-problem which for each value of m yields a denumerable sequence of eigenvalues $\varkappa_{ml} (l = 0, 1, 2, \ldots)$ and a corresponding complete and orthogonal set of eigenfunctions T_{ml}. The eigenvalues $\varkappa$ can take on negative as well as positive values depending on the detailed nature of $g_1(\xi)$. The eigenfunctions $T_{ml}(\xi) \cos(m\pi z/b)$ describes the field in a "transverse" cross section $\eta = \text{const}$.

Eq. (22.15) describes the propagation of the wave along the η-direction (Fig. 39). It can be solved approximately by the $WKBJ$-method under the assumption that $g_2(\eta)$ is a slowly varying function of η. In a first approximation we expect $F(\eta)$ to have the form $\exp[\pm i q(\eta)]$. Indeed an approximate solution[1] is given by

$$F_{ml}(\eta) = \frac{1}{(a_{ml})^{\frac{1}{4}}} \exp \left[\pm i \int \overline{\sqrt{a_{ml}(\eta)}} \, d\eta \right], \tag{22.17}$$

where to each eigenvalue $\varkappa_{ml}$ there belongs a value

$$a_{ml} = g_2(\eta) \left[k^2 - \left(\frac{m\pi}{b} \right)^2 \right] - \varkappa_{ml}. \tag{22.18}$$

Accordingly, Π_z' of the transformed waveguide assumes the following form:

$$\Pi_z'(\xi, \eta, z) = T_{ml}(\xi) \cos \left(\frac{m\pi}{b} z \right) \frac{\exp \left[\pm i \int \sqrt{a_{ml}(\eta)} \, d\eta \right]}{(a_{ml})^{\frac{1}{4}}}. \tag{22.19}$$

Π_z' yields a standing wave pattern with respect to ξ and z and a traveling wave along the η-direction when $a_{ml}(\eta) > 0$.

As a specific example of the above theory, we briefly treat from the viewpoint of conformal transformation the case of a parabolically curved waveguide. We follow the work of KRASNOOSHKIN[2].

The following conformal transformation is appropriate for the parabolically curved waveguide:

$$W = \tfrac{1}{2} U^2. \tag{22.20}$$

When $W = x + iy$ and $U = \xi + i\eta$, Eq. (22.20) leads to $x = \tfrac{1}{2}(\xi^2 - \eta^2)$ and $y = \xi\eta$ or

$$x = \frac{1}{2} \left(\xi^2 - \frac{y^2}{\xi^2} \right) \quad \text{and} \quad x = \frac{1}{2} \left(\frac{y^2}{\eta^2} - \eta^2 \right). \tag{22.21}$$

[1] See, for example, P. M. MORSE and H. FESHBACH: Methods of Theoretical Physics, p. 1092. New York, Toronto and London 1953.

[2] P. KRASNOOSHKIN: J. Phys. USSR. **10**, 434 (1946).

For each value of ξ Eqs. (22.21) yield in the x, y-plane a parabola that opens in the negative x-direction and for each value of η a parabola that opens in the positive x-direction. These two families of parabolas are orthogonal and constitute a parabolic coordinate system (see Fig. 22). It follows from Eq. (22.20) that

$$\left|\frac{dW}{dU}\right|^2 = \xi^2 + \eta^2; \tag{22.22}$$

hence the conformal transformation (22.20) meets the condition (22.13) for separation of variables. The straight lines $\xi = \xi_1$ and $\xi = \xi_2$ of the U-plane transform into two confocal parabolas. Therefore a rectangular waveguide in the ξ, η, z coordinates is transformed into a parabolically curved waveguide in the x, y, z coordinates, as shown in Fig. 40 and 41.

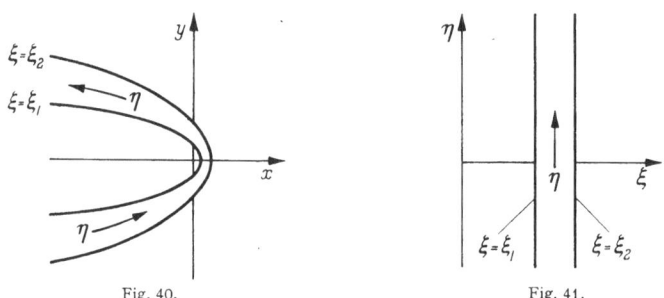

Fig. 40.   Fig. 41.

Fig. 40 and 41. Top views of parabolically curved waveguide (Fig. 40) and its conformal mate, the rectangular waveguide (Fig. 41). The bottom and top walls of the waveguides correspond respectively to the plane surfaces $z = 0$ and $z = b$. Arrows indicate corresponding directions of wave propagation.

In view of relation (22.22), Eqs. (22.14) and (22.15) become

$$\left\{\frac{d^2}{d\xi^2} + \xi^2\left[k^2 - \left(\frac{m\pi}{b}\right)^2\right] + \varkappa_{ml}\right\} T_{ml}(\xi) = 0, \tag{22.23}$$

$$\left\{\frac{d^2}{d\eta^2} + \eta^2\left[k^2 - \left(\frac{m\pi}{b}\right)^2\right] - \varkappa_{ml}\right\} F_{ml}(\eta) = 0. \tag{22.24}$$

According to a theorem[1] concerning the eigenvalues $\varkappa_{ml}$ the following bounds exist for the eigenvalue problem (22.23) with $T_{ml}(\xi) = 0$ at $\xi = \xi_1$ and $\xi = \xi_2$:

$$_2\varkappa_{ml} \leqq \varkappa_{ml} \leqq {}_1\varkappa_{ml}, \tag{22.25}$$

where the bounds $_1\varkappa_{ml}$ and $_2\varkappa_{ml}$ are respectively the eigenvalues of Eq. (22.23) in which the monotonic function $\xi^2\left[k^2 - \left(\frac{m\pi}{b}\right)^2\right]$ has been replaced by its lower and upper bounds respectively in the range $\xi_1 \leqq \xi \leqq \xi_2$:

$$\left\{\frac{d^2}{d\xi^2} + \xi_1^2\left[k^2 - \left(\frac{m\pi}{b}\right)^2\right] + {}_1\varkappa_{ml}\right\} {}_1T_{ml}(\xi) = 0, \tag{22.26}$$

$$\left\{\frac{d^2}{d\xi^2} + \xi_2^2\left[k^2 - \left(\frac{m\pi}{b}\right)^2\right] + {}_2\varkappa_{ml}\right\} {}_2T_{ml}(\xi) = 0. \tag{22.27}$$

---

[1] Courant-Hilbert: Methods of Mathematical Physics, Vol. I, p. 411. New York and London 1953.

These equations yield the eigenvalues

$$_1\varkappa_{ml} = \left(\frac{l\,\pi}{\xi_2 - \xi_1}\right)^2 - \xi_1^2\left[k^2 - \left(\frac{m\,\pi}{b}\right)^2\right],\tag{22.28}$$

$$_2\varkappa_{ml} = \left(\frac{l\,\pi}{\xi_2 - \xi_1}\right)^2 - \xi_2^2\left[k^2 - \left(\frac{m\,\pi}{b}\right)^2\right].\tag{22.29}$$

Therefore, in view of the inequalities (22.25), we obtain the inequalities

$$\left(\frac{l\,\pi}{\xi_2 - \xi_1}\right)^2 - \xi_2^2\left[k^2 - \left(\frac{m\,\pi}{b}\right)^2\right] \leq \varkappa_{ml} \leq \left(\frac{l\,\pi}{\xi_2 - \xi_1}\right)^2 - \xi_1^2\left[k^2 - \left(\frac{m\,\pi}{b}\right)^2\right].\tag{22.30}$$

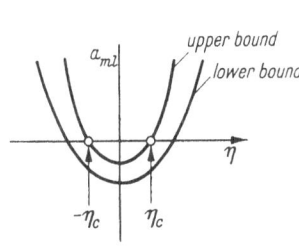

Fig. 42. Upper and lower bounds of a_{ml}.

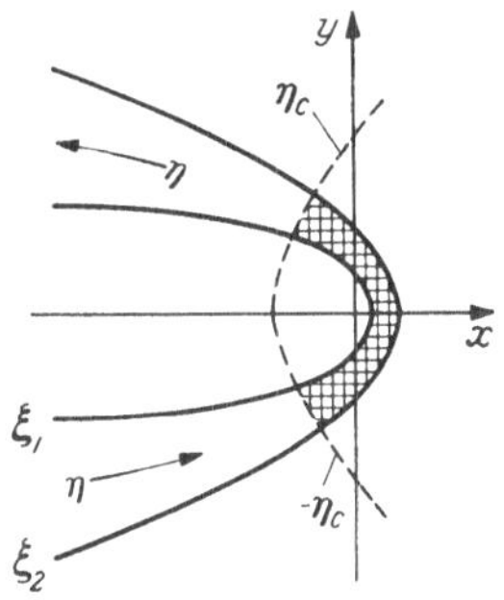

Fig. 43. Shaded area between $\eta = -\eta_c$ and $\eta = \eta_c$ is region where tunnel effect takes place.

In the present case $g_2(\eta) = \eta^2$ in Eq. (22.18) and we have

$$a_{ml}(\eta) = \eta^2\left[k^2 - \left(\frac{m\,\pi}{b}\right)^2\right] - \varkappa_{ml}.\tag{22.31}$$

Substituting the inequalities (22.30) into Eq. (22.31) we find the following bounds for $a_{ml}(\eta)$:

$$\text{upper bound of}\quad a_{ml} = (\eta^2 + \xi_2^2)\left[k^2 - \left(\frac{m\,\pi}{b}\right)^2\right] - \left(\frac{l\,\pi}{\xi_2 - \xi_1}\right)^2,\tag{22.32}$$

$$\text{lower bound of}\quad a_{ml} = (\eta^2 + \xi_1^2)\left[k^2 - \left(\frac{m\,\pi}{b}\right)^2\right] - \left(\frac{l\,\pi}{\xi_2 - \xi_1}\right)^2.\tag{22.33}$$

In Fig. 42 are plotted the upper and lower bounds of $a_{ml}(\eta)$. The true values of a_{ml} fall somewhere between these two curves. We denote by $\pm\eta_c$ the zeros of the curve for the upper bound of $a_{ml}(\eta)$. When η lies between $-\eta_c$ and η_c, a_{ml} is negative. This means that the waves are exponentially attenuated in the neighborhood of the narrowest portion of the original waveguide shown in Fig. 43. Focusing our attention on Eq. (22.33) we see that $k^2 > \left(\frac{m\,\pi}{b}\right)^2$ is a necessary condition for propagation. We also see that for small values of the integer l it is possible that a_{ml} remain positive for all η. This means that if $k^2 > \left(\frac{m\,\pi}{b}\right)^2$ and if l is sufficiently small the (m, l)-mode will travel through the narrowest portion of the waveguide without attenuation. In other words, it is possible under these conditions for the lower order modes to negotiate the bend in the waveguide without attenuation.

Therefore the following statements about the propagation of longitudinal section E-waves in a parabolically curved waveguide can be made:

(a) A lower order wave may travel without attenuation from $\eta = -\infty$ through the bend and then onward to $\eta = \infty$.

(b) A higher order wave travels freely from $\eta = -\infty$ close to $\eta = -\eta_c$ where part of the wave is reflected back to $\eta = -\infty$; the remainder is transmitted with exponential attenuation somewhat beyond $\eta = \eta_c$. From there it emerges with an amplitude that depends on the severity of the bend and the order of the wave and travels freely without attenuation to $\eta = \infty$.

The partial penetration of a higher order wave through the narrow bend of the waveguide is similar to the phenomenon which is called the "tunnel-effect" in quantum theory.

23. Bends, corners, and twists. To appraise the effect of a bend in a *rectangular* waveguide we consider a certain length of rectangular waveguide bent into a circular arc, as shown in Fig. 44. In terms of the cylindrical coordinates ϱ, φ, ζ the side walls of the bend are given by $\varrho = \varrho_1$, $\varrho = \varrho_2$, and the bottom and top walls by $\zeta = 0$, $\zeta = b$. We are interested in waves that travel in the φ-direction.

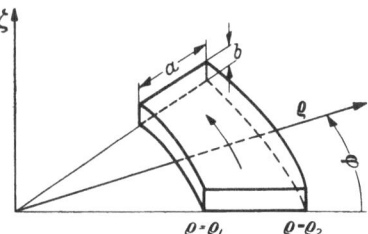

$\varrho \cdot \varrho_1$ $\varrho \cdot \varrho_2$

Fig. 44. Bent rectangular waveguide.

The field components are derivable from the ζ-components of the electric and magnetic Hertz vectors Π'_ζ and Π''_ζ. The appropriate solutions of the Helmholtz equation are

$$\Pi'_\zeta (\varrho, \varphi, \zeta) = R_{q'} (\varrho) \cos\left(\frac{n\pi\zeta}{b}\right) e^{iq'\varphi} \qquad n = 0, 1, 2, 3, \ldots, \tag{23.1}$$

$$\Pi''_\zeta (\varrho, \varphi, \zeta) = R_{q''} (\varrho) \sin\left(\frac{n\pi\zeta}{b}\right) e^{iq''\varphi} \qquad n = 1, 2, 3, \ldots. \tag{23.2}$$

The φ-dependences have been chosen as exponential functions to meet the requirement that the waves travel in the φ-direction; q' and q'' are (dimensionless) angular wavenumbers or propagation constants. The cosine and sine functions respectively satisfy the boundary conditions $\partial \Pi'_\zeta / \partial \zeta = 0$ and $\Pi''_\zeta = 0$ on the top and bottom walls. The radial functions, $R_{q'} (\varrho)$ and $R_{q''} (\varrho)$ are linear combinations of the Bessel and Neumann functions, J_q and N_q, and their derivatives:

$$R_{q'} (\varrho) \equiv N_{q'} (\gamma'_n \varrho_1) J_{q'} (\gamma'_n \varrho) - J_{q'} (\gamma'_n \varrho_1) N_{q'} (\gamma'_n \varrho), \tag{23.3}$$

$$R_{q''} (\varrho) \equiv N'_{q''} (\gamma''_n \varrho_1) J_{q''} (\gamma''_n \varrho) - J'_{q''} (\gamma''_n \varrho_1) N_{q''} (\gamma''_n \varrho), \tag{23.4}$$

where $\gamma'_n = \gamma''_n = \sqrt{k^2 - \left(\frac{n\pi}{b}\right)^2}$, and $k^2 = \omega^2 \varepsilon\mu$. These linear combinations are chosen such that $R_{q'} (\varrho)$ and $\partial R_{q''} (\varrho)/\partial \varrho$ disappear on the side wall $\varrho = \varrho_1$. To make them disappear also on the other side wall $\varrho = \varrho_2$ we require that q' and q'' satisfy the transcendental equations

$$N_{q'} (\gamma'_n \varrho_1) J_{q'} (\gamma'_n \varrho_2) - J_{q'} (\gamma'_n \varrho_1) N_{q'} (\gamma'_n \varrho_2) = 0, \tag{23.5}$$

$$N'_{q''} (\gamma''_n \varrho_1) J'_{q''} (\gamma''_n \varrho_2) - J'_{q''} (\gamma''_n \varrho_1) N'_{q''} (\gamma''_n \varrho_2) = 0, \tag{23.6}$$

which yield two infinite sets of solutions denoted by q'_{mn} and q''_{mn}. Thus the radial functions ensure the boundary conditions $\Pi'_\zeta = 0$ and $\partial \Pi''_\zeta / \partial \varrho = 0$ on the side walls.

The field components derived from Π_ζ' follow from Eqs. (4.1) and (4.2). One obtains

$$
\left.
\begin{aligned}
H_\varrho' &= -\frac{i\,q'}{\varrho}\cos\left(\frac{n\,\pi\,\zeta}{b}\right)R_{q'}(\varrho)\,e^{i\,q'\,\varphi}, \\[4pt]
H_\varphi' &= \cos\left(\frac{n\,\pi\,\zeta}{b}\right)\frac{\partial}{\partial\varrho}\,[R_{q'}(\varrho)]\,e^{i\,q'\,\varphi}, \\[4pt]
H_\zeta' &= 0, \\[4pt]
E_\varrho' &= -\frac{1}{i\,\omega\,\varepsilon}\left(\frac{n\,\pi}{b}\right)\sin\left(\frac{n\,\pi\,\zeta}{b}\right)\frac{\partial}{\partial\varrho}\,[R_{q'}(\varrho)]\,e^{i\,q'\,\varphi}, \\[4pt]
E_\varphi' &= -\frac{1}{\omega\,\varepsilon}\frac{q'}{\varrho}\left(\frac{n\,\pi}{b}\right)\sin\left(\frac{n\,\pi\,\zeta}{b}\right)R_{q'}(\varrho)\,e^{i\,q'\,\varphi}, \\[4pt]
E_\zeta' &= \frac{\gamma_n'^2}{i\,\omega\,\varepsilon}\cos\left(\frac{n\,\pi\,\zeta}{b}\right)R_{q'}(\varrho)\,e^{i\,q'\,\varphi},
\end{aligned}
\right\}
\quad
\begin{array}{c}\textit{longitudinal}\\ \textit{section }E_{m\,n}\textit{-wave}\end{array}
\quad (23.7)
$$

where q' is a shorthand for $q_{n\,m}'$.

This is an E-type field with respect to the preferred direction ζ of the Hertz vector Π_z' in Eq. (23.1). The field obviously meets all necessary boundary conditions. Moreover, since one of its vectors, in this instance the *magnetic* vector, lies in a longitudinal section, this field is also a longitudinal section wave. Thus the field components (23.7) constitute a longitudinal section $E_{m\,n}$-wave.

The field components derived from Π_ζ'' are obtained from Eqs. (4.3) and (4.4):

$$
\left.
\begin{aligned}
E_\varrho'' &= \frac{i\,q''}{\varrho}\sin\left(\frac{n\,\pi\,\zeta}{b}\right)R_{q''}(\varrho)\,e^{i\,q''\,\varphi}, \\[4pt]
E_\varphi'' &= -\sin\left(\frac{n\,\pi\,\zeta}{b}\right)\frac{\partial}{\partial\varrho}\,[R_{q''}(\varrho)]\,e^{i\,q''\,\varphi}, \\[4pt]
E_\zeta'' &= 0, \\[4pt]
H_\varrho'' &= -\frac{1}{i\,\omega\,\mu}\left(\frac{n\,\pi}{b}\right)\cos\left(\frac{n\,\pi\,\zeta}{b}\right)\frac{\partial}{\partial\varrho}\,[R_{q''}(\varrho)]\,e^{i\,q''\,\varphi}, \\[4pt]
H_\varphi'' &= \frac{1}{\omega\,\mu}\frac{q''}{\varrho}\left(\frac{n\,\pi}{b}\right)\cos\left(\frac{n\,\pi\,\zeta}{b}\right)R_{q''}(\varrho)\,e^{i\,q''\,\varphi}, \\[4pt]
H_\zeta'' &= \frac{\gamma_n''^2}{i\,\omega\,\mu}\sin\left(\frac{n\,\pi\,\zeta}{b}\right)R_{q''}(\varrho)\,e^{i\,q''\,\varphi},
\end{aligned}
\right\}
\quad
\begin{array}{c}\textit{longitudinal}\\ \textit{section }H_{m\,n}\textit{-wave}\end{array}
\quad (23.8)
$$

where q'' is a shorthand for $q_{n\,m}''$.

Here, the *electric* vector lies in a longitudinal section and the field with respect to the ζ-direction is an H-type field. It fulfills the required boundary conditions and constitutes a longitudinal section $H_{m\,n}$-wave.

To construct the radial functions, $R_{q'}(\varrho)$ and $R_{q''}(\varrho)$, it is necessary to solve Eqs. (23.5) and (23.6) for the permissible values of the angular propagation constants $q_{m\,n}'$ and $q_{m\,n}''$ and then to determine the corresponding Bessel and Neumann functions of non-integral orders $q_{m\,n}'$ and $q_{m\,n}''$ in accordance with expressions (23.3) and (23.4). By applying approximate formulas[1] involving the products of Bessel and Neumann functions, BUCHHOLZ[2] in a first approximation for the case of a slightly bent rectangular waveguide arrives at the following results for $q_{m\,n}'$ and $q_{m\,n}''$:

$$
\left.
\begin{aligned}
\frac{(q_{m\,n}')^2}{\varrho_1\varrho_2} &= h_{m\,n}^2 + \frac{1}{4\,\varrho_1\varrho_2}\left[1 + 6\left(\frac{h_{m\,n}\,a}{m\,\pi}\right)^2 + \frac{1}{3}\left(\frac{h_{m\,n}\,a}{m\,\pi}\right)^4(15 - m^2\pi^2)\right], \\
& (m = 1, 2, 3, \ldots; \quad n = 0, 1, 2, 3, \ldots)
\end{aligned}
\right\}
\quad (23.9)
$$

[1] H. BUCHHOLZ: Phil. Mag. **27**, 407 (1939).
[2] H. BUCHHOLZ: Elektr. Nachr.-Techn. **16**, 73 (1939).

and

$$\frac{q''^2_{mn}}{\varrho_1\varrho_2} = h^2_{mn} + \frac{3}{4\varrho_1\varrho_2}\left[1 - \frac{10}{3}\left(\frac{h_{mn}a}{m\pi}\right)^2 - \frac{1}{9}\left(\frac{h_{mn}a}{m\pi}\right)^4 (21 + m^2\pi^2)\right], \left.\right\} \quad (23.10)$$
$$(m = 1, 2, 3, \ldots; \quad n = 1, 2, 3, \ldots),$$

$$\frac{q''^2_{0n}}{\varrho_1\varrho_2} = h^2_{0n} + \frac{1}{6}\frac{(h_{0n}a)^2}{\varrho_1\varrho_2}\left[1 + \frac{1}{5}(h_{0n}a)^2\right] \quad (m = 0, \ n = 1, 2, 3 \ldots), \quad (23.10\,\mathrm{a})$$

where $h_{mn} = \sqrt{k^2 - \left(\frac{m\pi}{a}\right)^2 - \left(\frac{n\pi}{b}\right)^2}$ is the propagation constant for a corresponding *straight* rectangular waveguide. These approximate expressions indicate that when the bend is slight, i.e., when ϱ_1 and ϱ_2 are large compared to the transverse dimension a, the linear propagation constants h_{mn} and $q_{mn}/\sqrt{\varrho_1\varrho_2}$ of waves in straight and bent rectangular waveguides differ by a quantity inversely proportional to the average radius of curvature. Hence, a longitudinal section wave

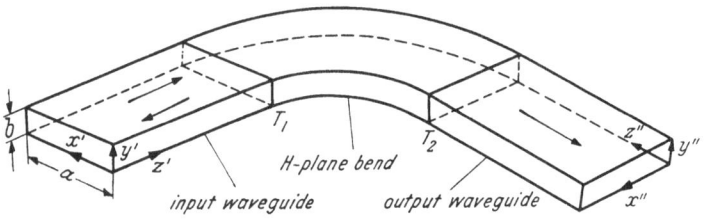

Fig. 45. *H*-plane bend with input and output waveguides.

undergoes little distortion in traveling through a slightly bent rectangular waveguide, and its field configuration approximates that of the corresponding wave in a straight rectangular waveguide. However, an arbitrary wave, composed of a superposition of longitudinal section E_{mn}- and H_{mn}-waves, may suffer distortion in traveling through such a bend on account of the inequality of the phase velocities of the longitudinal section waves.

In practice a bend is employed to transmit a dominant mode wave from an input waveguide to a differently oriented output waveguide, with as little reflection as possible. In Fig. 45 is shown an *H*-plane bend (so called because the magnetic vector of the incident dominant H_{10}-mode is parallel to the plane surfaces of the bend) with input and output waveguides attached at junctions T_1 and T_2. The coordinate systems of the input and output guides are denoted by x', y', z' and x'', y'', z''. If we assume that a is greater than b, the H_{10}-mode is the dominant mode of propagation. When the structure is driven by an incident H_{10}-mode wave, a reflected H_{10}-mode wave is generated by the discontinuity at T_1; longitudinal section E_{m0}-waves are excited in the bend and an H_{10}-mode wave is transmitted into the output waveguide. The standing wave ratio η of the resultant (incident + reflected) wave in the input waveguide is ordinarily used as a convenient measure of the match between the input and output waveguides[1].

Only longitudinal section E_{m0}-waves are excited in the bend because the field components $E_{y'}$, $H_{x'}$, $H_{z'}$ of the incident H_{10}-mode wave can be matched completely by the field components E'_ζ, H'_ϱ, H'_φ of the longitudinal section E_{m0}-waves. These waves have been studied by JOUGUET[2] by applying a perturbation method to a straight guide.

[1] See Eq. (10.10).
[2] M. JOUGUET: Cables et Transm. **1**, 39 (1947).

Of the longitudinal section E_{m0}-modes in the bend, E_{10}-modes travel from T_1 to T_2, and from T_2 to T_1. The rest are evanescent and of even order ($m = 2, 4, 6, \ldots$), decaying exponentially with distance from T_1 and T_2; they do not transport energy but store it in the neighborhood of the input and output junctions. This stored energy is predominately *magnetic*; its effect is to load the analogous transmission line with a *shunt inductance* at each end. The propagation constant of the longitudinal section E_{10}-mode in the bend to terms up to $1/\varrho_{av}^2$ is given by[1]

$$h_H^2 = h_{10}''^2 + \frac{1}{4\varrho_{av}^2}\left[1 + (6 - \pi^2)\left(\frac{h_{10}'' a}{\pi}\right)^2 + \left(\frac{15 - \pi^2}{3}\right)\left(\frac{h_{10}'' a}{\pi}\right)^4 + \cdots\right], \quad (23.11)$$

where $h_{10}'' = \sqrt{k^2 - (\pi/a)^2}$ is the propagation constant of the H_{10}-mode in a straight rectangular waveguide, $\varrho_{av} = \frac{1}{2}(\varrho_1 + \varrho_2)$ is the average radius of the bend, and the

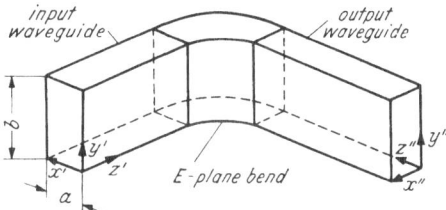

propagation constant h_H is related to q_{10}' by $h_H \varrho_{av} = q_{10}'$. Its wavelength measured along the average radius of the bend is given by $\lambda_{gH} = 2\pi/h_H$.

When the dimension a is smaller than b the dominant mode in the input and output waveguides is the H_{01}-mode with components $E_{x'}, H_{y'}, H_{z'}$ and $E_{x''}, H_{y''}, H_{z''}$ that are respectively independent of x' and x'' (Fig. 46).

Fig. 46. E-plane bend with input and output waveguides

There is no wave in the bend that strictly resembles the H_{01}-mode; for if there were, its components $E_\varrho, H_\varphi, H_\zeta$ would have to be independent of ϱ and hence would not satisfy MAXWELL's equations. Therefore we expect this type of bend to provide a poorer match than an H-plane bend. It turns out that the wave that carries energy through the bend from the input waveguide to the output waveguide is a longitudinal section H-wave with components E_ϱ, $E_\varphi, H_\zeta, H_\varphi, H_\varrho$ that are functions of ϱ, ζ, φ. As the bend straightens out E_φ and H_ϱ approach zero and the remaining components $E_\varrho, H_\zeta, H_\varphi$ become independent of ϱ. The higher order modes in this so-called E-plane bend are evanescent and store energy that is predominately *electric*. Hence, the effect of these higher modes is to load the analogous transmission line with a *series capacitance* at each end. The propagation constant of a dominant mode wave traveling in an E-plane bend to terms up to $1/\varrho_{av}^2$ is given by[2]

$$h_E^2 \approx h_{01}''^2 - \frac{1}{12}\left(\frac{h_{01}'' a}{\varrho_{av}}\right)^2\left[1 - \frac{2}{5}(h_{01}'' a)^2\right], \quad (23.12)$$

where $h_{01}'' = \sqrt{k^2 - (\pi/b)^2}$ is the propagation constant of an H_{01} mode for a corresponding *straight* rectangular waveguide[3].

Here again we see from Eqs. (23.11) and (23.12) that the difference in the propagation constants in the bent and straight waveguides is small. Even when ϱ_{av} approaches the dimension a, the propagation constants h_H and h_E differ from h_{10} and h_{01} respectively by less than 5%. At X-band ($\lambda = 3.0 - 3.3$ cm) circular bends are satisfactory. However, at S-band ($\lambda = 9.0 - 11.0$ cm) they become

[1] N. MARCUVITZ: Waveguide Handbook, pp. 334−335. — L. LEWIN: Proc. Inst. Electr. Engrs. Part B **102**, 75 (1955).

[2] N. MARCUVITZ and L. LEWIN: loc. cit. The reader will observe that formulas (23.9) and (23.10a) do agree in form but not in detail with formulas (23.11) and (23.12).

[3] For a further approach to the problem see also S. O. RICE: Bell. Syst. Techn. J. **27**, 305 (1948).

large, and truncated corners as shown in Figs. 47 are preferred. The truncations serve to reduce the standing wave ratio. Fig. 48 shows experimental results for the optimal position of the truncating planes.

The analysis of a bend in a waveguide of *circular* cross-section would suggest the use of toroidal coordinates. However, since the Helmholtz equation is not separable in this system of coordinates, the problem has not been solved rigorously.

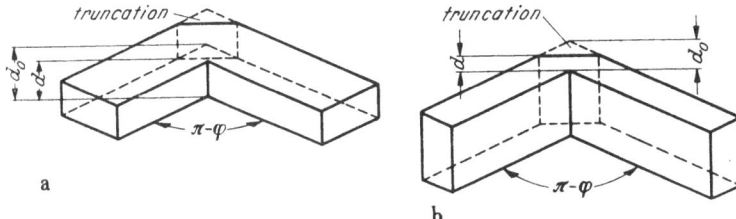

Fig. 47 a and b. (a) Truncated H-plane corner. (b) Truncated E-plane corner.

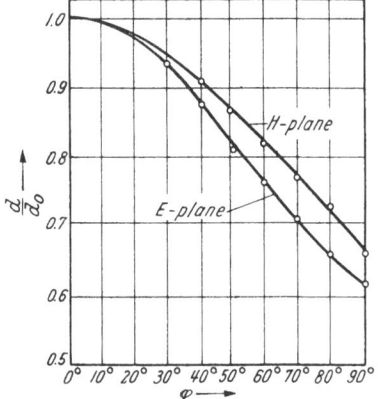

Fig. 48. Position of truncating plane for unity standing wave ratio ($\eta = 1$) in input waveguide[1].

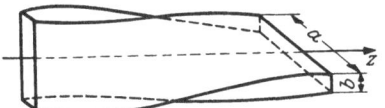

Fig. 49. Twisted rectangular waveguide by twisting straight rectangular waveguide of wide dimension a and narrow dimension b about its central axis z.

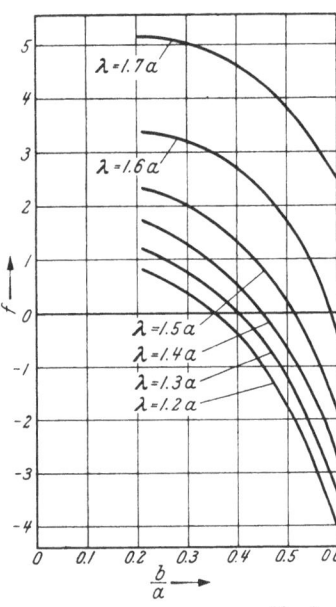

Fig. 50. Graph of correction factor $f\left(\frac{b}{a}, \lambda\right)$ versus $\frac{b}{a}$ (after Lewin).

One must resort to some method of approximation. Jouguet[2], for example, attacked certain aspects of the problem by a perturbation method.

When an H_{11}-mode wave (dominant mode of a straight waveguide of circular cross-section) enters a bend it splits into waves that negotiate the bend at different phase velocities. Emerging from the bend these component waves give rise to an H_{11}-mode wave that is elliptically polarized. For a bend of given length (measured along its center line) the ellipticity of this polarization decreases as the radius of curvature increases. It is possible through the use of various devices

---

[1] T. Moreno: Microwave Design Data, pp. 133—135. New York 1948.
[2] M. Jouguet: Ann. d. Télécommun. 1, 176 (1946). — Cables et Transm. 1, 133 (1947). See also p. 325.

to cause the output H_{11}-mode wave to be linearly polarized. For example, the elliptical polarization produced in one bend could be canceled by placing in series with it another bend of suitable length and curvature; alternatively, the circular cross-section of the output guide could be pinched into an elliptical one so that the modal degeneracy there would be eliminated.

A rigorous study of a *twisted* rectangular waveguide, shown in Fig. 49, is beset with difficulty from the start; for here, the rectangular boundaries do not conform with the natural coordinates of the structure which, in this case, are the circular helical coordinates. Introducing the assumption that in a first approximation the dependence of the dominant mode on the transverse coordinates does not change when a narrow rectangular waveguide is gradually twisted, LEWIN[1] found that the propagation constant of the dominant mode in such a rectangular guide to terms up to $1/L^2$ can be expressed in the form

$$ h_T^2 \approx h_{10}^2 \left[1 - \left(\frac{a}{L} \right)^2 f \left(\frac{b}{a}, \lambda \right) \right], \tag{23.13} $$

where L is the length of twisted guide measured along its central axis for a twist of 2π radians, and $f\left(\frac{a}{b}, \lambda \right)$ is a dimensionless correction factor that depends on the ratio of the width a to the height b and on the freespace wavelength λ. A graph of the correction factor $f\left(\frac{b}{a}, \lambda \right)$ against $\frac{b}{a}$ for various values of λ is shown in Fig. 50. Expression (23.13) agrees with the observed fact that when the twist is a gentle one, i.e., when $(a/L) \ll 1$, the propagation constant of the twisted guide is approximately equal to that of the corresponding untwisted one. However, when the twist is severe or when the cross-section is nearly square, this expression becomes inadequate and a better one has yet to be found.

24. Dielectric waveguide. A straight infinitely long loss-free dielectric rod behaves like a waveguide in the sense that electromagnetic waves can travel along it without radiation loss. In the conventional way this phenomenon is mathematically tractable only when the rod's cross-section is circular. The problem was investigated theoretically by HONDROS and DEBYE[2] and their theory was experimentally confirmed by ZAHN[3] and by SCHRIEVER[4].

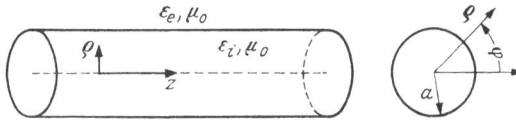

Fig. 51. Circular dielectric waveguide.

Let us consider a dielectric cylinder of circular cross-section $\varrho = a$ (Fig. 51). The cylindrical coordinates ϱ, φ, z are so oriented that the z-coordinate lies along the axis of the cylinder. The internal and external dielectric constants of this "circular dielectric waveguide" are denoted by ε_i, and ε_e. It is assumed that $\mu_i = \mu_e = \mu_0$ and $\varepsilon_i > \varepsilon_e$.

We seek solutions of MAXWELL's equations that represent electromagnetic waves propagating in the z-direction, i.e., solutions that depend on z as $e^{i\beta z}$, on φ as $e^{im\varphi}$, and on ϱ for large ϱ as $e^{-\gamma\varrho}$ where γ is a *positive* real quantity. The restriction on the ϱ-dependence precludes solutions that represent waves leaking energy in the radial direction.

[1] L. LEWIN: Proc. Inst. Electr. Engrs., Part B **102**, 75 (1955).
[2] D. HONDROS and P. DEBYE: Ann. d. Phys. **32**, 465 (1910).
[3] H. ZAHN: Ann. d. Phys. **49**, 907 (1916).
[4] O. SCHRIEVER: Ann. d. Phys. **63**, 645 (1920).

The fields within the dielectric waveguide are derivable from z-directed electric and magnetic Hertz vectors satisfying the three-dimensional Helmholtz equations

$$(V^2 + k_i^2)\, \begin{matrix} \Pi'_{zi} \\ \Pi''_{zi} \end{matrix} = 0, \qquad (0 \leq \varrho \leq a; -\infty \leq z \leq \infty), \qquad (24.1)$$

$$(V^2 + k_e^2)\, \begin{matrix} \Pi'_{ze} \\ \Pi''_{ze} \end{matrix} = 0, \qquad (a \leq \varrho \leq \infty; -\infty \leq z \leq \infty), \qquad (24.2)$$

where

$$k_i^2 = \omega^2 \varepsilon_i \mu_0 \quad \text{and} \quad k_e^2 = \omega^2 \varepsilon_e \mu_0.$$

We shall treat in some detail the E_{0n}-waves[1], which are circularly symmetrical, that is, independent of φ. Here the appropriate solutions of Eqs. (24.1) and (24.2) are

$$\Pi'_{zi} = {}_iA_{0n} J_0(i\gamma'_{0n}\varrho)\, e^{i\,{}_ih'_{0n}z} \qquad (\varrho \leq a, -\infty \leq z \leq \infty), \qquad (24.3)$$

$$\Pi'_{ze} = {}_eA_{0n} H_0^{(1)}(i\,{}_e\gamma'_{0n}\varrho)\, e^{i\,{}_eh'_{0n}z}, \qquad (\varrho \geq a, -\infty \leq z \leq \infty) \qquad (24.4)$$

where

$$_ih'_{0n} = \sqrt{k_i^2 - {}_i\gamma'^2_{0n}} = \sqrt{\omega^2 \varepsilon_i \mu_0 - {}_i\gamma'^2_{0n}}, \qquad (24.5)$$

$$_eh'_{0n} = \sqrt{k_e^2 + {}_e\gamma'^2_{0n}} = \sqrt{\omega^2 \varepsilon_e \mu_0 + {}_e\gamma'^2_{0n}}, \qquad (24.6)$$

and $n = 1, 2, 3, \ldots$. From the asymptotic form

$$\lim_{_e\gamma'_{0n}\varrho \to \infty} [H_0^{(1)}(i\,{}_e\gamma'_{0n}\varrho)] = \sqrt{\frac{2}{i\,\pi\,{}_e\gamma'_{0n}\varrho}}\, e^{-i\frac{\pi}{4}}\, e^{-{}_e\gamma'_{0n}\varrho} \qquad (24.7)$$

it follows that each $_e\gamma'_{0n}$ must be *positive* real to meet the requirement that the waves evanesce in the ϱ-direction.

The behavior of Π'_{zi} or Π'_{ze} at the surface $\varrho = a$ is determined by the boundary conditions for the field components for all values of z.

Since in cylindrical coordinates

$$E'_z = (k^2 - h^2)\,\Pi'_z, \qquad E'_\varrho = \frac{\partial}{\partial\varrho}\frac{\partial}{\partial z}\,\Pi'_z, \qquad H_\varphi = i\,\omega\,\varepsilon\,\frac{\partial}{\partial\varrho}\,\Pi'_z \qquad (24.8)$$

are the only components of a circularly symmetrical E-type field, the requirement that the tangential components E'_z and H'_φ be continuous through the boundary $\varrho = a$ leads to the relations

$$_i\gamma'^2_{0n}\,\Pi'_{zi} = -\,{}_e\gamma'^2_{0n}\,\Pi'_{ze}, \qquad (\varrho = a, -\infty \leq z \leq \infty), \qquad (24.9)$$

$$\varepsilon_i\,\frac{\partial}{\partial\varrho}\,\Pi'_{zi} = \varepsilon_e\,\frac{\partial}{\partial\varrho}\,\Pi'_{ze} \qquad (\varrho = a, -\infty \leq z \leq \infty). \qquad (24.10)$$

By substituting expressions (24.3) and (24.4) into these relations, two homogeneous linear equations in $_iA_{0n}$ and $_eA_{0n}$ are obtained, a non-trivial solution of which exists only when the determinant of the coefficients of $_iA_{0n}$ and $_eA_{0n}$ disappears; moreover the propagation constants $_ih'_{0n}$ and $_eh'_{0n}$ must be equal. Thus the following simultaneous equations that determine $_i\gamma'_{0n}$ and $_e\gamma'_{0n}$ are deduced:

$$\frac{1}{y}\frac{J'_0(y)}{J_0(y)} = \frac{1}{v^2}\frac{1}{x}\frac{H_0^{(1)'}(x)}{H_0^{(1)}(x)} \qquad (24.11)$$

$$y^2 - x^2 = (k_e a)^2 (v^2 - 1), \qquad (24.12)$$

where

$$v^2 = \varepsilon_i/\varepsilon_e, \qquad x = i\,{}_e\gamma'_{0n}a, \qquad y = {}_i\gamma'_{0n}a.$$

---

[1] Hondros and Debye: loc. cit.

These two equations can be derived alternatively by invoking the single requirement that for all values of z the impedance E_z/H_φ be continuous through the boundary $\varrho = a$.

By graphical analysis the allowable values of x and y can be found. In Fig. 52 the left and right sides of Eqs. (24.11) are plotted independently as functions of the *real* arguments y and x/i respectively for different values of ν[1]. From these plots are read the corresponding values of y and x/i that satisfy Eq. (24.11). This information is then displayed in the y, x/i-plane by families of curves, each member of which corresponds to a particular value of ν (Fig. 53). The curves of the first family pass through the point $x/i = 0$, $y = 2.40$ and have a common vertical asymptote at $y = 3.83$; the curves of the second family pass through the point $x/i = 0$, $y = 5.52$ and have a common vertical asymptote at $y = 7.02$.

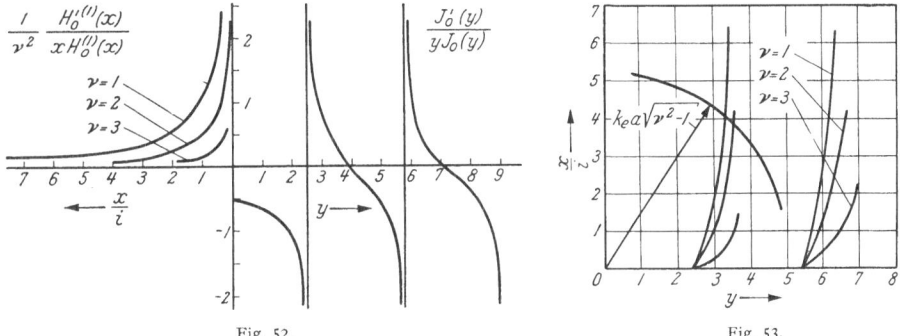

Fig. 52.   Fig. 53.

Fig. 52. Plot of $\dfrac{1}{\nu^2}\dfrac{H_0^{(1)\prime}(x)}{xH_0^{(1)}(x)}$ against real variable $\dfrac{x}{i}$ for $\nu = \sqrt{\dfrac{\varepsilon_i}{\varepsilon_e}} = 1, 2, 3$. Plot of $\dfrac{J_0'(y)}{yJ_0(y)}$ against real variable y.

Fig. 53. Display of Eqs. (24.11) and (24.12) in the $\dfrac{x}{i}$, y plane.

This is in accord with the fact that $\dfrac{1}{y}\dfrac{J_0'(y)}{J_0(y)}$ has poles at $y = 2.40$, $y = 5.52, \dots$ and zeros at $y = 3.83$, $y = 7.02, \dots$[2]. Only the first two families of curves are plotted in Fig. 53; actually there is an infinite number of them because $\dfrac{1}{y}\dfrac{J_0'(y)}{J_0(y)}$ has the asymptotic form $-\dfrac{1}{y}\tan\left(y - \dfrac{\pi}{4}\right)$ with poles at $y = (4n-1)\dfrac{\pi}{4}$ and zeros at $y = (4n+1)\dfrac{\pi}{4}$. The first family of curves belongs to the E_{01}-mode, the second to the E_{02}-mode, and so on. The values of y and x/i that simultaneously satisfy Eqs. (24.11) and (24.12) are given by the intersection of any of these curves with the circle of radius $k_e a\sqrt{\nu^2-1}$, which represents Eq. (24.12) in the y, (x/i)-plane.

The internal and external field components follow from Eqs. (24.3), (24.4) and (24.8) to (24.10). In suppressing a common constant factor and in substituting β' for $_i h_{0n}' = {_e}h_{0n}'$ in the lossless guide one obtains

$$\left.\begin{aligned}
E_{zi}' &= x\,y\,H_0^{(1)}(x)\,J_0\!\left(y\,\frac{\varrho}{a}\right)e^{i\beta'z}, \\[4pt]
E_{\varrho i}' &= i\,\beta'a\,x\,H_0^{(1)}(x)\,J_0'\!\left(y\,\frac{\varrho}{a}\right)e^{i\beta'z}, \\[4pt]
H_{\varphi i}' &= i\,\omega\,\varepsilon_i\,a\,x\,H_0^{(1)}(x)\,J_0'\!\left(y\,\frac{\varrho}{a}\right)e^{i\beta'z}
\end{aligned}\right\}\quad
\begin{aligned}
&E_{0n}\text{-waves in dielectric}\\
&\qquad\text{waveguide}
\end{aligned}
\qquad (24.13)$$

[1] The value $\nu = 1$ has only formal significance.
[2] See Tables on p. 323.

and

$$E'_{ze} = x\,y\,J_0(y)\,H_0^{(1)}\left(x\,\frac{\varrho}{a}\right)e^{i\beta'z},$$

$$E'_{\varrho e} = i\,\beta\,a\,y\,J_0(y)\,H_0^{(1)\prime}\left(x\,\frac{\varrho}{a}\right)e^{i\beta'z}, \qquad\left.\begin{array}{r}\end{array}\right\}\ \begin{array}{c}E_{0n}\text{-wave in surrounding}\\ \textit{medium}\end{array} \qquad (24.14)$$

$$H'_{\varphi e} = i\,\omega\,\varepsilon_e\,a\,y\,J_0(y)\,H_0^{(1)\prime}\left(x\,\frac{\varrho}{a}\right)e^{i\beta'z},$$

where $\beta'a = \sqrt{(k_e\,a)^2 - x^2} = \sqrt{(k_i\,a)^2 - y^2}$, $y = {}_i\gamma'_{0n}\,a$ is positive real, and $x = i_e\gamma'_{0n}\,a$ is positive imaginary.

Fig. 53 shows that an E_{01}-wave does exist only when $k_e\,a\,\sqrt{v^2-1}$ is greater than 2.40, an E_{02}-wave only when $k_e\,a\,\sqrt{v^2-1}$ is greater than 5.52, and in general an E_{0n}-wave does exist only when $k_e\,a\,\sqrt{v^2-1}$ is greater than the n-th zero of $J_0(y)$. This determines critical values of $k_e = 2\pi f\,\sqrt{\varepsilon_e\,\mu_0}$ below which waves of respective order n cannot be propagated along the guide without radial leakage of energy. For example, the "critical" frequency of the E_{01}-wave is given by

$$(f'_c)_{01} = \frac{2.40}{2\pi\,a\,\sqrt{(\varepsilon_i - \varepsilon_e)\,\mu_0}}. \qquad (24.15)$$

With $\varepsilon_i \gg \varepsilon_e$ this critical frequency equals the cut-off frequency of an E_{01}-wave in a perfectly conducting circular waveguide of radius a filled with a medium whose constitutive parameters are ε_i, μ_0.

Near the critical frequency of an E_{01}-wave, i.e., in the neighborhood of the point $x/i = 0$, $y = 2.40$, the following approximations can be used:

$$H_0^{(1)}(x) \approx i\,\frac{2}{\pi}\,\log(0.89\,x)$$

and

$$J_0(y) \approx (y - 2.40)\,J_0'(2.40) = -0.52\,(y - 2.40),$$

and Eq. (24.11) in the same degree of approximation becomes

$$y\,J_0(y) \approx -0.52\,v^2\,x^2\,\log(0.89\,x).$$

With the aid of these approximations and the fact that near the critical frequency the phase constant β' is practically equal to k_e, the field components (24.13) and (24.14) for the case of an E_{01}-mode near its critical frequency become approximately [1]

$$E'_{zi} = 2.40\,i\,J_0\left(2.40\,\frac{\varrho}{a}\right)e^{i\,k_e z},$$

$$E'_{\varrho i} = -\frac{2.40}{\sqrt{v^2-1}}\,J_0'\left(2.40\,\frac{\varrho}{a}\right)e^{i\,k_e z}, \qquad\left.\begin{array}{r}\end{array}\right\}\ \begin{array}{c}E_{01}\text{-wave in dielectric}\\ \textit{waveguide near critical}\\ \textit{frequency}\end{array} \qquad (24.16)$$

$$H'_{\varphi i} = -\sqrt{\frac{\varepsilon_e}{\mu_0}}\,\frac{2.40\,v^2}{\sqrt{v^2-1}}\,J_0'\left(2.40\,\frac{\varrho}{a}\right)e^{i\,k_e z}$$

and

$$E'_{ze} = 0.52\,\frac{\pi}{2}\,v^2\left(\frac{x}{i}\right)^2 H_0^{(1)}\left(x\,\frac{\varrho}{a}\right)e^{i\,k_e z},$$

$$E'_{\varrho e} = 1.25\,\frac{v^2}{\sqrt{v^2-1}}\,\frac{\pi}{2}\left(\frac{x}{i}\right)H_0^{(1)\prime}\left(x\,\frac{\varrho}{a}\right)e^{i\,k_e z}, \qquad\left.\begin{array}{r}\end{array}\right\}\ \begin{array}{c}E_{01}\text{-wave in}\\ \textit{surrounding}\\ \textit{medium near}\\ \textit{critical frequency}\end{array} \qquad (24.17)$$

$$H'_{\varphi e} = \sqrt{\frac{\varepsilon_e}{\mu_0}}\,1.25\,\frac{v^2}{\sqrt{v^2-1}}\,\frac{\pi}{2}\left(\frac{x}{i}\right)H_0^{(1)\prime}\left(x\,\frac{\varrho}{a}\right)e^{i\,k_e z}.$$

[1] Eqs. (24.13) and (24.14) have been divided on the right hand side by the common factor $\left(\frac{x}{i}\right)H_0^{(1)}(x)$.

When x approaches zero, the ratio $E'_{ze}/E'_{\varrho e}$, which is proportional to

$$\sqrt{v^2-1}\left(\frac{x}{i}\right)\frac{H_0^{(1)}\left(x\,\frac{\varrho}{a}\right)}{H_0^{(1)\prime}\left(x\,\frac{\varrho}{a}\right)}$$

approaches zero as $x^2 \log x$, and therefore $E'_{ze} \ll E'_{\varrho e}$. Hence, near the critical frequency the field in the surrounding medium approximates a T-wave. It decreases very slowly with increasing ϱ. The field in the waveguide like the field in the surrounding medium travels at a phase velocity practically equal to that of light in the surrounding medium.

For frequencies far above the critical frequency, where

$$k_e a\,\sqrt{v^2-1}=\sqrt{\left(\frac{x}{i}\right)^2+y^2}\approx\left(\frac{x}{i}\right),\quad y=3.83\quad\text{and}\quad\beta'\approx k_i,$$

the components of an E_{01}-wave become approximately

$$\left.\begin{aligned}
E'_{zi}&=3.83\,J_0\left(3.83\,\frac{\varrho}{a}\right)e^{ik_i z},\\[4pt]
E'_{\varrho i}&=i\,k_e\,a\,v\,J_0'\left(3.83\,\frac{\varrho}{a}\right)e^{ik_i z},\\[4pt]
H'_{\varphi i}&=i\,\omega\,\varepsilon_e\,a\,v^2\,J_0'\left(3.83\,\frac{\varrho}{a}\right)e^{ik_i z}
\end{aligned}\right\}\begin{array}{l}E_{01}\text{-wave in dielectric}\\ \text{waveguide far above}\\ \text{critical frequency}\end{array}\quad(24.18)$$

and

$$\left.\begin{aligned}
E'_{ze}&=1.54\,\frac{H_0^{(1)}\left(i\,k_e a\sqrt{v^2-1}\,\frac{\varrho}{a}\right)}{H_0^{(1)}\left(i\,k_e a\sqrt{v^2-1}\right)}e^{ik_i z},\\[6pt]
E'_{\varrho e}&=1.54\,\frac{v}{\sqrt{v^2-1}}\,\frac{H_0^{(1)\prime}\left(i\,k_e a\sqrt{v^2-1}\,\frac{\varrho}{a}\right)}{H_0^{(1)}\left(i\,k_e a\sqrt{v^2-1}\right)}e^{ik_i z},\\[6pt]
H'_{\varphi e}&=1.54\,\sqrt{\frac{\varepsilon_e}{\mu_0}}\,\frac{1}{\sqrt{v^2-1}}\,\frac{H_0^{(1)\prime}\left(i\,k_e a\sqrt{v^2-1}\,\frac{\varrho}{a}\right)}{H_0^{(1)}\left(i\,k_e a\sqrt{v^2-1}\right)}e^{ik_i z}.
\end{aligned}\right\}\begin{array}{l}E_{01}\text{-wave in}\\ \text{surrounding}\\ \text{medium far} \quad(24.19)\\ \text{above critical}\\ \text{frequency}\end{array}$$

It follows from these expressions that at frequencies far above the critical frequency the field in the surrounding medium decreases markedly with increasing ϱ; and like the field within the guide it travels at a phase velocity practically equal to the velocity of light in the rod. Since the external field extends only a short distance beyond the radius of the rod, most of the energy is confined to the rod.

In general an E_{01}-wave behaves as follows:

(a) There is a critical frequency below which an unattenuated E_{01}-wave cannot be propagated.

(b) The phase velocity of an E_{01}-wave decreases from the velocity of light in the surrounding medium $(1/\sqrt{\varepsilon_e \mu_0})$ to the velocity of light in the dielectric rod $(1/\sqrt{\varepsilon_i \mu_0})$ as the frequency increases without limit from its critical values.

(c) Near the critical frequency the wave-energy, which mostly resides in the surrounding medium, is only loosely guided by the dielectric rod. However, at frequencies far above the critical frequency most of the energy is within the rod and is strongly guided by the rod.

(d) The surface impedance $(E_z/H_\varphi)_{\varrho=a}$ above the critical frequency is inductive; accordingly the surface $\varrho=a$ is called an "*inductive wall*".

The case of H_{0n}-waves can be analyzed in a similar manner. Their field components $E''_{\varphi i}$, $H''_{\varrho i}$, $H''_{z i}$ and $E''_{\varphi e}$, $H''_{\varrho e}$, $H''_{z e}$ are derivable from magnetic Hertz vectors $\Pi''_{z i}$ and $\Pi''_{z e}$ respectively. From the boundary conditions, $E''_{\varphi i} = E''_{\varphi e}$ and $H''_{z i} = H''_{z e}$ at $\varrho = a$, or equivalently from the continuity of the impedance $(-E_\varphi / H_z)$ through the surface $\varrho = a$, the following equations are obtained:

$$\frac{1}{y} \frac{J'_0(y)}{J_0(y)} = \frac{1}{x} \frac{H_0^{(1)'}(x)}{H_0^{(1)}(x)} \tag{24.20}$$

and

$$y^2 - x^2 = (k_e a)^2 (v^2 - 1), \tag{24.21}$$

with $v^2 = \varepsilon_i / \varepsilon_{\smile}$ and $\mu_i = \mu_e = \mu_0$.

These equations are similar to Eqs. (24.11) and (24.12), and we can see without pursuing further the analysis of this case that the H_{0n}-waves show a behavior similar to that of the E_{0n}-waves.

In addition to the circularly symmetric waves, viz., the E_{0n}- and H_{0n}-waves, a circular dielectric waveguide can support φ-dependent or asymmetric plane waves as well. Unlike the circularly symmetric waves, the asymmetric waves are *hybrid* or *mixed*, i.e., they posses longitudinal components of *both* electric and magnetic fields. The components of a hybrid wave are constructed by a superposition of the fields derived from the z-directed electric and magnetic Hertz vectors, which have the general form

$$\left. \begin{aligned} \Pi'_{z i} &= {}_i A_{mn} J_m({}_i \gamma'_{mn} \varrho) \cos m\varphi\, e^{i\, h'_{mn} z}, \\ \Pi'_{z e} &= {}_e A_{mn} H_m^{(1)}({}_i {}_e \gamma'_{mn} \varrho) \cos m\varphi\, e^{i\, h'_{mn} z} \end{aligned} \right\} \tag{24.22}$$

and

$$\left. \begin{aligned} \Pi''_{z i} &= {}_i B_{mn} J_m({}_i \gamma''_{mn} \varrho) \sin m\varphi\, e^{i\, h''_{mn} z}, \\ \Pi''_{z e} &= {}_e B_{mn} H_m^{(1)}({}_i {}_e \gamma''_{mn} \varrho) \sin m\varphi\, e^{i\, h''_{mn} z}. \end{aligned} \right\} \tag{24.23}$$

The plane hybrid wave derived from these expressions with $m = n = 1$ is called the HE_{11}-mode and is distinguished by the fact that it is the only mode that possesses no critical frequency. Its field is symmetrical with respect to a longitudinal plane passing through the axis, the field on one side of the plane being the mirror image of the field on the other side. Within the dielectric its transverse electric field resembles that of an H_{11}-mode inside a circular metallic waveguide.

The closely related problem of propagation along a dielectric tube was investigatet by Zachoval[1] and by Unger[2].

From a practical point of view a dielectric structure has limited applicability as a waveguide in spite of the fact that it is capable of propagating the HE_{11}-mode with very low attenuation loss[3]. The dielectric guide of finite length is an open structure and hence is susceptible to considerable radiation loss when it is mismatched at input and output ends, when it is curved, or when foreign conducting bodies are near it[4]. Dielectric rods and tubes are used principally as radiators[5], not as waveguides.

---

[1] L. Zachoval: Rozpravy České Akad. Věd. a Uměni II **42**, No. 34 (1932).

[2] H. G. Unger: Arch. elektr. Übertr. **8**, 242 (1954).

[3] W. M. Elsasser: J. Appl. Phys. **20**, 1193 (1949).

[4] C. H. Chandler: J. Appl. Phys. **20**, 1188 (1949).

[5] See for example, D. G. Kiely: Dielectric Aerials. New York and London 1953. Here the reader will find a comprehensive summary as regards dielectric waveguides as well as dielectric aerials.

However, recent interest in millimeter waves has focused attention on the possible use of dielectric waveguides as short transmission lines for millimeter waves[1]. An example of this is the dielectric image line[2] which consists of a dielectric cylinder of semi-circular cross-section mounted on a plane metallic sheet. The metallic sheet behaves as an image plane and the structure can transmit the desired HE_{11}-mode. Theoretically there is no difference between a circular dielectric waveguide and a dielectric image line. However, the image line has a practical advantage: it is relatively free from support and shielding problems that beset the dielectric waveguide.

25. Strip-lines. A special kind of microwave transmission line which has widely come into practical use is the so-called strip line which basically consists of two (or sometimes more) parallel metallic strips of generally different width separated by a dielectric medium. The advantage over conventional waveguides is that they form a very compact transmission line system which is inexpensive and is easily produced mechanically (printed microwave circuits).

One kind of strip line is the so-called microstrip[3] which consists of a conducting ribbon (strip) separated from a conducting sheet (ground plane) by a dielectric slab (Fig. 54a). The structure

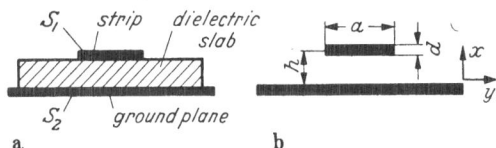

Fig. 54 a and b. (a) Cross-section of microstrip. (b) Cross-section of simplified microstrip.

cannot support a T-wave; this can easily be understood from the fact that the velocity of a T-wave inside the dielectric slab would differ from the velocity of a T-wave outside of the slab and consequently T-wave fields inside and outside the slab could not be matched at the edge-surfaces of the slab. Unlike a T-wave current distribution which is directed purely axially, transverse currents must also be expected on the microstrip. No exact solution so far exists. The dominant mode, however, closely resembles the T-wave of a simplified microstrip with dielectric material uniformly filling the entire region above the ground plane, provided the width a of the strip and its distance h from the ground plane are both small compared with the wavelength (Fig. 54b). This similarity is computationally useful as a first approximation. Accordingly, practically all actual strip-line problems have been replaced so far by the more tractable problem of T-wave propagation along simplified strip lines.

The dominant mode of a simplified microstrip (Fig. 54b) is described by the same equations which hold for a T-wave in a coaxial waveguide region, that is, by Eqs. (4.23) and (4.24). The scalar function Φ from which the transverse field components are derived is a solution of the Laplace equation $\nabla^2\Phi=0$ with boundary values $\Phi=\Phi_1$ and $\Phi=\Phi_2$ on the equipotential surfaces S_1 of the strip and S_2 of the ground plane respectively. Its propagation constant is $k=\omega\sqrt{\varepsilon\mu}$ and like all T-waves it travels with the velocity of light $c=1/\sqrt{\varepsilon\mu}$. The characteristic impedance Z_c is commonly defined by the relation $Z_c=V^2/(2\bar{P})$; with $\boldsymbol{E}_t=\nabla\Phi$, the potential difference between the strip and the ground plane becomes $V=\Phi_1-\Phi_2$, and

$$\bar{P}=\frac{1}{2}\operatorname{Re}\int_A (\boldsymbol{E}_t\times\boldsymbol{H}_t^*)\cdot\boldsymbol{e}_z\,dA=\frac{1}{2}\sqrt{\frac{\varepsilon}{\mu}}\int_A \nabla\Phi\cdot\nabla\Phi\,dA \qquad (25.1)$$

[1] See for example, M. T. WEISS and E. M. GYORGY: Trans. Inst. Radio Engrs., MTT-2, No. 3, 1954.

[2] D. D. KING: J. Appl. Phys. **23**, 699 (1952). — Trans. Inst. Radio Engrs., MTT-3, No. 2, p. 75, 1955.

[3] D. D. GRIEG and H. F. ENGELMANN: Proc. Inst. Radio Engrs. **40**, 1644 (1952).

is the time-average power flow. Consequently in terms of $\Phi(x, y)$ the characteristic impedance is

$$Z_c = \sqrt{\frac{\mu}{\varepsilon}} \frac{(\Phi_1 - \Phi_2)^2}{\int_A \nabla \Phi \cdot \nabla \Phi \, dA} , \tag{25.2}$$

where the integration extends over an entire transverse plane A. The capacitance C of the structure per unit length is defined by $C = 2W/V^2$, where

$$W = \tfrac{1}{2} \varepsilon \int_A \boldsymbol{E}_t \cdot \boldsymbol{E}_t^* \, dA = \tfrac{1}{2} \varepsilon \int_A \nabla \Phi \cdot \nabla \Phi \, dA \tag{25.3}$$

is the electrostatic energy per unit length. From this it follows that the expression for C in terms of $\Phi(x, y)$ is given by

$$C = \varepsilon \frac{\int_A \nabla \Phi \cdot \nabla \Phi \, dA}{(\Phi_1 - \Phi_2)^2} . \tag{25.4}$$

Comparing Eqs. (25.2) and (25.4) we see that

$$Z_c = \frac{\sqrt{\varepsilon \mu}}{C} = \frac{1}{cC} . \tag{25.5}$$

In computing the attenuation constant α_w due to skin-effect loss, it is assumed that the conductors now have a surface impedance Z_s given by expression (2.6) and that $\boldsymbol{H}_t$ is the undisturbed field of the lossless case. Under these assumptions the time-average power-loss is given by

$$\bar{P}_w = \frac{1}{2} \operatorname{Re} \left[Z_s \oint_{S_1 + S_2} \boldsymbol{H}_t \cdot \boldsymbol{H}_t^* \, dl \right] = \frac{1}{2} \sqrt{\frac{\omega \mu_m}{2\sigma_w} \left(\frac{\varepsilon}{\mu} \right)} \oint_{S_1 + S_2} \nabla \Phi \cdot \nabla \Phi \, dl, \tag{25.6}$$

where σ_w is the conductivity of the strip and ground plane, and the integration extends over the ground plane S_2 and encircles the strip S_1. Since by definition $\alpha_w = \bar{P}_w/(2\bar{P})$ it follows from expressions (25.1) and (25.6) that[1]

$$\alpha_w = \frac{1}{2} \sqrt{\frac{\omega \varepsilon \mu_m}{2\sigma_w \mu}} \frac{\oint_{S_1 + S_2} \nabla \Phi \cdot \nabla \Phi \, dl}{\int_A \nabla \Phi \cdot \nabla \Phi \, dA} . \tag{25.7}$$

If the dielectric is lossy, the time-average power lost in the dielectric per unit length is

$$\bar{P}_d = \tfrac{1}{2} \sigma_d \int_A \boldsymbol{E}_t \cdot \boldsymbol{E}_t^* \, dA = \tfrac{1}{2} \sigma_d \int_A \nabla \Phi \cdot \nabla \Phi \, dA , \tag{25.8}$$

where σ_d is the conductivity of the dielectric. Since the attenuation constant α_d due to dielectric loss is defined by $\alpha_d = \bar{P}_d/(2\bar{P})$, it follows from expressions (25.8) and (25.1) that

$$\alpha_d = \frac{1}{2} \sigma_d \sqrt{\frac{\mu}{\varepsilon}} , \tag{25.9}$$

independent of the geometry of the structure.

With both types of loss accounted for, the z-dependence of the T-wave fields in a simplified microstrip is $e^{\pm ikz} e^{\mp (\alpha_w + \alpha_d)z}$, where $k = \omega \sqrt{\varepsilon \mu}$ and α_w and α_d are given by expressions (25.7) and (25.9) respectively.

The problem of the simplified microstrip, insofar as its T-wave is concerned, is essentially one of finding the electrostatic potential $\Phi(x, y)$. For the case of a simplified microstrip (Fig. 54b) with a thin wide strip $(d \ll h \ll a)$ the following

---

[1] For a simplified non-ferromagnetic microstrip $\mu = \mu_m = \mu_0$.

expressions for C, Z_c, and α_w have been obtained by the method of conformal transformations[1]:

$$
\left.\begin{aligned}
C &= \left(\frac{\varepsilon a}{h}\right)\frac{1 + \xi + \log(1 + \xi)}{\xi} \quad \text{(farad/meter)}, \\
Z_c &= \frac{\sqrt{\varepsilon\mu}}{C} = \left(\frac{h}{a}\right)\sqrt{\frac{\mu}{\varepsilon}}\,\frac{\xi}{1 + \xi + \log(1 + \xi)} \quad \text{(ohm)}, \\
\alpha_w &= \frac{1}{h}\sqrt{\frac{\omega\varepsilon\mu_m}{2\sigma_w\mu}}\,\frac{1 + \xi + \pi/2 - \log(\eta/2)}{1 + \xi + \log(1 + \xi)} \quad \text{(neper/meter)},
\end{aligned}\right\} \tag{25.10}
$$

where

$$
\xi \equiv (\pi a)/(2h), \qquad \eta \equiv p^2 - 1 + p\sqrt{p^2 - 1}, \qquad p \equiv 1 + d/h.
$$

With the simplified theory as a guide, microstrip components have been designed[2] and their properties have been experimentally determined[3].

Fig. 55. Simplified flat-strip transmission lines.

Other types of strip lines have been investigated; Fig. 55 shows configurations of so-called planar or flat-strip transmission lines[4].

E. Slow-wave and surface-wave guiding structures

Inside a perfectly conducting cylindrical tube uniformly filled with a homogeneous dielectric medium the phase velocity v_f of any propagating mode is greater than the velocity of light $c = 1/\sqrt{\varepsilon\mu}$; that is, the field configuration moves along the guide with a velocity greater than c. This follows from Eq. (5.8), where γ^2 is an eigenvalue of the boundary value problems (4.14) or (4.15). Except for the eigenvalue $\gamma_0''^2 = 0$, which has formal significance only, γ^2 is always a real and positive quantity and consequently $v_f > c$ according to Eq. (5.8).

From the need of electronic devices for the generation and amplification of microwaves and for the acceleration of charged elementary particles originated the demand for cylindrical waveguide structures in which the configuration of the electric field moves with a velocity v_f less than the velocity of light. Such devices depend on the mutual interaction between the beam of particles and the longitudinal component of the electric vector of the electromagnetic waves traveling in the direction of the beam. The energy exchange between beam and field is most efficient when the phase velocity of the wave is nearly equal to the velocity of the particles forming the beam; the latter velocity is necessarily always less than c.

An E-wave in a conventional hollow guide is not suited for this purpose because it travels too "*fast*". What is required is a waveguide that can support a "*slow*" E-wave or a "*slow*" hybrid wave (composed of a combination of an E-and an H-wave). Such waveguide structures with phase velocities smaller than the velocity of light are called "*slow-wave structures*". The process of "slowing down" the phase velocity of the waves consists of modifying the surface of the guide by endowing it with a "surface impedance" different from

[1] F. Assadourian and E. Rimai: Proc. Inst. Radio Engrs. **40**, 1651 (1952).

[2] J. A. Kostriza: Proc. Inst. Radio Engrs. **40**, 1651 (1952).

[3] M. Arditi: Electr. Commun. **30**, 283 (1953).

[4] D. Park: Trans. Inst. Radio Engrs., MTT-3, No. 3 and No. 5, 1955. See also: Symposium on Microwave Strip Circuits. Trans. Inst. Radio Engrs. MTT-3, No. 2, 1955, and A. Oliner: Proceedings of the Symposium on Modern Advances in Microwave Techniques. Polytechnic Inst. of Brooklyn, pp. 379—402, Nov. 1954.

zero[1]. In practical devices this is mainly accomplished by "loading" the surface of the guide in the direction of wave propagation with a periodic structure.

Closely related to the slow-wave structures are the "surface-wave guiding structures" which are used principally as open transmission lines for high-frequency waves. In this chapter some typical slow-wave and surface-wave guiding structures are discussed.

26. Surface-wave guiding structures. Sommerfeld's single-wire transmission line[2] is a surface-wave guiding structure. It consists of a straight, infinitely long thin wire of circular cross-section and *finite* conductivity (Fig. 56). Of all the guided waves that can exist on this structure only the symmetrical *E*-type wave is of interest because the others, which are cyclically periodic around the wire, are attenuated very rapidly and of no practical use[3]. The components $E_z, E_\varrho, H_\varphi$ of the symmetrical *E*-wave travel along the wire, in the *z*-direction,

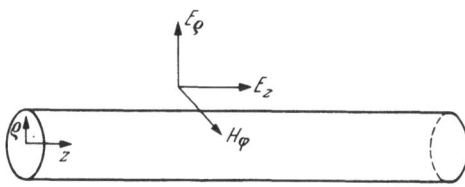

Fig. 56. Sommerfeld's single-wire transmission line.

with a phase velocity less than that of light, and in the region outside the wire they decrease in amplitude with radial distance ϱ. The Poynting's vector of this wave has a component in the *z*-direction, which when integrated over a plane perpendicular to the wire gives the transmitted power, and a component in the ϱ-direction (pointing in towards the axis of the wire) which when integrated over the surface of the wire yields the power expended as ohmic loss. Since this wave is guided along the wire, its attenuation in the *z*-direction is produced solely by the conductivity of the wire. As the conductivity decreases, the ohmic loss increases and the radial extent of the field decreases. On the other hand, as the conductivity increases, the ohmic loss decreases and the radial extent of the field increases. In the conceptual limit of infinite conductivity the *E*-wave passes into a *T*-wave with components E_ϱ and H_φ which now travel at the velocity of light and decrease in amplitude with ϱ as $1/\varrho$. The Poynting's vector of this *T*-wave depends on ϱ as $1/\varrho^2$. Hence, when it is integrated over a plane perpendicular to the wire, a logarithmically infinite result is obtained. This means that an infinite amount of power would be required to establish a *T*-wave of finite amplitude along a perfectly conducting wire of infinite length.

From a practical viewpoint the Sommerfeld wire is not useful as a transmission line because the *E*-wave it supports does not cling tightly enough to the wire, i.e., the radial extent of the field is too great. A small bend in the wire or the presence of a foreign body produces considerable radiation loss. Moreover, reducing the radial extent of the wave by decreasing the conductivity does not resolve the difficulty for by so doing, the ohmic loss is increased.

The principal shortcoming of the Sommerfeld wire is that its ohmic loss is essential to its operation as a transmission line, in contrast with conventional transmission structures for which ohmic losses are only incidental. This difficulty is obviated when the surface of the wire is coated with a thin layer of dielectric or its equivalent, viz., an artificial dielectric. The dielectric coating loads the surface of the wire in such a way that an *E*-type surface-wave of relatively short radial extent can be guided along it, even in the limiting case of

[1] For an ordinary perfectly conducting tube the surface impedance vanishes owing to the boundary condition of vanishing tangential electric field.

[2] A. Sommerfeld: Ann. d. Phys. u. Chem., N. F. **67**, 233 (1899).

[3] D. Hondros: Ann. d. Phys. **30**, 905 (1909).

infinite conductivity. In a structure of this type the ohmic losses are incidental and the radial extent of the field is governed principally by the dielectric coating.

The problem of surface-wave propagation along a dielectrically coated wire (Fig. 57) was first investigated by HARMS[1] and more recently by GOUBAU[2] who evaluated its practical usefulness as a transmission line. In the analysis of this problem it is permissible to first treat the idealized case where the wire is a perfect conductor and the mantle is a perfect dielectric, and then to take into account the wire and dielectric losses as perturbation effects.

We consider the idealized case of no losses. Since the wire is assumed to be perfectly conducting the fields within it are identically zero. In the dielectric layer ($a \leq \varrho \leq b$) the field components of a symmetrical E-type wave are given by

$$\left.\begin{aligned} E_z &= A\left[J_0(\gamma_i \varrho)\, N_0(\gamma_i a) - J_0(\gamma_i a)\, N_0(\gamma_i \varrho)\right] e^{i h z}, \\ E_\varrho &= -\frac{i h}{\gamma_i} A\left[J_1(\gamma_i \varrho)\, N_0(\gamma_i a) - J_0(\gamma_i a)\, N_1(\gamma_i \varrho)\right] e^{i h z}, \\ H_\varphi &= -\frac{i \omega \varepsilon_i}{\gamma_i} A\left[J_1(\gamma_i \varrho)\, N_0(\gamma_i a) - J_0(\gamma_i a)\, N_1(\gamma_i \varrho)\right] e^{i h z}, \end{aligned}\right\} \begin{aligned} &\textit{E-wave} \\ &\textit{in dielectric} \end{aligned} \qquad (26.1)$$

where $h^2 = k_i^2 - \gamma_i^2$, $k_i^2 = \omega^2 \varepsilon_i \mu_i$, $\mu_i = \mu_0$, and γ_i is positive and real. In the external region ($\varrho \geq b$) the field components are represented by

$$\left.\begin{aligned} E_z &= B H_0^{(1)}(i \gamma_e \varrho)\, e^{i h z}, \\ E_\varrho &= -B \frac{h}{\gamma_e} H_1^{(1)}(i \gamma_e \varrho)\, e^{i h z}, \\ H_\varphi &= -\frac{\omega \varepsilon_e}{\gamma_e} B H_1^{(1)}(i \gamma_e \varrho)\, e^{i h z}, \end{aligned}\right\} \quad \textit{E-wave in external space} \qquad (26.2)$$

where $h^2 = k_e^2 + \gamma_e^2$, $k_e^2 = \omega^2 \varepsilon_e \mu_e$, $\mu_e = \mu_0$, $\varepsilon_e = \varepsilon_0$, and γ_e is positive and real. In crossing the boundary at the outer surface $\varrho = b$ of the dielectric mantle E_z and H_φ, or equivalently the "surface impedance" that is the ratio E_z/H_φ, must be continuous for all values of z. To satisfy these con-

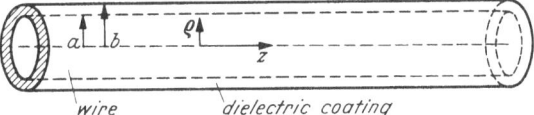

Fig. 57. Goubau-line consisting of a straight metallic wire coated uniformly with a layer of dielectric.

ditions it is necessary that the propagation constant h in expressions (26.1) and (26.2) be the same:

$$\sqrt{k_i^2 - \gamma_i^2} = \sqrt{k_e^2 + \gamma_e^2}; \qquad (26.3)$$

moreover, it is necessary that

$$\frac{i \gamma_i}{\varepsilon_i} \frac{J_0(\gamma_i b)\, N_0(\gamma_i a) - J_0(\gamma_i a)\, N_0(\gamma_i b)}{J_1(\gamma_i b)\, N_0(\gamma_i a) - J_0(\gamma_i a)\, N_1(\gamma_i b)} = -\frac{\gamma_e}{\varepsilon_e} \frac{H_0^{(1)}(i \gamma_e b)}{H_1^{(1)}(i \gamma_e b)}. \qquad (26.4)$$

Eqs. (26.3) and (26.4) determine γ_i and γ_e. From a knowledge of γ_e we can find $v_f = \omega/\sqrt{k_e^2 + \gamma_e^2}$, the phase velocity of the wave; $R(\varrho) = H_0^{(1)}(i\gamma_e \varrho)$ describes the radial dependence of the wave in external space, and $Z_s = -(\gamma_e/\omega \varepsilon_e) H_0^{(1)}(i\gamma_e b)/H_1^{(1)}(i\gamma_e b)$ is the surface impedance along $\varrho = b$. Since γ_e is positive real the phase velocity v_f is less than ω/k_e, the velocity of light in the external space. The wave therefore is a "slow-wave", and as γ_e increases v_f decreases. Far from the wire, where R can be approximated by $R \approx e^{-\gamma_e \varrho}/\sqrt{\gamma_e \varrho}$, the radial extent of the field decreases as γ_e increases. The z-component of POYNTING's vector when

[1] F. HARMS: Ann. d. Phys. 23, 44 (1907).
[2] G. GOUBAU: J. Appl. Phys. 21, 1119 (1950). — Proc. Inst. Radio Engrs. 39, 619 (1951).

integrated over a plane perpendicular to the line yields a finite value and the wave is physically realizable. The fact that $H_0^{(1)}$ is negative imaginary and $H_1^{(1)}$ is negative real for positive imaginary argument $i\gamma_e b$ leads to the result that the surface impedance is negative imaginary and hence purely inductive:

$$Z_s = - i X_s, \quad (X_s \geqq 0, \text{ real}) \tag{26.5}$$

where X_s is the surface reactance. Thus we see that a dielectric coating inductively loads the surface of the perfectly conducting wire, reduces the phase velocity of the surface-wave, and decreases its radial extent.

In an actual line losses are unavoidably present. There are the conductor and dielectric losses which are natural concomitants of the wave but do not change the field configuration appreciably. Also there are the losses that occur at the horns which launch and receive the wave, and the losses that are produced at the bends in the line. These are essentially radiation losses and can be minimized by proper design[1].

Coating a wire with a natural dielectric is not the only way of inductively loading its surface. It is possible to produce the same effect by corrugating its surface, i.e., coating it with an "artificial dielectric". However, a basic difference between a wire smoothly coated with a natural dielectric and a wire whose surface is periodically corrugated is that the former constitutes a uniform structure and the latter a periodic one. Both structures can support a "fundamental wave", like the symmetrical E-type wave discussed above, but in the case of the periodic structure the fundamental wave is necessarily accompanied by higher-order traveling waves, the so-called "*spatial harmonics*" of the fundamental wave.

To gain an understanding of corrugated structures without introducing unnecessary mathematical complications, we discuss in some detail the simple hypothetical case of a plane corrugated metallic surface (Fig. 58). A fundamental wave of E-type, which propagates in the positive z-direction and remains finite in the half-space $y \geqq 0$, is represented by the following components:

$$\left. \begin{aligned} E_z &= C \, e^{-\gamma y} \, e^{i\sqrt{k^2+\gamma^2}\, z}, \\ E_y &= C \, \frac{i\sqrt{k^2+\gamma^2}}{\gamma} \, e^{-\gamma y} \, e^{i\sqrt{k^2+\gamma^2}\, z}, \\ H_x &= C \, \frac{k^2}{i\omega\mu\gamma} \, e^{-\gamma y} \, e^{i\sqrt{k^2+\gamma^2}\, z}, \end{aligned} \right\} \begin{array}{c} \textit{fundamental} \\ \textit{E-wave} \end{array} \tag{26.6}$$

where $k^2 = \omega^2 \varepsilon \mu$; γ must be a positive real constant which has to be determined by the boundary condition at the surface $y = 0$. Like all surface-waves, this fundamental wave decreases in amplitude with distance y from the guiding surface and travels with a phase velocity $\omega/\sqrt{k^2+\gamma^2}$ less than that of light[2], $c = \omega/k$. To support such a fundamental wave the guiding surface must have a *uniform* surface impedance Z_s given by

$$(Z_s)_{\text{wave}} = - \frac{E_z}{H_x} = - \frac{i\omega\mu}{k^2} \gamma. \tag{26.7}$$

[1] For example, H. M. Barlow: Proc. Inst. Electr. Engrs. **99**, Part III, 21 (1952). — R. B. Dyott: Proc. Inst. Electr. Engrs. **99**, Part III, 408 (1952). — C. E. Sharp and G. Goubau: Proc. Inst. Radio Engrs. **41**, 107 (1953). — G. Goubau: Electronics **27**, No. 4, 180 (1954).

[2] From the viewpoint of optics the fundamental wave can be considered as a wave incident at a complex Brewster angle. See H. M. Barlow and A. L. Cullen: Proc. Inst. Electr. Engrs. **100**, Part III, 329 (1953).

When the corrugated structure is spatially periodic in z with period L, its surface impedance is a periodic function of z with period L. A Fourier expansion of this function yields an average-value term independent of z plus higher-order Fourier components periodic in z. The average-value term can be considered a measure of the average surface impedance $(Z_s)_{av}$ of the corrugated surface. This term is linked with the fundamental wave, whereas the higher-order Fourier components are linked with its spatial harmonics. If, in a first approximation, we are interested in only the fundamental wave, it is adequate to attribute to the corrugated surface a uniform surface impedance equal to $(Z_s)_{av}$.[1]

When the width w of each corrugation is small compared to the guide wavelength $\lambda_g = 2\pi \sqrt{k^2 + \gamma^2}$ of the fun-

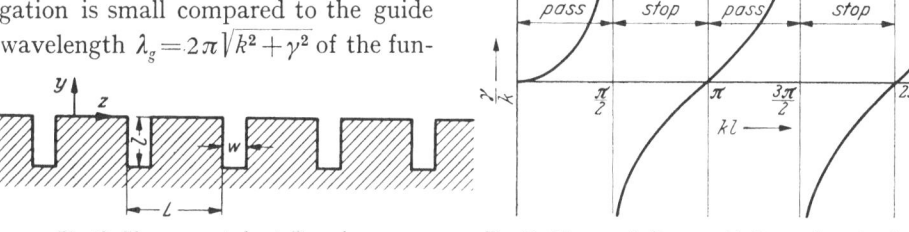

Fig. 58. Plane corrugated metallic surface.

Fig. 59. Diagram of γ/k versus kl. Pass and stop band pattern.

damental wave, the field inside each corrugation may be approximated by a T-wave with components E_z and H_x, forming a standing wave with respect to the y-direction. To this degree of approximation the input impedance of each corrugation at $y=0$ can be represented by

$$Z_{\text{input}} = - \left. \frac{E_z}{H_x} \right|_{y=0} = -i \sqrt{\frac{\mu}{\varepsilon}} \tan kl, \qquad (26.8)$$

where l is the depth of each corrugation. The surface impedance of the flat perfectly conducting surfaces between corrugations is zero, since E_z vanishes there. Hence the surface impedance of the guiding surface is a periodic function of z with period L, having the value Z_{input} over the gaps of width w and zero everywhere else. The average surface impedance is given by[2]

$$(Z_s)_{av} = \frac{w}{L} Z_{\text{input}} = -i \sqrt{\frac{\mu}{\varepsilon}} \frac{w}{L} \tan kl. \qquad (26.9)$$

Matching $(Z_s)_{av}$ to $(Z_s)_{\text{wave}}$ at the boundary $y=0$, we obtain the value of the constant γ of Eq. (26.7):

$$\gamma = k \frac{w}{L} \tan kl. \qquad (26.10)$$

From the plot of this relation, displayed in Fig. 59, it can be seen that for certain regions of kl the value of γ is positive and therefore wave-propagation is possible (pass bands), whereas for other regions γ is negative and waves cannot be propagated (stop bands). Taking the first pass band, which is typical of all pass bands, we find that as kl increases from 0 to $\pi/2$,

(a) the surface impedance is an inductive reactance and increases from zero to infinity,

---

[1] C. C. CUTLER: Bell Telephone Lab. Report No. MM 44-160-218. 1944.
[2] For a discussion of surface-waves traveling along a plane surface with homogeneous *anisotropic* boundary conditions, see M. A. MILLER: Dokl. Akad. Nauk USSR. **87**, 571 (1952). In this case the surface-waves are hybrid, i. e., neither purely H-waves, nor purely E-waves.

(b) the wave clings more closely to the surface, since γ in $e^{-\gamma y}$ increases monotonically,

(c) the phase velocity $\omega/\sqrt{k^2 + \gamma^2}$ decreases from the velocity of light $c = \omega/k$ to 0, and

(d) the group velocity $\dfrac{(c/k)\,\sqrt{k^2+\gamma^2}}{1 + \dfrac{\gamma}{k}\dfrac{d\gamma}{dk}}$ decreases from the velocity of light c

to 0 [see Eq. (5.15)].

Since the guide-wavelength, $\lambda_g = 2\pi/\sqrt{k^2 + \gamma^2}$, decreases indefinitely as kl approaches the cut-off points $\pi/2,\ 3\pi/2,\ 5\pi/2,\ \ldots$, near cut-off the width w is not small any more compared to λ_g and there the simplified picture presented above ceases to be valid.

For a more detailed investigation the spatial harmonics of the wave and the periodicity of the surface impedance have to be taken into account. In view of Floquet's theorem[1], E_z on the guiding surface $y = 0$ can be expected to have the following form:

$$E_z = e^{i\beta_0 z} R_1(z) + e^{-i\beta_0 z} R_2(z), \qquad (26.11)$$

where $R_1(z)$ and $R_2(z)$ denote periodic functions of z with the period L of the structure. This form represents two amplitude-modulated waves, one traveling in the positive z-direction and the other in the negative z-direction. Limiting our attention to the wave traveling in the positive z-direction, we see that E_z is a product of two periodic functions, one of which, $R_1(z)$, has the period of the structure, and the other, $e^{i\beta_0 z}$, has a period $\beta_0/(2\pi)$ equal to the wavelength λ_g of the fundamental wave.

With the aid of the Fourier expansion of $R_1(z)$,

$$R_1(z) = \sum_{m=-\infty}^{m=\infty} A_m e^{i\frac{2m\pi}{L} z}, \qquad (26.12)$$

we can write

$$E_z = \sum_{m=-\infty}^{m=\infty} A_m e^{i\left(\beta_0 + \frac{2m\pi}{L}\right) z} \qquad (y = 0). \qquad (26.13)$$

From the requirement that E_z satisfy $(\nabla^2 + k^2) E_z = 0$, be finite in the half-space $y \geq 0$, and reduce to expression (26.13) when $y = 0$, we infer the general expression

$$E_z = \sum_{m=-\infty}^{m=\infty} A_m e^{-\gamma_m y} e^{i\left(\beta_0 + \frac{2m\pi}{L}\right) z} \qquad (y \geq 0), \qquad (26.14)$$

where $\gamma_m^2 = \left(\beta_0 + \dfrac{2\pi m}{L}\right)^2 - k^2$ and $\beta_0 = \sqrt{k^2 + \gamma_0^2}$. This expression represents a superposition of the fundamental wave $m = 0$ which we considered in Eq. (26.6) and the spatial harmonics $m = \pm 1, \pm 2, \pm 3, \ldots$. The coefficients A_m and γ_m are determined by the boundary conditions along the surface $y = 0$: E_z must disappear between corrugations, and at each corrugation E_z and H_x must equal the corresponding components of the field just inside the corrugation[2]. The spatial harmonics have phase velocities $(v_f)_m = \omega/\left(\beta_0 + \dfrac{2m\pi}{L}\right)$ which decrease

---

[1] See, for example, J. C. Slater: Microwave Electronics, pp. 170—177. New York, Toronto and London 1950. — L. Brillouin: Wave Propagation in Periodic Structures, pp. 139—140. New York, Toronto and London 1946. It should be noted that Floquet's theorem applies to structures periodic in space; the problem considered here is homogeneous in space ($y > 0$) but imposes periodic boudary conditions at $y = 0$.

[2] L. Brillouin: J. Appl. Phys. 19, 1023 (1948). — R. A. Hurd: Canad. J. Phys. 32, 727 (1954).

in magnitude as the order m increases. The sign of $(v_f)_m$ depends on the value of m, and the spatial harmonics travel both in the positive and negative z-direction. The group velocity of each spatial harmonic is independent of m and equals the group velocity of the fundamental wave. The y-dependence of the m-th spatial harmonic is given by $\exp\left(-\sqrt{\left(\beta_0+\frac{2\pi m}{L}\right)^2-k^2}\,y\right)$. From this we see that as the order m increases, the corresponding spatial harmonic clings to the surface more closely.

The cylindrical counterpart of a plane corrugated structure is the disc-loaded rod shown in Fig.60. The fundamental wave traveling in the positive z-directon in the region $\varrho\geq b$ has the following components:

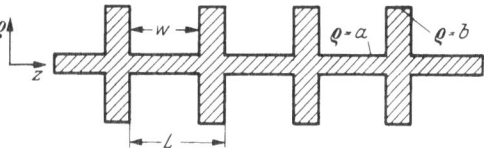

Fig. 60. Disc-loaded rod.

$$E_z = C\,H_0^{(1)}(i\,\gamma\,\varrho)\,e^{i\sqrt{k^2+\gamma^2}\,z}\,,$$

$$E_\varrho = C\,\frac{\sqrt{k^2+\gamma^2}}{\gamma}\,H_0^{(1)\prime}(i\,\gamma\,\varrho)\,e^{i\sqrt{k^2+\gamma^2}\,z}\,,\qquad \begin{array}{c} \textit{fundamental} \\ \textit{E-wave} \end{array}\qquad (26.15)$$

$$H_\varphi = C\,\frac{k^2}{\omega\mu\gamma}\,H_0^{(1)\prime}(i\,\gamma\,\varrho)\,e^{i\sqrt{k^2+\gamma^2}\,z}\,,$$

where $k^2=\omega^2\varepsilon\mu$; γ must be positive and real. We again assume that the width w is small compared to $\lambda_g=2\pi/\sqrt{k^2+\gamma^2}$. Hence the field in each corrugation may be approximated by a superposition of a converging cylindrical wave with components E_z and H_φ traveling radially inward from $\varrho=b$ to $\varrho=a$ and a diverging cylindrical wave traveling from $\varrho=a$ to $\varrho=b$. That is, within each corrugation the field is approximately that of a radial line shorted electrically at $\varrho=a$:

$$E_z = A\,[H_0^{(1)}(k\,\varrho)\,H_0^{(2)}(k\,a) - H_0^{(1)}(k\,a)\,H_0^{(2)}(k\,\varrho)]\,,$$

$$H_\varphi = i\,A\,\sqrt{\frac{\varepsilon}{\mu}}\,[H_0^{(1)\prime}(k\,\varrho)\,H_0^{(2)}(k\,a) - H_0^{(1)}(k\,a)\,H_0^{(2)\prime}(k\,\varrho)]\,,\qquad (26.16)$$

where $H_0^{(1)}=J_0+i\,N_0$ and $H_0^{(2)}=J_0-i\,N_0$. From Eqs. (26.16) one obtains the average surface impedance:

$$(Z_s)_{\mathrm{av}} = \frac{w}{L}\left(\frac{E_z}{H_\varphi}\right)_{\varrho=b} = -i\,\sqrt{\frac{\mu}{\varepsilon}}\,\frac{w}{L}\,\frac{N_0(kb)\,J_0(ka)-N_0(ka)\,J_0(kb)}{N_0'(kb)\,J_0(ka)-N_0(ka)\,J_0'(kb)}\,.\qquad (26.17)$$

Matching the ratio $(E_z/H_\varphi)_{\varrho=b}$ obtained from expressions (26.15) to $(Z_s)_{\mathrm{av}}$, we get

$$i\,\frac{\gamma}{k}\,\frac{H_0^{(1)}(i\gamma b)}{H_0^{(1)\prime}(i\gamma b)} = \frac{w}{L}\,\frac{N_0(kb)\,J_0(ka)-N_0(ka)\,J_0(kb)}{N_0'(kb)\,J_0(ka)-N_0(ka)\,J_0'(kb)}\,.\qquad (26.18)$$

This equation determines γ and in turn the propagation properties of the fundamental E-wave. The evaluation of γ as a function of $k(b-a)$, where $(b-a)$ is the depth of the corrugations, shows that the propagation properties of the fundamental E-wave on a disc-loaded rod and on a dielectrically coated wire are similar[1]. However, the disc-loaded rod produces spatial harmonics whereas the dielectrically coated wire does not.

The E-type surface-waves we have discussed above in connection with the Sommerfeld line, the Goubau line, and the disc-loaded rod constitute source-free solutions of MAXWELL's equations and cannot exist by themselves. They are always accompanied by a radiation field. Any physically realizable primary source

---

[1] See, for example, W. ROTMAN: Proc. Inst. Radio Engrs. **39**, 952 (1951).

that excites a surface-wave gives rise to a radiation field. For example, if the primary source is a conical horn fed by a coaxial line whose outer conductor gradually expands to form the horn and whose inner conductor is extended and connected to a Goubau line, the total field comprises the guided field and the free-space radiation field of the horn, modified by the presence of the line[1]. Also any nonuniformity or discontinuity in a surface-wave guiding structure behaves as a (secondary) source of radiation[2], giving rise to a radiation field.

Mathematically rigorous and complete solutions of wave propagation along cylindrical structures are difficult to obtain and many problems remain unsolved. In infinitely extended regions the ordinary mode-type solutions employed above fail to describe the complete field of a given source. The type of solutions discussed above was based on the a priori assumption that the fields decay exponentially as infinity is approached in the transverse direction. Moreover, it was assumed that the fields depend on the longitudinal z-coordinate like e^{ihz}; hence, when even very slight losses are present, the fields are supposed to decay exponentially in the longitudinal direction. On the other hand, at large distances the fields radiated by the source and by the line currents decay approximately like e^{ikr}/r. Therefore, at large distances the radiated fields may exceed the guided fields as described by the ordinary modes. For a complete description of the fields both the guided and the radiated fields have to be considered; the latter have to obey a proper radiation condition at infinity.

27. Circular corrugated waveguide. A cylindrical metallic tube of circular cross-section, periodically loaded with irises is called an "iris-loaded waveguide" or a "disk-loaded waveguide" and sometimes a "circular corrugated waveguide". As shown in Fig. 61 the axis of the structure lies along the z-axis of the cylindrical coordinate system ϱ, φ, z; the radii of the tube and the circular apertures are b and a respectively. The spatial period of the structure is L and the width of each corrugation is w.

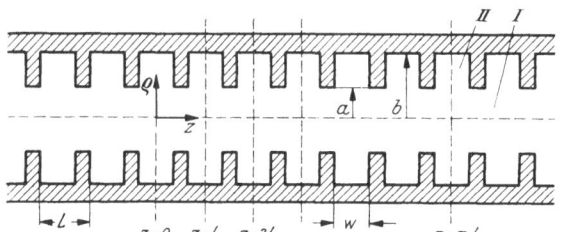

Fig. 61. Circular waveguide periodically loaded with irises.

From a knowledge of the behavior of surface-waves on inductively loaded surfaces, we anticipate that this structure could support an E-type slow-wave if the corrugations had the proper depth and width to load inducitvely the surface $\varrho = a$. In this way the cylindrical region $(\varrho \leq a, \; -\infty \leq z \leq \infty)$ simulates a circular waveguide bounded by an inductive wall.

Of all the possible waves that can exist in such a structure, we are interested primarily in the circularly symmetrical E-waves whose components $E_z, E_\varrho, H_\varphi$, are independent of the φ-coordinate. To determine rigorously the propagation properties of these waves one could write series representations for E_z^I and H_φ^I of region I $(\varrho \leq a, \; -\infty \leq z \leq \infty)$ and for E_z^{II} and H_φ^{II} of region II $(a \leq \varrho \leq b$ within corrugations), and then require the continuity of E_z and H_φ across the

[1] A. L. Cullen: Proc. Inst. Electr. Enrgs. **101**, Part IV, 225 (1954).

[2] The radiation from surface-wave antennas originates from such secondary sources. See, for example, F. J. Zucker: The guiding and radiation of surface waves. Symposium on modern advances in microwave techniques, p. 403, Polytechnic Inst. of Brooklyn, New York 1955; also D. K. Reynolds and W. S. Lucke: Proc. Nat. Electr. Conf. **6**, 1950. — J. C. Simon and G. Weill: Ann. Radioélectr. **8**, 183 (1953).

cylindrical surface $\varrho = a$. This procedure would lead to an infinite system of simultaneous equations for the determination of the unknown constants of the series expansions. However, since such a system of equations is hardly tractable, approximate methods of analysis have been resorted to, yielding results of adequate accuracy for practical purposes.

In conformity with FLOQUET's theorem[1] appropriate representations for E_z^{I} and H_φ^{I} can be constructed by a linear superposition of a fundamental wave ($m = 0$) and its spatial harmonics:

$$\left.\begin{aligned}
E_z^{\mathrm{I}}(\varrho, z) &= \sum_{m=-\infty}^{m=\infty} A_m\, J_0(i\,\gamma_m\,\varrho)\, e^{i\beta_m z}, \\
\sqrt{\frac{\mu}{\varepsilon}}\, H_\varphi^{\mathrm{I}}(\varrho, z) &= -\sum_{m=-\infty}^{m=\infty} A_m\, \frac{k}{\gamma_m'}\, J_1(i\,\gamma_m\,\varrho)\, e^{i\beta_m z},
\end{aligned}\right\} \tag{27.1}$$

where $\beta_m^2 = k^2 + \gamma_m^2$, $\beta_m = \beta_0 + \dfrac{2\pi m}{L}$ with $m = 0,\, \pm 1,\, \pm 2,\, \dots$.

Approximate results for the case of closely spaced disks ($\beta_0 w \ll 1$) can be obtained by assuming that in region I only the fundamental wave ($m = 0$) exists, and in each corrugation only the dominant-mode standing wave of a shorted radial transmission line. Accordingly, we assume that in region I

$$\left.\begin{aligned}
E_z^{\mathrm{I}}(\varrho, z) &= A_0\, J_0\!\left(i\,\sqrt{\beta_0^2 - k^2}\,\varrho\right) e^{i\beta_0 z}, \\
\sqrt{\frac{\mu}{\varepsilon}}\, H_\varphi^{\mathrm{I}}(\varrho, z) &= -A_0\, \frac{k}{\sqrt{\beta_0^2 - k^2}}\, J_1\!\left(i\,\sqrt{\beta_0^2 - k^2}\,\varrho\right) e^{i\beta_0 z}
\end{aligned}\right\} \tag{27.2}$$

and in each corrugation

$$E_z^{\mathrm{II}}(\varrho) = B_0\, F_0(k\varrho, kb), \qquad \sqrt{\frac{\mu}{\varepsilon}}\, H_\varphi^{\mathrm{II}}(\varrho) = -i\, B_0\, F_1(k\varrho, kb), \tag{27.3}$$

where

$$F_0(k\varrho, kb) \equiv J_0(k\varrho)\, N_0(kb) - J_0(kb)\, N_0(k\varrho)$$

and

$$F_1(k\varrho, kb) \equiv J_1(k\varrho)\, N_0(kb) - J_0(kb)\, N_1(k\varrho).$$

It follows from expressions (27.3) that the average surface impedance $(Z_s)_{\mathrm{av}}$ of the cylindrical surface $\varrho = a$ is

$$(Z_s)_{\mathrm{av}} = \frac{w}{L}\left(\frac{E_z^{\mathrm{II}}}{H_\varphi^{\mathrm{II}}}\right)_{\varrho=a} = i\,\sqrt{\frac{\mu}{\varepsilon}}\,\frac{w}{L}\,\frac{F_0(ka, kb)}{F_1(ka, kb)}. \tag{27.4}$$

Matching the ratio $(E_z^{\mathrm{I}}/H_\varphi^{\mathrm{I}})_{\varrho=a}$ to $(Z_s)_{\mathrm{av}}$ we obtain the equation for β_0:

$$\sqrt{\beta_0^2 - k^2}\,\frac{J_0\!\left(i\,\sqrt{\beta_0^2 - k^2}\,a\right)}{J_1\!\left(i\,\sqrt{\beta_0^2 - k^2}\,a\right)} = -i\,k\,\frac{w}{L}\,\frac{F_0(ka, kb)}{F_1(ka, kb)}. \tag{27.5}$$

To place in evidence the fact that this equation is real when $\beta_0^2 \geq k^2$, we write it in terms of the *modified* Bessel functions of the first kind[2], $I_0(x) = J_0(ix)$ and $I_1(x) = -i\,J_1(ix)$, which are real functions of the real variable x. Thus we arrive at the following transcendental equation which determines β_0 and hence

---

[1] See Sect. 26.

[2] See, for example, E. T. WHITTAKER and G. N. WATSON: Modern Analysis, pp. 372 to 373. Cambridge 1952.

the phase velocity ω/β_0 of the fundamental wave:

$$k\,a\,\frac{w}{L}\,\frac{I_1\left(\sqrt{\beta_0^2-k^2}\,a\right)}{\left(\sqrt{\beta_0^2-k^2}\,a\right)I_0\left(\sqrt{\beta_0^2-k^2}\,a\right)}=\frac{F_1(ka,kb)}{F_0(ka,kb)}\,. \tag{27.6}$$

For a certain range of values of w/L, ka, and kb, this transcendental equation yields values of β_0 that are greater than k. Under this circumstance the fundamental wave (27.2) is propagated along the structure at a phase velocity $v_f = ck/\beta_0$ less than that of light; the z-component of its electric field which depends on ϱ as $I_0\left(\sqrt{\beta_0^2-k^2}\,\varrho\right)$ increases monotonically from a minimum along the axis $\varrho=0$ to a maximum along $\varrho=a$. That is, the wave is a slow surface-wave and clings to the cylindrical inductive wall $\varrho=a$. In Fig. 62 is shown graphically from Eq. (27.6) the dependence of c/v_f on kb for several values of b/a and infinitely thin irises ($w/L=1$). For further details the reader is referred to the literature[1].

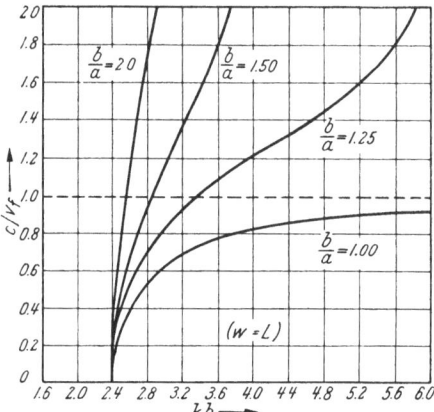

Fig. 62. Graph of the ratio of the velocity of light c to the phase velocity v_f of the fundamental wave versus kb for various values of b/a in case of a circular waveguide periodically loaded with infinitely thin irises (after Chu and Hansen).

An improved approximate solution of this problem has been obtained by using as a point of departure a reasonable estimate of the variation of $E_z(a,z)$ over the mouths of the corrugations. The following function has been chosen by Walkinshaw over the mouth of the n-th corrugation[2]:

$$\left.E_z(a,z)=C\,\frac{e^{i\,n\,\beta_0 L}}{\sqrt{\left(1-\dfrac{2z_n}{w}\right)\left(1+\dfrac{2z_n}{w}\right)}}\right\} \tag{27.7}$$
$$(n=0,1,2,3,\ldots),$$

where $z_n=z-nL$ denotes the distance measured from center of n-th corrugation, and C is an amplitude constant. The representation (27.1) for $E_z^{\mathrm{I}}(a,z)$, therefore, must equal expression (27.7) over the mouths successively for $n=0,1,2,3,\ldots$ and must disappear over the intervening perfectly conducting surfaces (rims). Thus for the n-th section of the structure extending from $z=(n-\frac{1}{2})L$ to $z=(n+\frac{1}{2})L$, we have

$$E_z^{\mathrm{I}}(a,z)=\sum_{m=-\infty}^{m=+\infty}A_m J_0(i\,\gamma_m\,a)\,e^{i\beta_m z}=\begin{cases}C\,\dfrac{e^{i\,n\,\beta_0 L}}{\sqrt{1-\left(\dfrac{2z_n}{w}\right)^2}} & \text{for}\quad |z_n|\leq\dfrac{w}{2}\,,\\[4mm]0 & \text{for}\quad \dfrac{w}{2}\leq|z_n|\leq\dfrac{L}{2}\,.\end{cases} \tag{27.8}$$

This equation applies progressively to each of the corresponding sections and its validity extends along the entire length of the structure. Multiplying Eq. (27.8) by $e^{-i\beta_m z}$ and integrating the result from $z=(n-\frac{1}{2})L$ to $z=(n+\frac{1}{2})L$, one obtains

$$A_m J_0(i\,\gamma_m a)\,L=C\,e^{i\,n\,\beta_0 L}\int_{nL-\frac{w}{2}}^{nL+\frac{w}{2}}\frac{e^{-i\beta_m z}\,dz}{\sqrt{1-\left(\dfrac{2z_n}{w}\right)^2}}\,. \tag{27.9}$$

[1] E. L. Chu and W. W. Hansen: J. Appl. Phys. **18**, 996 (1947).
[2] W. Walkinshaw: Proc. Phys. Soc. Lond. **61**, 246 (1948).

The integral can be evaluated:

$$\int_{nL-\frac{w}{2}}^{nL+\frac{w}{2}} \frac{e^{-i\beta_m z}\,dz}{\sqrt{1-\left(\frac{2z_n}{w}\right)^2}} = e^{-in\beta_m L}\int_{-\frac{w}{2}}^{\frac{w}{2}} \frac{e^{-i\beta_m z_n}\,dz_n}{\sqrt{1-\left(\frac{2z_n}{w}\right)^2}} = e^{-in\beta_m L}\,\frac{\pi w}{2}\,J_0\!\left(\frac{\beta_m w}{2}\right).$$

Since $e^{in\beta_0 L}\,e^{-in\beta_m L} = e^{in\beta_0 L}\,e^{-in\left(\beta_0+\frac{2\pi m}{L}\right)L} = 1$, it follows from Eq. (27.9) that C is given by[1]

$$A_m\,J_0(i\gamma_m a)\,L = C\,\frac{\pi w}{2}\,J_0\!\left(\frac{\beta_m w}{2}\right). \qquad (27.10)$$

When the width of the corrugations is small compared to the freespace wavelength, it is reasonable to assume that E_z^{II} and H_φ^{II} of the n-th corrugation are given by

$$E_z^{II} = B_0 F_0(k\varrho, kb)\,e^{in\beta_0 L}, \qquad \sqrt{\frac{\mu}{\varepsilon}}\,H_\varphi^{II} = -\,i\,B_0 F_1(k\varrho, kb)\,e^{in\beta_0 L}. \quad (27.11)$$

Matching E_z^{II} to the average value of expression (27.7), we get

$$B_0 F_0(ka, kb)\,e^{in\beta_0 L} = \frac{C\,e^{in\beta_0 L}}{w}\int_{-w/2}^{w/2}\frac{dz_n}{\sqrt{1-\left(\frac{2z_n}{w}\right)^2}} = \frac{\pi}{2}\,C\,e^{in\beta_0 L}$$

and hence B_0 follows from

$$B_0 F_0(ka, kb) = \frac{\pi}{2}\,C. \qquad (27.12)$$

Matching in the same way the average value of H_φ^I from Eqs. (27.1) to H_φ^{II}, we get

$$\sum_{m=-\infty}^{m=\infty} A_m\,\frac{k}{\gamma_m}\,J_1(i\gamma_m a)\,\frac{\sin\!\left(\frac{\beta_m w}{2}\right)}{\frac{\beta_m w}{2}}\,e^{in\beta_m L} = i\,B_0 F_1(ka, kb)\,e^{in\beta_0 L}, \quad (27.13)$$

where the factors $e^{in\beta_m L}$ and $e^{in\beta_0 L}$ cancel each other. With the aid of expressions (27.10) and (27.12) and of the *modified* Bessel functions, Eqs. (27.13) becomes

$$ka\,\frac{w}{L}\sum_{m=-\infty}^{m=\infty}\frac{I_1(\gamma_m a)}{(\gamma_m a)\,I_0(\gamma_m a)}\,J_0\!\left(\frac{\beta_m w}{2}\right)\frac{\sin\!\left(\frac{\beta_m w}{2}\right)}{\frac{\beta_m w}{2}} = \frac{F_1(ka, kb)}{F_0(ka, kb)}. \qquad (27.14)$$

This is WALKINSHAW's "frequency equation" which replaces with improved accuracy Eq. (27.6). Recalling that $\gamma_m = \sqrt{\beta_m^2 - k^2}$ and $\beta_m = \beta_0 + \frac{2\pi m}{L}$ we see that Eq. (27.14) for given values of ka, kb, and w/L determines the propagation constants β_m. The numerical evaluation of β_m with Eq. (27.14) is laborious and several attempts have been made to reduce these difficulties[2].

---

[1] WALKINSHAW's trial function (27.7) does not conform with the Meixner-Bouwkamp corner condition which requires that near a right angular corner $E_z(a, z)$ should become infinite as $\left(1-\frac{2z_n}{w}\right)^{-\frac{1}{3}}$. The edge condition satisfied by expression (27.7) is appropriate for a knife edge rather than for the right angular corner of the annular iris. If the correct singularity were used, Bessel functions of fractional order $\frac{1}{6}$ would result.

[2] See E. COMBE: C. R. Acad. Sci., Paris **238**, 1697, 2063 (1954). — C. C. GROSJEAN: Nuovo Cim. **1**, 174, 427, 439; **2**, 11 (1955). — C. C. GROSJEAN and V. J. VANHUYSE: Nuovo Cim. **1**, 193 (1955). — V. J. VANHUYSE: Nuovo Cim. **1**, 447 (1955). — Physica, Haag **21**, 269 (1955).

A simplified approach to the disk loaded waveguide which gives a good insight into its physical behavior has been obtained by considering the structure as a transmission line periodically loaded with shunt susceptances[1]. With the disks absent the circular waveguide may be operated in the E_{01}-mode. Among all *circularly symmetrical* modes the E_{01}-mode has the lowest cut-off frequency and in this restricted sense is a "dominant E-mode". With the disks present the total field in the structure consists of a superposition of this dominant E-mode and the higher-order circularly symmetrical modes. When the separation between irises is sufficiently large so that each iris can be considered to be coupled to its neighbors through the dominant mode alone, and when the frequency is such as to permit only the E_{01}-mode to propagate, the irises which are now assumed to be infinitely thin, behave as capacitances periodically shunting a transmission line, the characteristic admittance and propagation constant of which are equivalent to those of the E_{01}-mode.

We choose reference planes immediately to the left of the irises. Let I_n, V_n and I_{n+1}, V_{n+1} denote "currents" and "voltages" at reference planes n and $n+1$ respectively (Fig. 63). Then by virtue of the transmission line analogue of the structure, for each section we can write

$$I_n = Y_{11} V_n - Y_{12} V_{n+1}, \qquad I_{n+1} = Y_{12} V_n - Y_{22} V_{n+1} \qquad (27.15)$$

with positive sense of voltages and currents shown in Fig. 63. The quantities $Y_{ik}(i, k = 1, 2)$ constitute the elements of the admittance matrix of a section of line of length L. Assuming that

$$V_n = V_0 e^{in\beta_0 L}, \qquad I_n = I_0 e^{in\beta_0 L} \qquad (n = 0, 1, 2, 3, \ldots), \qquad (27.16)$$

where L is the length of single section and β_0 the propagation constant, and then determining β_0 so that expressions (27.16) constitute a solution of Eqs. (27.15) one finds

$$\cos \beta_0 L = \frac{Y_{11} + Y_{22}}{2 Y_{12}}. \qquad (27.17)$$

When the structure is unloaded, the elements Y_{ik} for a section of guide of length L can be expressed by

$$Y_{11} = Y_{22} = i Y_{01}' \cot h_{01}' L, \qquad Y_{12} = i Y_{01}' \operatorname{cosec} h_{01}' L, \qquad (27.18)$$

where h_{01}' and Y_{01}' are the propagation constant and characteristic admittance fo the E_{01}-mode. Each iris constitutes a shunt susceptance $-i Y_{01}' b_0$ and admits a current $I_n = -i Y_{01}' b_0 V_n$, where b_0 is introduced as a normalized shunt susceptance; from Eqs. (27.15) and (27.18) one obtains the elements Y_{ik} for a section of the *loaded* guide:

$$Y_{11} = i Y_{01}' (\cot h_{01}' L - b_0), \quad Y_{22} = i Y_{01}' \cot h_{01}' L, \quad Y_{12} = i Y_{01}' \operatorname{cosec} h_{01}' L. \quad (27.19)$$

With the aid of expressions (27.19), Eq. (27.17) yields the following relation for the phase constant β_0 of the loaded structure in terms of the propagation constant $h_{01}' = \sqrt{k^2 - (\gamma_{01}')^2}$ of the unloaded structure and the normalized shunt susceptance b_0:

$$\cos \beta_0 L = \cos h_{01}' L - \frac{b_0}{2} \sin h_{01}' L \qquad (27.20)$$

---

[1] J. C. Slater: Microwave Electronics, pp. 169—186. Toronto, New York and London 1950.

or equivalently

$$\cos \beta_0 L = \sqrt{1 + (b_0/2)^2} \cos (h'_{01} L + \vartheta),\qquad (27.21)$$

where $\tan \vartheta = b_0/2$. For given values of b_0 and h'_{01} this equation determines the propagation constant β_0 of the guide. By reason of its periodicity the structure has an infinite number of alternate pass-bands and stop-bands which are associated with real and imaginary values of β_0 respectively. The low frequency cut-off of the first pass-band equals the cut-off frequency of the E_{01}-mode ($h'_{01} L = 0$ and $\cos \beta_0 L = 1$ or $\beta_0 L = 0$); as $h'_{01} L$ is increased the first pass-band extends to $\cos \beta_0 L = -1$ or $\beta_0 L = \pi$. By further increasing $h'_{01} L$ we enter a stop-band that is, a range of imaginary values of $\beta_0 L$, since now $|\cos \beta_0 L| > 1$ as can be seen from Eq. (27.21). The width of the stop-band depends on the value of b_0. When the apertures are large b_0 is small and the stop-band is relatively narrow;

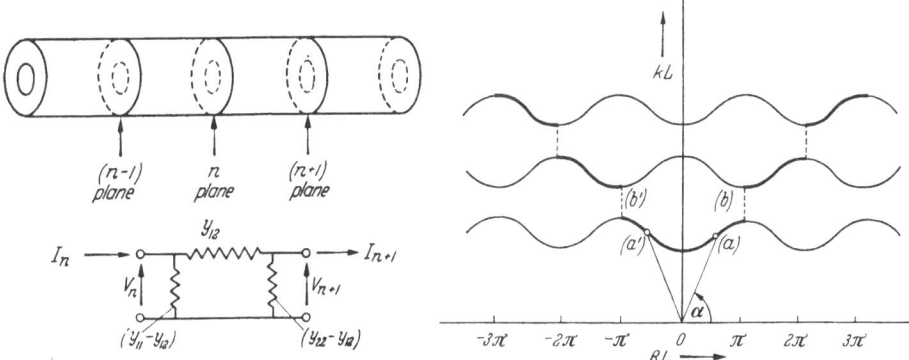

Fig. 63. Equivalent circuit of single section of circular waveguide periodically loaded with infinitely thin irises.

Fig. 64. Diagram of kL versus βL for a periodic waveguide.

when the apertures are small b_0 is large and the stop-band is relatively wide. In the absence of disks b_0 is zero and the stop band vanishes or, in other words, the pass band becomes infinitely wide. When the radii of the apertures approach zero b_0 tends to infinity and the pass-band approaches the width of a single frequency that is the resonance frequency corresponding to a standing E_{01}-wave between each pair of adjacent disks. Owing to the periodic character of the functions involved in Eqs. (27.20) or (27.21), pass- and stop-bands follow each other periodically. Furthermore if β_0 is a solution of Eq. (27.20), then $\beta_m = \pm \beta_0 \pm \dfrac{2 m \pi}{L}$, with $m = 0, 1, 2, \ldots$, are also solutions where β_0 is the propagation constant of the fundamental wave and β_m the propagation constant of the m-th spatial harmonic.

An instructive description of the behavior of a periodic structure is obtained by plotting $kL = \omega L/c$ versus βL (Fig. 64). Starting in the case under consideration from $k = 0$, we see that h'_{01} is imaginary and that no real values of βL exist until kL reaches the cut-off value of the E_{01}-mode. With kL increasing we enter the first pass-band which ends at $\beta_0 L = \pi$ (branch a in Fig. 64). By further increasing kL we enter a stop-band with imaginary values of $\beta_0 L$ (branch b). Since solutions $-\beta_0 L$ corresponding to waves traveling in the opposite direction are equally permissible, branches a and b have their counterparts a' and b'. Owing to the fact that associated with $\pm \beta_0 L$ there is the set of values $\pm \beta_0 L \pm 2 m \pi$, the branches a, a' and b, b' can be extended periodically in the direction of the βL-axis. Furthermore, owing to the periodicity with respect to $h'_{01} L$ of Eq. (27.20) the curve extending from $-\infty \leq \beta_0 L \leq \infty$ just obtained repeats itself as we move upwards in the direction of the kL-axis. In this way the set of periodic curves in Fig. 64 is completed. The curves of Fig. 64 may be compared with the curve of Fig. 3 (p. 297) obtained for a uniform waveguide. The ratio $v_f/c = (\omega L)/(c\beta L)$ of the phase velocity to the velocity of light at any value of the propagation constant β_m equals $\tan \alpha$, where α is the angle indicated in Fig. 64. Slow-wave propagation occurs when $\tan \alpha < 1$ or $\alpha < 45°$. From Fig. 64 it is seen that the spatial harmonics become progressively slower with increasing order m.

When b_0 is small the amplitudes of the higher order spatial harmonics are found to be small compared to the components of low order and the phase velocities $(v_f)_m = \omega/\beta_m$ of the lower order components are greater than the velocity of light. Therefore, for small b_0 only the spatial harmonics of higher order are slow waves, and such a structure is not a useful slow-wave structure. In order to constitute an effective slow-wave structure a disk-loaded guide must be sufficiently loaded so that b_0 becomes large; in this case the fundamental wave itself as well as some of the spatial harmonics of low order become slow waves of considerable amplitude.

The ratio $v_g/c = dk/d\beta$ of the group velocity to the velocity of light is given by the tangent to the curves of Fig. 64. We see that at the beginning and at the end of a pass-band, as for example at branch a, the tangent becomes horizontal and hence the group velocity v_g becomes zero; no energy is transported along the guide under these circumstances.

As seen from Fig. 64, there exist branches of the spatial harmonics where phase- and group-velocities are of opposite signs. In this case, although the phase of the harmonic travels in—let us say—a forward direction, the energy flows in the opposite direction; with respect to energy transport such a spatial harmonic is a "backward traveling wave".

28. Helical waveguide. A slow wave structure widely employed in devices for the generation and amplification of microwaves (traveling-wave tubes) as well as for antennas is the helical waveguide which consists of a metallic wire wound in the form of a helix of circular cross-section. We briefly review here the theory of wave propagation in the direction of the axis of a helix of infinite length in free space.

In a first approximation the helix is replaced by an infinitely thin circular cylinder (Fig. 65) of radius a corresponding to the average radius of the helix and of anisotropic conductivity which permits currents on its surface only in a specific direction (given by the pitch angle ψ). This "sheath-model", treated by Ollendorf[1] in 1926, corresponds to a helix with infinitely thin and infinitely close windings. Although it does not account for effects caused by the periodicity of the structure and by the finite extension of the wire of the actual helix the sheath-model gives results which in many respects are quite useful. In order to satisfy the anisotropic boundary conditions at $\varrho = a$, a hybrid wave consisting of a superposition of an E-wave and an H-wave is required. The fields can be derived from the sum $\Pi'_z + \Pi''_z$ of the z-components of an electric and a magnetic Hertz vector, both of which separately obey the Helmholtz equations (4.5) and (4.6). For the source free case the proper solutions have the form

$$\Pi'_z, \Pi''_z = A', A'' \begin{array}{l} I_n(\gamma \varrho) \\ K_n(\gamma \varrho) \end{array} e^{i\beta z} e^{i n \varphi}, \quad \begin{array}{l} \varrho \leq a \\ \varrho \geq a \end{array} \tag{28.1}$$

[1] F. Ollendorf: Die Theoretischen Grundlagen der Hochfrequenztechnik, p. 79. Berlin 1926.

with

$$\gamma^2 = \beta^2 - k^2. \tag{28.2}$$

I_n and K_n represent *modified* Bessel functions of the first and second kind. The fields, which are readily derived from $\Pi_z' + \Pi_z''$ have to satisfy the boundary conditions requiring that they remain finite on the axis of the helix and vanish properly at $\varrho = \infty$ and that the tangential component of E be continuous at $\varrho = a$; owing to the anisotropic conductivity of the sheath the tangential component of E has to vanish in the specific direction determined by the angle ψ in Fig. 65. The latter boundary condition leads to the following equation for γ:

$$\frac{I_n'(\gamma a)\, K_n'(\gamma a)}{I_n(\gamma a)\, K_n(\gamma a)} = -\frac{(\gamma^2 a^2 + n\beta a \cot \psi)^2}{k^2 a^2\, \gamma^2 a^2 \cot^2 \psi}. \tag{28.3}$$

Since the equation is independent of φ and z, the boundary condition is valid separately for each mode of order n. Except in isolated cases solutions of Eq.(28.3)

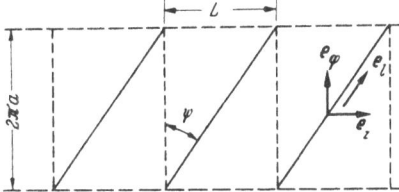

Fig. 65. Developed helix; $\cot \psi = \dfrac{2\pi a}{L}$.   Fig. 66. Developed tape-helix.

exist for real values of γ only; therefore, $|\beta| > k$ and by virtue of Eq. (5.8) the phase velocity $v_f = c k/|\beta|$ is smaller than the velocity of light. Hence regularly only slow waves occur in the sheath-model.

The fundamental (circular) wave corresponds to the value $n = 0$. For higher values $|n| \geq 1$ there exist several solutions for γ, that is, several waves for each mode, the phase and group velocities of which may have opposite directions. Limiting cases occur for the values $\psi = 0$ and $\psi = 90°$. The first corresponds to a system of adjacent infinitely thin metal rings electrically separated by infinitely thin gaps ("sheath-ring"); no solution exists with $n = 0$ for $\psi = 0$. For $\psi = 90°$ ("sheath-tube") $\beta = k$, $v_f = c$ and the solutions pass into T-waves; here no $n = 0$ mode exists in the sense that no finite source can excite it. However, ordinary waveguide-type modes can exist $(v_f > c)$ in both the sheath-ring and the sheath-tube.

In order to account for the finite extension of the wire as well as for the periodicity of the helical waveguide a more detailed treatment is required; the problem has been successfully approached by the thin-wire helix model of KOGAN and by the tape-wire helix model of SENSIPER[1]. We first briefly review SENSIPER'S treatment which appropriately extends the simple sheath-model. The guide is considered to consist of an infinitely thin metallic tape of width δ wound in the form of a helix of radius a with a separation-distance δ'; the periodicity of the structure is given by $L = \delta + \delta'$. The inclination with respect to the z-axis of the windings is given by the pitch angle ψ (Fig. 66). As in the case of the sheath-model one expects that the fields can be derived from the sum $\Pi_z' + \Pi_z''$ of two Hertz vectors; the expressions (28.1), however, have to be modified by

[1] See also E. ROUBINE: Ann. Télécomm. **7**, 206, 262, 310 (1952). — S. KH. KOGAN: Dokl. Akad. Nauk USSR. **107**, 541 (1956).

taking into account the periodicity L of the structure. This can be done by replacing β by $\beta_0 + \dfrac{2\pi m}{L}$. Furthermore, it is obvious that owing to the helical form of the structure a displacement of the helix in the z-direction by L is equivalent to a turn of the helix around the z-axis by an angle 2π; or, a displacement dz is equivalent to a turn by an angle $d\varphi = 2\pi\,dz/L$ [1]. Hence the dependence of Π_z on φ and z is expected to be of the functional form $\beta_0 z + m\left(\dfrac{2\pi}{L}z - \varphi\right)$. The expressions for Π_z' and Π_z'' are therefore chosen as follows:

$$\Pi_z', \Pi_z'' = e^{i\beta_0 z} \sum_{m=-\infty}^{m=\infty} A_m', A_m'' \frac{I_m(\gamma_m \varrho)}{K_m(\gamma_m \varrho)} e^{im\frac{2\pi}{L}z} e^{-im\varphi}, \quad \begin{array}{l} \varrho \leq a \\ \varrho \geq a \end{array} \tag{28.4}$$

with

$$\gamma_m^2 = \left(\beta_0 + \frac{2\pi m}{L}\right)^2 - k^2 = \beta_m^2 - k^2.$$

The fields derived from expressions (28.4) are subjected to the boundary conditions at $\varrho = a$ which require that the tangential component $\boldsymbol{E}_{\text{tang}}$ of the electric field

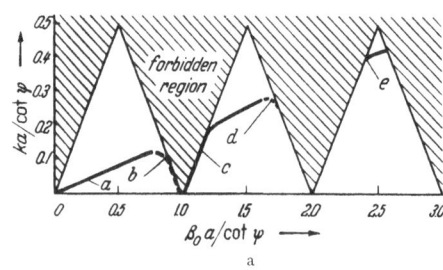

a

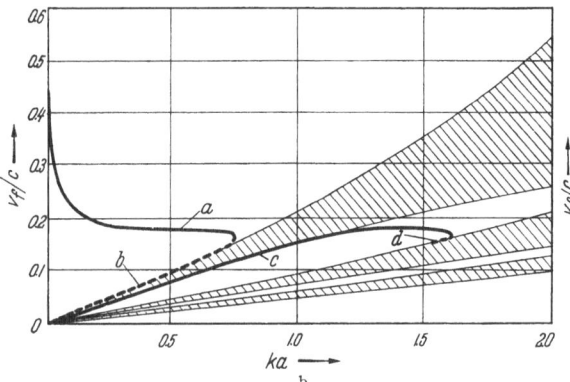

b

Fig. 67a and b. (a) The propagation constant β_0 for a tape helix with $\psi = 10°$, $\pi\delta/L = 0.1$ as a function of $k = \omega/c$ (after Sensiper). (b) An equivalent representation of Fig. 67a.

vanish along the tape and that the magnetic field $\boldsymbol{H}$ be continuous through the gaps between the metallic windings since surface currents exist only on the tape. The application of these boundary conditions leads formally to a doubly infinite set of homogeneous simultaneous equations from which a determinantal equation can be obtained. In order to avoid the great difficulties of obtaining numerical results from this formal solution one resorts to two limiting cases of a very narrow and of a very wide tape. In the first case the boundary conditions reduce to the requirement that the current on the tape flow in the direction of the tape given by the angle ψ and that the tangential electric field vanish along the center line of the tape.

In the second case one requires that in the gap $\boldsymbol{E}_{\text{tang}}$ be directed perpendicular to the edges of the tape and that the surface current vanish at the center-line of the gap. The first case yields a good approximation for $\delta/L \ll 1$, the second case for $\delta'/L \ll 1$.

For a guided-wave solution which behaves properly at infinity, γ_m^2 has to be positive and, hence, according to Eq. (28.4) $|\beta_m| > k$. Consequently slow waves can be propagated along the helical guide. The numerical problem arising

---

[1] This applies to a right-handed helix. For a left-handed helix $d\varphi = -2\pi\,dz/L$.

from the infinite system of equations obtained by the simplified boundary conditions consists of evaluating γ_m (and from γ_m the value of β_0) when the values of ka, $\cot\psi$ and δ are given. As an example Fig. 67a shows the numerical result for a narrow tape-helix with $\psi = 10°$ and a ratio $\pi\delta/L = 0.1$. Only positive values of $\beta_0 a$ have been plotted; negative values of $\beta_0 a$ are associated with a similar graph forming the image of the curves in Fig. 67a with respect to the ordinate axis at $\beta_0 a = 0$. As one expects the periodicity of the structure, Fig. 67a, leads to the existence of pass-bands and stop-bands, the latter forming "forbidden regions" of ka in which wave-propagation is not possible. The branches a, c, e (solid lines) of $\beta_0 a$ indicate a positive group velocity; the branch b, for example, a negative group velocity of the fundamental wave. For certain values of ka several waves exist simultaneously.

Another way to represent the result of Fig. 67a is shown in Fig. 67b where the ratio v_l/c is plotted against ka.

In order to match the boundary conditions each mode has to contain the *entire* set of space harmonics; this is different from the results obtained with the simple sheath-model. The values of the phase- and group-velocities for the space harmonics are given by

$$\left.\begin{array}{l} \dfrac{v_{lm}}{c} = \dfrac{ka}{\beta_m a} = \dfrac{ka/\cot\psi}{m + \beta_0 a/\cot\psi}\,, \\[2ex] \dfrac{v_{gm}}{c} = \dfrac{v_{g0}}{c} = \dfrac{d(ka)}{d(\beta_0 a)}\,. \end{array}\right\} \quad (28.5)$$

Fig. 68. Wire-Helix. Axis of helix coincides with z-axis of cylindrical coordinates ϱ, z. $2b$ is diameter of wire. $2a$ is diameter of helix measured center to center. L is period of structure.

For a detailed review of the theory of the tape helix and an extensive list of references the reader is referred to a paper by SENSIPER[1].

A different approach to the helical waveguide is due to KOGAN[2] who derives the fields from a complete electric Hertz vector $\mathbf{\Pi}'$ instead of from the z-component of the sum $\mathbf{\Pi}' + \mathbf{\Pi}''$ (as done by SENSIPER) and who adjusts his solution to a thin-wire helix. In what follows, KOGAN's work is briefly discussed.

The helix is considered to consist of a round, perfectly conducting thin wire (Fig. 68) with

$$b \ll a, \quad b \ll \lambda, \quad b \ll L, \tag{28.6}$$

where b is the radius of wire, a is the average radius of helix, L is the spatial period of the structure, λ is the free space wavelength. The current is assumed to flow along the center line of the wire and to be given by

$$\mathbf{I} = \mathbf{e}_l I_0\, e^{i\beta_0 z'} = \mathbf{e}_l I_0\, e^{i\beta_0 l \sin\psi}, \tag{28.7}$$

where I_0 is a constant amplitude, $\mathbf{e}_l$ is the unit vector tangent to the central line of the wire, l is the distance measured along the central line of the wire, β_0 is the propagation constant, ψ is the pitch angle. The central line of the wire is described by

$$\varrho' = a, \qquad \varphi' = \frac{2\pi}{L} z'. \tag{28.8}$$

The electric Hertz vector[3] associated with this assumed current is given by

$$\mathbf{\Pi}'(\varrho, \varphi, z) = \frac{i}{\omega\varepsilon} \int_{-\infty}^{\infty} \mathbf{I}(l)\, \frac{e^{ikR}}{4\pi R}\, dl, \tag{28.9}$$

[1] S. SENSIPER: Proc. Inst. Radio Engrs. **43**, 149 (1955).

[2] S. KH. KOGAN: Dokl. Akad. Nauk USSR. **66**, 867 (1949).

[3] See, for example, J. A. STRATTON: Electromagnetic Theory, pp. 430—431. New York and London 1941.

where $R = \sqrt{\varrho^2 + a^2 - 2a\varrho \cos\left(\varphi - \frac{2\pi}{L}z'\right) + (z - z')^2}$ is the distance between a point (a, φ', z') on the helix center line and the observation point (ϱ, φ, z). Since $\boldsymbol{e}_l = \boldsymbol{e}_\varrho \cos\psi \sin\left(\varphi - \frac{2\pi}{L}z'\right) + \boldsymbol{e}_\varphi \cos\psi \cos\left(\varphi - \frac{2\pi}{L}z'\right) + \boldsymbol{e}_z \sin\psi$, where $\boldsymbol{e}_\varrho, \boldsymbol{e}_\varphi, \boldsymbol{e}_z$ are the unit vectors at the observation point, and since $dl \sin\psi = dz'$, the components of $\boldsymbol{\Pi'}$ are given by

$$
\left.\begin{aligned}
\Pi'_\varrho(\varrho, \varphi, z) &= \frac{i I_0}{\omega\varepsilon} \cot\psi \int\limits_{-\infty}^{\infty} \sin\left(\varphi - \frac{2\pi}{L}z'\right) e^{i\beta_0 z'} \frac{e^{ikR}}{4\pi R} dz', \\
\Pi'_\varphi(\varrho, \varphi, z) &= \frac{i I_0}{\omega\varepsilon} \cot\psi \int\limits_{-\infty}^{\infty} \cos\left(\varphi - \frac{2\pi}{L}z'\right) e^{i\beta_0 z'} \frac{e^{ikR}}{4\pi R} dz', \\
\Pi'_z(\varrho, \varphi, z) &= \frac{i I_0}{\omega\varepsilon} \int\limits_{-\infty}^{\infty} e^{i\beta_0 z'} \frac{e^{ikR}}{4\pi R} dz'.
\end{aligned}\right\} \tag{28.10}
$$

With the aid of the expansion

$$
\frac{e^{ikR}}{4\pi R} = \frac{i}{8\pi} \int\limits_{-\infty}^{\infty} e^{i\xi(z-z')}\left\{\sum_{m=-\infty}^{m=\infty} e^{im\left(\varphi - \frac{2\pi}{L}z'\right)} F_m(\xi)\right\} d\xi, \tag{28.11}
$$

where

$$
F_m(\xi) = \left\{\begin{aligned}
&H_m^{(1)}\left(\sqrt{k^2 - \xi^2}\,\varrho\right) J_m\left(\sqrt{k^2 - \xi^2}\,a\right) && \text{for } \varrho > a, \\
&H_m^{(1)}\left(\sqrt{k^2 - \xi^2}\,a\right) J_m\left(\sqrt{k^2 - \xi^2}\,\varrho\right) && \text{for } \varrho < a
\end{aligned}\right\} \tag{28.12}
$$

and the path of integration lies along the real axis of the complex ξ-plane with an upward indentation at $\xi = -k$ and a downward indentation at $\xi = k$, the components of $\boldsymbol{\Pi}$ can be evaluated[1]. With these components the electric field $\boldsymbol{E}$ is obtained from the relation (4.1)

$$
\boldsymbol{E} = \nabla \times \nabla \times \boldsymbol{\Pi'} = \nabla(\nabla \cdot \boldsymbol{\Pi'}) + k^2 \boldsymbol{\Pi'}. \tag{28.13}
$$

The resulting expressions for E_z and E_φ read as follows:

$$
\left.\begin{aligned}
E_z &= \frac{i I_0}{2\pi\omega\varepsilon} \sum_{m=-\infty}^{m=\infty} \left(k^2 - \beta_0^2 - \frac{2\pi m \beta_0}{L}\right) B_{m,0}\, e^{i\beta_m z} e^{-im\varphi}, \\
E_\varphi &= \frac{i I_0}{4\pi\omega\varepsilon} \sum_{m=-\infty}^{m=\infty} \left[k^2 \cot\psi\,(B_{m,1} + B_{m,-1}) + 2 B_{m,0}\, \frac{m\beta_0}{\varrho}\right] e^{i\beta_m z} e^{-im\varphi},
\end{aligned}\right\} \tag{28.14}
$$

where

$$
B_{m,n} = \left\{\begin{aligned}
&I_{m+n}\left(\sqrt{\beta_m^2 - k^2}\,a\right) K_{m+n}\left(\sqrt{\beta_m^2 - k^2}\,\varrho\right), && \varrho > a, \\
&I_{m+n}\left(\sqrt{\beta_m^2 - k^2}\,\varrho\right) K_{m+n}\left(\sqrt{\beta_m^2 - k^2}\,a\right), && \varrho < a,
\end{aligned}\right\} \tag{28.15}
$$

and $\beta_m = \beta_0 + \frac{2\pi m}{L}$.

---

[1] Use is made of the following result:

$$
\int\limits_{-\infty}^{\infty} d\xi\, F_m(\xi) \int\limits_{-\infty}^{\infty} dz'\, e^{i\xi(z-z')} e^{im\left(\varphi - \frac{2\pi}{L}z'\right)} e^{i\beta_0 z'} e^{iq\left(\varphi - \frac{2\pi}{L}z'\right)}
$$

$$
= 2\pi \int\limits_{-\infty}^{\infty} d\xi\, F_m(\xi)\, e^{i\xi z}\, e^{i(m+q)\varphi}\, \delta\left(\beta_0 - \frac{2\pi(m+q)}{L} - \xi\right)
$$

$$
= 2\pi F_m\left(\beta_0 - \frac{2\pi(m+q)}{L}\right) e^{i\beta_0 z}\, e^{-i\frac{2\pi(m+q)}{L}z}\, e^{i(m+q)\varphi},
$$

where $\delta(x)$ is the Dirac delta function of real variable x, and $q = 0, +1$, or -1.

The boundary conditions require that at the helical guide the tangential electric field vanish at all points of the surface of the wire and that the magnetic field be continuous at $\varrho = a$ between the windings. However, since under the assumption of a relatively thin wire use has been made of an approximation for the current in Eq. (28.7) the fields in Eq. (28.14) derived from it are not exact solutions of the problem. It is reasonable to subject these fields to the simplified boundary condition that the tangential electric field disappear along a single helical line on the surface of the wire. For the sake of convenience the helical line $\varrho = a + b$, $\varphi = \dfrac{2\pi}{L} z$ is chosen. Accordingly the boundary condition on the tangential component E_l is taken to be

$$E_l = E_z \sin \psi + E_\varphi \cos \psi = 0, \quad (28.16)$$

along $\varrho = a + b$, $\varphi = \dfrac{2\pi}{L} z$ for all values of z.

Imposing this boundary condition on the fields E_z and E_φ in Eq. (28.14) one obtains the following equation for the propagation constant β_0:

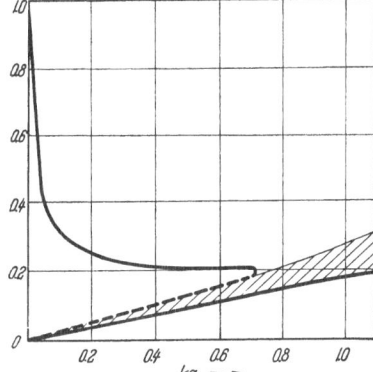

Fig. 69. Graph of v_l/c versus ka for a wire helix with dimensions $2a = 22.5$ cm, $2b = 1.125$ cm, $L = 15$ cm, $\psi = 12°$ (after KOGAN).

$$2 \sum_{m=-\infty}^{m=\infty} B_{m,0} \left\{ \beta_0^2 - k^2 + m \beta_0 \left(\frac{2\pi}{L} - \frac{\cot \psi}{a+b} \right) \right\} - \sum_{m=-\infty}^{m=\infty} (B_{m,1} + B_{m,-1}) k^2 \cot^2 \psi = 0, \quad (28.17)$$

where

$$B_{m,n} = I_{m+n} \left(\sqrt{\beta_m^2 - k^2}\, a \right) K_{m+n} \left(\sqrt{\beta_m^2 - k^2}\, a \left(1 + \frac{b}{a} \right) \right). \quad (28.18)$$

For a thin wire $b/a \ll 1$, and the factor $\left(\dfrac{2\pi}{L} - \dfrac{\cot \psi}{a+b} \right)$, which with the aid of the geometric relation $\dfrac{2\pi a}{L} = \cot \psi$ can be written as $\dfrac{2\pi}{L} \left(\dfrac{b}{a+b} \right)$, is considered to be sufficiently small to neglect the corresponding part in the first sum. Thus Eq. (28.17) reduces to

$$\frac{\sum\limits_{m=-\infty}^{m=\infty} (B_{m,1} + B_{m,-1})}{2 \sum\limits_{m=-\infty}^{m=\infty} B_{m,0}} = \tan^2 \psi \left(\frac{\beta_0^2}{k^2} - 1 \right), \quad (28.19)$$

with $B_{m,n}$ given by Eq. (28.18). This is KOGAN's result from which β_0 as a function of k can be evaluated. Fig. 69 shows the graph of $v_l/c = k/|\beta_0|$ versus ka for a wire helix with $\psi = 12°$, $2a = 22.5$ cm, $2b = 1.125$ cm and $L = 15$ cm.

F. Waveguide junctions.

For the purpose of analyzing the overall behavior of a waveguide network, which is composed of a number of junctions interconnected by waveguides, it is convenient to respresent the junctions by equivalent lumped circuits and the waveguides by equivalent transmission lines, and thus to transform the original structure into a complex of lumped circuits interconnected by transmission lines. Although this procedure does not eliminate the necessity of solving the boundary-value problem posed by the waveguide network, it does simplify matters by providing a formalism for the resolution of the original boundary-value problem into its elementary parts which may be handled individually.

After the field problem has been reformulated in this way its behavior may be calculated by the techniques of conventional transmission-line theory and circuit analysis.

29. Equivalent circuit of waveguide junctions. A waveguide junction is the common terminal region of two or more uniform waveguides. It is a hollow region bounded by a good conductor of arbitrary shape and may contain certain foreign bodies such as dielectric and metallic obstacles, Fig. 70. The frequency of operation may be assumed such that only dominant-mode propagation is possible inside each of the N waveguides. In and near the junction higher-order evanescent modes will be present; their amplitudes decrease exponentially with distance from the junction. The terminal surfaces T_1, T_2, T_3, ..., T_N are placed sufficiently far away from the junction so that the fields there are of the dominant-mode type only. Over and beyond the terminal surface T_m the transverse electric and magnetic fields in the m-th waveguide may be written as follows[1]:

$$
\left.
\begin{aligned}
\boldsymbol{E}_{tm} &= \mathsf{E}_{tm}(x_m, y_m)\,[A_m e^{i h_m z_m} + B_m e^{-i h_m z_m}] = \mathsf{E}_{tm} V_m(z_m)\,, \\
Z_m \boldsymbol{H}_{tm} &= \mathsf{H}_{tm}(x_m, y_m)\,[A_m e^{i h_m z_m} - B_m e^{-i h_m z_m}] = Z_m \mathsf{H}_{tm} I_m(z_m)\,.
\end{aligned}
\right\}
\tag{29.1}
$$

Here A_m and B_m denote respectively the complex amplitudes of the incident and reflected dominant-mode waves, h_m the propagation constant of the dominant mode, z_m the longitudinal coordinate measured from the terminal surface T_m with positive sense towards the junction; $V_m(z_m)$ denotes the "voltage" and $I_m(z_m)$ the "current" of the equivalent transmission line of characteristic impedance Z_{cm}. The quantities E_{tm} and H_{tm} may be normalized such that

$$
\int\limits_{A_m} (\mathsf{E}_{tm} \times \mathsf{H}_{tm}^*) \cdot \boldsymbol{e}_{z_m}\, dx_m dy_m = 1\,,
\tag{29.2}
$$

where the integration with respect to the transverse coordinates x_m, y_m extends over the cross-section A_m of the m-th waveguide.

According to the uniqueness theorem[2] for periodic time dependence the electromagnetic field within a source-free junction bounded by a perfect conductor is uniquely determined when the transverse electric field is prescribed over the terminal surfaces. Consequently when the voltages $V_m = V_m(0)$ at the terminal surfaces are specified the corresponding currents $I_m = I_m(0)$ are uniquely determined. If the junction is free of non-linear media, the given voltages V_m and the resulting currents I_m are linearly related:

$$
I_m = \sum_{n=1}^{n=N} Y_{mn} V_n \qquad (m = 1, 2, \ldots, N)\,.
\tag{29.3}
$$

The complex proportionality factors Y_{mn} have the dimension of an admittance (1/ohm) and may be written as $Y_{mn} = G_{mn} - i B_{mn}$ where G_{mn} and B_{mn} are real. In matrix form Eqs. (29.3) read

$$
(\boldsymbol{I}) = (\boldsymbol{Y})(\boldsymbol{V}) = (\boldsymbol{G})(\boldsymbol{V}) - i(\boldsymbol{B})(\boldsymbol{V})\,,
\tag{29.4}
$$

where $(\boldsymbol{I})$ and $(\boldsymbol{V})$ denote column matrices with components $I_1, I_2, \ldots, I_N$ and $V_1, V_2, \ldots, V_N$ respectively; $(\boldsymbol{Y})$ the square matrix with components $Y_{11}, Y_{12}, \ldots, Y_{NN}$,

---

[1] See Eqs. (10.1) and (10.2) and their context. The definition of the characteristic impedance Z_c is arbitrary; for example, the measures of voltage and current are sometimes chosen to reduce Z_c to unity. [See, for example, F. Borgnis: Arch. elektr. Übertr. **5**, 181 (1951).]

[2] J. A. Stratton: Electromagnetic Theory, pp. 486−488. New York and London: 1941.

(G) the square matrix with components $G_{11}, G_{12}, \ldots, G_{NN}$; and ($B$) the square matrix with components $B_{11}, B_{12}, \ldots, B_{NN}$. ($I$) and ($V$) are called respectively the "current matrix" and the "voltage matrix"; (Y) is called the "admittance matrix" of the junction; (G) its "conductance matrix", and (B) its "susceptance matrix".

Conversely if the currents I_m are specified at the terminal surfaces, the corresponding voltages V_m by virtue of Eq. (29.3) can be expressed by

$$V_m = \sum_{n=1}^{n=N} Z_{mn} I_n, \qquad (m = 1, 2, \ldots, N). \tag{29.5}$$

Here the proportionality factors $Z_{mn} (m, n = 1, 2, \ldots, N)$ have the dimension of an impedance (ohm) and constitute the components of the "impedance matrix" (Z) of the junction which may be written as $Z_{mn} = R_{mn} - i X_{mn}$ where R_{mn} and X_{mn} are real and respectively constitute the components of the "resist-

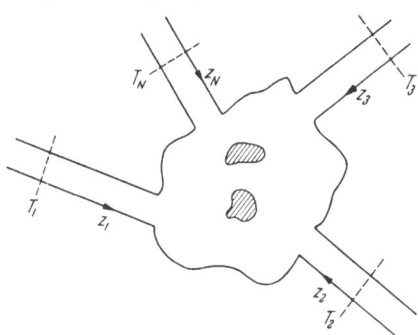

Fig. 70. Junction of N waveguides.

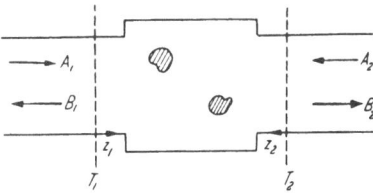

Fig. 71. Junction between two waveguides.

ance matrix" (R) and the "reactance matrix" (X). The matrix form of the linear relations (29.5) is

$$(V) = (Z)(I) = (R)(I) - i(X)(I). \tag{29.6}$$

Owing to the linearity of the junction and the uniqueness of the solution for the electromagnetic field the amplitudes A_m and B_m of the incident and reflected waves, constituting the total fields (29.1) at and beyond the terminal surfaces T_m, are also linearly related:

$$B_m = \sum_{n=1}^{n=N} S_{mn} A_n, \qquad (m = 1, 2, \ldots, N). \tag{29.7}$$

The complex proportionality factors S_{mn} form the so-called "scattering matrix" (S) of the junction:

$$(B) = (S)(A). \tag{29.8}$$

In order to reveal the physical significance of the components of (S) let us consider a simple junction connecting two waveguides (Fig. 71); the junction may contain some obstacles or consist of just that part of one and the same waveguide which is affected by the evanescent modes originating from obstacles. For this case we have the relation[1]

$$B_1 = S_{11} A_1 + S_{12} A_2; \qquad B_2 = S_{21} A_1 + S_{22} A_2. \tag{29.9}$$

Now, when $A_2 = 0$ (no wave incident from the right) and $A_1 = 1$ (wave of unit amplitude incident from the left), $S_{11} = B_1$ and $S_{21} = B_2$; therefore

$S_{11} =$ amplitude of reflected wave in waveguide 1 when wave of unit amplitude is incident from waveguide 1.

---

[1] See also Sect. 20 of the preceding article.

S_{21} = amplitude of transmitted wave in waveguide 2 when wave of unit amplitude is incident from waveguide 1.

In general

S_{nn} = amplitude of reflected wave in waveguide n when wave of unit amplitude is incident solely from waveguide n.

S_{mn} = amplitude of transmitted wave in waveguide m when wave of unit amplitude is incident solely from waveguide n.

In order to associate the linear relations (29.3) and (29.5) with a physically realizable linear passive network[1], it is necessary that $(\mathbf{Z})$ in Eq. (29.6) be a symmetrical matrix and that the determinant of $(\mathbf{R})$ and its principal minors be equal to or greater than zero depending on whether the junction is lossless or lossy. If the junction is free of anisotropic and of nonlinear media and does not contain primary sources, these requirements are indeed satisfied.

To show that $(\mathbf{Z})$ is symmetrical, let an arbitrary set of currents $I_m^{(a)}$ be specified at the N terminal surfaces T_m. Denote the resulting electric and magnetic fields within the junction by $\boldsymbol{E}^{(a)}$ and $\boldsymbol{H}^{(a)}$ respectively, and the resulting voltages at the terminals by $V_m^{(a)}$. If the junction is free of nonlinear media,

$$V_m^{(a)} = \sum_{n=1}^{n=N} Z_{mn} I_n^{(a)}, \qquad (m = 1, 2, \ldots, N). \tag{29.10}$$

Now let another arbitrary set of currents $I_m^{(b)}$ be specified at the terminal surfaces and denote the resulting fields in the junction by $\boldsymbol{E}^{(b)}$, $\boldsymbol{H}^{(b)}$ and the resulting voltages at the terminals by $V_m^{(b)}$. Again on account of the linearity of the junction

$$V_m^{(b)} = \sum_{n=1}^{n=N} Z_{mn} I_n^{(b)}, \qquad (m = 1, 2, \ldots, N). \tag{29.11}$$

If in addition the junction is free of anisotropic media and primary sources, the reciprocity theorem of Lorentz[2], which states that everywhere in the junction

$$\nabla \cdot (\boldsymbol{E}^{(a)} \times \boldsymbol{H}^{(b)} - \boldsymbol{E}^{(b)} \times \boldsymbol{H}^{(a)}) = 0, \tag{29.12}$$

is applicable. By virtue of the divergence theorem this equation may be cast into the integral form:

$$\oint_A (\boldsymbol{E}^{(a)} \times \boldsymbol{H}^{(b)} - \boldsymbol{E}^{(b)} \times \boldsymbol{H}^{(a)}) \cdot \boldsymbol{n} \, dA = 0. \tag{29.13}$$

If the metallic walls are perfectly conducting, the integrand vanishes there. If the metallic walls are good but not perfect conductors, the integrand along the walls can be made negligible by moving the surface of integration several skin-depths down into the metal. Hence, regardless of whether the junction is lossy or lossless, the integration can be limited to the terminal surfaces, T_m. Since only the transverse parts of the field vectors contribute to the integrand, and since these transverse parts are measures of voltages and currents introduced in expressions (29.1), it follows from Eq. (29.13) that

$$\sum_{m=1}^{m=N} (V_m^{(a)} I_m^{(b)} - V_m^{(b)} I_m^{(a)}) = 0. \tag{29.14}$$

With the aid of relations (29.10) and (29.11) this equation becomes

$$\sum_{m,n=1}^{N} (Z_{mn} I_n^{(a)} I_m^{(b)} - Z_{mn} I_n^{(b)} I_m^{(a)}) = 0. \tag{29.15}$$

---

[1] See also Sect. 14 of the preceding article.

[2] See, for example, J. A. Stratton: Electromagnetic Theory, p. 479. New York and London 1941; also Sect. 35 of the following article.

Since

$$\sum_{m,n=1}^{N} Z_{mn} I_n^{(b)} I_m^{(a)} = \sum_{m,n=1}^{\infty} Z_{nm} I_m^{(b)} I_n^{(a)},$$

these equations in turn may be written as

$$\sum_{m,n=1}^{N} (Z_{mn} - Z_{nm}) I_n^{(a)} I_m^{(b)} = 0. \qquad (29.16)$$

Since the currents $I_n^{(a)}$, $I_m^{(b)}$ are arbitrary, these equations are satisfied only when

$$Z_{mn} = Z_{nm}, \qquad (n, m = 1, 2, \ldots, N). \qquad (29.17)$$

Similarly it can be shown that

$$Y_{mn} = Y_{nm}, \qquad (n, m = 1, 2, \ldots, N), \qquad (29.18)$$

and, as a further consequence, that

$$S_{mn} = S_{nm}, \qquad (n, m = 1, 2, \ldots, N). \qquad (29.19)$$

To show that the determinant of (R) and its principal minors are greater than zero when the junction is lossy and equal to zero when the junction is lossless, POYNTING's theorem is used. According to Eqs. (3.13) and (7.12) we have for the complex power flow into the junction

$$\frac{1}{2} \sum_{n=1}^{N} V_n I_n^* = 2i\,\omega\,(\overline{W}_e - \overline{W}_m) + \overline{Q}, \qquad (29.20)$$

where $\overline{Q}$ is the time-average power lost as heat, and $\overline{W}_e$ and $\overline{W}_m$ are respectively the time-average electric and magnetic energies stored in the junction. With the help of relations (29.5) the real part of this equation may be written as

$$\frac{1}{2} \operatorname{Re} \sum_{n,m=1}^{N} Z_{nm} I_m I_n^* = \overline{Q}. \qquad (29.21)$$

An interchange of the subscripts does not change the equation, i.e.,

$$\frac{1}{2} \operatorname{Re} \sum_{m,n=1}^{N} Z_{mn} I_n I_m^* = \overline{Q}. \qquad (29.22)$$

Adding Eqs. (29.21) and (29.22) and recalling that $Z_{nm} = Z_{mn}$, one obtains

$$\frac{1}{2} \operatorname{Re} \sum_{m,n=1}^{N} Z_{mn} (I_m I_n^* + I_m^* I_n) = 2\overline{Q}. \qquad (29.23)$$

Since $I_m I_n^*$ is the conjugate complex of $I_m^* I_n$, the factors $I_m I_n^* + I_m^* I_n$ are purely real. Hence, Z_{mn} may be replaced by R_{mn} and the symbol Re be dropped. Thus

$$\frac{1}{2} \sum_{m,n=1}^{N} R_{mn} (I_m I_n^* + I_m^* I_n) = 2\overline{Q}. \qquad (29.24)$$

With the aid of

$$\sum_{m,n=1}^{N} R_{mn} I_m I_n^* = \sum_{m,n=1}^{N} R_{mn} I_n I_m^*, \qquad (29.25)$$

which follows from the symmetry of R_{nm}, Eq. (29.24) can be contracted to

$$\sum_{m,n=1}^{N} R_{mn} I_m I_n^* = 2\overline{Q}. \qquad (29.26)$$

The left side of this equation is a Hermitian quadratic form; for arbitrary values of the complex variables $I_1, I_2 \ldots, I_N$ it is positive when the junction is lossy ($\bar{Q} > 0$) and equal to zero when the junction is lossless ($\bar{Q} = 0$). In other words, the quadratic form is "semi-definite", i.e.,

$$\sum_{m,n=1}^{N} R_{mn} I_m I_n^* \geq 0 \tag{29.27}$$

for arbitrary values of the variables. A consequence of this semidefiniteness is that the determinant

$$\begin{vmatrix} R_{11} \cdots R_{1m} \\ \vdots \qquad \vdots \\ R_{m1} \cdots R_{mm} \end{vmatrix} \geq 0, \qquad (m = 1, 2, \ldots, N). \tag{29.28}$$

The inequality holds for a lossy junction; the equality for a lossless one. Moreover, when the junction is lossless Eq. (29.24) shows that $R_{11} = R_{22} = \cdots = R_{NN} = 0$.

Similarly it can be shown that

$$\begin{vmatrix} G_{11} \cdots G_{1m} \\ \vdots \qquad \vdots \\ G_{m1} \cdots G_{mm} \end{vmatrix} \geq 0, \qquad (m = 1, 2, \ldots, N), \tag{29.29}$$

where again the equality and inequality signs refer to the lossless and lossy cases respectively.

With the aid of Eqs. (29.4) and (29.6) and by virtue of Eqs. (29.28) and (29.29) it follows from the imaginary part of Eq. (29.20) that

$$\frac{1}{2} \sum_{m,n=1}^{N} X_{mn} I_m I_n^* = 2\omega \left(\overline{W}_m - \overline{W}_e \right), \tag{29.30}$$

$$\frac{1}{2} \sum_{m,n=1}^{N} B_{mn} V_m V_n^* = 2\omega \left(\overline{W}_e - \overline{W}_m \right). \tag{29.31}$$

The former equation is positive-definite when $\overline{W}_m > \overline{W}_e$ and the latter when $\overline{W}_e > \overline{W}_m$. Consequently

$$\begin{vmatrix} X_{11} \cdots X_{1m} \\ \vdots \qquad \vdots \\ X_{m1} \cdots X_{mm} \end{vmatrix} > 0, \qquad (m = 1, 2, \ldots, N) \tag{29.32}$$

when $\overline{W}_m > \overline{W}_e$, and

$$\begin{vmatrix} B_{11} \cdots B_{1m} \\ \vdots \qquad \vdots \\ B_{m1} \cdots B_{mm} \end{vmatrix} > 0, \qquad (m = 1, 2, \ldots, N) \tag{29.33}$$

when $\overline{W}_e > \overline{W}_m$.

Thus we can conclude that if a junction is free of nonlinear media so that the terminal voltages and currents are linearly related, and free of anisotropic media so that the impedance matrix is symmetrical, its equivalent circuit can be realized[1] by four types of passive circuit elements, namely, resistances (R_{mn}), inductive reactances ($X_{mn} > 0$), capacitive susceptances ($B_{mn} > 0$) and ideal transformers. It may be noted that if the junction were to contain anisotropic media, one would need an additional type of circuit element, the so-called *gyrator*, to synthesize its equivalent circuit[2].

---

[1] E. A. Guillemin: Communication Networks, Vol. II, p. 225. New York 1935.

[2] See B. D. H. Tellegen: Philips Res. Rep. **3**, 81 (1948).

For a *lossless* junction the determinant of the frequency-derivative of the reactance matrix and its principal minors are positive definite. This is a direct consequence of the energy theorem (3.7) and corresponds to FOSTER's reactance theorem of conventional network theory. The proof follows the same method as used in Eqs. (9.15) to (9.19) and generalizes the result obtained for a junction of two waveguides in Eq. (9.18) with respect to a junction connecting N wave-guides. In the general case one obtains

$$\sum_{m,n=1}^{N} \frac{\partial X_{mn}}{\partial \omega} I_m I_n^* = 4 \left(\overline{W}_m + \overline{W}_e \right) \tag{29.34}$$

and, owing to the positive definiteness of $\overline{W}_m + \overline{W}_e$,

$$\begin{vmatrix} \dfrac{\partial X_{11}}{\partial \omega} \cdots \dfrac{\partial X_{1m}}{\partial \omega} \\ \vdots \qquad \vdots \\ \dfrac{\partial X_{m1}}{\partial \omega} \cdots \dfrac{\partial X_{mm}}{\partial \omega} \end{vmatrix} > 0 , \quad (m = 1, 2, \ldots, N). \tag{29.35}$$

For specific information regarding the numerous waveguide junctions used in microwave-technique the reader is referred to the extensive literature on this subject[1].

30. Nonreciprocal junctions. If a junction contains foreign bodies whose dielectric constant or permeability is an asymmetrical tensor quantity, the junction becomes *nonreciprocal*.

To show this we consider an arbitrary junction (Fig. 70) that contains a number of foreign bodies whose dielectric constant (ε) and permeability (μ) are tensor quantities with components ε_{ik} and $\mu_{ik} (i, k = 1, 2, 3)$. Within the foreign bodies the field vectors satisfy the Maxwell equations

$$\nabla \times \boldsymbol{E} = i \omega \boldsymbol{B} = i \omega (\boldsymbol{\mu}) \cdot \boldsymbol{H}, \quad \nabla \times \boldsymbol{H} = - i \omega \boldsymbol{D} = - i \omega (\boldsymbol{\varepsilon}) \cdot \boldsymbol{E}, \tag{30.1}$$

where the vectors $\boldsymbol{B} = (\boldsymbol{\mu}) \cdot \boldsymbol{H}$ and $\boldsymbol{D} = (\boldsymbol{\varepsilon}) \cdot \boldsymbol{E}$ have the following Cartesian components:

$$B_i = \sum_{k=1}^{3} \mu_{ik} H_k, \quad D_i = \sum_{k=1}^{3} \varepsilon_{ik} E_k, \quad (i = 1, 2, 3). \tag{30.2}$$

As in the preceding section, we let $\boldsymbol{E}^{(a)}, \boldsymbol{H}^{(a)}$ and $\boldsymbol{E}^{(b)}, \boldsymbol{H}^{(b)}$ denote the field vectors within the junction due respectively to the currents $I_m^{(a)}$ and $I_m^{(b)}$ prescribed over the terminal surfaces $T_m (m = 1, 2, \ldots, N)$, Fig. 70. Under these circumstances, by a generalization of LORENTZ' theorem (29.13), one obtains

$$\left. \begin{aligned} \nabla \cdot (\boldsymbol{E}^{(a)} \times \boldsymbol{H}^{(b)} - \boldsymbol{E}^{(b)} \times \boldsymbol{H}^{(a)}) = {} & - i \omega (\boldsymbol{H}^{(a)} \cdot (\boldsymbol{\mu}) \cdot \boldsymbol{H}^{(b)} - \boldsymbol{H}^{(b)} \cdot (\boldsymbol{\mu}) \cdot \boldsymbol{H}^{(a)}) \\ & + i \omega (\boldsymbol{E}^{(a)} \cdot (\boldsymbol{\varepsilon}) \cdot \boldsymbol{E}^{(b)} - \boldsymbol{E}^{(b)} \cdot (\boldsymbol{\varepsilon}) \cdot \boldsymbol{E}^{(a)}), \end{aligned} \right\} \tag{30.3}$$

where

$$\boldsymbol{H}^{(a)} \cdot (\boldsymbol{\mu}) \cdot \boldsymbol{H}^{(b)} = \sum_{i,k=1}^{3} \mu_{ik} H_i^{(a)} H_k^{(b)}, \quad \boldsymbol{H}^{(b)} \cdot (\boldsymbol{\mu}) \cdot \boldsymbol{H}^{(a)} = \sum_{i,k=1}^{3} \mu_{ki} H_i^{(a)} H_k^{(b)} \tag{30.4}$$

with similar expressions for $\boldsymbol{E}^{(a)} \cdot (\boldsymbol{\varepsilon}) \cdot \boldsymbol{E}^{(b)}$ and $\boldsymbol{E}^{(b)} \cdot (\boldsymbol{\varepsilon}) \cdot \boldsymbol{E}^{(a)}$. Integrating Eq. (30.3) throughout the volume of the junction and converting the left side by means of

---

[1] For example, C. G. MONTGOMERY, R. H. DICKE and E. M. PURCELL: Principles of Microwave Circuits. Vol. 8, M.I.T. Rad. Lab. Series. New York, Toronto and London 1948.

the divergence theorem, we get

$$\oint_A (\boldsymbol{E}^{(a)} \times \boldsymbol{H}^{(b)} - \boldsymbol{E}^{(b)} \times \boldsymbol{H}^{(a)}) \cdot \boldsymbol{n}\, dA$$
$$= - i\,\omega \int_V (\boldsymbol{H}^{(a)} \cdot (\mu) \cdot \boldsymbol{H}^{(b)} - \boldsymbol{H}^{(b)} \cdot (\mu) \cdot \boldsymbol{H}^{(a)} + \boldsymbol{E}^{(b)} \cdot (\varepsilon) \cdot \boldsymbol{E}^{(a)} - \boldsymbol{E}^{(a)} \cdot (\varepsilon) \cdot \boldsymbol{E}^{(b)})\, dV. \quad \Big\} \quad (30.5)$$

The surface integration extends only over the terminal surfaces because on the remainder of the bounding surface the integrand is identically zero by virtue of the boundary conditions; the volume integration is limited to the regions occupied by the foreign bodies for elsewhere the constitutive parameters are assumed to be scalars and consequently the integrand vanishes. Reviewing the steps that lead from Eq. (29.13) to Eq. (29.16), we see that Eq. (30.5) may be written as

$$\sum_{m,\,n=1}^{N} (Z_{mn} - Z_{nm})\, I_n^{(a)} I_m^{(b)} = N, \qquad (30.6)$$

where

$$N = - i\,\omega \sum_{i,\,k=1}^{3} (\mu_{ik} - \mu_{ki}) \int_V H_i^{(a)} H_k^{(b)}\, dV$$

$$+ i\,\omega \sum_{i,\,k=1}^{3} (\varepsilon_{ik} - \varepsilon_{ki}) \int_V E_i^{(a)} E_k^{(b)}\, dV.$$

Since the currents $I_n^{(a)}$ and $I_m^{(b)}$ are arbitrary, the impedance matrix is symmetrical $(Z_{nm} = Z_{mn})$ when $N = 0$, and nonsymetrical $(Z_{nm} \neq Z_{mn})$ when $N \neq 0$. N can be different from zero only when at least one of the two tensors (μ) and (ε) is asymmetrical, that is, when $\mu_{ik} \neq \mu_{ki}$ or $\varepsilon_{ik} \neq \varepsilon_{ki}$ $(i, k = 1, 2, 3)$. Hence, a junction is nonreciprocal when either the dielectric constant or the permeability or both of the foreign bodies are asymmetrical tensor quantities.

A nonreciprocal junction may be realized in practice by inserting a piece of magnetized ferrite[1]. When a ferrite medium is magnetized by a uniform magnetostatic field $\boldsymbol{H}_0$, which is parallel to, say, the z-direction of a local Cartesian coordinate system, the constitutive relations between the high frequency components of $\boldsymbol{B}$ and $\boldsymbol{H}$ within the ferrite are

$$B_x = \mu_1 H_x + i K H_y, \qquad B_y = - i K H_x + \mu_1 H_y, \qquad B_z = \mu_3 H_z, \qquad (30.7)$$

or equivalently the permeability of the ferrite medium is represented by an anti-symmetrical tensor

$$(\mu) = \begin{pmatrix} \mu_1 & iK & 0 \\ -iK & \mu_1 & 0 \\ 0 & 0 & \mu_3 \end{pmatrix} \qquad (30.8)$$

which by virtue of its asymmetry satisfies the necessary condition for nonreciprocity. The components of (μ) are functions of the magnetostatic field $\boldsymbol{H}_0$ and spatially constant only when $\boldsymbol{H}_0$ is uniform within the ferrite. A ferrite is electrically isotropic, that is, its constitutive relation between $\boldsymbol{D}$ and $\boldsymbol{E}$ is given by $\boldsymbol{D} = \varepsilon \boldsymbol{E}$, where ε is a real or complex scalar. As regards its conductivity it ranges between semiconductors and insulators and therefore permits electromagnetic waves to be propagated through it with little loss.

---

[1] Hogan, C. L.: Bell Laboratories Mem. Nr. MM-50-2170-7, Oct. 30, 1950, U.S. Patent Appl. 2748353, May 26, 1951. See also D. Polder, Phil. Mag. **40**, 99 (1949); F. F. Roberts, J. Phys. Radium **12**, 305 (1951).
The chemical formula of a simple ferrite is $MO \cdot Fe_2O_3$ where M represents a bivalent metal. It is derived from lodestone or magnetite $(FeO \cdot Fe_2O_3)$ by replacing the bivalent iron by another metal atom.

Within the magnetized ferrite of infinite extent basic solutions of the Maxwell equations

$$V \times \boldsymbol{E} = i\,\omega\,(\boldsymbol{\mu}) \cdot \boldsymbol{H}, \quad V \times \boldsymbol{H} = -\,i\,\omega\,\varepsilon\,\boldsymbol{E}, \quad V \cdot \boldsymbol{B} = 0, \quad V \cdot \boldsymbol{E} = 0, \quad (30.9)$$

where $(\boldsymbol{\mu})$ is the antisymmetrical permeability tensor (30.8), are given by a right-handed circularly polarized wave of amplitude A_R,

$$\boldsymbol{E}^{(R)} = (\boldsymbol{e}_x + i\,\boldsymbol{e}_y)\,A_R\,e^{i\beta_R z}, \tag{30.10}$$

and a left-handed circularly polarized wave of amplitude A_L,

$$\boldsymbol{E}^{(L)} = (\boldsymbol{e}_x - i\,\boldsymbol{e}_y)\,A_L\,e^{i\beta_L z}, \tag{30.11}$$

traveling parallel to the direction of the magnetostatic field (sometimes called the biasing field) with propagation constants

$$\beta_L = \omega\,\sqrt{\varepsilon\,(\mu_1 + K)} \quad \text{and} \quad \beta_R = \omega\,\sqrt{\varepsilon\,(\mu_1 - K)}. \tag{30.12}$$

The effective permeabilities for these basic waves are $(\mu_1 + K)$ and $(\mu_1 - K)$. Since $\beta_L \neq \beta_R$ the waves travel at different velocities. Superposition of $\boldsymbol{E}^{(R)}$ and $\boldsymbol{E}^{(L)}$, when $A_L = A_R$, yields a linearly polarized wave $\boldsymbol{E} = \boldsymbol{E}^{(R)} + \boldsymbol{E}^{(L)}$ whose axis of polarization rotates about the direction of propagation, i.e., the z-direction, as the wave advances [1].

The angular displacement Θ of the axis of polarization (Fig. 72) is given by

$$\tan\Theta = \frac{E_y}{E_x} = i\,\frac{e^{i\beta_L z} - e^{i\beta_R z}}{e^{i\beta_L z} + e^{i\beta_R z}} = \tan\left[\frac{1}{2}\,(\beta_R - \beta_L)\,z\right]. \tag{30.13}$$

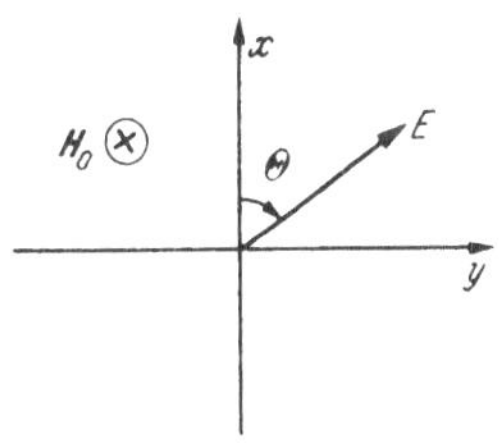

Fig. 72. Angular displacement Θ of axis of polarization. Biasing field points into page parallel to z-axis

Reversing the direction of propagation (that is, replacing i by $-i$) does not change the sense of Θ and hence, regardless of whether the waves are traveling parallel or anti-parallel to the magnetostatic field their axes of polarization are rotated in the same sense with respect to the biasing magnetostatic field. This nonreciprocal rotation of a linearly polarized wave is known as Faraday rotation and is the microwave analogue of the Faraday effect of optics.

Lord RAYLEIGH[2] devised a nonreciprocal optical transmission system based on the optical Faraday effect; his system permits the transmission of light in one direction but not in the opposite direction. In what follows, we quote his statement: "A consequence remarkable from the theoretical point of view is the possibility of an arrangement in which the otherwise general optical law of reciprocity shall be violated. Consider, for example, a column of diamagnetic medium exposed to such a force that the rotation is 45° and situated between two Nicols whose principal planes are inclined to one another at 45°. Under these circumstances light passing one way is completely stopped by the second Nicol, but light passing the other way is completely transmitted. A source of light at one point A would thus be visible at a second point B, when a source B would be invisible at A."

With the advent of low-loss synthetic ferrites it became possible to construct a unilateral microwave transmission system[3] similar in operation to RAYLEIGH's

---

[1] A medium having a tensor permeability of the form (30.8) and a scalar dielectric constant is said to be "gyromagnetic" because it is magnetically anisotropic and supports a gyrating electromagnetic field. — Unlike in optics the sense of rotation in microwave physics ordinarily is associated with an observer looking *in* the direction of wave propagation.

[2] Lord RAYLEIGH: Phil. Trans. **176**, 343 (1885).

[3] C. L. HOGAN: Bell Syst. Techn. J. **31**, 1 (1952). — Rev. Mod. Phys. **25**, 253 (1953).

one-way optical device. In this microwave system, sometimes called the microwave gyrator, the element that produces the Faraday rotation may be a thin ferrite rod lying along the axis of a circular waveguide with longitudinal biasing field provided by a solenoid (Fig. 73). Qualitatively[1] the rotation can be explained as follows. When a linearly polarized H_{11}-mode (dominant mode) is incident upon the rod, it can be considered as splitting into two circularly polarized waves, one left-handed and the other right-handed, which travel along the rod at different velocities and, upon reaching the other end of the rod, recombine to yield

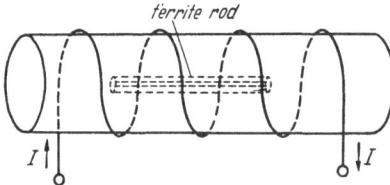

Fig. 73. Element that produces Faraday rotation. Ferrite rod lies along axis of circular waveguide. Longitudinal biasing field produced by solenoid

a linearly polarized H_{11}-mode rotated through a certain angle with respect to the incident wave. Fig. 74a schematically shows this section of circular guide smoothly connected to a rectangular waveguide at one end and to a twisted rectangular waveguide at the other. When an H_{10}-mode wave (dominant mode) passes from the input rectangular waveguide through a smooth transition section it is transformed into an H_{11}-mode in the circular guide. In traveling along a ferrite rod of proper length this H_{11}-mode undergoes a Faraday rotation of $\pi/4$ radians, thereupon it enters the twisted rectangular waveguide which rotates

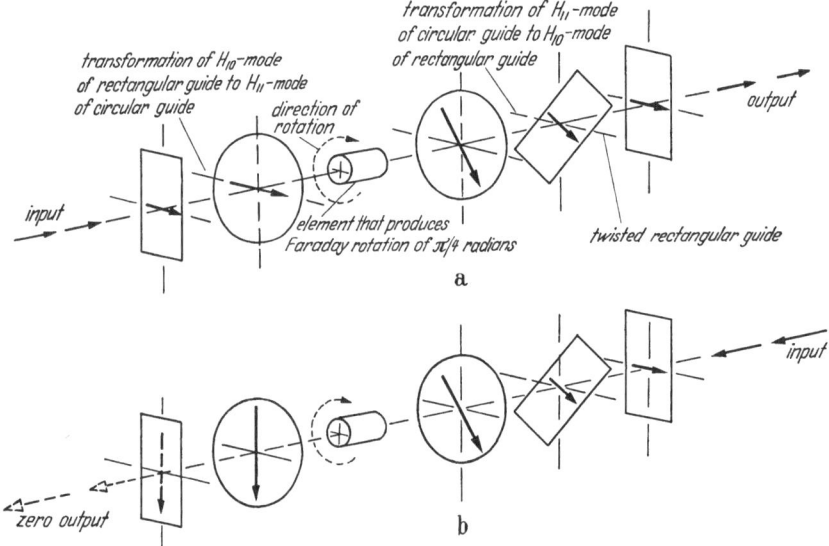

Fig. 74a and b. Microwave gyrator. a) Propagation in forward direction. b) Propagation in reverse direction.

the polarization by $-\pi/4$ radians. In this way the injected H_{10}-mode travels through the microwave gyrator, arriving at the output rectangular waveguide with the same polarization it had at the input.

---

[1] The boundary-value problem of finding the effect of a ferrite rod of arbitrary thickness and *finite* length on an incident H_{11}-mode in a circular guide has not been solved. The problem of a very thin endless ferrite rod in an endless circular guide has been treated by a perturbation method by A. A. Th. van Trier [Appl. Sci. Res., Sect. B **3**, 305 (1952)]; the problem of a ferrite rod of larger diameter has been treated by H. Suhl and L. R. Walker, Bell Syst. Techn. J. **33**, 579, 939, 1133 (1954). For a physical description of the phenomenon the reader is referred to a paper by J. H. Rowen, Bell Syst. Techn. J. **31**, 1 (1952).

When traveling in the reverse direction (Fig. 74b) the H_{10}-mode is first rotated $\pi/4$ radians by the twisted guide, and then is transformed into an H_{11}-mode in the circular guide. Traveling along the ferrite cylinder this H_{11}-mode is rotated an additional $\pi/4$ radians so that it arrives at the output guide polarized perpendicular to its initial polarization. With this polarization the wave cannot get through and is reflected toward the input. Thus microwave power can be transmitted only in the forward direction whereas in the backward direction most of the power is reflected or in practice dissipated by vane-type absorbers (not shown in the figures).

As another example of a nonreciprocal transmission system, we consider a rectangular waveguide containing a ferrite slab with biasing magnetostatic field in the y-direction[1] (Fig. 75). For an H_{10}-mode traveling in the positive z-direction we see from Eqs. (11.10) that

$$\frac{H_x''}{H_z''} = -i\,\frac{a}{\pi}\,\sqrt{k^2 - \left(\frac{\pi}{a}\right)^2}\,\tan\left(\frac{\pi x}{a}\right), \qquad (30.14)$$

where H_x'' and H_z'' represent the complex amplitudes of the magnetic field.

Howewer, for an H_{10}-mode traveling in the opposite direction

$$\frac{H_x''}{H_z''} = +i\,\frac{a}{\pi}\,\sqrt{k^2 - \left(\frac{\pi}{a}\right)^2}\,\tan\left(\frac{\pi x}{a}\right). \qquad (30.15)$$

At any fixed plane of observation, $x = \text{const}$, in the waveguide expressions (30.13) and (30.15) represent elliptically polarized fields whose axes of polarization rotate in opposite senses. In particular, in the plane, $x = x_0$, where x_0 satisfies the relation

$$\frac{a}{\pi}\,\sqrt{k^2 - \left(\frac{\pi}{a}\right)^2}\,\tan\left(\frac{\pi x_0}{a}\right) = 1, \quad (30.16)$$

expressions (30.14) and (30.15) reduce respectively to

$$\frac{H_x''}{H_z''} = -i \quad \text{and} \quad \frac{H_x''}{H_z''} = i. \quad (30.17)$$

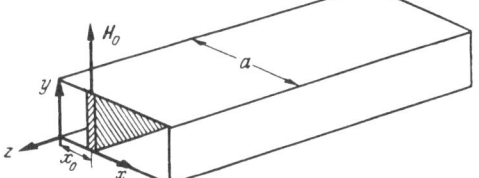

Fig. 75. Ferrite slab in rectangular waveguide.

This shows that when a thin slab is located in the plane $x = x_0$ and when a dominant-mode wave passes a fixed point A on the slab, an observer located at A would see a purely circularly polarized magnetic field with a positive sense of rotation for one direction of propagation and with a negative sense of rotation for the opposite direction of propagation. If now the slab is magnetized in the y-direction, the effective permeability of the slab for the dominant mode wave traveling in the positive z-direction will be $(\mu_1 + K)$ whereas for a dominant-mode wave traveling in the negative z-direction it will be $(\mu_1 - K)$. Therefore, the slab will present different permeabilities for the two directions of propagation and the phase velocities of the dominant-mode wave will be different in the two directions. This explains why the device becomes nonreciprocal[2].

[1] M. L. KALES, H. N. CHAIT and N. G. SAKIOTIS: J. Appl. Phys. **24**, 816 (1953).

[2] The simplified explanation given here does not take into account the demagnetization induced in the slab by the original field of the dominant-mode wave; for details see C. L. HOGAN, Proc. Inst. Radio Engrs. **44**, 1360 (1956). See also B. LAX, K. J. BUTTON and L. M. ROTH: J. Appl. Phys. **25**, 1413 (1954).

Rigorous theories of wave propagation in endless waveguides completely filled with a magnetized ferrite medium have been worked out for circular[1] and rectangular[2] waveguides. However, not much progress has been made so far toward the theoretical solution of problems involving ferrite obstacles of finite extent. For further details the reader is referred to the literature[3].

We finally note that a nonreciprocal junction can also be obtained by inserting an ionized gas that is magnetostatically biased[4]. This possibility stems from the fact that for such a gas the dielectric constant is an antisymmetrical tensor of the form

$$(\varepsilon) = \begin{pmatrix} \varepsilon_0 & i\eta & 0 \\ -i\eta & \varepsilon_0 & 0 \\ 0 & 0 & \varepsilon_3 \end{pmatrix} \tag{30.18}$$

whereas the permeability μ is a scalar.

G. Cavity resonators.

In this chapter force-free oscillations of a completely enclosed cavity resonator are considered first. Then a perturbation theory is reviewed which applies to the calculation of the frequency shift produced by small objects in the cavity region and by small deformations of the enclosing wall. In conclusion, the general theory of forced oscillations of cavity resonators is discussed.

31. Simple cavity resonators. The fields within a lossless cavity resonator consisting of a region of finite extent uniformly filled with a homogeneous, isotropic dielectric and completely enclosed by perfectly conducting walls are represented by those solutions of the source-free Maxwell equations (1.18) to (1.21) which satisfy the boundary conditions imposed by the enclosing walls. That is, the electric vector $\boldsymbol{E}$ of a possible field satisfying $\nabla \cdot \boldsymbol{E} = 0$ within the cavity region is required to satisfy the vector Helmholtz equation $(\nabla^2 + k^2)\,\boldsymbol{E} = 0$ in the interior region and the "short-circuit" boundary condition $\boldsymbol{n} \times \boldsymbol{E} = 0$ on the walls. Non-trivial (non-vanishing) solutions of this boundary-value problem exist only if k is equal to any member of the discrete infinite set of real eigenvalues k_p ($p = 1, 2, 3, \ldots$) possessing a lower bound only[5]. To each eigenvalue k_p there corresponds an electric eigenvector $\boldsymbol{E}_p$, except in cases of degeneracy where the eigenvalues of two or more eigenvectors are identical. The p-th eigenvector satisfies

$$\left.\begin{array}{r} (\nabla^2 + k_p^2)\,\boldsymbol{E}_p = 0 \\ \nabla \cdot \boldsymbol{E}_p = 0 \end{array}\right\} \text{ (throughout interior region of the cavity)} \left.\vphantom{\begin{array}{c}a\\a\\a\end{array}}\right\} \tag{31.1}$$
$$\boldsymbol{n} \times \boldsymbol{E}_p = 0 \quad \text{(on the enclosing walls)}.$$

Without loss of generality each of the electric eigenvectors $\boldsymbol{E}_p$ is chosen to be real $(\boldsymbol{E}_p = \boldsymbol{E}_p^*)$; the corresponding magnetic vector $\boldsymbol{H}_p$ derived from it by use of the

[1] H. Suhl and L. R. Walker: Phys. Rev. **86**, 122 (1952). — H. Gamo: J. Phys. Soc. Japan **8**, 176 (1953).
[2] A. L. Mikaelyan: Dokl. Akad. Nauk, USSR. **98**, 941 (1954).
[3] See Proc. Inst. Radio Engrs. **40**, 1231—1446 (1956). The entire issue is devoted to ferrites; also P. S. Epstein: Rev. Mod. Phys. **28**, 3 (1956).
[4] L. Goldstein and M. A. Lampert: Proc. Inst. Radio Engrs. **41**, 295 (1953). — C. H. Papas: A Note Concerning a Gyroelectric Medium. Office of Naval Research Report No. 4, California Inst. of Technology, May 1954. See also, W. O. Schumann: Elektrische Wellen, pp. 93—103, Munich 1948.
[5] H. Weyl: J. reine angew. Math. **143**, 177 (1913). — Rend. Circ. Palermo **39**, 1 (1915).

Maxwell equation (1.18),

$$\nabla \times \boldsymbol{E}_p = i\,\omega\,\mu\,\boldsymbol{H}_p = i\,k_p\,\sqrt{\frac{\mu}{\varepsilon}}\,\boldsymbol{H}_p,\qquad(31.2)$$

is purely imaginary ($\boldsymbol{H}_p = -\boldsymbol{H}_p^*$) and like $\boldsymbol{E}_p$ is of the same phase everywhere within the cavity. Thus physically $\boldsymbol{E}_p$ and $\boldsymbol{H}_p$ can be considered as standing waves in phase quadrature oscillating harmonically with an angular frequency

$$\omega_p = \frac{k_p}{\sqrt{\varepsilon\mu}}\,.\qquad(31.3)$$

The electromagnetic field $\boldsymbol{E}_p$, $\boldsymbol{H}_p$ constitutes the p-th normal mode of the cavity resonator and $f_p = \omega_p/2\pi$ its resonant frequency. Each normal mode is independent of all the others.

The time-average electric and magnetic energies stored in the cavity by a normal mode are equal. To prove this we use the following form of POYNTING'S vector theorem (3.13):

$$\oint_A (\boldsymbol{E}_p \times \boldsymbol{H}_p^*) \cdot \boldsymbol{n}\,dA = 4\,i\,\omega_p\,(\overline{W}_{ep} - \overline{W}_{mp})\,,\qquad(31.4)$$

where

$$\overline{W}_{ep} = \frac{\varepsilon}{4}\int_V \boldsymbol{E}_p \cdot \boldsymbol{E}_p^*\,dV\,,\qquad \overline{W}_{mp} = \frac{\mu}{4}\int_V \boldsymbol{H}_p \cdot \boldsymbol{H}_p^*\,dV\qquad(31.5)$$

are respectively the time-average electric and magnetic energies stored by the p-th normal mode. Since $\boldsymbol{n} \times \boldsymbol{E}_p = 0$ on the walls, the left side of Eq. (31.4) disappears and hence for each mode

$$\overline{W}_{ep} = \overline{W}_{mp}\,.\qquad(31.6)$$

Thus we see that the total time-average energy $\overline{W} = \overline{W}_e + \overline{W}_m$ is equally divided between the time-average electric and magnetic energies, that is,

$$\overline{W}_e = \overline{W}_m = \frac{\overline{W}}{2}\,.\qquad(31.7)$$

However, for the instantaneous energies the result is different. By definition the instantaneous electric and magnetic energies are given by

$$W_{ep}(t) = \frac{\varepsilon}{2}\int_V \{\mathrm{Re}\,(\boldsymbol{E}_p\,e^{-i\omega_p t})\}^2\,dV,\qquad W_{mp}(t) = \frac{\mu}{2}\int_V \{\mathrm{Re}\,(\boldsymbol{H}_p\,e^{-i\omega_p t})\}^2\,dV.\quad(31.8)$$

Since $\boldsymbol{E}_p = \boldsymbol{E}_p^*$ and $\boldsymbol{H}_p = -\boldsymbol{H}_p^*$, these definitions lead to

$$W_{ep}(t) = 2\,\overline{W}_{ep}\cos^2\omega_p t,\qquad W_{mp}(t) = 2\,\overline{W}_{mp}\sin^2\omega_p t.\qquad(31.9)$$

Hence the total instantaneous energy $W(t) = W_e(t) + W_m(t)$ is equal to $\overline{W}$ and alternates periodically between purely electric and purely magnetic energy states.

When the walls of a cavity are slightly lossy (conductivity σ_m of walls is high but finite) the eigenvalues k_p are no longer purely real but complex numbers with positive real and negative imaginary parts. The normal modes oscillate with complex frequencies which in a first approximation[1] can be written in the form $\omega_p\left(1 - \dfrac{i}{2Q_p}\right)$, Q_p being the "quality-constant" for the p-th normal mode.

---

[1] A rigorous calculation of the effects of wall losses is possible in principle but forbiddingly complicated to carry out except in the case of a spherical cavity. The approximate treatment of damping presented here is sufficiently accurate for most microwave applications.

In keeping with this approximation, it is assumed that the wall losses do not perturb the spatial dependence of the fields except on the walls where only the electric field is changed to the extent that its tangential component no longer disappears[1]. Hence we may approximate the dependence of the fields on space and time by

$$\boldsymbol{E}_p \, e^{-i\omega_p t} \, e^{-\frac{\omega_p}{2Q_p}t}, \qquad \boldsymbol{H}_p \, e^{-i\omega_p t} \, e^{-\frac{\omega_p}{2Q_p}t}. \tag{31.10}$$

Under the assumption that $Q_p \gg 1$, the oscillations are damped very gradually and for this reason the decay factor $e^{-\frac{\omega_p}{2Q_p}t}$ may be treated as a constant in calculating the time-average energies of these fields. Using the approximations (31.10) we find that the total time-average energy of the p-th normal mode in a slightly lossy cavity decreases in time as

$$\overline{W}_p(t) = \overline{W}_p \, e^{-\frac{\omega_p}{Q_p}t}. \tag{31.11}$$

From this it follows that the quality-constant Q_p is given by

$$Q_p = \omega_p \, \frac{\overline{W}_p(t)}{-\dfrac{d\overline{W}_p(t)}{dt}}. \tag{31.12}$$

Replacing $\overline{W}_p(t)$ by $\overline{W}_p$ and $-\dfrac{d\overline{W}_p(t)}{dt}$ by the time average of the dissipated power $\overline{P}_p$, we are led to the usual definition of the quality-constant:

$$Q_p = \omega_p \frac{\overline{W}_p}{\overline{P}_p} = \omega_p \frac{\text{total time-average energy stored}}{\text{time-average power dissipated}}. \tag{31.13}$$

Since $\overline{W}_p$ and $\overline{P}_p$ are given by[2]

$$\overline{W}_p = 2\overline{W}_m = \frac{\mu}{2}\int_V \boldsymbol{H}_p \cdot \boldsymbol{H}_p^* \, dV \quad \text{and} \quad \overline{P}_p = \frac{1}{2}\sqrt{\frac{\omega_p \mu_m}{2\sigma_m}} \oint_A \boldsymbol{H}_p \cdot \boldsymbol{H}_p^* \, dA, \tag{31.14}$$

where A is the total surface enclosing the cavity region, we may cast definition (31.13) into the following computationally convenient form:

$$Q_p = \frac{2}{\delta_s} \frac{\displaystyle\int_V \boldsymbol{H}_p \cdot \boldsymbol{H}_p^* \, dV}{\displaystyle\oint_A \boldsymbol{H}_p \cdot \boldsymbol{H}_p^* \, dA}, \tag{31.15}$$

where $\boldsymbol{H}_p$ is the magnetic field of the p-th mode of the cavity without losses, and δ_s is the skin-depth of the walls[3].

To obtain a rough estimate of the dependence of Q_p on the cavity's size and shape one might replace expression (31.15) by

$$Q_p \sim \frac{2}{\delta_s} \frac{\int dV}{\oint dA} = \frac{2}{\delta_s} \frac{V}{A}, \tag{31.16}$$

---

[1] The tangential component of the electric field is found by use of Eq. (2.5).

[2] The expression for $\overline{P}_p$ follows from the fact that the normal component of Poynting's vector in this approximation [Eq. (2.5)] is equal to $\sqrt{\dfrac{\omega \mu_m}{2\sigma_m}} \boldsymbol{H}_p \cdot \boldsymbol{H}_p^*$ where μ_m and σ_m are the permeability and conductivity of the metallic walls. For non-magnetic walls $\mu_m = \mu_0$.

[3] F. Borgnis: Ann. d. Phys. 35, 359 (1939).

where V is the volume of the cavity and A is the surface area of its walls. From this we see that a cavity with a large volume to area ratio will have a high Q whereas a highly re-entrant cavity will have a Q lower than average[1].

The fields (31.10) of a slightly lossy cavity, undergoing a damped oscillation, can be represented equivalently by a superposition of steady oscillations. To compute the amplitudes of these steady oscillations we need to know the initial conditions of the fields. We may assume that the field is suddenly "created" at $t=0$ and thereafter allowed to oscillate freely. That is, any component of the field of the p-th normal mode is assumed to be identically zero for $-\infty \leq t < 0$ and equal to

$$A_p\, e^{-i\omega_p t}\, e^{-\frac{\omega_p}{2Q_p} t} \quad \text{for} \quad t \geq 0. \tag{31.17}$$

Its Fourier transform,

$$A(\omega) = \frac{A_p}{2\pi} \int_0^\infty e^{-i\omega_p t}\, e^{-\frac{\omega_p}{2Q_p} t}\, e^{i\omega t}\, dt, \tag{31.18}$$

upon evaluation yields the complex amplitude spectrum[2].

$$A(\omega) = \frac{A_p}{2\pi} \frac{1}{i(\omega_p - \omega) + \frac{\omega_p}{2Q_p}}, \tag{31.19}$$

the absolute value of which is

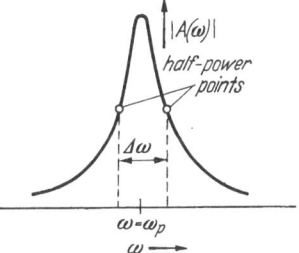

Fig. 76. Resonance curve.

$$|A(\omega)| = \frac{A_p Q_p}{\pi \omega_p} \frac{1}{\sqrt{1 + (2 Q_p s)^2}}, \tag{31.20}$$

where $s \equiv (\omega - \omega_p)/\omega_p$. A plot of $|A(\omega)|$ versus ω at different values of p displays a set of "resonance curves" with maxima at $s=0$ or $\omega = \omega_p$ (Fig. 76). The points at which the curve drops to $1/\sqrt{2}$ of its maximum are called the "half-power points" and their separation in frequency is called the "bandwidth". It follows from Eq. (31.20) that the half-power points are located at $\omega = \omega_p \pm \frac{\omega_p}{2Q_p}$ and hence the bandwidth $\Delta\omega$ is related to Q_p by

$$\frac{\Delta\omega}{\omega_p} = \frac{1}{Q_p}. \tag{31.21}$$

Thus the damped oscillations give rise to a continuous band of frequencies centered about $\omega = \omega_p$; with $Q_p \gg 1$ the bands are very narrow[3].

As in the case of no losses, the normal modes of a slightly lossy cavity are practically independent. However, if the losses are so large that the resonance curve of two or more modes overlap appreciably, then each of the modes will necessarily excite the others[4].

Within the framework of a first approximation the normal modes and the resonant frequencies of a slightly lossy cavity resonator are satisfactorily described by the solutions of the boundary-value problem (31.1). Since the problem can be solved by the method of separation of variables only when the walls of the cavity coincide with the coordinate surfaces of a coordinate system that permits

---

[1] For similitude transformations see, for example, J. A. STRATTON: Electromagnetic Theory, pp. 488—490. New York and London 1941.

[2] The complex amplitude is given by the infinitesimal $A(\omega)\, d\omega$.

[3] See also F. BORGNIS: Z. Physik **122**, 407 (1944).

[4] See, for example, W. R. SMYTHE: Static and Dynamic Electricity, p. 529. New York, Toronto and London 1950.

the separation of the variables, explicit solutions are limited to cavities of rather "simple" shape.

As an example of a simply-shaped cavity resonator, we consider a cylindrical waveguide of simple cross-section closed at both ends by short-circuiting plates (Fig. 77). By a linear superposition of the mode functions (4.18) and (4.19) of the waveguide, traveling in the positive and negative z-direction, the normal modes of the cavity may be constructed. The resultant field of an E_{mn}-mode traveling in the positive z-direction and a superposed E_{mn}-mode of the same amplitude traveling in the opposite direction is given by

$$
\begin{aligned}
\boldsymbol{E}'_{tmn} &= -h'_{mn}(\nabla\Phi_{mn})\sin(h'_{mn}z), & E'_{zmn} &= \gamma'^2_{mn}\,\Phi_{mn}\cos(h'_{mn}z), \\
\boldsymbol{H}'_{tmn} &= i\,\omega\,\varepsilon\,(e_z\times\nabla\Phi_{mn})\cos(h'_{mn}z), & H'_{zmn} &= 0,
\end{aligned}
\right\} \tag{31.22}
$$

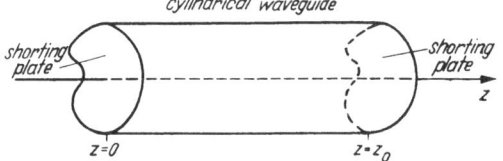

cylindrical waveguide

shorting plate

shorting plate

z

$z=0$ $z=z_0$

Fig. 77. Cavity formed of a cylindrical waveguide with short-circuiting endplates.

where the Φ_{mn} are eigenfunctions of Eq. (4.14) satisfying the boundary condition $\Phi_{mn}=0$ along the cylindrical wall.

Expressions (31.22) satisfy the boundary conditions on the walls of the guide and at the end $z=0$. To make them also satisfy the boundary conditions at the other end $z=z_0$, we restrict h'_{mn} in such a way that $h'_{mn}z_0=l\pi$ where $l=0, 1, 2, 3, \ldots$. That is, we choose the frequency to make the cavity an integral number of half guide-wavelengths long. Expressions (31.22) then form an orthonormal set of mode-functions and satisfy all the boundary conditions when $k=\sqrt{\gamma^2+h^2}$ is equal to any one of the infinite set of discrete wave-numbers,

$$
k'_{mnl} = \sqrt{\gamma'^2_{mn} + \left(\frac{l\pi}{z_0}\right)^2}. \tag{31.23}
$$

Related to k'_{mnl} are the *resonant wavelengths* λ'_{mnl} and the *resonant frequencies* f'_{mnl} of the cavity:

$$
\lambda'_{mnl} = \frac{2\pi}{k'_{mnl}}, \qquad f'_{mnl} = \frac{1}{2\pi}\frac{1}{\sqrt{\varepsilon\mu}}\,k'_{mnl}. \tag{31.24}
$$

Furthermore the resultant fields of two superposed H_{mn}-modes traveling in opposite directions and having amplitudes which are equal in magnitude but opposite in sign are given by

$$
\begin{aligned}
\boldsymbol{H}''_{tmn} &= i\,h''_{mn}(\nabla\Psi_{mn})\cos(h''_{mn}z), & H''_{zmn} &= i\,\gamma''^2_{mn}\Psi_{mn}\sin(h''_{mn}z), \\
\boldsymbol{E}''_{tmn} &= \omega\,\mu\,(e_z\times\nabla\Psi_{mn})\sin(h''_{mn}z), & E''_{zmn} &= 0,
\end{aligned}
\right\} \tag{31.25}
$$

where the Ψ_{mn} are eigenfunctions of Eq. (4.15) satisfying the boundary condition $\partial\Psi_{mn}/\partial n=0$ along the cylindrical wall. Expressions (31.25) form an orthonormal set of mode functions and satisfy all the boundary conditions when $h''_{mn}z_0=l\pi$ or equivalently when k is equal to any one of the infinite set of discrete wave-numbers

$$
k''_{mnl} = \sqrt{\gamma''^2_{mn} + \left(\frac{l\pi}{z_0}\right)^2}. \tag{31.26}
$$

The corresponding resonant wavelengths and resonant frequencies are

$$
\lambda''_{mnl} = \frac{2\pi}{k''_{mnl}}, \qquad f''_{mnl} = \frac{1}{2\pi}\frac{1}{\sqrt{\varepsilon\mu}}\,k''_{mnl}. \tag{31.27}
$$

Thus we see that when $k = k'_{mnl}$ an electromagnetic field oscillating at frequency f'_{mnl} can exist within the cavity; since this field is of the E-type (with respect to the z-direction) and depends on the three integers m, n, l, it is called an E_{mnl}-mode. Moreover, when $k = k''_{mnl}$, an H-type field oscillating at frequency f''_{mnl} can exist and is called an H_{mnl}-mode. On the other hand when k differs from all k'_{mnl} and k''_{mnl}, it becomes impossible for expressions (31.22) and (31.25) to satisfy the boundary conditions at $z = z_0$ except for the trivial solution $\boldsymbol{E} \equiv 0$, $\boldsymbol{H} \equiv 0$.

It follows from expressions (31.22) and (31.25) that when $k = k'_{mnl}$ the fields of the E_{mnl}-*mode* are given by[1]

$$\left.\begin{aligned}
\boldsymbol{E}'_{tmnl} &= -\frac{l\pi}{z_0} A_{mn}(\nabla\Phi_{mn})\sin\left(\frac{l\pi z}{z_0}\right), \qquad E'_{zmnl} = \gamma'^2_{mn} A_{mn}\Phi_{mn}\cos\left(\frac{l\pi z}{z_0}\right), \\[2mm]
\boldsymbol{H}'_{tmnl} &= i\,\omega\,\varepsilon\,A_{mn}(\boldsymbol{e}_z\times\nabla\Phi_{mn})\cos\left(\frac{l\pi z}{z_0}\right), \qquad H'_{zmnl} = 0
\end{aligned}\right\} \quad (31.28)$$

and when $k = k''_{mnl}$ those of the H_{mnl}-*mode* are given by

$$\left.\begin{aligned}
\boldsymbol{H}''_{tmnl} &= i\,\frac{l\pi}{z_0} B_{mn}(\nabla\Psi_{mn})\cos\left(\frac{l\pi z}{z_0}\right), \qquad H''_{zmnl} = i\gamma''^2_{mn} B_{mn}\Psi_{mn}\sin\left(\frac{l\pi z}{z_0}\right), \\[2mm]
\boldsymbol{E}''_{tmnl} &= \omega\,\mu\,B_{mn}(\boldsymbol{e}_z\times\nabla\Psi_{mn})\sin\left(\frac{l\pi z}{z_0}\right), \qquad E''_{zmnl} = 0.
\end{aligned}\right\} \quad (31.29)$$

By substituting in these relations the eigenfunctions Φ_{mn}, Ψ_{mn} and the eigenvalues $\gamma'^2_{mn}, \gamma''^2_{mn}$ of the various cylindrical waveguides treated in Chap. C, the normal modes of the related cavity resonators can be found directly. For the sake of brevity we refrain from giving the results in any specific case; rather we refer the reader to the literature[2]. For example, resonators in the form of rectangular boxes, pill boxes, and spheres have been treated by BORGNIS[3]; spherical cavities with re-entrant cones, and ellipsoid-hyperboloid resonators by HANSEN and RICHTMEYER[4]; coaxial-line resonators by BORGNIS[5]. Reentrant cavities have been treated by STINSON[6].

32. Small perturbations. If a cavity resonator has a simple shape and is uniformly filled with a homogeneous, isotropic dielectric, its resonant frequencies can be calculated by a straightforward application of the method of separation of variables. However, when its shape is deformed or the dielectric contains inhomogeneities an exact solution becomes generally impossible, and one must resort to approximations. In cases where the deformations or inhomogeneities are small, a useful formula is available that connects the frequency shift with the size, shape, and constitutive parameters of the perturbation producing it. This formula was originally derived by MÜLLER[7]. His starting point is Eq. (3.13); excluding convection and conduction currents $\boldsymbol{J}$ inside a given volume V bounded

[1] The constant amplitudes A_{mn} and B_{mn} may also be included in the functions Φ_{mn} and Ψ_{mn}.

[2] R. BERINGER: In: Technique of Microwave Measurements (Edit. by C. G. MONTGOMERY), M.I.T. Rad. Lab. Series, Vol. 11, Chap. 5. New York and London 1947; also H. R. L. LAMONT: Wave Guides, Chap. 5. London and New York 1950; also LOUIS DE BROGLIE: Problèmes de Propagations Guidées des Ondes Électromagnétiques, Chap. 3, Paris 1941.

[3] F. BORGNIS: Ann. d. Physik **35**, 359 (1939).

[4] W. W. HANSEN and R. D. RICHTMEYER: J. Appl. Phys. **10**, 189 (1939).

[5] F. BORGNIS: Hochfrequenztechn. **56**, 47 (1940).

[6] D. C. STINSON: Trans Inst. Radio Engrs. MTT-3, No. 4, p. 18, 1955.

[7] J. MÜLLER: Hochfrequenztechn. **54**, 157 (1939).

by a closed surface A we have for the complex power

$$\frac{1}{2} \oint_A (\boldsymbol{E} \times \boldsymbol{H}^*) \cdot \boldsymbol{n}\, dA = \frac{i\omega}{2} \int_V (\mu\, \boldsymbol{H} \cdot \boldsymbol{H}^* - \varepsilon\, \boldsymbol{E} \cdot \boldsymbol{E}^*)\, dV.$$

$\boldsymbol{E}$ and $\boldsymbol{H}$ constitute solutions of Maxwell's equations within V at a given frequency ω. The fields $\boldsymbol{E} + \delta \boldsymbol{E}$, $\boldsymbol{H} + \delta \boldsymbol{H}$ for the slightly different values $\omega + \delta \omega$, $\varepsilon + \delta \varepsilon$, $\mu + \delta \mu$ (ε, μ are assumed to be real, but $\delta \varepsilon$ and $\delta \mu$ may be complex) and within the slightly different volume $V + \delta V$ with the surface $A + \delta A$ are connected by an equation which is obtained by establishing the first variation of Eq. (3.13) with respect to all variables involved. Two more equations connecting the varied quantities are obtained by establishing the first variation of Maxwell's equations (1.18) and (1.19). By properly combining the three equations

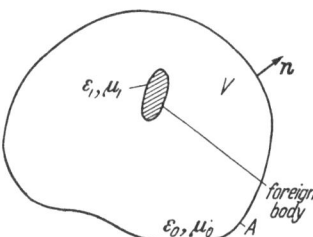

Fig. 78. Foreign body in cavity resonator.

Müller arrives at his formulas for the frequency shift of a cavity resonator, produced by small perturbations of the constitutive parameters or of the shape of the resonator. The problem can be treated from a different point of view, which we will adopt here, since it leads in a concise manner to the desired results[1]. On the other hand Müller's derivation places in evidence very clearly the restrictions and assumptions involved, and the reader who is interested in the basic aspects of the problem is referred to J. Müller's paper[2].

We consider a lossless, empty ($\varepsilon = \varepsilon_0$, $\mu = \mu_0$) cavity resonator of volume V bounded from the outside by a perfectly conducting surface A and oscillating in any one of its (non-degenerate) normal modes. If such a closed periodic energetic system is subjected to a slow adiabatic transformation, a very general theorem named after Boltzmann-Ehrenfest[3] is applicable. The adiabatic transformation must be slow compared with the period of the vibration. The transformation might consist of a small deformation of the enclosing surface or of the "creation" in the cavity of a foreign body small compared to the spatial variations of the undisturbed fields. The theorem then states that the ratio of the total time-average energy $\overline{W}$ contained in the system and the frequency f (or ω) of oscillation remains invariant under adiabatic changes, that is,

$$\frac{\overline{W}}{\omega} = \text{invariant}. \tag{32.1}$$

From this invariance it follows that an adiabatic small change in time-average energy $\delta \overline{W}$ causes the resonance frequency of the system to change by an amount $\delta \omega$ given by

$$\frac{\delta \omega}{\omega} = \frac{\delta \overline{W}}{\overline{W}}. \tag{32.2}$$

We first consider the cavity to be disturbed by a small foreign body which we may visualize as slowly created within V. If the body has a dielectric constant ε_1 and a permeability μ_1, Fig. 78, the change in time-average energy

[1] T. Kahan: C. R. Acad. Sci., Paris 222, 70 (1946); 223, 785 (1946). — C. H. Papas: J. Appl. Phys. 25, 1552 (1954).
[2] For a different approach see also R. Müller: In G. Goubau, Elektromagnetische Wellenleiter und Hohlräume, Chap. 2. Stuttgart 1955.
[3] L. Boltzmann: Vorlesungen über die Principe der Mechanik, Vol. 2, p. 182. Leipzig 1904; also L. Brillouin: Les Tenseurs, p. 183. New York 1946.

produced by it may be written as[1]

$$\delta \overline{W} = -\tfrac{1}{4} \int\limits_{V_1} (\varepsilon_1 - \varepsilon_0)\, \boldsymbol{E}_1 \cdot \boldsymbol{E}_0^*\, dV - \tfrac{1}{4} \int\limits_{V_1} (\mu_1 - \mu_0)\, \boldsymbol{H}_1 \cdot \boldsymbol{H}_0^*\, dV, \qquad (32.3)$$

where $\boldsymbol{E}_1$, $\boldsymbol{H}_1$ denote the resulting field vectors within the volume V_1 of the foreign body and $\boldsymbol{E}_0$, $\boldsymbol{H}_0$ denote the undisturbed field vectors. Substituting this expressions into relation (32.2) and recalling definitions (31.5) we get MÜLLER'S formula[2]:

$$-\frac{\delta\omega}{\omega} = \frac{\int\limits_{V_1} (\varepsilon_1 - \varepsilon_0)\, \boldsymbol{E}_1 \cdot \boldsymbol{E}_0^*\, dV + \int\limits_{V_1} (\mu_1 - \mu_0)\, \boldsymbol{H}_1 \cdot \boldsymbol{H}_0^*\, dV}{\varepsilon_0 \int\limits_{V} \boldsymbol{E}_0 \cdot \boldsymbol{E}_0^*\, dV + \mu_0 \int\limits_{V} \boldsymbol{H}_0 \cdot \boldsymbol{H}_0^*\, dV}. \qquad (32.4)$$

Although the internal fields $\boldsymbol{E}_1$, $\boldsymbol{H}_1$ are unknown, it is often possible to determine them from elementary considerations. For example, when the foreign body is a *small dielectric sphere* of radius a and of dielectric constant ε_1 and permeability μ_1, $\boldsymbol{E}_1$ may be found in a first approximation by assuming that the sphere is immersed in a uniform *electrostatic* field equal to the value of $\boldsymbol{E}_0$ at the position of the sphere. Quite independently but in a similar way, $\boldsymbol{H}_1$ may be found in a first approximation by assuming the sphere to be immersed in a *magnetostatic* field $\boldsymbol{H}_0$. Thus, within the limits of applicability of these static approximations, we have the well-known results

$$\boldsymbol{E}_1 = \frac{3\varepsilon_0}{\varepsilon_1 + 2\varepsilon_0}\, \boldsymbol{E}_0 \quad \text{and} \quad \boldsymbol{H}_1 = \frac{3\mu_0}{\mu_1 + 2\mu_0}\, \boldsymbol{H}_0. \qquad (32.5)$$

With the aid of these expressions for the internal fields and by virtue of the fact that $\boldsymbol{E}_0$ and $\boldsymbol{H}_0$ are essentially uniform throughout the small volume V_1, formula (32.4) in this special case reduces to

$$-\frac{\delta\omega}{\omega} = \frac{\left(3\varepsilon_0 \dfrac{\varepsilon_1 - \varepsilon_0}{\varepsilon_1 + 2\varepsilon_0}\, \boldsymbol{E}_0 \cdot \boldsymbol{E}_0^* + 3\mu_0 \dfrac{\mu_1 - \mu_0}{\mu_1 + 2\mu_0}\, \boldsymbol{H}_0 \cdot \boldsymbol{H}_0^*\right) \Delta V}{\varepsilon_0 \int\limits_{V} \boldsymbol{E}_0 \cdot \boldsymbol{E}_0^*\, dV + \mu_0 \int\limits_{V} \boldsymbol{H}_0 \cdot \boldsymbol{H}_0^*\, dV}, \qquad (32.6)$$

where $\Delta V = \tfrac{4}{3}\pi a^3$. The frequency shift produced by a *small perfectly conducting sphere* of radius a can be obtained from this expression by putting formally $\varepsilon_1 = \infty$ and $\mu_1 = 0$; thus one obtains

$$-\frac{\delta\omega}{\omega} = \frac{(3\varepsilon_0\, \boldsymbol{E}_0 \cdot \boldsymbol{E}_0^* - \tfrac{3}{2}\mu_0\, \boldsymbol{H}_0 \cdot \boldsymbol{H}_0^*)\, \Delta V}{\varepsilon_0 \int\limits_{V} \boldsymbol{E}_0 \cdot \boldsymbol{E}_0^*\, dV + \mu_0 \int\limits_{V} \boldsymbol{H}_0 \cdot \boldsymbol{H}_0^*\, dV}. \qquad (32.7)$$

For a description of the way in which small foreign bodies may be used in the measurement of cavity fields the reader is referred to the literature[3].

Next we consider the frequency shift produced by a *wall deformation*. The time-average force exerted on a unit area of the wall is

$$\overline{\boldsymbol{F}} = \boldsymbol{n} \cdot \left(\frac{\mu_0}{4}\, \boldsymbol{H}_0 \cdot \boldsymbol{H}_0^* - \frac{\varepsilon_0}{4}\, \boldsymbol{E}_0 \cdot \boldsymbol{E}_0^*\right) \quad \text{newtons/meter}^2, \qquad (32.8)$$

---

[1] See, for example, J. A. STRATTON: Electromagnetic Theory, pp. 112—114 and 126—129. New York and London 1941.

[2] The same result can be obtained also from Eq. (3.12) by applying Gauss' theorem and integrating over the volume V of the cavity. The left side then vanishes owing to the boundary condition for $\boldsymbol{E}$; in the remaining equation the differentials ∂ may be replaced by variations δ. When the currents $\boldsymbol{J}$ are assumed to be zero, the equation passes into Eq. (32.4) for small variations $\delta\varepsilon$ and $\delta\mu$.

[3] J. MÜLLER: loc. cit. — W. W. HANSEN and R. F. POST: J. Appl. Phys. 19, 1059 (1948).

where n is the outward normal. The pressure (force/area) is always normal to the walls; at points on the wall where $\mu_0 \boldsymbol{H}_0 \cdot \boldsymbol{H}_0^* > \varepsilon_0 \boldsymbol{E}_0 \cdot \boldsymbol{E}_0^*$ the pressure is directed outward and where $\varepsilon_0 \boldsymbol{E}_0 \cdot \boldsymbol{E}_0^* > \mu_0 \boldsymbol{H}_0 \cdot \boldsymbol{H}_0^*$ the pressure is directed inward. Hence, if the wall of the cavity resonator is moved outwardly over a small domain so that a small volume $\varDelta V$ is added to the cavity, the change in time-average stored energy becomes

$$\delta \overline{W} = - \tfrac{1}{4} \int\limits_{\varDelta V} (\mu_0 \boldsymbol{H}_0 \cdot \boldsymbol{H}_0^* - \varepsilon_0 \boldsymbol{E}_0 \cdot \boldsymbol{E}_0^*)\, dV. \tag{32.9}$$

Substituting this expression into Eq. (32.2) we find Müller's expression for the frequency shift due to a small change $\varDelta V$ in cavity volume:

$$- \frac{\delta \omega}{\omega} = \frac{\int\limits_{\varDelta V} (\mu_0 \boldsymbol{H}_0 \cdot \boldsymbol{H}_0^* - \varepsilon_0 \boldsymbol{E}_0 \cdot \boldsymbol{E}_0^*)\, dV}{\mu_0 \int\limits_V \boldsymbol{H}_0 \cdot \boldsymbol{H}_0^*\, dV + \varepsilon_0 \int\limits_V \boldsymbol{E}_0 \cdot \boldsymbol{E}_0^*\, dV}. \tag{32.10}$$

Suppose at a point on the wall where originally the magnetic field $\boldsymbol{H}_0$ is zero a small outward dent is made. With $\boldsymbol{H}_0 = 0$ the frequency shift $\delta \omega$ becomes positive and hence the outward dent increases the resonant frequency. However, at a point where originally $\boldsymbol{E}_0 = 0$, an outward dent decreases the resonant frequency. Inward dents have the inverse effect on the resonant frequency. Formula (32.10) is useful in determining the effects of small accidental deformations or intentional displacements of pistons or membranes on the resonant frequencies.

As a specific application[1] of Müller's formula we consider a circular cylindrical cavity of radius a and arbitrary length oscillating in the E_{010}-mode. The field components of this mode are independent of the circular cylindrical coordinates φ and $z\,(m = l = 0;\ n = 1)$. The problem is to determine the shift in resonant frequency produced by a thin dielectric ($\varepsilon = \varepsilon_1, \mu = \mu_0$) circular rod of radius R lying along the axis $\varrho = 0$ (Fig. 79). When no rod is present the undisturbed field has the following components:

$$E_z = J_0(k\varrho), \qquad \sqrt{\frac{\mu_0}{\varepsilon_0}}\, H_\varphi = - i\, J_1(k\varrho). \tag{32.11}$$

Owing to the boundary condition $E_z = 0$ for $\varrho = a$ the value of k is given by $k\,a = 2.405$, that is the first root of the Bessel function J_0. When the radius of the rod is small compared to the radial variation of E_z in the neighborhood of the axis where E_z assumes its maximum value, formula (32.4) is applicable and may be written as

$$- \frac{\delta \omega}{\omega} = \frac{1}{2}\left(\frac{\varepsilon_1}{\varepsilon_0} - 1\right) \frac{\int\limits_{\text{rod}} \boldsymbol{E}_1 \cdot \boldsymbol{E}_0^*\, dV}{\int\limits_{\text{cavity}} \boldsymbol{E}_0 \cdot \boldsymbol{E}_0^*\, dV}. \tag{32.12}$$

Assuming that $\boldsymbol{E}_1$ can be replaced by $\boldsymbol{E}_0$ and using the fact that $\boldsymbol{E}_0 \cdot \boldsymbol{E}_0^* = E_z E_z^* = J_0^2(k\varrho)$ we find that expression (32.12) yields

$$- \frac{\delta \omega}{\omega} = \frac{1}{2 J_1^2(k a)}\left(\frac{R}{a}\right)^2\left(\frac{\varepsilon_1}{\varepsilon_0} - 1\right). \tag{32.13}$$

By means of this formula it is possible to deduce the dielectric constant ε_1 of the rod from the observed change $\delta \omega$ of the frequency[2]. When the rod is a semiconductor a different approach has to be applied; as the conductivity of the rod is increased the E_{010}-mode is gradually transformed into a coaxial mode[3].

[1] F. Borgnis: Hochfrequenztechn. 59, 22 (1942).
[2] F. Borgnis: Phys. Z. 43, 284 (1942).
[3] H. T. Hsieh, J. M. Goldey and S. C. Brown: J. Appl. Phys. 25, 302 (1954).

As a final application of MÜLLER's formula we consider the frequency shift produced by a small *ferrite sphere*. We assume that the biasing field is parallel to the z-axis of a local Cartesian coordinate system with origin at the center of the sphere (Fig. 80). With respect to this frame of reference the permeability tensor of the ferrite is

$$(\mu) = \begin{pmatrix} \mu_1 & iK & 0 \\ -iK & \mu_1 & 0 \\ 0 & 0 & \mu_3 \end{pmatrix}. \tag{32.14}$$

When we place the sphere at a point in the cavity where $E_0 = 0$, formula (32.4) becomes

$$-\frac{\delta\omega}{\omega} = \frac{\int_{V_1} ((\mu) - \mu_0) \cdot H_1 \cdot H_0^* \, dV}{2\mu_0 \int_V H_0 \cdot H_0^* \, dV}. \tag{32.15}$$

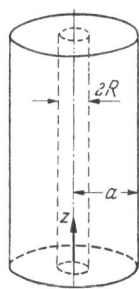

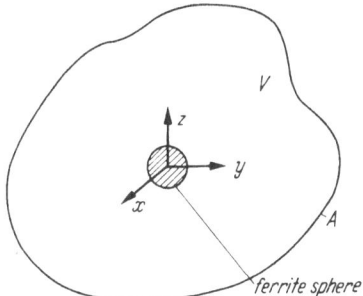

Fig. 79. Pillbox cavity with dielectric rod along its axis.   Fig. 80. Small ferrite sphere in cavity resonator.

For a small sphere the unknown internal field H_1 may be found by magnetostatics from a knowledge of H_0. If the undisturbed magnetic field is circularly polarized, i.e., $H_0 = H_0(e_x \mp i e_y)$, we find by an elementary calculation that the internal field is uniform and circularly polarized:

$$H_1 = \frac{3 H_0 \mu_0 (e_x \mp i e_y)}{\mu_1 + 2\mu_0 \pm K}. \tag{32.16}$$

To evaluate formula (32.15) in the case of *circular* polarization we note that

$$((\mu) - \mu_0) \cdot H_1 \cdot H_0^* = 2\mu_0 \frac{3(\mu_1 - \mu_0 \pm K)}{\mu_1 + 2\mu_0 \pm K} H_0^2. \tag{32.17}$$

Substituting this expression into formula (32.15) and approximating the integral in the numerator by the product of the integrand (32.17) and the volume ΔV of the sphere, we obtain the frequency shift produced by a small ferrite sphere:

$$-\frac{\delta\omega}{\omega} = \frac{H_0^2}{\int_V H_0 \cdot H_0^* \, dV} \frac{3(\mu_1 - \mu_0 \pm K)}{(\mu_1 + 2\mu_0 \pm K)} \Delta V, \tag{32.18}$$

when H_0 is the amplitude of the undisturbed circularly polarized magnetic field at the position of the sphere.

33. Forced oscillations. In a cavity completely enclosed by perfectly conducting walls the electric and magnetic vectors for the p-th normal mode satisfy the Maxwell equations

$$\nabla \times E_p = i k_p \sqrt{\frac{\mu}{\varepsilon}} H_p \quad \text{and} \quad \nabla \times H_p = -i k_p \sqrt{\frac{\varepsilon}{\mu}} E_p, \quad (p = 1, 2, 3, \ldots) \tag{33.1}$$

in the volume V of the cavity, and obey the boundary condition

$$\boldsymbol{n} \times \boldsymbol{E}_p = 0 \quad \text{and} \quad \boldsymbol{n} \times (\boldsymbol{\nabla} \times \boldsymbol{H}_p) = 0, \qquad (p = 1, 2, 3, \ldots) \qquad (33.2)$$

on the surface A completely enclosing the cavity. Without any loss of generality the eigenvectors $\boldsymbol{E}_p$ are chosen to be real, and the eigenvectors $\boldsymbol{H}_p$ are consequently imaginary. To place this choice in evidence and to obtain a convenient normalization the real vectors

$$\hat{\boldsymbol{E}}_p = \sqrt{\varepsilon}\, \boldsymbol{E}_p \quad \text{and} \quad \hat{\boldsymbol{H}}_p = i\sqrt{\mu}\, \boldsymbol{H}_p \qquad (33.3)$$

are introduced. From the Maxwell equations (33.1) it follows that $\hat{\boldsymbol{E}}_p$ and $\hat{\boldsymbol{H}}_p$ satisfy the real equations

$$\boldsymbol{\nabla} \times \hat{\boldsymbol{E}}_p = k_p \hat{\boldsymbol{H}}_q, \quad \text{and} \quad \boldsymbol{\nabla} \times \hat{\boldsymbol{H}}_p = k_p \hat{\boldsymbol{E}}_p, \qquad (p = 1, 2, 3, \ldots) \qquad (33.4)$$

in the volume V, and meet the boundary conditions

$$\boldsymbol{n} \times \hat{\boldsymbol{E}}_p = 0 \quad \text{and} \quad \boldsymbol{n} \times (\boldsymbol{\nabla} \times \hat{\boldsymbol{H}}_p) = 0 \qquad (33.5)$$

on the surface A. The real vectors $\hat{\boldsymbol{E}}_p$ and $\hat{\boldsymbol{H}}_p$ are the eigenvectors of the boundary-value problems

$$\left. \begin{aligned} \boldsymbol{\nabla}^2 \hat{\boldsymbol{E}}_p + k_p^2 \hat{\boldsymbol{E}}_p = 0 \ \Big\}\ &\text{in } V, \\ \boldsymbol{\nabla} \cdot \hat{\boldsymbol{E}}_p = 0 \ \Big\}\ & \\ \boldsymbol{n} \times \hat{\boldsymbol{E}}_p = 0 \quad &\text{on } A \end{aligned} \right\} \qquad (33.6)$$

and

$$\left. \begin{aligned} \boldsymbol{\nabla}^2 \hat{\boldsymbol{H}}_p + k_p^2 \hat{\boldsymbol{H}}_p = 0 \ \Big\}\ &\text{in } V, \\ \boldsymbol{\nabla} \cdot \hat{\boldsymbol{H}}_p = 0 \ \Big\}\ & \\ \boldsymbol{n} \times (\boldsymbol{\nabla} \times \hat{\boldsymbol{H}}_p) = 0 \quad &\text{on } A. \end{aligned} \right\} \qquad (33.7)$$

For a completely enclosed cavity and with respect to divergence-free fields $\hat{\boldsymbol{E}}_p$ and $\hat{\boldsymbol{H}}_p$ constitute adequate orthonormal sets of eigenvectors.

However, when the walls of the cavity have one or more apertures or orifices, i.e., for example, when the cavity is not completely enclosed or when it is coupled to an outside source by means of a waveguide, the orthonormal sets $\hat{\boldsymbol{E}}_p$ and $\hat{\boldsymbol{H}}_p$ are no longer adequate for an expansion of the cavity fields. In order to expand the field vectors in such a cavity we consider the following two sets of eigenvectors $\boldsymbol{a}_p$ and $\boldsymbol{b}_p$ which are solutions of the boundary value problems

$$\left. \begin{aligned} \boldsymbol{\nabla}^2 \boldsymbol{a}_p + \xi_p^2 \boldsymbol{a}_p = 0 \quad &\text{in } V, \\ \boldsymbol{n} \times \boldsymbol{a}_p = 0, \quad \boldsymbol{\nabla} \cdot \boldsymbol{a}_p = 0 \quad &\text{on } A \end{aligned} \right\} \qquad (33.8)$$

and

$$\left. \begin{aligned} \boldsymbol{\nabla}^2 \boldsymbol{b}_p + \chi_p^2 \boldsymbol{b}_p = 0 \quad &\text{in } V, \\ \boldsymbol{n} \times (\boldsymbol{\nabla} \times \boldsymbol{b}_p) = 0, \quad \boldsymbol{n} \cdot \boldsymbol{b}_p = 0 \quad &\text{on } A. \end{aligned} \right\} \qquad (33.9)$$

It is readily seen that the sets of eigenvectors $\boldsymbol{a}_p$ and $\boldsymbol{b}_p$ are more general then the sets of $\hat{\boldsymbol{E}}_p$ and $\hat{\boldsymbol{H}}_p$ since no side conditions are required in the volume for $\boldsymbol{a}_p$ and $\boldsymbol{b}_p$; $\boldsymbol{\nabla} \cdot \boldsymbol{a}_p$ and $\boldsymbol{n} \cdot \boldsymbol{b}_p$ are required to vanish only as the boundary A is approached within the cavity region.

The surface A consists of the perfectly conducting surfaces A_m and the aperture surfaces A_{ap}, that is $A = A_m + A_{ap}$. From the vector Green's theorem[1]

---

[1] See, for example, Ph. Morse and H. Feshbach: Methods of theoretical physics, Vol. II, p. 1767. New York, Toronto and London 1953.

we can infer that the eigenvectors $\boldsymbol{a}_p$ and $\boldsymbol{b}_p$ form infinite orthonormal sets; moreover for elementary coordinate systems these sets are known to be complete.

The eigenvectors $\boldsymbol{a}_p$ and $\boldsymbol{b}_p$ fall into two complementary classes, one of which is composed of solenoidal eigenvectors and the other of irrotational eigenvectors. For the solenoidal class we have $\nabla \cdot \boldsymbol{a}_p = 0$ and $\nabla \cdot \boldsymbol{b}_p = 0$ in V and consequently boundary-value problems (33.8) and (33.9) become identical to the boundary-value problems (33.6) and (33.7) respectively. Hence, the eigenvectors $\hat{\boldsymbol{E}}_p$ and $\hat{\boldsymbol{H}}_p$ constitute the solenoidal members of the complete sets $\boldsymbol{a}_p$ and $\boldsymbol{b}_p$, i.e., $\boldsymbol{a}_p = \hat{\boldsymbol{E}}_p$, $\boldsymbol{b}_p = \hat{\boldsymbol{H}}_p$, with common eigenvalues $\xi_p^2 = \chi_p^2 = k_p^2$. For the irrotational class we have $\nabla \times \boldsymbol{a}_p = 0$ and $\nabla \times \boldsymbol{b}_p = 0$ in V; we denote its members by $\boldsymbol{a}_p = \boldsymbol{F}_p$ and $\boldsymbol{b}_p = \boldsymbol{G}_p$, and their corresponding eigenvalues by $\xi_p^2 = f_p^2$ and $\chi_p^2 = g_p^2$. Thus we see that the eigenvectors and eigenvalues of boundary-value problems (33.8) and (33.9) may be classified as follows:

$k_p, \hat{\boldsymbol{E}}_p$ eigenvalues and eigenvectors of problem (33.8) with side condition $\nabla \cdot \hat{\boldsymbol{E}}_p = 0$ in V;

$k_p, \hat{\boldsymbol{H}}_p$ eigenvalues and eigenvectors of problem (33.9) with side condition $\nabla \cdot \hat{\boldsymbol{H}}_p = 0$ in V;

$f_p, \boldsymbol{F}_p$ eigenvalues and eigenvectors of problem (33.8) with side condition $\nabla \times \boldsymbol{F}_p = 0$ in V;

$g_p, \boldsymbol{G}_p$ eigenvalues and eigenvectors of problem (33.9) with side condition $\nabla \times \boldsymbol{G}_p = 0$ in V.

The boundary-value problems for the determination of the irrotational eigenvectors $\boldsymbol{F}_p$ and $\boldsymbol{G}_p$ are

$$\left. \begin{aligned} \nabla^2 \boldsymbol{F}_p + f_p^2 \boldsymbol{F}_p = 0 \\ \nabla \times \boldsymbol{F}_p = 0 \end{aligned} \right\} \quad \text{in} \quad V, \tag{33.10}$$

$$\boldsymbol{n} \times \boldsymbol{F}_p = 0, \quad \nabla \cdot \boldsymbol{F}_p = 0 \quad \text{on} \quad A$$

and

$$\left. \begin{aligned} \nabla^2 \boldsymbol{G}_p + g_p^2 \boldsymbol{G}_p = 0 \\ \nabla \times \boldsymbol{G}_p = 0 \end{aligned} \right\} \quad \text{in} \quad V, \tag{33.11}$$

$$\boldsymbol{n} \times (\nabla \times \boldsymbol{G}_p) = 0, \quad \boldsymbol{n} \cdot \boldsymbol{G}_p = 0 \quad \text{on} \quad A.$$

$\boldsymbol{F}_p$ and $\boldsymbol{G}_p$ are derivable from scalar potentials, i.e.,

$$\boldsymbol{F}_p = \nabla u_p, \quad \boldsymbol{G}_p = \nabla v_p, \tag{33.12}$$

where the scalar functions u_p and v_p satisfy

$$\left. \begin{aligned} \nabla^2 u_p + f_p^2 u_p = 0 \quad \text{in} \quad V, \\ u_p = 0 \quad \text{on} \quad A \end{aligned} \right\} \tag{33.13}$$

and

$$\left. \begin{aligned} \nabla^2 v_p + g_p^2 v_p = 0 \quad \text{in} \quad V, \\ \frac{\partial v_p}{\partial n} = 0 \quad \text{on} \quad A. \end{aligned} \right\} \tag{33.14}$$

So far it has been tacitly assumed that the eigenvalues f_p and g_p $(p = 1, 2, 3, \ldots)$ are different from zero. However, a mode of order zero $(p = 0)$ may exist for which $f_0 = g_0 = 0$. The eigenvectors $\boldsymbol{F}_0, \boldsymbol{G}_0$ for this mode are determined by the boundary-value problems.

$$\begin{aligned} \nabla^2 \boldsymbol{F}_0 &= 0 \quad \text{in} \quad V, \\ \boldsymbol{n} \times \boldsymbol{F}_0 &= 0 \quad \text{on} \quad A \end{aligned} \Bigg\} \tag{33.15}$$

and

$$\begin{aligned} \nabla^2 \boldsymbol{G}_0 &= 0 \quad \text{in} \quad V, \\ \boldsymbol{n} \cdot \boldsymbol{G}_0 &= 0 \quad \text{on} \quad A. \end{aligned} \Bigg\} \tag{33.16}$$

Since $\boldsymbol{F}_0$ and $\boldsymbol{G}_0$ satisfy Laplace's equation they formally resemble static fields. In simply connected cavities $\boldsymbol{F}_0$ and $\boldsymbol{G}_0$ are identically zero, but in multiply connected cavities $\boldsymbol{F}_0$ and $\boldsymbol{G}_0$ do not necessarily vanish. For example, in the cavity region between two perfectly conducting concentric spheres at different potentials, $\boldsymbol{F}_0$ corresponds to the radial electrostatic field; and in a cavity formed by a section of coaxial line shorted at both ends, $\boldsymbol{G}_0$ corresponds to the magneto-static field produced by a direct current in the closed circuit composed of the central conductor, the shorted ends, and the outer conductor.

In order to expand the electric vector $\boldsymbol{E}$ and the magnetic vector $\boldsymbol{H}$ of an electromagnetic field within a cavity coupled to an outside source by means of a waveguide, we choose eigenvectors of Eqs. (33.8) and (33.9) that satisfy on the metallic walls A_m the same boundary conditions as the actual electromagnetic fields. That is, we expand $\boldsymbol{E}$ in terms of $\hat{\boldsymbol{E}}_p$ and $\boldsymbol{F}_p$, and $\boldsymbol{H}$ in terms of $\hat{\boldsymbol{H}}_p$ and $\boldsymbol{G}_p$. This choice is made to obtain the most rapidly convergent representations. Accordingly we write

$$\boldsymbol{E} = \sum_{p=1}^{\infty} A_p \hat{\boldsymbol{E}}_p + \sum_{p=1}^{\infty} B_p \boldsymbol{F}_p + B_0 \boldsymbol{F}_0, \tag{33.17}$$

$$\boldsymbol{H} = \sum_{p=1}^{\infty} C_p \hat{\boldsymbol{H}}_p + \sum_{p=1}^{\infty} D_p \boldsymbol{G}_p + D_0 \boldsymbol{G}_0. \tag{33.18}$$

We shall assume the cavity to be simply connected; hence the zero-order eigenvectors $\boldsymbol{F}_0$ and $\boldsymbol{G}_0$ identically vanish. The higher-order eigenvectors are orthonormal. Consequently, using proper normalization we may rewrite these expressions as follows:

$$\boldsymbol{E} = \sum_{p=1}^{\infty} \hat{\boldsymbol{E}}_p \int_V \boldsymbol{E} \cdot \hat{\boldsymbol{E}}_p \, dV + \sum_{p=1}^{\infty} \boldsymbol{F}_p \int_V \boldsymbol{E} \cdot \boldsymbol{F}_p \, dV, \tag{33.19}$$

$$\boldsymbol{H} = \sum_{p=1}^{\infty} \hat{\boldsymbol{H}}_p \int_V \boldsymbol{H} \cdot \hat{\boldsymbol{H}}_p \, dV + \sum_{p=1}^{\infty} \boldsymbol{G}_p \int_V \boldsymbol{H} \cdot \boldsymbol{G}_p \, dV. \tag{33.20}$$

However, the eigenvectors $\boldsymbol{F}_p$ can be shown to be orthogonal to the actual field $\boldsymbol{E}$, i.e.,

$$\int_V \boldsymbol{E} \cdot \boldsymbol{F}_p \, dV = 0, \quad (p = 1, 2, 3, \ldots). \tag{33.21}$$

To prove this we note that

$$\begin{aligned} \int_V \boldsymbol{E} \cdot \boldsymbol{F}_p \, dV &= \frac{i}{\omega \varepsilon} \int_V (\nabla \times \boldsymbol{H}) \cdot \boldsymbol{F}_p \, dV \\ &= \frac{i}{\omega \varepsilon} \left\{ \int_V \boldsymbol{H} \cdot (\nabla \times \boldsymbol{F}_p) \, dV - \int_V \nabla \cdot (\boldsymbol{F}_p \times \boldsymbol{H}) \, dV \right\}. \end{aligned} \Bigg\} \tag{33.22}$$

The first integral on the right vanishes because $\nabla \times \boldsymbol{F}_p = 0$. Converting the second integral on the right to a surface integral by means of Gauss' theorem, we see that it too vanishes because $\boldsymbol{n} \times \boldsymbol{F}_p = 0$ on A. In view of this result the eigenvectors $\boldsymbol{F}_p$ are not needed in the expansion of $\boldsymbol{E}$. Therefore, the most general expansions of E and H in a simply connected cavity are

$$E = \sum_{p=1}^{\infty} \hat{E}_p \int_V E \cdot \hat{E}_p \, dV, \tag{33.23}$$

$$H = \sum_{p=1}^{\infty} \hat{H}_p \int_V H \cdot \hat{H}_p \, dV + \sum_{p=1}^{\infty} G_p \int_V H \cdot G_p \, dV. \tag{33.24}$$

Although E does not satisfy everywhere on A the same boundary conditions as the eigenvector $\hat{E}_p$, it can nevertheless be expanded completely in terms of $\hat{E}_p$, everywhere within V. The value of E on A, however, must be obtained by the limiting process of approaching A within the region of the cavity and not by computing the values of the eigenfunctions $\hat{E}_p$ on the surface A. In this sense expansion (33.23) is discontinuous on A[1].

Since for a region free of current and charge $\nabla \times E$ is proportional to H and $\nabla \times H$ is proportional to E, $\nabla \times E$ can be expanded in terms of $\hat{H}_p$, G_p and $\nabla \times H$ in terms of $\hat{E}_p$, i.e.,

$$\nabla \times H = \sum_{p=1}^{\infty} \hat{E}_p \int_V (\nabla \times H) \cdot \hat{E}_p \, dV, \tag{33.25}$$

$$\nabla \times E = \sum_{p=1}^{\infty} \hat{H}_p \int_V (\nabla \times E) \cdot \hat{H}_p \, dV + \sum_{p=1}^{\infty} G_p \int_V (\nabla \times E) \cdot G_p \, dV. \tag{33.26}$$

The coefficients of these expansions may be written in terms of the fields themselves rather than their curls. To show this we use the vector identity

$$\int_V (\nabla \times H) \cdot \hat{E}_p \, dV = \int_V H \cdot (\nabla \times \hat{E}_p) \, dV - \int_A n \cdot (\hat{E}_p \times H) \, dA.$$

The second integral on the right vanishes because $n \times \hat{E}_p = 0$ on A, and by virtue of the first of Eqs. (33.4) the integrand of the first integral becomes $k_p H \cdot \hat{H}_p$. Hence

$$\int_V (\nabla \times H) \cdot \hat{E}_p \, dV = k_p \int_V H \cdot \hat{H}_p \, dV. \tag{33.27}$$

In the same way it can be shown that

$$\int_V (\nabla \times E) \cdot \hat{H}_p \, dV = k_p \int_V E \cdot \hat{E}_p \, dV + \int_A (n \times E) \cdot \hat{H}_p \, dA, \tag{33.28}$$

$$\int_V (\nabla \times E) \cdot G_p \, dV = \int_A (n \times E) \cdot G_p \, dA. \tag{33.29}$$

With the use of Eqs. (33.27) to (33.29) expansions (33.25) and (33.26) become

$$\nabla \times H = \sum_{p=1}^{\infty} \hat{E}_p \, k_p \int_V H \cdot \hat{H}_p \, dV, \tag{33.30}$$

$$\nabla \times E = \sum_{p=1}^{\infty} \hat{H}_p \left\{ k_p \int_V E \cdot \hat{E}_p \, dV + \int_A (n \times E) \cdot \hat{H}_p \, dA \right\} + \sum_{p=1}^{\infty} G_p \int_A (n \times E) \cdot G_p \, dA. \tag{33.31}$$

By substituting expressions (33.23) and (33.30) into the Maxwell equation $\nabla \times H = -i \omega \varepsilon E$ we get

$$k_p \int_V H \cdot \hat{H}_p \, dV = -i \omega \varepsilon \int_V E \cdot \hat{E}_p \, dV. \tag{33.32}$$

---

[1] J. SCHWINGER: Report 43-34 (205), 1943; Rad. Lab. Mass. Inst. Technology. — S. A. SCHELKUNOFF: J. Appl. Phys. 26, 1231 (1955).

Moreover, by substituting expressions (33.24) and (33.31) into the Maxwell equation $\nabla \times \boldsymbol{E} = i\omega\mu\boldsymbol{H}$, we get

$$i\omega\mu \int_V \boldsymbol{H} \cdot \widehat{\boldsymbol{H}}_p \, dV = k_p \int_V \boldsymbol{E} \cdot \widehat{\boldsymbol{E}}_p \, dV + \int_A (\boldsymbol{n} \times \boldsymbol{E}) \cdot \widehat{\boldsymbol{H}}_p \, dA, \qquad (33.33)$$

$$i\omega\mu \int_V \boldsymbol{H} \cdot \boldsymbol{G}_p \, dV = \int_A (\boldsymbol{n} \times \boldsymbol{E}) \cdot \boldsymbol{G}_p \, dA. \qquad (33.34)$$

From Eqs. (33.32) to (33.34) we find that

$$\int_V \boldsymbol{H} \cdot \widehat{\boldsymbol{H}}_p \, dV = \frac{i\omega\varepsilon}{k_p^2 - k^2} \int_A (\boldsymbol{n} \times \boldsymbol{E}) \cdot \widehat{\boldsymbol{H}}_p \, dA, \qquad (33.35)$$

$$\int_V \boldsymbol{H} \cdot \boldsymbol{G}_p \, dV = \frac{1}{i\omega\mu} \int_A (\boldsymbol{n} \times \boldsymbol{E}) \cdot \boldsymbol{G}_p \, dA. \qquad (33.36)$$

With the aid of expressions (33.35) and (33.36) expansion (33.24) becomes

$$\boldsymbol{H} = \sum_{p=1}^{\infty} \widehat{\boldsymbol{H}}_p \left[\frac{i\omega\varepsilon}{k_p^2 - k^2} \int_A (\boldsymbol{n} \times \boldsymbol{E}) \cdot \widehat{\boldsymbol{H}}_p \, dA \right] - \sum_{p=1}^{\infty} \boldsymbol{G}_p \left[\frac{i\omega\varepsilon}{k^2} \int_A (\boldsymbol{n} \times \boldsymbol{E}) \cdot \boldsymbol{G}_p \, dA \right], \qquad (33.37)$$

where $k^2 = \omega^2 \varepsilon\mu$. This equation represents the magnetic field $\boldsymbol{H}$ in terms of the tangential component of the electric field on the surface A, and is the basic relation for the calculation of the input admittance of a cavity resonator.

As an illustrative example we consider the input admittance of a simply connected lossless cavity resonator coupled to an outside source by a waveguide in which only dominant-mode propagation is possible (Fig. 81). The waveguide field consists of the incident and the reflected dominant-mode waves and higher order evanescent modes which exponentially decay with distance from the orifice. At a terminal plane T, placed at a cross-section sufficiently far from the aperture to permit the evanescent modes to be neglected, an input admittance may be defined in terms of the transverse electric and magnetic vectors of the resultant dominant-mode field. It is convenient for our present purpose to consider the cavity as formed by the cavity proper and the portion of the waveguide up to the terminal plane T.

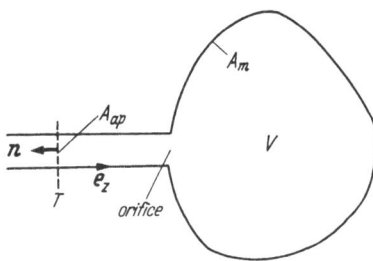

Fig. 81. Simply connected cavity resonator coupled to outside source by a waveguide.

In general, the transverse parts of the waveguide fields are

$$\boldsymbol{E}_t = \sum_{m=1}^{\infty} \boldsymbol{E}_{tm} V_m, \qquad \boldsymbol{H}_t = \sum_{m=1}^{\infty} \boldsymbol{H}_{tm} I_m, \qquad (33.38)$$

where $\boldsymbol{E}_{tm}$ and $\boldsymbol{H}_{tm}$ may be chosen such that

$$\int_A (\boldsymbol{E}_{tm} \times \boldsymbol{H}_{tn}) \cdot \boldsymbol{e}_z \, dA = \delta_{mn} \qquad (33.39)$$

and A is a cross-section of the waveguide [see Eqs. (29.1) and (29.2)]. At the terminal plane T the dominant mode prevails and hence

$$\boldsymbol{E}_t = \boldsymbol{E}_{t1} V_1, \qquad \boldsymbol{H}_t = \boldsymbol{H}_{t1} I_1. \qquad (33.40)$$

Substituting expressions (33.40) into Eq. (33.37) and noting that the surface integrals are zero except over the surface A_{ap} of the terminal plane T, we obtain the transverse magnetic field at the terminal plane in terms of the transverse electric field at the same plane:

$$
\left.
\begin{aligned}
H_{t1}\,I_1 &= i\,\omega\,\varepsilon\,V_1 \sum_{p=1}^{\infty} \frac{1}{k_p^2 - k^2}\,\hat{\boldsymbol{H}}_p \int_{A_{ap}} (\boldsymbol{n}\times\mathsf{E}_{t1})\cdot\hat{\boldsymbol{H}}_p\,dA \\
&\quad - \frac{i\,\omega\varepsilon\,V_1}{k^2} \sum_{p=1}^{\infty} \boldsymbol{G}_p \int_{A_{ap}} (\boldsymbol{n}\times\mathsf{E}_{t1})\cdot\boldsymbol{G}_p\,dA\,.
\end{aligned}
\right\}
\tag{33.41}
$$

In view of relation (33.39), this equation becomes

$$
\left.
\begin{aligned}
I_1 &= -\sum_{p=1}^{\infty} \frac{i\,\omega\varepsilon\,V_1}{k_p^2 - k^2}\left[\int_{A_{ap}} (\mathsf{E}_{t1}\times\hat{\boldsymbol{H}}_p)\cdot\boldsymbol{e}_z\,dA\right]^2 \\
&\quad + \frac{i\,\omega\varepsilon\,V_1}{k^2} \sum_{p=1}^{\infty} \left[\int_{A_{ap}} (\mathsf{E}_{t1}\times\boldsymbol{G}_p)\cdot\boldsymbol{e}_z\,dA\right]^2.
\end{aligned}
\right\}
\tag{33.42}
$$

With the shorthand

$$
\left.
\begin{aligned}
\int_{A_{ap}} (\mathsf{E}_{t1}\times\hat{\boldsymbol{H}}_p)\cdot\boldsymbol{e}_z\,dA &= M_p, \\
\int_{A_{ap}} (\mathsf{E}_{t1}\times\boldsymbol{G}_p)\cdot\boldsymbol{e}_z\,dA &= N_p,
\end{aligned}
\right\}
\tag{33.43}
$$

Eq. (33.42) yields the following expression for the input admittance[1] of the cavity resonator at the terminal plane T:

$$
Y_{\text{input}} = \frac{I_1}{V_1} = -i\,\omega\,\varepsilon \sum_{p=1}^{\infty} \frac{M_p^2}{k_p^2 - k^2} + \frac{i\,\omega\varepsilon}{k^2} \sum_{p=1}^{\infty} N_p^2.
\tag{33.44}
$$

Since M_p and N_p are independent of the frequency and since $k^2 = \omega^2\varepsilon\mu$ and $k_p^2 = \omega_p^2\varepsilon\mu$, the first series of this expression may be written as

$$
-i\,\omega\,\varepsilon \sum_{p=1}^{\infty} \frac{M_p^2}{k_p^2 - k^2} = \sum_{p=1}^{\infty} \frac{1}{\dfrac{1}{-i\omega C_p} - i\omega L_p}
\tag{33.45}
$$

where

$$
C_p = \frac{M_p^2}{\mu\,\omega_p^2} \quad \text{and} \quad L_p = \frac{1}{\omega_p^2\,C_p} = \frac{\mu}{M_p^2},
\tag{33.46}
$$

and the second series may be written as

$$
\frac{i\,\omega\varepsilon}{k^2} \sum_{p=1}^{\infty} N_p^2 = \frac{1}{-i\omega L_0},
\tag{33.47}
$$

where

$$
L_0 = \frac{\mu}{\displaystyle\sum_{p=1}^{\infty} N_p^2}.
\tag{33.48}
$$

Therefore, in terms of the inductances $L_0, L_1, L_2, \ldots$ and the capacitances $C_1, C_2, C_3, \ldots$ the input admittance is given by

$$
Y_{\text{input}} = \frac{1}{-i\omega L_0} + \sum_{p=1}^{\infty} \frac{1}{\dfrac{1}{-i\omega C_p} - i\omega L_p}.
\tag{33.49}
$$

---

[1] In most of the published literature the term $\dfrac{i\,\omega\varepsilon}{k^2}\displaystyle\sum_{p=1}^{\infty} N_p^2$ is missing because the irrotational eigenvectors $\boldsymbol{G}_p$, from which this term arises, are inadvertently neglected from the start. Strictly the $\boldsymbol{G}_p$ are needed for a complete expansion of the magnetic field $\boldsymbol{H}$. For a correct treatment, see, for example, T. Teichmann and E. P. Wigner: J. Appl. Phys. **24**, 262 (1953); R. Müller: In G. Goubau, Elektromagnetische Wellenleiter und Hohlräume, Chap. 2. Stuttgart 1955.

The equivalent circuit of Y_{input} is a ladder network (Fig. 82) with one rung equal to L_0 and the other rungs equal to series combinations of L_p and C_p ($p = 1, 2, 3, \ldots$).

It should be noted that the equivalent circuit in Fig. 82 can be expected to apply to an actual cavity resonator with walls of *finite* conductivity only if the frequency is not close to any of the resonant frequencies of the system. The width of the actual resonance curve can be computed in a first approximation by means of the concept of surface impedance and by application of ordinary perturbation methods. However, an adequate treatment of the shift in resonance frequencies due to the finite conductivity of the enclosure poses a rather difficult problem.

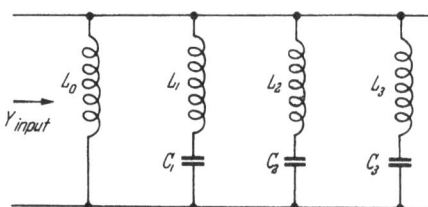

Fig. 82. Equivalent circuit of the input impedance of a simply connected cavity coupled to an outside source by a waveguide.

Book references.

The following list constitutes a selection of books which are wholly or partially devoted to the subject of electromagnetic waveguides and cavity resonators. The list is not exhaustive and includes books which are considered helpful in complementing the foregoing treatment of the subject.

Borgnis, F. E., and C. H. Papas: Randwertprobleme der Mikrowellenphysik. Berlin-Göttingen-Heidelberg 1955.

de Broglie, Louis: Problèmes de Propagations Guidées des Ondes Électromagnétiques. Paris 1941.

Ginzton, E. L.: Microwave measurements. New York-Toronto 1957.

Goubau, G.: Elektromagnetische Wellenleiter und Hohlräume. Stuttgart 1955.

G. Goudet and P. Chavance: Ondes Centimétriques. Paris 1956.

Gundlach, F. W.: Grundlagen der Hochfrequenztechnik. Berlin 1950.

Honerjäger, R.: Elektromagnetische Wellenleiter. Article in the Ergebn. exakt. Naturw. **26** (1952).

Huxley, L. G. H.: A Survey of the Principles and Practice of Wave Guides. Cambridge 1947.

Kahan, T.: La Physique des Guides d'Ondes Électromagnétiques. Paris 1952.

— Les Cavités Électromagnétiques et leur Application en Radiophysique. Paris 1956.

Klages, G.: Einführung in die Mikrowellenphysik. Darmstadt 1956.

Lamont, H. R. L.: Wave Guides, third edit. London and New York 1950.

Lewin, L.: Advanced Theory of Waveguides. London 1951.

Marcuvitz, N. (editor): Waveguide Handbook, Vol. 10, M.I.T. Rad. Lab. Series. New York-Toronto-London 1951.

Meinke, H. H.: Felder und Wellen in Hohlleitern. München 1949.

Montgomery, C. G. (editor): Technique of Microwave Measurements, Vol. 11, M.I.T. Rad. Lab. Series. New York and London 1947.

—, R, H. Dicke and E. M. Purcell (editors): Principles of Microwave Circuits, Vol. 8. M. I. T. Rad. Lab. Series, New York-Toronto-London 1948.

Moreno, T.: Microwave Transmission Design Data. New York-Toronto-London 1948.

Ramo, S., and J. R. Whinnery: Fields and Waves in Modern Radio, second edit. New York and London 1953.

Rigal, R.: Les Hyperfréquences, Paris 1953.

Schelkunoff, S. A.: Electromagnetic Waves. Toronto-New York-London 1943.

Schumann, W. O.: Elektrische Wellen. München 1948.

Slater, John C.: Microwave Electronics. Toronto-New York-London 1950.

Smythe, W. R.: Static and Dynamic Electricity, second edit. New York-Toronto-London 1950.

Southworth, George C.: Principles and Applications of Waveguide Transmission. Toronto-New York-London 1950.

Stratton, J. A.: Electromagnetic Theory. New York and London 1941.

Toraldo di Francia, G.: Onde Elettromagnetiche. Bologna 1953. English translation: Electromagnetic Waves. New York and London 1955.

Watson, W. H.: The Physical Principles of Wave Guide Transmission and Antenna Systems. Oxford 1947.

Weissfloch, A.: Schaltungstheorie und Meßtechnik des Dezimeter- und Zentimeter-Wellengebietes. Basel u. Stuttgart 1954.

Propagation of Electromagnetic Waves.

By

H. BREMMER.

With 94 Figures.

I. Propagation of electromagnetic waves through free space.

a) General properties of electromagnetic waves.

1. MAXWELL'S equations. The propagation of electromagnetic waves has a vectorial character, its basic equations being the vectorial differential equations of MAXWELL. In Gaussian units the latter read:

$$\operatorname{curl} \boldsymbol{E} + \frac{1}{c} \frac{\partial \boldsymbol{B}}{\partial t} = 0; \quad \operatorname{curl} \boldsymbol{H} - \frac{1}{c} \frac{\partial \boldsymbol{D}}{\partial t} = \frac{4\pi}{c} \boldsymbol{I}, \\ \operatorname{div} \boldsymbol{D} = 4\pi\varrho; \qquad \operatorname{div} \boldsymbol{B} = 0, \tag{1.1}$$

in which occur, apart from the field vectors ($\boldsymbol{E}$ = electric field, $\boldsymbol{H}$ = magnetic field, $\boldsymbol{D}$ = dielectric polarization, $\boldsymbol{B}$ = magnetic induction), the electrostatic densities ϱ and $\boldsymbol{I}$ of the distributed charge and current respectively. The right-hand sides, insofar as differing from zero, represent the sources producing the electromagnetic field in question.

The above equations can be supplemented by the relations:

$$\boldsymbol{D} = \varepsilon \boldsymbol{E}; \quad \boldsymbol{B} = \mu \boldsymbol{H}; \quad \boldsymbol{I} = \sigma \boldsymbol{E}, \tag{1.2}$$

which account phenomenologically for the presence of material media (ε = dielectric constant, μ = magnetic permeability, σ = electric conductivity). In anisotropic media, such as crystals, and the ionosphere under the influence of the earth's magnetic field, (1.2) has to be replaced by corresponding tensorial relations of the type

$$D_i = \sum_{k=1}^{3} \varepsilon_{ik} E_k \qquad (i = 1, 2, 3). \tag{1.3}$$

Finally we mention the so-called continuity equation which can easily be derived from (1.1), viz.

$$\operatorname{div} \boldsymbol{I} + \frac{\partial \varrho}{\partial t} = 0. \tag{1.4}$$

MAXWELL'S equations can also be represented in other forms, e.g. as tensorial relations in four-dimensional space. A representation useful for propagation problems, originally introduced by SILBERSTEIN[1] and BATEMAN[2], amounts for homogeneous isotropic media (ε and μ constant throughout space) to the introduction of the vector (j = imaginary unit)

$$\boldsymbol{M} = \left(\frac{\mu}{\varepsilon}\right)^{\frac{1}{4}} \boldsymbol{H} + j \left(\frac{\varepsilon}{\mu}\right)^{\frac{1}{4}} \boldsymbol{E}. \tag{1.5}$$

[1] L. SILBERSTEIN: Ann. Phys. **22**, 579 (1907); **24**, 783 (1907).
[2] H. BATEMAN: Electrical and optical wave motion, p. 4. Cambridge 1915.

The Eqs. (1.1) then constitute, for real-valued electromagnetic fields, the real and imaginary parts of the two relations:

$$\left(\mathrm{curl} + \frac{j}{c}\sqrt{\varepsilon\mu}\,\frac{\partial}{\partial t}\right)\boldsymbol{M} = \frac{4\pi}{c}\left(\frac{\mu}{\varepsilon}\right)^{\frac{1}{4}}\boldsymbol{I},$$
$$\mathrm{div}\,\boldsymbol{M} = j\,\frac{4\pi}{\varepsilon^{\frac{3}{4}}\mu^{\frac{1}{4}}}\,\varrho.$$

(1.6)

2. Boundary conditions.
Maxwell's equations determine in principle the solution of all practical problems dealing with electricity and magnetism. Such problems concern the distribution of charges and currents on conductors which are mutually coupled by the immaterial field in the intermediate spaces. This field is governed by Maxwell's equations (1.1) which lead uniquely to boundary conditions at the interfaces between the conductors and the adjacent space, or in general between two media characterized by different values of ε, μ and σ.

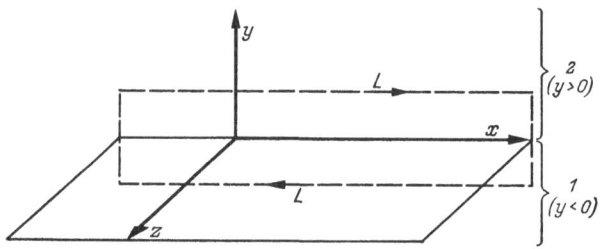

Fig. 1. Local coordinates usable near the boundary separating two media.

The boundary conditions along the interface of two adjacent spaces characterized by the subscripts 1 and 2, respectively, can be derived as follows with the aid of the integral theorems of Stokes and Gauss. An integration of the second equation of (1.1) along an infinitesimal rectangle L, traversing the boundary (xz plane of the local coordinate system represented in Fig. 1) of the media 1 and 2, yields:

$$\oint_L \boldsymbol{H}\,d\boldsymbol{s} = -\iint (\mathrm{curl}\,\boldsymbol{H})_z\,d\sigma = -\frac{1}{c}\iint \frac{\partial D_z}{\partial t}\,d\sigma - \frac{4\pi}{c}\iint I_z\,d\sigma,$$

(2.1)

if $d\boldsymbol{s}$ is a vectorial line element of L, and $d\sigma$ a surface element (inside L) of the xy plane containing L. By assuming the dimension of L in the y direction as infinitely small compared to that in the x direction, the first term of the last member of (2.1) becomes negligible compared to the left-hand side, in view of the finite value of $\partial D_z/\partial t$. On the other hand, the second term of the last member of (2.1) becomes of the same order of magnitude as the left-hand side, if we assume a surface current $\boldsymbol{i}_{1,2}$ (which corresponds to an infinite value of the three-dimensional density I_z) in the interface (the xz plane), with the two-dimensional surface-density components i_x and i_z. The further assumption of a unit length of the rectangle L in the x direction then leads to the relation:

$$H_{2,x} - H_{1,x} = -\frac{4\pi}{c}\,i_z,$$

(2.2)

whereas the corresponding equation

$$H_{2,z} - H_{1,z} = \frac{4\pi}{c}\,i_x$$

(2.3)

can be derived similarly.

The application of this procedure to the first equation of (1.1), which is homogeneous, leads to:

$$E_{2,x} - E_{1,x} = 0; \quad E_{2,z} - E_{1,z} = 0.$$

(2.4)

Analogous relations result from the third and fourth equations of (1.1) by applying GAUSS's integral theorem to a volume element intersecting the xy plane and having its largest dimensions parallel to this plane. A discontinuity of the normal component D_z implies surface charges on the interface the density $\sigma_{1,2}$ of which is given by

$$D_{2,y} - D_{1,y} = 4\pi\sigma_{1,2}. \tag{2.5}$$

The corresponding relation following from the last equation of (1.1) reads:

$$B_{2,y} - B_{1,y} = 0. \tag{2.6}$$

The above boundary relations (2.2) through (2.6) can be summarized in the vector relations:

$$\left.\begin{array}{ll} \boldsymbol{E}_{2,t} - \boldsymbol{E}_{1,t} = 0; & \boldsymbol{H}_{2,t} - \boldsymbol{H}_{1,t} = \dfrac{4\pi}{c}\,\boldsymbol{i}_{1,2}\times\boldsymbol{u}_\nu; \\[2mm] D_{2,\nu} - D_{1,\nu} = 4\pi\sigma_{1,2}; & B_{2,\nu} - B_{1,\nu} = 0, \end{array}\right\} \tag{2.7}$$

in which $\boldsymbol{E}_t$ and $\boldsymbol{H}_t$ are the field components parallel to the boundary, D_ν and B_ν corresponding components along the normal of it (positive in the direction pointing from 1 to 2), and $\boldsymbol{u}_\nu$ the unit vector in the direction of this normal.

3. Elementary solutions of the wave equation. The field existing according to MAXWELL's equations in the space between the conductors transmits the influence of one special conductor to the others. A disturbance of the conditions on one of them therefore becomes noticeable elsewhere after the time in which the changes in the intermediate field reach the conductor under investigation. The possibility of propagation of such changes by means of waves is involved in MAXWELL's equations less explicitly than, e.g., in the much simpler acoustical scalar wave equation. However, such a scalar equation can be derived for each individual rectangular field component by eliminating all the other components from MAXWELL's equations. For a homogeneous medium (ε and μ constant throughout space) the elimination of, e.g., the electric field is performed by applying the curl operator to the second equation of (1.1) while substituting $\boldsymbol{D} = \varepsilon\boldsymbol{E}$ and $\boldsymbol{B} = \mu\boldsymbol{H}$ when evaluating curl $\dot{\boldsymbol{D}} = (\partial/\partial t)\,(\varepsilon\,\text{curl }\boldsymbol{E})$ with the aid of the first equation. This procedure results in the relation

$$\text{curl curl }\boldsymbol{H} + \frac{\varepsilon\mu}{c^2}\frac{\partial^2\boldsymbol{H}}{\partial t^2} = \frac{4\pi}{c}\,\text{curl }\boldsymbol{I},$$

which can be reduced as follows in view of the fact that curl curl $\boldsymbol{H}$ may be replaced by $-\varDelta\boldsymbol{H}$ (taking into account the property div $\boldsymbol{H} = 0$):

$$\varDelta\boldsymbol{H} - \frac{\varepsilon\mu}{c^2}\frac{\partial^2\boldsymbol{H}}{\partial t^2} = -\frac{4\pi}{c}\,\text{curl }\boldsymbol{I}. \tag{3.1}$$

Any rectangular field component thus satisfies an ordinary scalar wave equation of the type

$$\left(\varDelta - \frac{1}{c'^2}\frac{\partial^2}{\partial t^2}\right)u(x,y,z,t) = -\varphi(x,y,z,t) \qquad \left(c' = \frac{c}{\sqrt{\varepsilon\mu}}\right), \tag{3.2}$$

the right-hand side of which represents the sources of the field [in (3.1) the currents generating the magnetic field].

The solutions derivable for all individual field components from equations of the type (3.2) cannot be combined without more ado into a complete field solution since the latter will in general neither satisfy the relations (1.1) nor the proper boundary conditions. MAXWELL's equations involve a coupling of the various field components as may be illustrated by the following solution representing a linearly polarized monochromatic plane wave propagating in the z-direction through an homogeneous space:

$$E_x = \sqrt{\frac{\mu}{\varepsilon}} \, H_y = E_0 \cos \{\omega \, (t - z/c')\}, \quad \left.\right\} \quad (3.3)$$
$$E_y = E_z = H_x = H_z = 0.$$

This elementary solution shows the fundamental transversality of electromagnetic plane waves in free space (field vectors perpendicular to the direction of propagation). Moreover, the significance of the finite value c' of the propagation velocity is made clear here. The role of this parameter is also obvious from the following radially symmetric solution of the homogeneous equation corresponding to (3.2) ($\varphi = 0$):

$$u = \frac{f(t - r/c')}{r} \qquad \left(r = \sqrt{x^2 + y^2 + z^2}\right). \qquad (3.4)$$

This solution is everywhere finite except at the origin $r = 0$. The arbitrary function f may particularly be specialized by Dirac's delta function. We then obtain the propagation of a discontinuity along spherical wave fronts that reach a special point r/c' time units after the signal has been emitted from the origin at the moment $t = 0$.

The solution (3.4) of the homogeneous Eq. (3.2) enables the derivation of a very general solution of the corresponding inhomogeneous equation. As a matter of fact (3.4) itself satisfies the following inhomogeneous equation the right-hand side of which differs from zero at the origin only:

$$\left(\Delta - \frac{1}{c'^2} \frac{\partial^2}{\partial t^2}\right) \left\{\frac{f(t - r/c')}{r}\right\} = -4\pi \, \delta(x) \, \delta(y) \, \delta(z) \, f(t). \qquad (3.5)$$

This relation is verified by integrating either side over an infinitely small sphere around the origin. The right-hand side then becomes $-4\pi \, f(t)$ in view of the integral properties defining these δ functions. The same quantity is also obtained from the left-hand side after transforming the volume integral into a surface integral with the aid of Gauss's theorem, and by considering the only term that remains finite if the radius of the sphere tends to zero.

A generalization of (3.5) leads to the following basic solution of the general inhomogeneous Eq. (3.2):

$$u(x, y, z, t) = \frac{1}{4\pi} \iiint d\xi \, d\eta \, d\zeta \, \frac{\varphi(\xi, \eta, \zeta, t - R/c')}{R}, \qquad (3.6)$$

R being the distance from the point (x, y, z) to the integration point (ξ, η, ζ) which may move through the entire space. The expression (3.6) is recognized as a solution of (3.2) by first applying the operator $\Delta - (1/c'^2) \, \partial^2/\partial t^2$ for fixed values of ξ, η, ζ, and next by making use of (3.5) for the origin shifted to the point ξ, η, ζ; the remaining integral over ξ, η, ζ can be evaluated with the aid of the elementary integral properties of the δ functions.

4. Local distribution and transportation of energy. Electromagnetic waves are particularly important as a means for transportation of energy. The mechanism of this transportation can be understood from Maxwell's equations by considering the quantity:

$$\operatorname{div}(\boldsymbol{E} \times \boldsymbol{H}) = \boldsymbol{H} \cdot \operatorname{curl} \boldsymbol{E} - \boldsymbol{E} \cdot \operatorname{curl} \boldsymbol{H}, \qquad (4.1)$$

which can also be represented as follows in view of the first two equations of (1.1):

$$\operatorname{div}(\boldsymbol{E} \times \boldsymbol{H}) = -\frac{1}{c}(\boldsymbol{E} \cdot \dot{\boldsymbol{D}} + \boldsymbol{H} \cdot \dot{\boldsymbol{B}}) - \frac{4\pi}{c}\boldsymbol{E} \cdot \boldsymbol{I}. \tag{4.2}$$

A further reduction with the aid of the relations $\boldsymbol{D} = \varepsilon\boldsymbol{E}$ and $\boldsymbol{B} = \mu\boldsymbol{H}$, while introducing the scalar quantities

$$W_e = \frac{\varepsilon}{8\pi}\boldsymbol{E} \cdot \boldsymbol{E}, \qquad W_m = \frac{\mu}{8\pi}\boldsymbol{H} \cdot \boldsymbol{H},$$

and the so-called Poynting vector

$$\boldsymbol{P} = \frac{c}{4\pi}\boldsymbol{E} \times \boldsymbol{H}, \tag{4.3}$$

leads to the alternative form:

$$\operatorname{div}\boldsymbol{P} + \frac{\partial}{\partial t}(W_e + W_m) = -\boldsymbol{E} \cdot \boldsymbol{I}. \tag{4.4}$$

The interpretation of this relation depends on the property that the scalar product in the right-hand side represents the work done by the electric forces per unit time on the moving charges (constituting the current $\boldsymbol{I}$) contained in a unit volume element. The right-hand side itself (including its negative sign) can therefore be interpreted as the energy delivered by these charges to the surrounding field. The left-hand side of (4.4) then expresses that this energy is consumed partly for an increase of a quantity distributed with a local density $W_e + W_m$, and partly for maintaining a flux in the direction of the vector $\boldsymbol{P}$, the density of this flux being given by the length of $\boldsymbol{P}$. In other words, (4.4) shows the existence of locally distributed motionless energy with density $W_e + W_m$, and of energy moving with a current density given by the Poynting vector. Unfortunately, this interpretation is not unique, since it also holds if $\boldsymbol{P}$ is replaced by another vector differing from it by the curl of an arbitrary vector function of the space coordinates.

The above concept of an energy flux can be supplemented by the hypothesis that this flux is due to a motion (with velocity $\boldsymbol{v}$) of the locally distributed energy (with density $W = W_e + W_m$). Then the relation $\boldsymbol{P} = W\boldsymbol{v}$ should hold throughout. The unkown amplitude v of the velocity vector $\boldsymbol{v}$ can be computed (for real-valued electromagnetic fields) from the relation:

$$W^2(c'^2 - v^2) = c'^2 W^2 - |\boldsymbol{P}|^2 = \frac{c'^2}{64\pi^2}(\varepsilon|\boldsymbol{E}|^2 + \mu|\boldsymbol{H}|^2)^2 - \frac{c^2}{16\pi^2}|\boldsymbol{E} \times \boldsymbol{H}|^2,$$

which can be put in the following form by applying vector identities as well as the definition (1.5) of the vector $\boldsymbol{M}$:

$$(\boldsymbol{M} \cdot \boldsymbol{M}^*)^2\left(1 - \frac{v^2}{c'^2}\right) = |\boldsymbol{M} \cdot \boldsymbol{M}|^2.$$

We infer that the energy velocity v is generally smaller than the phase velocity c'. The two velocities become equal for vanishing values of $\boldsymbol{M} \cdot \boldsymbol{M}$ only, a condition which amounts to the relations $\mu^{\frac{1}{2}}|\boldsymbol{H}| = \varepsilon^{\frac{1}{2}}|\boldsymbol{E}|$ and $\boldsymbol{E} \cdot \boldsymbol{H} = 0$. For fields having this property the propagation of energy may be considered as convective. Such fields have been termed "self-conjugated" by BATEMAN, and the corresponding waves were called "pure" by SILBERSTEIN. The latter waves are of the TEM type (both electric and magnetic field perpendicular to the direction of propagation) using a nomenclature of wave-guide theory.

b) Rigorous solutions of Maxwell's equations in free space.

5. The conventional scalar and vector potentials. The propagation characteristics of electromagnetic waves depend on the solutions satisfying (1.1) in the free space between the material objects, which space will be assumed here as homogeneous with constant values of ε and μ throughout so as to show a phase velocity $c' = c/(\varepsilon\mu)^{\frac{1}{2}}$. The solutions in question may be derived from various types of data, for instance (a) the given motions of the electric charges generating the field (leaving out of consideration the influence of the fields on these motions), (b) the dependence on time and space variables of a continuous distribution of charges and currents (independent of the positions occupied in succession by the individual charges or current-carrying elements), (c) the given distribution of the field on some closed surface. We restrict ourselves in the present section to data of the second type; the method dealing with the third type is treated in Sect. 8, whereas that of the first type leads to the so-called Wiechert-Liénard potentials[1].

The fourth relation of the Maxwell equations (1.1) is accounted for at once by putting

$$\boldsymbol{B} = \operatorname{curl} \boldsymbol{A}, \tag{5.1}$$

the vector $\boldsymbol{A}$ being known as the *vector potential*. A substitution of (5.1) into the first relation of (1.1) yields:

$$\operatorname{curl}\left(\boldsymbol{E} + \frac{1}{c}\,\frac{\partial \boldsymbol{A}}{\partial t}\right) = 0,$$

which equation is satisfied by introducing, moreover, the *scalar potential* $\boldsymbol{\Phi}$ according to:

$$\boldsymbol{E} = -\operatorname{grad}\boldsymbol{\Phi} - \frac{1}{c}\,\frac{\partial \boldsymbol{A}}{\partial t}. \tag{5.2}$$

A further substitution of (5.1) and (5.2) into the second equation of (1.1), while applying also (1.2), yields:

$$\operatorname{curl}\operatorname{curl}\boldsymbol{A} + \frac{1}{c'^2}\,\frac{\partial^2 \boldsymbol{A}}{\partial t^2} + \frac{\varepsilon\mu}{c}\operatorname{grad}\frac{\partial \boldsymbol{\Phi}}{\partial t} = \frac{4\pi}{c}\,\mu\,\boldsymbol{I},$$

which is equivalent to:

$$\varDelta \boldsymbol{A} - \frac{1}{c'^2}\,\frac{\partial^2 \boldsymbol{A}}{\partial t^2} - \operatorname{grad}\left(\operatorname{div}\boldsymbol{A} + \frac{\varepsilon\mu}{c}\,\frac{\partial \boldsymbol{\Phi}}{\partial t}\right) = -\frac{4\pi}{c}\,\mu\,\boldsymbol{I}. \tag{5.3}$$

According to (5.1), the vector potential $\boldsymbol{A}$ may contain an arbitrary vector function equalling the gradient of some function still to be determined in some way or other. This latter function can be fixed conveniently by the additional condition

$$\operatorname{div}\boldsymbol{A} + \frac{\varepsilon\mu}{c}\,\frac{\partial \boldsymbol{\Phi}}{\partial t} = 0, \tag{5.4}$$

which reduces (5.3) to:

$$\varDelta \boldsymbol{A} - \frac{1}{c'^2}\,\frac{\partial^2 \boldsymbol{A}}{\partial t^2} = -\frac{4\pi}{c}\,\mu\,\boldsymbol{I}. \tag{5.5}$$

The third relation of (1.1), the only Maxwell equation still to be accounted or, can be transformed with the aid of (5.2) and (5.4) into:

$$\varDelta \boldsymbol{\Phi} - \frac{1}{c'^2}\,\frac{\partial^2 \boldsymbol{\Phi}}{\partial t^2} = -\frac{4\pi}{\varepsilon}\,\varrho. \tag{5.6}$$

---

[1] See Geiger and Scheel's Handbuch der Physik, Vol. XII, p. 170.

The three vector components of (5.5), as well as the single relation (5.6), constitute four scalar wave equations of the type (3.2). The corresponding solutions (3.6) read:

$$
\left.
\begin{aligned}
\boldsymbol{A}(x, y, z, t) &= \frac{\mu}{c} \iiint d\xi\, d\eta\, d\zeta\, \frac{\boldsymbol{I}(\xi, \eta, \zeta, t - R/c')}{R}, \\
\varPhi(x, y, z, t) &= \frac{1}{\varepsilon} \iiint d\xi\, d\eta\, d\zeta\, \frac{\varrho(\xi, \eta, \zeta, t - R/c')}{R},
\end{aligned}
\right\}
\tag{5.7}
$$

in which expressions the integration over the entire ξ, η, ζ space automatically reduces to those regions that contain charges and currents which may affect the field at (x, y, z, t) with a delay time in accordance with the finite propagation velocity c'. The field resulting from (5.7) by applying (5.1) and (5.2) decreases in proportion to the inverse distance at points far away from all the sources of the field (see also Sect. 11). And conversely such a decrease of the field implies the absence of sources at infinity such as those generating a plane wave.

6. Monochromatic waves. The Hertzian vector. Wave propagation theories usually concern monochromatic fields all components of which depend on the time only by a common complex factor $e^{-i\omega t}$. The remaining amplitude factors will be indicated by small letters so as to have, e.g.,

$$
\boldsymbol{H}(x, y, z, t) = \boldsymbol{h}(x, y, z)\, e^{-i\omega t}.
$$

Actual real fields may be derived by taking the real or the imaginary part of the monochromatic fields considered here.

The monochromatic fields in question are generated by currents (and charges) which are also of the monochromatic type. In the most general case the corresponding continuous current distribution is given by $\boldsymbol{I}(x, y, z, t) = \boldsymbol{j}(x, y, z)\, e^{-i\omega t}$, in which the argument of the generally complex components of $\boldsymbol{j}$ accounts for differences in phases of the currents occurring at different points. The so-called *Hertzian vector* $\boldsymbol{\varPi}_e$ (the subscript e, short for electrical, is introduced in order to discriminate the Hertzian vector from the related Fitzgerald vector $\boldsymbol{\varPi}_m$ treated in the next section), which is usually defined as a vector proportional to $\partial\boldsymbol{A}/\partial t$ here becomes proportional to $\boldsymbol{A}$ itself and may be normalized as follows:

$$
\boldsymbol{\varPi}_e = \frac{1}{\mu}\, \boldsymbol{A} = \frac{i}{\omega\mu}\, \frac{\partial\boldsymbol{A}}{\partial t}.
$$

We next derive from (5.4), by replacing the operator $\partial/\partial t$ by $-i\omega$, the following relation between the scalar potential and the Hertzian vector:

$$
\varPhi = -\frac{i c}{\varepsilon\omega}\, \mathrm{div}\, \boldsymbol{\varPi}_e.
$$

A substitution of the latter two relations into (5.2) leads to the following representation of the electric-field amplitude $\boldsymbol{e}$ in terms of the Hertzian vector:

$$
\boldsymbol{e} = \frac{i c}{\varepsilon\omega}\, \mathrm{grad\, div}\, \boldsymbol{\varPi}_e + \frac{i\omega\mu}{c}\, \boldsymbol{\varPi}_e = \frac{i c}{\varepsilon\omega}\left\{\mathrm{curl\, curl}\, \boldsymbol{\varPi}_e + \left(\varDelta + \frac{\omega^2}{c'^2}\right)\boldsymbol{\varPi}_e\right\}.
$$

On the other hand, (5.5) reduces in our monochromatic case to:

$$
\left(\varDelta + \frac{\omega^2}{c'^2}\right)\boldsymbol{\varPi}_e = -\frac{4\pi}{c}\, \boldsymbol{j},
\tag{6.1}
$$

which leads, also applying (5.1), to the following representation of the complete field in Gaussian units:

$$
\left.
\begin{aligned}
\boldsymbol{e} &= \frac{i c}{\varepsilon\omega}\, \mathrm{curl\, curl}\, \boldsymbol{\varPi}_e - i\, \frac{4\pi}{\varepsilon\omega}\, \boldsymbol{j}, \\
\boldsymbol{h} &= \mathrm{curl}\, \boldsymbol{\varPi}_e.
\end{aligned}
\right\}
\tag{6.2}
$$

The Eq. (6.1) is of the type (3.2) and can therefore be solved by the corresponding solution (3.6) which amounts to:

$$\boldsymbol{\varPi}_e = \frac{1}{c} \iiint d\xi\, d\eta\, d\zeta\, \boldsymbol{j}(\xi, \eta, \zeta)\, \frac{e^{i\frac{\omega}{c'}R}}{R}, \tag{6.3}$$

if there are no sources at infinity (see the remark at the end of the preceding section).

It is striking that (6.2) does depend entirely on curl $\boldsymbol{\varPi}_e$ rather than $\boldsymbol{\varPi}_e$ itself. On the other hand, it is easily verified (by taking into account that R only depends on the differences of the coordinates ξ, η, ζ of the integration point, and x, y, z of the point of observation) that curl $\boldsymbol{\varPi}_e$ is obtained by replacing $\boldsymbol{j}$ by curl $\boldsymbol{j}$ in (6.3). This property involves the following relations, applying consistently (6.2) and (6.1): if we pass from an original current distribution $\boldsymbol{j}(x, y, z)$, with corresponding Hertzian vector $\boldsymbol{\varPi}_e$ and field vectors $\boldsymbol{e}$ and $\boldsymbol{h}$, to the new current-density distribution

$$\frac{ic}{\omega}\, \mathrm{curl}\, \boldsymbol{j}, \tag{6.4}$$

the quantities referring to the new field are connected (outside the current systems) with those of the original field by:

$$\boldsymbol{\varPi}_e' = \frac{ic}{\omega}\, \mathrm{curl}\, \boldsymbol{\varPi}_e; \quad \boldsymbol{h}' = \varepsilon\boldsymbol{e}; \quad \boldsymbol{e}' = -\mu\boldsymbol{h}. \tag{6.5}$$

For $\varepsilon = \mu = 1$ we thus obtain, replacing the current distribution (apart from a constant factor) by its curl, two situations the electric and magnetic fields of which are interchanged (apart from a change of sign).

We finally mention that a substitution of (6.3) into (6.2) enables the derivation of explicit expressions for the field in terms of the generating current distribution. The mathematical deduction with the aid of vector analysis here leads to the following final formula for the electric field:

$$\left.\begin{aligned}
\boldsymbol{e} = {}& \frac{i\omega}{c'^2\varepsilon} \iiint d\xi\, d\eta\, d\zeta\, \boldsymbol{j}(\xi, \eta, \zeta)\, \frac{e^{i\frac{\omega}{c'}R}}{R} + \\
& + \frac{i}{\varepsilon\omega}\, \mathrm{grad} \iiint d\xi\, d\eta\, d\zeta \cdot \mathrm{div}\, \boldsymbol{j}(\xi, \eta, \zeta)\, \frac{e^{i\frac{\omega}{c'}R}}{R}.
\end{aligned}\right\} \tag{6.6}$$

All such expressions for monochromatic waves can easily be extended to arbitrary fields by considering the latter as a superposition of monochromatic waves according to a Fourier synthesis with respect to the time.

7. The magnetic solution. The Fitzgerald vector. The solution considered in the preceding section depends on a given distribution of current elements embedded in a homogeneous source-free space (with constants ε and μ). Mathematically this solution results from Maxwell's equations (1.1) the right-hand sides of which are equal to zero except for the second and third relations. A more general solution for the source-free space is obtained by formally assuming non-vanishing right-hand sides of all Maxwell equations. We know that the right-hand sides of the second and third Maxwell's equations, if differing from zero, are to be interpreted as $4\pi/c$ times a current density $\boldsymbol{I}$, and as 4π times a volume density ϱ of *electric* charges. Owing to the symmetry of (1.1) with respect to the electric and magnetic fields, the corresponding right-hand sides of the first and fourth equations may therefore be interpreted with the aid of a current density $\boldsymbol{I}'$ and a volume density ϱ' of *magnetic* charges. This leads to the following formal extension of (1.1):

$$\operatorname{curl} \boldsymbol{E} + \frac{1}{c}\frac{\partial \boldsymbol{B}}{\partial t} = -\frac{4\pi}{c}\boldsymbol{I'}; \quad \operatorname{curl} \boldsymbol{H} - \frac{1}{c}\frac{\partial \boldsymbol{D}}{\partial t} = \frac{4\pi}{c}\boldsymbol{I}; \left.\right\}$$
$$\operatorname{div} \boldsymbol{D} = 4\pi\varrho; \qquad\qquad \operatorname{div} \boldsymbol{B} = 4\pi\varrho'. \left.\right\} \tag{7.1}$$

The comparison of the divergence of the first of these equations with the time derivative of the fourth one yields an equation of continuity for the magnetic quantities that constitutes the counterpart of the corresponding Eq. (1.4) for the electric quantities. The formal introduction of properly chosen magnetic charges and currents along interfaces (whether material or imaginary) is particularly useful for an interpretation of boundary conditions. An extension of the derivation of the conditions (2.7) for the original Maxwell equations (1.1) to the more general Eqs. (7.1) results in

$$\boldsymbol{E}_{2,t} - \boldsymbol{E}_{1,t} = -\frac{4\pi}{c}\boldsymbol{i}'_{1,2}\times\boldsymbol{u}_{\nu}; \quad \boldsymbol{H}_{2,t} - \boldsymbol{H}_{1,t} = \frac{4\pi}{c}\boldsymbol{i}_{1,2}\times\boldsymbol{u}_{\nu}; \left.\right\}$$
$$D_{2,\nu} - D_{1,\nu} = 4\pi\sigma_{1,2}; \qquad B_{2,\nu} - B_{1,\nu} = 4\pi\sigma'_{1,2}, \left.\right\} \tag{7.2}$$

if $\boldsymbol{i}'_{1,2}$ and $\sigma'_{1,2}$ represent surface densities of the magnetic current and charge in analogy with the corresponding densities $\boldsymbol{i}_{1,2}$ and $\sigma_{1,2}$ of the electric current and charge.

Owing to the linearity of (7.1) its most general solution can be composed of a so-called "electric solution", to be derived by assuming magnetic quantities $\boldsymbol{I}'$ and ϱ' vanishing throughout space, and of a "magnetic solution" characterized by the absence of the electric quantities $\boldsymbol{I}$ and ϱ. The solution derived in Sect. 5 [or its monochromatic special case given by (6.2) and (6.3)] constitutes the most general electric solution in the absence of any radiation arriving from infinity. In view of the symmetrical character of (7.1), the monochromatic electric solution (6.2) can be converted at once into a corresponding magnetic solution by replacing $\boldsymbol{e}$ by $\boldsymbol{h}, \boldsymbol{h}$ by $\boldsymbol{e}, \boldsymbol{j}$ by $-\boldsymbol{j}', \varepsilon$ by $-\mu, \mu$ by $-\varepsilon$, and consequently also $\boldsymbol{D}$ by $-\boldsymbol{B}, \boldsymbol{B}$ by $-\boldsymbol{D}, c'$ by c'. We then obtain:

$$\boldsymbol{e} = \operatorname{curl} \boldsymbol{\varPi}_m, \left.\right\}$$
$$\boldsymbol{h} = -\frac{ic}{\mu\omega}\operatorname{curl}\operatorname{curl} \boldsymbol{\varPi}_m - i\frac{4\pi}{\mu\omega}\boldsymbol{j}', \left.\right\} \tag{7.3}$$

the vector $\boldsymbol{\varPi}_m$ of which is connected as follows with the magnetic currents:

$$\boldsymbol{\varPi}_m = -\frac{1}{c}\iiint d\xi\, d\eta\, d\zeta\, \boldsymbol{j}'(\xi,\eta,\zeta)\frac{e^{i\frac{\omega}{c'}R}}{R}. \tag{7.4}$$

The vector $\boldsymbol{\varPi}_m$ is often called FITZGERALD's vector, since Fitzgerald first considered a field of the type (7.3). The field $(\boldsymbol{e}', \boldsymbol{h}')$ discussed in the preceding section may be derived, outside the currents, from the Hertzian vector $\boldsymbol{\varPi}'_e$, as well as from a Fitzgerald vector

$$\boldsymbol{\varPi}_m = \frac{ic}{\varepsilon\omega}\operatorname{curl} \boldsymbol{\varPi}'_e.$$

The sum of (6.2) and (7.3) now constitutes a very general solution of the extended Maxwell equations (7.1). Outside the sources this solution can be represented by

$$\boldsymbol{e} = \frac{ic}{\varepsilon\omega}\operatorname{curl}\operatorname{curl} \boldsymbol{\varPi}_e + \operatorname{curl} \boldsymbol{\varPi}_m, \left.\right\}$$
$$\boldsymbol{h} = \operatorname{curl} \boldsymbol{\varPi}_e - \frac{ic}{\mu\omega}\operatorname{curl}\operatorname{curl} \boldsymbol{\varPi}_m, \left.\right\} \tag{7.5}$$

the vectors $\boldsymbol{\varPi}_e$ and $\boldsymbol{\varPi}_m$ being given by (6.3) and (7.4). It is easily verified that (7.5) always satisfies the homogeneous Maxwell equations provided $\boldsymbol{\varPi}_e$ and $\boldsymbol{\varPi}_m$ fulfil the scalar wave equation $(\Delta + \omega^2/c'^2)\boldsymbol{\varPi} = 0$.

8. The electromagnetic field derived from its values on a closed surface. Many problems can be treated approximately by assuming properly chosen field values along some boundary surface which may be material or not. For boundaries constituting a closed surface Σ the field interior to it can be expressed in terms of the field distribution on Σ; this will be shown in what follows with the aid of fictitious surface charges and currents on Σ.

We introduce a formal $\boldsymbol{E'}, \boldsymbol{H'}$ field that is identical with the actual $\boldsymbol{E}, \boldsymbol{H}$ field in the homogeneous space (ε and μ constant) inside Σ, but which vanishes outside Σ (see Fig. 2). Obviously, the homogeneous Eqs. (7.1) with zero right-hand sides are satisfied by $\boldsymbol{E'}, \boldsymbol{H'}$ both inside and outside Σ, allthough not on

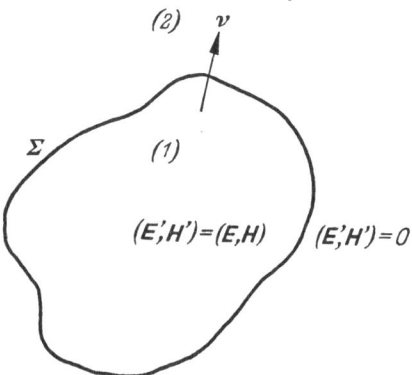

Fig. 2. The definition of the $(\boldsymbol{E'}, \boldsymbol{H'})$ field.

this surface itself. The various components of $\boldsymbol{E'}, \boldsymbol{H'}$ show discontinuities on Σ that are equal to the actual field components at the inner side of Σ. According to (7.2) these discontinuities can be accounted for by the formal introduction of proper surface charges and currents on Σ. In fact, we can identify medium 1 in (7.2) with the inner space of Σ and medium 2 with the outer space (in which the $\boldsymbol{E'}$, $\boldsymbol{H'}$ field vanishes identically), so that $\boldsymbol{v}$ will represent the direction of the outward normal to Σ. The actual field components at the inner side of Σ (split into components normal and parallel to Σ) then prove to be connected as follows with formal surface densities on Σ of electric and magnetic charges:

$$E_t = \frac{4\pi}{c}\, \boldsymbol{i}'_{1,2} \times \boldsymbol{u}_\nu; \qquad H_t = -\frac{4\pi}{c}\, \boldsymbol{i}_{1,2} \times \boldsymbol{u}_\nu;$$

$$D_\nu = -4\pi\, \sigma_{1,2}; \qquad B_\nu = -4\pi\, \sigma'_{1,2}.$$

The current densities themselves can easily be found with the aid of vector analysis (taking into account the perpendicular directions of $\boldsymbol{i}_{1,2}$ and $\boldsymbol{i}'_{1,2}$ with respect to $\boldsymbol{u}_\nu$) from the first two relations. We thus get the following explicit expressions for the surface densities on Σ of all the electric and magnetic quantities:

$$\left.\begin{aligned} \boldsymbol{i}_{1,2} &= \frac{c}{4\pi}\, \boldsymbol{H} \times \boldsymbol{u}_\nu; & \boldsymbol{i}'_{1,2} &= -\frac{c}{4\pi}\, \boldsymbol{E} \times \boldsymbol{u}_\nu; \\ \sigma_{1,2} &= -\frac{1}{4\pi}\, D_\nu; & \sigma'_{1,2} &= -\frac{1}{4\pi}\, B_\nu. \end{aligned}\right\} \tag{8.1}$$

These quantities satisfy the necessary two-dimensional equations of continuity on Σ. The $\boldsymbol{E'}, \boldsymbol{H'}$ field now follows (in the monochromatic case) from (7.5) by substituting in the volume integrals (6.3) and (7.4) the spatial current densities (of a delta-function character with respect to ν) that correspond to the surface-current densities given by (8.1). The volume integrals then reduce to surface integrals over Σ (surface element $d\sigma_Q$) which can be represented as follows

$$\left.\begin{aligned} \Pi_e(P) &= \frac{1}{4\pi} \iint_\Sigma d\sigma_Q\, (\boldsymbol{h} \times \boldsymbol{u}_\nu)_Q \, \frac{e^{i\frac{\omega}{c'}PQ}}{PQ}, \\ \Pi_m(P) &= \frac{1}{4\pi} \iint_\Sigma d\sigma_Q\, (\boldsymbol{e} \times \boldsymbol{u}_\nu)_Q \, \frac{e^{i\frac{\omega}{c'}PQ}}{PQ}; \end{aligned}\right\} \tag{8.2}$$

PQ is the distance from the point of observation P to the integration point Q on Σ; the amplitudes $\boldsymbol{e}$ and $\boldsymbol{h}$ of the monochromatic field are to be known on Σ only.

Substitution of (8.2) into (7.5) leads to the following explicit expressions (given, among others, by FRANZ[1] for the field inside Σ, in terms of its distribution on Σ, in the case of an empty space corresponding to $\varepsilon = \mu = 1$, $\omega = kc$)

$$
\left.
\begin{aligned}
\boldsymbol{e}(P) &= \frac{i}{4\pi k}\ \text{curl curl} \iint\limits_{\Sigma} d\sigma_Q\, (\boldsymbol{h}\times\boldsymbol{u}_\nu)_Q\, \frac{e^{ikPQ}}{PQ} + \\
&\quad + \frac{1}{4\pi}\ \text{curl} \iint\limits_{\Sigma} d\sigma_Q\, (\boldsymbol{e}\times\boldsymbol{u}_\nu)_Q\, \frac{e^{ikPQ}}{PQ}\,;
\end{aligned}
\right\}
\tag{8.3}
$$

$$
\left.
\begin{aligned}
\boldsymbol{h}(P) &= \frac{1}{4\pi}\ \text{curl} \iint\limits_{\Sigma} d\sigma_Q\, (\boldsymbol{h}\times\boldsymbol{u}_\nu)_Q\, \frac{e^{ikPQ}}{PQ} - \\
&\quad - \frac{i}{4\pi k}\ \text{curl curl} \iint\limits_{\Sigma} d\sigma_Q\, (\boldsymbol{e}\times\boldsymbol{u}_\nu)_Q\, \frac{e^{ikPQ}}{PQ}\,.
\end{aligned}
\right\}
\tag{8.4}
$$

We have thus established that any electromagnetic field can be considered in many ways as being composed of an "electric part" (depending on a Hertzian vector) and a "magnetic part" (depending on a Fitzgerald vector) since such a field always can be derived from its boundary values on any closed surface. The formulas (8.3) and (8.4) represent the $\boldsymbol{E}'$, $\boldsymbol{H}'$ field throughout space; the right-hand sides therefore vanish for P outside Σ.

The relations (8.3) and (8.4) can be extended to spaces inside Σ containing sources. Let us denote by $\boldsymbol{e}_{\text{prim}}, \boldsymbol{h}_{\text{prim}}$ the primary field generated, according to (6.2) and (6.3), by these sources in an infinite homogeneous space. The relations (8.3) and (8.4) then hold for the source-free difference of the actual field and this primary field, the former of which is assumed to be known on Σ, whereas the latter provides no contribution to the integrals (this is understood from an application of the previous theory to the complementary space outside Σ, for the source-free continuation of the primary field). Hence the vector functions $\boldsymbol{\varphi}_e$ and $\boldsymbol{\varphi}_m$, defined by the right-hand sides of (8.3) and (8.4), equal the differences $\boldsymbol{e} - \boldsymbol{e}_{\text{prim}}$ and $\boldsymbol{h} - \boldsymbol{h}_{\text{prim}}$ inside Σ while being zero outside Σ (in accordance with the derivation explained at the beginning of this section). It is well known that integrals of this type, which are discontinuous along some boundary Σ, become equal to the mean of their values in the immediate vicinity of either side of Σ, when computed on Σ itself. All these properties can be summarized as follows:

$$\boldsymbol{\varphi}_e(P) = \boldsymbol{e}(P) - \boldsymbol{e}_{\text{prim}}(P);\qquad \boldsymbol{\varphi}_m(P) = \boldsymbol{h}(P) - \boldsymbol{h}_{\text{prim}}(P)\qquad (P\ \text{inside}\ \Sigma),\qquad (8.5)$$

$$\boldsymbol{\varphi}_e(P) = \tfrac{1}{2}\{\boldsymbol{e}(P) - \boldsymbol{e}_{\text{prim}}(P)\};\qquad \boldsymbol{\varphi}_m(P) = \tfrac{1}{2}\{\boldsymbol{h}(P) - \boldsymbol{h}_{\text{prim}}(P)\}\qquad (P\ \text{on}\ \Sigma),\qquad (8.6)$$

$$\boldsymbol{\varphi}_e(P) = 0;\qquad \boldsymbol{\varphi}_m(P) = 0\qquad\qquad\qquad (P\ \text{outside}\ \Sigma).\qquad (8.7)$$

9. Other general solutions of MAXWELL's equations. The solutions discussed in the preceding sections started from a given distribution of sources, or from the field on some closed surface. Sometimes, however, solutions obtained straightforwardly from the homogeneous Maxwell equations (1.1) prove to be more profitable, e.g. in wave-guide theory; in such cases the sources of the field are left out of consideration in the beginning. Very general monochromatic solutions are obtained from (7.5) if $\boldsymbol{\Pi}_e$ and $\boldsymbol{\Pi}_m$ are merely considered as vectorial wave functions (so-called *Debye potentials*) satisfying the wave equation:

$$\left(\varDelta + \frac{\omega^2}{c'^2}\right)\boldsymbol{\Pi}_{e,m} = 0.\tag{9.1}$$

---

[1] W. FRANZ: Z. Naturforsch. **3**a, 500 (1948).

In the case of empty space ($\varepsilon = \mu = 1$) the field representation (7.5) can be summarized in terms of the Bateman vector (1.5), viz. $\boldsymbol{M} = \boldsymbol{H} + j\boldsymbol{E}$, by

$$\boldsymbol{M} = \{1 + j\,(i\,c/\omega)\,\mathrm{curl}\}\,\mathrm{curl}\,(\boldsymbol{\Pi}_e + j\,\boldsymbol{\Pi}_m), \tag{9.2}$$

provided j is considered as an imaginary unit independent of $i\,(j^2 = i^2 = -1\,;\,j \neq i)$.

Solutions of the type in question, described in curvilinear coordinates adapted to problems concerned with curved boundaries of conductors, have been investigates by Bromwich[1]. This author considered curvilinear coordinates $u_1\,u_2\,u_3$ with a line element:

$$ds^2 = h^2\,(u_1,\,u_2,\,u_3)\,\{d\,u_1^2 + f^2\,(u_1,\,u_2)\,d\,u_2^2\} + d\,u_3^2. \tag{9.3}$$

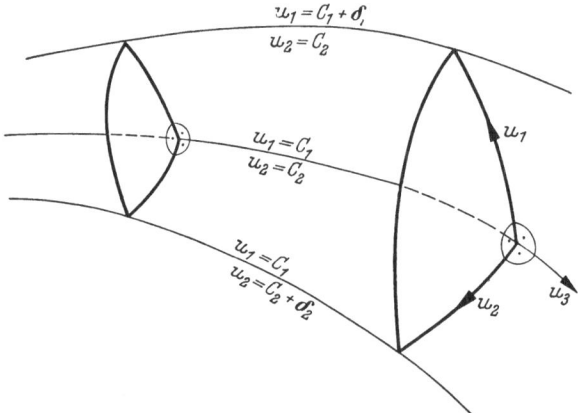

Such orthogonal coordinates are very general since they are only restricted by the two conditions (a) that distances, measured along the curves characterized by constant values of u_1 and u_2, are given by the changes of u_3, (b) that the ratio of the lengths corresponding to an increase by unity of u_1 and u_2 respectively, shall be constant along these curves. The latter property involves the similarity of curvilinear triangles such as shown in Fig. 3.

Fig. 3. Curvilinear coordinates describing Bromwich's solution of Maxwell's equations.

We first consider the special case of an electrical solution ($\boldsymbol{\Pi}_m = 0$) the vector $\boldsymbol{\Pi}_e$ of which is everywhere in the u_3 direction. The transformation of (7.5) and (9.1) in the above coordinate system then results into the fieldcomponents:

$$\left. \begin{aligned} e_1 &= \frac{i\,c}{\varepsilon\,\omega}\,\frac{1}{h}\,\frac{\partial^2 \Pi_e}{\partial u_1\,\partial u_3}\,; & h_1 &= \frac{1}{h\,f}\,\frac{\partial \Pi_e}{\partial u_2}\,; \\ e_2 &= \frac{i\,c}{\varepsilon\,\omega}\,\frac{1}{h\,f}\,\frac{\partial^2 \Pi_e}{\partial u_2\,\partial u_3}\,; & h_2 &= -\frac{1}{h}\,\frac{\partial \Pi_e}{\partial u_1}\,; \\ e_3 &= \frac{i\,c}{\varepsilon\,\omega}\left(\frac{\partial^2}{\partial u_3^2} + \frac{\omega^2}{c'^2}\right)\Pi_e\,; & h_3 &= 0, \end{aligned} \right\} \tag{9.4}$$

whereas the amplitude Π_e of $\boldsymbol{\Pi}_e$ has to satisfy the wave equation:

$$\frac{1}{h^2 f}\left\{\frac{\partial}{\partial u_1}\left(f\,\frac{\partial \Pi_e}{\partial u_1}\right) + \frac{\partial}{\partial u_2}\left(\frac{1}{f}\,\frac{\partial \Pi_e}{\partial u_2}\right)\right\} + \frac{\partial^2 \Pi_e}{\partial u_3^2} + \frac{\omega^2}{c'^2}\,\Pi_e = 0. \tag{9.5}$$

The further specialization of Π_e to a function depending on u_1 only leads to a solution having e_3 and h_2 as the only non-vanishing field components; the wave equation for Π_e or e_3 here reduces to:

$$\frac{d}{d\,u_1}\left(f\,\frac{d\,\Pi_e}{d\,u_1}\right) + \frac{\omega^2}{c'^2}\,h^2\,f\,\Pi_e = 0. \tag{9.6}$$

This solution represents a TEM wave (see the end of Sect. 4) since $\boldsymbol{e}$ and $\boldsymbol{h}$ are both perpendicular to the u_1-direction which may be interpreted as the direction of propagation.

[1] T. J. I'a Bromwich: Phil. Mag. **38**, 143 (1919). See also R. L. Lamont: Wave Guides, p. 17−23. London 1942.

BROMWICH also considered the magnetic solution ($\Pi_e = 0$) corresponding to (9.4); its field is given by:

$$
\left.
\begin{aligned}
e_1 &= \frac{1}{hf}\frac{\partial \Pi_m}{\partial u_2}; & h_1 &= \frac{c}{i\mu\omega}\frac{1}{h}\frac{\partial^2 \Pi_m}{\partial u_1 \partial u_3}; \\[2mm]
e_2 &= -\frac{1}{h}\frac{\partial \Pi_m}{\partial u_1}; & h_2 &= \frac{c}{i\mu\omega}\frac{1}{hf}\frac{\partial^2 \Pi_m}{\partial u_2 \partial u_3}; \\[2mm]
e_3 &= 0; & h_3 &= \frac{c}{i\mu\omega}\left(\frac{\partial^2}{\partial u_3^2}+\frac{\omega^2}{c'^2}\right)\Pi_m,
\end{aligned}
\right\}
\tag{9.7}
$$

whereas the scalar quantity Π_m has to satisfy, once again, the wave Eq. (9.5).

10. Reduction to a single scalar function satisfying the wave equation. The solutions of MAXWELL's equations, so far considered, were deduced from scalar and vectorial potential functions, such as A, Φ, Π_e, Π_m, all of which satisfied wave equations of the type (3.2). This reduction involved new quantities depending in a simpler way on the sources of the field than the original field components. The number of independent quantities fixing these potentials (such as the components of vectorial potentials) is sometimes less than the number six of the components of E and H. The question then arises how to arrive at the smallest number of independent functions of x, y, z, t from which the most general solutions of MAXWELL's equations may be derived with the aid of differential operators. This further leads to the special question whether a single scalar function, satisfying some wave equation, may be sufficient for the representation of the complete field; the existence of such a function would justify the conventional scalar treatment of wave-optical problems.

The deduction of an arbitrary real-valued electromagnetic field from only two scalars satisfying a wave equation was first established by WHITTAKER[1] in terms of Wiechert-Lienard potentials. These two scalars can further be combined into a single complex one, ψ say, which constitutes the amplitude of a complex Debye potential vector $\Pi_e + j\,\Pi_m$ which is everywhere parallel to a fixed direction. Taking the latter as z axis, the magnetic and electric fields can be derived from the real and imaginary parts of the Bateman vector M of (1.5) according to

$$
M = (c\,\text{curl} - j\,\partial/\partial t)\,\text{curl}\,(\boldsymbol{u}_z \psi),
\tag{10.1}
$$

if $\boldsymbol{u}_z$ is a unit vector in the z direction. We here assumed an empty space ($\varepsilon = \mu = 1$) outside the sources of the field.

The complete field thus depends entirely on ψ which quantity reads as follows in terms of given continuous distributions $\varrho(x, y, z, t)$ and $\boldsymbol{I}(x, y, z, t)$ of the densities of the charges and currents:

$$
\left.
\begin{aligned}
\psi(x, y, z, t) &= \frac{j}{2c}\iiint d\xi\, d\eta\, d\zeta \log G(\xi - x, \eta - y, \zeta - z) \times \\
&\times \left[\varrho\left(\xi, \eta, \zeta, t - \frac{R}{c}\right) + \frac{1}{cR}\left\{(\xi - x) I_x\left(\xi, \eta, \zeta, t - \frac{R}{c}\right) + \text{cycl.}\right\}\right];
\end{aligned}
\right\}
\tag{10.2}
$$

R here represents, once more, the distance from (x, y, z) to the integration point (ξ, η, ζ) whereas the function G is defined by

$$
G(x, y, z) = \frac{(x + jy)}{(x - jy)}\frac{\{(x^2 + y^2 + z^2)^{\frac{1}{2}} + z\}}{\{(x^2 + y^2 + z^2)^{\frac{1}{2}} - z\}}.
$$

---

[1] E. T. WHITTAKER: Proc. Lond. Math. Soc. **1**, 367 (1904).

The representation of the field by (10.1) can be verified by converting the discontinuous charge-current distributions corresponding to the moving particles of Whittaker's analysis into continuous distributions, or also by some straightforward method (for instance, by applying simultaneous operational calculus). The correctness of the representation then appears for all observation points outside a domain D_z covered by the lines drawn parallel to the z axis through all successive positions of the charges and current-carrying elements. Moreover $\psi(x, y, z, t)$ satisfies the homogeneous wave equation $\{\Delta - (1/c^2)\,\partial^2/\partial t^2\}\,\psi = 0$ everywhere outside D_z. We further mention that the special monochromatic case (time factor $e^{-i\omega t}$) can be described by (7.5) when substituting [for $i \neq j$; compare (9.2)] the Debye potentials following from

$$\Pi_e + j\,\Pi_m = i\,j\,\omega\,u_z\,\psi; \tag{10.3}$$

Π_e and Π_j themselves are complex with respect to i but independent of j.

It is striking that the single complex quantity ψ determining the complete field is obtained here at the cost of symmetry, the z direction playing a special role. Another investigation by Bouwkamp and Casimir[1] proves to be equivalent to the existence of a symmetrical complex scalar χ; it fixes the monochromatic field according to (7.5) if the Debye potentials have everywhere the direction of the radius vector r from the origin to the point of observation while

$$\Pi_e + j\,\Pi_m = r\,\chi.$$

The basic quantity χ here follows from its expansion

$$\chi = i\,k\,j \sum_n \sum_m \frac{d_{nm}}{n(n+1)}\,\Pi_{nm}$$

in terms of the following wave functions representing fields of multipoles at the origin:

$$\Pi_{nm} = \left(\frac{\partial}{\partial x} + i\,\frac{\partial}{\partial y}\right)^m P_n^{(m)}\left(\frac{1}{ik}\,\frac{\partial}{\partial z}\right)\left(\frac{e^{ikr}}{ikr}\right)$$

$(r = (x^2 y^2 + z^2)^{\frac12}$; $P_n^{(m)}$ the m-th derivative of the Legendre polynomial P_n). The coefficients d_{nm} are defined by the corresponding expansion

$$(r \cdot M)_P = \iiint dx_Q\,dy_Q\,dz_Q \left\{ r \cdot \left(\frac{\operatorname{curl} I}{c} + \frac{ijk}{c}\,I - j\operatorname{grad}\varrho\right) - 2j\varrho\right\}_Q \frac{e^{ikPQ}}{PQ}$$
$$= \sum_n \sum_m d_{nm}\,\Pi_{nm}(P).$$

The identity of the scalar product and the indicated integration over the given charges and currents shows in addition that $r \cdot E$ and $r \cdot H$ satisfy the homogeneous wave equation outside the latter.

A third complex scalar V was derived by Green and Wolf[2] in order to obtain expressions for the energy density $W_e + W_m$, and for the Poynting vector P, both in terms of V, that are similar to those for the probability and momentum densities (in terms of the wave function) in quantum mechanics.

c) The field in the wave zone.

11. Computation of the distant field. The structure of monochromatic electromagnetic fields is simplest far away from their sources. Approximations holding there depend on the large value of the distance r to some origin O (which may be somewhere between the sources) with respect to both the dimensions of the domain containing all sources, and to the wavelength $\lambda = 2\pi c'/\omega = 2\pi/k$ (assuming

[1] C. J. Bouwkamp and H. B. G. Casimir: Physica (the Hague) **22**, 539 (1954).
[2] H. S. Green and E. Wolf: Proc. Phys. Soc. Lond. A **66**, 1129 (1953).

an homogeneous space with constant values of ε and μ). The assumption $r \gg \lambda$, that is $kr \gg 1$, leads to properties very different from those of static fields; the latter are connected with the opposite limiting case $kr \to 0$. The assumption $kr \gg 1$ involves simplest wave propagation phenomena; the corresponding region therefore is often termed "wave zone".

We first consider the wave-zone approximation of the integral (6.3) expressing the Hertzian vector in terms of the given current distribution. If δ represents the angle between the radius vector (direction cosines $\cos \alpha$, $\cos \beta$, $\cos \gamma$) to a remote point of observation, and the radius vector to the integration point $Q(\xi, \eta, \zeta)$, we have (see Fig. 4):

$$R = (r^2 - 2r\,OQ \cos \delta + OQ^2)^{\frac{1}{2}} \left.\begin{array}{l} \\ = r - OQ \cos \delta + \cdots = r - (\cos \alpha\, \xi + \cos \beta\, \eta + \cos \gamma\, \zeta) + \cdots, \end{array}\right\} \quad (11.1)$$

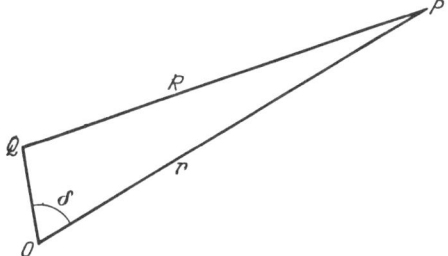

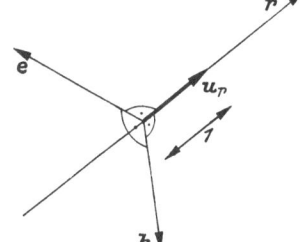

Fig. 4. Illustrating the derivation of the distant field.   Fig. 5. Orientation of the field vectors in the wave zone.

in which the omitted terms vanish for $r \to \infty$. Both terms indicated here are to be accounted for in the phase $\omega R/c' = kR$ of (6.3), but in the denominator R can be replaced by r in a first approximation. We thus obtain:

$$\boldsymbol{\Pi}_e \sim \frac{e^{ikr}}{r} \cdot \frac{1}{c} \iiint d\xi\, d\eta\, d\zeta\, \boldsymbol{j}(\xi, \eta, \zeta)\, e^{-ik(\cos \alpha\, \xi + \cos \beta\, \eta + \cos \gamma\, \zeta)}. \quad (11.2)$$

The corresponding approximations for the $\boldsymbol{e}, \boldsymbol{h}$ field depend on further applications of the large values of the two ratios mentioned at the beginning; they amount to $kr \gg 1$ and to $x, y, z \gg \xi, \eta, \zeta$. The operator $\partial/\partial x$, applied to an expression like (11.2), then results in a first approximation to a multiplication of the integral by $ik\, \partial r/\partial x = ik \cos \alpha$. The curl and curl curl operators are easily evaluated accordingly. By working out (6.2) outside the currents, we thus arrive at the following wave-zone approximation for the magnetic vector of monochromatic fields:

$$\boldsymbol{h} \sim \frac{e^{ikr}}{r} \frac{ik}{c} \boldsymbol{u}_r \times \iiint d\xi\, d\eta\, d\zeta\, \boldsymbol{j}(\xi, \eta, \zeta)\, e^{-ik(\cos \alpha\, \xi + \cos \beta\, \eta + \cos \gamma\, \zeta)}; \quad (11.3)$$

$\boldsymbol{u}_r$ here represents the unit vector in the r direction (components $\cos \alpha$, $\cos \beta$, $\cos \gamma$).

The more complicated expression for the electric field can be reduced to that for the magnetic field with the aid of:

$$\boldsymbol{e} \sim \left(\frac{\mu}{\varepsilon}\right)^{\frac{1}{2}} \boldsymbol{h} \times \boldsymbol{u}_r. \quad (11.4)$$

Two fundamental properties appear at once from these wave-zone approximations:

(a) the electric field, the magnetic field and the radius vector $\boldsymbol{u}_r$ form an orthogonal triad of mutually perpendicular vectors (see Fig. 5). In view of the definition (4.3) of the Poynting vector, the latter then proves to be directed along u_r; on the other hand, this vector represents the propagation direction, since the first factor of (11.3) (which occurs in all wavezone approximations) indicates that the waves may be interpreted as spherical, though their amplitude is different in various directions. In any case the waves in question are TEM waves insofar as both the electric and magnetic vectors are perpendicular to the propagation direction;

(b) the fieldamplitudes decrease in proportion to the inverse distance r^{-1}.

These properties characteristic of the wave zone also apply to the general field described by (8.3) and (8.4) provided the observation point P is far away from all points Q on the closed surface Σ; the space inside Σ then may also contain an open region extending to infinity. The wave-zone approximation may be evaluated here along the same lines as explained above. The final expressions read:

$$
\left.
\begin{aligned}
\boldsymbol{e} &\sim \frac{e^{ikr}}{r}\frac{ik}{4\pi}\boldsymbol{u}_r\times\iint\limits_{\Sigma} d\sigma\left\{\boldsymbol{e}\times\boldsymbol{u}_\nu-\left(\frac{\mu}{\varepsilon}\right)^{\frac{1}{2}}\boldsymbol{u}_r\times(\boldsymbol{h}\times\boldsymbol{u}_\nu)\right\}_Q e^{-ik\,r_Q\cdot\boldsymbol{u}_r}; \\
\boldsymbol{h} &\sim \frac{e^{ikr}}{r}\frac{ik}{4\pi}\boldsymbol{u}_r\times\iint\limits_{\Sigma} d\sigma\left\{\boldsymbol{h}\times\boldsymbol{u}_\nu+\left(\frac{\varepsilon}{\mu}\right)^{\frac{1}{2}}\boldsymbol{u}_r\times(\boldsymbol{e}\times\boldsymbol{u}_\nu)\right\}_Q e^{-ik\,r_Q\cdot\boldsymbol{u}_r},
\end{aligned}
\right\}
\tag{11.5}
$$

r_Q being the radius vector from the origin O to the integration point Q on Σ.

12. The radiation properties of electromagnetic fields. These properties are closely connected with the inverse-distance law of the field amplitudes in the wave zone. This law implies a decrease of the amplitude of the energy-current ednsity (Poynting's vector) proportional to r^{-2} so that the energy transmitted through a small cone with its top at the origin O will be independent of the distance from the latter to the point of observation. In other words, a special amount of energy is radiated through a small solid angle insofar as the wave-zone approximation holds. The radiation properties are characterized by the dependence of the energy W transmitted per unit solid angle on the direction of observation (radiation pattern).

An expression for W in terms of the current distribution of the sources of the field can be obtained as follows by considering an actual real-valued monochromatic field, such a field depending on the *two* angular frequencies ω and $-\omega$. The field in question can be derived from the real or from the imaginary part (each of them leads to the same results) of the strictly monochromatic solution depending on ω or $-\omega$ only. We accordingly introduce:

$$
\boldsymbol{E}=\mathrm{Re}\,(\boldsymbol{e}\,e^{-i\omega t})=\mathrm{Re}\,\boldsymbol{e}\cdot\cos(\omega t)+\mathrm{Im}\,\boldsymbol{e}\cdot\sin(\omega t),
$$

and the corresponding expression for the magnetic field. The evaluation of the Poynting vector $\boldsymbol{P}$ with the aid of (4.3) yields terms proportional to $\cos^2(\omega t)$, $\sin^2(\omega t)$ and $\cos(\omega t)\sin(\omega t)$. The latter term drops out when determining the time average $\overline{\boldsymbol{P}}$ of $\boldsymbol{P}$ over one period ($2\pi\omega^{-1}$ time units), while the averages of $\cos^2(\omega t)$ and $\sin^2(\omega t)$ become $\frac{1}{2}$. We thus obtain:

$$
\overline{\boldsymbol{P}}=\frac{c}{8\pi}\,(\mathrm{Re}\,\boldsymbol{e}\times\mathrm{Re}\,\boldsymbol{h}+\mathrm{Im}\,\boldsymbol{e}\times\mathrm{Im}\,\boldsymbol{h})=\frac{c}{8\pi}\,\mathrm{Re}\,(\boldsymbol{e}\times\boldsymbol{h}^*),
\tag{12.1}
$$

which can also be expressed in terms of the component $\boldsymbol{\varPi}_\perp$ of the Hertzian vector $\boldsymbol{\varPi}_e$ that is perpendicular to the radiation direction $\boldsymbol{u}_r$. In fact, by first deducing the following relations from (11.2) to (11.4)

$$
\left.
\begin{aligned}
\boldsymbol{h} &\sim ik\,\boldsymbol{u}_r\times\boldsymbol{\varPi}_e=ik\,\boldsymbol{u}_r\times\boldsymbol{\varPi}_\perp, \\
\boldsymbol{e} &\sim ik\left(\frac{\mu}{\varepsilon}\right)^{\frac{1}{2}}(\boldsymbol{u}_r\times\boldsymbol{\varPi}_\perp)\times\boldsymbol{u}_r=i\,k\left(\frac{\mu}{\varepsilon}\right)^{\frac{1}{2}}\boldsymbol{\varPi}_\perp,
\end{aligned}
\right\}
\tag{12.2}
$$

we arrive at an expression for $\overline{\boldsymbol{P}}$ which can further be reduced, in view of the orthogonality of $\boldsymbol{u}_r$ and $\boldsymbol{\Pi}_\perp$, into:

$$\overline{\boldsymbol{P}} = \frac{ck^2}{8\pi}\left(\frac{\mu}{\varepsilon}\right)^{\frac{1}{2}}(\boldsymbol{\Pi}_\perp \cdot \boldsymbol{\Pi}_\perp^*)\,\boldsymbol{u}_r.$$

The value for the energy current W per unit solid angle follows after multiplication by r^2; it should be independent of r. This is verified at once with the aid of (11.2) the substitution of which leads to the following final expression for W as a function of the angles α, β, γ fixing the direction of observation:

$$W(\alpha, \beta, \gamma) = \boldsymbol{w} \cdot \boldsymbol{w}^*; \tag{12.3}$$

here the vector $\boldsymbol{w}$ is defined by:

$$\boldsymbol{w}(\alpha, \beta, \gamma) = \frac{k}{\sqrt{8\pi c}}\left(\frac{\mu}{\varepsilon}\right)^{\frac{1}{4}}\iiint d\xi\,d\eta\,d\zeta\,\boldsymbol{j}_\perp(\xi, \eta, \zeta)\,e^{-ik(\cos\alpha\,\xi + \cos\beta\,\eta + \cos\gamma\,\zeta)}; \tag{12.4}$$

moreover $\boldsymbol{j}_\perp$ represents the component of $\boldsymbol{j}$ perpendicular to $\boldsymbol{u}_r$. The main feature of this expression for the radiation pattern is its proportionality to the Fourier transform of the three-dimensional distribution of $\boldsymbol{j}_\perp$. The Fourier component occurring here is associated with that periodic contribution of $\boldsymbol{j}_\perp$ that repeats itself in planes perpendicular to the direction of observation, and situated at mutual distances equal to the working wavelength $\lambda = 2\pi/k$.

The above method for the derivation of the radiation pattern can also be applied to the expressions (11.5) for the wave-zone field in terms of the field distribution on a closed surface Σ. The formula (12.3) can then be used once again provided the definition (12.4) for $\boldsymbol{w}$ is replaced by:

$$\boldsymbol{w}(\alpha, \beta, \gamma) = k\left(\frac{c}{128\pi^3}\right)^{\frac{1}{2}}\left(\frac{\mu}{\varepsilon}\right)^{\frac{1}{4}}\iint_\Sigma d\sigma\left\{(\boldsymbol{h}\times\boldsymbol{u}_\nu)_\perp + \left(\frac{\varepsilon}{\mu}\right)^{\frac{1}{2}}\boldsymbol{u}_r\times(\boldsymbol{e}\times\boldsymbol{u}_\nu)\right\}_Q e^{-ik\boldsymbol{r}_Q\cdot\boldsymbol{u}_r}, \tag{12.5}$$

in which $\perp$ refers to the component perpendicular to $\boldsymbol{u}_r$ of the vector in question. When considering the radiation from a small nearly flat surface-element only, we recognize again the role of a Fourier transform, namely of that of the expression $\{\ldots\}_Q$ over this element in Eq. (12.5) (this point will be discussed further in Sect. 29 in connection with aperture antennas).

d) Geometrical-optics approximations.

13. General remarks. One of the two assumptions which are fundamental for the wave-zone approximations concerned the condition that the point of observation should be far away, with respect to the wavelength, from some reference point ($kr\gg1$; see the beginning of Sect. 11). A still more general condition for monochromatic fields requires that the wavelength should be small compared to some fundamental distance depending on the problem under consideration. Approximations based on such a condition show that the energy is propagated mainly along special trajectories which are not necessarily straight lines. The approximations in question are termed *geometric-optical*; they may also refer to non-homogeneous spaces (ε and μ local functions of the coordinates). Whereas in many optical problems the geometrical-optics treatment may be based on a single scalar equation, the complete vectorial Maxwell equations are to be taken into account when dealing with polarization effects (when applying a scalar such as discussed in Sect. 10 the vectorial effects are accounted for by the relations connecting the scalar with the actual field).

We shall deal with three different methods for deriving geometric-optical results from some rigorous scalar wave equation or from Maxwell's equations themselves:

(a) splitting of a general solution into a slowly varying amplitude factor, and a rapidly oscillating exponential factor the exponent of which is called the *eiconal*, apart from a factor i (for the application to the scalar equation see Sect. 14, and for the application to Maxwell's equations see Sect. 16). An advantage of this method is the possibility of easily deriving corrections to the geometric-optical approximations (Sect. 15);

(b) *saddlepoint-approximations* of solutions represented by integrals. This method (see Sect. 18) is very illustrative for the physical understanding of ray-trajectories, but it is not very suitable for an estimation of the errors associated with a geometric-optical treatment. On the other hand, it shows very clearly the significance of Fresnel zones, and, moreover, it is particularly adapted to an extension to those cases in which the conventional geometric-optical approximations break down (e.g., in the vicinity of caustics and foci; see Sect. 19);

(c) derivation of geometric-optical properties from their connections with the propagation of (non-monochromatic) field discontinuities in accordance with the basic equations (see Sect. 21). The concept of wave fronts can be investigated in a very elegant way (theory of characteristics) when using this method.

In this chapter we assume a general inhomogeneous medium (free of sources) with a refractive index $n = c/c' = (\varepsilon\mu)^{\frac{1}{2}}$ varying from point to point.

14. The scalar geometrical-optics approximation. We consider the following scalar wave equation for monochromatic waves (with time factor $e^{-i\omega t} = e^{-ik_0 ct}$):

$$\{\Delta + k_0^2 n^2(x, y, z)\} u(x, y, z) = 0. \tag{14.1}$$

In homogeneous spaces ($n = \text{const}$) this equation holds (outside the sources, or outside the domain D_z mentioned before) for any of the scalars discussed in Sect. 10. In inhomogeneous spaces it usually only constitutes an approximation to some quantity or other; in some cases, however, the equation proves to hold regorously, for instance in a medium with variable ε but constant μ for all rectangular components of the magnetic vector in solutions for which the electric vector happens to be parallel to grad ε.

The formal substitution into (14.1) of the product

$$u(x, y, z) = A(x, y, z)\, e^{ik_0 S(x,y,z)} \tag{14.2}$$

yields, by ordering the terms with respect to the inverse wave number k_0^{-1},

$$\{n^2 - |\text{grad } S|^2\} A + \frac{i}{k_0}(2 \,\text{grad } S \cdot \text{grad } A + \Delta S . A) + \frac{\Delta A}{k_0^2} = 0. \tag{14.3}$$

This relation suggested Debye[1] to derive suitable approximations for large values of k_0 (small wavelengths) by choosing the so-called eiconal S such that (14.3) is satisfied when taking into account its dominating term for $k_0 \to \infty$ only. The resulting eiconal equation, viz.

$$|\text{grad } S(x, y, z)| = n(x, y, z), \tag{14.4}$$

implies that the travelling waves described by the exponential factor

$$e^{-ik_0 ct + ik_0 S} = e^{ik_0(S - ct)}$$

[1] See A. Sommerfeld and J. Runge: Ann. Physik (4) **35**, 290 (1911).

propagate along ray trajectories perpendicular to the "wave fronts" $S = $ constant, and that the curvatures of these trajectories and the wave fronts are determined by the local variations of the refractive index n.

The above choice of S involves the following remaining equation for the amplitude function A:

$$2 \operatorname{grad} S \cdot \operatorname{grad} A + \Delta S. A - \frac{i}{k_0} \Delta A = 0. \qquad (14.5)$$

A further application of the eiconal equation (14.4) leads to the alternative form:

$$\frac{dA}{ds} + \frac{\Delta S}{2n} A - \frac{i}{2k_0 n} \Delta A = 0, \qquad (14.6)$$

in which d/ds denotes differentiation in the direction of grad S, that is along the ray-trajectory. Obviously a first approximation A_0 of A for small wavelengths is obtained by neglecting the last term of (14.6). The remaining equation for the geometric-optical amplitude A_0, thus defined, can be written in the form

$$n \frac{d \{\log (A_0^2)\}}{ds} = - \Delta S. \quad (14.7)$$

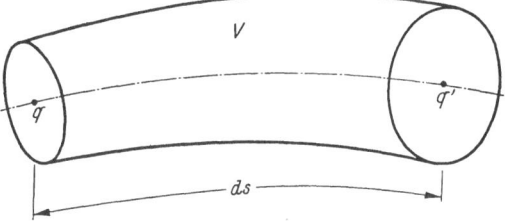

Fig. 6. Volume element connected with neighbouring ray trajectories.

This relation can be interpreted by integrating it over an infinitesimal volume V limited by a cylindrical surface consisting of ray-trajectories (length ds), and by two cross-sections q and q' perpendicular to the latter (see Fig. 6). In view of the direction of grad S parallel to the ray-trajectories, the integration over the right-hand side of (14.7), with the aid of GAUSS's integral theorem, reduces to a contribution over the two cross-sections; using (14.4) once again, this contribution proves to be

$$- q' \cdot n(q') + q \cdot n(q) = - \frac{d(nq)}{ds} ds = - d(nq).$$

A comparison with the result of the integration over the left-hand side of (14.7) yields, if the differential refers throughout to changes in the direction of the ray-trajectory,

$$n q \cdot d \{\log (A_0^2)\} = - d(nq).$$

According to this relation, the variation, along a given trajectory, of the geometric-optical amplitude A_0 is as follows:

$$A_0 = \frac{C}{\sqrt{nq}}. \qquad (14.8)$$

This important formula simply states that $n A_0^2$ can be interpreted as the density of some quantity (for instance the energy) propagated along the trajectories in such a way that the total amount passing through the successive cross-sections of a pencil of neighbouring trajectories is everywhere the same. In other words, a quantity having a current density $n u^2$ is transmitted along such pencils without any loss by sideward escaping. For homogeneous spaces (14.8) can also be interpreted by the statement that the geometric-optical amplitude does change proportionally to the square root of the local Gaussian curvature of the wavefronts $S = $ constant.

We finally remark the arbitrariness of fixing the eiconal S by equating to zero the first term of (14.3). Another possibility, considered by Wolf[1], assumes both A and S as real quantities; the two relations resulting from the real and imaginary parts of (14.3) show that (14.7) becomes exact in this case, whereas the eiconal equation (14.4) now constitutes an approximation only.

15. Geometrical-optics expansions. The rigorous Eq. (14.6) can be used for deriving an expansion for the amplitude function A that starts with the geometric-optical approximation A_0. A formal substitution of the series

$$A = \sum_{r=0}^{\infty} \left(\frac{i}{k_0 c}\right)^r A_r \tag{15.1}$$

leads to the following recurrence relations when collecting the contributions of the order k_0^{-r}:

$$2n \frac{dA_r}{ds} + \Delta S . A_r = c . \Delta A_{r-1} \quad (r \geq 1). \tag{15.2}$$

Expansions of the type of (15.1), S being given, in general only hold asymptotically for $k_0 \to \infty$. The relation (15.2), if applicable at all, enables the determination of the change of A_r along a special trajectory if the distribution of A_{r-1} is already known. All coefficients A_r can thus be derived in succession provided they are known on a special surface.

Expansions of the above type play a role in the vectorial theory of Luneberg and Kline (see Sect. 17); they have also been investigated by Suchy[2] in a very general vectorial theory in which all wave functions are put in an exponential form the eiconal of which is no longer necessarily real. The extension of (15.1) to expansions depending on fractional powers r (as occurring in special diffraction problems) was discussed by Friedlander and Keller[3].

16. The vectorial geometrical-optics approximation. The rather complicated results of the complete theory can be put in a concise form by making use throughout of the two Bateman vectors [compare Eq. (1.5)]:

$$\boldsymbol{M} = \left(\frac{\mu}{\varepsilon}\right)^{\frac{1}{4}} \boldsymbol{H} + j \left(\frac{\varepsilon}{\mu}\right)^{\frac{1}{4}} \boldsymbol{E}, \\ \boldsymbol{M}^* = \left(\frac{\mu}{\varepsilon}\right)^{\frac{1}{4}} \boldsymbol{H} - j \left(\frac{\varepsilon}{\mu}\right)^{\frac{1}{4}} \boldsymbol{E}, \Bigg\} \tag{16.1}$$

which are conjugated complex with respect to the imaginary unity j. For an inhomogeneous medium (ε and μ functions of x, y, z) free of sources ($\boldsymbol{I} = 0$) we easily derive from the Maxwell equations (1.1) the following extension of the first equation of (1.6):

$$\left(\text{curl} + \frac{j}{c} n \frac{\partial}{\partial t}\right) \boldsymbol{M} = \frac{1}{4} \text{grad} \log \frac{\mu}{\varepsilon} \times \boldsymbol{M}^*, \tag{16.2}$$

as well as the supplementary equation obtained from it by interchanging $\boldsymbol{M}$ and $\boldsymbol{M}^*$, and j and $-j$. In what follows we are only interested, as before, in monochromatic fields with time factor $e^{-i\omega t} = e^{-ik_0 ct}$. The Eq. (16.2) then transforms into

$$\text{curl} \, \boldsymbol{M} - i k_0 j n \boldsymbol{M} = \frac{1}{4} \text{grad} \log \frac{\mu}{\varepsilon} \times \boldsymbol{M}^*, \tag{16.3}$$

which combines the two relations obtained by taking its real and imaginary parts with respect to j.

[1] E. Wolf: Proc. Symp. Microwaves, Montreal 1953, paper 17.
[2] K. Suchy: Ann. Physik (6) **13**, 178 (1953).
[3] F. G. Friedlander and J. B. Keller: Comm. Pure Appl. Math. **8**, 387 (1955).

The form (16.3) has the advantage that a supplementary equation is obtained at once by interchanging (as before) M and M^*, and j and $-j$. The same procedure holds for all relations to be derived yet, so that a couple of two such relations can be fixed by a single one; in the individual equations resulting from it i may be identified with j thereafter.

A physical consequence of (16.3) (together with its complementary equation) is that a coupling of M and M^* is only produced by the inhomogeneity of the medium.

On the analogy of (14.2) we introduce an amplitude vector and an exponential factor according to:

$$M = m\, e^{ik_0 S}; \qquad M^* = m^*\, e^{ik_0 S},$$

the eiconal S of which is still to be determined. The Eq. (16.3) then becomes:

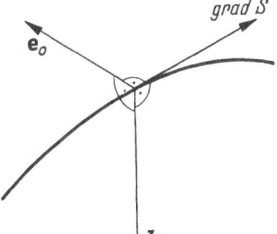

$$\operatorname{grad} S \times m - j\, n\, m + \frac{\operatorname{curl} m}{i\, k_0} = \frac{\operatorname{grad} \log \frac{\mu}{\varepsilon} \times m^*}{4\, i\, k_0}. \quad (16.4)$$

Just as in the scalar case [compare Eq. (14.5)] so here exists a well-defined limiting equation for $k_0 \to \infty$. Its solution m_0 satisfying

$$\operatorname{grad} S \times m_0 = j\, n\, m_0 \qquad (16.5)$$

may be termed once again the geometric-optical approximation. The real and imaginary parts (with respect to j) of this equation lead to the following two relations for the geometric-optical approximations h_0 and e_0 of the magnetic and electric field vectors:

Fig. 7. Orientation of the field vectors in the geometrical-optics approximation.

$$e_0 = \frac{1}{\varepsilon}\, h_0 \times \operatorname{grad} S; \qquad h_0 = \frac{1}{\mu}\, \operatorname{grad} S \times e_0. \qquad (16.6)$$

These relations are only compatible if S satisfies once again the eiconal equation (14.4). Moreover we recognize from (16.5) that the field vectors do form an orthogonal triad together with the propagation direction parallel to $\operatorname{grad} S$ (see Fig. 7), whereas the ratio of the amplitudes of e_0 and h_0 is given by $(\mu/\varepsilon)^{\frac{1}{2}}$; both properties also hold for wave-zone fields (see Sect. 11).

It is striking that (16.6) determines the mutual orientation of the two field vectors without giving any information about their variation along the ray trajectories (again defined as the orthogonal trajectories of the surfaces $S = $ constant). The latter information can only be obtained from the compatibility of the relations determing the first-order correction to the geometric-optical approximation defined by m_0. This correction depends on the first term of expansions analogous to (15.1), viz.

$$m = \sum_{r=0}^{\infty} \left(\frac{i}{k_0 c}\right)^r m_r; \qquad m^* = \sum_{r=0}^{\infty} \left(\frac{i}{k_0 c}\right)^r m_r^*. \qquad (16.7)$$

By assembling the corresponding terms of the order of k_0^{-r} in (16.4), we obtain the recurrence relation

$$\operatorname{grad} S \times m_r - j\, n\, m_r = c\, \operatorname{curl} m_{r-1} - \frac{c}{4}\, \operatorname{grad} \log \frac{\mu}{\varepsilon} \times m_{r-1}^*, \qquad (16.8)$$

which may be compared with (15.2) for the scalar case. A rather lengthy procedure of vector analysis enabled LUNEBERG[1] to deduce from (16.8) for $r = 1$

---

[1] R. K. LUNEBERG: Research Report EM 14; p. 40. New York University 1949.

[with the aid of (16.6) and (14.4)] an ordinary differential equation for the change of the geometric-optical fieldvectors along a ray-trajectory (line element ds). In terms of $\boldsymbol{m}_0$ this so-called "transport equation of geometrical optics" reads:

$$2n\,\frac{d\boldsymbol{m}_0}{ds}+\left(\varDelta S-\frac{dn}{ds}\right)\boldsymbol{m}_0+\frac{2}{n}\,\mathrm{grad}\,S\,(\mathrm{grad}\,n\cdot\boldsymbol{m}_0)=0. \tag{16.9}$$

By replacing $\boldsymbol{m}_0$ by a vector $\boldsymbol{Q}$ differing from it by a properly chosen scalar, this equation can further be reduced to the simple form

$$\frac{d\boldsymbol{Q}}{ds}+(\boldsymbol{Q}\cdot\mathrm{grad}\,\log n)\,\frac{d\boldsymbol{r}}{ds}=0, \tag{16.10}$$

$\boldsymbol{r}$ being the radius vector to the point under consideration of the trajectory. From this equation Luneberg[1] derived that $\boldsymbol{Q}$, and consequently $\boldsymbol{e}_0$ and $\boldsymbol{h}_0$, undergo parallel displacements along a ray-trajectory, in the sense of the definition of Levy-Civita, for the non-Euclidean geometry defined by the line element $ds^2 = n^2(x, y, z)(dx^2 + dy^2 + dz^2)$. The result of the integration of (16.10) can then be interpreted by a rotation of the geometric-optical fieldvectors around the principal normal of the trajectory, the rotation being equal to that of the osculating plane of the trajectory.

The vector $\boldsymbol{Q}$ can be represented explicitly by

$$\boldsymbol{Q}=\boldsymbol{m}_0\sqrt{\frac{dO}{(dO)_0}}, \tag{16.11}$$

in which the quantity under the root sign denotes the ratio of the cross-sections of a narrow pencil of rays at the point of observation to that at some fixed point. The proportionality of the amplitudes of the field vectors to the inverse square root of the cross-section dO of a narrow pencil follows from the fact that the vector length of the real and imaginary parts of $\boldsymbol{Q}$ (with respect to j) remain constant during the parallel displacements.

17. The vectorial geometrical-optics expansion. A general theory for the integration of the successive vectors $\boldsymbol{m}_r$ of the geometric-optical expansion (16.7) along a specified trajectory has been worked out by Kline[2] by extending Luneberg's derivation of the transport equation (16.9) to the general recurrence relation (16.8) for $r > 1$. This author gets a generalization of (16.9) in the form of a new recurrence relation referring to a specified trajectory; in the special case of an homogeneous space ($n = \text{constant}$) this relation reads:

$$2n\,\frac{d\boldsymbol{m}_r}{ds}+\varDelta S\cdot\boldsymbol{m}_r=c\cdot\varDelta\boldsymbol{m}_{r-1}.$$

All vectors occurring in (16.7), and hence the complete fields, can thus be obtained in succession by integration along the ray trajectories, provided the field and its expansion with respect to k_0^{-1} are known on some special surface.

18. Second-order saddlepoint approximations. The principle of this method will be illustrated here for the scalar case only by considering Kirchhoff's formula:

$$u(P)=\frac{1}{4\pi}\iint\limits_{\Sigma}d\sigma_Q\left\{\left(\frac{\partial u}{\partial\nu}\right)_Q\frac{e^{ik_0 QP}}{QP}-u(Q)\,\frac{\partial}{\partial\nu_Q}\left(\frac{e^{ik_0 QP}}{QP}\right)\right\}. \tag{18.1}$$

[1] R. K. Luneberg: Mathematical Theory of Optics, Providence, R. I. 1944, formula (12.69) and Sect. 12.7.

[2] M. Kline: Comm. Pure Appl. Math. **4**, 225 (1951).

This formula represents, for a homogeneous space, a monochromatic wave solution at points P inside a closed surface Σ in terms of the distribution of u and of its normal derivative $\partial u/\partial \nu$ (ν being defined as increasing in the outward direction) over the points Q on Σ (surface element $d\sigma_Q$). A substitution of (14.2) for $u(Q)$ converts (18.1) into the standard form

$$u(P) = \iint_{\Sigma} d\sigma_Q\, \varphi(Q, P)\, e^{i k_0 \{S(Q) + QP\}}, \tag{18.2}$$

in which, in our case,

$$\varphi(Q, P) = \frac{A(Q)}{4\pi QP} \frac{\partial}{\partial \nu_Q}\left[\log\{A(Q)\, QP\} - i k_0\{QP - S(Q)\}\right]. \tag{18.3}$$

The exponential factor in (18.2) changes more rapidly than the amplitude factor φ, the more so according as the wavenumber k_0 becomes larger. As consequence the contributions from neighbouring surface elements nearly cancel each other for very large values of k_0 except in the vicinity of the so-called *saddlepoints* at which the exponent passes through an extreme value qua function of Q. Other significant contributions, depending on edges of open domains of integration, are typical for diffraction problems[1] and will not be considered here. The preponderance, at large values of k_0, of all such contributions to two-dimensional integrals of the type

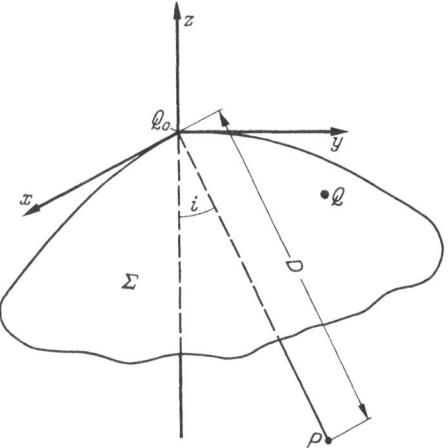

Fig. 8. Illustrating the derivation of a saddlepoint approximation for KIRCHHOFF's integral.

(18.2) has been discussed independently, extending VAN DER CORPUT's method for one-dimensional integrals, by FOCKE[2] and BRAUN[3].

The positions of the saddlepoints Q_s, if any, are to be determined first. An approximation of the contribution due to a single saddlepoint is obtained thereafter by substituting for $\varphi(Q, P)$ its value $\varphi(Q_s, P)$ at this point, and by cutting off the two-dimensional Taylor expansion (around Q_s) of the exponent after its second-order terms. In order to derive an analytical expression for this so-called second-order saddlepoint approximation, we introduce a coordinate system with its origin at some occasional saddlepoint Q_0 on Σ, with the z axis along the outward normal at Q_0, and the x and y axes in the directions of the principal curvatures of Σ (with radii of curvature ϱ_1 and ϱ_2). The equation of Σ reads in this system (see Fig. 8) up to second-order terms:

$$z = -\frac{x^2}{2\varrho_1} - \frac{y^2}{2\varrho_2} + \cdots. \tag{18.4}$$

The quantity $S(Q) + QP$ now has to be expanded up to its second-order terms with respect to x_Q and y_Q; this can be done by substituting into the three-dimensional expansions (in terms of x_Q, y_Q, z_Q) of $S(Q)$ and QP the further expansion (18.4) for the dependence of z_Q on x_Q and y_Q. We then obtain, if D

[1] See N. G. VAN KAMPEN: Physica (the Hague) **14**, 575 (1949).
[2] J. FOCKE: Sächs. Akad. Leipzig **101**, 3 (1954).
[3] G. BRAUN: Acta Phys. Austriaca **10**, 8 (1956).

represents the distance $P Q_0$ of the observation point $P(x_P, y_P, z_P)$ to the origin,

$$
\left.
\begin{aligned}
S(Q) + Q P = S(Q_0) + D &+ \left(\frac{\partial S}{\partial x} - \frac{x_P}{D}\right) x_Q + \left(\frac{\partial S}{\partial y} - \frac{y_P}{D}\right) y_Q + \\
&+ \frac{1}{2}\left(\frac{\partial^2 S}{\partial x^2} - \frac{1}{\varrho_1}\frac{\partial S}{\partial z} + \frac{1}{D} + \frac{z_P}{\varrho_1 D} - \frac{x_P^2}{D^3}\right) x_Q^2 + \\
&+ \frac{1}{2}(\dots)\, y_Q^2 + \left(\frac{\partial^2 S}{\partial x\, \partial y} - \frac{x_P y_P}{D^3}\right) x_Q\, y_Q + \cdots,
\end{aligned}
\right\} \quad (18.5)
$$

in which the partial derivatives are to be taken at Q_0. In view of Q_0 being a saddlepoint, the linear terms of (18.5) have to vanish. This fixes the values of $\partial S/\partial x$ and $\partial S/\partial y$, whereas that of $\partial S/\partial z$ then follows from the eiconal equation $|\operatorname{grad} S| = 1$. Hence:

$$
\frac{\partial S}{\partial x} = \frac{x_P}{D}; \qquad \frac{\partial S}{\partial y} = \frac{y_P}{D}; \qquad \frac{\partial S}{\partial z} = \pm\frac{z_P}{D}. \qquad (18.6)
$$

Obviously the upper sign refers to wavefronts $S = ct$ moving towards P, as associated with waves impinging on Σ from the outside (P being inside Σ). The lower sign indicates waves movig near Q_0 towards Σ from its inner side; they may reach P, e.g., after reflection if Σ constitutes some material boundary. In either case the second-order saddlepoint approximation of (18.2) becomes:

$$
u(P) \sim \varphi(Q_0, P)\, e^{i k_0\{S(Q_0)+D\}} \iint d\sigma_Q\, e^{\frac{i k_0}{2}(a_{11} x_Q^2 + 2 a_{12} x_Q y_Q + a_{22} y_Q^2)}, \qquad (18.7)
$$

in which a_{11}, a_{22} and a_{12} are the expressions in parentheses of the second-order terms of (18.5); they can still be simplified with the aid of (18.6).

In the vicinity of Q_0 the surface element $d\sigma_Q$ can be replaced by the flat element $dx_Q\, dy_Q$, whereas the integration limits for x_Q and y_Q may be taken as $-\infty$ and $+\infty$, since the contribution to the integral is automatically restricted numerically to the vicinity of $x_Q = y_Q = 0$ (for the approximation under consideration). By applying an orthogonal transformation of x_Q, y_Q into new variables ξ, η such as to reduce the exponent of the integral of (18.7) into a form $\alpha \xi^2 + \beta \eta^2$, the double integral transforms into the product of two Poisson integrals of the type

$$
\int_{-\infty}^{\infty} d\xi\, e^{i\frac{k_0}{2}\alpha \xi^2} = \sqrt{\frac{2\pi i}{k_0 \alpha}}. \qquad (18.8)
$$

This procedure results in the following second-order saddlepoint approximation

$$
u(P) \sim \frac{2\pi i\, \varphi(Q_0, P)\, e^{i k_0\{S(Q_0)+D\}}}{k_0 \sqrt{a_{11} a_{22} - a_{12}^2}}. \qquad (18.9)
$$

According to differential geometry, the parameter in the denominator can be put in the form:

$$
a_{11} a_{22} - a_{12}^2 = \frac{\cos^2 i}{D^2}\, \frac{(\varrho_1 - D)(\varrho_2 - D)}{\varrho_1 \varrho_2} = \frac{\cos^2 i}{D^2}\, \frac{K(Q_0)}{K(P)}, \qquad (18.10)
$$

in which $\cos i = -z_p/D$ determines the angle i $\left(\text{not be to confused with } \sqrt{-1}\right)$ at Q_0 between the direction of arrival of the waves and the normal to Σ, while $K(Q_0)$ and $K(P)$ are the Gaussian curvatures at Q_0 and P respectively of the wavefronts orthogonal to either the incident rays [upper sign in (18.6)], or to the reflected rays (lower sign). Our final result representing the second-order approximations can therefore be put in the form:

$$
\iint_{\Sigma} d\sigma_Q \cdot \varphi(Q, P)\, e^{i k_0\{S(Q)+Q P\}} \sim 2\pi i\, \frac{\varphi(Q_0, P)}{k_0 \cos i}\, D \sqrt{\frac{K(P)}{K(Q_0)}}\, e^{i k_0\{S(Q_0)+D\}}. \qquad (18.11)
$$

The saddlepoint theory thus leads to the same results as the geometrical-optics theory since it confirms the proportionality of the wave amplitude to the square root of the Gaussian curvature of the wavefronts (compare Sect. 14). Moreover, the saddlepoint themselves always fix ray trajectories corresponding to the laws of geometrical optics; in the above this trajectory consists either of the incident ray reaching P [upper sign in (18.6)] or of the ray reaching P after reflection against Σ at Q_0 (lower sign).

19. Higher-order saddlepoint approximations. The geometric-optical approximations, whether derived from differential equations (Sect. 14 and 16) or from second-order saddlepoint approximations (Sect. 18), break down when the Gaussian curvature of the wave front through the point under consideration becomes infinite. This is only possible on caustic surfaces, that is, on surfaces (as represented by C in Fig. 9) which can be characterized by each of the following equivalent properties: (a) they are enveloppes of ray trajectories (defined as the orthogonal trajectories of the wavefronts $S =$ constant), (b) they represent a locus of cusps P_C of the wavefronts, (c) they represent a locus of points at which one of the two principal radii of curvature ϱ_1 and ϱ_2 of the wavefronts becomes zero. The

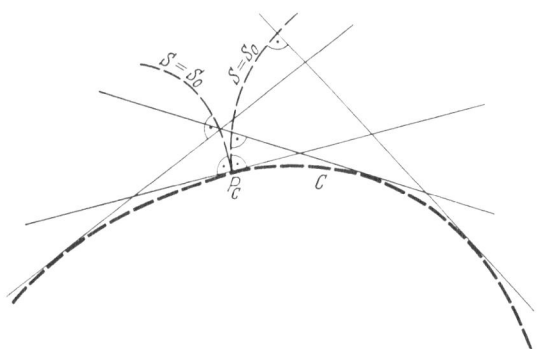

Fig. 9. Ray trajectories tangenting a caustic.

caustic surfaces are particularly important as boundaries between regions which are well and not penetrable to rays, and they thus determine shadow limits in optical problems; in radiowave propagation they play a role amongst others in effecting the skip-distance phenomena (see Sect. 113).

The singularity of the Gaussian curvature $K = (\varrho_1 \varrho_2)^{-1}$ of wave fronts may be of a still higher order than that at ordinary points of caustic surfaces. This happens for instance at foci. The latter can be defined as cusps of caustic surfaces. In all these cases the simplest finite approximation of a geometric-optical type is obtained by cutting off the Taylor expansion around the saddlepoint (of the exponential integral representing the solution) after the minimum number of terms leading to a finite expression. As pointed out by BRILLOUIN[1] this number increases according as the singularity becomes higher. An expansion up to third-order terms is thus required for a finite value on caustic surfaces, whereas even fourth-order terms are needed when dealing with a focus.

The second-order approximation of the preceding section led to the expression (18.11) which only depended on the geometry of the wave fronts $S(Q) =$ constant of the incident rays, and the wave fronts $S(Q) + D =$ constant of the rays reaching P (whether or not after reflection). The independence of the previous result on the chosen surface of integration (apart from the position of Q_0) suggests a simplification if one of the wavefronts $S =$ constant is taken as surface of integration. The type of integral to be investigated then becomes, instead of (18.2),

$$u(P) = \iint_{\Sigma} d\sigma_Q \, \varphi(Q) \, e^{i k_0 QP}. \tag{19.1}$$

[1] L. BRILLOUIN: Ann. Sci. école norm. sup. I **33**, 17 (1916).

Such an integral has the same character as the following one examined by Picht[1] and Fischer[2], also with a view to saddlepoint approximations:

$$u(P) = \iint\limits_{\Sigma} d\sigma_Q\, \varphi(Q)\, e^{i k_0 \{(x_P - x_Q)\cos\alpha_Q + \text{cycl}\}};$$

$\cos\alpha_Q$, $\cos\beta_Q$, $\cos\gamma_Q$ here are the direction cosines of the normal at the point Q of the wavefront Σ, whereas the expression $\{...\}$ represents the distance PP' (see Fig. 10) from P to the tangenting plane through Q rather than to Q itself. Both integrals lead to higher-order saddlepoint approximations which are not essentially different; this is due to the fact that the saddlepoints of either prove to be identical and determined by the intersections of Σ with those normals that pass through P. In what follows we shall discuss the integral (19.1).

We consider the simplest case of a domain in which the second-order approximation becomes only infinite along the caustic surface at which the first radius of curvature vanishes for the corresponding wavefronts. As surface of integration

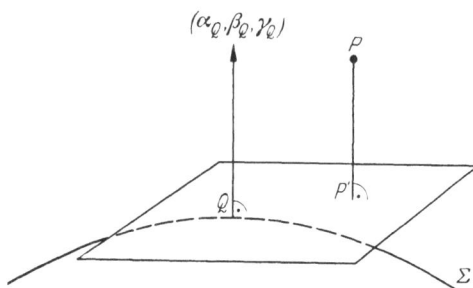

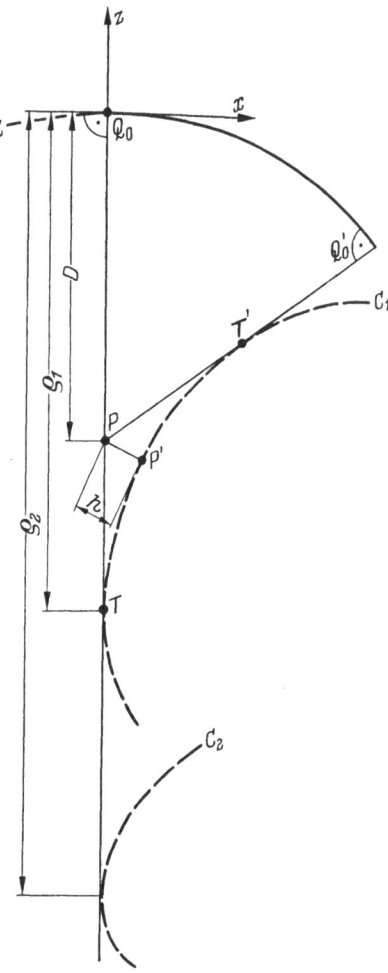

Fig. 10. Geometrical explanation of the exponent in Picht's diffraction integral.

Fig. 11. Parameters connected with third-order saddlepoint approximations.

we take a wave front Σ the normal to which at some point Q_0 passes through the point of observation P, the latter being near the caustic surface C_1 (see Fig. 11). The z axis of our coordinate system at Q_0 is taken along the normal PQ_0, whereas the xz plane and yz plane contain the cross-sections corresponding to the principal curvatures ϱ_1^{-1} and ϱ_2^{-1}. The equation of the wave front Σ then becomes, when including the necessary third-order terms in x_Q and y_Q that depend on the first curvature (while neglecting those depending on the other curvature, these terms being redundant for the derivation of the simplest wave function which is finite on C_1):

$$z_Q = -\frac{x_Q^2}{2\varrho_1} - \frac{y_Q^2}{2\varrho_2} - \frac{x_Q^3}{6}\frac{\partial(1/\varrho_1)}{\partial x} \dots;$$

[1] J. Picht: Ann. Physik (4) **77**, 685 (1925).
[2] J. Fischer: Ann. Physik (4) **72**, 353 (1923).

as before, the coefficients refer to the saddlepoint Q_0. The corresponding third-order approximation for the distance $QP = \{x_Q^2 + y_Q^2 + (D+z_Q)^2\}^{\frac{1}{2}}$ becomes:

$$QP = D + \frac{1}{2}\left(\frac{1}{D} - \frac{1}{\varrho_1}\right)x_Q^2 + \frac{1}{2}\left(\frac{1}{D} - \frac{1}{\varrho_2}\right)y_Q^2 - \frac{1}{6}\frac{\partial(1/\varrho_1)}{\partial x}x_Q^3 + \cdots . \quad (19.2)$$

Substitution of (19.2) into (19.1), while replacing $\varphi(Q)$ by its saddlepoint value, and while extending once again the integrations with respect to x_Q and y_Q at both sides up to infinity, yields a double integral the integration of which regarding y_Q can be performed with the aid of a Poisson integral. The remaining integral over x_Q has an exponent of the third degree and can be reduced by a shift of x_Q to a standard form known in diffraction theories as AIRY's rainbow integral. In our case this integral reads explicitly:

$$u(P) \sim 12^{\frac{1}{3}}(\pi i)^{\frac{1}{2}}\varphi(Q_0)D\frac{\varDelta^{\frac{1}{6}}}{k_0^{\frac{5}{6}}}\sqrt{\frac{K(P)}{K(Q_0)}}e^{ik_0(D+\varDelta/6)}\int\limits_{-\infty}^{\infty}e^{-iS^3+3i(k_0\varDelta/12)^{\frac{2}{3}}S}\,ds, \quad (19.3)$$

with the parameter:

$$\varDelta = 2\frac{(1/D - 1/\varrho_1)^3}{\left\{\dfrac{\partial(1/\varrho_1)}{\partial x}\right\}^2}, \quad (19.4)$$

and the ratio $K(p)/K(Q_0)$ already considered in (18.10). The numerical consequences of (19.3) are discussed in the next section. We still notice that the breakdown of (19.3) at a focus (due to $\varDelta$ becoming infinite) can be cancelled by deriving an approximation of still higher order, taking into account one further term in the expansion (19.2), namely $-\frac{1}{2}\frac{\partial(1/\varrho_1)}{\partial y}x_Q^2 y_Q$.

20. The wave function near a caustic. The character of this function is determined essentially by the dependence of (19.3) on the parameter $\varDelta$. For P approaching the caustic (that is, $D \to \varrho_1$) (19.4) can be approximated (for the coordinate system of the previous section) by

$$\varDelta \sim 2\frac{(\varrho_1 - D)^3}{\varrho_1^6\{\partial(1/\varrho_1)/\partial x\}^2}. \quad (20.1)$$

This expression can be connected with the *two* rays PQ_0 and PQ_0' that pass through P normal to Σ in the xz plane (the plane represented in Fig. 11). The existence of two such rays is connected mathematically with the fact that, in the approximations under consideration, the intersection of the caustic surface C_1 with the xz plane happens to be of the third degree. The formula (20.1) can also be interpreted geometrically by

$$\varDelta = PQ_0' - PQ_0 = PT + PT' - \widehat{TT'}, \quad (20.2)$$

$\widehat{TT'}$ being the length of arc of C_1 that is comprised between the tangenting points on C_1 of the rays through P. The equivalency of the two representations in (20.2) is a consequence of the property that the intersection of Σ with the xz plane constitutes the evolute of C_1.

For P at the convex side of C_1 $(\varDelta > 0)$ the rainbow-integral in (19.3) proves to be an oscillatory function of $\varDelta$. This is interpreted physically by the interference of the contributions due to the individual rays TP and $T'P$; the difference in phase of these contributions depends on the path difference $\varDelta$. Far away from C_1 (large $\varDelta$) the interference usually vanishes due to the disappearance of one of the rays. The asymptotic expression for the remaining ray (which is represented by a Hankel function of the second kind contained in the rainbow integral) then becomes identical with the second-order approximation (18.11) for $S(Q_0) = 0$ and $i = 0$. The other limiting value of (19.3) for $P = T$ on the caustic itself ($\Delta = 0$; $D = \varrho_1$) leads to the expression:

$$|u(T)| \sim \pi^{\frac{1}{2}} \, \Gamma\left(\frac{4}{3}\right) \left(\frac{6}{k_0}\right)^{\frac{5}{6}} \frac{(\varrho_1 \varrho_2)^{\frac{1}{2}} \, \varphi(Q_0)}{|\varrho_2 - \varrho_1|^{\frac{1}{2}} \, |\partial(\varrho_1^{-1}/\partial x)|^{\frac{1}{3}}} . \tag{20.3}$$

This approximation is applicable up to the vicinity of a possible focus, or of the caustic C_2 associated with the other curvature ϱ_2^{-1}. For P near the caustic C_1, the difference of $u(T)$, and of the value $u(P')$ of the wave function at the caustic point P' nearest to P, is only of an order higher than that accounted for here. We then obtain, by dividing the length of (19.3) by (20.3), while applying (20.1) and the approximation $D \sim \varrho_1(Q_0)$, the following ratio of the wave-functions at P and P':

$$\left|\frac{u(P)}{u(P')}\right| \sim \frac{1}{\sqrt{3}\,\Gamma(\frac{4}{3})} \left| \int_{-\infty}^{\infty} e^{-i\,S^3 + 3\,i\,(k_0\,\Delta/12)^{\frac{2}{3}}S}\, d\,s \right| \qquad (P \text{ near } C_1).$$

In this ratio, which is independent of the choice of the wavefront Σ, the parameter Δ can also be expressed in terms of the distance h from P to P', viz.

$$\Delta \sim \frac{2^{\frac{5}{2}}}{3} \frac{h^{\frac{3}{2}}}{R^{\frac{1}{2}}},$$

in which R is the radius of curvature of the caustic at P'. The parameter Δ thus defined becomes complex for negative h, that is, for P at the concave side of the caustic surface. The numerical behaviour of the rainbow integral for such complex arguments indicates an exponential decrease of the wave function when moving away from C_1 to the concave side of this surface. We then enter into the shadow region that is impenetrable for rays enveloping C_1. The smallness of the field existing there is explained mathematically by the absence of a real saddle-point in the integral (19.1).

Another characteristic of the rainbow-integral is the phase shift $\pi/2$ which occurs, in addition to the ordinary changes of phase (in accordance with path lengths), at observation points situated far away on one and the same ray at different sides of its tangenting point T with C_1. Such a phase shift is also obvious from the change of the sign in $\varrho_1 - D$ which amounts, in view of (18.10), to a phase shift $\pi/2$ in the factor $\{K(P)\}^{\frac{1}{2}}$ of (18.11).

We finally consider the dependence of high-order approximations on the wave number. The phase integrals (19.1) can always be considered as Kirchhoff integrals; therefore, $\varphi(Q)$ increases proportional to k_0 for great values of this parameter [compare Eq. (18.3)]. Hence (20.3) indicates an increase of the field on a caustic which is proportional to $k_0^{\frac{1}{6}}$. The computation of the field at a focus by the method explained at the end of the previous section leads to an increase proportional to $k_0^{\frac{1}{3}}$. In general the power of k_0 becomes higher according as the singularity of the wave front becomes more complicated. The occurrence of other powers of k_0 has been discussed by Kay for fields produced by reflection against cylindrical surfaces[1].

21. The propagation of field discontinuities. All types of wave equations admit solutions that change discontinuously along special surfaces moving through space, this motion being determined by the coefficients of the highest-order derivatives occurring in the equation [second order in the wave equation (3.2),

---

[1] I. Kay: Symposium Microwaves, Montreal 1953, paper 42.

first order in MAXWELL's equations (1.1)]. In the mathematical theory these moving two-dimensional surfaces, which are three-dimensional domains in the four-dimensional $xyzt$ space, are termed *characteristic hypersurfaces*. They are more precisely defined as those boundaries for which the function(s) constituting the complete solution cannot be derived uniquely from the special values along these boundaries of the function(s) and its (their) derivatives up to an order one below that of the equation(s). On the other hand, the hyperbolic type of the wave equations implies that the solution is always fixed by giving these data along any other hypersurface in the $xyzt$ space.

Discontinuities of solutions only can occur along the above characteristic hypersurfaces. The latter are realized physically by the moving wavefronts associated with the propagation of disturbances generated somewhere in space. Moreover, the magnitude of the field discontinuities on these wave-fronts proves to be proportional to the geometric-optical amplitude of monochromatic waves for which the successive positions of these moving wave fronts then constitute steady wave fronts. This fundamental connection has been discovered by LUNE-BERG[1] whereas it has been extended by KLINE[2] to similar connections between the discontinuities of the time derivatives of the field, and the coefficients of geometrical-optics expansions such as (16.7). The rigorous derivations of these authors are based

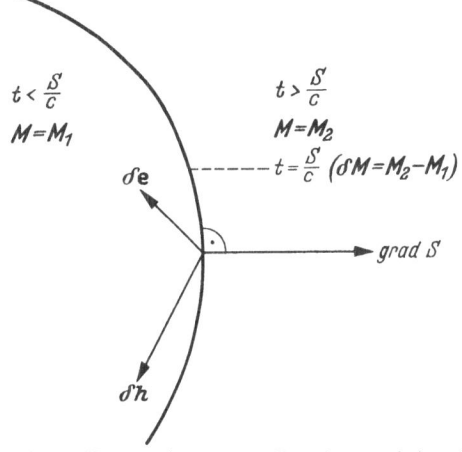

Fig. 12. Vectors referring to a discontinuous solution of MAXWELL's equations.

on integrations of MAXWELL's equations over four-dimensional space-time domains; a simplified derivation with the aid of DIRAC's delta function is sketched hereafter.

While considering an inhomogeneous space free of sources, we start from MAXWELL's equations in terms of BATEMAN's vector. For general, non-mono-chromatic, fields the basic equation reads, instead of (16.3),

$$\operatorname{curl} \boldsymbol{M} + j\,\frac{n}{c}\,\frac{\partial \boldsymbol{M}}{\partial t} = \frac{1}{4}\,\operatorname{grad} \log \frac{\mu}{\varepsilon} \times \boldsymbol{M}^{*}. \qquad (21.1)$$

We assume a special solution which is discontinuous along some moving wavefront $S(x, y, z) = ct$, the function S not being fixed yet. The continuous functions representing $\boldsymbol{M}$ before and after the passage of the wavefront, that is, in the half hyperspaces $t < S/c$ and $t > S/c$, will be marked as $\boldsymbol{M}_1$ and $\boldsymbol{M}_2$ respectively (see Fig. 12). The complete solution can then be represented analytically by:

$$\boldsymbol{M}(x, y, z, t) = \boldsymbol{M}_1(x, y, z, t)\, U(S - ct) + \boldsymbol{M}_2(x, y, z, t)\, U(ct - S), \qquad (21.2)$$

in which $U(\alpha)$ is HEAVISIDE's unit function (unity for $\alpha > 0$, zero for $\alpha < 0$).

By substituting (21.2) into (21.1) while applying elementary vector analysis, and by making use of the relation $dU/dz = \delta(z)$, and of the property

[1] R. K. LUNEBERG: Research Report EM-14. New York University 1949.
[2] M. KLINE: Comm. Pure Appl. Math. **4**, 225 (1951).

$\varphi(z)\, \delta(z-\alpha) = \varphi(\alpha)\, \delta(z-\alpha)$, we finally obtain:

$$\left.\begin{aligned}
&\left(\operatorname{curl} \boldsymbol{M_1} + \frac{j\,n}{c}\, \frac{\partial \boldsymbol{M_1}}{\partial t} - \frac{1}{4}\, \operatorname{grad} \log \frac{\mu}{\varepsilon} \times \boldsymbol{M_1^*}\right) U(S - c\,t) + \\
&+ \left(\operatorname{curl} \boldsymbol{M_2} + \frac{j\,n}{c}\, \frac{\partial \boldsymbol{M_2}}{\partial t} - \frac{1}{4}\, \operatorname{grad} \log \frac{\mu}{\varepsilon} \times \boldsymbol{M_2^*}\right) U(c\,t - S) + \\
&+ (j\,n\,\delta \boldsymbol{M} - \operatorname{grad} S \times \delta \boldsymbol{M})\, \delta(S - c\,t) = 0;
\end{aligned}\right\} \qquad (21.3)$$

in this relation $\delta \boldsymbol{M}$ is the discontinuity of $\boldsymbol{M}$ along the wave front, viz.

$$\delta \boldsymbol{M} = \boldsymbol{M_2}(x, y, z, S/c) - \boldsymbol{M_1}(x, y, z, S/c).$$

The first and second lines of (21.3) vanish identically in view of the fact that $\boldsymbol{M_1}$ and $\boldsymbol{M_2}$ satisfy Maxwell's equation (21.1). The remaining term with a delta function yields thereupon:

$$\operatorname{grad} S \times \delta \boldsymbol{M} = j\, n\, \delta \boldsymbol{M}. \qquad (21.4)$$

The identical form of (21.4) and (16.5) is obvious. The properties derived earlier for the geometric-optical field vectors $\boldsymbol{e_0}$ and $\boldsymbol{h_0}$ therefore also apply to the discontinuities $\delta \boldsymbol{e}$ and $\delta \boldsymbol{h}$ composing $\delta \boldsymbol{M}$ according to (16.1). First of all the vectors representing these discontinuities form an orthogonal triad together with grad S whereas the two separate components of (21.4) (real and imaginary parts with respect to j) are only compatible if S satisfies the eiconal equation. The surfaces $S =$ constant can therefore play the role of stationary wavefronts associated with monochromatic waves, as well as that of moving wavefronts carrying field discontinuities due to some sudden disturbance. The orientation of the geometric-optical field vectors in the former case is identical (apart from a constant rotation) with that of the vectors representing the field discontinuities in the latter case. By taking into account Maxwell's equations for $\boldsymbol{M_1}$ and $\boldsymbol{M_2}$, as well as the relations (21.4), it proves to be possible to derive the transport equation (16.9) for $\delta \boldsymbol{M}$ instead of $\boldsymbol{m_0}$. Consequently the geometric-optical field vectors and the vectors representing the moving field discontinuities not only have identical directions, but also proportional magnitudes.

The extended theory of Kline concerns the application of the above principles to the derivatives of any order of (21.1) with respect to the time. In terms of Bateman's vector the main result consists of the validity of the recurrence relation (16.8) for $\boldsymbol{m_r}$ replaced by the discontinuity of the r-th derivative (with respect to the time) of the vector $\boldsymbol{M}$ along the moving wavefronts. Owing to the identical form of the transport equation in the mentioned two cases of steady and moving wavefronts, the variation of the higher-order geometrical-optics corrections [see Eq. (16.7)] in the former case, is proportional to that of the discontinuities of the higher-order time derivatives of the field vectors in the latter case.

II. Transmitters as sources of electromagnetic fields.

a) Characteristic properties of a transmitter.

22. The description of sources of electromagnetic waves. Transmitters generally consist of the source supplying the energy, of a feeder along which this energy is transferred to the antenna, and of the radiating element represented by the latter. The conduction currents along the feeder and the antenna form a closed circuit together with the displacement currents generated in the space into which the energy is radiated. The properties of the system are usually described in a different way for long and for short-wave transmitters (the transition between the two types being at a wavelength of the order of ten metres), as will be explained now.

For a long-wave transmitter the current distribution along the conductors forming its antenna can be considered as a well-defined quantity; the resulting radiated field can be determined in principle from this distribution with the aid of MAXWELL's equation (see Sect. 24). The transfer of the energy to the surrounding space can be described in terms of the *input admittance* which is defined as the ratio of the current through the antenna terminals (that is, its connections with the feeder) and the potential difference across the latter (see Sect. 25). The antenna therefore behaves as a circuit element (see next section).

For a short-wave transmitter, on the other hand, the current distribution along its conducting parts is badly defined owing to capacitive leakages. In this case, however, the field existing across some aperture between conducting walls can often be considered as the actual radiating element, provided the field in the plane of the aperture can be neglected beyond the aperture edges. The radiation field of these so-called *aperture antennas* can be determined from the field distribution across the aperture (see Sect. 29). The role of the input admittance is now taken over by that of the transmission cross-section which is defined as the ratio of the total power transmitted to the distant space beyond the aperture, and of the surface density in the aperture of the power supplied directly by the transmitter (see Sect. 38).

Another important quantity is named the *effective area* (see Sect. 37). It is defined as the ratio of the total transmitted power and the power density observed at great distances in a specialized direction. Owing to the symmetry between the properties of transmitting and receiving antennas (see Sects. 35 and 36), the latter can be characterized by quantities similar to those mentioned above.

In this chapter we generally abstract from the influence of the earth; its effects are discussed in the Chaps. IV and V.

23. The transmitter and receiver as circuit elements. Both the total power radiated by a given antenna used as a transmitter, and the total power received by the same antenna when used as a receiver, can be deduced as follows from the so-called *input impedance*. On the analogy of the above mentioned input admittance, the input impedance $Z_a(\omega)$ is defined as the complex ratio of the potential difference across, and of the current through the antenna terminals if all parameters depend harmonically on the time according to the factor $e^{i\omega t}$. The real-valued antenna current

$$I_0 \cos(\omega t) = \tfrac{1}{2} I_0 e^{i\omega t} + \tfrac{1}{2} I_0 e^{-i\omega t}$$

thus corresponds to a potential difference

$$\tfrac{1}{2} I_0 \{Z_a(\omega) e^{i\omega t} + Z_a(-\omega) e^{-i\omega t}\}. \tag{23.1}$$

The radiated power P is obtained as the product of these two quantities in the case of a perfectly conducting antenna system. The mean value $\overline{P}$ of P over one period is found to be

$$\overline{P} = \frac{I_0^2}{4} \{Z_a(\omega) + Z_a(-\omega)\}. \tag{23.2}$$

On the other hand, the expression (23.1) has to be real, which involves that $Z_a(\omega)$ and $Z_a(-\omega)$ be conjugate complex. Hence (23.2) can be replaced by

$$\overline{P} = \frac{I_0^2}{2} \operatorname{Re} Z_a(\omega) = \frac{I_0^2}{2} R_a(\omega), \quad \text{say.} \tag{23.3}$$

The radiated power is thus uniquely determined (provided the energy absorbed in conductors near the transmitter is negligible) by the real part of the input impedance, that is, by the so-called *radiation resistance* $R_a(\omega)$.

We next consider a receiving antenna which may be identical with the above transmitting antenna. The antenna terminals A and B of the receiver (see Fig. 13) are connected with a load impedance $Z_l = R_l + i Y_l$ which has to absorb the received energy. Let $V_0 e^{i\omega t}$ represent the potential difference induced by some transmitter across AB in the case of an open receiver circuit (absence of Z_l). Owing to the receiver current $I_0 e^{i\omega t}$, the effective potential difference reduces to $\{V_0 - I_0 Z_l(\omega)\} e^{i\omega t}$. Hence, according to the above definition of the input impedance,

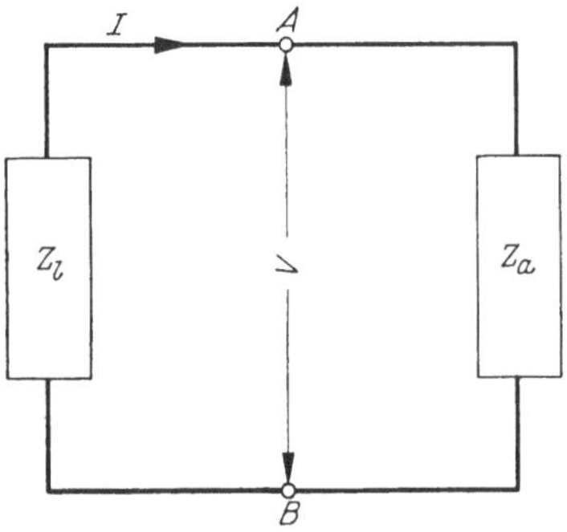

$$Z_a(\omega) = \frac{V_0 - I_0 Z_l(\omega)}{I_0},$$

so that

$$I_0 e^{i\omega t} = \frac{V_0 e^{i\omega t}}{Z_a(\omega) + Z_l(\omega)}.$$

The total current generated in the receiver by the real inducing potential difference $V_0 \cos(\omega t)$ then amounts to:

$$I = \frac{V_0}{2} \left\{ \frac{e^{i\omega t}}{Z_a(\omega) + Z_l(\omega)} + \frac{e^{-i\omega t}}{Z_a(-\omega) + Z_l(-\omega)} \right\},$$

Fig. 13. Circuit elements of a receiving antenna.

which involves the following value for the average power absorbed by the load:

$$\overline{P_l} = R_l \overline{I^2} = \frac{R_l V_0^2}{2\{Z_a(\omega) + Z_l(\omega)\}\{Z_a(-\omega) + Z_l(-\omega)\}} = \frac{R_l V_0^2}{2|Z_a(\omega) + Z_l(\omega)|^2}.$$

By introducing the splitting $Z_a(\omega) = R_a(\omega) + i Y_a(\omega)$ of the input impedance into its real and imaginary parts, we get the alternative form:

$$\overline{P_l} = \frac{R_l V_0^2}{2[\{R_a(\omega) + R_l(\omega)\}^2 + \{Y_a(\omega) + Y_l(\omega)\}^2]},$$

which becomes maximum qua function of R_l and Y_l if $Y_l = -Y_a$ and $R_l = R_a$. A receiver set satisfying these conditions absorbs a maximum amount of energy, viz. $V_0^2/8R_a$. Such a matched receiver is characterized by a load impedance that is conjugate complex with the input impedance of the antenna. The usually negligible interaction between the receiver and the transmitter exciting it has been neglected here; this interaction can formally be taken into account by the introduction of mutual circuit elements (see Sect. 36).

We finally mention that the cosmic-noise energy received on radio-astronomical equipments is usually expressed in terms of the so-called *antenna temperature* T_a. The latter is defined by the relation $W(f) = k T_a \Delta f$ in which W is the energy received in a frequency bandwidth Δf, and k is Boltzmann's constant. The reason for this definition is that a resistance of the temperature T_a would produce the same amount W of thermic-noise energy in this frequency band. The quantity T_a can also be interpreted by the statement that the received energy equals that obtained from the radiation in a surrounding space which is at the temperature T_a.

b) The electromagnetic field generated by transmitters.

24. The distant field of transmitters. The field of long-wave transmitters can be derived in principle with the aid of the theory of Sect. 6 if the current distribution on its antenna system is known. In simplified antenna theories this distribution is determined approximately, but its exact evaluation always constitutes a difficult problem (see Sect. 30). Further, this distribution is usually that of a two-dimensional surface distribution since the antenna system may be considered approximately as composed of perfect conductors, the high-frequency currents penetrating very little into their walls.

The application of a transmitter involves that, in practice, we are only interested in its distant field. According to Sects. 11 and 12, this field only depends on the component $\boldsymbol{\Pi}_\perp$ of the Hertzian vector $\boldsymbol{\Pi}$ that is perpendicular to the direction of observation. The wave-zone approximation of this component reads [see Eq. (11.2)]:

$$\boldsymbol{\Pi}_\perp \sim \frac{e^{ikr}}{r} \frac{1}{c} \iiint d\xi\, d\eta\, d\zeta\, \boldsymbol{j}_\perp (\xi, \eta, \zeta)\, e^{-ik(\cos\alpha\,\xi + \cos\beta\,\eta + \cos\gamma\,\zeta)}, \tag{24.1}$$

the integration of which extends over a volume enclosing all antenna elements; it is only the current density $\boldsymbol{j}_\perp$ perpendicular to the direction of observation (characterized itself by the angles α, β, γ) that matters. In terms of $\boldsymbol{\Pi}_\perp$ the field vectors, and the energy current W per unit solid angle, are given by (see Sect. 12):

$$\boldsymbol{e} \sim i k \left(\frac{\mu}{\varepsilon}\right)^{\frac{1}{2}} \boldsymbol{\Pi}_\perp ; \quad \boldsymbol{h} \sim i k \, \boldsymbol{u}_r \times \boldsymbol{\Pi}_\perp , \tag{24.2}$$

$$W = \frac{k^2 c}{8\pi} \left(\frac{\mu}{\varepsilon}\right)^{\frac{1}{2}} r^2 \, \boldsymbol{\Pi}_\perp \cdot \boldsymbol{\Pi}_\perp^* = \frac{c}{8\pi} \left(\frac{\varepsilon}{\mu}\right)^{\frac{1}{2}} r^2 \, \boldsymbol{e} \cdot \boldsymbol{e}^*, \tag{24.3}$$

the last quantity being independent of r ($\boldsymbol{u}_r$ is the unit vector along the direction of observation).

The mutual phase differences of the various current elements are very important for the effectiveness of antenna systems. In view of the time factor $e^{-i\omega t}$ assumed throughout here, a current element described by $\boldsymbol{j}(\xi, \eta, \zeta) \exp\{i\,\varphi(\xi, \eta, \zeta)\}$ has a phase lag of φ radians relative to an element described by $\boldsymbol{j}(\xi, \eta, \zeta)$. The comparison of the phase factors occurring along one special conductor enables to discriminate whether the distribution is, e.g., that of a standing wave or of a wave travelling along the conductor. In practice, standing-wave distributions are used very commonly.

The expression (24.1) is very instructive for the effects obtained by antenna systems consisting of arrays in space of one and the same basic transmitter element. Let $\boldsymbol{j}_0(x, y, z)$ be the current distribution in the latter; the distribution in an element obtained by displacing the original transmitter over the distances a_s, b_s, c_s in the x, y, z directions, while applying a general phase shift φ_s, is described by

$$\boldsymbol{j}_0(x - a_s,\ y - b_s,\ z - c_s)\, e^{i\,\varphi_s}.$$

By substituting this new distribution into (24.1) we derive, with the aid of a shift of the integration variables, the following wave-zone approximation of the Hertzian vector of the displaced element

$$\boldsymbol{\Pi}_0\, e^{-ik(\cos\alpha\,a_s + \cos\beta\,b_s + \cos\gamma\,c_s) + i\,\varphi_s}, \tag{24.4}$$

if $\boldsymbol{\Pi}_0$ is the Hertzian vector of the basic element. The Hertzian vector (and also its component perpendicular to the direction of observation) of an array of identical transmitting systems (each of which is characterized by an integral s) thus proves to be proportional to

$$\sum_s e^{-ik(\cos\alpha\,a_s + \cos\beta\,b_s + \cos\gamma\,c_s) + i\,\varphi_s}.$$

This so-called *space factor* can be chosen such as to obtain a radiation pattern $W(\alpha, \beta, \gamma)$ of desired properties. These patterns can be compared with the diffraction patterns produced by optical gratings. In both cases appreciable effects are only obtainable if the spacings between neighbouring elements (as determined by the separations between the consecutive identical antenna elements, and by the grating constant respectively) are smaller than the working wavelength.

The special case of a *linear end-fire array* consists of antenna elements that are equally spaced along a line. When taking the latter as x axis, we can substitute $a_s = s\,a$, $b_s = c_s = 0$ in (24.4) which leads to a space factor given by a polynomial in the complex variable exp $(-i k a \cos \alpha)$. The mathematical investigation of complex polynomials may therefore be helpful for the design of such antennas as has been shown by SCHELKUNOFF[1]. A *Yagi antenna* consists of a properly chosen array of parallel elements one of which is only energized; the currents (and their phases) induced in the other elements then are automatically adjusted such that the radiation is concentrated near the intersection of the plane perpendicular to the individual antennas with that containing the various parallel elements themselves.

25. Determination of the input impedance. The two following methods for deriving the total power radiated by a transmitter are obvious:

(a) An integration of the energy $W(\alpha, \beta, \gamma)$ transmitted per unit solid angle [see Eq. (24.3)] over all directions in space, an example of which will be treated in the next section. The ratio of the power thus determined, and of the square of the current through the antenna terminals, yields the radiation resistance R_a.

(b) An integration of the Poynting vector $\boldsymbol{P}$ over a closed surface surrounding the antenna system as close as possible; it also yields the total radiation since no energy is lost beyond the mentioned surface (the medium is assumed as non absorbing). The integral in question also equals the negative work done by the electromagnetic field on the charges flowing through the antenna conductors.

An advantage of the first method is its exclusive dependence on the rather simple distant field. On the other hand, the complex integral of the second method yields the *complete* input impedance $Z_a(\omega)$, when we start from an exactly monochromatic situation (time factor $e^{-i\omega t}$) and if we divide the result by the square of the antenna-terminal current. The first method only gives information about the real part of the input impedance, that is the radiation resistance R_a, whereas the second method includes the derivation of its imaginary part Y_a. The latter is connected with the non-radiating part of the currents in the antenna system; the knowledge of Y_a is important, e.g., for the adjustment of receiver antennas (see Sect. 23).

In what follows we shall discuss the second method for a continuous three-dimensional distribution of antenna currents; the case of a surface distribution has been investigated by BRILLOUIN[2]. Let $\boldsymbol{j}(x, y, z)\, e^{-i\omega t}$ and $\boldsymbol{e}(x, y, z)\, e^{-i\omega t}$ represent the spatial distributions (in the transmitter) of the current density and of the electric field that correspond to a current $I_0 e^{-i\omega t}$ through the terminals; the potential difference across the latter then becomes $I_0 Z_a(-\omega)\, e^{-i\omega t}$. We consider the realizable situation described by the real parts of these quantities.

[1] S. A. SCHELKUNOFF: Bell Syst. Techn. J. **22**, 80 (1943).
[2] L. BRILLOUIN: Bull. Radioélectr. **3**, 147 (1922).

The energy supplied to the terminals then should equal, apart from its sign, the work done by the electric field in the antenna system. This work amounts per unit volume and per unit time interval to the product of the local values of the current density and of the electric field. The situation in question therefore requires the relation

$$\mathrm{Re}\,(I_0\,\mathrm{e}^{-i\omega t})\,\mathrm{Re}\,\{I_0 Z_a(-\omega)\,\mathrm{e}^{-i\omega t}\} = -\iiint dx\,dy\,dz\,\mathrm{Re}\,(\boldsymbol{j}\,\mathrm{e}^{-i\omega t})\cdot\mathrm{Re}\,(\boldsymbol{e}\,\mathrm{e}^{-i\omega t}),$$

the integration extending over the complete transmitter. The three equations following from the required validity of this relation at any time only are compatible provided (assuming I_0 as real-valued):

$$\iiint dx\,dy\,dz\,\mathrm{Im}\,\boldsymbol{j}\cdot\mathrm{Im}\,\boldsymbol{e} = 0.$$

If this condition is fulfilled (as in the case of all transmitters depending on standing waves, $\boldsymbol{j}$ then being real-valued), we arrive at

$$I_0^2 Z_a(-\omega) = -\iiint dx\,dy\,dz\,\boldsymbol{e}(x,y,z)\cdot\boldsymbol{j}(x,y,z).$$

We now substitute expressions (6.6) for $\boldsymbol{e}$ in ether ($c'=c$; $\omega/c'=k$). The input impedance then appears as a sixtuple integral arising from two successive integrations over the space occupied by the antenna system. This general expression becomes rather simple for a linear antenna with infinitesimal cross-section. By taking the z axis along such an antenna, we can describe its spatial current distribution by $j_x = j_y = 0$; $j_z = I(z)\,\delta(x)\,\delta(y)$. The sixtuple integral then reduces to the following double integral, the integrations of which actually extend over the part of the z axis containing the antenna:

$$Z_a(-\omega) = -\frac{ik}{c\,I_0^2}\int_{-\infty}^{\infty} dz\,I(z)\int_{-\infty}^{\infty} d\zeta\left\{I(\zeta)+\frac{I'(\zeta)}{k^2}\frac{\partial}{\partial z}\right\}\frac{e^{ik|z-\zeta|}}{|z-\zeta|}. \tag{25.1}$$

This expression is independent of the feeder current I_0 in view of the proportionality of $I(z)$ to this quantity. Unfortunately the contribution from the imaginary part of the last factor in (25.1) only converges for very special current distributions along the straight wire, for instance for a half-wave dipole (see Sect. 28). However, the real part of (25.1), that is, the radiation resistance R_a, is always finite for real $I(z)$ and therefore can be applied to all current distributions that are in phase throughout the wire. The corresponding expression for R_a, which has been derived by BOUWKAMP[1], reads as follows after a transformation with the aid of a partial integration:

$$R_a(-\omega) = \frac{1}{\omega\,I_0^2}\int_{-\infty}^{\infty} dz\,I(z)\int_{-\infty}^{\infty} d\zeta\,I(\zeta)\left(k^2+\frac{\partial^2}{\partial z^2}\right)\frac{\sin\{k(z-\zeta)\}}{(z-\zeta)}. \tag{25.2}$$

In order to arrive at finite expressions for both the real and imaginary parts of the input impedance of arbitrary thin wires, it is necessary to take into account a finite cross-section. The dominating term for the complete impedance $Z_a(-\omega)$ of a cylindrical wire with small radius ϱ_0 proves to be given by:

$$Z_a(-\omega) = -\frac{i}{\omega\,I_0^2}\int_{-\infty}^{\infty} dz\,I(z)\int_{-\infty}^{\infty} d\zeta\,I(\zeta)\left(k^2+\frac{\partial^2}{\partial z^2}\right)\frac{e^{ik\{(z-\zeta)^2+\varrho_0^2\}^{\frac{1}{2}}}}{\{(z-\zeta)^2+\varrho_0^2\}^{\frac{1}{2}}}. \tag{25.3}$$

[1] C. J. BOUWKAMP: Philips Res. Rep. **1**, 65 (1945/46).

26. The field of a short antenna (electric dipole). The simplest idealized transmitter consists of a perfectly conducting cylinder with infinitesimal dimensions, but such that the product of its length l and of the amplitude I_0 of the supported current $I_0 e^{-i\omega t}$ has a finite value, the so-called *moment* of the transmitter. Such an antenna is approached by a rod with transverse dimensions small compared to its length, and the latter small compared to the working wavelength.

By introducing a coordinate system with this idealized antenna (a so-called *electric dipole*) at its origin (see Fig. 14), and with the z axis along the direction of the current I (direction of dipole axis), we can represent the spatial distribution of the components of the amplitudes of its current density by:

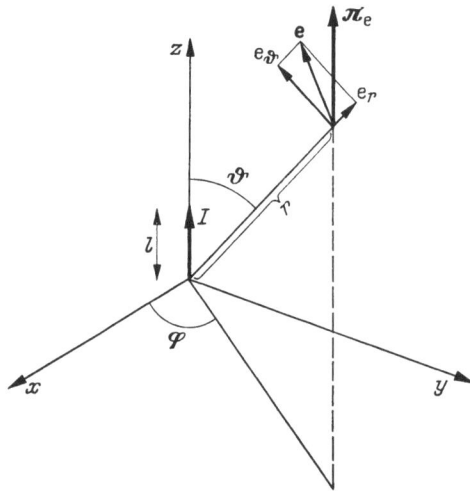

$$j_x = j_y = 0;$$
$$j_z = I_0 l\, \delta(x)\, \delta(y)\, \delta(z). \qquad (26.1)$$

The corresponding Hertzian vector $\boldsymbol{\Pi}_e$ has a z component only, whereas the integral (6.3) for its amplitude reduces to a contribution from the origin only. In ether $(c' = c; n = 1; \omega = kc)$ this amplitude becomes:

$$\Pi_e = \frac{I_0 l}{c} \frac{e^{ikr}}{r}$$
$$\left\{ r = \sqrt{x^2 + y^2 + z^2} \right\}. \qquad (26.2)$$

Fig. 14. Coordinates and quantities referring to a short dipole.

The rectangular field components are easily derived from this expression with the aid of (6.2) (taking $j = 0$ outside the origin). The representation of the field is very clear in spherical coordinates r, ϑ, φ ($x = r \sin\vartheta \cos\varphi$,etc.). The components of the electric and magnetic fields then read:

$$e_r = 2\frac{I_0 l}{c} e^{ikr} \cos\vartheta \left(\frac{1}{r^2} + \frac{i}{k\, r^3} \right);$$
$$e_\vartheta = -ik\frac{I_0 l}{c} e^{ikr} \sin\vartheta \left(\frac{1}{r} + \frac{i}{k\, r^2} - \frac{1}{k^2\, r^3} \right);$$
$$h_\varphi = -ik\frac{I_0 l}{c} e^{ikr} \sin\vartheta \left(\frac{1}{r} + \frac{i}{k\, r^2} \right);$$
$$e_\varphi = h_r = h_\vartheta = 0. \qquad (26.3)$$

The terms proportional to r^{-3} in the electric field dominate when approaching the limiting case of zero frequency $(k = 0)$ and are therefore called "static terms". The "radiation terms" proportional to r^{-1}, on the contrary, determine the wave-zone field. The remaining "induction terms" proportional to r^{-2} are characteristic of fields induced at short distances by alternating currents. For a fixed frequency the static terms always dominate near the dipole, whereas the domain of distances of the order of one wavelength separates the mainly static field from the wave-zone field.

The above field is basic for all other antenna systems since any distribution $j(x, y, z)$ of radiating currents can be interpreted as a superposition of electric dipoles with infinitesimal moments $j\, dO \cdot dl$ if dl is a line element in the direction of the local currents, and dO a small surface element perpendicular to it. A surveyable form of the field due to an electric dipole situated at some arbitrary point Q, with a moment Il given by the length of a vector M in the direction of the dipole axis, is therefore useful. Such a form is given by the tensor relation

$$e(P) = \Gamma(P, Q) M(Q) \qquad (26.4)$$

according to which the electric field produced at P by an electric dipole at Q is obtained by a dyadic multiplication of the moment $M(Q)$ of the latter by the so-called *Green tensor* Γ. The components of Γ read in rectangular coordinates x_1, x_2, x_3:

$$\Gamma_{r,s}(P, Q) = \frac{i}{\omega} \left(k^2 \delta_r^s + \frac{\partial^2}{\partial x_r \partial x_s} \right) \frac{e^{ikPQ}}{PQ} \qquad (r, s = 1, 2, 3),$$

in which the derivatives may refer to the coordinates of P as well as to those of Q; the conventional symbol δ_r^s equals 1 or 0 for $r = s$ and $r \neq s$ respectively. This Green tensor for free space constitutes a special case of that occurring in the same relation (26.4) in the presence of other sources or of conductors.

Returning to the field (26.3) for a short dipole at the origin, we notice the simple form of the magnetic field; it is everywhere perpendicular to the plane through the dipole axis (z axis) and the point of observation, whereas the static terms are missing. In practice, however, the wave-zone field is only important; the general properties of transversality of such a field (see Sect. 11) are recognized at once. The only field components non vanishing in the wave zone prove to be given there by

$$e_\vartheta = h_\varphi \sim -ik \frac{I_0 l}{c} e^{ikr} \frac{\sin \vartheta}{r} \qquad (kr \gg 1). \qquad (26.5)$$

The average Poynting vector $\overline{P}$ can then be computed with the aid of (12.1); its length yields, after a multiplication by r^2, the following value for the energy W radiated per unit solid angle:

$$W(\vartheta) = \frac{k^2}{8\pi c} (I_0 l)^2 \sin^2 \vartheta. \qquad (26.6)$$

The total radiated power W_{tot} is obtained by integrating this expression over all directions in space according to:

$$W_{\text{tot}} = 2\pi \int_0^\pi \sin \vartheta \, W(\vartheta) \, d\vartheta = \frac{k^2}{3c} (I_0 l)^2. \qquad (26.7)$$

This formula amounts to the following value of the radiation resistance [compare (23.3)]:

$$R_a = \frac{2}{3c} k^2 l^2 = \frac{8\pi^2}{3c} \frac{l^2}{\lambda^2}, \qquad (26.8)$$

which is also in accordance with (25.2). The results derived above for the wave zone lead to the following expressions in customary practical units (which are not indicated for the dimensionless factor l/λ; the current I and the field amplitudes are expressed in r.m.s. values now):

$$\left. \begin{array}{l}
|e| \sim 188.5 \, I_{\text{amp}} \dfrac{l}{\lambda} \dfrac{\sin \vartheta}{r_{\text{km}}} \quad \text{mV/m}; \\[2mm]
|h| \sim 6.283 \cdot 10^{-6} I_{\text{amp}} \dfrac{l}{\lambda} \dfrac{\sin \vartheta}{r_{\text{km}}} \quad \text{Gauss}; \\[2mm]
W_{\text{tot}} = 0.7896 \, I_{\text{amp}}^2 \dfrac{l^2}{\lambda^2} \quad \text{kW}; \\[2mm]
R_a = 789.6 \dfrac{l^2}{\lambda^2} \quad \text{Ohm}.
\end{array} \right\} \qquad (26.9)$$

Finally, we mention the following formula for the distant electric r.m.s. field in terms of the total radiated power $W_{tot} = P_{kw}$ expressed in kilowatts:

$$|e| \sim 212.1 \sqrt{P_{kw}} \frac{\sin \vartheta}{r_{km}} \quad \text{mV/m.} \tag{26.10}$$

27. The field of a small loop antenna (magnetic dipole). In the previous section the electric dipole was described by a Hertzian vector of constant direction and an amplitude represented by the spherical wave (26.2). Owing to the symmetry of MAXWELL's equations this electric dipole has as counterpart a point source the field of which depends on a Fitzgerald vector of the same properties. Such a point source is realized by a so-called *magnetic dipole* which consists of an infinitesimal current loop as will be explained below. In view of the first discussion of such a field by FITZGERALD (see Sect. 7), the name of this author is used for any vector $\boldsymbol{\Pi}_m$ determining the field according to the second terms in (7.5); the magnetic dipole is the simplest example, with $\boldsymbol{\Pi}_m$ (in the z direction) of the form (26.2).

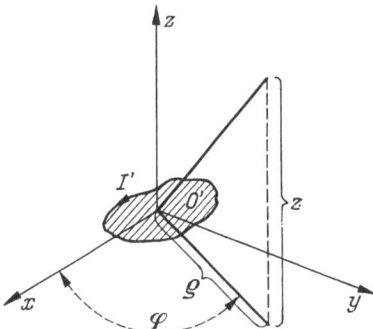

Fig. 15. Coordinates referring to a magnetic dipole.

The field of the magnetic dipole can be derived at once from that of the electric dipole by applying the equivalence theorem mentioned in Sect. 6. According to (6.5) the new field to be obtained by interchanging the electric and magnetic vectors in the field of an electric dipole (while reversing the sign of one of them) can be realized by a new current system deduced from the original one (26.1) with the aid of (6.4). By converting $\delta(x)\,\delta(y)$ in (26.1) into cylindrical coordinates ($x = \varrho \cos \varphi$ etc.), yielding $\delta(\varrho)/(\pi \varrho) = -\delta'(\varrho)/\pi$, we recognize from an evaluation of (6.4) a new current distribution $\boldsymbol{j}'$ (with a φ component only) given by

$$j'_\varphi = \frac{i c I_0 l}{\pi \omega} \delta(z) \delta''(\varrho) = \frac{2 i c I_0 l}{\pi \omega} \delta(z) \frac{\delta(\varrho)}{\varrho^2}.$$

This current system is once more concentrated at the origin, but the current itself is flowing around the z axis in the xy plane (see Fig. 15). By multiplying the current $j'_\varphi\,d\varrho\,dz$ through a small ring around the z axis by the area $\pi \varrho^2$ inside this ring, and by integrating over ϱ (from 0 to ∞) and z, we get:

$$\frac{i c I_0 l}{\omega} = I' O', \tag{27.1}$$

say.

This quantity may be considered as the product of the current along, and of the area inside a small loop antenna realizing the magnetic dipole in the limit of infinitesimal dimensions of the loop. Hence, according to the equivalence theorem, a current I' along a small loop including an area O' in the xy plane near the origin, produces a field obtained from that of an electric dipole with moment $I_0 l = (\omega/ic)\, I' O'$ along the z axis at the origin, by interchanging the electric and magnetic fields (while reverting the sign of one of them). In particular we infer from the corresponding property of an electric dipole that the electric field of a magnetic dipole is everywhere directed perpendicularly to the plane through the dipole axis (which is at a right angle to the area enclosed by the loop) and the point of observation.

We indicate some properties of the wave zone of a magnetic dipole which follow at once from those of the electric dipole. The only remaining components of the field are given by the following expression similar to (26.5):

$$e_\varphi = -h_\vartheta \sim \frac{k^2}{c} I'O' e^{ikr} \frac{\sin\vartheta}{r}.$$

The main expressions in practical r.m.s. units replacing (26.9) become:

$$|\boldsymbol{e}| \sim 1184\, I_{\text{amp}} \frac{O'}{\lambda^2} \frac{\sin\vartheta}{r_{\text{km}}} \quad \text{mV/m};$$

$$|\boldsymbol{h}| \sim 3.948 \cdot 10^{-5} I_{\text{amp}} \frac{O'}{\lambda^2} \frac{\sin\vartheta}{r_{\text{km}}} \quad \text{Gauss};$$

$$R_a = 3.117 \cdot 10^4 \frac{O'^2}{\lambda^4} \quad \text{Ohm}.$$

We finally make a comparison between the expressions following from (8.2) for the Hertzian and Fitzgerald vectors for the fields due to an unit surface element of a closed boundary, and the simple expressions for the same vectors for an electric and magnetic dipole at the origin [given by (26.2) for the former one]. It then appears that the field inside a source-free closed surface may be ascribed to a covering of its boundary with electric dipoles having a moment $\boldsymbol{I}_0 l = (c/4\pi)\boldsymbol{h}\times\boldsymbol{u}_\nu$ per unit surface element, and with magnetic dipoles having a moment $\boldsymbol{I}'O' = (ic/4\pi k)\boldsymbol{e}\times\boldsymbol{u}_\nu$ per unit element. These dipole distributions are therefore fully determined by the components in the tangenting plane of the local fieldvectors $\boldsymbol{e}$ and $\boldsymbol{h}$.

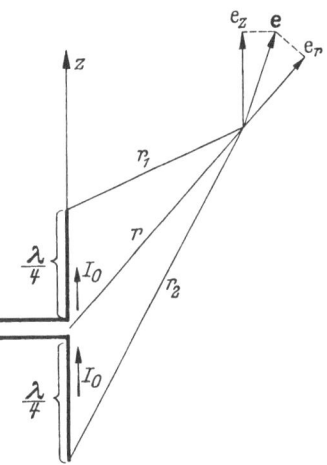

Fig. 16. Coordinates and quantities referring to a half-wave dipole.

28. The field of a half-wave dipole. A half-wave dipole consists in its idealized form of an infinitesimally thin rod of length $\lambda/2$ that is connected with the feeder at its central point [which we take as the origin $x = y = z = 0$ (see Fig. 16)]. The current distribution along this one-dimensional antenna (taken as z axis) is assumed as a standing wave with nodes at the ends ($z = \pm\lambda/4$); it can therefore be represented by (compare the remark at the end of Sect. 31):

$$I(z) = I_0 \cos\left(\frac{2\pi}{\lambda} z\right).$$

In practice the length is about 5% less than a half wavelength in order to overcome effects due to the finite cross-section. This antenna is very useful since it constitutes the longest linear antenna (λ being given) operating with a standing wave the current of which has everywhere the same sign at any moment. A shorter linear antenna shows a lower, less practical radiation resistance without a significant change of the radiation pattern; on the other hand, a longer antenna would produce a radiation pattern more dependent on the direction of observation.

The field of a half-wave dipole can be computed with the aid of the general theory (Sect. 6) while substituting the following components for the spatial current density:

$$j_x = j_y = 0;$$

$$j_z = \begin{cases} I_0 \cos\left(\dfrac{2\pi}{\lambda} z\right) \delta(x)\,\delta(y) & \text{for } |z| < \lambda/4, \\[2mm] 0 & \text{for } |z| > \lambda/4. \end{cases}$$

The field components are much simpler than the Hertzian vector which, in this case, proves to depend on since and cosine integrals. The clearest representation of the field is the following in terms of spherical coordinates ($x = r \sin \vartheta \cos \varphi$, etc.) in which, however, e_ϑ has been replaced by the simpler rectangular component e_z;

$$
\left.
\begin{aligned}
e_r &= \frac{i \pi I_0}{2\omega} \frac{1}{r} \left(\frac{e^{ikr_1}}{r_1} - \frac{e^{ikr_2}}{r_2} \right); \\
e_z &= \frac{i I_0}{c} \left(\frac{e^{ikr_1}}{r_1} + \frac{e^{ikr_2}}{r_2} \right); \\
h_\varphi &= - \frac{i I_0}{c} \frac{(e^{ikr_1} + e^{ikr_2})}{r \sin \vartheta}; \\
e_\varphi &= h_r = h_\vartheta = 0.
\end{aligned}
\right\}
\tag{28.1}
$$

The quantities r_1 and r_2 here denote the distances from the point of observation to the upper and lower ends ($z = \lambda/4$, $z = -\lambda/4$ respectively) of the dipole. The wave-zone approximation is obtained by substituting $r_1 \sim r_2 = r$ in the amplitude factors, and the more accurate expressions $r_{1,2} \sim r \mp \lambda \cos \vartheta/4$ in the exponents. The only non-vanishing components (retaining terms of the order of r^{-1}) become:

$$
e_\vartheta = h_\varphi \sim - \frac{2i I_0}{c} \frac{e^{ikr}}{r} \frac{\cos\left(\frac{\pi}{2} \cos \vartheta\right)}{\sin \vartheta},
\tag{28.2}
$$

the amplitude of the former of which reads in practical r.m.s. units:

$$
|e| \sim 60 \frac{I_{\text{amp}}}{r_{\text{km}}} \frac{\cos\left(\frac{\pi}{2} \cos \vartheta\right)}{\sin \vartheta} \quad \text{mV/m}.
\tag{28.3}
$$

The expressions (28.2) also enable the computation of the average Poynting vector $\overline{P}$ and of the radiation W per unit solid angle, by applying (12.1). The radiation pattern is given by

$$
W(\vartheta) = \frac{I_0^2}{2\pi c} \frac{\cos^2\left(\frac{\pi}{2} \cos \vartheta\right)}{\sin^2 \vartheta},
\tag{28.4}
$$

the ϑ dependence of which is not very different from that of the corresponding function (26.6) for a short dipole. In both cases there is no radiation in the directions $\vartheta = 0, \pi$ of the dipole axis. Finally, an integration of (28.4) over all directions in space, as in (26.7), yields the total radiated power and the radiation resistance [methode (a) of Sect. 25]. The latter becomes in the electrostatic units used here:

$$
R_a = \frac{1}{c} \int\limits_0^{2\pi} \frac{1 - \cos u}{u} \, du,
\tag{28.5}
$$

and thus proves to be independent of the wavelength, its value being 73.13 Ohm in practical units. The field (28.3) can now also be expressed in terms of the total radiated power P_{kw} in kilowatts; the result reads in r.m.s. units:

$$
|e| \sim 221.9 \frac{\sqrt{P_{\text{kw}}}}{r_{\text{km}}} \frac{\cos\left(\frac{\pi}{2} \cos \vartheta\right)}{\sin \vartheta} \quad \text{mV/m},
$$

and shows that the maximum field value for $\vartheta = 0$ is only 1.046 times as large as that of a short dipole [compare (26.10)].

By applying method (b) of Sect. 25 we can arrive at the complete input impedance. Fortunately the expression (25.1) for linear infinitesimally thin antennas converges here and leads to the integral

$$Z_a(-\omega) = \frac{1}{c} \int_0^{2\pi} \frac{1 - e^{iu}}{u} \, du, \tag{28.6}$$

which is an extension of its real part (28.5). Even the complete inputimpedance, which becomes $73.13 - i\,42.55$ in Ohms, thus proves to be independent of the wavelength for a half-wave dipole in free space, fed at its centre. This impedance (defined for a time factor $e^{-i\omega t}$) behaves as a resistance in series with an inductance. According to the theory of Sect. 23, the matched load of a receiving half-wave dipole therefore consists of the conjugated complex impedance $73.13 + i\,42.55$ Ohm which is a resistance in series with a capacitance.

29. The field of an aperture antenna. Aperture antennas as defined in Sect. 22 may generally be described by some finite part of a curved sheet with a given field distribution across it, whereas the field is negligible on the extension of this sheet beyond the aperture edges. The complete field could be computed with the aid of (8.3) and (8.4), the surface of integration reducing to the aperture itself. For plane apertures, however, the following treatment is more instructive in order to derive the close connections between the distant field and the two-dimensional Fourier transform of the field distribution across the aperture.

Let a plane aperture be situated in the xy plane near the origin. The distribution across the aperture of any rectangular field component, such as e_x, and its Fourier transform, G_x say, are connected by the reciprocal formulae:

$$e_x(x, y, 0) = \frac{1}{4\pi^2} \iint_{-\infty}^{\infty} d\omega_1 \, d\omega_2 \, G_x(\omega_1, \omega_2) \, e^{i(\omega_1 x + \omega_2 y)}, \tag{29.1}$$

$$G_x(\omega_1, \omega_2) = \iint_{-\infty}^{\infty} dx \, dy \, e_x(x, y, 0) \, e^{-i(\omega_1 x + \omega_2 y)}; \tag{29.2}$$

the domain of integration of (29.2) automatically reduces to the aperture itself.

Obviously each Fourier component $\exp\{i(\omega_1 x + \omega_2 y)\}$ in (29.1) constitutes the value at $z = 0$ of a plane wave

$$e^{i(\omega_1 x + \omega_2 y + \sqrt{k^2 - \omega_1^2 - \omega_2^2}\, z)} \quad \text{for} \quad \omega_1^2 + \omega_2^2 < k^2, \tag{29.3}$$

$$e^{i(\omega_1 x + \omega_2 y)} \, e^{-\sqrt{\omega_1^2 + \omega_2^2 - k^2}\, z} \quad \text{for} \quad \omega_1^2 + \omega_2^2 > k^2, \tag{29.4}$$

which satisfies the wave equation. In view of the time factor $e^{-i\omega t}$, the wave (29.3) moves away unattenuated through the half space $z > 0$, whereas (29.4) decays exponentially when penetrating there. The extension of the above Fourier components to the waves (29.3) and (29.4) thus corresponds to a situation in which the high-frequency source energizing the aperture is on its left ($z < 0$) whereas there are no sources at all in $z > 0$. We formally may use (29.3) throughout, if $(k^2 - \omega_1^2 - \omega_2^2)^{\frac{1}{2}}$ is defined as lying in the first quadrant and when we introduce the conventional assumption of a wave number k in the same quadrant (which amounts physically to the existence of some absorption in free space, no matter how small it may be). According to the superposition principle, the field in $z > 0$ of the component e_x in question then becomes:

$$e_x(x, y, z) = \frac{1}{4\pi^2} \iint d\omega_1 \, d\omega_2 \, G_x(\omega_1, \omega_2) \, e^{i(\omega_1 x + \omega_2 y + \sqrt{k^2 - \omega_1^2 - \omega_2^2}\, z)}. \tag{29.5}$$

At some distance from $z=0$, the contribution to this integral is mainly restricted to the spatial frequencies for which $\omega_1^2+\omega_2^2<k^2$, the effect of the other frequencies for which $\omega_1^2+\omega_2^2>k^2$ becoming insignificant. For this reason the contributions connected with the plane waves (29.3) and (29.4) are called "non-evanescent waves" and "evanescent waves" respectively. The latter, also termed "reactive waves", are connected with oscillatory displacements of energy across the aperture, instead of with a permanent removal away from it.

It is clear that only the non-evanescent waves have any effect on the distant field. For e_x the approximation valid there is obtained by determining the second-order saddlepoint approximation of (29.5) according to the method of Sect. 18. The position of the saddlepoint, viz.

$$\omega_{1,S}=k\frac{x}{r}=k\cos\alpha;\qquad \omega_{2,S}=k\frac{y}{r}=k\cos\beta,$$

is found by equating to zero the partial derivatives (with respect to ω_1 and ω_2) of the exponent of (29.5). The saddlepoint position involves that the distant

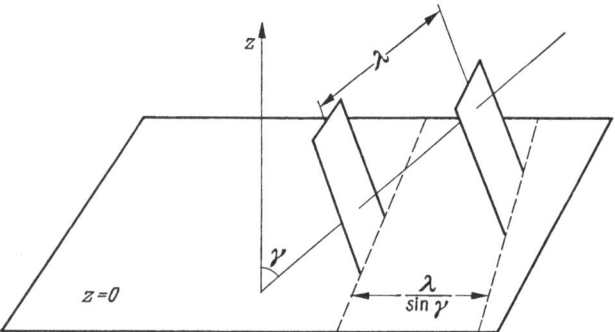

Fig. 17. Illustrating the Fourier component associated with non-evanescent waves.

field observed in the direction (α, β, γ) depends on the special Fourier component proportional to $\exp\{i(\omega_{1,S}x+\omega_{2,S}y)\}$; this component is associated with those periodicities in the aperture distribution of e_x that are repeated along the intersections of the aperture plane with a set of parallel planes, a wavelength apart, perpendicular to the direction of observation (see Fig. 17). These intersections are at mutual distances $2\pi(\omega_{1,S}^2+\omega_{2,S}^2)^{-\frac{1}{2}}=\lambda/\sin\gamma$; the fact that only periodicities over such distances may have any effect on the distant field, means that the latter is only connected with those details of the aperture distribution that are coarser than one wavelength. Details finer than a wavelength only effect the evanescent waves.

The saddlepoint of (29.5) now being fixed, the corresponding second-order approximation is obtained by replacing G_x by its saddlepoint value, and the exponent by its Taylor expansion around the saddlepoint, cut off after the second-order terms. The remaining integral can be reduced to the product of two integrals of the type (18.8) which leads to the final result:

$$e_x \sim \frac{ik}{2\pi}\frac{e^{ikr}}{r}\cos\gamma\, G_x(k\cos\alpha, k\cos\beta).\tag{29.6}$$

We recognize the form of a spherical wave the "amplitude" of which depends on the direction of observation. This form, characteristic of the wave zone [compare Eq. (11.3)], can be derived for either of the six rectangular fieldcomponents. According to MAXWELL's equations, however, only two of the corresponding Fourier transforms G are independent; in particular the equation div $\boldsymbol{D}=0$

for free space (ether) leads to the relation

$$\omega_1 G_x + \omega_2 G_y + \sqrt{k^2 - \omega_1^2 - \omega_2^2}\, G_z = 0,$$

whereas the Fourier transforms of all the components of the magnetic field can be reduced to those of the electric field. The counterpart of (29.6) for h_x thus proves to be

$$h_x \sim \frac{i k}{2 \pi}\, \frac{e^{i k r}}{r} \cos \gamma\, \{\cos \beta\, G_z (k \cos \alpha, k \cos \beta) - \cos \gamma\, G_y (k \cos \alpha, k \cos \beta)\},\qquad (29.7)$$

whereas the corresponding expressions for the other components are obtained from (29.6) and (29.7) by cyclic permutation.

The above described significance of the evanescent and non-evanescent waves has been pointed out, among others, by TORALDO DI FRANCIA[1], WOODWARD and LAWSON[2], and by BOOKER and CLEMMOW[3]. In the description of transmitters in terms of antenna-current distributions, the evanescent part of the field proves to be connected with the imaginary part Y_a of the input impedance which part has no effect whatever on the radiation pattern. In view of their role in the angular dependence of the distant field, functions such as $G_x(k \cos \alpha, k \cos \beta)$ in (29.6) have been termed as *angular spectra*. The role side by side of the evanescent and the non-evanescent waves (the former can also be interpreted as plane waves with complex directions) has been emphasized by BOUWKAMP[4] for acoustical problems.

c) Current distributions in antenna systems.

30. Exact computations of current distributions; antenna oscillations. The current distribution along antenna systems, so far assumed as given a priori, can be derived in principle from integral equations resulting as follows from MAXWELL's equations. We consider a monochromatic three-dimensional steady current-density distribution $\boldsymbol{j}(x, y, z)\, e^{-i \omega t}$ which is generated by local electromotive forces of an amount $\boldsymbol{f}(x, y, z)\, e^{-i \omega t}$ per unit line element. For a transmitter antenna the vector $\boldsymbol{f}$ only differs from zero near the feeder terminals, for a receiver antenna only along the outer surface exposed to the external field. The electronic charges in the antenna conductors are set in motion by the external electromotive force $\boldsymbol{f}\, e^{-i \omega t}$ as well as by the induced electric field $\boldsymbol{e}\, e^{-i \omega t}$ produced by all the current elements of the antenna system. An application of OHM's law to an unit volume element with the local conductivity $\sigma(x, y, z)$ yields:

$$\boldsymbol{j}(x, y, z) = \sigma(x, y, z)\, \{\boldsymbol{e}(x, y, z) + \boldsymbol{f}(x, y, z)\}. \qquad (30.1)$$

The small penetration depths of the high-frequency currents (due to the skin effect) usually admit the assumption of perfect conductors. The Eq. (30.1) then simplifies to:

$$\boldsymbol{e}(x, y, z) = -\boldsymbol{f}(x, y, z), \qquad (30.2)$$

the left-hand side of which can be expressed in terms of the current distribution $\boldsymbol{j}(x, y, z)$ with the aid of (6.6), the three-dimensional integrals of which reduce to integrals over the surfaces of the conductors. By restricting the application of the vector equation thus obtained to points on these conductors, and to two vector components in their surfaces, we get two simultaneous integral equations which determine the current distribution across the surfaces. The derivation thereafter of the electric field is equivalent with the boundary problem of finding

---

[1] G. TORALDO DI FRANCIA: Ottica 7, 117, 197 (1942).

[2] P. M. WOODWARD and J. D. LAWSON: J. Inst. Electr. Engrs. 95, (III), 363 (1948).

[3] H. G. BOOKER and P. C. CLEMMOW: Proc. Inst. Electr. Engrs. 97, (III), 11 (1950).

[4] C. J. BOUWKAMP: Philips Res. Rep. 1, 251 (1946).

solutions of Maxwell's equations for which the electric field is everywhere perpendicular to the given antenna surfaces, whereas this field has to satisfy the further boundary conditions imposed by the distribution of f, and has to vanish as r^{-1} at infinity (radiation condition expressing the absence of sources at infinity; compare Sect. 11). The corresponding problem for aperture antennas is discussed in Sect. 34.

Owing to the inhomogeneity of the Eq. (30.2) or (30.1), its solution can be interpreted as a forced oscillation of the frequency $\omega/(2\pi)$. The mathematical difficulties usually only admit solutions in the form of expansions two types of which are typical for boundary problems like the one under consideration:

(a) Expansion in the *free oscillations* corresponding to the *eigenfrequencies*. These oscillations are defined as those solutions $e(x, y, z; \omega)$ of the homogeneous problem ($f = 0$) that are everywhere unique and finite, and satisfy the boundary condition at the antenna surfaces, as well as the radiation condition. Such oscillations can only exist for special discrete values ω_r of the angular frequency ω; they follow from a treatment using separation of variables. These so-called eigenfrequencies are necessarily complex since the oscillations must decay in lack of any generating source. Moreover the free oscillations satisfy the individual wave equations

$$\left(\Delta + \frac{\omega_r^2}{c^2}\right) e_r(x, y, z; \omega_r) = 0$$

instead of the single equation for the working frequency which is of the type

$$\left(\Delta + \frac{\omega^2}{c^2}\right) e(x, y, z; \omega) = - L(x, y, z); \tag{30.3}$$

L only differs from zero in the same domains as f (locations of the sources). We may expand both L and the unknown field e in terms of the complete system of orthogonal functions describing the free oscillations e_r. The coefficients l_r of the expansion for L are derivable in principle, whereas the unknown coefficients in the expansion of the field are to be determined such that the latter satisfies (30.3). The resulting expansion reads

$$e(x, y, z; \omega) = - c^2 \sum_r \frac{l_r}{(\omega^2 - \omega_r^2)} e_r(x, y, z; \omega_r),$$

and shows the well-known connection between forced and free oscillations.

(b) Expansion in *modes* corresponding to the working frequency. The modes in question are defined as solutions in separation variables of the homogeneous problems (for the actual frequency ω) that satisfy the boundary conditions at the antenna surfaces, and the radiation condition. Here again, these solutions are discrete, but the restriction to the working frequency implies that the conditions of being single-valued and finite are to be given up. However, it proves to be possible to get a combination of all these modes which is everywhere finite outside the sources ($f = 0$), and which accounts for the presence of the latter.

The first investigation of the above types is Abraham's[1] determination of the free oscillations of a perfectly conducting prolate spheroid

$$\frac{x^2}{a^2} + \frac{y^2 + z^2}{b^2} = 1 \qquad (a > b).$$

It appears that, for great values of $\Omega = 2 \log (2a/b)$, the eigenfrequencies approach the real quantities $c n/(4a)$ (n integer) whereas the lowest eigenfrequency ($n = 0$) is given explicitly by

$$\nu_0 = \frac{\omega_0}{2\pi} = \frac{c}{4a} \frac{1 + i\,0.77/\Omega}{1 + 1.4/\Omega^2}.$$

[1] M. Abraham: Ann. Physik **66**, 435 (1898).

The forced oscillations for such a spheroid have been computed by PAGE and ADAMS[1] and by RYDER[2], using the above method (b).

The fields connected with the solutions of the above boundary problems yield the current distribution of the corresponding antenna problem, since this distribution follows at once from the magnetic field at the antenna surface [compare Eq. (8.1)]. However, theoretical current distributions usable for practical problems mainly concern approximations for linear antennas (see next section) and the study of the biconical antenna (see Sect. 32).

31. Current distributions along linear antennas. The cross-sectional dimensions of such antennas are assumed as small compared to both their length and the wave-length. Though it is usually necessary to account for the finiteness of the cross-section (see the end of Sect. 25), the problem can even then often be treated as one-dimensional. In the most general cases the longitudinal and azimuthal components of the current distribution on the outer surface occur in a coupled form in the two integral equations comprised implicitly by (30.2). However, an investigation by BRILLOUIN[3] shows that for cylindrical wires having a length exceeding the radius by a factor of at least a thousand, it is possible to use (apart from the vicinity of the end caps) an approximative single integral equation depending on the longitudinal current only. HALLÉN[4] has given a very general theory for all those cases which can be treated as one-dimensional; his numerical results have been computed up to a higher order of correction by BOUWKAMP[5] for straight cylinders with a uniform cross-section; an earlier treatment by L. V. KING[6] started directly from MAXWELL's equations. The analysis and some results of these theories are sketched in what follows.

We consider a cylindrical wire of circular cross-section along the z axis (radius $r_0 \neq o$; length l), its current-density having a z component only, so that $\operatorname{div} \boldsymbol{j}$ reduces to $\partial j_z/\partial z$. The z component of (6.6) can then be transformed into the following expression, applying a partial integration (and taking $c' = c = \omega/k$):

$$e_z(x, y, z) = \frac{i}{k\,c}\left(\frac{\partial^2}{\partial z^2} + k^2\right) \iiint d\xi\, d\eta\, d\zeta\, j_z(\xi, \eta, \zeta)\, \frac{e^{ikR}}{R}\,; \tag{31.1}$$

the integration only extends over the antenna cylinder. We further assume an infinitesimal cylinderwall; this amounts to the following representation of j_z if $I(z)$ is the total current through a special cross-section:

$$j_z = \frac{\delta\left(\sqrt{x^2 + y^2} - r_0\right)}{2\pi r_0}\, I(z). \tag{31.2}$$

The integral in (31.1) is some function $c\psi(z)$ of z only along the outer boundary $x^2 + y^2 = r_0^2$ of the wire. Its first-order approximation for small r_0/l becomes, taking into account (31.2),

$$c\,\psi(z) = \int_{-l/2}^{l/2} I(\zeta)\, \frac{e^{ik\{r_0^2 + (z - \zeta)^2\}^{\frac{1}{2}}}}{\{r_0^2 + (z - \zeta)^2\}^{\frac{1}{2}}}\, d\zeta, \tag{31.3}$$

if the origin is at the middle of the antenna axis. In view of (30.2) we obtain from (31.1), while using the abbreviation $\psi(z)$, the following equation valid along

---

[1] L. PAGE and N. J. ADAMS: Phys. Rev. **53**, 819 (1938).

[2] R. M. RYDER: J. Appl. Phys. **13**, 327 (1942).

[3] L. N. BRILLOUIN: Quart. Appl. Math. **1**, 201 (1943).

[4] E. HALLÉN: Uppsala Univ. Årsskr. **1930**, No. 1. — Nova Acta Uppsala, Ser. IV **11**, No. 4 (1938).

[5] C. J. BOUWKAMP: Physica, Haag **9**, 609 (1942).

[6] L. V. KING: Phil. Trans. Roy. Soc. Lond. **236**, 381 (1937).

the outer antenna surface

$$\left(\frac{d^2}{dz^2} + k^2\right)\psi(z) = i\,k\,F(z),$$
$$(x^2 + y^2 = r_0^2; \quad -l/2 < z < l/2);$$
(31.4)

the function $F(z)$ here represents the external electromotive force acting per unit length. The problem now splits into the determination of a solution of (31.4), and the derivation thereafter of the corresponding current distribution $I(z)$ from the integral equation (31.3).

As to the solution of (31.4), we can substitute $F(z) = V_0\,\delta(z)$ for a transmitter in the representative case of an antenna energized at its middle by an electromotive force V_0 across its terminals. In the case of a receiver, F equals the z component E_i of the incident field which we assume here as homogeneous along the wire. The two corresponding symmetrical solutions of (31.4), viz.

$$\psi(z) = \frac{i}{2}V_0\sin(k|z|) + B\cos(kz) \quad \text{(transmitter)},$$
$$\psi(z) = \frac{i}{k}E_i + B\cos(kz) \quad \text{(receiver)}$$
(31.5)

still depend on an integration constant B. The latter can be determined, together with the current distribution $I(z)$, from the symmetrical solution of the integral equation obtained by substitution of (31.5) into (31.3), while taking into account the boundary condition $I(l/2) = 0$. The solution can be expressed as the quotient of two expansions in the parameter $\Omega = 2\log(l/r_0)$, the leading term of which reads for the two above situations:

$$I(z) = \frac{ic\,V_0}{2\Omega}\frac{\sin\{k(|z| - l/2)\}}{\cos(k\,l/2)} \quad \text{(transmitter)},$$
$$I(z) = \frac{cE_i}{ik\,\Omega}\frac{\cos(kz) - \cos(kl/2)}{\cos(kl/2)} \quad \text{(receiver)}.$$
(31.6)

Obviously in the transmitter case the input impedance results from the ratio $V_0/I(0)$. The expressions (31.6) become infinite for a half-wave dipole $(kl = \pi)$, in which case a further term of the expansion in Ω^{-1} is required in order to obtain finite expressions. It leads to the distributions:

$$I_{\lambda/2}(z) = \frac{V_0}{Z_a(-\omega)}\cos(kz) \quad \text{(transmitter)},$$
$$I_{\lambda/2}(z) = \frac{2E_i}{kZ_a(-\omega)}\cos(kz) \quad \text{(receiver)},$$

in which $Z_a(-\omega)$ is the input impedance (28.6). It is striking that the current distribution has a finite limiting value even for $\Omega \to \infty$ (infinitesimal wire) only for special discrete cases such as the $\lambda/2$ dipole.

The above shows how the trigonometric current distributions with a period $2\pi/k = \lambda$, which are usually assumed in simplified antenna theories, are confirmed by the rigorous theory for straight wires with high values of Ω. Such a contribution corresponds to the behaviour of an antenna as a transmission line[1] in the approximation which neglects the radiation effects.

32. The biconical antenna. This antenna, consisting of a double cone cut off at some distance from its apex, is adapted for a straightforward application of Maxwell's equations. A special advantage is the easy mathematical treatment

[1] Compare Balth. van der Pol: Proc. Phys. Soc. Lond. **29**, 269 (1916/17).

if it is energized by a point generator placed at its apex. SCHELKUNOFF's[1] investigation of this antenna could serve as a basis for approximations of more general antenna types (see next section).

We introduce spatial polar coordinates ($x = r \sin \vartheta \cos \varphi$, etc.) with the z axis along the cone axes, and the origin at the apex; the two parts of the cone then are given by $\vartheta = \vartheta_1$ and $\vartheta = \vartheta_2$ (see Fig. 18). When writing down MAXWELL's equations (1.1) in these coordinates, for rotationally-symmetric fields ($\partial/\partial\varphi = 0$), the following solution of the electrical type (as discussed in Sect. 6) is easily obtained for the empty outer space $\vartheta_1 < \vartheta < \vartheta_2$ if E_r, E_ϑ and H_φ are the only non-vanishing components (which should consist of a product of a function of r by a function of ϑ):

$$
\left.
\begin{aligned}
E_r &= A\, n\,(n+1)\, \frac{u_n(k\,r)}{k^2\,r^2}\, P_n(\cos\vartheta), \\[2mm]
E_\vartheta &= A\, \frac{u'_n(k\,r)}{k\,r} \cdot \frac{d}{d\vartheta}\, P_n(\cos\vartheta), \\[2mm]
H_\varphi &= i\,A\, \frac{u_n(k\,r)}{k\,r} \cdot \frac{d}{d\vartheta}\, P_n(\cos\vartheta), \\[2mm]
E_\varphi &= H_r = H_\vartheta = 0.
\end{aligned}
\right\}
\qquad (32.1)
$$

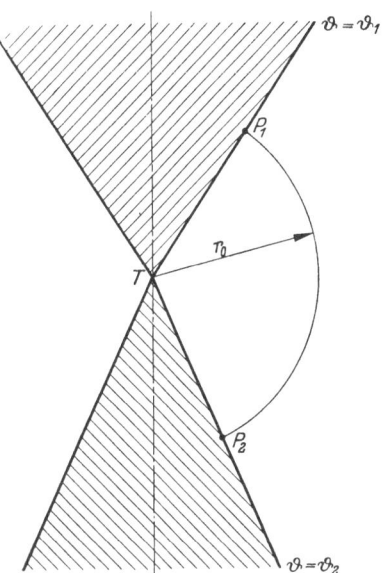

Fig. 18. Geometry of a biconical antenna.

The symbol u_n is an abbreviation for

$$
u_n(x) = \sqrt{\frac{\pi\,x}{2}}\; \mathrm{H}_{n+\frac{1}{2}}(x),
$$

H_n being the Hankel function of the order n which may be of the first or second kind; P_n may refer to either the ordinary, or to an associated Legendre function.

Any individual solution (32.1) characterized by an integral value of n, as well as any combination of such solutions may be considered as a *TM* wave in the nomenclature of wave guides, since the magnetic field is everywhere perpendicular to the radial direction of propagation. Moreover, (32.1) includes for $n = 0$, by substituting for P_n the first-order associated Legendre function $Q_0(\cos\vartheta) = \log \cot \vartheta/2$, the following solution with two constants α and β:

$$
\left.
\begin{aligned}
E_\vartheta &= \frac{\alpha\, e^{ikr} + \beta\, e^{-ikr}}{r \sin \vartheta}\;; & E_r &= E_\varphi = 0, \\[2mm]
H_\varphi &= \frac{\alpha\, e^{ikr} - \beta\, e^{-ikr}}{r \sin \vartheta}\;; & H_r &= H_\vartheta = 0.
\end{aligned}
\right\}
\qquad (32.2)
$$

This is a so-called *TEM* wave since both field vectors are perpendicular to the propagation direction.

The field of any rotationally-symmetric current distribution on the bicone $\vartheta = \vartheta_1, \vartheta_2$ is composed of a *TEM* wave (32.2), and of some *TM* wave formed by a linear combination of the solutions (32.1). The boundary condition for a perfectly conducting cone requires that E_r vanishes at both $\vartheta = \vartheta_1$ and $\vartheta = \vartheta_2$. Whereas this condition is automatically satisfied for the *TEM* part, it can be fulfilled by the complete *TM* wave for a continuous r range only if it is also fulfilled by each of its composing n-contributions individually. This new condition

[1] S. A. SCHELKUNOFF: Advanced Antenna Theory, p. 35—49. New York and London 1952.

eads, in view of the proportionality for $n \neq 0$ of E_ϑ to the derivative of the factor depending on ϑ in E_r, to a zero value of the integral

$$\int_{P_1}^{P_2} (E_\vartheta)_{TM}\, d\vartheta;$$

this integral is to be taken along the circle $r = r_0$ around the apex T, from a point P_1 on the upper half cone to the corresponding point P_2 on the lower half cone (see Fig. 18). Hence, the so-called transverse potential difference defined by the following integral along the same circle, viz.

$$V(r) = V(P_2) - V(P_1) = \int_{P_1}^{P_2} E_\vartheta(r, \vartheta)\, r\, d\vartheta, \tag{32.3}$$

is independent of the TM part of the solution and is uniquely determined by its TEM contribution.

The importance of the latter contribution also appears as follows by considering a central-driven biconical antenna (feeder terminals at the apex). The only non-vanishing component H_φ of $\boldsymbol{H}$ involves, according to (8.1), surface currents on the perfectly conducting cones that are directed along the generating lines. Moreover, the total current $I(r)$ passing across a parallel $r = \text{const}$ proves to be given, again in view of (8.1), by

$$I(r) = \frac{c}{2}\, r \sin \vartheta\, H_\varphi. \tag{32.4}$$

The properties of Hankel and Bessel functions are such that $r H_\varphi$ tends either to zero or to infinity at $r = 0$ for the TM contributions (32.1). The central driven antenna requires the first situation in order to have a finite value of the current $I(0)$ through its terminals; hence $I(0)$ only depends on the TEM contribution. The same holds, as verified above, for the limiting value $V(0)$ of the transverse potential; this quantity corresponds to the potential difference across the antenna terminals. Hence the input impedance $V(0)/I(0)$ of a center-driven biconical antenna is also uniquely determined by the TEM part of its field.

The importance of the TEM part having been established, we give the final expressions of the transverse potential difference, and of the TEM contribution to $I(r)$:

$$\left. \begin{aligned} V(r) &= (\alpha\, e^{ikr} + \beta\, e^{-ikr}) \int_{\vartheta_1}^{\vartheta_2} \frac{d\vartheta}{\sin \vartheta}; \\ I_{TEM}(r) &= \frac{c}{2}\, (\alpha\, e^{ikr} - \beta\, e^{-ikr}). \end{aligned} \right\} \tag{32.5}$$

For a biconical antenna extending up to infinity at at least one side the coefficient β has to vanish under the customary assumption of a wavenumber k with a positive imaginary part (which may tend to zero afterwards). We then have

$$\frac{V(r)}{I_{TEM}(r)} = \frac{2}{c} \int_{\vartheta_1}^{\vartheta_2} \frac{d\vartheta}{\sin \vartheta} = \frac{2}{c} \log \frac{\tan(\vartheta_2/2)}{\tan(\vartheta_1/2)},$$

which positive ratio independent of r determines, according to the above, the input impedance Z_∞ of a center-driven infinite biconical antenna. This purely resistive input impedance may be compared with that of a loss-free transmission line. In both cases the corresponding current distribution is that of a single travelling wave; for bicones cut off at finite distances the wave travelling in the other direction may be ascribed to reflections at the end caps of the cone.

Eq. (32.5) is very instructive to show the effect on the current distribution of a terminating impedance Z_t that connects two parallels $r = r_t$ cutting off the upper and lower cone. In fact, the boundary condition $V(r_t) = Z_t I(r_t)$ fixes the ratio $\beta/\alpha = e^{2ikr_t}(Z_t - Z_\infty)/(Z_t + Z_\infty)$ of the currents propagating through and from inifinity. A travelling-wave current is obtained if $\beta = 0$, that is, for Z_t equal to the resistance Z_∞; a standing wave occurs for $\beta = -\alpha$, that is, for Z_t equal to the reactance $i Z_\infty \tan(k r_t)$.

33. Antennas considered as transmission lines.

The conventional theory of transmission lines neglects radiation effects. Nevertheless, the current distribution along antennas extending mainly in one direction can be studied from equations the main terms of which are similar to those for transmission lines,

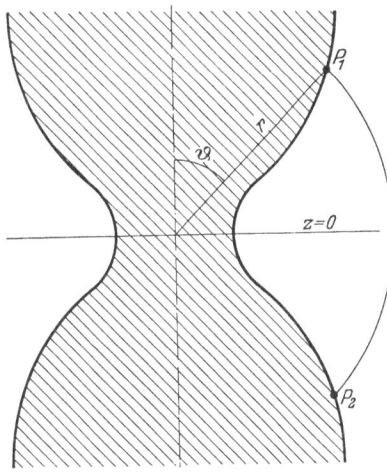

Fig. 19. Geometry of a rotationally symmetric antenna.

in spite of the essential role of the outward radiation. This will be illustrated for a perfectly conducting antenna the boundary of which is formed by a surface of revolution around the z axis, whereas the xy plane is assumed as a plane of symmetry which may contain the energizing source; the meridional profile of the antenna surface may be given as $r = f(\vartheta)$ (see Fig. 19).

Just as in the preceding section we consider current distributions leading to fields the only non-vanishing components of which are E_r, E_ϑ and H_φ. This implies currents flowing along the meridians, whereas the total current $I(r)$ passing through a special parallel (above or below the xy plane) is again given by (32.4). The transverse potential $V(r)$ can also be defined as before, namely by the integral (32.3) along the arc of a circle that connects two symmetrical points P_1 and P_2 in a meridional cross-section. The following two relations linking $V(r)$ and $I(r)$, measured at P_1, then prove to hold:

$$\frac{dV(r)}{dr} + \frac{4i\omega}{c^2} \log \tan \frac{\vartheta_{P_1}}{2} I(r) = -\frac{\omega^2}{c^2} F(r), \tag{33.1}$$

$$V(r) - \frac{4i}{\omega} \log \tan \frac{\vartheta_{P_1}}{2} \frac{dI(r)}{dr} = F'(r); \tag{33.2}$$

the integral defining

$$F(r) = r^2 \int_{P_1}^{P_2} \sin \vartheta \log \tan \frac{\vartheta}{2} E_r(r, \vartheta)\, d\vartheta \tag{33.3}$$

again extends (like the integrals introduced hereafter) along the arc also occurring in (32.3).

As to the derivation of these relations, the former is obtained by starting from the derivative of the definition (32.3) in the following form (in which $d\vartheta/dr$ refers to the meridional profile)

$$\frac{dV}{dr} = \int_{P_1}^{P_2} \frac{\partial(rE_\vartheta)}{\partial r}\, d\vartheta + r\left(E_\vartheta \frac{d\vartheta}{dr}\right)\Big|_{P_1}^{P_2} = \int_{P_1}^{P_2} \left\{\frac{\partial(rE_\vartheta)}{\partial r} - \frac{\partial E_r}{\partial \vartheta}\right\} d\vartheta;$$

the second transition is based on the property of E being normal to the antenna surface which amounts to $r E_\vartheta \, d\vartheta/dr = -E_r$. An application of one of MAXWELL's equations in spherical coordinates admits the further reduction to

$$\frac{dV}{dr} = i k r \int_{P_1}^{P_2} H_\varphi \, d\vartheta = i k r \int_{P_1}^{P_2} H_\varphi \sin\vartheta \, d\Big(\log\tan\frac{\vartheta}{2}\Big).$$

In its turn this expression leads, after a partial integration, to boundary terms expressible in terms of $I(r)$ with the aid of (32.4), and to a remaining integral which can be reduced to that occurring on the right-side of (33.1) by applying another Maxwell equation.

The second fundamental relation (33.2) is arrived at by starting from the derivative of (32.4); an application of the two Maxwell equations connecting H_φ with E_ϑ and E_r respectively thereupon yields:

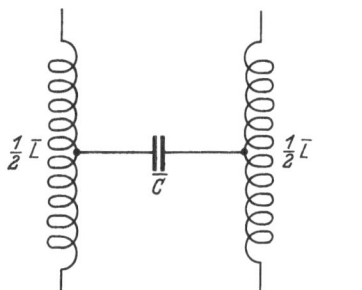

Fig. 20. Elements of a transmission line approximating a rotationally symmetric antenna.

$$\frac{dI}{dr} + i\frac{\omega}{2} r^2 \sin\vartheta \, E_r \frac{d\vartheta}{dr} = \frac{i\omega}{2} r \sin\vartheta \, E_\vartheta. \quad (33.4)$$

This may be compared with the relation

$$\left.\begin{array}{l} V(r) - F'(r) \\[4pt] = 2r\sin\vartheta \log\tan\dfrac{\vartheta}{2}\Big(r E_r \dfrac{d\vartheta}{dr} - E_\vartheta\Big)_{P_1}, \end{array}\right\} \quad (33.5)$$

which follows after a partial integration of the expression

$$V(r) = r \int_{P_1}^{P_2} E_\vartheta \sin\vartheta \, d\,(\log\tan\vartheta/2),$$

and a differentiation of (33.3) (while applying the equation div $E = 0$ and taking into account the opposite signs of $E_\vartheta \sin\vartheta \log\tan\vartheta/2$ at P_1 and P_2). A final comparison of (33.4) and (33.5) yields at once (33.2).

Returning to (33.1) and (33.2) themselves, we notice the numerical insignificance of the right-hand sides provided E_r is small. This vector component is small indeed at P_1 and P_2 if the slope $r \, d\vartheta/dr$ of the antenna profile happens to be slight; moreover, owing to the symmetry, E_r vanishes exactly in the mid-plane $z = 0$. For antennas extending near a straight line (the z axis) the quantity E_r may therefore be negligible throughout, and (33.1) and (33.2) can be approximated by deleting their right-hand sides. The remaining equations then are identical with those for the potential difference across, and for the longitudinal current along a loss-free non homogeneous coaxial cable the total local self-inductance and capacity of which per unit distance (in the longitudinal direction) are given by:

$$\overline{L} = \frac{4}{c^2} \log\tan\frac{\vartheta(P_1)}{2}; \qquad \overline{C} = \frac{1}{4\log\tan\{\vartheta(P_1)/2\}}$$

(see Fig. 20).

The current distribution along an antenna of the type considered here therefore little differs from that along the corresponding inhomogeneous cable; this cable reduces to a homogeneous one only in the case of a biconical antenna. The essential assumption of small E_r can also be interpreted as the requirement that the field distribution should have nearly TEM character with respect to the radial propagation direction. Other modes with non-negligible E_r enable to satisfy special boundary conditions at the terminal parallels. Still more complicated modes occur if the field distribution is not necessarily rotationally-symmetric.

34. The theory of aperture antennas. The exact theory of the field connected with such antennas constitutes a very complicated diffraction problem. Let us consider an aperture A formed by a hole in some perfectly conducting surface Σ without any finite boundaries (see Fig. 21 a), and which is "illuminated" by a given source. The primary field of the source induces currents on Σ the distribution of which is connected with the final field. The fundamental problem can therefore be reduced to that of the computation of this current distribution; the latter can be derived in principle from either of the two integral equations developed for such two-dimensional distributions by MAUE[1]. The equation which is most adapted to our problem will be derived now; it plays the same role as that connected with (30.1) or (30.2) for ordinary antenna problems.

We apply the first relation of (8.5) to the closed surface consisting of Σ and of the interjacent part of the infinite sphere. The latter yields no contribution whereas in φ_e as defined by the right-hand side of (8.3) we can delete the second term in view of the direction of e perpendicular to Σ at points Q on this surface; moreover, the product $(\boldsymbol{h} \times \boldsymbol{u}_\nu)_Q$ may be replaced by $(4\pi/c)\boldsymbol{i}$, $\boldsymbol{i}$ being the vector that represents the two-dimensional current density on Σ, and $\boldsymbol{u}_\nu$ the unit vector along the normal to Σ [see (8.1)]. We then obtain:

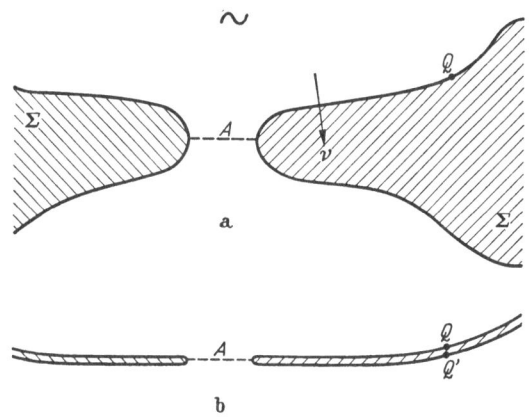

Fig. 21 a and b. Geometry of an aperture antenna.

$$\boldsymbol{e}(P) - \boldsymbol{e}_{\mathrm{prim}}(P) = \frac{i}{\omega}\,\mathrm{curl\,curl} \iint_\Sigma d\sigma\,\boldsymbol{i}(Q)\,\frac{e^{ikPQ}}{PQ} \tag{34.1}$$

for points P in the free space outside Σ, $\boldsymbol{e}_{\mathrm{prim}}$ being the undisturbed primary field of the generating sources. By applying in succession the identity $\mathrm{curl\,curl} = -\Delta + \mathrm{grad\,div}$, the property that Δ can be replaced by $-k^2$ when operating on e^{ikPQ}/PQ, and some reductions of the divergence operator (to be performed while considering $\boldsymbol{i}$ as a three-dimensional current distribution reducing to that over Σ by the introduction of a proper δ function), we can transform (34.1) into:

$$\boldsymbol{e}(P) - \boldsymbol{e}_{\mathrm{prim}}(P) = \frac{ik}{c} \iint_\Sigma d\sigma\,\boldsymbol{i}(Q)\,\frac{e^{ikPQ}}{PQ} + \frac{i}{kc} \iint_\Sigma d\sigma\,\mathrm{div}\,\boldsymbol{i}(Q)\,\mathrm{grad}_P\,\frac{e^{ikPQ}}{PQ}\,; \tag{34.2}$$

div $\boldsymbol{i}$ here marks the two-dimensional divergence of the two-dimensional current distribution on Σ. We next let P approach to some point on Σ while multiplying (34.2) vectorially by $\boldsymbol{u}_\nu(P)$; the term $\boldsymbol{e}(P)$ is then eliminated in view of the parallel directions of $\boldsymbol{e}$ and $\boldsymbol{u}_\nu$. This leads to one of MAUE's integral equations [relation (25) of the above reference], viz.

$$\frac{k}{c}\,\boldsymbol{u}_\nu(P) \times \iint_\Sigma d\sigma \left\{ \boldsymbol{i}(Q)\,\frac{e^{ikPQ}}{PQ} + \frac{\mathrm{div}\,\boldsymbol{i}(Q)}{k^2}\,\mathrm{grad}_P\,\frac{e^{ikPQ}}{PQ} \right\} = i\,\boldsymbol{u}_\nu(P) \times \boldsymbol{e}_{\mathrm{prim}}(P)\,, \tag{34.3}$$

which has two independent vector components at each point P on Σ. The right-hand side of this inhomogeneous equation depends on the given primary field.

[1] A. W. MAUE: Z. Physik **126**, 601 (1949).

The Eq. (34.3) is more fundamental than the corresponding other equation derived by MAUE (to be discussed in Sect. 49) since it can also be applied to surfaces with edges, and even to infinitesimally thin screens with a hole; the latter represent idealized aperture antennas (see Fig. 21 b). The applicability of (34.3) to such screens has been shown by MAUE by adding the contributions from two corresponding points Q and Q' in the integral of (34.3), whereas the effective surface current i in the screen then appears as the limit of the algebraic sum of the currents on the upper and lower faces.

The numerical solution of the integral equation (34.3) can be facilitated by deducing a corresponding variational principle for a quantity which has an extreme value if some assumed fictitious current distribution approaches the actual one. According to RITZ's principle the actual solution can then be approximated by minimizing this stationary quantity with respect to parameters occurring in some reasonable analytical expression for the fictitions distribution. Stationary quantities usable for diffraction problems connected with plane apertures have been derived by LEVINE and SCHWINGER[1] (compare Sect. 49).

Other attacks of the problem of the diffraction by plane apertures use procedures comparable with that of an integral equation. In BOUWKAMP's[2] method (using integro-differential equations with boundary conditions for the two components of the induced currents), and in that applied by MEIXNER and ANDREJEWSKI[3], the infinite increase of the field near the edges plays a role. The condition that this increase should correspond to the absence of a source, or also the analogy with the situation occurring along the edge of a semi-infinite screen (as considered by SOMMERFELD), implies that e and h can increase at most proportional to $R^{-\frac{1}{2}}$, if R is the distance to the edge in the vicinity of the latter.

d) Properties connected with the reciprocity theorem.

35. The reciprocity theorem for continuous current distributions. The reciprocity theorem can be formulated in very different forms which all amount to the property that some interchange or other of transmitting and receiving elements, to be performed in a proper way, does not alter special effects induced in the receiver. The most general form of the reciprocity theorem can be derived for an arbitrary inhomogeneous isotropic space by a method, originally developed by LORENTZ[4], which constitutes an extension of the derivation of the energy-balance relation (4.4). In fact, let us consider *two* different fields the parameters of which are to be labelled by the subscripts 1 and 2; these fields may be associated with the two continuous distributions $I_1(x, y, z, t)$ and $I_2(x, y, z, t)$ of the current density respectively. When applying the procedure resulting into (4.2) to the field vectors E_1 aud H_2 of the two different fields, instead of to one and the same field, we get the following extension of (4.2):

$$\operatorname{div}(E_1 \times H_2) = -\frac{1}{c}(E_1 \cdot \dot{D}_2 + H_2 \cdot \dot{B}_1) - \frac{4\pi}{c} E_1 \cdot I_2.$$

For monochromatic fields with the current distributions $I_{1,2}(x, y, z, t) = j_{1,2}(x, y, z)\exp(-i\omega t)$ this can be reduced to a new relation for the field amplitudes (to be denoted by small letters); moreover we express all field vectors in terms of the electric and magnetic fields by using (1.2). The resulting relation reads:

$$\operatorname{div}(e_1 \times h_2) = \frac{i\omega}{c}(\varepsilon e_1 \cdot e_2 + \mu h_1 \cdot h_2) - \frac{4\pi}{c} e_1 \cdot j_2.$$

[1] H. LEVINE and J. SCHWINGER: Comm. Pure Appl. Math. **3**, 355 (1950).
[2] C. J. BOUWKAMP: Philips Res. Rep. **5**, 401 (1950).
[3] J. MEIXNER and W. ANDREJEWSKI: Ann. Physik (6) **7**, 157 (1950).
[4] H. A. LORENTZ: Akad. Wetensch. Amsterdam **4**, 176 (1895—1896).

After a subtraction of the corresponding relation obtained by interchanging the subscripts 1 and 2, the following terms remain:

$$\operatorname{div}\left(\boldsymbol{e}_1 \times \boldsymbol{h}_2 - \boldsymbol{e}_2 \times \boldsymbol{h}_1\right) = -\frac{4\pi}{c}\left(\boldsymbol{e}_1 \cdot \boldsymbol{j}_2 - \boldsymbol{e}_2 \cdot \boldsymbol{j}_1\right).$$

An integration (with the aid of GAUSS's theorem) of this relation over any volume V enclosed by a surface S yields:

$$\iint_S \left(\boldsymbol{e}_1 \times \boldsymbol{h}_2 - \boldsymbol{e}_2 \times \boldsymbol{h}_1\right)_n dO = -\frac{4\pi}{c}\iiint_V \left(\boldsymbol{e}_1 \cdot \boldsymbol{j}_2 - \boldsymbol{e}_2 \cdot \boldsymbol{j}_1\right) dV. \tag{35.1}$$

In the case of integration over the entire space the left-hand side reduces to the surface integral of the radial component of $\boldsymbol{e}_1 \times \boldsymbol{h}_2 - \boldsymbol{e}_2 \times \boldsymbol{h}_1$ over the infinite sphere. By expressing the wave-zone approximation of the latter vector in terms of $\boldsymbol{h}_1$ and $\boldsymbol{h}_2$, applying (11.4), we obtain a difference of two multiple vectorial products which, after a further reduction, proves to vanish in view of the orthogonality of $\boldsymbol{h}_1$ and $\boldsymbol{h}_2$ to the unit vector $\boldsymbol{u}_r$ along the direction of observation. The left-hand side of (35.1) therefore becomes zero since the integral over the infinite sphere is not affected by the deviations of the field from the wave-zone approximations used here. Hence, the right-hand side of (35.1) vanishes as well which results to identical values of the two following integrals extending over the entire space:

$$\iiint dx\, dy\, dz\, \boldsymbol{e}_1 \cdot \boldsymbol{j}_2 = \iiint dx\, dy\, dz\, \boldsymbol{e}_2 \cdot \boldsymbol{j}_1. \tag{35.2}$$

We next come to the application to two isolated transmitter systems T_1 and T_2 the generating currents of which are restricted to some volumes V_1 and V_2 respectively; no conductors should exist outside V_1 and V_2. The current distribution $\boldsymbol{j}_2$, e.g., then consists of the currents in V_2 producing the field of the transmitter T_2, and of the currents induced by this transmitter in the volume V_1 of T_1 (T_1 acts as a receiver for the field produced by T_2). The integral of the left-hand side of (35.2) thus reduces to a contribution over V_1 and a contribution over V_2. The former, however, vanishes if we assume perfectly conducting antenna elements, since the integral then reduces to the surfaces of the conductors in V_1 whereas the field $\boldsymbol{e}_1$ along these conductors is perpendicular to the induced current $\boldsymbol{j}_2$ flowing through the antenna surface. The left-hand side of (35.2) therefore finally reduces to a contribution over V_2 only, whereas the same reasoning leads to a reduction of the right-hand side of (35.2) to the volume V_1. The reciprocity theorem for two perfectly conducting systems T_1 and T_2 inducing currents in each other thus amounts to the following identity:

$$\iiint_{V_2} dx\, dy\, dz\, \boldsymbol{e}_1 \cdot \boldsymbol{j}_2 = \iiint_{V_1} dx\, dy\, dz\, \boldsymbol{e}_2 \cdot \boldsymbol{j}_1; \tag{35.3}$$

in words it states that the integral over the scalar product of the currents of each antenna, when used as a transmitter, by the field induced in it when used as a receiver, is equal for each of them.

The simplest application concerns two short electrical dipoles (see Sect. 26); the induced electric field can be considered here as constant over the infinitesimal volume of integration whereas the integral over the generating currents reduces to the moment $\boldsymbol{M} = \boldsymbol{I}_0\, l$ as defined for such dipoles. The resulting equation

$$\boldsymbol{e}_1 \cdot \boldsymbol{M}_2 = \boldsymbol{e}_2 \cdot \boldsymbol{M}_1 \tag{35.4}$$

expresses the identity of the two scalar products of the moment of one transmitting short dipole by the electric field induced there by the other dipole. If $|\boldsymbol{M}_1| = |\boldsymbol{M}_2|$, the equation indicates that the field component induced by a short transmitting dipole in a short receiving dipole in the direction of the axis of the latter, remains unchanged if the roles of the two dipoles are interchanged (the radiating moment being unchanged).

As derived in Sect. 27, the magnetic field of a short magnetic dipole corresponds to the electric field of an electric dipole if the moment $M' = I'O'$ of the former (directed perpendicularly to the plane of the current I' enclosing the loop area O') equals the moment $M = Il$ of the latter, apart from a constant factor. Hence we deduce immediately the relation $h_1 \cdot M_2 = h_2 \cdot M_1$ which replaces (35.4) for magnetic dipoles.

36. The reciprocity theorem for circuits and general antennas. We shall now investigate the special formulation of (35.2) for electrical circuits, that is, for systems in which the current-carrying elements are isolated wires. We again

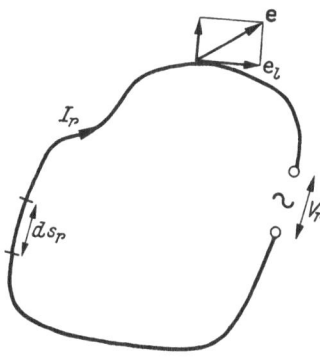

consider two situations labelled by the subscripts 1 and 2 for which the currents through the individual r-th wire will be marked as $(I_r)_1$ and $(I_r)_2$ respectively. The contribution to the left-hand side of (35.2) from the total volume occupied by the r-th wire (provisionally assumed as infinitesimally thin, see Fig. 22) becomes:

$$(I_r)_2 \int e_{l,1}\, ds_r,$$

Fig. 22. A single wire as a current-carrying element.

the line integral extending along the total length of this wire with line elements ds_r; $e_{l,1}$ denotes the component of e_1 in the direction of the wire. Obviously the line integral also represents, apart from its sign, the potential difference $(V_r)_1$ existing in the first situation between the endpoints of the wire (it is different from zero even for a closed wire if there exists some electromotive force); we remember that e_l changes continuously when traversing the surface of the wire [see the boundary conditions (2.7)]. The common contribution of all wires to the left-hand side of (35.2) thus becomes:

$$- \sum_r (I_r)_2 (V_r)_1.$$

The analogous computation of the right-hand side of (35.2) leads to the relation:

$$\sum_r (I_r)_2 (V_r)_1 = \sum_r (I_r)_1 (V_r)_2. \tag{36.1}$$

The above derivation also holds for wires with finite cross-sections as may be verified by considering the latter as composed of adjacent infinitesimal threads.

Two more convenient forms of the reciprocity property for circuits can be obtained by considering either the currents I_r as generated by the potential differences or electromotive forces V_r, or by considering these potential differences as consequences of the currents I_r. Owing to the linearity of circuit theory, linear relations exist in both cases between the generating elements and the quantities produced by them, viz.

$$I_r = \sum_s A_{rs} V_s; \quad V_r = \sum_s Z_{rs} I_s \quad (r = 1, 2, \ldots). \tag{36.2}$$

The parameters A_{rs} and Z_{rs} are the mutual (in general complex) admittances and impedances as defined in circuit theory if $r \neq s$; A_{rr} and Z_{rr} constitute so-called driving-point admittances and impedances.

The substitution of the first relation of (36.2) into (36.1) yields

$$\sum_r \sum_s A_{rs} (V_r)_1 (V_s)_2 = \sum_r \sum_s A_{rs} (V_r)_2 (V_s)_1;$$

this can only hold for all values of the potentials associated with the two situations, if $A_{rs} = A_{sr}$ for every combination (r, s). Similarly, the substitution of the second relation of (36.2) into (36.1) yields $Z_{rs} = Z_{sr}$. The general reciprocity theorem here amounts to extremely simple symmetry relations. A special relation such as $A_{rs} = A_{sr}$ can also be interpreted by the statement that the current produced in the r-th wire by the electromotive source in the s-th circuit (the other sources being put out of action) is the same as the current produced in the s-th wire if the same generating electromotive force operates in the r-th wire.

An illustrative application of the relation $Z_{12} = Z_{21}$ concerns the potential difference induced by the current I_1 through the terminals of an antenna A_1, used as transmitter, in some receiving antenna A_2; this potential difference can be represented by $V_2 = Z_{21} I_1$. According to the theory of Sect. 23, the energy absorbed by A_2, if matched, equals $V_2^2/(8 R_2) = Z_{21}^2 I_1^2/(8 R_2)$ if R_2 is the radiation resistance of A_2. We now use A_2 as a transmitter and A_1 as a receiver; in this case a current I_2 through the terminals of A_2 induces a potential difference $V_1 = Z_{12} I_2$ across the terminals of A_1. The absorbed energy now proves to be $Z_{12}^2 I_2^2/(8 R_1)$ (R_1 radiation resistance of A_1). In view of the property $Z_{12} = Z_{21}$, the absorbed energies are equal in both situations if $I_1^2/R_2 = I_2^2/R_1$, or if $R_1 I_1^2 = R_2 I_2^2$. The consequence $Z_{12} = Z_{21}$ of the general reciprocity theorem here leads to the property that the energy absorbed by antenna A_2 used as receiver, from A_1 used as transmitter, equals that absorbed by A_1 from A_2 provided the total radiated powers are the same in both situations.

Another consequence of $Z_{12} = Z_{21}$ for two interacting antennas concerns the radiation diagram. The energy absorbed by A_2 from A_1 varies in the same rythm as Z_{21}^2 if the positions of A_1 and A_2 are changed while keeping the transmitter current I_1 in A_1 constant. This absorbed energy is in proportion to the radiation W of A_1 in the direction of A_2, provided the orientation of A_2 is adjusted in each position such as to pick up a maximum amount of energy from A_1. On the other hand, the energy absorbed by A_1, in its most favourable orientation, from A_2 acting as a transmitter (the terminal current I_2 of which is also kept constant) for varying positions of A_1 and A_2, changes as Z_{12}^2; this change is identical to that of Z_{21}^2 or, according to the above, to that of the radiation W emitted by A_1 as a transmitter, in the direction of A_2. This result can be interpreted as the property that the radiation pattern of an antenna is identical when used as a transmitter or as a receiver.

37. Directivity and effective area; radar cross-section. Impedance of the ether.

Another consequence of the reciprocity theorem is a connection between the directivity and the effective area, two quantities which refer to the distant fields emitted and absorbed by a transmitting and a receiving antenna respectively. The *directivity* or *gain g* of a transmitter is defined as the ratio of the power flow in the direction of its maximum value (taken, e.g., per unit solid angle or per unit area) and of the average of this power flow over all directions in space. The *effective area A* of a receiver is defined as the ratio of the maximum power which can be absorbed by the matched antenna (see Sect. 23) in its most favourable orientation from a linearly polarized incoming wave, and of the power flow per unit area of the latter.

The directivity g necessarily exceeds unity. The limiting case $g = 1$ would correspond to a transmitter with a radiation W per unit solid angle which is equal for all directions. Such an *isotropic radiator* is not realizable by a source of coherent electromagnetic waves, that is, of waves having a well-defined phase. This impossibility, which has been proved in different ways by Mathis[1] and by Bouwkamp and Casimir[2], is connected with the vectorial character of electromagnetic waves. In fact, the wave-zone approximation involves E and H vectors in the tangenting plane, perpendicular to r, of a sphere through the point of observation (compare Fig. 5), these vectors being continuously distributed on this sphere; in view of a theorem derived by Brouwer[3] each vector therefore has a null in at least one direction which excludes the possibility of a uniform radiation pattern. However, an acoustic isotropic radiator is realizable quite well.

The definition of the effective area A involves that the received energy is the same as that absorbed by an actual area A if the latter, orientated at a right angle to the propagation direction of the linearly polarized incoming wave, does neither transmit or reflect any energy at all. Such a perfect absorber can be realized, at least theoretically, by an infinite resistive sheet of a proper conductivity to be derived as follows. Let this sheet, extending over an infinitesimal slab $0 < z < \delta$, be hit by the following polarized plane wave arriving from the homogeneous space (with constants ε and μ) $z < 0$ in front of it:

$$\left. \begin{aligned} E_x &= E_0\, e^{-i\omega(t-z/c')}; \\ H_y &= E_0 \sqrt{\varepsilon/\mu}\, e^{-i\omega(t-z/c')}; \\ E_y &= E_z = H_x = H_z = 0. \end{aligned} \right\} \tag{37.1}$$

According to the boundary conditions (2.7) the E vector differs from zero also inside the perfect absorber since its component parallel to the surface changes continuously. On the other hand, the complete absorption without any transmission is guaranteed by a zero magnetic field inside the sheet, the Poynting vector then being zero. The discontinuity at $z = 0$ of the magnetic field involves a surface current there which is directed along the x-axis, its magnitude being given by [see Eq. (8.1)]

$$\frac{c}{4\pi}\,(H_y)_{z=-0} = \frac{c}{4\pi} \sqrt{\frac{\varepsilon}{\mu}}\, E_0.$$

This proportionality to the electrical field E_0 (which also exists inside the sheet) implies, according to Ohm's law for surface currents, a resistance of the surface of the sheet (which may be very thin) amounting per unit square

$$\frac{4\pi}{c} \sqrt{\frac{\mu}{\varepsilon}}$$

electrostatic units, or $120\pi(\mu/\varepsilon)^{\frac{1}{2}}\,\Omega$. The special case $\varepsilon = \mu = 1$ is often interpreted by associating an intrinsic impedance of $120\pi = 377\,\Omega$ to the ether; this simply means that a plane wave propagating through the ether is completely absorbed by an infinite resistive sheet perpendicular to it, and having a matched resistance of $377\,\Omega/\text{cm}^2$. A finite sheet of the same property can be approximated by placing a reflecting sheet at a distance of $\lambda/4$ behind the original sheet; this has been shown by Schelkunoff and Friis[4]. Other non-reflecting absorbing equipments have been investigated by Severin[5].

[1] H. F. Mathis: Proc. Inst. Radio Engrs. **39**, 970 (1951).

[2] C. J. Bouwkamp and H. B. G. Casimir: Physica (The Hague) **20**, 539 (1954), see p. 553.

[3] L. E. J. Brouwer: Proc. Kon. Akad. Amsterdam **17**, 896 (1909), see p. 902.

[4] S. A. Schelkunoff and H. T. Friis: Antennas Theory and Practice, Sect. 1.16. New York and London 1952.

[5] H. Severin: Trans. Inst. Radio Engers., A.P. **4**, 385 (1956).

We next derive the connection between g and A (for one and the same antenna) by considering a transmitter T_1 radiating a total power P_1 whereas, at a great distance r in the direction of maximum radiation, a receiver T_2 is orientated such as to pick up the maximum amount of energy. The power density directed towards T_2 equals, in view of the definition of the directivity g_1 of T_1,

$$g_1 \frac{P_1}{4\pi r^2},$$

whereas the energy absorbed by T_2 (effective area A_2) becomes

$$E_{1\to 2} = A_2 g_1 \frac{P_1}{4\pi r^2}.$$

A corresponding amount

$$E_{2\to 1} = A_1 g_2 \frac{P_2}{4\pi r^2}$$

is absorbed by T_1 if used as a receiver (with effective area A_1) which picks up the energy from T_2 used as a transmitter (radiating a total power P_2 with a directivity g_2); the orientations of T_1 and T_2 are assumed here as fixed. According to one of the consequences of the reciprocity theorem derived in the previous section, $E_{1\to 2}$ and $E_{2\to 1}$ become equal if $P_1 = P_2$. Hence $A_2 g_1 = A_1 g_2$, or $g_1/A_1 = g_2/A_2$. The ratio of directivity and effective area of one and the same antenna, used as transmitter or receiver, thus proves to be identical for all antennas; the universal value of the ratio in question can be derived from that for any special antenna type, for instance a short dipole (electric dipole).

We therefore consider such a dipole of length $l \ll \lambda$, which receives a plane wave having its electric vector (amplitude E_0) parallel to the dipole axis. Owing to the homogeneity of the field along (and inside) the infinitesimal dipole, the induced electromotive force becomes $E_0 l$, and the energy absorbed by the matched antenna (see Sect. 23) $E_0^2 l^2 / 8 R_a$. From an application of (12.1) to a plane wave of the type (37.1) we deduce the following value for the power density of the incident wave (taking $\varepsilon = \mu = 1$)

$$\frac{c}{8\pi} \operatorname{Re} (E_x H_y^*) = \frac{c}{8\pi} E_0^2. \tag{37.2}$$

Hence the definition of the effective area A as the quotient of the two last mentioned quantities yields $\pi l^2/(c R_a)$, or, using (26.8),

$$A_{\text{el. dipole}} = \frac{3\lambda^2}{8\pi}.$$

The radiation pattern of such a dipole, when used as a transmitter, depends on the factor $\sin^2 \vartheta$ of (26.6) which leads to the value $(\sin^2 \vartheta)_{\max}/\overline{\sin^2 \vartheta} = 1/\overline{\sin^2 \vartheta} = \frac{3}{2}$ for its directivity g (the bar refers to averages over all directions in space). The quotient A/g thus proves to be $\lambda^2/(4\pi)$ in the case of a short dipole, which value, however, is universal according to the above; hence, quite generally,

$$\frac{A}{g} = \frac{\lambda^2}{4\pi}. \tag{37.3}$$

This can also be interpreted as a value λ^2/A of the solid angle $4\pi/g$ over which the total radiated energy has to be spread out (with the same density as that in the direction of maximal radiation) in order to fill up homogeneously the directions inside a cone. The square root of this angle, that is the beamwidth $\lambda/A^{\frac{1}{2}}$, is a measure for the average angular spread around the direction of maximal radiation.

The following application of (37.3) refers to radar antennas. Let P_{tr} be the total energy radiated by the transmitter which has a gain g in the direction of some target at a distance d. According to the definition of the radar cross-section σ_{rad} of this target, the energy P_{rec} scattered backwards towards the receiver (at the same place as the transmitter) does correspond to an isotropic reradiation of the energy intercepted by a perfect reflector of area σ_{rad} at the mentioned distance. The latter energy is given by $P_{refl} = (\sigma/4\pi d^2)P_{tr}\,g$, whereas the definition of the effective area A of the receiver involves $P_{rec} = (A/4\pi d^2)\,P_{refl}$. Assuming the transmitter and receiver as identical, g and A are connected by (37.3). The elimination of A and g from the three latter relations leads to the "radar equation":

$$P_{rec} = \frac{g^2\,\lambda^2}{(4\pi)^3\,d^4}\,\sigma_{rad}\,P_{tr};\qquad(37.4)$$

σ_{rad} is discussed in more detail at the end of Sect. 49.

38. The transmission cross-section of an aperture antenna. The quantities corresponding, in the case of an aperture antenna, to the directivity and the effective area are the distant-field amplitude observed in the produced propagation direction of the incident wave, and the so-called *transmission cross-section σ*. The latter is defined (for the use either as a transmitter or a receiver) by the relation

$$\frac{P_l}{O} = \frac{P_r}{\sigma};\qquad(38.1)$$

P_r is the total power radiated into the half space beyond the aperture by a primary wave that transmits a total power P_l, in its propagation direction, across the aperture which has a cross-section O. The dimensionless parameter

$$t = \frac{\sigma}{O} = \frac{P_r}{P_l}\qquad(38.2)$$

is called the *transmission coefficient* of the aperture.

The previous connection between g and A now changes into a connection between the distant field and σ. If the electric field in the aperture (which we assume as plane) is known, the distant-field approximation can be computed with the aid of the theory of Sect. 29. From (12.1), and the inversion of (11.4) for $\varepsilon = \mu = 1$, viz.

$$\boldsymbol{h} = \boldsymbol{u}_r \times \boldsymbol{e},$$

we can derive (remembering the orthogonality of $\boldsymbol{e}$ and $\boldsymbol{u}_r$) the following value for the distant-field amplitude of the Poynting vector:

$$\overline{\boldsymbol{P}} \sim \frac{c}{8\pi}\,\boldsymbol{e}\cdot\boldsymbol{e}^{*}.\qquad(38.3)$$

The right-hand side is to be evaluated from the approximations of the type (29.6). A further integration (after a multiplication by r^2, and by the differential $d\Omega$ of a solid angle) over all directions (α, β, γ) in the half space $z > 0$ beyond the aperture in $z = 0$ leads to the following expression for the total power P_r:

$$P_r = \frac{c\,k^2}{32\pi^3}\iint \cos^2\gamma\,\{G_x(k\cos\alpha, k\cos\beta)\,G_x^{*}(k\cos\alpha, k\cos\beta) + \text{cycl.}\}\,d\Omega.\qquad(38.4)$$

In this, and in what follows, cycl. refers to corresponding expressions in all three coordinates x, y, z (but *not* in α, β, γ).

The functions $G_x(\omega_1, \omega_2)$ etc. represented the Fourier transforms of the distributions of e_x etc. across the aperture. We introduce $k\cos\alpha = \omega_1$ and $k\cos\beta = \omega_2$ as new integration variables; all directions occurring in (38.4) then are covered by the inequality $\omega_1^2 + \omega_2^2 < k^2$ which stresses the role of the non-evanescent waves. Taking into account that $d\Omega = d\omega_1 d\omega_2 / k (k^2 - \omega_1^2 - \omega_2^2)^{\frac{1}{2}}$, we arrive at the expression:

$$P_r = \frac{c}{32\pi^3 k} \iint\limits_{\omega_1^2 + \omega_2^2 < k^2} d\omega_1 d\omega_2 (G_x G_x^* + \text{cycl.}) \sqrt{k^2 - \omega_1^2 - \omega_2^2}.$$

The extension of the integration to the evanescent waves $\omega_1^2 + \omega_2^2 > k^2$ would lead to a supplementary purely imaginary contribution so that we may also write:

$$P_r = \frac{c}{32\pi^3 k} \operatorname{Re} \int\limits_{-\infty}^{\infty}\!\!\int d\omega_1 d\omega_2 (G_x G_x^* + \text{cycl.}) \sqrt{k^2 - \omega_1^2 - \omega_2^2}.$$

This transformation into an integral with infinite integration limits enables a further deduction to an integral in terms of the original aperture distribution, viz.

$$P_r = \frac{c}{8\pi k} \operatorname{Im} \iint\limits_{z=0} dx\, dy \left(e_x^* \frac{\partial e_x}{\partial z} + e_y^* \frac{\partial e_y}{\partial z} + e_z^* \frac{\partial e_z}{\partial z} \right); \qquad (38.5)$$

this expression can be verified with the aid of (29.1) and (29.5).

We next can replace the derivatives with respect to z in (38.5) by those referring to the undisturbed primary part of the wave impinging on $z=0$; in fact, since the contributions from the secondary waves can be ascribed to currents induced by the primary field in the screen occupying the plane $z=0$ beyond the aperture, the normal derivatives of the secondary-field components vanish in this plane [this can be proved with the aid of (6.6), after having shown that the components A_x and A_y of the corresponding Hertzian vector are even in z, while $A_z = 0$, such in view of the current positions in $z=0$]. In the simplest case of a primary field formed by a plane wave the propagation direction of which makes angles $\alpha_{\text{prim}}, \beta_{\text{prim}}, \gamma_{\text{prim}}$ with the axis, we have:

$$e_{x,\,\text{prim}} = e_{x,\,0}\, e^{ik(\cos\alpha_{\text{prim}}\, x + \cos\beta_{\text{prim}}\, y + \cos\gamma_{\text{prim}}\, z)} \quad \text{etc.} \qquad (38.6)$$

The operator $\partial/\partial z$, applied to this primary field, amounts to a multiplication by $ik\cos\gamma_{\text{prim}}$. The evaluation of (38.5) (after replacing $\partial e_x/\partial z$ by $\partial e_{x,\,\text{prim}}/\partial z$ etc.) then finally yields, using (29.2),

$$P_r = \frac{c\cos\gamma_{\text{prim}}}{8\pi} \operatorname{Re} \{ e_{x,\,0}\, G_x^* (k\cos\alpha_{\text{prim}},\, k\cos\beta_{\text{prim}}) + \text{cycl.} \}.$$

A comparison with the amplitudes S_x, S_y, S_z, defined by (29.6) as the amplitude factors by which e^{ikr}/r has to be multiplied in order to obtain the distant field, yields the alternative form:

$$P_r = \frac{c}{4k} \operatorname{Im} \{ e_{x,\,0}^*\, S_x (\alpha_{\text{prim}},\, \beta_{\text{prim}}) + \text{cycl.} \}.$$

On the other hand, the energy P_i transmitted by the primary wave (38.6) in its propagation direction across the aperture cross-section O equals, in view of (38.3),

$$P_i = \frac{c}{8\pi} O (e_{x,\,0} e_{x,\,0}^* + \text{cycl.}).$$

The definition (38.1) therefore amounts to the following final expression for the transmission cross-section:

$$\sigma = \lambda \, \frac{\mathrm{Im} \, \{e_{x,0}^* \, S_x(\alpha_{\mathrm{prim}}, \beta_{\mathrm{prim}}) + \mathrm{cycl.}\}}{e_{x,0} \, e_{x,0}^* + \mathrm{cycl.}} \, .$$

This general formula connecting σ with the distant field in the produced direction of the incident wave becomes simplest for vertical incidence on the aperture. By taking the x axis in the direction of the primary electric field in this case, we find (assuming $e_{x,0}$ real):

$$\sigma = \lambda \, \frac{\mathrm{Im} \, S_x}{e_{x,0}} \, ,$$

S_x being the "amplitude" of the distant-field spherical wave in the produced propagation direction of the incident wave (that is in the z direction). Such a simple proportionality of the transmission cross-section to the imaginary part of the amplitude of the wave produced by scattering into the forward direction (the primary wave being real) also exists for corresponding scalar problems; it has as such been enunciated for different problems, a.o. by Levine and Schwinger[1], Feenberg[2], and van de Hulst[3].

We finally mention that explicit computations of σ and t become very difficult when taking into account the vectorial character of the field. A result of practical interest is the following expansion for the transmission coefficient of a circular aperture (radius a) as derived by Bouwkamp[4] for a plane wave of any polarization impinging vertically:

$$t = \frac{64}{27 \pi^2} (k a)^4 \left\{ 1 + \frac{22}{25} (k a)^2 + \frac{7312}{18375} (k a)^4 + \cdots \right\}.$$

39. The quantity determined in fieldstrength measurements. These measurements are subject to the well-known difficulty that a quantity we wish to know is disturbed by its measuring equipment. The parameter that is actually observed here, follows from an argument originally given by Burgess[5] for linear antennas; it amounts to an application of the reciprocity theorem to the various line elements ds of such an antenna.

Let $I_{\mathrm{tr}}(s)$ be the current through a special element of the linear antenna if used as a transmitter energized by the electromotive force $Z_a I_{\mathrm{tr}}(0)$ across the input terminals at $s=0$. According to the reciprocity theorem as formulated for circuits (see Sect. 36), an electromotive force $Z_a I_{\mathrm{tr}}(0)$ in ds would generate a current $I_{\mathrm{tr}}(s)$ through the antenna terminals. An electromotive force of the magnitude $E_{\parallel}(s) \, ds$ actually acts on this line element ds, if the same antenna is used as a receiver and exposed to an external electrical field $\boldsymbol{E}$ having a component $E_{\parallel}$ along the antenna element. Owing to the linearity, the latter electromotive force, acting in the case of a receiver, produces a current

$$\frac{E_{\parallel}(s) \, ds}{Z_a I_{\mathrm{tr}}(0)} \, I_{\mathrm{tr}}(s)$$

through the terminals at $s=0$. The total current through the terminals of the receiving antenna is obtained by an integration over all the line elements, whereas

[1] H. Levine and J. Schwinger: Phys. Rev. **74**, 958 (1948), see p. 964.
[2] E. Feenberg: Phys. Rev. **40**, 40 (1932), see p. 48.
[3] H. C. van de Hulst: Physica (The Hague) **15**, 740 (1949).
[4] C. J. Bouwkamp: Philips Res. Rep. **5**, 401 (1950).
[5] R. E. Burgess: Wireless Engr. **21**, 154 (1944).

the electromotive force F_{rec} measured across these terminals results after a further multiplication by Z_a. Hence

$$F_{rec} = \frac{1}{I_{tr}(0)} \int E_{\parallel}(s)\, I_{tr}(s)\, ds, \qquad (39.1)$$

or in vectorial form ($\boldsymbol{I}_{tr}$ representing the vector for the antenna current)

$$F_{rec} = \frac{1}{I_{tr}(0)} \int \boldsymbol{E}(s) \cdot \boldsymbol{I}_{tr}(s)\, ds.$$

The extension to general antennas leads to a corresponding three-dimensional integral over the entire antenna volume V_1, the integrand then consisting of the scalar product of the inducing electrical field generated by a transmitter T_2, multiplied by the current density occurring in the antenna T_1 under considera- tion when used as a transmitter. What is actually determinable when trying to measure the field produced by T_2 at the location of T_1 thus proves to be the integral represented in (35.3); this important quantity, which is symmetrical with respect to T_1 and T_2, has been termed *"reaction"* by RUMSEY[1] who made a detailed investigation of it.

In practice, a measurement of the reaction amounts to that of the field $\boldsymbol{E}$ we wish to know if the longitudinal component of the latter is approximately constant all over the receiving antenna; this field component can then be put in front of the integral of (39.1) which thus only depends on the antenna used for the measurement. If, however, the incident field differs significantly from a single plane wave, this field can be thought (in the sense of a Fourier integral) as composed of plane waves arriving from various directions; these waves are received in accordance with a weighting factor depending on the radiation pat- tern of the antenna (we remind of the equivalent roles of this pattern in the cases of transmission and reception; see the end of Sect. 36).

The influence of the radiation pattern on field-strengths to be measured becomes noticeable if the directions of arrival of the plane waves composing the incident field are spread over a wide angle. This situation occurs, e.g., when measuring the field of diffracted waves near an aperture; it has been investigated theoretically and experimentally by WOONTON[2].

e) General properties and special types of antennas.

40. Basic properties to be accounted for in antenna design. In contrast to transmission lines which must guide electromagnetic energy as much as possible along or in the vicinity of these lines, antenna systems should be such as to produce a most effective radiation of the energy into the surrounding space. This purpose is favoured by open structures since the interference caused by currents flowing through wires situated close to each other generally decreases the radiated field. A single wire shows much less guiding effect than a set of parallel wires as used for transmission lines; the former is a useful element in antenna design.

In exceptional cases, however, even two near-by parallel wires may be fa- vourable for radiation, namely if two currents of equal directions are generated as a consequence of some resonance effect. This situation occurs, e.g., for a *folded dipole* (often used in television reception); it consists of two near-by parallel $\lambda/2$-dipoles connected at their ends, whereas the antenna terminals are at the centre of one of them. If the two rods have the same diameter, the currents generated in them by an inducing field (the frequency of which should correspond

[1] V. H. RUMSEY: Proc. Symp. Microwave Optics, Montreal 1953, paper 2.
[2] G. A. WOONTON: Proc. Symp. Microwave Optics, Montreal 1953, paper 56.

to a dipole length of about $\lambda/2$) prove to be almost equal and equally directed, and of the same magnitude as in the case of a single dipole. The duplication of the effective current (as compared to that through a single dipole) amounts to an increase of the radiation resistance of $73.13\,\Omega$ for ordinary $\lambda/2$-dipoles (see Sect. 28) to its fourfold value, that is to the often more convenient quantity of $293\,\Omega$.

The emission of radiation away from wires is favoured by the presence of bends. This may be illustrated by the example of two straight sections of equal length L carrying a current I and meeting at the point O (see Fig. 23). We introduce a coordinate system with the z axis along the bisector of the sections which makes the angles α, β, γ and $\alpha, \beta, \pi/2-\gamma$ respectively with the axes. The radiation W_z per unit solid angle along the z axis is easily calculated with the aid of (12.3) and (12.4). It can be compared with the corresponding radiation W_z' from an unbent line-element of the same total length $2L$ (indicated in Fig. 23 by dots). We find

$$\frac{W_z}{W_z'} = \frac{1}{\cos^2\!\left(\dfrac{kL}{2}\cos\gamma\right)},$$

which shows the increase of radiation that is due to the bending.

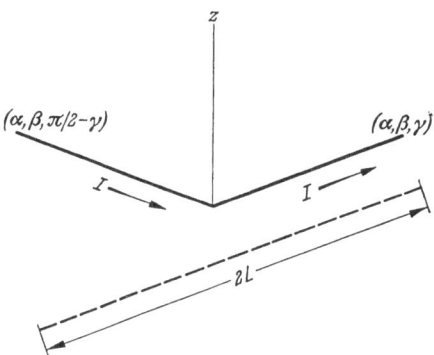

Fig. 23. Illustrating a single antenna bend.

A consideration to be accounted for in long-wave antenna design concerns its length l which should be not too short in order to obtain sufficient radiation. In fact, the radiation is in proportion to l^2 since the antenna usually behaves as a short dipole [see (26.8)]. On the other hand, the energy dissipated owing to the finite conductivity increases in proportion to l so that the efficiency increases about in proportion to $l^2:l=l$. Such considerations are much less restrictive if the antenna dimensions are of the order of at least one wavelength as conveniently realizable for short waves; the possibilities of efficient short-wave antennas are accordingly almost inexhaustible.

The influence of the earth not discussed so far (see however Chap. IV) has important consequences. For the longer waves a horizontal antenna is less adventageous than a vertical one owing to the dissipation of energy by the horizontal currents which are easily induced by the former in the upper sheet of the earth. This difficulty only exists for poorly conducting soil and can partially be compensated by lowering the resistivity of the soil near the transmitter with the aid of buried wires. These induced currents are in general insignificant for very high frequencies since the earth behaves for the latter almost as a pure dielectric. Horizontal antennas then become more convenient than the vertical ones since they can more easily be raised up to a height at which they are freed from any influence at all of the earth.

The current distribution along antenna wires has the tendency to approach that of standing waves, such as a consequence of the nodal points at the ends. The current amplitude further decreases away from the feeder terminals up to distances not exceeding $\lambda/4$. This disadvantageous decrease of the useful antenna current is partially compensated by the endcapacitance formed by the extreme parts of the antenna system, since the displacement current through the condenser formed by these parts may become of the same order of magnitude as the unattenuated antenna currents. The current distribution may also be influenced by artificial capacitive loads in order to obtain some desired distribution (compare the remark at the end of Sect. 32); moreover, the capacity due to the presence of the earth has to be taken into consideration. All these capacitances partially cancel the otherwise existing condition of conduction currents vanishing at endsections, and thus promote deviations from standing-wave distributions. It thus even proves to be possible to arrive at a travelling-wave distribution by using a proper admittance at the end points; this is realized for *rhombic antennas*.

All measures described above favour the radiation in general. For the rest the choice of an antenna system mainly depends on the properties desired for its radiation pattern; the latter, however, still admits various solutions even if the phase-dependence of the distant field should also be prescribed. This indefiniteness follows from the fact that a current distribution which is solenoidal throughout (curl $\boldsymbol{j} = 0$), while satisfying the radiation condition at infinity, does generate no radiation field at all [see Eq. (3.1)]. The choice and realization of special radiation patterns are discussed in more detail in the next section.

41. Choice and realization of radiation diagrams. The useful radiation field generally comprises, both for transmitters and receivers, a limited range of directions. First of all, communication to great distances is only required for almost horizontal directions. Significant radiation in other than nearly horizontal directions is only wanted in special cases such as radar detection, ionospheric sounding, and the reception of cosmic radiation. For economical reasons the radiation should be as small as possible in all directions which are of no interest.

In the ordinary circumstances of a radiation to be confined to the vicinity of the horizon, the special aim determines the further wishes concerning the radiation pattern in the horizontal plane, that is the dependence on the azimuth. For instance, the horizontal radiation should be uniform for broadcast transmitters, but highly directional for point-to-point communication, whereas it should show a sharp null in the case of a direction-finding receiver. The uniform horizontal radiation required for domestic broadcast on long waves is obtained by applying vertical tower antennas the length of which never exceeds the order of magnitude of a half wavelength; a vertical wire connected at its top to parallel horizontal wires is also often used. A short-wave transmitter which is omnidirectional in the horizontal plane is realized, e.g., by a horizontal loop which is energized at four equidistant points in order to approximate a pattern independent of the azimuth. Typical directional antennas adapted to point-to-point communication are horns (see Sect. 44) and paraboloidal reflectors (see Sect. 50). The sharp minimum wanted for direction-finding receivers can be realized with the aid of loop antennas consisting of a number of parallel windings. Such an array behaves as a short magnetic dipole (Sect. 27); the object to be detected betrays itself by a field minimum (instead of a zero field in the case of an ideal magnetic dipole) if it is situated in the direction of the axis perpendicular to the windings (electrostatic shielding may eliminate the asymmetrical disturbances due to currents induced in the earth).

In all these cases an antenna system yielding the required radiation properties can be arrived at by trial and error, the pattern resulting from a reasonably assumed current distribution always being computable. The solution depends on the operating wavelength, the system of transmission (for instance amplitude or frequency modulation) is irrelevant.

The general radiation pattern is a function of the two independent angles fixing a direction in space. Usually this function has maxima and minima which are particularly influenced by the presence of the earth. In practice, the extreme values, the width of the lobes between two consecutive minima, and the shape of the main lobe in nearly horizontal directions are of special interest.

As an example of an antenna having a radiation pattern with lobes even in free space, we mention the *rhombic antenna* of Fig. 24. It consists of a plane horizontal diamond energized at A, whereas the terminating impedance at B (equalling the characteristic impedance of the transmission line constituting the rhombic conductor) ensures such a change of the phase of the current I along the two branches AB as corresponds to a travelling wave. If we neglect the attenuation of the current along the branches, it can be represented by $I_0 \exp\{i(ks-\omega t)\}$, s being measured from A along these branches. When introducing spatial polar coordinates $(x = r\sin\vartheta\cos\varphi,$ etc.) for a system the x and

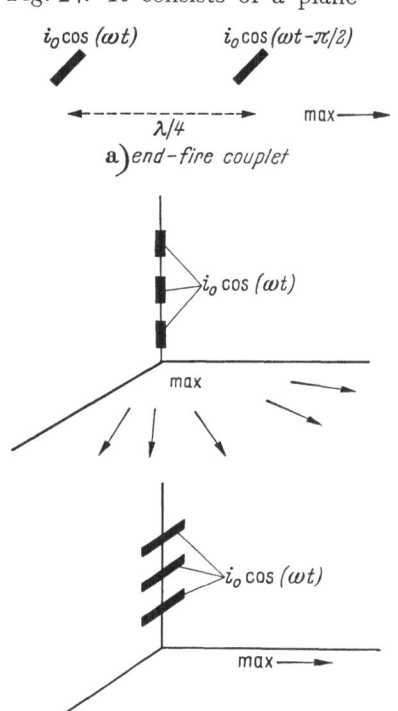

Fig. 25 a and b. Examples of special antenna arrays.

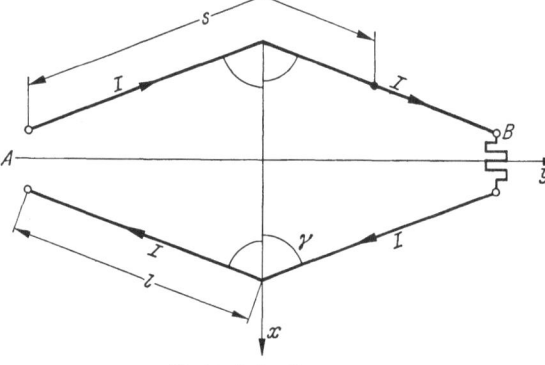

Fig. 24. A rhombic antenna.

y axes of which are shown in Fig. 24, the computation of the radiation W per unit solid angle (see Sect. 12) results in

$$W(\vartheta, \varphi) = \frac{I_0^2 k^4 l^4 \cos^2\gamma}{8\pi c} K_1 K_2 \left(\frac{\sin\dfrac{k l K_1}{2}}{\dfrac{k l K_1}{2}}\right)^2 \left(\frac{\sin\dfrac{k l K_2}{2}}{\dfrac{k l K_2}{2}}\right)^2, \qquad (41.1)$$

in which $\quad K_1 = 1 - \sin\vartheta\cos(\gamma - \varphi); \quad K_2 = 1 + \sin\vartheta\cos(\gamma + \varphi);$

the rhombic parameters γ and l are defined as indicated in Fig. 24.

The occurrence of maxima and minima in the radiation diagram of a rhombic antenna is obvious from (41.1). The choice of γ can be adjusted to special purposes, for instance to that of a short-wave antenna with a radiation pattern concentrated near a special vertical plane (e.g. the yz plane), but with a wide spread in this plane. In such applications the desired properties of the radiation pattern are obtained at the cost of the power dissipated in the terminating impedance.

If sharp radiation patterns are desired in a special plane, arrays of similar antennas with a properly chosen phase factor (see the end of Sect. 24) may be applied with success. The following arrays (compare Fig. 25) are mentioned in view of their very simple basic principles:

α) *End-fire couplets.* These consist of two equal transmitting sources, located a quarter wavelength apart, and energized by currents having a mutual phase difference $\pi/2$. Travelling waves leaving these sources simultaneously, and parallel to the connection line, have identical phases in the one direction, but a phase difference π in the opposite direction. Hence the field of the single source is doubled in the former, and compensated in the latter direction;

β) *Broadside arrays.* The array consists of elements on one line, all operating in the same phase. The field is maximum in one or more directions perpendicular to the line of the array. This line may contain, e.g., either all the axes, or all the central points of a number of identical dipoles;

γ) *End-fire arrays.* Here the phases of the array elements are adjusted such as to correspond to a plane wave travelling in a specified direction. The radiation becomes maximum in this very direction.

We finally remark that *reflecting antennas* (these are short-circuited receiving antennas, one of which is used in Yagi antennas) may also be useful for the realization of desired radiation patterns.

42. Antennas of high directivity. Economical point-to-point communication, as well as accurate determinations of the direction of arrival of a special radiation (as in cosmic-noise measurements) requires a radiation diagram which is very sharp in one direction. The gain g, or also the effective area, should be as high as possible for this direction.

Theoretically an ideally sharp radiation pattern can be obtained from an uniform field distribution in an infinite aperture. In fact, assuming the electric vector [with amplitude $e_x(0)$] in the x-direction of such an aperture, situated in the plane $z=0$, we get from (29.2) the following Fourier transforms for this aperture distribution:

$$G_x = 4\pi^2 e_x(0)\,\delta(\omega_1)\,\delta(\omega_2); \qquad G_y = G_z = 0 \tag{42.1}$$

(δ = Dirac function). The corresponding distant field according to (29.6), viz.

$$e_x \sim \frac{e^{ikr}}{r}\,2\pi i k\, e_x(0)\,\delta(k\cos\alpha)\,\delta(k\cos\beta); \qquad e_y = e_z \sim 0,$$

is completely concentrated in the z direction ($\cos\alpha = \cos\beta = 0$).

This ideal situation is fairly well approximated by an uniformly illuminated aperture with dimensions as large as possible compared to the wavelength. The various parts of such an aperture operate in phase, and the direction perpendicular to it (the z direction) is the only in which any interference is absent. Such an uniform aperture field can be realized by straightening the slightly curved wavefront in the aperture of an electromagnetic horn (see Sect. 44) with the aid of an electromagnetic lens (see Chap. IIIb).

The effectiveness of a *finite* uniform aperture field is illustrated by the simple case of a rectangular aperture extending in $-a/2 < x < a/2$, $-b/2 < y < b/2$ (the *e*-vector with amplitude $e_x(0)$ being again in the x direction). We now have. instead of (42.1),

$$G_x = e_x(0)\,a\,b\,\frac{\sin\dfrac{\omega_1 a}{2}}{\dfrac{\omega_1 a}{2}}\,\frac{\sin\dfrac{\omega_2 b}{2}}{\dfrac{\omega_2 b}{2}}; \qquad G_y = 0; \qquad G_z = -\frac{\omega_1 G_x}{\sqrt{k^2 - \omega_1^2 - \omega_2^2}},$$

from which the distant field is obtained with the aid of (29.6). The resulting gainfactor g proves to tend to the limit $k^2 ab/\pi$ for large values of ka and kb, so as to have a corresponding effective area, according to (37.3), of ab. Hence large apertures are characterized by an effective area which is equal to the actual area, and independent of the wavelength. The same property has been derived by van der Pol[1] for a rectangular plate with a homogeneous current distribution.

The determination of highly directive antennas has also been investigated for linear antennas. A theoretical formulation of the problem is arrived at as follows. According to Eqs. (24.1) and (24.2), the amplitude of the distant field of a thin wire extending along the part $-l/2 < z < l/2$ of the z axis is given, for a direction making an angle γ with this axis, by ($\varepsilon = \mu = 1$):

$$\left.\begin{aligned}
|\boldsymbol{e}| &= \frac{k \sin \gamma}{c r} \left| \int_{-l/2}^{l/2} I(\zeta) \, e^{-ik\zeta \cos \gamma} d\zeta \right| \\
&= \frac{\sin \gamma}{c r} \left| \int_{-kl/2}^{kl/2} I_1(\eta) \, e^{-i\eta \cos \gamma} d\eta \right|,
\end{aligned}\right\} \tag{42.2}$$

if $I(z) = I_1(kz)$ is the total current through a cross-section. Further, the expression (25.2) yields the following value for the radiated power $I_0^2 R_a$:

$$P_{\text{tot}} = \frac{1}{c} \int_{-kl/2}^{kl/2} d\eta \, I_1^*(\eta) \int_{-kl/2}^{kl/2} d\eta' \, I_1(\eta') \, K(\eta - \eta') = \frac{1}{c} P(I_1), \quad \text{say,} \tag{42.3}$$

if the kernel K is given by

$$K(u) = \frac{1}{2}\left(1 + \frac{d^2}{d u^2}\right) \frac{\sin u}{u} = \frac{1}{u^2}\left(\frac{\sin u}{u} - \cos u\right).$$

The maximum fieldstrength normally occurs in the equatorial plane ($\gamma = \pi/2$), e.g., if all antenna elements contribute in phase (real function I_1); this maximum field depends, according to (42.2), on the quantity

$$H(\eta) = \left| \int_{-kl/2}^{kl/2} I_1(\eta) \, d\eta \right|. \tag{42.4}$$

The problem then consists, l and λ being given, of determining a function $I_1(\eta)$ which maximizes $H(\eta)$ for a given value of the double integral (42.3) for the power. Following an article by La Paz and Miller[2], this problem can be replaced by the equivalent one of finding a function $I_1(\eta)$ which minimizes the double integral (42.3) for the power, if the expression (42.4) for the maximum field has been given. This latter formulation also applies to a vertical antenna above a perfectly conducting earth provided the current distribution is supplemented symmetrically by a fictitious one along the production of the antenna in the earth (compare Sect. 58).

A remarkable result derived by Bouwkamp and de Bruÿn[3] is the non-existence of the desired finite minimum value of the power integral (42.3). However, practical solutions leading to very low values of the power P can be obtained, for instance the following current distribution along an infinite antenna ($l = \infty$):

$$I(z) = \frac{\lambda A}{\sqrt{2\pi}} e^{-A^2 k^2 z^2 /2} \sum_{r=0}^{n} \binom{n}{r} A^{2r} \, \mathrm{H}_{2r}(A \, k z);$$

[1] Balth. van der Pol: Tijdschr. Nederl. Radiogenootschap **15**, 151 (1950).
[2] L. La Paz and G. A. Miller: Proc. Inst. Radio Engrs. **31**, 214 (1943).
[3] C. J. Bouwkamp and N. G. de Bruÿn: Philips Res. Rep. **1**, 135 (1946).

the corresponding radiation pattern becomes:

$$\frac{W(\gamma)}{W(\pi/2)} = e^{-\cos^2\gamma/A^2}\sin^{4n+2}\gamma$$

(H_n = Hermite polynomial of order n). For increasing n and decreasing A this pattern is more and more concentrated near the equatorial plane, whereas the approximate value of $A\sqrt{\pi}/4$ for the power integral $P(f)$ shows how the latter can be made arbitrarily small by a proper choice of A. The authors also derived modifications usable for antennas of a finite length.

43. Slotted antennas; the principle of BABINET. α) *Slotted antennas.* Aperture antennas formed by an opening in some metallic wall in a wave guide or transmission line are usually called *slotted antennas.* The long dimension of a slot should be perpendicular to the currents flowing through the wall in the absence of the slot; the current distribution then is significantly disturbed which results into a coupling of the internal field of the wave guide with that in the surrounding space; the slot thus becomes a radiating element.

As an example we consider a slot S in the perfectly conducting wall W of an infinite waveguide. We shall apply (35.1) to a surface just envelopping W while identifying $e_1 h_1$ with an actual field $e\,h$ in the presence of the slot, and $e_2 h_2$ with that of the k-th mode, $e_k h_k$ say; the latter is assumed as propagating down the slotless waveguide from the left ($z = -\infty$) to the right ($z = \infty$). The surface integral in (35.1) splits into contributions over W and over the cross-sections C_- and C_+ at the ends of the guide. The first contribution vanishes altogether, e_k and h_k being zero just outside W. The contribution over C_+ is also zero if we assume some infinitesimal absorption causing an exponential decay for $z \to \infty$ for both fields concerned, each of which propagates to the right. However, the contribution over C_- proves to be finite, owing to the opposite propagation directions there for the two fields in question. Further, the volume integral in (35.1) reduces to a surface integral over the complete guide wall $W + S$ in which, moreover, the spatial current densities j and j_k degenerate to surface-current densities i and i_k. The perpendicular orientation of electric fields at perfectly conducting walls implies $e_k \cdot i = 0$ throughout since i vanishes over S and is orientated *in* the wallsurface over W; for the same reasons $e \cdot i_k$ only differs from zero over the slot S. The remaining terms of (35.1) yield:

$$\iint\limits_{C_-} (e \times h_k - e_k \times h)_n \, dO = -\frac{4\pi}{c} \iint\limits_{S} e \cdot i_k \, dO. \tag{43.1}$$

We further restrict ourselves, for simplicity's sake, to cylindrical guides. The k-th mode travelling to the right can then be represented by

$$e_k = e^{i\beta_k z}\, e_{0,k}(x,y), \qquad h_k = e^{i\beta_k z}\, h_{0,k}(x,y),$$

whereas the field (e_k^*, $-h_k^*$) constitutes a corresponding mode travelling to the left. The complete orthogonality of the modes[1] next involves the two following expansions if the slot extends somewhere in the region $z_l < z < z_r$:

$$\left. \begin{aligned} e &= \sum a_j e_j, & h &= \sum a_j h_j & (z > z_r), \\ e &= \sum_j b_j e_j^*, & h &= -\sum_j b_j h_j^* & (z < z_l). \end{aligned} \right\} \tag{43.2}$$

The lower expansion can be substituted in the left-hand side of (43.1), the upper expansion in that of the integral over C_+ in the corresponding relation

---

[1] See S. SILVER: Microwave antenna theory and design, p. 208. New York 1949.

for the $(e_k^*, -h_k^*)$ mode travelling in the opposite direction. The orthogonality reduces the sums to the single term $j = k$. This results in the expressions

$$a_k = \frac{2\pi}{c P_k} \iint_S e \cdot i_k^* \, dO, \qquad b_k = \frac{2\pi}{c P_k} \iint_S e \cdot i_k \, dO, \qquad (43.3)$$

in which P_k represents the total energy current (according to the Poynting vector) for the k-th mode through C_+.

Let k denote a single dominating mode. The form of (43.2) then shows the behaviour of the slotted waveguide as a transmission line if we introduce a transverse potential V proportional to $e_{0,k}$ and a current I proportional to i. In fact, the connection between the relations holding for V and I at $z < 0$ and $z > 0$ proves to correspond to the simultaneous existence at $z = 0$ of a seriesimpedance $Z_\parallel$ and a shuntimpedance $Z_\perp$ given by:

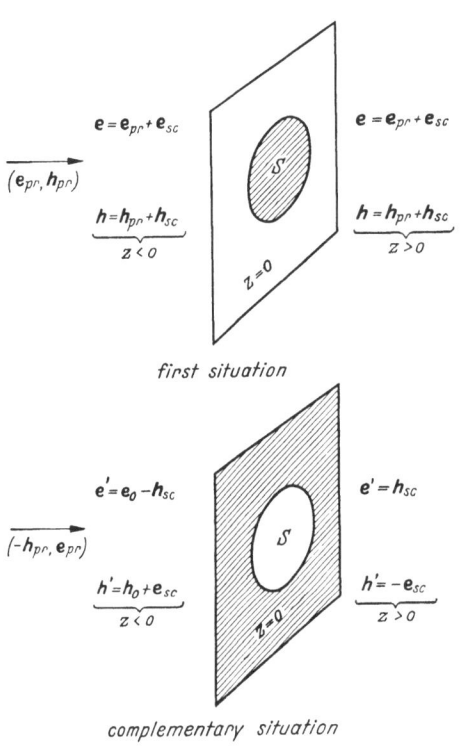

first situation

complementary situation

Fig. 26. Illustrating the representation of BABINET's principle.

$$Z_\parallel = \left(\frac{a_k}{b_k} - 1\right) Z_0, \qquad Z_\perp = -\frac{Z_0}{1 + (b_k/a_k)};$$

Z_0 here represents the surge impedance $(V/I)_{z = +0}$, whereas $e_{0,k}(x, y)$ has been assumed as real. A pure shunt (series) impedance occurs if $a_k = \pm b_k$, that is, in view of (43.3), if i_k is real (imaginary). The first situation (a so-called "shunt slot") proves to be realized for TE modes $a_k b_k$ in the case of a longitudinal direction (z direction) of the undisturbed wave-guide currents i_k across the slot, that is, if the transverse current component is interrupted by the slot; the other situation ("series slot") is realized for TE modes if i_k has a transverse direction throughout the slot.

β) *Babinet's principle.* Slotted antennas constitute a counterpart of diffracting screens. It is well known from BABINET's principle in optics that there exists a close relation between the light diffracted by a flat disk, and the light transmitted through an aperture the edges of which coincide with that of the original disk. This principle is usually explained in terms of scalar considerations. A corresponding theorem taking into account the vectorial character of the field holds for any electromagnetic waves; it has been investigated by COPSON[1] and MEIXNER[2].

The final formulation of this extended BABINET's principle can be given as follows (for simplicity's sake we take $\varepsilon = \mu = 1$). In a first situation (compare Fig. 26) a perfectly conducting infinitesimally thin disk S with a boundary L, and in the plane $z = 0$, is illuminated by a primary wave (labelled by the sub-

[1] E. T. COPSON: Proc. Roy. Soc. Lond., Ser. A **186**, 100 (1946), see p. 116.
[2] J. MEIXNER: Z. Naturforsch. **3**a, 506 (1948).

script pr) arriving from the left ($z < 0$). The resulting total field may be represented by $e = e_{\text{prim}} + e_{sc}$, $h = h_{\text{prim}} + h_{sc}$. In a second, complementary situation the modified primary field $e'_{\text{prim}} = -h_{\text{prim}}$, $h'_{\text{prim}} = e_{\text{prim}}$ is transmitted through an aperture in $z = 0$ having the same boundary L (the plane $z = 0$ being a perfectly conducting screen beyond L). If the original primary field is produced by the current distribution $j(x, y, z)$, the dashed primary field can be ascribed to the corresponding distribution $j' = (ic/\omega) \operatorname{curl} j$ [compare (6.4) and (6.5)]. It is also possible to derive the dashed primary field from a Fitzgerald vector (see Sect. 7) $\Pi'_m = -\Pi_e$ if Π_e represents the Hertzian vector determining the original primary field.

The field of the second situation proves to be connected as follows with that of the first one:

$$e' = e_0 - h_{sc}; \quad h' = h_0 + e_{sc} \quad \text{for} \quad z < 0, \\ e' = h_{sc}; \quad h' = -e_{sc} \quad \text{for} \quad z > 0; \quad \Big\} \tag{43.4}$$

e_0, h_0 here represents a field in the left half-space defined by:

$$e_0(x, y, z) = -h_{\text{prim}}(x, y, z) \pm h_{\text{prim}}(x, y, -z), \\ h_0(x, y, z) = e_{\text{prim}}(x, y, z) \pm e_{\text{prim}}(x, y, -z), \quad \Big\} \tag{43.5}$$

with the upper and lower signs referring to the components parallel and normal to the aperture respectively. Obviously e_0, h_0 can be interpreted as the superposition of $e'_{\text{prim}}, h'_{\text{prim}}$ with a field produced by reflection against the infinite screen in $z = 0$. An analogous formulation by POINCELOT[1] considers a space the dielectric constant and permeability of which differ from unity; NEUGEBAUER[2] discussed an approximative extension for non perfectly conducting screens.

The correctness of the solution (43.4) for the complementary situation is checked as follows:

(a) the solution satisfies the Maxwell equations since the latter lead for either of the half spaces $z \lessgtr 0$ to combinations of the individual Maxwell equations for the fields (e_{sc}, h_{sc}) and (e_0, h_0). In its turn the former field is a solution of MAXWELL's equations since it constitutes the difference of the complete and the primary fields in the first situation, each of which is a solution. The field (e_0, h_0) is another solution as follows from the structure of (43.5);

(b) the solution (43.4) is continuous in the aperture opening inside L. In view of (43.5), and of the representation of the field in the first situation, this condition to be proved reduces to the requirement that the following components parallel to (indicated by $\|$) or normal to ($\perp$) the aperture plane should either vanish inside L, or should have opposite values there at $z = -0$ and $z = +0$:

$$h_{sc, \|}; \quad h_{\text{prim}, \perp} + h_{sc, \perp}; \quad e_{\text{prim}, \|} + e_{sc, \|}; \quad e_{sc, \perp}. \tag{43.6}$$

The properties to be verified here follow for the first and last quantity from the fact that (e_{sc}, h_{sc}) can be ascribed to the currents induced by the primary field (or generated by an extra source in $z = 0$, as in the example below) in the first situation on the disk inside L [compare the reduction following (38.5)]. The expression (6.3) for the corresponding Hertzian vector Π_e is even in z for the tangential components, whereas the normal component vanishes throughout, both in view of the orientation in the plane $z = 0$ of the currents. The relations (6.2) then involve that $h_{sc, \|}$ and $e_{sc, \perp}$ should be odd in z which results in a change

---

[1] P. POINCELOT: C. R. Acad. Sci., Paris **243**, 1743 (1956).

[2] H. E. J. NEUGEBAUER: J. Appl. Phys. **28**, 302 (1957).

in sign when comparing their different values inside L at $(x, y, -0)$ and $(x, y, +0)$ (likewise, $\boldsymbol{h}_{sc,\perp}$ and $\boldsymbol{e}_{sc,\parallel}$ prove to be even in z, and therefore are continuous throughout at $z=0$). As to the third quantity of (43.6), its vanishing inside L follows from the zero value of the parallel component of the electric field in the first situation along the perfectly conducting disk extending there. The same holds for the vertical magnetic field of the second quantity since this field is directly connected, in terms of differentiations independent of z, with the preceding quantity (such according to one of Maxwell's equations);

(c) the boundary condition of a zero tangential electric field along the screen beyond L in the complementary situation requires (in view of $\boldsymbol{e}_{0,\parallel}=0$ at $z=0$, remembering the continuity of $\boldsymbol{h}_{\text{prim}}$ at $z=0$) $\boldsymbol{h}_{sc,\parallel}=0$ at both faces $z=\pm0$.

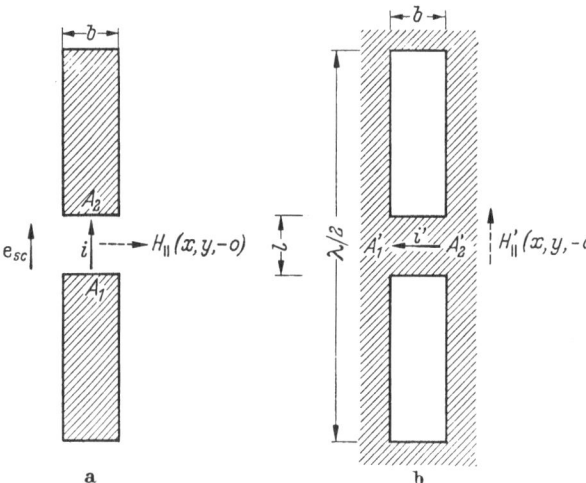

In fact, $\boldsymbol{h}_{sc,\parallel}$ has to be continuous at $z=0$ beyond L since it represents a part of the field in the open space existing there in the first situation; the above mentioned property of also being odd in z then involves its zero value at $z=0$ beyond L;

(d) the radiation condition of a field vanishing at the infinity of the half-space $z>0$ is fulfilled, since the secondary field $\boldsymbol{e}_{sc},\boldsymbol{h}_{sc}$ of the first situation has to satisfy this same condition.

Fig. 27 a and b. An example of two complementary antennas according to Babinet's principle.

A special application of the extended Babinet's principle leads to the following theorem formulated by Booker[1]: let Z and Z' be the driving-point impedances measured when respectively energizing (a) a configuration of coplanar disks, along some small strip $A_1 A_2$ of length l and width b and (b) the complementary configuration (replacing the disks by apertures in the basic perfectly conducting plane), along the other extension $A_1' A_2'$ of the same strip; the relation

$$Z Z' = \tfrac{1}{4} Z_0^2 \qquad (43.7)$$

then holds, in which $Z_0 = 4\pi/c$ is the intrinsic impedance of the ether (see Sect. 37). The two situations are illustrated by Figs. 27a and b for a special example; the full arrows indicate the directions of the generating currents in the strip.

Booker's relation (43.7) is explained as follows. Apart from the generating strip (which may be around the origin) we assume no other sources, and therefore substitute $\boldsymbol{e}_{\text{prim}}=\boldsymbol{h}_{\text{prim}}=0$ in the above theory. According to the latter, the magnetic field $\boldsymbol{h}_{sc,\parallel}=\boldsymbol{h}_{\parallel}$ in the first situation then has opposite values at the upper and lower edges $(z=-0$ and $z=+0)$ of the disk material near A_1 and A_2 in the basic plane $z=0$. Hence the boundary conditions (2.7) involve a surface-current density near A_1 and A_2 (being the algebraic sum of the contributions at $z=-0$ and $z=+0$) of the magnitude

$$\frac{c}{4\pi}\{h_{\parallel}(0, 0, -0) - h_{\parallel}(0, 0, +0)\} = \frac{c}{2\pi} h_{\parallel}(0, 0, -0).$$

[1] G. H. Booker: J. Inst. Electr. Engrs. 93 (IIIa), 42 (1946).

The total current i through the strip, directed along $A_1 A_2$ and perpendicular to the magnetic field, follows after a further multiplication by b. By dividing the energizing potential difference $l e_\parallel (0, 0, 0)$ by this total current, we arrive at the following impedance for the first situation:

$$Z = \frac{2\pi}{c} \frac{l}{b} \frac{e_\parallel (0, 0, 0)}{h_\parallel (0, 0, -0)} = \frac{2\pi}{c} \frac{l}{b} \frac{e_{sc, \parallel} (0, 0, 0)}{h_{sc, \parallel} (0, 0, -0)} .$$

We infer from (43.4), considering the geometrical situation sketched in Fig. 12, that the corresponding impedance Z' is obtained by replacing $e_{sc, \parallel} (0, 0, 0)$, $h_{sc, \parallel} (0, 0, -0)$, l and b by $-h_{sc, \parallel} (0, 0, -0)$, $e_{sc, \parallel} (0, 0, 0)$, $-b$ and l respectively. The multiplication of Z by Z' then leads at once to (43.7).

The example indicated in Figs. 27a and b concerns a half-wave dipole and the corresponding slit of a length $\lambda/2$ in an infinite perfectly conducting

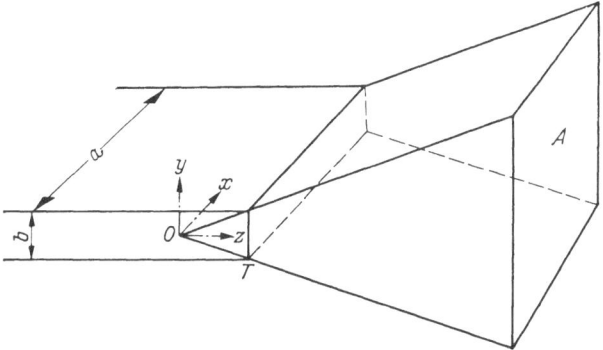

Fig. 28. A rectangular electromagnetic horn.

screen, both energized at their middle in the directions of the indicated currents. The known inductive impedance of $73 \cdot 13 - i \, 42 \cdot 55 \, \Omega$ of the former (see the end of Sect. 28) leads, in view of the value $Z_0 = 377 \, \Omega$ in (43.7), to a capacitive impedance of $363 + i \cdot 211 \, \Omega$ for the half-wave slotted antenna. Such an impedance is practically realized for a narrow slit of length $\lambda/2$ in a screen large compared to λ; its radiation pattern is identical with that of the $\lambda/2$-dipole since the electric and magnetic fields are simply interchanged in these two configurations.

44. Electromagnetic horns. The adjustment of a wave guide to the transmission of a special mode is violated near a broadening terminal section ending in the connection (in the form of an aperture) to free space. The detrimental modes generated near the end section produce an unwanted dependence of the aperture field on the length of the guide. This difficulty can be overcome by flaring the terminal section over a sufficient length so as to obtain a horn. The unwanted modes generated near the beginning of the horn (the throat T, see Fig. 28) can be filtered out to a great extent during their transmission along the horn if the latter is long enough between the throat and the closing aperture A. Moreover, the choice of horn length and flaring angle enables an improvement of the directivity of the distant field beyond the aperture. Horns are particularly useful as sources for the illumination of a reflector or a lens.

Prototypes of horns are those connected to rectangular wave guides while being flared in one direction only. They are termed *E-plane* or *H-plane sectorial horns* according to which field vector (of the plane polarized wave constituting the principal mode in the adjacent guide) is parallel to the rectangle side which increases along the horn.

As an example we consider an E-plane sectorial horn and introduce the coordinate system of Fig. 28 the x axis of which is along the intersection of the two produced flared sides. The adjacent rectangular wave guide (assumed as infinitely long with perfectly conducting walls) can transmit m, 0-labelled TE modes characterized by the field:

$$
\left.
\begin{aligned}
e_y &= \sin\left(m\,\pi\,\frac{x}{a}\right) e^{i\,z\,(k^2 - m^2\pi^2/a^2)^{\frac{1}{2}}}, \\[4pt]
h_x &= -\frac{1}{k}\sqrt{k^2 - \frac{m^2\pi^2}{a^2}}\, e_y, \\[4pt]
h_z &= \frac{m\,\pi}{i\,k\,a}\cos\left(m\,\pi\,\frac{x}{a}\right) e^{i\,z\,(k^2 - m^2\pi^2/a^2)^{\frac{1}{2}}}. \\[4pt]
e_x &= e_z = h_y = 0,
\end{aligned}
\right\}
\tag{44.1}
$$

in which m may be any integer. The tangential component of the electric field vanishes along the walls as should be. It is further easily verified that an unattenuated propagation in the positive z direction is only possible for the 1, 0 mode ($m=1$), provided we have $\lambda/2 < a < \lambda$, since the square root in the exponent then becomes imaginary for all other modes; the further condition $b < \lambda/2$ excludes free propagation for m, n modes with $n \neq 0$.

We next consider the modes which can be propagated along the horn. It is now convenient to introduce cylindrical coordinates x, r, ϑ (with $y = r\cos\vartheta$, $z = r\sin\vartheta$), the enclosing walls then being characterized by constant values of ϑ and x. Maxwell's equations in cylindrical coordinates admit the following solutions:

$$
\left.
\begin{aligned}
e_\vartheta &= \sin\left(m\,\pi\,\frac{x}{a}\right) \mathrm{H}_1^{(1)}\!\left(r\sqrt{k^2 - m^2\pi^2/a^2}\right), \\[4pt]
h_x &= -\frac{i}{k}\sqrt{k^2 - m^2\frac{\pi^2}{a^2}}\sin\left(m\,\pi\,\frac{x}{a}\right)\mathrm{H}_0^{(1)}\!\left(r\sqrt{k^2 - m^2\pi^2/a^2}\right), \\[4pt]
h_r &= \frac{i\,\pi\,m}{k\,a}\cos\left(m\,\pi\,\frac{x}{a}\right)\mathrm{H}_1^{(1)}\!\left(r\sqrt{k^2 - m^2\pi^2/a^2}\right), \\[4pt]
e_x &= e_r = h_\vartheta = 0,
\end{aligned}
\right\}
\tag{44.2}
$$

in which $\mathrm{H}_0^{(1)}$ and $\mathrm{H}_1^{(1)}$ are the Hankel functions of the first kind, and of zero and first order. These typical hornmodes satisfy the necessary boundary conditions, namely the orthogonality of the electric field to both the flared sides ($e_x = e_r = 0$), and to the unflared sides ($e_r = e_\vartheta = 0$ for $x = 0, a$).

The rectangular-horn modes (44.2) constitute an extension of the rectangular-wave guide modes (44.1); this is obvious from the asymptotic expressions of the former for large values of the argument of the Hankel functions, these functions then becoming proportional to $\exp\{i r (k^2 - m^2\pi^2/a^2)^{\frac{1}{2}}\}$. We thus infer that the m, 0 modes of the wave guide, as well as the asymptotic expressions valid for the cylindrical-horn waves (44.2) at some distance from the throat, depend on exponential factors which are identical apart from the replacement of z by r. Hence the condition $\lambda/2 < a < \lambda$ admitting an unattenuated propagation of the 1, 0 mode only in the wave guide, also implies that the corresponding horn mode $m = 1$ is the only mode of the type (44.2) which does not decay exponentially along the horn. In other words, the horn enables a continued propagation of the 1, 0 mode from the wave guide along the horn up to the terminal aperture where it arrives as the cylindrical mode (44.2) for $m = 1$; if the horn is not too short, the other cylindrical modes (44.2) become extinct before their arrival there.

The principle of conducting a special wave-guide mode to an aperture which may be much larger than the cross-section of the wave guide, underlies all other types of horns. The conical horn is rather simple for a complete theoretical treatment and has been investigated by Schorr and Beck[1].

III. Focussing of antenna radiation.

a) Introduction and terminology.

45. Discrimination between reflectors and lenses. Reflectors and lenses are no direct parts of transmitting or receiving antennas, but have the purpose of redistributing the power radiated or assembled by the latter. Such passive elements cannot always be sharply discriminated from ordinary antennas. As an example we mention the *reflecting antennas* that are isolated wires improving some transmitting system; they can also be considered as receiving antennas with short-circuited load terminals. A single passive dipole parallel to an energized half-wave dipole already concentrates the energy in the direction from the former to the latter (or vice versa) if, for equal antenna lengths, the separation is taken between $0.145\,\lambda$ and $0.30\,\lambda$ (smaller than $0.145\,\lambda$) or also if, at a separation of $0.145\,\lambda$, the length of the former does exceed (is exceeded by) $\lambda/2$.

All these passive elements can be classified into reflectors or mirrors, and directors or lenses, according as the reradiating part is placed behind (when viewed from the direction of maximum radiation into space) or in front of the associated antenna system. Lenses have the advantage of producing a somewhat more regular radiation pattern since the antenna system is not an obstacle here (as in the case of reflectors) in the way of the main radiation. On the other hand, reflectors admit a greater simplicity, more efficiency, and a shorter focal length. Besides, reflectors operate independently of the wavelength (when abstracting from diffraction phenomena) and are therefore much less restricted by bandwidth limitations.

b) Reflectors.

46. General principles. In the geometric-optical interpretation reflectors are considered as surfaces which divert the rays impinging on them in accordance with the reflection laws; hence an incident ray and the corresponding reflected ray make equal angles with the normal at the reflection point, and are coplanar with this normal. In the rigorous wave conception the reflected field can be ascribed to the currents which are induced by the incident field in the reflecting material; usually this field does not penetrate significantly so that the induced currents are approximately distributed over the surface of the reflector only.

The requirement of reflecting most of the energy does not necessarily lead to continuous structures for the reflecting material. Fortunately, the weight and the wind resistance of large reflectors (such as used in radar technique, and for the reception of cosmic noise) can be reduced considerably by using a perforated metal surface, or also a grating structure the spacing of which is small compared to the operating wavelength. Such structures can be considered as sets of short wave guides the cross-dimensions of which prevent an unattenuated forward propagation of the waves; the latter are therefore diverted at the front faces of these guides. As an example we mention that a wire screen with square openings acts as a reflector for all types of polarization if the edgelength of the openings is smaller than $\lambda/\sqrt{2}$, this being the condition for cut off for a square wave guide. On the other hand, gratings can be used if only one polarization

---

[1] M. G. Schorr and F. J. Beck: J. Appl. Phys. **21**, 795 (1950).

direction of the electric field has to be taken into account; for instance, plates or strips at mutual distances smaller than $\lambda/2$ produce an exponential decay for waves with an electric field parallel to them and thus reflect most of the energy at their frontside; the reflection is almost complete if the distances are taken smaller than $\lambda/8$.

As for antennas, the radiation pattern, the effective area, and the gain are the main properties characterizing a reflector. These parameters depend on the field distribution near the reflector which can be investigated either by the geometrical-optics or by the more rigorous wave method; both methods will be discussed in the next three sections.

47. The geometrical-optics theory of reflectors. Geometric-optical expressions are mathematically equivalent with second-order saddlepoint approximations (see Sect. 18). According to an alternative form for (18.11), such an approximation proves to be representable as follows for the reflected field:

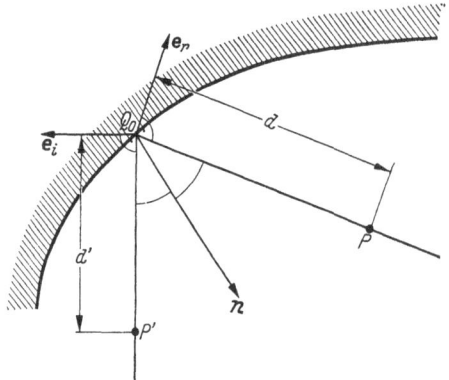

Fig. 29. Illustrating the geometrical-optics theory of reflectors.

$$u_r(P) \sim |u_r(Q_0)| \sqrt{\frac{K_r(P)}{K_r(Q_0)}}\; e^{ik\{S(Q_0)+QP\}};\quad (47.1)$$

here u may be any quantity satisfying the wave equation, e.g., a rectangular fieldcomponent; Q_0 is the reflection point of the ray reaching P, $K_r(P)$ and $K_r(Q_0)$ are the Gaussian curvatures at P and Q_0 of the wavefronts through these points of the reflected rays, $|u_r(Q_0)|$ and $kS(Q_0)$ are the modulus and phase of the reflected wave at Q_0. In terms of the principal radii of curvature $\varrho_{1,r}$ and $\varrho_{2,r}$ of the reflected-rays wavefront through Q_0, we have [see Eq. (18.10)], putting $Q_0P=d$,

$$K_r(P) = \frac{1}{\{\varrho_{1,r}(Q_0) - d\}\{\varrho_{2,r}(Q_0) - d\}};$$

$\varrho_{1,r}$ and $\varrho_{2,r}$ are defined here as positive for converging wavefronts. For distances $d \gg \varrho_{1,r}, \varrho_{2,r}$ we obtain the further approximation replacing (47.1)

$$u_r(P) \approx |u_r(Q_0)| \sqrt{\varrho_{1,r}(Q_0)\,\varrho_{2,r}(Q_0)}\; \frac{e^{ik\{S(Q_0)+d\}}}{d},\qquad (47.2)$$

which shows the well-known inverse-distance decrease far away.

These simple considerations can be extended such as to include the influence of the polarization of the incident wave. Assuming a perfectly conducting reflector, the sum of the tangential components of the incident and the reflected electrical fields at Q_0 should vanish. The corresponding reversal of sign of the tangential component, when passing from the incident to the reflected electrical field, involves an unchanged component normal to the reflector, such in view of the reflected field being perpendicular to the reflected ray (we assume plane wave approximations up to Q_0). This situation (see Fig. 29), in which the incident and reflected electric-field vectors $\boldsymbol{e}_i$ and $\boldsymbol{e}_r$ are coplanar with the unit vector $\boldsymbol{n}$ along the normal at the reflection point, results in the vector relation

$$\boldsymbol{e}_r = -\,\boldsymbol{e}_i + 2\,(\boldsymbol{e}_i \cdot \boldsymbol{n})\,\boldsymbol{n} \qquad (47.3)$$

at Q_0. This relation also accounts for the conservation of the intensity of the electric vector at the reflection, since the property $e_r \cdot e_r = e_i \cdot e_i$ is easily verified. The length of (47.3) thus represents the amplitude of the incident wave as well as that of the reflected wave at Q_0; it can be identified there with the first factor of (47.2), whereas at other points $|e_r|$ results from the complete expression (47.2). The reflected field maintains its direction along the reflected ray. Hence a combination of (47.2) and (47.3) leads to the following vector representation of the reflected field at great distances:

$$e_r(P) \approx \sqrt{\varrho_{1,r}(Q_0)\, \varrho_{2,r}(Q_0)} \, \frac{e^{ik\{S(Q_0)+d\}}}{d} \{-e_i + 2(e_i \cdot n)\, n\}_{Q_0}. \qquad (47.4)$$

The geometrical effect of the reflection becomes very clear if we compare the powers W_i and W_r that are transmitted per unit solid angle, far away from the reflector, by the incident and by the reflected rays respectively. According to (38.3) these quantities are given by the following expressions at a point P' at a distance $Q_0 P' = d'$ on the incident ray, and at a point P at a distance $Q_0 P = d$ on the reflected ray respectively:

$$W_i = \frac{c}{8\pi}\, d'^2 (e_i \cdot e_i^*)_{P'}; \quad W_r = \frac{c}{8\pi}\, d^2 (e_r \cdot e_r^*)_{P}. \qquad (47.5)$$

The latter quantity can be evaluated with the aid of (47.4), the former with the corresponding geometrical-optics approximation of the incident field reading

$$e_i(P') \approx \sqrt{\varrho_{1,i}(Q_0)\, \varrho_{2,i}(Q_0)} \, \frac{e^{ik\{S(Q_0)-d'\}}}{d'} \, e_i(Q_0);$$

$\varrho_{1,i}$ and $\varrho_{2,i}$ are the principal radii of curvature of the incident wavefront at Q_0. Hence we get from (47.5):

$$W_i = \frac{c}{8\pi}\, (\varrho_{1,i}\, \varrho_{2,i}\, e_i \cdot e_i^*)_{Q_0}; \quad W_r = \frac{c}{8\pi}\, (\varrho_{1,r}\, \varrho_{2,r}\, e_i \cdot e_i^*)_{Q_0}, \qquad (47.6)$$

so that

$$\frac{W_r}{W_i} = \frac{\varrho_{1,r}\, \varrho_{2,r}}{\varrho_{1,i}\, \varrho_{2,i}}; \qquad (47.7)$$

the role of the curvatures of the wave fronts is obvious here.

The above geometrical-optics theory, though of great advantage in view of its simplicity, is unable to account for any diffraction phenomena. Further, its field breaks off along the limiting cone of the incident rays tangenting the reflector, so that a more rigorous wave treatment is desirable. The latter is treated in Sect. 49 after a discussion of the so-called divergence factor in the next section.

48. The divergence factor. The ratio $D = W_r/W_i$ represented by (47.7) is very basic for an understanding of the reflection phenomena. This geometrical parameter is generally termed the *divergence factor* since it is a measure for the divergence by reflection of the energy radiated per unit solid angle. In the case of reflectors we actually have to do with a convergence of energy $(D > 1)$, and "convergence factor" should be a better name. The final formula (47.4) for the geometrical-optics approximation of the reflected field can now be written as:

$$e_r(P) \approx \sqrt{D\, \varrho_{1,i}(Q_0)\, \varrho_{2,i}(Q_0)} \, \frac{e^{ik\{S(Q_0)+d\}}}{d} \{-e_i + 2(e_i \cdot n)\, n\}_{Q_0}. \qquad (48.1)$$

From Sects. 14 and 16 we know that geometrical-optics approximations do involve that the energy passing through consecutive cross-sections of a pencil of neighbouring rays is everywhere the same. This suggests that likewise in the case of the above mentioned total reflections the energy passing through a cross-section of neighbouring rays before the reflection, should be the same as the energy passing through a cross-section of the corresponding reflected rays. The energy traversing a cross-section dO of the reflected rays at a great distance d from the reflection point Q_0 (see Fig. 30) amounts to $W_r\,dO/d^2$; on the other hand, the energy traversing a fictitious cross-section dO' at the same distance from Q_0, but perpendicular to the produced unreflected rays, would be $W_i\,dO'/d^2$ if the reflection did not occur (the great distance d to the reflector has been identified here with that to the transmitting source). Both energies are to be expected as equal; this leads to the relation

$$D = \frac{W_r}{W_i} = \frac{dO'}{dO} . \tag{48.2}$$

This new geometrical interpretation of the divergence coefficient (47.7) as the ratio of the indicated cross-sections can also be verified directly. In fact,

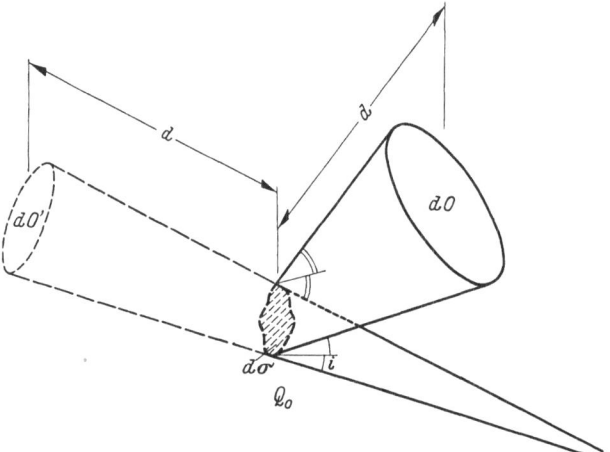

Fig. 30. Illustrating the derivation of the divergence coefficient.

remembering the connection between the principal radii of curvature of wave fronts, and the cross-sections of neighbouring rays, we find, by comparing dO as well as dO' with the cross-section $d\sigma \cos i$ (see Fig. 30) of both the unreflected and the reflected pencil at Q_0,

$$\frac{dO}{d\sigma \cos i} = \frac{(\varrho_{1,r} + d)(\varrho_{2,r} + d)}{\varrho_{1,r}\varrho_{2,r}} ; \qquad \frac{dO'}{d\sigma \cos i} = \frac{(\varrho_{1,i} + d)(\varrho_{2,i} + d)}{\varrho_{1,i}\varrho_{2,i}} .$$

The quotient of these quantities amounts to (47.7) for $d \gg \varrho_{1,2}$.

According to (48.1) the intensity of the reflected rays depends merely on the divergence coefficient if the polarization and the wavefront of the incident rays are fixed. We give a general expression[1] resulting from (47.7) or (48.2) for this coefficient, if the incident field is produced by a point source at a distance r_0 from the reflection point, whereas the distance d from the latter to the point of observation is unrestricted (not necessarily large):

$$D = \frac{R_1 R_2 \cos i}{R_1 R_2 \cos i + \dfrac{4\,d^2 \cos i}{(1 + d/r_0)^2} + \dfrac{2\,d}{(1 + d/r_0)}\,(R_1 \sin^2 \vartheta_1 + R_2 \sin^2 \vartheta_2)} ;$$

R_1 and R_2 here are the principal radii of curvature of the reflecting surface at Q_0 (positive if the latter is convex when viewed from the outward normal n, that is, for reflection against a convex surface), and ϑ_1 and ϑ_2 the angles of the incident ray with the tangents along the directions of principal curvatures.

---

[1] The limiting case $d \to \infty$ is considered in S. SILVER: Microwave Antenna Theory and Design, p. 143. New York, Toronto and London 1949.

In the special case of a reflecting sphere we have $R_1 = R_2 = R$ whereas ϑ_1 and ϑ_2 become undetermined. However, by applying the relation $\cos^2 \vartheta_1 + \cos^2 \vartheta_2 + \cos^2 i = 1$, we arrive at the definite expression:

$$D = \frac{R^2 \cos i}{\left\{ R^2 + \dfrac{4 d^2}{(1 + d/r_0)^2} \right\} \cos i + \dfrac{2 R d}{(1 + d/r_0)} (1 + \cos^2 i)} . \qquad (48.3)$$

The scattering of radiation by distant spherical particles (radius R, see Fig. 31) concerns the limiting case d, $r_0 \gg R$ which leads to $D \sim R^2 (1 + d/r_0)^2/(4 d^2)$. The incident wave front being spherical in our considerations, we have, moreover, $\varrho_{1,i} = \varrho_{2,i} = r_0$. The complete expression (48.1) for the field reflected by a spherical obstacle at great distance thus reduces to:

$$\boldsymbol{e}_r(P) \approx \frac{R}{2d} \left(1 + \frac{r_0}{d} \right) e^{i k \{ S(Q_0) + d \}} \{ -\boldsymbol{e}_i + 2 (\boldsymbol{e}_i \boldsymbol{n}) \, \boldsymbol{n} \}_{Q_0} .$$

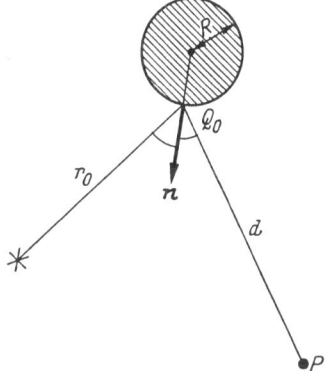

In the case of radar reflections against the moon (R = radius of the moon, $r_0 = d$ = distance to the moon), the propagation direction of incident and reflected rays practically coincides with that of the normal to the moon and $\boldsymbol{e}_i \cdot \boldsymbol{n}$ vanishes. The amplitude of the reflected ray becomes $\alpha R/d^2$ if the incident field is given by α/d. The actual order of magnitude of this amplitude is reduced by a factor of the order of 0.1 owing to the diffuse character of the reflection.

Fig. 31. Reflection by a spherical particle.

49. The wave theory of reflectors. The rigorous theory of perfect reflectors can be based on the knowledge of the current distribution on its surface. Unfortunately, this distribution results from a complicated interaction between the reflector and the main antenna system; it can therefore only be derived from an integral equation referring to the combined surfaces of the reflector and the antenna system.

Such an integral equation is represented, e.g., by MAUE's equation (34.3), but a still simpler equation is obtained as follows. We apply the second relation of (8.6) to points P situated anywhere on the surface Σ formed by the combination of the boundaries of the reflector and the antenna system (by adding the infinite sphere, which gives no contribution, we should get the necessary closed surface). In doing so we delete the second term in the definition for $\boldsymbol{\varphi}_m(Q)$ as given by the right-hand side of (8.4), since $\boldsymbol{e} \times \boldsymbol{u}_\nu$ vanishes on the perfectly conducting surface Σ. Moreover, $\boldsymbol{h} \times \boldsymbol{u}_\nu$ may be connected as follows with the unknown two-dimensional vector $\boldsymbol{i}$ for the current density on Σ [see Eq. (8.1)]:

$$\boldsymbol{i}(Q) = \frac{c}{4\pi} \boldsymbol{h}(Q) \times \boldsymbol{u}_\nu(Q) = \frac{c}{4\pi} \boldsymbol{n}(Q) \times \boldsymbol{h}(Q) ; \qquad (49.1)$$

$\boldsymbol{n} = -\boldsymbol{u}_\nu$ is the unit vector along the outward normals of the reflector and of the antenna surface. We thus initially obtain the following relation (in which the former subscript prim for primary has been replaced by i for incident):

$$\frac{1}{2} \{ \boldsymbol{h}(P) - \boldsymbol{h}_i(P) \} = \frac{1}{c} \operatorname{curl} \iint\limits_{\Sigma} d\sigma \, \boldsymbol{i}(Q) \, \frac{e^{i k P Q}}{P Q}$$

$$= -\frac{1}{c} \iint\limits_{\Sigma} d\sigma \, \boldsymbol{i}(Q) \times \operatorname{grad}_P \frac{e^{i k P Q}}{P Q} ;$$

a further vectorial multiplication by $(c/2\pi)\,\boldsymbol{n}(P)$ yields, while applying (49.1) once again,

$$\boldsymbol{i}(P) + \frac{1}{2\pi}\boldsymbol{n}(P)\times\left\{\iint d\sigma\,\boldsymbol{i}(Q)\times\mathrm{grad}_P\,\frac{e^{ikPQ}}{PQ}\right\}$$
$$= \frac{c}{4\pi}\boldsymbol{n}(P)\times\boldsymbol{h}_i(P) \qquad (P\,\mathrm{on}\,\Sigma). \tag{49.2}$$

This equation, which has been derived by MAUE together with (34.3), connects the current distribution with the magnetic vector of the primary or incident field produced by the antennasystem if the reflector were absent. The Neumann-Liouville expansion of the solution of this vectorial integral equation starts with:

$$\boldsymbol{i}(P) = \frac{c}{4\pi}\boldsymbol{n}(P)\times\left[\boldsymbol{h}_i(P) - \frac{1}{2\pi}\iint_\Sigma d\sigma\,\{\boldsymbol{n}(Q)\times\boldsymbol{h}_i(Q)\}\times\mathrm{grad}_P\,\frac{e^{ikPQ}}{PQ} + \cdots\right]. \tag{49.3}$$

The first term without integral, $\boldsymbol{i}_1$ say, represents the current-density distribution induced at P directly by the primary field, the second term $\boldsymbol{i}_2$ (written out yet) represents an additional current distribution induced by the field due to $\boldsymbol{i}_1$, the third term is further induced by $\boldsymbol{i}_2$, and so on. These successive current distributions are associated with corresponding contributions to the field on and near the reflector and the generating antenna. The second-order term of the field expansion can also be ascribed to a direct reflection of the primary field against the surfaces of the reflector (and parts of the generating antenna), the third-order term to a further reflection suffered by the directly reflected field, and so on. The n-th term of (49.3), or of the corresponding field expression, thus constitutes a $2(n-1)$ tuple integral which can be considered as the result of $n-1$ successive reflections or scatterings. The further splitting of the surface integrals over Σ into contributions over the individual surfaces Σ_r and Σ_a of the reflector and the antenna system, amounts to still more terms many of which depend partly on Σ_r, and partly on Σ_a; these terms illustrate very clearly the interactions between the reflector and the antenna system.

The terms $\boldsymbol{i}_3, \boldsymbol{i}_4$ etc., which are due to higher-order reflections, are usually numerically insignificant. Whereas $\boldsymbol{i}_1$ is independent of any integration at all, the double integral in the still important term $\boldsymbol{i}_2$ can be approximated in view of its main contribution arising from the integration points Q near P. This fact admits to replace Σ by the tangenting plane through P, at least provided the wavelength is much smaller than the radii of curvature at P of Σ. The vector $\boldsymbol{n}(Q)$ then becomes identical with the constant vector $\boldsymbol{n}(P)$, apart from a parallel shift. A reduction with vector analysis thus yields:

$$\boldsymbol{i}_2(P) \sim -\frac{c}{8\pi^2}\boldsymbol{n}(P)\times\iint d\sigma\,\frac{\partial}{\partial n_P}\frac{e^{ikPQ}}{PQ}\cdot\boldsymbol{h}_i(Q) = \frac{c}{4\pi}\boldsymbol{n}(P)\times\boldsymbol{h}_i(P)$$

(n_P = coordinate along the normal at P), the last transition being based on a well-known two-dimensional integral theorem. This expression is identical with $\boldsymbol{i}_1$; hence the neglect of the higher-order terms $\boldsymbol{i}_3, \boldsymbol{i}_4$, amounts to the approximation:

$$\boldsymbol{i}(P) \sim \frac{c}{2\pi}\boldsymbol{n}(P)\times\boldsymbol{h}_i(P). \tag{49.4}$$

This expression may serve as a basis for the approximate computation of the reflected field. Under usual conditions the primary field illuminates only one side Σ_i of the reflector Σ (see Fig. 32); the current distribution (49.4) then breaks off along the locus Γ of the tangenting points of the primary rays striking Σ. The magnetic vector of the distant reflected field can now be derived from (11.3); the reduction of the three-dimensional integration in (11.3) to the two-dimensional surface Σ_i is effected by the substitution $d\xi \, d\eta \, d\zeta \, \boldsymbol{j} = d\sigma \, \boldsymbol{i}$. The corresponding electric field follows from (11.4) and results after further applications of vector-analysis into:

$$\boldsymbol{e}_r(P) \sim \frac{e^{ikr}}{r} \frac{ik}{2\pi} \iint_{\Sigma_i} d\sigma \left[(\boldsymbol{n} \times \boldsymbol{h}_i)_Q - \boldsymbol{u}_r \{ (\boldsymbol{n} \times \boldsymbol{h}_i)_Q \cdot \boldsymbol{u}_r \} \right] e^{-ik\boldsymbol{r}_Q \cdot \boldsymbol{u}_r}; \quad (49.5)$$

in this expression $\boldsymbol{u}_r$ is the unit vector in the direction of observation, and $\boldsymbol{r}_Q$ the radius vector from the origin of coordinates to the integration point Q on the illuminated part Σ_i of the reflector.

The connection of (49.5) with the geometrical-optics approximation (47.4) is that the latter constitutes the saddlepoint approximation of the former. As usually, the saddlepoint fixes the geometric-optical trajectory, in the case under consideration by determining the reflection point of the ray passing after reflection through P; this po-
sition of the saddlepoint being known, we can reduce
the saddlepoint value of the
square bracket in (49.5) to
an expression in terms of $\boldsymbol{e}_i$
[as occurring in (47.4)]. The
geometrical-optics reflector
theory thus proves to be
equivalent with the saddlepoint-approximation of the
distant field resulting from
the approximate distribution
(49.4) for the currents induced on the reflector.

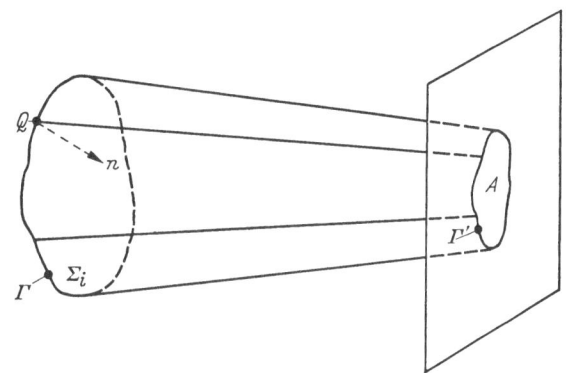

Fig. 32. The connection between a reflector and an aperture.

The expression (49.5), which is more accurate than the geometrical-optics approximation, can be used, e.g., for the determination of the field in some aperture A (see Fig. 16); the aperture distribution then breaks off at the intersection Γ' of its plane with the primary rays striking the reflector. We finally mention that the complicated numerical solution of the rigorous Eq. (49.2) for the current distribution has been facilitated by the introduction of equivalent variational principles.

The approximation (49.5) leads to an explicit expression for the radar cross-section if the energy P_{rec} occurring in (37.4) is replaced by the product of the effective area $A = g \, \lambda^2/4\pi$ of the radar transmitter and receiver (both identical, and situated at T), and of the average Poynting vector $(c/8\pi) |\boldsymbol{e}_r(T)|^2$. The last factor can be obtained from (49.5) while substituting

$$\boldsymbol{h}_i(Q) = \sqrt{\frac{2g \, P_{\text{tr}}}{c}} \frac{e^{ikTQ}}{i \, d} \boldsymbol{u}_{h_i} \quad \text{and} \quad TQ = TQ_0 - \boldsymbol{r}_Q \cdot \boldsymbol{u}_r;$$

the first expression, in which $\boldsymbol{u}_{h_i}$ represents a unit vector in the direction (near the target) of the incident field, is in accordance with the relations (26.5) and (26.7) for a short dipole (assuming $\vartheta = \pi/2$) when taking into account the gain $g/(\tfrac{3}{2})$ of the actual antennas relative to such a dipole; the second expression is based on the large distance from T to the target points Q the central point Q_0 of which has a direction towards T determined by the unit vector $\boldsymbol{u}_r$. The outlined procedure results in the final formula:

$$\sigma_{\text{rad}} = \frac{4\pi}{\lambda^2} \left| \iint_{\Sigma_i} d\sigma \left[(\boldsymbol{n} \times \boldsymbol{u}_{h_i})_Q - \boldsymbol{u}_r \{ (\boldsymbol{n} \times \boldsymbol{u}_{h_i})_Q \cdot \boldsymbol{u}_r \} \right] e^{-2ik\boldsymbol{r}_Q \cdot \boldsymbol{u}_r} \right|^2.$$

For targets small compared to the wavelength (such as waterdrops in clouds) the exponential function can be considered as a constant which results in a radar cross-section proportional to λ^{-2}. This explains the improved radar detection of rain clouds for decreasing wavelengths (outside absorption bands) in the centimetre region.

50. Paraboloidal reflectors. The most representative forms of these reflectors are the paraboloid of revolution and the paraboloidal cylinder, either cut off by a plane perpendicular to the axis of the generating parabola; the useful part of this terminal cross-section can be considered as an aperture reradiating the energy of the transmitter, or receiving an incoming radiation. The following refers to a transmitting system, though its properties are easily transformed

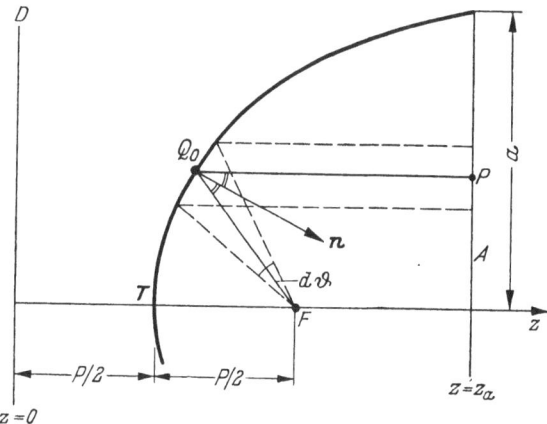

into similar ones applicable to the corresponding receiving system. The transmitting feed consists of some small source at the focus F of the generating parabola for the first mentioned type of reflector, and of a line source along the locus of the foci of the paraboloidal cross-sections in the case of the second type of reflector.

A paraboloidal reflector has already been used in Hertz's classical experiments showing the existence of electromagnetic waves. The geometrical-optics theory is particularly

Fig. 33. Meridional cross-section of a paraboloidal reflector.

simple for the paraboloid of revolution, all the rays leaving the focus becoming parallel to the axis after reflection. A spherical wave is thus converted into a plane wave insofar as the field transmitted directly towards the aperture has been eliminated, for instance by using a directional source. Likewise, the paraboloidal cylinder transforms a cylindrical wave into a plane wave.

The geometrical-optics theory will be sketched here for the paraboloid of revolution, a meridional cross-section of which is shown in Fig. 33. When applying (47.4) or (48.1) (while assuming $TF \gg \lambda$), the reflection point Q_0 has to be taken on the line drawn through P parallel to the axis. The consideration of a narrow beam leaving F with angular widths $d\vartheta$ and $d\varphi$ (φ being the azimuth around the z axis) leads for distances $d = Q_0 P \gg Q_0 F$ to the divergence coefficient $D = d^2/Q_0 F^2$. We further have $\varrho_{1,i} = \varrho_{2,i} = Q_0 F$; moreover, the geometrical definition of parabolas involves a path length $S(Q_0) + d = FQ_0 + Q_0 P$ that equals the distance z_a from the aperture A to the plane D containing the so-called directrices of all the parabolas forming meridional cross-sections of the reflector. The evaluation of (48.1) thus results into

$$\boldsymbol{e}_r(P) \sim e^{i k z_a}\{-\boldsymbol{e}_i + 2(\boldsymbol{e}_i \cdot \boldsymbol{n})\,\boldsymbol{n}\}_{Q_0}, \tag{50.1}$$

the normal $\boldsymbol{n}$ at Q_0 being the bisector of the angle $FQ_0 P$.

The length of (50.1), viz. $|\boldsymbol{e}_r(P)| = |\boldsymbol{e}_i(Q_0)|$, shows how the distribution of the amplitude of the incident radiation along the inner surface of the reflector is reproduced in the aperture. The further geometrical-optics theory for a short-dipole feed placed at F perpendicularly to the axis (along a direction to be chosen as x direction) has been discussed first by DARBORD[1]. This situation corresponds to an incident field the amplitude of which can be represented as follows by eliminating $I_0 l$ from (26.5) and (26.7):

$$|\boldsymbol{e}_i(Q)| = \sqrt{\frac{3}{c} W_{\text{tot}}} \frac{\sin(QFx)}{QF}. \tag{50.2}$$

The evaluation of (50.1) next leads to the following distribution of the components of the reflected field across the aperture at $z = z_a$ when also taking into account the direction of $\boldsymbol{e}_i(Q_0)$ (which is perpendicular to $Q_0 F$, in the plane through $Q_0 F$ and the z axis):

$$\left. \begin{aligned} e_{r,x} &= e^{ikz_a} 2p \sqrt{\frac{3}{c} W_{\text{tot}}} \frac{(x^2 - y^2 - p^2)}{(x^2 + y^2 + p^2)^2}; \\ e_{r,y} &= e^{ikz_a} 4p \sqrt{\frac{3}{c} W_{\text{tot}}} \frac{xy}{(x^2 + y^2 + p^2)^2}; \quad e_{rz} = 0. \end{aligned} \right\} \tag{50.3}$$

This aperture distribution proves to be nearly uniform in the domain characterized by $|x| \ll p$ and $|y| \ll p$, p being the parabolic parameter indicated in Fig. 17. The deviation from the uniform distribution amounts to a loss in directivity (compare Sect. 42).

The Fourier transform of the aperture distribution (50.3) determines the distant field according to the theory of Sect. 29, provided the field in the aperture plane $z = z_a$ is assumed to be zero beyond the aperture edge at $x^2 + y^2 = a^2 = 2p(z_a - p/2)$. The main field component in the region of maximum radiation near the z axis, that is e_x, can be represented as follows in the wave zone when omitting an unimportant phase factor:

$$e_x \sim 2kp \sqrt{\frac{3}{c} W_{\text{tot}}} \frac{\cos\gamma}{r} \left\{ \left(p^2 + \frac{\partial^2}{\partial\omega_1^2} - \frac{\partial^2}{\partial\omega_2^2} \right) \int_0^a \varrho \frac{J_0(\varrho\sqrt{\omega_1^2 + \omega_2^2})}{(p^2 + \varrho^2)^2} d\varrho \right\}_{\substack{\omega_1 = k\cos\alpha \\ \omega_2 = k\cos\beta}}. \tag{50.4}$$

The special value along the axis itself ($\omega_1 = \omega_2 = 0$), viz.

$$|\boldsymbol{e}_{\max}| = \frac{kp}{r} \sqrt{\frac{3}{c} W_{\text{tot}}} \frac{a^2}{(p^2 + a^2)},$$

also constitutes the amplitude of the complete field, e_y and e_z being zero there. By dividing the corresponding maximum power density according to (38.3) by the average power flux $W_{\text{tot}}/(4\pi r^2)$, we obtain the gain factor which, in its turn, can be reduced with the aid of (37.3) to the effective area:

$$A_{\text{eff}} = \frac{3}{2} \pi \frac{p^2 a^4}{(p^2 + a^2)^2}. \tag{50.5}$$

The further specialization to a focus feed in the aperture itself ($z_a = p$; $a = p$) leads to an effective area of $\frac{3}{8}$ times the actual aperture area of πa^2. In all cases the complete radiation pattern can be evaluated from (50.4) and the corresponding expression for e_y. The main radiation lobe extending between the z axis and the nearest direction of zero radiation has an angular width of the order of λ/a radians. With respect to the various computations of the radiation diagram we mention in particular the method of SCHOUTEN and BREUKELMAN[2] which derives the distant field from the known values of the reflected field along a closed surface surrounding the two faces of the reflector in the immediate vicinity

[1] R. DARBORD: Onde électr. **11**, 53 (1932).
[2] J. P. SCHOUTEN and B. J. BEUKELMAN: Appl. Sci. Res. B **4**, 137 (1954).

of the latter. Computations concerning other types of parabolic reflectors, such as the paraboloidal cylinder, are much more complicated but the corresponding aperture distributions can be investigated along the same lines as explicated in Sect. 52 for dielectric lenses.

c) Microwave lenses.

51. General principles and classification. Highly directive communication is obtained from an aperture illumination which is nearly homogeneous with respect to amplitude and phase (see Sect. 42). The field in the forward direction then is little reduced by destructive interference due to differences in path lengths. The approach to an homogeneous field distribution can be interpreted as the straightening of the wavefronts. This straightening can be achieved by using large horns or lenses; the latter may be instruments of much smaller and more convenient dimensions than the former.

The design of a lens can be based on geometrical optics, since the aperture illuminated by it must at any rate be large compared to the wavelength. The lens thickness never needs to exceed a few wavelengths since an abrupt change of it by an integral number of wavelengths has no effect whatever on the path lengths determining the effectiveness. The maximum thickness of lenses showing such reductions (socalled *zoned lenses*) can be made of the order of $\lambda/(n-1)$, n being the refractive index; in fact, the phase retardation of $2\pi d(n-1)/\lambda$ produced by such a lens over a distance d, may assume all values between 0 and 2π for d varying between zero and the indicated maximum thickness. Whereas lens zoning is not realizable in optics in view of the small operating wavelengths, its application to microwave lenses proves to be of great advantage in two respects: weight can be saved, and the shortening of the path lengths increases the usable band-width around the main operating frequency. The relative *aperture* of microwave lenses, that is the ratio of focal length and aperture radius, usually is limited to a number between unity and 1.6.

The following classification of microwave lenses is based on the various physical principles used for their effectiveness:

α) *Dielectric lenses.* Just as in optical instruments, a dielectric produces a reduction of phase velocity $(n > 1)$; the resulting phase retardations depend on the path lengths covered by the various ray trajectories inside the lens. Subdivision:

1. Ordinary dielectric lenses. The requirements for the lense material of being highly refractive and little absorbing are realized, e.g., for polyglas mixtures and titanium dioxyde. A refractive index of the order of 1.6 is customary. These lenses are not sensitive to polarization, apart from the effect of small reflection losses at their faces.

2. Artificial dielectric lenses. Their principle uses the fact that the modification of the phase velocity in a dielectric depends on the polarizability of elements which are short compared to the wavelength. These elements, which are formed by the molecules in an ordinary dielectric, can be imitated by small metal objects embedded in an isolating medium, for instance in polysterene foam. The weight of a dielectric lens can be reduced considerably by using such an artificial dielectric, the realization of which is only possible in view of the relatively large wavelengths of microwaves.

β) *Metal plate lenses.* These instruments make use of the modification of electromagnetic waves which are compelled to pass through a set of parallel metal plates. Subdivision:

1. E-plane metal-plate lenses. The flat parallel plates of these lenses are effective for incoming waves with an electric fieldvector parallel to the plates. For properly chosen dimensions the space between two successive plates acts as a wave guide transmitting a single dominant mode only. The increase of the propagation velocity from its original value c to the phase velocity of this mode is equivalent with the existence of a refractive index smaller than unity. Effective refractive indices of the order of 0.5 are customary. The unequal lengths of the consecutive plates involve phase increases which are different for rays traversing the assembly at different places; a proper arrangement can therefore act as a lens.

2. H-plane metal-plate lenses. The parallel plates, which are either flat and slanted (with respect to the propagation direction of the incoming waves) or curved, admit an unattenuated constraining of waves passing through the intervening spaces provided the magnetic fieldvector is parallel to the plates. In contrast to the E-plane lenses the phase velocity is not affected significantly here. However, the differences in path length for waves guided along the necessarily bent or curved trajectories between adjacent plates result into a lens action for special arrangements of the plates. For this reason the term *path-length lenses* has also been introduced.

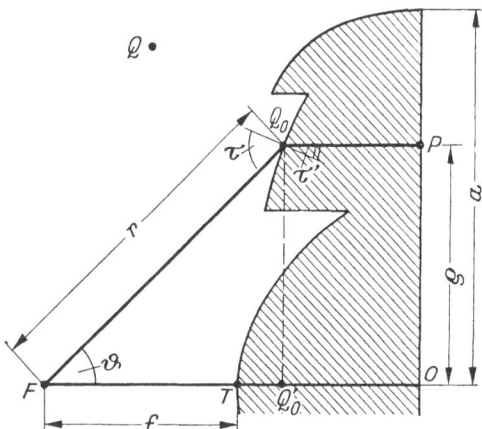

Fig. 34. A zoned plano-convex lens.

Two special types of H-plane lenses are the *configuration lenses* which consist of only two suitable bulged equidistant cylindrical metallic surfaces, and the *path-length lenses* in a restricted sense the plate arrangement of which has some resemblance to that of E-plane lenses.

The above types of lenses are discussed briefly in the next sections. It may be noticed that dielectric lenses are particularly suitable for wavelengths below 3 cm, in which range metal lenses appear to become rather heavy.

52. Design and geometrical-optics theory of dielectric lenses. Just as optical lenses, dielectric microwave lenses can be classified in prototypes such as biconvex, biconcave etc. arrangements. As an example we consider the zoned plano-convex lens of Fig. 34 which should convert spherical waves leaving the point source F on its front side into a plane wave at its back. This aim is realized for such a front-face profile $r = f(\vartheta)$ for which the distances $FQ_0 = r$ equal the optical distance $FT + n \cdot TQ'_0$ of the projection FQ'_0 (n being an actual or an effective refractive index), apart from an arbitrary multiple $K\lambda$ of the wavelength. This condition, which amounts to

$$r = f + n(r \cos \vartheta - f) - K\lambda, \tag{52.1}$$

involves equal optical path lengths for all the refracted rays FQ_0P and thus guarantees the production of a plane wave in the aperture formed by the plane face A of the lens.

By solving r from (52.1) we obtain the following equation in polar coordinates for the required lens profile:

$$r = \frac{(n-1)f + K\lambda}{n \cos \vartheta - 1} = \frac{\varrho_K}{n \cos \vartheta - 1}, \text{ say;} \tag{52.2}$$

it represents (for $n > 1$) for each zone with constant K value a part of a hyperboloidal surface of revolution. Abrupt changes of the zoning parameter K lead to a crenulated profile as indicated in Fig. 34.

The geometrical-optics theory enables an approximative determination of the field distribution across the aperture if we assume, e.g., a short-dipole feed at the focus F in the x direction. In front of the lens the undisturbed field is given by (50.2); its modifications farther away can be ascribed to the following phenomena:

(a) a refraction as by a plane boundary at the entrance into the lens at the points Q_0;

(b) an extra reduction of intensity due to the curvature of the actual boundary of the lens at these points;

(c) an improper refraction, without a change of propagation direction, when the rays leave the lens at the aperture points P.

The field changes due to (a) and (c) follow from Fresnel's theory for the reflection and refraction at a plane boundary; after splitting the undisturbed electric field into components parallel to the plane of incidence (that is the meridian plane through FQ_0P) and perpendicular to it, the former has to be multiplied in the case (a) by the transmission coefficient $1 + R_e$, the latter by $1 + R_m$ [R_e and R_m are reflection coefficients as defined in (62.3) and (65.2)].

Further, the decrease of geometric-optical amplitudes proportional to the inverse square root $(dO)^{-\frac{1}{2}}$ of the cross-section dO of adjacent rays (see Sect. 14) involves an extra reduction of each fieldcomponent due to (b); it amounts to the multiplication by the square root $(dO'/dO)^{\frac{1}{2}}$ of some divergence factor (see Sect. 48). In this case dO' is the cross-section which would exist at the location of dO if the rays were refracted at Q_0 by a plane boundary [as assumed under (a)]. Remembering that the latter type of refraction reduces the distance between two parallel rays in the plane of incidence by a factor $\cos\tau'/\cos\tau$ (τ and τ' being defined as indicated in Fig. 34), the fictitious cross-section dO' proves to be

$$dO' = FQ^2 \sin\vartheta \, d\vartheta \, d\varphi \, \cos\tau'/\cos\tau$$

for a pencil of rays with angular widths $d\vartheta$ and $d\varphi$ ($\varphi =$ azimuthal angle around the z axis). Moreover, we have $dO = \varrho \, d\varrho \, d\varphi$ if ϱ is the distance $PO = Q_0 Q_0'$ from the refracted ray to the z axis. The resulting ratio dO'/dO thus depends amongst others on the values of $d\vartheta/d\varrho$ and of $\cos\tau'/\cos\tau$ which are characteristic for the lens profile (52.2). Both quantities can be computed by also taking into account the relation $\varrho = r\sin\vartheta$ and Snell's law $\sin\tau = n\sin\tau'$.

The outlined evaluation of the geometrical-optics approximation results into the following field distribution across the aperture:

$$e_x = 4 \sqrt{\frac{3}{c} W_{\text{tot}}} \frac{n(n-1)\varrho_K}{\{n\sqrt{(n^2-1)\varrho^2 + \varrho_K^2} + \varrho_K\}^2}; \qquad e_y = 0; \qquad (52.3)$$

the zone parameter ϱ_K [see Eq. (52.2)] may be different in each zone. The decrease of K and ϱ_K from the centre of the lens towards its edge partially compensate the monotonous decrease of e_x which would exist for an unzoned lens (K constant). The zoning thus favours a more homogeneous aperture illumination, apart from enabling a reduction of the lens thickness. We further emphasize the radial symmetry, and the direction parallel to the dipole axis of the field in the aperture.

The Fourier transform G_x of (52.3) determines the radiation pattern and consequently the gain and effective area (compare the end of Sect. 50). The following approximate value is found for the effective area of an unzoned lens extending up to an aperture radius $a \ll \varrho_K$:

$$A_{\text{eff}} \sim 6\pi \, \frac{n^2(n-1)^2}{(n+1)^4} \, \frac{a^4}{\varrho_K^2} \, .$$

The proportionality to a^4 may be compared with that of the corresponding expression (50.5) for paraboloidal reflectors for which $a \ll p$.

53. Artificial dielectric lenses. The material of such a lens constitutes a scaled up version of an ordinary dielectric, the molecules of which are replaced by small metallic elements which may be considered as perfectly conducting. The electric and magnetic fields of an impressed electromagnetic wave induce electric and magnetic dipoles in these elements, which dipoles oscillate in the same rythm as the field vectors of the incident wave.

The total electric and magnetic dipole moments of some volume element are obtained from an addition of the static moments $\chi_e \boldsymbol{E}$ and $\chi_m \boldsymbol{H}$ induced in the individual metallic elements, provided the interference between adjacent elements may be neglected. Let N be the number of elements per unit volume; the relative dielectric constant and magnetic permeability then amount to:

$$\varepsilon = 1 + N\chi_e; \quad \mu = 1 + N\chi_m.$$

The effectiveness of the lens depends on the resulting refractive index

$$n = \sqrt{\varepsilon\,\mu} = \sqrt{1 + N\chi_e}\,\sqrt{1 + N\chi_m}\,. \tag{53.1}$$

The actual values of χ_e and χ_m follow from the shape of the elements, and also from their orientation with respect to the incident field if the loading material has directional properties. As discussed by COHN[1], BABINET's principle (see Sect. 43) involves that the disturbance of the incident wave by thin elements can be compared with that produced by a system of corresponding apertures of the same shape and size as these elements.

The dependence on the orientation of the incident field is absent for elements consisting of isolated spherical particles. This illustrative, theoretically simplest case, to be discussed in what follows, shows the annulling effect usually produced by the magnetic field. In fact, the currents induced by the latter generate a secondary field opposing the primary one; the resulting negative value of χ_m reduces the refractive index.

Let $e_0\, \mathrm{e}^{-i\omega t}$ be the approximately constant primary electric field, directed parallel to the z axis, of an impressed plane wave near a spherical element small compared to the wavelength. We assume the centre of this element (radius a) at the origin; it produces a secondary electric field $\boldsymbol{e}_{\text{sec}}\,\mathrm{e}^{-i\omega t}$ which can be derived from the boundary condition that the tangential component $e_\vartheta = e_{\vartheta,\,\text{prim}} + e_{\vartheta,\,\text{sec}}$ of the total field should vanish at the perfectly conducting surface $r = a$. This condition is satisfied if the secondary field has the same form as that of a short dipole at the origin, with a proper moment M, directed along the z axis. The ϑ component (for polar coordinates $x = r\sin\vartheta\cos\varphi$, etc.) of such a field becomes at $r = a$, in view of (26.3),

$$e_{\vartheta,\,\text{sec}} = \frac{M}{\omega}\,\mathrm{e}^{ika}\sin\vartheta\left(\frac{i}{a^3} + \frac{k}{a^2} - \frac{i\,k^2}{a}\right)\mathrm{e}^{-i\omega t}\,.$$

The form between brackets can be approximated by its first term ($ka \ll 1$), whereas the factor $\exp(ika)$ may be neglected. The tangential component of the primary field at $r = a$ being $e_{\vartheta,\,\text{prim}} = -e_0\sin\vartheta\,\mathrm{e}^{-i\omega t}$, the above boundary

---

[1] S. B. COHN: Proc. Inst. Radio Engrs. **39**, 1416 (1951).

condition of a vanishing sum of the two ϑ components proves to be satisfied if $M = -i\omega a^3 e_0$. This moment $M = Il$ of a short current element of length l corresponds to an oscillatory charge moment Ql the charge $Q(t)$ of which is connected with the momentary current according to $I e^{-i\omega t} = \dot{Q} = -i\omega Q$. The amplitude $Ql/e^{-i\omega t}$ of the charge moment can therefore be represented by $M/(-i\omega)$, that is, by $a^3 e_0$ in view of the above value for M. On the other hand, this amplitude of the charge moment induced per spherical element equals $\chi_e e_0$ so as to have $\chi_e = a^3$. The proportionality of χ_e to the volume of the spherical particle, thus derived, is in accordance with general properties of the so-called *Rayleigh-approximation* concerning scattering objects small compared to the wavelength.

In a similar way the secondary magnetic field $\boldsymbol{h}_{\mathrm{sec}} e^{-i\omega t}$ generated near each spherical element has to be derived from the boundary condition formulated in the last line of (2.7). In view of the vanishing of the magnetic induction inside the perfectly conducting particle this boundary condition involves a zero value of the normal component $h_r = h_{r,\,\mathrm{prim}} + h_{r,\,\mathrm{sec}}$ of the total magnetic field at the surface $r = a$. The secondary field $\boldsymbol{h}_{\mathrm{sec}}$ now has the form of the magnetic field of a magnetic dipole of a proper moment $I'O'$ (see Sect. 27) that is placed at the origin in the direction of h_{prim} (which may be chosen as the new z direction). According to (27.1) this fieldform is also that of the electric field produced by an electric dipole of the same orientation but with a moment $Il = (\omega/ic) I'O'$. For $ka \ll 1$ this situation leads to an approximate value of $h_{r,\,\mathrm{sec}}$ at $r = a$ given by

$$h_{r,\,\mathrm{sec}} = \frac{2}{c} \frac{I'O'}{a^3} \cos\vartheta,$$

which has to be compensated by the radial component $h_0 \cos\vartheta$ of the primary field. Hence $I'O' = -c a^3 h_0/2$. The amplitude of the static magnetic-dipole moment of a small current loop $I' e^{-i\omega t}$ enclosing an area O' is known to be $I'O'/c$; in our case this quantity represents the amplitude $\chi_m h_0$ of the static magnetic moment induced per spherical element. Hence

$$\chi_m = \frac{I'O'}{c h_0} = -\frac{a^3}{2} = -\frac{1}{2}\chi_e.$$

The refractive index (53.1) of the medium with spherical conducting elements thus becomes:

$$n = \sqrt{1 + N a^3}\,\sqrt{1 - \tfrac{1}{2} N a^3},$$

the second factor of which shows the decrease effected by the magnetic induction. Such decrease can be diminished by using elements of other shapes, for instance thin rods or parallel conducting strips.

The influence of neighbouring elements, if not negligible, increases the polarization existing otherwise if the non spherical elements are in parallel positions, but has a decreasing effect if they are at right angles. The effectiveness of the dielectric is further increased if the operating frequency approaches a resonance value of the system so as to obtain a medium with pronounced dispersive properties.

54. Inhomogeneous microwave lenses. Such lenses are realizable, e.g., by varying the local density of the conducting elements in artificial dielectrics. Inhomogeneous lenses are important for antennas which have to scan a wide range of angles, such as required in radar technique. In these cases it is rather difficult to construct homogeneous lenses which are free from aberrations over a large range of angles, though optimum design conditions as derived by FRIED-LÄNDER[1] could be applied. Inhomogeneous radially symmetric lenses with a refractive index $n(r)$ depending on the distance r to the symmetry centre O pursue the same object in a more elegant way. The geometrical-optics theory of these lenses depends on the corresponding ray equation according to SNELL's law, viz.

$$r \cdot n(r) \cdot \sin \tau(r) = \text{const};\qquad (54.1)$$

$\tau(r)$ represents the angle between the tangent at some point P of a curved ray trajectory, and the radius vector OP (see Fig. 35).

Two types of radially symmetric lenses have been investigated particularly, viz:

α) *Maxwell's fish-eye*[2]. It consists of a half sphere of radius a (see Fig. 36a) with a refractive index (relative to the surrounding space) represented by $n = 4/(1 + r/a)^2$. The rays entering into the lens from a source at

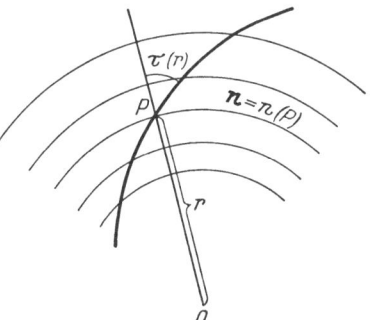

Fig. 35. Illustrating SNELL's law for a medium of spherical symmetry.

its top T are refracted such as to form a parallel beam when leaving the lens at the terminating cross-section A; the latter proves to be perpendicular to the beam. Two disadvantages of this lens are the reflection losses caused by the discontinuous change of the refractive index at A, and the fact that the collimating property only holds approximately for source points other than T;

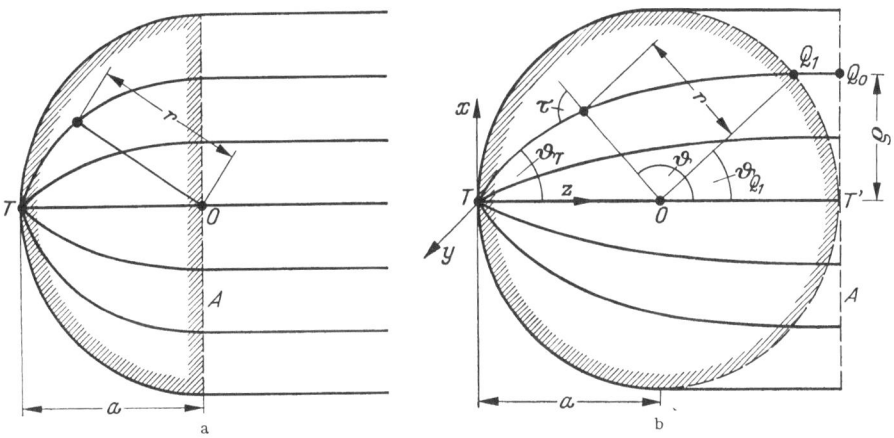

Fig. 36 a and b. MAXWELL's Fish-eye and LUNEBERG's lens.

β) *Luneberg's lens*[3]. The full sphere occupied by this lens (see Fig. 36b) has a refractive-index profile given by

$$n(r) = \sqrt{2 - \frac{r^2}{a^2}}.\qquad (54.2)$$

The completely symmetrical arrangement of this lens involves that the rays entering into it from *any* point T on the rim $r = a$ are collimated into a parallel beam leaving the lens in the direction of TO, that is, perpendicular to the

[1] F. G. FRIEDLÄNDER: J. Inst. Electr. Engrs. **93** (IIIa), 658 (1946).
[2] See, e.g., R. K. LUNEBERG: Mathematical Theory of Optics, Providence, R. I. 1944, p. 197.
[3] R. K. LUNEBERG: Mathematical Theory of Optics, Providence, R. I. 1944, p. 213.

aperture plane A corresponding to the special situation of T. Moreover, the continuous change of n into the free-space value along the rim prevents reflection losses, so that both disadvantages mentioned above are overcome in this type of lens. The parts (inside the lens) of the rays leaving T constitute arcs of ellipses in planes through TO (the corresponding trajectories are circular in MAXWELL's fish-eye).

The high symmetry of LUNEBERG's lens enables a rigorous treatment with the wave equation such as worked out by JASIK[1] for the cylindrical version (the coordinate r of (54.2) then marks the distance to a fixed axis). The theory is similar to that of radio propagation around the spherical earth (see Sect. 98); in both cases the geometrical-optics theory results from a saddlepoint approximation of an integral deduced from the original expansion of the solution in Legendre functions of the polar angle ϑ. A cylindrical Luneberg lens constructed of metallic plates of proper spacings (of the type discussed in the next section) has been described by PEELER and ARCHER[2].

The radiation pattern of all these lenses can be obtained in the same way as discussed before in the Sects. 50 and 52, that is, by deriving first the geometrical-optics approximation for the field distribution in the aperture, and thereafter the distant field from the Fourier transforms of this distribution (see Sect. 29). The relation between the geometric-optical fields in the aperture, and that near the source at T, has to be derived here from an application of the transport equation (16.9) to the curved trajectory connecting T with the aperture point under consideration.

The representative example of a short-dipole feed placed in the x direction (see Fig. 19b) at the rim T of a spherical Luneberg lens can be treated by starting, once again, from the expression (50.2) (F being replaced by T); the latter represents the undisturbed free-space field near T, though at distances large compared to the wavelength. The orientation of this field with respect to the principal normal, and to the binormal perpendicular to the fixed (osculating) plane containing the plane trajectory TQ_0, is maintained along this trajectory (see Sect. 16); the directions of the field vectors at Q_0 can therefore be derived from their known orientation near T.

As to the field amplitudes, the divergence factor $(dO)_T/(dO)_{Q_0}$ determining their changes along the curved trajectory [see Eq. (16.11)] is easily evaluated by comparing the cross-section $(dO)_T = TP^2 \cdot \sin\vartheta_T \, d\vartheta_T \, d\varphi$ of a narrow pencil near T, with the corresponding cross-section $(dO)_{Q_0} = \varrho \, d\varrho \, d\varphi$ in the aperture (φ = azimuthal angle around the z-axis). The connection between the variables ϱ and ϑ_T follows from the geometrical relations $\varrho = a\sin\vartheta_{Q_1}$ and $\vartheta_T = \vartheta_{Q_1}$, the latter being a consequence of (54.1) in view of the identical values of r and n at T and Q_1. The outlined procedure of computation leads to the following distribution across the aperture of the main field component (omitting an unsignificant constant phase factor):

$$e_x(Q_0) = \frac{1}{a} \sqrt{\frac{3}{c} W_{\text{tot}}} \left\{ \cos^2\varphi \left(1 - \frac{\varrho^2}{a^2}\right)^{\frac{1}{4}} + \sin^2\varphi \left(1 - \frac{\varrho^2}{a^2}\right)^{-\frac{1}{4}} \right\} \qquad (54.3)$$

The aperture distribution thus proves to be nearly homogeneous for $\varrho \ll a$, whereas the geometrical-optics approximation considered here becomes infinite at the edge $\varrho = a$ owing to the intersection there with a caustical surface. The effective area resulting from (54.3) appears to be $32/(75\pi) = 0.136$ times the actual aperture area πa^2.

---

[1] H. JASIK: The electromagnetic theory of the Luneberg lens. Thesis Booklyn 1953.
[2] G. D. M. PEELER and D. H. ARCHER: Trans. Inst. Radio Engrs., A.P. 1, 12 (1953).

55. *E*-plane metallic lenses. The principle of these lenses, which have been particularly investigated by KOCK[1], can be explained by considering plane waves, with the electric field in the y direction, which propagate in the z direction between two infinite perfectly conducting plates situated in the planes $x = 0$ and $x = a$ (see Fig. 37). Such waves are described by the TE solution (44.1) of MAXWELL's equations. Each integral value m in (44.1) provides a mode satisfying the boundary condition of a vanishing tangential electric field at the plates; between the latter the electric field is everywhere parallel to the plates. According to (44.1) these modes are exponentially attenuated if $k^2 < m^2 \pi^2/a^2$, that is, if $a < m\lambda/2$. Therefore, all modes except the first one ($m = 1$) are attenuated if $\lambda/2 < a < \lambda$ (compare Sect. 44). The complete exponential factor of the field

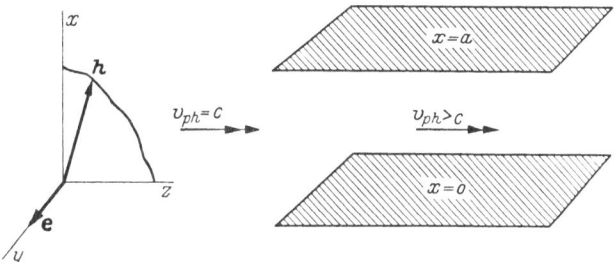

Fig. 37. Wave propagation affected by an *E*-plane metallic lens.

components becomes $\exp\{i z (k^2 - \pi^2/a^2)^{\frac{1}{2}} - i\omega t\}$ for the single unattenuated mode $m = 1$; the space $0 < x < a$ acts as a wave guide transmitting this mode with a phase velocity

$$v_{\mathrm{ph}} = \frac{\omega}{\sqrt{k^2 - \dfrac{\pi^2}{a^2}}} = \frac{c}{\sqrt{1 - \dfrac{\lambda^2}{4 a^2}}} > c. \tag{55.1}$$

We next consider a set of plates with spacings between $\lambda/2$ and λ, which are all parallel to both the E vector (y direction) and the propagation direction (z direction) of an incident polarized plane wave. The space between any pair of adjacent plates behaves as a waveguide of the above type which transforms the incident wave, without changing its type of polarization, into the above mode with the phase velocity (55.1). The effect of the complete set thus proves to be equivalent with that of a medium with refractive index

$$n = \frac{c}{v_{\mathrm{ph}}} = \sqrt{1 - \frac{\lambda^2}{4 a^2}} < 1, \tag{55.2}$$

insofar as the influence of the transition regions near the edges of the plates may be neglected. These regions cause reflections which reduce the effectiveness of the system.

The wave guides between adjacent plates produce a start of phase (relative to the propagation in free space) amounting to $2\pi d(1 - n)/\lambda$ if they extend over a distance d in the z direction. The optical path lengths of rays propagating parallel to the yz plane (such as the ray $F Q_0 Q$ of Fig. 38) can therefore be affected by either varying the width d as a function of the coordinate y for each individual plate, or by varying the spacing a between consecutive plates (and hence the value of the refractive index n). A suitable profile $d = f(y)$ of the plate widths, or a proper variation $a = g(y)$ of the spacings may lead to a system having all the properties of a lens.

---

[1] W. E. KOCK: Proc. Inst. Radio Engrs. **34**, 828 (1946).

As an example we consider the plano-concave cylindrical lens of Fig. 38 with equidistant plates; it collimates the rays leaving the feed along the line focus FF in perpendicular directions (which correspond to the dominant radiation) into a parallel beam when leaving the plane face of the system. The necessary refraction of the rays indicent at the points Q_0 into lines parallel to the z axis is secured by a proper profile $d = f(y)$ of the front faces; the profile is to be chosen such as to obtain identical optical path lengths $F Q_0 Q$ for all the rays under consideration. This profile condition leads once again to the relation (52.1) for the polar coordinates r and ϑ indicated in Fig. 38. However, this equation now signifies, in view of the refractive index $n < 1$, an elliptically shaped face instead of the former hyperbolical one.

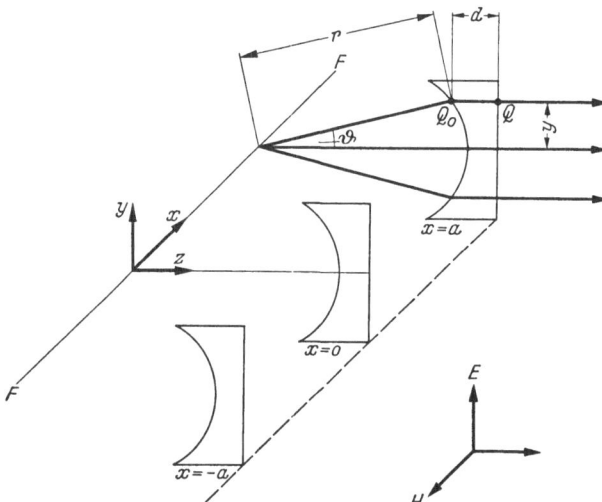

Fig. 38. A plano-concave cylindrical E-plane lens.

The design of the corresponding spherical lens is complicated by the requirement that the plates should at each point be parallel to both the E vector, and to a propagation direction which is no longer parallel to a fixed plane. If these conditions are fulfilled, the ray trajectories are once more only affected by refractions depending on the refractive index (55.2). In the case of a dipole feed at the origin in the x direction the electric field is also in this direction insofar as the dominant radiation (which is in the yz plane) is concerned. For small lens apertures the propagation directions are near the z axis, and the required conditions are approximately satisfied by plates parallel to the xz plane. For the rest the profile of the front edge of the plates (the back edges of which are in the plane terminal section of the plano-convex lens) should be that of (52.2) for each meridional cross-section through the z axis, such in order to obtain the desired collimation. The plates of the spherical plano-convex lens should therefore consist of strips parallel to the xz plane that are bounded by the plane terminating section, and by their intersections with the surface of revolution given by the meridional profile (52.2). This latter surface amounts to the ellipsoid of revolution

$$x^2 + y^2 + z^2 = \{n z + (1 - n) f - K \lambda\}^2,$$

the equation of which also accounts for zoning. A proper zoning favours a more homogeneous field distribution in the aperture formed by the terminating section, just as in the case $n > 1$ (see Sect. 52). Lenses of the described type have been constructed for centimetre waves.

In other types of E-plane lenses the plates are not always parallel to the main directions of propagation; the ray trajectories then suffer not only purely refractive deviations (not affecting the plane of incidence through E and the propagation direction), but also more complicated deviations depending on conditions of constraint. These conditions admit an unattenuated propagation only for special modes contained in the incident wave.

56. Configuration lenses. This prototype of H-plane metal-plate lenses consists of a space bounded by two curved metallic cylindrical faces which are equidistant in the sense that their mutual distances $P'P''=C$ are everywhere the same when measured along a common normal such as the line $P'PP''$ shown in Fig. 39; this diagram represents a cross-section perpendicular to the cylinder axis. An unattenuated propagation proves to be possible through the intervening space for waves having a magnetic field vector the direction of which in any point P is parallel to the tangenting planes in the nearest points P' and P'' of the metallic faces. Conditions for the effectiveness, to be derived hereafter, are that the radii of curvature of these faces shall be large com-

pared to the separation C which itself has to be smaller than $\lambda/2$.

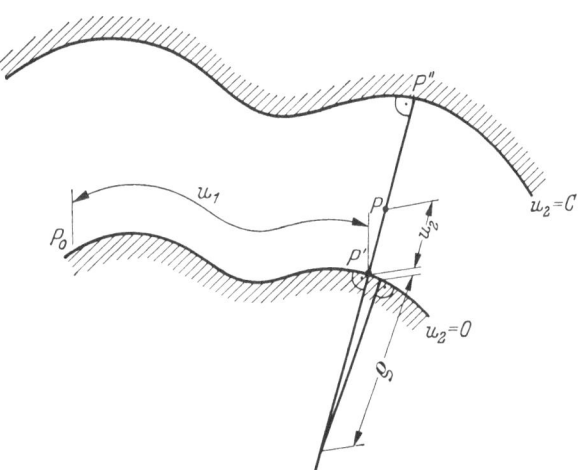

Fig. 39. Geometry of a configuration lens.

The theory can be discussed by introducing the following curvilinear, orthogonal coordinates: the distance u_2 from P to the nearest point P' on the lower face, the distance u_1 from P' along the intersection of the lower face with a plane perpendicular to the cylinder axis (such as that of Fig. 39) to a fixed point P_0, and the ordinary distance u_3 from P to some fixed plane perpendicular to the cylinder axis. The two metallic boundaries are characterized by $u_2=0$ and $u_2=C$. The square of the three-dimensional line element reads in these coordinates:

$$ds^2 = \{1 + u_2/\varrho(u_1)\}^2\, du_1^2 + du_2^2 + du_3^2, \tag{56.1}$$

$\varrho(u_1)$ being the radius of curvature, in the plane of Fig. 39, at some point of the lower face $u_2=0$.

The line element (56.1) is of the form (9.3) with $h=1+u_2/\varrho(u_1)$ and $f=1/h$, so that the corresponding BROMWICH's solutions of Sect. 9 are applicable here provided the necessary boundary conditions are satisfied. For perfectly conducting metallic faces, with vanishing field inside, these conditions require zero values along the boundaries of the tangential electrical components e_1 and e_3, and of the normal magnetic component h_2 [see Eq. (2.7)]. The magnetic solution (9.7) therefore applies if $\partial\Pi_m/\partial u_2=0$ holds for $u_2=0$ and for $u_2=C$. Further, the property $hf=1$ valid here reduces the wave Eq. (9.5), to be satisfied by Π_m, to:

$$f\left\{\frac{\partial}{\partial u_1}\left(f\frac{\partial\Pi_m}{\partial u_1}\right) + \frac{\partial}{\partial u_2}\left(\frac{1}{f}\frac{\partial\Pi_m}{\partial u_2}\right)\right\} + \frac{\partial^2\Pi_m}{\partial u_3^2} + k^2\Pi_m = 0. \tag{56.2}$$

For $\varrho\gg C$, and thus $\varrho\gg u_2$ throughout the intervening space, h and f approach unity and (56.2) transforms into the wave equation for homogeneous spaces, however for the Cartesian coordinates replaced by the curvilinear coordinates u_1, u_2, u_3. Solutions of this approximative equation that satisfy the above boundary conditions can be composed of the functions

$$e^{i(\lambda_1 u_1 + \lambda_3 u_3)} \cos\left(m\pi\,\frac{u_2}{C}\right) \qquad (m \text{ integer}), \tag{56.3}$$

provided $k^2 - (m^2\pi^2/C^2) = \lambda_1^2 + \lambda_3^2$. An unattenuated propagation independent of u_2 is secured if $m = 0$ constitutes the only mode compatible with non-exponentially decaying functions (so as to have real values for λ_1 and λ_3). The latter condition requires $k^2 < m^2\pi^2/C^2$ for all $m \neq 0$ which is equivalent to $k < \pi/C$ or $C < \lambda/2$.

Summarizing we infer that the combined conditions $\varrho \gg C < \lambda/2$ approximately guarantee the possibility of an unattenuated propagation of waves which are independent of u_2. According to the resulting relation $h_2 = 0$ of (9.7) the magnetic field then proves to be directed parallel to the intermediate surfaces $u_2 = $ constant, which surfaces can be considered as "parallel" to the metallic boundaries. Moreover, the independence of u_2 simplifies (56.2) to the two-dimensional wave equation

$$f\,\frac{\partial}{\partial u_1}\left(f\,\frac{\partial \Pi_m}{\partial u_1}\right) + \frac{\partial^2 \Pi_m}{\partial u_3^2} + k^2\Pi_m = 0,$$

which can be solved with the aid of a two-dimensional eiconal function S_2. In fact, the substitution $\Pi_m = A\,e^{ikS_2}$ leads to an equation of the type of (14.3) the leading term of which for large k yields the eiconal equation:

$$f^2\left(\frac{\partial S_2}{\partial u_1}\right)^2 + \left(\frac{\partial S_2}{\partial u_3}\right)^2 = 1. \tag{56.4}$$

The remaining terms of the orders k^{-1} and k^{-2} determine the corresponding equation for the amplitude A. It is easily shown that, for a given solution of (56.4), S_2 measures the lengths of arcs, along the orthogonal trajectories of the curves $S_2 = $ constant, on a special surface $u_2 = $ constant. These orthogonal trajectories prove to be geodesics on the latter surface, and the propagation takes place along these geodesics. This has been verified experimentally by Myers[1] with respect to the mean surface $u_2 = C/2$ between the two faces of the lens.

The design of configuration lenses obviously leads to problems of differential geometry, for instance to the determination of a profile such that the rays leaving an arbitrary point on the arc of a circle in the mean surface are always collimated to parallel trajectories when arriving at the terminating aperture. Such a system, which has been developed by de Vore and Iams[2], has properties of symmetry comparable to those of a Luneberg lens.

57. Path-length lenses in a restricted sense. The preceding section shows the possibility of guiding waves between two slightly curved parallel plates. Let us consider in particular the cylindrical solutions which are independent of u_3; for spacings $C < \lambda/2$ the unattenuated exponential solutions (56.3) then are not only restricted to $m = 0$, but also to $\lambda_3 = 0$. The resulting wave proportional to e^{iku_1} is of the free-space type; it is a pure TM wave since, according to (9.7), its magnetic field vector is directed in the u_3-direction (that is the direction of the cylindrical symmetry, which is moreover parallel to the plates). The spacing condition also prevents the establishment of unattenuated TE waves of the type (44.1) (for x, y, z replaced by u_2, u_3, u_1) in which the electric instead of the magnetic field becomes parallel to the direction of cylindrical symmetry (direction of y or u_3).

[1] S. B. Myers: J. Appl. Phys. **8**, 220 (1947).
[2] H. B. de Vore and H. Iams: R. C. A. Review **9**, 721 (1948).

The above possibility of guiding waves of the free-space type in the u_1 or z direction, while excluding an unattenuated propagation of all other cylindrical waves that are independent of the coordinate u_3 or y, also holds for the intervening spaces of a *set* of cylindrical metallic plates (parallel to the y direction) having spacings smaller than $\lambda/2$. An incident cylindrical, possibly plane wave independent of y is split, when entering into such a set of plates, into modes of which only the above mentioned *TM* component of free-space type will survive beyond some distance. A proper profile of the lengths of the successive cylindrical plates will produce lens effects. The latter then result, in contrast to the situation for E-plane metal-plate lenses, from differences in path lengths of the ray trajectories constrained between the plates, rather than from a modification of the phase velocity of the incident waves.

A simple realization of such a path-length lens is the cylindrical plano-convex lens for which the cross-section perpendicular to the symmetry-axis is shown in Fig. 40. The lens consists of tilted parallel metallic plates, and is most effective for incident waves with the magnetic vector directed parallel to the symmetry-axis; other types of incident waves suffer more losses due to the production of attenuated modes.

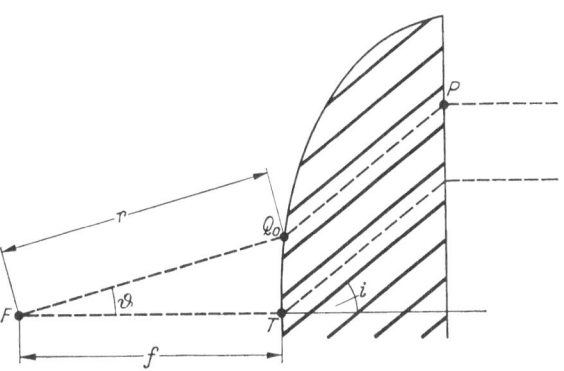

Fig. 40. An example of a path-length lens.

The lens collimates rays leaving the line focus (represented by F) into a plane beam if the profile of the front side is such as to obtain identical path lengths FQ_0P for all rays. This design condition leads to the relation

$$r = f + \sec i \, (r \cos \vartheta - f),$$

which is identical with (52.1) for $K=0$ if n is replaced by $\sec i$. Hence the profile of the front side has to be hyperboloidal just as in the case of Sect. 52. The analogy shows moreover how the role of this lens of metal plates can be compared with that of a dielectric with a refractive index $n = \sec i$ that exceeds unity. The plates of this lens can also be replaced by grid structures of wires less than $\lambda/2$ apart. The advantage of optical properties independent of the wavelength is greatly reduced by irregularities in the aperture illumination at the back side of the lens; these irregularities are due to fringing effects near the edges of the plates.

IV. Propagation of radio waves not significantly influenced by the earth's curvature.

a) Propagation through an homogeneous atmosphere above a plane earth.

58. The approximation of a perfectly conducting earth. The earth consists of a combined dielectric and conductor, but its conducting properties dominate for long waves (λ exceeding about 1 km), and even for much shorter waves in the case of propagation over seas (see next section). The conductive properties become so much predominant for wavelengths of the order of at least a few kilometres that the assumption of a perfectly conducting earth has a practical interest for these special circumstances. We shall further neglect the effects of inhomogeneities of the troposphere and ionosphere in this subchapter.

The boundary conditions imposed by the infinite plane perfectly conducting earth are accounted for by adding to each infinitesimal current element $P_1 P_2$ of a transmitter an image element $P_1' P_2'$ carrying the same current, and orientated as shown in Fig. 41a (the plane of symmetry $z=0$ here represents the earth). In fact, the Hertzian vector (6.3) for the combined field of both elements has a vertical and a horizontal component which are an even and an odd function of z respectively. In view of (6.2) this situation implies continuous odd components of the electric-field component parallel, and of the magnetic-field component normal to the earth; hence these components become zero at the earth's surface itself. This is in accordance with the boundary conditions (2.7) since the field inside the earth vanishes altogether.

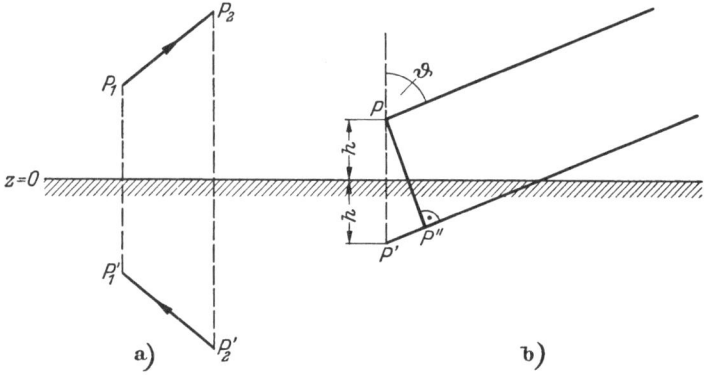

Fig. 41 a and b. Actual and image source connected with a perfectly conducting half space.

The situation is simplest for vertical antennas, the actual and image currents then being equally directed. Let us consider, e.g., a short vertical dipole at P at a height h above the earth. The distant fields due to the actual and the image source at P and P' respectively (see Fig. 41b) have equal directions, but their amplitudes according to (26.5) differ with respect to the factor e^{ikr}; the value of the latter for the image source is obtained from that for the actual source by an extra factor $\exp(ik P'P'') = \exp(2ikh\cos\vartheta)$. Hence the moduli of the field amplitudes are to be multiplied by an extra factor

$$|1 + e^{2ikh\cos\vartheta}| = 2\cos(k h \cos\vartheta) \tag{58.1}$$

in order to account for the presence of the earth. The same holds, in view of (28.2), for a half-wave dipole. The factor (58.1) has a number of zeros of the order of h/λ. The corresponding lobes in the radiation pattern of these simple antennas originate from the interference of the actual and image sources. Obviously, a lobe structure of the radiation pattern will also occur, owing to the presence of the earth, for more general antenna systems.

The factor (58.1) becomes two for a short vertical dipole situated on the earth's surface itself. The duplication of the field, or of the effective moment, for such an antenna (often used for reference) involves a radiation per unit solid angle which is four times as large as in the absence of the earth. However, this radiation is only emitted towards the half-space above the earth instead of towards all directions for the same dipole in free space. Hence the ultimate total radiation becomes only twice as large in the presence of the earth, provided the moment $I l$ is kept constant; the effective moment yielding the same total radiation therefore has to be reduced by a factor $\sqrt{2}$ which is also the reduction factor for the resulting field proportional to this moment. The expression (26.10) for the distant field of a reference antenna on the perfectly conducting earth thus becomes:

$$|e| \sim 150 \sqrt{P_{kw}} \; \frac{\sin \vartheta}{r_{km}} \quad \text{mV/m}. \tag{58.2}$$

The short dipole on the perfectly conducting earth is realized approximately for the long-wave components of a lightning flash. A charge $Q(t)$ of a thundercloud at a heigth h above the earth corresponds to a vertical current $\dot{Q}$ and hence to a (current) dipole moment $h\dot{Q}$ which is the time derivative of the charge moment $h Q(t)$ (see Fig. 42). According to BRUCE and GOLDE[1] these moments can approximately be represented by $c_1 e^{-t/t_1} + c_2 e^{-t/t_2}$ after the beginning of the discharge at $t=0$; t_1 and t_2 are of the order of 23 μsec and 2 μsec respectively.

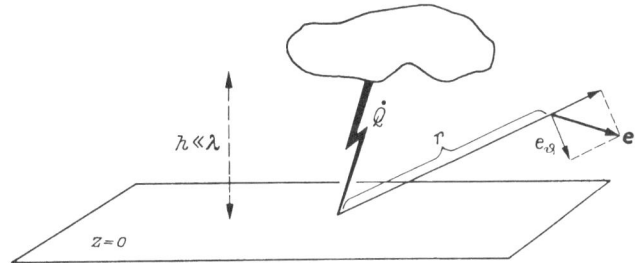

Fig. 42. Idealized model of lightning flash.

The presence of the earth doubles the moments provided $h \ll \lambda$, and insofar as the earth may be considered as perfectly conducting. The effective charge and current moments thus become $M(t) = 2h Q(t)$ and $\dot{M} = 2h \dot{Q}$ respectively. The corresponding ϑ-component of the electric field (which is the vertical component on the ground, that is, at $z=0$ or $\vartheta = \pi/2$) reads:

$$e_\vartheta = \sin \vartheta \left(\frac{1}{r^3} + \frac{1}{cr^2} \frac{d}{dt} + \frac{1}{c^2 r} \frac{d^2}{dt^2} \right) M \left(t - \frac{r}{c} \right). \tag{58.3}$$

This expression for arbitrary time dependence of $M(t)$ can be verified by the fact that the operator d/dt proves to be equivalent to a multiplication by $-i\omega = -ikc$ for each of its monochromatic components proportional to $e^{-i\omega t}$. For each of these components (58.3) leads to the former expression (26.3) if the charge moment $M = M_0 e^{-i\omega t}$ is replaced by $Il/(-i\omega) = I_0 l \, e^{-i\omega t}/(-i\omega)$ in view of the relation $Il = \dot{M}$. The expression (58.3), thus verified by Fourier analysis, contains three terms the first of which represents an electrostatic contribution which generally dominates up to a distance of a few kilometres; on the other hand, the radiation term represented by the last term, becomes significant beyond about 200 km, that is, in a region in which the influence of the ionosphere is no longer negligible (see Sect. 84).

59. The earth as a combined dielectric and conductor; the corresponding Maxwellian equations. It is only the upper sheet of the earth's crust which is significant for radio propagation; in this subchapter the earth is accordingly assumed as homogeneous with electrical constants equal to those of this sheet. MAXWELL'S equations (1.1) for a monochromatic field (time factor $e^{-i\omega t}$) in such a medium, which is characterized by its dielectric constant ε, its permeability μ, and its conductivity σ (electrostatic units), can be put into a convenient form

---

[1] C. E. R. BRUCE and R. GOLDE: J. Inst. Electr. Engrs. **88** (II), 487 (1941).

with vanishing right-hand sides. This form is arrived at by a substitution of (1.2) into (1.1) while putting

$$\boldsymbol{E} = \boldsymbol{e}\,\mathrm{e}^{-i\omega t}; \quad \boldsymbol{H} = \boldsymbol{h}\,\mathrm{e}^{-i\omega t}; \quad \partial/\partial t = -i\omega.$$

We further apply the continuity Eq. (1.4) for an elimination of ϱ according to $\mathrm{e}^{-i\omega t}\,\mathrm{div}\,(\sigma\boldsymbol{e}) - i\omega\varrho = 0$. The resulting equations read:

$$\left.\begin{array}{ll} \mathrm{curl}\,\boldsymbol{e} - i\omega\,\dfrac{\mu}{c}\,\boldsymbol{h} = 0; & \mathrm{curl}\,\boldsymbol{h} + i\,\dfrac{\omega}{c}\,\varepsilon_{\mathrm{eff}}\boldsymbol{e} = 0; \\[2mm] \mathrm{div}\,(\varepsilon_{\mathrm{eff}}\boldsymbol{e}) = 0; & \mathrm{div}\,(\mu\boldsymbol{h}) = 0, \end{array}\right\} \tag{59.1}$$

in which the parameter

$$\varepsilon_{\mathrm{eff}} = \varepsilon + i\,4\pi\,\frac{\sigma}{\omega} \tag{59.2}$$

includes both dielectric and conductive properties.

The Eqs. (59.1) are valid even for inhomogeneous media, the only assumption made being that ε, μ and σ are independent of time. Only in the case of a homogeneous medium, however, prove they to be satisfied by the following solutions of the electric and magnetic types (compare Sects. 6 and 7):

$$\boldsymbol{e} = \frac{ic}{\omega}\,\mathrm{curl\,curl}\,\boldsymbol{\Pi}_e; \quad \boldsymbol{h} = \varepsilon_{\mathrm{eff}}\,\mathrm{curl}\,\boldsymbol{\Pi}_e, \tag{59.3}$$

$$\boldsymbol{e} = \mathrm{curl}\,\boldsymbol{\Pi}_m; \quad \boldsymbol{h} = -\frac{ic}{\mu\omega}\,\mathrm{curl\,curl}\,\boldsymbol{\Pi}_m; \tag{59.4}$$

the vectors $\boldsymbol{\Pi}_e$ and $\boldsymbol{\Pi}_m$ have to fulfill the vectorial wave equation

$$(\varDelta + k^2)\,\boldsymbol{\Pi}_{e,m} = 0, \tag{59.5}$$

the complex wave number k of which is given by

$$k^2 = \frac{\omega^2}{c^2}\,\mu\,\varepsilon_{\mathrm{eff}} = \frac{\mu}{c^2}\,(\varepsilon\omega^2 + i\,4\pi\sigma\omega). \tag{59.6}$$

The expressions (59.2) and (59.6) show the dominating role of the dielectric properties for short waves ($\omega \gg 4\pi\,\sigma/\varepsilon$), but of the conductive properties for very long waves ($\omega \ll 4\pi\,\sigma/\varepsilon$). The relative orders of magnitude of both parts of the decisive parameter $\varepsilon_{\mathrm{eff}}$ also follow from the corresponding expressions in practical or electromagnetic units; they read, introducing the ordinary frequency $f = \omega/(2\pi)$ instead of the angular frequency ω,

$$\varepsilon_{\mathrm{eff}} = \varepsilon + i\,18\cdot10^5\,\sigma_{\Omega^{-1}\mathrm{cm}^{-1}}/f_{\mathrm{Mc/s}} = \varepsilon + i\,18\cdot10^{14}\,\sigma_{\mathrm{e.m.u.}}/f_{\mathrm{Mc/s}}.$$

In the illustrative examples of seawater ($\varepsilon = 80$; $\sigma = 4\cdot10^{-11}$ e.m.u.) and of average ground ($\varepsilon = 4$; $\sigma = 10^{-13}$ e.m.u.), the conductive part of $\varepsilon_{\mathrm{eff}}$ dominates for $f < 900$ mc/s or $\lambda > 33$ cm, and for $f < 45$ mc/s or $\lambda > 6.7$ metres respectively. For trajectories partly over sea and partly over land the electrical properties for one and the same frequency may change considerably en route, the theory assuming homogeneous conditions cannot be applied here (compare Sects. 72 and 73).

60. Primary and secondary fields; boundary conditions. The field generated by an antenna system in the space $z > 0$ above the earth, which is assumed as a homogeneous medium extending below the plane $z = 0$, can be determined along the following lines. The primary field existing in $z>0$ if the earth were absent is to be derived first, e.g., from a Hertzian vector $\boldsymbol{\Pi}_{e,\,\text{prim}}$ according to the theory of Sect. 6. The conductive and displacement currents induced in the earth produce a source-free secondary field in $z>0$. This extra field can be derived from a corresponding Hertzian vector $\boldsymbol{\Pi}_{e,\,\text{sec}}$ by applying the same formulae as used for the primary field, that is, (6.2) or (59.3) for $\varepsilon_{\text{eff}}=1$. The total field inside the earth can be derived from a further Hertzian vector $\boldsymbol{\Pi}'_e$ (see Fig. 43) which has to satisfy (59.5) for a wave number $k=k_1$ following from the earth's constants according to (59.6); k_1 replaces the wave number $k_0=\omega/c$ valid for the space above the earth (assumed as ether with $\varepsilon=\mu=1$). In view of (59.6) we have:

$$\frac{k_1^2}{k_0^2} = \varepsilon + i\,\frac{4\pi\sigma}{\omega}\,, \tag{60.1}$$

provided $\mu=1$ is assumed throughout (ε and σ henceforth refer to the earth).

The mathematical problem now reduces to the determination of two unknown vector functions $\boldsymbol{\Pi}_{e,\,\text{sec}}$ and $\boldsymbol{\Pi}'_e$ that are solutions of the differential equations:

$$\left.\begin{aligned}(\varDelta + k_0^2)\,\boldsymbol{\Pi}_e &= 0 \quad (z>0)\,,\\ (\varDelta + k_1^2)\,\boldsymbol{\Pi}'_e &= 0 \quad (z<0)\,,\end{aligned}\right\} \tag{60.2}$$

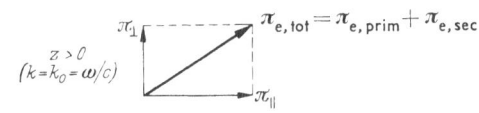

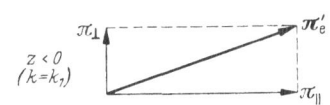

Fig. 43. Hertzian vectors in the two half spaces separated by the earth's surface.

and which have to satisfy certain boundary conditions at $z=0$. The latter can be derived from the modified Maxwellian equations (59.1) along the same lines in which the conditions (2.7) were derived from the original equations (1.1). In view of the homogeneous form of (59.1), the new boundary conditions are obtained at once from (2.7) by omitting the right-hand sides, while replacing $\boldsymbol{D}$ by the corresponding quantity $\varepsilon_{\text{eff}}\,\boldsymbol{e}\,e^{-i\omega t}$. The final form of the new boundary conditions then requires the continuity at $z=0$ of the tangential components $\boldsymbol{e}_{\|}$ and $\boldsymbol{h}_{\|}$, and of the normal components $\varepsilon_{\text{eff}}\boldsymbol{e}_{\perp}$ and $\mu\boldsymbol{h}_{\perp}$. The connections of these field components with the Hertzian vectors according to (59.3) involve that $\boldsymbol{\Pi}_{e,\,\text{tot}}=\boldsymbol{\Pi}_{e,\,\text{prim}}+\boldsymbol{\Pi}_{e,\,\text{sec}}$ at $z=+0$, and $\boldsymbol{\Pi}'_e$ at $z=-0$ should be related such as to have a continuity at $z=0$ of the quantities

$$\operatorname{div}\boldsymbol{\Pi},\qquad k^2\,\boldsymbol{\Pi}_{\|}\,,\qquad \frac{k^2}{\mu}\,\boldsymbol{\Pi}_{\perp}\,,\qquad \frac{k^2}{\mu}\,\frac{\partial\boldsymbol{\Pi}_{\|}}{\partial z}\,. \tag{60.3}$$

The combination of the differential Eqs. (60.2) and the boundary conditions (60.3) constitutes the mathematical formulation of the antenna problem in the presence of a homogeneous plane earth. The representative and most important special case of a vertical electric dipole will be discussed in the Sects. 61 through 64, some other cases being dealt with briefly thereafter.

61. The exact theory for a vertical electric dipole. According to (26.2) the primary field of a vertical short dipole of moment $I_0 l$, placed at the point T, can be derived from a Hertzian vector directed vertically (that is, in the z direction) with the length

$$\boldsymbol{\Pi}_{e,\,\text{prim}} = \frac{I_0 l}{c}\,\frac{e^{ik_0 TP}}{TP}\,. \tag{61.1}$$

The classical treatment by Sommerfeld[1] shows that the Hertzian vectors for the secondary field and for the field inside the earth can also be assumed as directed vertically, so that the problem reduces to the determination of the amplitudes $\Pi_{e,\,\mathrm{sec}}$ and Π'_e of these vectors. Sommerfeld's analysis is expressed in terms of those solutions of the general wave equation $(\varDelta + k^2)\Pi = 0$ that are separated in cylindrical coordinates ϱ, φ, z; the wave number k equals k_0 for the half-space $z > 0$, and k_1 for $z < 0$. While assuming the dipole on the z axis at $(0, 0, h)$, we only have to consider rotationally-symmetric cylindrical solutions that are everywhere finite. Such solutions are of the form

$$J_0(\lambda \varrho)\, e^{\pm\sqrt{\lambda^2 - k^2}\, z}, \tag{61.2}$$

J_0 being the Bessel function of order zero; the parameter λ may assume any complex value, whereas the square root will generally be defined with a positive real part. The primary field (61.1) proves to be representable by the following integral in terms of these solutions:

$$\frac{I_0\, l}{c}\, \frac{e^{i k_0 TP}}{TP} = \frac{I_0\, l}{c} \int\limits_0^\infty \frac{\lambda}{\sqrt{\lambda^2 - k_0^2}}\, J_0(\lambda \varrho)\, e^{-\sqrt{\lambda^2 - k_0^2}\,|z_T - z_P|}\, d\lambda, \tag{61.3}$$

provided the integration path from 0 to ∞ passes below the branch point (at $\lambda = k_0$) of the integrand; ϱ here marks the distance between the projections T' and P' of T and P on the earth.

The requirement that the secondary field in the upper half space $z > 0$, and the total field inside the earth ($z < 0$) should satisfy the corresponding differential equations (60.2), while vanishing at $z = \infty$ and $z = -\infty$ respectively, leads to the following analogous representations for the amplitudes of the other above mentioned Hertzian vectors:

$$\left.\begin{aligned}
\Pi_{e,\,\mathrm{sec}} &= \frac{I_0\, l}{c} \int\limits_0^\infty f(\lambda)\, J_0(\lambda \varrho)\, e^{-\sqrt{\lambda^2 - k_0^2}\, z}\, d\lambda \qquad (z > 0), \\
\Pi'_e &= \frac{I_0\, l}{c} \int\limits_0^\infty g(\lambda)\, J_0(\lambda \varrho)\, e^{\sqrt{\lambda^2 - k_1^2}\, z}\, d\lambda \qquad (z < 0).
\end{aligned}\right\} \tag{61.4}$$

The further analysis concerns the determination of the two unknown weighting functions f and g from the boundary conditions (60.3) at $z = 0$. The vertical orientation of the Hertzian vectors $(\Pi_\| = 0)$ reduces these conditions to the relations (assuming $\mu = 1$ throughout):

$$\left.\begin{aligned}
\frac{\partial}{\partial z}\,(\Pi_{e,\,\mathrm{prim}} + \Pi_{e,\,\mathrm{sec}}) &= \frac{\partial}{\partial z}\, \Pi'_e, \\
k_0^2(\Pi_{e,\,\mathrm{prim}} + \Pi_{e,\,\mathrm{sec}}) &= k_1^2 \Pi'_e
\end{aligned}\right\} \quad (z = 0). \tag{61.5}$$

A substitution of the integrals (61.3) and (61.4) shows that these relations can be satisfied, after omitting the integration signs, for each value of λ individually if f ang g are determined from the two algebraic relations then resulting. The substitution of $f(\lambda)$, thus evaluated, into (61.4) yields the following expression for the total Hertzian vector in $z > 0$ [after an addition of the integral (61.3)

---

[1] A. Sommerfeld: Ann. Physik **28**, 665 (1909); **81**, 1135 (1926).

for the primary field]:

$$\Pi_{e,\perp} = \frac{I_0\,l}{c} \int\limits_0^\infty \frac{\lambda J_0(\lambda\varrho)}{\sqrt{\lambda^2 - k_0^2}} \{e^{-\sqrt{\lambda^2 - k_0^2}\,|z-h|} + R_e(\lambda)\,e^{-\sqrt{\lambda^2 - k_0^2}(z+h)}\}\,d\lambda; \qquad (61.6)$$

the factor $R_e(\lambda)$ introduced here is defined by:

$$R_e(\lambda) = \frac{k_1^2\sqrt{\lambda^2 - k_0^2} - k_0^2\sqrt{\lambda^2 - k_1^2}}{k_1^2\sqrt{\lambda^2 - k_0^2} + k_0^2\sqrt{\lambda^2 - k_1^2}}. \qquad (61.7)$$

The dependence of the Hertzian vector and of the resulting field on the moment $I_0\,l$ is much simpler than that on the radiated power, since the connection between either quantities is affected by the partial absorption of energy in the earth. This absorption has been investigated by NIESSEN[1]. Numerical and physical consequences of the rigorous expression (61.6) will be discussed in the next three chapters.

62. Physical interpretations of the field of a vertical electric dipole. A simple interpretation of the representation (61.6) for the vertical-dipole field in cylindrical waves can be obtained by applying the identity

$$J_0(\lambda\varrho) = \frac{1}{2\pi} \int\limits_0^{2\pi} e^{i\lambda(x\cos\varphi' + y\sin\varphi')}\,d\varphi', \quad (62.1)$$

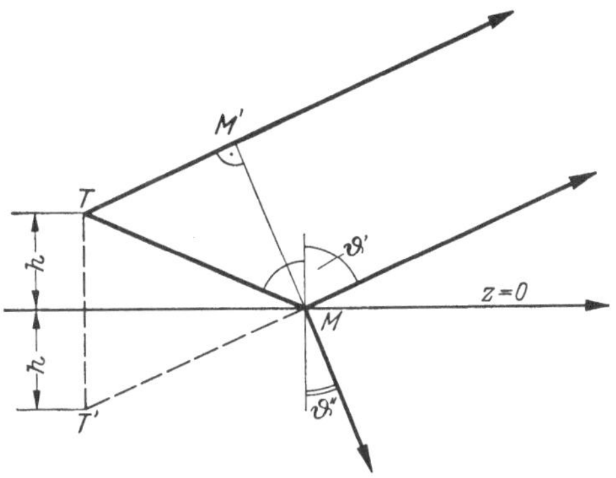

Fig. 44. Reflection of a single plane wave by the surface of the earth.

while substituting $\lambda = k_0 \sin\vartheta'$; x and y are rectangular coordinates for which $x^2 + y^2 = \varrho^2$. The resulting expression reads for $z > h$

$$\left.\begin{array}{l} \Pi_{e,\perp} = \frac{i k_0}{2\pi} \frac{I_0\,l}{c} \int\limits_0^{2\pi} d\varphi' \int\limits_0^{\pi/2 + i\infty} d\vartheta'\,\sin\vartheta'\,e^{-i k_0 h\cos\vartheta'} \times \\[2mm] \times \{1 + R_e(k_0\sin\vartheta')\,e^{2 i k_0 h\cos\vartheta'}\}\,e^{i k_0(x\sin\vartheta'\cos\varphi' + y\sin\vartheta'\sin\varphi' + z\cos\vartheta')}, \end{array}\right\} \qquad (62.2)$$

which is easily recognized as a superposition of plane waves propagating in directions fixed by the angles ϑ' and φ'. The contribution from the first term between the braces concerns the splitting of the primary field into such waves (in directions represented schematically by TM' in Fig. 44). The contribution from the second term between the braces represents the waves produced by reflections of the primary waves against the earth's surface. The directions of these reflected waves are shown in Fig. 44 by the lines $T'M$ through the image T' of T. This interpretation of primary and reflected plane waves is confirmed by the occurrence of:

(a) the phase factor $\exp(2 i k_0 h\cos\vartheta')$ which accounts for the path difference $TM - TM' = 2h\cos\vartheta'$ of a corresponding primary and reflected wave;

(b) the ratio R_e of their amplitudes which proves to be identical with the Fresnel reflection coefficient

$$R_e = \frac{\tan(\vartheta' - \vartheta'')}{\tan(\vartheta' + \vartheta'')} \qquad (62.3)$$

[1] K. F. NIESSEN: Ann. Physik **22**, 162 (1935).

for plane waves with the electric field in the plane of incidence; ϑ'' ,the (always complex) angle of the refracted ray with the vertical normal, is determined by Snell's law $k_0 \sin \vartheta' = k_1 \sin \vartheta''$ (see Fig. 44 in which the wave number k_1 and the direction of the refracted ray are supposed to be real-valued). Obviously R_e also constitutes the reflection coefficient for the cylindrical waves (61.2) as occurring in (61.6).

The above interpretation given by Weyl[1] comprises primary plane waves with real directions for which $0 < \vartheta' < \pi/2$, as well as primary plane waves with complex directions for which ϑ' is situated between $\pi/2$ and $\pi/2 + i\infty$. The latter correspond to imaginary values of $\cos \vartheta'$ and therefore are exponentially attenuated in the z direction; they consitute an example of the evanescent waves discussed in Sect. 29.

Another transformation of the integral (61.6) by van der Pol[2] led to a volume integral over the half space $z < -h$. It shows how the single image source of the vertical dipole in the case of a perfectly conducting earth (see Sect. 58), has to be extended to a continuous source distribution in the case of a finite conductivity.

63. Approximations of the field of a vertical electric dipole.

We return to the rigorous expression (61.6) for the Hertzian vector of a vertical electric dipole in the half-space above the earth. We split R_e into $1 + (R_e - 1)$. The contribution from the unit term can then be evaluated, just as the first contribution of (61.6), with the aid of the identity expressed by (61.3); however, the source point $T(0, 0, h)$ has to be replaced here by its image $T'(0, 0, -h)$. The first two terms of the resulting formula, viz.

$$\Pi_{e,\perp} = \frac{I_0 l}{c} \left\{ \frac{e^{ik_0 TP}}{TP} + \frac{e^{ik_0 T'P}}{T'P} - 2k_0^2 \int_0^\infty \frac{\lambda J_0(\lambda\varrho)}{\sqrt{\lambda^2 - k_0^2}} \frac{\sqrt{\lambda^2 - k_1^2}\, e^{-\sqrt{\lambda^2 - k_0^2}\,(z+h)}}{(k_1^2\sqrt{\lambda^2 - k_0^2} + k_0^2\sqrt{\lambda^2 - k_1^2})}\, d\lambda \right\}, \quad (63.1)$$

represent the solution for infinite conductivity.

The conventional approximation of the remaining integral is based on the property that its main contribution originates from the vicinity of $\lambda = k_0$, that is, from the nearly grazing incident waves ($\vartheta' \sim \pi/2$) of the plane-wave spectrum discussed in the previous section. Following Sommerfeld, $\sqrt{\lambda^2 - k_1^2}$ is therefore approximated by $\sqrt{k_0^2 - k_1^2}$, a say. The resulting approximation $I(z)$ for the integral of (63.1) proves to satisfy the differential equation

$$\frac{dI}{dz} + aI = -\frac{a}{k_1^2} \frac{e^{ik_0 T'P}}{T'P}, \quad (63.2)$$

as may be verified once again with the aid of (61.3) for T replaced by T'. In most cases of practical interest we have $h \ll \varrho$ and $z \ll \varrho$. The solution of (63.2) can then be simplified significantly by neglecting third-order terms of h/ϱ and z/ϱ in the exponential factors, and second-order terms of these quantities in the non-exponential factors. This procedure leads to the final approximation

$$\Pi_{e,\perp} \sim \frac{I_0 l}{c} \left\{ \frac{e^{ik_0 TP}}{TP} + \frac{e^{ik_0 T'P}}{T'P} \left(1 + 4\sqrt{\varrho_s}\, e^{-w^2} \int_w^{i\infty} e^{u^2}\, du \right) \right\} \quad (63.3)$$

[1] H. Weyl: Ann. Physik **60**, 481 (1919).
[2] B. van der Pol: Physica (The Hague) **2**, 843 (1935).

with the dimensionless parameters:

$$\varrho_s = \frac{k_0^3(k_0^2 - k_1^2)}{2 i k_1^4}\, \varrho; \quad w = \sqrt{\varrho_s} + \sqrt{\frac{i k_0}{2 \varrho}}\,(z + h).$$ (63.4)

The important approximation (63.3) has also been derived by WEYL from his expression (62.2) by applying a saddlepoint-approximation. A partial integration in (63.3) leads to the alternative form

$$\Pi_{e,\perp} \sim \frac{I_0 l}{c}\left\{\frac{e^{i k_0 T P}}{T P} + \frac{e^{i k_0 T' P}}{T' P}\left(1 - \frac{2\sqrt{\varrho_s}}{w}\right) + 2\,\frac{e^{i k_0 T' P}}{T' P}\sqrt{\varrho_s}\, e^{-w^2}\int_w^{i\infty}\frac{e^{u^2}}{u^2}\,d u\right\},$$ (63.5)

which has a physical interest. In fact, its first term represents the primary field; the second term is the reflected field originating at the image source T', with an amplitude $1 - 2\sqrt{\varrho_s}/w$ which proves to be nothing else but the reflection coefficient R_e (in the approximation under consideration) for the direction of the reflected ray linking T and P; the third term has the character of a diffraction contribution.

The parameter ϱ_s, which is proportional to the distance ϱ between the projections on the earth's surface of the transmitter at T and the receiver at P, is known as the *numerical distance*; it is only real for very long waves ($k_1^2 \gg k_0^2$ then being imaginary). For transmitter and receiver both on the ground ($h = z = 0$) we have $T' \equiv T$, $w = \sqrt{\varrho_s}$; in this case the Hertzian vector becomes a function of ϱ_s only (apart from the primary-field factor) which can be represented by

$$\Pi_{e,\perp} \sim 2\,\frac{I_0 l}{c}\,\frac{e^{i k_0 \varrho}}{\varrho}\, y(\varrho_s) = 2\Pi_{e,\,\mathrm{prim}}\, y(\varrho_s),$$ (63.6)

in which

$$y(\varrho_s) = 1 + 2\sqrt{\varrho_s}\, e^{-\varrho_s}\int_{\sqrt{\varrho_s}}^{i\infty} e^{u^2}\,d u.$$ (63.7)

For numerical distances large compared to unity the following asymptotic expansion, obtained from (63.7) by successive partial integrations, is very convenient for numerical purposes:

$$y(\varrho_s) \sim -\frac{1}{2\varrho_s} - \frac{1\cdot 3}{4\varrho_s^2} - \frac{1\cdot 3\cdot 5}{8\varrho_s^3} - \cdots \quad (\varrho_s \gg 1).$$ (63.8)

These expressions are the basis for corresponding approximations of the field components. In view of the vertical direction of Π_e, (59.3) yields for the dominating component of the electric field:

$$e_z = \frac{i}{k_0}\left(\frac{\partial^2}{\partial z^2} + k_0^2\right)\Pi_{e,\perp},$$ (63.9)

the operator $\partial^2/\partial z^2 + k_0^2$ of which amounts to a multiplication of the integrand by λ^2 when applied to (61.6). The factor λ^2 may be replaced by k_0^2 for the used approximations; hence e_z is obtained from (63.6) (for $z = h = 0$) after a multiplication by $i k_0$. The dominating term of (63.8) then involves a decrease of e_z proportional to ϱ^{-2} that is given explicitly by:

$$e_z \approx -\frac{i k_0}{\varrho_s}\,\frac{e^{i k_0 \varrho}}{\varrho} = \frac{2 k_1^4}{k_0^2(k_0^2 - k_1^2)}\,\frac{e^{i k_0 \varrho}}{\varrho^2}.$$ (63.10)

The investigation of the field above the earth ($z \neq 0$) can be reduced to that on the earth with the aid of a Green formula such as considered by NIESSEN[1].

---

[1] K. F. NIESSEN: Ann. Physik **18**, 893 (1933).

Apart from the dependence of field strengths on the modulus of Π, the distribution of the corresponding phase $k_0\varrho + \arg y(\varrho)$ fixes the propagation directions as observed in direction-finding equipments. The frequency dependence of the associated local phase velocity

$$v_{\mathrm{ph}} = \frac{c}{1 + (1/k_0)\, \partial \arg y/\partial \varrho}$$

is measured directly for two frequencies having a rational ratio when applying the *dispersion radio-interferometer* described by ALPERT, MIGULIN and RIASIN.[1] Both theory and experiments indicate an approach of v_{ph} to the free-space value c at increasing distances.

The approximative theory of this section also determines the wave form of a disturbance due to a thunderstorm. The idealized impulsive discharge $Q(t) = Q_0 U(-t)$ (see Sect. 58; $U = $ HEAVISIDE's unit function) corresponds to a current moment

$$I_0 l = -h\, Q_0\, \delta(t) = -\frac{h\, Q_0}{2\pi} \int\limits_{-\infty}^{\infty} e^{-i\omega t}\, d\omega. \tag{63.11}$$

Its response is therefore obtained from the time-harmonic solution by an integration over $k_0 = \omega/c$. The result reads as follows in the case of negligible displacement current (real numerical distance):

$$e_z \sim \frac{8\pi\sigma}{c} \frac{h\, Q_0}{\varrho^2} \left\{ 1 - \frac{4\pi c \sigma}{\varrho}\left(t - \frac{\varrho}{c}\right)^2 \right\} e^{-(2\pi c \sigma/\varrho)(t - \varrho/c)^2} U\left(t - \frac{\varrho}{c}\right). \tag{63.12}$$

The duration of the order of $\sqrt{\varrho/(c\sigma)}$ time units shows the broadening affected by the finiteness of the earth's conductivity σ and by the increase of the distance ϱ. However, (63.12) is only applicable for $t - \varrho/c$ exceeding about 0.1 μsec, insofar as $\varrho < 50$ km. As shown by WAIT[2], the effects of the displacement current, of the earth's curvature, and of the induction and static terms [as occurring in (58.3)] are to be accounted for immediately after the arrival, at $t = \varrho/c$, of the first disturbance.

64. Surface wave, Zenneck wave, and pulse solution for a vertical dipole. Polarization properties. Examples of waves concentrated near the boundary of two adjacent media are seismic waves travelling along a surface of discontinuity inside the earth, and the residual wave in the less dense medium near a boundary producing total reflection of optical waves. Similarly, a *part* of the vertical-dipole field can be considered as such a surface wave which, in this case, is concentrated near the earth's surface; however, its occurrence is not numerically significant and ample discussions have been made as to its reality at all[3].

The conventional derivation of this surface wave starts from a transformation of the integration path L_1 of (61.6) (passing from $\lambda = 0$, along the bottom of k_0, to ∞) into the contour L_2 shown in Fig. 45; the upper part of L_2 consists of the upper half of the circle at infinity in the λ-plane. The correctness of this transformation requires the replacement of $J_0(\lambda\varrho)$ by $\frac{1}{2}H_0^{(1)}(\lambda\varrho)$ ($H_0 = $ Hankel function of the first kind); the contribution along the half circle at infinity could be added in view of the vanishing value there of the Hankel function. The multivalued square roots $\sqrt{\lambda^2 - k_0^2}$ and $\sqrt{\lambda^2 - k_1^2}$, occurring explicitly, as well as

[1] J. L. ALPERT, V. V. MIGULIN, P. A. RIASIN: C. R. Acad. URSS. **18**, 635 (1938). — J. of Physics (Moscwo) **1**, 381 (1939); **4**, 13 (1941).

[2] J. R. WAIT: Canad. J. Phys. **34**, 27 (1956).

[3] See, e.g., A. SOMMERFELD: Ann. Physik **62**, 95 (1920). — K. A. NORTON: Proc. Inst. Radio Engrs. **25**, 1192 (1937). — H. OTT: Z. Naturforsch. **8**a, 100 (1953).

implicity in R_e, are made unique by the introduction of the two cross-cuts C_0 and C_1 from both $\lambda = k_0$ and $\lambda = k_1$ to $\lambda = i\,\infty$. The contour integration along L_2 can next be contracted to two integrals with integration paths surrounding C_1 and C_2, and a third integral surrounding the only remaining singularity of the integrand, namely the pole of $R_e(\lambda)$ at $\lambda = h$; h is defined here by $1/h^2 = 1/k_0^2 + 1/k_1^2$.

The first of these integrals represents a so-called *space wave* characterized by a main contribution (following from an expansion of the non-exponential part of the integrand with respect to $\sqrt{\lambda^2 - k_0^2}$) the phase of which only depends on the wave number k_0 of the upper space. The corresponding approximation of the second integral vanishes, but its contribution is connected with a space wave in the lower medium. The third integral, however, first of all depends on the parameter h which is characteristic for *both* media. This latter integral reduces for $z > 0$ to a residue which is in proportion to

$$H_0^{(1)}(h\,\varrho)\,e^{i\,h(k_0/k_1)\,z}\,. \qquad (64.1)$$

The surface-wave character of this function appears from the exponential decrease with z of the modulus of its second factor. Across the separating boundary $z = 0$ (64.1) satisfies the two-dimensional wave equation

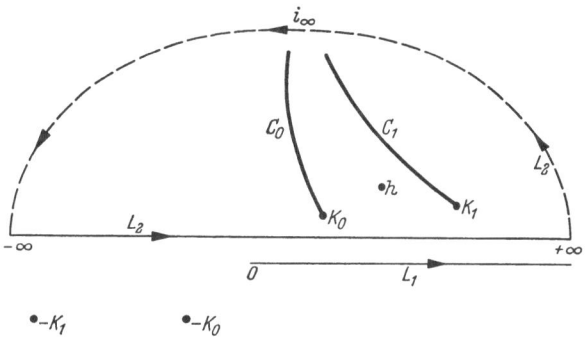

Fig. 45. Illustrating the derivation of Sommerfeld's surface wave.

$$\left(\frac{\partial^2}{\partial x^2} + \frac{\partial^2}{\partial y^2} + h^2\right) f(x, y) = 0\,. \qquad (64.2)$$

At great horizontal distances ϱ the first factor of (64.1) decreases in proportion to $\exp(-\varrho \operatorname{Im} h)/\sqrt{\varrho}$ which is much faster than according to the first term of (63.8). Therefore, the surface wave can dominate at best at short distances from the transmitter. The absence of any contribution of surface-wave character at great distances has been proved by Berghuis[1] with the aid of the theory of asymptotic residua.

For large ϱ the complete expression (64.1) becomes asymptotically proportional to

$$e^{i\,h\{\varrho + (k_0/k_1)z\}}\,,$$

which is also (for ϱ replaced by x) the phase factor of plane waves arriving in a generally complex direction making an angle $\vartheta_B' = \arctan(k_1/k_0)$ with the vertical. Such plane waves are refracted without any reflection at all; the zero value of their reflection coefficient R_e is connected with the other value $R_e = \infty$ assumed by the double-valued function $R_e(\lambda)$ at $\lambda = h$; this is in accordance with the product equal to unity of the two values of $R_e(\lambda)$ for any λ. The plane waves in question are called *Zenneck waves*, since Zenneck[2] has investigated their complete electromagnetic field. The above angle ϑ_B' is called Brewster angle if its value is real; for complex k_1 there only exists a so-called *pseudo Brewster angle* which fixes the real direction for which the modulus of the reflection coefficient passes through a minimum instead of becoming zero.

[1] J. Berghuis: Thesis, Delft 1955, Chap. 5.
[2] J. Zenneck: Ann. Physik **23**, 846 (1907).

The simple properties of the Zenneck wave have a theoretical interest, for instance for the interpretation of the integral term in (63.1); this term represents the deviation from the solution for infinite conductivity. It has been shown by Booker[1] (though for a line source instead of the actual point source) that the field of this term is identical with that of the radiation from a half plane below and perpendicular to the earth's surface, if this half plane is illuminated by the above plane Zenneck wave.

The dominating role in actual propagation in general not arises from the plane waves approaching the Zenneck wave, but from those of nearly grazing incidence ($\lambda \sim k_0$). This is also in accordance with the expression

$$\frac{e_\varrho}{e_z} \sim \frac{k_0}{k_1^2} \sqrt{k_1^2 - k_0^2} = A, \quad \text{say}, \tag{64.3}$$

which follows [applying (59.3) to (63.5)] from the approximate theory of the preceding section for the ratio of the horizontal and vertical components of the electric field just above the earth. The corresponding ratio just inside the earth (obtained, in view of the boundary conditions, after multiplication by k_1^2/k_0^2) is exact for the plane wave resulting by refraction at grazing incidence.

Formula (64.3) is a measure for the tilt of the field that is due to the finite conductivity of the earth. The limiting value $e_\varrho/e_z \sim k_0/k_1$ for very long waves, or also for large conductivity, indicates a complex direction of the field vector that corresponds to the propagation direction of the Zenneck wave (being perpendicular to the latter). It may therefore be stated that, as far as this limiting case is concerned, the direction of the field is about the same as that for the Zenneck wave and the related surface wave. In any case, the complex value of A in (64.3) implies an elliptical polarization of the electric field. The corresponding half axes a and b of the polarization ellipse, and the inclination α of the great axis with respect to the vertical, follow from the relations:

$$\frac{2\,\mathrm{Re}\,A}{1 - |A|^2} = \tan(2\alpha); \qquad \frac{1 + |A|^2}{\mathrm{Im}\,A} = \frac{a}{b} + \frac{b}{a}.$$

Therefore, the complex constant A, and a fortiori the refractive index k_1/k_0 as well as the electrical constants ε and σ of the earth [compare (60.1)], can be derived from measurements of a/b and α. Such measurements, as performed by Grosskopf[2], lead to effective values of ε and σ which may also account for the effect of horizontal stratifications inside a non homogeneous earth.

Another conception of the surface wave was developed by van der Pol who transformed[3] (61.6), using the identity

$$\frac{1}{k_0^6 \sqrt{\lambda^2 - k_1^2} + k_1^2 \sqrt{\lambda^2 - k_0^2}} = \frac{k_0 k_1}{(k_0^4 - k_1^4)} \int\limits_{k=k_0}^{k=k_1} \frac{d\left\{\left(\frac{k^2}{h^2} - 1\right)^{-\frac{1}{2}}\right\}}{\sqrt{\lambda^2 - k^2}},$$

for $z = h = 0$ into the expression:

$$\frac{2 I_0 l k_1^4}{c (k_1^4 - k_0^4)} \left\{ \frac{e^{i k_0 \varrho}}{\varrho} - \frac{k_0^2}{k_1^2} \frac{e^{i k_1 \varrho}}{\varrho} + i \frac{k_0 h}{k_1} \int\limits_{k_0}^{k_1} \frac{e^{i k \varrho}}{\sqrt{k^2 - h^2}} \, dk \right\}. \tag{64.4}$$

[1] H. G. Booker: J. Inst. Electr. Engrs. 97 (III) 18 (1950).
[2] J. Grosskopf: Fernmeldetechn. Z. 2, 211 (1949).
[3] B. van der Pol: Z. Hochfrequenztechn. 37, 152 (1931).

The form between braces can be interpreted as a summation over contributions with various wave numbers k. The different character of the three terms of (64.4) is very striking in the associated pulse solution $\Pi_{\mathcal{F}}$ (that is the solution for a dipole moment jumping at $t=0$ from zero to the stationary value $I_0 l$) also discussed by van der Pol[1]. This solution reads in the corresponding order of contributions, provided $k_1/k_0 = \sqrt{\varepsilon}$ is independent of the frequency (as applies to the behaviour of the earth as a pure dielectric in the limiting case of very short waves):

$$\Pi_{\mathcal{F}} = \frac{2 I_0 l}{c} \frac{k_1^4}{(k_1^4 - k_0^4)} \left\{ \frac{U\left(t - \frac{\varrho}{c}\right)}{\varrho} - \frac{k_0^2}{k_1^2} \frac{U\left(t - \frac{k_1 \varrho}{k_0 c}\right)}{\varrho} - \frac{h}{k_1 c} \frac{U\left(t - \frac{\varrho}{c}\right) - U\left(t - \frac{k_1 \varrho}{k_0 c}\right)}{\sqrt{t^2 - h^2 \varrho^2/(k_0^2 c^2)}} \right\}.$$

$U(x)$ here represents Heaviside's unit function (zero for $x < 0$, unity for $x > 0$). The first and second term are first excited at the times at which the disturbance from $\varrho = t = 0$ can reach the point under consideration in accordance with the phase velocities c and $(k_0/k_1) c$ of the media above and below the earth's surface respectively. The third term only exists between the times of arrival of the two former contributions; if has the character of a surface wave, since it satisfies across $z = 0$ the two-dimensional wave equation

$$\left(\frac{\partial^2}{\partial x^2} + \frac{\partial^2}{\partial y^2} - \frac{1}{c^2} \frac{h^2}{k_0^2} \frac{\partial^2}{\partial t^2} \right) \Pi = 0.$$

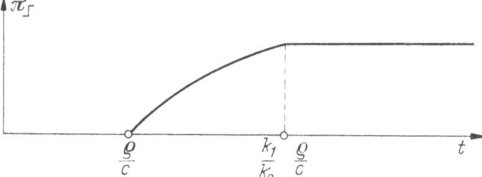

Fig. 46. The pulse solution connected with a short vertical dipole.

This equation constitutes an extension of (64.2) which only referred to monochromatic waves. However, in this case of real-valued k_0 and k_1, the surface wave in the usual terminology, viz. (64.1), loses its significance as a wave concentrated near the earth's surface. In spite of its discontinuous constituents, the final pulse solution $\Pi_{\mathcal{F}}$ proves to be a continuous function of t (see Fig. 46).

65. The vertical magnetic dipole above a plane earth. The investigation of such a dipole (defined in Sect. 27) is important because of its close connection with a horizontal current element (see next section). The field of this dipole can be described, according to (59.4), in terms of a Fitzgerald vector $\boldsymbol{\Pi}_m$ which is everywhere vertical just as the corresponding Hertzian vector for a vertical electric dipole. The problem thus reduces to the determination of the amplitude $\Pi_{m, \perp}$ of this Fitzgerald vector. For the rest the analysis of Sect. 61 can be repeated in full length apart from two modifications:

(a) the moment $I_0 l$ has to be replaced by $i k_0 I_0' O'$ since the primary fields of an electric dipole of moment $i k_0 I_0' O'$, and of a current loop I_0' around a small area O' can be derived from amplitude functions $\Pi_{e, \text{prim}}$ and $\Pi_{m, \text{prim}}$ of equal magnitude (see Sect. 27);

(b) the former boundary conditions (61.5) of continuity at $z = 0$ of $\partial \Pi_{e, \perp}/\partial z$ and $k^2 \Pi_{e, \perp}$ are to be replaced by those of continuity of $\partial \Pi_{m, \perp}/\partial z$ and $\Pi_{m, \perp}$; this follows from the general boundary conditions for fields depending on (59.4), instead of on (59.3) as assumed in (60.3).

The indicated modifications lead to a final formula which only differs from (61.6) insofar as $R_e(\lambda)$ has to be replaced by

$$R_m(\lambda) = \frac{\sqrt{\lambda^2 - k_0^2} - \sqrt{\lambda^2 - k_1^2}}{\sqrt{\lambda^2 - k_0^2} + \sqrt{\lambda^2 - k_1^2}}. \tag{65.1}$$

---

[1] B. van der Pol: Trans. Inst. Radio Engrs, P.G.A.P. **4**, 288 (1956).

This quantity can also be written as

$$R_m = \frac{\sin(\vartheta'' - \vartheta')}{\sin(\vartheta'' + \vartheta')} \,, \tag{65.2}$$

which constitutes, in contrast to the analogous expression (62.3), the Fresnel reflection coefficient for plane waves with the magnetic field in the plane of incidence. The different numerical behaviour of the vertical electric and vertical magnetic dipole is first of all connected with that of the two reflection coefficients; the latter only have an identical value, namely -1, for grazing incidence ($\vartheta' = \pi/2$). The diverging dependence of either reflection coefficient on angles

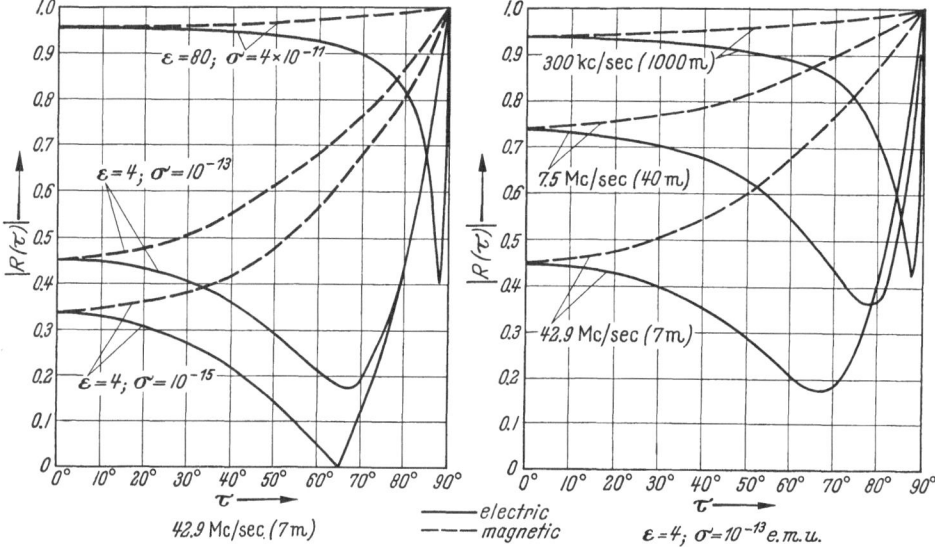

Fig. 47. Examples of the dependence of Fresnel's reflection coefficients on the angle of incidence.

of incidence ϑ' which are real, is particularly clear from the absence of a minimum of $|R_m|$; such a minimum always exists for $|R_e|$ at the pseudo Brewster angle (see the preceding section). The different dependence of $|R_e|$ and $|R_m|$ on the soil conditions (for a given frequency), and on the frequency (for given soil conditions) is illustrated for some special examples by the diagrams of Fig. 47.

It is striking that the rigorous expression for $\Pi_{m,\perp}$ in the case of a transmitting dipole and a receiving point on the ground ($z = h = 0$), viz.

$$(\Pi_{m,\perp})_{z=h=0} = \frac{2 i k_0 I_0' O'}{c} \int\limits_0^\infty \frac{\lambda J_0(\lambda \varrho)}{\sqrt{\lambda^2 - k_0^2} + \sqrt{\lambda^2 - k_1^2}} \, d\lambda,$$

can be reduced, as shown by van der Pol[1], to the following elementary function:

$$(\Pi_{m,\perp})_{z=h=0} = \frac{2 k_0 I_0' O'}{c (k_0^2 - k_1^2) \varrho^2} \left\{ \left(k_0 + \frac{i}{\varrho}\right) e^{i k_0 \varrho} - \left(k_1 + \frac{i}{\varrho}\right) e^{i k_1 \varrho} \right\}.$$

As in the case of the electric dipole, $\Pi_{m,\perp}$ and the corresponding field decrease in proportion to ϱ^{-2} at great distances. In contrast to the similar expression (64.4) for the electric dipole, only the wave numbers k_0 and k_1 here occur. This different behaviour is connected with the absence of a surface wave in the field of a magnetic dipole.

---

[1] B. van der Pol: Z. Hochfrequenztechn. **37**, 152 (1931).

66. A horizontal electric dipole above the earth; the wave antenna. A special feature of a horizontal current element is the strong counteraction by the current induced by it in the earth; the distant field is therefore reduced considerably. This counteraction decreases for decreasing conductivity of the earth and thus explains the effectiveness above poor conducting soil of a so-called *wave antenna*. Such an antenna, which is particularly used for long-wave reception, was described originally by BEVERAGE[1], and has been considered recently, a.o., by WAIT[2]. It consists of a horizontal wire grounded at each end by its characteristic impedance which may serve at one end as a receiving load. The currents induced in such an antenna by the horizontal field component [which even exists, in the case of finite conductivity, for fields originating from a vertical dipole; compare (64.3)] of a wave propagating over the earth, will cooperate best in phase according as the phase velocity of the wave along the wire (equalling c multiplied by the secans of the angle between the wire and the direction of arrival) differs less from that of the characteristic velocity of propagation through the wire. The directivity of the wave antenna has thus been explained when used as a receiver.

The conventional theory, as introduced by HÖRSCHELMANN[3], for an infinitesimal horizontal current element (or horizontal electric dipole) placed at T $(0, 0, h)$, in the x direction, at a height h above the earth, starts from the Hertzian vector for its primary field. This vector now is in the x direction instead of the z direction, its amplitude being given once again by (61.1). It appears that the boundary conditions (60.2) at the earth's surface $z = 0$ can only be satisfied if the Hertzian vectors $\boldsymbol{\Pi}_{e, \text{sec}}$ for the secondary field in $z > 0$, and $\boldsymbol{\Pi}'_e$ for the total field in $z < 0$ do have an x component as well as a z component. The amplitudes of the two x components can be represented with the aid of weighting functions as in (61.4). However, the azimutal asymmetry due to the orientation of the transmitting element in the x direction involves that the amplitudes of the two Hertzian vectorcomponents in the z direction are to be composed of non-rotationally symmetric cylindrical functions of the type

$$J_1(\lambda \varrho) \, e^{\pm \sqrt{\lambda^2 - k^2}\, z} \cos \varphi \, ;$$

the occurrence of these functions requires two further weighting functions. The four independent relations resulting from the continuity at $z = 0$ of the four quantities (60.2) enable the determination of all the four unknown weighting functions introduced here. The final field follows thereafter from an application of (59.3).

The amplitude Π_x of the x component of the total Hertzian vector (determining the sum of primary and secondary field in $z > 0$) proves to be equal to the function $\Pi_{m, \perp}$ that is obtained from (61.6) by substituting $R_m(\lambda)$ for $R_e(\lambda)$. This result indicates that the part of the field depending on this component can be ascribed to a vertical magnetic dipole normalized such as to produce the same distant field in free space as the actual current element. The amplitude of the z component of the Hertzian vector is much more complicated, but it can be connected, by means of differential relations, with the above function $\Pi_{m, \perp}$, together with the electric-dipole function $\Pi_{e, \perp}$ of (61.6).

The final field resulting from the total Hertzian vector proves to be about maximum along the y axis (at least near the earth); the x component of the field is dominating there. Fortunately this component is simplest analytically; it can be put in the following form in spherical coordinates ($x = \varrho \cos \varphi$, $y = \varrho \sin \varphi$)

[1] H. H. BEVERAGE et al.: J. Amer. Inst. Electr. Eng. **42**, 258 (1923).

[2] J. R. WAIT: Canad. J. Techn. **32**, 1 (1954).

[3] H. VON HÖRSCHELMANN: Jb. drahtl. Telegr. u. Teleph. **5**, 14, 188 (1912).

provided the transmitter and receiver are on the ground:

$$(e_x)_{z=h=0} = i k_0 \left\{ \Pi_{m,\perp} + \frac{1}{k_1^2} \left(\frac{\sin^2 \varphi}{\varrho} \frac{\partial}{\partial \varrho} + \cos^2 \varphi \frac{\partial^2}{\partial \varrho^2} \right) \Pi_{e,\perp} \right\}.$$

The further special value along the y axis $(\varphi = \pi/2)$, viz.

$$\{e_x(0, y, 0)\}_{h=0} = i k_0 \left(\Pi_{m,\perp} + \frac{1}{k_1^2 \varrho} \frac{\partial}{\partial \varrho} \Pi_{e,\perp} \right), \tag{66.1}$$

shows how the dominating field component there is connected first of all with a contribution from the above mentioned vertical magnetic dipole; the second term of (66.1) often represents a small correction only.

67. An arbitrary current system above the earth. Such a system can be described in its most general form by a distribution of currents with a vector density $j(\xi, \eta, \zeta)$. The currents inside some volume element $d\tau$ are equivalent with an electric dipole of moment $j(\xi, \eta, \zeta) d\tau$ in the direction of j. This moment is the vectorial sum of a corresponding vertical and horizontal moment, the fields of which can be obtained from the theories of Sects. 61 and 66. The total field of the complete current distribution could be obtained thereafter by an integration over ξ, η, ζ. This procedure is essentially equivalent with the introduction of Hertzian vectors with all their rectangular components different from zero. An alternative method starts from the single scalar quantity Ψ of Sect. 10; the asymmetrical role of the z direction in the definition of ψ can be connected with the physically exceptional role of the vertical direction in the problem under consideration. The analysis of the resulting method is outlined briefly in what follows.

The evaluation of (10.2) for a single current element (length l) with components I_x and I_z, situated in the xz plane at the point $(0, 0, h)$, leads to the following ψ function for the undisturbed primary field of this element:

$$\psi_{\text{prim}} = \frac{l}{ic\omega} e^{ik_0 R} \left[-j \frac{I_z}{R} + \frac{I_x}{(x^2 + y^2)} \left\{ y + j \frac{x(z-h)}{R} \right\} \right];$$

in this $R = \{x^2 + y^2 + (z-h)^2\}^{\frac{1}{2}}$. The last expression can be represented as follows in terms of downcoming cylindrical functions [compare the analogous integral (61.3)], at least in the space below the level $z = h$ of the source:

$$\psi_{\text{prim}} = \frac{il}{c\omega} \int\limits_0^\infty \frac{\left\{ I_x \left(i k_0 \frac{\partial}{\partial y} + j \frac{\partial^2}{\partial x \partial z} \right) + j I_z \lambda^2 \right\} J_0(\lambda \varrho) e^{\sqrt{\lambda^2 - k_0^2}(z-h)}}{\lambda \sqrt{\lambda^2 - k_0^2}} d\lambda.$$

The contributions with and without j represent the electrical and magnetic parts associated with a Hertzian vector Π_e and a Fitzgerald vector Π_m respectively [see (10.3)]. It is therefore understandable that the ψ function ψ_{sec} for the secondary field is obtained by replacing z by $-z$ (meaning that the downcoming cylindrical wave is replaced by a reflected rising cylindrical wave), while inserting as an additional factor the electrical reflection coefficient $R_e(\lambda)$ for the former contribution (with j), and the magnetic reflection coefficient $R_m(\lambda)$ for the latter contribution (without j). The field then derived with the aid of (10.1) from $\psi_{\text{prim}} + \psi_{\text{sec}}$ satisfies, together with the corresponding field inside the earth, the necessary boundary conditions at $z = 0$; it therefore constitutes the actual field of the single dipole in the presence of the plane homogeneous earth.

The transition to a continuous current distribution can now be performed by integrating, as indicated at the beginning, over all dipole sources Q corresponding to the individual current-carrying volume elements $d\tau_Q = d\xi_Q\, d\eta_Q\, d\zeta_Q$ at points ξ, η, ζ; the former arguments $x, y, z-h$ are then to be replaced by $x-\xi,\ y-\eta,\ z-\zeta$. Moreover, the operators $\partial/\partial x$ and $\partial/\partial y$ can be transformed into $-\partial/\partial\xi$ and $-\partial/\partial\eta$ which enables partial integrations with respect to ξ and η. This leads to the following final expression for the ψ function determining the secondary field of the total current system:

$$
\psi_{\text{tot, sec}}(P) = \frac{1}{i\,c\,\omega} \int d\tau_Q \int\limits_0^\infty d\lambda\, \frac{J_0(\lambda\, P'Q')\, e^{-\sqrt{\lambda^2-k_0^2}\,(z_P+\zeta_Q)}}{\lambda\sqrt{\lambda^2-k_0^2}} \times \\
\times \left[-j\,R_e(\lambda)\left\{\lambda^2 j_z(Q) + \sqrt{\lambda^2-k_0^2}\,\operatorname{div} \boldsymbol{j}_\parallel(Q)\right\} + i\,k_0 R_m(\lambda)\,\operatorname{curl}_z \boldsymbol{j}(Q)\right];
$$
$$\tag{67.1}$$

$P'Q'$ here marks the horizontal projection of PQ, $j_\parallel$ the horizontal component of $\boldsymbol{j}$, and curl_z the z component of the curl vector (see Fig. 48). The formula (67.1), which is applicable between the earth's surface and the lowest level containing any current element,

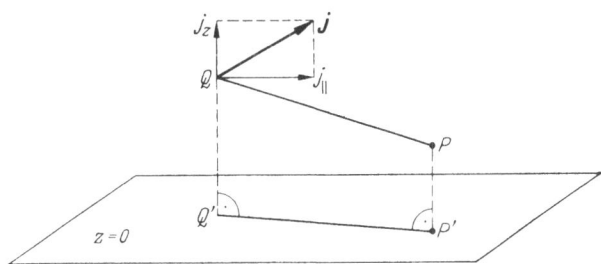

Fig. 48. A current element above the plane earth.

clearly shows how the vertical current components and the divergence of the horizontal ones contribute to the electric part (depending on a Hertzian vector), and how the vertical component of $\operatorname{curl} \boldsymbol{j}$ contributes to the other magnetic part (depending on a Fitzgerald vector); either part is reflected by the earth in its own way.

b) Propagation through an homogeneous atmosphere above an inhomogeneous rough earth.

68. An equation accounting for the roughness and the inhomogeneity of the earth's surface. The deviations from the idealized homogeneous plane earth concern local changes of its electrical constants ε and σ, and corrugations of the terrain profile (roughness of the surface, hills). The very small penetration of ordinary radio waves into the earth's crust admits the assumption of homogeneity in vertical direction. We abstract from investigations of the geological structure of the crust with the aid of radio waves; in this case an idealization by a stratified medium, as considered by WAIT[1], is useful. Thus restricting ourselves to structural deviations along the surface, it will appear that the latter are only significant insofar as occurring not too far away from the straight connection (or its horizontal projection on the earth) of transmitter and receiver (see the next section).

The boundary conditions at the earth's surface can be simplified considerably by the fact that the field is produced, in practical conditions, almost entirely by plane waves of nearly grazing incidence (compare Sect. 63 for the homogeneous earth). In the vicinity of some point Q on the earth we can consider the latter approximately as plane and homogeneous, with a local value k_1 of the wave number determined by (59.6). In terms of the coordinates of a local system,

---

[1] J. R. WAIT: Appl. Sci. Res. B **3**, 279 (1953).

with the z-axis along the normal to the earth's surface, the phase factor in accordance with Snell's law reads as follows for plane waves refracted into the earth after grazing incidence while arriving from some horizontal direction making an angle α with the x axis:

$$e^{i\,\{k_0\,(x\cos\alpha + y\sin\alpha) - \sqrt{k_1^2 - k_0^2}\,z\}}.$$

Since this factor changes more rapidly than the other factors of some quantity or other, $\varPi'$ say, which determines the field inside the earth, we have approximately

$$\frac{\partial \varPi'}{\partial z} \sim - i \sqrt{k_1^2 - k_0^2}\,\varPi' \qquad (z < 0). \tag{68.1}$$

The boundary conditions at $z = 0$ next involve a corresponding relation, valid at $z = +0$, for the quantity $\varPi$ determining the field above the earth. In the case of a vertical-dipole transmitter, for instance, $\varPi$ may be the amplitude of the total Hertzian vector (see Sect. 61) which is approximately directed along the normal n at Q provided the inclinations of the earth's surface with respect to its average level are small. The former boundary conditions (61.5), expressing the continuity of $\partial\varPi/\partial n$ and $k^2\varPi$, will still hold approximately if k inside the earth is taken equal to the local value $k_1(Q)$. The condition (68.1) valid, a.o., at $z = -0$, thus leads to a corresponding relation

$$\frac{\partial \varPi}{\partial n} \sim \gamma\,\varPi \qquad (z = +0), \tag{68.2}$$

in which γ is given by

$$\gamma_{e,\perp} = - i\,\frac{k_0^2}{k_1^2}\,\sqrt{k_1^2 - k_0^2}. \tag{68.3}$$

The different boundary conditions for a horizontal dipole lead to another value of γ, viz.

$$\gamma_{m,\perp} = - i \sqrt{k_1^2 - k_0^2}. \tag{68.4}$$

The definition (68.2), which is only exact for waves at grazing incidence, leads to connections of the constants γ with the following quantities:

(a) the tilt of the field. We have [compare (64.3)], for the two types of polarization respectively,

$$\left(\frac{e_\varrho}{e_z}\right)_{z=+0} \sim \frac{i}{k_0}\,\gamma_{e,\perp}; \qquad \left(\frac{h_\varrho}{h_z}\right)_{z=+0} \sim \frac{i}{k_0}\,\gamma_{m,\perp};$$

(b) the so-called surface admittances. These are characterized by the following ratios which prove to be continuous at $z = 0$:

$$\left(\frac{e_\varrho}{h_\varphi}\right)_{z=\pm 0} \sim - \frac{i}{k_0}\,\frac{\gamma_{e,\perp}}{\varepsilon_{\text{eff}}}; \qquad \left(\frac{h_\varrho}{e_\varphi}\right)_{z=\pm 0} \sim \frac{i}{k_0}\,\gamma_{m,\perp}.$$

The approximative boundary conditions (68.2), discussed by many authors[1] and known in the URSS as the *Leontovich condition*[2], enables the mathematical elimination of the half space $z < 0$. It further involves the following derivation of a two-dimensional integral equation for the distribution of $\varPi$ over an irregular and inhomogeneous surface of the earth. For simplicity we restrict our discussion to a vertical electric dipole with moment $I_0 l$, placed at T. For points P on the earth, and T above it (though possibly at an infinitesimal height) an

---

[1] See, e.g., S. Schelkunoff: Electromagnetic Waves, Chap. 12. New York 1943.
[2] Compare M. A. Leontovich: Bull. Acad. Sci. URSS (phys.) **8**, 1 (1944).

application of GREEN's integral theorem yields:

$$\Pi(P) = 2\frac{I_0 l}{c}\frac{e^{ik_0 TP}}{TP} + \frac{1}{2\pi}\iint\left\{\Pi(Q)\frac{\partial}{\partial n_Q} - \frac{\partial\Pi}{\partial n}(Q)\right\}\frac{e^{ik_0 QP}}{QP}\,dO; \quad (68.5)$$

the integration here extends over all points Q of the irregular surface of the earth, with the exception of an infinitesimal area around P. With the aid of (68.2), while substituting

$$\Pi(P) = 2\frac{I_0 l}{c}\frac{e^{ik_0 TP}}{TP}W(P),$$

we can transform (68.5) into the following integral equation for the ratio W of the actual quantity Π, and of its value in the case of a perfectly conducting plane earth:

$$W(P) = 1 - \frac{1}{2\pi}\iint W(Q)\,e^{ik_0(TQ+QP-PT)}\frac{TP}{QP\cdot QT}\left\{\gamma(Q) - \left(i\,k_0 - \frac{1}{QP}\right)\frac{\partial QP}{\partial n_Q}\right\}dO. \quad (68.6)$$

The integral again extends over the complete irregular earth's surface, apart from the infinitesimal area around P.

Two-dimensional integral equations of this type were derived by HUFFORD[1] and (in terms of the field components instead of a scalar) by FEINBERG[2]. They admit a further approximate reduction to a one-dimensional equation, provided the deviations of

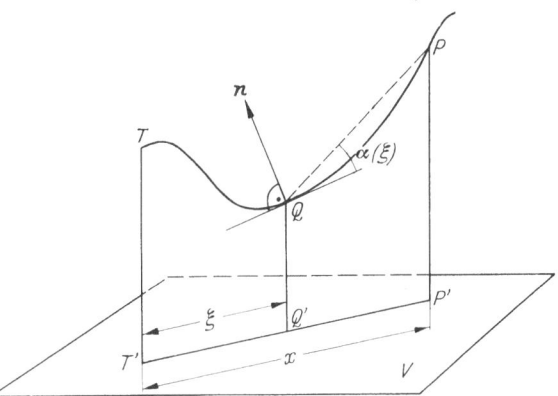

Fig. 49. Geometry of an irregular-terrain profile.

the corrugated surface from an average plane level V happen to be small, whereas the various parameters should not change considerably near the path TP in directions perpendicular to it. The exponent of (68.6) then becomes stationary qua function of x_Q and y_Q near the projection $T'P'$ of the shortest path TP on V. A saddlepoint approximation applied to an elliptical coordinate that vanishes on $T'P'$ while being stationary there (for a fixed value of the other elliptical coordinate) reduces the double integral in (68.6) to a single integral along $T'P'$. Let ξ and x mark the distances along this line as indicated in Fig. 49; the functions $W(Q)$, $\gamma(Q)$ and $\alpha(Q)$ for points Q on the intersection of the terrain profile with the vertical plane through TP can now be considered (for fixed T and P) as new functions $W_1(\xi)$, $\gamma_1(\xi)$ and $\alpha_1(\xi)$ of the projection Q' of Q. The saddlepoint approximation then simplifies (68.6) to the new equation:

$$W_1(x) = 1 - \sqrt{\frac{i\,x}{2\pi k_0}}\int_0^x\frac{W_1(\xi)}{\sqrt{\xi(x-\xi)}}\left\{\gamma_1(\xi) + i\,k_0\sin\alpha_1(\xi)\right\}e^{ik_0(TQ+QP-PT)}\,d\xi. \quad (68.7)$$

The solution of this equation can be interpreted as an extension, for a non homogeneous earth with slightly curved profile, of the Sommerfeld solution of Sect. 63. In fact, (68.7) reduces to a relation satisfied by the Sommerfeld function $y(\varrho_s) = y(\gamma_1^2\varrho/2i\,k_0)$ in the case of a homogeneous plane earth ($\gamma_1 = \text{constant}$; $\alpha_1 = 0$;

[1] G. A. HUFFORD: Quart. Appl. Math. **9**, 391 (1952).
[2] E. FEINBERG: J. of Physics (Moscow) **8**, 317 (1944).

$TQ + QP - PT = 0$). The form between braces in (68.7) indicates that local deviations of the electrical constants and of the terrain profile, accounted for by changes of γ_1 and α_1 respectively, do have similar effects on the attenuation function W_1. This is understandable since the reflection coefficient R_e of nearly grazing waves is changed in either case, in the former owing to a modification of the angle of incidence, in the latter owing to that of its physical parameters.

Another general conclusion from (68.7) concerns the relatively great influence of the terrains near the transmitter and the receiver; it is expressed by the large value there of the weighting factor $\{\xi(x - \xi)\}^{-\frac{1}{2}}$. This also empirically well known influence has been amply discussed theoretically by Feinberg[1].

69. The role of Fresnel zones. The possibility of the reduction of (68.6) to (68.7) is an example of the dominating role of integration points Q in the vicinity of stationary values of some exponential phase factor. The region around the location of a stationary phase, that is associated with cooperating contributions, extends roughly up to points Q for which the phase deviation relative to the stationary value amounts to π; such a region is called *first Fresnel zone*, though the choice of the number π for its definition is rather arbitrary. For transmitter T and receiver P on a plane earth, the stationary

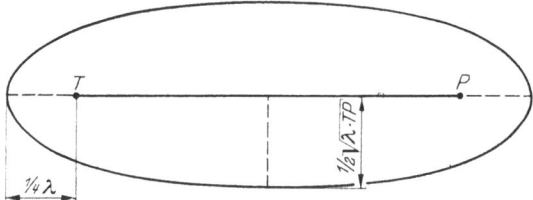

Fig. 50. First Fresnel zone for propagation over the earth.

value $k_0 TP$ of the phase $k_0(TQ + QP)$ in (68.6) is obtained for Q on the shortest path TP. In this example the first Fresnel zone is characterized by $k_0(TQ + QP - TP) < \pi$, or by $TQ + QP - TP < \lambda/2$, that is, a domain limited by the elliptical contour

$$TQ + QP = TP + \lambda/2. \tag{69.1}$$

The effects of electrical inhomogeneities and of terrain corrugations are different when occurring inside or outside this first Fresnel zone. In the latter case the formation of a field equalling that for an homogeneous plane earth is not disturbed significantly, but the deviations may cause some extra field contribution. In the former case, however, the disturbances may prevent the production at all of a main field contribution having the properties of the Sommerfeld solution.

In our example of T and P on the earth, the ellipse (69.1) is very prolate in the direction of PT in which it comprises many wavelengths provided $TP \gg \lambda$. In fact, the greater axis then extends along the complete path TP and even reaches up to a distance $\lambda/4$ beyond the points T and P; however, the same condition $TP \gg \lambda$ involves a minor axis of about the length $\sqrt{\lambda \cdot TP}$ (see Fig. 50). Hence the ratio of the cross-dimension to the greatest dimension of the Fresnel zone is of the order of the small quantity $\sqrt{\lambda/TP}$. The applicability of the Sommerfeld theory only requires an almost homogeneous and nearly plane surface of the earth within this narrow domain.

The situation is slightly different for transmitter T and receiver P well above the earth. The amplitude $\Pi_{e,\perp}$ of the Hertzian vector for a vertical dipole at T then can be approximated by the first two contributions of (63.5), viz.

$$\Pi \sim \frac{I_0 l}{c} \left\{ \frac{e^{i k_0 TP}}{TP} + R(M) \frac{e^{i k_0 T'P}}{T'P} \right\} ; \tag{69.2}$$

[1] E. Feinberg: J. of Physics (Moscow) **9**, 1 (1945).

the amplitude factor R proved to be the Fresnel reflection coefficient R_ℓ for a plane wave arriving in the direction TM, M being the reflection point of the ray linking T and P via the earth (see Fig. 51). A similar approximation for a vertical magnetic dipole depends on the corresponding Fresnel reflection coefficient R_m.

The influence of the earth's surface is now to be expected to be limited to the vicinity of M. This is also clear from the equation corresponding to (68.6) for P above instead of on the earth, in which case the left-hand sides of (68.5) to (68.7) are to be multiplied by an extra factor 2. The exponential factor in (68.6) then involves a dominant contribution from those integration points Q on the earth's surface that are near the reflection point M, since the phase $TQ+QP$ becomes stationary at this single point (instead of along the whole line TP for T and P on the earth). The corresponding saddlepoint approximation [which proves to be equivalent with (69.1)] still represents the main contribution if all significant inhomogeneities and terrain corrugations occur outside the corresponding first Fresnel zone F_1 around M. This zone now extends over the points Q for which $TQ+QP$ differs less than $\lambda/2$ from its stationary value $TM+MP$. The contour

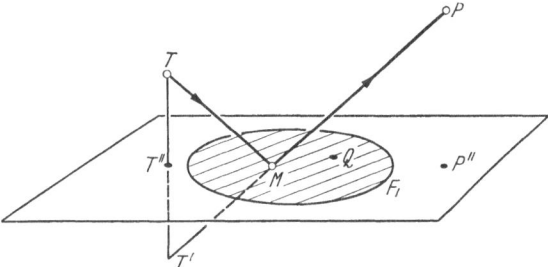

Fig. 51. First Fresnel zone associated with an earth-reflected ray.

$$TQ+QP=TM+MP+\tfrac{1}{2}\lambda$$

of F_1 constitutes, for transmitter and receiver heights small compared to the distance TP, once again a narrow ellipse which now extends up to distances of about $\sqrt{\lambda\cdot TP}$ on either side of the projection $T''P''$ of TP on the earth. The extension of F_1 in the direction of $T''P''$ decreases for increasing heights, and is given by

$$\sqrt{\frac{\lambda\cdot T''P''^3}{\lambda\cdot T''P''+4h^2}}$$

for equal heights h ot T and P above the earth.

70. Propagation influenced by the terrain profile. Terrain irregularities can be discriminated into microstructures (e.g. trees, small buildings, ears of corn) and macrostructures (e.g. ridges and hills). Typical examples of the influence of the former are the change of field strength observed by EPSTEIN and PETERSON[1] at 850 mc/s for propagation over a cornfield after harvesting, and the attenuation described by GERBER and WERTHMÜLLER[2] for medium waves. The latter attenuation can be ascribed to currents induced in electrolytical vegetation saps; the correlation between the decrease of the effective conductivity of the soil, and the seasonal changes of the vegetation is striking here. The effect of microstructures on short waves appears to be of the type of that produced by opaque diffracting edges and strips; observations such as those by McPETRIE and FORD[3], and by SAXTON and LANE[4], point to attenuations (increasing with the frequency) roughly in accordance with the corresponding Fresnel theory.

[1] J. EPSTEIN and D. W. PETERSON: Proc. Inst. Radio Engrs. **41**, 595 (1953).

[2] W. GERBER and A. WERTHMÜLLER: Techn. Mitt. schweiz. Telegr.- Teleph.-Verw. **23**, 12 (1945).

[3] J. S. McPETRIE and L. H. FORD: J. Inst. Electr. Engrs. **93** (III A), 531 (1946).

[4] J. A. SAXTON and J. A. LANE: Wireless World **61**, 229 (1955).

The macrostructure of hilly terrain has different effects according to the circumstances. Three representative examples will be considered:

(a) a ridge well outside the above mentioned first Fresnel zone F_1 around the shortest path connecting transmitter and receiver.

The ordinary field is not disturbed (compare the previous section), but it has to be completed by an extra contribution due to a ray reaching the receiver after reflection against the ridge. Owing to the large difference in path length of the rays producing the ordinary field, and the extra ray via the ridge, the corresponding field distributions are nearly incoherent; hence their intensities, rather than their vectorial amplitudes, should be added. The intensity of the extra ray may depend significantly on a divergence factor (see Sect. 48) connected with the curvatures of the ridge;

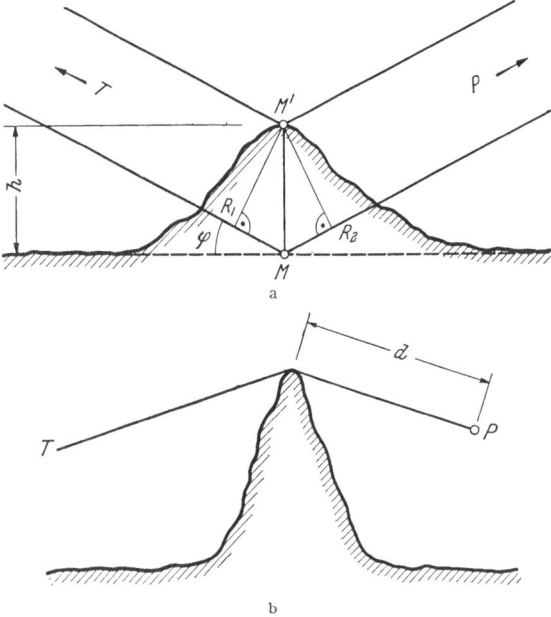

Fig. 52a and b. Illustrating the disturbance of wave propagation by a hill.

(b) a ridge inside the first Fresnel zone, with its top below the shortest path (line of sight) connecting transmitter and receiver.

The effect of the disturbance produced by such a ridge can be estimated by considering a beam which would be reflected at an elevation angle φ at the base M of the hill if the terrain were flat (see Fig. 52a). The flattened top M' of the hill will shift the effective reflection point from M to M'. Provided the transmitter T generating the incident beam, and the receiver P in the direction of the reflected beam are far away, we may consider TM and TM', and also PM and PM' as parallel. The corresponding decrease of path length produced by the hill, viz.

$$R_1 M + M R_2 = 2h \sin \varphi \sim 2h\varphi,$$

is expected to cause no significant disturbance if it does not exceed about $\lambda/4$. This application of *Rayleigh's criterion*, well known from optics, leads to the inequality

$$h < \lambda/(8\varphi) \tag{70.1}$$

for the height h of hills not significantly influencing the propagation (see also next section). If the condition (70.1) is not fulfilled, the formation of an ordinarily reflected wave is prevented, and scattering over a continuous range of directions takes place instead. The average terrain structure is such that this type of scattering practically always occurs for microwaves shorter than $\lambda = 10$ cm, at least for propagation over land; the equivalent effective reflection coefficient may be of the order of 0.2. Scattering by hilly terrain is particularly obstructive near the transmitter, as pointed out by Gerber[1] and Werthmüller. However,

---

[1] W. Gerber and A. Werthmüller: Techn. Mitt. schweiz. Telegr.- Teleph.-Verw. **18**, 1 (1940).

the scattering replacing reflection may increase the field occasionally since it reduces the interference between the direct and reflected fields as given by (69.2).

The diffuse reflection caused by this type of scattering may become appreciable in all directions. It has been described first by DIEMINGER[1]. The term "back scattering" is particularly used for signals which return to a transmitter T after diffuse reflection at a distant point P on the earth, the propagation from T to P and from P to T taking place along one and the same ionospheric path. Measurements of the delay time and of the direction of arrival facilitate the interpretation of such signals. Observations as described, amongst others, by BECKMANN and VOGT[2] and by SHEARMAN[3], suggest that these signals are predominantly due to scattering at the ground, and not in the ionosphere. The dependence of the fieldstrength on the horizontal bearing reproduces the differences in ground scattering in various directions, as well as the radiation diagram of the transmitter. The latter can thus be investigated in the immediate vicinity of the transmitter. Diffuse reflection also plays a role in radar echos from the moon; it has been shown by GRIEG et al.[4] that a diffuse reflection by the moon surface, in accordance with LAMBERT's law, will produce an overall intensity $\frac{8}{3}$ times larger than in the case of a smooth surface (assuming equal amounts of reflected energy per unit area in both cases);

(c) a ridge inside the first Fresnel zone, with its top above the shortest path TP.

In this case (see Fig. 52b) the ridge acts approximately as an absorbing diffracting disk; the corresponding field can be estimated with the aid of ordinary diffraction theory in terms of a Cornu spiral. The edge of the disk, that is, the top of the hill, behaves as the source of a diffracted wave which decreases in proportion to $d^{-\frac{1}{2}}$ ($d =$ distance from the top). The field at P may be larger than if the hill were absent; in fact, the decreases proportional to an inverse distance in front of the hill, and to $d^{-\frac{1}{2}}$ beyond the hill, are less than the decrease proportional to d^{-2} for a smooth plane earth [see Eq. (63.10)]. The latter decrease is still more pronounced at distances for which the curvature of the earth becomes significant. The surprising often observed improvement of the propagation conditions beyond a ridge, known as "obstacle gain" is also discussed at the end of Sect. 100.

71. Reflection from perfectly conducting irregular terrain. The effect of terrain irregularities on propagation is included in the general approximative Eq. (68.7). In the domain of applicability of the simple geometrical-optics approximation (69.2), however, the question arises whether such a formula may also hold for a rough boundary of the earth if the reflection coefficient R is modified accordingly. This question leads to the investigation of the reflection of a plane wave by such a surface. Its theory has been developed by RICE[5] for a profile $z = h(x, y)$ of the earth's surface which slightly deviates from that of the plane $z = 0$, and by AMENT[6] for the simpler profile $z = h(x)$. The special case of a perfectly conducting earth is discussed in what follows as a simple illustrative example of modern statistical treatments of propagation problems. The same method can also be applied to the general equation (68.7) combining the terrain effects with

---

[1] W. DIEMINGER: Naturwiss. **34**, 88 (1947).

[2] B. BECKMANN and K. VOGT: Fernmeldetechn. Z. **8**, 473 (1955). — Nachrichtentechn. Z. **9**, 441 (1956).

[3] E. D. R. SHEARMAN: Proc. Inst. Electr. Engrs. B **103**, 203, 210 (1956).

[4] D. D. GRIEG, S. METZGER and R. WAER: Proc. Inst. Radio Engrs. **36**, 652 (1948).

[5] S. O. RICE: Comm. Pure Appl. Math. **4**, 351 (1951).

[6] W. S. AMENT: Proc. Inst. Radio Engrs. **41**, 142 (1953).

those of ground inhomogeneities; results thus derived by Feinberg[1] confirm general characteristics mentioned below.

α) *Coherent scattering.* The plane of incidence of a polarized wave can be taken as the xz plane (see Fig. 53). In the case of an ideally smooth earth's surface at $z = 0$ the two basic types of polarization, with the electric vector in and perpendicular to the xz plane, can be described (for a special normalization) by the following components of the sum e_0 of the electric fields of the incident and the reflected wave:

$$e_{0,x} = \cos \tau_a \, e^{i k_0 \sin \tau_a x} \sin (k_0 \cos \tau_a z) \, ; \quad e_{0,y} = 0, \left. \right\}$$
$$e_{0,z} = i \sin \tau_a \, e^{i k_0 \sin \tau_a x} \cos (k_0 \cos \tau_a z) \, ; \qquad\qquad \right\} \tag{71.1 a}$$

$$e_{0,y} = - 2 i \, e^{i k_0 \sin \tau_a x} \sin (k_0 \cos \tau_a z) \, ; \quad e_{0,x} = e_{0,z} = 0. \tag{71.1 b}$$

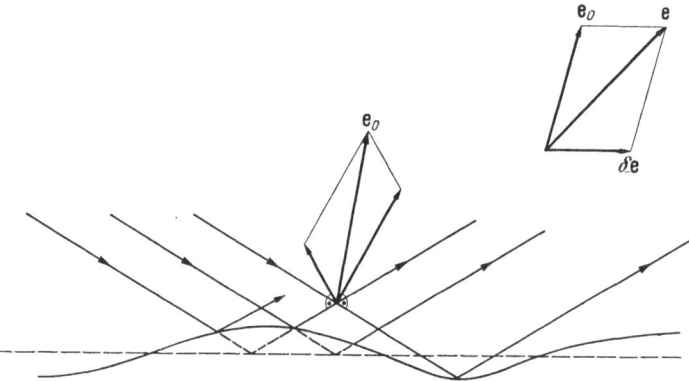

Fig. 53. Plane-wave reflection by an irregular surface.

These expressions satisfy the necessary boundary conditions of vanishing horizontal field components at $z = 0$, and also the relation $\operatorname{div} e_0 = 0$; the contributions from the two exponential terms composing the trigonometric factors correspond to the incident and the reflected wave individually.

The field correction δe (components δe_i) that is due to the roughness can be represented as follows in terms of the Fourier transform g (components g_i) of its extrapolated distribution across $z = 0$:

$$\delta e = \int\!\!\int\limits_{-\infty}^{\infty} d\omega_1 \, d\omega_2 \, g \, (\omega_1, \omega_2) \, e^{i \, (\omega_1 x + \omega_2 y + \sqrt{k^2 - \omega^2 - \omega_2^2} \, z)} \, .$$

The square root can be replaced by $i \sqrt{\omega_1^2 + \omega_2^2 - k_0^2}$ for the evanescent waves [compare (29.4)]; the latter are guided along the corrugated surface. The mathematical problem consists of determining g_x, g_y and g_z from the boundary condition that two independent tangential components (which can be taken equal to $e_x + e_z \, \partial h/\partial x$ and $e_y + e_z \, \partial h/\partial y$ for small inclinations $\partial h/\partial x$ and $\partial h/\partial y$ of the profile h) should vanish at $z = h(x, y)$, and from the further condition

$$\omega_1 g_x + \omega_2 g_y + \sqrt{k_0^2 - \omega_1^2 - \omega_2^2} \, g_z = 0$$

expressing the vanishing of $\operatorname{div} \delta e$.

The functions g_x, g_y and g_z can be determined by a successive evaluation of contributions which are of the first, second etc. order in the three quantities h,

[1] E. Feinberg: J. of Physics (Moscow) **8**, 317 (1944).

$\partial h/\partial x$ and $\partial h/\partial y$. Moreover, the results can be expressed in terms of integrals depending on the Fourier transform

$$G(\omega_1, \omega_2) = \frac{1}{2\pi} \int\!\!\int\limits_{-\infty}^{\infty} dx\, dy\, h(x, y)\, e^{i(\omega_1 x + \omega_2 y)}$$

of the terrain profile $h(x, y)$. The final expressions can be averaged such as to correspond to a "random roughness"; the latter is characterized by random phases of G. This amounts to a zero value of the average $\langle G \rangle$ of G itself, and to the following Dirac function for the average of the product of two G-values:

$$\langle G(\omega_1, \omega_2)\, G(\omega_1', \omega_2') \rangle = 4\pi^2\, W(\omega_1, \omega_2)\, \delta(\omega_1 + \omega_1')\, \delta(\omega_2 + \omega_2'). \qquad (71.2)$$

The function W measures the "roughness spectrum" insofar as the indicated averaging procedure involves the following "spectrum" for the function h^2:

$$\langle h^2(x, y) \rangle = \int\!\!\int\limits_{-\infty}^{\infty} d\omega_1\, d\omega_2\, W(\omega_1, \omega_2).$$

This quantity concerns a special case of the general relation

$$\langle h(x, y)\, h(x + a, y + b) \rangle = \int\!\!\int\limits_{-\infty}^{\infty} d\omega_1\, d\omega_2\, W(\omega_1, \omega_2)\, e^{i(\omega_1 a + \omega_2 b)}, \qquad (71.3)$$

according to which $W(\omega_1, \omega_2)$ and the averaged auto-correlation function of $h(x, y)$ are Fourier transforms of each other.

The main result of this statistical theory is that the averages of the deviations of the reflected fields from those referring to a plane earth, can be represented, for both types of polarization respectively, by

$$\left.\begin{array}{l} \langle \delta e_x \rangle = \dfrac{\cos \tau_a}{2i}\, e^{i k_0(\sin \tau_a\, x + \cos \tau_a\, z)}\, \delta R_e; \\[2mm] \langle \delta e_z \rangle = -\tan \tau_a \langle \delta e_x \rangle; \quad \langle \delta e_y \rangle = 0, \end{array}\right\} \qquad (71.4\,\mathrm{a})$$

$$\left.\begin{array}{l} \langle \delta e_y \rangle = e^{i k_0(\sin \tau_a\, x + \cos \tau_a\, z)}\, \delta R_m; \\[2mm] \langle \delta e_x \rangle = \langle \delta e_z \rangle = 0. \end{array}\right\} \qquad (71.4\,\mathrm{b})$$

In these expressions $1 + \delta R_e$ and $-1 + \delta R_m$ represent modified reflection coefficients which differ from the ordinary reflection coefficients 1 and -1 for a *plane* perfectly conducting boundary. The explicit formulae for δR_e and δR_m read as follows if contributions up to the second order are accounted for:

$$\delta R_e = -2k_0 \int\!\!\int\limits_{-\infty}^{\infty} d\omega_1\, d\omega_2 \left(\frac{\omega_1^2}{b \cos \tau_a} + b \cos \tau_a \right) W(\omega_1, \omega_2), \qquad (71.5\,\mathrm{a})$$

$$\delta R_m = 2k_0 \cos \tau_a \int\!\!\int\limits_{-\infty}^{\infty} d\omega_1\, d\omega_2 \left(\frac{\omega_2^2}{b} + b \right) W(\omega_1, \omega_2); \qquad (71.5\,\mathrm{b})$$

in this $b = \sqrt{k_0^2 - (\omega_1 + k_0 \sin \tau_a)^2 - \omega_2^2}$.

We infer that, in spite of the diffuse scattering by the rough surface in *all* directions, there exists in the *average*, according to (71.4), only reflection in the same direction as for a smooth reflecting boundary. However, the intensity of the average reflected ray is reduced by the roughness which thus has a similar effect as a decrease of the conductivity.

The proportionality of δR_e to $(\cos \tau_a)^{-1}$ for $\tau_a \sim \pi/2$ can be compared with the corresponding approximation $\delta R_e \sim - 2 k_0/(k_1 \cos \tau_a)$ of (61.7) (while substituting $\lambda = k_0 \sin \tau_a$). This suggests the introduction of an effective wave number $k_{1,\text{eff}}$ defined for vertical polarization by

$$\frac{1}{k_{1,\text{eff}}} = - \frac{1}{2 k_0} \lim_{\tau_a \to \pi/2} (\cos \tau_a\, \delta R_e) = \int\limits_{-\infty}^{\infty}\!\!\int d\omega_1\, d\omega_2 \frac{\omega_1^2}{\sqrt{k_0^2 - (\omega_1 + k_0)^2 - \omega_2^2}}\, W(\omega_1, \omega_2),$$

or also of the equivalent effective conductivity in cgs units $c\,(k_{1,\text{eff}})^2/(4\pi i k_0)$. Such formal quantities, substituted in smooth-earth propagation formulae like (63.10), may account for corrections due to terrain corrugations; this is also clear from Feinberg's analysis for finite conductivity of the earth. Other quantities, such as the variance $\langle (\delta e_x)^2 \rangle$, can also easily be evaluated from the above theory.

The special case of roughnesses large compared to the wavelength amounts to a function W differing from zero for small values of ω_1 and ω_2 only; the approximation then obtained by taking $\omega_1 = \omega_2 = 0$ in the forms between parantheses in (71.5), while applying (71.3) for $a = b = 0$, leads for both types of polarization to

$$\delta R_e \sim - \delta R_m \sim - 2 k_0^2 \cos^2 \tau_a \langle h^2 \rangle.$$

This formula is equivalent (for the approximation under consideration) with that derived by Ament, viz.

$$R_e = 1 + \delta R_e = \exp \{- 2 k_0^2 \cos^2 \tau_a \langle h^2 \rangle\}.$$

This simple expression for the average reduction of the reflection by hilly terrain is in accordance with Rayleigh's criterion (70.1); in fact, it states that roughnesses are negligible if the root mean square roughness satisfies the inequality

$$\sqrt{\langle h^2 \rangle} \ll \frac{1}{k_0 \cos \tau_a} = \frac{\lambda}{2 \pi \sin \varphi} \sim \frac{\lambda}{2 \pi \varphi},$$

the numerical constant of which is of the order of that occurring in (70.1).

β) *Incoherent scattering.* The linear quantities considered so far, namely the components of the scattered field δe, proved to vanish on the average in the case of "random roughness" provided we abstract from the coherent scattering in the direction of ordinary reflection. This does not hold for second-order quantities such as the energy current. The part of the latter that depends on the scattering is composed of a contribution proportional to the product of the primary field (71.1) and δe, and on another contribution proportional to the product $\delta e \cdot \delta e^*$. The former contribution, which depends on $|g|$, vanishes once again for random roughness, but the latter contribution is always finite owing to its dependence on the scalar product $g \cdot g^*$. The energy current per unit solid angle W_{sc} of this second contribution (the so-called "incoherent scattering") can be computed with the aid of (24.3) from the saddlepoint approximation for δe. The connection between this approximation and the rigorous value of δe is the same as that between the corresponding expressions (29.6) and (29.5) for the field of an aperture antenna. We find:

$$W_{\text{sc}} = \frac{c}{8 \pi} r^2 \delta e \cdot \delta e^* = \frac{c \pi k^2 \cos^2 \gamma}{2} \{g_x(k \cos \alpha, k \cos \beta)\, g_x^*(k \cos \alpha, k \cos \beta) + \text{cycl.}\},$$

which expression can be worked out in the above mentioned first-order approximation. The result can be expressed in terms of the *differential cross-section* $W_{\text{sc}}/(P_i 0)$. This quantity depends on the directions of both the incident field and of the observation. It represents the energy scattered per unit solid angle for a unit density of the incident energy P_i and for a unit area of the scattering surface 0. In view of the values $P_i = c/(16\pi)$ and $P_i = c/(4\pi)$ for the incident fields as normalized in (71.1), we derive the following expressions for the two types of polarization:

$$\sigma_{\mathrm{sc}} = 2k^4 \{ (\sin \tau_a - \cos \alpha)^2 + \cos^2 \gamma \cos^2 \tau_a \} \frac{|G\{k(\sin \tau_a - \cos \alpha),\, k \cos \beta\}|^2}{0}, \qquad (71.6\mathrm{a})$$

$$\sigma_{\mathrm{sc}} = 2k^4 \cos^2 \tau_a \sin^2 \alpha \frac{|G\{k(\sin \tau_a - \cos \alpha),\, k \cos \beta\}|^2}{0}. \qquad (71.6\mathrm{b})$$

The connection between the incoherent scattering and a very special component $G(\omega_1^0, \omega_2^0)$ of the Fourier transform $G(\omega_1, \omega_2)$ of the roughness $h(x, y)$ has thus been established. This result can be interpreted in a similar manner as the corresponding relation (29.6) for an aperture antenna (compare Fig. 17). In fact, the arguments $\omega_1^0 = k(\sin \tau_a - \cos \alpha)$ and $\omega_2^0 = k \cos \beta$ are such that scattering to a distant point, via two arbitrary points situated on any two ridges belonging to a grid localized at $\omega_1^0 x + \omega_2^0 y = 2\pi n$ (n integer), does always take place in phase; the path difference here proves to be a multiple of λ. As an example we consider back scattering at grazing incidence which is characterized by $\tau_a = \pi/2$, $\alpha = \pi$, $\beta = \gamma = \pi/2$ so as to have $\omega_1^0 = 2k_0$, $\omega_2^0 = 0$; interference is favoured here by ridges localized at $2k_0 x = 2\pi n$, that is by ridges a distance $\lambda/2$ apart, in the y direction.

The restriction to main-order terms with respect to h, $\partial h/\partial x$ and $\partial h/\partial y$, made throughout in the above considerations, may be interpreted as a neglect of multiple-scattering effects. The latter become important for nearly grazing incidence; this follows from an investigation by TWERSKY[1] which conerns a random distribution across a plane of identical scatterers.

72. Propagation over an inhomogeneous plane earth.

The influence of the ground inhomogeneity is obvious from the deviation from circles of the contour lines connecting points of equal measured field strengths around a vertical transmitter. Another striking phenomenon is the often observed transition of the ordinary decrease of the field with distance into a local increase just beyond the beginning of a region of improved conductivity; this so-called *recovery effect* has been described in detail by FEINBERG[2] and by MILLINGTON[3]. The phase anomalies connected with inhomogeneous soil conditions leading to "coastal refraction" are dealt with in the next section.

The simplest case of propagation over mixed terrain concerns trajectories across two adjacent homogeneous regions; this mixed-path situation approximately occurs for paths partly over land and partly over sea. The fields along such paths has been described by semi-empirical combinations of the two expressions for propagation entirely over land and entirely over sea. A general theory of this type, developed by MILLINGTON[4], also accounts for the curvature of the earth. For a plane earth, and transmitter and receiver on the ground, MILLINGTON's theory reduces to the simple "geometric-mean law"; it identifies the field along a mixed path with the geometric mean of the fields corresponding to either of the homogeneous surfaces having the properties of the two soils actually occurring near the transmitter and near the receiver.

---

[1] V. TWERSKY: Trans. Inst. Radio Engrs., P.G.A.P. **5**, 81 (1957).

[2] E. FEINBERG: J. of Physics (Moscow) **9**, 1 (1945).

[3] G. A. MILLINGTON: Nature, Lond. **163**, 128 (1949).

[4] G. A. MILLINGTON: Proc. Inst. Electr. Engrs. **96** (III), 53 (1949).

All purely theoretical investigations are based on some simplified boundary condition of the type of (68.2) the parameter γ of which varies in accordance with the given distribution of the soil conditions. This distribution may even be continuous when applying the integral equations (68.7) for the ratio $W(x)$ of the actual field (more accurately, of its Hertzian vector) at a distance x from the transmitter, and the corresponding field in the case of a perfectly conducting plane earth. For a transmitter and receiver on a plane earth this equation reduces to

$$W(x) = 1 - \sqrt{\frac{i x}{2 \pi k_0}} \int_0^x \frac{W(\xi)\,\gamma(\xi)}{\sqrt{\xi(x-\xi)}}\,d\xi, \tag{72.1}$$

a special version of which was first discussed by Grünberg[1].

A general consequence of the approximations leading to (72.1) is the independence of $W(x)$ on the terrain outside the shortest path TP connecting the transmitter and the receiver. In view of the ratio $i k_0$ of the amplitudes of the vertical electric-field component, and of the Hertzian vector (see the end of Sect. 63), the vertical field component is obtained (in the case of a vertical-dipole transmitter) from $W(x)$ after a multiplication by $2 k_0 I_0 l/(c x)$. The latter ratio implies the further independence of the vertical field component on the angle between TP and the boundaries separating adjacent homogeneous regions. However, a dependence on this angle does exist for the phase of the field (see the next section).

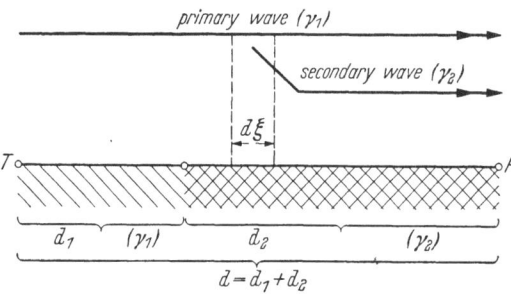

Fig. 54. Production of secondary waves in mixed-path propagation.

The solution of (72.1) for a path $d = d_1 + d_2$ consisting of two homogeneous sections of lengths d_1 and d_2, with the values γ_1 and γ_2 of the parameter γ, can be expressed as follows in terms of Sommerfeld's function $y(\varrho)$ defined in (63.7):

$$W(d) = y\left(\frac{\gamma_1^2 d}{2 i k_0}\right) + \sqrt{\frac{i d}{2 \pi k_0}}\,(\gamma_1 - \gamma_2) \int_{d_1}^d \frac{y\left(\frac{\gamma_1^2 \xi}{2 i k_0}\right)}{\sqrt{\xi}}\,\frac{y\left\{\frac{\gamma_2^2}{2 i k_0}(d-\xi)\right\}}{\sqrt{d-\xi}}\,d\xi. \tag{72.2}$$

As shown by the author[2], this solution is identical with that derived by Clemmow[3] for a line source parallel to the boundary of the two adjacent media, and also with that derived by Furutsu[4] for a point source. The integral term of (72.2), which proves to fulfill the necessary condition of symmetry with respect to the transmitter and the receiver (see Sect. 36), can be interpreted as follows: each path element $d\xi$ in the second medium produces a secondary wave (given by the second factor of the integrand, compare Fig. 54) which propagates according to the properties of this medium; the amplitude of this secondary wave is determined by the first factor of the integrand and reveals its generation by the undisturbed wave (characterized by γ_1) arriving from the first medium. Moreover,

[1] C. Grünberg: J. of Physics (Moscow) 6, 185 (1942).
[2] H. Bremmer: Physica (The Hague) 20, 441 (1954).
[3] P. C. Clemmow: Phil. Trans. Roy. Soc. Lond. A 246, 1 (1953).
[4] K. Furutsu: J. Radio Res. Laborat. (Japan) 2, No. 7 (1955).

(72.2) explains the recovery effect, and includes MILLINGTON's geometric-mean law in the limiting case of lengths d_1 and d_2 each comprising a large number of the corresponding units of numerical distance [see (63.4)]. The solution of (72.1) for a path covering more than two homogeneous sections shows the dominating role of the soil conditions near the transmitter and the receiver. According to GODZIŃSKI's[1] theory the secondary waves that arise from path sections having a γ value differing from a constant γ_0 can also be ascribed to localized point sources; the latter are situated at gravity centres connected with the distribution of $\gamma - \gamma_0$.

73. Phase anomalies due to inhomogeneous soil conditions. The influence of a boundary separating domains of different electrical constants (or of different terrain profile) also concerns the phase of the field. Corresponding measurements were made by ALPERT and GOROZHANKIN[2] with the aid of the radio-interfero-meter mentioned at the end of Sect. 63.

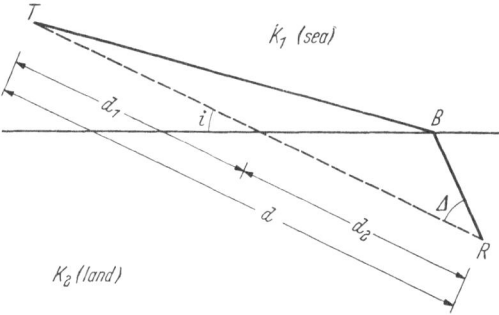

Fig. 55. Showing the apparent bearing due to coastal refraction.

The effect of phase anomalies is revealed in particular as an incorrect bearing (see Fig. 55) of a transmitter T when observed at a receiver R with the aid of some direction-finding antenna. The error Δ is due to the angle between the actual direction TR, and the apparent direction BR normal to the surfaces of equal phases. This phenomenon, usually termed "coastal refraction" in view of its observation particularly near shores, has been ascribed by ECKERSLEY[3] to a two-dimensional refraction of waves propagating just above the earth. It can formally be described by a refractive index which, according to the observations, should exceed unity in the case of a transition from land to sea (as represented in Fig. 55). Any theory dealing with propagation over inhomogeneous terrain includes a statement about the magnitude of the angle Δ, as will be shown below.

The apparent direction BR is also that of the average Poynting vector. In the case of a vertical-dipole transmitter, the horizontal magnetic-field vector is always perpendicular to the Poynting vector so that Δ can also be found as the angle between the actual direction of the magnetic field and the corresponding direction connected with propagation over an homogeneous surface. Owing to the elliptic polarizations this angle changes during one cycle, as follows also from its computation with the aid of the formula [compare (59.3)]

$$\boldsymbol{h} = \mathrm{Re}\left(\varepsilon_{\mathrm{eff}}\,\mathrm{curl}\,\boldsymbol{H}_\varepsilon\,\mathrm{e}^{-i\omega t}\right).$$

The resulting evaluation of the time average of $\cos\Delta$ leads for small Δ to the approximation

$$\Delta = \frac{d_1 \cot i}{k_0\,d} \cdot \left(\frac{\partial}{\partial d_2} - \frac{\partial}{\partial d_1}\right) \arg W(d_1, d_2), \tag{73.1}$$

in which the argument of the complex attenuation factor W is considered as a function of the partial path lengths d_1 and d_2. A comparison of (73.1) with the

---

[1] Z. GODZIŃSKI, to be published.

[2] J. ALPERT and B. GOROZHANKIN: J. of Physics (Moscow) **9**, 115 (1945).

[3] T. L. ECKERSLEY: Radio Rev. Lond. **1**, 421 (1920) and Atti Congr. Internaz., Rome 1948, p. 97.

corresponding expression for an ordinary Snellius refraction at B shows the formal equivalence of the actual situation with that depending on an effective refractive index n (for the transition from a region with constants labelled by 1 to a region with constants labelled by 2) given by

$$n - 1 = \frac{d}{d_1 \cot i} \, \varDelta = \frac{1}{k_0} \left(\frac{\partial}{\partial d_1} - \frac{\partial}{\partial d_2} \right) \arg W(d_1, d_2). \tag{73.2}$$

The value of (73.1) for the illustrative case of $\sigma_1 = \infty$ (approximately representing seawater conditions) and $d_2 \ll d_1$, reads in practical units

$$\varDelta \sim 3532 \, \frac{\cot i}{\sqrt{(\sigma_2)_{\text{e.s.u.,c.g.s.}} \, d_{2,\,\text{km}}}} \quad \text{degrees.} \tag{73.3}$$

This expression demonstrates that the refraction in question is not of the ordinary type which requires a value of n which is independent of the positions of the transmitter and receiver. However, such a situation actually occurs at distances for which the influence of the earth's curvature becomes appreciable (see Sect. 100). The disappearance of the bearing correction at large distances is a striking consequence of (73.3).

c) Propagation through a stratified atmosphere above an homogeneous plane earth.

74. Introduction. Refractive index of the troposphere. The preceding subchapters assuming an homogeneous atmosphere only accounted for the *ground wave*, that is, that part of the field that also exists in the absence of reflecting ionospheric (and occasionally tropospheric) layers. The results described before therefore only represent the complete field if the contribution due to these atmospheric reflections, the so-called *sky wave*, proves to be negligible. This occurs in particular if sky-wave reflections are suppressed owing to one of the two following reasons: (a) absorption in the lowest ionospheric layer (the D region) during day time, (b) almost complete transparency of the whole ionosphere for waves shorter than about ten metres (the limit depends on the season and on the phase of the sun cycle); in the latter case the skywave can be neglected even during the night. Under such circumstances, however, scattering in and reflections from the lower sheet of the atmosphere, the troposphere, may become pronounced. When abstracting from scattering effects (which are discussed in subchapter d), the influence of both the troposphere and ionosphere can be accounted for by considering a stratified medium, the refractive index n of which only depends on the height z above the earth's surface.

The refractive index n is simplest for the troposphere in view of its behaviour as a pure dielectric (at least for $\lambda > 3$ cm) with $n = \sqrt{\varepsilon}$. According to the theory of molecular polarization, the quantity $(\varepsilon - 1)/(\varepsilon + 2)$ is additive with respect to the volume concentrations of the gaseous constituents of the atmosphere. Owing to the small deviation of ε from unity, this mixing rule practically amounts to an additivity of $\varepsilon - 1$. A calculation based on this rule, as well as experimental evidence, leads to the following expression for n in the troposphere:

$$n = 1 + 79 \cdot 10^{-6} \, \frac{p_a}{T} + 0.38 \, \frac{p_w}{T^2}; \tag{74.1}$$

T is the absolute temperature, and p_a and p_w are the partial pressures in millibars of the dry part of the air, and of the water vapour contained in it.

The formula (74.1), which is independent of the frequency, breaks down at about $\lambda = 3$ cm. For $\lambda < 3$ cm absorption effects are no longer negligible; for decreasing wavelength absorption by liquid water (rain, clouds and mists) first presents itself. This absorption includes scattering losses as well as true absorption due to dissipation of energy in the droplets. Both effects have been investigated by FRÄNZ[1] for droplets small compared to the wavelength. The total absorption then results from a mere summation over the contributions due to the individual droplets (to be derived from the dipole moments induced in the latter by the incoming wave). Just as corresponding effects in RAYLEIGH's theory of the blue of the sky, the final absorption and scattering depend on the total volume of water rather than on its distribution over the individual droplets; however, the total absorption by such compounds of droplets proves to be less than that produced by a coherent mass of water of equal volume.

The absorption effects become more complicated for still shorter wavelengths. Though rain may influence propagation at all for $\lambda < 3$ cm, the size distribution of the droplets only becomes significant for wavelengths smaller than about one centimetre. Moreover, for $\lambda < 2$ cm, the absorption by atmospheric gases presents itself by resonance bands and lines of oxygen and water vapour. Owing to these absorption phenomena, which have been studied theoretically by VAN VLECK[2], propagation of millimetre waves over appreciable distances is only possible in narrow frequency intervals.

Whereas the refractive index itself can be computed for $\lambda > 3$ cm with the aid of (74.1) from known meteorological conditions, the necessary knowledge of the latter as a function of the height is often scanty. However, the great influence of these conditions on the propagation of metre waves and shorter waves is quite evident.

75. The refractive index of the ionosphere. This refractive index n is more complicated than that of the troposphere since it has to account for the convection currents resulting from an ordering by an incoming electromagnetic wave of the otherwise random motions of the ionospheric electrons (charge $-\varepsilon$). These currents involve absorption effects which amount to a complex value of the refractive index. The mentioned ordering is most effective for low frequencies since for the latter only the field accelerating the electrons has one and the same direction between two consecutive collisions with the atoms. At frequencies large compared to the frequency of electronic collisions with the atoms, however, the electrons oscillate in a first approximation in the same rythm as the field, and behave like radiating dipoles. Hence n depends on the frequency; the ionosphere constitutes a dispersive medium.

In a simplified model (more rigorous theories, discussed in Vol. XLIX of this Encyclopedia, lead to non essentially different results) a single collision is described by a sudden reduction of the momentary velocity v of a free electron to zero. This change $-v$ of the velocity takes place in an average time interval ν^{-1}, ν being the collision frequency. The collision effects therefore are more or less equivalent with an acceleration $-\nu v$, or a force $-m\nu v$. This force has to be added to the electrostatic force $-\varepsilon e\, e^{-i\omega t}$ due to the electric field of the incoming wave, and to the Lorentz force exerted by the earth's magnetic field H (compared to which the magnetic field of the incoming wave can usually be neglected). After deriving the resulting equation of motion, viz.

$$m\frac{d v}{dt} + m\nu v = -\varepsilon e\, e^{-i\omega t} - \frac{\varepsilon}{c} v \times H,$$

[1] K. FRÄNZ: Hochfrequenztechn. **55**, 141 (1940).
[2] J. H. VAN VLECK: Phys. Rev. **71**, 413, 425 (1947).

we pass from the velocity $\boldsymbol{v}$ to the monochromatic density $\boldsymbol{j}\, e^{-i\omega t} = -N\varepsilon\boldsymbol{v}$ of the corresponding convection current, N being the volume density of the electrons. The further approximation $d/dt \sim \partial/\partial t = -i\omega$ (allowable in view of the rather low electronic velocities) next leads to the following relation between the current density and the imposed field:

$$(v - i\omega)\boldsymbol{j} = \frac{\omega_{\mathrm{cr}}^2}{4\pi}\boldsymbol{e} - \boldsymbol{j}\times\boldsymbol{\omega}_H; \qquad (75.1)$$

the following two abbreviations have been introduced here

(a) the parameter

$$\omega_{\mathrm{cr}}^2 = 4\pi\,\frac{\varepsilon^2}{m}\,N = 3.18\cdot 10^9 N_{\mathrm{cm^{-3}}}, \qquad (75.2)$$

which corresponds to the so-called "plasma frequency" $f_{\mathrm{cr}} = \omega_{\mathrm{cr}}/2\pi$;

(b) the vector $\boldsymbol{\omega}_H$ directed along the earth's magnetic field, and defined with a length equal to the corresponding gyrofrequency

$$\omega_H = \frac{\varepsilon}{mc}\,|\boldsymbol{H}| = 17.6\,H_{\mathrm{Gauss}}\ \mathrm{Mc/s}. \qquad (75.3)$$

We first consider the case of negligible earth's magnetic field. By substituting $\boldsymbol{j} = \sigma_{\mathrm{eff}}\boldsymbol{e}$ in the two remaining terms of (75.1), we obtain the effective ionospheric conductivity

$$\sigma_{\mathrm{eff}} = -\frac{1}{4\pi}\,\frac{\omega_{\mathrm{cr}}^2}{i\omega - v}.$$

According to (59.2) this quantity is equivalent with an effective dielectric constant $\varepsilon_{\mathrm{eff}}$ for which the deviation from the free-space value of unity equals $\varepsilon_{\mathrm{eff}} - 1 = i\,4\pi\,\sigma_{\mathrm{eff}}/\omega$. The corresponding refractive index $n = \varepsilon_{\mathrm{eff}}^{\frac{1}{2}}$ is given by

$$n^2 = 1 - \frac{\omega_{\mathrm{cr}}^2}{\omega(\omega + iv)} = 1 - \frac{\omega_{\mathrm{cr}}^2}{\omega^2 + v^2} + i\,\frac{4\pi}{\omega}\,\frac{\omega_{\mathrm{cr}}^2 v}{4\pi(\omega^2 + v^2)}. \qquad (75.4)$$

Again in view of (59.2) the ionosphere therefore can be considered (in the absence of the earth's magnetic field) as the combination of a dielectric and a conductor, the dielectric constant and conductivity of which are given by:

$$\varepsilon = 1 - \frac{\omega_{\mathrm{cr}}^2}{\omega^2 + v^2}; \qquad \sigma = \frac{\omega_{\mathrm{cr}}^2 v}{4\pi(\omega^2 + v^2)}. \qquad (75.5)$$

The general case of non negligible earth's magnetic field can not be described in terms of such scalar quantities. The conduction current is no longer in the direction of the electric field since the solution of $\boldsymbol{j}$ from (75.1) now reads:

$$\boldsymbol{j} = \frac{i\omega_{\mathrm{cr}}^2}{4\pi(\omega + iv)}\,\frac{(\omega + iv)^2\,\boldsymbol{e} - \omega_H^2\,\boldsymbol{e}_H + i(\omega + iv)\,\boldsymbol{\omega}_H\times\boldsymbol{e}}{(\omega + iv)^2 - \omega_H^2}; \qquad (75.6)$$

in this $\boldsymbol{e}_H$ is the component of the electric field along the earth's magnetic field. The components of (75.6), put in the form:

$$j_r = \sum_{s=1}^{3}\sigma_{\mathrm{eff},rs}\,e_s \qquad (r = 1, 2, 3), \qquad (75.7)$$

show the tensorial character of the effective conductivity. The asymmetrical character of the tensor $(\sigma_{rs} \neq \sigma_{sr})$ has important consequences, for instance a breakdown of the reciprocity theorem for propagation via the ionosphere. However, the tensor for $i\sigma_{\mathrm{eff}}$ (or also for the effective dielectric constant) still proves to be hermitian if collision effects are neglected; the resulting similarities and disparities with respect to anisotropic crystals were discussed by Lange-Hesse[1]. The double refraction connected with the anisotropy due to the earth's magnetic field is very clear from the two different types of plane waves that

[1] G. Lange-Hesse: Arch. elektr. Übertragung **6**, 149 (1952).

can propagate through an homogeneous medium with constant values of the parameters ω_{cr}, ν and ω_H (in the actual stratified ionosphere all these parameters depend on z). MAXWELL's equations (59.1) for this medium (permeability $\mu = 1$; $\varepsilon_{\mathrm{eff}}$ replaced by the tensor $1 + i4\pi\sigma_{\mathrm{eff}}/\omega$) can be satisfied by a plane wave of the TM type, provided the refractive index n in the common phasefactor $\exp\{-i\omega(t - nz/c)\}$ for all components equals either of the two values n_0 and n_e fixed by:

$$n^2_{0,\,e} = 1 - \frac{2\bar{x}(1 - \bar{x})}{2(1 - \bar{x}) - y^2_T \pm \sqrt{y^4_T + 4y^2_L(1 - \bar{x})^2}}\,. \tag{75.8}$$

The parameters

$$\bar{x} = \frac{\omega^2_{\mathrm{cr}}}{\omega(\omega + i\nu)}\,; \qquad y_T = \frac{\omega_H \sin\Theta}{\omega + i\nu}\,; \qquad y_L = \frac{\omega_H \cos\Theta}{\omega + i\nu} \tag{75.9}$$

introduced here depend, apart from the quantities considered before, on the angle Θ between the propagation direction and the earth's magnetic field. For $\bar{x} < 1$ the states characterized by the upper and lower sign of the so-called *Appleton-Hartree formula* (75.8) are termed as "ordinary" and "extra ordinary", n_0 and n_e being the corresponding refractive indices.

In the above the so-called LORENTZ or polarisation term (which is connected with the direct influence of remote electrons, apart from the general polarization) has not been accounted for since DARWIN[1] gave strong evidence for its non effectiveness under ionospheric conditions.

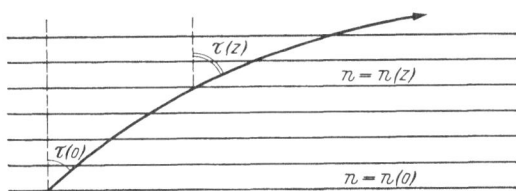

Fig. 56. Illustrating SNELL's law for a stratified medium.

76. Ray trajectories in stratified media; propagation of wave packets. SNELL's law involves the following equation for the ray trajectories across a stratified isotropic troposphere or ionosphere:

$$n(z)\sin\tau(z) = C\,; \tag{76.1}$$

$\tau(z)$ is the angle between the vertical and the tangent to the trajectory at the point under consideration (see Fig. 56). The constant C equals $n(0)\sin\tau(0)$ provided the ray reaches the earth's surface under an elevation angle $\tau(0)$, $n(0)$ being the refractive index at the ground. The same relation still applies to an anisotropic atmosphere provided τ then refers to the directions of the normals to the wavefronts instead of the tangents of the ray trajectory (moreover, n then represents either n_0 or n_e).

We now consider the propagation of wave packets, such as connected with the transmission of short pulses. The wave functions of the monochromatic contributions composing such a packet can be represented by [see Eq. (14.2)]

$$A(x,\,y,\,z)\,e^{ik_0 S(x,y,z) - i\omega t} = A(x,\,y,\,z)\,e^{-i\omega(t - S/c)}\,. \tag{76.2}$$

In a stratified dispersive anisotropic medium the eiconal of each constituent can be put into the form

$$S(x,\,y,\,z;\,\omega,\,\lambda,\,\mu) = \lambda\,x + \mu\,y + \int\limits_0^z n_{\omega,\lambda,\mu}(\zeta)\cos\tau_{\omega,\lambda,\mu}(\zeta)\,d\zeta\,; \tag{76.3}$$

this expression corresponds to the penetration into the stratified medium of a plane wave that arrives from the homogeneous space $z < 0$ in which λ and μ

---

[1] C. G. DARWIN: Proc. Roy. Soc. Lond., Ser. A **182**, 152 (1943).

should represent its direction cosines dx/ds and dy/ds. Obviously, (76.3) satisfies the necessary eiconal equation

$$|\operatorname{grad} S(x, y, z; \omega, \lambda, \mu)| = n(z; \omega, \lambda, \mu),$$

provided we take $C = (\lambda^2 + \mu^2)^{\frac{1}{2}}$ in (76.1). The dependence of n on the ray direction (according to the anisotropy) can be reduced to a dependence on λ and μ, as indicated.

The final wave packet u can be obtained from an integration of (76.2) over a (possibly limited) range of ω, λ and μ. Hence

$$u = \iiint A(x, y, z; \omega, \lambda, \mu)\, e^{-i\omega\{t - S(x, y, z; \omega, \lambda, \mu)/c\}}\, d\omega\, d\lambda\, d\mu,$$

the amplitude function A of which changes slowly with ω, λ, μ in comparison to the exponential factor. This property enables a saddlepoint approximation. The three-dimensional saddlepoint $\omega_s, \lambda_s, \mu_s$ follows from the vanishing values of the partial derivatives of the exponent with respect to ω, λ, μ. For a given set x, y, z, t the corresponding saddlepoint relations, viz.

$$t = \frac{1}{c} \frac{\partial}{\partial \omega}(\omega S); \qquad \frac{\partial S}{\partial \lambda} = 0; \qquad \frac{\partial S}{\partial \mu} = 0 \tag{76.4}$$

fix the dominating frequency ω_s, as well as the main propagation direction which results from λ_s and μ_s.

The velocity and propagation direction of the locally dominating contribution are obtained from those infinitesimal variances $\delta x, \delta y, \delta z, \delta t$ that are compatible with (76.4), $\omega_s, \lambda_s, \mu_s$ being kept constant. The solution of the resulting linear relations

$$\frac{\partial}{\partial \omega}\left(\omega \frac{\partial S}{\partial x}\right)\delta x + \frac{\partial}{\partial \omega}\left(\omega \frac{\partial S}{\partial y}\right)\delta y + \frac{\partial}{\partial \omega}\left(\omega \frac{\partial S}{\partial z}\right)\delta z = c\,\delta t,$$

$$\frac{\partial^2 S}{\partial \lambda \partial x}\delta x + \frac{\partial^2 S}{\partial \lambda \partial y}\delta y + \frac{\partial^2 S}{\partial \lambda \partial z}\delta z = 0,$$

$$\frac{\partial^2 S}{\partial \mu \partial x}\delta x + \frac{\partial^2 S}{\partial \mu \partial y}\delta y + \frac{\partial^2 S}{\partial \mu \partial z}\delta z = 0,$$

determines the components $(\delta x/\delta t, \delta y/\delta t, \delta z/\delta t)$ of the so-called group velocity $\boldsymbol{v}_{\mathrm{gr}}$. Its evaluation with the aid of the definition (76.3) for S leads to the expression

$$\boldsymbol{v}_{\mathrm{gr}} = c\, \frac{\left(-\dfrac{\partial q}{\partial \lambda},\ -\dfrac{\partial q}{\partial \mu},\ 1\right)}{\dfrac{\partial}{\partial \omega}(\omega q) - \lambda \dfrac{\partial q}{\partial \lambda} - \mu \dfrac{\partial q}{\partial \mu}}; \tag{76.5}$$

we here introduced the parameter

$$q(z; \omega, \lambda, \mu) = n \cos \tau = \sqrt{n^2(z; \omega, \lambda, \mu) - \lambda^2 - \mu^2}. \tag{76.6}$$

The ratios of the components represented by (76.5) further determine the tangent of the trajectory covered by the main part (centre) of the wave packet. It can be shown that such a trajectory, if characterized by constant values of $\omega_s \lambda_s \mu_s$, satisfies Fermat's principle of a minimal optical-path length according to $\delta \int n \cos \alpha\, ds = 0$; α here marks the angle between the tangent and the local direction of the normal to the wave fronts ($\alpha = 0$ in the case of isotropy). This form of FERMAT's principle is in accordance with a propagation velocity c/n of the wave fronts and of $c \sec \alpha/n$ along the rays (see Fig. 57a); it then states the minimal value of the time necessary for the overbridging of two points in space. Moreover, the tangents of these trajectories prove to be directed along the Poynting vector representing the propagation of energy. Therefore, the trajectories in question show all properties of geometric-optical rays.

The above mentioned FERMAT's principle, for trajectories with tangents according to (76.5), can be verified with the aid of the corresponding EULER's differential equations. The further derivation can be based on the fact that n depends explicitly on z and the angle ϑ of (75.9), whereas

$$\tan \alpha = \frac{1}{n} \frac{\partial n}{\partial \vartheta} . \tag{76.7}$$

This relation expresses the property for wave normals of being perpendicular to the tangenting planes NN' of the locus of endpoints N' of vectors ON' that represent the propagation velocities $c \sec \alpha/n$ in various ray directions (see Fig. 57b).

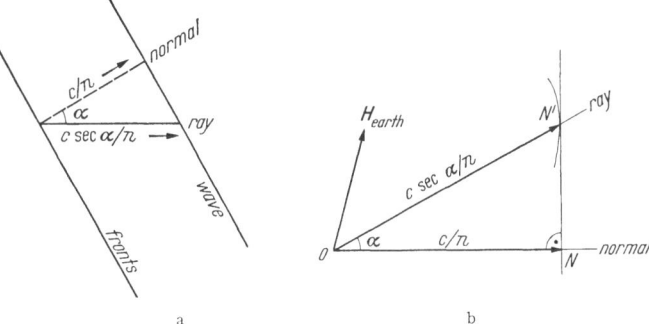

Fig. 57 a and b. Discrimination between the directions of normals and rays.

The above considerations can be extended to absorbing media, for instance by replacing the phase S determining the saddlepoint by its real part. We then have to substitute Re q for q in (76.5). The resulting group velocity agrees with that derived by HINES[1] for vertical incidence ($\lambda = \mu = 0$). This author discusses the difficulty in properly defining the group velocity in an absorbing medium. In non-dissipative media, on the contrary, the group velocity derived from wave-packet considerations can be identified with that corresponding to the transportation of energy (compare Sect. 4).

We next consider some special cases. The independence of n on ω, λ and μ in the non-dispersive troposphere (at least for $\lambda > 3$ cm) leads to a group velocity identical with the phase velocity $v_{ph} = c/n$ of the wave fronts. For a dispersive isotropic atmosphere we only have an independence of λ and μ; the resulting length of the vector (76.5) yields the group velocity $c/\{\partial(n\omega)/\partial\omega\}$. This approximation for the ionosphere (neglecting the absorption and the influence of the earth's magnetic field) involves, according to (75.4), $n^2 = 1 - \omega_{cr}/\omega^2$. The evaluation of (76.5) here results in $v_{gr} = cn$ so as to have the simple relation $v_{ph} \cdot v_{gr} = c^2$, the phase velocity still being $v_{ph} = c/n$.

A consequence of the value cn of the group velocity in a non-absorbing, and non double-refracting stratified ionosphere is the constant value, in view

[1] C. O. HINES: J. Geophys. Res. **56**, 63, 197, 207, 535 (1951).

of Snell's law (76.1), of the horizontal component $c n \sin \tau$. For a trajectory connecting the two points T and P on the earth, with an elevation angle $\tau(0)$ (see Fig. 58), this horizontal component becomes $C \sin \tau(0)$ provided the refractive index $n(0)$ at the earth equals unity. The identity of this horizontal component to the horizontal projection of the vacuum velocity c directed along the tangents TH and HP of the trajectory, indicates that the time needed for the actual propagation along the curved trajectory equals that for free-space propagation along the rectilinear path THP. This property is known as Breit and Tuve's [1] law. In experiments on ionospheric sounding the height of H above the earth is called the *virtual height*.

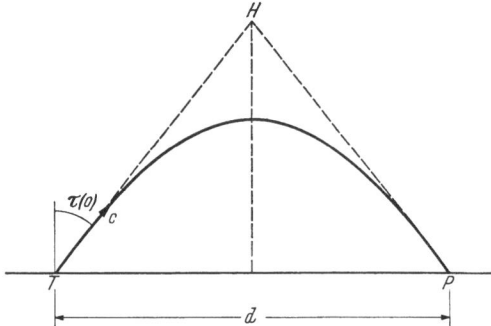

Fig. 58. The geometry of Breit and Tuve's law.

77. The ray theory for a dipole at the bottom of a stratified atmosphere. As in the case of a homogeneous atmosphere, here too, the field of an arbitrary system can be reduced, with the aid of integrations, to those of a vertical and of a horizontal infinitesimal current element (electric dipole), or also to those of a vertical electric and a vertical magnetic dipole [compare the contributions depending on the corresponding reflection coefficients R_e and R_m in (67.1)]. We therefore restrict ourselves in this section to a vertical (electric or magnetic) dipole at a height h above the earth's surface ($z=0$). In order to enable the application of the former expressions for the primary field, we assume the dipole inside an homogeneous layer $0 < z < z_1$, situated below the stratified domain $z > z_1$ with a refractive index $n(z) = \varepsilon_{\text{eff}}^{\frac{1}{2}}(z) = k(z)/k_0$; the magnetic permeability is taken equal to unity throughout.

Maxwell's equations in the form (59.1) are applicable here for $\mu = 1$ and $\varepsilon_{\text{eff}} = k^2(z)/k_0^2$. They can be solved by either of the fields:

$$\boldsymbol{e} = \frac{i}{k^2(z)} \operatorname{curl} \operatorname{curl} \{k(z)\, \boldsymbol{\Pi}_e\}; \qquad \boldsymbol{h} = \frac{1}{k_0} \operatorname{curl} \{k(z)\, \boldsymbol{\Pi}_e\}, \tag{77.1}$$

$$\boldsymbol{e} = \operatorname{curl} \boldsymbol{\Pi}_m; \qquad \boldsymbol{h} = -\frac{i}{k_0} \operatorname{curl} \operatorname{curl} \boldsymbol{\Pi}_m, \tag{77.2}$$

provided $\boldsymbol{\Pi}_e$ and $\boldsymbol{\Pi}_m$ are vertical vectors with lengths satisfying the scalar equation

$$(\varDelta + k_{\text{eff}}^2)\, \boldsymbol{\Pi}_{e,m} = 0; \tag{77.3}$$

the quantity k_{eff} equals $k(z)$ for the solution (77.2) of the magnetic type, but it is defined by

$$k_{\text{eff}}^2 = k^2(z) - k(z) \cdot \frac{d^2}{dz^2} \left\{ \frac{1}{k(z)} \right\} \tag{77.4}$$

for the solution (77.1) of the electric type.

From the Sects. 61 and 65 we conclude that the primary field in the homogeneous layer $0 < z < z_1$, too, can be derived from (77.1) and (77.2) if, e.g. for the vertical electric dipole, the amplitude $\boldsymbol{\Pi}_{e,\text{prim}}$ of this primary field is given by (61.1). Further, this $\boldsymbol{\Pi}_{e,\text{prim}}$ can be split, according to (61.3), into cylindrical waves (61.2). We shall investigate what happens to a single rising wave of this type, viz.

$$W_0^\uparrow = J_0(\lambda \varrho)\, e^{-\sqrt{\lambda^2 - k(0)^2} \cdot z}. \tag{77.5}$$

[1] G. Breit and M. A. Tuve: Phys. Rev. **28**, 554 (1926).

The parameter $\lambda = k(0) \sin \vartheta_0$ determines the elevation angle ϑ_0 (see Fig. 59 and Sect. 62); $k(0)$, the wave number in $0 < z < z_1$, may differ slightly from the wave number $k_0 = \omega/c$ in vacuo. When arriving at the boundary $z = z_1$, the Hertzian amplitude $W_0^\uparrow$ is split into:

(a) a refracted wave $J_0(\lambda \varrho) \cdot f(z, \lambda)$ penetrating into the stratified medium. This wave has to satisfy (77.3) which leads to the following ordinary differential equation for the function $f(z, \lambda)$, the so-called *height-gain function*:

$$\frac{d^2 f}{d z^2} + \{k_{\text{eff}}^2(z) - \lambda^2\} f = 0; \qquad (77.6)$$

moreover, $f(z, \lambda)$ has to represent an outgoing wave vanishing at infinity ($z = \infty$);

(b) a reflected cylindrical wave returning downwards into the homogeneous layer. This wave can be represented by

$$W_1^\downarrow = J_0(\lambda \varrho)\, e^{-\sqrt{\lambda^2 - k(0)^2}\, z_1}\, T(\lambda)\, e^{\sqrt{\lambda^2 - k(0)^2}\,(z - z_1)},$$

in which $T(\lambda)$ is the ratio of the amplitudes at $z = z_1$ of the reflected and the initial wave. The reflection coefficient T has to be determined from the boundary conditions at $z = z_1$; the latter require a continuous transition of the

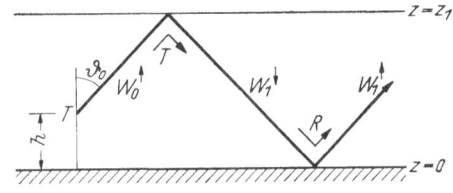

Fig. 59. Reflections undergone by a special cylindrical λ-wave.

field $W_0^\uparrow + W_1^\downarrow$, and of its derivative with respect to z, into the corresponding expressions for the field above $z = z_1$, provided both $k(z_1)$ and $k'(z_1)$ are assumed as continuous. The resulting formula, viz.

$$T(\lambda) = \frac{\sqrt{\lambda^2 - k(0)^2} + [f'(z_1, \lambda)/f(z_1, \lambda)]}{\sqrt{\lambda^2 - k(0)^2} - [f'(z_1, \lambda)/f(z_1, \lambda)]} = \frac{i k(0) \cos \vartheta_0 - [f'(z_1, \lambda)/f(z_1, \lambda)]}{i k(0) \cos \vartheta_0 + [f'(z_1, \lambda)/f(z_1, \lambda)]}, \quad (77.7)$$

also represents the reflection coefficient for plane waves since the substitution of $J_0(\lambda \varrho)$ by $e^{i \lambda x}$ has no effect whatever on the above derivation. However, T has different values T_e and T_m for the electric and magnetic solutions.

The descending wave $W_1^\downarrow$ generates another rising wave $W_1^\uparrow$ of the type (77.5) after reflection against the earth's surface, the change of the amplitude now being given by one of the former reflection coefficients R_e or R_m. This creation of new waves by reflections against the boundaries $z = z_0$ and $z = z_1$ is repeated an infinite number of times, whereas the addition of the resulting contributions from all the rising waves $W_0^\uparrow, W_1^\uparrow, \ldots$, as well as of those from the descending waves $W_1^\downarrow, W_2^\downarrow, \ldots$, amounts to the summation of a geometric series. Moreover, similar contributions arise from the initial descending waves $J_0(\lambda \varrho) \exp\{\sqrt{\lambda^2 - k(0)^2}\, z\}$ which form the other part of the primary field represented by (61.3). This formula fixes the amplitudes of both the initial rising and the initial descending waves. The final integration over λ, involved by (61.3), can also be performed between $-\infty$ and $+\infty$ provided J_0 is replaced by $\frac{1}{2} H_0^{(1)}$ (see Sect. 64).

The outlined procedure leads to the following expression for the length Π_c of the vertical Hertzian vector $\boldsymbol{\Pi}_e$ (in the electric-dipole case) if both the transmitter and the receiving point are on the earth:

$$(\Pi_e)_{z=h=0} = \frac{I_0 l}{2 c} \int\limits_{-\infty}^{\infty} \frac{\lambda}{\sqrt{\lambda^2 - k(0)^2}}\, \frac{\{1 + R_e(\lambda)\}\{1 + T_e(\lambda)\}}{\{1 - R_e(\lambda)\, T_e(\lambda)\}}\, H_0^{(1)}(\lambda \varrho)\, d\lambda. \quad (77.8)$$

The substitution of the proper values of R_e and T_e involves the alternative form:

$$(\Pi_e)_{z=h=0} = \frac{I_0 l}{c} \int_{-\infty}^{\infty} \frac{\lambda H_0^{(1)}(\lambda \varrho)}{(k(0)^2/k_1^2)\sqrt{\lambda^2 - k_1^2} - f'(z_1, \lambda)/f(z_1, \lambda)} \, d\lambda, \qquad (77.9)$$

which reduces to the expression for a homogeneous atmosphere with $k = k_0$ if $-\sqrt{\lambda^2 - k_0^2}$ is substituted for $f'(z_1, \lambda)/f(z_1, \lambda)$.

The cooperation of the successive reflections is also very clear from the following expansion of (77.8) which is the basis of its above derivation:

$$(\Pi_e)_{z=h=0} = \frac{I_0 l}{2c} \int_{-\infty}^{\infty} \frac{\lambda}{\sqrt{\lambda^2 - k(0)^2}} H_0^{(1)}(\lambda \varrho) \left\{ (1+R_e) + (1+R_e)^2 \sum_{j=1}^{\infty} R_e^{j-1} T_e^j \right\} d\lambda. \quad (77.10)$$

The contribution from the first term in the brackets represents the ground wave which also exists for a homogeneous non reflecting atmosphere ($T_e = 0$). An individual term of the j-series corresponds to that part of the sky-wave that is produced after j atmospheric reflections and $j-1$ intermediate reflections at the earth. The factor $(1+R_e)^2$ occurring here points to the cooperation, both near the transmitter and near the receiving point, of a rising and a descending wave. The reflection coefficients R_m and T_m occur in the analogous expansions for the vertical magnetic dipole.

The simultaneous occurrence of various j modes can be demonstrated by BECKMANN's "ring method"[1]. The two plates of an oscillograph are connected with the h. f. signal to be investigated, received during a limited time interval, and the same signal delayed over about $\frac{1}{4}$ cycle; the interference due to pairs of adjacent modes is revealed by a corresponding number of ellipses.

78. Total reflection by a continuous layer; W.K.B. approximation[2]. The sky-wave reflection coefficient (77.7) has to be derived from a solution of (77.6) that vanishes at infinity. The Eq. (77.6) is of the one-dimensional standard type:

$$\frac{d^2 f}{dz^2} + \varkappa^2(z) f = 0, \qquad (78.1)$$

in which for an electric dipole

$$\varkappa_e^2(z) = k_{\text{eff}}^2(z) - \lambda^2 = k^2(z) - k(z) \frac{d^2}{dz^2} \left\{ \frac{1}{k(z)} \right\} - k^2(0) \sin^2 \vartheta_0, \qquad (78.2)$$

whereas the second-derivative term is missing for the magnetic dipole.

A smooth transition at $z = z_1$ from the stratified atmosphere into the homogeneous layer $0 < z < z_1$ involves $k'(z_1) = k''(z_1) = 0$ and $k^2(z_1) = k^2(0)$. The function $\varkappa^2(z)$ then starts at $z = z_1$ for real elevation angles ϑ_0 with the positive value $k^2(0) \cos^2 \vartheta_0$. The further behaviour of $\varkappa^2(z)$ for increasing heights leads to the classification:

(a) $\varkappa^2$ is real throughout (negligible absorption), but becomes negative after passing through zero at some level $z = z_j$. In view of SNELL's law (76.1) in the form:

$$k(z) \sin \tau(z) = k(0) \sin \vartheta_0 = \lambda, \qquad (78.3)$$

the zero value of $\varkappa(z_j)$ amounts to $\tau(z_j) = \pi/2$ if we neglect the second derivative in (78.2). The rising ϑ_0-ray thus becomes horizontal at $z = z_j$, and bends downwards thereafter. This situation, to be discussed in the present chapter, can be described as *total reflection* at $z = z_j$ (see Fig. 60);

---

[1] B. BECKMANN: Fernmelde-Prax. **31**, 25 (1954).

[2] More details on the W. K. B. method have been given by H. S. W. MASSEY in Vol. XXXVI of this Encyclopedia.

(b) $\varkappa^2$ is real and positive up to infinity. Downward reflection in the geometric-optical sense is impossible. However, the return of a part of the energy of the original rising wave down to the earth justifies the term *partial reflection* (see next section);

(c) $\varkappa^2$ is complex due to a non negligible absorption (see Sect. 80).

These different types of reflection can be checked from the rigorous solution of (78.1) in exceptional cases only, very general examples of which have been treated by Epstein[1] and Rawer[2]. Two special cases of the latter are characterized as follows by their effective refractive index $n(z) = k_{eff}(z)/k_0$:

$$n^2(z) = \frac{1}{2}\left\{n_+^2 + n_-^2 + (n_+^2 - n_-^2)\tanh\left(\frac{z}{D}\right)\right\}, \tag{78.4a}$$

$$n^2(z) = n_0^2 + 4(n_e^2 - n_0^2)\,\frac{e^{z/D}}{(1 + e^{z/D})^2}. \tag{78.4b}$$

These profiles represent a monotonic transition layer between two regions with limiting refractive indices n_- (for $z \to -\infty$) and n_+ (for $z \to \infty$), and a symmetrical layer in which n_e is the extreme value of n. In both cases the layer is concentrated near $z = 0$, its thickness being of the order of D. We also mention that an exponential profile for $n^2(z)$, as discussed by van der Wijck[3] and Shmoys[4], does lead to height-gain functions representable by Bessel functions.

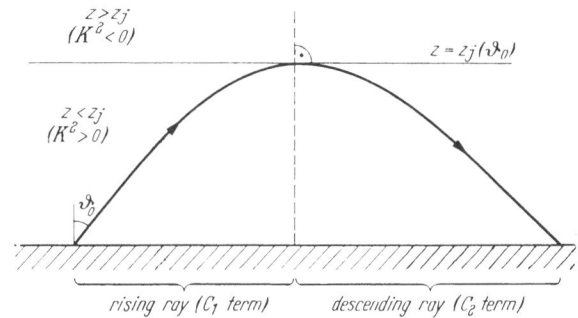

Fig. 60. Total reflection in a stratified medium.

Usually, however, it is necessary to resort to approximations based on the assumption that the relative change of $\varkappa(z)$ is small over one "effective wavelength" $2\pi/\varkappa(z)$. This requirement can conveniently be accounted for by introducing the new variables:

$$I(z) = \sqrt{k(z)\cos\tau(z)/k(0)}\,f(z); \qquad \xi = \int_0^z k(\zeta)\cos\tau(\zeta)\,d\zeta \tag{78.5}$$

instead of f and z, $\tau(z)$ being defined by (78.3). The equation in these new variables becomes:

$$\frac{d^2 I}{d\xi^2} + \left(1 - \frac{dR}{d\xi} - R^2\right)I = 0, \tag{78.6}$$

in which $R(\xi)$ is defined by:

$$\left. \begin{array}{l} R_e = \dfrac{1}{2}\dfrac{d}{d\xi}\log\dfrac{\cos\tau(\xi)}{k(\xi)}\,; \\[2mm] R_m = \dfrac{1}{2}\dfrac{d}{d\xi}\log\{k(\xi)\cos\tau(\xi)\} \end{array} \right\} \tag{78.7}$$

for the electric dipole and the magnetic dipole respectively. The two latter quantities constitute approximate Fresnel reflection coefficients for two adjacent layers the values of $\cos\tau/k$ and $k\cos\tau$ of which differ by an amount given by their variation (in view of their derivative with respect to ξ) over one ξ unit; at vertical incidence, $\tau = 0$, such a unit is proportional to the local wavelength.

[1] P. S. Epstein: Proc. Nat. Acad. Sci. Washington **16**, 627 (1930).

[2] K. Rawer: Ann. Physik **35**, 385 (1939).

[3] C. Th. F. van der Wijck: Thesis, Delft 1946.

[4] J. Shmoys: Proc. Inst. Radio Engrs. **44**, 163 (1956).

Obviously, a gradual change of the properties of the stratified medium involves small values of R; this parameter reduces to zero for a homogeneous medium. A reasonable approximation therefore is obtained by neglecting R altogether in (78.6). The resulting elementary solution is equivalent to the following approximation in terms of the original variables f and z:

$$f(z) \sim C_1 \frac{e^{i \int\limits_{z_j}^{z} k(\zeta) \cos \tau(\zeta) d\zeta}}{\sqrt{k(z) \cos \tau(z)}} + C_2 \frac{e^{-i \int\limits_{z_j}^{z} k(\zeta) \cos \tau(\zeta) d\zeta}}{\sqrt{k(z) \cos \tau(z)}} . \qquad (78.8)$$

Approximations of this type have been termed W.K.B. approximations, such in view of the initials of WENTZEL, KRAMERS and BRILLOUIN who applied it amongst others; they are usually derived from the first-order, non-linear, Riccati equation corresponding to (78.1).

A difficulty often encountered in W.K.B. approximations is the infinite increase of their amplitude factors when approaching a zero of $\varkappa(z)$. In the case under consideration the zero at $z = z_j$ involves an infinite value of (78.8) since $\tau(z)$ passes through $\pi/2$ at the associated reflection level. The negative value of $\varkappa^2 \sim k^2 \cos^2 \tau$ above this level, or the corresponding positive imaginary value there of $k \cos \tau$, requires $C_2 = 0$ since the second term of (78.8) would otherwise increase exponentially in contradiction with physical conditions. Owing to the inapplicability of the W.K.B. approximation near $z = z_j$, however, C_2 is not necessarily zero in the non adjacent region $z_1 < z < z_j$; in the latter both fundamental solutions of (78.1) are oscillatory in view of the positive value of $\varkappa^2$.

We have to do here with an example of a *Stokes's phenomenon* (unequal values, in separated domains, of parameters fixing a solution of a differential equation). The situation in question requires the determination of the connection of the values of C_1 and C_2 for $z < z_j$ with the only remaining value of C_1 for $z > z_j$. The overbridging necessary here has been achieved in various ways, e.g. (a) by ZWAAN[1] by considering C_1 and C_2 as slowly varying functions of z along an indentation connecting $z > z_j$ and $z < z_j$ in the complex z plane while avoiding $z = z_j$, (b) by KRAMERS[2] and LANGER[3] by approximating $\varkappa^2(z)$ by a linear or (if necessary) higher-order approximation $a(z - z_j)^m$ near $z = z_j$, and by determining the corresponding rigorous solution there. The results for $m = 1$ can be represented as follows with the aid of a Hankel function of the order $\frac{1}{3}$

$$f(z) \sim \frac{C}{\sqrt{\varkappa(z)}} \sqrt{\int\limits_{z}^{z_j} \varkappa(\zeta) d\zeta} \cdot H_{\frac{1}{3}}^{(1)} \left\{ \int\limits_{z}^{z_j} \varkappa(\zeta) d\zeta \cdot e^{-i\pi} \right\} ; \qquad (78.9)$$

the integral is defined by $e^{i\pi} \int\limits_{z_j}^{z} \varkappa d\zeta$ if $z > z_j$. The asymptotic evaluation of the Hankel function yields the following approximations of the type (78.8) in the two regions well above and below the reflection level $z = z_j$:

$$f(z) \approx \begin{cases} i C \sqrt{\dfrac{2}{\pi \varkappa(z)}} \; e^{-\int\limits_{z_j}^{z} |\varkappa(\zeta)| d\zeta - i 5 \pi/12} & (z \gg z_j), \qquad (78.10) \\[4mm] 2 C \sqrt{\dfrac{2}{\pi \varkappa(z)}} \; e^{-i\pi/6} \cos \left\{ \int\limits_{z}^{z_j} \varkappa(\zeta) d\zeta - \dfrac{\pi}{4} \right\} & (z \ll z_j). \qquad (78.11) \end{cases}$$

[1] A. ZWAAN: Thesis, Utrecht 1929, Chap. III, Sect. 2.
[2] H. A. KRAMERS: Z. Physik **39**, 828 (1926).
[3] R. E. LANGER: Phys. Rev. **51**, 669 (1937).

The rising and descending waves described by the two exponential contributions contained in (78.11), are combined into the single rising and exponentially decaying wave of (78.10) in the region above the reflection level. The comparison of the two former waves at $z = z_1$, or also an application of (77.7) for f given by (78.11), yields [remembering that $\varkappa = k \cos \tau$; $\varkappa(z_1) = k(0) \cos \vartheta_0$; $\varkappa'(z_1) = 0$]

$$T(\vartheta_0) = -i \, e^{\overset{z_j}{\underset{z_1}{2i \int}} \sqrt{k_{\text{eff}}^2(\zeta) - \lambda^2} \, d\zeta} = -i \, e^{\overset{z_j}{\underset{z_1}{2i \int}} k(\zeta) \cos \tau(\zeta) \, d\zeta} . \qquad (78.12)$$

The property $|T| = 1$ indicates that the reflection at $z = z_j$, if possible at all in view of SNELL's law, is total in the W.K.B. approximation. The exponential factor of (78.12) is in accordance with the variation of the phase along the trajectory, the factor 2 arising from the identical contributions from its rising and its descending parts. The factor $-i$ indicates an extra phase shift of $-\pi/2$ connected with the total reflection; it can be compared with the well-known phase shift occurring at optical total reflections.

In the rigorous theory the connection between the rising and descending waves below the reflection level, and the single rising wave above it is expressed by a linear relation between the three corresponding solutions of the wave Eq. (78.1). This relation involves an exact value of the reflection coefficient T which thus proves to depend on gamma functions in the case of the profiles (78.4a) and (78.4b). For a non absorbing layer (n real) the modulus of T becomes rather simple; it is then given by:

$$|T| = \left| R_m(\vartheta_-) \frac{\Pi^2 \{(-i \, k_0 D/2) (n_+ \cos \vartheta_+ + n_- \cos \vartheta_-)\}}{\Pi^2 \{(-i \, k_0 D/2) (n_+ \cos \vartheta_+ - n_- \cos \vartheta_-)\}} \right| , \qquad (78.13\,\text{a})$$

$$|T| = \left| \frac{\cos \left\{ \frac{\pi}{2} \sqrt{1 + 16 k_0^2 D^2 (n_e^2 - n_0^2)} \right\}}{\cos \left\{ \frac{\pi}{2} \sqrt{1 + 16 k_0^2 D^2 (n_e^2 - n_0^2)} + 2\pi i \, k_0 D \, n_0 \cos \vartheta_- \right\}} \right| , \qquad (78.13\,\text{b})$$

respectively, provided the radicand is real in the second case. Here ϑ_- represents the elevation angle of the rising primary wave at $z = -\infty$, and ϑ_+ the corresponding (possibly complex) angle at $z = +\infty$ of the refracted wave, whereas $n_- \sin \vartheta_- = n_+ \sin \vartheta_+$ according to SNELL's law; moreover, $R_m(\vartheta_-)$ constitutes the Fresnel reflection coefficient of (65.1) for the angle of incidence $\vartheta_- = \arcsin (\lambda/k_0)$ and for a refractive index k_1/k_0 replaced by n_+/n_-.

A further evaluation of (78.13 a) shows the following interesting properties of the monotonic transition layer defined by (78.4a):

(a) for $\vartheta_- > \vartheta_l = \arcsin (n_+/n_-)$ we have $|T| = 1$. Total reflection thus occurs rigorously, under the well-known conditions, at all frequencies;

(b) for $\vartheta_- < \vartheta_l$ we have:

$$|T| = \left| \frac{\sinh \{(\pi \, k_0 D/2) (n_+ \cos \vartheta_+ - n_- \cos \vartheta_-)\}}{\sinh \{(\pi \, k_0 D/2) (n_+ \cos \vartheta_+ + n_- \cos \vartheta_-)\}} \right| . \qquad (78.14)$$

This value smaller than unity is in agreement with the presence of a refracted ray which reduces the intensity of the reflected ray.

79. Partial reflection by a continuous layer; corrections to the W.K.B. approximation.
We next consider a stratified atmosphere which is unable to reflect rays leaving the earth at some elevation angle ϑ_0. The function $\varkappa(z)$ of (78.2), being everywhere positive, implies that the W.K.B. approximation given by the first term of (78.8) should represent a rising wave in view of the time factor $e^{-i\omega t}$.

The corresponding zero value of the reflection coefficient (77.7) suggests a small value for the rigorous expression of this coefficient. Its evaluation necessarily depends on corrections to the W.K.B. approximation; these corrections could be derived by taking into account the function R in (78.6) which has been neglected sofar. The mentioned connection of R to the Fresnel reflection coefficient of two adjacent layers indicates its association with "internal reflections" which can be ascribed to the differences in refractive index of the infinitesimal horizontal layers composing the stratified medium. These reflections have also been termed "gradient reflections" in view of their connection with the non-zero value of the gradient dn/dz.

The smallness of the internal-reflection coefficient R makes it reasonable to expand the complete solution of (78.6) into contributions of increasing orders $R^0, R^1, R^2 \ldots$. Its evaluation, as performed by the author[1], is facilitated by replac-

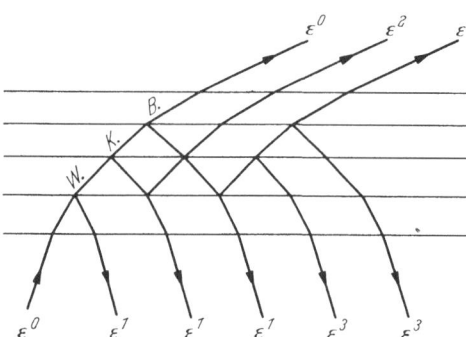

Fig. 61. Internal reflections in a stratified medium.

ing R by εR, by ordering with respect to powers of ε, while ultimately putting $\varepsilon = 1$. The term proportional to ε^j can be interpreted as produced by j successive internal reflections which may take place anywhere in the medium (compare the representation in Fig. 61 for a corresponding discontinuously varying stratified medium). An original rising wave (of order ε^0) thus produces additional rising waves after an even number of internal reflections (contributions of order $\varepsilon^2, \varepsilon^4, \ldots$),

and downcoming waves after an odd number of such reflections (contributions of order $\varepsilon^1, \varepsilon^3, \ldots$). The sum of the former determines the total rising wave, that of the latter the total downcoming wave; the local ratio of these total waves satisfies the first-order Riccati equation corresponding to (77.6), a result established in a different way by Schelkunoff[2].

The evaluation from (78.6) of the generating rising wave represented by the above mentioned W.K.B. term, and of the descending wave composed of waves split off from the former by a single internal reflection (contribution proportional to ε^1), results into the following expression in terms of the original variables f and z:

$$f(z) = \frac{C}{\sqrt{k \cos \tau}} \left\{ e^{i \int_{z_1}^{z} k \cos \tau \, ds} - \frac{1}{2} \int_{\zeta=z}^{\zeta=\infty} \frac{d(\cos \tau / k)}{\cos \tau / k} \, e^{i \left(\int_{z_1}^{\zeta} k \cos \tau \, ds + \int_{z}^{\zeta} k \cos \tau \, ds \right)} + \cdots \right\}; \quad (79.1)$$

for a magnetic dipole $\cos \tau / k$ should be replaced by $k \cos \tau$. The two phase factors in the last term correspond to the rising trajectory from $z=0$ to the level of internal reflection at $z=\zeta$, and to the following descending trajectory to the point of observation. Obviously reflections at levels below the latter are ineffective; this explains the restriction of the integration to the domain $\zeta > z$.

A first-order approximation of the reflection coefficient T is obtained by neglecting contributions depending on more than one internal reflection [indicated by the dots in (79.1)]. It can be derived from the ratio at $z=z_1$ of the second

[1] H. Bremmer: Physica (The Hague) 15, 593 (1949).
[2] S. A. Schelkunoff: Comm. Pure Appl. Math. 4, 117 (1951).

and first term of (79.1) and reads explicitly:

$$T \sim -\frac{1}{2} \int\limits_{\zeta=z_1}^{\zeta=\infty} \frac{d(\cos\tau/k)}{\cos\tau/k}\, e^{\, 2\,i \int\limits_{z_1}^{\zeta} k \cos\tau\, ds} \tag{79.2}$$

($\cos\tau/k$ replaced by $k\cos\tau$, once again, for the magnetic dipole). The amplitude factor $d\{\cos\tau/k\}/\{2\cos\tau/k\}$ represents a limiting form of the Fresnel reflection coefficient R_e of (62.3); in fact, the latter can be written as follows for a boundary separating two media with wave numbers k_1 and k_2, while changing the elevation angle of a ray from τ_1 into τ_2 (see Fig. 62):

$$R_e = \frac{(\cos\tau_2/k_2) - (\cos\tau_1/k_1)}{(\cos\tau_2/k_2) + (\cos\tau_1/k_1)}.$$

The rapid change of the phase factor in (79.2), which has no extreme value for this non optically reflecting medium, greatly reduces the numerical value of T.

The atmosphere is thus characterized by the usual occurrence of one of two extremes: either total reflection, or a very small partial reflection.

The small effects described in this section have been called *"coherent scattering"*. In ionospheric applications we derive (for negligible absorption and earth's magnetic field) form (75.4) (for $n = k/k_0$) and (78.3) [for $k(0) = k_0 = \omega/c$]:

$$k^2 \cos^2\tau = k_0^2 \cos^2\vartheta_0 - \frac{1}{c^2}\,\omega_{\mathrm{cr}}^2(z).$$

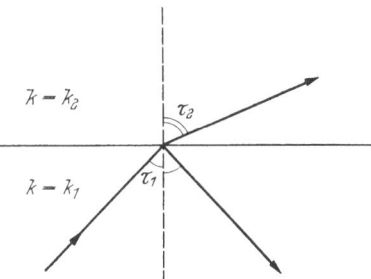

Fig. 62. Geometry of reflection and refraction by a plane boundary.

Hence the approximation replacing (79.2) for the magnetic dipole (or generally horizontal polarization) only depends on $k_0 \cos\vartheta_0$, or on $f \cos\vartheta_0$, if the frequency f and the elevation angle ϑ_0 are varied. Some experiments by APPLETON and BEYNON[1] fut to such a dependence, which, however, loses this simple form for vertical polarization.

The total effect of partial reflections can be studied exactly for profiles allowing rigorous computations. The expression (78.14) for the monotonic transition layer defined by (78.4a) leads to a reflection coefficient which increases, near grazing incidence, with the wavelength. Such an increase, discussed by SMYTH and TROLESE[2], is typical for the gradual change of the refractive index; it has been observed under special tropospheric propagations conditions. The expression (78.13a) further shows the small influence of the exact form of the profile if $k_0 D \cos\vartheta_- \ll 1$ or $D \cos\vartheta_- \ll \lambda$; the layer behaves then like a sharp boundary with properties determined by FRESNEL's reflection coefficient. The opposite limiting case $D \cos\vartheta_- \gg \lambda$ mainly depends on the difference $n_+^2 - n_-^2$.

80. Partial reflections due to absorption. In practical radio communication the absorption effected by the ionospheric D region is most striking. In such an absorbing medium ray trajectories cannot be defined by being directed along the Poynting vector since this vector changes, apart from its length, also its direction during one cycle of a monochromatic signal. The conventional definition characterizing the rays therefore has to be extended in some way or other; EPSTEIN[3] defined them as the locus connecting field maxima in a small-angle beam.

---

[1] E. APPLETON and W. J. G. BEYNON: J. Atmos. and Terrestr. Phys. **6**, 141 (1955).

[2] J. B. SMYTH and L. G. TROLESE: Proc. Inst. Radio Engrs. **35**, 1198 (1947).

[3] P. EPSTEIN: Proc. Nat. Acad. Sci. Wash. **16**, 37 (1930).

The practical circumstances of a sky-wave returning to the earth with an intensity which is still observable in spite of D absorption en route, usually concern an absorption too small for a significant disturbance of the ray trajectory occurring in its absence. The real part of the refractive index [to be derived from (75.4) in the case of negligible earth's magnetic field] then fixes the trajectories according to SNELL's law (76.1), whereas its imaginary part determines the attenuation along these trajectories. The overall attenuation here follows from the modulus of the W.K.B. approximation (78.12), which represents the approximative ionospheric reflection coefficient ϱ_i; this modulus becomes smaller than unity in view of the complex value of the wave number $k(z) = k(0) \cdot n(z) \sim \omega n(z)/c$. The substitution of $n(z)$ according to (75.4) yields the following expression for the total attenuation if the expansion of the integral in (78.12) (with respect to the collisional frequency ν) is cut off after its first-order term:

$$\varrho_i = |T| \sim e^{\displaystyle -\frac{1}{c\,\omega} \int\limits_{z_1}^{z_j(\vartheta_0)} \frac{\nu(z)\,\omega_{\mathrm{cr}}^2(z)}{\sqrt{\omega^2 \cos^2 \vartheta_0 - \omega_{\mathrm{cr}}^2(z)}}\,d z} . \tag{80.1}$$

The integral shows the dominating role of the absorption near the turning point at $z = z_j$ of the trajectory. In fact, the value $\tau = \pi/2$ at this point leads to a refractive index [see (78.3) for $k(0) = k_0$]:

$$n(z_j) = k(z_j)/k_0 = \sin \vartheta_0 , \tag{80.2}$$

so that [in view of (75.4) for $\nu = 0$]:

$$\omega_{\mathrm{cr}}(z_j) = \omega \cos \vartheta_0 ; \tag{80.3}$$

this involves an infinite value of the integrand in (80.1). Hence, absorption is most effective in the nearly horizontal part of the trajectory. The exponential form of $\varrho_i = |T|$ indicates that the attenuation due to traversing a layer (e.g. the D region) below the reflecting layer (E or F) is obtained by merely integrating between the two boundaries of the former.

A simple relation, known as MARTYN's absorption theorem and discussed by BEYNON[1], connects the absorption at oblique incidence ($\vartheta_0 \neq 0$) with that at vertical incidence ($\vartheta_0 = 0$). It can be derived at once from (80.1) by observing that the exponent only depends, apart from the factor ω^{-1}, on the quantity $\omega \cos \vartheta_0$ which also fixes the upper integration limit according to (80.3). Hence $\omega \log \varrho_i$, or also $f \log \varrho_i$ ($f =$ frequency), becomes a function of $\omega \cos \vartheta_0$ or of $f \cos \vartheta_0$; this is equivalent to the formulation:

$$\log \varrho_i(f, \vartheta_0) = \cos \vartheta_0 \, \log \varrho_i(f \cos \vartheta_0, 0) .$$

This similarity rule can be compared with that for horizontal polarization in the case of coherent scattering in the absence of any absorption; the derivation by APPLETON and BEYNON[2], which concerns the Fresnel coefficient of a sharply bounded layer, involves the omission of the factor $\cos \vartheta_0$. Experiments on the angular dependence of the radiation therefore may discriminate between attenuation due to scattering and due to absorption.

A very general similarity rule valid for any ν value (assumed as constant throughout the layer) and any stratification profile is arrived at by considering the coefficient $K^2(z)$ of (78.1). The latter completely determines ϱ_i. In the

[1] W. J. G. BEYNON: Proc. Inst. Electr. Engrs. **101** (III), 15 (1954).
[2] E. APPLETON and W. J. G. BEYNON: J. Atmos. a. Terres. Phys. **6**, 141 (1955).

simplest case of horizontal polarization we have [see (78.2)]:

$$K^2(z) = k^2(z) - k^2(0) \sin^2 \vartheta_0 = \omega^2 \cos^2 \vartheta_0/c^2 + \omega^2(n-1)/c^2.$$

In view of (75.4) this only depends, the electronic distribution being given, on $\omega \cos \vartheta_0$ and $\nu \cos \vartheta_0$. Therefore, the same holds for ϱ_i. The resulting similarity rule, discussed by ARGENCE et al.[1], comprises, according to the numerical value of ν, both MARTYN's law and the above mentioned limiting law for $\nu = 0$.

The two following limiting cases of ionospheric absorption are of special interest:

α) *Non-deviative absorption.* This term is used if the ray is not significantly refracted in an absorbing layer $z_1 < z < z_2$ traversed by it (see Fig. 63). In this case $\omega_{cr} \ll \omega \cos \vartheta_0$ holds throughout the layer. It involves the following approximation of (80.1) when passing from ω to $\lambda = 2\pi c/\omega$:

$$|T| \approx e^{-\lambda^2 \int_{z_1}^{z_2} \nu(z) \, \omega_{cr}^2(z) \, dz/(4\pi^2 c^3 \cos \vartheta_0)}. \qquad (80.4)$$

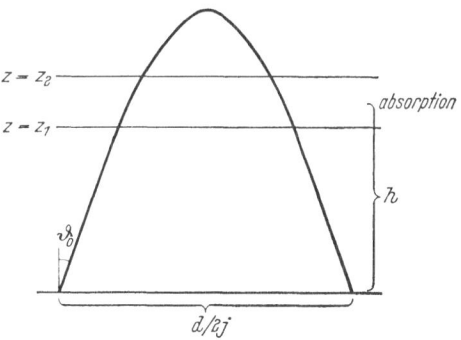

Fig. 63. Geometry of non-deviative absorption.

For a non-curved layer at an average height h, producing transmission over a distance d in j hops, $\cos \vartheta_0$ can be approximated by $2jh/d$ if small elevation angles are left out of consideration. The total attenuation for j hops then is obtained by multiplying the exponent by $2j$; in this approximation $j/\cos \vartheta_0 = d/(2h)$ becomes independent of j so that the resulting total attenuation factor $|T|$ becomes of the form $e^{-\alpha \lambda^2 d}$ in which α is independent of the hop number j. This simple dependence therefore also holds if rays of various hop numbers cooperate. The quantity α only depends on the solar height, the season, and the phase of the sun cycle when considering D-region absorption for short waves;

β) *Deviative absorption.* This term applies to frequencies near

$$\omega_{max} = \omega_{cr,m} \sec \vartheta_0, \qquad (80.5)$$

in which $\omega_{cr,m}$ ist the value of ω_{cr} corresponding to the maximum electron density in the layer. According to (80.3) $f_{max} = \omega_{max}/2\pi$ is the highest frequency for which reflection by the layer in question is possible at all, ϑ_0 being given; this f_{max} is generally known as the *muf* (abbreviation of maximum usable frequency; see also Sect. 114). Obviously the dependence of the reflection coefficient $|T|$ on the frequency is very pronounced near f_{max} since this coefficient drops to zero just above it. For frequencies just below f_{max} the nearly horizontal part of the trajectory is largest.

81. Geometrical-optics approximation of the sky-wave. We can derive this approximation separately for each individual term in (77.10), such a term being fixed by the number of atmospheric reflections j (the so-called hop number). The numerically dominating part of the integration path (considering the geometric-optical region) admits the application of the asymptotic approximation for $H_0^{(1)}(\lambda \varrho)$. The further substitution of (78.12) for the reflection coefficient

[1] E. ARGENCE, K. RAWER and K. SUCHY: C. R. Acad. Sci., Paris **241**, 505 (1955).

then yields for the j-th contribution:

$$(\Pi_{e,j})_{z=h=0} \sim \frac{I_0 \, l \, i^{-j-\frac{1}{2}}}{c\sqrt{2\pi\varrho}} \int_{-\infty}^{\infty} \frac{\sqrt{\lambda}}{\sqrt{\lambda^2 - k^2(0)}} (1 + R_e)^2 R_e^{j-1} e^{i\lambda\varrho + 2ij\int_{z_1}^{z_j(\lambda)} k(\zeta)\cos\tau(\zeta)\,d\zeta} \, d\lambda. \quad (81.1)$$

In this expression $z_j(\lambda)$ marks the (in the geometric-optical domain real) reflection level of the ray trajectory determined for each special value of λ by Snell's law (78.3).

The saddlepoint approximation of (81.1) first of all depends on the position of the saddlepoint $\lambda_{s,j}$ of the exponential factor. In view of the value $\pi/2$ of $\tau(z_j)$, we find the following relation by equating to zero the derivative of the exponent:

$$\varrho = 2j\,\lambda_{s,j} \int_{z_1}^{z_{j,s}} \frac{dz}{\sqrt{k^2(z) - \lambda_{s,j}^2}} = 2j \int_{z_1}^{z_{j,s}} \tan\tau(z)\,dz. \quad (81.2)$$

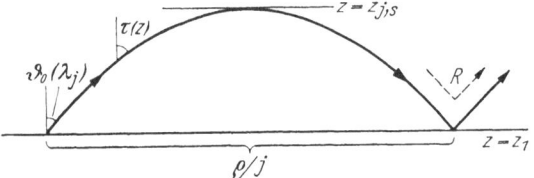

Fig. 64. Geometry of a single sky-wave component.

As usually, such a saddle-point relation characterizes the geometric-optical trajectory reaching the point of observation. In this case the saddle-point fixes the elevation angle $\vartheta_0(\lambda_j) = \arcsin\{\lambda_j/k(0)\}$ of the trajectory connecting the trans-mitter and receiving point (both assumed on the earth's surface) in j hops, or overbridging a distance ϱ/j in one hop (see Fig. 64).

The second-order saddlepoint approximation of the Hertzian-vector amplitude $\Pi_{e,j}$ can next be evaluated along the lines of Sect. 18. The transition to the field components is performed by (77.1) for the vertical electric dipole; the main field component e_z is obtained in the homogeneous space $0 < z < z_1$ by applying the operator $-\{i/k(0)\}(\partial^2/\partial x^2 + \partial^2/\partial y^2)$, that is, by multiplying the integrand of (77.10) by $i\lambda^2/k(0)$. Replacing this factor by its saddlepoint value $ik(0)\sin^2\vartheta_0(\lambda_{s,j})$, we arrive at an expression for the vertical component of the electric field which can be represented in the following physical form:

$$(e_{z,j})_{z=h=0} \sim ik(0)\frac{I_0 l}{c}\{\sin^2\vartheta_0(1 + R_e)^2 i^{-j}R_e^{j-1}\}_{\lambda=\lambda_{s,j}}\sqrt{D}\,\frac{e^{ik(0)\hat{\varrho}_j}}{\varrho}. \quad (81.3)$$

The new quantities introduced here are defined as follows:

$$(a) \quad \hat{\varrho}_j = \frac{2j}{k(0)}\int_0^{z_{j,s}} \sqrt{k^2(z) - \lambda_{s,j}^2}\,dz + \frac{\lambda_{s,j}}{k(0)}\varrho$$

$$= \frac{2j}{k(0)}\int_0^{z_{j,s}} k(z)\cos\tau(z)\,dz + \varrho\sin\vartheta_0(\lambda_{s,j}); \quad \Bigg\} \quad (81.4)$$

this parameter proves to be the optical length $\int_T^R n\,ds$ of the j-hop path to the receiving point;

$$(b) \quad D = \varrho\left\{\tan\vartheta_0\frac{d\vartheta_0}{d\varrho}\right\}_{\vartheta_0=\vartheta_0(\lambda_{s,j})}; \quad (81.5)$$

this quantity is a divergence coefficient similar to that defined by (48.2). In fact, D appears to be the ratio of the cross-sections of one and the same narrow pencil of rays leaving the transmitter in the two cases of a fictitious rectilinear propagation over a distance $\hat{\varrho}$, and of the actual propagation over the same distance along the curved trajectory overbridging the horizontal distance ϱ in j hops [which corresponds to the elevation angle $\vartheta_0(\lambda_{s,j})$]. The function $\vartheta_0(\lambda_{s,j}) = $ arc sin $\{\lambda_{s,j}/k(0)\}$ of (81.5) is implicitly given by (81.2).

The various factors of (81.3) have the following physical significance. The two factors $\sin\vartheta_0(\lambda_{s,j})$ arise from the influence of the radiation patterns in free space of the transmitting and the receiving dipole [compare (26.6)]. Similarly, the two factors $1 + R_e$ account for the addition of the ground-reflected field at either dipole. The factor i^{-i} originates from the extra phase shifts of $-\pi/2$ at each of the j gradual reflections in the atmosphere (see the end of Sect. 78). The factor R_e^{j-1} is connected with the $j-1$ intermediate ground reflections. The factor $\sqrt{D}$ describes the extra divergence (or convergence if $D > 1$) effected by the atmospheric refraction. Finally, $\exp\{i k(0)\hat\varrho\}/\varrho$ represents the free-space field at a distance $\hat\varrho \sim \varrho$ if all influences mentioned before are absent.

An expression similar to (81.3) applies to the vertical magnetic dipole. The extension to an arbitrary antenna system leads to the following formula for the amplitude of the electric field itself [which differs in the above case by a factor $\sin\vartheta_0(\lambda_{s,j})$ from that for the z component]:

$$(e_j)_{z=h=0} \sim i \sqrt{\frac{8\pi}{c}\, W(\vartheta_0)}\, \{(1 + R_{e,m})^2\, i^{-j}\, R_{e,m}^{j-1}\}_{\lambda = \lambda_{s,j}}\, \sqrt{D}\, \frac{e^{i k(0)\hat\varrho}}{\varrho}; \qquad (81.6)$$

$W(\vartheta_0)$ here represents the radiation per unit solid angle in the direction $\vartheta_0(\lambda_{s,j})$ of the ray reaching the point of observation after j hops, and $R_{e,m}$ the corresponding reflection coefficient at the earth for the type of polarization in question. At short distances the one-hop transmission ($j = 1$) dominates. Multi-hop transmission overbridging large distances is significantly influenced by the curvature of the earth (see subchapter V b).

82. Mode theory for a plane stratified atmosphere.
The rigorous theory of Sect. 77 started from the transmitter field, and investigated what happened to each of the cylindrical waves contained in this field; the modifications undergone by these waves are in accordance with the boundary conditions. On the other hand, the mode theory starts right from these boundary conditions and combines solutions satisfying the latter, the so-called "modes", in such a way as to provide a field with the prescribed singularities at the transmitting system.

Mode solutions characterized by special boundary conditions are particularly useful in the theory of wave guides. The atmosphere also constitutes a type of wave guide which is limited at one side by the earth's surface, and at the other side by the immaterial level reflecting ray trajectories that do not escape into the sky (however, the position of this level depends on the elevation angle of the ray in question). The property of all practical radio wavelengths of being smaller than the thickness of this guide (which is of the order of the ionospheric height) explains the very possibility of propagation over great distances along the earth's surface.

The mode theory is particularly convenient at large distances, such owing to the rapid convergence there of its series expansions. A general theory based on W.K.B. approximations has been developed by BOOKER and WALKINSHAW[1] for a perfectly conducting earth. All further applications, e.g. those considered by PEKERIS[2], refer to profiles $n(z)$ of the refractive index in the troposphere

---

[1] G. H. BOOKER and W. WALKINSHAW: Joint conference of the Phys. Soc. and of the Royal Met. Soc., 8th April 1946, Appendix II.
[2] C. L. PEKERIS: J. Appl. Phys. **17**, 1108 (1946). — Proc. Inst. Radio Engrs. **35**, 453 (1947).

that are idealizations derived from meteorological data. The special case of two adjacent homogeneous atmospheric layers has been worked out by Kahan and Eckart[1].

In the representative cases of a vertical electric and of a vertical magnetic dipole at $\varrho = 0$, $z = h$ the mode theory can be summarized as follows. The length of the vertically directed Hertzian vector is to be determined as the following sum over the individual modes labelled by the integer l:

$$\Pi(\varrho, z) = \sum_l c_l f_l(z) H_0^{(1)}(\lambda_l \varrho). \tag{82.1}$$

Each mode has to satisfy the scalar wave equation (77.3) as well as the necessary boundary conditions at $z = \infty$ and at $z = 0$. The first condition involves the differential equation (77.6), that is,

$$\frac{d^2 f_l}{dz^2} + \{k_{\text{eff}}^2(z) - \lambda_l^2\} f_l = 0 \tag{82.2}$$

for $f_l(z)$. The boundary condition at infinity requires $f_l(\infty) = 0$ whereas that at the earth's surface may be accounted for by the approximate relation

$$\frac{d f_l}{d z} = \gamma f_l \quad (z = 0), \tag{82.3}$$

such in accordance with (68.2). These conditions can be fulfilled simultaneously for special values of the parameter $\lambda_l = k(0) \sin \vartheta_{0,l}$; obviously $\vartheta_{0,l}$ represents (if real-valued) the elevation angle at the earth's surface of a ray trajectory that can be associated with the mode in question, and which depends on Snell's law (78.3) for ϑ_0 replaced by $\vartheta_{0,l}$. The determination of the characteristic angles $\vartheta_{0,l}$ can be interpreted as a quantization of angular directions. The simple boundary condition (82.3) implies a discrete λ_l spectrum only, whereas an additional continuous spectrum is to be expected in the rigorous theory also accounting for the field inside the earth. According to Friedman[2], however, the contribution from the continuous spectrum is small if $\varepsilon_{\text{earth}} \gg \varepsilon_{\text{atmosphere}}$.

Once the modes are known, their amplitudes c_l in the expansion (82.1) are to be chosen in accordance with the singularity at the transmitter. This singularity is independent of the inhomogeneity of the space at some distance from the transmitter; it therefore corresponds to that of the primary field (61.1) in the case of the electric dipole. This situation involves a inhomogeneous equation differing from (77.3) by a right-hand side given by an impulse function. For a transmitter at $\varrho = 0$, $z = h$ the inhomogeneous equation reads:

$$\left.\begin{aligned} \{\varDelta + k_{\text{eff}}^2(z)\} \Pi(\varrho, z) &= -4\pi \frac{I_0 L}{c} \delta(x) \delta(y) \delta(z - h) \\ &= -4 \frac{I_0 L}{c} \frac{\delta(\varrho)}{\varrho} \delta(z - h). \end{aligned}\right\} \tag{82.4}$$

The completeness and the orthogonality of the functions $f_l(z)$ for $0 < z < \infty$ (being those solutions of a differential equation that satisfy homogeneous boundary conditions) implies the further expansion:

$$\delta(z - h) = \sum_l \frac{f_l(h) f_l(z)}{\int\limits_0^\infty f_l^2(s) \, ds}. \tag{82.5}$$

[1] T. Kahan and G. Eckart: Ann. de Phys. (12) 5, 641 (1950).
[2] B. Friedman: Comm. Pure Appl. Math. 4, 317 (1951).

The substitution of (82.1) and (82.5) into (82.4) enables the determination of c_l by equating the coefficient of f_l in both sides of the equation, applying moreover the relation:

$$\left(\frac{\partial^2}{\partial x^2} + \frac{\partial^2}{\partial y^2} + \lambda_l^2\right) H_0^{(1)}(\lambda_l \varrho) = 4i\,\delta(x)\,\delta(y) = 4i\,\frac{\delta(\varrho)}{\pi\varrho}$$

The resulting values of the c_l's amount to the expansion

$$\Pi = \frac{i\pi}{c} I_0 L \sum_l H_0^{(1)}(\lambda_l \varrho)\, \frac{f_l(h)\,f_l(z)}{\int\limits_0^\infty f_l^2(s)\,ds} \tag{82.6}$$

for the length of the Hertzian vector. The connection with the geometrical-optics treatment of Sect. 77 is arrived at as follows. The Eq. (82.2) defines (apart from a constant factor) for any value λ, instead of the special values λ_l, a solution $f(z, \lambda)$ vanishing at $z = \infty$. The denominator of (82.6) can then be reduced with the aid of (82.2), and of its derivative with respect to λ; it leads to the alternative expansion:

$$\Pi = \frac{2\pi}{ic} I_0 L \sum_l \lambda_l\, \frac{f_l(h)\,f_l(z)}{f_l^2(0)}\, \frac{H_0^{(1)}(\lambda_l \varrho)}{\left\{\dfrac{\partial}{\partial\lambda}\, \dfrac{f'(0,\lambda)}{f(0,\lambda)}\right\}_{\lambda=\lambda_l}}. \tag{82.7}$$

In view of the boundary condition (82.3) this sum proves to be identical to the sum of the residues (at the poles above the real axis) of the integrand of an integral over λ which reads as follows for $z = h = 0$:

$$\Pi_{z=h=0} = -\frac{I_0 L}{c} \int\limits_{-\infty+i0}^{\infty+i0} \lambda\, \frac{H_1^{(0)}(\lambda\varrho)}{\gamma - f'(0,\lambda)/f(0,\lambda)}\, d\lambda. \tag{82.8}$$

This integral is not different from (77.9) for $z_1 = 0$ if λ is replaced by k_0 in the first term of the denominator of the latter, or also if the reflection coefficient R_e in (77.8) is approximated by

$$R_e(\lambda) \sim \frac{\sqrt{\lambda^2 - k^2(0)} - \gamma}{\sqrt{\lambda^2 - k^2(0)} + \gamma} = \frac{-ik(0)\cos\vartheta_0 - \gamma}{-ik(0)\cos\vartheta_0 + \gamma}. \tag{82.9}$$

It has thus been proved, by applying the assumptions leading to the approximative boundary condition (68.2) at the earth's surface, that the mode theory yields results identical to those derived from the geometrical-optics conceptions dealt with in Sect. 77.

83. Trapped modes and leaky modes; resonance conditions. The modes discussed in the previous section are completely fixed by the boundary condition (82.3) if $f(z, \lambda)$ has been introduced as a solution of (82.2) that vanishes at infinity, or behaves as an outgoing wave there. In view of (77.7) and (82.9) this condition can be put (for $z_1 = 0$) in the simple form $R_e(\lambda_l) \cdot T(\lambda_l) = 1$. We here recognize a resonance condition which expresses that a wave propagated along the trajectory with initial elevation angle $\vartheta_{0,l} = \arcsin\{\lambda_l/k(0)\}$ remains unchanged after two consecutive reflections at the earth and in the atmosphere. This interpretation still holds if the trajectory loses its clear significance owing to a complex value of $\vartheta_{0,l}$.

In a non absorbing stratified atmosphere there may exist modes for which the quantity $\varkappa^2(z) = k_{\text{eff}}^2(z) - \lambda_l^2 \sim k^2(z) - \lambda_l^2$ passes through zero at some level

$z = z_l$. The W.K.B. approximations discussed in Sect. 78 indicate that the rays corresponding to such a mode are reflected at the level in question, and that the factor f_l of the wave function $f_l(z) H_0^{(1)}(\lambda_l \varrho)$ decays exponentially above it. The necessarily real value of λ_l for the modes under consideration implies that the modulus of the other factor $H_0^{(1)}(\lambda_l \varrho)$ decreases as slowly as $\varrho^{-\frac{1}{2}}$. The field therefore is concentrated in the layer $0 < z < z_l$; the mentioned decrease there in horizontal directions is typical for cylindrical waves. Since the energy cannot escape into vertical directions, these modes have been termed "*trapped*". The trigonometric approximation (78.11) in the mentioned layer points to the interference of a rising and a downcoming wave which waves can also be interpreted as belonging to two different modes with opposite values of λ_l. The similarity of these two coupled modes can only be violated by the double refraction due to the earth's magnetic field (see Sect. 85).

Trapped modes only occur in exceptional limiting cases. The wave functions of the much more general modes with complex λ_l are characterized by a factor $f_l(z)$ with a modulus increasing for small heights, and by a factor $H_0^{(1)}(\lambda_l \varrho)$ with a modulus decreasing as rapidly as $\exp(-\varrho \operatorname{Im} \lambda_l)/\varrho^{\frac{1}{2}}$ at large horizontal distances. The field therefore is not concentrated near the earth, its energy escapes in an oblique direction into space which justifies the term "*leaky modes*". At very large horizontal distances the leaky modes with smallest values of $\operatorname{Im} \lambda_l$ only have numerical importance.

The application to tropospheric propagation of short waves has stimulated the determination of the eigenvalues λ_l for many profiles of $n(z)$ or $k(z)$. For trapped modes the atmospheric reflection coefficient T can be approximated by the W.K.B. expression (78.12). The logarithm of the resonance condition, viz. $\log(R_e T) = 2\pi i l$ (l = integer), then yields:

$$\left. \begin{aligned} \int\limits_0^{z_l} k(z) \cos \tau(z) \, dz = \int\limits_0^{z_l} \sqrt{k^2(z) - k^2(0) \sin^2 \vartheta_{0,l}} \, dz \\ = \pi \left(l + \frac{1}{4} \right) + \frac{i}{2} \log R_e(\vartheta_{0,l}). \end{aligned} \right\} \tag{83.1}$$

This so-called *phase-integral relation* can also be used for the derivation of the leaky modes; in this case the complex level z_l of the turning point is defined as a zero of the square root in (83.1) (or, if necessary, as the zero with the smallest real part). ECKERSLEY's[1] argument for the applicability of (83.1) to all modes can be summarized as follows. The gradual reflection in the stratified medium implies that the rising wave represented by the first term of (78.8) (which can be derived from geometrical-optics considerations for a plane wave, this term then constituting the factor dependent on z) should change continuously into the second term of (78.8) representing the down-coming wave, provided the transition is made in the complex z plane around the turning point z_l (whether real or complex). Mathematically z_l is a branchpoint; this explains why $k \cos \tau$ has to be multiplied by $e^{i\pi}$ when comparing its values at the same z level on the rising and on the down-coming branch. Further, the down-coming wave has to be multiplied by the reflection coefficient R_e referring to the earth's surface in order to obtain a new rising wave. The resonance condition of this wave being identical with the original wave, apart from the additional phase factor $e^{2\pi i l} = 1$, then is expressed by (83.1).

An alternative illustrative form of the phase-integral relation (83.1) is obtained by expressing the integral in terms of the optical length ϱ_l of the trajectory

---

[1] T. L. ECKERSLEY: Proc. Roy. Soc. Lond., Ser. A **132**, 83 (1931).

$M_1 M_2$ associated with the mode in question, and of the horizontal distance ϱ_l overbridged by this trajectory in one hop (see Fig. 65). The quantity ϱ_l can formally be defined by (81.4) even for complex z_l (the trajectory then consists of points having complex-valued z coordinates). We thus obtain from (81.4) for $j = 1$:

$$\hat\varrho_l - \varrho_l \sin \vartheta_{0,l} = \lambda \left(l + \frac{1}{4} + \frac{i}{2\pi} \log R_e \right). \tag{83.2}$$

This relation shows how the phase delay due to the curvature of the trajectory $M_1 M_2$, to be compared with a rectilinear propagation along $M_1' M_2 = \partial_l \sin \vartheta_{0,l}$, proves to be equivalent to a path difference $l\lambda$. The additional phase shifts depending on the other terms in the right-hand side of (83.2) originate from the reflections in the atmosphere and at the earth. The number l labelling the various modes here obtains a physical meaning.

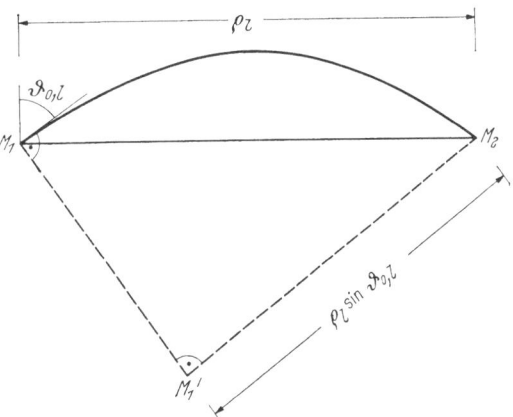

Fig. 65. Ray trajectory associated with a special mode.

The phase-integral relation has been applied particularly to the tropospheric propagation of short waves. In this case $R_e \sim e^{i\pi}$ constitutes a fair approximation in view of the nearly grazing incidence of the ray trajectories associated with the most important modes. The resulting relation

$$\int_0^{z_l} \sqrt{k^2(z)/k^2(0) - \sin^2 \vartheta_{0,l}}\, dz = \frac{\pi(l - \frac{1}{4})}{k_0} \qquad (l = 1, 2, 3, \ldots) \tag{83.3}$$

has been applied by PEKERIS[1] for the derivation of asymptotic expressions for the eigenvalues λ_l. The knowledge of the latter, and of the corresponding height gain functions $f_l(z)$, in principle enables the evaluation of the mode expansion (82.6).

The relation (83.3) also indicates how the real value of $\vartheta_{0,l}$, required for a trapped mode, is only realizable for $(l - \frac{1}{4})/k_0$ below some critical value; the latter is independent of λ for non dispersive media. Therefore, one and the same l-mode can only be trapped for wavelengths which are smaller than some critical length decreasing for increasing l.

84. The propagation of atmospherics. The complementary usefulness of ray theory and mode theory comes to the fore in the investigation of the fields produced by thunderstorms. The latter generate the atmospheric radio noise[2] the main sources of which are located in equatorial continental areas.

Observations indicate a decrease roughly in proportion to d^{-1} for the pulse fields due to a single thunderstorm at distances beyond about 300 km; this is in accordance with the third or radiation term of (58.3). However, the signal consists of a main pulse followed by smaller pulses separated by time intervals which decrease at increasing distances; at last the individual pulses coalesce into a continuous function of a short duration. This behaviour can be explained by successive ionospheric reflections; it may be studied qualitatively by considering the earth and the ionosphere as perfectly conducting with plane boundaries.

---

[1] C. L. PEKERIS: J. Appl. Phys. **17**, 1108 (1946).

[2] See H. A. THOMAS and R. E. BURGESS: Dept. Sci. Ind. Res. London, special report 15, 1947.

For simplicity's sake we assume the atmospheric as a point source at the origin in the surface $z=0$ of the perfectly conducting earth. The (current) dipole moment $d\dot{M}(t)$ representing the contribution of this source that is due to a narrow frequency band (around some value of $\omega=kc$), induces an infinite set of fictitious dipoles at the equidistant points $(0, 0, 2rz_1)$ (r any integer). These secondary dipoles account for the presence of the perfectly conducting ionospheric boundary at $z=z_1$. In fact, the amplitude of the vertically directed Hertzian vector describing this set of sources, viz.

$$d\Pi(\varrho, z, t) = \frac{d\dot{M}(t)}{c} \sum_{r=-\infty}^{\infty} \frac{e^{ik\sqrt{\varrho^2+(z-2rz_1)^2}}}{\sqrt{\varrho^2+(z-2rz_1)^2}}, \tag{84.1}$$

satisfies the required boundary conditions of a vanishing value of $\partial\Pi/\partial z$ at both $z=0$ and $z=z_1$ [compare (61.5), taking $\Pi_e'=0$ in view of the infinite conductivity]. Each r-term corresponds to a special zigzag ray which is equivalent to a rectilinear ray from one of the fictitious dipoles (see Fig. 66).

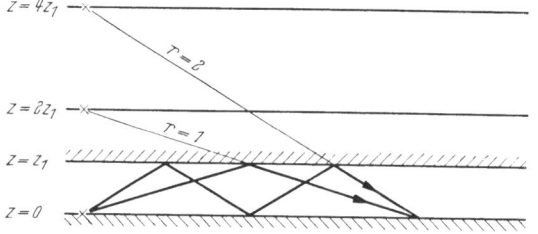

Fig. 66. Actual and fictitious sources connected with a lightning flash.

We next consider a lightning flash idealized by a charge dipole moment $M(t)$ which suddenly drops, at $t=0$, from a stationary value $M_0=hQ_0$ to zero. The corresponding current moment $\dot{M}$ can be represented as follows as a superposition of monochromatic components [compare (63.11)]:

$$\dot{M} = -M_0\delta(t) = -\frac{c}{2\pi}M_0\int_{-\infty}^{\infty} e^{-ikct}\,dk.$$

The (current) moment of a small frequency band amounts in this case to

$$d\dot{M} = -\frac{c}{2\pi}M_0 e^{-ikct}\,dk, \tag{84.2}$$

which has to be substituted in (84.1). The integration over k, to be effected thereafter in order to obtain the Hertzian vector Π_p accounting for the presence of the ionosphere, leads for each individual r term to an impulse function. The resulting expansion

$$\Pi_p = -\frac{M_0}{c} \sum_{r=-\infty}^{\infty} \frac{\delta\left\{t-\frac{1}{c}\sqrt{\varrho^2+(z-2rz_1)^2}\right\}}{\sqrt{\varrho^2+(z-2rz_1)^2}} \tag{84.3}$$

for each term shows a decrease of the field in inverse proportion to the length $\{\varrho^2+(z-2rz_1)^2\}^{\frac{1}{2}}$ of the zigzag trajectory reaching the receiving point after r reflections against the ionosphere. The actual dispersion due to the finite conductivities of the earth and the ionosphere broadens the simple impulses represented by (84.3) [compare (63.12) for the effect of the former].

Beyond distances of the order of the ionospheric height z_1, the mode theory becomes more convenient in view of the overlapping of the broadened impulses. The boundary conditions for the height-gain functions f_l in (82.1) amount for this simple atmospheric model of finite thickness to zero values of $\partial\Pi/\partial z$ at $z=0$ and $z=z_1$. Hence these functions are given by $f_l=\cos(l\pi z/z_1)$ which leads to the following mode expansion for the nearly monochromatic contribution from a small frequency band:

$$dH = \frac{i\pi\, d\dot{M}}{c\,z_1} \sum_{l=-\infty}^{\infty} e^{il\pi z/z_1}\, H_0^{(1)}\!\left(\varrho\,\sqrt{k^2 - l^2\,\pi^2/z_1^2}\right).$$

The value of this series is identical with that of the ray expansion (84.1); the numerous modes for which $|l| < 2z_1/\lambda$ are trapped here. Once again, the substitution of (84.2) yields, after integration over k, the corresponding Hertzian vector H_p for the lightning flash. The evaluation of the integrals now results for $t > \varrho/c$ in the final mode expansion

$$H_p = \frac{M_0}{2z_1\sqrt{c^2 t^2 - \varrho^2}} \sum_{l=-\infty}^{\infty} e^{il\pi z/z_1}\left\{ \frac{2}{\pi}\sin\left(\frac{l\pi}{z_1}\sqrt{c^2 t^2 - \varrho^2}\right)\log\frac{c\,t + \sqrt{c^2 t^2 - \varrho^2}}{\varrho} - \right.$$
$$\left. - \cos\left(\frac{l\pi}{z_1}\sqrt{c^2 t^2 - \varrho^2}\right)\right\},$$

which is the counterpart of the ray expansion (84.3).

We here encounter an illustrative example how the ray expansion is more convenient at short distances, and the mode expansion at large distances. The field at the latter is represented sufficiently accurate by the contributions of the modes $l = 0$ and $l = -1$ only. This has been shown by BUDDEN[1] for a perfectly conducting as well as for a finitely conducting homogeneous ionosphere. The interference of the two mentioned modes explains the signal form at great distances which resembles that of a damped wave. BUDDEN also proved the smallness of the influence of the earth's magnetic field. The influence of the finite conductivities is revealed by the improved propagation conditions for decreasing frequencies f; this is in accordance with the average value of $58/f^3$ metre ampere deduced from many observations for the dipole moment to be ascribed to a bandwidth of 10 kc/s.

85. The ionospheric double refraction due to the earth's magnetic field. The standard theories dealing with this double refraction start right from MAXWELL's equations in which the tensorial relation (75.7) has to be substituted for the amplitude j of the conduction current. In order to understand the complicated consequences of the anisotropy, we first discuss the propagation of plane waves through a homogeneous ionosphere. The monochromatic plane-wave solutions determine, apart from the refractive indices n_o and n_e given by (75.8), a well defined state of polarization. The latter is characterized by a coinciding direction of the transverse components of the electric field e and the corresponding dielectric displacement d (a property often indicated by the term *partial isotropy*). This polarization can be described by the parameter

$$P = \frac{e_\xi}{i\,e_\eta} = \frac{d_\xi}{i\,d_\eta} = \frac{i\,h_\eta}{h_\xi},$$

which refers to a coordinate system with the ζ axis in the propagation direction of the wave fronts, and the earth's magnetic field parallel to the $\eta\zeta$ plane while making an angle Θ with the ζ axis (see Fig. 67). The generally complex parameter P determines the elliptic polarizations of the transverse component of the electric field, and of the total magnetic-field vector (the latter, as well as the dielectric displacement, proves to be transverse for this plane wave of TM type). According to MAXWELL's equations the polarization index P reads as follows for the ordinary

[1] K. G. BUDDEN: Phil. Mag. **42**, 1 (1951); **43**, 1179 (1952).

and extraordinary state respectively, if expressed in terms of the quantities (75.9):

$$P_{o,e} = \frac{-y_T^2 \pm \sqrt{y_T^4 + 4y_L^2(1-\bar{x})^2}}{2y_L(1-\bar{x})}.$$ (85.1)

We infer that $P_0 P_e = -1$ which involves rotations in opposite sense along the ellipses described by the endpoints of the field vector in either type of waves. Moreover, two limiting situations appear at once, viz.

$$
\left.
\begin{aligned}
&\text{(a)} \quad 2\,|(1-\bar{x})\,y_L| \gg y_T^2 \quad \text{or} \quad \nu^2 \gg \nu_{cr}^2 - \left(\omega - \frac{\omega_{cr}^2}{\omega}\right)^2 \quad \text{(Q. L.)}, \\
&\text{(b)} \quad 2\,|(1-\bar{x})\,y_L| \ll y_T^2 \quad \text{or} \quad \nu^2 \ll \nu_{cr}^2 - \left(\omega - \frac{\omega_{cr}^2}{\omega}\right)^2 \quad \text{(Q. T.)},
\end{aligned}
\right\}
$$ (85.2)

in which $\nu_{cr} = (\omega_H/2)\sin^2\vartheta / |\cos\vartheta|$. In case (a) P_o and P_e are near 1 and -1 which indicates a nearly circular polarization (small eccentricity of the polarization ellipses), in case (b) P_o is very small and P_e very large which points to a nearly linear polarization (large eccentricities). The former case is realized for propagation almost parallel to the earth's magnetic field ($\Theta \sim 0$; e.g., North South propagation near the magnetic equator), the range around $\Theta = 0$ being largest for both very high and very low frequencies; the latter case applies to propagation almost perpendicular to the earth's magnetic field ($\Theta \sim \pi/2$; e.g., horizontal propagation near the magnetic poles, East West propagation near the magnetic equator). Both situations have accordingly been termed *quasilongitudinal* (Q.L.), and *quasitransverse* (Q.T.) by Booker[1]. The various expressions derived by Lepechinsky[2] for a convenient determination of Re n, Im n and P suggest to define the two situations Q.L. and Q.T. simply by $\nu > \nu_{cr}$ and $\nu < \nu_{cr}$ respectively.

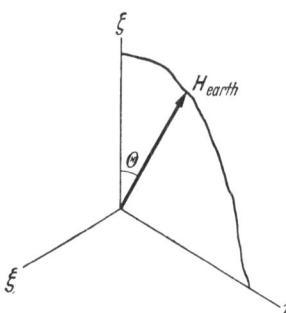

Fig. 67. Coordinates referring to plane-wave propagation through the anisotropic ionosphere.

We next consider what happens to a plane wave which penetrates from the free space $z < 0$ into a stratified ionosphere above $z = 0$. At the bottom $z = 0$ this wave can be split into an ordinary and an extraordinary constituent since the orientations of their field vectors are well defined even there, in spite of the zero value of $\bar{x}$. Owing to the inhomogeneity of the medium the two rising waves originating at $z = 0$ also generate, along their further paths, descending ordinary and extraordinary waves which can be ascribed to internal reflections (see Sect. 79).

Each of the four types of waves thus produced shows a different direction of the normal to its wave fronts (ζ axis), and of its Poynting vector. This consequence of the double refraction has been investigated in detail by Booker[3]. Snell's law (76.1) is still valid for the angle τ between the normal and the vertical; it reads for either of the two ordinary and extraordinary rays respectively:

$$n_o \sin\tau_o = \sin\vartheta_0, \qquad n_e \sin\tau_e = \sin\vartheta_0;$$ (85.3)

ϑ_0 here represents the elevation angle in the homogeneous space below the ionosphere. The ray trajectories (compare Sect. 76) generally constitute spatial curves with varying osculating plane; hence the apparent direction of arrival

[1] G. H. Booker: Proc. Roy. Soc. Lond., Ser. A **150**, 267 (1935).
[2] D. Lepechinsky: Notes préliminaires Lab. Nat. de Radioélectricité, Nr. 185, Paris 1955.
[3] G. H. Booker: Proc. Roy. Soc. Lond., Ser. A **155**, 235 (1936).

differs from the true bearing of the transmitter. Corresponding experiments by ALPERT[1] show how the direction of one of the two rays only (provided the ordinary and extraordinary ray are both observable) does coincide with the actual direction of the transmitter. The differential equations determining the ray trajectories only can be solved explicitly in the two cases of vertical incidence, and of oblique incidence along the magnetic equator (compare, e.g., the discussion by ARGENCE[2])

By combining (85.3) with the Appleton-Hartree formula (75.8), and with a geometrical relation connecting Θ with τ and the angles (H, x), (H, y), $H, z)$ between the earth's magnetic field and the coordinate axes, we arrive at the following quartic for the quantity $q = n \cos \tau$ of (76.6):

$$\frac{\bar{x} \{\cos(H, z)\, q + \cos(H, y)\, \sin \vartheta_0\}^2}{q^2 + \bar{x} - \cos^2 \vartheta_0} = 1 - \frac{(1 - \bar{x})\,(q^2 + \bar{x} - \cos^2 \vartheta_0)}{(y_T^2 + y_L^2)\,(q^2 - \cos^2 \vartheta_0)}\,. \tag{85.4}$$

The vertical plane through the propagation direction in free space here has been taken as $y\,z$ plane; this plane of incidence is parallel to the wave-front normals at all points of one and the same trajectory.

The four roots of this equation determine those values of $n \cos \tau$ at a special height z that correspond to the four above mentioned types of waves all generated by one and the same incident wave with elevation angle ϑ_0. The Eq. (85.4) is fundamental for the orientation of the four different waves, but it gives no information about their interactions which will be discussed in the next section.

We finally mention some important subcases of quasi-longitudinal propagation. They can be explained with the aid of the following expressions for the refractive indices, to be derived from the Appleton-Hartree formula (75.8) by applying the condition (85.2a)

$$n_{o,e}^2 \sim 1 - \frac{\omega_{cr}^2}{\omega\,(\omega + i\,\nu \pm \omega_H \cos \Theta)}\,. \tag{85.5}$$

The subcases in question are described as follows:

(a) $\omega \gg \omega_{cr}$ and $\omega \gg \omega_H \cos \Theta \gg \nu$. The further evaluation of (85.5) here leads to

$$n_o - n_e \sim \frac{\omega_{cr}^2\,\omega_H \cos \Theta}{\omega^3}\,.$$

Hence the difference between ordinary and extraordinary rays disappears at very high frequencies. The trajectories of both rays become almost identical but are associated with circular polarizations of opposite sense. Hence the splitting of a linearly polarized wave, entering the ionosphere, into two such circularly polarized waves produces a rotation of the plane of polarization when the ray has traversed a special layer or the complete ionosphere. This rotation is given by

$$\Omega = \frac{k_0}{2} \int (n_o - n_e)\, ds \sim \frac{1}{2c\,\omega^2} \int \omega_{cr}^2\, \omega_H \cos \Theta\, ds,$$

ds being a line element of the ionospheric path. As discussed by BROWNE et al.[3] twice such an amount determines the total rotation of the plane of polarization for radar waves that are received after a reflection against the moon's surface. According to EVANS[4] the associated rotations prove to be of the right order of magnitude;

[1] J. L. ALPERT: C. R. Acad. URSS. **3**, 699 (1946).
[2] E. ARGENCE: The Physics of the Ionosphere, p. 288. Cambridge 1954.
[3] I. C. BROWNE et al.: Proc. Phys. Soc. Lond. B **69**, 901 (1956).
[4] I. V. EVANS: Proc. Phys. Soc. Lond. B **69**, 953 (1956).

(b) $(\omega, \omega_H \cos \Theta \gg (\nu, \omega_{cr}^2/\omega)$. This subcase leads to the following consequence of (85.5):

$$\operatorname{Im} n_{o,e} \sim \frac{\nu \omega_{cr}^2}{2\omega (\omega \pm \omega_H \cos \Theta)^2}.$$

Hence $\operatorname{Im} n_o < \operatorname{Im} n_e$ so that the ordinary wave is less attenuated than the extraordinary one. This explains the dominating role of the former in short-wave telecommunication;

(c) $(\omega, \nu) \ll \omega_H \cos \Theta \ll \omega_{cr}^2/\omega$. We can derive the following further approximations for the low frequencies satisfying the three inequalities comprised here:

$$n_{o,e}^2 \sim \mp \frac{\omega_{cr}^2}{\omega \omega_H \cos \Theta}. \tag{85.6}$$

In this subcase the extraordinary ray only subsists, the ordinary ray being highly attenuated (imaginary value of n_o). A further application of the approximation for n_e to (76.7) results in the connection $\tan \alpha \sim (\tan \Theta)/2$ between the angles α and Θ of the wave normal with the local directions of the trajectory and of the earth's magnetic field. In its turn this relation implies the inequality $|\psi| < \operatorname{arccot} \sqrt{8} = 19° 28'$ for the angle $\psi = \alpha - \Theta$ between the trajectory and the earth's field. Long-wave propagation therefore takes place by preference along directions near to this field. This property is confirmed by a consideration of the differential equations for the ray trajectories; in the limit $\omega \to 0$ these equations are satisfied for trajectories completely guided along the lines of force of the earth's magnetic field. Such a guiding can be observed if contributions of very low (audible) frequencies are radiated by thunderstorms; the disturbances then generated can travel to and fro along the line of force connecting the source T with the corresponding point T' on the other hemisphere of the earth. The group velocity v_{gr} of these disturbances can be derived from (85.6) and the expression $c/\{\partial (n_e \omega)/d\omega\}$ (see the end of Sect. 76) if we neglect the anisotropy connected with the small dependence of (85.6) on Θ for small values of this angle. The propagation time then is found to be

$$t = \int_T^{T'} \frac{ds}{v_{gr}} \sim \frac{1}{2c \sqrt{\omega}} \int_T^{T'} \frac{\omega_{cr}}{\sqrt{\omega_H}} ds. \tag{85.7}$$

Hence the contributions of the various frequencies should arrive in succession, the pitch falls during the duration of the received signal. This is in agreement with many observations of such signals, known as *whistlers*; they have been investigated in detail by Storey[1] and by Crary et al.[2]. The simplest whistlers inform us about the constant $t\sqrt{\omega}$ resulting from (85.7); this constant depends on the total electron density integrated along a complete line of force, which, as a matter of fact, extends up to heights far above the well-known ionospheric layers.

86. Coupling between the four fundamental waves in a stratified ionosphere. The inhomogeneity of the ionosphere involves that neither of the above mentioned four types of elliptically polarized fundamental waves (rising or descending ordinary and extraordinary waves) can exist independent of the others. The simultaneous occurrence of the four wave types, to be labelled by the in-

---

[1] L. R. O. Storey: Phil. Trans. Roy. Soc. Lond. **246a**, 113 (1953).
[2] J. H. Crary, R. A. Helliwell and R. F. Chase: J. Geophys. Res. **61**, 35 (1956).

dices $l = 1, 2, 3, 4$ (see Fig. 68), can explicitly be expressed by the following representation of any monochromatic electric field in the stratified ionosphere:

$$\boldsymbol{E} = e^{-i\omega t + i(\omega/c)\sin\vartheta_0 y} \sum_{l=1}^{4} \boldsymbol{e}_l(z)\, \chi_l(z)\, e^{i(\omega/c)\int_0^z q_l(\zeta)\, d\zeta} ; \qquad (86.1)$$

a corresponding representation is to be made for the magnetic field. The parameter $q_l = n\cos\tau$ occurring here equals $n_0\cos\tau_0$ for the rising and descending ordinary waves ($l = 1$ and $l = 2$), and $n_e\cos\tau_e$ for the two extraordinary waves ($l = 3$ and $l = 4$). For a homogeneous medium the integral in the exponent reduces to $q_1 z$, and MAXWELL's equations are satisfied for constant values of χ_1, χ_2, χ_3 and χ_4, and proper ratios of the components of the eight vectors $\boldsymbol{e}_l$ and $\boldsymbol{h}_l$.

In our stratified medium we assume the latter ratios as being in accordance with the values of n_i and τ_i at the z level under consideration. The components of $\boldsymbol{e}_l$ and $\boldsymbol{h}_l$ are then fixed apart from a factor which may depend on z. The substitution of (86.1) into MAXWELL's equations thereupon leads[1] to a set of four first-order differential equations which can be put into the form:

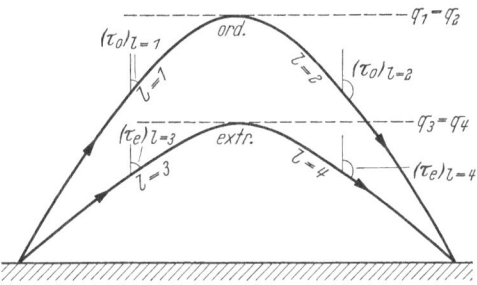

Fig. 68.   The four fundamental waves in an anisotropic stratified ionosphere.

$$\frac{d\chi_l}{dz} = -\sum_{m \neq l} \delta_{lm}(z)\, \chi_m(z)\, e^{i(\omega/c)\int_0^z \{q_m(\zeta) - q_l(\zeta)\}\, d\zeta} \qquad (l = 1, 2, 3, 4). \qquad (86.2)$$

The coefficients δ_{lm} introduced here are given by determinants depending on the horizontal components of all the mentioned eight vectors. The still existing partial indefiniteness of these $\delta_{lm}(z)$ admits to impose the four further conditions $\delta_{11}(z) = \delta_{22}(z) = \delta_{33}(z) = \delta_{44}(z) \equiv 0$. These normalizations involve the vector relations

$$\frac{d\boldsymbol{e}_l}{dz} = \sum_{m \neq l} \delta_{ml}\boldsymbol{e}_m \qquad (l = 1, 2, 3, 4),$$

in which

$$\delta_{32} = \frac{d\boldsymbol{h}_2/dz \cdot (\boldsymbol{h}_1 \times \boldsymbol{h}_4)}{\boldsymbol{h}_3 \cdot (\boldsymbol{h}_1 \times \boldsymbol{h}_4)}, \quad \text{and cycl.} \qquad (86.3)$$

The δ_{lm}'s are recognized as reflection or transition coefficients per unit length in the z direction; in fact, the quantities $\delta_{ml}dz$ determine the amplitudes of the infinitesimal contributions split off in an infinitesimal stratum dz by the three waves differing from that in question. The extension of the constants χ_l for a homogeneous medium to the functions $\chi_l(z)$ for a stratified medium obviously constitutes an application of the well-known method of "variation of parameters".

The coupling described by the parameters δ_{lm} constitutes an extension, for double-refracting media, of the coupling even existing in inhomogeneous *isotropic* media between the single rising and the single descending wave. A general theory which reduces the evaluation of the coupling coefficients δ_{lm} to that of a diagonal matrix has been given by CLEMMOW and HEADING[2]. Other "coupled equations", related to (86.2) but of the second order, were discussed

[1] H. BREMMER: Philips Res. Rep. **4**, 1, 189 (1949).

[2] P. C. CLEMMOW and J. HEADING: Proc. Cambridge Phys. Soc. **50**, 319 (1954).

a.o., by Försterling[1], Rydbeck[2], Gibbons and Nertney[3], and Davids[4]. The second instead of first order of the latter equations, the number of which is reduced to two, is due to the fact that these authors concerned the coupling (at vertical incidence; $\vartheta_0 = 0$) between the *combined* rising and descending ordinary waves on the one side, and the *combined* rising and descending extraordinary waves on the other side. It has been shown by Suchy[5] that Maxwell's equations can be reduced, for any inhomogeneous ionosphere (dropping the restrictions of horizontal stratification and vertical incidence), to a pair of coupled equations which are simplest in terms of the coordinates u_2 and u_3 of a system of curvilinear coordinates $u_1 u_2 u_3$ satisfying the following condition: the local directions of the $u_3 u_1$ and u_2 axes should correspond to an arbitrarily chosen propagation direction, and to the directions of the transverse components of the electric fields associated with the corresponding ordinary and extraordinary modes respectively.

The coupling coefficients δ_{ml} are small at most ionospheric levels. The rising ordinary and extraordinary waves generated at the bottom $z = 0$ of the ionosphere by an incoming plane wave (see previous section) therefore can approximately be represented by constant values of their parameters χ_1 and χ_3. The then resulting field contributions according to (86.1) are of the W.K.B. type (78.8) as will be clear from the occurrence of the exponential integrals with integrands $q = n \cos \tau = k \cos \tau / k(0)$, n being either n_o or n_e. These W.K.B. approximations for the two rising waves break down if one or more of the coupling coefficients δ_{lm} become large due to the vicinity of a pole of δ_{lm} considered as a function of the parameter $\bar{x}$ depending on the electron density. These poles prove to be associated with possible double roots of the quartic (85.4); this points to the impossibility to discriminate at the corresponding ionospheric levels (at least insofar as the wavenumber q is concerned) between the two wave types corresponding to the double root. Two different types of large coupling near levels connected with such a double root may occur, viz.

(a) $q_1 = q_2$, or $q_3 = q_4$. The continuous transition at such a root of the rising (ordinary or extraordinary) wave into the corresponding type of descending wave simply means a gradual reflection by a bending downwards of the ray trajectory of the rising wave (compare Sect. 78 for the isotropic case). Such a trajectory, which can be defined as having everywhere a tangent in the direction of the Poynting vector, satisfies Fermat's principle for one of the two anisotropic refractive indices n_o or n_e (compare Sect. 76). The reflection level given by the pole of (85.4) corresponds to a horizontal direction of this trajectory, and not to a horizontal propagation direction of the associated wave fronts. An investigation of the wave equation near the reflection level shows that the reflection, if occurring at all at a real ionospheric level, is approximately total and accompanied by an extra phase shift $-\pi/2$ just as in the isotropic case. This similarity once again involves the effective reflection coefficient T given by (78.12) for k equal to $k(0) n_o$ or $k(0) n_e$, and also the geometrical-optics expression (81.6), if we abstract from an extra factor due to the anisotropy. This extra factor accounts for the different variations of the W.K.B. amplitude of the electric field along the rising and the descending branch of the trajectory; its effect is only irrelevant if the trajectory is symmetric with respect to the vertical through its highest point, as occurs in the case of a horizontal earth's magnetic field;

[1] K. Försterling: Hochfrequenztechn. **59**, 10 (1942).
[2] O. E. H. Rydbeck: On the Propagation of Radio Waves, p. 12. Göteborg 1944.
[3] J. J. Gibbons and R. J. Nertney: J. Geophys. Res. **56**, 355 (1951); **57**, 323 (1952).
[4] N. Davids: J. Atmos. a. Terres. Phys. **2**, 324 (1952).
[5] K. Suchy: Z. Naturforsch. 9a, 630 (1954).

(b) $q_1 = q_3$, or $q_2 = q_4$. The coupling connected with such a root is the only one subsisting for the above-mentioned second-order coupling equations. The continuous transition at the root in question of an ordinary into an extraordinary wave (or vice versa), or also the transition there between the quasi-longitudinal and quasi-transverse states, is clear from the resulting zero value of the square root occurring in the Appleton-Hartree formula (75.8), and also in the expression (85.1) for the polarization index P. This situation never occurs for real-valued z, even if the collisional frequency ν is taken as zero. However, the complex z value characterizing the double root may be so near the real axis that the resulting high values of δ_{13} or δ_{24} along the latter (in the vicinity of the double root) indicate the formation of a non negligible wave of the other

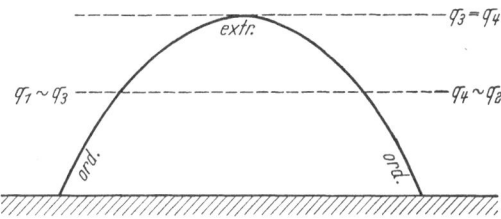

Fig. 69. Ray trajectory connected with ionospheric triple split.

type. The rising extraordinary (ordinary) wave thus generated by an original rising ordinary (extraordinary) wave may reach the earth after reflection at some level higher up in the ionosphere, and a second transformation back into the original wavetype during the descent (see Fig. 69). The amplitude of such a wave mainly depends on the exponential attenuation undergone along the trajectory of deviating wave type which constitutes the upper part of the propagation path. The appearance of such particular waves is well known by the "triple split" in ionospheric soundings at vertical incidence. The corresponding theory given by ECKERSLEY[1] mainly concerns the mentioned exponential attenuation, that by GINSBURG[2] and by RYDBECK[3] depends on the second-order coupling equations referred above.

The classical reflections conditioned by (a) usually are prevented by large absorption. However, the rather large values of $d(\log q_i)/dz$ near levels at which $\mathrm{Re}\, q_{1,3} \sim \mathrm{Re}\, q_{2,4}$ involve noticeable gradient reflections (see Sect. 79) there, as observed by LEPECHINSKY. The occurrence of these partial reflections is connected with high local values of the corresponding coupling coefficients δ_{lm}.

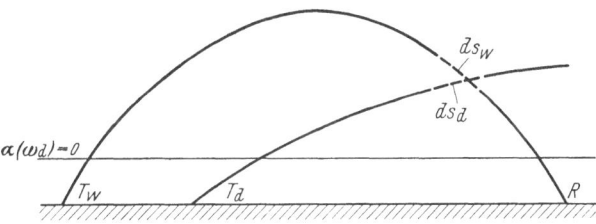

Fig. 70. Geometry concerning ionospheric cross-modulation.

87. Ionospheric cross-modulation. Under special circumstances a strong transmitter disturbs radio communication on trajectories that pass along its vicinity. Such an interference due to a strong station T_d appears from an extra modulation imposed by the latter on the modulation received at R from the wanted station T_w (see Fig. 70). The accompanying phenomena point to a direct influence of the strong station on the near part of the ionosphere. Apart from the terms *cross-modulation* and *wave-interaction*, the phenomenon is known as *Luxemburg effect* in view of the disturbance by the station of Luxemburg in its first

[1] T. L. ECKERSLEY: Proc. Phys. Soc. Lond. **633**, 49 (1950).
[2] V. L. GINSBURG: J. of Physics (Moscow) **7**, 289 (1943).
[3] O. E. H. RYDBECK: The Theory of magneto ionic triple splitting. Göteborg 1951.

observation described by Tellegen[1]. A first explanatory theory by Bailey and Martyn[2] was followed by many other investigations a summary of which up to 1949 has been presented by Huxley and Ratcliffe[3].

The basic point in the explanation of cross-modulation is that not all the energy, acquired by an ionospheric electron from a passing radio wave since its last collision, is lost at the next collision. The resulting average increase of kinetic energy annuls the thermal equilibrium with the surrounding molecules. For small energy transfer the average loss per electron between two consecutive collisions may be assumed as $G(Q - Q_0)$, that is, proportional to the difference between the actual average kinetic energy Q and its value Q_0 in the case of equilibrium. The proportionality factor G is accepted as being not very different from the value 0.0026 found by Huxley and Zaazou[4] from measurements in air. If P_d is the power flux of the disturbing wave, the energy absorbed per second and per unit volume element along a line elements ds_d of the trajectory of this wave (see Fig. 70) amounts to $-dP_d/ds_d$ when neglecting absorption from the wanted signal. The energy balance for a single average electron (N of which occur in a unit volume, each suffering ν collisions per second on the average) over a period of one second therefore reads:

$$\frac{dQ}{dt} = -\nu G(Q - Q_0) - \frac{1}{N}\frac{dP_d}{ds_d}. \tag{87.1}$$

The average electron-energy increase $Q - Q_0$ corresponding to a final new equilibrium can be derived by equating the left-hand side to zero. Huxley and Ratcliffe's example of a disturbing short-dipole station radiating 100 kw at 200 kc/s shows that an original electronic temperature of 300° K may raise by as much as 67% if the absorption takes place at an altitude of 85 km, under an elevation angle of 45°.

The power flux P_d and the amplitude E_d of the disturbing electric field (of frequency ω_d) are connected by the relation $P_d = (c/8\pi) \operatorname{Re} n\, E_d^2$; it follows for real fields from (12.1), the inversion of (11.4), and the substitutions $n = \sqrt{\varepsilon}, \mu = 1$. Further, the change of E_d is mainly determined by the modulus of its W.K.B. approximation proportional to $\exp\left\{-(\omega_d/c) \int^P \operatorname{Im} n(\omega_d)\, ds\right\}/|n|^{\frac{1}{2}}$, if $n(\omega)$ is the refractive index as a function of the frequency. Moreover, it is convenient to introduce the new parameter

$$\alpha(\omega_d) = -\frac{\operatorname{Re} n}{N\nu}\frac{d}{ds}\log\left(E_d\sqrt{\operatorname{Re} n}\right)$$

$$= \frac{\operatorname{Re} n}{N\nu}\left\{\frac{\omega_d}{c}\operatorname{Im} n - \frac{1}{2}\frac{d}{ds}\log\frac{\operatorname{Re} n}{|n|}\right\} \sim \frac{\omega_d}{c}\frac{\operatorname{Re} n \operatorname{Im} n}{N\nu},$$

which is nearly independent of N and ν, at least for frequencies well above the gyro-frequency and the collision frequency. These considerations lead to the relations

$$\frac{d}{ds_d}\log P_d = -\frac{2N\nu\alpha(\omega_d)}{\operatorname{Re} n}; \qquad \frac{dP_d}{ds_d} = -\frac{c}{4\pi}N\nu\alpha(\omega_d)E_d^2, \tag{87.2}$$

according to which (87.1) transforms into

$$\frac{dQ}{dt} + \nu G(Q - Q_0) = \frac{c}{4\pi}\nu\alpha(\omega_d)E_d^2; \tag{87.3}$$

all the coefficients here are to be considered as functions of the height above the earth.

[1] B. D. H. Tellegen: Nature, Lond. **131**, 840 (1933).
[2] V. A. Bailey and D. F. Martyn: Phil. Mag. **18**, 369 (1934).
[3] L. G. H. Huxley and J. A. Ratcliffe: Proc. Inst. Electr. Engrs. III **96**, 433 (1949).
[4] L. G. H. Huxley and A. A. Zaazou: Proc. Roy. Soc. Lond., Ser. A **196**, 402 (1949).

The field amplitude E_d of a modulated disturbing station constitutes a time dependent function of low frequency which can be represented by

$$E_d(t) = E_{d,0}\{1 + M \cos(p\,t)\}.$$

Eq. (87.3) then determines forced vibrations (in the rhythm of the low frequency $p/2\pi$) of the kinetic energy Q, or of the corresponding ionospheric temperature. If $|Q - Q_0| \ll Q$, ν may be considered as a constant in (87.3); this involves the solution:

$$
\left.
\begin{aligned}
Q - Q_0 = C(\omega_d)\left\{1 + M_i \cos\left(p\,t - \arctan\frac{p}{\nu G}\right) + \right.\\
\left. + M_i' \cos\left(2p\,t - \arctan\frac{2p}{\nu G}\right)\right\},
\end{aligned}
\right\}
\tag{87.4}
$$

in which

$$C(\omega) = \frac{c\,\alpha(\omega)\,E_{d,0}^2(1 + M^2/2)}{4\pi G} \tag{87.5}$$

is independent of the time; hence the two other constants

$$M_i = \frac{4M\nu G}{(2 + M^2)\sqrt{p^2 + \nu^2 G^2}}\,; \quad M_i' = \frac{M^2\nu G}{(2 + M^2)\sqrt{4p^2 + \nu^2 G^2}} \tag{87.6}$$

represent modulation depths induced by the disturbing station; M_i' here refers to a contribution the frequency of which is the octave of that of the disturbing modulation. The phase lag $\arctan(p/\nu G)$ of the main induced modulation approaches its maximum value $\pi/2$ at high frequencies p.

The oscillations of $\Delta Q = Q - Q_0$ correspond to equivalent oscillations $\Delta\nu$ of the collision frequency ν; both quantities are connected by the relation $Q = (m/2)\,l^2\nu^2$ in which l is the free path. If the latter is assumed as independent of the velocity, we have for small amplitudes

$$Q - Q_0 = m\,l^2\,\nu\,\Delta\nu. \tag{87.7}$$

It is the oscillation $\Delta\nu$ which effects the observable oscillations ΔE_w of the field strength E_w of the wanted signal (of frequency ω_w, and with path elements ds_w; see Fig. 70). The following relation applies approximately, in view of the definition of $\alpha(\omega)$, to both ω_w and ω_d:

$$\frac{d}{ds}\{\Delta \log(E\sqrt{\operatorname{Re} n})\} = -\frac{N\alpha(\omega)}{\operatorname{Re} n(\omega)}\,\Delta\nu.$$

The quantity $\Delta\nu = \nu - \nu_0$ can now be explicitly expressed as a function of the time with the aid of (87.7), (87.4) and (87.5). By only retaining the contribution from the second term in (87.4), we obtain the following expression for the relative change of the wanted signal that is due to an induced modulation of the same frequency $p/2\pi$ as the disturbing modulation:

$$\frac{d}{ds_w}\Delta\log\{E_w\sqrt{\operatorname{Re} n(\omega_w)}\} = -\frac{c(1 + M^2/2)}{4\pi m\,l^2\nu_0 G}M_i\,N\frac{\alpha(\omega_w)\,\alpha(\omega_d)}{\operatorname{Re} n(\omega_w)}E_{d,0}^2\cos\left(p\,t - \arctan\frac{p}{\nu_0 G}\right).$$

The resulting integration along the complete path TR of the wanted signal yields the following expression for the main modulation (of frequency p) that is induced at R by the modulation M of the disturbing station:

$$M_i(R) = \frac{cM}{2\pi m\,l^2\sqrt{p^2 + \nu_0^2 G^2}}\int_T^R \frac{N\alpha(\omega_d)\,\alpha(\omega_w)}{\operatorname{Re} n(\omega_w)}E_{d,0}^2\,ds_w. \tag{87.8}$$

We here assumed v_0 and G as constant along the trajectory. The local values $E_{d,0}(P)$ of the field of the disturbing station (at T') are to be derived from a corresponding integration along the propagation path $T'P$ of the latter. This integration also determines the decrease of the disturbing modulation itself by the ionosphere (the *self-demodulation*). The final modulation $M(R')$ thus observed at some receiving station R' on the own frequency $\omega_d/2\pi$ of the strong disturbing transmitter then proves to be given by the following construction: $M(R')$ constitutes the third side of a triangle formed by sides of lengths M and μ including the phase-lag angle $\arctan(p/v_0 G)$, provided μ is given by:

$$\mu = \frac{cM}{2\pi\, m\, l^2\, \sqrt{p^2 + v_0^2 G^2}} \int_{T'}^{R'} \frac{N\alpha^2(\omega_d)}{\operatorname{Re} n(\omega_d)}\, E_{d,0}^2\, ds_d. \tag{87.9}$$

The following properties of cross-modulation are explained by (87.8) and (87.9):

A. decreasing effects at increasing frequencies such in view of the approximate proportionality of each of the factors $\alpha(\omega)$ to $(\omega^2 + v^2)^{-1}$;

B. the proportionality of the main induced modulation M_i to the disturbing modulation M for small values of the latter; this follows from the slight dependence of $E_{d,0}$ on M;

C. the restriction of ionospheric regions causing cross-modulation to an overlapping of (a) a region which extends below the reflection level of the disturbing station down to a level at which $\alpha(\omega_d)$ becomes too small, (b) a corresponding region below the reflection level of the wanted signal (compare the intersecting line elements ds_w and ds_d in Fig. 70).

Experiments on cross-modulation are important in connection with possible determinations of the collision frequency v; the product of this quantity by G can be deduced from data on the dependence of the induced modulation on the modulating frequency p [see (87.8)], as well as from measurements of the phase lag $\arctan(p/vG)$. Moreover, the numerical value of (87.8) appears to depend significantly on the profile of the N distribution near the reflection level of the wanted signal if the two above mentioned regions overlap partially. In this case, which may occur if $\omega_d > \omega_w$, observations on cross-modulation give information about the gradient of N, as has been pointed out by Shaw[1]. Some experiments thus indicate an increase of the ionic density of the E region at night by a factor of about 1.7 per kilometre in its lower part.

The question has arisen whether a frequency ω tending to the gyro-frequency ω_H of (75.3) should produce resonance effects in the motions of ionospheric electrons; such effects might be observable by increased cross-modulation. In fact, the basic parameter $\alpha_e(\omega)$ for the extraordinary ray proves to pass through a maximum near $\omega = \omega_H$. Let us consider a quasi-transverse propagation [see (85.2)] characterized by

$$|\bar{x}| \ll 1 \ll y_T^2/y_L \quad \text{and} \quad v \ll \omega_H \sin \Theta,$$

which conditions apply to the lower part of the E region. In this case the position and sharpness of the maximum of $\alpha_e(\omega)$ appear from the approximation

$$\alpha_e(\omega) \sim \frac{\pi e^2}{m\, c\, v^2}\left\{ 1 - \frac{1}{v^2}\left(\omega - \omega_H \sin\Theta + \frac{v^4}{8\omega_H^3 \sin^3\Theta} \right)^2 \right\} \quad (\omega \sim \omega_H).$$

[1] I. J. Shaw: Proc. Phys. Soc. Lond. B **64**, 1 (1951).

The effects of the so-called *gyro-interaction* connected with this maximum produce corresponding deviations near ω_H of the parameters directly associated with the propagation, such as the quantity $(c/4\pi)\,\nu N \alpha E_d^2 = -dP_d/ds_d$ [compare (87.8)]. BAILEY's[1] numerical computation of the latter, for illustrative conditions, shows how its maximum near ω_H at the lowest E-region levels is solved into an oscillating behaviour at levels higher up; the gyro-interaction is rather complicated. However, its effect has been observed by CUTULO[2] in the interaction of a strong station (emitting a frequency near ω_H) with a station on a different frequency. The same author[3] also observed a reduction of the modulation depth of a strong station when received on its own frequency in the vicinity of ω_H (so-called *self-gyro-interaction*). Further, the field of a properly arranged transmitter operating on the gyro-frequency might be high enough to produce artificial glow discharges in the ionosphere.

d) Influence of turbulence on wave propagation.

88. Evidence of atmospheric turbulence; correlation functions. In both the troposphere and the ionosphere turbulence produces deviations from the idealized stratified structure that appear as irregularities δn in the momentary refractive-index distribution. Apart from the aerodynamical mechanism causing such turbulence in homogeneous gases, the exchanges due to vertical transportation of air masses in the troposphere, and of electrons in the ionosphere (resulting from the average vertical gradient of these quantities) appear to be essential[4]. The earth's magnetic field produces an elongation of the electronic clouds along the lines of force; this phenomenon is most pronounced at the largest heights, the compensating effect due to collisions with the molecules being least there. Owing to the random character of the turbulence irregularities, we are only interested in their statistical behaviour, as well as in the statistical properties of the resulting fluctuating fieldstrengths.

The most characteristic properties of a fluctuating quantity like $\delta n(x, y, z, t)$ are its *variance* $\langle(\delta n)^2\rangle$ and its two *auto-correlation functions* with respect to space and time, viz.

$$\left.\begin{aligned} C_{\delta n}(a, b, c\,;\, t) &= \frac{\langle \delta n(x, y, z, t)\,\delta n(x+a, y+b, z+c, t)\rangle}{\langle\{\delta n(x, y, z, t)\}^2\rangle}\,, \\[4pt] C_{\delta n}(x, y, z\,;\, \tau) &= \frac{\langle \delta n(x, y, z, t)\,\delta n(x, y, z, t+\tau)\rangle}{\langle\{\delta n(x, y, z, t)\}^2\rangle}\,; \end{aligned}\right\} \tag{88.1}$$

the symbols $\langle\ \rangle$ and $^{-}$ henceforth indicate an averaging. The latter refers to the variables not marked explicitly in the statistical quantity itself, whereas the variance $\langle(\delta n)^2\rangle$ is assumed to be identical whether derived from a spatial, or from a time averaging. Auto correlation functions normalized as in (88.1) have a modulus smaller than unity, as follows from SCHWARZ's inequality. The limiting value 1 is obtained if the two points of observation coincide, whereas the vanishing correlation at great distances or intervals amounts to $C_{\delta n}\to 0$ in view of the assumed zero value of $\langle\delta n\rangle$. Auto correlation functions may also be expressed in terms of two variances, namely that of the fluctuating quantity δn at one point (or moment), and that of its difference $\delta n_1 - \delta n_2$ at the two points (or

[1] V. A. BAILEY: Phil. Mag. **26**, 425 (1938), see Fig. 3. — Nuovo Cim. **4** (Suppl.), 1430 (1956).

[2] M. CUTULO: Nature, Lond. **160** (II), 834 (1947).

[3] M. CUTULO: Nature, Lond. **167** (I), 314 (1951).

[4] See R. M. GALLET: Proc. Inst. Radio Engrs. **43**, 1240 (1955).

moments) of observation; in fact, we have

$$C_{\delta n} = 1 - \frac{\langle (\delta n_1 - \delta n_2)^2 \rangle}{2 \langle \delta n^2 \rangle}, \tag{88.2}$$

which can be verified with the aid of the relation:

$$\langle (\delta n_1 - \delta n_2)^2 \rangle = 2 \langle \delta n^2 \rangle - 2 \langle \delta n_1 \, \delta n_2 \rangle.$$

Information about *tropospheric* turbulence can be obtained from direct measurements of differences of the refractive index, in particular by determining the difference of the resonance frequency of a closed and an open cavity resonator, for the rest sized alike; such experiments were performed by BIRNBAUM and others[1]. At the main levels controlling the tropospheric wave propagation the maximum separation of well observable correlation in the refractive index (the so-called scale of turbulence l) proves to be of the order of 50 metre (varying between about 20 and 130 m)[2]. The r.m.s. deviation $\{\langle (\delta n/n)^2 \rangle\}^{\frac{1}{2}}$ is of the order of 10^{-6}.

Ionospheric turbulence[3] appears most directly from observations of the radiation from radio stars since the latter is not affected by reflections as in the case of the radiation arriving from terrestrial sources. The instructive measurements by RYLE and HEWISH[4] indicate angular fluctuations of a few minutes of an arc in the direction of arrival for radiation on metre wavelengths. For an interpretation we assume a well established correlation of field-strength values up to a separation d_i in an horizontal plane $z = z_i$ at the bottom of the ionosphere. The Fourier spectrum of the spatial field-strength distribution in this plane then is mainly restricted to periodicities $d > d_i$. According to the theory of Sect. 29, each periodicity d produces a field in a direction such that planes perpendicular to it, at mutual distances of one wavelength, intersect the plane $z = z_i$ along lines with a spacing d. The direction in question, being nearly vertical, makes a small angle $\vartheta = \lambda/d$ with the vertical. The condition $d > d_i$ thus amounts to a maximum angle λ/d_i between the average and the fluctuating direction of arrival (compare the remark at the end of Sect. 97). By identifying the latter angle with the observed value of a few minutes, we arrive at a value of d_i of the order of a few kilometres. This distance will represent the order of magnitude of the lateral ionospheric scale of turbulence in the region responsible for the scintillation of radio stars. This region is believed to be the F layer[5].

The correlation distance d_i characterizing the bottom of some effective layer of the ionosphere should also be observable in the diffraction pattern produced by the radio star on the ground. This follows from a special application of a theorem stated by WIENER[6], which was amply discussed by BOOKER, RATCLIFFE and SHINN[7]. The application in question states that the Fourier transform of the generally complex correlation function

$$C_h(a, b) = \frac{\langle h(x, y) \, h^*(x + a, y + b) \rangle}{\langle h(x, y) \, h^*(x, y) \rangle} \tag{88.3}$$

[1] G. BIRNBAUM and H. E. BUSSEY: Proc. Inst. Radio Engrs. **43**, 1412 (1955). — C. M. CRAIN: Proc. Inst. Radio Engrs. **43**, 1405 (1955).

[2] See C. M. CRAIN, A. W. STRAITON and C. E. VON ROSENBERG: Trans. Inst. Radio Engrs., P.G.A.P. **1**, 43 (1953).

[3] A recent survey is given in H. G. BOOKER: J. Geophys. Res. **61**, 673 (1956).

[4] M. RYLE and A. HEWISH: Month. Not. Roy. Astronom. Soc. **101**, 381 (1950).

[5] See M. SPENCER: Proc. Phys. Soc. Lond. B **68**, 493 (1955).

[6] N. WIENER: Acta math. **55**, 118 (1930).

[7] H. G. BOOKER, J. A. RATCLIFFE and D. H. SHINN: Phil. Trans. Roy. Soc. Lond., Ser. A **242**, 579 (1950).

corresponding to any two-dimensional distribution $h(x, y)$ equals, apart from a constant, the squared modulus $|G(\omega_1, \omega_2)|^2$ of the Fourier transform of the function $h(x, y)$ itself. The relation (71.3) constitutes another special case of WIENER's theorem.

If the function h represents the distribution (in some plane $z = \text{const}$) of a solution of the wave equation, its Fourier transform has to be multiplied by the factor $\exp\{id(k^2 - \omega_1^2 - \omega_2^2)^{\frac{1}{2}}\}$, when passing through free space to a parallel plane at a distance d. The modulus of the latter factor is unity for non-evanescent waves (see Sect. 29). Hence the correlation function depending on $|G|^2$ must be identical for the two wave-function distributions in the two parallel planes at the bottom of the ionosphere and at the earth's surface, at least insofar as the evanescent waves play no role. In fact, the separation between both planes is large enough to neglect the effect of the evanescent waves altogether. Provided we may also neglect reflection effects at the earth, the above mentioned correlation distance of a few kilometres should therefore also be expected in the diffraction pattern on the ground; it has been observed indeed by HEWISH[1] insofar as the phase is concerned. It is the latter, and not the amplitude, which here mainly characterizes the correlation at all (compare subsection 97γ).

The interpretation of measurements concerning correlation properties of diffraction patterns due to terrestrial sources is much more difficult. We mention the experiments made by RATCLIFFE and PAWSEY[2] on medium waves which show correlation up to distances of the order of 300 metres for the amplitude observed on the ground. This quantity should be interpreted as the ionospheric scale of turbulence in the E region if identified with the correlation distance of the field-strength distribution at $z = z_i$; in fact, this correlation distance has to equal that on the ground in view of WIENER's theorem. The value of 300 metre then agrees with that derived by FEINSTEIN[3] as corresponding best to a theoretical curve (based on the theory of Sect. 97) for the phase correlations in the pattern on the ground. Hence the ionospheric turbulence scale in the E region surpasses that of the troposphere by a factor of the order of 6.

89. The field produced by a coherently scattering volume element. We assume a medium with a dielectric constant $n^2 = \varepsilon = \varepsilon_0 + \delta\varepsilon$ showing random fluctuations around an average value ε_0. Usually $\delta\varepsilon$ is considered as independent of the time which is physically realized if the actual changes are small during one cycle of the working frequency; the theories developed by STARAS[4] and ECKART[5] which also take into account a time dependence of $\delta\varepsilon$, lead to results similar to those derived below. The physical background of the fluctuations $\delta\varepsilon(x, y, z)$ involves almost complete statistical independence at points the separation of which exceeds some properly defined scale of turbulence l. The latter follows from the decrease of the auto-correlation function:

$$C_{\delta\varepsilon}(a, b, c) = \frac{\langle \delta\varepsilon(x, y, z)\,\delta\varepsilon(x + a, y + b, z + c)\rangle}{\langle \delta\varepsilon^2(x, y, z)\rangle}, \qquad (89.1)$$

(assumed as isotropic) for increasing separation $(a^2 + b^2 + c^2)^{\frac{1}{2}}$.

The determination of scattered fields has to start from an expression for the contributions due to all points inside a single coherently scattering element with

[1] A. HEWISH: Proc. Roy. Soc. Lond., Ser. A **209**, 81 (1951).

[2] J. A. RATCLIFFE and J. L. PAWSEY: Proc. Cambridge Phil. Soc. **29**, 301 (1933).

[3] J. FEINSTEIN: Trans. Inst. Radio Engrs., P.G.A.P. **2**, 63 (1954).

[4] H. STARAS: J. Appl. Phys. **23**, 1152 (1952).

[5] G. ECKART: Abh. bayer. Akad. Wiss., N. F. **1955**, H. 74; **1956**, H. 76 and 77. — Z. angew. Phys. **8**, 407 (1956).

a volume V of the order of l^3. Thereupon, the intensity of the total field is obtained by adding the intensities produced by the individual elements.

The influence of the inequality of the phases of the various contributions is particularly clear in the case of the transmission of a pulse. The response of the latter at the receiver is split into parts arriving after time intervals d_j/c if d_j is the optical path length via a specified scattering element. Hence the pulse is broadened at its arrival over a time width $\Delta d_m/c$ if Δd_m is the maximum difference between any two possible path lengths d_j. The corresponding distorsion suffered by a continuous signal restricts the tolerated transmission of signals with a modulation frequency f_m to bands for which $\Delta d_m/c < 1/f_m$, or $f_m < c/\Delta d_m$. A higher modulation involves noticeable differences in the propagation of the various frequencies inside the transmitted band, a phenomenon known as "selective fading".

Returning to the field produced by the single element V, its evaluation is performed by considering the approximative wave equation that is obtained after elimination of the magnetic field form Maxwell's equations, viz.:

$$\{\Delta + k_0^2\, \varepsilon(x, y, z)\}\, E = 0.$$

This scalar equation is satisfied by each rectangular component of the electric field insofar as terms explicitly depending on grad ε may be neglected. The approximation here applied excludes any coupling between the field-components; hence the polarization of the primary field is preserved by the scattered field.

The formal representation of the latter equation by

$$(\Delta + k_0^2\, \varepsilon_0)\, E = -\, k_0^2\, \delta\varepsilon(x, y, z)\, E, \qquad (89.2)$$

shows how a general solution can be obtained from the addition of (a) a primary or incident field E_{prim} existing for $\delta\varepsilon \equiv 0$, and (b) a scattered field E_{sc} produced by the former, and satisfying the complete equation (89.2). The total field is a solution of the integral equation which is arrived at by solving (89.2) while treating its right-hand side as if it were a known function. The successive terms of the Neumann-Liouville expansion of this integral equation depend on multiple integrals with integrands of decreasing orders of magnitudes proportional to those of $(\delta\varepsilon)^r$; this situation indicates that the r-th term can be ascribed to r scatterings taking place in succession in r different volume elements.

The so-called *Born approximation* of such scattering problems only concerns first-order scatterings and therefore is obtained by replacing E in the right-hand side of (89.2) by the primary field E_{prim}. In our case this approximation reads as follows if $d\tau_Q = dx_Q\, dy_Q\, dz_Q$ is an arbitrary element of V having a distance QP to the point of observation P:

$$E_{\mathrm{sc}}(P) = \frac{k_0^2}{4\pi} \iiint\limits_V (\delta\varepsilon)_Q\, E_{\mathrm{prim}}(Q)\, \frac{e^{i k_0 \sqrt{\varepsilon_0}\, QP}}{QP}\, d\tau_Q. \qquad (89.3)$$

Two further simplifications of this Born approximation, one of a geometrical-optics character, and the other of the type of a Fraunhofer approximation, are useful for large and small dimensions respectively of the total scattering volume. These approximations will be discussed in the next two sections.

The derivation of (89.3) presumes $E \sim E_{\mathrm{prim}}$, or a scattered field $E_{\mathrm{sc}} \ll E_{\mathrm{prim}}$. This situation only occurs if the scattering volume at Q can be reached unhindered from the transmitter T, just as the transmission of the scattered energy along QR to the receiver at R also should be as in free space. Important scattering therefore is only produced in the overlapping region D of the beams D_T and D_R comprising the rays which might be emitted or received with an appreciable intensity in view of the radiation diagrams of the transmitter and the receiver (see Fig. 71). At one side these beams are usually limited by the curved earth as illustrated in the diagram. MEGAW[1] has described a small-scale demonstration of the turbulence effect. The configuration of Fig. 71 is imitated by using acoustic waves; reception at R only proves to be possible if turbulence is generated by heating the air below M.

The proportionality of $E_{\mathrm{prim}}(Q)$ to $\exp\left(i k_0 \sqrt{\varepsilon_0}\, T Q\right)$ in the case of a transmitter at T involves the interpretation of (89.3) as a one-dimensional Fourier integral with respect to the path length $T Q + Q P$. The integrand of the latter integral then becomes (neglecting the small variation of the amplitude of E_{prim} over V) proportional to the average of $\delta\varepsilon$ over the intersection of V with a locus of a constant value of $T Q + Q P$, such a locus being approximately a plane section of V. The discussion of the integral in question is the starting point in ECKART's analysis.

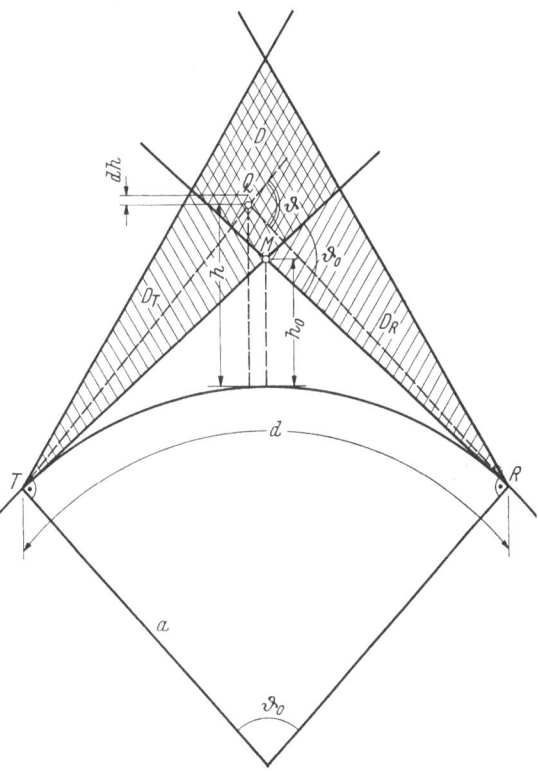

Fig. 71. Geometry concerning tropospheric scattering.

90. Geometrical-optics scattering theory. Such a theory for line-of-sight propagation has been developed by BERG-MANN[2] directly from the geometrical-optics treatment (see Sect. 14) of the wave equation (89.2) by splitting the logarithm of the field into contributions of the orders of $\delta\varepsilon$, $(\delta\varepsilon)^2$, $(\delta\varepsilon)^3$, ... The main results can also be obtained as follows from a saddlepoint approximation of (89.3).

We assume a properly normalized primary field

$$E_{\mathrm{prim}}(P) = \frac{e^{i k_0 \sqrt{\varepsilon_0}\, T P}}{T P}\, \{W(T P)\}^{\frac{1}{2}}, \qquad (90.1)$$

that is excited by a point source at T with a radiation pattern $W(T P)$ depending on the direction $T P$ to the point of observation. The substitution of (90.1) into (89.3) yields an expression the exponent $k_0 \sqrt{\varepsilon_0}(T Q + Q P)$ of which becomes minimal, as a function of Q, along the shortest path $T P$. The main contributions therefore result from points Q near this straight line. The corresponding saddle-point approximation is arrived at by replacing Q in the non-exponential factors by its projection Q' on $T P$, while expanding $T Q$ and $Q P$ in the exponent into

[1] E. C. S. MEGAW: Proc. Inst. Electr. Engr. **100** (III) 1 (1953), see Fig. 8.

[2] P. G. BERGMANN: Phys. Rev. **70**, 486 (1946).

a Taylor series up to second-order terms with respect to the coordinates y_Q and z_Q perpendicular to TP (which line should be taken as x axis, see Fig. 72).

The resulting formula

$$E_{\rm sc}(P) \sim \frac{k_0^2}{4\pi} e^{ik_0\sqrt{\varepsilon_0}\,TP} \iiint (\delta\varepsilon)_Q \frac{e^{(ik_0\sqrt{\varepsilon_0}/2)\left(\frac{1}{Q'T}+\frac{1}{Q'P}\right)(y_Q^2+z_Q^2)}}{Q'T \cdot Q'P} W^{\frac{1}{2}}(TQ')\, d\tau_Q$$

can be worked out by a further expansion of $(\delta\varepsilon)_Q$ into a Taylor series with respect to y_Q and z_Q. The integrations (from $-\infty$ to $+\infty$) over these coordinates lead to terms still depending on final integrations along the shortest path TP. The evaluation up to the second-order terms yields, if ε_0 and $\delta\varepsilon$ are replaced by the corresponding quantities n_0^2 and $2n_0\delta n$,

$$E_{\rm sc}(P) \sim E_{\rm prim}(P)\left\{ ik_0 \int_{x_T}^{x_P} (\delta n)_{Q'}\, dx_{Q'} - \frac{1}{2n_0}\int_{x_T}^{x_P} \frac{Q'T \cdot Q'P}{TP}(\Delta_2 n)_{Q'}\, dx_{Q'} + \cdots \right\}; \quad (90.2)$$

the symbol Δ_2 indicates the two-dimensional Laplace operator with respect to the coordinates y and z perpendicular to the path TP.

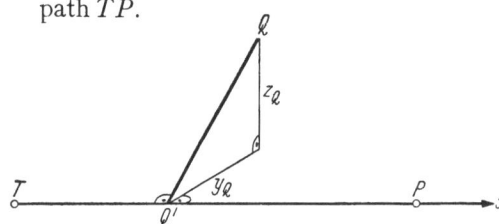

Fig. 72. Coordinates referring to propagation through a scattering medium.

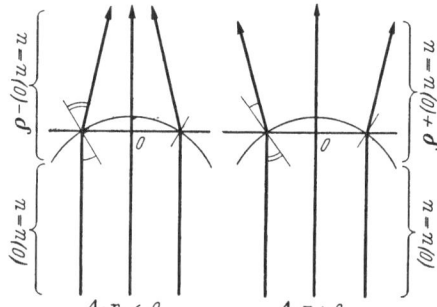

Fig. 73. Lens effects produced in a scattering medium.

According to (90.2) the scattering produces a phase correction given in a first approximation by

$$\delta\Phi = k_0 \int_{x_T}^{x_P} (\delta n)_{Q'}\, dx_{Q'}, \quad (90.3)$$

and a relative change of the amplitude A reading:

$$\frac{\delta A}{A} = -\frac{1}{2n_0}\int_{x_T}^{x_P} \frac{Q'T \cdot Q'P}{TP}(\Delta_2 n)_{Q'}\, dx_{Q'}. \quad (90.4)$$

The phase correction simply means that the optical path length of TP has to be corrected for the change δn of n along TP. The amplitudinal correction factor (90.4) amounts to an increase (decrease) of the field by local negative (positive) values of $\Delta_2 n$ along the trajectory. This effect is understandable since $\Delta_2 n < 0 \,(>0)$ indicates a local n value $n(0)$ that surpasses (is surpassed by) the average n value at neighbouring points in a plane perpendicular to the propagation direction (compare Fig. 73). The resulting increased (decreased) refraction of neighbouring trajectories towards the trajectory in question produces a focussing (defocussing) of rays having slightly differing directions. This influence of the n fluctuations can thus be interpreted by small lens effects. The term $\partial^2 n/\partial x^2$ of the three-dimensional Laplace operator Δn, which does not occur here, only effects lateral displacements of the transmission path.

91. Determination of the scattering coefficient. For scattering not taking place in the immediate vicinity of the transmitter T or receiver R, the distances QT and QR to a point Q of a coherently scattering volume element V may be considered as large compared to the linear dimensions of V. An approximation of the Fraunhofer type, known from optical problems, here admits to replace $QP = QR$ in the exponent of (89.3) by an approximation linear with respect to the coordinates ξ, η, ζ of Q; the origin Q_0 may be at some central point of V [compare (11.1)]. For the same reason the phase of the primary field can be approximated by that of a plane wave, whereas Q may be considered as coinciding with Q_0 in the non-exponential factors. This procedure may be applied to the component $\sin\chi \exp(ik_0\sqrt{\varepsilon_0}\,TQ)/TQ$ of the properly normalized primary field that has the direction (perpendicular to Q_0R) of the scattered field; χ here denotes the angle between the primary field and the direction of scattering Q_0R. We obtain:

$$
E_{sc}(R) \sim \frac{k_0^2 \sin\chi}{4\pi} \frac{e^{ik_0\sqrt{\varepsilon_0}(IQ_0 + Q_0 R)}}{TQ_0 \cdot Q_0 R} \times \\
\times \iiint_V \delta\varepsilon(\xi, \eta, \zeta)\, e^{ik_0\sqrt{\varepsilon_0}\{\xi(\cos\alpha_{prim} - \cos\alpha) + cycl.\}} \,d\xi\, d\eta\, d\zeta; \Bigg\} \quad (91.1)
$$

α, β, γ mark the angles of the scattering direction Q_0R relative to the coordinate axes, and α_{prim}, β_{prim}, γ_{prim} the corresponding angles for the direction TQ_0 of the incident radiation (see Fig. 74).

The integral of (91.1) is recognized as connected with the three-dimensional Fourier transform (instead of the one-dimensional in ECKART's analysis; see the reference in Sect. 89) of the spatial distribution of $\delta\varepsilon$ inside V. We define the

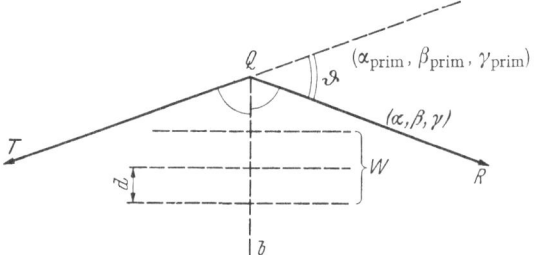

Fig. 74. Illustrating the scattering mechanism in a turbulent medium.

Fourier spectrum of $\delta\varepsilon(x, y, z)$ by the integral

$$
G\{\omega_1, \omega_2, \omega_3\} = \frac{1}{(2\pi)^{\frac{3}{2}}\sqrt{V \cdot \langle(\delta\varepsilon)^2\rangle}} \iiint \delta\varepsilon(\xi, \eta, \zeta)\, e^{-i(\omega_1\xi + \omega_2\eta + \omega_3\zeta)}\, d\xi\, d\eta\, d\zeta,
$$

which is normalized such as to have:

$$
\int\!\!\int\!\!\int_{-\infty}^{\infty} |G\{\omega_1, \omega_2, \omega_3\}|^2\, d\omega_1\, d\omega_2\, d\omega_3 = 1.
$$

The scattered field (91.1) then can be represented by

$$
E_{sc}(R) \sim k_0^2 \sin\chi \sqrt{\frac{\pi}{2} V \langle(\delta\varepsilon)^2\rangle} \frac{e^{ik_0\sqrt{\varepsilon_0}(TQ_0 + Q_0 R)}}{TQ_0 \cdot Q_0 R} \times \\
\times G\{k_0\sqrt{\varepsilon_0}(\cos\alpha - \cos\alpha_{prim}), \ldots, \ldots\}. \Bigg\} \quad (91.2)
$$

The Fourier component occurring here is associated with that part of the $\delta\varepsilon$ distribution that has equal values in planes W drawn, at mutual distances $d = \pi/(k_0\sqrt{\varepsilon_0}\sin\vartheta/2) = \lambda'/(2\sin\vartheta/2)$, perpendicular to the bisector b indicated in Fig. 74; $\lambda' = \lambda/\sqrt{\varepsilon_0}$ represents the local wavelength that corresponds to the vacuum wavelength λ. The connection between the distance d and the scattering angle ϑ reminds of BRAGG's relation for X-ray reflection in crystals. It involves that the scattering can be ascribed to interference associated with reflections against the planes W; it is striking that the orientation of these planes does depend on the positions of the transmitter T and the receiver R.

The role of the Fourier spectrum of the spatial $\delta\varepsilon$ distribution has been pointed out by Megaw[1]. Usually, however, the auto-correlation function (89.1) is introduced; its definition implies a connection with the Fourier transform of $|G|^2$ according to (compare Wiener's theorem mentioned in Sect. 88)

$$|G\{\omega_1, \omega_2, \omega_3\}|^2 = \frac{1}{8\pi^3} \iiint\limits_{-\infty}^{\infty} C_{\delta\varepsilon}(a, b, c)\, e^{i(\omega_1 a + \omega_2 b + \omega_3 c)}\, da\,db\,dc. \qquad (91.3)$$

We are particularly interested in the squared modulus of (91.1) since this quantity, the intensity of the field, has to be added over all individual, independently scattering, volume elements (see the beginning of Sect. 89). The intensity produced by the single element V proves to be proportional to its size V, as well as to the density $W_t = (c/8\pi\sqrt{\varepsilon_0})|E_{\mathrm{prim}}(Q_0)|^2 = c/(8\pi\sqrt{\varepsilon_0}\, T Q_0^2)$ of the incident energy impinging on V. Further, the energy scattered by V in the direction $Q_0 R$ can be characterized by the quantity $(c/8\pi\sqrt{\varepsilon_0})\, Q_0 R^2 |E_{\mathrm{sc}}(R)|^2$ that represents the energy radiated per unit solid angle. This led Booker and Gordon[2] to introduce a scattering coefficient σ defined as the energy scattered per unit solid angle, and per unit density of the incident energy, as well as per unit scattering volume. In view of (91.2) this definition amounts to the following expression, if G is expressed [with the aid of (91.3)] in terms of the auto-correlation function $C_{\delta\varepsilon}$:

$$\sigma = \frac{K_0^4 \sin^2\chi}{16\pi^2}\langle(\delta\varepsilon)^2\rangle \iiint\limits_{-\infty}^{\infty} C_{\delta\varepsilon}(a, b, c)\, e^{i k_0 \sqrt{\varepsilon_0}\{(\cos\alpha - \cos\alpha_{\mathrm{prim}})a + \mathrm{cycl.}\}}\, da\,db\,dc. \qquad (91.4)$$

The dependence of σ on the assumed correlation function will be discussed in Sect. 93.

92. Fields generated by incoherent scattering. Such fields are observed in the most direct way if the background field, also existing in absence of any turbulence at all, happens to be weak. For the troposphere this occurs for transmission to the "twilight zone" well beyond the transmitter's horizon (discussed in Sect. 111), for the ionosphere in the case of waves too short (λ shorter than about 10 metres) for being bent downwards to the earth along ray trajectories.

Apart from observations of the average field strength far beyond the horizon, data basic for tropospheric scattering can be obtained from measurements of the phase of line-of-sight fields (compare Sect. 97), such as made in the U.S.A. in the Cheyenne Mountain project[3]. In fact, the fluctuations of this phase depend on the integral of δn along the path, whereas the amplitude fluctuations depend on the much more complicated quantity $\Delta_2 n$ of (90.4).

The investigation of ionospheric scattering on metre waves, in the absence of the background field (due to ordinary reflection) always existing under conventional propagation conditions for longer waves, has first been performed in England and in the U.S.A. (see also Sect. 115). Owing to the influence of the scattering angle ϑ, only that part, P_{tr} says, of the energy leaving the transmitter at T will be effective that can reach the receiver at R via scattering elements connected with the smallest ϑ values. The narrow beam of contributing trajectories therefore is concentrated near the vertical plane (represented in Fig. 75) through T and R; the rays in this plane are further limited by the trajectories TMR and $TM'R$ corresponding to scattering reflections at the lower and the upper edge of the E region producing these scatterings.

[1] E. C. S. Megaw: Nature, Lond. **166** (II), 1100 (1950)..

[2] H. G. Booker and W. E. Gordon: Proc. Inst. Radio Engrs. **38**, 401 (1950).

[3] See J. W. Herbstreit and M. C. Thompson: Proc. Inst. Radio Engrs. **43**, 1391 (1955).

In geometrical respect the ionospheric scattering is simplest. In fact, the remote position of the rather small scattering volume V (the cross-section of which with the vertical plane through T and R is shaded in the figure), far away from T and R, admits to consider the latter, in a first approximation, as homogeneous with a constant value of σ. Introducing the further notation O for the cross-section of the beam near M, and A for the effective area of the receiver, the received energy proves to be as follows in view of the definition of the scattering coefficient σ:

$$P_{\text{rec}} = \sigma \frac{P_{\text{tr}}}{O} V \frac{A}{M R^2} \cdot$$

The approximative values $b/\sin \frac{\vartheta}{2}$ of V/O (b = ionospheric thickness; ϑ = main scattering angle) and $d/2$ of $M R$, lead to the following ratio of the received and transmitted energies:

$$\frac{P_{\text{rec}}}{P_{\text{tr}}} = \frac{4 A b \sigma}{d^2 \sin \vartheta/2} \cdot \quad (92.1)$$

In the case of the larger scattering volumes associated with tropospheric propagation within the horizon, the variation of σ due to the differences in scattering angle in the various volume elements cannot be neglected any longer. The definition of σ then leads as follows to an expression for the ratio P_{sc}/P_f of the two

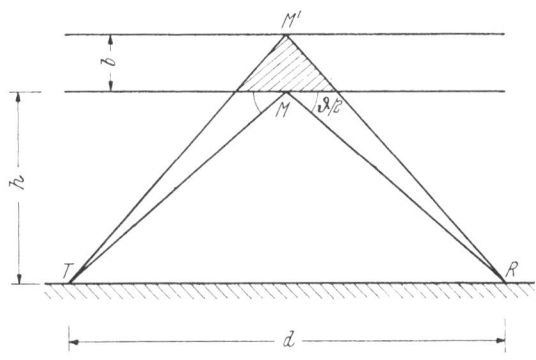

Fig. 75. Geometry concerning ionospheric scattering.

energies received at R by scattering and by undisturbed free propagation. The energy scattered by a volume element dV at Q towards the receiver (the effective area of which is subtended by a solid angle A/QR^2) amounts to

$$W_i dV \frac{A}{QR^2} \sigma(Q),$$

from which P_{sc} is obtained by integration (the incident energy W_i is still assumed as independent of Q). On the other hand, P_f equals A times the energy density $W_i T Q^2/T R^2$ occurring near R if T, Q and R are assumed as colinear; this is a fair approximation since the important scattering is usually restricted to the small scattering angles associated with nearly forward scattering. The resulting ratio

$$\frac{P_{\text{sc}}}{P_f} = T R^2 \int \frac{\sigma(Q)}{Q T^2 \cdot Q R^2} dV \quad (92.2)$$

is most characteristic for the scattering since it is independent of the special antenna diagram, at least insofar as the latter is homogeneous over the range of the directions of the main scattering.

93. Numerical evaluation of the scattering coefficient. The numerical value of the physical quantity σ can be computed from (91.4) for any auto-correlation function $C_{\delta\varepsilon}$. The influence of the latter is apparent from the rather different expressions obtained for σ when assuming one of the physical models listed below:

I. the Booker and Gordon model introducing, for the sake of mathematical simplicity, $C_{\delta\varepsilon} = \exp\{-(a^2 + b^2 + c^2)^{\frac{1}{2}}/l\}$. The parameter l can be interpreted as the scale of turbulence. The resulting scattering coefficient reads:

$$\sigma = \frac{\langle (\delta \varepsilon)^2 \rangle (2\pi l/\lambda)^3 \sin^2 \chi}{\lambda \{1 + (4\pi l/\lambda')^2 \sin^2 \vartheta/2\}^2} \,. \tag{93.1}$$

It comprises two interesting limiting cases equivalents of which exist for every model:

I a) $4\pi l \sin \vartheta/2 \ll \lambda'$. In a non-dispersive medium such as the troposphere ($\delta \varepsilon$ independent of $\lambda \sim \lambda'$) the resulting scattering becomes isotropic (independent of ϑ) and proportional to λ^{-4}. This case applies to a range of scattering angles around the direction of forward scattering ($\vartheta = 0$) which is wider according as l is smaller. The explanation of the blue of the sky by Rayleigh is included in this limiting case;

I b) $4\pi l \sin \vartheta/2 \gg \lambda'$. The corresponding limiting value

$$\sigma \to \frac{\lambda'^4}{32\pi\lambda^4} \frac{\langle (\delta \varepsilon)^2 \rangle}{l} \frac{\sin^2 \chi}{\sin^4 \vartheta/2} = \frac{\langle (\delta \varepsilon/\varepsilon_0)^2 \rangle}{32\pi l} \frac{\sin^2 \chi}{\sin^4 \vartheta/2} \tag{93.1 a}$$

is independent of the wavelength for a non-dispersive medium, but highly dependent on the scattering angle. It explains the sharpness of the scattering diagram for $l \gg \lambda$; the scattering is mainly restricted to forward directions (so-called "forward scattering").

Obviously, the concentration of the scattered energy to the angular range of the order of λ/l is most pronounced for the largest eddies; therefore, the latter mainly control this type of scattering. This is confirmed by a general consideration of the turbulence scale l_{extr} which produces the largest scattering effect, the scattering angle being given. From (93.1) we deduce $l_{\text{extr}} = (\sqrt{3}/4\pi) \lambda/|\sin \vartheta/2|$; hence, back scattering ($\vartheta \sim \pi$) is first of all favoured by the presence of eddies with sizes of the order of a wavelength.

II. Eckersley's[1] model in which the scattering elements are idealized by isolated clouds with a rotationally symmetric scattering density which decays exponentially with the distance r from its centre. The application to ionospheric scattering starts from a deviation δN of the electron density from its normal value N that is given by $\delta N = \alpha \exp(-r/l)$; the corresponding auto-correlation function for two points a distance d apart reads:

$$C_{\delta N} = \left(1 + \frac{d}{l} + \frac{d^2}{3 l^2}\right) e^{-d/l}.$$

These data concerning δN can be converted into those for the fluctuations $\delta \varepsilon$ since we have, in view of (75.4) and (75.2) (neglecting the effects of absorption and of the earth's magnetic field),

$$\delta \varepsilon = -\frac{\omega_{\text{cr}}^2}{\omega^2} \frac{\delta N}{N} = -\frac{\lambda^2}{\lambda_{\text{cr}}^2} \frac{\delta N}{N} \tag{93.2}$$

($\lambda_{\text{cr}} = 2\pi c/\omega_{\text{cr}}$ being the ionospheric "plasma wavelength"). The evaluation of (91.4) thereupon yields:

$$\sigma = 64\pi^3 \frac{l^3 \cdot \langle (\delta N/N)^2 \rangle \cdot \sin^2 \chi}{\lambda_{\text{cr}}^4 \{1 + (4\pi l/\lambda')^2 \sin^2 \vartheta/2\}^4} \,; \tag{93.3}$$

III. Villars and Weisskopf's[2] model of *homogeneous turbulence*. The latter is characterized (either for the troposphere or the ionosphere) by a transport

---

[1] T. L. Eckersley: J. Inst. Electr. Engrs. **71**, 405 (1932), see p. 441—442.
[2] F. Villars and V. F. Weisskopf: Phys. Rev. **94**, 232 (1954). — Proc. Inst. Radio Engrs. **43**, 1232 (1955).

of the supplied energy (arriving from the sun) from very large turbulent eddies down to the smallest eddies the linear size l_s of which enables a dissipation by molecular viscosity of all the energy transferred to them. In the non-dissipative troposphere σ then proves to be proportional to $\lambda^{\frac{1}{3}} (\sin\vartheta/2)^{-\frac{13}{3}}$, and to $\lambda^7 (\sin\vartheta/2)^{-11}$ in the two limiting cases $2 l_s \sin\vartheta/2 \ll \lambda$ and $2 l_s \sin\vartheta/2 \gg \lambda$; an additional factor λ^4 has to be added in the case of the ionosphere in view of the λ dependence of $(\delta\varepsilon)^2$ [see (93.2)]. The scattering properties here first of all depend on the ratio of λ to the micro-scale of turbulence l_s;

IV. VILLARS' and WEISSKOPF'S[1] model of *turbulent mixing*. Media with an average vertical gradient of the refractive index n may produce eddies with a refractive-index fluctuation δn about corresponding to the average change of n in vertical direction over a distance equal to the size L of the eddy; in other words $\delta n \sim L\, dn/dh$. The final expression for σ becomes in this case:

$$\sigma = \frac{4\pi^2 \lambda (dn/dh)^2}{(2 \sin\vartheta/2)^5} \sin^2\chi. \tag{93.4}$$

An approximate proportionality of σ to λ/ϑ^5 agrees with many propagation data. It also results for $l \sin\vartheta/2 \gg \lambda$ from the correlation function

$$C_{\delta\varepsilon} = \frac{\sqrt{a^2 + b^2 + c^2}}{l} \cdot K_1\left(\frac{\sqrt{a^2 + b^2 + c^2}}{l}\right),$$

(K_1 = normalized Hankel function of first order and imaginary argument) which quite generally leads to

$$\sigma = \frac{3}{8} \frac{\langle(\delta\varepsilon)^2\rangle (2\pi l/\lambda)^4 \sin^2\chi}{\{1 + (4\pi l/\lambda) \cdot \sin^2\vartheta/2\}^{\frac{5}{2}}}.$$

A possible explanation of tropospheric and ionospheric scattering phenomena with the aid of the above theories is treated in the Sects. 111 and 115. We finally observe that the given expressions can be applied, for $\langle(\delta\varepsilon/\varepsilon_0)^2\rangle$ replaced by $4\langle(\delta n/n)^2\rangle$, to any scattering refractive medium. It particularly shows the importance of tropospheric scattering for acoustic waves; in fact, the proportionality of n to $T^{-\frac{1}{2}}$ for the latter (T = absolute temperature) leads to a value of $(\delta n/n)^2$ which is about thousand times as large as for radio waves at identical atmospheric conditions.

94. Probability distributions of fluctuating elements. The statistical properties of the turbulent medium do not only concern average quantities but also the statistical behaviour of the corresponding fluctuations. We mention as examples the probability distribution of the amplitudes of the field at a fixed point, the auto-correlation with respect to the time of this field, the mixed correlation with respect to the time at two separated points, the variances of amplitude and phase fluctuations; these subjects will be treated in the present and the next three sections.

The distribution of, e.g., the amplitude r of a field is characterized by the probability density $P(r)$ [$P(r)\,dr$ defines the probability that r be situated in an interval of width dr], or also by its integral $P(r > a)$ expressing the probability for amplitudes surpassing a. The special quantities r_5, r_{50} and r_{95} defined by $P(r > r_5) = 0.05$, $P(r > r_{50}) = 0.50$, and $P(r > r_{95}) = 0.95$ are often called the quasi-maximum, median and quasi-minimum fields.

---

[1] F. VILLARS and V. F. WEISSKOPF: Phys. Rev. **94**, 232 (1954). — Proc. Inst. Radio Engrs. **43**, 1232 (1955).

The following probability distributions are of special interest for field amplitudes in atmospheric propagation:

(A) the *Rayleigh distribution*:

$$P_R(r) = \frac{2}{\bar{r^2}}\, r\, e^{-r^2/\bar{r^2}}, \tag{94.1}$$

with the average value $\bar{r} = \sqrt{(\pi/4)\,\bar{r^2}}$, the most probable value $\sqrt{\bar{r^2}/2}$, the standard deviation $0.4632\,\sqrt{\bar{r^2}}$, and further $r_5 = 1.731\,\sqrt{\bar{r^2}}$, $r_{50} = 0.8325\,\sqrt{\bar{r^2}}$, $r_{95} = 0.226\,\sqrt{\bar{r^2}}$;

(B) the *normal distribution*:

$$P_n(r) = \frac{e^{-\frac{(r-\bar{r})^2}{2\sigma^2}}}{\sqrt{2\pi}\,\sigma} \tag{94.2}$$

with identical average and most probable value $\bar{r}$, the standard deviation σ, and $r_5 = \bar{r} + 1.645\,\sigma$, $r_{50} = \bar{r}$, $r_{95} = \bar{r} - 1.645\,\sigma$;

(C) the *logarithmic normal distribution*:

$$P_{ln}(r) = \frac{1}{\sqrt{2\pi}\,\sigma'}\, \frac{e^{-\frac{\{\log(r-\alpha) - \overline{\log(r-\alpha)}\}^2}{2\sigma'^2}}}{r - \alpha} \quad (r > \alpha), \tag{94.3}$$

which amounts to a normal distribution for $\log (A - \alpha) - \bar{A}$, instead of $A - \bar{A}$, for some constant α.

The occurrence of each of these distributions is plausible at special physical circumstances. The Rayleigh distribution is obtained as the limit[1] of a "random walk" distribution, that is, it constitutes the probability of reaching a distance r from a fixed point (in a given plane) after a great number of steps of given lengths a_1, a_2 etc., but arbitrary directions[2] (the random directions are suggested by open little arcs in Fig. 76). This situation is approximately realized for a field composed of a number of almost incoherent contributions; the distance r then corresponds to the amplitude of the resultant field, the lengths of the steps to the amplitudes of the individual contributions, the directions of the steps to the phases of the latter.

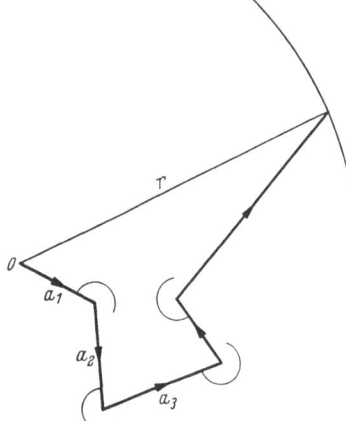

Fig. 76. Illustrating a random walk.

As to ionospheric propagation a Rayleigh distributed signal therefore is to be expected particularly in the following two cases:

(a) *Scatter fading.* The signal is mainly due to scattering in a single ionospheric region, while the steady signal arriving from the same layer (assumed as nearly homogeneous) is weak. The interference of the contributions from the various scattering volume elements then leads to a Rayleigh distribution for the final amplitude if these contributions are approximately incoherent due to the rather statistical independence of the differences of their phases. The interference in question has been investigated by Ratcliffe[3] in the case of vertical incidence. This type of distribution also occurs for the fast tropospheric fading (see below);

(b) *Interference fading.* The field results from various simultaneous contributions, such as the ground wave, 1-hop, 2-hop etc. transmission via ionospheric regions, the ordinary and extraordinary components of these contributions, and so on. If the

[1] See, e.g., B. van der Pol and H. Bremmer: Operational Calculus, p. 344. Cambridge 1955.

[2] See, e.g., G. N. Watson: Theory of Bessel functions, p. 419. Cambridge 1944.

[3] J. A. Ratcliffe: Nature, Lond. **162**, 9 (1948).

amplitude of each of the composing contributions of such "multipath transmission" is nearly steady while the differences of the corresponding path lengths to the receiving point comprise many wavelengths, the phases of these contributions may be considered as random, and the conditions for a Rayleigh distribution are fulfilled once again. As an example we mention the path difference of about $6h^2/d$ between the 1-hop and 2-hop trajectories overbridging a distance $d \gg h$ if the ionosphere is approximated by a flat mirror at a height h above the earth. The condition for a Rayleigh distribution here reads, in terms of path lengths instead of phases, $6h^2/d \gg \lambda$; it proves to be satisfied for distances for which $h \ll d \ll 6h^2/\lambda$. Corresponding observations have been described by McNicol[1].

The so-called "fast fading" (concerning field-strength fluctuations over periods not exceeding about one minute) in long-distance tropospheric propagation also obeys a Rayleigh distribution. It indicates the role of individual incoherently scattering elements also in this case. The effects of the latter are smoothed out in the "slow fading" (concerning periods of the order of one hour) which is mainly determined by the gradual variation of the fast-fading variance $\bar{r}^2$. The slow fading depends much less on the frequency than the fast fading.

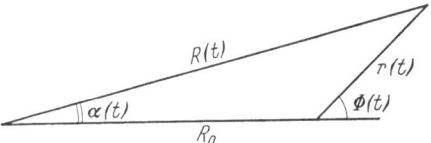

As to normal distributions, the importance of the latter in probability questions is well known. In ionospheric propagation this distribution is to be

Fig. 77. Parameters describing a fluctuating signal having a steady background.

expected theoretically if the steady signal due to ordinary reflection by a single ionospheric region is accompanied by a much smaller component which has a Rayleigh distribution in view of its production by scattering [see the above case (a)]. In fact, this situation corresponds to a random-walk problem of one step OA of fixed length R_0 and fixed direction (representing the steady signal), and of following steps of random directions depending on the Rayleigh distribution (94.1) for the distance r from A to the endpoint B of a radius vector of length $OB = R$ (the latter represents the amplitude of the final signal; see Fig. 77). It leads to the following probability density for R:

$$P(R) = 2 \, \frac{e^{-R_0^2/\bar{r}^2}}{\bar{r}^2} \, R \, e^{-R^2/\bar{r}^2} I_0 \left(\frac{2R_0 R}{\bar{r}^2} \right) \tag{94.4}$$

($I_0 =$ Bessel function of order zero and imaginary argument). The asymptotic approximation for I_0, which is applicable for $R_0 \gg (\bar{r}^2)^{\frac{1}{2}}$, actually yields a normal distribution around R_0, showing a variance $\bar{r}^2/2$.

The general distribution (94.4) thus contains the normal and Rayleigh distributions as limiting cases for $R_0 \to \infty$ and $R_0 \to 0$. Many of the mentioned observations by McNicol correspond to (94.4) for very diverging values of the ratio $R_0/(\bar{r}^2)^{\frac{1}{2}}$ of the steady and the fluctuating signal. For the rest, the vectorial sum of a large number of signals with random phases and an amplitude distribution according to (94.4), each of which may represent the field due to a special ionospheric ray, again leads to a Rayleigh distribution for the final amplitude; the behaviour then agrees with that of a single ray due to scattering and having a small steady-signal background.

The log normal distribution should theoretically exist if a fluctuating parameter, having a normal distribution itself, produces changes in some quantity under consideration that are proportional to both the momentary value of the

[1] R. W. E. McNicol: Proc. Inst. Electr. Engrs. **96** (III), 517 (1949).

latter, and to the magnitude of the disturbing fluctuation[1]. According to (90.4) the log normal distribution can therefore be expected for the amplitude variations δA in the absence of interference by other contributions (due to propagation along other paths), or if the effects of such rapidly varying contributions are smoothed out in observations concerning moving averages over periods of a few minutes. This explains the log normal distribution of the "slow fading" in tropospheric propagation over any distance; it is usually observed in the field-strength distribution over a period of one hour.

95. Statistical theory of the correlation in time of fluctuating fields. The distribution functions discussed in the previous section provide no information whatever about the *succession* in time of e.g., the momentary values $A(t)$ of an amplitude which, in view of their distribution function, only have to occur with prescribed frequencies. For any real-valued time function $r(t)$ describing some single isolated event the main statistical properties of the succession in question can be derived from the corresponding auto-correlation function C_r. According to Wiener's theorem (compare Sect. 88), this function can be represented in its normalized form by the equivalent expressions

$$C_r(\tau) = \frac{\int\limits_{-\infty}^{\infty} r(t)\, r(t+\tau)\, dt}{\int\limits_{-\infty}^{\infty} r^2(t)\, dt} = \frac{\int\limits_{0}^{\infty} W(\omega) \cos(\omega\,\tau)\, d\omega}{\int\limits_{0}^{\infty} W(\omega)\, d\omega}, \qquad (95.1)$$

in which $W(\omega) = G(\omega)\, G^*(\omega) = G(\omega)\, G(-\omega)$ is the so-called "power spectrum" defined by the function $G(\omega)$ of the Fourier synthesis

$$r(t) = \int\limits_{-\infty}^{\infty} G(\omega)\, e^{i\omega t}\, d\omega. \qquad (95.2)$$

The applications to radio phenomena usually concern the amplitude $A(t)$ and phase $\Phi(t)$ of a monochromatic signal the originally sharp power spectrum $W(\omega)$ of which is broadened, due to disturbances, around some carrier frequency $\omega_0/2\pi$. The problem then arises to derive the statistical properties of A and Φ from $W(\omega)$ or $C_r(\tau)$. The similarity of random fluctuations imposed by scattering etc. on the average field of the signal, to noise effects imposed on any steady background, enabled Booker, Ratcliffe and Shinn[2] to apply results, obtained by Rice[3] for the latter, also to the former. Similar results were derived by Eckart[4] from a representation of the local deviations $\delta\varepsilon(x, y, z, t)$ of the dielectric constant in a finite scattering volume with the aid of four-dimensional Fourier series, and from the one-dimensional integral mentioned at the end of Sect. 89. The derivation of some of the main results of all these theories, which are applicable to cases leading to a Rayleigh distribution for the field amplitude, will be sketched below.

A clear definition of $A(t)$ and $\Phi(t)$, needed here, is arrived at by starting from the representation:

$$r(t) = x(t) \cos(\omega_0 t) + y(t) \sin(\omega_0 t), \qquad (95.3)$$

---

[1] See, e.g., H. Cramér: The Elements of Probability Theory, p. 119. New York and Stockholm 1955.

[2] H. G. Booker, J. A. Ratcliffe and D. H. Shinn: Phil. Trans. Roy. Soc. Lond., Ser. A **242**, 579 (1950).

[3] S. O. Rice: Bell. Syst. Techn. J. **23**, 282 (1944); **24**, 46 (1945).

[4] See reference Sect. 89.

in which $x(t)$ and $y(t)$ are assumed as varying very little over one period $2\pi/\omega_0$. A corresponding evaluation of (95.2), after a reduction to positive frequencies ω, leads to definitions included by the complex relation:

$$x(t) + i\, y(t) = A(t)\, \mathrm{e}^{i\, \Phi(t)} = 2 \int\limits_0^\infty G^*(\omega)\, \mathrm{e}^{i(\omega_0 - \omega)t}\, dt.$$

Averaging based on an assumed uniform distribution of the phases $\arg G(\omega)$ leads to expressions for the auto and the mixed correlation functions of $x(t)$ and $y(t)$ that are comprised in:

$$\left.\begin{aligned}\int\limits_{-\infty}^\infty \{x(t) + i\, y(t)\}\, x(t+\tau)\, dt = \int\limits_{-\infty}^\infty \{y(t) - i\, x(t)\}\, y(t+\tau)\, dt \\ = 4\pi \int\limits_0^\infty W(\omega)\, \mathrm{e}^{i(\omega - \omega_0)\tau}\, d\omega;\end{aligned}\right\} \quad (95.4)$$

in this $W(\omega) = |G(\omega)|^2$ is a measure for the "power spectrum" of $r(t)$. The four correlation quantities occurring in (95.4) completely determine the coefficients of the bilinear expression f in $x(t)$, $y(t)$, $x(t+\tau)$ and $y(t+\tau)$ that constitutes the exponent in the joint probability $A\, \mathrm{e}^f dx(t)\, dy(t)\, dx(t+\tau)\, dy(t+\tau)$ for values of the mentioned quantities in specified infinitesimal intervals. This exponential form is required by the well-known "central limit theorem"[1]; the probability in question then refers to an infinitely increasing number of cases each of which concerns specified restricted conditions of observations (e.g., measurements during a special time interval).

The central limit theorem can directly be applied here to x and y (and not to A and Φ). This follows from the random character of these functions and the fact that the positive and negative deviations from their mean values [being zero in view of the random phases of $G(\omega)$] are equally probable. However, since the transition from $x(t)$, $y(t)$, $x(t+\tau)$, $y(t+\tau)$ to $A(t)$, $\Phi(t)$, $A(t+\tau)$, $\Phi(t+\tau)$ merely amounts to a transformation into polar coordinates, the joint distribution of the latter at two moments an interval τ apart is obtained at once from the joint distribution of the former. An integration over $\Phi(t)$ and $\Phi(t+\tau)$ next yields the following density F for the joint probability $F\, dA(t)dA(t+\tau)$ for specified values of the amplitudes only:

$$F = \frac{4 A(t)\, A(t+\tau)}{(\overline{A^2})^2 \{1 - z^2(\tau)\}}\, \mathrm{e}^{-\frac{A^2(t) + A^2(t+\tau)}{\overline{A^2}\{1 - z^2(\tau)\}}}\, I_0\!\left[\frac{2z(\tau)\, A(t)\, A(t+\tau)}{\overline{A^2}\{1 - z^2(\tau)\}}\right] \quad (95.5)$$

(I_0 zero-order Bessel function of imaginary argument). The dependence on the time interval τ is given implicitly with the aid of the parameter:

$$z(\tau) = \frac{\left|\int\limits_0^\infty W(\omega)\, \mathrm{e}^{i\omega\tau}\, d\omega\right|}{\int\limits_0^\infty W(\omega)\, d\omega} = 1 - \frac{\tau^2}{2}\, \overline{(\omega - \overline{\omega})^2} + \frac{\tau^4}{24}\, \overline{(\omega - \overline{\omega})^4} + \cdots. \quad (95.6)$$

The expansion coefficients written out are the moments (averages of powers) of the deviation $\omega - \overline{\omega} = 2\pi(f - \overline{f})$ of the angular frequency from its mean value, provided $W(\omega)\, d\omega$ is interpreted as the probability of ω being in some infinitesimal interval $d\omega$.

---

[1] See, e.g., H. CRAMÉR: Random Variables and Probability Distributions, Cambridge Tract no 36 1937, Chap. X. — J. V. USPENSKY: Introduction to Mathematical Probability, p. 326. New York and London 1937.

The important distribution function F is the basis for the derivation of many statistical properties of the fluctuating amplitude in terms of the power spectrum $W(\omega)$. Its integration over $A(t+\tau)$ leads to the Rayleigh distribution (94.1) for the momentary values $A(t)$ of the amplitude. Some further results derivable from (95.5) are:

(a) the auto-correlation function for the deviation of the amplitude from its mean value, viz.

$$
\left.\begin{aligned}
C_{A-\bar{A}} &= \frac{\langle\{A(t)-\bar{A}\}\{A(t+\tau)-\bar{A}\}\rangle}{\langle\{A(t)-\bar{A}\}^2\rangle} = \frac{2E(z)-(1-z^2)K(z)-\pi/2}{2-\pi/2} \\
&= \left(\frac{z^2}{4}+\frac{z^4}{64}+\frac{z^6}{256}+\cdots\right)\Big/\left(\frac{4}{\pi}-1\right),
\end{aligned}\right\}
\tag{95.7}
$$

in which E and K are the conventional symbols for complete elliptic integrals. This correlation function, derived by Booker, Ratcliffe and Shinn, only slightly differs from z^2; it involves a correlation decreasing below 0.5 for those time intervals for which $z(\tau) < 0.72$;

(b) the average number $N(A)$ of transitions (per unit time interval) of the amplitude $A(t)$ through a prescribed value A, viz.

$$
N(A) = 2p(A)\sqrt{\pi\overline{A^2}}\,\sigma_f;
\tag{95.8}
$$

$p(A)$ here marks the probability density given by (94.1) (with r and $\overline{r^2}$ replaced by A and $\overline{A^2}$) of the mentioned Rayleigh distribution for $A(t)$; further

$$
\sigma_f = \left\{\overline{(f-f_0)^2}-\overline{(f-f_0)^2}^2\right\}^{\frac{1}{2}} = \left\{\overline{(f-\bar{f})^2}\right\}^{\frac{1}{2}}
\tag{95.9}
$$

constitutes the standard deviation of the frequency from its average $\bar{f}=\overline{\omega}/2\pi$, provided all the averages again refer to the probability density $W(\omega)\,d\omega$ for $\omega=2\pi f$ in a specified infinitesimal range $d\omega$. The proportionality of (95.8) to $p(A)$ indicates the smallness of transitions through levels fairly remote from the most probable amplitude $(\overline{A^2}/2)^{\frac{1}{2}}$. The number of transitions through the median value a_{50} becomes in particular:

$$
N(A_{50}) = 2.95\,\sigma_f.
\tag{95.10}
$$

Further fine-structure properties, such as the average number of maxima of $A(t)$ per unit time, were derived by Rice by also applying the central limit theorem to the joint distributions of $x(t)$, $y(t)$ and higher-order time derivatives of these functions. The coefficients of the corresponding bilinear exponent then are to be deduced from relations similar to (95.4) for the time derivatives of $x(t)$ and $y(t)$. All the results thus obtained only depend on the form of the power spectrum, as will be illustrated by an example in the next section.

We here mention Ratcliffe's definition for the "rate of fading" S of a fluctuating quantity $r(t)$, viz.

$$
S = \lim_{\tau=0}\frac{\overline{|r(t+\tau)-r(t)|}}{|\tau|\,\overline{r(t)}} = \frac{\overline{|r'(t)|}}{\overline{r(t)}}.
\tag{95.11}
$$

Its evaluation for the above amplitude $A(t)$, with the aid of the probability density for $\dot{A}$ [to be derived from (95.5) by applying a limiting procedure for $\tau \to 0$] yields $S = 4\sigma_f$.

It is also possible to derive the fluctuation properties of the phase $\Phi(t)$, and to extend the theory to the case in which quasiperiodic signals $r(t)$ of the above type are superimposed on a steady background signal $R_0\cos(\omega_0 t)$. The final amplitude $R(t)$ (see Fig. 77) then proves to have a probability density (94.4), whereas that of the relative phase $\alpha(t)$ (the latter being normalized as zero for the steady signal) is given by

$$\frac{\sqrt{\overline{r^2}/\pi}}{4R_0} \frac{d}{d(\cos\alpha)} \left\{ e^{-(R_0^2/\overline{r^2})\sin^2\alpha} \operatorname{erfc}\left(-\frac{R_0\cos\alpha}{\sqrt{\overline{r^2}}}\right) \right\}. \tag{95.12}$$

These results only presume that the main frequency ω_0 in (95.3) equals the average frequency $\overline{\omega}$ determined by the power spectrum $W(\omega)$.

The phase distribution (95.12) becomes homogeneous in the absence of the steady signal ($R_0 = 0$). In the other limiting case $R_0 \gg r(t)$ the phase distribution approaches for small α a normal distribution with variance

$$\sigma_\alpha^2 = \tfrac{1}{2}\,\overline{r^2}/R_0^2, \tag{95.13}$$

the other variance of $R(t)$ then becoming $\sigma_R^2 = \tfrac{1}{2}\overline{r^2}$. The limiting case of a large steady background is thus characterized by the relation

$$\sigma_R^2/\sigma_\alpha^2 = R_0^2. \tag{95.14}$$

Finally, the average number of transitions per unit time of $\alpha(t)$ through a specified value α proves to be given by the form between the brackets of (95.12), multiplied by $\sigma_f/2\pi$. Hence the RAYLEIGH case ($R_0 = 0$) corresponds to a number of transitions equalling $\sigma_f/2\pi = 0.159\sigma_f$ for any level of the phase. By comparing this quantity with the number of transitions of the amplitude of the same signal through the level passed most frequently [this number being $\sigma_f\sqrt{2}/\sqrt{\pi e}$ according to (95.8) and (94.1)], we infer that the phase fluctuations of a Rayleigh-distributed signal are roughly less rapid than those of the amplitude by a factor $2\sqrt{2\pi/e} = 3.04$. Such theoretical results can be verified by simultaneous observations of the amplitude and of the phase, as performed by HERBSTREIT and THOMPSON[1].

96. Physical explanation of fast fading. Rapid fluctuations of field strengths, either tropospheric (especially in long-distance links) or ionospheric, can generally be ascribed to be interference of many contributions; the almost random differences of the phases of the latter effect a Rayleigh distribution for the resulting amplitude (see Sect. 94). In fact, the path lengths connected with the various contributions usually comprise many wave lengths, and the corresponding phase differences may be highly influenced even by small disturbances, especially for short waves. During a short period (of the order of a few minutes) the fluctuation almost completely depend on such phase interference, the amplitudes of the various contributions having hardly changed. Insofar as this short-term fading is produced by moving scatterers, Doppler frequency shifts occur which determine a power spectrum $W(\omega)$ concentrated around the carrier frequency $f_0 = \omega_0/2\pi$. This power spectrum, which fixes all the statistical properties mentioned in the previous section, can be derived as discussed below from an extension of a theory originally developed by RATCLIFFE[2].

Meteoric ionization constitutes an important source for ionospheric scattering. Deep foding here results from the motion of large eddies traversing the ionized trail, rather than from the motion of the trail itself. A fast fading due to Doppler shifts also occurs in radar echos from the moon. According to BROWNE[3] these

[1] J. W. HERBSTREIT and M. C. THOMPSON: Proc. Inst. Radio Engrs. **43**, 1391 (1955), see p. 1395.

[2] J. A. RATCLIFFE: Nature, Lond. **162**, 9 (1948).

[3] J. C. BROWNE et al.: Proc. Phys. Soc. Lond. B **69**, 901 (1956).

shifts originate from the moon's libration, i.e. the rotational component of the moon that is perpendicular to the line of sight. This component involves large variations of the velocity component along the line of sight of the various scattering areas on the moon's surface. The resulting spread in Doppler shifts explains the observed fast fading. The slow fading also present here can be ascribed to variations of the magneto-ionic rotation of the plane of polarization during the two passages of the radar signal through the ionosphere (see subcase a at the end of Sect. 85).

For a discussion of the general theory, we consider a scattering element at S moving with a velocity v towards the point S' reached after one period f_0^{-1}, so as to have $SS' = v/f_0$ (see Fig. 78). For a transmitter T and receiver R far away (with respect to the distance SS') the path difference $TS'R - TSR$ can be approximated by $\delta = (v_i - v_{sc})/f_0$ if v_i and v_{sc} are the components of v in the

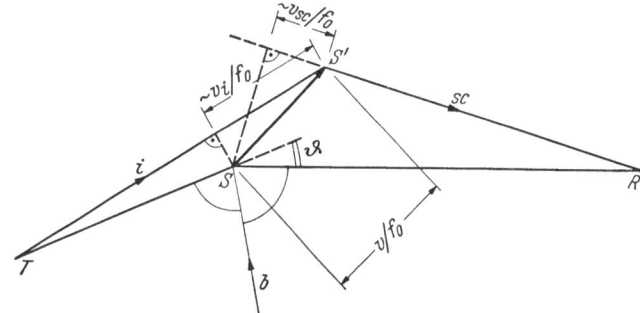

Fig. 78. Parameters referring to scattering by a moving turbulent element.

directions TS and SR of the incident and scattered radiation respectively. The corresponding Doppler shift $f - f_0$ follows from $1/f - 1/f_0 = \delta/c$ which leads to

$$f - f_0 = \frac{f}{c}(v_{sc} - v_i) \sim \frac{f_0}{c}(v_{sc} - v_i). \tag{96.1}$$

The resulting variance reads as follows in terms of the rectangular velocity components v_x, v_y, v_z, and of the angles α_i, α_{sc} etc. of TS and SR with the coordinate axes:

$$\langle (f - f_0)^2 \rangle = \frac{f_2^0}{c^2}\langle \{(\cos\alpha_{sc} - \cos\alpha_i)v_x + \text{cycl.}\}^2 \rangle. \tag{96.2}$$

We assume a general drift of all scatterers with a velocity w, on which are superimposed random velocities with components δv_x, δv_y and δv_z. The x axis being taken along w, we thus have $v_x = w + \delta v_x$, $v_y = \delta v_y$, $v_z = \delta v_z$, while, in view of the isotropy:

$$\langle (\delta v_x)^2 \rangle = \langle (\delta v_y)^2 \rangle = \langle (\delta v_z)^2 \rangle = v_1^2, \quad \text{say;}$$
$$\langle \delta v_x \rangle = 0 \text{ etc.;} \quad \langle \delta v_x \delta v_y \rangle = 0 \quad \text{etc.}$$

The evaluation of (96.2) then yields, replacing f_0/c by λ^{-1},

$$\langle (f - f_0)^2 \rangle = 4\frac{v_1^2 + w_b^2}{\lambda^2}\sin^2\frac{\vartheta}{2} \sim \sigma_f^2, \tag{96.3}$$

in which w_b is the component of the drift velocity along the bisector b of TSR, and ϑ the scattering angle indicated in Fig. 78.

The variance here derived practically determines the r.m.s. frequency deviation σ_f of (95.9) since the difference $\bar{f} - f_0 = \bar{f} - f_0$ proves to be negligible in view of the smallness of the ratio of the drift velocity to the velocity of light. In its turn any quantity depending on σ_f now follows at once, for instance the number per unit time interval of transitions of the amplitude through its median value [see Eq. (95.10)]:

$$N(A_{50}) = 5.90 \sqrt{v_1^2 + w_b^2} \sin \frac{\vartheta}{2} \Big/ \lambda,$$

and the fading rate according to RATCLIFFE's definition:

$$S = 8 \sqrt{v_1^2 + w_b^2} \sin \frac{\vartheta}{2} \Big/ \lambda. \tag{96.4}$$

Very small scattering angles play a role in tropospheric line-of-sight propagation. The finite dimensions (of the order of the scale of turbulence l) of the scatterers then effect a minimum scattering angle $\vartheta_{\min}$ which is of the order of the angular range $\lambda/(2\pi l)$ for forward scattering (see Sect. 93). The resulting *scintillation fading* is characterized by the fading rate

$$S_{\text{sci}} \sim 4 \sqrt{v_1^2 + w_b^2}\, \vartheta_{\min}/\lambda = (2/\pi) \sqrt{v_1^2 + w_b^2}/l.$$

This rate independent of λ is simply determined by the time of passage $l/\sqrt{v_1^2 + w_b^2}$ of a scatterer with the average velocity $\sqrt{v_1^2 + w_b^2}$ across the transmission path. This fading is to be discriminated from the *scatter fading* described by (96.4). The deepest scintillation fading is produced by the largest turbulence eddies, such in view of the forward scattering causing this fading.

We return to general fading phenomena depending on a r.m.s. frequency deviation σ_f. An investigation by RICE[1] here leads to the expression $N_{\max} = 2.52\sigma_f$ for the average number (per unit time) of transitions of the amplitude through maximal values provided the frequency power spectrum $W(\omega)$ has a normal distribution. In view of (96.1) this proves to occur if the components of the random velocities δv show such a distribution, that is, if the scatterers move like the molecules of a gas. We then have

$$N_{\max} = 5.04 \sqrt{v_1^2 + w_b^2} \sin \frac{\vartheta}{2} \Big/ \lambda.$$

All fading phenomena thus occur with a rate of the order of the expression (96.4) insofar as depending on randomly moving scatterers. In the case of a single ionospheric scattering region the scattering mainly occurs in the vicinity of the reflection point M of the ray connecting T and R in one hop (see Fig. 75), ϑ there having its minimal value ϑ_0. The latter is approximately given by $\sin(\vartheta_0/2) \sim 2h/d$ insofar as $d \gg h$. Hence

$$S_{\text{ion}} \sim \frac{16h \sqrt{v_1^2 + u_h^2}}{d\,\lambda}.$$

RATCLIFFE's observations correspond to a r.m.s. value of the turbulence velocity component v_1 in one special direction (in the absence of a drift velocity) of the order of a few metres per second. This order of magnitude has been confirmed[2] by fading observations of ionospheric microwave scattering (see Sect. 115). In tropospheric long-distance propagation (see Sect. 108) $\vartheta \sim \vartheta_0$ can be identified approximately with the angular distance d/a (see Fig. 71); the fading rate according to (96.4), viz.

$$S_{\text{trop}} \sim 4 \frac{\sqrt{v_1^2 + w_b^2}}{a} \frac{d}{\lambda},$$

here increases with the distance.

[1] S. O. RICE: Bell. Syst. Techn. J. **24**, 46 (1945), see p. 87.
[2] See W. G. ABEL *et al.*: Proc. Inst. Radio Engrs. **43**, 1255 (1955).

All these results concerning a single ionospheric reflection refer to the broadening of an initially sharp carrier frequency ω_0 into a spectrum with a probability density of the form $W_1(\omega') = f(\omega' - \omega_0)$ (see Fig. 79). Any frequency ω', thus generated, in its turn is spread by a second ionospheric reflection into a new spectrum; the latter is characterized by the probability $f(\omega - \omega')\,d\omega$ for a specified frequency range $d\omega$. Hence the probability density of the spectrum resulting after 2-hop transmission is given by the convolution product

$$W_2(\omega) = \int\limits_0^\infty f(\omega - \omega')\,W_1(\omega')\,d\omega' \sim$$
$$\left.\begin{array}{l} \\ \sim \int\limits_{-\infty}^\infty f(\omega - \omega')\,W_1(\omega')\,d\omega' = \int\limits_{-\infty}^\infty f(\omega - \omega')\,f(\omega' - \omega_0)\,d\omega', \end{array}\right\} \tag{96.5}$$

insofar as the intermediate reflection against the earth's surface may be considered as perfect. The extension of the integration to $-\infty$, applied here, is justified

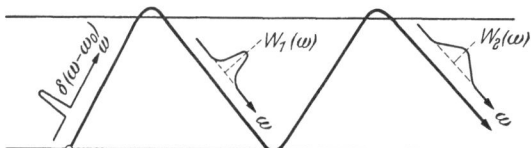

Fig. 79. Distorsion of a pulse effected by two ionospheric scatterings.

by the small values for negative ω of the extrapolation of the distribution $W_1(\omega) = f(\omega - \omega_0)$; this normal distribution is fixed by its variance (96.3). The substitution of this distribution into (96.5) then shows that W_2 is of the same form as W_1, but with a halved exponent. This can also be interpreted as a multiplication of σ by $\sqrt{2}$ which amounts to an increase of the fading rate by the same factor. Moreover, the convolution structure (96.5) involves the relation $z_2 = z_1^2$ for the parameters $z_1(\tau)$ and $z_2(\tau)$ corresponding to $W_1(\omega)$ and $W_2(\omega)$ according to (95.6) (provided the integration is extended to $-\infty$ there too). The same relation therefore approximately holds for the amplitude correlation function $C_{A-\bar{A}}(\tau) \sim z^2(\tau)$ [see the discussion of (95.7)], namely $C_{2,A-\bar{A}} \sim C_{1,A-\bar{A}}^2$.

The obvious extension of these results to n-hop transmission shows, amongst others, that the latter is associated with a fading which is $n^{\frac{1}{2}}$ times as rapid as for a single reflection, whereas the correlation function for its amplitude fluctuations is obtained by raising the corresponding function for a single reflection to the n-th power. All these properties are consequences of the assumed random motions of the scattering centres.

In the case of an optical path through a turbulent atmosphere the Rayleigh-distributed signal P_{sc}, considered above, will be superimposed on the steady signal E_0 existing in the absence of scattering elements. According to the theory of the previous section [see Eq. (95.14)] the variance of the phase then should equal that of the relative amplitude R/E_0. The observed deviations from this relation could be accounted for by large-scale inhomogeneities influencing the phase of E_0[1]. In these cases of line-of-sight propagation the relation (95.13) can be applied to the connection of the scattered field $r(t) = E_{sc}(t)$ with that of the free-propagation field $R_0 = E_0$; we thus arrive at $\langle \alpha^2 \rangle = \frac{1}{2}\langle E_{sc}^2 \rangle/E_0^2$, or $\langle \alpha^2 \rangle = \frac{1}{2}P_{sc}/P_f$. The fluctuations of α therefore are directly connected with the ratio of the scattered to the undisturbed field.

97. Variance and correlation in space of fluctuating fields. α*) General remarks.* The correlation in space of fluctuating fields is particularly important with a view

---

[1] See footnote 2 on page preceding.

to the diversity-reception technique[1]. The latter uses the fact that a weak momentary value of the signal induced in one antenna is usually accompanied by a stronger signal in other antennas placed at separations exceeding the so-called "coherence distance" (see also Sect. 108). A system which either selects the best signal, or which properly combines such signals, overcomes the disadvantages inherent to fading.

The correlation in space can be contrasted with that in time at one and the same point of observation. All these correlations occur combined in the most general statistical averages $\langle \delta f(P_1, t_1)\, \delta f(P_2, t_2)\rangle$; δf may refer to the deviations of, e.g., a fieldstrength or phase from a constant average value, or to such a quantity itself in the case of a zero average. Any of these general averages can in principle be computed after introducing a proper space-time correlation function for $\delta \varepsilon$. The latter has the following form under the usual assumption of spatial isotropy, and of homogeneity with respect to time:

$$\frac{\langle \delta \varepsilon(P_1, t_1)\, \delta \varepsilon(P_2, t_2)\rangle}{\langle \delta \varepsilon^2 \rangle} = C(P_1 P_2, t_2 - t_1).$$

The special form of C has then to be fixed from the beginning which prevents the derivation of very general conclusions as discussed in Sect. 95. The theory developed by FANNIN[2] assumes an auto-correlation function which is Gaussian with respect to both the space variables and the time. The rigorous evaluation in the case of an infinite scattering volume leads to results which overbridge those derived by other authors, e.g. MUCHMORE and WHEELON[3], in the two limiting cases of line-of-sight propagation and of restricted scattering volumes far away from the transmitter and receiver. The former limiting case deals with statistical applications to results derived with the aid of the geometric-optical method of Sect. 90, the latter to results expressed in terms of the scattering-coefficient concept of Sect. 91. FANNIN's theory shows the transition from the former to the latter limiting case at moderate values of the important parameter $q = \lambda\, d/(4\pi l^2)$. This indicates that the scale of turbulence l should be large or small compared to the cross dimension $\sqrt{d\lambda}$ of the first Fresnel zone connected with the transmission path, in order to allow either the partially geometric-optical considerations for shorter distances, or the purely statistical considerations for larger distances. The role of the first Fresnel zone can be compared with that discussed in Sect. 69.

$\beta)$ *Geometric-optical treatment.* The correlation in space of the fluctuations δE of any quantity E (e.g., a field-strength amplitude or phase) is simplest if it originates from a single optical path connecting the point of observation P with the transmitter at T. In that case δE usually is representable (at least in a first approximation) by an integral along the trajectory the integrand of which depends on the local deviation $\delta n(Q)$ of the quantity producing the disturbances at all, and on some weighting factor $f(Q)$. For convenience we mark the causal fluctuation by δn though it should not necessarily refer to the refractive index n itself, but in general to some quantity connected with it [e.g., $\Delta_2 n$ in (90.4)]. Hence we put:

$$\delta E(P) = \int_T^P f(Q)\, \delta n(Q)\, ds(Q), \qquad (97.1)$$

s being the length of the arc between T and Q.

[1] See, e.g., C. L. MACK: Proc. Inst. Radio Engrs. **43**, 1281 (1955).

[2] B. M. FANNIN: Trans. Inst. Radio Engrs., A.P. **4**, 661 (1956).

[3] R. B. MUCHMORE and A. D. WHEELON: Proc. Inst. Radio Engrs. **43**, 1437, 1450 (1955).

In the case of complex quantities δE the mixed correlation between the fluctuations $\delta E(P_1)$ and $\delta E^*(P_2)$ proves to be more important than that of the auto correlation between $\delta E(P_1)$ and $\delta E(P_2)$; this is clear, for instance, from the possibility of applying Wiener's theorem to the former [compare the discussion of (88.3)]. We therefore consider the following quantity which is representable, in view of (97.1), by two successive integrations along the two different trajectories TP_1 and TP_2 (with arc lengths s_1 and s_2):

$$\langle \delta E(P_1)\, \delta E^*(P_2)\rangle = \int\limits_T^{P_1} ds_1(Q_1)\, f(Q_1) \int\limits_T^{P_2} ds_2(Q_2)\, f^*(Q_2)\, \langle \delta n(Q_1)\, \delta n^*(Q_2)\rangle; \quad (97.2)$$

δn^* only differs from δn if absorption effects are to be accounted for.

The approximative evaluation of integrals such as (97.2), developed in particular by Feinstein[1], starts by replacing the last factor of the integrand by the product of the variance $\langle \delta n\, \delta n^*\rangle$ and the correlation function

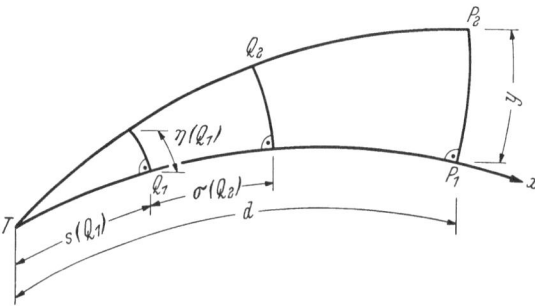

$$C_{\delta n}(Q_1, Q_2) = \frac{\langle \delta n(Q_1)\, \delta n^*(Q_2)\rangle}{\langle \delta n\, \delta n^*\rangle} \\ = C_{\delta n}(Q_1 Q_2). \Bigg\} \quad (97.3)$$

It then is assumed that the variance is constant throughout space, and that the correlation function does only depend, as indicated, on the distance $Q_1 Q_2$ between the two points of comparison. After substituting (97.3) into (97.2), three further approximations can be made in view of the rapid decrease of the function $C_{\delta n}$ for increasing distances $Q_1 Q_2$: (a) $f(Q_2)$ is replaced by $f(Q_1)$, (b) $Q_1 Q_2$ is approximated by the expression $\{\sigma^2(Q_2) + \eta^2(Q_2)\}^{\frac12}$ in which σ and η are defined as shown in Fig. 80; moreover $ds_2 \sim d\sigma$; (c) the integral over σ replacing the inner integral along TP_2 (for a fixed position of Q_1), is extended from $\sigma = -\infty$ to $\sigma = \infty$.

Fig. 80. Neighbouring ray trajectories through a turbulent atmosphere.

The indicated procedure results in the expression

$$C_{\delta E} = \frac{\int\limits_T^P ds(Q)\, f(Q)\, f^*(Q) \int\limits_{-\infty}^{\infty} d\sigma\, C_{\delta n}\left(\sqrt{\sigma^2 + \eta^2(Q)}\right)}{\int\limits_T^P ds(Q)\, f(Q)\, f^*(Q) \int\limits_{-\infty}^{\infty} d\sigma\, C_{\delta n}(\sigma)} \quad (97.4)$$

for the complex spatial correlation function for δE, and in the formula

$$\langle \delta E\, \delta E^*\rangle = \langle (\delta n)^2\rangle \int\limits_T^P ds(Q)\, f(Q)\, f^*(Q) \int\limits_{-\infty}^{\infty} d\sigma\, C_{\delta n}(\sigma) \quad (97.5)$$

for the corresponding variance. The approximations used here amount to complete correlation between the fields at points in the direction of the transmission path, since the substitution $\eta(Q) = 0$ involves $G_{\delta E} = 1$.

$\gamma)$ *Special examples.* We mention some general conclusions from (97.4) and (97.5) which refer to observable phenomena:

(A) Phase correlations in tropospheric propagation within the horizon.

[1] J. Feinstein: Trans. Inst. Radio Engrs., P.G.A.P. **2**, 63 (1954).

The substitution of $f(Q) = k_0$ [compare (90.3)] leads to a variance of the phase fluctuations given by

$$\langle (\delta\varphi)^2 \rangle = k_0^2 \langle (\delta n)^2 \rangle d \int_{-\infty}^{\infty} C_{\delta n}(\sigma) \, d\sigma. \tag{97.6}$$

The increase in proportion to the distance d is independent of the assumed form of the correlation function $G_{\delta n}(\sigma)$. The influence of the latter on the spatial phase correlation $C_{\delta\Phi}(y)$ is seen as follows. The substitution [into (97.4) and (97.6)] of $\eta(Q) = y \cdot s(Q)/d$ (in accordance with a rectilinear undisturbed path TP), and of the simple Gaussian correlation function

$$C_{\delta n}(\sigma) = C(\sigma) = e^{-\sigma^2/l^2}, \tag{97.7}$$

yields:

$$C_{\delta\Phi}(y) = \frac{1}{2} \sqrt{\pi} \, \frac{l}{y} \, \mathrm{erf}\left(\frac{y}{l}\right),$$

$$\langle (\delta\varphi)^2 \rangle = \sqrt{\pi} \, k_0^2 \langle (\delta n)^2 \rangle \, dl. \tag{97.8}$$

This example shows how the phase correlation extends in directions normal to the transmission path up to distances of the order of the scale of turbulence represented by l; this behaviour is confirmed for other models of $C_{\delta n}$. According to WHEELON and MUCHMORE (97.8) has to be multiplied by $\frac{1}{2}(1 - e^{-\beta\pi^2 l^2/\lambda^2})$ for the diffraction region beyond the horizon (2β = beam width of the receiver radiation diagram).

The spatial phase correlation $C_{\delta\Phi}(y)$ also fixes the fluctuations of the horizontal direction along which the radiation arrives at the point of observation P. In fact, the situation of the lines of equal phase in a nearly horizontal xy plane (with x axis along the path, and y axis normal to it; see Fig. 80) involves a deviation of the ray direction from its average orientation along the x axis that is given by

$$\frac{dy}{dx} = \frac{1}{k_0} \frac{\partial \delta\varphi(x, y)}{dy}.$$

The average of the square of this relation yields, applying a partial integration to the integral defining $(d^2/dy^2) C_{\delta\Phi} = C_{\delta\Phi}''(y)$, the further relation

$$\left\langle \left(\frac{dy}{dx}\right)^2 \right\rangle = -\frac{1}{k_0^2} \langle (\delta\varphi)^2 \rangle C_{\delta\Phi}''(0),$$

provided $C_{\delta\Phi}'(0) = 0$. The model (97.7) then results, in view of (97.8), into the expression

$$\left\langle \left(\frac{dy}{dx}\right)^2 \right\rangle = \frac{2\sqrt{\pi}}{3} \frac{d}{l} \langle (\delta n)^2 \rangle,$$

so that the r.m.s. fluctuation of the direction of arrival has to increase in proportion to $d^{\frac{1}{2}}$;

(B) Amplitude correlations in tropospheric propagation within the horizon.

According to (90.4) the relative amplitude fluctuations $\delta A/A$ are described by $f(Q) = -(1/2n_0) \, TQ \cdot QP/TP$, while δn has to be replaced by $\Delta_2 n$, $\eta(Q)$ being as in the preceding case. The resulting variance of $\delta A/A$ proves to increase in proportion to d^3, whereas the spatial correlation decreases for large spacings δ in proportion to δ^{-3};

(C) Phase correlations for fields due to a single ionospheric reflection.

The extension of (90.3) to the stratified medium constituting the ionosphere is obvious; the phase fluctuation $\delta\Phi$ at the receiver is given by the integral of the fluctuation δn along the curved trajectory (apart from the factor k_0).

However, $\delta n/n = \frac{1}{2}\delta\varepsilon/\varepsilon$ can also be expressed in terms of the electron-density fluctuation δN using (93.2). The integration along the trajectory can further be converted into an integration with respect to the height z by applying SNELL's law. The resulting correlation function and variance of the phase depend on the electron-density profile. The limiting case of a thin reflecting layer here shows the existence of well established correlation up to separations of the order of the scale of turbulence for $\delta N/N$, provided (97.7) is assumed as the correlation function for this quantity.

γ) *Connection between fading patterns at the bottom of the ionosphere and at the earth's surface.* In fields connected with ionospheric propagation the properties of the phase are more pronounced than those of the amplitude. This is due to the fact that the waves from a terrestrial source reach the bottom of the ionosphere ($z = z_i$) as almost plane waves; further, these waves are little changed during the transition through the ionosphere insofar as circumstances leading to almost

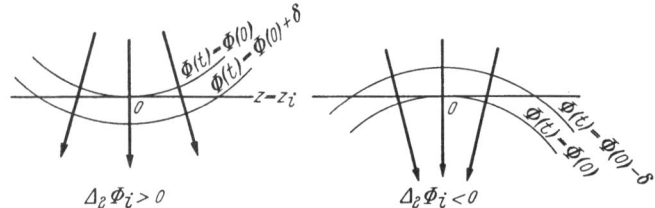

Fig. 81. Wave fronts and rays near the bottom of the scattering ionosphere.

total reflection (see Sect. 78) occur. The downward waves then produce a pattern in $z = z_i$ which is mainly phase modulated so that its wave function can be approximately represented by

$$u(x, y; z_i) = \alpha\, e^{i\,\Phi_i(x,y)}. \tag{97.9}$$

The dominating role of the phase is maintained during the next propagation through empty space towards the earth's surface $z = z_e$. It can namely be shown that the phase distribution at $z = z_e$ approaches that at $z = z_i$ if the fluctuating part of Φ_i does change little between the intersections of $z = z_i$ with two planes perpendicular to the main propagation direction and having a separation λ. This follows from a saddlepoint approximation of the integral representing the field for $z < z_i$ in terms of the distribution across $z = z_i$. An additional weak amplitude modulation in $z = z_e$ then is given by

$$\alpha\left\{1 - \frac{(z_i - z_e)}{2k_0}\left(\frac{\partial^2}{\partial x^2} + \frac{\partial^2}{\partial y^2}\right)\Phi_i(x, y)\right\}.$$

This expression is plausible, since, e.g., a positive value of $\Delta_2\Phi_i$ amounts to a convex curvature (when observed from the frontside) of the wave front at $z = z_i$ which involves a divergence of the rays perpendicular to it (see Fig. 81); hence a decrease of the field in accordance with the minus sign. This also explains the observed small correlation between the amplitude and the phase of the pattern on the earth; in fact, the latter directly depends on the phase distribution in $z = z_i$, the former on its two-dimensional Laplace operator which may vary in a very different manner.

The above considered phase-modulated signal (97.9) leads to the complex correlation function:

$$C_u = \frac{\langle u(x, y; z_i)\, u^*(x + a, y + b; z_i)\rangle}{\langle u(x, y; z_i)\, u^*(x, y; z_i)\rangle} = e^{-\frac{1}{2}\sigma^2(a, b)},$$

provided the difference $\delta\Phi_i(x+a,\,y+b)-\delta\Phi_i(x,\,y)$ of the phase fluctuations at $z=z_i$ is assumed as normally distributed [see (94.2)] with a variance $\sigma(a,\,b)$. As discussed by Hewish[1] (for a one-dimensional model), an evaluation of $\sigma(a,\,b)$ with the aid of a Taylor expansion for short separations $(a^2+b^2)^{\frac{1}{2}}$, and a neglect of any correlation whatever for large separations, leads to the corresponding limiting expressions

and

$$\left.\begin{aligned} C_u &\to e^{-(\frac{1}{2})(a^2+b^2)\langle|\operatorname{grad}\Phi_i|^2\rangle}, \\ C_u &\to e^{-\langle(\delta\Phi_i)^2\rangle}. \end{aligned}\right\} \tag{97.10}$$

This shows the dominating role of $\operatorname{grad}\Phi_i$ for small-separation correlation, and of Φ_i itself for the residual correlation at large separations. The same approximately holds for the phases Φ_e of the still mainly phase-modulated pattern at the earth; in fact, the resulting maintenance of the form (97.10) for the correlation function involves identical statistical properties for Φ_e and Φ_i, such in view of Wiener's theorem discussed in Sect. 88.

The fluctuation of $\operatorname{grad}\Phi_i\sim\operatorname{grad}\Phi_e$ is further connected with that of the angle τ between the vertical and the direction of arrival of the radiation in question. This follows from the property that two consecutive wavefronts a distance λ apart cut the earth's surface along lines with a separation $\lambda/\sin\tau$ (compare Fig. 17), so that $|\operatorname{grad}\Phi_e|$ observed along the earth's surface equals $2\pi\sin\tau/\lambda$; hence

$$\delta\tau = (\lambda/2\pi\cos\tau)\,|\operatorname{grad}\delta\Phi_i|, \quad\text{and}\quad \langle(\delta\tau)^2\rangle = (\lambda/2\pi\cos\tau)^2\langle|\operatorname{grad}\delta\Phi_i|^2\rangle.$$

V. Propagation of radio waves around the curved earth.

a) Propagation through an homogeneous curved atmosphere.

98. Rigorous theory for the wave propagation around a sphere. This theory constitutes a special application of the diffraction problem dealing with the electromagnetic field of a point source situated outside a sphere with electrical constants differing from those of its surrounding space. The mathematical difficulties due to the finite size of the sphere are connected with the physical complications which arise from the partial reappearance in the external space of waves that are refracted into the sphere. This reappearance, though being numerically negligible in the radio case owing to the high absorption in the earth, is automatically included in the rigorous theory. The latter should also comprise, e.g., the contributions of rays such as those observable in a rainbow after several refractions of the sunlight in a spherical raindrop.

As an example we consider a vertical infinitesimal electric dipole (with moment $\boldsymbol{I}L$) at the point T with spherical coordinates $r=b$, $\vartheta=\varphi=0$ (see Fig. 82). The electrical constants are contained, according to (59.6), in the generally complex wavenumbers k_0 and k_1 of the outer and inner spaces $r>a$ and $r<a$ respectively. The field can be derived, with the aid of (59.3), from a radial Hertzian vector $\boldsymbol{\varPi}_e=H\boldsymbol{r}$ in which $\boldsymbol{r}$ is the radius vector from the centre of the earth at 0 towards the point of observation. The primary field then can be derived from the scalar

$$H_{\mathrm{prim}}(P) = \frac{IL}{cb}\,\frac{e^{ik_0TP}}{TP}\;.$$

---

[1] A. Hewish: Proc. Roy. Soc. Lond., Ser. A **209**, 81 (1951).

This follows from the property that $H_{\text{prim}} r$ only differs by the gradient of the scalar $iILe^{ik_0 TP}/(bk_0 c)$ from a corresponding vector in the fixed z direction ($\vartheta = 0$) with a length given by (61.1); hence either Hertzian vector leads to the same field.

The primary field must be supplemented by a secondary field to be derived from another radial vector $\boldsymbol{\Pi}_{\text{sec}} = H_{\text{sec}} \boldsymbol{r}$. The vector equation (59.5), to be satisfied (except at the transmitter) by the total Hertzian vector $H\boldsymbol{r} = H_{\text{prim}}\boldsymbol{r} + H_{\text{sec}}\boldsymbol{r}$, here reduces to the two scalar wave equations:

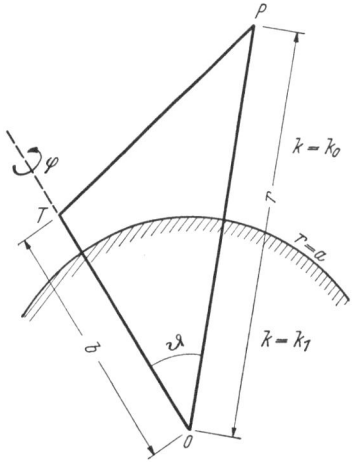

Fig. 82. Coordinates used in the theory of diffraction by a sphere.

$$(\varDelta + k_0^2)\, H = 0 \quad (r>a),$$
$$(\varDelta + k_1^2)\, H = 0 \quad (r<a). \tag{98.1}$$

The corresponding boundary conditions are obtained from (61.5) by substituting H for Π, $\partial/\partial r\,(rH)$ for $\partial\Pi/\partial z$, and $r=a$ for $z=0$.

The classical solution of the problem is expressed in terms of the spherical wave functions:

$$\zeta^{(1)}_{{(2)}\,n}(k_0 r)\, P_n(\cos\vartheta)$$
$$= \sqrt{\frac{\pi}{2k_0 r}}\, H^{(1)}_{{(2)}\,n+\frac{1}{2}}(k_0 r)\, P_n(\cos\vartheta) \quad (r>a),$$
$$\psi_n(k_1 r)\, P_n(\cos\vartheta)$$
$$= \sqrt{\frac{\pi}{2k_1 r}}\, J_{n+\frac{1}{2}}(k_1 r)\, P_n(\cos\vartheta) \quad (r<a), \tag{98.2}$$

for the outer and inner spaces respectively.

The infinite set of discrete solutions obtained from (98.2) for integral values of n plays the same role as the continuous set of functions (61.2). The representation of the primary field by the integral (61.3) is to be replaced here by a corresponding expansion in the spherical functions which reads:

$$\frac{e^{ik_0 TP}}{TP} = \begin{cases} \sum\limits_{n=0}^{\infty} (2n+1)\, \psi_n(k_0 b)\, \zeta^{(1)}_n(k_0 r)\, P_n(\cos\vartheta) & (r>b), \\[2mm] \sum\limits_{n=0}^{\infty} (2n+1)\, \zeta^{(1)}_n(k_0 b)\, \psi_n(k_0 r)\, P_n(\cos\vartheta) & (r<b). \end{cases}$$

The unknown coefficients of the expansion of H_{sec} in the wave functions $H^{(2)}_{n+\frac{1}{2}}(k_0 r)\, P_n(\cos\vartheta)$, and of H for $r<a$ in $J_{n+\frac{1}{2}}(k_1 r)\, P_n(\cos\vartheta)$, follow from the mentioned boundary conditions at $r=a$. These conditions are to be applied separately to each term of the expansion of $H_{\text{prim}} + H_{\text{sec}}$ for $r>a$, and to that of the H function for $r<a$. This procedure leads to the following final solution in the outer space:

$$H = \frac{IL}{cb}\left\{\frac{e^{ik_0 TP}}{TP} + ik_0 \sum_{n=0}^{\infty} (2n+1)\, R_n\, \frac{\psi_n(k_0 a)}{\zeta^{(1)}_n(k_0 a)}\, \zeta^{(1)}_n(k_0 b)\, \zeta^{(1)}_n(k_0 r)\, P_n(\cos\vartheta)\right\}; \tag{98.3}$$

R_n is an effective reflection coefficient defined by

$$R_n = \frac{-\dfrac{1}{x}\dfrac{d}{dx}\log\{x\psi_n(x)\}_{x=k_0 a} + \dfrac{1}{x}\dfrac{d}{dx}\log\{x\psi_n(x)\}_{x=k_1 a}}{\dfrac{1}{x}\dfrac{d}{dx}\log\{x\zeta^{(1)}_n(x)\}_{x=k_0 a} - \dfrac{1}{x}\dfrac{d}{dx}\log\{x\psi_n(x)\}_{x=k_1 a}}. \tag{98.4}$$

The series (98.3), first derived by POINCARÉ[1] for the case of a perfectly conducting sphere, is inadequate for direct numerical discussion unless $k_0 a \ll 1$. In this limiting case the first term, which represents the contribution from a dipole at O in the direction $\vartheta = 0$, already constitutes a fair approximation. The first succesful reduction of (98.3) into another expansion usable for numerical discussion of the propagation of radio waves around the earth (which corresponds in any case to $k_0 a > 1000$) was performed by WATSON[2]. This author first transformed (98.3) into a contour integral around the positive axis in the complex n-plane. In its turn, the integration path of this contour integral could be modified such as to obtain a result composed of (a) an infinite sum of the residues at those poles of the integrand that are situated above the real n axis, (b) an integral along the imaginary axis. The asymmetry introduced by the latter integral could be eliminated by VAN DER POL and BREMMER[3] by converting (98.3) into an expansion of the form:

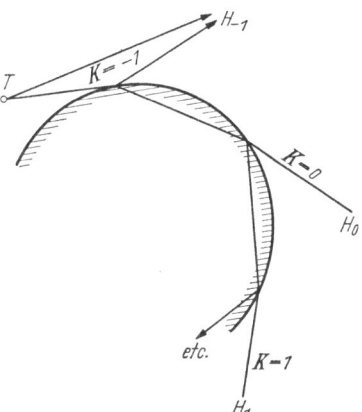

$$H = \sum_{k=-1}^{\infty} H_k = \sum_{k=-1}^{\infty} \sum_{n=0}^{\infty} (2n+1)\, g_k(n) \times \\ \times P_n \{\cos(\vartheta - k\pi - \pi)\}. \qquad (98.5)$$

It turns out that the term $k = -1$ is to be ascribed to those waves that have not passed through the earth, $k = 0$ to the waves emerging to the outer space after a passage through the earth without any internal reflection against the inner side of its surface,

Fig. 83. The rainbow splitting associated with the diffraction by a sphere.

$k = 1$ to corresponding waves that have suffered one such internal reflection during their passage through the earth, $k = 2$ to waves emerging after two internal reflections, and so on. The first few of these individual waves (see Fig. 83) play a role in the rainbow problem; H_1 and H_2 there correspond to the so-called primary bow and secondary bow. The expansion (98.5) in contributions characterized by the number k of internal reflections may therefore be termed "rainbow expansion".

In the present radio problem only the first rainbow term H_{-1} is significant; its series development is fixed by the coefficient

$$g_{-1}(n) = \frac{IL}{cb}\, \frac{ik_0}{2}\, \zeta_n^{(1)}(k_0 b) \left\{ \zeta_n^{(2)}(k_0 r) + R_{11}(n)\, \frac{\zeta_n^{(2)}(k_0 a)}{\zeta_n^{(1)}(k_0 a)}\, \zeta_n^{(1)}(k_0 r) \right\}, \qquad (98.6)$$

in which R_{11} is defined by substituting $\zeta^{(2)}$ for ψ in (98.4). The new parameter $R_{11}(n)$ constitutes the actual reflection coefficient at the earth's surface of the incident spherical wave $\zeta_n^{(2)}(k_0 r)\, P_n(\cos\vartheta)$ which is split there into a reflected outgoing wave of the $\zeta_n^{(1)}(k_0 r)\, P_n(\cos\vartheta)$ type, and a refracted wave (penetrating into the earth) of the $\zeta_n^{(2)}(k_1 r)\, P_n(\cos\vartheta)$ type. The propagation directions of the two spherical waves given in the first line of (98.2) are recognized as being outward and inward from the factors $e^{\pm i k_0 r}$ in their asymptotic approximations for $r \to \infty$, which are still to be multiplied by the time factor $e^{-i\omega t}$.

[1] H. POINCARÉ: Palermo Rendiconti **29**, 169 (1910).
[2] G. N. WATSON: Proc. Roy. Soc. Lond., Ser. A **95**, 83 (1918).
[3] B. VAN DER POL and H. BREMMER: Phil. Mag. **24**, 825 (1937).

The property of $g_{-1}(n - \tfrac{1}{2})$ of being even in n enables a further reduction of the infinite series for H_{-1} into the integral

$$H_{-1} = i \int\limits_{-\infty+i0}^{\infty+i0} \frac{(n + \tfrac{1}{2})}{\sin(n\pi)} g_{-1}(n) \, P_n\{\cos(\pi - \vartheta)\} \, dn \qquad (98.7)$$

along the upper side of the real axis in the n plane. This integral is the basis for further investigations of radio diffraction around the earth which concern a reduction either to a new series (see the next section), or to a saddlepoint approximation (see Sect. 101).

99. The residue series for the first term of the "rainbow expansion". The path of integration in the representation (98.7) of this term (H_{-1}) can be closed through the infinity of the upper half of the complex n plane. Therefore, the integral reduces to the sum of the residues at the poles n_s situated above the real n axis, these poles being the only singularities there of the integrand. All these poles are of the first order; they constitute the zeros of the denominator of the spherical-wave reflection coefficient $R_{11}(n)$, that is, they are the zeros of the expression

$$M(n) \equiv \frac{1}{x} \frac{d}{dx} \log \{x \, \zeta_n^{(1)}(x)\}_{x=k_0 a} - \frac{1}{x} \frac{d}{dx} \log \{x \, \zeta_n^{(2)}(x)\}_{x=k_1 a}. \qquad (99.1)$$

According to Cauchy's theorem (98.7) thus consists of the sum of the residues at these poles. This leads to the so-called "residue series" which reads explicitly, taking into account the definition (98.6) of g_{-1},

$$H_{-1} = \frac{i\,L}{c} \frac{2\pi k_0}{b(k_0 a)^3} \sum_{s=0}^{\infty} \frac{(n_s + \tfrac{1}{2}) \, P_{n_s}\{\cos(\pi - \vartheta)\}}{\sin(\pi n_s)(\partial M/\partial n)_{n_s}} \frac{\zeta_{n_s}^{(1)}(k_0 b) \, \zeta_{n_s}^{(1)}(k_0 r)}{\{\zeta_{n_s}^{(1)}(k_0 a)\}^2}. \qquad (99.2)$$

This expansion clearly shows the reciprocity property with respect to transmitter and receiver since b and r occur symmetrically. In every term the influence of the heights $h_1 = b - a$ and $h_2 = r - a$ of the transmitter and receiver above the earth is accounted for by the so-called "height-gain factors" $f_s(h_1)$ and $f_s(h_2)$ in which

$$f_s(h) \equiv \frac{\zeta_{n_s}^{(1)}(k_0 a + k_0 h)}{\zeta_{n_s}^{(1)}(k_0 a)}. \qquad (99.3)$$

The usefulness of the residue series arises from its rapid convergence at angular distances ϑ which are not too small. In fact, the asymptotic approximation

$$\frac{P_{n_s}\{\cos(\pi - \vartheta)\}}{\sin(\pi n_s)} \sim -\sqrt{2} \, \frac{e^{i(n_s + \tfrac{1}{2})\vartheta + i\pi/4}}{\sqrt{\pi n_s \sin\vartheta}} \qquad (\operatorname{Im} n_s \gg 1) \qquad (99.4)$$

shows the dominating role of the first few terms of the expansion provided the numbering $s = 0, 1, 2 \ldots$ corresponds to increasing values of the quantity $\operatorname{Im} n_s$; the latter determines the exponential attenuation factor $\exp(-\vartheta \operatorname{Im} n_s)$. The approximation (99.4) is based, a.o., on the restriction of the expansion

$$\frac{1}{\sin(\pi n_s)} = -2i \sum_{r=0}^{\infty} e^{i\pi n_s(2r+1)} \qquad (\operatorname{Im} n_s > 0)$$

to its first term. The other terms would lead to contributions obtained by adding a multiple of 2π to ϑ in (99.4); they therefore correspond to waves that have travelled several times around the earth. Such "creeping waves" were investigated by Franz and Deppermann[1] for the problem of a plane wave diffracted by a perfectly conducting cylinder or sphere.

---

[1] W. Franz and K. Deppermann: Ann. Physik **10**, 361 (1952); **14**, 253 (1954).

The transformation of the leading term H_{-1} of (98.5) into the residue series (99.2) can be interpreted as a transition from the "azimutal modes" (98.2) into the "radial modes" constituting the terms of (99.2). The former are finite and single-valued for all values of the azimuth ϑ (n being an integer), but the latter become infinite along the vertical through the transmitter ($\vartheta = 0$) and are related to the modes in (82.1) which are also infinite there (namely at $\varrho = 0$).

The mode concept of the residue-series terms is also obvious from the following interpretation of the equation $M(n_s) = 0$ as a resonance condition for the field inside the earth. We consider the spherical wave $\zeta_{n_s}^{(1)}(k_1 r) P_{n_s}\{\cos(\pi - \vartheta)\}$ which travels outwards there towards the boundary $r = a$; the new wave produced by internal reflection against this boundary must be of the form $c_n \psi_{n_s}(k_1 r) \times P_{n_s}\{\cos(\pi - \vartheta)\}$ in order to be finite even at the centre of the earth. However, the latter wave can be split into an inwards travelling part $\frac{1}{2} c_n \zeta_{n_s}^{(2)}(k_1 r) P_{n_s}\{\cos(\pi - \vartheta)\}$, and an outwards travelling part $\frac{1}{2} c_n \zeta_{n_s}^{(1)}(k_1 r) P_{n_s}\{\cos(\pi - \vartheta)\}$ (the latter might be interpreted as due to reflection of the former against an infinitesimal sphere at the centre of the earth). The coefficient of the last mentioned outgoing part only proves to be identical with that of the original outwards travelling spherical wave if n_s is a zero of M. We thus are concerned here with a resonance condition for the internal field which is comparable to the previous condition $R_e T = 1$ (see the beginning of Sect. 83); the latter expressed the maintenance of a wave between the earth and the ionosphere in the presence of external reflections at the earth's surface, and internal reflections at the bottom of the ionosphere.

All the above considerations also apply to a vertical magnetic dipole, instead of the assumed electric dipole. The main difference is due to the modified boundary conditions at $r = a$, and to the resulting modification of the reflection coefficient R_{11}. The theory of the magnetic dipole has been worked out by GRAY[1].

100. Numerical approximations of the residue series. Diffraction zone. Inhomogeneous terrain. The approximations to be discussed depend first of all on the positions of the zeros n_s of (99.1) in the complex n plane. These zeros prove to be of the order of the large quantity $k_0 a = 2\pi a/\lambda$, with a correction proportional to $(k_0 a)^{\frac{1}{3}}$. The equation for the coefficients τ_s in the corresponding representation

$$n_s = k_0 a + (k_0 a)^{\frac{1}{3}} \tau_s \tag{100.1}$$

is found by replacing: (a) the Hankel function in the first term of (99.1) by the corresponding Sommerfeld integral[2] (the exponent of which may be cut off after the third-order term of its Taylor expansion around the saddlepoint position for $n = k_0 a$), (b) the order n in the second term of (99.1) by the constant value $k_0 a$ [this approximation is equivalent to the one applied in the flat-earth problem for the derivation of (63.3)]. The resulting equation, derived by VAN DER POL and BREMMER[3], reads:

$$e^{-i\pi/3} \frac{H_{\frac{1}{3}}^{(1)}\{\frac{1}{3}(-2\tau_s)^{\frac{3}{2}}\}}{H_{\frac{1}{3}}^{(1)}\{\frac{1}{3}(-2\tau_s)^{\frac{3}{2}}\}} = -\frac{1}{\delta\sqrt{-2\tau_s}}; \tag{100.2}$$

its only parameter δ depends (in our case of a vertical dipole) on the electrical constants of the earth according to:

$$\delta = i \frac{k_1^2/k_0^2}{(k_0 a)^{\frac{1}{3}} \sqrt{k_1^2/k_0^2 - 1}}, \tag{100.3}$$

or

$$\delta = k_0^{\frac{2}{3}}/a^{\frac{1}{3}} \gamma_{e,\perp} \quad [\text{compare (68.3)}].$$

[1] M. C. GRAY: Phil. Mag. **27**, 421 (1939).
[2] See G. N. WATSON: Theory of Bessel Functions, p. 178. Cambridge 1941.
[3] B. VAN DER POL and H. BREMMER: Phil. Mag. **25**, 817 (1938).

A further reduction of the residue series (99.2), with the aid of the mentioned Hankel-function approximations as well as (99.4), results in the following series for the scalar H_{-1} provided the transmitter T and receiver R are both on the ground $(r=b=a)$:

$$H_{-1} = 2 \frac{IL}{cb} \frac{e^{ik_0 a\vartheta}}{TR} \sqrt{2\pi i\chi} \sum_{s=0}^{\infty} \frac{e^{i\tau_s \chi}}{2\tau_s - 1/\delta^2} . \tag{100.4}$$

The new dimensionless parameter $\chi = (k_0 a)^{\frac{1}{3}} \vartheta$ introduced here completely determines, together with the other quantity δ, the field attenuation along the earth's surface. The parameter χ involves a natural unit $a^{\frac{2}{3}} \lambda^{\frac{1}{3}} = (2\pi)^{\frac{1}{3}} d/\chi$ for distances $d = a\vartheta$ along the earth's surface. As discussed by Poeverlein[1], this quantity is of the order of the distance between two corresponding points P_1 and P_2 on the earth situated as follows: the first Fresnel zone of the part above the earth of a vertical plane through P_1 (perpendicular to $P_1 P_2$) is ineffective since the rays connecting its points with P_2 are just screened off by the earth (see Fig. 84).

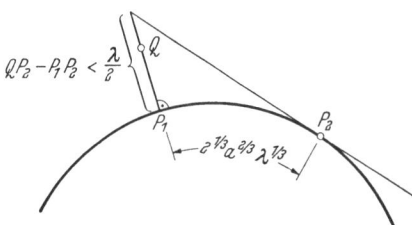

Fig. 84. Illustrating the natural unit of length for diffraction around a sphere.

The decreasing moduli of the exponential factors in (100.4), viz.

$$e^{-\chi \operatorname{Im} \tau_0} > e^{-\chi \operatorname{Im} \tau_1} > e^{-\chi \operatorname{Im} \tau_2} \dots ,$$

are decisive for the orders of magnitude of the consecutive terms. For angular distances ϑ large enough, the first term constitutes a sufficient approximation. For a perfectly conducting earth $(k_1^2 \to i\infty; \delta \to \infty)$ the corresponding r.m.s. field strength reads in the indicated practical units [λ in metres; the distance $d = a\vartheta$ along the earth's surface in kilometres; the power P in kW, introduced instead of the moment, in accordance with Eq. (26.7)]:

$$E \sim \frac{108 \sqrt{P_{\mathrm{kW}}}}{\lambda_m^{\frac{1}{2}} \sqrt{d_{\mathrm{km}}}} e^{-0,0376\, d_{\mathrm{km}}/\lambda_m^{\frac{1}{3}}} \quad \mathrm{mV/m}. \tag{100.5}$$

The finite conductivity of the earth generally involves a still larger attenuation. For long waves, however, there exists an optimum finite conductivity which yields an attenuation slightly smaller than the one given by (100.5). In practical circumstances the influence of the soil dominates over that of the curvature of the earth: the latter only becomes appreciable at distances for which the field is too weak for practical use even according to the flat-earth theory.

In any case, the exponential decrease of the leading term in (100.4) is so strong that the rather large fields observed in world-wide short-wave communication can only be ascribed to the influence of the ionosphere (neglected here altogether). The inapplicability of (100.4) near the antipode $\vartheta = \pi$, caused by a breakdown there of the approximation (99.4), therefore is of merely theoretical interest. The introduction of a better approximation by van der Pol[2] revealed the existence of interference maxima and minima in the extremely weak field near the antipode; this phenomenon can be explained by the fact that waves arriving along the various great circles connecting the transmitter with its antipode meet there.

[1] H. Poeverlein: Z. angew. Phys. **8**, 90 (1956).
[2] B. van der Pol: Phil. Mag. **38**, 365 (1919).

We notice that the derivation of the above approximative theory has been shortened by WAIT[1] by applying the single boundary condition at $r = a + 0$ mentioned later on in (102.1). This relation corresponds, for either type of polarization, to the condition (68.2) in the flat-earth case. The simplification here obtained arises from the possibility of abstracting altogether from the inner space $r < a$.

We next consider some properties of the phase. By multiplying the exponential phase factors in (100.4) by the time factor $e^{-i k_0 c t}$, we recognize the following phase velocity along the earth's surface for the contribution from each individual term

$$v_{\mathrm{ph}} \sim \frac{c}{1 + \mathrm{Re}\, \tau_s / (k_0 a)^{\frac{2}{3}}} \, . \tag{100.6}$$

In the domain of the first term of (100.4) the overall phase velocity is approximately given by (100.6) for $s = 0$. The corresponding phase $k_0 c d / v_{\mathrm{ph}}$ suggests a main phase contribution for mixed paths (over regions with constants labelled 1 and 2; compare Fig. 55) that is given by:

$$k_0 c \left(\frac{d_1}{v_{\mathrm{ph},1}} + \frac{d_2}{v_{\mathrm{ph},2}} \right) = k_0 (d_1 + d_2) + \frac{k_0}{(k_0 a)^{\frac{2}{3}}} (d_1 \, \mathrm{Re}\, \tau_{0,1} + d_2 \, \mathrm{Re}\, \tau_{0,2}). \tag{100.7}$$

This form of the phase is confirmed by the extension of the theory for inhomogeneous and irregular terrain (see Sect. 68, 72 and 73) to a curved earth. The equation replacing (72.1) then reads[2].:

$$W(x) = e^{\frac{k_0 x^3}{24 i a^2}} - \sqrt{\frac{i x}{2 \pi k_0}} \int\limits_0^x \frac{W(\xi) \{ \gamma(\xi) - (i k_0 / 2 a)(x - \xi) \}}{\sqrt{\xi(x - \xi)}} e^{\frac{k_0 (x - \xi)^3}{24 i a^2}} d\xi,$$

in which the attenuation factor $W(x)$ is defined as in Sect. 68, apart from an extra phase factor $\exp(i k_0 x^3 / 24 a^2)$. The investigation of an equivalent pair of integral equations enabled FURUTSU[3] to derive a general phase factor which corresponds to (100.7) in the case of two homogeneous sections. The necessary approximation assumes section lengths such that propagation along each isolated section may be described sufficiently accurate by the first term of the corresponding residue series. A paper by WAIT[4] shows how a properly chosen function $\gamma(x)$ may also account for a possible stratification of the earth crust.

The substitution of $\arg W$ identified with (100.7) in (73.2) yields the effective refractive index $1 + \mathrm{Re}\,(\tau_{0,2} - \tau_{0,1}) / (k_0 a)^{\frac{2}{3}}$ which explains, e.g., the observed refraction towards the normal to the shore line in coastal refraction (see Sect. 73). In the extreme case of a transition from $|\delta_1| = \infty$ (approximating propagation over sea) to $\delta_2 = 0$ (approximating short-wave propagation over a poorly conducting second medium) this refractive index only differs from unity by the very small quantity $4.48 \times 10^{-6} \lambda_m^{\frac{2}{3}}$.

The influence of the heights h_1 and h_2 of the transmitter and receiver above the earth's surface is described for each term of (99.2) by the two height-gain factors (99.3). Here too, the situation is simplest at such distances where one term of the residue series suffices. The influence then depends on the constant factor $f_0(h_1) f_0(h_2)$ which is independent of the distance.

[1] J. R. WAIT: J. Res. Nat. Bur. Stand. 56, 237 (1956).

[2] See H. BREMMER: Symp. V.L.F. Radiowaves (Boulder, Col., 1957), paper 1.

[3] K. FURUTSU: J. Radio Res. Lab., Tokyo 2, 345 (1955). — K. FURUTSU and S. KOIMAI: J. Radio Res. Lab., Tokyo 3, 391 (1956).

[4] J. R. WAIT: J. Res. Nat. Bur. Stand. 56, 237 (1956).

Apart from a minimum near the earth in the case of an electric dipole (this minimum is only pronounced for long waves), the sum of the residue series increases rapidly with height until the receiver reaches the boundary of the diffraction zone. Above this boundary (that is, the transmitter's horizon, or the plane through the transmitter tangenting the earth) the region of geometric-optical ray trajectories is reached. The residue series converges very slowly some distance above this horizon plane, so that the geometrical-optics approximation then becomes much more convenient (see the next section).

It is striking that the decrease of the field in the diffraction zone is much stronger than, e.g., the diffraction around an edge formed by the intersection of the two horizon planes corresponding to the transmitter and the receiver. This explains why ridges in the terrain, the profile of which is more or less comparable to such a wedge (see Fig. 85), may cause propagation conditions (known as "knife-edge effects") which are better than in the case of a smooth earth without the obstacle formed by the ridge. The often observed improvement of the field under such circumstances therefore has been termed "obstacle gain"[1]. Its effect has been approached by Norton by an application of the present theory of diffraction around a sphere to a much smaller sphere with a curvature about

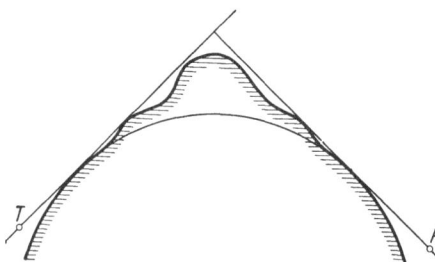

Fig. 85. Terrain profile leading to "obstacle gain".

equal to that of the top of the ridge. The effect of consecutive spherical mountains has been studied by Furutsu[2]; the various mountains prove to diffract almost independently in the case of diffracting angles which are not too small.

101. The geometrical-optics approximation for propagation over a curved earth. The residue series is very useful to show the gradual decrease of the field, even for centimetre waves, when passing the transmitter's horizon and penetrating into the diffraction zone. However, the slow convergence of this series in front of the horizon reduces its practical applicability there. Another more convenient expression is then obtained by substituting saddlepoint approximations for the integrals representing various factors of the integrand of the rigorous integral (98.7) for the first rainbow term; we can next apply a final saddlepoint approximation to the integration with respect to n.

Following Franz's[3] treatment of the diffraction of a plane wave by a perfectly conducting cylinder or sphere, we first split (98.7) according to the identity

$$P_n(-\cos\vartheta) = e^{in\pi}P_n(\cos\vartheta) - i\sin(n\pi)\left\{P_n(\cos\vartheta) - \frac{2i}{\pi}Q_n(\cos\vartheta)\right\}.$$

The saddlepoint method will be applied to the second term only of the corresponding splitting of (98.7), the first term of which is expanded, once again, into a residue series. Hence:

$$H_{-1} = -2\pi\sum \frac{(n_s + \frac{1}{2})\,e^{i\pi n_s}\,T(n_s)}{\sin(\pi n_s)\,N'(n_s)}\,P_{n_s}(\cos\vartheta) +$$
$$+ \int\limits_{-\infty+i0}^{\infty+i0}\left(n + \frac{1}{2}\right)g_{-1}(n)\left\{P_n(\cos\vartheta) - \frac{2i}{\pi}Q_n(\cos\vartheta)\right\}dn, \tag{101.1}$$

[1] See, e.g., F. H. Dickson et al.: Proc. Inst. Radio Engrs. **41**, 967 (1953).

[2] K. Furutsu: J. Radio Res. Lab. Tokyo **3**, 331 (1956).

[3] W. Franz: Z. Naturforsch. 9a, 705 (1954).

the poles n_s being, once more, the zeros of the denominator of $g_{-1}(n) = T(n)/N(n)$. The restriction of the saddlepoint method to the integral in (101.1), instead of the complete integral (98.7), involves two advantages:

(a) the "creeping waves" (see Sect. 98) represented by the first term of (101.1) decay towards the transmitter instead of away from the latter, as in (99.2). The geometrical-optics contribution constituting the integral term of (101.1), therefore is connected with a correction term which decreases when penetrating into the geometric-optical zone, away from the boundary of the diffraction zone; this is very plausible indeed;

(b) the disappearance of the factor $\sin(\pi n)$ in the integral of (101.1) enables to shift the integration path of the latter to the real axis itself. This path then passes through the two saddle-points obtained by introducing asymptotic approximations for the various ζ functions occurring in each contribution of (98.6), as well as for the spherical harmonic $P_n - (2i/\pi) Q_n$ [the approximation of the latter being proportional to a single exponential function $\exp\{i(n+\tfrac{1}{2}) \vartheta\}$].

The two mentioned saddlepoints are connected with the direct ray, and the earth-reflected ray respectively. The resulting geometrical-optics approximation reads:

$$E \sim E_{\text{prim}} \left(1 + \sqrt{D}\, R_{11}\, e^{ik_0 \varDelta}\right); \quad (101.2)$$

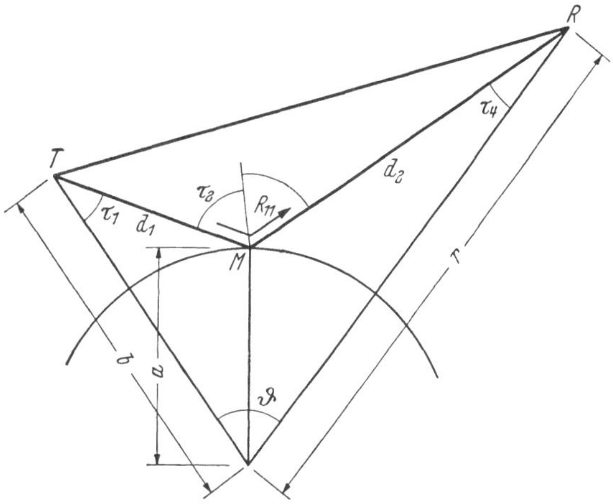

Fig. 86. Parameters connected with reflection by the spherical earth.

it represents the field as the sum of the primary or undisturbed free-space field E_{prim}, and of the reflected field. The parameters characterizing the latter depend on the ray TMR reaching the receiver after a reflection against the earth (see Fig. 86). They are defined as follows:

(a) R_{11} is the spherical-wave reflection coefficient (defined in Sect. 98) the order $n = k_0 a \sin \tau_2$ of which is determined by the reflection angle τ_2. Far away the spherical wave associated with this reflection behaves as a plane wave propagating in the direction TM of the incident ray;

(b) $\varDelta = TM + MR - TR$ is the path difference of the direct and reflected rays; the factor $\exp(ik_0 \varDelta)$ accounts for the corresponding difference in phase of the two contributions connected with these rays;

(c) the parameter

$$\sqrt{D} = \frac{a(d_1 + d_2) \sqrt{\sin \tau_2 \cos \tau_2}}{\sqrt{b r \sin \vartheta (d_1 r \cos \tau_4 + d_2 b \cos \tau_1)}}$$

depends on the geometrical quantities indicated in Fig. 86; it is the square root of the divergence factor D which corresponds, according to both the definition (48.2) and the expression (48.3) for reflection against a sphere, to the reflected ray. It accounts for the extra divergence due to the curvature of the reflecting surface. The significance of this parameter may be illustrated by its application to the reflection of radar waves against a smooth moon instead of the earth; the great distance d to the moon allows the approximations $\tau_1 = \tau_4 = 0$, $\tau_2 = \vartheta/2$, $d_1 = d_2 = b = r = d$ which lead to $D \sim a^2/d^2$ (a now being the radius of the moon[1]). The

---

[1] The moon echoes will be discussed by F. J. KERR in Vol. LIII of this Encyclopedia.

proportionality of the field to d^{-2} here results from the inverse-distance decreases of both the primary field and the divergence parameter $\sqrt{D}$.

The geometrical-optics approximation (101.2) involves the possible occurrence of interference maxima and minima that are due to the cooperation of the direct or primary ray and the reflected ray [compare the first two terms of (63.5) which constitute the corresponding approximation for a flat earth]. For a receiver approaching the transmitter the decreasing influence of the earth's curvature appears from a transition of the spherical reflection coefficient R_{11} into the ordinary Fresnel reflection coefficient (61.7) or (62.3) for plane waves, and from the limiting value of unity for the divergence coefficient. The effect of the latter smoothes the depth of the interference minima since it reduces the intensity of the reflected field.

b) Theory of propagation through an inhomogeneous curved atmosphere.

102. The field of a dipole at the bottom of a stratified curved atmosphere. The determination of this field is very similar to that for a non curved stratified atmosphere (see Sects. 77 through 82). The representation of the field by (77.1), substituting a radial Hertzian vector $\boldsymbol{\Pi}_e = H\,\boldsymbol{r}$, again leads to the scalar wave equation (77.3) for H, provided $k(z)$ is replaced by the radial function $k(r)$, and d^2/dr^2 is substituted for d^2/dz^2 in the definition (77.4) for $k_{\mathrm{eff}}(r)$. A Hertzian vector with more than one component is only needed when taking into account the earth's magnetic field; this has been worked out for a special case by van der Wyck[1]. The "rainbow terms" (see Sect. 98) describing contributions due to rays that have passed through the earth, automatically enter the solution when applying the rigorous boundary conditions at the earth's surface $r = a$. However, the approximation based on identical propagation directions of all rays refracted into the earth (see Sect. 68), here reads

$$\frac{\partial}{\partial r}(rH) = \gamma rH \quad \text{at} \quad r = a. \tag{102.1}$$

This approximative boundary condition replacing (68.2) follows, apart from the assumption just mentioned, from the connection between H and the continuous tangential field component E_{ϑ}. For the rest, the curvature generally implies representations by infinite sums instead of integrals. For instance, the integrals in (77.8) and (77.10) now become expansions in the azimuthal modes $f_n(r)\,P_n(\cos\vartheta)$ (n integer) the radial part of which (the height-gain function f_n) satisfies the equation

$$\frac{d^2}{dr^2}(rf_n) + \left\{k_{\mathrm{eff}}^2(r) - \frac{n(n+1)}{r^2}\right\}rf_n = 0, \tag{102.2}$$

instead of (77.6).

The ray treatment of Sect. 77 can now be repeated in all details apart from the mentioned modifications imposed by the curvature of the earth. These modifications involve, e.g., the atmospheric reflection coefficient

$$T(n) = -\frac{\dfrac{d}{dx}\log\{x\,\zeta_n^{(1)}(x)\}_{x=k_0 r_1} - \dfrac{1}{k(r_1)}\dfrac{d}{dx}\log\{x\,f_n(x)\}_{x=r_1}}{-\dfrac{d}{dx}\log\{x\,\zeta_n^{(2)}(x)\}_{x=k_0 r_1} + \dfrac{1}{k(r_1)}\dfrac{d}{dx}\log\{x\,f_n(x)\}_{x=r_1}} \tag{102.3}$$

for the spherical wave $\zeta_n^{(1)}(k_0 r)\,P_n(\cos\vartheta)$ that hits the bottom $r = r_1$ of the stratified medium, while arriving from the homogeneous slab $a < r < r_1$ (with wave number

[1] C. Th. F. van der Wyck: Thesis, Delft 1946, Chap. X.

k_0) underneath. The asymptotic approximation of the spherical wave in question shows its transition (far away) into a plane wave with a propagation direction making angles $\tau_n(r) = \arcsin\{(n + \tfrac{1}{2})/k_0 r\}$ with the verticals $\vartheta =$ constant; the coefficient (102.3) accordingly tends to the corresponding Fresnel reflection coefficient (77.7) for vanishing curvature ($r_1 \to \infty$).

The W.K.B. approximation of the new reflection coefficient (102.3) becomes:

$$T(n) \sim - i \exp\left[2i \int_{r_1}^{r_j(n)} \sqrt{k_{\mathrm{eff}}^2(r) - n(n+1)/r^2}\, dr\right]. \tag{102.4}$$

Just as in the corresponding approximation (78.11), the integrand vanishes at the upper integration limit which fixes the highest level (real or complex) of the trajectory that leaves the bottom level $r = r_1$ at the elevation angle $\tau_n(r_1)$. This trajectory is determined by SNELL's law in the form

$$\left.\begin{array}{l} r\, k_{\mathrm{eff}}(r) \sin \tau(r) = \mathrm{const}, \\ r\, n_{\mathrm{eff}}(r) \sin \tau(r) = \mathrm{const}, \end{array}\right\} \tag{102.5}$$

or

instead of (78.3) and (76.1); $\tau(r)$ is the angle between the tangent of the trajectory and the vertical $\vartheta = \mathrm{const}$ through the point under consideration (cf. Fig. 35).

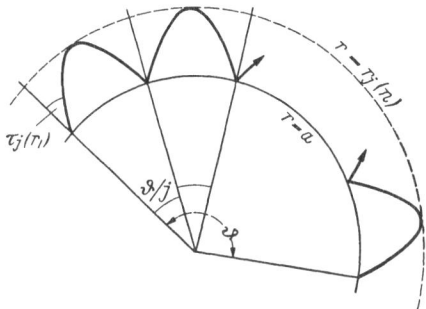

Fig. 87. Sky-wave trajectory around the spherical earth.

The representation of the sky-wave contribution connected with a specified number (j) of hops is most important for the applications. Its series in terms of the azimutal modes $f_n(r) P_n(\cos \vartheta)$ [instead of the integral contained in (77.10)] can be transformed into an integral just as in the case of the first rainbow term H_{-1} (see the end of Sect. 98). A saddlepoint approximation of this integral again yields a geometrical-optics approximation of the form (81.3) provided the various parameters are modified in view of the curvature. The saddlepoint $n_{s,j}$ is now to be fixed by the elevation angle $\{\tau(r_1)\}_{n=n_{s,j}} = \arcsin(n_{s,j}/k_0 r_1)$ of the j-hop trajectory connecting the transmitter and receiver.

The definition (48.2) for the divergence coefficient $\sqrt{D}$ occurring in the geometrical-optics approximation now becomes, instead of (81.5),

$$D = \frac{\vartheta^2}{\sin \vartheta}\left|\frac{\partial \tau_j(r_1)}{\partial \vartheta}\right| \tan \tau_j(r_1). \tag{102.6}$$

The difference between the distance a ϑ from the transmitter to the receiver as measured along the earth, and the length of the ray trajectory connecting both in j hops, has been neglected in (102.6). The derivative in this formula refers to the relation between the elevation angle $\tau_j(r_1)$ of this very trajectory at the earth, and the angular distance ϑ overbridged by it in j hops (see Fig. 87). Obviously three circumstances lead to a large value of D, that is to a focussing effect:

(a) the large value of the first factor near the antipode ($\vartheta \sim \pi$) of the transmitter. This focussing effect is masked by irregularities in the ionosphere;

(b) the large value of the second factor of (102.6) near points for which $\partial \vartheta / \partial \tau = 0$, that is near the intersection of the earth's surface with a caustic. This explains the rather large fields near skip-distance points (see Sect. 113);

(c) the large value of the third factor if $\tau_j(r_1) \sim \pi/2$; this case corresponds to receiving points close to the horizon point formed by the j-hop trajectory just

39*

tangenting the earth. This focussing partially cancels the decrease of the field that is due to the small value there of the ground-attenuation factor $(1 + R_e)^2$ in (81.3); in fact, this factor should become zero if R_e is approximated by the value -1 of the Fresnel reflection coefficient for grazing incidence.

The first and third of these focussing effects only arise from the curvature. They can be illustrated by the simple model of a homogeneous ionosphere sharply bounded by some level $r = r_1$; this model constitutes a fair approximation for long waves since these penetrate only little into the ionosphere. In this case the rectilinear zig-zag ray overbridging the angular distance ϑ in j hops leads to the explicit expression

$$D = \frac{r_1^2}{a^2} \frac{2j \sin \dfrac{\vartheta}{2j}}{\sin \vartheta} \frac{r_1 - a \cos \dfrac{\vartheta}{2j}}{r_1 \cos \dfrac{\vartheta}{2j} - a}$$

for the divergence coefficient; here the latter should better be termed convergence coefficient. The zeros of its denominator show the complete focussing at the antipode $\vartheta = \pi$, as well as at the horizon point $\vartheta = 2j \arccos(a/r_1)$. The generally converging effects arising here from internal reflections in a hollow sphere (and also present in the absence of the earth) are essentially the same as those explaining the acoustic phenomena of "wispering galleries" described by Rayleigh[1].

103. The reduction of a curved stratified troposphere to a flat troposphere. Instead of applying the general theory of the preceding section, most investigations about the troposphere account for its curvature by replacing the effective refractive index $n(r)$ proportional to $k_{\mathrm{eff}}(r)$ by the so-called "modified refractive index"

$$M_0(r) = \frac{r}{a} \frac{k_{\mathrm{eff}}(r)}{k(a)} = \frac{r}{a} \frac{n_{\mathrm{eff}}(r)}{n(a)}. \tag{103.1}$$

The usefulness of this parameter appears from the following considerations:

(a) The Eq. (102.2) for the height-gain functions $f_n(r)$ may be transformed by the substitution $n(n+1) = k^2(a) a^2 \sin^2 \tau_a$, and by the introduction of the new variables $u = r f_n \exp(-r/2a)$ and $\zeta = a \log(r/a)$. We get, putting $M_0(r) = M(\zeta)$,

$$\frac{d^2 u}{d\zeta^2} + k^2(0) \{M^2(\zeta) - \sin^2 \tau_a\} u = 0,$$

provided terms of the order of ζ^2/a^2 are omitted. The corresponding equation obtained by the substitutions $k_{\mathrm{eff}} = k_0 n(z)$ and $\lambda = k(0) \sin \tau_a$ in (77.6) reads:

$$\frac{d^2 f}{d z^2} + k^2(0) \{n^2(z) - \sin^2 \tau_a\} f = 0.$$

The comparison shows the identical role of $M(\zeta)$ for a curved atmosphere, and of $n(z)$ for a flat atmosphere insofar as quantities of the order ζ^2/a^2 are negligible. The variable ζ differs from the height $h = r - a$ above the earth only by a difference of the order of ζ/a;

(b) The relations (102.5) and (76.1) for Snell's law fixing the geometric-optical trajectories in the curved and the flat atmosphere respectively, can be put into the forms

$$\frac{M(\zeta)}{\sqrt{1 + \left\{\dfrac{d\zeta}{d(a\vartheta)}\right\}^2}} = \mathrm{const}, \quad \text{and} \quad \frac{n(z)}{\sqrt{1 + \left(\dfrac{dz}{d\varrho}\right)^2}} = \mathrm{const}.$$

---

[1] Lord Rayleigh: Theory of sound II, p. 126. London 1896.

Hence the relation between ζ and $a\vartheta$ in the curved atmosphere is identical with that between z and ϱ in the flat atmosphere if the modified refractive index of the former equals the actual index of the latter.

The procedure of treating the curved atmosphere as flat with a modified refractive index, known as the "earth-flattening approximation", is usually applicable up to distances at which the field is to weak to be of practical interest. Its validity, apart from the neglect of second-order contributions in ζ/a, has been proved by PRYCE[1] directly from MAXWELL's equations (for a homogeneous atmosphere). This author showed, a.o., how the approximations of section 100 can be derived from the plane problem corresponding to an apparent refractive index $r/a = 1 + z/a$. According to HUFFORD[2] the same results also follow from the solution of (68.7) if the profile of the earth is approximated by a proper parabola.

The dimensionless quantity $M - 1$ is usually expressed in units of 10^{-6} (so-called M units). Its order of magnitude in the troposphere does not exceed that of z/a. Hence (103.1) may just as well be replaced by

$$M(\zeta) = \frac{n_{\text{eff}}(z)}{n(0)} + \frac{z}{a} = 1 + z\left\{\frac{n'(0)}{n(0)} + \frac{1}{a}\right\} + \cdots. \tag{103.2}$$

Therefore, the stratified atmosphere around the curved earth approximately behaves as a homogeneous atmosphere around a fictitious earth of an "effective radius" a_e given by

$$\frac{1}{a_{\text{eff}}} = \frac{1}{a} + \frac{n'(0)}{n(0)}. \tag{103.3}$$

The effective radius is characterized by the property that the curvature $-n'(0)/n(0)$ of a horizontal ray near the earth's surface equals the difference of the actual curvature $1/a$ and the effective curvature $1/a_e$. Ordinary meteorological circumstances correspond to an effective-earth radius of the order of $\frac{4}{3}$ a.

The earth-flattening procedure becomes too crude in special problems such as the world-wide propagation of very long waves. Theories based directly on the spherical symmetry (to be discussed in the next section) should then be applied.

104. The mode theory for a curved stratified atmosphere. The propagation through a homogeneous curved atmosphere already led to modes depending on a resonance condition (see the end of Sect. 99). The mode theory for the more general stratified curved atmosphere can be developed along the same lines as indicated in Sect. 82 for a stratified flat atmosphere. Some modifications arising from the curvature are the following (in the case of a vertical-dipole transmitter):

(a) the field components are to be derived from (77.1) by substituting $\boldsymbol{\Pi}_e = H \boldsymbol{r}$;

(b) the height-gain functions f_l in the mode expansion

$$H = \sum_l c_l f_l(r) P_{n_l}\{\cos(\pi - \vartheta)\} \tag{104.1}$$

are to be determined as solutions of (102.2) that vanish for $r \to \infty$ and satisfy the approximative boundary condition (102.1); the modes are orthogonal with respect to the interval $a < r < \infty$;

(c) the coefficients c_l are to be chosen such that (104.1) satisfies the inhomogeneous wave equation

$$\{\Delta + k_{\text{eff}}^2(r)\} H(r, \vartheta) = -\frac{4IL}{cb^3} \frac{\delta(\vartheta)}{\vartheta} \delta(r - b). $$

The right-hand side here accounts for the singularity at the transmitter situated at $z = b$, $\vartheta = 0$ (compare Fig. 41);

---

[1] M. H. L. PRYCE: Adv. Physics **2**, 67 (1953).
[2] G. A. HUFFORD: Quart. Appl. Math. **9**, 391 (1952), see p. 399.

(d) the final expansion replacing (82.7) becomes:

$$H = \frac{\pi I L}{c a^2 b} \sum_l \frac{(2n_l + 1)}{\left\{ \dfrac{\partial}{\partial n} \dfrac{\partial/\partial r\,(r f_l)}{r f_l} \right\}_{\substack{r=a \\ n=n_l}}} \frac{f_l(b)\,f_l(r)}{\{f_l(a)\}^2} \frac{P_{n_l}\{\cos(\pi - \vartheta)\}}{\sin(\pi n_l)}. \tag{104.2}$$

This general theory has only occasionally be applied, in particular to the iono-sphere (see Sect. 106); investigations considering tropospheric propagation are usually based on the earth-flattening approximation insofar as they are not dealt with by the method discussed in the next section.

105. Propagation through a "standard atmosphere". The most essential effects connected with the average, monotonically changing, tropospheric stratification can be studied with the aid of some convenient profile $n(r)$ for the dependence of the refractive index on the height. This profile should combine a nearly linear change near the ground with mathematical simplicity. A suitable profile for such a so-called "standard atmosphere" is given by

$$n^2 = \frac{k_{\text{eff}}^2}{k^2(a)} = 1 - \eta + \varepsilon\,\frac{a^2}{r^2} = (1 - \eta + \varepsilon) - \frac{2\varepsilon}{a}\,h + \cdots, \tag{105.1}$$

since the form of the corresponding differential equation (102.2) for the height-gain functions then is not different from that for a homogeneous atmosphere. The analogy involves that the former spherical waves $\zeta_n(k_0 r)\,P_n(\cos\vartheta)$ referring to a homogeneous space are to be replaced here by the related functions $\zeta_\nu\big(k_0 r\sqrt{1-\eta}\big)\,P_n(\cos\vartheta)$ the order ν of which is given by

$$\nu = -\tfrac{1}{2} + \sqrt{(n + \tfrac{1}{2})^2 - k_0^2\,\varepsilon\,a^2}.$$

The connection with the homogeneous case further amounts to a mode expansion (104.1) very similar to (99.2). The corresponding modifications in the approximations discussed in Sect. 100 lead to a representation of the characteristic orders by $n_l = k_0 a + (k_0 a)^{\frac{1}{3}}\alpha^{\frac{2}{3}}\tau_l$ instead of (100.1), whereas τ_l is to be determined from the former Eq. (100.2) after substituting $\delta\alpha^{\frac{1}{3}}$ for δ. The new parameter α entering here is defined by $(1-\eta)/(1-\eta+\varepsilon)$; in view of the profile (105.1) and the definition (103.3) α also equals the ratio a/a_{eff} of the actual to the effective earth's radius. The connection between the final approximation of the new mode expansion and the residue series for the homogeneous atmosphere can be expressed by the following similarity rule for the corresponding electric field:

$$E(d, h_1, h_2, \delta, \lambda) = \alpha^{\frac{2}{3}} E_0(d\alpha^{\frac{2}{3}}, h_1\alpha^{\frac{1}{3}}, h_2\alpha^{\frac{1}{3}}, \delta\alpha^{\frac{1}{3}}, \lambda). \tag{105.2}$$

The function $E_0(d, h_1, h_2, \delta, \lambda)$ here represents the field in the case of a homogeneous atmosphere and a transmitter and receiver at a mutual distance $d = a\vartheta$ (measured along the earth's surface), h_1 and h_2 being the heights above the earth. The influence of the electrical constants ε and σ is implicitly expressed by the parameter δ of (100.3). This reduction formula follows also from the flat-earth mode expansion (82.7) if the modified refractive index in $k_{\text{eff}}(z) = k_0 M(z)$ is taken as a linear function of the height in accordance with (103.2). The Bessel functions of order $\tfrac{1}{3}$ describing the modes in question lead to the results of Sect. 100 with parameter values corresponding to those in the right-hand side of (105.2).

The usually negative gradient $n'(0)$ at the earth's surface involves a value of α smaller than unity [compare (103.3)]. According to the reduction rule (105.2), applied for $h_1 = h_2 = 0$, one and the same field then occurs for a stratified atmo-sphere at a greater distance than for a homogeneous atmosphere, provided the influence of the transition from δ to $\delta\alpha^{\frac{1}{3}}$ is very small. The effect of the latter transition can be neglected altogether for short waves; the resulting proportionality of E_0 to δ^2 here admits a further simplification of the reduction rule into:

$$E(d, h_1, h_2) \sim \alpha^{\frac{1}{3}} E_0 (d\alpha^{\frac{2}{3}}, h_1 \alpha^{\frac{1}{3}}, h_2 \alpha^{\frac{1}{3}}).$$

The increase of the field (relative to that for a homogeneous atmosphere) near the ground for $n'(0) < 0$ or $\alpha < 1$ is very plausible since the horizon formed by the tangenting points of the rays just touching the earth is shifted beyond its normal position in this case of increased refraction. Average tropospheric conditions can be represented by $\alpha = \frac{3}{4}$; a substantial atlas of corresponding propagation curves for short waves has been edited by the C.C.I.R.[1].

106. The mode theory for a curved stratified ionosphere. The slight effect of the tropospheric inhomogeneity on ionospheric propagation suggests to identify the bottom $r = r_1$ of the stratified medium with that of the ionospheric region in question when deriving the reflection coefficient of the latter from (102.3). This coefficient then refers to the transition of a spherical wave $\zeta_n^{(1)}(k_0 r) P_n(\cos \vartheta)$, travelling upwards through the homogeneous space $a < r < r_1$ between the earth and the ionosphere, into a corresponding descending wave of the type $\zeta_n^{(2)}(k_0 r) \times P_n(\cos \vartheta)$. In the absence of the homogeneous slab, the modes would be determined (also in the case of a curved stratification) by the resonance condition $TR = 1$ (see Sect. 83) provided R designates the spherical reflection coefficient R_{11} at the earth's surface discussed in Sect. 98. Owing to the presence of the intermediate homogeneous space (wave number k_0) this condition for the eigenvalues n_l of n is modified into

$$T(n) R(n) \frac{\zeta_n^{(1)}(k_0 r_1) \zeta_n^{(2)}(k_0 a)}{\zeta_n^{(2)}(k_0 r_1) \zeta_n^{(1)}(k_0 a)} = 1 \quad \text{for} \quad n = n_l. \tag{106.1}$$

For the long-wave propagation to which the present mode theory is usually applied, the magnetic double refraction can be neglected. This is also clear from an investigation by BUDDEN[2] which concerns the propagation of atmospherics.

The functions $\zeta_n(z)$ occurring in (106.1) may be replaced by asymptotic expressions of the W.K.B. type which, however, depend on the position of n/z in the complex plane. This leads to a classification into three not sharply separated groups of modes, all of the order of $k_0 a$. These groups can be characterized as follows, using the roman symbols introduced by RYDBECK[3],

$$\text{I} \qquad \operatorname{Re} n_l < k_0 a - (k_0 a)^{\frac{1}{3}},$$

$$\text{II} \qquad k_0 a - (k_0 a)^{\frac{1}{3}} < \operatorname{Re} n_l < k_0 a + (k_0 a)^{\frac{1}{3}},$$

$$\text{III} \qquad k_0 a + (k_0 a)^{\frac{1}{3}} < \operatorname{Re} n_l < k_0 r_1.$$

The phases of the W.K.B. approximation for the radial factor $\zeta_n^{(1)}(k_0 r)$ of the rising and descending waves in the homogeneous space are given, e.g. for the I modes, by $\pm n_l \int\limits_{1}^{k_0 r/n_l} \sqrt{1 - u^2}\, \dfrac{du}{u}$. The addition of the other phase $\vartheta \operatorname{Re} n_l$, which occurs in the factor $\exp(i n_l \vartheta)$ of the asymptotic expression for $P_{n_l}(\cos \vartheta)$, yields the complete phase. The ray trajectories associated with the mode in question are perpendicular to the loci of constant total phase; the inclination

---

[1] Atlas of ground-wave propagation curves for frequencies between 30 Mc/s and 300 Mc/s (C.C.I.R. Resolution No. 11), Geneva 1956.

[2] K. G. BUDDEN: Phil. Mag. **43**, 1179 (1952).

[3] O. E. H. RYDBECK: On the propagation of radio waves, p. 72. Göteborg 1944.

with respect to the vertical of such a trajectory then proves to be given, at some r level, by $\tau(r) \sim \arc \sin(\operatorname{Re} n_l/k_0 r)$ provided the inequality $(\operatorname{Im} n_l)^2 \ll k_0^2 r^2 - (\operatorname{Re} n_l)^2$ does hold. Hence the two quantities

$$\tau_l(a) = \arc \sin(\operatorname{Re} n_l/k_0 a) \quad \text{and} \quad \tau_l(r_1) = \arc \sin(\operatorname{Re} n_l/k_0 r_1)$$

represent the special elevation angles, at the earth's surface and at the bottom of the ionosphere respectively, of the spherical waves constituting the modes. This leads to a geometrical interpretation of the above classification which depends on whether these angles are real-valued or not. For the I modes $\tau(a)$ and $\tau(r_1)$ are both real-valued so that these modes can be associated with rays

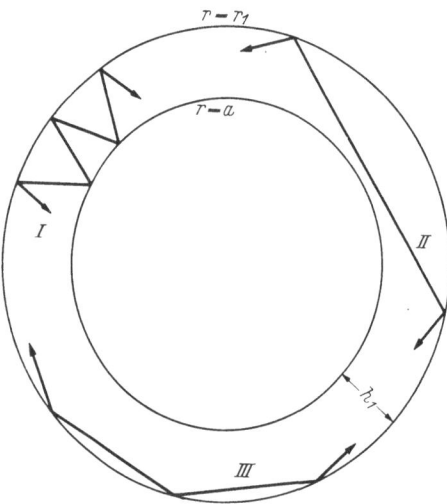

propagating to and fro between the boundaries of the earth and the atmosphere (see Fig. 88). The III modes have a real-valued $\tau(r_1)$, but complex-valued $\tau(a)$ and therefore correspond to rays that can be reflected at the ionosphere but which are unable to reach the earth. The transitional group of II modes is associated with rays near those just touching the earth. The curvature of the earth and ionosphere is most essential for the III modes; owing to their connection with reflections against the inner side of a sphere these modes disappear completely in the flat-earth approximation.

Fig. 88. Classification of modes associated with sky-wave propagation.

The phase-integral relation (see Sect. 83) is different for either of the above-mentioned three groups. It can be derived from the logarithm of (106.1) while substituting for each group the proper approximation for the ζ functions. For the first and last groups we obtain:

$$
\begin{aligned}
\text{(I)} \qquad & \int_a^{r_1} \sqrt{k_0^2 - n_l^2/s^2}\, ds = \pi l + \frac{i}{2}\{\log T(n_l) + \log R(n_l)\}, \\
\text{(III)} \qquad & \int_{n_l/k_0}^{r_1} \sqrt{k_0^2 - n_l^2/s^2}\, ds = \pi\left(l - \frac{1}{4}\right) + \frac{i}{2}\{\log T(n_l) + \log R(n_l)\}.
\end{aligned}
\right\} \tag{106.2}
$$

The eigenvalues of the various modes can be deduced approximately from these equations by considering all non negative integral l values. The order of magnitude of each mode contribution mainly depends on the attenuation factor $\exp(-\vartheta \operatorname{Im} n_l)$ which results from the asymptotic approximation (99.4) for the last factor in (104.1). The exponential attenuation is only missing for the "trapped modes" characterized by a real value of n_l. Up to angular distances $\vartheta = \pi/2$ the trapped modes, if any, only decrease in proportion to $(\sin \vartheta)^{-\frac{1}{2}}$ in horizontal directions (in the approximations under consideration). The corresponding decrease proportional to $(\sin \vartheta)^{-1}$ for the energy flux is in accordance with the increase of the intersection of the atmosphere with a cone of opening ϑ, that is, with the increase of the area over which the energy is spread out. Hence, trapped modes can only occur in the absence of energy losses due to absorption (either by the earth or by the ionosphere), that is, if the adjacent media are perfectly conducting.

The existence of trapped modes in the space between a perfectly conducting earth and a perfectly conducting sharply bounded ionosphere is particularly obvious, if, moreover, the curvature of the earth and the ionosphere is neglected; T and R then tend to unity. In this case the number of trapped I modes depends on the condition $|l| < 2h/\lambda$ (see Sect. 84) if h is the height of the ionosphere above the earth. An investigation by WATSON[1] shows that the corresponding number of standing-wave trapped modes retains its order of magnitude of $2h/\lambda$ if the curvature is taken into account. The assumption of a sharply bounded ionosphere is not representative for short waves since the latter penetrate deeply into the ionospheric layers. Nevertheless, the limiting conditions just considered illustrate qualitatively the role of the III poles for these waves. In fact, an evaluation of the lower Eq. (106.2) for sharp boundaries and $T = R = e^{-i\pi}$ reveals the existence of any trapped III poles at all provided

$$\lambda_{km} < 0.016\, h_{km}^{\frac{3}{2}}. \tag{106.3}$$

Moreover, the total number of such poles does increase about in proportion to λ^{-1} for short waves, just like that of the corresponding I poles. However, the number of the latter is about $0.94\,\sqrt{h/a}$ times smaller than that of the former. In any case, the large number of non-exponentially attenuated modes for short waves involves a slow convergence of the mode expansion for the latter.

As a matter of fact, the finite conductivity of either the earth or the ionosphere, or of both, prevents the establishment of any mode which is completely trapped. However, the above limiting case explains the occurrence of a large number of only slightly attenuated "leaking modes" for short waves. The III poles, though outnumbered by the I poles in the case of these waves, are numerically more important in view of the smaller values of $\mathrm{Im}\,n_l$ in the attenuation factors $\exp(-\vartheta\,\mathrm{Im}\,n_l)$. The rather small attenuation of the III poles is connected with the property for the associated trajectories (see Fig. 88) of not reaching the earth; the attenuation therefore is appreciably reduced insofar as conditioned by the presence of the earth.

The large number of slightly attenuated modes for short waves restricts the practical applibability of the ionospheric mode theory to long waves at great distances; the field here only depends, numerically, on a few number of leaking modes (see next section). Near the transmitter, however, the geometrical-optics treatment becomes more convenient, for all wavelengths, as has been discussed in Sect. 84 for the non curved ionosphere.

107. The dominating modes in long-wave ionospheric propagation. The small penetration of long waves into ionospheric regions admits to treat the latter as homogeneous, sharply bounded at $r = r_1$, and as extending up to infinity. Both reflection coefficients T and R then depend on Bessel functions. The dominating modes, about $2h/\lambda$ in number, are those which become trapped if the conductivities of the ionosphere and the earth tend to infinity (see the previous section). They can be determined by successive approximations when the limiting trapped modes are known. Such an evaluation has been performed numerically by RYDBECK[2] with the aid of the phase-integral relations (106.2). This author used the proper approximations (mentioned in Sect. 100) for the Bessel functions occurring in T and R. Practical examples show the existance, for D-layer

[1] G. N. WATSON: Proc. Roy. Soc. Lond., Ser. A **95**, 546 (1919).

[2] RYDBECK, loc. cit. p. 59—73.

propagation at wavelengths of the order of 5 km, of a few number of II and III poles only, but of an infinite number of I poles.

In the domain of frequencies below about 15 kc/s ($\lambda > 20$ km) we only have to do with I poles [the absence there of III poles is obvious from (106.3)]. The curvature of the earth and ionosphere then becomes of minor importance. Hence, fair approximations are obtained by neglecting the curvature altogether in the left-hand side of the upper equation (106.2). The latter thus transforms into

$$k_0 h \cos \tau_l = \pi l + \frac{i}{2} \{\log T(n_l) + \log R(n_l)\}, \qquad (107.1)$$

in which, moreover, the spherical-wave reflection coefficients T and R may be replaced by the corresponding Fresnel reflection coefficients for plane waves characterized by an angle of incidence arc $\sin(n_l/k_0 r_1)$ and arc $\sin(n_l/k_0 a)$ respectively. The residue series for the vertical component E_r of the electric field [to be derived from (104.2), applying similar approximations] reads as follows for a transmitter and receiver on the ground ($r = b = a$), in so far as depending on I poles:

$$E_r \sim - \frac{\sqrt{\pi i}\,(2k_0)^{\frac{3}{2}} I L\, e^{i\vartheta/2}}{c\sqrt{a\sin\vartheta}} \sum_l \frac{\sin^{\frac{3}{2}}\tau_l\, e^{i k_0 a \vartheta \sin\tau_l}}{\left\{\left(\tan\tau - \dfrac{\partial}{\partial\tau}\right) \dfrac{1 - T(\tau)\, e^{2 i k_0 h \cos\tau}}{1 + T(\tau)\, e^{2 i k_0 h \cos\tau}}\right\}_{\tau=\tau_l}}. \qquad (107.2)$$

The low-order terms of this expansion are decisive. The numerical evaluation of the corresponding roots of (107.1) has been performed by WAIT[1] and by LIEBERMANN[2]. It shows how the zero mode ($l = 0$) only does dominate for small values of the important dimensionless parameter

$$Z = \frac{2h}{\lambda}\sqrt{i}\left(\frac{\sqrt{n_i^2 - 1}}{n_i^2} + \frac{\sqrt{n_e^2 - 1}}{n_e^2}\right) \sim \frac{\sqrt{2c}\,h}{\lambda^{\frac{3}{2}}}\left(\frac{1}{\sqrt{\sigma_i}} + \frac{1}{\sqrt{\sigma_e}}\right),$$

in which

$$n_i \sim \sqrt{2i\lambda\sigma_i} \quad \text{and} \quad n_e \sim \sqrt{2i\lambda\sigma_e} \qquad (107.3)$$

represent the long-wave approximations of the refractive indices of the ionosphere and the earth respectively (σ_i and σ_e are the conductivities in e.s.u.). In the range of Z values of the order of unity the dimensionless attenuation parameter $(h/a)\,\mathrm{Im}\,n_l$ proves to pass for $l \neq 0$ through a maximum and minimum respectively, when considered as a function of Z. The vicinity of the maximum for $l = 1$ (the dominating mode here) fixes a range of frequencies characterized by a rather high attenuation. The occurrence of the latter is connected with the passage of the elevation angle $\tau_2(a)$ through a pseudo Brewster angle (see Sect.64) which causes a considerable "leakage" of the mode into the earth. The influence of the earth's conductivity is appreciable in the frequency range under consideration, such in contrast with the behaviour at lower frequencies.

The mode behaviour is simplest for the very low frequencies for which $Z \ll 1$. The dominating modes here deviate slightly from the trapped modes corresponding to the limiting case $Z = 0$ (perfectly reflecting ionosphere and earth; $T = R = 1$). The actual modes can then be derived, by successive approximations, while starting from the mentioned trapped modes. We obtain the following expression when cutting off after the first-order correction due to the finite conductivities

[1] J. R. WAIT: Symp. V. L. F. Radio waves (Boulder 1957), paper 6.
[2] L. LIEBERMANN: J. Appl. Phys. 27, 1473 (1956).

of the ionosphere and the earth:

$$n_l = k_0 \, a \, \sqrt{1 - \pi^2 l^2/k_0^2 h^2} + \varepsilon_l \sqrt{i} \; \frac{\pi \, a \, Z}{2 k_0 \, h^2 \sqrt{1 - \pi^2 l^2/k_0^2 h^2}} \left.\vphantom{\begin{array}{c} a \\ a \end{array}}\right\}$$
$$= \frac{2\pi \, a}{\lambda} \sqrt{1 - \lambda^2 l^2/4 h^2} + \varepsilon_l \frac{a \sqrt{i \, c} \left(\dfrac{1}{\sqrt{\sigma_i}} + \dfrac{1}{\sqrt{\sigma_e}} \right)}{2^{\frac{3}{2}} h \sqrt{\lambda (1 - \lambda^2 l^2/4 h^2)}} ; \qquad (107.4)$$

ε_l is defined by being 1 for $l = 0$ and 2 for $l = 1, 2, \ldots$

Obviously, the zero mode $l = 0$ constitutes the dominating mode in the frequency range $Z \ll 1$. In fact, this mode yields the smallest exponential attenuation factor, viz.

$$e^{-\vartheta \, \mathrm{Im} \, n_0} \sim e^{-\frac{\sqrt{c}}{4 h} \left(\frac{1}{\sqrt{\sigma_i}} + \frac{1}{\sqrt{\sigma_e}} \right) \frac{a \, \vartheta}{\sqrt{\lambda}}} . \qquad (107.5)$$

On the other hand, the mode $l = 1$ predominates in the range $Z \approx 1$ (the interchange of both modes is due to the absence of a minimum of $\mathrm{Im} \, n_0$ qua function of Z).

We shall consider the situation $Z \ll 1$ in more detail. In this range the exponential attenuation approaches for all modes $l \neq 0$ a common value twice that for $l = 0$, provided $l \ll 2 h/\lambda$. The propagation over large distances of the dominating zero mode can be ascribed to the guiding effect of the "wave guide" formed by the interspace between the earth and the atmosphere. This mode and the domain $Z \ll 1$ have amply been discused by SCHUMANN[1], who derived it, straightforwardly, from the complete wave equation. The same author investigated in detail the disturbances due to many special forms of the time function representing the generating atmospheric.

The occurrence of the exceptional zero mode for $Z \ll 1$ can also be made plausible as follows provided we assume the possible existence of a TEM mode in the mentioned interspace. In the latter the electric field should be vertically directed, and should be homogeneously distributed across the vertical cross-sections $O = h \, 2\pi r \sin \vartheta$ that are perpendicular to the propagation direction. The energy current $W = PO$ through such a cross-section decreases by $-dW = (P_i + P_e) \, O_\perp$ over a distance $a \, d\vartheta$ if $O_\perp = 2\pi \, r \sin \vartheta \, a \, d\vartheta$ is the (about equal) area of the boundaries of the earth and of the ionosphere that is comprised between two adjacent cones $\vartheta = \mathrm{constant}$; P_i and P_e are the vertical components of the energy-current densities at the boundaries of the ionosphere and the earth respectively, and thus determine the absorption there; P is the corresponding horizontal Poynting vector connected with the wave progressing through the interspace. We find

$$\frac{dW}{W} = - \frac{P_i + P_e}{P} \frac{O_\perp}{O} = - \frac{P_i + P_e}{P} \frac{a}{h} \, d\vartheta . \qquad (107.6)$$

The directions of the approximately plane waves penetrating into the ionosphere and the earth are nearly vertical so that P_i and P_e are the average amplitudes of Poynting vectors (12.1) which can be represented as follows in view of (11.4) and of the plane-wave solution of (59.1) [see also Eq. (59.6)]:

$$P_{i,e} = \frac{c}{8\pi} \, | \mathrm{Re} \, (\boldsymbol{e} \times \boldsymbol{h}^*) | = \frac{c}{8\pi} \, \mathrm{Re} \, \frac{\boldsymbol{h} \cdot \boldsymbol{h}^*}{\sqrt{\varepsilon_{\mathrm{eff}}}} = \frac{\omega}{8\pi} \, \boldsymbol{h} \cdot \boldsymbol{h}^* \, \mathrm{Re} \, \frac{1}{k_{i,e}} ; \qquad (107.7)$$

$k_i = k_0 \, n_i$ and $k_e = k_0 \, n_e$ are the complex wave numbers in the ionosphere and the earth respectively.

[1] W. O. SCHUMANN: Z. angew. Phys. 4, 474 (1952); 6, 35 (1954).

These results are to be compared with the value of P; the latter is obtained by replacing $k_{i,e}$ by the real-valued atmospheric wave number k_0. The vector $\boldsymbol{h}$ is not to be changed here since this horizontal vector (remembering our restriction to a vertical-dipole transmitter) is identical in the ionosphere, the earth and the interspace, owing to the boundary conditions. Hence $\boldsymbol{h}$ has disappeared in the ratios P_i/P and P_e/P. The evaluation of (107.6) with the aid of (107.7) thus yields the exponential attenuation of W which is the square of that for the electric field E. The final expression for the exponential factor of the latter becomes:

$$e^{-\frac{k_0 d}{2h}\operatorname{Re}\left(\frac{1}{k_i}+\frac{1}{k_e}\right)} = e^{-\frac{d}{2h}\operatorname{Re}\left(\frac{1}{n_i}+\frac{1}{n_e}\right)},$$

which proves to be identical with (107.5), such in view of (107.3) and $d = a\vartheta$. Expressing lengths in kilometres (the conductivities being represented in c.g.s. electrostatic units) the factor reads:

$$e^{-137\left(\frac{1}{\sqrt{\sigma_i}}+\frac{1}{\sqrt{\sigma_e}}\right)d_{km}/(h_{km}\sqrt{\lambda_{km}})}. \tag{107.8}$$

The dependence on d and λ in (107.7) is the same as in the empirical formula for long-wave propagation given by Austin and Cohen[1]. The power $\lambda^{\frac{1}{2}}$, instead of $\lambda^{\frac{1}{3}}$ in the attenuation according to (100.5) for pure diffraction without any ionosphere, is typical for ionospheric reflection. For the rest, such a dependence can also be explained geometric-optically by determining the limiting value of the overall intensity loss by a large number of reflections against the ionosphere and the earth in multi-hop transmission.

The above results can be applied to the theory of atmospherics. As mentioned before [compare (84.2)], the current moment of an ideal lightning is homogeneously spread over a wide range of frequencies. However, the propagation conditions are particularly favourable for very low frequencies. Insofar as the range $Z \ll 1$ is concerned, the interspace between the earth and the ionosphere does act like a low-pass filter, the frequency characteristic of which is mainly given by the exponential factor (107.8). Hence the disturbance reaching large distances is first of all composed of contributions the intensity of which can roughly be represented by the square of an expression of the type (107.8), multiplied by an amplitude factor varying much slower. If the latter variation is approximated by some negative power $-n$ of the wavelength, we obtain an overall intensity per unit frequency bandwidth which is proportional to $\lambda^{-n}\,e^{-\alpha d/\sqrt{\lambda}}$. This expression becomes maximal for λ equal to $\lambda_{\max} = \alpha^2 d^2/4n^2$. As observed by Schumann, the increase of $\lambda_{\max}$ in proportion to d^2 illustrates clearly the dominant role of very long waves in the propagation of disturbances generated by atmospherics. The same author[2] investigated in detail the disturbances due to many special forms of the time function representing the generating atmospheric.

The exceptional role for $Z \ll 1$ of the zero mode is also apparent from the associated group velocity. According to the exponent in (107.2), the propagation along the earth's surface amounts for each mode to an effective refractive index $n_{\mathrm{eff}} = \sin \tau_l = n_l/k_0 a$, or, in a first approximation [see (107.4)], to $(1 - \lambda^2 l^2/4h^2)^{\frac{1}{2}} = (1 - \pi^2 c^2 l^2/h^2 \omega^2)^{\frac{1}{2}}$. The corresponding group velocity c/n_{eff} (compare the end of Sect. 76) reduces to the vacuum velocity c in the case of the $l = 0$ mode.

The corresponding computations for a vertical magnetic dipole (which determine the field of a horizontal electric dipole, see Sect. 66) lead once again for

[1] L. W. Austin: Bull. Bur. Stand. 7, 315 (1911).
[2] W. O. Schumann: Z. angew. Phys. 6, 346 (1954), Bayer. Akad. Wiss. 1956. Heft 8₁.

$Z \ll 1$ to (107.4) provided the second term is multiplied by $\pi^2 l^2/k_0^2 h_0^2 = l^2 \lambda^2/4 h^2$; moreover, the zero mode $l = 0$ is absent here. As a consequence the attenuation factor becomes much smaller for kilometre waves. Hence the propagation conditions for a horizontal dipole prove to be better than for a vertical dipole insofar as very great distances are concerned.

108. Fields beyond the horizon, due to tropospheric incoherent scattering. These fields can be ascribed to forward scattering (see Sect. 93) in the overlapping volume D of the beams connected with the radiation leaving the transmitter and the radiation reaching the receiver (see Fig. 71). The energy actually received at R follows from (92.2) if this formula is completed by a factor $|1 + R|^2$ [compare Eq. (81.3)] which accounts for the cooperation of the direct and the reflected ray, near the transmitter as well as near the receiver. The minimum scattering angle ϑ_0 corresponds to scattering at the common point M of the cross-sections of the mentioned beams with the vertical plane through T and R. For zero heights of T and R this angle equals the angular distance d/a from T to R. In the most general case of a hilly profile ϑ_0 is given by the angle between the rays of lowest elevation which can be drawn through T and R without cutting any mountain top (see Fig. 89). The numerical importance of this angle

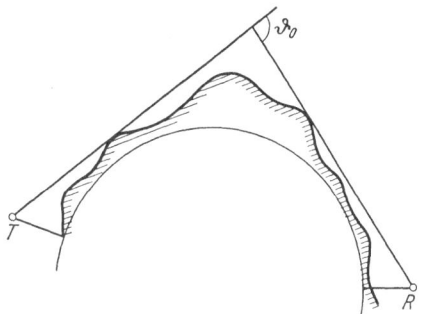

Fig. 89. The minimum scattering angle in tropospheric propagation.

appears from the semi-empirical theory developed by NORTON, RICE and VOGLER[1], which explains a large number of observations.

The smallness of the scattering volume V enables the following reduction, discussed by GORDON[2], of the integral in (92.2). We provisionally assume homogeneous radiation diagrams for both the transmitter and the receiver. Owing to the increase of the scattering angle ϑ, and the decrease of the variance $\langle (\delta \varepsilon)^2 \rangle$ higher up in V (the first effect being preponderant), the lower part of V only proves to be significant. This part can be divided into horizontal nearly flat slabs of vertical thickness dh. The horizontal dimensions of these slabs can be estimated by considering them as near to M, this point being situated at a height $h_0 \sim d^2/8a$ above the earth (see Fig. 71). The horizontal extension in the propagation direction equals for each slab $q_{\parallel} = 2(h - h_0) \cot(\vartheta_0/2)$, or also $4a(h - h_0)/d$ since $\vartheta_0 = d/a$ may be considered as small. The other horizontal extension, perpendicular to the vertical plane represented in Fig. 71, can be taken as $q_{\perp} = \beta d^2/a$. This expression holds if the scattering volume is assumed as limited sideward by those rays for which the scattering angle ϑ has increased from its minimum ϑ_0 up to the value $\vartheta_0(1 + 4\beta^2)^{\frac{1}{2}}$; β is some quantity of the order of unity. The substitution $dV = dh q_{\parallel} q_{\perp}$ in (92.2) thus yields the following ratio for the energies received by scattering and by free propagation (occurring in the absence of the earth):

$$\frac{P_{\text{sc}}}{P_f} = \frac{64\beta}{d} \int\limits_{h_0}^{\infty} \sigma(h)\,(h - h_0)\,g(h)\,dh; \qquad (108.1)$$

σ has been assumed here as constant throughout any horizontal level $h = $ constant whereas QT and QR have been replaced by their approximative values

[1] K. A. NORTON, P. L. RICE and L. E. VOGLER: Proc. Inst. Radio Engrs. **43**, 1488 (1955).
[2] W. E. GORDON: Proc. Inst. Radio Engrs. **43**, 23 (1955).

$d/2$. For completeness' sake we added a gain factor $g(h)$ which may account for the inhomogeneity of the radiation patterns over the range of directions associated with the scattering.

A further evaluation of (108.1) depends on the explicit form of $\sigma(h)$. The introduction of (93.1a) is reasonable in view of the orders of magnitude of the scattering angles $\vartheta > \vartheta_0$, whereas the variance $\langle (\delta \varepsilon / \varepsilon_0)^2 \rangle$ may be some function $f(h)$ of the height above the earth; the much slower varying turbulence scale l will be assumed as constant. The reduction of $\sigma(\vartheta)$ to a function of h, with the aid of the geometrical relation $\vartheta \sim (h + h_0) \vartheta_0 / 2 h_0$ (with $\vartheta_0 = d/a$ and $h_0 = d^2/8a$), finally results in the expression (taking $g \equiv 1$):

$$\frac{P_{sc}}{P_f} = \frac{8\beta}{\pi} \frac{a^2 \sin^2 \chi}{l\,d} \int\limits_1^\infty \frac{(u-1)}{(u+1)^4} f(h_0 u)\, d u ; \qquad (108.2)$$

this ratio decreases in proportion to d^{-2n-1} for $f(h)$ proportional to h^{-n}.

It is striking that (108.2) does not depend on the wavelength, just as the corresponding expression derived by Gordon for the scattering due to an elevated layer instead of the conical volume V of Fig. 71. It explains the slight frequency dependence in the "twilight zone" some distance beyond the transmitter's horizon insofar as the fields existing there (much larger than corresponds to diffraction in a homogeneous atmosphere; compare Sect. 111) are to be ascribed to incoherent scattering.

An important practical problem is that of the correlation of fields received at neighbouring points (compare Sect. 97 for the flat case). Its theoretical derivation by Feinstein [1] is based on a Kirchhoff integral expressing the field in terms of its distribution across the plane through M perpendicular to the path TR. A difficulty arises from the transition of the geometrical-optics field above M into the diffraction field below M; the geometrical method of Sect. 97 is inapplicable there. However, the following simple considerations of Gordon give a rough picture of the correlation in space in all directions.

The production of scattering in the volume D of Fig. 71 can be compared with the effect of an aperture antenna; the radiating surface O of the latter is determined by the vertical cross-section, perpendicular to the path MR, of the significantly scattering part of D. This surface O is about equal to the product of the lateral extension $q_\perp = \beta d^2/a$, and the vertical extension $\gamma h_0 = \gamma d^2/8a$; γ, like β, is of the order of unity if the latter extension is limited by the level at which σ is reduced to, e.g., half its value at M (γ can be computed at once when σ decreases in proportion to some negative power of h). The surface O thus proves to be of the order of d^4/a^2, its linear extension L of the order of d^2/a.

We assume that O is fully illuminated by the transmitter beam, the width of which should therefore exceed $L/(d/2)$; this quantity is of the order of the angular distance ϑ. The radiations received at two neighbouring points R an R' then are to be expected as coherent if the path-length difference $R'N - RN$ does vary less than about $\lambda/2$, N being any point inside the above aperture. Considering the two extreme positions $N = M$ and $N = A$ (restricting ourselves to receiving points in the vertical plane through T and R, as represented in Fig. 90), we thus arrive at the coherence criterion

$$|(R'A - RA) - (R'M - RM)| < \frac{\lambda}{2},$$

or

$$-\frac{\lambda}{2} < (R'A - R'M) - (RA - RM) < \frac{\lambda}{2}.$$

[1] J. Feinstein: Trans. Inst. Radio. Engrs. P.G.A.P. 2, 63 (1954).

The intersections of the corresponding hyperboloidal R' domain with the horizontal line MR and with the vertical through R determine the coherence distances $\delta_{\parallel}$ and $\delta_{\perp}$ in the directions of these lines. We next derive from the latter inequality (taking into account the smallness of ϑ)

$$\delta_{\parallel} = \frac{d^2\lambda}{2L^2} \sim \frac{\lambda a^2}{2d^2}; \qquad \delta_{\perp} = \frac{d\lambda}{4L} \sim \frac{\lambda a}{4d}. \qquad (108.3)$$

The latter distance, which also applies to separations RR' perpendicular to the plane of Fig. 90, corresponds to a beamwidth $\delta_{\perp}/(d/2) \sim \lambda/(2L)$ which is in accordance with the general theory for aperture antennas (compare the end of Sect. 37). The above results (the orders of magnitude of which agree with those derived by FEINSTEIN) further involve $\delta_{\parallel}/\delta_{\perp} = 2a/d$ so that the correlation is by far more established in the direction along the path.

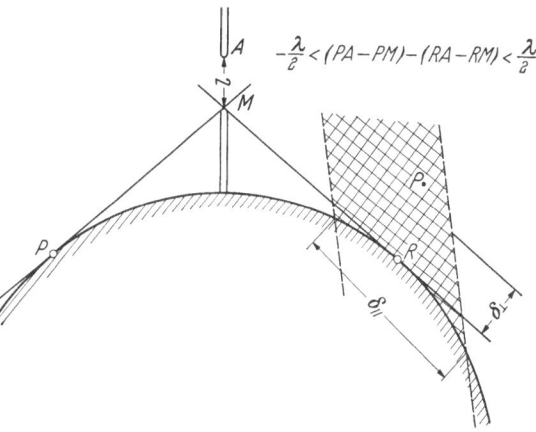

Fig. 90. Coherence distances in tropospheric propagation.

The coherence distance in vertical direction (being $\delta_{\perp}$) is connected with the height of the receiver. In fact, the coherent cooperation of the field contributions due to the direct ray and the ray reflected against the earth (the latter apparently arrives from the image point R'' of R) is only to be expected if $RR'' < \delta_{\perp}$; this amounts to receiver heights for which $h < \delta_{\perp}/2 = a\lambda/(8d)$. The incoherence of the two rays for h exceeding a magnitude of the order of $a\lambda/d$ implies a very small dependence there on the antenna heights.

All these considerations are confirmed by RICE's[1] investigation of a cloud of scatterers with Maxwellian velocity distribution. In fact, the coherence distances derived by this author agree, apart from factors of order unity, with the above ones provided the r.m.s. distance of the scatterers from the centre of the cloud is identified with the aperture width $0^{\frac{1}{2}} \sim d^2/a$. Further computations by STARAS[2], based on (92.2) and (91.4) while introducing the anisotropic autocorrelation function

$$C_{\delta\varepsilon}(a, b, c) = e^{-\sqrt{(a^2+b^2)/l_0^2 + c^2/l_v^2}},$$

agree with observed correlation distances if the parameter l_v/l_0 is taken equal to about 0.6.

Another estimation concerns the bandwidth $0 < f < f_m$ corresponding to the maximal modulation frequency f_m applicable for transmission by the fields in question. According to Sect. 89 we have $f_m = c/\Delta d_m$ in which Δd_m is the maximum path difference between rays connecting T and R via one of the significantly scattering elements. The latter may be approximately considered as situated in the midplane between T and R. The path length of a ray fixed by the elevation angles ψ (relative to the horizontal planes) at T and R, and by the angle φ between the two vertical planes through the ray in question and through

[1] S. O. RICE: Proc. Inst. Radio Engrs. **41**, 274 (1953).
[2] H. STARAS: Proc. Inst. Radio Engrs. **43**, 1374 (1955).

the shortest path $TR = d = a\vartheta$, proves to be given by $L \sim (d/2)(\varphi^2 + \psi^2 + \vartheta\psi)$ for small values of ϑ, φ and ψ. The minimum pathlength corresponds to $\varphi = \psi = 0$, the maximum one may be obtained from $\varphi = \psi = \alpha/2$ if α represents the angular widths of the antenna beams in both φ and ψ directions. The subtraction of the corresponding L values yields $\Delta d_m = \alpha(\alpha + \vartheta)d/4$ so as to obtain a maximum bandwidth

$$f_m = \frac{4c}{\alpha(\alpha + \vartheta)d}. \tag{108.4}$$

In the conventional systems the top of the scattering volume D is conditioned by the decrease of $\sigma(h)$, and not by the antenna-radiation pattern which is almost homogeneous for the directions in question. The mentioned vertical extension of D up to a height of γh_0 above the earth's surface then amounts to an effective vertical beamwidth of the order of $2\gamma h_0/d = \gamma d/(4a)$, the horizontal beamwidth being of equal order of magnitude. The identification of α with this quantity then leads, using Gordon's estimate $\gamma = 2$, to the following bandwidth according to (108.4):

$$f_m = \frac{16}{3}\frac{ca^2}{d^3} = \frac{6 \cdot 6 \cdot 10^7}{d_{km}^3} \text{ Mc/s.}$$

For instance, a band of 2.4 Mc/s should be transmissible over a distance of 300 km. This agrees with the empirically proved possibility of television transmission by scattering up to distances well beyond the horizon[1]. However, the bandwidth could be increased by reducing the extension of the scattering volume with the aid of highly directive antennas. The above angle α then equals the antenna beam width, instead of being determined by the upper level γh_0 with significant scattering cross-section. The bandwidth $f_m = 4c/(\alpha\vartheta d) = 4ac/(\alpha d^2)$, thus obtainable for $\alpha \ll \vartheta$ at the cost of a reduction of fieldstrength, could be realized for centimetre waves as has been discussed by Booker and de Bettencourt[2].

c) A survey of phenomena concerning radio propagation through the curved atmosphere.

109. Geometrical-optics propagation through the troposphere. The troposphere, though traversed by all radio waves, only has a conspicuous effect if the role of the ionosphere becomes insignificant. This particularly happens for medium waves (about $200 \text{ m} < \lambda < 1000 \text{ m}$) during the daylight, and for microwaves (this term being used here for wavelengths smaller than about 10 metres) all the times. The practical absence of the ionospheric sky-wave is due to its almost complete absorption in the former case, and to its hardly disturbed passage through the ionosphere (excluding downward reflections) in the latter case. In either case the propagation depends exclusively on the meteorological conditions of the troposphere, apart from the influence of the earth's surface.

The simplest situation is that of a "standard atmosphere" (see Sect. 105), that is, of a stratified atmosphere only the lowest sheet of which plays a role; it has a refractive index n varying about linearly with the height z. For optical paths (receiver R above the horizon corresponding to the transmitter T) the propagation then takes place along the curved direct trajectory TR, and along the curved earth-reflected trajectory TMR (see Fig. 91). Additional ray trajectories, which may also reach receivers beyond the normal horizon, occur in the presence of "transition layers". These are a little vaguely defined as regions

[1] See, e.g., W. H. Tidd: Proc. Inst. Radio Engrs. **43**, 1297 (1955).

[2] H. G. Booker and J. T. de Bettencourt: Proc. Inst. Radio Engrs. **43**, 281 (1955).

in which dn/dz markedly deviates from the value expected from an extrapolation of the profile in the adjacent regions above and below. The complicated propagation phenomena connected with these layers[1] are due to a decrease of the normal fall of the temperature, or occasionally even to a local increase of the latter (temperature inversion); usually, however, the associated changes in water-vapour content are first of all responsible for the abnormal behaviour of $n(z)$ and dn/dz [compare Eq. (74.1)].

The ray trajectories reaching the receiver after reflection against an elevated transition layer may either be very few in number, or also very large. The first case occurs if the layer has a limited horizontal extension (e.g., near the middle N of the path TNR in Fig. 91), or also if the abnormal change of n only produces any observable partial reflection for rays meeting the boundary at a very small angle of incidence $\varphi = 90° - \tau$. The second type of transition layers, termed "ducts" (see next section) is traversed by rays with a sufficiently large angle of incidence φ, but rays hitting it at smaller angles φ are bent downwards by a gradual reflection which is almost total (compare Sect. 78).

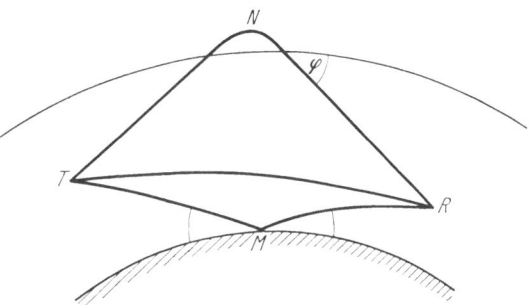

Fig. 91. Possible ray trajectories through a stratified troposphere.

The great influence of the angle φ appears from the example of a transition layer of the first type with a thickness small compared to the wavelength. Such a layer behaves as a sharply bounded homogeneous medium with a refractive index differing by the small amount Δn from that of the space below it (compare the end of Sect. 79). The Fresnel reflection coefficient of this layer reads as follows for both types of polarization, when considering the first approximation with respect to Δn and φ:

$$R \sim \frac{\Delta n}{2 n \varphi^2}.$$

This expression amounts to rather pronounced reflections at the small angles $\varphi \sim 2h/d$ connected with rays overbridging large distances via such a transition layer at a height h above the earth. Reflections of this type can partly compensate the decrease of the field contribution due to the normal direct and earth-reflected rays. Total reflection may occur at larger angles φ but can be prevented by the earth's curvature. In fact, let us consider a layer at a height h above the transmitter, and separating two regions with refractive indices n_0 and $n_0 - \delta n$. An horizontal elevation angle φ' at the transmitter corresponds to an angle of incidence φ given by $a \cos \varphi' = (a + h) \cos \varphi$, a being the distance from the transmitter to the earth's centre. The condition for total reflection, viz. $\cos \varphi > 1 - \delta n/n$, can be expressed in terms of φ'. It can be satisfied for neither value of φ' if h exceeds a critical height given by:

$$h_{\mathrm{cr}} = a \left(\frac{1}{1 - \delta n/n} - 1 \right) \sim a\, \delta n.$$

In the most general case the final field due to tropospheric propagation results from the vectorial addition of the contribution from the normal rays and that of contributions due to rays reflected by one or more occasional transition layers.

---

[1] See, e.g., J. A. SAXTON et al.: Proc. Inst. Electr. Engrs. **98** (III), 360 (1951).

110. Unorthodox tropospheric propagation (ducts). The second type of the above-mentioned transition layers ("ducts") is characterized by the property that a transmitter T and a receiver R below it can be linked by a large (theoretically an infinite) number of trajectories. Each such trajectory depends on a special number of $j+1$ internal reflections in the duct which are alternated by j reflections against the earth's surface (see Fig. 92). In contrast to what happens in ionospheric multi-hop transmission, the hop-number j increases here for increasing initial elevation angle $\tau(a)$. The bending downwards of rays under these circumstances (known as "superrefraction") presumes that the sine of the elevation angle $\tau(r)$ in Snell's law (102.5), for a stratified curved troposphere, passes through a maximal value (being unity) at the turning point; this is only possible if the product $r n(r)$ decreases with height in some region below the turning point. The term duct is therefore used in a more restricted sense for the

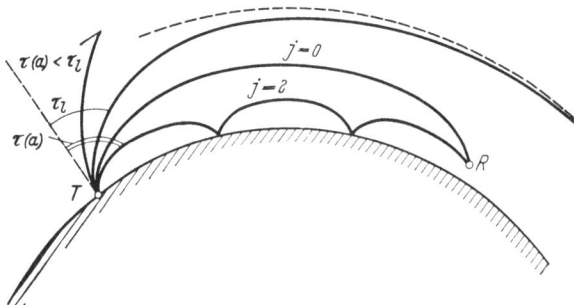

Fig. 92. Ray trajectories associated with super refraction.

interval of heights showing a negative value of $\partial(r n)/\partial r$, the existence of such an interval being the condition *since qua non* for super-refraction.

The space between the earth and the top of the duct, the latter being the level at which $\partial(r n)/\partial r$ passes again into a positive value, behaves like a wave guide. It is easily verified from (102.5) that only those rays are bent downwards for which the elevation angle $\tau(a)$ at the earth's surface surpasses the limiting angle τ_l determined by

$$a\, n(a) \sin \tau_l = (r\, n)_{\min};\qquad (110.1)$$

the right-hand side represents the minimum value of $r n$ at the top of the duct. The steeper rays with $\tau(a) > \tau_l$ escape upwards.

Ducts only occur under the exceptional circumstances[1] when a sufficiently rapid decrease of humidity with height is accompanied by a rapid rise in temperature. This takes place in particular above the sea near a hot continent, or above a continental area cooled down during the night. The extraordinary propagation phenomena ("unorthodox propagation") associated with ducts first of all appear from a much larger range for very short waves; such extended ranges were discovered during world war II in the radar detection of vessels far beyond the normal horizon of the transmission set. In spite of the independence of the frequency of the geometric conditions leading to superrefraction, duct phenomena are only observed for microwaves (this is explained below). The invisibility of duct phenomena at optical frequencies is due to the high absorption of the latter.

The frequency dependence of unorthodox propagation is usually investigated with the mode theory[1] (using the flat-earth approximation). According to this theory (see the end of Sect. 83) the l-th mode becomes "trapped" for λ below some critical value λ_l. The abnormally improved propagation requires the existence of at least one (nearly) trapped mode, which condition is satisfied for λ smaller than the minimum λ_0 of all critical wavelengths λ_l.

[1] See, e.g., H. G. Booker and W. Walkinshaw: The mode theory of tropospheric refraction and its relation to wave guides and diffraction; Joint Conference of the Phys. Soc. and the Royal Met. Soc., 8 April 1946.

The cut-off wavelength λ_0 can also be interpreted geometric-optically[1] by considering the field as the sum (77.10) of all the contributions (labelled j) that are connected with rays as represented in Fig. 92. The wavelengths $\lambda < \lambda_0$ then prove to be characterized by the occurrence of a set of consecutive j rays the fields of which cooperate almost completely due to their associated phase increases $\varphi_{j+1} - \varphi_j \sim 2\pi$. This is illustrated by the simple duct model for which $r^2 n^2(r)$ is given by a polynomial of the second degree in r; it leads to a cut-off wavelength $\lambda_0 = \frac{4}{3} h_0 \cos\tau_l$ in which h_0 is the height of the top of the duct above the earth, and τ_l the limiting angle of (110.1). The always small value of $\cos\tau_l$ explains the restriction of well observable duct phenomena to wavelengths in the centimetre region.

Apart from the described phenomena observable in ground-to-ground communication, ducts or other transition layers produce significant field strengths at elevated heights. The dependence of the field strength on the distance at constant height (as observed during a horizontal flight) may be oscillatory, being very low in special ranges termed "holes" while oscillating around the free-space value in adjacent "antiholes". All these phenomena, which have been described by PRICE and DOHERTY[2], can be explained geometric-optically-in fact, the associated $n(z)$ profile involves fields of both the direct and the earth; reflected ray which are greatly reduced in the holes owing to a low divergence coefficient, whereas the field in the antiholes results from the interference of various direct rays reaching the receiver. An isolated hole or antihole can be observed in the case of a transmitter above a duct or a transition layer, whereay a hole is usually followed by an antihole if the transmitter is inside or slightls below the layer.

111. The tropospheric diffraction zone and twilight zone. For negligible influence of the ionosphere (see the beginning of Sect. 109) the decrease with distance of the field along non-optical paths corresponds, in broad outline, to the diffraction theory for a standard atmosphere (Sect. 105) up to distances of the order of twice the distance to the transmitter's horizon point. The fluctuations of the effective earth radius a_e around its average value of about $\frac{4}{3} a$ depend on the meteorological circumstances. The effective-earth radius occasionally even drops below the actual earth's radius which amounts to ray trajectories with their convex sides (instead of the concave ones, as in Fig. 91) towards the earth; such so-called "substandard" refraction is often realized during strong fogs. The presence of ducts near the earth's surface, formally expressed by a negative value of a_e, excludes the application of the standard-atmosphere theory altogether. In any case, the field in the region in question depends only on a small number of terms of the mode expansion (82.7) (corrected for the earth-flattening approximation); the field often proves to be correlated with observed meteorological data. The effects of the meteorological conditions are most marked for microwaves, which is in accordance with (105.2). The terrain-profile effects, too, are most pronounced for these waves [compare Eq. (70.1)]. This explains the often considerably disturbed symmetry which otherwise should exist around vertical-dipole transmitters of microwaves.

When abstracting from "knife-edge effects" (see the end of Sect. 100) in mountainous regions, the decrease of the field beyond the horizon of the transmitter, initially about exponential, passes farther away into a much slower

---

[1] See H. BREMMER: Terrestrial Radio Waves, Chap. X, Sect. 6. New York and Amsterdam 1949.

[2] See, e.g., L. H. DOHERTY: Cornell University Research Report EE 138, 1952.

decrease, even under average circumstances. In the region in question, which has been termed "twilight zone", the fields only slightly depend on the frequency and the antenna heights; they are in any case much larger than corresponds to ordinary diffraction, even when considering rather large values of the effective-earth radius. Moreover, these fields are characterized by a rapid fading which is absent in the case of fields due to abnormal tropospheric circumstances (see previous section). The former fields have been ascribed to coherent "forward scattering" (see Sect. 79 and 93), as well as to incoherent scattering (see Sect. 92); either mechanism appears to be able to explain the order of magnitude of the observed fields while introducing reasonable assumptions.

The explanation by coherent scattering, put forward by Feinstein[1] and Carroll[2], is connected with the gradient reflections (see Sect. 79) associated with any stratified-atmosphere profile $n(z)$ which differs from a constant. In terms of these gradient reflections, which take place at points along the intersection of the vertical plane through T and R with the midplane between the latter, the propagation is brought about along the curved trajectories connecting the reflection points with T and R respectively. The derivation of the resulting field from the reflection coefficient (79.2), though possible in principle, becomes very intricate owing to the oscillatory character of the integrand (apart from the complication due to the diffraction zone below the point M of Fig. 71). These difficulties have been eliminated by Carroll by using the mode theory of Sect. 82 in the earth-flattening approximation (see Sect. 103). The eigenvalues were computed for a modified refractive-index profile corresponding to a linear decrease of the true refractive index from its initial value $n(0)$ at the earth up to the level z_0 at which it becomes unity in view of the assumed gradient of $-39 \cdot 10^{-6} \, dn/dh$ km^{-1} (which corresponds to $a_{\mathrm{eff}}/a = \frac{4}{3}$); for $z > z_0$ the profile is taken in accordance with vacuum, whereas the discontinuity of dn/dz at $z = z_0$ appears to have hardly any effect on the results. A large number of modes (of the order of hundred) with the smallest values of Im n_l should be responsible for the microwave fields in the twilight zone.

The other explanation of these fields by incoherent scattering, according to the theory of Sect. 108, starts from completely random fluctuations of n, also existing along horizontal levels. Microwaves are to be expected as particularly sensitive to such fluctuations insofar as the propagation roughly depends on averages of n over one wavelength which averages change most rapidly for the shortest waves.

The incoherent-scattering theory generally leads to a decrease of the field about in proportion to some negative power of the distance; for instance, the assumption of a decrease of the variance $\langle (\delta \varepsilon/\varepsilon_0)^2 \rangle$ in proportion to h^{-n} for increasing heights involves, in virtue of (108.2), a decrease of the field in proportion to d^{-2n-1}. Such a field is then to be superimposed on the ordinary diffraction field the effect of which, however, is small in the twilight zone proper. Hence, the median field value (which is about proportional to d^{-3}) already mainly depends on the scattering mechanism, whereas the latter almost completely determines the high peak values fixing the quasi-maximum field. For the rest, an empirical separation of the contributions due to scattering and to diffraction is possible by experiments such as the one described by Ortusi[3]. This experi-

---

[1] J. Feinstein: J. Appl. Phys. **22**, 1292 (1951). — Trans. Inst. Radio Engrs., P. G. A. P. **2**, 2 (1952); **3**, 101 (1952).
[2] T. J. Carroll: Trans. Inst. Radio Engrs., P.G.A.P. **2**, 9 (1952); **3**, 84 (1952). — T. J. Carroll and R. M. Ring: Proc. Inst. Radio Engrs. **43**, 1384 (1955).
[3] J. Ortusi: Ann. Radioélectr. **9**, 227 (1954), see Annexe III.

ment, which should demonstrate an appreciable role of the scattered field, uses the property that the diffraction field of a narrow-beam transmitter changes more rapidly in space, but less rapidly in time intervals of the order of one second, than the scattered field.

When comparing the two conceptions of coherent and incoherent scattering for the interpretation of the fields observed in the twilight zone, the latter has the advantage of a very natural explanation of all experiments directly dealing with fluctuation phenomena, such as fading, spatial correlation, and so on. However, an explanation of such effects in terms of, e.g., slightly varying modes in the other theory is also possible in principle. It is difficult to survey the effects of the choice of the $n(z)$ profile in the coherence theory, as well as that of the correlation function $C_{\delta n}$ to be assumed in the incoherence theory. Reasonable models in both cases lead to the observed value of the order of 10^{-8} for the ratio P_{sc}/P_f of the actual field and the corresponding free-space field. For instance, the Booker-Gordon version of the incoherence theory requires a scale of turbulence of the order of 100 metres when assuming a variance $\langle(\delta\varepsilon/\varepsilon_0)^2\rangle$ of the order of 10^{-12}. The physically more satisfying theory of VILLARS and WEISSKOPF (see Sect. 93, model III) points to a dominant role of the moisture content of the air. The other simple model of turbulent mixing, also introduced by VILLARS and WEISSKOPF and described by (93.4), leads to quite reasonable values of the scattering cross-section when taking into account the small average value of 10^{-9} m^{-1} for dn/dh. Some properties, such as the maximum usable bandwidth (see Sect. 89) are not critical at all with respect to the two competing theories.

112. Long-wave and medium-wave propagation via the ionosphere. The ionosphere has an effect on all radio waves passing through it except the microwaves (about $\lambda < 10$ m) for which it constitutes an almost transparent medium. The microwaves therefore mainly escape (apart from some small downward scattering) into the outer space when transmitted by a terrestrial source. On the other hand, these waves reach the earth without any appreciable attenuation when arriving from above as cosmic radiation or after radar reflection against the moon.

The reflection of all other waves by an ionospheric region depends on the property of the latter of acting simultaneously as a conductor and a dielectric. For the longer waves (about $\lambda > 500$ m) the conductive properties dominate, the partial reflection against the curved bottom of the region can be compared with that against a spherical mirror; the waves penetrate only slightly into the region, and the reflection is best for the longest waves. For the shorter waves (about $\lambda < 200$ m), on the other hand, the dominating dielectric properties result in an almost total reflection which is conditioned by a curved trajectory penetrating well inside the region, in accordance with SNELL's law (102.5). The transitional medium waves are characterized by a strong absorption which is explained by an equal order of magnitude of the working frequency and of the collision frequency ν of the region in question.

As to the long waves (see Sect. 107) and medium waves, the residual electron density of the E layer (about 90 km above the earth) during the night is high enough to produce reflections of these waves; the same applies to the F_2 region during winter nights. During daylight the electron density of the, only then existing, D region (about 70 km above the earth) is sufficient to reflect all waves with wavelengths exceeding about 10 km, which waves are thus propagated independent of the E region. The waves shorter than about 10 km (including the medium waves) however, are so strongly absorbed during day time by the D region that the effective field is almost entirely controlled by the ground wave the limited range of which then restricts the applicability of these waves. The strong absorption of the medium waves, and also of still shorter waves, can roughly be represented by an exponential attenuation of the type (80.4). A deviation from this general behaviour is observed as a minimum of the attenuation for frequencies in a domain around about $\lambda = 10$ km (details of this phenomenon are summarized in a report by Wait and Howe[1]).

The mirror-like reflection of long waves is best at very small angles of incidence φ, the modulus of the Fresnel reflection coefficient of a sharply bounded layer reaching the limiting value of perfect reflection at grazing incidence ($\varphi = 0$). This explains the small reflection losses encountered in long-wave propagation over great distances. Moreover, the converging effect due to the spherical-mirror reflection is not compensated here by a divergence during a deep penetration into the layer, as happens for short waves.

A comparison has been made by Wait and Murphy[2,3] between some measurements at frequencies of the order of 16 kc/s and both the mode expansion (107.2) and the geometric-optical expansion discussed in Sect. 102. It leads to a value of the order of $10^{-8}\,\text{Ohm}^{-1}\,\text{cm}^{-1}$ for the effective ionospheric conductivity of the D layer. However, this conductivity might be larger at higher frequencies since the latter penetrate deeper into the layer. The effective D-layer conductivity at very low frequencies thus proves to be of the order of one hundredth of that of distilled water. In view of the limiting value of (75.5) for $\omega \to 0$, the mentioned numerical value can also be considered as the effective value of the parameter $\omega_{\text{cr}}^2/(4\pi\nu)$ if the ionospheric region is considered as homogeneous. This parameter, which is proportional to the electron density, is increased during so-called S.I.D's (sudden ionospheric disturbances) effected by corpuscular radiations of presumably solar origin. The resulting increase of the conductivity and of the reflection coefficient produces improved propagation conditions for long waves, such in contrast to the complete black out of short waves which is to be ascribed to the increased absorption of the latter in accordance with (80.4).

113. Short-wave propagation via the ionosphere. The ionospheric E and F regions mainly behave as a stratified dielectric (abstracting from disturbances by scattering) for all wavelengths between about 100 and 10 metres; the corresponding frequencies are sufficiently high to neglect the conductive currents, and sufficiently low for being influenced at all. The relative change of the refractive index $n(r)$ over one wavelength is small enough for an application of geometrical optics. According to Snell's law (102.5) a ray trajectory leaving the earth ($r = a$) at an elevation angle $\tau(a)$ can be bent downwards at some level $r = r_H$ provided we have

$$r_H n(r_H) = a n(a) \sin \tau(a).$$

The downward reflection is only possible if the right-hand side surpasses the minimum value of rn inside the layer; owing to the small curvature of the layer, this minimum occurs about at the level $r = r_0$ at which the maximal electron density produces a minimum value of $n(r)$. Hence the condition for a gradual downward reflection reads:

$$\tau(a) > \tau_l = \arcsin\left\{\frac{r_0}{a}\frac{n(r_0)}{n(a)}\right\}. \tag{113.1}$$

The steep rays $\tau(a) < \tau_l$ escape (see the one-hop transmission represented in Fig. 93), whereas a ray slightly below the limiting ray $\tau(a) = \tau_l$ reaches the earth

[1] J. R. Wait and M. H. Howe: Low frequency propagation (N.B.S. circular, Boulder 1956).
[2] J. R. Wait and A. Murphy: Symposium V.L.F. Radio Waves (Boulder 1957), paper 5.
[3] J. R. Wait: Symposium V.L.F. Radio Waves (Boulder 1957), paper 6.

at a very distant point. The combination of the nearly homogeneous space $a < r < r_1$ below the ionosphere, and of the stratified medium with a decreasing refractive index $n(r)$, results in a caustical surface envelopping the rays $\tau(a) > \tau_l$. It intersects the earth along the points SD representing the so-called "skip distance"; the latter form the outer boundary of a region around the transmitter which is not attainable by the sky-wave in question. The existence of the skip distance can be stated at the transmitter by observing back-scattered signals (see Sect. 70); in fact, the minimum delay time of these signals corresponds to twice the propagation time needed for covering the path from the transmitter to S. D.

As stated by FÖRSTERLING and LASSEN[1], each point beyond the skip distance can be reached by two rays (for a given hop number j). The ray penetrating highest into the ionosphere (the so-called Pedersen ray), however, generally has a very low intensity due to its significant attenuation by divergence suffered at its long trajectory through the ionosphere. This ray, which theoretically can reach any point beyond SD in a single hop, only has an appreciable intensity quite near SD where its interference with the other lower ray can lead to oscillations in the field strength as a function of the distance; this has been discussed by GROSSKOPF[2]. Ac-

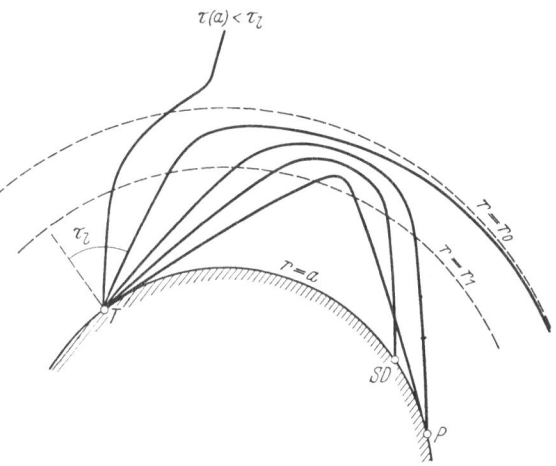

Fig. 93. Ray trajectories through a curved ionosphere.

cording to the wave theory (see Sect. 20) the field decays rapidly when moving from SD towards the transmitter into the so-called "dead zone"; the small fields occasionally received there are to be ascribed to backscattering from irregularities in the ionosphere.

The highest level reached at all by rays not escaping into space $[\tau(a) < \tau_l]$ corresponds to the *minimum* of the product $r\,n(r)$; this level is very near that of the minimum of n (that is, the maximum of the electron density in the layer in question), the influence of the factor r being very small. On the other hand, this factor is essential for the other level, near the bottom of the layer, which is characterized by a *maximum* of rn. In view of SNELL's law ray trajectories concentric to the earth's surface may occur at either level. However, as pointed out by CHVOJKOVÁ[3], the consideration of rays traversing these levels at a very small angle proves the instability of trajectories near the former higher level, and the stability of those near the latter lower level. Moreover, the group velocity cn (see the end of Sect. 76) then approaches zero and c respectively. The almost unattenuated propagation along the lower level (maximum nr value) suggests very favourable propagation conditions if energy is scattered towards this level near the transmitter and away from it near the receiver.

Returning to ordinary propagation conditions, the ionospheric reflection producing the dominating field contribution is usually nearly total due to its

[1] K. FÖRSTERLING and H. LASSEN: Z. techn. Phys. **12**, 502 (1931).

[2] J. GROSSKOPF: Telegr.- u. Fernspr.-Techn. **29**, 127 (1940).

[3] E. CHVOJKOVÁ: Bull. Astr. Inst. Czechosl. **5**, 104 (1954).

gradual character (see Sect. 78). The influence of the divergence factor D usually is small for this contribution whereas the strong focussing effects mentioned in Sect. 102 are only of local importance.

The conditions determining the possibility at all of a special sky-wave path are of great importance. For negligible values of curvature and collision frequency the limiting condition (113.1) can be simplified, with the aid of (75.5), to $\tau(a) > \tau_l =$ arc $\cos(\omega_0/\omega)$ in which

$$\omega_0 = \sqrt{3.18 \cdot 10^9 \, N_{max}} \tag{113.2}$$

is directly connected with the maximal electron density N_{max} of the layer. The corresponding condition in terms of the frequencies $f = \omega/2\pi$ and $f_0 = \omega_0/2\pi$ reads $f < f_0 \sec \tau(a)$. Hence $f_0 \sec \tau(a)$ represents the so-called *muf* (maximum usable frequency) for a special path. Owing to the penetration of the ray into the dispersive ionosphere $\tau(a)$ depends, apart from the distance TR, also slightly on the frequency.

The so-called zero muf f_0 is the maximal frequency which can still be reflected at vertical incidence; its value is measured in the conventional ionospheric soundings. The increase of the muf with $\tau(a)$ indicates that one and the same ionospheric layer can be used at large distances up to much higher frequencies that at short distances. The ratio $(\text{muf})/(\text{muf})_{\tau(a)=0}$ expressing the improved applicability at oblique incidence has been termed "muf factor". Its simple approximation reading $\sec \tau(a)$ according to the above, can be replaced by better ones accounting for the curvature of the ionosphere.

The situation of transmitter and receiver being given, a special ionospheric layer can only be used for the transmission of a restricted frequency band which, of course, is limited at its upper end by the muf; the associated propagation path meets the earth at the skip distance corresponding to this muf frequency. The lower end of the frequency band is more vaguely determined by the frequency (termed *luf*: lowest usable frequency) for which the field equals the noise level. During daylight this lower limit depends on the frequency in virtue of the exponential attenuation factor of the type (80.4). During the night, however, the field strength is approximately independent of the frequency (the absorbing D region being absent), but the frequency dependence of the luf then is mainly due to that of the noise level. The latter generally decreases for increasing frequency; this is plausible from the associated decrease of the effect of remote thunderstorms (see Sect. 107) which is for the most part responsible for this noise, even for short waves.

The circumstances governing the sky-wave propagation in detail are very complex due to the simultaneous existence of the E region and the F region. This will be illustrated by a few examples. Generally speaking nearly horizontal rays are reflected already by the lower E layer up to high frequencies; this is a consequence of the high muf factor for $\tau(a)$ approaching $\pi/2$. For increasing frequency however (the path being given), the E layer will finally be traversed while a reflection higher up against the F layer is still possible. Further, at low frequencies E-region reflection only proves to be possible in a single hop; on the other hand, multi-hop transmission via the F region then also occurs. As to the dependence on the time of the day, the shortest waves are particularly useful during day light, such due to their small absorption by the D region; the absence of this absorbing region during the night then makes the slightly longer waves more applicable in view of their smaller "dead zone".

The ionospheric parameters quantitatively determining these complex propagation conditions moreover change with the season and the phase of the eleven-year sun cycle. The deviations of the sun activity from its general trend can be expressed in terms of the properly defined "sunspot number"; this quantity proves to be closely connected with ionospheric parameters such as the various muf's. The increased electron densities around the sunspot maxima cause a general shift of the muf's up to higher values; at the same time the transitional frequency of about 30 Mc/s above which ionospheric reflections disappear altogether, is lowered during this period.

The physical and geometrical conditions which, on the one side, result into an escape into the sky of frequencies above the muf, on the other hand enable the penetration to the earth of radiation of cosmic origin at these very frequencies. The refraction in the ionosphere, as well as the associated divergence, determine the limiting angular elevations for the observability of such radiation, the direction of the cosmic source being given. According to Chvojková and Link[1], the refraction does play the dominating role in the related case of radar signals reflected by the moon.

114. Predictions of propagation conditions. The practical importance of a knowledge of the frequencies usable at any time for radio communications has led to systems for the prediction, some months ahead, of the various parameters fixing the conditions of propagation. The greatest uncertainty is due to the unpredictable fluctuations of the sunspot number around its general trend. The oldest systematic predicting system for short waves was developed during world war II by the C.R.P.L. (Central Radio Propagation Laboratory) of the National Bureau of Standards (USA). The following explanation of its basic ideas[2] includes the description of many propagation characteristics.

An empirical relation between the moving averages, over an interval of one year, of the sunspot number R on the one hand, and those of the zero muf's f_0 of the E and F regions on the other hand, enables to predict the latter from some reasonable extrapolation of the former to the near future. This procedure is worked out separately for many stations and for different hours of the corresponding local time. The influence of the geographical position amounts approximately to a dependence on the magnetic inclination. The muf's at a special moment are derived from their moving averages with the aid of other empirical rules, whereas semi-empirical relations for the muf factor finally lead to the momentary muf values for arbitrary oblique incidence.

The muf's corresponding to some special path lengths are represented by contour lines on world maps having the geographical latitude and the local time as coordinates. It can then be judged whether a specified frequency can be used for the transmission of a special mode (characterized by the reflecting ionospheric region, and by the hop number) along a given path at a given moment. The mode in question can only be effective if the distance covered per hop is smaller than the limiting distance covered by rays leaving the earth nearly horizontally (the latter distances have been fixed as 2400 and 4000 km for the E and F regions respectively). Finally, transmission via F_2 requires a frequency above the corresponding muf for the E region since E reflection otherwise occurs instead of F_2 reflection.

As to the field strength, the "unabsorbed field" existing during the night in the absence of the D region has to be supplemented by an absorption factor that accounts for the extra attenuation along that part of the path (or the entire path)

[1] E. Chvojková and F. Link: Bull. Astr. Inst. Czechosl. **5**, 99 (1954).
[2] See Ionospheric Radio Propagation, U.S. Dep. of Commerce, Nat. Bur. of Standards, Washington, circ. 462, 1948.

that is lit by daylight. The effect of the absorption, though only occurring along the ionospheric parts of the transmission paths, is smoothed out for convenience over the entire path, and the logarithm of the absorption factor is considered as proportional to the distance covered.

The constant α of the latter proportionality is closely connected with the momentary height of the sun above the horizon. It can therefore be deduced from its value at subsolar points (in which the sun is at the zenith) by a multiplication by the so-called "absorption index" K which depends on the angular distance χ between the sun and the local zenith. The assumed relation

$$K = \begin{cases} \dfrac{\cos\chi - \cos 99.5°}{1 - \cos 99.5°} & \text{for} \quad 0 < \chi < 99.5°, \\ \\ 0 & \text{for} \quad 99.5° < \chi < 180° \end{cases}$$

involves that the solar influence is still observable when the sun is $9.5°$ below the horizon. The further dependence of the proportionality factor α on the season is accounted for by a "seasonal factor" I which varies on moderate latitudes between 1.0 in summer and 1.3 in winter. The dependence on the sunspot number R, the "Zürich definition" of which changes between very low values at sunspot minima and about 140 at maxima, is included by a factor $1 + 0.005 R$. For the rest α is proportional to λ^2, just as the exponent in (80.4), apart from an additional factor $f^2/(f+f_H)^2$ for the influence of the earth's magnetic field; this factor, in which $f_H = \omega_H \cos\Theta/(2\pi)$ is the gyrofrequency for quasilongitudinal propagation, corresponds to the ordinary ray (see Sect. 75, subcase b). The extraordinary ray is left out of consideration in view of its greater absorption.

The final derivation of field strengths can be summarized as follows for the three listed intervals of distances d (the usual description in terms of the logarithm of the field has been converted into one for the field itself):

(a) $d < 400$ km. The individual propagation modes are not taken into account and the unabsorbed field is, moreover, assumed as independent of the distance. The graphical representations to be used (and based on the above-mentioned principles) result in the following expression for the r.m.s. amplitude of the electric field:

$$E = 367\, e^{-32.24\, I\, (1+0.005\, R)\, \bar{K}/(f_{\mathrm{Mc}}+1.2)^2} \sqrt{P_{\mathrm{kw}}} \ \ \mu\mathrm{V/m}.$$

The power P in kw is defined as the total radiation if the latter were in all directions equal to that in the direction under consideration; $\bar{K}$ is the average value of the absorption index K over the lit part of the path, and f_{Mc} the frequency in Mc/s. The independence of the distance is more or less comprehensible from the steepness of the rays which makes the dependence on the angle of incidence of the complete path lengths, as well as of their parts in the absorbing regions, less pronounced than in the case of the nearly horizontal rays associated with greater distances;

(b) 400 km $< d < 3200$ km. The propagation modes concerned are those of E and F reflections for hop numbers $j = 1$ and 2 insofar as these four modes are active at all. The graphs to be used here for the derivation of the unabsorbed fields strengths also concern deviative absorption (see Sect. 80) in the E region for the modes reflected by the F region; however, focussing effects are neglected altogether. The field strengths of the individual contributing modes are to be added incoherently, that is, by a summation of their squares representing the intensities;

(c) $d > 3200$ km. The large attenuation along paths via the E region admits a restriction to F_2 reflections. The path lengths per hop in the absorbing regions prove to be about in proportion to the total distance covered by a single hop, insofar as the latter exceeds about 1000 km. Since this condition applies to the dominating modes, a common absorption factor with an exponent proportional to the total distance can be introduced independently of the contributing modes. The assumed decrease of the unabsorbed field, more rapid than the inverse-distance law, accounts for the losses suffered at the reflections en route against the earth. The final formula reads:

$$E = \frac{6.3 \cdot 10^6}{d_{km}^{1.414}} \, e^{-0.0590 \, I(1+0.005\,R)\,\overline{K}\,d_{km}/f_{Mc}^{1.92}} \, \sqrt{P_{kw}} \;\; \mu V/m,$$

with the same meaning of $\overline{K}$ and P_{kw} as before.

A main disadvantage of the system described is the non-continuous transition from interval (a) to interval (b). Other procedures have been worked out in different countries. The physical aspects are particularly accounted for in the system developed by the S.P.I.M. (Service de Prévision Ionosphérique Militaire; France)[1]. The changes of the F_2 characteristics (for which dependence on the sunactivity is most pronounced) are derived here from the average $\overline{Q} = \overline{f_0^2}$ of the 30×24 hourly values of $Q = f_0^2$ over a period of one month. The prediction of $\overline{Q}$ [which is proportional to the average maximal electron density in F_2; compare Eq. (113.2)] one month ahead is made very reliable by using the empirical closed relationship between the smoothed averages over a period of 13 months of both $\overline{Q}$ and the sunspot number R. The thus predicted $\overline{Q}$ value enables the prediction, by general statistical relations, of the individual 24 hourly median values of $Q = f_0^2$.

In the S.P.I.M. method the geometric-optical field strengths are computed[2] as a function of d for each possible mode separately, for a given value of f_0/f. The assumed parabolic profile $N(z)$ for the electron density is completely fixed by the predicted value of f_0 since the upper and lower boundaries of the region are supposed to be at invariable heights. The field strength-distance curve thus computed for a special frequency passes, owing to the focussing effects (see Sect. 102), to infinity at its two ends; the latter represent the skip distance and the horizon point (tangenting point for a ray leaving the earth horizontally). The envelope of the curves referring to the individual frequencies passes near the minima of the individual curves and is used as a general curve giving the approximate field for all frequencies. The absorption is taken into account by assuming a proportionality to $\cos^{\frac{3}{2}}\chi$ (of the above mentioned absorption index K), instead of a linear dependence on $\cos\chi$.

The incompleteness of the propagation predictions sofar is mainly due to a lack of sufficient data on absorption, the considerable deviations of the F_2 characteristics along the magnetic aequator, the unreliable predictions of the sunspot number, and on the quite unexpected occurrence of S.I.D.'s (see the end of Sect. 112).

115. Microwave scattering by the ionosphere. Recent experiments[3] concern the reception by "forward scattering" (see Sects. 79 and 93) of waves radiated by highly energized rhombic narrow-beam antennas at frequencies exceeding the muf (so that the sky wave escapes under conventional conditions). These experiments

---

[1] See K. RAWER: Méthode de Prévision du S.P.I.M., circulaire R 7, 1948.

[2] See K. RAWER: Revue sci. **86**, 585 (1948).

[3] See, e.g., D. K. BAILEY et al.: Phys. Rev. **86**, 141 (1952). — D. K. BAILEY, R. BATEMAN and R. C. KIRBY: Proc. Inst. Radio Engrs. **43**, 1181 (1955).

are important in view of new possibilities for telecommunication, and of the investigation of ionospheric properties. Apart from occasional disturbances by abnormal tropospheric propagation (the distances being of the order of 1000 km, far beyond the horizon of the transmitter), the E region of the ionosphere proves to be mainly responsible for the observed phenomena. This is obvious from (a) signal enhancements during the disturbances of this layer which are known as S.I.D.'s (see the end of Sect. 112), (b) the lack of correlation of the weak signal, if any, with F-region characteristics in an experiment concerning a distance for which one-hop transmission was only possible via this region.

A further argument for the penetration of the radiation (before being scattered) up to above the D region is given by the sharp decrease following sometimes the original enhancement during S.I.D.'s. Increased D absorption is effective here, and is confirmed by a decrease of the background noise. The latter is mainly of cosmic origin (being maximal during the passage of the receiver beam through the plane of the galaxy) and also has to traverse the absorbing D region. The effectiveness of non-deviative D absorption is also recognized from the frequency dependence [about in accordance with Eq. (80.4)] of corresponding attenuations associated with those ionospheric disturbances in arctic regions which are known as "polar blackouts". Occasional increased field strengths lasting up to a few hours can be ascribed to the effect of the sporadic E region.

Apart from some delay-time measurements for pulse transmission, the height of the main scattering level could be determined, more precisely, by taking advantage of the antenna-radiation pattern. The reception at points for which the elevation angle of the one-hop path is appreciably below that of maximal antenna radiation involves field strengths greatly depending on this very angle. The latter can therefore be derived from the field strength ratios observed at various distances while accounting for the associated differences in the inverse-distance attenuations (the influence of the variations of the scattering angle ϑ, not known precisely in view of the ignorance of the exact scattering mechanism, proves to be very small in these tests). The elevation angle thus derived yields a height of the main scattering level of about 75 km during day time, and of 90 km during the night. This difference is confirmed by a systematic difference in antenna height gain which is observed most pronounced during the day. This is to be expected since the then lower level of the scattering layer involves a smaller size of its extension inside the overlapping volume of the beams of the transmitter and the receiver, and consequently a scattered radiation with features better approaching those of a point source.

The E region being recognized as the medium guiding the waves, the guiding mechanism itself might be explained by gradient reflections (coherent scattering, see Sect. 79), or by completely random incoherent scattering. The observed fading can simplest be ascribed to the moving irregularities assumed by the incoherent-scattering model. The registrations give the impression of an always present fluctuating component on which are superimposed transient components due to local ionizations induced by passing meteors. The fading rate of the former is normally of the order of 1 cycle/sec whereas its Rayleigh distribution over short periods (instead of the normal one over periods of the order of one hour) fits to the conception of the cooperation of individually scattering elements.

The meteoric effects (which particularly occur during three well-known *visible* showers) can mainly be explained by scattering against the heads of rapidly lengthening ionization columns produced along the meteoric trails. The Doppler shift between the frequencies of signals due to such scattering and that of the normal scattered wave may raise to as much as several kc/s; the interference between either of them is a further cause for fading and is often made audible in the receiving set. Much smaller Doppler effects are associated with contributions arising from ordinary reflections against columns of meteoric ionization (moving much slower than the meteors themselves) orientated such that the reflecting areas surpass the size of the corresponding first Fresnel zone. This latter type of meteoric perturbations generally produces large signal enhancements. Effects similar to those induced by meteors arise during auroral activities from ionization columns along the lines of force of the earth's magnetic field; interferences due to Doppler shifts occurring here cause the so-called "sputters" which are observed as a speeding up of the normal fading rate by a factor of the order of one hundred. Most observations concerning the described phenomena can be explained by the geometry of the meteoric trails, for instance the decrease of the sputter effect over larger distances.

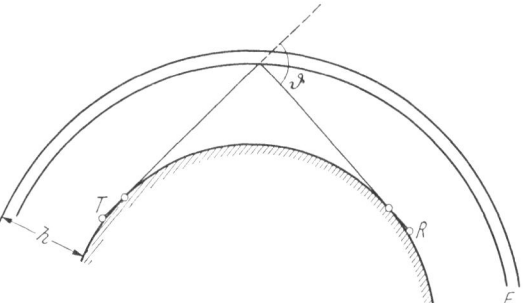

Fig. 94. Geometry of scattering by a curved ionosphere.

We next consider the dependence of the average field intensities (which are of the order of 110 d.b. below those of free propagation above a perfectly conducting earth) on the distance d along the earth, and on the scattering angle ϑ. For a height h of the scattering region above the earth (see Fig. 94) the latter two quantities are connected by the following relation for scattering in the vertical plane through the transmitter T and the receiver R:

$$\tan\frac{\vartheta}{2} = \frac{2\sin^2\left(\dfrac{d}{4a}\right) + \dfrac{h}{a}}{\sin\left(\dfrac{d}{2a}\right)}.$$

Hence the scattering angle monotonically decreases from the value π at $d=0$ (backward scattering) to a minimum value at the extreme point attainable by single scattering (one-hop transmission). This is in contrast to the increasing scattering angle in the case of long-distance tropospheric propagation. The large value of the ionospheric scattering angle for distances below about 1000 km involves hardly observable fields there. On the other hand, the fields also become very weak beyond about 2000 km owing to the inpossibility there of transmission by a single scattering in the E region.

Theoretical values for the field strength dependence on λ, d and ϑ are obtained by substituting into (92.1) the values of σ according to the various models discussed in Sect. 93, while converting $\langle(\delta\varepsilon)^2\rangle$ into $\langle(\delta N)^2\rangle$ with the aid of (93.2). In the case of wavelengths well below some critical value the ratio $P_{\rm rec}/P_{\rm tr}$ tends to $d^{-2}\lambda^m(\sin\vartheta/2)^{-n}$ in which m varies for the different models between 4 and 11, and n between 5 and 12. The empirical values of the wavelength power vary between about 4 and 12, values between 6 and 8 being typical. A comparison of field strengths at stations along a great circle indicate values of the other exponent n which diverge around an order of magnitude of 8 (the quantity 9 corresponds to ECKERSLEY's model).

As to other further propagation characteristics, the polarization is well described by the factor $\sin^2\chi$ in all expressions for σ. The polarization is approximately maintained during the transmission. This shows the dominant role of the scattering elements near the vertical plane through T and R since scattering elements well away from this plane always produce contributions of both horizontal and vertical polarization. Further, the observed distances of spatial correlation (about 4λ normally to the path, and 40λ along the path) roughly agree with theoretical estimations; the latter are based on the condition that the correlation becomes insignificant for a special spacing L between two receivers at R and R'. This spacing L (the coherence distance) corresponds to an increase by λ of the difference in lengths of paths reaching either station via opposite boundaries of the main scattering volume [compare the derivation of Eq. (108.3)]. The extension of this volume is closely connected with the increase of the scattering angle ϑ away from the vertical plane. The most efficient antenna diagram is that for which the volume in question coincides with the overlapping region of the main-radiation beams of the transmitter and the receiver.

The limitation of the general applicability of the propagation under consideration to distances between about 1000 and 2000 km, is further restricted to a frequency band between about 25 and 60 Mc/s. Interference with normal ionospheric propagation determines the lower end of this band, weakness of the field its upper end. When excluding the effects of extraordinary disturbances (such as the arrival via the E or F_2 region of radiation scattered by the earth's surface, in particular during high solar activity[1]), the maximum delay times of contributions arriving along the boundaries of the main scattering volume are to be expected of the order of 20 μsec. This involves the possibility of the transmission of modulations up to about 50 kc/s.

General references.
Chapter I.
Apart from the chapters on Maxwell's theory in general textbooks, we recommend the following works:

Encyklopädie der Mathematischen Wissenschaften, Vol. V, Chap. 13. Leipzig 1904—1922.
Schelkunoff, S. A.: Electromagnetic Waves. New York 1943.
Stratton, J. A.: Electromagnetic Theory. New York and London 1941.

Chapter II.
Aharoni, J.: Antennae, an introduction to their theory. Oxford 1946.
Bergmann, L., and H. Lassen: Ausstrahlung, Ausbreitung und Aufnahme elektromagnetischer Wellen. Berlin 1940.
Borgnis, F. E., and C. H. Papas: Randwertprobleme der Mikrowellenphysik. Berlin 1955.
Hund, A.: Short-wave Radiation Phenomena, Vol. I, Chap. VI. New York, Toronto and London 1952.
Kraus, J. D.: Antennas. New York, Toronto and London 1950.
Reed, H. R., and C. M. Russell: Ultra high frequency Propagation. New York and London 1953.
Rolin, E.: Traité pratique des antennes. Paris 1953.
Schelkunoff, S. A.: Advanced Antenna Theory. New York and London 1952.
—, and H. T. Friis: Antennas Theory and Practice. New York and London 1952.
Silver, S.: Microwave Antenna Theory and Design. New York, Toronto and London 1949.
Terman, F. E. et al.: Electronic and Radio Engineering. Chap. 23. New York, Toronto and London 1955.
Uda, S., and Y. Mushiake: Yagi-Uda Antenna. Sendai (Japan) 1954.
Williams, H. P.: Antenna Theory and Design. London 1950.

Chapter III.
The chapters dealing with reflectors and lenses in textbooks on antenna theory.

Brown, J.: Microwave Lenses. London and New York 1953. — Proc. Symposium on Microwave Optics, Montreal 1955.
Mentzer, J. R.: Scattering and Diffraction of Radio Waves. London and New York 1955.

---

[1] Compare D. A. Crow et al.: Nature, Lond. **178**, 1280 (1956).

Chapter IV.

Burrows, C. R., and S. S. Atwood: Radio Wave Propagation. New York 1949.

Frank, P., u. R. von Mises: Die Differential- und Integralgleichungen der Mechanik und Physik II, S. 918—952. Braunschweig 1935.

Hirao, K.: Fading of the ultrashort wave and its relation to the meteorological conditions. J. Radio Res. Lab., Tokyo **3**, 189 (1956).

Jouast, R.: L'Ionosphère. Paris 1946.

Kerr, D. E.: Propagation of Short Waves. New York, Toronto and London 1951.

Mitra, S. K.: The Upper Atmosphere, Chap. VI. Calcutta 1952.

Rydbeck, O. E. H.: The Theory of magneto ionic triple splitting. Göteborg 1951.

Schumann, W. O.: Elektrische Wellen, Chap. VII. München 1948.

White, F. W. G.: Electromagnetic Waves, Chap. V and VI. London 1934.

See also the references of Chap. V.

Chapter V.

Alpert, J. L., V. L. Ginsburg and E. L. Feinberg: Propagation of Radio Waves (in Russian). Moscow 1953.

Beckmann, B.: Die Ausbreitung der elektromagnetischen Wellen. Leipzig 1940.

Bennington, T. W.: Short-wave Radio and the Ionosphere. London 1950.

Bergmann, L., and H. Lassen: Ausstrahlung, Ausbreitung und Aufnahme elektromagnetischer Wellen. Berlin 1940.

Bremmer, H.: Terrestrial Radio Waves. Amsterdam and New York 1949.

Fock, V. A.: Diffraction of Radio Waves around the earth's surface (in Russian). Moscow and Leningrad 1946.

Hund, A.: Short-wave Radiation Phenomena, Vol. II. New York, Toronto and London 1952.

Ladner, A. W., and C. R. Stoner: Short Wave Wireless Communication. London 1935.

Rawer, K.: Die Ionosphäre. Groningen (Holland) 1953.

Reed, H. R., and C. M. Russell: Ultra High Frequency Propagation. New York and London 1953.

Rydbeck, O. E. H.: On the Propagation of Radio Waves. Göteborg 1944.

Terman, F. E. *et al.*: Electronic and Radio Engineering. Chap. 22. New York, Toronto and London 1955.

Meteorological Factors in Radio Wave Propagation. Report of a Conference on 8-IV-1946. London 1946.

Proc. Inst. Radio Engrs. October 1955 (Scatter Propagation Issue).

The Dispersion and Absorption of Electromagnetic Waves.

By

L. HARTSHORN and J. A. SAXTON.

With 57 Figures.

A. Introduction.

1. Scope of article. The topic to be reviewed in this article is the experimental study of the behaviour of matter under the action of the electromagnetic fields encountered in the electrical portion of the spectrum, that is to say, in waves of all wavelengths greater than a few millimetres. The special properties of magnetic materials will not be considered; we shall confine our attention to the action of the electric field, or to those reactions usually referred to as the dielectric behaviour of materials.

It is common knowledge that the first of the dielectric properties of matter to be investigated was that measured as the dielectric constant or permittivity (ε) of any insulating material. From an experimental standpoint this quantity is best defined as the ratio of two capacitances: (C) that of a capacitor completely filled with the material in question, and (C_0) that of the same capacitor completely empty. Thus

$$\varepsilon = \frac{C}{C_0}. \tag{1.1}$$

This definition is however not immediately applicable to waves and therefore for more general purposes we recognise the alternative definition

$$D = \varepsilon E \tag{1.2}$$

where D denotes the electric displacement and E the field-strength at any point in the material, which we here assume to be homogeneous and isotropic. The experimental fact that ε as determined by (1.1) is independent of the shape and size of the capacitor and of the voltage applied to it for the purposes of the measurement shows that the assumption is usually justified and that the two definitions are consistent with one another. Materials which are not isotropic only give unique values of ε when the experimental conditions ensure that the direction of E is everywhere the same relative to the structure of the material but (1.2) still defines an important characteristic of the material, which can be determined by experiment though it is a function of direction instead of a constant.

Eq. (1.2) however requires further qualification even for materials that are sensibly isotropic. Experiment never yields a single value of ε strictly constant for a given material: the value always varies with the time of application of the field E, or if the field is alternating, as it is in most experimental work, with the frequency. We must therefore recognise that the permittivity ε of any material is a function of the frequency of the relevant electric field. Moreover it is also found by experiment that when E varies harmonically with time, although the corresponding D also usually varies similarly, the two are not in phase as they must be if (1.2) were valid, with ε a single-valued function of frequency. In general D is found to differ in phase from E by an amount that can be represented by a small phase angle δ, which for many materials is as characteristic of the material as is ε itself. The definition of permittivity on which nearly all modern experimental work is based is therefore written

$$D = \varepsilon \, (1 - j \tan \delta) \, E \qquad (1.3)$$

and values of the permittivity ε given for any material at various frequencies must be accompanied by the corresponding values of the loss tangent, $\tan \delta$, if the dielectric behaviour of the material is to be fully specified. Alternatively, Eq. (1.3) is sometimes written in the form

$$D = (\varepsilon' - j \, \varepsilon'') \, E \qquad (1.4)$$

and the material is said to be characterised by a complex permittivity or dielectric constant, $\varepsilon' - j\varepsilon''$, comprising two parts, the real part ε' which is the ordinary dielectric constant, and an imaginary part ε'', often called the loss factor. The ratio of the imaginary to the real part is evidently the loss tangent,

$$\tan \delta = \frac{\varepsilon''}{\varepsilon'} . \qquad (1.5)$$

In most experimental studies of dielectric behaviour the quantities directly observed are not so much D and E as the current-density dD/dt associated with an applied alternating voltage, which can be represented by the real part of $v = \hat{v} e^{j\omega t}$. An ideal dielectric with a simple dielectric constant ε would show a current-density proportional to $j\omega v$, which being in quadrature with the voltage v would involve no continuous dissipation of power. However some continuous dissipation of power is almost invariably observed, the current being not exactly in quadrature with the voltage but including a component in phase with it. Such a component must arise from any finite ionic or electronic conductivity that the material may possess and experiment shows that some materials are in fact characterised by conductivity, as well as dielectric properties. The conduction current density may be expressed $J_c = \sigma E$ and if this is simply superposed upon the displacement current density $J_D = dD/dt = j\omega \varepsilon E$, then the total current density J_t is given by

$$J_t = (j \omega \, \varepsilon + \sigma) \, E . \qquad (1.6)$$

The experimental investigator working with alternating current can only observe the relation between the actual current density and E, and he usually has no means of judging whether his observations are more correctly symbolised by (1.6) or by the time derivative of (1.4), i.e.

$$J_t = (j \omega \, \varepsilon' + \omega \, \varepsilon'') \, E . \qquad (1.7)$$

He can however measure $\tan \delta$ as a function of ω without ambiguity, and for this reason measurements are usually expressed first in terms of ε and $\tan \delta$, which may then be regarded as $\varepsilon''/\varepsilon'$ or $\sigma/\varepsilon\omega$. If $\tan \delta$ is found to vary inversely as ω it is natural to interpret it as arising from a constant conductivity and which is thus determined by $\varepsilon\omega \tan \delta$. If however $\tan \delta$ does not even vary approximately inversely as the frequency it may be presumed to determine the ratio of the two components of a complex dielectric constant, which arises from a polarization of the material somewhat retarded in phase relative to the electric field.

The above considerations apply to most electrical techniques but if the working frequency is increased a region is ultimately reached in which techniques analogous to those of optics must be considered. Observations of the wavelength in the material are made and it becomes natural to express them in terms of refractive index n and absorption index k or absorption coefficient $\varkappa$. It is not necessary to go into details here. It is sufficient to note that we may express the observations by a complex refractive index $n(1-jk)$ or $n-j\varkappa$ and that for non-magnetic materials the relation between this quantity and the complex dielectric constant is

$$\varepsilon' - j\,\varepsilon'' = n^2\,(1 - j\,k)^2 = (n - j\,\varkappa)^2 \tag{1.8}$$

whence

$$\varepsilon' = n^2\,(1 - k^2) = n^2 - \varkappa^2, \tag{1.9}$$

$$\varepsilon'' = 2n^2\,k = 2n\,\varkappa. \tag{1.10}$$

The following paragraphs discuss the experimental techniques employed for the measurement of these various quantities. They fall into two classes:

(i) Methods in which the material to be investigated is formed into a capacitor which is measured by means of electric circuits. These methods are exclusively employed for frequencies below 10^8 c/s and will therefore be called low frequency methods.

(ii) Methods in which the electric field is handled in the form of waves. Such methods must be employed when the wavelength is comparable with the dimensions of the capacitors and circuits of the low frequency methods, say, for wavelengths less than 30 cm or frequencies greater than 10^9 c/s; they will be called high frequency methods. The two groups of methods overlap at frequencies of a few hundred Mc/s, as will appear in examples to be discussed.

B. Low frequency measurements.

I. Basic bridge methods.

2. The Schering bridge. The experimental determination of dielectric properties at low frequencies can be reduced to the measurement of the relative values of two capacitances and the associated phase angles, and experience has shown that the most generally reliable method for this purpose is that of the bridge network having two capacitors in adjacent arms, and two similar impedances, usually resistors, either equal of a precisely known ratio, forming the remaining two arms (the ratio arms). One of the capacitors is a standard variable air capacitor and such instruments are now obtainable from various manufacturers in several ranges such as 70 to 1000 pF, 40 to 160 pF, 5 to 15 pF, the capacitance at any setting within the range being readable with an accuracy of 0.1% or better. The capacitors to be measured may be placed in turn in the arm adjacent to the standard and the bridge balanced by adjusting the standard. Then, so long as the impedances of the ratio arms remain constant, the required ratio of the two capacitances is given by the ratio of the two readings of the standard capacitor at balance. However a simple bridge of this kind can only be accurately balanced so long as the phase angle of each of the two capacitors is sensibly the same as that of the standard. For capacitors with air or a vacuum as dielectric this may well be true but for capacitors with liquids or solids as dielectric it is only true in exceptional cases and therefore the bridge must be provided with some adjustment which will correct inequalities of phase-angle. The most direct method of making this correction is to place an adjustable conductance in parallel with the standard capacitor; then in order to obtain a true balance the standard capacitor is first adjusted until its capacitance approximately balances that of the dielectric, and the conductance is then adjusted so as to improve the balance, successive adjustments of capacitance and conductance being repeated until the balance is sensibly perfect. The conductance G of the dielectric will clearly be given by the known conductance in parallel with the standard, at balance, multiplied by the appropriate value of the ratio arms, and $\tan \delta$ for the dielectric may be obtained by application of the formula $\tan \delta = G/C\omega$. This direct procedure is most satisfactory when dealing with materials possessing considerable conductivity, and adjustable "conductance boxes" similar to the more familiar "resistance boxes" are obtainable without undue difficulty for conductances of the order of micromhos or greater, but conductances of a much lower order are not readily made in an adjustable form and it is frequently preferable to make the required adjustment of phase angle by other means. A small continuously variable resistance in series with the standard capacitor may be used as in the well-known Wien bridge but the most generally convenient and useful method is that of the Schering bridge, in which the ratio arms consist of non-reactive resistors having a capacitor in parallel with each, one capacitor being continuously variable. The bridge is shown schematically in its simplest form in Fig. 1. Let C_1 denote the value of the standard capacitor which may be assumed free from conductance and power loss of all kinds ($\delta_1 = 0$). If C_2 is the capacitance of a dielectric with suitable electrodes and δ_2 is its loss angle then it may be readily shown that the equations of balance can be written

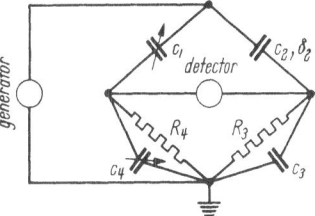

Fig. 1. Schering bridge (schematic).

$$\frac{C_1}{C_2} = \frac{R_3}{R_4}\left(1 + R_4 C_4 \omega \tan \delta_2\right) \tag{2.1}$$

and

$$\tan \delta_2 = R_4 C_4 \omega - R_4 \frac{C_1}{C_2} \cdot C_3 \omega. \tag{2.2}$$

Now δ_2 is usually very small compared with unity and C_3 is always made as small as possible so that $R_3 C_3 \omega$ is, if not negligible, only a small quantity of the first order. It follows that $R_4 C_4 \omega$ must be of the same order as $\tan \delta_2$ and that, neglecting small quantities of the second order, the equations of balance may be used in the simple form

$$C_2 = \frac{R_4}{R_3} C_1, \tag{2.3}$$

$$\tan \delta_2 = R_4 C_4 \omega - R_3 C_3 \omega. \tag{2.4}$$

The Schering bridge in the simple form shown in Fig. 1 is widely used for the measurement of dielectric properties at frequencies from 50 c/s to 10 kc/s. The ratio arms are chosen to be of much lower impedance than the capacitor arms C_1 and C_2 so that if the common terminal of the ratio arms is earth-connected as in Fig. 1 the detector D is at a potential little different from that of earth and the disturbing effects of stray earth-capacitance are small. At the lowest frequencies R_3 and R_4 are usually of the order of 1000 ohm but for higher frequencies values of 100, 10, or even 1 ohm may be used with advantage. The bridge dissipates very little power. An ordinary laboratory oscillator may be used as the generator and the detector may consist of a telephone receiver with or without amplifier,

41*

a low-frequency radio receiver or cathode ray oscillograph. At the lowest frequencies the vibration galvanometer is sometimes valuable for its selectivity, i.e. its insensitiveness to unwanted frequencies but it has largely given place to the more convenient electronic instruments. The special points to be considered in work of high precision will be discussed in a later paragraph, but it should be mentioned that the accuracy of measurements on dielectrics is usually limited by factors other than the experimental errors of the circuits employed and that the simple bridge may give dielectric constants with an accuracy better than that of methods of greater sensitivity because the bridge correctly discriminates between capacitance and conductance in the material. This is not to say that the observed $\tan \delta_2$ is necessarily a measure of conductance, but merely that the measured C_2 is independent of whatever conductance may be present.

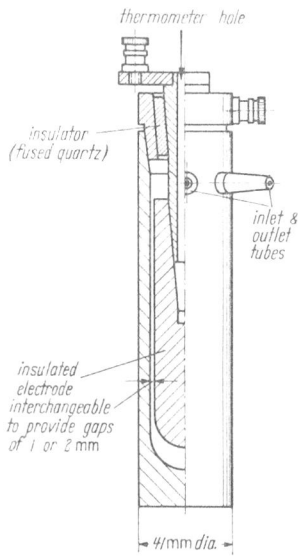

Fig. 2. Two-terminal cell for routine measurements on liquids.

3. Measuring cells and electrodes. It will be appreciated that the first step in the determination of the dielectric properties of a material at low frequencies is the construction of a capacitor in which the given material occupies the whole of the electric field associated with the measured capacitance. For liquids and gases the capacitor takes the form of a cell containing a pair of rigidly mounted electrodes, the capacitance of which can be measured, first when the cell is filled with the liquid or gas, and afterwards when it is evacuated. The same procedure is only applicable to solids if they can be melted and introduced into the cell as liquid and there allowed to solidify. When this procedure is impracticable the solid is commonly formed into a flat sheet of uniform thickness and a pair of metallic electrodes is brought into intimate contact with opposite faces of the sheet thus forming a parallel-plate capacitor, of which the main electric field lies wholly within the material, although a small part of the field around the edges of the plates or electrodes is located in air. Steps must be taken to estimate this "edge-effect" and allow for it as far as is necessary. The capacitance of the electrodes with the sample removed is only directly measurable if means are provided for supporting them independently of the material to be investigated. If this is not practicable the required "air-capacitance" or "vacuum capacitance" can be calculated from the dimensions of the electrodes and their distance apart, which is simply the thickness of the sheet of material if the necessary intimate contact between electrode and solid dielectric has been obtained. The practical details required to satisfy the above-mentioned conditions will now be considered.

Fig. 2 shows an example of a simple cell[1] that has been widely used for measurements on liquids. A rigid metal cylinder closed at the bottom serves both as container of the liquid and one electrode. The other electrode is supported within it by a conical insulator of fused quartz, the conical surface of which is ground to fit into the open end of the outer cylinder. Both cylinders are conveniently made of invar, which avoids difficulties arising from unequal thermal expansion of the metal and quartz when the cell is used over a wide range of temperature. When necessary the electrode surfaces are plated with platinum

[1] L. Hartshorn and E. Rushton: J. Sci. Instrum. **16**, 366 (1939).

or with silver followed by a rhodium flash. Inlet and outlet tubes are provided so that the cell may be swept out with dry air, evacuated, and filled with the liquid as required. The main features of the design are the small volume of liquid required, the ease of dismantling for cleaning and reassembly to give a repro-ducible value of capacitance, and the complete absence of connecting leads between the terminals of the cell and the actual electrodes. The inductance of any such leads though small is liable to lead to errors in measurements made at the higher frequencies.

Fig. 3.

Thus if the leads introduce the small inductance L in series with the capaci-tance C (Fig. 3), the measured capacitance C_m derived from the terminal current and voltage of the assembly at an angular frequency ω will amount to

$$C_m = \frac{C}{1 - L\,C\,\omega^2}. \tag{3.1}$$

The true capacitance C is thus in effect multiplied by a factor which varies with C itself, and which will therefore not cancel out when the ratio of two different capacitances is observed. If in the measurement of a permittivity ε the true capacitances are C and εC, it is easy to see that the apparent permittivity will be

$$\varepsilon_a = \varepsilon \cdot \frac{1 - \varepsilon\,L\,C\,\omega^2}{1 - L\,C\,\omega^2} \tag{3.2}$$

which to a first approximation becomes

$$\varepsilon_a \approx \varepsilon \left[1 + (\varepsilon - 1)\,L\,C\,\omega^2 \right]. \tag{3.3}$$

The error will clearly be quite unimportant in measurements on gases, in which case both $\varepsilon - 1$ and $L C \omega^2$ are small compared with unity, but for liquids for which $\varepsilon - 1$ is large it is essential that $L C \omega^2$ shall be shown to be negligibly small. This consideration holds good whatever the type of measuring circuit employed.

Simple two-terminal cells of the kind under consideration can never be completely filled with the dielectric to be measured. The solid insulator incorpora-ted in the structure is necessarily located in a part of the electric field between the electrodes and therefore contributes a portion to the measured capacitance which remains unchanged when the cell is filled and emptied. The procedure adopted when measuring liquids is to fill the cell always to a definite level, e.g. the level of inlet and outlet tubes, and to consider the capacitance as comprising two parts, one part C_e being extraneous to the liquid and including the solid insulator, the remainder $C - C_e$ being the working portion, which is first filled with liquid and then emptied. If C_1 and C_2 are the capacitances between the electrodes in the two cases, then the working equation becomes

$$\varepsilon = \frac{C_1 - C_e}{C_2 - C_e}. \tag{3.4}$$

The constant C_e is usually determined by observing C_1 and C_2 when the above procedure is followed with a standard liquid, i.e. one whose permittivity is accura-tely known from measurements made by a more elaborate procedure to be considered later. Having determined C_e, the two readings C_1 and C_2 for any other liquid are sufficient to determine the permittivity ε. When the cell shown in Fig. 2 was standardised by means of benzene it was found to yield values of ε for any other liquid with an accuracy of about 0.1%, which showed that the assumed constancy of C_e is sufficiently accurate for all ordinary purposes that are likely to be served by cells of this type. It must however be recognised that the "dead capacitance" C_e is not strictly constant for all 2-terminal cells. The determining factors are the reproducibility of the position of the liquid surface— slight differences of level or of meniscus are possible—and the electric field distribution at the surface. Insofar as the lines of force are radial and in the liquid surface in Fig. 2 their configuration above the surface is independent of the permittivity of the liquid and since moreover the gap between the electrodes at the surface is much larger than the gap within the liquid, changes in C_e are insignificant in relation to the general experimental error. In some cells however the "dead capacitance" C_e is appreciably dependent on the permittivity of the liquid and the value must in each case be determined with a standard liquid of approximately the same permittivity as the liquid to be measured. It is for this reason that standard liquids covering a wide range of values of permittivity are needed.

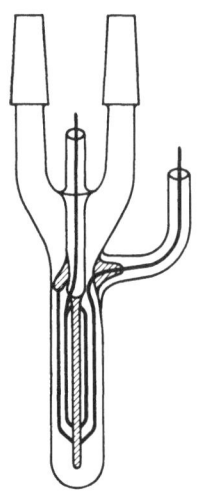

Fig. 4. Glass cell for liquids (Immermans, Piette and Philippe, 1955).

The cell described above is fairly typical of those used in electrical research laboratories; a good instrument workshop is needed for its construction. In laboratories more in the chemical tradition cells constructed largely of glass-work are widely used. A typical design is one introduced by Sayce and Briscoe[1] and adopted with variations by many subsequent workers. It consists essentially of two concentric glass tubes sealed together at their upper ends and arranged so that the annular space between them can be filled with the liquid to be measured through suitable inlet and outlet tubes. Silver chemically deposited on the glass surfaces which bound this annular space constitute the electrodes, to which contact is made by wires sealed through the glass walls. Another somewhat similar cell is that described by Timmermans, Piette and Philippe[2] and shown in Fig. 4. Here again the liquid is contained in a pyrex tube closed at the lower end and provided with inlet and outlet tubes, but the electrodes consist of co-axial cylinders of metal foil, either platinum or stainless steel, which are supported in position by a central pyrex tube of smaller diameter to which they are attached. Contact to the electrodes is made by wires sealed through the glass and continued as leads, one of which emerges through the central tube and the other through a side-tube provided for the purpose.

Cells of the glass type are usually maintained at the desired temperature by immersion in a temperature-controlled bath of either water or oil, oil being preferred for precise work because of its insulating qualities and its much lower permittivity which gives rise to correspondingly lower stray capacitances. Cells of the metal type are commonly used in a temperature-controlled enclosure in which air is circulating; the large thermal capacity of the cell ensures adequate stability of the temperature in these conditions. We turn now to solids that cannot be melted for the purposes of a measurement and must therefore be measured in the form of thin flat specimens which are usually the only convenient means of realising a capacitance of adequate magnitude. Examples are single crystals which can often be cut and ground to a suitable form, and high polymers which are usually moulded. The electrodes may consist of any metal

[1] L. A. Sayce and H. V. A. Briscoe: J. Chem. Soc. 127, 315 (1925).
[2] J. Timmermans, A. M. Piette and R. Philippe: Bull. Soc. Chim. Belg. 64, 5 (1955).

or other highly conducting material that can be brought into contact with the flat surfaces of the solid over precisely defined areas of the two opposite surfaces so as to form a capacitor the capacitance of which depends only on two factors, the permittivity of the solid to be measured and a geometrical factor of simple form that is easily calculated from the area of the electrodes and the thickness of the specimen.

Adequacy of the contact of the electrode material over a given area of the surface is the first condition to be satisfied. A rigid metal disc simply pressed against the surface of the solid is not satisfactory; contact is made at a few isolated points only and the measured capacitance and loss tangent is not simply that of the solid alone, but of the solid flanked by two films consisting largely of air, but of a somewhat indefinite composition because the surfaces are seldom chemically clean. Such films may be regarded as possessing a capacitance C_f with an associated $\tan \delta_f$ of their own which being in series with the true capacitance C of the solid reduces the measured value C_m below the true value. To a close approximation the measured values may be expressed

$$C_m = C \left[1 - \frac{C_m}{C_f} \right],$$ (3.5)

$$\tan_m \delta = \frac{C_m}{C_f} \tan \delta_f + \frac{C_m}{C} \tan \delta$$ (3.6)

from which it will be seen that while the measured capacitance C_m will probably be too small the measured $\tan \delta_m$ may be either greater or less than $\tan \delta$ depending on $\tan \delta_f$ for the surface film. For an air-film alone $\tan \delta_f$ would be negligibly small but the presence of surface inpurities may introduce power loss, as may also in some circumstances the finite resistance of the electrode. If for example the electrode is thin then provided its surface is an equipotential, as is assumed, current only flows transversely through it and the resistance is negligible. If however current is led into such an electrode at a few points only it cannot be a true equipotential and there will be some flow of current in the electrode surface which may offer a finite resistance. For this reason when thin films of metal are applied to a solid surface to form electrodes they must be backed by thicker plates, of negligible resistance to currents in any direction, such plates serving to distribute the current over the surface of the flim without the introduction of appreciable power loss.

Many devices have been employed to achieve the necessary intimate contact between electrode material and dielectric. In recent years the techniques of depositing thin films of gold, silver or aluminium on to any solid surface by either sputtering or evaporation in vacuo have been greatly developed and silver films applied in this way are frequently used as electrodes. A much simpler technique which is often adequate consists in applying to the solid surface a suitable piece of either tin- or aluminium-foil. A trace of petroleum jelly, or of a silicone in the form of either liquid or grease is used as an adhesive, and if the foil is carefully smoothed on to the solid surface a mirror-like finish is obtained. The silicone or hydrocarbon film between foil and dielectric is pressed out to a negligible thickness so that C_f in Eqs. (3.5) and (3.6) above is very much larger than could be obtained if the air were not squeezed out; also $\tan \delta_f$ is extremely small for these materials so that the error terms in both equations are made very small and when such foils are backed by plates of copper or brass some 2 or 3 mm thick satisfactory measurements can usually be made. Silver electrodes are often applied to solids like glass and ceramics that can be strongly heated by coating the required area with a suitable colloidal suspension which deposits a firmly adherent coating of the metal on heating.

A form of electrode that can be easily and quickly applied and removed without affecting the surface of the material is the mercury electrode. It gives a good reproducible contact and low resistance and is very satisfactory in investigations where many samples have to be measured. A typical design[1] is shown in Fig. 5. The two measuring electrodes occupy recesses cut into the inner faces of two cast iron discs A and B between which the specimen is clamped. These discs make line contact with the dielectric around their rims which are quite narrow, and the enclosed spaces thus formed between specimen and discs are flooded with mercury, which is admitted through the tubes shown, which may be of steel or glass according to the requirements of the experiment. The electrodes may be used horizontally as shown but it is usually preferable to tilt them somewhat by means of the screw T so that the mercury is admitted at the lower end and flows steadily into the recesses, displacing the air without any tendency to form bubbles, which might otherwise spoil the contact between electrode and dielectric. (A similar precaution is usually necessary when introducing a liquid dielectric into a cell with solid electrodes, unless the cell can be evacuated.) The tilt may with advantage be sufficient to cause the mercury to flow out of the recesses when the stop-cocks are opened, but not large enough for the head of mercury to cause a possible leakage at any point around the rim of an elec-

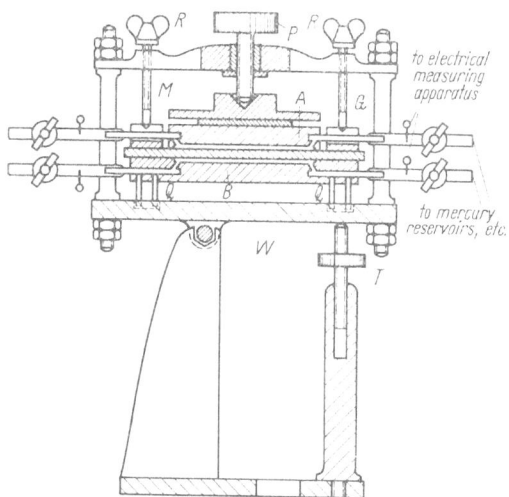

Fig. 5. Mercury electrode.

trode where there may be some imperfection in the surface. When the mercury is removed the specimen may be swept with dry air or treated in other desired ways without disturbing the arrangement, which like the cell for liquids of Fig. 2 will usually be mounted within a temperature-regulated enclosure in which air is circulated.

The arrangement of Fig. 5 includes, in addition to the two main electrodes A and B, a third electrode in the form of a guard-ring G which surrounds the upper electrode A but is separated from it by an annular gap, which is made as narrow as the experimental conditions permit. The guard-ring should also in principle be mercury-filled, but this complication is usually avoided, as errors arising from slight imperfections of contact in this auxiliary electrode are usually insignificant. The guard-ring is in metallic contact with the whole framework of the system, which therefore acts as an electrostatic screen. Electrode B is insulated from the base-plate of this screen by cylinders Q of fused quartz, and electrode A is insulated from the upper member of the screen by a similar insulator of quartz, mica, or any material that may be convenient. In the arrangement shown the electrode A was of 10 cm diameter but somewhat similar electrodes have been made with a diameter of about 2 cm. Simple arrangements of two electrodes only are also practicable but since the third electrode is essential for basic work of high precision, its use will now be considered.

[1] L. Hartshorn and E. Rushton: J. Instn. Electr. Engrs. **75**, 639 (1934).

4. Measurements of high precision. The guard-electrode mentioned in the last section has long been a familiar device in electrostatic systems for ensuring that the electric field associated with a particular measuring electrode is uniform and includes no part of the somewhat irregular fringe that necessarily exists round the edges of any unguarded electrode-system. In Fig. 5 for example, if A and G are maintained at the same potential but B is at a different potential, then the field within the specimen between A and B is wholly uniform, because the irregular fringe of the field around the edge of B is associated with G which is isolated from A by the annular gap. In the case considered it is not only the uniformity of the field that is important but the fact that the uniform portion of the field lies wholly within the specimen to be measured, while the fringing field lies partly in air and partly in the quartz insulators and any other dielectric within the screen, which is essentially a continuation of the guard-electrode.

The condition to be satisfied for a precise measurement is that the capacitance to be measured shall be that component-capacitance of the system associated with the electrode pair AB only while the component-capacitances associated with the pairs GA and GB shall be excluded. GIEBE and ZICKNER[1] were probably the first to apply this principle to precision capacitors; they showed that by the use of three electrodes with all the unwanted dielectric suitably attached to

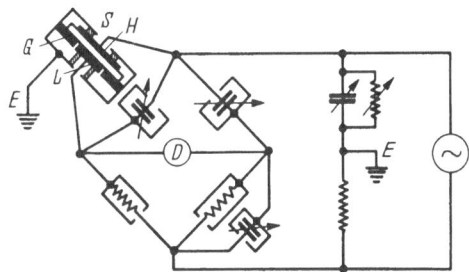

Fig. 6. The "Wagner earth".

one screen-electrode, then by excluding from the measured quantity all component capacitances associated with that one electrode, a capacitance characteristic of a given field located entirely in air, or any dielectric that can be substituted for air, can be accurately determined by the bridge method. The screen-electrode need not take the form of a guard-ring, though when a guard-ring is used in order to realise a field of a calculable form, the guard-ring always forms part of the screen-electrode system as in Fig. 5. The method of excluding unwanted capacitances was greatly improved by the introduction by K. W. WAGNER[2] of his widely used earth-connection and present-day techniques for precision measurements of the permittivity of standard liquids are probably best described by considering how the Schering bridge with a "Wagner earth" has been used for this purpose.

The arrangement is shown schematically in Fig. 6. The bridge circuit is essentially the same as that shown in Fig. 1 except that an additional pair of arms similar to the original two pairs is connected in parallel across the generator and the earth-connection is transferred from one corner of the bridge proper to the common terminal of these additional arms, the Wagner arms. The measuring cell as explained above is a three-electrode device. The two principal electrodes, arranged so that their direct capacitance is located entirely in free space, are connected in parallel with the standard capacitor or with the capacitor in the adjacent arm of the bridge. The third electrode, which includes an outer screen for the whole assembly and any guardring or internal screen that may be necessary, is connected to earth and therefore to the common terminal of the Wagner arms. Thus all the component capacitances between this third electrode and two principal electrodes are connected in parallel with one component or other

[1] E. GIEBE and G. ZICKNER: Arch. Elektrotechn. **11**, 109 (1922).

[2] K. W. WAGNER: Elektrotechn. Z. **32**, 1001 (1911).

of the Wagner network and make no contribution to the bridge proper, and the solid insulators in the system therefore affect the Wagner balance only.

The bridge proper having been balanced one terminal of the null-detector D is transferred to earth and a second balance effected by adjustment of the Wagner arms. The main balance is thereby slightly disturbed but repetition of the balancing operations in turn gives settings of bridge proper and Wagner arms for the condition of simultaneous balance. In this condition capacitances to earth from the four corners of the bridge proper are eliminated from its equations of balance, which are simply those for the direct impedances or admittances which form the four bridge arms; earth-capacitances from the corners connected to the generator are thrown into the Wagner arms, while those from the corners connected to the detector carry no current because these corners have been brought to earth-potential The earth-capacitances of the four bridge arms are localised at the four terminals by enclosing each component, capacitor or resistor, in a screen which is connected to one of the terminals, usually the one that is brought to earth-potential as in Fig. 6. The various components of the arms must be calibrated with such screens in position and connected to the appropriate terminal. The direct capacitance or impedance of any such screened component is independent of the network external to it, provided the screen encloses the whole component including the other terminal, but any connecting lead external to the screen may possess appreciable capacitance to it. Any such lead is therefore surrounded by its own screen which is connected to earth; the earth-capacitance of the corresponding bridge corner is thereby increased but this can only affect the Wagner balance; the direct capacitance contributed by the lead to the main bridge-arm is reduced to zero by the earthed screen. Thus the measuring cell provided it carries its own screen, can if necessary be at some distance from the bridge and provided each connecting lead consists of coaxial cable with the outer conductor earthed, the capacitance of the cable will make no contribution to the measured capacitance. The actual measurement of capacitance is always made by a difference measurement. The bridge is first balanced with the cell connected to one arm as in Fig. 6 and the variable capacitors adjusted until balance is obtained. The cell is then disconnected at either or both electrodes. Provided the screening is adequate the disconnection removes from the bridge arm the direct capacitance of the measuring electrodes of the cell but makes no other change in quantities affecting the main balance point. Thus if the bridge is re-balanced by adjusting the standard variable capacitor only, the difference between the final reading of the standard and its former reading serves to measure the capacitance of the cell apart from any effects of either connecting leads or solid insulators. It is only necessary to insert the observed readings into the equations for balance of the main bridge circuit and to subtract. The difference equation will obviously give the capacitance of the cell in terms of the bridge ratio and the above-mentioned difference of capacitance and the difference equation is usually more accurate than the two equations from which it is derived because most of the inevitable departures from the ideal network of theory are the same for both readings and disappear on taking the difference.

The ratio arms and the standard capacitor will obviously be so chosen that the difference reading is one that can be observed with high accuracy. The standard may be either in parallel with the cell or in the adjacent arm. In practice capacitors will be included in all four arms for convenience, but for the difference observation, the standard capacitor and one of the capacitors across the ratio arms alone will be adjusted, this latter adjustment being required not only to perfect the balance but also to determine the value of tan δ for the cell and therefore for the dielectric.

The above-mentioned procedure has been used to determine the dielectric constants of the standard liquids that are needed in the comparative methods first mentioned. A form of measuring cell incorporating all the necessary features is shown in Fig. 7. The electrodes consist of coaxial cylinders of platinum foil.

The inner cylinder is supported by a closely fitting glass tube; the outer cylinder is divided by narrow circumferential gaps into a central part, which is a main electrode, and two guard rings. The insulating supports for the outer cylinder consist of small beads of glass which are fused to tiny platinum lugs, spot welded to the cylinders, and it will be observed that these beads are all located between the guard rings and one other electrode; they affect the capacitances to the guard rings but have no effect on the direct capacitance between the main electrodes, which capacitance is located entirely in the annular gap between the inner cylinder and the central part of the outer one. Each connecting lead is separately screened and an overall screen of metal foil arrounds all the glasswork, all the screens being connected together and to earth. Evacuation of the cell imposes no mechanical stress on the electrode system and therefore causes no change of capacitance apart from that due to permittivity of the medium. The cell is used in an oil-bath, the oil passing through the inner glass tube as well as around the outer one.

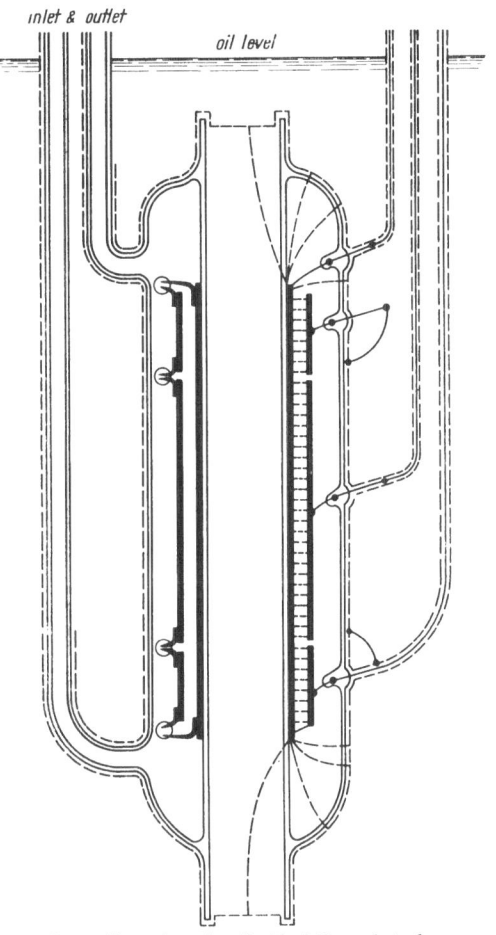

Fig. 7. Three-electrode cell with platinum electrodes.

A similar cell can also be used for gases but the conditions are then somewhat different because the change of capacitance on admitting gas into the evacuated cell is very much smaller than it is for any liquid. The direct capacitance C of the evacuated cell can be measured with accuracy by the difference procedure already described. The change ΔC on admitting the gas is then best measured directly without disconnecting the cell from the bridge, the difference being read on another standard capacitor of an appropriate low value also included in the network. In this way $\varepsilon - 1 = \Delta C/C$ for the gas is obtained with the full accuracy of the method and the relative uncertainty on ε itself is some hundreds of times smaller.

The high accuracy obtainable by these techniques for liquids and gases is not usually possible for solids that cannot easily be melted. Solids of irregular shape may sometimes be measured by immersion in a liquid of the same permittivity; the solid is introduced into a capacitor filled with an appropriate liquid and the change of capacitance observed. Capacitance measurements are made over a range of temperatures for the liquid alone and for the liquid-solid mixture. The permittivity of the liquid usually changes more with temperature then that of the solid, and thus a temperature may be found at which the capacitance is the same for both fillings, and at which therefore the permittivity of the solid is equal to that of the liquid, which can be measured separately. Solids that can be obtained in the form of flat specimens of uniform thickness are usually measured in that form, the capacitance of the empty electrodes being obtained by calculation from their dimensions In such measurements the accuracy is usually limited by the errors in the determination of thickness, when this is very small and not strictly uniform, or alternatively when the thickness is larger, by errors in the calculated capacitance arising from the so-called edge-effects, i.e. departures of the field from the simple form assumed in the calculation, especially round the edges of the electrodes. As such effects are of frequent occurence in much experimental work on dielectrics it is advisable to consider them in a little more detail.

5. Edge-effects. Consider a flat specimen of a solid dielectric of uniform thickness placed between two electrodes to form a parallel plate capacitor. If the specimen and both electrodes all have the same area A and the thickness l of the specimen is so small that the electric field is sensibly uniform throughout the specimen and negligible outside it, the capacitance is given by the simple formula

$$C_s = \varepsilon_{ab}\,\varepsilon\,A/l \tag{5.1}$$

where ε_{ab} denotes the absolute permittivity of empty space, which is known to amount to 8.8543 pF/m. The corresponding empty capacitance in the same ideal conditions is $C_s/\varepsilon = \varepsilon_{ab}\,A/l$ and is therefore calculable from the measured values of A and l. However in practice the area of the specimen is not usually the same as that of the electrodes, which must be either circular or of very simple geometrical form to make A accurately measurable. The specimen may project beyond the edges of the electrodes or vice versa. In either case the field just beyond the edges of the electrodes will not be negligible unless A/l for the electrodes is exceptionally large; for ordinary specimens the field is appreciable and the observed capacitance is correspondingly larger than the simple formula indicates. The fringing field will clearly be very dependent on the immediate surroundings of the electrodes and will be more complicated when the specimen is present than when it is absent. Precise calculation of even the vacuum capacitance is impossible but the formula given by Kirchhoff for parallel ellipsoids is found to provide a useful approximation for the case of parallel disc electrodes of radius r, thickness t, and distance apart l when l and t are both very small relative to r. For the direct capacitance between the two discs in vacuo the formula becomes

$$C_0 = \varepsilon_{ab}\frac{\pi r^2}{l} + \varepsilon_{ab}\,r\left\{\log\frac{16\pi\,(l+t)\,r}{l^2} + \frac{t}{l}\log\frac{l+t}{t} - 3\right\}. \tag{5.2}$$

The second term in this expression may be regarded as indicating approximately the "edge-capacitance" which is necessarily included in the measured capacitance in addition to the capacitance associated with the uniform part of the field, which is given by the first term, which is merely (5.1) for the case considered.

The measured values of capacitance between discs in air show that this formula can be usefully applied, not only to measured values of the empty capacitance, but also to the measured capacitance of the specimen when the specimen has either the same or a slightly larger area than the electrodes. In other words the measured capacitance between the electrodes in both cases, specimen in an specimen out, includes approximately the same edge-capacitance, which is substantially that corresponding to KIRCHHOFF's formula for the air-capacitor.

Better accuracy can of course be obtained by the use of the guard-ring, which as already mentioned, removes the fringing field from the measuring electrode. The removal cannot however be perfect, there remains a little fringing in the narrow gap between guard and inner electrode, with the result that the effective area of the measuring electrode to be used in Eq. (5.1) is slightly larger than its actual area by an amount that increases with the radial width w of the gap between electrode and guard-ring. When the width of the guard ring and the thickness of the electrodes are large compared with both w and l the electrode in effect extends beyond its actual edge a distance δ into the gap, where δ is given by Eq. (5.3) due to ROSA and DORSEY[1] (1907)

$$\delta = \frac{w}{2} - \frac{w}{\pi} \arcsin \frac{w}{\sqrt{4\,l^2 + w^2}} + \frac{l}{\pi} \log \frac{4\,l^2 + w^2}{4\,l^2}. \tag{5.3}$$

The use of this formula is probably the most accurate means available for the evaluation of edge effects, and simpler schemes are usually checked by applying them to flat specimens that have been accurately measured by this technique.

The above-mentioned formulae all assume that the electrodes are sufficiently well separated from leads and surrounding objects, such as screens, to ensure that their direct capacitance is sensibly the same as if all surrounding objects were at an infinite distance. When the screens are not connected to either of the electrodes as in the 3-electrode systems discussed above this condition can be satisfied without undue difficulty, but some methods of measurement are only applicable to 2-electrode systems, in which case the screen must form part of one electrode and the above formulae are no longer even approximately applicable. In these circumstances the air-capacitance of the electrodes cannot be determined by calculation and a different procedure must be followed. The electrodes may take the form of parallel discs, the distance between which is controlled by a micrometer head. The moving disc must be carried by a fixed mounting which necessarily includes solid insulators so that in addition to the variable capacitance between the disc electrodes there must also be a fixed capacitance. The total capacitance can be measured as a function of electrode separation by, say, the Schering bridge described above and this measured air-capacitance C_m can be regarded as including C_0 the capacitance of the uniform field between the circular faces of the disc given by (5.1), C_e the edge-capacitance discussed above, and C_f the fixed capacitance of supports, framework, etc.

$$C_m = C_0 + C_e + C_f. \tag{5.4}$$

Let the area of the specimen A_s be made slightly smaller than that of the electrodes A_e, so that $\alpha = A_s/A_e < 1$. The specimen is placed between the electrodes, which are then adjusted to make contact with its faces and the capacitance of the system is measured. The value C_{m1} includes the capacitance of the sample C_s, the portion of C_0 not occupied by the sample i.e. $(1 - \alpha)\,C_0$, the edge capacitance C_e and the fixed capacitance C_f.

$$C_{m1} = C_s + (1 - \alpha)\,C_0 + C_e + C_f. \tag{5.5}$$

---

[1] E. B. ROSA and N. E. DORSEY: Bull. Bur. Stand. **3**, 517 (1907).

The sample is now withdrawn and the air-capacitance measured at the same electrode distance

$$C_{m2} = C_0 + C_e + C_f. \tag{5.6}$$

On taking the difference $C_{m1} - C_{m2}$ both the edge-capacitance and the fixed capacitance are eliminated giving

$$\varepsilon - 1 = \frac{C_{m1} - C_{m2}}{\alpha C_0}. \tag{5.7}$$

Thus ε is determined in terms of the measured difference of capacitance and αC_0 which is the air capacitance of the space occupied by the specimen exclusive of any edge effect.

II. Alternative bridge circuits.

It goes without saying that any bridge circuit that has been devised for the measurement of capacitance can be applied to the measurement of dielectric properties and it is quite unnecessary to consider them all here. There are however two classes of bridge circuit, of more recent development than the Schering bridge, that deserve special consideration, transformer bridges and twin T bridges.

6. The transformer bridge. The special feature of this bridge is a pair of ratio-arms in the form of two inductive coils wound on a common core of high permeability, as in a transformer, so that there is almost perfectly close coupling between the two. The ratio of the voltages across two such windings is almost exactly equal to the turns ratio, and current led in at the common point flows in such directions in the two windings that the e.m.f. of self inductance arising from the current in either winding is neutralised by the e.m.f. of mutual inductance arising from the current in the other. Thus the three terminals of the inductive ratio arms are at practically the same potential, which may be the local earthpotential or screen potential. It follows that two capacitive arms connected to such ratio arms to complete a bridge circuit of the ordinary form as in Fig. 8 may be balanced against one another in conditions which approximate very closely to the ideal, the point E being earth-connected, the detector points B and F being also at earth-potential, and capacitance to earth having almost no effect on the balance point, since earth-capacitances from E, B, and F carry no current and earth capacitance from A merely shunts the generator. In other words the arrangement secures all the advantages of the Wagner earth without the necessity of a double balancing operation, the direct capacitance of a 3-electrode system being obtainable by a very simple measurement. A scheme of this kind was first suggested by G. A. Campbell[1] in 1922 and it was developed by Blumlein in 1928 and subsequent years, though a full account of the work was not published until 1948 (Clark and Vanderlyn)[2]. It will be appreciated that some means of balancing conductance or loss angle must be added to Fig. 8 and that the very convenient arrangement of the Schering bridge is no longer applicable. Very small conductances can be balanced by means of T networks, examples of which will be given later, or by larger conductances connected to

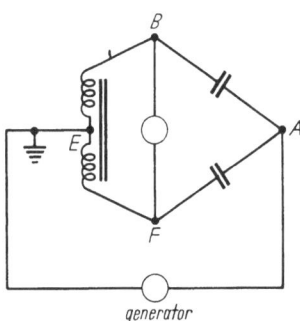

Fig. 8. Simple transformer bridge.

---

[1] G. A. Campbell: Bell Syst. Techn. J. **1**, 18 (1922).
[2] H. A. M. Clark and P. B. Vanderlyn: Proc. Inst. Electr. Engrs. **96**, Part 3, 189 (1949).

a suitable tapping on one of the transformer windings, but probably the best illustration of the use of a transformer bridge for work on dielectrics is provided by A. M. Thompson's[1] bridge for the measurement of complex permittivity.

The bridge can be regarded as the conjugate of the one shown in Fig. 8 with the addition of a primary winding which in effect applies voltage to the terminals B and F of the inductive ratio coils, the detector being connected between E and A. The complete scheme is shown in Fig. 9 in which C_s represents a specimen

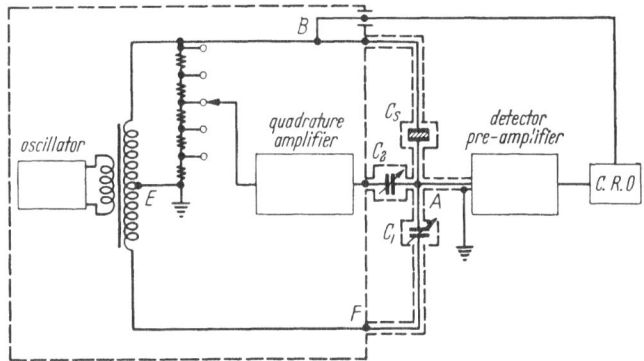

Fig. 9. A. M. Thompson's bridge for complex permittivity.

of a dielectric with suitable electrodes occupying the bridge arm BA. Its capacitance is balanced by that of the variable standard capacitor C_1, and by employing a three-terminal construction for this instrument its relevant direct-capacitance will be sensibly free from power loss. Means must be added for balancing the power loss in the specimen which may be regarded as having not merely a real capacitance C_s' proportional to its permittivity ε' but also an imaginary capacitance jC_s'' proportional to the loss factor ε'' and such that $\tan \delta_s = C_s''/C_s'$. This imaginary capacitance is equivalent to a real capacitance energised by a voltage in quadrature with that on the dielectric, and so by producing such a voltage by means of an amplifier with capacitive feed-back (Fig. 10) and by applying this voltage to a second variable capacitor C_2 the power loss in the specimen can be balanced by adjusting C_2. The voltage applied to C_2 will clearly depend on the quadrature amplifier and the resistive attenuator which precedes it, but when the amplifier is of high gain and the feed-back arrangements satisfy the condition $\omega CR = 1$, the amplifier itself produces the required change of phase without appreciable change of magnitude of the voltage, and the voltage applied to C_2 is simply jmV_s where m is the step-down ratio of the resistive attenuator and V_s the voltage applied to the specimen. It follows that when balance is obtained $\tan \delta$ for the specimen is given simply by $\tan \delta = mC_2/C_1$. This relation being independent of frequency is even more convenient than that for the Schering bridge though the circuit is rather more complex. Thompson covered a working range of frequency of 5 c/s to 160 kc/s with his equipment, which included two transformers, one wound on a silicon-iron core for the lower frequencies and the other on radiometal for the higher frequencies. A cathode ray oscillograph preceded by an amplifier of flat response served as detector for all frequencies.

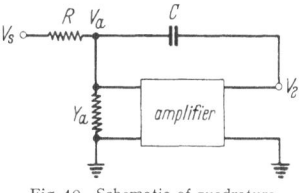

Fig. 10. Schematic of quadrature amplifier.

[1] A. M. Thompson: Proc. Inst. Electr. Engrs. B **103** (1956).

7. Twin-T bridges. The basic bridge network, of which the foregoing are examples, can be drawn as in Fig. 11a and regarded as a lattice network of zero transmission. It is well known that such networks are equivalent to networks of the forms shown in Fig. 11b and c, in which the circuit elements are connected in T formation, provided that the impedances in the T's are related to those in the lattices in accordance with certain algebraic equations. It is not always possible to realise the necessary impedances but in cases where they can be realised this form of null circuit has the important advantage that the generator and detector have a common terminal which may be earth-connected, in which case earth-capacitance from the other terminals of generator and detector merely shunt these two instruments and have no effect on the equation of balance. Earth capacitance from the T junction forms part of Z_c in Fig. 11b but provided it is included in the value used for Z_c it causes no error. These networks therefore also offer the possibility of obtaining the advantages of the Wagner earth

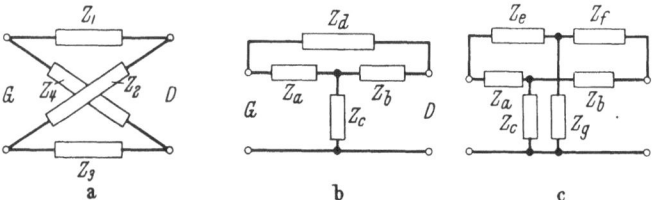

Fig. 11 a—c. Balancing circuits of lattice and T-form.

without the necessity of adjusting a double balance. W. N. Tuttle[1] (1940) first pointed out these advantages and described several convenient circuits of these forms. One of these of the form Fig. 11c, a twin T, has been much used for work on dielectrics and similar measurements, and will therefore serve as an example. It has been shown by D. Woods[2] (1954) that a bridge of this form can be used with precision at frequencies as high as 200 Mc/s, and as the range of Woods' bridge, ± 50 pF and 0 to 50 millimho with a discrimination of 0.001 pF and 1 micromho, is very suitable for work on dielectrics, his arrangement will be briefly considered.

The two T networks in parallel linking generator and detector are shown in Fig. 12. The upper series elements are equal fixed capacitors $C_1 = C_2 = 5$ pF, and below one fixed capacitor $C_3 = 10$ pF and a resistor $R_s \approx 200$ ohm providing a conductance G_s. The shunt elements on each side include a calibrated variable capacitor C_a of range 25 pF and C_b of range 50 pF supplemented by additional capacitors of 60 pF for C_a and 100 pF for C_b, and also an inductor of a value depending on the frequency. Pairs of plug-in inductors are used in order to cover a range of frequencies. The system to be measured is connected to terminals in parallel with these shunt elements, normally T_{xb} though T_{xa} can also be used for special purposes, and measurements are always made by difference of the readings of C_a and C_b for the initial and final balance, the one obtained before connecting the system to be measured and the other after. The inductors and the additional capacitance mentioned above serve to make the initial balance possible, the necessary conditions being

$$\frac{1}{\omega^2 L_a} = C_a + C_1 + C_2 + \frac{C_1 C_2}{C_3}\left(1 + \frac{g_b}{G_s}\right), \tag{7.1}$$

$$\frac{1}{\omega^2 L_b} = C_b + C_3\left(1 - \frac{g_a G_s}{\omega^2 C_1 C_2}\right) \tag{7.2}$$

[1] W. N. Tuttle: Proc. Inst. Radio Engrs. **28**, 23 (1940).
[2] D. Woods: Precision Electrical Measurements, Paper 4. London 1955.

where g_a and g_b are resultant conductances representing the total power loss in the two shunt elements, including inductors, terminal insulation, etc.

Now let $\varDelta C_a$ and $\varDelta C_b$ denote the amounts by which C_a and C_b must be reduced in order to restore the balance after the system to be measured has been connected to the terminals T_{xb}, all other components of the network remaining unchanged. Then the capacitance C_{xb} and conductance G_{xb} of the system are given by

$$C_{xb} = \varDelta C_b \qquad (7.3)$$

and

$$G_{xb} = \frac{C_3}{C_1 C_2} \cdot G_s \varDelta C_a \qquad (7.4)$$

so that

$$\tan \delta_x = \frac{C_3}{C_1 C_2} \frac{\varDelta C_a}{\varDelta C_b} \cdot \frac{G_s}{\omega}. \qquad (7.5)$$

Alternatively a similar difference measurement may be made by connection of the system under measurement to the terminals T_{xa}, in which case

$$C_{xa} = \varDelta C_a, \qquad (7.6)$$

$$G_{xa} = R_s \omega^2 \cdot \frac{C_1 C_2}{C_3} \cdot \varDelta C_b, \qquad (7.7)$$

$$\tan \delta_x = R_s \omega \cdot \frac{C_1 C_2}{C_3} \cdot \frac{\varDelta C_b}{\varDelta C_a} \qquad (7.8)$$

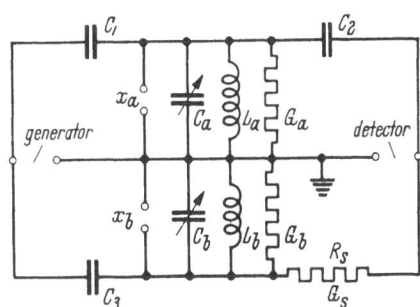

Fig. 12. D. Wood's bridge for frequencies of 3 to 300 Mc/s.

where R_s denotes the equivalent series resistance of G_s, and is equal to $1/G_s$ if and only if the resistor is strictly non-reactive. This alternative procedure provides a means of estimating the errors of the bridge network at very high frequencies and by making measurements on standard air capacitors the values of which are calculable from their linear dimensions, at known standard frequencies the whole bridge can be calibrated as an absolute standard for the measurement of capacitance, conductance, phase angle and related quantities. Details cannot be given here but the self-consistency of the measurements shows that with suitable elaboration of construction the errors do not exceed 0.2% for either component of a complex capacitance apart from an absolute uncertainty of $\pm 0.005\,\mathrm{pF}$ and $\pm 5 \times 10^{-6}$ mho. This accuracy is achieved by the use of coaxial capacitors designed to have a special law of residual inductance for C_a and C_b, and a compact construction in which the connections take the form of metal blocks of which the residual inductances are not merely extremely small, but are distributed by symmetry and other geometrical features so as to secure a high degree of compensation.

The capacitors C_a and C_b are calibrated by substitution against the calculated standards. Then by making measurements at both T_{xa} and T_{xb} of the same capacitance and the same conductance, relations between the various bridge elements are evaluated, which provide the values for the multiplier $C_3/C_1 C_2$, the conductance G_s, and the self-capacitance C_s of the standard resistor, which is omitted from the above network and equations for simplicity, but which is easily shown to affect C_{xa} and C_{xb} in opposite directions so that it can be evaluated from the observed difference between $\varDelta C_a$ and $\varDelta C_b$ for a given capacitor.

This work is of special interest as representing the technique of bridge measurements at the highest frequency to which it has been taken. These frequencies, as well as still higher ones, are of great importance in work on dielectrics but the rather elaborate construction of Woods' bridge is an obstacle to its widespread use and most observers have recourse to resonance methods at the frequencies at which they become convenient.

III. Resonance methods.

8. General principles. The simplest electrical resonator consists of an inductive coil L connected to a capacitor C to form a circuit of a single mesh in which a current I may circulate. Provided that the resistance R of the circuit is not too large the current I, which results from an electrical impulse applied to the circuit, is oscillatory, the angular frequency ω being given by $LC\omega^2 = 1$, and when such a circuit is used as the feed-back circuit of an amplifier, oscillations of this frequency may be continuously maintained. Alternatively if a sinusoidal e.m.f., E, of constant amplitude is induced into such a circuit the current I produced is given by

$$I = \frac{E}{\sqrt{R^2 + (L\omega - 1/C\omega)^2}} \tag{8.1}$$

and if therefore either ω or C is continuously varied the current rises to a maximum value when the condition $L\omega - \dfrac{1}{C\omega} = 0$ is satisfied i.e. when $LC\omega^2 = 1$. When R is very small relative to $L\omega$ or $1/C\omega$ the curve representing the rise and fall of current in the region of the maximum value is very sharp and the phenomenon is described as a sharp resonance. Such a resonance can be precisely observed in various ways; for example by an ammeter A indicating the current I, or by a voltmeter connected across the coil or capacitor and therefore indicating a voltage proportional to I; and any such resonator and detector of resonance can be used to measure capacitance. It is only necessary to let C take the form of a standard variable capacitor and to connect any capacitor to be measured in parallel with it; measurements can then be made by a simple difference procedure. The standard capacitor is set at a point near the bottom of its scale and resonance observed; the capacitor under measurement is then disconnected and the condition of resonance restored by varying the standard; the required capacitance is then given by the difference between the two values of the standard.

The sharpness of the resonance will clearly be dependent on the relative values of $L\omega$ and R at the working frequency and adequate sharpness is most easily obtained when ω is large, i.e. at radio frequencies. The technique has been widely used at frequencies from 10^4 to 10^8 c/s but the region of 10^5 to 10^6 c/s is probably the most favourable, as at lower frequencies the resonance may be less sharp and at higher frequencies the inductance associated with connecting wires and capacitor plates may form an appreciable portion of L and the postulated experimental conditions, such as constancy of L are less easily realised. A more detailed consideration of some sources of error will be given in describing Hartshorn and Ward's method below but meanwhile it should be mentioned that with radiofrequency techniques, frequency itself is the quantity that is most easily observed with high precision. It is common knowledge that two radio frequencies can be made to interfere and produce an audible beat note that one can easily compare with the note of, say, a standard tuning fork, and so obtain a discrimination of perhaps one part per million with comparative ease. Thus resonant circuits are commonly used as the controlling elements of radio-frequency oscillators and capacitance measurement is made in terms of the change of frequency produced by change of capacitance. The measurement can be made by difference as before, the capacitor under measurement being connected in parallel with the standard capacitor in the "tuning-circuit" of the oscillator. The weakness of this method lies in the fact that the frequency of such an oscillator controlled by a "tuned circuit" is not solely a function of the inductance and capacitance in that circuit. The loss in the capacitor, that is to say its effective conductance or imaginary capacitance, may also influence the frequency in a way that is not easily allowed for and when the capacitor under measurement is disconnected part of the change in frequency may arise from the change in loss angle, which is often ignored. Thus the very precise discrimination of frequency does not necessarily yield the same discrimination of capacitance and when this method is applied to liquids of appreciable conductivity or loss angle errors in the values of dielectric constant are to be expected.

It is not possible to give details of all the resonance methods that have been employed in recent years but the method of Hartshorn and Ward will be given since it covers the whole range of frequency for which circuit resonance is practicable, it avoids the various errors that have been mentioned above and it gives both components of the complex permittivity.

9. Hartshorn and Ward's method. This method was primarily devised for solids, the specimen used taking the form of a flat disc of about 50 mm diameter and a thickness usually of the order of 1 to 3 mm. The apparatus is shown schematically in Fig. 13. The main capacitor of the resonant circuit consists of two circular metal plates A and B, the upper one being adjustable by means of a micrometer head M_1. This plate is connected to the metal housing H by means of cylindrical copper bellows of large diameter and therefore of very low resistance and inductance. Fine adjustments of capacitance are made by means of a second micrometer head M_2 the stem of which projects into a cylindrical hole in the metal block of which the electrode A forms the upper part, this arrangement constituting a cylindrical micrometer capacitor in parallel with the main capacitor. The tuned circuit is completed by connecting a suitable inductor to a pair of terminals integral with A and H. Resonance is detected by a sensitive thermionic voltmeter the scale reading (ϑ) of which is proportional to the square of the voltage (V) across the capacitor. The voltmeter can be mounted as shown in a rigid metal box which also serves as a base for the capacitor system. Rigid insulators of very low loss are needed for the capacitors and in the arrangement of Fig. 13 they consist of three pairs of cylinders of fused quartz, one pair with its clamping bolt F being shown in the diagram. For work at the frequencies near 100 Mc/s the inductor consists of a single turn of a conductor of large cross section as shown at (b) but for the lower frequencies coils of many turns are required. In either case the inductor is provided with a suitable electrostatic screen, which may take the form of a wire cage in cases where the losses arising from eddy currents in the screen would otherwise be excessive. Losses of all kinds in the tuned circuit must be kept down to as low a value as possible in order to obtain the required sharpness of resonance. The screens of voltmeter, capacitor, and inductor are of course all connected together so as to localise the capacitance of the whole system and make it independent of surrounding objects, including the observer. A constant e.m.f. is induced in the inductor by means of a generator placed a convenient distance away so as to obtain magnetic coupling sufficiently loose to avoid appreciable change in the generator current by reaction from the tuned circuit when it goes into resonance.

The procedure is as follows. The specimen, with its plane faces provided with an intimate metallic coating as explained earlier, is inserted in the gap between the electrodes A and B and the upper micrometer head M_1 is adjusted so as to bring the electrodes into contact with it. An inductor of a value calculated to bring the circuit into resonance at the desired frequency is connected to the electrodes and the generator is set so as to provide a constant current of this frequency in its output coil. The side micrometer M_2 is then adjusted, usually by a distant control, until the voltmeter readings show that the condition of

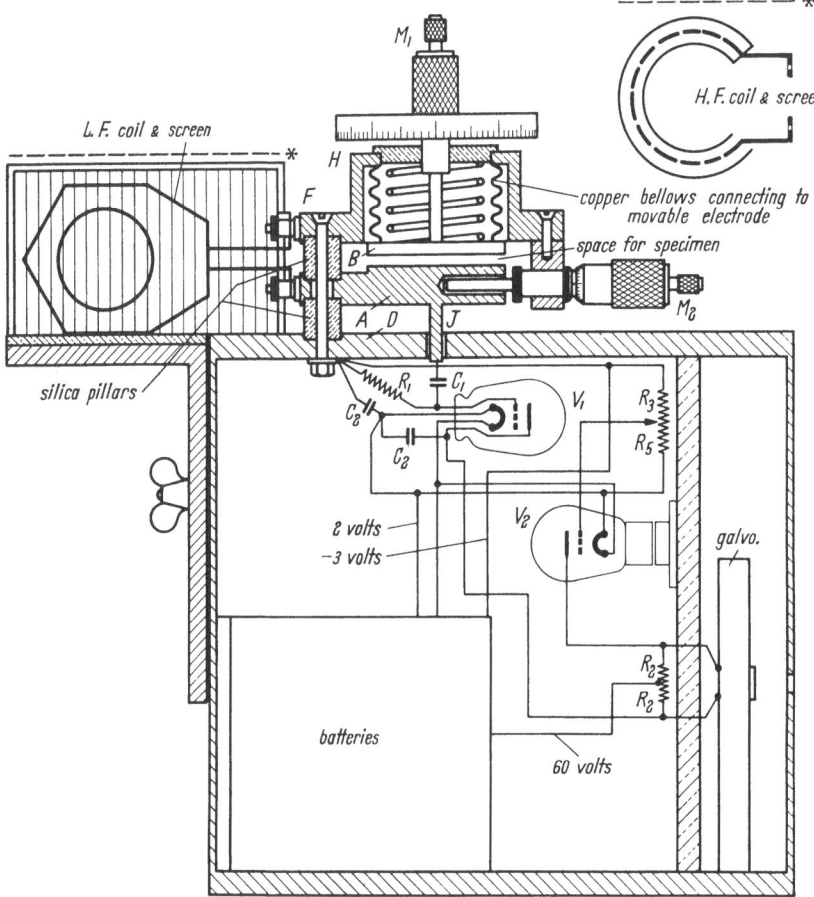

Fig. 13. Hartshorn and Ward's method.

resonance has been reached, the voltmeter reading, if plotted against capacitor reading, yielding the familiar peaked curve, Fig. 14. It can be shown by simple algebra that in the conditions stated above this curve is symmetrical about the peak value and that the width of the peak is proportional to the total power loss in the resonant circuit expressed as an equivalent conductance in parallel with the specimen. If C_r is the value of the capacitance corresponding to the maximum voltmeter reading $\vartheta_m = k V_m^2$ and C_1 and C_2 are the two capacitance values corresponding to a voltmeter reading $\vartheta = k V^2$, the working equations may be written

$$C_r = \frac{1}{2}(C_1 + C_2) = \frac{1}{L_p \omega^2}, \qquad (9.1)$$

$$G = \frac{1}{2}(C_1 - C_2)\,\omega \Big/ \sqrt{\frac{\vartheta_m}{\vartheta} - 1}\,. \qquad (9.2)$$

The condition of resonance (9.1) is independent of the power loss or conductance of the specimen but depends on the equivalent parallel inductance L_p of the coil, which differs from its series value L_s by an amount depending on the resistance of the coil. Several sets of readings of C_1, C_2, ϑ_m, and ϑ are taken and thus several values of C_r and G can be obtained, their consistency servings as a check that the necessary conditions have been satisfied.

The specimen is now withdrawn from the electrodes which are brought nearer together by the micrometer until the condition of resonance is restored with air only between the electrodes. Sets of readings of C_1, C_2, ϑ_m and ϑ are again observed yielding new values of C_r and conductance, which may now be denoted G_0 to indicate that it is a measure of all the losses when the specimen is out. Evidently the conductance representing the loss in the specimen is given by

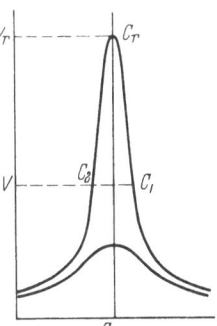

Fig. 14. Resonance curves.

$$G_s = G - G_0 \qquad (9.3)$$

while the capacitance of the specimen is given by C_r the value of which can be obtained from the micrometer readings when the sample is out, for the capacitance of the system as a function of the readings of the micrometers can be measured by reference to a standard of capacitance at any convenient frequency. Indeed the electrode system, once calibrated, is itself employed as a capacitance standard. If ΔC is the difference between the values of $C_1 - C_2$ obtained before and after the removal of the sample the complex capacitance of the specimen is directly measured as $C_r + j\, \Delta C/2$ and its loss tangent is given by

$$\tan \delta_s = \frac{\Delta C}{2 C_r} . \qquad (9.4)$$

Thus a single calibration of the capacitor system serves for the determination of the dielectric characteristics at any frequency for which voltage resonance can be observed. The properties of the inductor employed are of no great importance provided it gives a sharp resonance and remains constant curing the time taken in making the two sets of observations. The resonant circuit inevitable includes appreciable resistive losses in coil, copper bellows, terminals, voltmeter, and dielectric losses in the insulation of coil, capacitors and voltmeter, but since no appreciable change is made in any of these circuit elements in passing from the conditions of one set of observations to the other, all such losses remain unchanged and cancel out on taking the difference.

The capacitance values obtained by the calibration of the electrode system usually include "edge-capacitance" and possibly some additional constant capacitance but these are allowed for, when necessary, by the methods discussed in Sect. 5 above.

Measurements on liquids at frequencies up to 100 Mc/s are made in the same way as for solids, except that the flat plates A and B are replaced by curved electrodes. The upper surface of A is made concave so that it will hold the liquid, while the lower surface of B is convex but of the same radius of curvature so that the gap between them is of uniform width.

At the lower frequencies, say 1 Mc/s and under, it is possible to make measurements with this and similar equipments on liquids contained in 2-terminal cells of the kind described earlier. The cell is first connected to terminals integral with the electrodes and the observations of capacitance at resonance made as before; the cell is then disconnected and the readings repeated so that the values for the cell are obtained by difference. The values so measured necessarily include the effects of inductance of the connecting leads and they are therefore only valid at frequencies for which such effects can be shown to be negligible. The Hartshorn-Ward procedure involves no appreciable change of inductance or capacitance between the two states of resonance and the error is usually negligible even at the highest frequencies, though the effects of slight changes in the inductance of the copper bellows and of the side micrometer may be just detectable at 100 Mc/s.

10. Alternative procedures. Resonant circuits have been used for the measurement of capacitance, conductance and loss angle in several other ways that may be briefly considered.

Thus conductance can be obtained from the maximum voltage generated in the circuit by a constant induced e.m.f. If G_0 is the conductance of the circuit without the specimen, then $G_0 + G_s$ is the conductance with the specimen included, and it is easy to show that if v_0 and v_t are the maximum voltages observed in the two cases

$$\frac{G_0 + G_s}{G_0} = \frac{v_0}{v_i} = \sqrt{\frac{\vartheta_0}{\vartheta_i}}. \tag{10.1}$$

Thus when once G_0, which is a constant of the apparatus, has been determined G_s is very simply determined by observing ϑ_0 and ϑ_i alone.

When a very fine adjustment of capacitance is not available it is possible to work by frequency variation instead of capacitance variation provided it is known that the output of the generator does not vary appreciably in amplitude when its frequency is adjusted over the small range required to explore a resonance. Since it is the variation of the capacitive reactance $(1/C\omega)$ relative to the inductive reactance $L\omega$ which causes the resonance peak, the equations for frequency variation are similar to those for capacitance variation though the peak appears narrower since a change in frequency affects both $C\omega$ and $L\omega$. It also affects the induced e.m.f. and the advantage of a strictly symmetrical resonance curve is lost but provided the resonance is sharp the condition of maximum voltage is approximately the same as for capacitance variation, namely $LC\omega_r^2 = 1$, while the equation for the total power loss expressed as a conductance G becomes

$$G\sqrt{\frac{\vartheta_m}{\vartheta} - 1} = C(\omega_1 - \omega_2) \tag{10.2}$$

where ω_1 and ω_2 are the two angular frequencies on either side of ω_r that give the same voltmeter reading $\vartheta = k v^2$. By working at the "half-power points" for which $\vartheta_m/\vartheta = 2$ the equation reduces to

$$G = C(\omega_1 - \omega_2). \tag{10.3}$$

The value of G_s for a specimen can be measured by a difference procedure as before and the capacitance C_s of the specimen can be measured by observing the amount by which a standard capacitor must be increased to restore resonance when the specimen is removed. If $\Delta\omega$ denotes the difference of $(\omega_1 - \omega_2)$ produced by removing the specimen, its loss tangent is given by

$$\tan \delta_s = \frac{C}{C_s} \cdot \frac{\Delta\omega}{\omega}. \tag{10.4}$$

11. The Q meter. Approximate measurements of dielectric properties are frequently made with a self-contained commercial instrument that is calibrated to indicate directly capacitance and the reciprocal of the loss tangent, $Q = 1/\tan \delta$. The instrument consists of a resonant circuit arranged as shown in Fig. 15 with a coil L, calibrated capacitor C, and voltmeter V. It is energised by means of a generator which passes a current of a definite value, monitored by the ammeter A, through a non-reactive resistor R of very low value, say 0.04 ohm, which is in series with the resonating inductance and capacitance. Thus a constant voltage V_0 is applies to the circuit over the range of frequency covered by the instrument. If R_L and L denote the equivalent series resistance and inductance of the coil, and the losses in the capacitor are represented by an equivalent series resistance R_C then the circulating current is given by

$$I = \frac{V_0}{R_L + R_C + j\left(\omega L - \dfrac{1}{\omega C}\right)}. \tag{11.1}$$

At the frequency which satisfies the condition of resonance $L C \omega^2 = 1$ the current reaches the maximum value $V_0/(R_L + R_C)$ and the corresponding maximum reading of the voltmeter becomes V_m where

$$\frac{V_m}{V_0} = \frac{1}{(R_L + R_C)\, C\, \omega} = \frac{1}{R_L/L\, \omega + R_C\, C\, \omega} = \frac{1}{\tan \delta_L + \tan \delta_C}. \tag{11.2}$$

Thus the voltmeter scale can be calibrated so that the maximum reading indicates $\Sigma \tan \delta$ for the inductive and capacitive elements of the circuit. It is the reciprocal of this quantity that is usually given, i.e. the reading is Q where $\Sigma \tan \delta = 1/Q$. Two readings are needed to measure a dielectric specimen, one with the specimen connected and the capacitor set at a low value, and the other

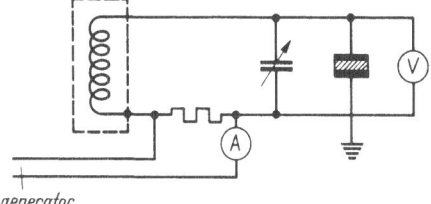

generator

Fig. 15. The Q-meter.

with the specimen removed and the capacitor at the higher value required to restore resonance. The difference of the capacitor readings gives C_s the capacitance of the specimen and the difference of the Q readings determines $\tan \delta_s$, but allowance must be made for the fact that $\tan \delta$ for the specimen in parallel with air capacitance making a total capacitance of C is $C_s \tan \delta_s/C$, and the working equation becomes

$$\frac{C_s \tan \delta_s}{C} = \frac{1}{Q_1} - \frac{1}{Q_2}. \tag{11.3}$$

12. Methods of high sensitivity for dielectric constant. The methods described above have been widely used by physicists and engineers who are specially interested in obtaining both components of the complex permittivity over a wide range of frequency. There exists also a voluminous literature on the physico-chemical aspects of the subject by observers who are concerned only with the static value of the ordinary dielectric constant irrespective of any conductance or power loss. In such work sensitivity of capacitance discrimination has received much attention and devices of much greater sensitivity than the voltmeters mentioned above have been employed. Such discrimination is very easily obtained with resonating circuits and oscillators at frequencies of the order of a Mc/s, and the techniques therefore are mainly of this character. It is impracticable to quote circuits in full detail, and unnecessary, for sensitivity is not now a serious limitation in any work of the kind. The accuracy depends mainly on the extent to which sources of error of the kinds discussed in the above paragraphs have been dealt with.

The heterodyne method is probably the one most widely used. The dielectric cell and measuring capacitor in parallel with a suitable inductor constitute the resonant circuit controlling an oscillator of a convenient radio frequency. A second oscillator either of exactly the same construction as the first, or else one controlled at a fixed frequency by a quartz resonator, serves as a reference standard of frequency and the measurement is made by adjusting the capacitor of the first oscillator until it is brought into synchronism with the second, the detector of synchronism being a circuit which receives a signal from both oscillators and which incorporates mixing and rectifying valves so that its output consists of a beat-note or a current of a frequency equal to the difference of the frequencies of the two oscillators. Sometimes an audible note is produced and is matched to the frequency of a standard tuning fork by beats. Alternatively it is possible to reduce the beat-frequency to a value of the order of 1 c/s so that the beats are seen as deflections of a microammeter. Stability of the beat note at a fixed setting of the measuring circuit is clearly important. The use of two similar oscillators is designed to secure freedom from drift because any pronounced drift is likely to be the same for both; the use of a quartz crystal is likely to give better stability of the reference frequency, though not necessarily better stability of the beat-note. Interaction between the two oscillators must be prevented by adequate screening and possibly the use of buffer valves between each oscillator and the receiver. Recent example of such circuits may be found in the book by J. W. Smith[1] (1955).

An alternative arrangement consists in the use of a single oscillator the frequency of which is controlled by the measuring circuit as before, but the adjustment to a fixed reference frequency is made by the use of a receiver incorporating a quartz resonator in parallel with a tuned input circuit. The tuned input circuit causes the response of the detector to follow an ordinary resonance curve as the frequency of the oscillator is varied. The quartz crystal goes into resonance at some point on this curve and since this crystal resonance is extremely sharp it introduces a sharp crevasse in the relatively broad curve of the tuned circuit. Settings may be made to points on either side of this crevasse thus enabling their mean to be used as a reference frequency of high precision. An example will be found in Le Fèvre, Ross and Smythe[2] (1950).

13. Circuit methods at the upper frequency limit. As the working frequency is steadily increased a stage is reached at which the wavelength λ of the applied electric field becomes comparable with the size of the components of the apparatus and the concept of a circuit with elements of definite inductance and capacitance then loses its validity. Thus a capacitor only retains its calibrated values at frequencies such that the linear dimensions of the electrodes are a small fraction of $\lambda/2$. The Hartshorn-Ward system with electrodes 5 cm in diameter can therefore be employed at a frequency of 100 Mc/s where $\lambda/2 = 150$ cm with an accuracy of the order of 1% but for still higher frequencies it is essential to use a system with smaller electrodes and also, if it is desired to investigate materials at the highest frequency practicable, to devise some means of reducing the inductance in series with the electrodes. An inductance smaller than that of a single turn of a thick wire can be obtained by using many such turns in parallel distributed around the perimeter of the electrodes. If the number of turns is

---

[1] J. W. Smith: Electric Dipole Moments. London 1955.
[2] R. J. W. Le Fèvre, I. G. Ross and B. M. Smythe: J. Chem. Soc. **1950**, 276.

increased until the whole circumferential space is filled the arrangement becomes a cavity containing a small plate capacitor formed by a gap in a central metallic column integral with the cavity walls. Such an arrangement has been constructed for measurements on dielectrics by DAKIN, WORKS and BOGGS[1] (1944) and by J. V. L. PARRY[2] (1951) and has been found to give satisfactory results at frequencies of the order of 500 Mc/s, and the limiting frequency for circuit

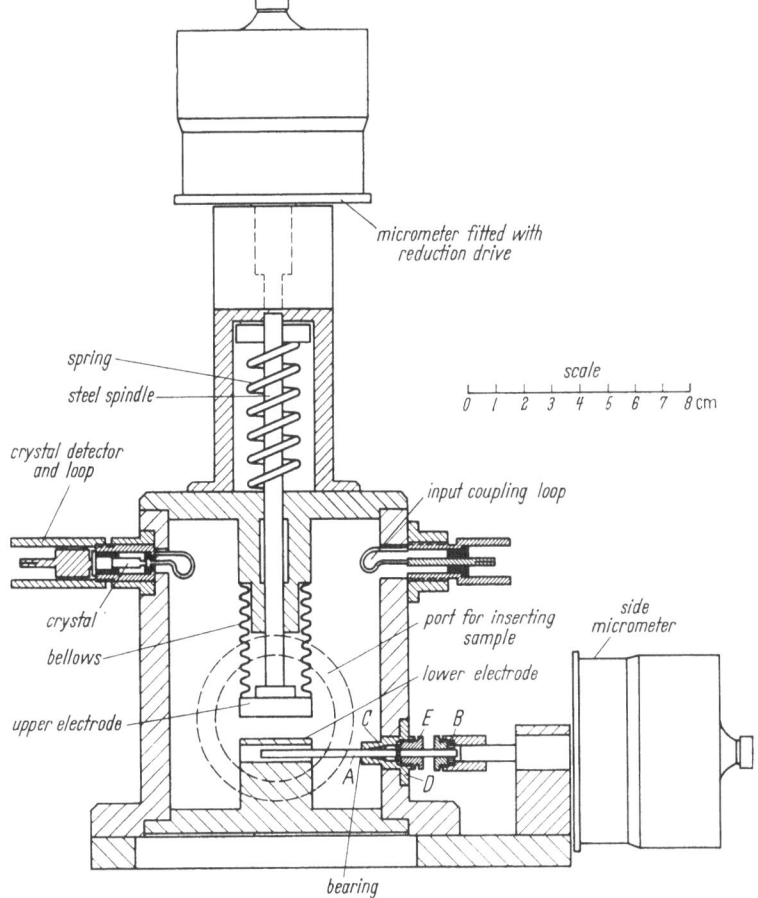

Fig. 16. Re-entrant cavity.

methods is not much beyond this value, though the actual working frequency will clearly depend on the size of the cavity and the capacitance of the sample so that for some materials rather higher frequencies are practicable.

The arrangement used by PARRY is shown in Fig. 16. The disc electrodes, copper bellows and upper micrometer are the same as in the Hartshorn and Ward apparatus except that the diameter is smaller. The capacitor for the fine adjustments is again a coaxial capacitor operated by a micrometer on one side, but the cylindrical hole constituting one electrode of this capacitor is no longer at the same potential as the near-by plane surface which constitutes the lower electrode

[1] C. N. WORKS, T. W. DAKIN and F. W. BOGGS: Trans. Amer. Inst. Electr. Engrs. **63**, 1092, 1452 (1944).

[2] J. V. L. PARRY: Proc. Inst. Electr. Engrs. **98**, Part III, 303 (1951).

of the disc specimen. The portion of the metallic column between these surfaces possesses an inductance which is an appreciable fraction of the total inductance of the cavity. Thus while the main capacitor is connected across the total inductance, the side capacitor is connected across only part of the inductance and its effect in changing the resonant frequency of the cavity is correspondingly reduced. It follows that a simple calibration of the two capacitors is no longer adequate. This difficulty is overcome by calibrating the main capacitor only by direct comparison with a standard capacitor and then calibrating the side micrometer in terms of the change in the resonant frequency that it produces for a given setting of the main capacitor. Then if Δf is the width of the resonance curve at the half-power level measured on this frequency scale, and if f_r is the actual resonant frequency at the setting of the main capacitor actually used, $\tan \delta$ for the whole cavity is given by the formula previously quoted for frequency variation, $\tan \delta = \Delta f / f_r$.

The cavity is coupled to a suitable generator by means of a small loop of wire which projects through the wall at a point well removed from the capacitors and a similar loop provides coupling to the detector of resonance which is a crystal diode and galvanometer.

For solids Parry used specimens of 2.5 cm diameter and the procedure followed closely that for the Hartshorn and Ward method, one measurement being made with the specimen inserted and a second with the specimen removed and resonance restored by adjusting the main micrometer. The difference of the two values of $\tan \delta$ gives $\tan \delta_s$ for the specimen, and its capacitance is obtained from the reading of the main capacitor when the empty cavity is in resonance. Due allowance must be made for edge-capacitance and also for any change of inductance of the cavity with distance between the electrodes, which may become appreciable when thick specimens are used. The correction required can be estimated by calculation and verified by making measurements on samples of the same material of different thickness.

Liquids have been measured with this apparatus by placing them in a thin-walled circular tray machined from a cylinder of polythene. Readings are taken with the tray, first filled with liquid, and afterwards empty, between the electrodes, due allowance being made for the capacitance of the base of the tray by calculation.

IV. Direct-current methods; long relaxation times.

14. General considerations. The response of a dielectric to an applied electric field is conceived as comprising two parts, one which is sensibly instantaneous and which therefore contributes to the dielectric constant an amount which is independent of the duration of the application of the field, and therefore of its frequency when alternating, and another which does depend appreciably on time with constant fields and on frequency with alternating fields. The two parts can be resolved by making measurements with alternating fields of a great range of frequencies by the methods described above and it is then found that the time-dependent part is often characterised by one or more times of relaxation, τ, characteristic of the yielding of some part of the structure such as the orientation of dipolar molecules or the accumulation of ions of opposite sign at surfaces of discontinuity. Experiment shows that the range of such relaxation times encountered in practice is enormous; alternating current methods provide evidence of values as small as 10^{-10} second but it will be evident that they can afford little evidence of any values which greatly exceed the period of the applied voltage, so that even if the lowest possible frequencies are used, say 5 c/s with special balancing techniques such as have been described by G. Mole and D.C.G. Smith[1] (1955), little information will be obtained about any process with a time of relaxation exceeding 10 seconds. Times of 100 hours have been noted and it is therefore desirable to consider the methods by which these very slow processes have been investigated.

15. Measurements using an electrometer. The most direct methods are those in which a voltage from a battery or other constant source is applied to the material at a definite instant and maintained constant so long as any response can be detected. The response appears as the accumulation of charges of opposite sign on the electrodes to which the voltage is applied and it is measured as a function of the time t during which the constant voltage has been maintained. If the accumulated charge is Q when the applied voltage is V we may regard the specimen as having a capacitance $C = Q/V$ which increases with time at the rate at which the charge accumulates, so that for a dielectric characterised by a time of relaxation τ the variation of capacitance will be of the form

$$C = C_i + \Delta C_s (1 - e^{-t/\tau}) \qquad (15.1)$$

where C_i denotes the instantaneous component of the capacitance and ΔC_s is the static value of the other component, i.e. the value that is approached as t becomes very large relative to τ.

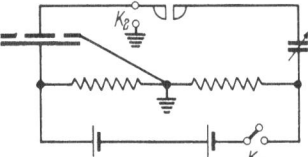

Fig. 17. The basic d.c. circuit.

A basic circuit for the measurement of C is shown in Fig. 17. The constant voltage source is applied to a resistive potential-divider which is earth-connected at its middle point so that the voltages at the two ends are equal and of opposite sign. One of these voltages V is applied to the specimen, shown in Fig. 17 with a guard-ring, and the other, $-V$, is applied to a standard capacitor. One measuring electrode only of the specimen and standard capacitor are connected to the voltage supply, all guard electrodes are connected to earth (zero potential), and the remaining measuring electrodes of both specimen and capacitor are connected together and to the sensitive element of an electrometer which can be isolated or earth-connected at will. Initially the key K_1 in the voltage supply circuit will be open and the electrometer key K_2 will be closed so that the specimen and also the capacitor are short-circuited and at zero potential. They must remain so for a time sufficient to ensure that the constituent charges reach an equilibrium condition, i.e. for a time much greater than any time of relaxation under investigation. Then the electrometer key is opened so that the instrument and measuring electrodes, now uncharged, become sensitive to any acquired charge; at an instant chosen as $t = 0$ the key K_1 is closed and the voltage V is applied to the specimen and $-V$ to the standard capacitor. The electrometer system thereby acquires an instantaneous charge VC_i from the specimen and $-VC$ from the standard, where C is the capacitance of the standard. Thus the instrument will instantly deflect unless $C - C_i = 0$ and the value of the standard which corresponds to zero instantaneous deflection serves to measure C_i for the specimen. Moreover, if the value of the standard is adjusted so as to maintain the electrometer at the null point, the value of the standard C recorded as a function of t gives directly the properties of the dielectric expressed in (15.1), including the instantaneous capacitance C_i, the relaxation time τ and the static capacitance $C_i + \Delta C_s$. From the dimensions of the specimen one calculates its vacuum

---

[1] G. Mole and D. C. G. Smith: Precision Electrical Measurements, Paper 5. London 1955.

capacitance C_0 and thus derives C_i/C_0, the instantaneous permittivity, usually denoted ε_0, indicating that is applies when $t=0$ and the static permittivity $(C_i + \Delta C_s)/C_0$, usually denoted ε_∞ to indicate that it applies when $t=\infty$. The difference $\varepsilon_\infty - \varepsilon_0$ is a measure of the total relaxation polarization which the material undergoes. Clearly one may treat permittivity ε_t as a function of time of charge t and resolve it into the instantaneous part ε_0 and the relaxation part $\varepsilon_t - \varepsilon_0 = (\varepsilon_\infty - \varepsilon_0)(1 - e^{-t/\tau})$ which approaches the stationary value $\varepsilon_\infty - \varepsilon_0$ when t is sufficiently large.

In actual practice a stationary value is not usually observed with most solids and liquids because they show a finite conductivity as a result of which some charge is conveyed to the electrometer as long as the voltage is applied. Thus when a stage is reached at which the standard capacitor must be adjusted at a constant rate $\delta C/\delta t$ in order to maintain the balance, one may interpret this as arising from a conduction current through the specimen of magnitude $i_c = V \delta c/\delta t$ and since this current has presumably flowed throughout the experiment, a corresponding amount must be deducted from each of the earlier readings to obtain the charge corresponding to polarization apart from conduction. The value of $\delta t/\delta C$ gives the resistance of the specimen and this in conjunction with its linear dimensions determines its resistivity. Values of resistivity are commonly quoted for solid dielectrics but though they are of practical importance in the construction of apparatus their relation to the structure of the material and other properties is seldom apparent and they can often only be regarded as measures of accidental imperfection of the specimens possibly connected with impurities or faults in the structure.

16. Current measurements. Electrometer methods of the kind described above provide the most sensitive method for the measurement of such, almost vanishingly small, conduction or "leakage" currents, but a current-measuring device of a more convenient form may often be used. It may take the form of a galvanometer, with or without an amplifier, or of some form of electrometer arranged to indicate the potential difference across a resistor of high value through which the current passes to earth. The instrument chosen will depend on the magnitude of the currents encountered and the time intervals to be investigated. An example of a d.c. circuit for the indication of current as distinct from charge is shown in Fig. 18 in which the current is measured with a d.c. amplifier, stabilised by negative feed-back, and galvanometer. The value of the current measuring resistor R_m must not be made so large that the potential difference across it produced by the measured current is comparable with the voltage V of the source, otherwise the conditions of constant voltage on the specimen would not be achieved. The voltage introduced by the feed-back resistor R_f, however, opposes that in R_m and thus ensures that the overall potential difference across $R_m + R_f$ is negligible and that the lower measuring electrode remains sensibly at the same potential as the guardring and the applied voltage constant.

The procedure is as follows. The switch S is set in the lower position so that the specimen is short circuited for a time sufficient to allow any observed current to die away completely. Then at the instant denoted $t=0$ the switch is moved to the upper position thereby applying the known voltage V to the specimen. An instantaneous current of a considerable magnitude must flow into the specimen to convey the instantaneous charge $V C_i$. The actual magnitude of the current impulse will be governed by the time-constant of the whole circuit i.e. by its over-all resistance and capacitance but this is ignored in the present method and the impulse is eliminated from the measurements by closing a key

K before the switch S is operated, and opening it after the initial impulse has ceased. The galvanometer G then indicates the charging current flowing into the specimen at any instant t. This charging current is evidently $V\,dC/dt$, which in the case considered in (15.1) becomes

$$i_t = \frac{V}{\tau}\cdot \varDelta C_s\, e^{-t/\tau} \qquad (16.1)$$

and a series of observations of i_t and t should determine $\varDelta C_s$, and therefore the corresponding $\varepsilon_\infty - \varepsilon_0$, and τ. The observed current does not usually satisfy a simple exponential function but can be represented by a series of terms of this form and the fact that such decaying currents are observed after many hours is evidence for the existence of polarizations of very long relaxation times. Eventually a constant current attributed to conduction is reached and this is deducted from the total current to obtain the polarization or absorption current at any previous instant.

The polarization can also be conveniently investigated by observing the discharge current when the specimen, after being fully charged as described above, is discharged by moving the switch S back to the lower position and

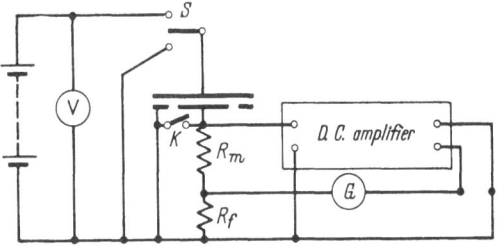

Fig. 18. D.C. amplifier circuit for measurement of absorption and conduction currents.

so reducing the applied voltage suddenly to zero. There is an initial impulse corresponding to an instantaneous discharge $V C_i$ which can again be diverted from the measuring instrument by having the key K closed; then on opening the key immediately afterwards a current flowing in the opposite direction to the charging current is observed; it decays with time in a manner very similar to that of the charging current and it is found that if t is now reckoned from the instant of discharge, or of reduction of the applied voltage by V, the law of decay of the discharge current is exactly the same as that of the polarization part of the charging current, the only difference of the charging and discharging currents at corresponding instants being the conduction current. Thus the two currents are essentially manifestations of a single phenomenon, the separation of charges of opposite sign within the material, that is to say, the polarization of the material, that follows a voltage increment of $+V$ in one case and $-V$ in the other. For the investigation of slow polarization the condition of "discharge" is obviously the more convenient in practice since it avoids the complication of conductance.

17. Nature of the polarization. The relation between complex permittivity measured with sinusoidal fields and the polarization currents, commonly called "absorption currents", measured by the d.c. techniques described above, is for most solids and liquids found to follow from the principle of superposition. Every increment in the field applied to the material is considered to produce an increment in the polarization, which decays in accordance with the same characteristic function of the material, and the successive increments are superposed linearly to produce the resultant observed polarization. Thus the sinusoidal field must in the steady state produce a sinusoidal resultant polarization, which will include the instantaneous component, in phase with the applied field and contributing the amount ε_0 to the measured permittivity, and a relaxation component, calculable by integration of the appropriate decay functions. This component will obviously be retarded in phase with respect to the field by an amount which will depend on the frequency and the decay functions involved and thus it contributes to the measured permittivity an additional amount ε_p' and the associated imaginary component ε_p'', determined by the retardation in phase δ in accordance with the relation $\tan \delta = \varepsilon_p''/(\varepsilon_p' + \varepsilon_0) = \varepsilon''/\varepsilon'$. Thus the quantities ε'' and ε' are not independent constants of the material; they represent two different aspects of the same polarization processes as also give rise to absorption currents. The quantities most directly characteristic of the retarded polarization are clearly $\varepsilon_\infty - \varepsilon_0$, which is a measure of its limiting value, and τ, its relaxation time. For the case of a process simple enough to be represented by single values of these two quantities the integrations mentioned above lead to simple relations between the complex permittivity $\varepsilon' - j\varepsilon''$ measured at the angular frequency ω and these constants. They are

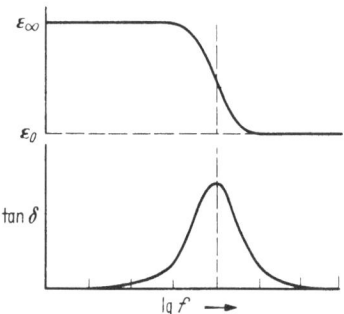

and

$$\varepsilon' = \varepsilon_0 + \frac{(\varepsilon_\infty - \varepsilon_0)}{1 + \omega^2 \tau^2} \qquad (17.1)$$

$$\varepsilon'' = \frac{(\varepsilon_\infty - \varepsilon_0)\, \omega\, \tau}{1 + \omega^2 \tau^2} \qquad (17.2)$$

Fig. 19. Debye absorption peak and the associated transition of dielectric constant.

which are shown as functions of ω in Fig. 19. The maximum value of ε'' occurs when $\omega\tau = 1$ and short time-constants are usually measured by applying this relation to experimentally determined curves, that show pronounced peaks of this shape. Alternatively the maximum value of $\tan \delta$ may be determined corresponding to the condition $\omega^2 \tau^2 = \varepsilon_\infty/\varepsilon_0$ but this is merely a matter of convenience in recording observations.

It is however very frequently found that the observations fit a curve with a much broader peak, the maximum value of ε'' being decidedly less than $\frac{1}{2}(\varepsilon_\infty - \varepsilon_0)$ which it must reach if (17.2) holds. Such curves can be accounted for as arising from a more complex polarization involving displacements with different relaxation times, the experimental curves then corresponding to the sum of a number of curves of the same simple form but distributed along the frequency (or time) axis in accordance with the values of τ. As is to be expected absorption current curves show a corresponding departure from the simple exponential form, and it becomes necessary to interpret them as following from the superposition of a distribution of exponential curves, and moreover, as previously mentioned, the distribution revealed by absorption currents for solids, frequently shows an enormous range of relaxation times. The observed phenomena are therefore of great complexity and it is not in general possible to determine the law of distribution of τ and to calculate the integrals following from the application of the superposition principle. Thus it is comparatively rare to find for a given material the relation between a.c. measurements and d.c. absorption curves completely established, although such evidence as exists leaves no doubt about the validity of the superposition principle.

Several other techniques are employed for the investigation of special aspects of these phenomena. For example, the specimen may be charged to the limit with a voltage V and then isolated from the source. Its voltage then decays on account of conductivity, which can thus be determined from the rate of fall of voltage with no risk of confusion from currents associated with fluctuations in the source of voltage. Such experiments have extended over years (N. W.

RAMSEY[1] 1950). Alternatively, the fully charged specimen may be momentarily short-circuited to reduce V to zero and then isolated. The instantaneous polarization is thus eliminated but the remaining polarization relaxes in accordance with its characteristic law of decay and thereby builds up a reversed voltage on the electrodes, a record of which serves as an alternative measure of the slow polarization free from unwanted effects such as could arise from changes of dielectric constant produced by temperature fluctuations, (MATHESON and CALDECOURT[2] 1951). Measurements have also been made of the charging current produced by an applied voltage which increases linearly with time, so that $dV/dt = a = $ const. In the ideal case the initial current is aC_0 and the final current aC_∞, so that the range to be measured is relatively small, which is an advantage when a recorder is used. The method is however obviously limited to cases in which the time-intervals and times of relaxation of interest are short[3,4].

C. High-frequency measurements.

I. Resonance methods.

18. General remarks. We have seen that it is possible to use lumped resonant circuits at frequencies up to about 10^8 c/s, as, for example, in the method adopted by HARTSHORN and WARD in their dielectric test set. At frequencies much in excess of 10^8 c/s, however, lumped resonant circuits become increasingly difficult to devise and define. This applies not only in experimental equipment for the measurement of dielectric properties, but also in the development of oscillators suitable for the generation of these higher frequencies; and in both instances the conventional lumped circuits are replaced by resonant elements of either transmission lines or wave guides. These alternatives differ both in physical form and in the nature of the associated electromagnetic fields. Transmission lines are seldom operated in a mode other than the principal one, in which both the electric and magnetic field components lie purely transversely to the direction of wave propagation along the line. In wave guides, on the other hand, a purely transverse mode does not exist, and the operative modes have either an electric or a magnetic field component in the direction of propagation along the guide. If the longitudinal field component is electric we have an "E" mode (also known as a "TM"; i.e. transverse magnetic mode); whilst if the longitudinal component is magnetic the wave is designated an "H" mode (or "TE"-transverse electric mode).

Wave guides are usually either rectangular or circular in cross-section. The modes of propagation most useful in practical applications are the H_{01} in a rectangular guide, and the H_{11}, the H_{01} and the E_{01} in a circular guide: the subscripts are characteristic of the manner in which the electric and magnetic field components vary over the cross section of the guide. All wave guide modes have a cut-off frequency, f_c, the value of which, for an air-filled guide, depends only on the cross-sectional dimensions of the guide and the particular mode concerned. At frequencies below f_c it is not possible for waves to be transmitted freely along the wave guide: they are rapidly attenuated and are said to be evanescent.

There are several ways in which transmission lines—usually in the coaxial form—and waveguides—usually, though not necessarily of circular cross-section—can be used for the measurement of the dielectric properties of materials;

[1] N. W. RAMSEY: Proc. Phys. Soc. Lond. B **63**, 590 (1950).
[2] L. A. MATHESON and V. J. CALDECOURT: J. Appl. Phys. **22**, 1176 (1951).
[3] S. WHITEHEAD: Trans. Faraday Soc. **42** A, 66 (1946).
[4] D. W. DAVIDSON, R. P. AUTY and R. H. COLE: Rev. Sci. Instrum. **22**, 678 (1951).

but in the present section we are concerned only with resonance methods: other methods are discussed in sections 30 to 40. It is possible to take a short section of waveguide and to terminate it at both ends by a metal plate, and if certain conditions are satisfied the system then becomes one in which it is possible to set up stationary waves, i.e. it becomes what is known as a cavity resonator. We shall consider here principally cylindrical resonators operating with either E_{01} or H_{01} waves. With the E_{01} mode the electric field in a resonator is entirely longitudinal whilst the magnetic field is purely circumferential. Resonators operating with H_{01} waves, on the other hand, have circumferential electric, and both longitudinal and radial magnetic, field components.

The resonance criteria for the coaxial and the two cylindrical cavity resonators described above are as follows. In the air-filled, closed coaxial-line system, resonance occurs when the length l is equal to any integral multiple n of the half-wavelength $\lambda_0/2$, where $\lambda_0 = c/f$, f being the frequency and c the velocity of light in air. In the E_{010} resonator, on the other hand, the axial length exercises no effect on the resonant condition, this being signified by the last zero of the "010" suffixes: resonance is here determined solely by the radius a of the resonator, and the resonant (free-space) wavelength is given by $\lambda_0 = 2.6125\,a$. The case of the H_{01n} system is a little more complicated. For an air-filled cavity of radius a, the H_{01} wave mode can only exist for wavelengths less than a critical, or "cut-off" value λ_c (free-space) corresponding to f_c, and $\lambda_c = 1.64\,a$. Provided, however, that the mode can be excited the length of the cavity is the dimension which determines the resonant condition; and resonance occurs when this length is equal to $n\lambda_g/2$, so giving rise to an H_{01n} resonator. λ_g is the wavelength of the H_{01} mode in the cavity, and it is related to λ_0, the free space wavelength of the energizing radiation, and λ_c by the expression $\frac{1}{\lambda_g^2} = \left(\frac{1}{\lambda_0^2} - \frac{1}{\lambda_c^2}\right)$. It will be apparent that as λ_0 approaches λ_c the longer λ_g becomes and the longer a cavity of any given order n; and this fact must be borne in mind when deciding upon the cavity radius most suitable for operation at a specified frequency. The configurations of the electric and magnetic fields in coaxial, E_{010} and H_{01n} resonators are shown in Fig. 20.

The Q-factor of these systems has the same physical significance as for the lumped circuits discussed earlier in the article, and is derived theoretically by use of the general relation:

$$Q = \omega \,\frac{\text{(energy stored in the resonator dielectric)}}{\text{(power loss in the resonator walls and dielectric)}} \,. \qquad (18.1)$$

Experimentally Q may be determined from measurements of the resonance curves of cavity resonators. As for a lumped circuit, the resonance curve of such a resonator may be delineated by frequency variation about the resonant position, and the Q-factor determined from $f_r/\Delta f$ or $\lambda_r/\Delta\lambda$ where Δf and $\Delta\lambda$ denote the width of the curve at half-height in frequency and wavelength units respectively, the response of the detector system being assumed to follow a square law. This is the only practicable procedure with the E_{010} cavity, for incremental variation of the radius of the resonator is obviously not feasible. For coaxial and H_{01n} resonators, however, the resonance curve may also be obtained by keeping the exciting frequency fixed and varying the axial length; and in order to achieve this, one end of the resonator may be closed by a movable piston. This procedure has the considerable advantage that the need for accurate calibration of the radio frequency generator for the incremental frequency changes required for the other method does not arise; and the problems associated with the limited frequency range of many centimetre wave oscillators, and also with the variation of output power over this range, are avoided. The E_{010} resonator, in which the frequency variation method must be used, has a significantly smaller Q factor than the corresponding H_{01n} resonator, and its only important advantage over the latter is that, for a given frequency, it is of smaller dimensions; a factor which becomes significant at wavelengths greater than about 10 cm (frequencies less than 3000 Mc/s). At wavelengths of 30 cm and above the dimensions of E_{010} and H_{01n} resonators become prohibitively large, and resonance methods

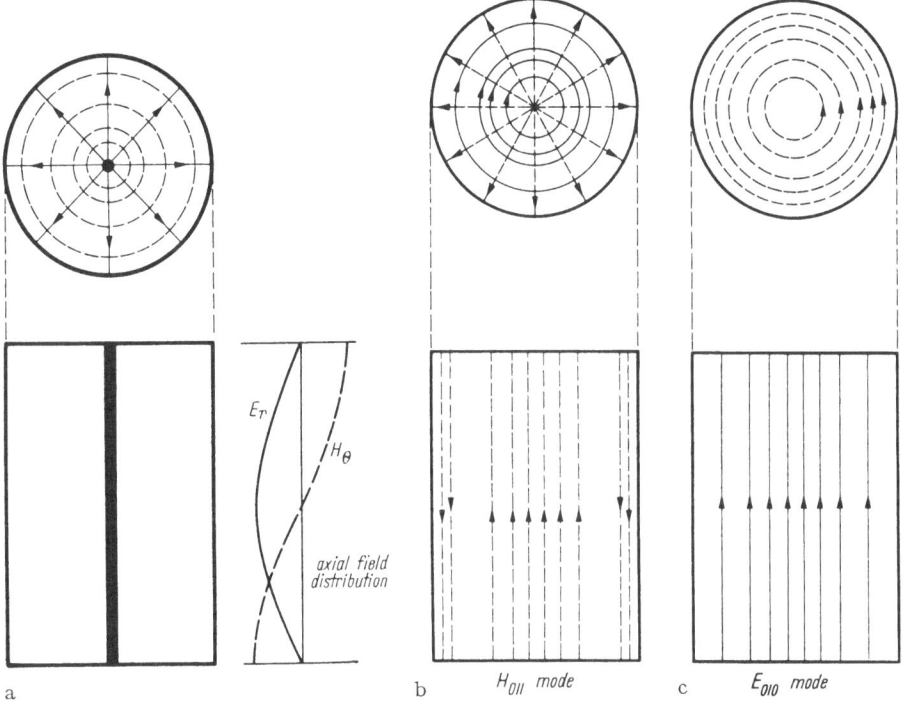

Fig. 20a—c. (a) Coaxial-line resonator. Principal mode. (b) and (c) Field configurations in resonant cavities. ——— electric field, —— — — magnetic field.

usually involve coaxial-line systems: it has been seen, however, that at these longer wavelengths a form of re-entrant cavity can also be used in the manner described by PARRY (Sect. 13). We shall now consider the theory underlying these resonance methods, and the experimental procedures followed.

a) The E_{010} resonator system.

19. Basic theory. Consider first a circular cylindrical cavity resonator of radius a. In practical resonators the finite conductivity of the walls and the presence of input and output coupling devices introduce small deviations from the ideal field configurations illustrated in Fig. 20, but these are so small that, for the evaluation of the resonant frequency, and of the energy stored and power loss in the cavity, the field distributions may be assumed to be ideal. Thus, for perfectly conducting resonator walls (a condition often sufficiently nearly met in practice by using silver-plated cavities) the solution of MAXWELL'S equations for the interior of the cavity, when the appropriate boundary conditions are applied, shows that the fundamental resonant wavelength, λ, of the E_{010} resonator is given by:

$$J_0(k\,a) = 0 \tag{19.1}$$

where J is Bessel's function of the first kind, zero order, and $k = \dfrac{2\pi}{\lambda}\,\sqrt{\varepsilon}$, ε being the dielectric constant of the medium filling the resonator. This assumes that the conductivity of the medium is negligible, i.e. that σ is small compared with $\varepsilon\omega$. The root of Eq. (19.1) appropriate to the E_{010} mode is the lowest, thus:

$$\frac{2\pi a}{\lambda}\,\sqrt{\varepsilon} = 2.4048 \tag{19.2}$$

and

$$\lambda = \frac{\pi\,a\,\sqrt{\varepsilon}}{1.2024} \tag{19.3}$$

In vacuo

$$\lambda_0 = \frac{\pi\,a}{1.2024}\,,$$

and therefore:

$$\varepsilon = \left(\frac{\lambda}{\lambda_0}\right)^2 = \left(\frac{f_0}{f}\right)^2 \tag{19.4}$$

where f_0 and f are the frequencies corresponding to the wavelengths λ_0 and λ.

If there is any loss in the medium filling the cavity the dielectric constant becomes complex, and $\varepsilon = \varepsilon' - j\,\varepsilon''$. Provided the loss is small, however, (i.e. $\varepsilon'' \ll \varepsilon'$)—and this method of measurement is really only satisfactory under such circumstances—we can put $\varepsilon' = (f_0/f)^2$. Further, the loss tangent $\tan\delta$, which is equal to $\varepsilon''/\varepsilon'$, can be determined from the relation:

$$\tan\delta = \frac{1}{Q} - \frac{1}{Q'} \tag{19.5}$$

when Q is the magnification factor of the resonator filled with the medium under investigation, and Q' is the magnification factor which the cavity would have if filled with an ideal loss-free dielectric of the same dielectric constant (ε') as the actual dielectric. We shall discuss later the derivation of Q' for the general case; but if the change in frequency between the resonant values for the dielectric-filled and evacuated—or air-filled cavity is small, then $Q = Q_a$, where Q_a is the magnification factor when the cavity contains only dry air. (It is generally safe to assume that the loss in the latter is negligible.)

20. Measurements with gases. The simplified conditions referred to immediately above always obtain in the case of measurements of the dielectric constant and loss of gases. Ideally the experimental procedure would be first to find the resonant frequency f_0 and the Q-factor of the evacuated cavity, and then to find the corresponding values f_g and Q_g with the cavity filled with the gas under investigation. In practice, since it is now well-established that there is no significant dispersion in dry air, at least down to wavelengths of the order of 1 cm (frequency 30000 Mc/s), and the dielectric constant of dry air is known, the process of evacuating the resonator is seldom carried out and comparisons are made between the gas-filled and air-filled cavity.

Thus, if ε'_g and ε'_a are the dielectric constants of the gas and dry air respectively:

$$\frac{\varepsilon'_g}{\varepsilon'_a} = \left(\frac{f_a}{f_g}\right)^2 \tag{20.1}$$

f_a being the resonant frequency of the air-filled cavity. Now, for all gases, ε' does not differ greatly from unity, and we may therefore write $\varepsilon'_g = 1 + \varDelta\varepsilon_g$ and $\varepsilon'_a = 1 + \varDelta\varepsilon_a$.

This leads to

$$\frac{1 + \varDelta\varepsilon_g}{1 + \varDelta\varepsilon_a} = \left(\frac{f_a}{f_g}\right)^2 \approx 1 + \frac{2\varDelta f}{f_g} \tag{20.2}$$

where

$$\varDelta f = (f_a - f_g) \tag{20.3}$$

and thus, to a sufficient degree of accuracy,

$$\varDelta\varepsilon_g = \frac{2\varDelta f}{f_g} + \varDelta\varepsilon_a \tag{20.4}$$

and

$$\varepsilon'_g = 1 + \frac{2\varDelta f}{f_g} + \varDelta\varepsilon_a. \tag{20.5}$$

The value of $\varDelta\varepsilon_a$ at $0°$ C and a pressure of 76 cm of mercury is 5.76×10^{-4}.

The loss tangent for the gas is given by

$$\tan\delta = \frac{1}{Q_g} - \frac{1}{Q_a}. \tag{20.6}$$

This method (using frequency variation with a fixed cavity), although described here in terms of the E_{010} resonator, may in fact be used with any other type of fixed resonator: the instruments required are a variable frequency oscillator of appropriate range, and an accurate wavemeter to determine f and $\varDelta f$, and also to delineate the resonance curve for the evaluation of Q_a and Q_g. One of the authors[1] has used E_{010} resonant cavities in this way to measure the di-
electric properties of steam at wavelengths of 9 cm and 3.2 cm, and the
method of coupling the cavity to the
radio frequency source and the detector
(a thermocouple or a crystal will provide a square-law response) is illustrated
in Fig. 21.

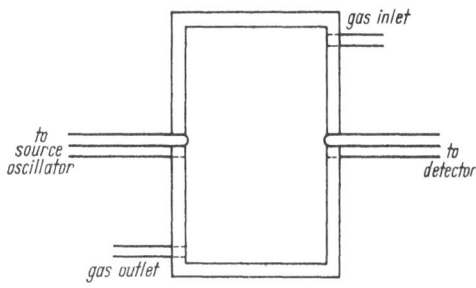

Fig. 21. E_{010} resonator as used for measurements on gases. (Coaxial-line coupling to source and detector.)

21. Measurements with solids. If the
procedure adopted for gases were followed for solids (and liquids) and the resonator were completely filled with the
dielectric much larger changes in resonant frequency and Q-factor would result: moreover, if strong absorption obtained in the dielectric, loss tangents of the order of unity would occur. Under these circumstances the Q-factor would be reduced to such a low value that the theory on which the method is based would become in-valid. A consideration of the field distribution in the E_{010} cavity (Fig. 20) suggests that, to avoid the difficulties mentioned above and yet maintain the desirable circular symmetry of the field, a thin cylinder of the specimen to be measured should be placed along the axis of the resonator; and this is the procedure which has been adopted by HORNER et al.[2], the arrangement being as shown in Fig. 22.

The specimen now simply modifies the radial distribution of the electromagnetic field; and two sets of field equations must now be considered, one for the interior

[1] J. A. SAXTON: Meterological Factors in Radio Wave Propagation, Phys. Soc. London, 1947, p. 215.
[2] F. HORNER et al.: J. Inst. Electr. Engrs. **93**, Part III, 53 (1946).

of the specimen and one for the air space between it and the cylindrical wall of the cavity. The solution of these equations must conform to the boundary conditions: (i) the disappearance of the tangential component of the electric field at the metal boundary at $r = a$, and (ii) the continuity of both the electric and magnetic fields at the boundary of the specimen and the air space at $r = b$. (The specimen is assumed to extend along the entire length of the cavity.) We shall ignore the effects of any conductivity in the specimen in determining ε', since, except for very poor dielectrics, this will not significantly affect the field distribution and therefore the resonant wavelength. (Other methods of measurement are in any case more suitable, as will be seen later, for really lossy materials.)

It is not proposed here to follow the rather involved solution of the field equations, for which reference should be made to the work of Horner and his colleagues, but simply to state the results. It is found that

$$\varepsilon' = 1 + \cfrac{\dfrac{a}{b} \cdot \dfrac{J_0(\beta_0 a)}{J_1(\beta_0 b)}}{F\left[1 + \dfrac{(\beta_0 b)^2}{8}\right] + \dfrac{(\beta_0 b)^2}{8} \cdot \dfrac{a}{b} \cdot \dfrac{J_0(\beta_0 a)}{J_1(\beta_0 b)}} \tag{21.1}$$

where $\beta_0 = 2\pi/\lambda_0$, λ_0 being the resonant (free space) wavelength of the system; J_1 (like J_0) is a Bessel function of the first kind; a and b are the radii shown in Fig. 22; and F is the function:

$$F = [Y_0(\beta_0 a) \cdot J_0(\beta_0 b) - Y_0(\beta_0 b) \cdot J_0(\beta_0 a)] \frac{\pi \beta_0 a}{2} . \tag{21.2}$$

Y_0 being a Bessel function of the second kind.

It should be pointed out that there are approximations involved in the derivation of Eq. (21.1), a fundamental assumption being that b is relatively small compared with a. For example if the error in the measurement of ε' is not to exceed 1%, as a result of these approximations—quit apart from experimental errors—b/a should not exceed about 0.3 for a range of 2 to 9 in the value of ε'.

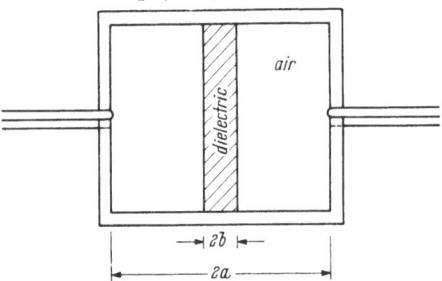

Fig. 22. E_{010} resonator with axial solid specimen.

It remains now to determine $\tan \delta$. If an E_{010} resonator of radius a and length l is filled with a loss-free dielectric (e.g. dry air) it can be shown, from calculations of the losses due to penetration of the currents in walls of the cavity that the Q factor should ideally be given by:

$$Q'_a = \frac{a l}{d(a + l)} \tag{21.3}$$

where d is a measure of the depth of current penetration. $\left(d = 1/\sqrt{\pi \mu f \sigma_m}\right.$ metres, σ_m being the metal conductivity in mho/m; rationalized M.K.S. units being used.) It is found in practice, however, that this theoretical Q is never achieved, values up to 70% of the theoretical figure being generally typical of the highest Q's realized. Now, in order to determine $\tan \delta$ for the specimen included axially in the E_{010} resonator as described above we require to know the Q factor of the cavity (a) containing the material under examination (Q_s) and (b) with a loss-free specimen having the same dimensions and dielectric constant, viz. Q'_s; and then

$$\tan \delta = \frac{1}{Q_s} - \frac{1}{Q'_s} \tag{21.4}$$

Q_s is directly measurable. A calculation similar to that leading to Eq. (21.3) shows that ideally:

$$Q'_s = \frac{1}{d} \cdot \frac{\dfrac{a^2}{b^2} + F^2(\varepsilon - 1)}{\dfrac{a(a+l)}{b^2} + F^2(\varepsilon - 1)} . \tag{21.5}$$

The effective Q'_s to be used in Eq. (21.4) is then obtained by inserting in Eq. (21.5) an empirical value for d determined by equating the measured value of Q'_a (for the airfilled cavity) to $al/d(a+l)$ [see Eq. (21.3)]. Allowance must, of course, be made for any difference between the frequencies at which the measurements are made on the cavity when filled with air and when containing the dielectric under examination.

The accuracy of measurement which may be achieved by the method outlined above is typified by the observations carried out by HORNER et al. on polythene. The value obtained for the relative permittivity was 2.27_5 and it was thought that the error did not exceed about 0.3%: the value of $\tan\delta$ was 4×10^{-4} with an error not exceeding about 4%. These measurements refer to a frequency of about 3200 Mc/s, and the method has been used satisfactorily at frequencies ranging from this value, or a little higher, down to about 600 Mc/s.

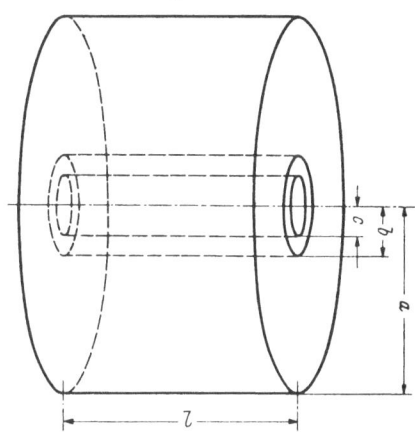

Fig. 23. E_{010} resonator as used with liquids.

22. Measurements with liquids. The method described above for solids may be adapted for measurements on liquids in the manner described by DUNSMUIR and POWLES[1]. The liquid is held in a thin-walled cylindrical bottle placed axially inside the E_{010} resonator system as shown in Fig. 23. Let ε_a, ε_b and ε_l be the permittivities of the air, the material of the bottle and the liquid respectively. There are now three sets of field equations for the three media, and the solutions of these must conform to the boundary conditions stated in the section dealing with measurements on solids. As a result it is found that:

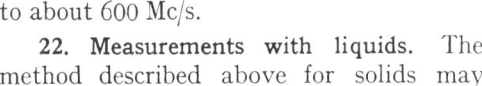

$$\frac{\varepsilon_l}{\varepsilon_a} = \frac{\dfrac{b^2}{c^2}\left[1 + \dfrac{(\beta_a b)^2}{8}\right]\left[M - M_b\left(1 - \dfrac{(\beta_a b)^2}{8}\right)\right]}{1 + \dfrac{(\beta_a b)^2}{8}[M - M_b]} \tag{22.1}$$

where

$$M_b = 2\varepsilon_b(b - c)/\varepsilon_a b \tag{22.2}$$

and

$$M = 1 + a\,J_0(\beta_a a)/F b\,J_1(\beta_a a). \tag{22.3}$$

F is the same function as given earlier, viz. Eq. (21.2), with β_a for β_0, and β_a is, of course, $2\pi/\lambda_a$.

The expression (22.1) enables a direct estimation to be made of the relative permittivity of the liquid under examination, $\varepsilon_l/\varepsilon_a$.

Although a knowledge of the relative permittivity of the material of the bottle ($\varepsilon_b/\varepsilon_a$) is needed, it is not required to a high degree of accuracy. The degree of inaccuracy introduced by certain approximation made in the derivation of

[1] R. DUNSMUIR and J. G. POWLES: Phil. Mag. **37**, 747 (1946).

expression (22.1) is less than 1 % for values of $\varepsilon_b/\varepsilon_a$ less than 4 and of $(b-c)/a$ less than $\frac{1}{40}$ —conditions which will, in general, be satisfied in practice.

If bottles with very thin walls are used $(b/a < \frac{1}{50})$, further approximations in the theory can be made, leading to the simplified expression:

$$\frac{\varepsilon_l}{\varepsilon_a} = 1 + 0.539 \frac{a^2 \Delta f}{c^2 f_0} \tag{22.4}$$

where Δf is the change in resonant frequency on filling the bottle with liquid, and f_0 is the resonant frequency. This expression (22.4) is particularly useful when measurements are being made on liquids having a relatively high loss (tan $\delta > 0.006$, say), in which case a specimen of small diameter must be used.

Now let us consider the loss in the liquid. Suppose Q_l is the Q-factor of the system when the liquid is present, and let Q_l' be the corresponding value which would be obtained if the bottle were filled with a loss-free liquid of the same permittivity. It can then be shown (see, for example, Dunsmuir and Powles) that, providing the wall of the bottle is thin—as is always the case in practice

$$\tan\delta_l = \left[\frac{\left\{ \frac{a^2}{c^2 F_b^2} + \frac{b^2}{c^2}\left(\frac{\varepsilon_b}{\varepsilon_a} - 1\right)\right\}\left\{1 - 2\beta_l(b-c)\frac{J_1(\beta_l c)}{J_0(\beta_l c)}\right\} + \left(\frac{\varepsilon_l - \varepsilon_b}{\varepsilon_a}\right)}{\frac{\varepsilon_l}{\varepsilon_a}\left\{1 + \frac{J_1^2(\beta_l c)}{J_0^2(\beta_l c)}\right\}} \right]\left(\frac{1}{Q_l} - \frac{1}{Q_l'}\right) \tag{22.5}$$

where F_b is the function F, previously defined, expressed in terms of the ratio b/a.

If Q_a is the Q-factor of the completely air-filled resonator, and if the relative permittivity, $\varepsilon_b/\varepsilon_a$, and loss factor, tan δ_b, of the material of the bottle are known, Q_l' may be derived from the relation:

$$\frac{Q_l'}{Q_a} = \left. \begin{array}{l} \dfrac{\left\{\dfrac{a^2}{c^2 F_b^2} + \dfrac{b^2}{c^2}\left(\dfrac{\varepsilon_b}{\varepsilon_a} - 1\right)\right\}\left\{1 - 2\beta_l(b-c)\dfrac{J_1(\beta_l c)}{J_0(\beta_l c)}\right\} + \left(\dfrac{\varepsilon_l - \varepsilon_b}{\varepsilon_a}\right)}{\left(\dfrac{a}{a+l}\right)\sqrt{\dfrac{f_a}{f_l'}}\left[\left\{\dfrac{a(a+l)}{l^2 F_b^2} + \dfrac{b^2}{c^2}\left(\dfrac{\varepsilon_b}{\varepsilon_a} - 1\right)\right\}\left\{1 - \beta_l(b-c)\dfrac{J_1(\beta_l c)}{J_0(\beta_l c)}\right\} + \left(\dfrac{\varepsilon_l - \varepsilon_b}{\varepsilon_a}\right)\right]} + \\[4mm] + \dfrac{2(b-c)\varepsilon_b Q_a \tan\delta_b}{c\varepsilon_a} \end{array} \right\} \tag{22.6}$$

in which f_a and f_l' correspond to Q_a and Q_l' respectively. The two expressions (22.5) and (22.6) yield an accuracy of better than 1 % when $\varepsilon_b/\varepsilon_a < 4$ and $(b-c)/a < \frac{1}{50}$. Here again, if $b/a < \frac{1}{50}$, it can be shown that (22.5) is approximated adequately for most purposes by:

$$\tan\delta_e = \frac{0.269\varepsilon_a}{\varepsilon_l} \frac{a^2}{c^2}\left[\frac{1}{Q_l} - \frac{1}{Q_l'}\right]. \tag{22.7}$$

In considering the choice of the material for the bottle to hold the liquid specimen, the factors to be borne in mind are: (i) the facility with which a vessel of the required shape can be produced, (ii) any possible physical or chemical effects which the liquid may have on the material, (iii) the permittivity and loss factor of the material: these should be as low as possible. A dielectric which fulfills these requirements in some instances is polythene; it is, however, unsuitable for use with many organic liquids which it absorbs. In such circumstances bottles of transparent quartz, with a relative permittivity of 3.7 and tan δ of 0.0001_5, have been found to be satisfactory. Using the technique described above, Jackson and Powles have investigated the dielectric properties of solutions of various organic polar molecules in benzene at frequencies in the range 660 to 3490 Mc/s. Whilst the accuracy of measurement of the permittivity is of the order of 1 or 2 % over the whole of this frequency range, the accuracy of measurement of tan δ varies from about 5 % at the higher frequencies to about 10 % at the lower ones.

b) The H_{01n} resonator system.

23. Properties of H_{01n} resonators: mode purity. Measurements using cavities resonating in the H_{01n} mode are usually carried out with a fixed frequency, the cavity being tuned by means of an adjustable piston. The use of H_{01n} resonators has been described by HORNER et al.[1], by PENROSE, BLEANEY, LOUBSER and PENROSE[2] and also by SAXTON[3]. Such resonators have three important advantages: the (circumferential) electric field near to the cylindrical walls is small, so that the specimen (which is normally in the form of a disc) need not be a tight fit; no contact is required between the tuning plunger and the walls; and the resistive losses are lower than for resonators operating in other modes, and H_{01n} resonators are therefore especially suitable for measurements on low-loss materials.

It is generally possible to obtain a higher Q with a resonator excited by H_{01} waves than with resonators making use of other types of wave. There is, however, one difficulty with H_{01} waves which must be pointed out, for any cylindrical resonator which can support H_{01} waves can also support H_{11}, E_{01} and E_{11} waves. Care must therefore be taken to excite only the H_{01} wave, or, if this cannot be done,

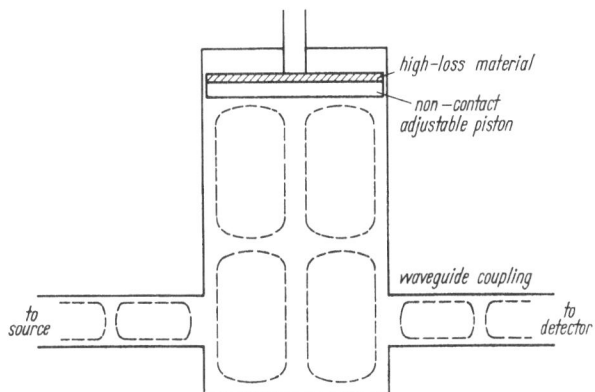

Fig. 24. H_{01n} resonator for measurements on gases (as illustrated $n = 2$).

steps must be taken to damp out the other possible modes, otherwise difficulty may arise in the interpretation of the resonance lengths in terms of the excitation frequency. Now, as has already been mentioned, the H_{01} wave has neither radial nor longitudinal electric field components, and this enables means for damping the three other waves to be devised which have no effect on the H_{01} wave. A non-contact tuning plunger can be used, as stated above, and it is in fact possible to have an appreciable clearance between the piston and the wall without impairing its efficiency as a reflector for H_{01} waves: the other types of wave will leak readily past the piston under these conditions, and may be damped by absorption in a layer of high-loss material placed on the back of the piston as shown in Fig. 24.

24. Measurements with gases. With gases we have, in general, that $\varepsilon'' \ll \varepsilon'$, i.e. we are concerned with very low-loss dielectrics; and also $(\varepsilon' - 1) \ll 1$. Thus $|\varepsilon|$ is indistinguishable from ε'. Now, for a free-space wavelength of λ_0, the wavelength of an H_{01} wave in a cylindrical waveguide filled with a gas of permittivity ε', and having a "cut-off" wavelength of λ_c when empty, is given by $\lambda_{gg} = \lambda_0 / \sqrt{\varepsilon' - (\lambda_0/\lambda_c)^2}$. For the H_{01} wave $\lambda_c = 2\pi/k$, where $ka = 3.832$, a being the radius of the guide: i.e. $\lambda_c = 1.64a$. The guide wavelength in vacuo (λ_{gv}) would be $\lambda_0 / \sqrt{1 - (\lambda_0/\lambda_c)^2}$,

[1] See Sect. 21.

[2] B. BLEANEY, J. H. N. LOUBSER and R. P. PENROSE: Proc. Phys. Soc. Lond. **59**, 185 (1947). — R. P. PENROSE: Trans. Faraday Soc. **42** A, 108 (1946).

[3] See Sect. 20.

or $\lambda_0/\sqrt{C}$, say, with $C = [1 - (\lambda_0/\lambda_c)^2]$. Then, for the same frequency,

$$\frac{\varepsilon' - (\lambda_0/\lambda_c)^2}{C} = \left(\frac{\lambda_{gv}}{\lambda_{gg}}\right)^2, \tag{24.1}$$

$$\therefore \quad \varepsilon' = C\left(\frac{\lambda_{gv}}{\lambda_{gg}}\right)^2 + \left(\frac{\lambda_0}{\lambda_c}\right)^2 \tag{24.2}$$

and, putting $\Delta\varepsilon' = (\varepsilon' - 1)$, we have:

$$\Delta\varepsilon' = C\left\{\left(\frac{\lambda_{gv}}{\lambda_{gg}}\right)^2 - 1\right\}. \tag{24.3}$$

In experimental measurements the normal procedure is to compare the properties (resonance conditions and Q) of the resonator filled with the gas under examination and with dry air. It is not necessary to evacuate the cavity, since the dielectric properties of dry air are now well known.

It is important that dry air should be used at wavelengths of only a few centimetres, for microwaves are appreciably absorbed by water vapour, especially in the region of 1 cm wavelength, and again at wavelengths of the order of 2 mm and less due to the infra-red rotational spectrum. It should also be noted that there are strong—but relatively narrow—absorption lines in oxygen at wavelengths near to 5 and 2.5 mm: if the technique at present under consideration were to be applied at millimetre wavelengths, therefore, it would be advisable either to evacuate the resonator for the purpose of the standard comparison measurement, or else to fill it with some gas such as nitrogen, for example, in which there is known to be no absorption at the wavelengths in question.

Using the suffix a to denote quantities pertaining to an air-filled resonator, we have:

$$\Delta\varepsilon'_a = (\varepsilon'_a - 1) = C\left\{\left(\frac{\lambda_{gv}}{\lambda_{ga}}\right)^2 - 1\right\}. \tag{24.4}$$

Since $\Delta\varepsilon'$ (for the gas) and $\Delta\varepsilon'_a$ are both very much less than unity, we may put $\lambda_{gg} = \lambda_{gv} - \Delta\lambda_g$, and $\lambda_{ga} = \lambda_{gv} - \Delta\lambda_a$; and thus:

$$\left.\begin{aligned}\Delta\varepsilon'_a &= 2C\,\Delta\lambda_a/\lambda_{gv}, \\ \Delta\varepsilon' &= 2C\,\Delta\lambda_g/\lambda_{gv},\end{aligned}\right\} \tag{24.5}$$

neglecting higher order terms of $(\Delta\lambda/\lambda)$. Then, taking the same order resonance for vacuum, air and the test specimen gas, viz. the n-th order, suppose $l_v = n\lambda_{gv}/2$, $l_a = n\lambda_{ga}/2$, $l_g = n\lambda_{gg}/2$, where l_v, l_a and l_g are the respective lengths of the cavity at resonance: it follows that:

$$\left.\begin{aligned}\Delta l_a &= l_v - l_a = n\,\Delta\lambda_a/2, \\ \Delta l_g &= l_v - l_g = n\,\Delta\lambda_g/2\end{aligned}\right\} \tag{24.6}$$

and thus:

$$\left.\begin{aligned}\Delta l_a/l_v &= \Delta\lambda_a/\lambda_{gv}, \\ \Delta l_g/l_v &= \Delta\lambda_g/\lambda_{gv}\end{aligned}\right\} \tag{24.7}$$

from which we obtain:

$$(\Delta\varepsilon' - \Delta\varepsilon'_a) = 2C(\Delta l_g - \Delta l_a)/l_v. \tag{24.8}$$

The measured Δl in any given experiment will be the change in length between the positions of the same order resonance for the cavity filled with dry air and with the test specimen: further, l_a may be written for l_v in the denominator of the right-hand side of Eq. (24.8) without introducing any significant error, giving finally:

$$\Delta \varepsilon' = 2C \, \Delta l/l_a + \Delta \varepsilon_a' = \frac{2 \, \Delta l}{l_a} \left[1 - \left(\frac{\lambda_0}{\lambda_c} \right)^2 \right] + \Delta \varepsilon_a',$$

i.e.

$$\Delta \varepsilon' = \frac{2 \, \Delta l}{l_a} \left[1 - 0.37 \left(\frac{\lambda_0}{a} \right)^2 \right] + \Delta \varepsilon_a' \tag{24.9}$$

since $\lambda_c = 1.64 a$.

Fig. 24 illustrates the use of an $H_{01\,n}$ resonator for measurements on gases, and shows how the coupling of the cavity to both the radiofrequency source and the detector is achieved: small holes must be provided in the walls at each end of the resonator to permit the insertion and extraction of the gas or air, with which a comparison of the properties is made; and provision must of course be made for ensuring that the gas and the air are at the desired pressure. If measurements are not to be made at atmospheric pressure, gas-tight seals must be designed for each end of the cavity, and windows, for example of thin mica, fixed over the coupling holes. The adjustable piston is driven by an accurately calibrated micrometer head, which thus permits a determination of Δl to be made.

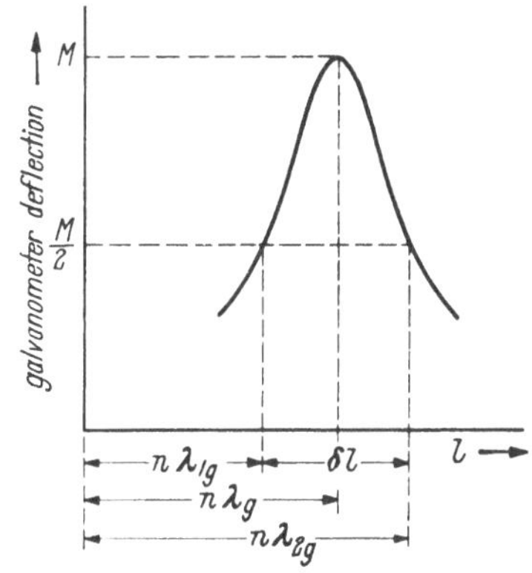

Consider now the loss in the gaseous dielectric. Suppose the length of the cavity at resonance is l, where $l = n \lambda_g/2$; n being an integer. Now

Fig. 25. Resonance curve: illustrating the derivation of Q.

$$\frac{1}{\lambda_g^2} = \frac{1}{\lambda_0^2} - \frac{1}{\lambda_c^2}.$$

λ_0 is the free-space wavelength which, to sufficient accuracy for the present purpose, can be taken as the wavelength in air. Then

$$\frac{d\lambda_0}{d\lambda_g} = \left(\frac{\lambda_0}{\lambda_g} \right)^3 = A, \tag{24.10}$$

say. Over a very small range of λ_0, $d\lambda_0/d\lambda_g$ can be regarded as constant: this will generally be the case in practice, at least over the important range of an experimental resonance curve when Q is of the order of several thousands. But

$$\frac{dl}{d\lambda_g} = \frac{n}{2} \tag{24.11}$$

and therefore

$$\frac{d\lambda_0}{dl} = \frac{2A}{n}. \tag{24.12}$$

Suppose the resonance curve, plotted as a function of l (at fixed frequency) is of the form shown in Fig. 25; the detector obeying a square-law response. The maximum output from the detector, M, occurs when $l = n \lambda_g/2$. There are two points on either side of the maximum for which the output is $M/2$, which are separated by a distance of, say, δl. One of these points would correspond to the n-th resonance for a free-space wavelength λ_1, i.e. the resonant length would be $n \lambda_{1g}/2$: the second point would correspond to a resonant length $n \lambda_{2g}/2$ for a free-space wavelength λ_2. The Q of the resonator in vacuo is given by:

$$Q = \frac{\lambda_0}{(\lambda_2 - \lambda_1)} = \frac{\lambda_0}{\delta \lambda} \tag{24.13}$$

i.e.

$$Q = \frac{n \lambda_0}{2A \, \delta l}. \tag{24.14}$$

λ_g can be found knowing λ_0 and λ_c (or it can be measured) and A may then be determined. Eq. (24.14) then permits the evaluation of Q after δl has been measured. A similar procedure may be followed for the determination of the Q factor (Q_g) when the resonator is filled with the gas under investigation, using the appropriate values of λ_g and A. Alternatively Q_g may be found in the following manner once Q (in vacuo) is known—or in practice Q_a, the value for the dry-air filled resonator, which is effectively the same as Q. Suppose M_a and M_g are the maximum outputs from the detector when the resonator is filled with air and the gas respectively, the radiofrequency power injected into the cavity and the performance of the detector remaining constant: it may then be shown that:

$$Q_a/Q_g = \sqrt{M_a/M_g}.$$

As before, if δ is the loss angle for the gas:

$$\tan \delta = \frac{1}{Q_g} - \frac{1}{Q_a} = \frac{\varepsilon''}{\varepsilon'}. \tag{24.15}$$

If n and $\varkappa$ are the refractive index and absorption coefficient of the gas: $(n - j\varkappa)^2 = \varepsilon' - j\varepsilon''$, and since $\varepsilon' \gg \varepsilon''$ we see that $n \approx \sqrt{\varepsilon'}$ and $\varkappa = \frac{n}{2} \tan \delta$ because $(\varepsilon' - 1) \ll 1$.

It is of interest to note how the Q's of resonators (in vacuo or filled with dry air) in practice compare with theoretical values. Borgnis has demonstrated that the Q for the H_{01n} resonance in a cylindrical cavity should be:

$$Q = \frac{2\pi}{c} (\sigma f_{01n})^{\frac{1}{2}} \frac{a\left[k_{01}^2 + \left(\frac{n\pi}{l}\right)^2\right]}{k_{01}^2 + 2n^2\pi^2 a/l^3} \tag{24.16}$$

where c is the velocity of light, σ is the conductivity of the walls of the resonator in e.s.u., f is the frequency of resonance (c/s), and a the radius of waveguide: k_{01}, as given before, is 3.832 for the H_{01} mode. For a resonator used by Saxton in an investigation of the dielectric properties of water vapour at a wavelength of 1.59 cm, the walls were of silver, and the length $12.5\lambda_g$ (i.e. $n = 25$): for these conditions Eq. (24.16) would indicate a Q of 42500, but the experimentally observed value was only 17750. This is typical of what is generally found in practice; though if great care is exercised in the design of the resonator, and the coupling to both the generator and the detector is made as loose as possible, experimental Q's much more nearly approaching the theoretical values may be achieved.

Before closing this section on gases, attention must be drawn to the accurate work which has been done in the field by Essen and Froome[1], Crain[2], Birnbaum, Kryder and Lyons[3], and Birnbaum and Chatterjee[4]. The measurements made by these workers, mainly at frequencies near to 9000 and 24000 Mc/s, have covered air and its principal constituents, including water vapour and carbon dioxide, helium and ammonia. In general H_{01n} resonators, and accurately controllable oscillators, stabilized in the manner described by Pound[5], were used. These investigations have shown that, when sufficient care is taken, accuracies of the order of 1 part in 10^6 at least may be achieved in the measurement of $(n - 1)$; and in fact Essen and Froome considered that their determination of $(n - 1)$ for dry air was accurate to about 1 part in 10^7.

[1] L. Essen and K. D. Froome: Proc. Phys. Soc. Lond. **64**, 862 (1951); also Essen: Proc. Phys. Soc. Lond. **66** 189 (1953).

[2] C. M. Crain: Phys. Rev. **74**, 691 (1948).

[3] G. Birnbaum, S. J. Kryder and H. Lyons: J. Appl. Phys. **22**, 95 (1951).

[4] G. Birnbaum and S. K. Chatterjee: J. Appl. Phys. **23**, 220 (1952).

[5] R. V. Pound: Proc. Inst. Radio Engrs., N.Y. **35**, 1405 (1947).

25. Measurements with solids. The most appropriate way of making measurements on solid dielectrics using the H_{01n} resonator is to introduce the test specimen into the resonator in the form of a thin disc in the manner described by HORNER et al. and by PENROSE. The resonator may be used with the tuning piston either at the top or at the bottom, the axis being vertical; and the dielectric disc is placed either on the piston or on the fixed end. As with the piston, and in virtue of the properties of the H_{01n} mode of resonance, it is not necessary for the disc actually to make contact with the cylindrical wall of the resonator.

If the radius of the resonator is a, and the thickness of the specimen b (see Fig. 26), it may be shown that at resonance

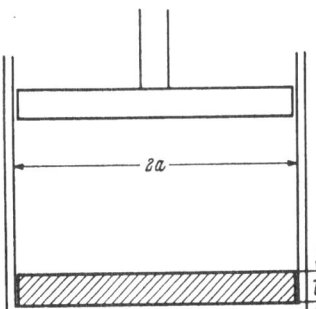

$$\lambda_{gs} \tan \frac{2\pi b}{\lambda_{gs}} + \lambda_{ga} \tan \frac{2\pi (l_r - b)}{\lambda_{ga}} = 0, \quad (25.1)$$

λ_{gs} and λ_{ga} being the guide wavelength in the solid specimen and air portions respectively, and l_r the total resonant length of the cavity.

Fig. 26. Arrangement of H_{01n} resonator for measurements on a solid dielectric.

Now λ_{ga} is readily measured, and λ_{gs} may thus be determined with the aid of Eq. (25.1). To do this it is necessary to solve an equation of the form $(\tan \vartheta)/\vartheta = x$, and a solution is most conveniently obtained graphically: the solution is not single valued, but no difficulty arises if the approximate value of the permittivity is known. Ambiguity could in any case be resolved by repeating the experiment with a different thickness of dielectric. Once λ_{gs} is determined, ε'_s for the specimen may be obtained from the relation (i.e. ε'_s relative to dry air):

$$\varepsilon'_s = \lambda_0^2 \left(\frac{1}{\lambda_{gs}^2} + \frac{1}{\lambda_c^2} \right) \quad (25.2)$$

where, as before,

$$\frac{1}{\lambda_0^2} = \frac{1}{\lambda_{ga}^2} + \frac{1}{\lambda_c^2}.$$

For the determination of the loss in the dielectric, measurements of the Q factor are required, both of the empty (air-filled) resonator and when the test specimen is present. The derivation of the Q for the air-filled case has already been considered in the previous section dealing with gases. If the width of the resonance curve at the two points corresponding to half the maximum detector output with the dielectric disc in position is δl_s, it can be shown (HORNER et al.) that Q_s is given by:

$$Q_s = \frac{\lambda_{ga}^2}{2\delta l_s} \left(\frac{1}{\lambda_{gs}^2} + \frac{1}{\lambda_c^2} \right) \left\{ p(2b - s) + \frac{1}{\varepsilon'_s} [2(l_r - b) - q] \right\} \quad (25.3)$$

the detector output, as stated earlier, conforming to a square law, and where:

$$p = \frac{\sin^2 [2\pi (l_r - b)/\lambda_{ga}]}{\sin^2 2\pi b/\lambda_{gs}}; \qquad q = \frac{\sin [4\pi (l_r - b)/\lambda_{ga}]}{2\pi/\lambda_{ga}};$$

and

$$s = \frac{\sin (4\pi b/\lambda_{gs})}{2\pi/\lambda_{gs}}.$$

Now, in order to determine $\tan \delta_s$ for the dielectric we require to compare Q_s with Q'_s, the Q-factor of the system when the specimen is supposed replaced by a loss-free dielectric of the same permittivity and dimensions. As in the case of the E_{010} resonator method, Q'_s cannot be directly measured but must be calculated, and an empirical correction made to allow for the fact that the penetration of the current into the resonator walls appears to be different from that indicated by the simple theory. The theoretical value for a loss-free specimen is:

$$Q'_s = \frac{\left\{ p(2b-s) + \frac{1}{\varepsilon'_s}[2(l_r-b)-q] \right\}}{\left(\frac{d}{a} \right) \left(\frac{\lambda^2_{gs}\lambda^2_c}{4\pi^2(\lambda^2_{gs}+\lambda^2_c)} \right) \left\{ \frac{4\pi^2}{\lambda^2_c}[p(2b-s)+2(l_r-b)-q] + 8\pi^2_a \left(\frac{p}{\lambda^2_{gs}} + \frac{1}{\lambda^2_{ga}} \right) \right\} + [p(2b-s)\tan\delta_s]} . \qquad (25.4)$$
<small>(theoretical)</small>

The empirical value of d, the depth of current penetration into the metal walls, to insert in Eq. (25.4) is derived as follows. The theoretical Q_a for the completely air-filled resonator is:

$$Q_a = \frac{a\,\lambda^2_c\,\lambda^2_{ga}\,l_{ra}}{d\,\lambda^2_0\,(\lambda^2_{ga}\,l_{ra} + 2a\,\lambda^2_c)} \qquad (25.5)$$
<small>(theoretical)</small>

where l_{ra} is the resonant length. The value of d is then obtained by equating the measured Q_a to expression (25.5). This value of d when inserted in Eq. (25.4) yields the required Q'_s, following which we then have:

$$\tan\delta_s = \frac{\left\{ p(2b-s) + \frac{1}{\varepsilon'_s}[2(l_r-b)-q] \right\}}{p(2b-s)} \left\{ \frac{1}{Q_s} - \frac{1}{Q'_s} \right\}. \qquad (25.6)$$

The experimental procedure described above has been used with success, particularly for low-loss solids such as, for example, polythene, paraffin wax and silica. Permittivities can be measured to an accuracy of $\pm 1.5\%$ and the values of $\tan\delta$ may be determined to within $\pm 5\%$. Good agreement has been obtained by Horner et al. between measurements on specimens of polythene in E_{010} and H_{01n} resonators. In the H_{01n} method, the errors in measurements of both ε' and $\tan\delta$ appear to depend largely on the extent to which the specimens can be made accurately into discs with flat and parallel ends. The effect of deficiencies in this respect may be minimized by arranging that the surfaces of the disc are in regions of weak electric field: i.e. the thickness of the disc should be approximately an integral number of half-wavelengths (in the dielectric).

26. Measurements with liquids. When using the H_{01n} system to make permittivity and loss measurements on a liquid, the specimen is contained in a thin-walled recess machined out of the fixed, but removable, end of the resonator as described by Jackson and Powles[1]. The liquid may thus be inserted or changed without disturbing the tuning plunger or its micrometer drive. The rim of the recess reduces the diameter of the cavity by a small amount at the lower end of the resonator, which leads to values of ε' which are low by a 5%. It is not easy to allow for the effect in the theoretical analysis, which is otherwise exactly the same as that described above for solid dielectrics; but, if measurements are made for several rim thicknesses, it is possible to extrapolate the results to correspond to a rim of zero thickness, thus obtaining an accurate determination of the desired quantities.

Jackson and Powles found the observed $\tan\delta$ for a given liquid to be independent of the rim thickness within the accuracy of measurement, and considered that the value obtained with the thinnest practicable rim was the correct one. Measurements with various depths of liquid showed the presence of a meniscus to have no significant effect on the derived values of ε' and $\tan\delta$.

---

[1] Willis Jackson and J. G. Powles: Trans. Faraday Soc. **42** A, 101 (1946).

In general the dielectric properties of liquids can be determined in this manner to a degree of accuracy similar to that achieved with solids, provided the loss is not too high. The method is thus suitable for non-polar liquids, and for weak solutions of polar molecules in non-polar solvents. The methods described later in Sects. 34 to 38 are more suited to the investigation of liquids in which the loss is relatively large.

c) The coaxial line system.

27. Frequency range of interest. Resonators making use of coaxial transmission lines are seldom operated deliberately in any other than the principal mode of propagation, in which both the electric and magnetic field components are purely transverse to the axis of the line; and for which the wavelength along the line is the same as in an unbounded medium identical with that filling the line.

For a given wavelength the diameter of a resonator operating in the H_{01n} mode is greater than that of one operating in the E_{010} mode: this means that, of the two, an H_{01n} system is the easier to construct and use at the highest microwave frequencies. In the wavelength region of, say, 5 to 20 cm the E_{010} resonator is quite practicable; but at appreciably longer wavelengths the excessive dimensions of both the E_{010} and H_{01n} resonators leave no alternative to the coaxial-line system. Although the Q factors obtainable with such systems are smaller than with E_{010} and H_{01n} cavities, they are very much greater than those obtained with lumped-resonant circuits of the type used in the Hartshorn-Ward dielectric test equipment.

28. Measurements with gases. With gases the experimental procedure is simple and straightforward. A measurement of the wavelength with the resonator filled first with air (as a standard) and then with the gas in question is all that is necessary for a determination of the permittivity. The square of the ratio of the wavelength in air to that in the gas gives the permittivity of the gas relative to that of air. The Q factor of the resonator is given by Eq. (24.14) with A put equal to unity. Alternatively, a fixed resonator and a variable frequency technique could be used.

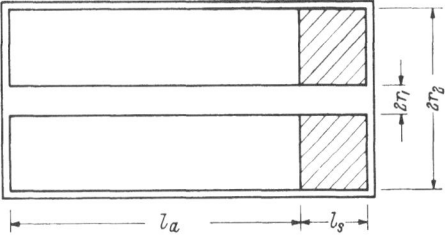

Fig. 27. Coaxial-line resonator.

29. Measurements with solids and liquids. Although a test specimen may be located anywhere in the line, we shall consider only the case illustrated in Fig. 27, where it is placed at one end: such an arrangement is satisfactory for liquids as well as for solids if the coaxial resonator is set with its axis vertical. If the field equations are solved subject to the appropriate boundary conditions it is found that, for resonance to occur:

$$\sqrt{\varepsilon_s'} = -\tan \frac{2\pi l_s}{\lambda_s} \cot \frac{2\pi l_a}{\lambda_a} \tag{29.1}$$

ε_s' being the permittivity of the specimen relative to air. Since λ_s, the wavelength in the specimen, and λ_a, the wavelength in air, are related by $(\lambda_a/\lambda_s) = \sqrt{\varepsilon_s'}$, we have

$$\sqrt{\varepsilon_s'} = -\tan \frac{2\pi l_s \sqrt{\varepsilon_s'}}{\lambda_a} \cot \frac{2\pi l_a}{\lambda_a} \tag{29.2}$$

an equation which is most readily solved by graphical means, provided the value of ε_s' is approximately known.

The loss factor may be determined from the relation:

$$\tan \delta_s = \frac{l_s + \varphi\, l_a}{l_s + \dfrac{\varphi\, \lambda_a}{4\pi}\sin\dfrac{4\pi\, l_a}{\lambda_a}} \left\{ \frac{1}{Q_s} - \frac{1}{Q_s'} \right\} \tag{29.3}$$

where

$$\varphi = \frac{\cos^2(2\pi\, l_s/\lambda_s)}{\cos^2(2\pi\, l_a/\lambda_a)}.$$

As described in previous sections, Q_s' must be deduced from the value of Q_a for the air-filled resonator to allow empirically for the unknown depth of penetration of the current into the walls of the resonator; and Q_s' is given in terms of Q_a by the expression:

$$Q_s' = Q_a \sqrt{\frac{f_s}{f_a}} \left\{ \frac{\left(\dfrac{1}{r_1} + \dfrac{1}{r_2}\right) + \left(\dfrac{4}{l_a + l_s}\right)\log\dfrac{r_2}{r_1}}{\left(\dfrac{1}{r_1} + \dfrac{1}{r_2}\right) + \left(\dfrac{2(\varphi + 1)}{\varphi\, l_a + l_s}\right)\log\dfrac{r_2}{r_1}} \right\} \tag{29.4}$$

where r_1 and r_2 are the radii of the inner and outer conductors of the line, and f_s and f_a are the resonant frequencies of the system with and without the specimen when the total length is kept constant.

II. Waveguide methods.

Strictly speaking the resonator techniques already discussed form one class of waveguide methods for the measurement of dielectric properties, since a resonator is in effect a tuned section of a waveguide; but the general title of "waveguide methods" is usually taken to embrace those experimental procedures in which the properties of resonance are not examined. There are a considerable number of such methods, but we shall here concern ourselves only with some of the more important basic techniques. Which of the various methods is the most appropriate to use in any given case depends upon whether the dielectric to be investigated is a high-, medium- or low-loss material. Before the more general procedures we shall first consider one described by Hershberger[1] which is particularly suitable for measurements on gases.

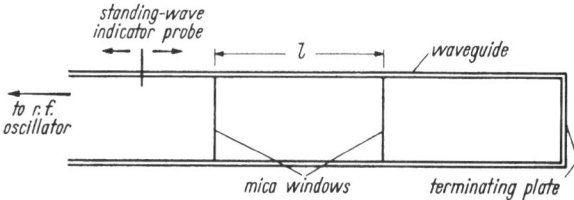

Fig. 28. Hershberger's method for gases.

30. A method for measurements on gases. Consider the system illustrated in Fig. 28. A portion of the waveguide, of length l, is sealed off from the rest by thin mica windows. It is important for the success of the method that these windows should not introduce significant reflections, and any small reflections produced by the windows must be nullified by the introduction into the waveguide of some such device as an inductive diaphragm having a susceptance equal and opposite to that of the window itself. A standing wave detector is included as shown in the waveguide between the radiofrequency source and the first window. (This is an important instrument in waveguide technique: it consists of a small probe sliding in a narrow slot in the wall of the guide—the broad

[1] W. D. Hershberger: J. Appl. Phys. 17, 495, 814 (1946).

face in a rectangular guide, which enables the field variation along the guide to be explored.) The end of the waveguide remote from the source is terminated by a shortcircuiting metal plate. The section between the windows is first evacuated, and the probe of the standing wave detector is located at a minimum of the interference pattern set up by the waves travelling outwards from the source and those reflected from the terminating plate: the impedance of the source must, of course, be matched to that of the waveguide itself. The gas under examination is now introduced slowly into the cell between the windows, and the movement of the minimum of the pattern followed as it travels towards the first window. (Since the permittivity of the gas is near to unity no appreciable reflections arise due to the presence of the gas itself.) When the pressure of the gas has reached the required value the total movement, Δl, of the probe is measured: it is important to follow the movement of the pattern continuously so that the same minimum is kept under observation.

Let λ_{gv} and λ_{gg} be the guide wavelengths in vacuo and in the gas respectively, and let the length of the sealed section be $x \lambda_{gv}$:

i.e.
$$l = x \lambda_{gv} \tag{30.1}$$

then
$$\Delta l = x (\lambda_{gv} - \lambda_{gg}). \tag{30.2}$$

Strictly the value of Δl, which is normally measured in an airfilled section of the guide should be corrected to its vacuum value, but this is only a second order factor and may normally be neglected. It then follows that:

$$\frac{\lambda_{gg}}{\lambda_{gv}} = 1 - \frac{\Delta l}{l}. \tag{30.3}$$

Now, remembering that $\lambda_{gg} = \lambda_0 / \sqrt{\varepsilon_g' - (\lambda_0/\lambda_c)^2}$, ($\lambda_0$ and λ_c being as previously defined) and that $(\varepsilon_g' - 1) \ll 1$, it may readily be shown that:

$$\varepsilon_g' = 1 + \frac{2 \Delta l \lambda_0}{l \lambda_{gv}}. \tag{30.4}$$

It is obvious that in this method great care must be taken to avoid any changes in the frequency of the source during the measurements. A helpful procedure in this respect, provided adequate power is available from the oscillator, is to introduce a resistive attenuation between the source and the standing wave detector, for this helps to maintain a relatively constant load on the source whilst the gas is admitted to the cell and the probe is moved: even so the frequency of the oscillator should be kept under constant observation during the measurements. An alternative method of measuring Δl, which also helps to keep the source subject to a constant load, is to use a fixed probe and to replace the terminating metal plate by an adjustable piston, the movement of which gives Δl.

The loss in the test specimen must now be determined. To do this the terminating plate (or piston) is replaced by a microwave receiver, or other form of detector, by means of which the power flowing out of the waveguide may be measured. It is important that the impedance of the detector should be carefully matched to that of the guide, so that no reflection occurs at its point of connection to the waveguide system. It may be assumed that the other losses in transmission through the system, including those due to the fact that the walls of the waveguide are of finite conductivity, are the same when the section between the mica windows is evacuated or full of gas; and that any difference in the power transmitted along the guide is therefore solely due to absorption in the gas, provided the output from the source remains constant. (A monitor—which may conveniently be coupled to the main waveguide run by means of a directional coupler—must be used to ensure this.) If the complex propagation constant, γ_g, for transmission along the guide in the gas, is expressed as $\alpha_g + j\beta_g$, α_g and β_g being the attenuation and phase constants respectively; then, if P_g and P_v are the transmitted powers measured when the gas is present in the sealed section, and when the latter is evacuated, we have:

$$P_g = P_v e^{-2\alpha_g l} \tag{30.5}$$

or

$$\alpha_g = \frac{1}{2l} \log\left(\frac{P_v}{P_g}\right). \tag{30.6}$$

Now it may be shown that

$$\alpha_g = \frac{\pi \lambda_{gg}}{\lambda_0^2} \, \varepsilon_g' \tan \delta_g \tag{30.7}$$

and therefore,

$$\tan \delta_g = \frac{\lambda_0^2}{2\pi l \lambda_{gg} \varepsilon_g'} \log\left(\frac{P_v}{P_g}\right). \tag{30.8}$$

If we wish to express the results in the form of the index n, and absorption coefficient, $\varkappa$, then, since $\varepsilon_g'' \ll \varepsilon_g'$ and $(\varepsilon_g' - 1) \ll 1$, to sufficient accuracy $n = \sqrt{\varepsilon_g'}$, and $\varkappa \approx \frac{n}{2} \tan \delta_g$ or $\varkappa \approx \frac{1}{2} \tan \delta_g$.

It might be anticipated that the accuracy of the method particularly as regards ε_g', would increase as l is increased: though this is to some extent true it must not be carried too far, since the greater wall losses which occur as the waveguide length increases tend to make the minima of the interference pattern less sharply defined.

The method described above is not really suitable for measurements on solids and liquids. For these dielectrics $(\varepsilon' - 1)$ is not small, and complication arise due to reflections at the boundaries between the air and dielectric surfaces. We shall now examine the more general waveguide techniques applicable under such circumstances.

a) General theory of the standing wave method.

31. Boundary reflections: impedance considerations. Consider first the reflection of plane electromagnetic waves at a plane boundary between two media, each being assumed to extend indefinitely away from the boundary. The relative permeability of each medium will be taken to be unity. Let the waves be travelling initially in a medium of complex permittivity ε_1, and be incident normally at the surface of a medium of permittivity ε_2 (see Fig. 29). The complex reflection coefficient R, say, is given by:

$$R = |R| \, e^{j\psi} \tag{31.1}$$

where ψ is the phase change on reflection.

From the theory given by Fresnel we have:

$$R = \frac{\sqrt{\varepsilon_1} - \sqrt{\varepsilon_2}}{\sqrt{\varepsilon_1} + \sqrt{\varepsilon_2}}. \tag{31.2}$$

The wave reflected from medium 2 interacts with the incident wave in medium 1 and produces a standing wave pattern, and from the shape and position of this pattern it is possible to determine both $|R|$ and ψ. Thus, suppose the amplitude of the field at a maximum of the pattern is $E_{\max}$, and at a minimum $E_{\min}$, the ratio $E_{\min}/E_{\max}$ is known as the standing wave ratio (s.w.r.), which we will denote by s: we then find that:

$$|R| = \frac{1-s}{1+s}.$$ (31.3)

It may further be shown that, if the first maximum of the pattern occurs at a distance $d_{\max}$ from the boundary surface:

$$\psi = \frac{4\pi}{\lambda_1}\, d_{\max}$$ (31.4)

or, also,

$$\psi = \frac{4\pi}{\lambda_1}\, d_{\min} - \pi$$ (31.5)

where $d_{\min}$ is the distance to the first minimum of the pattern: λ_1 is the wavelength in medium 1. Eq. (31.2) would apply equally if the field were confined to the enclosure formed by a coaxial line in which, normally, only the principal transverse electromagnetic wave is propagated. The transmission coefficient at the interface is:

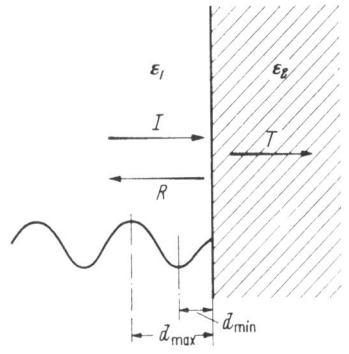

$$T = |T|\, e^{j\varkappa} = \frac{2\sqrt{\varepsilon_1}}{\sqrt{\varepsilon_1} + \sqrt{\varepsilon_2}}$$ (31.6)

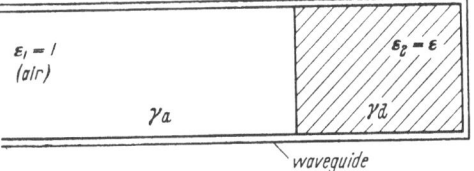

Fig. 29. Reflection at the plane boundary between two media.

Fig. 30. The boundary problem in a waveguide.

and also applies in both cases. When the propagation occurs in a waveguide, however, as illustrated in Fig. 30, certain modifications to the relations are required. The propagation constant, defining the manner in which the electromagnetic fields vary in the axial direction (z), along the guide is given by γ— the fields varying as $e^{-\gamma z}$—where:

$$\gamma = \alpha + j\beta = \frac{2\pi}{\lambda_0}\sqrt{\left(\frac{\lambda_0}{\lambda_c}\right)^2 - \varepsilon}$$ (31.7)

$\varepsilon = \varepsilon' - j\varepsilon''$, being in general complex.

For relatively small losses $(\varepsilon'' \ll \varepsilon')$, this equation reduces to:

$$\gamma = \frac{\pi}{\lambda_0}\left\{ \frac{\varepsilon'' + 2j\,(\varepsilon' - (\lambda_0/\lambda_c)^2)}{\sqrt{\varepsilon' - (\lambda_0/\lambda_c)^2}} \right\}$$ (31.8)

and for a perfect dielectric $(\varepsilon'' = 0)$

$$\gamma = j\beta = j\,\frac{2\pi}{\lambda_0}\sqrt{\varepsilon' - \left(\frac{\lambda_0}{\lambda_c}\right)^2}.$$ (31.9)

Now the characteristic wave impedance (Z_0) of a waveguide is defined as the ratio of the transverse electric to the transverse magnetic field strength: we may further define a "normalized" wave impedance, Z, for a dielectric-filled guide as the ratio of its characteristic wave impedance to that for a similar guide filled with air, i.e. Z_d/Z_a. It may be shown that, for H waveguide modes,

$Z = \gamma_a/\gamma_d$; γ_a and γ_d being the propagation constants respectively for an air-filled and dielectric filled guide. For E modes $Z = \gamma_a/\varepsilon_d\gamma_a$. We shall here confine our attention to H modes, and we then have:

$$Z = \sqrt{\frac{(\lambda_0/\lambda_c)^2 - 1}{(\lambda_0/\lambda_c)^2 - \varepsilon}}.$$ (31.10)

Suppose that in Fig. 30 the dielectric-filled section of the waveguide extends indefinitely, and let $\varepsilon_1 = 1$ (air, for all practical purposes) and $\varepsilon_2 = \varepsilon$. The reflection coefficient at the boundary of the dielectric is:

$$R = \frac{Z - 1}{Z + 1}.$$ (31.11)

In general the dielectric filled portion of the waveguide will be finite in length, and there will be a further reflection at the other end of the dielectric. If the specimen is very lossy, and of sufficient length, the second reflection may have a quite negligible effect as seen from the input end of the waveguide, in which case R is still given by Eq. (31.11). For a low-loss dielectric, however, the effect of the second boundary must be included since it influences R and therefore the standing wave ratio measured in front of the first boundary.

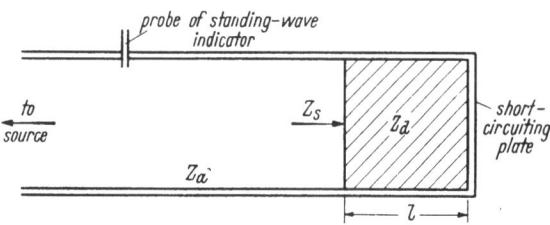

Fig. 31. Principle of the Roberts-von Hippel method.

32. The Roberts-von Hippel method. In a practical application of these principles to the measurement of dielectric properties, described by Roberts and von Hippel[1], a part of the waveguide ending in a short-circuiting plate is filled with the specimen to be examined, as shown in Fig. 31. Suppose the standing wave ratio measured in fron of the air-dielectric boundary is s, then:

$$R = |R|\, e^{j\psi} = \frac{1 - s}{1 + s}\, e^{j\psi} = \frac{(Z_s/Z_a) - 1}{(Z_s/Z_a) + 1}$$ (32.1)

where Z_s/Z_a is the normalized input impedance at the boundary, and, if l is the length of the dielectric, we have from standard transmission-line theory:

$$Z_s = Z_d \operatorname{Tan} \gamma_d l.$$ (32.2)

ψ in Eq. (32.1) is determined from the position of the first minimum of the standing wave pattern using Eq. (31.5) with λ_{ga} for λ_1. Z_s/Z_a may be directly calculated knowing s and ψ, or use may be made of an impedance circle-diagram chart if available.

Then:

$$\frac{Z_s}{Z_a} = \frac{Z_d}{Z_a} \operatorname{Tan} \gamma_d l = \frac{\gamma_a}{\gamma_d} \operatorname{Tan} \gamma_d l.$$ (32.3)

Since air is effectively loss free, $\alpha_a = 0$ and $\gamma_a = j\beta_a = j\,\frac{2\pi}{\lambda_{ga}}$; therefore:

$$\frac{1}{j\beta_a l}\left(\frac{Z_s}{Z_a}\right) = \frac{\operatorname{Tan} \gamma_d l}{\gamma_d l}.$$ (32.4)

[1] S. Roberts and A. von Hippel: J. Appl. Phys. **17**, 610 (1946).

Both β_a and (Z_s/Z_a) are known, and γ_a can therefore be determined by a graphical solution of Eq. (32.4). To facilitate the solution Roberts and von Hippel prepared a chart on the following basis. Let $A\,e^{jx} = Z_s/j\beta_a l Z_a$, and $T e^{j\tau} = \gamma_d l$, then

$$A\,e^{jx} = \frac{\mathrm{Tan}\,T\,e^{j\tau}}{T\,e^{j\tau}} \tag{32.5}$$

and the chart shows, for coordinates of T and τ, a series of intersecting contours of A and x from which points satisfying Eq. (32.4) can be obtained. The solution is not unique, and ambiguities must be resolved either by repeating the experiment for different values of l, or through an approximate knowledge of the properties of the dielectric. Having determined $\gamma_d\,(\equiv \alpha_d + j\beta_d)$, ε' and $\tan\delta$ for the material may be derived from the following relations:

$$\varepsilon' = \frac{\left(\dfrac{2\pi}{\lambda_c}\right)^2 + \beta_d^2 - \alpha_d^2}{\left(\dfrac{2\pi}{\lambda_0}\right)^2} \tag{32.6}$$

and

$$\tan\delta = \frac{2\alpha_d\beta_d}{\left(\dfrac{2\pi}{\lambda_c}\right)^2 + \beta_d^2 - \alpha_d^2} \;. \tag{32.7}$$

The procedure outlined above is quite general, and it is now of interest to examine the two special cases of very high and very low loss.

When $\varepsilon'' \ll \varepsilon'$, γ_d reduces effectively to $j\beta_d$ and Z_s is purely reactive ($Z_s = j\,X_s$). In this case:

$$\frac{X_s}{\beta_a l Z_a} = \frac{\tan\beta_d l}{\beta_d l}\;. \tag{32.8}$$

X_s being the input reactance of the dielectric-filled part of the waveguide; and it may be shown that:

$$\frac{\tan\beta_a d_{\min}}{\beta_a l} = -\frac{\tan\beta_d l}{\beta_d l}\;. \tag{32.9}$$

If the loss in the dielectric is considerable, and the wave reflected from the short-circuiting termination is of negligible amplitude when it returns to the air-filled part of the guide, Z_s will then be effectively the same as Z_d, and it follows that:

$$\gamma_d = j\,\beta_a Z_a/Z_s\;. \tag{32.10}$$

γ_a is thus readily determined from measurements of $\lambda_{g\,a}$, and of Z_s/Z_a which is obtained directly from the standing wave ratio as shown above. These methods have been used successfully for measurements at centimetre wavelengths on a wide range of solid and liquid dielectrics.

33. An alternative standing wave method for liquids.
The procedure described above is subject to increasing inaccuracy in the determination of the dielectric properties as the complex permittivity increases, the inaccuracy being mainly due to uncertainties in the phase measurement. To overcome this difficulty Poley[1] has developed a technique which involves only the measurement of the standing wave ratio, s, as a function of the length, l, of the liquid column. The test specimen is contained in a liquid-tight section of waveguide terminated by a short circuited piston which is driven by a micrometer head (see Fig. 32), and small grooves are made in the side of the piston to allow liquid to move past

---

[1] J. P. Poley: Appl. Sci. Res. B **4**, 337 (1955).

it. The liquid is separated from the air section of guide by a thin mica window: this produces a small reflection, for which a correction is applied as indicated later. Poley carried out his investigations with rectangular waveguides operating in the H_{01} mode at wavelengths ranging from 0.8 to 4 cm. (A similar technique, but involving the use of an open-circuit terminating piston has been described by Crouch[1].)

Now, if Z_s is the input impedance at the dielectric boundary:

$$s = \frac{1 - \left| \dfrac{Z_s/Z_a - 1}{Z_s/Z_a + 1} \right|}{1 + \left| \dfrac{Z_s/Z_a - 1}{Z_s/Z_a + 1} \right|} \tag{33.1}$$

and when $(Z_a \operatorname{Tan} \gamma_d l)/Z_a$ is substituted for Z_s/Z_a in this relation [see Eq. (32.3)] a transcendental equation is obtained which defines the variation of s with l,

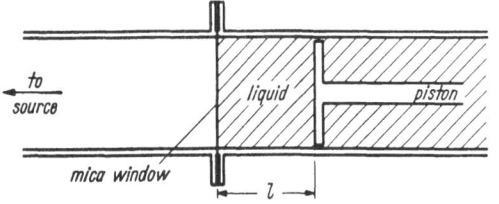

Fig. 32. Poley's method for liquids.

and which is not readily amenable to direct numerical solution.

If, however, the standing wave ratio is plotted as a function of l (from the experimental observations) a curve is obtained which exhibits a series of maxima and minima, and which tends to a limiting value of s_∞ as l becomes great: the more the loss in the liquid, the shorter the length of the liquid column required for s_∞ to be approached. It is possible, as Poley shows, to deduce from this curve both the wavelength in the liquid-filled guide and the loss in the specimen under examination. The spacing between the minima of the curve is constant and equal to $\lambda_{g\,d}/2$ to a high degree of accuracy. If now a modified loss tangent, $\tan \Delta$, is defined as a "waveguide loss-tangent", where:

$$\tan \Delta = \frac{\varepsilon''}{\varepsilon' - (\lambda_0/\lambda_c)^2} \tag{33.2}$$

it may be shown that:

$$\tan \frac{\Delta}{2} = \frac{\alpha_d}{\beta_d} \tag{33.3}$$

and $\tan \Delta/2$ may be obtained from the ratios of the values of s at successive maxima of the s versus l curve in the following manner. Let s_m and s_n be the values of s for the m-th and n-th maxima respectively; then, to a very close approximation:

$$\frac{s_m}{s_n} = \operatorname{Tan}\left(m\,\pi \tan \frac{\Delta}{2} \right) \Big/ \operatorname{Tan}\left(n\,\pi \tan \frac{\Delta}{2} \right) \tag{33.4}$$

and

$$\frac{s_m}{s_\infty} = \operatorname{Tan}\left(m\,\pi \tan \frac{\Delta}{2} \right). \tag{33.5}$$

These two relations can be used to derive a set of curves for s_m/s_n and s_m/s_∞ as functions of $\tan \Delta/2$, from which $\tan \Delta/2$ may be read off for any given measured standing wave ratios. (Whether the s_m/s_n or s_m/s_∞ curves are the more appropriate to use will depend upon the degree of loss in the liquid.) $\lambda_{g\,d}/2$ and $\tan \Delta/2$ being known, we have for the two components of the complex permittivity

[1] G. E. Crouch: J. Chem. Phys. 16, 364 (1948).

of the liquid:

$$\varepsilon' = \left(\frac{\lambda_0}{\lambda_c}\right)^2 + \left(\frac{\lambda_0}{\lambda_{gd}}\right)^2 \left(1 - \tan^2 \frac{\varDelta}{2}\right) \tag{33.6}$$

and

$$\varepsilon'' = 2\left(\frac{\lambda_0}{\lambda_{gd}}\right)^2 \tan \frac{\varDelta}{2} . \tag{33.7}$$

Strictly, as Poley points out, corrections to the measured value of s are necessary to take account of losses in the air-filled part of the guide, i.e. in the walls, at the source termination and at the junction (mica window). In practice it is usually possible to arrange for the junction correction to be the only one. The experimental procedure requires only the evaluation of s for column lengths an integral number of $\lambda_{gd}/2$, and the same correction for the junction has to be applied therefore in all cases. Since this correction s_j, say, is small the required value of s in terms of the measured ratio s_{meas} and s_j is given by: $s = s_{\text{meas}} - s_j$, and s_j may be determined directly for the case $l = 0$.

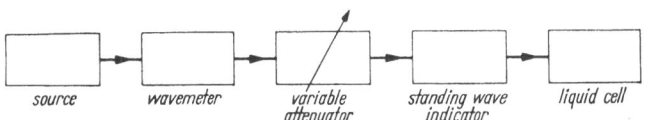

Fig. 33. Disposition of apparatus in Poley's method.

The disposition of the apparatus for Poley's method is illustrated schematically in Fig. 33; a wavemeter (conveniently of the resonant-cavity type with a high Q) is included so that the actual frequency at which the measurements are made may be determined. The method has been used by Poley for a number of organic polar liquids, and the accuracy achieved, particularly as regards ε'', is probably higher than is obtained in most other waveguide methods. The error in the determination of both ε' and ε'' should not in general exceed 1%. This degree of accuracy is still, however, much less than is achieved at frequencies well below the microwave range.

b) The two-waveguide absorption method.

34. Measurements on high-loss liquids. A further ingenious method of experimentation, suitable for high-loss liquids, has been described by Collie, Hasted and Ritson[1]; and also exploited by Saxton and Lane[2]: it is particularly convenient for measurements in the centimetre and millimetre wavebands. Both ε' and ε'' (or n and $\varkappa$) may be determined from measurements of the rates of attenuation in transmission through the liquid in two waveguides of suitably chosen cross-sectional dimensions. Suppose $\varkappa_1$ and $\varkappa_2$ are the two absorption coefficients so measured for radiation having a free-space wavelength of λ_0, and let the corresponding cut-off wavelengths for the two guides (when air-filled) be λ_{c1}, and λ_{c2}; then it may be shown that:

$$\varepsilon' = \frac{A_1^2 \varkappa_1^2 - A_2^2 \varkappa_2^2}{\varkappa_1^2 - \varkappa_2^2} - (\varkappa_1^2 + \varkappa_2^2) \tag{34.1}$$

and

$$\varepsilon'' = 2\varkappa_1(\varepsilon' + \varkappa_1^2 - A_1^2)^{\frac{1}{2}} \tag{34.2}$$

where

$$A_1 = \frac{\lambda_0}{\lambda_{c1}} \quad \text{and} \quad A_2 = \frac{\lambda_0}{\lambda_{c2}} .$$

[1] C. H. Collie, J. B. Hasted and D. M. Ritson: Proc. Phys. Soc. Lond. **60**, 145 (1948).
[2] J. A. Lane and J. A. Saxton: Proc. Roy. Soc. Lond., Ser. A **213**, 400 (1952).

The method is applicable with both rectangular and cylindrical waveguides, though in practice the cylindrical form is often the more convenient. If the radius of one of the two guides (now assumed cylindrical) is made large compared with the cut-off value, then the measured absorption coefficient becomes very nearly that appropriate to the infinite medium, i.e. $\varkappa$, and, for wavelengths not exceeding a few centimetres, it is often possible to make a sufficiently accurate determination of $\varkappa$ in this manner without the use of impracticably large waveguides. If this is done, and $\varkappa_1$ is the absorption coefficient measured in a much narrower guide, it follows from Eqs. (34.1) and (34.2) above that:

$$ n^2 = \varkappa_1^2 \left[\frac{A_1^2}{\varkappa_1^2 - \varkappa^2} - 1 \right]. \tag{34.3} $$

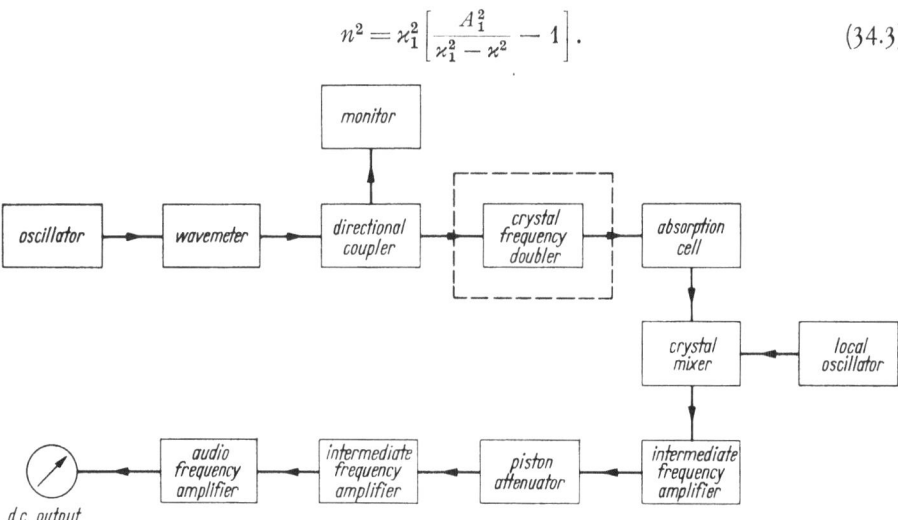

Fig. 34. Disposition of Saxton and Lane. The frequency doubler enables a harmonic of the oscillator frequency to be used if desired.

In order to achieve the greatest accuracy it is desirable to choose the dimensions of the narrow waveguide to be such that is operated (when filled with the liquid) near to the cut-off condition.

Since the method depends entirely on the measurement of attenuation, it is essential that an accurate standard of attenuation should be available for comparison: in practice this usually takes the form of a cylindrical "piston" or "cut-off" attenuator operating in the evanescent H_{11} mode. (In such an instrument the frequency of operation is very much less than the cut-off frequency, and the attenuation introduced between two coupling loops, which may be separated in a controlled manner axially along the guide, depends only on the diameter of the tube and is accurately calculable.)

The experimental procedure adopted by Saxton and Lane is illustrated by Fig. 34. Since the radiofrequency oscillators most suitable for such work usually develop relatively low powers, and since also the degree of attenuation in transmission through the test specimen is large, it is desirable to modulate the source at an audio frequency and to use a superheterodyne receiver followed by an audio frequency amplifier and finally a meter to show the rectified direct current output. The standard piston attenuator is operated at the intermediate frequency (which may be of the order of 30 Mc/s) and is inserted in the circuit as shown in Fig. 34. The principle of the method is to maintain a constant rectified audio-frequency output by balancing the attenuation through the liquid in the absorption cell, as it is varied, by suitably adjusting the piston attenuator. The validity

of this procedure depends upon the linearity of the crystal mixer and also of the intermediate frequency amplifier preceding the piston attenuator; and, of course, upon the constancy of the rest of the system. The linearity may be checked by substituting for the absorption cell a second cut-off attenuator operating at the initial microwave frequency, and balancing it against the intermediate frequency attenu-
ator over the required
range, which will normally
be one covering a power
ratio of 1 to 10^5. It is
desirable to include in the
circuit a waveguide directional coupler as indicated,
by means of which a small
fraction of the power from
the source may be extrac-
ted from the main wave-
guide run and measured
for monitoring purposes;
for it is essential that the
source should not vary, or
if it does, that the amount
of variation should be accurately known.

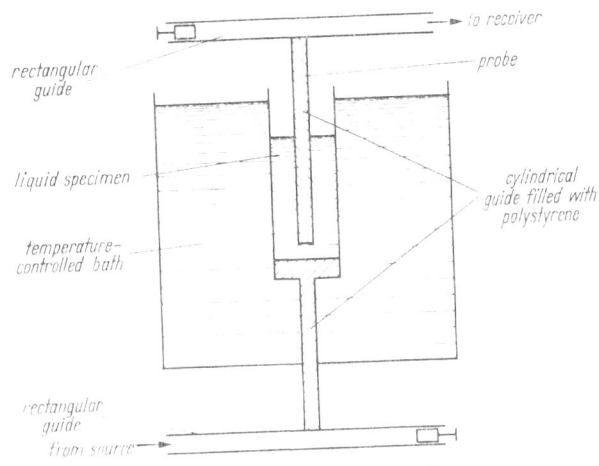

Fig. 35. Absorption cell (SAXTON and LANE).

35. The absorption cell. A suitable form of absorption cell is illustrated in Fig. 35, in which the arrangement is for a direct wide-waveguide measurement of $\varkappa$. The provision of a temperature-controlled bath enables observations of
the dielectric properties of
the liquid specimen to be
made over a range of tem-
peratures. The pick-up
probe is a narrow thin-
walled cylindrical tube containing a solid dielectric
such as polythene, the
dimensions being such as
only to permit thefree
transmission of the H_{11}
mode: it is necessary,
of course, to select a filling
material which does not
react chemically with the
test liquid. The probe

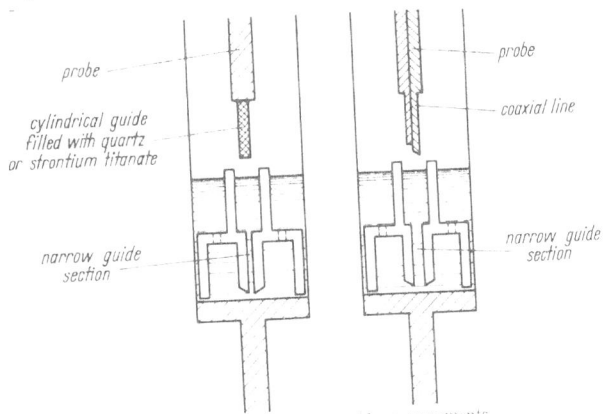

Fig. 36. Methods for narrow-guide measurements.

assembly is driven by a micrometer head so that accurate measurements may be made of the movement of the probe through the liquid. At wavelengths more than 1 or 2 cm a coaxial probe is readily constructed, and may be used if desired.

Fig. 36 shows a simple way of modifying the cell for narrow guide measure-ments. A section containing the narrow guide may be constructed to fit inside the wide guide as illustrated: at wavelengths in the range of 5 mm to a few centimetres the diameters of suitable narrow guides will be of the order of per-haps 1 to 10 mm depending on the permittivity of the liquid under examination. Modification of the pick-up probe is also obviously necessary: if a coaxial probe is possible the outer diameter must be reduced to pass through the narrow guide. For waveguide probes, and the narrowest guides, a section of thin-walled tube containing a material of very high permittivity, such as strontium titanate, may be added at the bottom of the main probe. This material has a relative permittivity of the order of 250, and a tube of 1 mm diameter filled with it may thus easily be made into a non-attenuating waveguide at wavelengths of only a few millimetres—apart, that is, from losses in the metallic walls and in the strontium titanate itself.

As already mentioned, the two-waveguide method, involving only absorption measurements, has proved very successful and convenient for investigations of high-loss liquids. It would be less suitable for low-loss liquids since, unless an extremely long absorption cell were used, difficulties would arise due to multiple reflections between the input and output ends of the cell. Typical of the liquids which may be investigated by the method are water, the lower alcohols and other organic polar liquids having marked dispersion in the centimetre and millimetre wavelength bands, and also electrolytic solutions.

c) Measurement of propagation constant, γ.

36. A balance method. Buchanan[1] has described a method, particularly suitable for liquids but also capable of modification for solids, in which both components, α and β, of the propagation constant in the test specimen are deter-

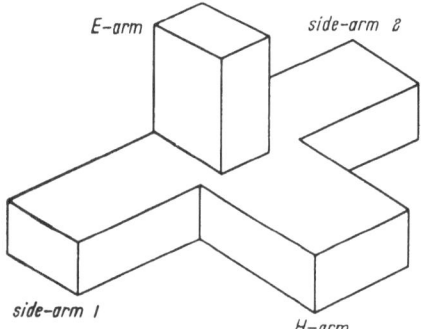

Fig. 37. Hybrid-Tee junction.

mined directly. In this method use is made of a wave guide hybrid-tee junction which, though not essential to the scheme, considerably facilitates the experimental procedure. The construction of such a junction is shown in Fig. 37: in essence it consists of an E-plane waveguide T-junction and an H-plane junction joined together as indicated; the arms 1 and 2 are common. The properties of the hybrid are such that a wave coupled into arm 3 will divide equally between arms 1 and 2, but will not cross-couple into arm 4 if all arms are connected to matched generators or loads. The same argument applies if the roles of arms 3 and 4 interchanged. The hybrid-tee junction also possesses other properties which need not concern us here.

Buchanan's arrangement of apparatus is given schematically in Fig. 38. The absorption cell (here containing liquid) consists of a length of rectangular waveguide mounted vertically, and closed at the lower end by a thin liquid-tight mica window, through which energy passes from the waveguide G_1 connected to the source. Another waveguide, also fitted with a mica window at the lower end, and of slightly smaller dimensions, is suspended within the first guide and its movement is controlled by a micrometer head. The movable probe waveguide is connected by means of a coaxial cable to a phase changer attached to the end of the H-arm of the hybrid-tee junction. This phase changer consists simply of an accurately constructed piston, with quarter wave chokes, sliding in a section of waveguide of the same dimensions as the H-arm: the coaxial line

[1] T. J. Buchanan: Proc. Inst. Electr. Engrs. **99**, Part III, 61 (1952).

passes through the piston and terminates in a loop close to the face of the piston. A fraction of the energy in the guide G_1, attached to the source, is picked up on the probe P and passed through a further section of coaxial line to the cut-off attenuator (piston-type) connected into arm 1 of the hybrid-tee. This attenuator consists of a section of rectangular guide having dimensions—accurately known—much too small to transmit freely the dominant H_{01} mode, and energy

is coupled to it in a manner similar to that described above for the phase-changer. (If the wavelength of operation is less than 2 or 3 cm some form of waveguide coupling is more satisfactory.) The source is modulated, and a superheterodyne receiver is connected to arm 2 of the hybrid-tee.

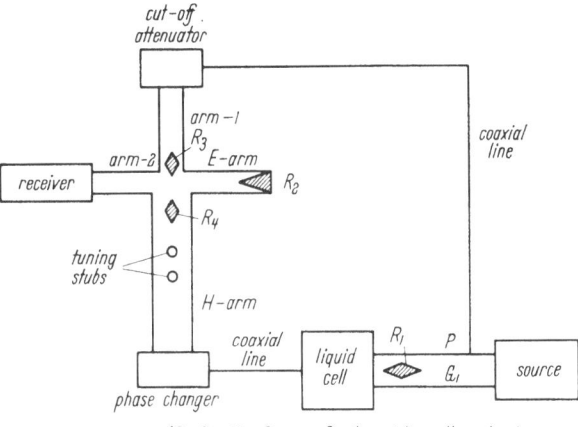

$(R_1, R_2, R_3, R_4$ are fixed resistive attenuators$)$

Fig. 38. BUCHANAN's balance method.

If the impedance of the H-arm is perfectly matched (looking towards the junction) there are no reflections from the junction and therefore no standing waves in the guide. Under these circumstances accurate variations in the phase of the radiation passing through the H-arm to the junction can be made by moving the piston of the phase changer through a known distance—the wavelength in the guide being known from the dimensions of the latter. Tuning

stubs (see Fig. 38) can be arranged to achieve the no-reflection condition. The E-arm of the hybrid-tee is terminated in a matched resistive load, R_2, so that all the energy arriving at the receiver comes directly either through the phasechanger or through the cut-off attenuator; and the resultant signal depends

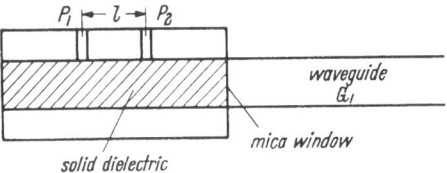

Fig. 39. BUCHANAN's method: solid dielectric.

therefore on the relative phases and amplitudes of these two components at the junction. Suitable adjustments of the phase-changer and the attenuator may thus be made to produce zero signal in the receiver for a given position of the pick-up waveguide in the absorption cell. Zero signal is again produced after a known movement of the pick-up guide, and, from the movements of the phase-changer and cut-off attenuator necessary to achieve this condition, the components α and β of the propagation constant in the test specimen may be determined. λ_c for the waveguide cell is known from its dimensions, and it is then possible to derive ε' and ε'' for the liquid specimen from the theory given in a preceding section. It is implicitly assumed in the above procedure that the cut-off attenuator reduces the strength of the signal through it without altering the phase, and this property may be ensured if the instrument is carefully designed and constructed. BUCHANAN's method is very suitable for relatively high-loss dielectrics, but suffers from the same disadvantages as the two-waveguide absorption method described earlier when applied to low-loss dielectrics.

The modified procedure with solid dielectrics is as follows. The liquid cell is replaced by one of the form shown in Fig. 39: one end is closed by a short-circuiting plate and the other, which is attached to the main waveguide G_1, by a thin mica window. The inner dimensions of the cell are the same as those of G_1. Two ports, P_1 and P_2, are made through the broad face of the solidly constructed cell, the distance of P_2 from the end plate being exactly twice that of P_1. The coaxial line to the phase-changer may be inserted into either P_1 or P_2, and, since adequate coupling to the cell is obtainable without any actual penetration by the probe of the coaxial cable, the cell may be entirely filled by the test specimen. The experimental procedure is as for the liquid case, resulting in a determination of the relative phase and amplitude of the field vectors at P_1 and P_2, and since

$$\frac{E_{P_2}}{E_{P_1}} = 2 \operatorname{Cos} \gamma l, \qquad (36.1)$$

l being the spacing between P_1 and P_2, γ, and hence α and β, may be obtained. For low-loss solids the method has its limitations, as with low-loss liquids, and more accurate measurements can be made on such materials by cavity resonator techniques.

III. Free-wave methods.

37. General remarks. Although there are many experimental difficulties associated with the use of free-wave methods for the measurement of dielectric properties, it is possible by taking great care to surmount most of them; and such methods are certainly worthy of consideration as the wavelength progresses from the centimetre to the millimetre range. In the application of waveguides and cavities it is desirable, if not always essential, that transmission shall be limited to the dominant or to a low-order mode. As the wavelength decreases the dimensions of the appropriate waveguide decrease, and it becomes increasingly difficult to construct guides and cavities to the required degree of accuracy. Sufficiently high-Q cavities are not readily achieved, and in addition the increasing attenuation in transmission through very small waveguides becomes a disadvantage, especially in view of the relatively small amounts of power generally available for experimentation at the highest microwave frequencies.

Microwave analogues of most optical instruments may, in principle, be devised, but since the ratio of the wavelength to the size of the component parts of a given instrument is inevitably smaller in the microwave than in the optical case certain difficulties arise. The most important limitation in this connection is probably the impracticability of producing really well collimated beams, for the radiating and receiving aerials would need to have enormous apertures to give a performance similar to that of the optical counterparts. As a consequence, with apertures which are feasible appreciably divergent beams are obtained, and uncertainties occur due to diffraction effects and unwanted reflections from parts of the instrument or from neighbouring obstacles.

a) Reflection and absorption measurements.

38. Measurements on liquids. Some of the earliest measurements of all of the dielectric properties of liquids at extremely high radio frequencies were made by free wave methods; and these normally consisted of observations of the absorbing and reflecting properties of the liquids. We shall here describe the procedure followed by Saxton and Lane[1] in somewhat more recent investigations

---

[1] J. A. Saxton and J. A. Lane: Meteorological Factors in Radio Wave Propagation. Phys. Soc. London, 1947, p. 278.

of the properties of water at centimetre wavelengths, since this adequately illustrates the principles involved: the technique is readily applicable to other liquids in which the loss is appreciable. The method is based on a direct measurement of the absorption coefficient ($\varkappa$), and on a measurement of the reflection coefficient for radiation incident at the surface at a known angle of incidence: the refractive index (n) may then be deduced from the two observations.

The disposition of apparatus for the determination of $\varkappa$ is shown in Fig. 40. The liquid under examination is contained in a large shallow trough, the bottom of which consists of a flat plate of a low-loss dielectric such as glass: the area of the trough must be large compared with the aperture of the directive transmitting aerial, T, in order to remove any uncertainty due to diffraction round the edges. The transmitting aerial, and similar receiving aerial, R, may conveniently consist of a horn flared out at the end of a section of waveguide. Often, when a sufficiently strong microwave source is available it is necessary to do no more than use a crystal detector and galvanometer in conjunction with R: if further sensitivity is required, however, it may be obtained with a superheterodyne receiver.

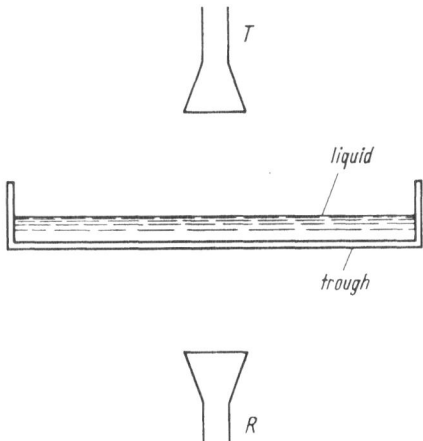

Fig. 40. Free-wave absorption measurements.

The quantity of liquid in the trough is varied and the received signal is determined as a function of the depth of the liquid. Assuming that a simple crystal detector, with a square-law response, is used as the receiver, the relation between the logarithm of the crystal current and the depth of the liquid should be linear after the depth has become sufficiently great to eliminate multiple reflections, since the boundary conditions are repeated for all liquid depths. (The occurrence of multiple reflections is the reason why the method is much more suitable for high-loss than for low-loss materials: though theoretically possible in the latter case, the analysis of the observations is considerably complicated—for multiple reflections in the bottom of the trough as well as in the liquid itself must be considered.) If I_1 and I_2 are the crystal currents corresponding to liquid depths of d_1 and d_2, then:

$$\varkappa = \frac{\lambda}{4\pi(d_2 - d_1)} \log\left(\frac{I_1}{I_2}\right). \tag{38.1}$$

This is strictly on the assumption that we are concerned with plane-wave propagation, and some further comments on this point are made later in the present section.

Two experimental procedures are possible for the measurement of the reflection coefficient, R, at the surface of the liquid. In the first the arrangement is as shown in Fig. 41, where the angle of incidence is of the order of 45°. It is necessary to be certain that the distance directly between T and R is sufficiently large for the field amplitude to vary inversely as the distance, and this field, with T and R accurately aligned, is then measured. The two aerials are then turned down towards the liquid surface at the appropriate angles for specular reflection to occur, and the field at R determined once again. In evaluating the reflection coefficient an allowance must be made, on the basis of the inverse distance law, for the fact that the reflected path is longer than the direct one. The observations are probably must conveniently carried out with the electric vector polarized parallel to the reflecting surface, i.e. perpendicular to the plane of incidence, and it is again necessary to avoid the effects of multiple reflections in the liquid layer by having a depth of liquid adequate to make even the first wave reflected from the bottom plate of the trough of negligible amplitude.

Now, since it is not possible to achieve perfect collimation of the transmitting and receiving aerials, there is a small signal transmitted directly from T to R when they are disposed for reflection. A similar, but somewhat smaller, disturbance exists when the direct signal is being measured, due to the small amount of energy reflected back from the liquid; the increased path length of the reflected ray and the fact that the reflection coefficient is less than unity tend to make this the less significant of the two perturbations. It is not possible to allow accurately for these effects in any single determination of the reflection coefficient, for this would presuppose a knowledge of the coefficient as to both amplitude and phase. The perturbations can to a considerable extent be eliminated in the following manner. If observations are made for several angles of incidence

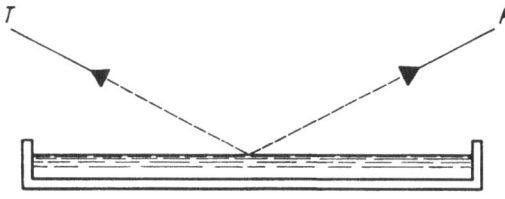

Fig. 41. Free-wave reflection measurements (first method).

between, say, 40 and 50°, and the directly measured reflection coefficients plotted as a function of the angle, it may be expected that some of the departures from the true value will be positive and some negative, due to the appreciable changes in path length (exceeding λ or more) occasioned by the different dispositions of T and R; and a mean curve through the plotted points should lie close to the real value of the reflection coefficient at any angle within the given range.

The derivation of ε' and ε'' is best carried out by a graphical method. We know that:

$$\varkappa = \left[\frac{(\varepsilon'^2 + \varepsilon''^2)^{\frac{1}{2}} - \varepsilon'}{2} \right]^{\frac{1}{2}}. \tag{38.2}$$

Also, from Fresnel's equations for reflection, it can be shown, for the state of polarization specified above (electric vector perpendicular to the plane of incidence) that the reflection coefficient at an angle of incidence ϑ is:

$$R = K_1 + j K_2 \tag{38.3}$$

where

$$K_1 = [\cos^2 \vartheta - (c^2 + d^2)]/[\cos^2 \vartheta + (c^2 + d^2) + 2c \cos \vartheta], \tag{38.4}$$

$$K_2 = - 2d \cos \vartheta/[\cos^2 \vartheta + (c^2 + d^2) + 2c \cos \vartheta] \tag{38.5}$$

and

$$c = \frac{1}{\sqrt{2}} \{ [(\varepsilon' - \sin^2 \vartheta)^2 + \varepsilon''^2]^{\frac{1}{2}} + (\varepsilon' - \sin^2 \vartheta) \}^{\frac{1}{2}}, \tag{38.6}$$

$$d = - \frac{1}{\sqrt{2}} \{ [(\varepsilon' - \sin^2 \vartheta) + \varepsilon''^2]^{\frac{1}{2}} - (\varepsilon' - \sin^2 \vartheta) \}^{\frac{1}{2}}. \tag{38.7}$$

The approximate range of possible values for ε' and ε'' being known, two loci are plotted, one for values of ε' and ε'' giving the measured $\varkappa$, and the other for the values of ε' and ε'' giving the measured R: the intersection of these two loci gives the required permittivity and loss factor.

Now, although the procedure described above is not too inconvenient at room temperatures, a large trough is required to provide a reflecting surface adequate to yield reliable reflection coefficients at oblique incidence; and if it is desired to make measurements at other temperatures it is necessary to make observations at or near to normal incidence—so permitting the use of a smaller trough—if the constant temperature enclose to contain all of the apparatus is not to become impracticably large. With transmitting and receiving aerials of finite size it is, of course, not possible to make measurements actually at normal incidence; and in practice all that can be achieved with an arrangement as shown in Fig. 42, and using aerials of sufficient directivity, is an angle of incidence of the order of 5°.

It is obviously not now possible to compare direct and reflected signals; instead a comparison is made of the reflection coefficient of the liquid surface with that of a perfectly reflecting metal sheet placed in the same position as the liquid. (For all practical purposes a sheet of some such metal as aluminium may be regarded as perfectly reflecting.) Despite the directivity of the aerials there is a small but significant direct signal between them, which interferes with the reflected signal, and this perturbing effect may be allowed for as follows. Suppose that the interference patterns are investigated as the liquid surface and the metal sheet respectively are moved through small distances normal (i.e. approximately) to the direction of propagation. Let I_a be the crystal detector current at a maximum of the pattern with the metal sheet when the reflected field at the receiver from the sheet is E_a, and the small direct field (then in phase with E_a) is δE_a; and let I_l, E_l and δE_l be

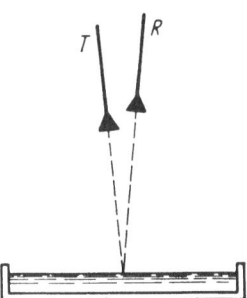

Fig. 42. Free-wave reflection measurements (second method).

the corresponding quantities in the case of the liquid reflecting surface, the depth of which must as before be sufficient to attenuate completely any multiply reflected waves.

Then

$$\frac{I_a}{I_l} = \left(\frac{E_a + \delta E_a}{E_l + \delta E_l} \right)^2 \tag{38.8}$$

assuming the detector to follow a square law response, i.e.

$$\frac{I_a}{I_l} = \left(\frac{E_a}{E_l} \right)^2 \left\{ \left(1 + \frac{2\,\delta E_a}{E_a} \right) \left(1 - \frac{2\,\delta E_l}{E_l} \right) \right\} \tag{38.9}$$

neglecting second-order small quantities. Suppose now that the crystal current at a given maximum of the interference pattern (either reflecting surface) is I_{max}, and that it is I_{min} at the immediately neighbouring minimum of the pattern corresponding to a slightly greater transmission distance—when the reflecting surface will be about $\lambda/4$ further away from the aerials than for the maximum condition. We then have:

$$\frac{I_{max}}{I_{min}} = \frac{(E + \delta E)^2}{(E - \delta E - \Delta E)^2} \tag{38.10}$$

where ΔE is a small correction to allow for the difference in transmission distance between the maximum and minimum positions. Again neglecting second-order small quantities:

$$\frac{I_{max}}{I_{min}} = 1 + \frac{4\,\delta E}{E} + \frac{2\,\Delta E}{E}. \tag{38.11}$$

Now $\Delta E/E$ is determined solely by the geometry of the system, and typically may be only of the order of 0.01. From (38.11)

$$\frac{\delta E}{E} = \frac{1}{4}\left\{\frac{I_{\max}}{I_{\min}} - \left(1 + \frac{2\Delta E}{E}\right)\right\}. \tag{38.12}$$

It is possible, therefore, from observations on the interference patterns to determine $\delta E_a/E_a$ and $\delta E_l/E_l$ by means of Eq. (38.12).

Suppose the lengths of the transmission paths are d_a and d_l for the metal and liquid surfaces respectively: then R, the modulus of the reflection coefficient for the liquid at the actual angle of incidence (ca. 5°) is given by:

$$R = \frac{E_l}{E_a} \cdot \frac{d_l}{d_a}. \tag{38.13}$$

It is in fact more convenient to have the reflection coefficient at normal incidence, R_N, for the refractive index, n, can then be determined using the relation:

$$R_N^2 = \left\{\frac{n^2 + \varkappa^2 + 1 - 2n}{n^2 + \varkappa^2 + 1 + 2n}\right\}, \tag{38.14}$$

$\varkappa$ being known from absorption measurements on the liquid. Now the electrical properties of the material under examination will usually be known approximately; and it can be shown by substitution in the Fresnel equations that, for an angle of incidence within a few degrees of the normal position, the correction to be applied to Eq. (38.13) to determine R_N from R is very nearly constant over quite a range of values of ε' and ε'' about the correct ones. If then $R_N = FR$, we have finally:

$$R_N = F\frac{d_l}{d_a}\left\{\left(1 + \frac{\delta E_a}{E_a}\right)\left(1 - \frac{\delta E_l}{E_l}\right)\right\}\sqrt{\frac{I_l}{I_a}}. \tag{38.15}$$

It is very important that the small corrections discussed in the foregoing treatment should be made, since a small error in R leads to a relatively larger proportional error in the derived value of n.

It should be noted that, if a constant temperature enclosure is used to investigate the variation of dielectric properties with temperature, the enclosure must be sufficiently large, and the apparatus so disposed, for any reflections from the walls of the enclosure to be insignificant; or alternatively the walls must be lined with non-reflecting material. (Such materials are now manufactured.)

Mention has been made earlier in this section of the fact that the reflection conditions are assumed to be those appropriate to plane waves: in fact, since the measurements are made under conditions when the field amplitude varies inversely as the distance, the wavefronts are spherical. Thus radiation is effectively incident at the dielectric (or metal) surface over a small range of angles determined by the polar pattern of the transmitting aerial and the geometry of the system: it may however be shown experimentally, by making observations for the same (nominal) angle of incidence, but for different paths lengths (provided the distances are always such that Fraunhofer theory is applicable), that the error introduced by wavefront sphericity is small. This is also confirmed by the fact that a good linear relation between $\log I$ and $(d_2 - d_1)$ is obtained in the absorption measurements for the determination of $\varkappa$. The accuracy of free-wave methods at wavelengths exceeding about one centimetre, such as those described above, is certainly not as good, however, as that obtainable with waveguide and resonator techniques, particularly as regards the determination of n, as is shown by the investigations of the dielectric properties of water carried out by Saxton and Lane using both free-wave and waveguide methods.

b) Millimetre wavelength interferometry.

39. Michelson interferometer. Microwave analogues of the Michelson and Fabry-Pérot optical interferometers have been developed by CULSHAW[1,2]; and we shall now describe their application to dielectric measurements, dealing first with the Michelson microwave interferometer, which was designed by CULSHAW to operate at a wavelength of 12.5 mm. Ideally such an instrument requires plane wave-trains, but since this is not practicable it is designed to function in a region of uniform diffraction—the Fraunhofer region—rather than in a region of Fresnel diffraction, where large changes occur in the phase and amplitude of the diffracted field. A compromise is therefore necessary in defining the size of the apertures of the transmitting and receiving aerials: a large aperture is desirable to reduce the divergence of the radiated beam, but the larger the aperture the greater the distance it is necessary to move away from the aperture before Fraunhofer diffraction is established. CULSHAW in practice used apertures of about 12 wavelengths square: these, if supposed uniformly illuminated, both as regards amplitude and phase, should give an angle of 10° between the first zeros on either side of the axis of the main beam of the Fraunhofer diffraction pattern; and the Fraunhofer region should begin at a distance of about 180 cm.

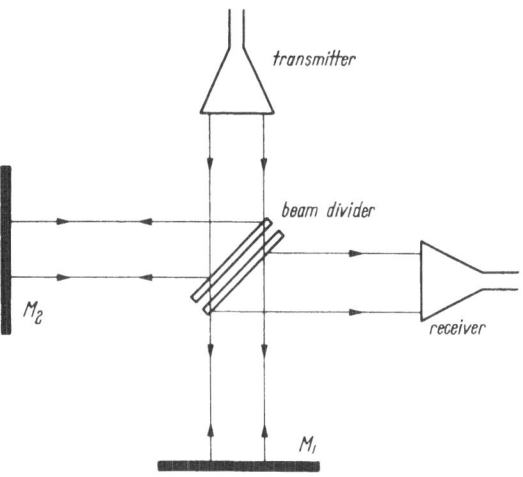

Fig. 43. Microwave Michelson interferometer.

The scheme of CULSHAW's interferometer is shown in Fig. 43. The source oscillator is connected to a section of waveguide which is flared out gradually (over a distance of about 40λ) to form a pyramidal horn having an aperture 12λ by 12λ. In order to improve the uniformity of illumination over the aperture, the horn is terminated by a metal waveguide lens of the kind described by KOCK[3]. A similar arrangement is used for the receiving aerial, which may be connected either to a simple crystal detector and galvanometer when this provides adequate sensitivity, or otherwise to a superheterodyne receiver. It is essential that the frequency of the transmitter should remain stable within very narrow limits, and this is ensured by the use of a POUND circuit.

One form of beam divider is a wire grating: such gratings may be designed without difficulty to reflect (and also transmit) half of the energy incident at an angle of 45°. CULSHAW, however, found it an advantage to use a divider consisting of two quarter-wavelength thick (at 45° incidence) plates of polystyrene, with a spacing adjusted to give reflection of half of the incident energy. Such a divider has another valuable feature: if the wavefronts in the interferometer were plane, the balance at a minimum of the interference pattern would not depend on the reflecting properties of the beam divider, since there is a transmission and reflection for each of the two paths, although the sensitivity of the

[1] W. CULSHAW: Proc. Phys. Soc. Lond. B **63**, 939 (1950).
[2] W. CULSHAW: Proc. Phys. Soc. Lond. B **66**, 591 (1953).
[3] W. E. KOCK: Proc. Inst. Electr. Engrs. **34**, 828 (1946).

instrument is greatest when equal amounts of energy are reflected and transmitted. The beams are, however, divergent in practice, and any asymmetry in the two paths will impair the balance; but, since the reflectivity of the composite divider can be adjusted to compensate for this, a balance of the beams may be obtained when their path lengths are different. The mirrors M_1 and M_2 are larger in area than the aerial apertures to avoid "edge-effects", and may conveniently be made of accurately flat brass sheets and silver plated. One mirror is fixed, and the other may be moved in a controlled and known manner along the direction of the incident beam.

As would be expected from its nature, the microwave interferometer does not produce the circular fringe system of its optical counterpart; instead, interference occurs at the receiving aerial between two sinusoidal wave trains, thus giving a single "fringe", and the received signal passes through a series of maxima and minima as the length of the variable path is changed by the movement of the mirror.

Culshaw used his interferometer to measure the wavelength of the radiation in air, and concluded that this could be achieved with an accuracy of 1 part in 10^4. This gives an indication of the performance of the instrument, but our main concern here is for its use in the measurement of dielectric properties. Following the optical analogy it would appear that the refractive index of a plane sheet of low-loss dielectric may be determined by inserting the sheet normally into one of the two beams and measuring the shift in the position of a given minimum of the interference pattern. If the refractive index of the material is not approximately known it is necessary to make observations with sheets of different thickness in order to resolve any ambiguity. The refractive index, n, is given by:

$$t(n-1) = d \qquad (39.1)$$

where t is the thickness of the sheet, and d the shift of the minimum. This simple procedure, however, can only give approximate results since, apart from difficulties due to diffraction effects, it neglects the reflections occurring at the surfaces and inside the dielectric test specimen: the results are therefore more accurate the lower the refractive index of the material.

Even with materials having a permittivity of the order of only two, more accurate methods of impedance transformation should really be applied; and greater accuracy also results if the dielectric specimen is mounted directly on the face of the moving mirror. The instrument is then used to locate the position of the first minimum of the interference pattern in the air in front of the dielectric boundary: impedance transformations are made back from this minimum to the dielectric-air surface, and also from the mirror through the dielectric to this interface. By equating these two impedances a transcendental equation involving the required permittivity is obtained. It will be recognised that, in this form, the procedure is analogous to the short-circuited line method of von Hippel and Roberts described earlier.

40. Fabry-Pérot interferometer. Culshaw's millimetre-wavelength Fabry-Pérot interferometer was a later development and was the outcome of a desire to reduce the relatively large spacings of the component parts of the instrument: it was also designed to operate at the shorter wavelength of 8 mm.

The "fringes" of the Fabry-Pérot instrument are made much sharper by the use of multiple interference between two highly reflecting surfaces, and in the microwave region it forms the freespace analogue also of a cavity resonator. In an instrument of this form devised by SACHS, ARTMAN and RICHTER[1] the reflectors consisted of metal balls embedded in polyfoam, or silver squares on dielectric sheets, but the sensitivities obtained with such reflectors were not very great. CULSHAW found it a pronounced advantage to use for each reflector a composite arrangement of multiple quarter wave sheets of a low-loss dielectric such as fused quartz; in this way very high reflectivity and good sensitivity may be achieved, added to which there is no serious absorption of microwave radiation by the reflectors, another important point.

CULSHAW's microwave version of the Fabry-Pérot interferometer is illustrated schematically in Fig. 44. The transmitting and receiving aerials are essentially similar in design to those described for the Michelson instrument; though in this instance dielectric (polystyrene) lenses are used to ensure the required aperture illumination, and the surfaces of the lenses are "bloomed" (i.e. matched to free space) so that they introduce no unwanted reflections.

Measurements of the permittivity and loss factor of a given material are made by inserting the material, in sheet form, bet-

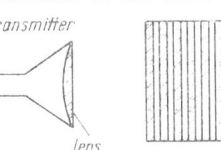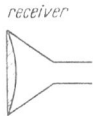

transmitter *receiver*

lens

composite reflectors

Fig. 44. Microwave Fabry-Pérot interferometer.

ween the reflectors and observing the shift of a given fringe and its decrease in sharpness. Because of the impedance discontinuities introduced by the sheet, differing path length changes occur according to the location of the sheet between the reflectors. The total shift of a fringe is thus periodic, and measurements must be made as the sheet is moved by small intervals over a distance of $\lambda/2$, thus enabling the mean shift, d, to be determined. At the position of the mean shift the effective path changes due to the boundaries cancel out, and d is a measure of the true change in path length produced by the sheet, which is of thickness t, say. The permittivity is then given by

$$d = t\left(\sqrt{\varepsilon} - 1\right). \tag{40.1}$$

CULSHAW obtained values of ε for polystyrene and perspex in good agreement with those obtained by a cavity resonator method at the slightly longer wavelength of 12.5 mm.

As has been mentioned above, the Fabry-Pérot interferometer is the freespace analogue of a resonant cavity, and "Q" measurements enable the loss factor of the dielectric to be determined. In this instance Q is a measure of the sharpness of a fringe, and may be found from observations of the transmitted energy as one of the composite reflector units is moved through small distances on either side of the maximum position: with interference orders of 150 it is possible to obtain Q values as high as 60000, values comparable with those which may be realised with the best cavity resonators. As in the permittivity measurements, the observed Q varies with the location of the test specimen sheet between the reflectors, and the position corresponding to the greatest reduction in Q is taken as the correct one. The derivation of $\tan\delta$ then follows lines similar to those already described for the cavity methods.

---

[1] M. SACHS, J. O. ARTMAN and E. RICHTER: Columbia University Radiation Laboratory Report, June, 1951.

D. Dielectric properties of mixtures.

41. Basic considerations. Values of permittivity are, strictly speaking, characteristic of homogeneous materials only, but the experimental techniques described in the previous paragraphs may be usefully applied also to specimens that are known to be not homogeneous but to consist of mixtures or aggregates of two or more constituents. Examples are specimens prepared by compacting powders, ceramics consisting of small crystalline particles bonded with a glassy matrix, and laminated boards made by bonding thin sheets of some material with another used as an adhesive. The values of permittivity measured for such specimens are characteristic of the composite structures and in practice provide a useful guide to the properties of structures like paper and ceramics that are fabricated in accordance with definite specifications, or of structures like wood that are reproducible in nature. In fundamental studies of such materials it is however desirable to relate the measured values for the complex material to the quantities characteristic of the constituents. Many investigations have been made with this end in view, the immediate object being usually to find a formula that adequately represents the measured or over-all permittivity ε_m of a class of mixtures in terms of the permittivities $\varepsilon_1, \varepsilon_2, \varepsilon_3, \ldots$ of the several constituents 1, 2, 3, ... and the fractions of the total volume $v_1, v_2, v_3, \ldots$ respectively, which they occupy. There are two very simple limiting cases that are well known as being applicable to laminated materials. The first is that in which the lines of force of the applied field lie in the plane of the laminae. The electric field within any constituent is then independent of the others; for a given applied voltage the fraction of the total charge associated with the constituent a is $v_a \varepsilon_a / \varepsilon_m$ and thus,

$$\varepsilon_m = v_1 \varepsilon_1 + v_2 \varepsilon_2 + \cdots + v_n \varepsilon_n. \tag{41.1}$$

The second limiting case is that in which the lines of force are perpendicular to the plane of the laminae; for a given applied voltage the diplaced charge is the same for every constituent, but the fraction of the total potential difference associated with constituent a is $v_a \varepsilon_m / \varepsilon_a$, and thus

$$\frac{1}{\varepsilon_m} = \frac{v_1}{\varepsilon_1} + \frac{v_2}{\varepsilon_2} + \cdots + \frac{v_n}{\varepsilon_n}. \tag{41.2}$$

The mixtures or aggregates usually employed in experimental work are of a more complicated distribution than the above two and they are commonly restricted to systems of two components only, one of which can be regarded as a continuous medium throughout which granules of the second component are distributed as inclusions. An ordinary powder may for example be treated as small crystalline particles distributed throughout a certain volume of air, but if the particles are sintered together to form a ceramic body, the product may be treated as a solid medium which contains a distribution of small air pockets as inclusions. It is convenient to let ε_0 denote the permittivity of the medium, ε_i that of the inclusions, v_i the volume fraction of the inclusions, and $v_0 = 1 - v_i$ that of the medium. Obviously the measured permittivity ε_m of any such composite body will depend on ε_i, ε_0 and v_i and it will only have a definite value when the distribution is uniform on a macroscopic scale appropriate to the size of the granules and specimens. What the experimenter requires is a formula that will give ε_m in terms of other characteristics for distributions of the necessary regularity that he can produce experimentally. Apart from ε_i, ε_0 and v_i (or v_0) the relevant variables are the sizes, shapes, and orientations of the inclusions. Merely to enumerate them is sufficient to show that no simple general solution can be expected, but nevertheless several formulae for distributions of particular types have proved to be useful. WIENER (1912)[1] showed that for a given v_i the value of ε_m always lies between the two extremes given by (41.1) and (41.2) which, as he showed, can be obtained from the single equation

$$\frac{\varepsilon_m - \varepsilon_0}{\varepsilon_m + u} = v_i \frac{\varepsilon_i - \varepsilon_0}{\varepsilon_i + u} \tag{41.3}$$

by assigning to u extreme values ∞ and 0. Thus u can be regarded as a form number which has a positive finite value for any distribution of a particular type, inclusions which are relatively long in the direction of the field tending to correspond with large values and inclusions that are relatively thin in the direction of the field corresponding with smaller values. Experiment shows however that although an equation of this form may be used to express approximately the relation between ε_m, ε_i, ε_0, and v_i for a limited range of mixtures, u is not merely dependent on the geometry of the system, but depends also on ε_0 and ε_i. For regular arrangements of spherical granules RAYLEIGH[2] (1892) gave a formula of the above form with

$$n = 2\varepsilon_0 \quad \text{(spheres)} \tag{41.4}$$

and for a regular distribution of cylinders with axes perpendicular to the field

$$u = \varepsilon_0 \quad \text{(cylinders} \perp \text{field)}. \tag{41.5}$$

42. Present state of the subject. Recent investigations which include experimental work in some detail and show well the present state of the subject are those of MECKE and SCHILL[3] (1953) and DE LOOR[4] (1956). The effect of the shape and orientation of the granules is dealt with in terms of the depolarizing factor g, which as is well known determines the difference between the field within a polarized granule and the applied field required to produce the polarization. Following MECKE, a simple view of the variable u can be obtained by considering a uniform field F applied to a space occupied by a uniform medium of permittivity ε_u. A granule of permittivity ε_i introduced into this medium increases the polarization at the site occupied by $(\varepsilon_i - \varepsilon_u)F_i$ where F_i is the field within the granule. The interfacial charges associated with this differential polarization give rise to the depolarizing field, $F - F_i$, and we have

$$F - F_i = g(\varepsilon_i - \varepsilon_u) F_i/\varepsilon_u \tag{42.1}$$

or

$$\frac{F_i}{F} = \frac{\varepsilon_u}{\varepsilon_u + g(\varepsilon_i - \varepsilon_u)} = \frac{1}{\varepsilon_i + u} \cdot \frac{\varepsilon_u}{g} \tag{42.2}$$

where

$$u = \varepsilon_u(1 - g)/g. \tag{42.3}$$

Thus the density of surface charge arising from the differential polarization of the granule and the surrounding medium may be expressed $(\varepsilon_i - \varepsilon_u)F_i$ or $(\varepsilon_i - \varepsilon_u)\varepsilon_u F/(\varepsilon_i + u)g$ and is thus for a given applied field F and granules of a given form, proportional to $(\varepsilon_i - \varepsilon_u)/(\varepsilon_i + u)$. The measured mean permittivity ε_m is that of a uniform medium which, when substituted for the two actual constituents, undergoes for the same applied field F the same resultant polarization and displacement of charge. Thus the net total displacement of surface charge

---

[1] O. WIENER: Abh. sächs. Akad. Wiss., math.-phys. Kl. **32**, 509 (1912).

[2] RAYLEIGH: Phil. Mag. **34**, 481 (1892).

[3] R. MECKE and H. SCHILL: Z. Elektrochem. **57**, 270 (1953).

[4] G. P. DE LOOR: Thesis, Leiden 1956.

associated with differential polarization of the two ingredients with reference to this medium should be zero, or

$$\frac{\varepsilon_i - \varepsilon_m}{\varepsilon_i + u} \, v_i + \frac{\varepsilon_0 - \varepsilon_m}{\varepsilon_0 + u} \, v_0 = 0 \tag{42.4}$$

which is Eq. (41.3) in another form. These considerations show that $u = (1-g)\,\varepsilon_u/g$ involves permittivity as well as shape.

MECKE and SCHILL made accurate measurements of ε_0, ε_i and ε_m for a series of composite dielectrics including materials like quartz powder and glass wool in media of permittivities covering a large range. The value of ε_i for the solids was measured by the method of immersion in a medium of the same permittivity, the adjustment of permittivity being made by mixing the liquids, benzene, chlorbenzene, and nitrobenzene, in varying proportions. The equality of ε_m and ε_0 is of course never exact, but by making media giving values of ε_m slightly above and slightly below the corresponding ε_0, the value of ε_0 corresponding to equality can be found by interpolation, for which purpose the above equation may be re-arranged to

$$\varepsilon_i = \varepsilon_0 + \frac{\varepsilon_m - \varepsilon_0}{v_i} \left[1 + \frac{v_0(\varepsilon_i - \varepsilon_0)}{\varepsilon_0 + u}\right] \tag{42.5}$$

from which it is clear that the second term in the brackets [ ] becomes negligible when $\varepsilon_i - \varepsilon_0$ is small compared with ε_0.

Having determined ε_i and ε_0 the values of ε_m for a wide range of aggregates were measured and thus the corresponding values of u determined. The values of u for mixtures incorporating one kind of granule do not readily resolve into a single shape factor g and a unique permittivity ε_u. If ε_m is adopted as the relevant permittivity the corresponding g_m is found to vary with the ratio $\varepsilon_i/\varepsilon_0$ in a way that depends on the materials, and which therefore may be presumed to depend on the special properties of the material near the surface of contact of granule and medium.

The observations given by DE LOOR reveal similar characteristics, though they are treated differently, differences of u being recorded as a corresponding difference in the permittivity ε_u rather than the depolarizing factor g, which is regarded as dependent on the geometry of the granules alone and is calculated in suitable cases from the dimensions of the ellipsoid which most closely approximates to their actual shape. Thus granules of any shape are characterised by three values of g corresponding to polarizations along their three axes, the values ranging from $\frac{1}{2}, \frac{1}{2}, 0$ for long filaments or needles to $0, 0, 1$ for thin discs, with the familiar intermediate case of the sphere, $\frac{1}{3}$. The value of g must vary with the orientation of the granule in the field, and the formula for random distributions of orientation must involve a summation of the relevant function of g. The formula given by DE LOOR for such cases may be written.

$$\varepsilon_m - \varepsilon_0 = v_i(\varepsilon_i - \varepsilon_0) \, \frac{1}{3} \sum \frac{\varepsilon_u}{\varepsilon_u + (\varepsilon_i - \varepsilon_u)\,g} \tag{42.6}$$

where the summation includes the three values of g mentioned above. In this formula ε_u can be regarded as the effective permittivity of the surroundings from the standpoint of the granule; the value is unknown but it is reasonable to expect to find it near ε_0 and ε_m. The value $\varepsilon_u = \varepsilon_0$ gives the same equation as (41.3) and (41.4) and it is interesting to find that it gives for discs randomly oriented

$$u = 2\,\varepsilon_i \quad \text{(discs)} \tag{42.7}$$

and for needles

$$u = \tfrac{1}{2}(\varepsilon_i + 3\,\varepsilon_0) \quad \text{(needles)}. \tag{42.8}$$

It does not however adequately represent all mixtures. The value $\varepsilon_u = \varepsilon_m$ in many cases gives a better approximation and the value which best fits the experimental results is always between ε_0 and ε_m.

It should be mentioned that formulae of a different type have also been widely used in experimental work. Thus LICHTENECKER and ROTHER[1] (1931) gave the general formula

$$\varepsilon_m^k = v_i\,\varepsilon_i^k + v_0\,\varepsilon_0^k \tag{42.9}$$

which beomes (41.1) when $k=1$, and (41.2) when $k=-1$. When k is small compared with unity the approximation $\varepsilon^k = 1 + k\log\varepsilon$ can be used and for this case we have

$$\log \varepsilon_m = v_i \log \varepsilon_i + v_0 \log \varepsilon_0 \tag{42.10}$$

which is often used for media with inclusions of approximately spherical form.

More elaborate formulae involving no extra constant have been given for granules of spherical, needle, and disc form by BRUGGEMANN[2] (1935) and by NIESEL[3] (1952). They are for spheres

$$\frac{\varepsilon_i - \varepsilon_m}{\varepsilon_i - \varepsilon_0} = (1 - v_i)^3 \sqrt{\frac{\varepsilon_m}{\varepsilon_0}}, \tag{42.11}$$

for discs

$$\frac{\varepsilon_i - \varepsilon_m}{\varepsilon_i - \varepsilon_0} = (1 - v_i)\,\frac{2\,\varepsilon_i + \varepsilon_m}{2\,\varepsilon_i + \varepsilon_0}, \tag{42.12}$$

for needles

$$\frac{\varepsilon_i - \varepsilon_m}{\varepsilon_i - \varepsilon_0} = (1 - v_i)\left(\frac{\varepsilon_i + 5\,\varepsilon_m}{\varepsilon_i + 5\,\varepsilon_0}\right)^{\frac{2}{3}}. \tag{42.13}$$

A survey of the available measurements made by DE LOOR shows that these provide a useful approximation for most cases when ε_i and ε_0 are not very different, say $\tfrac{1}{2} < \varepsilon_i/\varepsilon_0 < 2$, but that in general no existing formula that does not include a constant like ε_u derived empirically for the special case is free from appreciable uncertainty, the limits being those corresponding to $\varepsilon_u = \varepsilon_m$ and $\varepsilon_u = \varepsilon_0$ in (42.6).

The values of permittivity to which all the above formulae are usually applied are the static values obtained by measurements made at frequencies sufficiently low to ensure that the variation of permittivity with frequency is negligible. If however the measurements show strong absorption and dispersion, i.e. a peak in $\tan\delta$ as a function of frequency with a corresponding change in permittivity, it becomes important to consider whether the relaxation time τ_m corresponding to the observed changes is characteristic of one of the ingredients or whether it arises from a difference in the conductivity of the two materials, which as shown by MAXWELL[4] and others gives rise to values of capacitance that vary with frequency and time in an exactly similar way, the relaxation polarization in this case consisting of the accumulation of charges, transported by conduction within the constituent granules of one or both kinds, at their surfaces. Any pair of ingredients having values of permittivity and conductivity such that σ/ε, and therefore $\tan\delta$, is not the same for both gives rise to interfacial polarization

[1] K. LICHTENECKER and K. ROTHER: Phys. Z. **32**, 255 (1931).

[2] D. A. G. BRUGGEMANN: Ann. Physik **24**, 636, 665 (1935).

[3] W. NIESEL: Ann. Physik **10**, 336 (1952).

[4] J. C. MAXWELL: Treatise on Electricity and Magnetism, Vol. 1, p. 328.

of this kind having a time of relaxation τ_m depending on the values of ε and σ in a manner described by K.W.Wagner[1] (1914) and others, but also on the shape and orientation of the granules as shown by Sillars[2] (1937). Such polarizations can therefore only be distinguished and identified if the conductivities of the ingredients are known approximately or can be separately measured. Generally speaking however their times of relaxation are large compared with those characteristic of the separate ingredients and associated with the orientation of dipolar molecules or groups.

The equations discussed above can be used to represent power loss characteristics as well as permittivity by using them as relations between the complex permittivities from which the two components may be derived. The calculations become very complex in most practical cases but de Loor has shown that they lead to the following general conclusions that are of some importance in experimental work on mixtures.

When the mixture consists of a polar continuum with nonpolar inclusions, the relaxation times observed for the mixture are not markedly different from those of the medium, but for polar granules in a non-polar medium the observed relaxation times for the mixture are very different from those of the granules in both central value and distribution, the difference being greater for spherical granules than for those nearer to the extreme of shapes. The relaxation time of the mixture is, according to the formulae, never greater than that of the constituent, so that if in fact the converse is observed it affords some evidence of interaction between the constituents.

E. Experimental results for typical dielectric materials.

43. General remarks. The experimental techniques discussed in the above paragraphs have been applied to a great variety of materials in connection with problems, both theoretical and practical, covering a very wide range. It is impossible in the space here available to give anything like a systematic survey of the whole field but a selection of some of the more important results will serve to illustrate the present state of the subject and the general trends of recent work.

The complex permittivity of a material is, as we have seen, a measure of the polarization which it undergoes in an applied alternating field, this polarization consisting of the displacement, relative to one another, of the positive and negative charges incorporated in the structure of the material. Since the atoms in every material incorporate a positively charged nucleus surrounded by electrons, the polarization of every material consists at least in part of a displacement relative to one another of the electrons and the nuclei of the individual atoms. The total mass of the electrons is very small compared with that of the nucleus so that this process can be regarded as consisting solely of a displacement of the electrons relative to their corresponding nuclei, a process having proper frequencies usually in the optical range, either visible or ultra-violet, and determining the optical refractive index. The simplest possible dielectric materials are therefore those which, in applied fields of a frequency within the range covered by electrical techniques, undergo no other polarization than this so-called electronic polarization. Examples will be given below but most dielectric materials are found to show additional polarization as the frequency descends from the optical range through the infra-red region to the electrical range. The additional polarization must involve displacement of different nuclei relative to one another,

---

[1] K. W. Wagner: Arch. Elektrotechn. **2**, 371 (1914).
[2] R. W. Sillars: J. Inst. Electr. Engrs. Lond. **80**, 378 (1937).

and two kinds are recognised; one, displacements of an elastic type with proper frequencies in the infra-red region, and the other, displacements arising from changes in the orientation of dipolar groups of atoms forming a characteristic part of the structure. These additional polarizations are usually described as atomic polarization and dipolar orientation, but as FRÖHLICH[1] and others have emphasized, the "atomic polarization" involves displacements of electrons as well as of nuclei, so that the terms "optical" and "infra-red" are sometimes preferred to "electronic" and "atomic" as being less ambiguous. Examples of dielectric behaviour in which these two comparatively simple types of polarization are dominant will first be given and an account of the properties of materials in which dipolar orientation is prominent will follow.

44. Non-polar dielectrics. The materials for which the polarization consists almost wholly of the elastic displacement of electrons are commonly described as non-polar. The proper frequencies of such displacements being high in the visible or ultra-violet regions of the spectrum there is no appreciable lag in phase between displacement and field, and therefore no appreciable absorption, at any frequency in the electrical and infra-red regions. Thus the dielectric constant is independent of frequency and $\tan \delta$ is zero, and the dielectric constant should satisfy MAXWELL's relation

$$\varepsilon = n^2. \tag{44.1}$$

The extent to which these relations are satisfied may be seen from the experimental values quoted in Table 1.

Table 1. *Experimental values for non-polar dielectrics.* Temperature: 20° C unless otherwies stated.

Material	Optical refractive index		Permittivity		Frequency
	n	n^2	ε	$\tan \delta$	c/s
Hydrogen (liquid, $-253°$ C) .	1.110	1.232	1.228		
Diamond	2.38	5.66	5.68		
Nitrogen (liquid, $-200°$ C) .	1.205	1.453	1.454		
Oxygen (liquid, $-190°$ C) . .	1.221	1.491	1.507		
Phosphorus (liquid, 44° C) . . .	2.05	4.20	4.06		
Sulphur (liquid, 118° C)	1.913	3.66	3.52		
Chlorine (liquid)	1.385	1.918	1.91		
Bromine	1.630	2.66	3.09		
Paraffin (liquid)	1.48	2.19	2.20	0.0001	10^3
Benzene.	1.501	2.25	2.284	< 0.0001	10^3
Styrene (liquid)	1.54	2.37	2.44	0.0014	10^9
Polystyrene	1.59	2.53	2.55	0.00015	10^2 to 10^6
Polyethylene	1.51	2.28	2.30	0.0002	10^2 to 10^6
Carbon tetrachloride	1.46	2.13	2.238		
Polytetrafluorethylene . . .	1.375	1.89	2.10	0.0002	10^2 to 10^9

The difference between ε and n^2 is in some cases no greater than the experimental error, but in others $\varepsilon - n^2$ can be regarded as a measure of the atomic polarization, which although small compared with the electronic polarization, is often detectable. The values of $\tan \delta$ in most cases probably arise from traces of impurity in the materials.

As may be expected this class of materials includes those in which all the atoms are of the same kind, i.e. the elements, whether solid liquid or gaseous.

---

[1] H. FRÖHLICH: Theory of Dielectrics. Oxford 1949.

It also includes hydrocarbons, and materials like CCl_4 that are of a highly symmetrical structure.

The comparative simplicity of the polarization of these materials is also brought out in the variation of permittivity with temperature and pressure, the value being determined by the density ϱ in accordance with the Clausius-Mosotti relation. Thus the molecular polarization p defined by

$$p = \frac{\varepsilon - 1}{\varepsilon + 2} \cdot \frac{M}{\varrho} \tag{44.2}$$

is found to be for a given material a constant independent of its physical state. For example the experimental data for oxygen gas yield $p = 3 \cdot 869$, and for liquid oxygen $p = 3 \cdot 878$ in spite of a difference of density of more than a thousandfold, while hydrogen, obeys the relation within the experimental error at pressures up to over 1000 atmosphere (Michels, Sanders and Schipper[1], 1935).

45. Polar dielectrics showing considerable atomic polarization. All materials containing atoms of more than one kind may be expected to show atomic as well as electronic polarization, the different atoms acting to some extent as poles with different charges which are displaced relative to one another under the action of the electric field. In certain cases, as shown above, this polarization is relatively small, but in other materials it can be so large as to dominate the dielectric properties. This is notably the case in ionic crystals, such as rock-salt, quartz, mica, titanium dioxide etc., materials in which the lattice-points are occupied by oppositely charged ions, and also in the glasses which have a somewhat similar, though less regular, structure. The proper frequencies of the atomic vibrations being mainly in the infra-red, the displacements follow the field at the relatively slow electrical frequencies without appreciable lag in phase, and $\tan \delta$ therefore remains small. Examples are given in Table 2.

Table 2. *Experimental values illustrating atomic polarization.*

Material	Temperature °C	n^2	ε	$\tan \delta$	f c/s
Sodium chloride	25	2.25	5.90	0.0001	10^2 to 10^6
Lithium fluoride		1.92	9.3		
Fluorite		2.06	6.8		
Mica.	20		6.90	0.0001	10^3 to 10^8
Mica.	100		6.90		
Titanium dioxide (rutile) .	20	6.8	96	0.0004	10^3 to 10^8
Titanium dioxide (rutile) .	80		87	0.0004	10^8
Quartz ($\perp$ axis)		2.40	4.55	0.0002	10^3 to 10^4
Quartz ($\parallel$ axis)			4.49		
Quartz fused	20	2.13	3.85	0.0001	10^4
	100		3.85	0.0001	10^3 to 10^8
Glass, soda-lime.	20	2.30	7.60	0.010	10^6
Glass, borosilicate	20	2.28	4.79	0.0006	10^6
Glass, lead silicate. . . .	20	2.59	7.49	0.0009	10^6
Ceramic, steatile	20		6.20	0.0001	10^6
Ceramic, rutile	20		80	0.0005	10^6
Ceramic, calcium titanate	20		162	0.001	10^6

It is to be noted that these values also are only slightly affected by changes of temperature.

46. Dipolar materials. It remains to consider those materials which show, in addition to electronic and atomic polarization, a polarization arising from changes in the orientation of dipolar groups of atoms, included in their structure.

[1] A. Michels, P. Sanders and A. Schipper: Physica, Haag **2**, 753 (1935).

This orientation is considerably affected by thermal agitation and the corresponding dielectric properties are therefore highly dependent on temperature and more complicated than those of the materials so far considered. The simplest cases of this type are those in which the dipoles are molecules with an unsymmetrical structure and therefore a permanent dipole moment, and one of the most important applications of measurements of such materials is the determination of molecular dipole moments, which provide valuable information about the structure of the molecules. For instance CO_2 shows no dipolar polarization and therefore one infers that its molecule is symmetrically arranged with the carbon atom midway between the two oxygen atoms. On the other hand H_2O shows strong dipolar polarization, which is evidence for a triangular arrangement of the three atoms. Studies of molecular structure of this kind have been made in great detail. A survey has been given by J. W. SMITH[1] (1955), by LE FÈVRE[2] (1948) and by C. P. SMYTH[3] (1931) and others. All that can be given here is a brief indication of the methods by which the dipole moments are determined and a short list of typical values.

47. Dipole moments. The static dielectric constant of a dipolar gas at pressures which are not excessive is found to vary with temperature in accordance with the equation

$$\varepsilon = \varepsilon_0 + \frac{b}{T} \tag{47.1}$$

which, according to the theory of any assemblage of dipoles of moment μ_v, the orientation of which in the electric field is restricted by thermal agitation, may be expressed,

$$\varepsilon = \varepsilon_0 + \frac{4\pi}{3} \frac{N\varrho}{M} \frac{\mu_v^2}{kT} \tag{47.2}$$

if the dipoles are sufficiently widely separated for interaction to be negligible. Thus from the constant b which is directly determined by the experimental techniques previously discussed, the value of μ_v is calculated when the density ϱ and molecular weight M are also known. The value of ε_0 which is obtained along with b is a measure of the combined electronic and atomic polarization. Such measurements on gases provide the most reliable values of the dipole moment of free molecules.

Dilute solutions of dipolar molecules in non-polar solvents also provide a case which is amenable to theoretical treatment and therefore can be used for obtaining values for the dipoles. Again assuming that interaction between the dipoles is negligible the equation for the variation of the static dielectric constant with temperature becomes

$$\varepsilon = \varepsilon_0 + \frac{4\pi N_d \mu^2}{3kT} \left(\frac{\varepsilon_s + 2}{3}\right)^2 \tag{47.3}$$

where N_d is the number of dipoles per unit volume and ε_s is the dielectric constant of the solvent. This equation also yields values of μ, but it is not the value for the free molecule; the difference is however usually small as will be seen in examples given below.

The characteristics of dipolar molecules in dilute solution in non-polar solvents can also be determined from measurements of $\tan \delta$ in the region in which an

---

[1] J. W. SMITH: Electric Dipole Moments. London 1955.
[2] R. J. W. LE FÈVRE: Dipole Moments. London 1948.
[3] C. P. SMYTH: Dielectric Constant and Chemical Structure. New York 1931. Also Dielectric Behaviour and Structure. New York 1955.

absorption peak occurs. This method requires observations of complex permittivity and therefore usually more elaborate experimental technique than is needed for the previous methods, but it yields the relaxation time τ as well as the dipole moment μ of the molecules. The experimental values of tan δ in the region of a peak, similar to that of Fig. 19 are fitted to the equation

$$\tan \delta = \frac{(\varepsilon_s + 2)^2}{\varepsilon_s} \frac{4\pi}{27\,\mathbf{k}T} \mu^2 \, N_d N \, \frac{\omega\,\tau}{1 + \omega^2\tau^2} \,. \qquad (47.4)$$

Examples will be found in the work of Whiffen and Thompson[1] (1946), Whiffen[2] (1950), Jackson and Powles[3] (1946), Hartshorn, Parry and Essen[4] (1955). Typical values of dipole moment are given in Table 3 and of relaxation time τ in Table 4.

Table 3. *Dipole moments of typical molecules: unit, the Debye* (D) = 10^{-18} e.s.u.

Molecule	μ
Ammonia	1.48
Hydrochloric acid .	1.03
Carbon dioxide . .	0
Carbon monoxide .	0.1
Sulphur dioxide .	1.61
Water	1.84
Ethyl alcohol . . .	1.7
Benzene	0
Chlorobenzene . .	1.69
Nitrobenzene . . .	4.05

48. Examples of dipole liquids and solids. Although the dipolar gases and many dilute solutions show a polarization which can be satisfactorily accounted for by the Debye equations quoted above in terms of a characteristic dipole moment and relaxation time, most dipolar liquids and solids show more complicated behaviour. Examples have been included in the typical results of measurements at high frequencies. This section will conclude with a few other examples selected to show the wide range of materials and properties that has been experimentally investigated.

Table 4. *Relaxation times* (τ) *of typical molecules in dilute solutions.*

Molecule	μ D	Solvent	Temperature °C	τ 10^{-12} sec
Nitrobenzene.	4.05	Benzene	20	11.4
Chloroform .	1.13	Benzene	20	7.7
Acetone . . .	2.74	Benzene	20	3.3
Chloroform .	1.13	Heptane	− 70	11.5
Chloroform .			− 20	5.2
Chloroform .			+ 20	3.4
Chloroform .			80	2.4
Toluene . . .	0.31	—	20	7.5
Xylene . . .	0.52	—	− 20	16.0
Xylene . . .			+ 20	10.3
Xylene . . .			80	5.9
Xylene . . .			140	3.8

Many pure dipolar compounds have been investigated over a wide range of temperature, and the dielectric properties often provide evidence of interesting changes of structure at temperatures well below the melting point. C. P. Smyth[5] (1946) has reviewed many examples that were published before 1946, and of these hydrogen sulphide, the data for which are shown in Fig. 45[6], may be taken as typical. The measurements were made at a frequency of 5 kc/s, which is sufficiently low to ensure that the values of dielectric constant are static values. At the lowest temperatures the value is small and the variation with temperature is negligible, the polarization consisting only of the electronic and atomic components, because although the dipolar molecules are present their thermal energy is so small that no appreciable proportion can change their positions of

[1] D. H. Whiffen and H. W. Thompson: Trans. Faraday Soc. 42 A, 114, 122, 166 (1946).
[2] D. H. Whiffen: Trans. Faraday Soc. 46, 124 (1950).
[3] W. Jackson and J. G. Powles: Trans. Faraday Soc. 42 A, 101 (1946).
[4] L. Hartshorn, J. V. L. Parry and L. Essen: Proc. Phys. Soc. Lond. B 68, 422 (1955).
[5] C. P. Smyth: Trans. Faraday Soc. 42 A, 175 (1946).
[6] C. P. Smyth and C. S. Hitchcock: J. Amer. Chem. Soc. 56, 1084 (1934).

equilibrium in the time the field is applied; the dipoles are commonly described as "frozen in". As the temperature rises ε begins to increase, and continues at an increasing rate until at a critical temperature near $103°$ K, the solid undergoes an order-disorder transition, in which ε jumps to a relatively high value which

falls rapidly with further increase of temperature. A drop in ε in dicating a further transition in the solid occurs at $123°$ K and another drop occurs as the solid melts at $188°$ K, but these are minor changes compared with the first transition.

On the other hand in other materials, no transition occurs below the melting point as may be seen in Fig. 46 which shows curves obtained by A. Schallamach[1] (1946) for di-isopropyl ketone. These curves are of additional interest as giving both components of the com-

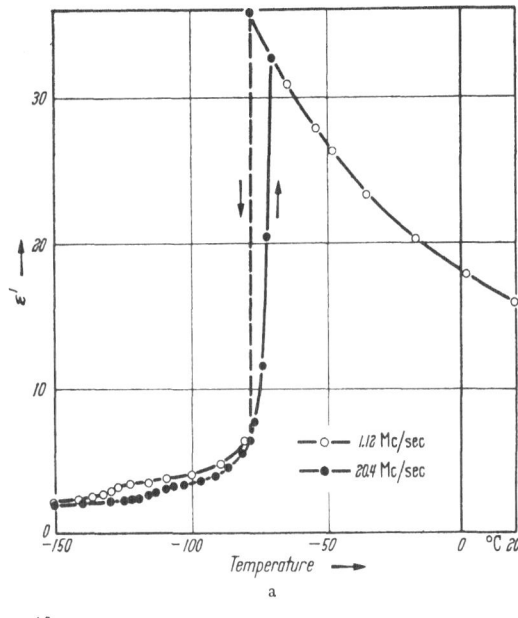

a

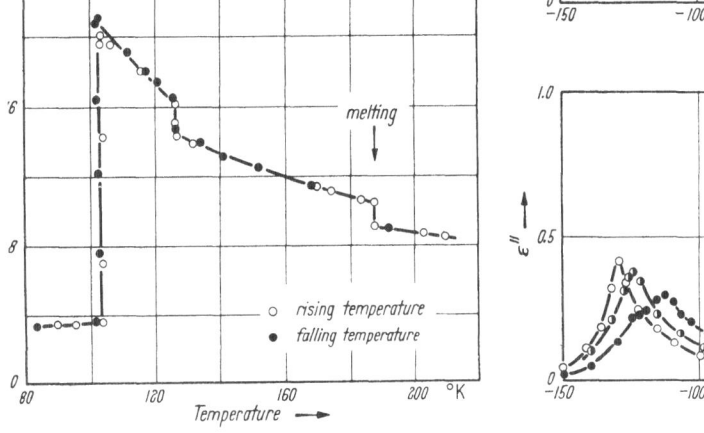

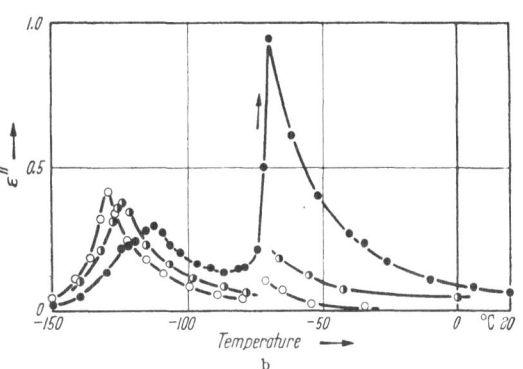

b

Fig. 45. Variation of dielectric constant earth temperature for solid hydrogen sulphide. Frequency 5 kc/s, ○ rising temperature, ● falling temperature, Smith and Hitchcock (1934).

Fig. 46a and b. (a) Dielectric constant ε', of di-isopropyl ketone: —○—, at 1.12 Mc/s; —●—, at 20.4 Mc/s. (b) Loss factor, ε'', of di-isopropyl ketone: —○—, at 1.12 Mc/s; —◐—, at 4.4 Mc/s; —●—, at 20.4 Mc/s.

plex permittivity at three frequencies and as showing that there can be appreciable power loss even in the region where the dipolar part of the permittivity is comparatively small.

Experimentally determined values of τ often provide interesting information about the dynamics of molecules. When considering small molecules in liquid solutions such as those of Table 4, it is natural to picture the process of dipolar polarization as the rotation of the dipolar molecules in the form of small rigid spheres in a liquid medium, the time of relaxation being largely determined by

---

[1] A. Schallamach: Nature, Lond. **158**, 619 (1946).

the size of the molecule and the viscosity of the liquid in the manner first suggested by Debye. In some instances the simple Debye relation between viscosity η measured by fluid flow, molecular radius a, and τ

$$\tau = \frac{4\pi\eta a^3}{kT} \tag{48.1}$$

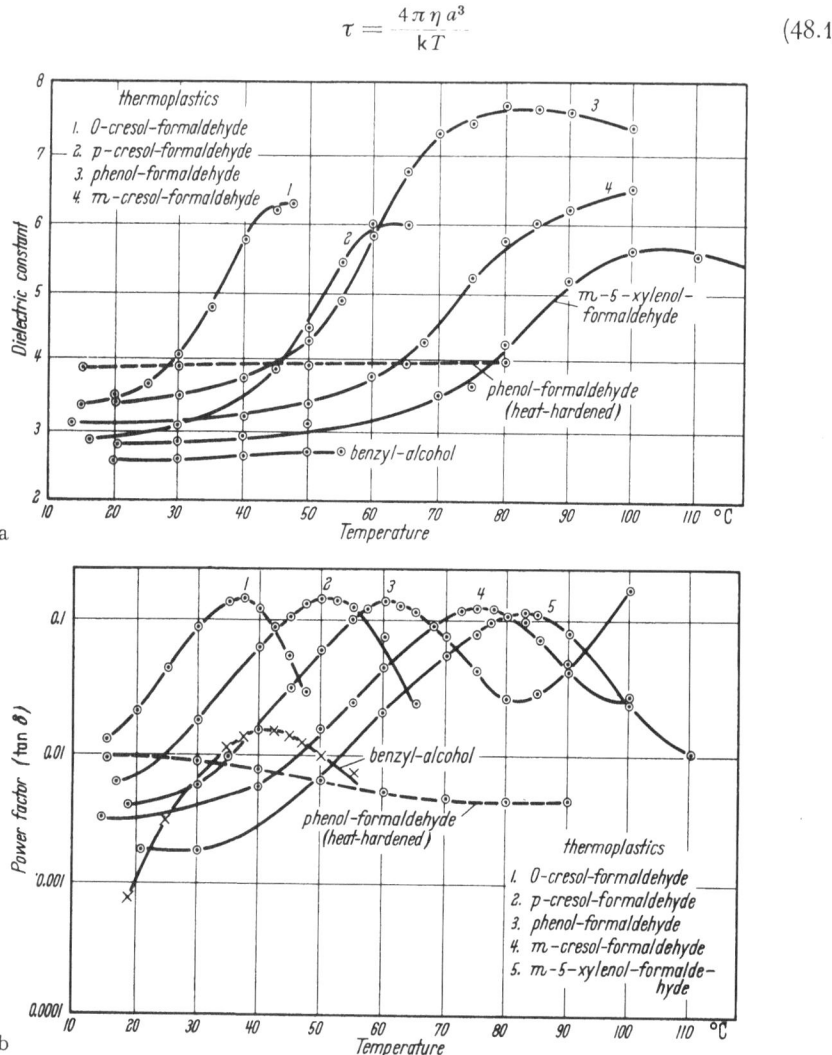

Fig. 47 a and b. Dielectric properties q thermoplastic resins.

is satisfied, but this relation will obviously not account for the large dipolar polarization in solids mentioned above; in solids the dipolar orientation is certainly not simply dependent on macroscopic viscosity and the recognition of an "internal viscosity" satisfying Eq. (48.1) does little to clarify the situation. Fig. 47, which shows data for a series of thermoplastic resins investigated by Hartshorn, Megson and Rushton[1] (1940), provides instances in which Eq.(48.1) was, rather unexpectedly, satisfied. The dipole radius, a, calculated from the measured viscosity η and relaxation time τ was approximately the same for each

[1] L. Hartshorn, N. J. L. Megson and E. Rushton: Proc. Phys. Soc. Lond. **52**, 796 (1940).

resin, and equal to the radius of the OH group. Thus the dipolar polarization occurs by rotation not of the large resin molecules, but of the small OH groups, the materials behaving rather like solutions of OH groups in non polar fluids graded in viscosity. On the other hand, experiments with solid solutions of aliphatic esters in paraffin wax, made by W. Jackson[1] (1935), R. W. Sillars[2] (1938), and D. R. Pelmore[3] (1939), have shown that the relaxation time for

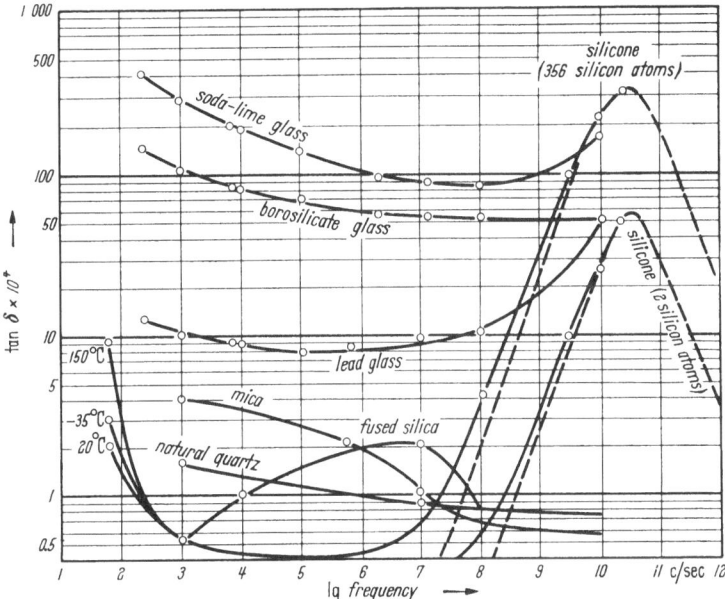

Fig. 48. Tan δ of silicon compounds. ———— Curve through experimental points. – – – – Curve for a single value of τ.

these esters increases with the chain-length of the dipolar molecule, and that therefore these molecules rotate as rigid rods in changing the orientation of the dipolar groups attached to the hydrocarbon chains. Another type of behaviour is shown by the silicones, for which data obtained by Hartshorn, Parry and Rushton[4] (1953) are shown in Fig. 48. Measurements made on a series of silicone

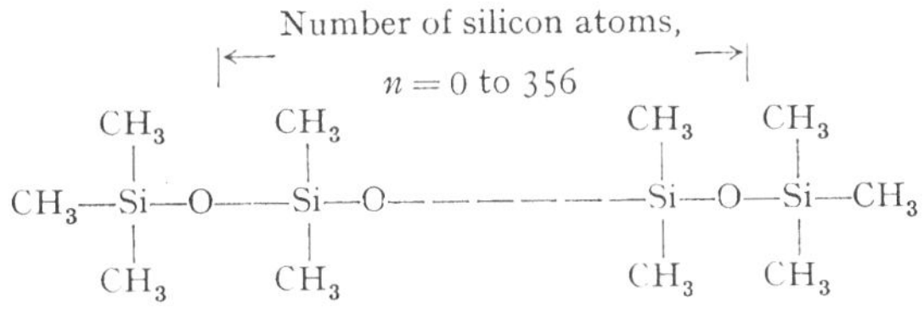

Number of silicon atoms,

$n = 0$ to 356

$$CH_3\!-\!\underset{\underset{CH_3}{|}}{\overset{\overset{CH_3}{|}}{Si}}\!-\!O\!-\!\underset{\underset{CH_3}{|}}{\overset{\overset{CH_3}{|}}{Si}}\!-\!O\!-\!-\!-\!-\!-\!-\!\underset{\underset{CH_3}{|}}{\overset{\overset{CH_3}{|}}{Si}}\!-\!O\!-\!\underset{\underset{CH_3}{|}}{\overset{\overset{CH_3}{|}}{Si}}\!-\!CH_3$$

Molecular structure of silicone liquids.

Fig. 49.

liquids having the structure of Fig. 49, with chain lengths varying from 24 to 356 silicon atoms, showed that their dielectric properties were independent of chain length, and led to the conclusion that such chains must be regarded as

[1] W. Jackson: Proc. Roy. Soc. Lond., Ser. A 150, 197 (1935); 153, 158 (1935).

[2] R. W. Sillars: Proc. Roy. Soc. Lond., Ser. A 169, 66 (1938).

[3] D. R. Pelmore: Proc. Roy. Soc. Lond., Ser. A 172, 502 (1939).

[4] L. Hartshorn, J. V. L. Parry and E. Rushton: Proc. Inst. Electr. Engrs. 100, Pt.2 A, 23 (1953).

flexible, and that the common value of τ is characteristic of the movements of the links within the chain rather than the chains as a whole.

It will be observed in Fig. 48 that the absorption peaks for the silicones are approximately of the width required for a single value of τ, though a little broader, and curves of this shape are commonly obtained for most of the dipolar materials so far mentioned. In other cases however the observed absorption peaks are very much broader so that it becomes impossible to regard any single value of τ as characteristic of the materials, though a band of relaxation times distributed through a range, say τ_0 to τ_1, may possibly account for them, in the manner

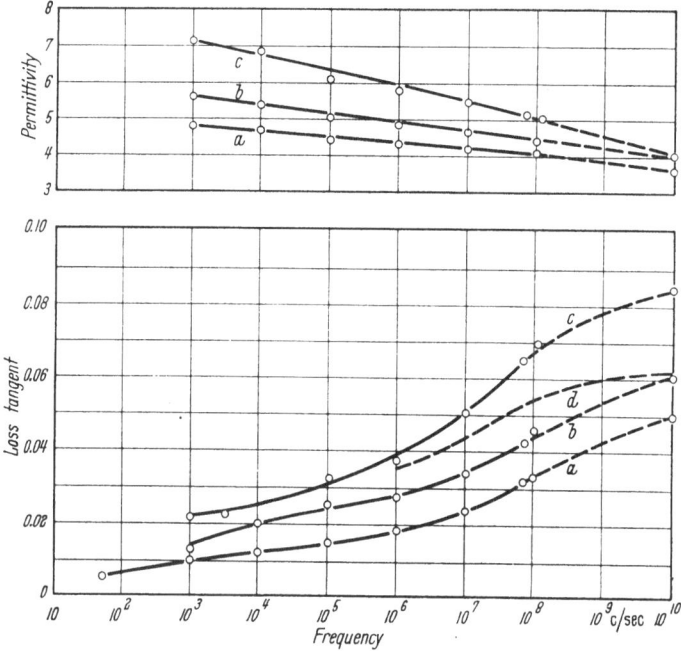

Fig. 50. Phenol-formaldehyde resin: curves of permittivity and loss tangent frequency. (a) Sample dried. (b) Moisture content, 2.5%. (c) Moisture content, 5.8%. (d) Stosed in ordinary atmosphere.

outlined earlier. Fig. 50, which gives the curves obtained by HARTSHORN, PARRY and RUSHTON for the cross-linked structure obtained by the thermo-setting of a phenol-formaldehyde resin, shows how very broad such peaks may become; this one extends over the whole range of electrical frequencies and beyond it. These curves are also of interest in showing how greatly the properties of such materials are dependent on water taken up from the atmosphere. With peaks as broad as this it is not possible to find the limits τ_0, τ_1 but most plastics show much narrower peaks and have been shown by HARTSHORN, PARRY and RUSHTON to conform approximately to a model suggested for such cases by FRÖHLICH (1949) in which the variation of τ arises from variations in the height of the potential barriers separating the alternative equilibrium positions of the various dipolar groups of the structure, interaction between the dipoles being neglected. For many of the dipolar materials employed in electrical practice $\sqrt{\tau_1/\tau_0}$ was found to range from 3 for a liquid silicone to 6 for a paraffin oil with dipolar impurities, 8 for the thermoplastic resins of Fig. 47, and about 20 for aniline-formaldehyde resin. The ranges of relaxation time in such cases are evidently considerable, but the differences of height of potential barrier required to account for such ranges are only of the order of 0.1 eV.

The distribution of relaxation times associated with observed peaks of ε'' and transitions of ε' in some range of frequency is often represented by a parameter α derived by plotting ε'' as ordinate against ε' as abscissa in a manner introduced by K. S. and R. H. COLE[1] (1941) and further discussed by W. KAUZMANN[2] (1942). An example given by KAUZMANN is shown in Fig. 51. The diagram for the case of single relaxation time is a semicircle, shown by the broken line in the figure, and meeting the ε' axis at the limiting values ε_0 and ε_∞. For broader peaks the diagram becomes an arc of a circle with its centre below the ε' axis as shown. If the angle between the radius through a limiting value of ε' and the axis is $\alpha\pi/2$, the equation of the arc may be written

$$\frac{\vec{\varepsilon} - \varepsilon_\infty'}{\varepsilon_0' - \varepsilon_\infty'} = \frac{1}{1 + (j\,\omega\,\tau_0)^{1-\alpha}} \cdot \quad (48.2)$$

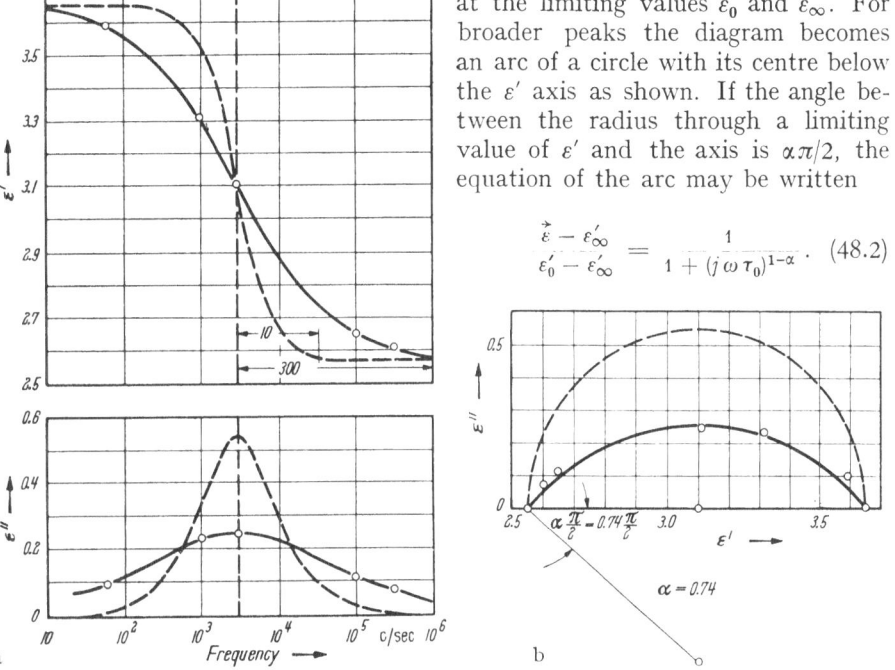

Fig. 51 a and b. Dielectric behaviour at 0° C of rubber vulcanized with 8% Sulphur. ---- curves for single r. ——— measured values showing distribution of relaxation times.

When $\alpha = 0$ this becomes the simple Debey equation for a single time constant τ; in the more general case α is a measure of the distribution of time constants around a central value τ. The circular arc is of course only a convenient approximation to which the observations can be fitted in a very simple way, but provided the permittivity measurements have been made with the necessary accuracy it provides a useful way of resolving a complicated relaxation spectrum into its constituents. See for example DAVIDSON and COLE[3] (1952).

If it is required to represent fully the dielectric behaviour of a material it is necessary, as may be seen from the above examples, to give many curves of ε' and ε'' or tan δ for the whole ranges of temperature and frequency that are of interest. Fig. 52 shows how this has been done for a representative polymer, poly-methyl methacrylate, by DEUTSCH, HOFF, and REDDISH[4] (1954). Inspection of the chart shows at once certain regions in which transitions in properties

[1] K. S. COLE and R. H. COLE: J. Chem. Phys. **9**, 341 (1941).
[2] W. KAUZMANN: Rev. Mod. Phys. **14**, 12 (1942).
[3] P. W. DAVIDSON and R. H. COLE: J. Chem. Phys. **19**, 1484 (1952).
[4] K. DEUTSCH, E. A. W. HOFF and W. REDDISH: J. Polymer Sci. **13**, 565 (1954).

occur, and these are often found to be associated with other characteristics that are known to change in such regions. The relation between these charts and corresponding ones for mechanical relaxations provides evidence as to which elements of the polymer structure are associated with the various transitions.

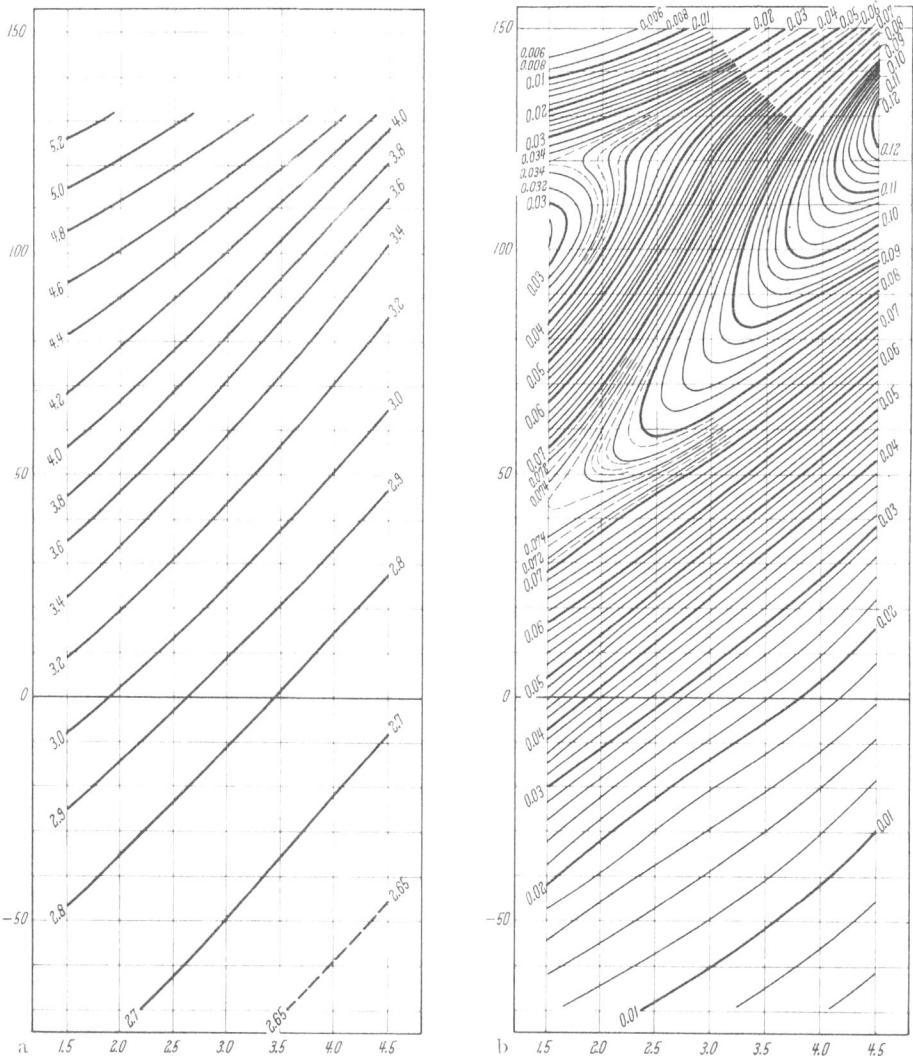

Fig. 52a and b. (a) Dielectric constant contour map for poly-methyl methacrylate. The contour lines are annoted with the values of the dielectric constant. The map was constructed from 7 plots vs. temperature and from 21 plots vs. frequency by cross-interpolation. Abscissa, log-frequency, ordinate, temperature (° C). (b) Power factor contour map for poly-methyl methacrylate. The contour lines are annoted with tan δ values. The map was constructed from 7 plots vs. temperature and from 23 plots vs. frequency, by cross-interpolation. Abscissa and ordinate as Fig. 52a.

49. Water and the lower alcohols. It is of some interest to review briefly the dielectric properties of water, and of methyl and ethyl alcohol: these three are all low-viscosity pure polar liquids, and water, in particular, has been a subject for dielectric research over many years. However, it is only with the investigations which have been carried out in recent years at centimetre and millimetre wavelengths—particularly those of SAXTON and LANE[1], and of COLLIE[1], HASTED and RITSON—that an accurate knowledge of the dispersion which occurs at these wavelengths has been obtained.

Water, as a pure polar liquid, by no means fulfills the limitations regarding the nature of the dispersive medium which were assumed by DEBYE in his original treatment of dipolar dispersion; and it is therefore perhaps a matter for some surprise that the dielectric properties of water, as a function of frequency, conform so closely to equations of the form derived by DEBYE for a single relaxation time at any given temperature.

Water has a considerable atomic polarization: SAXTON[2] a gives a value of ε_0 of 4.9, which may be compared with approximately 1.8 for the square of the optical refractive index; and he has shown that, with this value of ε_0, substantially independent of temperature over a wide range, it is possible to find a single relaxation time for each temperature which will satisfactorily account for the values of ε' and ε'' observed at millimetre, centimetre and all longer wavelengths. At 20° C the relaxation time is of the order of 10^{-11} sec, and Fig. 53 shows ε' and ε'' for pure water at this temperature for wavelengths of 1 mm to 10 cm: the agreement between the theoretical curves and experimental points being very clear.

The simple picture of dipole rotation implied by Eq. (48.1) can hardly be expected to represent accurately the physical processes actually involved; but it is interesting to

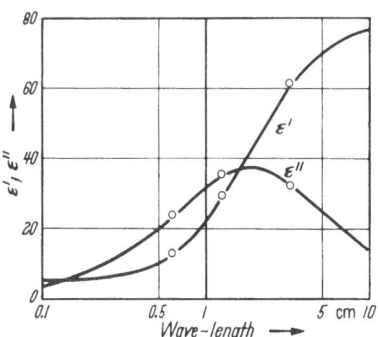

Fig. 53. Dielectric properties of water at 20° C. Theoretical curves and experimental points.

note that for water, τ is closely proportional to η/T, though there may perhaps be a small departure from this law near to the freezing point and in the supercooled state. If we follow FRÖHLICH's[3] suggestion, and suppose that the dipole rotates between two positions of equilibrium separated by a potential energy barrier of height H_μ, the relaxation time—now considered as a measure of the transition probability—is given by a relation of the form:

$$\tau = \frac{C}{\omega_a} e^{\frac{H_\mu}{kT}} \tag{49.1}$$

where C is temperature-dependent to some extent, but not greatly so, and π/ω_a is the average time required by an excited molecule to turn from one equilibrium direction to the other. EYRING[4], postulating an analogy between the processes of dipole rotation and of unimolecular chemical reactions, identifies H_μ with ΔF, the thermodynamic standard free energy associated with these processes, and suggests that it may be broken down into internal energy (ΔH) and entropy (ΔS) terms: this procedure, though often employed, can easily lead to false deductions concerning the magnitudes of ΔH and ΔS, especially when $\frac{h\omega_a}{2\pi} > kT$, as pointed out by PELZER, and when the entropy varies rapidly with temperature. EYRING's theory further leads to a value of h/kT for the factor C/ω_a, h being

[1] See Sect. 34.
[2] J. A. SAXTON: Proc. Roy. Soc. Lond., Ser. A **213**, 473 (1952).
[3] H. FRÖHLICH: Theory of Dielectrics. Oxford: Clarendon Press 1949.
[4] See: S. GLASSTONE, K. J. LAIDLER and H. EYRING: The Theory of Rate Processes, New York: Mc-Graw-Hill Book Co. Inc. 1941.

Planck's constant, and although the experimental results for water and the alcohols hardly support this identity they certainly seem to indicate that $C/\omega_a \propto 1/T$, so that Eq. (49.1) may be rewritten as:

$$\tau = \frac{A}{T}\, e^{\frac{H_\mu}{kT}} \tag{49.2}$$

where

$$\frac{A}{T} = \frac{C}{\omega_a}.$$

We may also regard viscous flow as involving the surmounting by each molecule of a potential energy barrier, of height H_η say, each time it moves; so obtaining the relation:

$$\eta = B\, e^{\frac{H_\eta}{kT}}. \tag{49.3}$$

Eyring identifies B with the factor hN/V, where N is Avogadro's number and V the molar volume; but experience again shows that B is best regarded as a factor to be evaluated from the experimental data on viscosity.

For some liquids, methyl alcohol and ethyl alcohol are examples, plotting $\log\eta$ against $1/T$ yields a straight line for a wide range of temperature, indicating that H_η is constant over this range for each liquid: the corresponding values of B also appear to be independent of temperature. For water, however, this is not the case, and both H_η and B vary with temperature. On the assumption (borne out in practice) that B varies much less rapidly with T (strictly $1/T$) than $e^{H_\eta/kT}$, one may determine H_η at any given temperature from the gradient of the curve of $\log\eta$ against $1/T$ at the appropriate point. As the temperature increases over the range -10 to $50°$ C it is found that the rates of change of both B and H_η become smaller, which is consistent with the increasing breakdown of the co-ordinated water structure proposed by Bernal and Fowler[1].

Now, provided that:

(a)
$$\frac{H_\eta}{k} \gg \frac{d\,(\log B)}{d\left(\dfrac{1}{T}\right)},$$

(b)
$$\frac{H_\mu}{k} \gg \frac{d\,(\log A)}{d\left(\dfrac{1}{T}\right)},$$

it follows that:

$$\frac{d\,(\log\eta)}{d\,(\log T\tau)} \to \frac{H_\eta}{H_\mu}. \tag{49.4}$$

Both conditions (a) and (b) are fulfilled for ethyl and methyl alcohols, and also for water despite the fact that A and B vary with temperature. A plot of $\log\eta$ against $\log T\tau$ for water is shown in Fig. 54, and an excellent straight line is obtained: the slope of this line, moreover, is unity, thus showing that:

$$H_\mu \equiv H_\eta \tag{49.5}$$

a fact, which may be confirmed from an independent determination of H_μ from a graph of $\log T\tau$ against $1/T$. It would thus appear that in water the heights of the potential energy barriers to be surmounted in the two processes of viscous flow and dipole rotation are identical.

Although, as Saxton has shown, there is some difficulty in analysing the dielectric measurements for methyl and ethyl alcohols, due in each case to the overlapping of two dispersion mechanisms (one of which may be a resonance-

---

[1] J. D. Bernal and R. H. Fowler: J. Chem. Phys. **1**, 515 (1933).

type) in the centimetre-wave band; the measurements are not inconsistent with the supposition of a single relaxation process in the mechanism which is definitely associated with dipole rotation. This being so, SAXTON has further shown that there is good reason to believe that probably $H_\mu = H_\eta$ for the two alcohols as well as for water.

The suggestion of EYRING, that viscous flow and dipole rotation may be treated in a manner analogous to the theory of the rate of unimolecular chemical reactions, would mean that the quantities A and B should be regarded as "frequency factors" of the kind first described by ARRHENIUS. It is these factors which determine the absolute rates of reaction, and, by analogy, of the processes of viscous flow and dipole rotation, that is, once a given molecule or dipole has acquired the energy to surmount the potential energy barriers H_η and H_μ respectively.

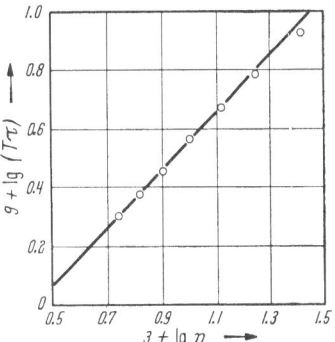

Fig. 54. $\log(T\tau)$ versus $\log\eta$ for water.

Now, although in practice for the liquids here under discussion A and B are not equal to h/k and hN/V as in EYRING's theory, and although for water A and B are not in fact constants, it is found for all three liquids that B is always very much greater than A, and still more so than A/T. Thus, although $H_\mu = H_\eta$, molecular jumps over the potential energy barrier in viscous flow are accomplished more readily than those associated with dipole rotation.

Finally, before ending this section, mention should be made of the measurements of the dielectric properties of electrolytic solutions carried out by HASTED, RITSON and COLLIE[1], and by SAXTON and LANE[2]. HASTED and his colleagues investigated primarily aqueous solutions of various electrolytes, whilst SAXTON and LANE, in addition to examining aqueous solutions of sodium chloride, also made measurements of the dielectric properties of solutions of several salts in methyl alcohol.

Measurements at very high frequencies, with the aid of the dispersion theory, probably provide more accurate evaluations of the static—or low frequency—permittivity, ε_∞, than do direct measurements at low frequencies themselves; for at these low frequencies the conduction current is so very much greater than the displacement current. In all of the electrolytic solutions (aqueous and alcoholic) ε_∞ is depressed below the pure solvent value when the salt is added; and, at a given temperature, the percentage depression ($\Delta\varepsilon_\infty$) varies linearly with what may be called the "effective ionic concentration". The latter quantity is defined as the product of the concentration of the salt in terms of normality and the degree of ionization as given by Λ_c/Λ_0, where Λ_c and Λ_0 are the equivalent conductivities at the given concentration and at infinite dilution respectively. As opposed to early ideas on electrolytic dissociation, in which undissociated molecules as well as ions were believed to exist, modern theories tend to the view that in all but the most concentrated solutions complete dissociation occurs, although there may be present not only free ions—obeying the limiting laws of dilute solution—but also associated ion-pairs or complexes which make no independent contribution to the conductivity of the solution. The effective ionic concentration introduced above, although perhaps of a somewhat arbitrary nature in view of these later theories, is nevertheless a measure of the concentration

[1] J. B. HASTED, D. M. RITSON and C. H. COLLIE: J. Chem. Phys. **16**, 1 (1948).
[2] J. A. LANE and J. A. SAXTON: Proc. Roy. Soc. Lond., Ser. A **214**, 531 (1952).

of charge-carrying particles free to contribute to the conductivity, and as such is a useful parameter in terms of which to interpret the behaviour of ε_∞, and also of τ. The relative depression of ε_∞, for a given effective ionic concentration, appears to be greater for solutions in methyl alcohol than in water.

50. Ferro-electric materials. The properties of all the materials so far considered can be regarded as normal dielectric properties. The permittivity, though complex, has been tacitly assumed to be independent of the magnitude of the applied field (as is implied by the term dielectric constant), in all the methods of measurement, and it is easy to verify this relation in practice by repeating measurements of ε and $\tan \delta$ with different voltages. Measurements are ordinarily made with applied fields of the order of 1 to 100 V/cm, but this is purely a matter of convenience. The application of strong fields is liable to cause discharges in the air surrounding electrodes and leads, and a rise in the temperature of the sample because of the increased power dissipation, and such complications are obviously to be avoided, but when this is done the permittivity remains unchanged even when the field is increased by a factor of some thousands. For example Austen[1] made measurements by a bridge method on thin films of material with applied fields ranging from the lowest practicable values up to about 1 MV/cm, i.e. a value well above the ordinary limit for safe working. The extreme deviation from the linear law of polarization, (constancy of complex permittivity) amounted to only 0.25 % for a bakelite film and was less than one-fifth of this amount for polystyrene. Within the range of ordinary practice no change whatever can usually be detected with ordinary dielectrics. There is however a special class of material in which the linear law of polarization gives place to relations analogous to those first encountered in the study of the magnetic polarization of ferromagnetic materials. Instead of a constant permittivity, we find a polarization that requires a complicated series of hysteresis loops for its complete representation, and one that is critically dependent on temperature in certain regions, a transition to normal behaviour occurring at the Curie temperature, at which temperature a characteristically sharp peak in the permittivity curve is observed. These phenomena are recognised as associated with the spontaneous alignment of the dipoles constituting the polarized material by mutual interaction. Such an action can be accounted for in certain crystal lattices, notably the perovskite structure which seems specially favourable to it, but it is considered unlikely that this class of dielectrics will prove to be a large one. Among the few materials known to be ferro-electrics, the most notable are rochelle salt, potassium dihydrogen phosphate and arsenate, and barium titanate, with a few other crystals related to the titanates, such as $NaNbO_3$, $NaTaO_3$ and the corresponding salts of lithium and potassium. The properties of barium titanate are shown in Figs. 55

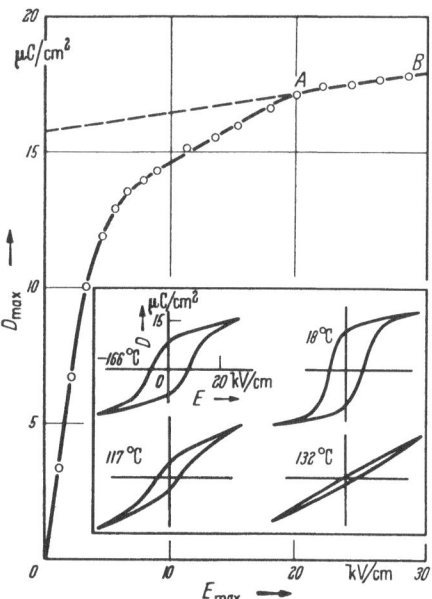

Fig. 55. Polarisation curve and hysteresis loops for single crystal specimen of barium titanate (J. K. Hulm).

---

[1] A. E. W. Austen: J. Instn. Electr. Engrs. **92**, Part I, 373 (1945).

to 57. Fig. 55 shows typical hysteresis loops for a single crystal at four temperatures, one above the Curie point and representing ordinary dielectric behaviour
as distinct from the ferroelectric behaviour shown by the others. This diagram
also shows the polarization curve corresponding to the tips of successive hysteresis
loops at 18° C. The region AB presumably corresponds to complete orientation
of the ferroelectric domains in the direction of the applied field, the slope here
being of the same order as the susceptibility measured with weak fields, and thought
to be due to ionic distortion. The effect of temperature on the single crystal

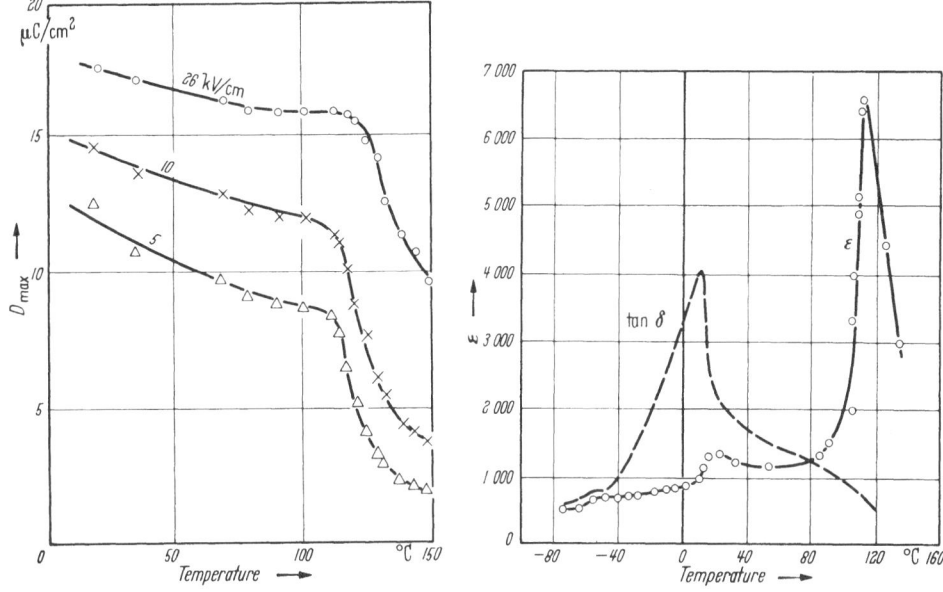

Fig. 56. Variation of polarisation earth temperature
for single crystal specimen of barium titanate
(J. K. HULM).

Fig. 57. Permittivity and loss tangent of a barium titanate
ceramic as a function of temperature. Frequency, 100 c/s.
Field, 23 V/cm (VON HIPPEL et al. 1946).

is shown in Fig. 56[1]. Up to 110° C the change is relatively small, but a sharp
drop follows at a temperature slightly dependent on the applied field. Above
about 130° C the polarization varies almost linearly with the field, though the
permittivity is still very high compared with that of other materials and diminishes
according to a Curie-Weiss law. Permittivity and tan δ values for a barium titanate
ceramic are shown in Fig. 57[2].

---

[1] J. K. HULM: Nature, Lond. **160**, 126 (1947).

[2] A. v. HIPPEL, R. G. BRECKENRIDGE, F. G. CHESLEY and L. TISZA: Industr. Engng.
Chem. **38**, 1097 (1946).

General references.

[1] SMITH, J. W.: Electric Dipole Moments. London: Butterworth 1955.
[2] SMYTH, C. P.: Dielectric Behaviour and Structure. New York: McGraw-Hill 1955.
[3] BÖTTCHER, C. J. F.: Theory of Electric Polarisation. Amsterdam: Elsevier 1952.
[4] FRÖHLICH, H.: Theory of Dielectrics. Oxford 1949.
[5] VAN VLECK, J. H.: Theory of Electric and Magnetic Susceptibilities. Oxford 1932.
[6] LE FÈVRE, R. J. W.: Dipole Moments. London 1938.
[7] DEBYE, P.: Polare Molekeln. Leipzig 1929; New York 1929.
[8] WESSON, L. G.: Tables of Electric Dipole Moments. Massachusetts Inst. Technology,
1948.
[9] HIPPEL, A. R. v.: Dielectrics and Waves. New York 1954.
[10] HIPPEL, A. R. v. (ed.): Dielectric Materials and Applications. New York 1954.
[11] WHITEHEAD, S.: Dielectric Breakdown of Solids. Oxford 1951.
[12] Vol. 11 of Radiation Laboratory Series (M.I.T.): Technique of Microwave Measurements.

Sachverzeichnis.

(Deutsch-Englisch.)

Bei gleicher Schreibweise in beiden Sprachen sind die Stichwörter nur einmal aufgeführt.

F

Subject Index.

(English-German.)

Where English and German spelling of a word is identical the German version is omitted.